Excel 2019

应用大全

Excel Home ◎编著

北京大学出版社
PEKING UNIVERSITY PRESS

内 容 提 要

本书全面系统地介绍了 Excel 2019 的技术特点和应用方法，深入揭示背后的原理概念，并结合大量典型实用的应用案例，帮助读者全面掌握 Excel 应用技术。全书分为 6 篇 50 章，内容包括 Excel 基本功能、公式与函数、数据可视化常用功能、Excel 数据分析、协同与其他特色功能、宏与 VBA。附录中还提供了 Excel 规范与限制，Excel 常用快捷键以及 Excel 术语的简繁英文对照表等内容，方便读者随时查阅。

本书适合各层次的 Excel 用户，既可作为初学者的入门指南，又可作为中、高级用户的参考手册。书中大量的实例还适合读者直接在工作中借鉴。

图书在版编目(CIP)数据

Excel 2019应用大全 / Excel Home编著. — 北京 :北京大学出版社，2021.11
ISBN 978−7−301−32655−8

Ⅰ.①E… Ⅱ.①E… Ⅲ.①表处理软件 Ⅳ.①TP391.13

中国版本图书馆CIP数据核字（2021）第208478号

书　　　名	Excel 2019应用大全	
	EXCEL 2019 YINGYONG DAQUAN	
著作责任者	Excel Home　编著	
责 任 编 辑	张云静　吴秀川	
标 准 书 号	ISBN 978−7−301−32655−8	
出 版 发 行	北京大学出版社	
地　　　址	北京市海淀区成府路205 号　100871	
网　　　址	http://www.pup.cn　　新浪微博: @北京大学出版社	
电 子 信 箱	pup7@pup.cn	
电　　　话	邮购部 010−62752015　发行部 010−62750672　编辑部 010−62570390	
印 刷 者	三河市博文印刷有限公司	
经 销 者	新华书店	
	787毫米×1092毫米　16开本　56印张　1572千字	
	2021年11月第1版　2021年11月第1次印刷	
印　　　数	1−8000册	
定　　　价	139.00 元	

前　言

非常感谢您选择《Excel 2019 应用大全》。

本书是由 Excel Home 技术专家团队精心编写的一部大规模和高水准的 Excel 技术教程，全书分为6 部分，完整详尽地介绍了 Excel 核心功能的技术特点和应用方法。本书从 Excel 的技术背景与表格基本应用开始，逐步展开到公式与函数、图表图形、数据分析工具的使用、各种特色功能、协同办公以及VBA 基础知识，形成一套结构清晰、内容丰富的 Excel 知识体系。

本书的每个部分都采用循序渐进的方式，由易到难地介绍各个知识点。除了原理和基础性的讲解，还配以大量的典型示例帮助读者加深理解，读者甚至可以在自己的实际工作中直接进行借鉴。

读者对象

本书面向的读者群是所有需要使用 Excel 的用户。无论是初学者，中高级用户还是 IT 技术人员，都能从本书找到值得学习的内容。当然，希望读者在阅读本书以前至少对 Windows 操作系统有一定的了解，并且知道如何使用键盘与鼠标。

本书约定

在正式开始阅读本书之前，建议读者花上几分钟时间来了解一下本书在编写和组织上使用的一些惯例，这会对您的阅读有很大的帮助。

软件版本

本书的写作基础是安装于 Windows 10 专业版操作系统上的中文版 Excel 2019。尽管本书中的许多内容也适用于 Excel 的早期版本，如 Excel 2003、2007、2010、2013 或 2016，或者其他语言版本的Excel，如英文版、繁体中文版，但是为了能顺利学习本书介绍的全部功能，仍然强烈建议读者在中文版 Excel 2019 的环境下学习。

菜单命令

我们会这样来描述在 Excel 或 Windows 以及其他 Windows 程序中的操作，如在讲到对某张 Excel工作表进行隐藏时，通常会写成：在 Excel 功能区中单击【开始】选项卡中的【格式】下拉按钮，在其扩展菜单中依次选择【隐藏和取消隐藏】→【隐藏工作表】。

鼠标指令

本书中表示鼠标操作的时候都使用标准方法："指向""单击""右击""拖动""双击""选中"等，

您可以很清楚地知道它们表示的意思。

键盘指令

当读者见到类似 <Ctrl+F3> 这样的键盘指令时，表示同时按下 <Ctrl> 键和 <F3> 键。

Win 表示 Windows 键，就是键盘上画着 ⊞ 的键。本书还会出现一些特殊的键盘指令，表示方法相同，但操作方法可能会稍许不一样，有关内容会在相应的章节中详细说明。

Excel 函数与单元格地址

书中涉及的 Excel 函数与单元格地址将全部使用大写，如 SUM()、A1:B5。但在讲到函数的参数时，为了和 Excel 中显示一致，函数参数全部使用小写，如 SUM(number1,number2, ...)。

图标

注意 ■ ■ ■ →	表示此部分内容非常重要或者需要引起重视
提示 ■ ■ ■ →	表示此部分内容属于经验之谈，或者是某方面的技巧
深入了解 ■ ■ ■ →	为需要深入掌握某项技术细节的用户所准备的内容

本书结构

本书包括 6 篇 50 章，以及 4 则附录。

第一篇　Excel 基本功能

主要介绍 Excel 的发展历史、技术背景以及大多数基本功能的使用方法。本篇并非只为初学者准备，中高级用户也能从中找到许多实用的技术细节。

第二篇　使用公式和函数

主要介绍如何创建简单和复杂的公式，如何使用名称及如何在公式中运用各种函数。本篇不但介绍了常用函数的多个经典用法，还对其他图书少有涉及的数组公式和多维引用计算进行了全面的讲解。

第三篇　数据可视化常用功能

主要介绍如何借助条件格式、图表与图形来构造数据表格可视化效果，表达数字所不能直接传递的信息。

第四篇　使用 Excel 进行数据分析

主要介绍 Excel 提供的各项数据分析工具的使用，除了常用的排序、筛选、外部数据查询以外，浓墨重彩地介绍了数据透视表及 Power BI 的使用技巧。另外，对于模拟运算表、单变量求解、规划求解，以及分析工具库等专业分析工具的使用也进行了详细的介绍。

第五篇　协作、共享与其他特色功能

主要介绍 Excel 在开展协同办公中的各项应用方法，包括充分利用 Internet 与 Intranet 进行协同应用、Excel 与其他应用程序之间的协同等。此外还介绍了语音、翻译、墨迹公式与墨迹注释、安装与使用第3 方插件等特色功能。

第六篇　Excel 自动化

主要介绍利用宏与 VBA 来进行 Excel 自动化方面的内容。

附录

主要包括 Excel 的规范与限制、Excel 常用快捷键、Excel 术语的简繁英文对照表和免费插件 Excel 易用宝简介。

阅读技巧

不同水平的读者可以使用不同的方式来阅读本书，以求在相同的时间和精力之下能获得最大的回报。

Excel 初级用户或者任何一位希望全面熟悉 Excel 各项功能的读者，可以从头开始阅读，因为本书是按照各项功能的使用频度以及难易程度来组织章节顺序的。

Excel 中高级用户可以挑选自己感兴趣的主题进行有侧重的学习，虽然各知识点之间有千丝万缕的联系，但通过本书中提供的交叉参考，可以轻松地顺藤摸瓜。

如果遇到困惑的知识点不必烦躁，可以暂时先跳过，保留个印象即可，今后遇到具体问题时再来研究。当然，更好的方式是与其他爱好者进行探讨。如果读者身边没有这样的人选，可以登录 Excel Home 技术论坛，这里有无数 Excel 爱好者正在积极交流。

另外，本书为读者准备了大量的示例，它们都有相当的典型性和实用性，并能解决特定的问题。因此，读者也可以直接从目录中挑选自己需要的示例开始学习，然后快速应用到自己的工作中，就像查辞典那么简单。

读者可以扫描右侧二维码关注"博雅读书社"微信公众号，输入本书 77 页的资源下载码，即可获得本书的示例文件学习资源。

写作团队

本书的第 6、8~14、18、22~25 章由祝洪忠编写，第 2~5、7、16~17、19、21 章由张建军编写，第 1、34、36~41 章由周庆麟编写，第 26~28 章由郑晓芬编写，第 29~33 章由杨彬编写，第 35、42~50 章由郗金甲编写，第 15、20 章由余银编写，最后由祝洪忠和周庆麟完成统稿。

感谢 Excel Home 全体专家作者团队成员对本书的支持和帮助，尤其是本书较早版本的原作者 —— 李幼义、赵丹亚、陈国良、方骥、陈虎、王建发、梁才、翟振福、王鑫、韦法祥等，他们为本系列图书的出版贡献了重要的力量。

Excel Home 论坛管理团队和培训团队长期以来都是 Excel Home 图书的坚实后盾，他们是 Excel Home 中最可爱的人，在此向这些最可爱的人表示由衷的感谢。

衷心感谢 Excel Home 论坛的五百万会员，是他们多年来不断的支持与分享，才营造出热火朝天的学习氛围，并成就了今天的 Excel Home 系列图书。

衷心感谢 Excel Home 微博的所有粉丝和 Excel Home 微信公众号的所有关注者，你们的"赞"和"转"是我们不断前进的新动力。

后续服务

在本书的编写过程中，尽管我们的每一位团队成员都未敢稍有疏虞，但纰缪和不足之处仍在所难免。敬请读者能够提出宝贵的意见和建议，您的反馈将是我们继续努力的动力，本书的后继版本也将会更臻完善。

您可以访问 http://club.excelhome.net，我们开设了专门的板块用于本书的讨论与交流。您也可以发送电子邮件到 book@excelhome.net，我们将尽力为您服务。

同时，欢迎您关注我们的官方微博（@Excelhome）和微信公众号（iexcelhome），我们每日更新很多优秀的学习资源和实用的 Office 技巧，并与大家进行交流。

目　录

第一篇　Excel基本功能

第二篇　使用公式和函数

第三篇 数据可视化常用功能

第四篇 使用Excel进行数据分析

第五篇　协作、共享与其他特色功能

第六篇　Excel 自动化

示例目录

第一篇

Excel基本功能

　　本篇内容主要介绍Excel的一些基础信息，使读者能够清晰地认识构成Excel的基本元素、了解和掌握相关的基本功能和常用操作，为读者进一步深入地了解和学习Excel的函数、图表、VBA编程等一系列高级功能奠定坚实的根基。虽然本篇介绍的都是基础性知识，但"基础"并不一定意味着"粗浅"或"低级"，相信大多数Excel用户都可以在本篇中获得很多有用的技巧和知识。

第 1 章　Excel 简介

本章主要对 Excel 的历史、用途及基本功能进行简单的介绍。初次接触 Excel 的用户将了解到 Excel 软件的主要功能与特点，从较早版本升级而来的用户将了解到 Excel 2019 的主要新增功能。

> **本章学习要点**
>
> （1）Excel 的起源与历史。　　　　　　　　（2）Excel 的主要功能。

1.1　Excel 的起源与历史

1.1.1　计算工具发展史

人类文明在漫长的发展过程中，发明创造了无数的工具来帮助自己改造环境和提高生产力，计算工具就是其中非常重要的一种。

人类在生产和生活中自然而然地需要与数据打交道，计算工具就是专门为了计数、算数而产生的。在我国古代，人们发明了算筹和算盘，这些都成为一定时期内广泛应用的计算工具。1642 年，法国哲学家和数学家帕斯卡发明了世界上第一台加减法计算机。1671 年，德国数学家莱布尼兹制成了第一台能够进行加、减、乘、除四则运算的机械式计算机。19 世纪末，出现了能依照一定的"程序"自动控制的电动计算器。

1946 年，世界上第一台电子计算机 ENIAC 在美国宾夕法尼亚大学问世。ENIAC 的问世具有划时代的意义，表明电子计算机时代的到来。在以后几十年里，计算机技术以惊人的速度发展，电子计算机从诞生到演变为现在的模样，体积越来越小，运算速度越来越快。图 1-1 展示了世界上第一台电子计算机的巨大体积，以及今天大家所熟悉的个人电子设备的小巧与便捷。

图 1-1　从世界上第一台电子计算机 ENIAC 到今天的各种个人桌面与手持电子设备

计算工具发展的过程反映了人类对数据计算能力需求的不断提高，以及人类在不同时代的生产生活中对数据的依赖程度。人类与数据的关系越密切，就越需要有更先进的数据计算工具和方法，以及更多能够掌握它们的人。

1.1.2　电子表格软件的产生与演变

1979 年，美国人丹 · 布里克林（D. Bricklin）和鲍伯 · 弗兰克斯顿（B.Frankston）在苹果 II 型计算机上开发了一款名为"VisiCalc"（即"可视计算"）的商用应用软件，这就是世界上第一款电子表格软件。虽然这款软件功能比较简单，主要用于计算账目和统计表格，但依然受到了广大用户的青睐，不到一年时间就成为个人计算机历史上第一个最畅销的应用软件。当时许多用户购买个人计算机的主要目的就是为了运行 VisiCalc。图 1-2 展示了运行在苹果计算机上的 VisiCalc 软件的界面。

电子表格软件就这样和个人电脑一起风行起来，商业活动中不断新生的数据处理需求成为它们持续改进的动力源泉。继 VisiCalc 之后的另一个电子表格软件的成功之作是 Louts 公司[①] 的 Lotus 1-2-3（图 1-3），它能运行在 IBM PC[②] 上，而且集表格计算、数据库、商业绘图三大功能于一身。

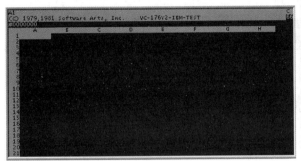

图 1-2　Excel 的祖先——最早的电子表格软件 VisiCalc

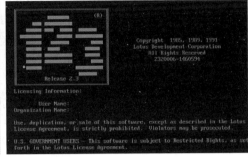

图 1-3　Lotus 1-2-3 for Dos (1983)

美国微软公司从 1982 年也开始了电子表格软件的研发工作，经过数年的改进，终于在 1987 年凭借着与 Windows 2.0 捆绑的 Excel 2.0 后来居上。其后经过多个版本的升级，奠定了 Excel 在电子表格软件领域的霸主地位。如今，Excel 已经成为事实上的电子表格行业标准。图 1-4 展示了 Windows 平台下，从 Excel 5.0 开始的几个重要 Excel 版本的启动画面。

图 1-4　Windows 平台下的几个重要的 Excel 版本

人类文明程度越高，需要处理的数据就越复杂，而且处理要求越高，速度也必须越快。无论何时，人类总是需要借助合适的计算工具来进行对数据的处理。

生活在“信息时代”中的人比以前任何时候都更频繁地与数据打交道，Excel 就是为现代人进行数据处理而定制的一个工具。它的操作方法非常易于学习，所以能够被广泛地使用。无论是在科学研究、医疗教育、商业活动还是家庭生活中，Excel 都能满足大多数人的数据处理需求。

---

① 莲花公司，已被 IBM 公司收购。
② 标准完全开放的兼容式个人电脑，也就是现在的个人 PC 机。

1.2 Excel 的主要功能

Excel 拥有强大的计算、分析、传递和共享功能，可以帮助用户将繁杂的数据转化为信息。

1.2.1 数据记录与浏览

孤立的数据包含的信息量太少，而过多的数据又难以厘清头绪，利用表格的形式将它们记录下来并加以整理是一个不错的方法。Excel 支持从多种外部数据源导入数据，也具备丰富的工作表编辑功能，帮助用户高效地将原始数据准确地转换为电子表格。比如，"记录单"功能可以用窗体方式协助用户录入字段较多的表格，如图 1-5 所示；利用数据验证功能，用户还可以设置允许输入何种数据或何种数据不被允许输入，如图 1-6 所示。

图 1-5　Excel 经典的"记录单"输入模式

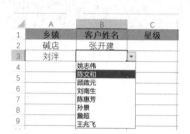

图 1-6　设置只允许预置的选项输入到表格

Excel 甚至提供了语音功能，该功能可以一边输入数据一边来进行语音校对，让数据的录入与复核更加高效。

对于复杂的表格，Excel 提供了多种视图模式帮助用户专注到重点的地方，如分级显示功能可以帮助用户随心所欲地调整表格阅读模式，既能一览众山小，又能明察秋毫，如图 1-7 所示。

	工种	人数	1月工资合计	2月工资合计	3月工资合计	一季度	二季度	三季度	四季度	工资合计
16	平缝三组合计	34	31,780	28,954	32,501	93,234	75,953	65,594	52,803	287,583
17	车工	24	22,159	20,233	22,652	65,043	52,968	45,751	36,818	200,581
18	副工	4	3,693	3,372	3,776	10,841	8,828	7,625	6,136	33,431
19	检验	4	3,693	3,372	3,776	10,841	8,828	7,625	6,136	33,431
20	组长	1	1,117	989	1,149	3,254	2,664	2,296	1,856	10,071
21	平缝四组合计	33	30,662	27,965	31,353	89,980	73,289	63,297	50,947	277,513
26	平缝五组合计	31	28,816	26,279	29,465	84,560	68,875	59,485	47,878	260,798
31	平缝六组合计	33	30,662	27,965	31,353	89,980	73,289	63,297	50,947	277,513
36	平缝七组合计	44	41,012	37,384	41,939	120,335	98,023	84,656	68,144	371,158
41	平缝八组合计	21	10,087	10,721	10,031	30,840	24,414	21,330	16,760	93,344
42	总计	262	234343.967	215200.2894	239347.14	688,891	560,418	484,255	389,372	2,122,936

图 1-7　分级显示功能帮助用户全面掌控表格内容

1.2.2 数据整理

如果原始数据存在结构性问题或其他不规范的地方，通常需要先进行数据整理（清洗）后，才能进行统计和分析。Excel 提供了查找替换、删除重复项等多种数据整理功能来帮助用户完成工作，并且，从 Excel 2016 开始，Excel 将 Power Query 从加载项改为内置功能，使得数据整理工作变得更加简单高效，图 1-8 展示了 Power Query 通过"逆透视列"的功能将表格从二维转为一维的效果。

核算科目	二级科目	末级科目	5月	6月	7月	8月	9月	10月	11月	12月
26 经营费用	零星购置	零星购置	7	300	6	0	0	14	780	1,220
27 经营费用	员工活动费	员工活动	0	200	0	0	0	0	0	0
28 经营费用	员工工资	奖金	866	766	275	721	0	0	0	0
29 经营费用	商品维修费	商品维修费	5	0	0	0	0	0	10	60
30 经营费用	保险费	财产保险	0	0	0	0	680	0	0	0
31 经营费用	业务宣传费	门店销售赠品费	83	55	350	0	0	2	0	0
32 经营费用	业务宣传费	活动推广费	720	720	734	574	4	109	0	0
33 经营费用	业务宣传费	门店优惠券	90	150	639	513	0	792	0	0
34 经营费用	业务宣传费	门店布置费	20	30	0	0	55	10	29	540
35 经营费用	房屋租赁费	房屋租赁费	42,503	52,400	48,008	-2,324	87,877	87,896	110,539	43,223
36 经营费用	广告费	广告服务费	68	0	0	0	0	0		
37 税金	应交所得税	应交所得税					0			
38 税金	印花税	印花税					0			
39 税金	教育费附加	教育费附加					0			
40 税金	防洪费	防洪费					0			
41 税金	城市维护建设费	城市维护建设费					0			
42 税金	所得税费用	所得税费用					0			
43 营业外收入	盘盈	盘盈					0			

核算科目	二级科目	末级科目	月份	预算金额
38 经营费用	办公费	电脑及电子设备	1月	1,505
39 经营费用	办公费	电脑及电子设备	2月	45
40 经营费用	办公费	电脑及电子设备	3月	0
41 经营费用	办公费	电脑及电子设备	4月	0
42 经营费用	办公费	电脑及电子设备	5月	0
43 经营费用	办公费	电脑及电子设备	6月	0
44 经营费用	办公费	电脑及电子设备	7月	0
45 经营费用	办公费	电脑及电子设备	8月	0
46 经营费用	办公费	电脑及电子设备	9月	25
47 经营费用	办公费	电脑及电子设备	10月	395
48 经营费用	办公费	电脑及电子设备	11月	1,350
49 经营费用	办公费	电脑及电子设备	12月	4,060

图 1-8　Power Query 通过"逆透视列"功能将表格从二维转为一维

1.2.3　数据计算

在 Excel 中，四则运算、开方乘幂这样的计算只需用简单的公式来完成，而一旦借助内置函数，则可以完成非常复杂的运算。

功能实用的内置函数是 Excel 的一大特点，函数其实就是预先定义的、能够按一定规则进行计算的功能模块。在执行复杂计算时，只需要选择正确的函数，然后为其指定参数，它就能快速返回结果。

Excel 内置了四百多个函数，分为多个类别，如图 1-9 所示。利用不同的函数组合，用户可以完成绝大多数领域的常规计算任务。

图 1-10 展示了一份计算等额还款各期利息的试算表格。

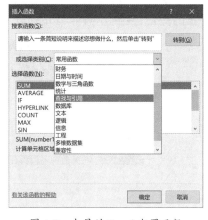

图 1-9　大量的 Excel 内置函数

F3　=PPMT($C$2/12,$E3,$C$3,$C$4)

等额贷款还款计算		
年利率		4.75%
期数（月）		300
贷款总额		2,000,000.00
每月还款额		¥-11,402.35
还款金额		¥-3,420,704.17
还款利息总额		¥-1,420,704.17
还款利息总金额公式2		¥-1,420,704.17

第n期	所还本金	所还利息	剩余未还本金	剩余未还利息
1	-3,485.68	-7,916.67	1,996,514.32	1,412,787.50
2	-3,499.48	-7,902.87	1,993,014.84	1,404,884.63
3	-3,513.33	-7,889.02	1,989,501.51	1,396,995.62
4	-3,527.24	-7,875.11	1,985,974.27	1,389,120.51
5	-3,541.20	-7,861.15	1,982,433.08	1,381,259.36
6	-3,555.22	-7,847.13	1,978,877.86	1,373,412.23
7	-3,569.29	-7,833.06	1,975,308.57	1,365,579.17
8	-3,583.42	-7,818.93	1,971,725.15	1,357,760.24
9	-3,597.60	-7,804.75	1,968,127.55	1,349,955.49
10	-3,611.84	-7,790.50	1,964,515.71	1,342,164.99
11	-3,626.14	-7,776.21	1,960,889.57	1,334,388.78
12	-3,640.49	-7,761.85	1,957,249.08	1,326,626.93
13	-3,654.90	-7,747.44	1,953,594.17	1,318,879.48
14	-3,669.37	-7,732.98	1,949,924.80	1,311,146.50
15	-3,683.89	-7,718.45	1,946,240.91	1,303,428.05
16	-3,698.48	-7,703.87	1,942,542.43	1,295,724.18
17	-3,713.12	-7,689.23	1,938,829.31	1,288,034.95
18	-3,727.81	-7,674.53	1,935,101.50	1,280,360.42
19	-3,742.57	-7,659.78	1,931,358.93	1,272,700.64

图 1-10　使用公式计算贷款各期利息

1.2.4 数据分析

要从大量的数据中获取信息，仅仅依靠计算是不够的，还需要利用某种思路和方法进行科学的分析，数据分析也是 Excel 所擅长的一项工作。

排序、筛选和分类汇总是最简单的数据分析方法，它们能够对表格中的数据做进一步的归类与组织。"表格"也是一项非常实用的功能，它允许用户在一张工作表中创建多个独立的数据列表，进行不同的分类和组织，如图 1-11 所示。

	A	B	C	D	E	F	G	H	I	J	K	L	M	N	O
1	业务日期	品牌名称	季节名称	性别名称	风格名称	大类名称	中类名称	商品代码	商品年份	数量					
33	2019/2/3	鞋	春	其他	其他	配饰	鞋配	124558001	2012	48					
47	2019/2/18	鞋	春	其他	其他	配饰	鞋配	124558001	2012	2					
66	2019/8/5	鞋	春	其他	其他	配饰	鞋配	124558001	2012	2					
82	2019/8/23	鞋	春	其他	其他	配饰	鞋配	124558001	2012	1					
95	2019/4/11	鞋	春	其他	其他	配饰	鞋配	124558001	2012	8					
110	2019/4/29	鞋	春	其他	其他	配饰	鞋配	124558001	2012	2					
126	2019/5/18	鞋	春	其他	其他	配饰	鞋配	124558001	2012	22					
130	2019/5/23	鞋	春	其他	其他	配饰	鞋配	124558001	2012	21					
166	2019/9/17	鞋	春	其他	其他	配饰	鞋配	124558001	2012	4					
189	2019/7/26	鞋	春	其他	其他	配饰	鞋配	124558001	2012	8					
201	2019/8/9	鞋	春	其他	其他	配饰	鞋配	124558001	2012	1					
226	2019/9/6	鞋	春	其他	其他	配饰	鞋配	124558001	2012	39					
247	2019/9/29	鞋	春	其他	其他	配饰	鞋配	124558001	2012	5					

品牌名称：博物馆 服装中式 福天华 鞋 鞋新中式 服装

季节名称：常年 春

图 1-11 借助切片器来进行数据筛选的"表格"

数据透视表是 Excel 最具特色的数据分析功能，只需几步操作，它就能灵活地以多种不同方式展示数据的特征，变换出各种类型的报表，实现对数据背后的信息透视，如图 1-12 所示。

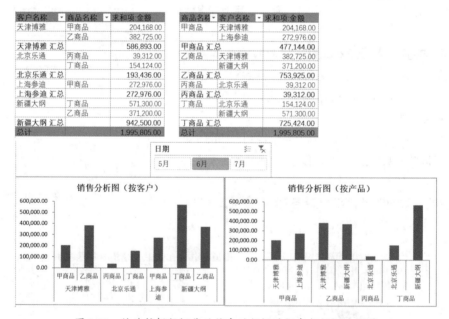

图 1-12 快速挖掘数据背后信息的数据透视表与数据透视图

此外，Excel 还可以进行假设分析，以及执行更多的专业统计分析。

1.2.5 数据展现

所谓一图胜千言，一份精美切题的商业图表可以让原本复杂枯燥的数据表格和总结文字立即变得生动起来。Excel 的图表图形功能可以帮助用户迅速创建各种各样的商业图表，直观形象地传达信息，如图 1-13 所示。

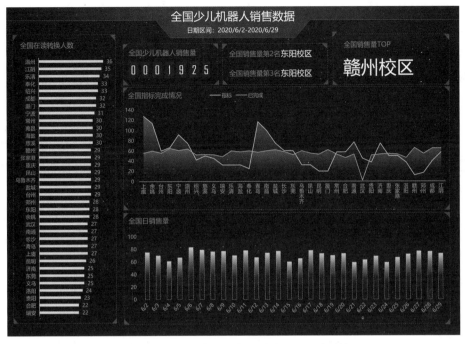

图 1-13 精美的商业图表能够直观地传达信息

1.2.6 信息传递和协作

协同工作是 21 世纪的重要工作理念，Excel 不但可以与其他 Office 组件无缝连接，而且可以帮助用户通过 Intranet 或 Internet 与其他用户进行协同工作，方便地交换信息。

1.2.7 扩展或定制 Excel 功能

尽管 Excel 自身的功能已经能够满足绝大多数用户的需要，但用户对计算和分析的需求是会不断提高的。为了应对这样的情况，Excel 内置了 VBA 编程语言，允许用户定制 Excel 的功能，开发自己的自动化解决方案。从只有几行代码的小程序，到功能齐备的专业管理系统，以 Excel 作为开发平台所产生的应用案例数不胜数。本书第 6 篇中介绍了这方面的内容，用户还可以随时到 http://club.excelhome. net 去查找使用 Excel VBA 开发的各种实例。

同时，Excel 也支持直接从 Office 应用商店安装加载项，专业开发者在 Office 应用商店发布了数以千计的加载项供全球用户使用。

比如，Excel 自身没有提供高亮当前行列的"护眼"浏览模式，但借助"Excel 易用宝"这样的第三方插件的"聚光灯"功能，可以轻松获得这种功能，效果如图 1-14 所示。

	A	B	C	D	E	F
1	销售办事处	物料号	物料名称	发票日期	销售单价	含税金额
2	南欣本部	20000296	90号汽油	2011/12/1	5.55	27,750.00
3	南欣白桥站	20000296	90号汽油	2011/12/2	5.35	86,336.12
4	南欣白桥站	20000296	90号汽油	2011/12/2	5.35	3,538.66
5	南欣彩云站	20000296	90号汽油	2011/12/2	5.35	48,758.71
6	南欣彩云站	20000296	90号汽油	2011/12/2	5.35	4,251.58
7	南欣长海站	20000296	90号汽油	2011/12/2	5.35	23,135.62
8	南欣长海站	20000296	90号汽油	2011/12/2	5.35	2,329.59
9	南欣白桥站	20000296	90号汽油	2011/12/5	5.35	128,733.81
10	南欣白桥站	20000296	90号汽油	2011/12/5	5.35	6,260.76
11	南欣彩云站	20000296	90号汽油	2011/12/5	5.35	68,842.37
12	南欣彩云站	20000296	90号汽油	2011/12/5	5.35	4,899.85
13	南欣南天站	20000296	90号汽油	2011/12/5	5.51	79,648.52

图 1-14 第三方插件"Excel 易用宝"的聚光灯效果

1.3 了解 Office 365 与 Microsoft 365

在过去的几十年间，微软对于 Excel 等 Office 产品的版本号定义发生过几次变更。

早期的 Excel、Word 等应用程序，对外销售的版本定义就是应用程序的软件版本号，即数字序号，各产品独立，如 Excel 5.0、Word 5.0。通常情况下，会面向 Windows 和 Mac 推出不同的版本号。

从 Windows 95 时代开始，微软将多个 Office 产品组合销售，并参照 Windows 的版本号定义方式，以年份数字来代替数字序号，比如 Office 95、Office 97、Office 2010 等。尽管如此，按照软件开发的惯例，仍然会在应用程序中保留数字序号作为版本号。如，Office 95 中的 Excel 应用程序版本号是 7.0。表 1-1 罗列了最近的各代 Office 的产品名称和应用程序版本号的对应关系。

表 1-1　各代 Office 的产品名称和应用程序版本号的对应关系

产品名称	应用程序版本号（主版本）
Office 97	8.0
Office 2000	9.0
Office XP(2002)	10.0
Office 2003	11.0
Office 2007	12.0
Office 2010	14.0
Office 2013	15.0
Office 2016	16.0
Office 2019	16.0

Office 软件面向全球发售，同一版本可能存在多个小分支，而且在发布后都会有多次或小或大的更新，所以在主版本号后，还会有长长的一串数字表示具体的小版本号。图 1-15 展示了简体中文版 Office 2007 在安装了 Service Pack 3 后，Excel 的版本号为 12.0.6611.1000。

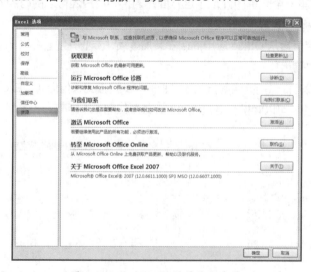

图 1-15　Excel 2007 的具体版本号

基于产品战略的调整，微软公司于 2011 年 6 月推出了新的产品组合 ——Office 365，将 Microsoft Office 2010、Office Web Apps、SharePoint Online、Exchange Online 和 Lync Online 结合在一起，充分借助云计算技术特点，从以往的单机授权销售模式改为订阅制。

Office 365 是微软公司新定义的一个产品套装，简单来说，它是包含了最新版本的 Office 桌面版本、在线或移动版的 Office 和多个用于协作办公的本地应用程序或云应用的超级结合体。最近十年间，Office 365 的产品内容经历了多次迭代和更新，而且细分为面向个人和企业的多种组合，令人目不暇接。假如用户从 2011 年开始一直订阅 Office 365，那么对于 Office 桌面版，可以自动享受从 Office 2010 到 Office 2019 的升级。图 1-16 展示了微软公司 2016 年对 Office 365 的定义。

图 1-16　Office 365 包含的产品与服务

当然，为了满足部分企业或个人的需要，微软公司目前仍然销售单机版的 Office 2019。单机版的 Office 2019 与包含在 Office 365 中的 Office 2019 的最大区别在于，前者可能需要很长时间才会得到微软公司发布的更新服务，而后者几乎可以每个月都得到微软公司发布的更新，便于用户使用最新的功能。

基于 Office 365 的成功，微软于 2017 年 7 月发布了一个更庞大更先进的产品组合 ——Microsoft 365，集成了 Office 365、Windows10、Enterprise Mobility+Security 等多个产品。目前，Microsoft 365 已经逐步取代 Office 365 而成为微软公司的办公软件产品的正式名称，如图 1-17 所示。

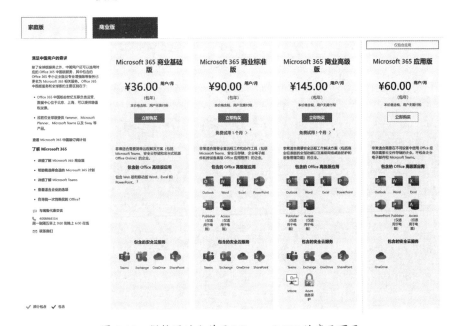

图 1-17　微软网站上关于 Microsoft 365 的产品页面

　　无论微软公司如何为 Office 系列产品命名，Excel 桌面版应用程序都会标明软件版本号，方便用户查看。在 Excel 2016 或 Excel 2019 中，单击【文件】→【账户】→【关于】，即可看到版本信息，如图 1-18 所示。

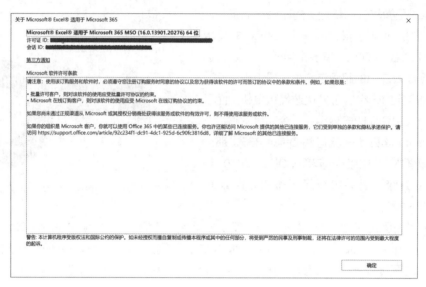

图 1-18　Excel 桌面版应用程序的版本号 16.0.13901.20276（2021 年 3 月更新）

第 2 章 Excel 工作环境

本章主要介绍 Excel 的工作环境，包括 Excel 的启动方式、Excel 文件的特点及如何使用并定制功能区。这些知识点将帮助读者了解 Excel 的基本操作方法，为进一步学习各项功能做好准备。

02章

本章学习要点

（1）启动 Excel 的多种方式。　　　　　（3）Excel 的界面与操作方法。

（2）Excel 文件的特点。

2.1 启动 Excel 程序

在操作系统中安装 Microsoft Office 2019 后，可以通过以下几种方式启动 Excel 程序。

2.1.1 通过 Windows 开始菜单

在 Windows 操作系统中依次单击【Windows】按钮→【Excel】选项，即可启动 Microsoft Excel 2019 程序，如图 2-1 所示。

2.1.2 通过桌面快捷方式

双击桌面上 Excel 的快捷方式即可启动 Excel 程序。

如果在安装时，没有在桌面上生成程序快捷方式，可以手动自行创建。通常有以下两种方法。

方法 1：通过 Excel 2019 程序文件创建桌面快捷方式。

图 2-1　通过 Windows【开始】
菜单启动 Excel 2019

步骤① 按 <Win+E> 组合键启动【Windows 资源管理器】，在 Windows 资源管理器窗口中，定位到 Excel 2019 安装目录，如："C:\Program Files (x86)\Microsoft Office\root\Office16"。

步骤② 找到"EXCEL.EXE"程序文件，在程序文件上右击，在弹出的快捷菜单中，依次单击【发送到】→【桌面快捷方式】命令，如图 2-2 所示。

方法 2：通过 Windows 开始菜单创建桌面快捷方式。

步骤① 单击【Windows】按钮，将鼠标指针悬停在【Excel】图标上。

步骤② 在【Excel】图标上右击鼠标，在弹出的快捷菜单中依次单击【更多】→【打开文件位置】选项，进入 Excel 2019 快捷方式所在目录。

步骤③ 在【Excel】程序图标上右击，在弹出的快捷菜单中选择【发送到】→【桌面快捷方式】命令，如图 2-3 所示。

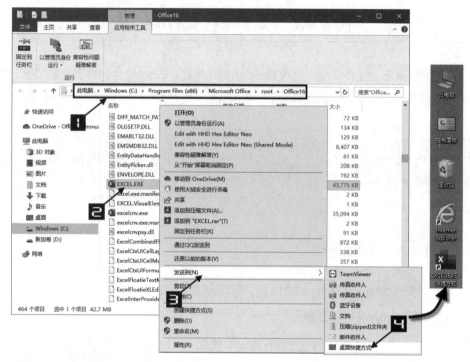

图 2-2　通过 Excel 2019 安装目录创建桌面快捷方式

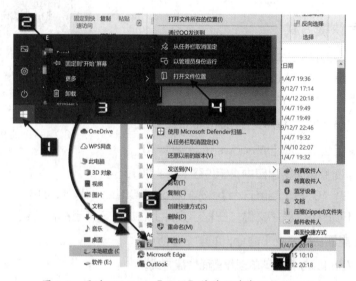

图 2-3　通过 Windows【开始】菜单创建桌面快捷方式

2.1.3　将 Excel 2019 快捷方式固定在任务栏

参考图 2-3，单击【Windows】按钮，将鼠标指针悬停在【Excel】图标上右击鼠标，在弹出的快捷菜单中依次单击【更多】→【固定到任务栏】命令。

2.1.4　通过已存在的 Excel 工作簿

双击已经存在的 Excel 工作簿，如双击文件名为"报表 .xlsx"的工作簿，即可启动 Excel 程序并且同时打开该工作簿文件。

2.2　其他特殊启动方式

2.2.1　以安全模式启动 Excel

如果 Excel 程序由于存在某种问题而无法正常启动，用户可以尝试通过安全模式启动 Excel。操作方法如下。

方法 1：修改启动参数

步骤① 鼠标右击 Excel 程序快捷方式，在弹出的快捷菜单中单击【属性】命令，打开【Excel 属性】对话框，切换到【快捷方式】选项卡，在【目标】文本框的原有内容末尾加上参数" /s"（注意：新添加的参数与原内容之间需要有一个半角空格）。

步骤② 单击【确定】按钮，保存设置并关闭对话框，如图 2-4 所示。

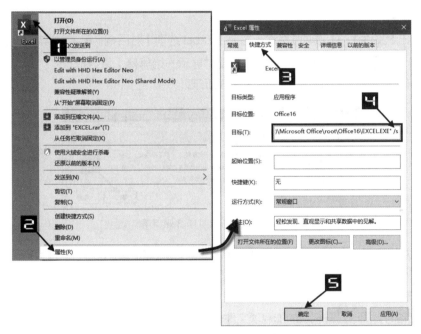

图 2-4　修改快捷方式启动参数

双击修改参数以后的 Excel 程序快捷方式，此时 Excel 将以安全模式启动。在安全模式下，Excel 只提供最基本的功能，而禁止使用可能产生问题的部分功能，如自定义快速访问工具栏、加载宏及大部分的 Excel 选项。

方法 2：快捷键

按住 <Ctrl> 键，然后启动 Excel 程序，也可进入安全模式。

2.2.2　加快启动速度

（1）取消"启动时显示开始屏幕"选项，加快 Excel 程序启动速度。

Excel 2019 在启动时，默认显示如图 2-5 所示的开始屏幕，以供用户选择不同的操作。可以取消开始屏幕的显示，以加快 Excel 启动速度。

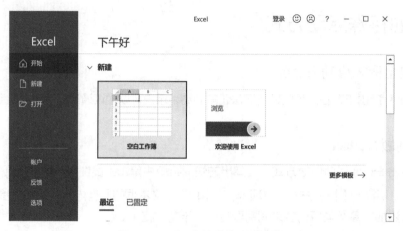

图 2-5　Excel 启动时的开始屏幕

操作步骤如下。

步骤① 依次单击【文件】→【选项】命令，打开【Excel 选项】对话框。单击【常规】选项卡，在【启动选项】区域取消选中【此应用程序启动时显示开始屏幕】复选框。

步骤② 单击【确定】按钮关闭对话框，如图 2-6 所示。

图 2-6　取消"启动时显示开始屏幕"选项

此时，再次启动 Excel 2019 时，如图 2-5 所示的开始屏幕将不再显示，而直接进入程序界面，并且自动创建一个工作簿，从而加快了程序的启动速度。

（2）禁用加载项。

Excel 在启动时会同时打开相应的加载项文件。如果 Excel 启动时加载项过多，就会大大影响 Excel 的启动速度。

例如使用 Excel 2019 初次打开早期版本的工作簿时，会需要打开相应的加载项文件。因此初次打开早期版本的工作簿文件会比较慢。

COM 加载项是 Excel 默认启动的加载项之一。下面以 COM 加载项为例，演示如何禁用相关的加载项，以达到加速启动的目的。

步骤① 依次单击【文件】→【选项】命令，在弹出的【Excel 选项】对话框中切换到【加载项】选项卡。

步骤② 在右侧【管理】下拉列表中选择【COM 加载项】，然后单击右侧的【转到】按钮，打开【COM 加载项】对话框。

步骤③ 在【COM 加载项】对话框的【可用加载项】列表中，取消选中不需要运行的加载项。单击【确定】按钮，然后单击【Excel 选项】对话框的【确定】按钮完成设置，如图 2-7 所示。

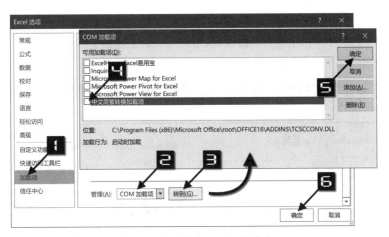

图 2-7　取消选中 COM 加载项

可以通过类似的步骤禁用【管理】列表中的其他加载项项目。

启动加载项可以扩展 Excel 的功能，同时也会消耗系统资源。因此禁用暂不需要的加载项可以提升系统效率，加快 Excel 程序启动速度。

2.3　理解 Excel 文件的概念

2.3.1　文件的概念

在使用 Excel 之前，有必要了解一下"文件"的概念。

用计算机专业术语来说，"文件"就是"存储在磁盘上的信息实体"。在使用计算机的过程中，可以说用户几乎每时每刻都在与文件打交道。如果把计算机比作一个书橱，那么文件就好比是放在书橱里的书本。每本书都会在封面上印有书名，而文件同样也用"文件名"作为它的标识。

在 Windows 操作系统中，不同类型的文件通常会显示不同的图标，以帮助用户直观地进行区分，如图 2-8 所示。Excel 文件的图标都会包括一个绿色的 Excel 程序标志。在图 2-8 所示的文件夹中，排列在第 4 位置名为"报表"的文件就是 Excel 文件。

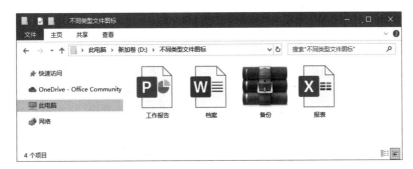

图 2-8　各种不同类型的文件在文件夹中的图标

除了图标外，用于区别文件类型的另一个重要依据是文件的"扩展名"。扩展名也称为后缀名或后缀，事实上是完整文件名的一部分。熟悉早期 DOS 操作系统的用户一定会清楚扩展名这个概念，但是由于它在 Windows 操作系统中并不总是显示出来，所以很容易被用户忽视。

显示并查看文件扩展名的方法如下。

在打开的任意文件夹中单击【查看】选项卡，选中【文件扩展名】复选框，即可将文件扩展名显示出来，如图 2-9 所示。

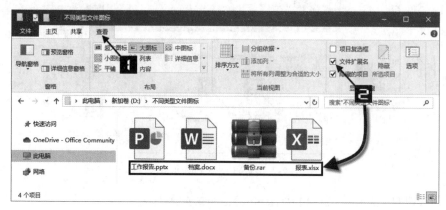

图 2-9　显示文件扩展名

选中【文件扩展名】复选框后，文件夹中的文件都显示出其完整名称。例如，"报表 .xlsx"这个文件，其文件名中的"."之后的"xlsx"就是该文件的扩展名，标识了这个文件的类型。

其他不同类型的文件也有不同的扩展名。例如，Word 文档的文件扩展名默认为".docx"，PowerPoint 的演示文稿文件扩展名默认为".pptx"等。

2.3.2　Excel 的文件

通常情况下，Excel 文件是指 Excel 工作簿文件，即扩展名为".xlsx"（Excel 97-2003 工作簿的默认扩展名为".xls"）的文件，这是 Excel 最基础的电子表格文件类型。但是与 Excel 相关的文件类型并非仅此一种，以下对 Excel 程序创建的其他文件类型进行介绍。

⊃ I　启用宏的工作簿（.xlsm）

启用宏的工作簿是一种特殊的工作簿，是自 Excel 2007 以后的版本所特有的，是 Excel 2007 及后续版本中基于 XML 和启用宏的文件格式，用于存储 VBA 宏代码或 Excel 4.0 宏工作表，启用宏的工作簿扩展名为".xlsm"。自 Excel 2007 及以后的版本，基于安全考虑，普通工作簿无法存储宏代码，而保存为启用宏的工作簿则可以保留其中的宏代码。

⊃ II　模板文件（.xltx/.xltm）

模板是用来创建具有相同特色的工作簿或工作表的模型，如果要使自己创建的工作簿或工作表具有自定义的颜色、文字样式、表格样式、显示设置等统一的样式，那么就可以通过使用模板文件来实现。模板文件的扩展名为".xltx"。关于模板的具体使用方法，请参阅第 9 章。如果用户需要将 VBA 宏代码或 Excel 4.0 宏工作表存储在模板中，则需要存储为启用宏的模板文件类型，其文件扩展名为".xltm"。

⊃ III　加载宏文件（.xlam）

加载宏是一些包含了 Excel 扩展功能的程序，其中包括 Excel 自带的加载宏程序（如分析工具库、规则求解等），也包括用户自己或第三方软件厂商创建的加载宏程序（如自定义函数、命令等）。加载宏文件".xlam"就是包含了这些程序的文件，通过移植加载宏文件，用户可以在不同的计算机上使用加载宏程序。

◯ Ⅳ　网页文件（.mht/.htm）

Excel 可以从网页上获取数据，也可以把包含数据的表格保存为网页格式发布，其中还可以设置保存为".交互式"的网页，转化后的网页中保留了使用 Excel 继续进行编辑和数据处理的功能。Excel 保存为网页文件分为单个文件的网页（.mht）和普通的网页（.htm），这些 Excel 创建的网页与普通的网页不完全相同，其中包含了部分与 Excel 格式相关的信息。

除了上面介绍的这几种文件类型外，Excel 还支持许多其他类型的文件格式，不同的 Excel 格式具有不同的扩展名、存储机制及限制，如表 2-1 所示。

表 2-1　Excel 文件格式具有不同的扩展名、存储机制及限制

Excel 文件格式	扩展名	存储机制和限制说明
Excel 工作簿	.xlsx	Excel 2007 及以上版本默认基于 XML 的文件格式。不能存储 VBA 宏代码或 Microsoft Office Excel 4.0 宏工作表（.xlm）
Excel 启用宏的工作簿	.xlsm	Excel 2007 及以上版本基于 XML 和启用宏的文件格式。可存储 VBA 宏代码和 Excel 4.0 宏工作表（.xlm）
Excel 二进制工作簿	.xlsb	Excel 2007 及以上版本的二进制文件格式
Excel 97-2003 工作簿	.xls	Excel 97-2003 的二进制文件格式
XML 数据	.xml	XML 数据格式
单个文件网页	.mht、.mhtm	单个文件网页（MHT 或 MHTML）。此文件格式集成嵌入图形、小程序、链接文档及在文档中引用的其他支持项目
网页	.htm、.html	超文本标记语言（HTML）。如果从其他程序复制文本，Excel 将不考虑文本的固有格式，而以 HTML 格式粘贴文本
模板	.xltx	Excel 2007 及以上版本的 Excel 模板默认文件格式。不能存储 VBA 宏代码或 Excel 4.0 宏工作表（.xlm）
Excel 启用宏的模板	.xltm	Excel 2007 及以上版本的 Excel 模板启用宏的文件格式。可存储 VBA 宏代码和 Excel 4.0 宏工作表（.xlm）
Excel 97-2003 模板	.xlt	Excel 模板的 Excel 97-2003 的二进制文件格式（BIFF8）
文本文件（制表符分隔）	.txt	将工作簿另存为以制表符分隔的文本文件，仅保存活动工作表
Unicode 文本	.txt	将工作簿另存为 Unicode 文本，是一种由 Unicode 协会开发的字符编码标准
XML 电子表格 2003	.xml	XML 电子表格 2003 文件格式
Microsoft Excel 5.0/95 工作簿	.xls	Excel 5.0/95 二进制文件格式
CSV（逗号分隔）	.csv	将工作簿另存为以制表符分隔的文本文件，仅保存活动工作表
带格式文本文件（空格分隔）	.prn	Lotus 以空格分隔的格式。仅保存活动工作表
DIF（数据交换格式）	.dif	数据交换格式，仅保存活动工作表

Excel 文件格式	扩展名	存储机制和限制说明
SYLK（符号连接）	.slk	符号连接格式。仅保存活动工作表
Excel 加载宏	.xlam	Excel 2007-2019 基于 XML 和启用宏的加载项格式。加载项是用于运行其他代码的补充程序。支持使用 VBA 项目和 Excel 4.0 宏工作表（.xlm）
Excel 97-2003 加载宏	.xla	Excel 97-2003 加载项。即设计用于运行其他代码的补充程序。支持 VBA 项目的使用
PDF	.pdf	可携带文档格式，无论在哪种打印机上都可保证精确的颜色和准确的打印效果
XPS 文档	.xps	与 PDF 格式类似，联机查看或打印 XPS 文件时，可保留预期的格式，并且他人无法轻易更改文件中的格式
Strict Open XML 电子表格	.xlsx	Excel 工作簿文件格式（.xlsx）的 ISO 严格版本
Open Document 电子表格	.ods	Open Document 电子表格。可以保存 Excel 2019 文件，从而可在使用 Open Document 电子表格格式的电子表格应用程序（如 Google Docs 和 OpenOffice.org Calc）中打开这些文件。也可以使用 Excel 2019 打开 .ods 的电子表格。保存及打开文件时可能会丢失格式设置

　　识别这些不同类型的文件，除了通过扩展名，有经验的用户还可以从这些文件的图标上发现它们的区别，如图 2-10 所示。

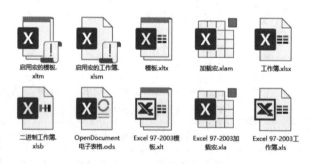

图 2-10　几种与 Excel 相关的文件

2.4　Office Open XML 文件格式

　　从 Microsoft Office 2007 开始，引入了一种基于 XML 的新文件格式。这种新格式称为 Microsoft Office Open XML 格式，适用于 Microsoft Office Word、Microsoft Office Excel、Microsoft Office PowerPoint。

　　在 Microsoft Office 早期版本中，由 Microsoft Office Word、Microsoft Office Excel、Microsoft Office PowerPoint 创建的文件以独立的、单一的文件格式进行保存，它们称为二进制文件。

　　Microsoft Office Open XML 格式是基于 XML 和 ZIP 压缩技术创建的。和早期的 Microsoft Office

版本类似，文档保存在一个单一的文件或容器中，所以管理这些文档的过程仍然是简单的。但是与早期文件不同的是，Microsoft Office Open XML 格式的文件能够被打开显示其中的组件，使用户能够访问该文件的结构。

Microsoft Office Open XML 格式有许多优点，它不仅适用于开发人员及其构建的解决方案，而且适用于个人及各种规模的组织。

压缩文件。Microsoft Office Open XML 格式使用 ZIP 压缩技术来存储文档，由于这种格式可以减少存储文件所需的磁盘空间，因而可以节省成本。

引进了受损文件的恢复。文件结构以模块形式进行组织，从而使文件中的不同数据组件彼此分隔。这样，即使文件中的某个组件（如图表或表格）受到损坏，文件本身仍然可以打开。

易于检测到包含宏的文档。使用默认的".x"结尾的后缀（如 .xlsx）保存的文件不能包含 Visual Basic for Application（VBA）宏或 ActiveX 控件。因此不会引发与相关类型的嵌入代码有关的安全风险。只有特定扩展名的文件（如".xlsm""·xlsb""·xlam"等）才能包含 VBA 宏和 ActiveX 控件，这些宏和控件存储在文件内单独一节中。不同的文件扩展名使包含宏的文件和不包含宏的文件更容易区分，从而更容易识别出包含潜在恶意代码的文件。此外，IT 管理员可阻止包含不需要的宏或控件的文档，这样在打开文档时就会更加安全。

更好的隐私保护和更强有力的个人信息控制。可以采用保密方式共享文档，因为使用文档检查器可以轻松地识别和删除个人身份信息及业务敏感信息，如作者姓名、批注、修订和文件路径等。

2.5　理解工作簿和工作表的概念

前文已经提到，扩展名为".xlsx"的文件就是我们通常所称的工作簿文件，它是用户进行 Excel 操作的主要对象和载体。用户使用 Excel 创建数据表格，在表格中进行编辑及操作完成后，进行保存等一系列操作过程，大多是在工作簿这个对象上完成的。在 Excel 2019 程序窗口中，可以同时打开多个工作簿。

如果把工作簿比作书本，那么工作表就类似于书本中的书页。工作簿在英文中称为"Workbook"，而工作表则称为"Worksheet"，大致也就是包含了书本和书页的意思。

书本中的书页可以根据需要增减和改变顺序，工作簿中的工作表也可以根据需要增加、删除和移动。

现实中的书本是有一定页码限制的，太厚了就无法方便地进行阅读，甚至装订都困难。而 Excel 工作簿可以包括的最大工作表数量与当前所使用的计算机的内存有关，也就是说在内存充足的前提下，可以是无限多个。

一本书至少应该有一页纸，同样，一个工作簿也至少需要包含一张可视工作表。

2.6　认识 Excel 的工作窗口

Excel 2019 继续沿用了前一版本的功能区（Ribbon）界面风格，在窗口界面中设置了一些便捷的工具栏和按钮，如【快速访问工具栏】按钮、【视图切换】按钮和【显示比例】滑块等，如图 2-11 所示。

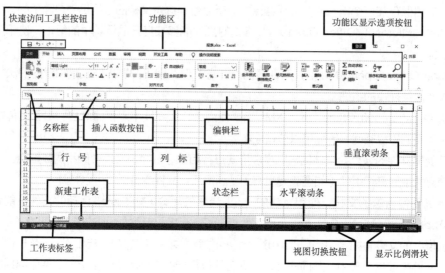

图 2-11　Excel 2019 窗口界面

2.7　认识功能区

2.7.1　功能区选项卡

　　功能区选项卡是 Excel 窗口界面中的重要元素，位于标题栏下方。功能区由一组选项卡面板组成，单击选项卡标签可以切换到不同的选项卡功能面板。

　　在如图 2-12 所示的功能区中，当前选中了【公式】选项卡，选定的选项卡也称为"活动选项卡"。每个选项卡中包含了多个命令组，每个命令组通常都由一些密切相关的命令所组成。例如，【公式】选项卡中包含了【函数库】【定义的名称】【公式审核】和【计算】4 个命令组，而【函数库】命令组中则包含了多个插入函数的命令。

图 2-12　功能区

　　在仅浏览 Excel 工作表中的数据时，往往需要更大的单元格显示区域，Excel 的功能区提供了折叠和隐藏功能。

　　以折叠功能区为例，通过单击程序窗口上方的【功能区显示选项】按钮，在弹出的快捷菜单中选择【显示选项卡】命令，则可以折叠功能区，只保留显示各选项卡的标签，如图 2-13 所示。再次单击【功能区显示选项】按钮，在弹出的快捷菜单中选择【显示选项卡和命令】命令，可恢复功能区正常显示。

　　另外，单击如图 2-14 所示的【折叠功能区】按钮，可以快速折叠功能区。

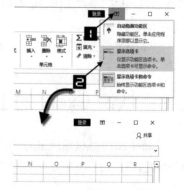

图 2-13　通过【功能区显示选项】按钮命令折叠功能区

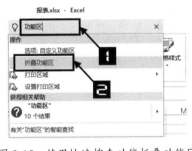

图 2-14　【折叠功能区】命令

提示

　　使用 <Ctrl+F1> 组合键或双击任意选项卡名称，可以在折叠功能区和正常显示功能区之间快速切换。还可以在快速搜索框输入命令关键词，如"功能区"，在快捷菜单中选择【折叠功能区】命令，进行快速切换（图 2-15）。

图 2-15　使用快速搜索功能折叠功能区

　　以下介绍几个主选项卡。

⊃ ▎【文件】选项卡

　　【文件】选项卡是一个比较特殊的功能区选项卡，由一组纵向的菜单列表组成，包括【返回】按钮 ⊖、【开始】【新建】【打开】【信息】【保存】【另存为】【历史记录】【打印】【共享】【导出】【发布】【关闭】【账户】【反馈】和【选项】等功能，其中左上角的【返回】按钮是用户返回工作表操作区域的选项，如图 2-16 所示。

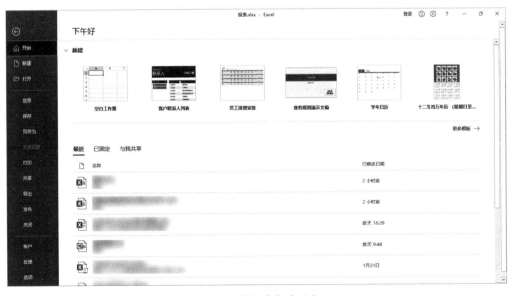

图 2-16　【文件】选项卡

⊃ II 【开始】选项卡

　　【开始】选项卡包含一些最常用命令。该选项卡包括基本的剪贴板命令、字体格式、单元格对齐方式、单元格格式和样式、条件格式、单元格和行列的插入 / 删除命令及数据编辑命令等，如图 2-17 所示。

图 2-17 【开始】选项卡

⊃ III 【插入】选项卡

　　【插入】选项卡几乎包含了所有可以插入工作表中的对象，如图 2-18 所示。主要包括图表、图片和形状、联机图片、SmartArt、艺术字、符号、文本框和超链接等，也可以从这里创建数据透视表和表格，此外，还包括地图、三维地图及迷你图和筛选器等。

图 2-18 【插入】选项卡

⊃ IV 【页面布局】选项卡

　　【页面布局】选项卡包含了影响工作表外观的命令，包括主题设置、图形对象排列位置等，同时也包含了打印所使用的页面设置和缩放比例等，如图 2-19 所示。

图 2-19 【页面布局】选项卡

⊃ V 【公式】选项卡

　　【公式】选项卡包含了函数、公式、计算相关的命令，如插入函数、名称管理器、公式审核及控制 Excel 执行计算的计算选项等，如图 2-20 所示。

图 2-20 【公式】选项卡

⊃ VI 【数据】选项卡

　　【数据】选项卡包含了数据处理相关的命令，如外部数据的管理、排序和筛选、分列、数据验证、合并计算、模拟分析、删除重复值、组合及分类汇总等，如图 2-21 所示。

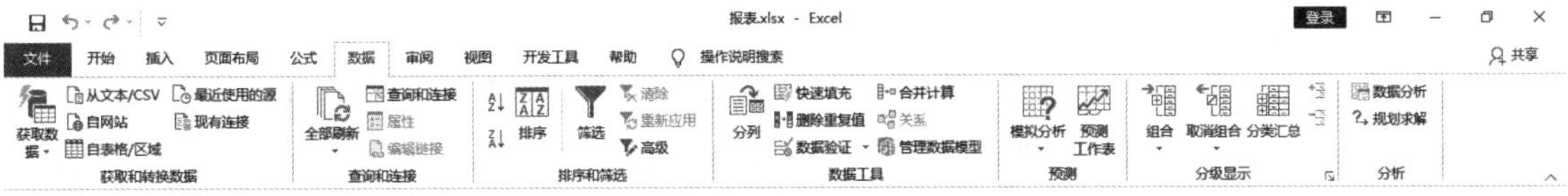

图 2-21　【数据】选项卡

⊃ VII 【审阅】选项卡

　　【审阅】选项卡包含拼写检查、翻译文字、批注管理及工作簿、工作表的权限管理等，如图 2-22 所示。

图 2-22　【审阅】选项卡

⊃ VIII 【视图】选项卡

　　【视图】选项卡包含了 Excel 窗口界面底部状态栏附近的几个主要按钮功能，包括显示视图切换、显示比例缩放和录制宏命令。除此之外，还包括窗口冻结和拆分、网格线、标题等窗口元素的显示与隐藏等，如图 2-23 所示。

图 2-23　【视图】选项卡

⊃ IX 【开发工具】选项卡

　　【开发工具】选项卡在默认设置下不会显示，它主要包含使用 VBA 进行程序开发时需要用到的命令，如图 2-24 所示。显示【开发工具】选项卡的方法请参阅 42.5.1。

图 2-24　【开发工具】选项卡

⊃ X 【加载项】选项卡

　　当工作簿中包含自定义菜单命令或自定义工具栏及第三方软件安装的加载项时显示【加载项】选项卡，如图 2-25 所示。此选项卡中的命令按钮因加载项而异。

图 2-25　【加载项】选项卡

2.7.2　上下文选项卡

除以上这些常规选项卡外，Excel 2019 还包含了许多附加的选项卡，它们只在进行特定操作时才会显示出来。因此也称为"上下文选项卡"。例如，当选中某些类型的对象时（如 SmartArt、图表、数据透视表等），功能区中就会显示处理该对象的专用选项卡。如图 2-26 所示，操作 SmartArt 对象时所出现的【SmartArt 工具】上下文选项卡，其中包含了【设计】和【格式】两个子选项卡。

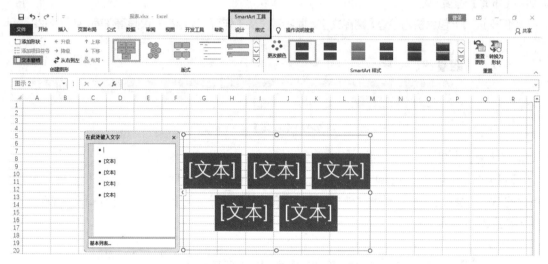

图 2-26　【SmartArt 工具】选项卡

除【SmartArt 工具】上下文选项卡外，常见的上下文选项卡主要包括以下几种。

⇒ I　图表工具

【图表工具】上下文选项卡在工作表中激活图表对象时显示，其中包括【设计】和【格式】两个子选项卡，如图 2-27 所示。

图 2-27　【图表工具】选项卡

⇒ II　绘图工具

【绘图工具】上下文选项卡在激活图形对象时显示，其中包括【格式】子选项卡，如图 2-28 所示。

图 2-28　【绘图工具】选项卡

⇒ III　图片工具

【图片工具】上下文选项卡在激活图片或剪贴画时显示，其中包括【格式】子选项卡，如图2-29所示。

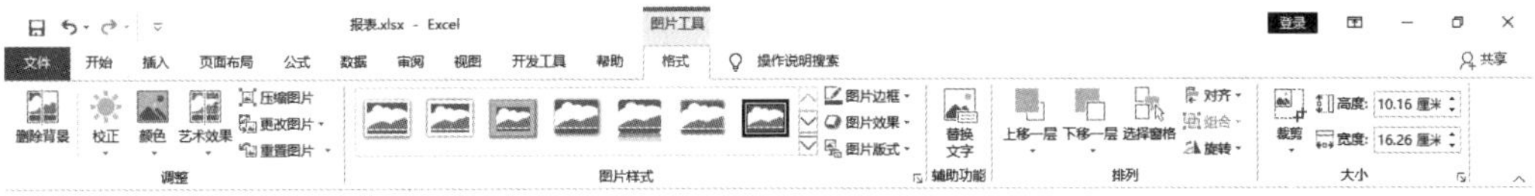

图 2-29　【图片工具】选项卡

⮎ IV　页眉和页脚工具

【页眉和页脚工具】上下文选项卡在执行【插入】→【文本】→【页眉和页脚】命令后，并对其操作时显示，其中包括【设计】子选项卡，如图 2-30 所示。

图 2-30　【页眉和页脚工具】选项卡

⮎ V　公式工具

【公式工具】上下文选项卡在激活数学公式对象时显示，其中包括【设计】子选项卡，如图 2-31 所示。

图 2-31　【公式工具】选项卡

> **注意** 　　此处的公式是指在文本框中进行编辑的、以数学符号为主的公式表达式，它不同于 Excel 的公式，此处插入的公式没有计算功能。

⮎ VI　数据透视表工具

【数据透视表工具】上下文选项卡在激活数据透视表时显示，其中包括【分析】和【设计】两个子选项卡，如图 2-32 所示。

图 2-32　【数据透视表工具】选项卡

⮎ VII　数据透视图工具

【数据透视图工具】上下文选项卡在激活数据透视图对象时显示，其中包括【分析】【设计】和【格式】3 个子选项卡，如图 2-33 所示。

图 2-33　【数据透视图工具】选项卡

⊃ VIII 表格工具

【表格工具】上下文选项卡在激活"表格"区域时显示，其中包括【设计】子选项卡，如图 2-34 所示。

图 2-34 【表格工具】选项卡

> **注意** "表格"是指在【插入】选项卡下单击【表格】按钮后创建的一种不同于常规数据区域的表格，在 Excel 早期版本中也称为"列表"。有关表格的应用，请参阅 29.10。

除以上介绍的常用上下文选项卡外，还有【迷你图工具】【日程表工具】【切片器工具】【查询工具】【图形工具】【3D 模型工具】等上下文选项卡。

2.7.3 选项卡中的命令控件类型

功能区选项卡中包含多个命令组，每个命令组中包含一些功能相近或相互关联的命令，这些命令通过多种不同类型的控件显示在选项卡面板中，认识和了解这些控件的类型和特性有助于正确使用功能区命令。

⊃ I 按钮

单击按钮可执行一项命令或一项操作。如图 2-35 所示，【开始】选项卡中的【剪切】按钮和【格式刷】按钮及【插入】选项卡中的【表格】按钮和【图标】等按钮。

图 2-35 按钮

⊃ II 切换按钮

单击切换按钮可在两种状态之间来回切换。如图 2-36 所示，【开始】选项卡中的【自动换行】切换按钮。

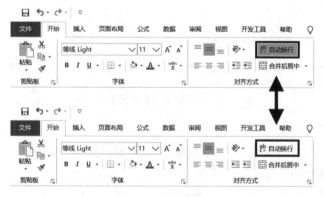

图 2-36 切换按钮

⊃ III 下拉按钮

下拉按钮包含一个黑色倒三角标识符号，单击下拉按钮可以显示详细的命令列表或显示多级扩展菜单。图 2-37 所示为【清除】下拉按钮，图 2-38 所示为【条件格式】下拉按钮。

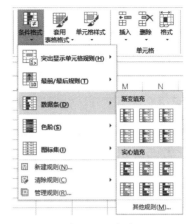

图 2-37 显示命令列表的下拉按钮　　　　　图 2-38 显示多级扩展菜单的下拉按钮

◯ Ⅳ 拆分按钮

拆分按钮（或称组合按钮）由按钮和下拉按钮组合而成。单击其中的按钮部分可以执行特定的命令，而单击其下拉按钮部分，则可以在下拉列表中选择其他相近或相关的命令。图 2-39 所示为【开始】选项卡中的【粘贴】拆分按钮和【插入】拆分按钮。

◯ Ⅴ 复选框

复选框与切换按钮作用方式相似，通过单击复选框可以在"选中"和"取消选中"两个选项之间来回切换，通常用于选项设置。图 2-40 所示为【页面布局】选项卡中的【查看】复选框和【打印】复选框。

图 2-39 拆分按钮　　　　　　　　　　　图 2-40 复选框

◯ Ⅵ 文本框

文本框可以显示文本，并且允许对其进行编辑。图 2-41 所示为【数据透视表工具】【分析】选项卡中的【数据透视表名称】文本框和【活动字段】文本框。

图 2-41 文本框

➲ VII 库

库包含了一个图标容器，在其中包含可供用户选择的命令或方案图标。图 2-42 所示为【图表工具】【设计】子选项卡中的【图表样式】库。单击右侧的上、下三角箭头，可以切换显示不同行中的图标项；单击右侧的下拉扩展按钮，可以打开整个库，显示全部内容，如图 2-43 所示。

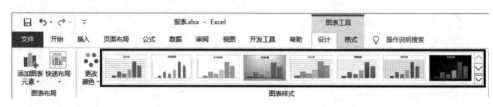

图 2-42　库

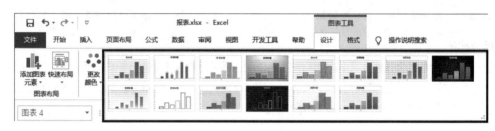

图 2-43　完全展开的【图表样式】库

➲ VIII 组合框

组合框控件由文本框、下拉按钮控件和列表框组合而成，通常用于多种属性选项的设置。通过单击其中显示黑色倒三角的下拉按钮，可以在下拉列表框中选取列表项，所选中的列表项会同时显示在组合框的文本框中。同时，也可以直接在文本框中输入某个选项名称后，按 <Enter> 键确认。图 2-44 所示为【开始】选项卡中的【数字格式】组合框。

➲ IX 微调按钮

微调按钮包含一对方向相反的三角箭头按钮，通过单击这对按钮，可以对文本框中的数值大小进行调节。图 2-45 所示为【图表工具】【格式】选项卡中的【形状高度】微调按钮和【形状宽度】微调按钮。

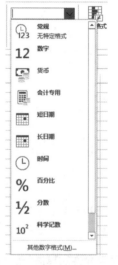

图 2-44　组合框

图 2-45　微调按钮

➲ X 对话框启动器

对话框启动器是一种比较特殊的按钮控件，它位于特定命令组的右下角，并与此命令组相关联。对话框启动器按钮显示为斜角箭头图标，单击此按钮可以打开与该命令组相关的对话框。如图 2-46 所示，通过单击【页面布局】选项卡【页面设置】组的【对话框启动器】按钮来打开【页面设置】对话框。

图 2-46　通过【对话框启动器】按钮打开【页面设置】对话框

2.7.4　选项卡控件的自适应缩放

功能区的选项卡控件可以随 Excel 程序窗口宽度的大小自动更改尺寸样式，以适应显示空间的要求，在窗口宽度足够大时尽可能显示更多的控件信息，而在窗口宽度比较小时，则尽可能以小图标代替大图标，甚至改变原有控件的类型，以求在有限的空间中显示更多的控件图标。

在窗口宽度减小时，选项卡控件可能发生的样式改变大致包括以下几种情况。

（1）同时显示文字和图标的按钮转而改变为显示图标，如图 2-47 所示的【开始】选项卡中【编辑】组相关命令下拉按钮。

图 2-47　不显示文字仅显示图标

（2）横向排列的拆分按钮转而改变为纵向排列的拆分按钮，如图 2-48 所示的【开始】选项卡中【单元格】组相关命令下拉按钮。

（3）库转变为下拉按钮，如图 2-49 所示的【图片工具】上下文选项卡中【图片样式】库转变为【快速样式】下拉按钮。

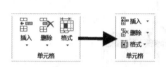

图 2-48 横向转为纵向

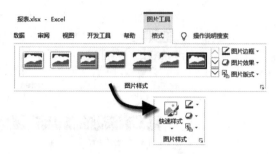

图 2-49 库转变为下拉按钮

（4）命令组变为下拉按钮，如图 2-50 所示的【开始】选项卡中【单元格】命令组和【编辑】命令组。选项卡标签或命令控件区域增加滚动按钮，如图 2-51 所示。

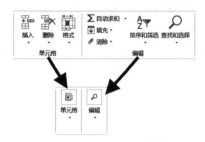

图 2-50 命令组变为下拉按钮

图 2-51 增加滚动按钮

提示➔ 当窗口宽度小于 300 像素时，功能区不再显示。

2.7.5 其他常用控件

除了以上这些功能区中的常用控件外，在 Excel 的对话框中还包含以下一些其他类型的控件。

➲ | 选项按钮

选项按钮控件通常由两个或两个以上的选项按钮组成，在选中其中一个选项按钮时，同时取消同组中其他选项的选取状态。因此，选项按钮也称为"单选按钮"。图 2-52 所示为【Excel 选项】对话框中【高级】选项卡中的【光标移动】选项按钮。

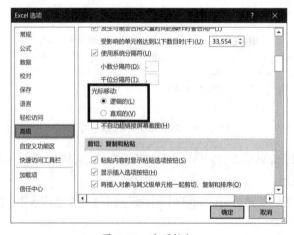

图 2-52 选项按钮

⊃ Ⅱ 编辑框

编辑框由文本框和右侧的折叠按钮组成，文本框内可以直接输入或编辑文本，单击折叠按钮可以在工作表中直接框选目标区域，则目标区域的单元格地址会自动填写在文本框中，图 2-53 所示为通过【插入】选项卡中的【表格】命令打开的【创建表】对话框中的【表数据的来源】编辑框。

图 2-53　编辑框和折叠按钮

2.8　通过选项设置调整窗口元素

用户可以根据自己的使用习惯和实际需要，对 Excel 窗口元素进行一些调整，这些调整包括显示、隐藏、调整次序等，以下介绍通过选项设置调整窗体元素的方法。

2.8.1　显示和隐藏选项卡

在 Excel 2019 工作窗口中，默认显示【文件】【开始】【插入】【页面布局】【公式】【数据】【审阅】【视图】和【帮助】9 个选项卡，其中【文件】选项卡默认始终显示。用户可以通过【文件】→【选项】命令，在弹出的【Excel 选项】对话框中切换到【自定义功能区】选项卡，在【自定义功能区】区域选中或取消选中各主选项卡的复选框，来显示或隐藏对应的主选项卡，如图 2-54 所示。

图 2-54　显示和隐藏选项卡

2.8.2　添加和删除自定义选项卡

用户可以自行添加或删除自定义选项卡，操作方法如下。

⊃ Ⅰ 添加自定义选项卡

在【Excel 选项】对话框中单击【自定义功能区】选项卡，然后单击右侧下方的【新建选项卡】按钮，【自定义功能区】列表中会显示新创建的自定义选项卡，如图 2-55 所示。

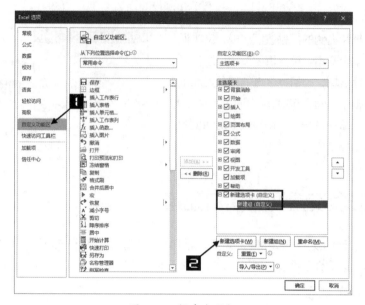

图 2-55　新建选项卡

用户可以为新建的选项卡和其下的命令组重新命名，并通过左侧的命令列表向右侧的命令组中添加命令，如图 2-56 所示。

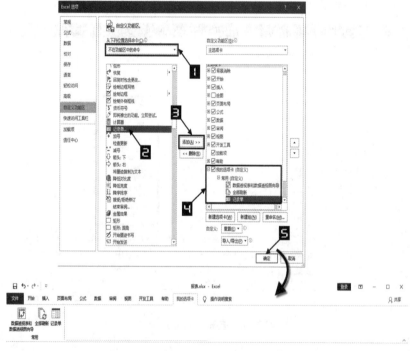

图 2-56　在自定义选项卡中添加命令

⊃ II 删除自定义选项卡

如果用户需要删除自定义的选项卡（程序原有内置的选项卡无法删除），可以在选项卡列表中选定指定的自定义选项卡，单击左侧的【删除】按钮，或右击选中的自定义选项卡，在弹出的快捷菜单中选择【删除】命令。

2.9 自定义功能区

除了创建新的自定义选项卡添加自定义命令外，也可以在系统原有的内置选项卡中添加自定义命令组，为内置选项卡增加自定义命令。

例如，要在【页面布局】选项卡中新建一个命令组，将【冻结窗格】命令添加到此命令组中，操作步骤如下。

步骤① 在功能区鼠标右击，在弹出的快捷菜单中选择【自定义功能区】命令，打开【Excel 选项】对话框，此时会自动激活【自定义功能区】选项卡。

步骤② 在【自定义功能区】选项卡中右侧的主选项卡列表中选择【页面布局】选项卡，然后单击下方的【新建组】按钮，会在此选项卡中新增一个名为【新建组（自定义）】的命令组。

步骤③ 选中新建组，然后在左侧【常用命令】列表中找到【冻结窗格】命令并选中，再单击中间的【添加】按钮，即可将此命令添加到自定义的命令组中。最后单击【确定】按钮完成操作，如图 2-57 所示。

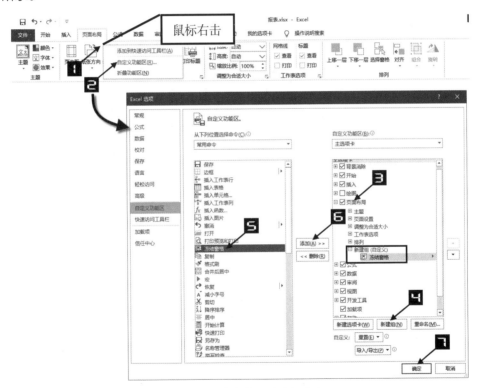

图 2-57 新建命令组并添加命令

新建的自定义命令组如图 2-58 所示。

图 2-58 自定义命令组在选项卡中的显示

2.9.1 重命名选项卡

除了【文件】选项卡和上下文选项卡，用户可以重命名现有的主选项卡，操作步骤如下。

步骤① 在【Excel 选项】对话框的【自定义功能区】【主选项卡】列表中选择需要重命名的选项卡，如【公式】选项卡，单击下方的【重命名】按钮，弹出【重命名】对话框。

步骤② 在【重命名】对话框的【显示名称】文本框中输入新的名称，如"函数公式"，单击【确定】按钮关闭【重命名】对话框。

步骤③ 单击【Excel 选项】对话框的【确定】按钮完成设置，如图 2-59 所示。

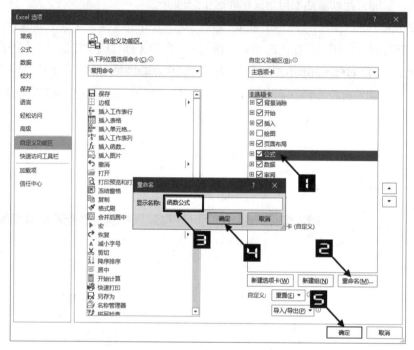

图 2-59　重命名选项卡

2.9.2 调整选项卡显示次序

用户可以根据需要调整选项卡在功能区中的排放次序，方法如下。

方法 1：打开【Excel 选项】对话框，单击【自定义功能区】选项卡，在【自定义功能区】【主选项卡】列表中选择需要调整的选项卡，单击右侧的上移或下移按钮，即可对选择的选项卡进行向上或向下移动。

方法 2：在【主选项卡】列表中选择需要调整的选项卡，按住鼠标左键拖动到目标位置，释放鼠标即可。

2.9.3 导出和导入配置

如果用户需要保留选项卡的各项设置，并在其他计算机使用或在重新安装 Microsoft Office 2019 程序后保持之前的选项卡设置，则可以通过导出和导入选项卡的配置文件实现，操作方法如下。

在【Excel 选项】对话框中选中【自定义功能区】选项卡，然后在右侧下方的【导入 / 导出】下拉列表中选择【导出所有自定义设置】命令，在弹出的【保存文件】对话框中选择保存路径，并输入保存的文件名称后单击【保存】按钮，完成选项卡配置文件的导出操作。在需要导入配置时，可参考以上操作，定位到配置文件的存放路径后选择文件导入。

2.9.4 恢复默认设置

如果用户需要恢复 Excel 程序默认的主选项卡或工具选项的初始设置，可以通过以下操作实现。

在【Excel 选项】对话框中选中【自定义功能区】选项卡，在右侧下方的【重置】下拉列表中选择
【重置所有自定义项】命令，也可以选择【仅重置所选功能区选项卡】命令，来完成对应的重置操作。

2.10 快速访问工具栏

快速访问工具栏是一个可自定义的工具栏，它包含一组常用的命令快捷按钮，并且支持用户自定义其中的命令，用户可以根据需要快速添加或删除其所包含的命令按钮。使用快速访问工具栏可以减少对功能区菜单的操作频率，提高常用命令的访问速度。

2.10.1 快速访问工具栏的使用

快速访问工具栏通常位于功能区的上方，系统默认情况下包含了【保存】【撤销】和【恢复】3 个命令按钮。单击工具栏右侧的下拉按钮，可在扩展菜单中显示更多的内置命令选项，其中包括【新建】【打开】【快速打印】等，如果选中这些命令选项，就可以在快速访问工具栏中显示对应的命令按钮，如图 2-60 所示。

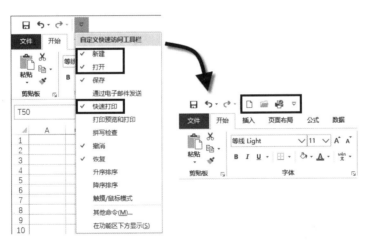

图 2-60　快速访问工具栏的使用

快速访问工具栏默认显示在功能区上方，如果有必要，也可以设置在功能区下方显示。在图 2-60 所示的下拉菜单中选中【在功能区下方显示】选项即可，设置后的效果如图 2-61 所示。

2.10.2 自定义快速访问工具栏

除了系统内置的几项命令外，用户还可以通过【自定义快速访问工具栏】按钮将其他命令添加到此工具栏上。

图 2-61　快速访问工具栏在功能区下方显示

以添加【照相机】命令到快速访问工具栏为例，操作步骤如下。

步骤① 单击【快速访问工具栏】右侧的下拉按钮，在弹出的扩展菜单中单击【其他命令】选项，弹出【Excel 选项】对话框，并自动切换到【快速访问工具栏】选项卡。

步骤② 在左侧【从下列位置选择命令】下拉列表中选择【不在功能区中的命令】选项，然后在命令列表中选中【照相机】命令，再单击【添加】按钮，此命令就会出现在右侧的命令列表中，最后单击【确定】按钮完成操作，如图 2-62 所示。

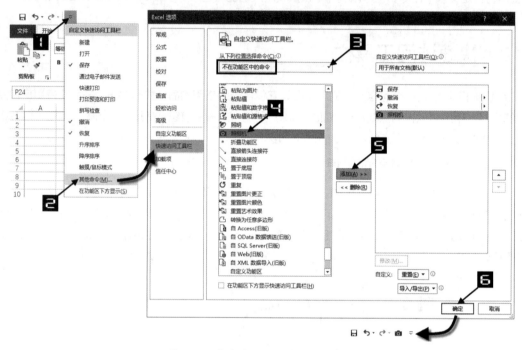

图 2-62　在快速访问工具栏添加命令

如果用户需要删除【快速访问工具栏】上的命令按钮，可以参照以上步骤，在【自定义快速访问工具栏】命令列表中选中要删除的命令按钮，然后单击【删除】按钮即可。

也可以在【快速访问工具栏】上鼠标右击需要删除的命令按钮，然后在弹出的快捷菜单中选择【从快速访问工具栏删除】命令，如图 2-63 所示。

图 2-63　从快速访问工具栏删除命令

除了添加和删除命令外，通过图 2-62 所示的选项对话框，还可以使用右侧的调节按钮调整命令的排列顺序。

2.10.3　导出和导入自定义快速访问工具栏配置

和自定义功能区类似，自定义快速访问工具栏通常只能在当前计算机所在系统中使用。如果用户需要保留自定义快速访问工具栏的各项设置，并在其他计算机上使用或在重新安装 Microsoft Office 2019

程序后保持之前的选项卡设置，则可以通过导出和导入自定义快速访问工具栏的配置文件实现，操作方法和导出导入功能区配置相似，详细步骤请参阅 2.9.3。

　　自定义功能区的导出和导入功能，和自定义快速访问工具栏的导入和导出功能是等效的，无论执行哪一个导入和导出，系统会将另一项自定义配置一同执行。

2.11　快捷菜单和浮动工具栏

　　许多常用命令除了可以通过功能区选项卡执行外，还可以在快捷菜单和浮动工具栏中选定执行。在工作表中，鼠标右击可以显示快捷菜单，可以使命令的选择更加快速高效。例如，在选定一个单元格区域后右击，会出现包含单元格格式操作等命令的快捷菜单，如图 2-64 所示。在选定单元格中的内容时，会出现字体设置相关命令的浮动工具栏，如图 2-65 所示。

图 2-64　Excel 右键快捷菜单

图 2-65　Excel 浮动工具栏

　　如果 Excel 程序中没有显示【浮动工具栏】，可以通过以下方法进行设置。依次单击【文件】→【选项】命令，打开【Excel 选项】对话框，选择【常规】选项卡，然后选中右侧的【选择时显示浮动工具栏】复选框。

第 3 章　工作簿和工作表操作

本章主要对工作簿和工作表的基础操作进行介绍，诸如工作簿的创建、保存，工作表的创建、移动、删除等操作。通过对本章的学习，用户将掌握工作簿和工作表的基础操作方法，并为后续进一步学习 Excel 的其他操作打下基础。

> **本章学习要点**
>
> （1）工作簿和工作表的基础操作。　　　　（2）工作表视图窗口的设置。

3.1　工作簿的基本操作

工作簿是用户使用 Excel 进行操作的主要对象和载体，以下介绍工作簿的创建、保存等基本操作。

3.1.1　工作簿类型

Excel 工作簿有多种类型。当保存一个新的工作簿时，可以在【另存为】对话框的【保存类型】下拉列表中选择所需要保存的 Excel 文件格式，如图 3-1 所示。其中 "*.xlsx" 为普通 Excel 工作簿；"*.xlsm" 为启用宏的工作簿，当工作簿中包含宏代码时，选择这种类型；"*.xlsb" 为二进制工作簿；"*.xls" 为 Excel 97-2003 工作簿，无论工作簿中是否包含宏代码，都可以保存为这种与 Excel 2003 版本兼容的文件格式。

默认情况下，Excel 2019 文件保存的类型为 "Excel 工作簿（*.xlsx）"。如果用户需要和早期的 Excel 版本用户共享电子表格，或者需要经常性地制作包含宏代码的工作簿，可以通过设置 "工作簿的默认保存文件格式" 来提高保存操作的效率，操作方法如下。

图 3-1　Excel【保存类型】下拉列表

依次单击【文件】→【选项】命令，打开【Excel 选项】对话框，单击【保存】选项卡，然后在右侧【保存工作簿】区域中的【将文件保存为此格式】下拉列表中选择需要默认保存的文件类型，如 "Excel 97-2003 工作簿（*.xls）"，最后单击【确定】按钮保存设置并退出【Excel 选项】对话框，如图 3-2 所示。

设置完默认的文件保存类型后，再对新建的工作簿使用【保存】命令或【另存为】命令时，就会被预置为之前所选择的文件类型。

> **注意**
>
> 如果将默认的文件保存类型设置为 "Excel 97-2003 工作簿"，则在 Excel 程序中新建工作簿时，将以 "兼容模式" 运行，部分高版本中的功能将不可用。

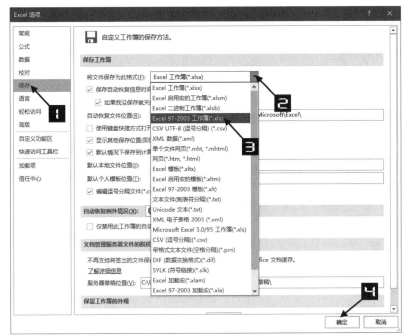

图 3-2　设置默认的文件保存类型

3.1.2　创建工作簿

用户可以通过以下几种方法创建新的工作簿。

➲ Ⅰ 在 Excel 工作窗口中创建工作簿文件

由系统【开始】菜单或桌面快捷方式启动 Excel，启动后的 Excel 工作窗口中自动创建一个名为"工作簿 1"的空白工作簿（如多次重复启动动作，则名称中的编号依次增加），这个工作簿在用户进行保存操作之前都只存在于内存中，没有实体文件存在。

在现有的工作窗口中，有以下 2 种等效操作可以创建新的工作簿。

（1）在功能区上依次单击【文件】→【新建】命令，在右侧单击【空白工作簿】命令。

（2）按 <Ctrl+N> 组合键。

上述方法所创建的工作簿同样只存在于内存中，并会依照创建次序自动命名。

➲ Ⅱ 在系统中创建工作簿文件

安装了 Microsoft Office 2019 的 Windows 系统，会在鼠标右键菜单中自动添加【新建】→【Microsoft Excel 工作表】命令，如图 3-3 所示。执行相应命令后可在当前位置创建一个新的 Excel 工作簿文件。

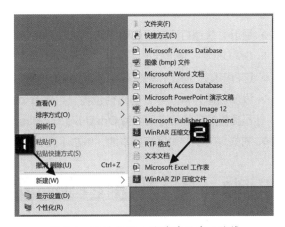

图 3-3　通过鼠标右键菜单创建工作簿

3.1.3　保存工作簿

在工作簿进行编辑修改等操作后，都需要经过保存才能成为磁盘空间的实体文件，用于以后的读取与编辑。培养良好的保存文件习惯对于长时间进行表格操作的用户来说，具有特别重要的意义，经常性地保存工作簿可以避免很多由系统崩溃、停电故障等原因所造成的损失。

⮑ I 保存工作簿的几种方法

有以下几种等效操作可以保存当前窗口的工作簿。

（1）在功能区依次单击【文件】→【保存】（或【另存为】）命令。

（2）单击【快速访问工具栏】上的【保存】按钮。

（3）按 <Ctrl+S> 组合键。

（4）按 <Shift+F12> 组合键。

经过编辑修改但未经保存的工作簿，在关闭时会自动弹出提示信息，询问用户是否保存，如图 3-4 所示。单击【保存】按钮就可以保存此工作簿。

图 3-4　关闭工作簿时询问是否保存

⮑ II 保存工作簿位置

当用户单击【文件】→【另存为】命令保存工作簿时，右侧会出现 5 个选项，如图 3-5 所示。【另存为】选项的含义如下。

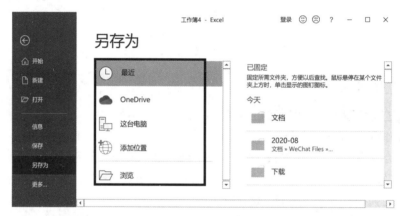

图 3-5　【另存为】显示的路径

❖ 最近：快速打开最近使用过的本地或 OneDrive 空间文件夹。

❖ OneDrive：将工作簿保存到当前已登录账户的个人 OneDrive 空间。

❖ 这台电脑：将工作簿保存到最近使用的本地文件夹。

❖ 添加位置：添加保存的路径位置，可将 Excel 文件保存到个人 OneDrive 空间或是面向组织内部成员提供的在线云存储服务 OneDrive For Business。

❖ 浏览：将工作簿保存到本地，单击【浏览】命令后，直接进入资源管理器进行文件夹路径的选择。

示例3-1 将工作簿保存到OneDrive上

将工作簿保存到 OneDrive 空间，能够在不同地点或不同终端通过登录账户快速访问文件。操作步骤如下。

步骤① 依次单击【文件】→【另存为】→【OneDrive】命令。若用户尚未登录账户，则需要先登录 OneDrive。

步骤② 在打开的【另存为】对话框中，选择 OneDrive 上的一个位置，如【Documents】，然后在【文件名】文本框中输入文件名，如"共享报表 .xlsx"，单击【保存】按钮完成操作，如图 3-6 所示。

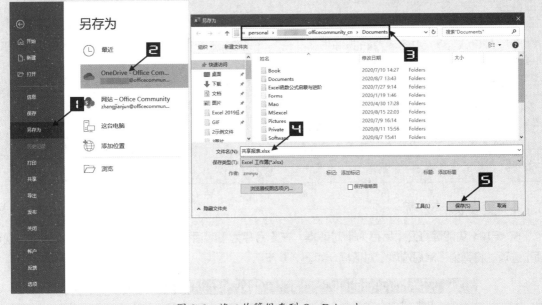

图 3-6 将工作簿保存到 OneDrive 上

⊃ III 【另存为】对话框

在对新建工作簿进行第一次保存操作时，会转到【另存为】界面。选择最近使用的一个位置，则会弹出【另存为】对话框，对文件命名后单击【保存】按钮即可，如图 3-7 所示。

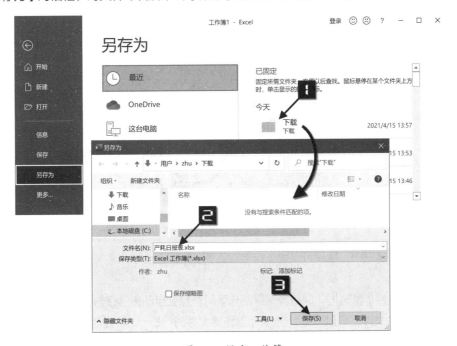

图 3-7 保存工作簿

深入了解【保存】和【另存为】

Excel 有两个保存功能相关的菜单命令，分别是【保存】和【另存为】，它们的名字和实际作用都非常相似，但是实际上却有一定的区别。

对于新创建的工作簿，在第一次执行保存操作时，【保存】命令和【另存为】命令的功能完全相同，都将打开【另存为】对话框，供用户进行路径定位、文件命名和保存类型的选择等一系列设置。

对于之前已经保存过的现有工作簿，再次执行保存操作时，这两个命令则有以下区别。

（1）【保存】命令不会打开【另存为】对话框，而是直接将编辑修改后的内容保存到当前工作簿中。工作簿的文件名、存放路径不会发生任何改变。

（2）【另存为】命令将会打开【另存为】对话框，允许用户重新设置存放路径和其他保存选项，以得到当前工作簿的另一个副本。

3.1.4　更多保存选项

按 <F12> 功能键打开【另存为】对话框，在【另存为】对话框底部依次单击【工具】→【常规选项】选项，将弹出【常规选项】对话框，如图 3-8 所示。

图 3-8　【常规选项】对话框

在【常规选项】对话框中，用户可以为工作簿设置更多的保存选项。

➲｜生成备份文件

选中【生成备份文件】复选框，则每次保存工作簿时，都会自动创建备份文件。

所谓自动创建备份文件，其过程是：当保存工作簿文件时，Excel 将磁盘上前一次保存过的同名文件重命名为"XXX 的备份"，扩展名为".xlk"，即前面提到的备份文件格式，同时，将当前工作窗口中的工作簿保存为与原文件同名的工作簿文件。

这样每次保存时，在磁盘空间上始终存在着新旧两个版本的文件，用户可以在需要时打开备份文件，使表格内容状态恢复到上一次保存的状态。

　　备份文件只会在保存时生成，并不会自动生成。用户从备份文件中也只能获取前一次保存时的状态，并不能恢复到更久以前的状态。

⊃ II　打开权限密码

　　在【打开权限密码】文本框内输入密码，可以为保存的工作簿设置打开文件的密码保护，没有输入正确的密码，就无法用常规方法读取所保存的工作簿文件。密码长度最多支持 15 位。

⊃ III　修改权限密码

　　与打开权限密码有所不同，【修改权限密码】可以保护工作表不被意外地修改。

　　打开设置过修改权限密码的工作簿时，会弹出对话框，要求用户输入密码或以"只读"方式打开文件，如图 3-9 所示。

　　只有掌握此密码的用户才可以在编辑修改工作簿后进行保存，否则只能以"只读"方式打开工作簿。在"只读"方式下，用户不能将工作簿内容所做的修改保存到原文件中，而只能保存到其他副本中。

图 3-9　要求用户输入密码

⊃ IV　建议只读

　　选中【建议只读】复选框并保存工作簿后，再次打开此工作簿时，会弹出如图 3-10 所示的对话框，建议用户以"只读"方式打开工作簿。

图 3-10　建议只读

3.1.5　自动保存功能

　　由于断电、系统不稳定、Excel 程序本身问题、用户误操作等原因，Excel 程序可能会在用户保存文件之前就意外关闭，使用"自动保存"功能可以减少这些意外情况所造成的损失。

⊃ I　设置"自动保存"

　　设置"自动保存"后，当 Excel 程序因意外崩溃而退出或用户没有保存文件就关闭工作簿时，可以选择其中的某一个版本进行恢复。

　　设置自动保存的方法如下。

步骤① 依次单击【文件】→【选项】命令，打开【Excel 选项】对话框，单击【保存】选项卡。

步骤② 选中【保存工作簿】区域中的【保存自动恢复信息时间间隔】复选框（默认为选中状态），即所谓的"自动保存"。在右侧的微调框内设置自动保存的时间间隔，默认为 10 分钟，用户可以设置 1~120 分钟之间的整数。选中【如果我没保存就关闭，请保留上次自动恢复的版本】复选框。在下方【自动恢复文件位置】文本框中输入需要保存的位置，Windows 10 系统中默认的路径为"C:\Users\ 用户名 \AppData\Roaming\Microsoft\Excel\"，如图 3-11 所示。

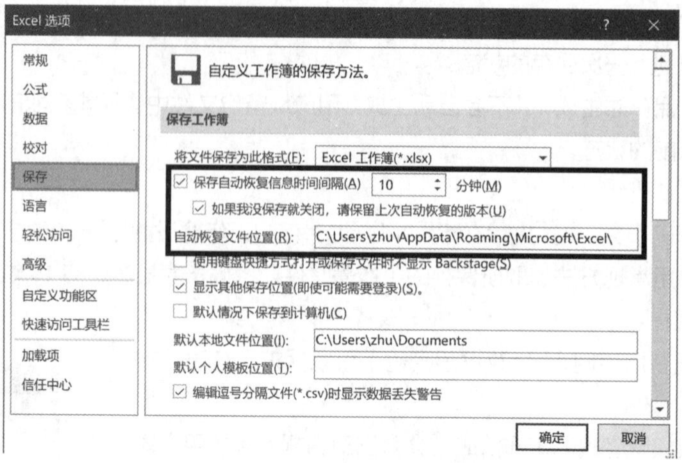

图 3-11 自动保存选项设置

步骤③ 单击【确定】按钮保存设置并退出【Excel 选项】对话框。

设置开启了"自动保存"功能之后，在工作簿的编辑修改过程中，Excel 会根据保存间隔时间的设定自动生成备份副本。在 Excel 功能区中依次单击【文件】→【信息】命令，可以查看到这些通过自动保存生成的副本信息，如图 3-12 所示。

自动保存的间隔时间在实际使用中遵循以下几条规则。

（1）只有工作簿发生新的修改时，计时器才开始启动计时，到达指定的间隔时间后发生保存动作。如果在保存后没有新的修改编辑产生，则计时器不会再次激活，也不会有新的备份副本产生。

（2）在一个计时周期过程中，如果进行了手动保存工作，计时器自动清零，直到下一次工作簿发生修改时再次开始激活计时。

⊃ II 恢复文档

恢复文档的方式根据 Excel 程序关闭的情况不同而分为两种，第一种情况是用户手动关闭 Excel 程序之前没有保存文档。

这种情况通常是由于误操作造成，要恢复之前所编辑的状态，可以重新打开目标工作簿文档后，在功能区上依次单击【文件】→【信息】命令，在右侧的【管理工作簿】中显示此工作簿最近一次自动保存的文档副本，如图 3-13 所示。

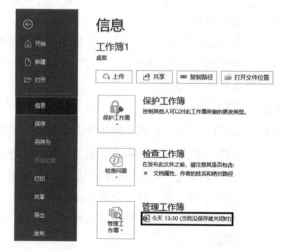

图 3-12 自动生成的备份副本

图 3-13 恢复未保存就关闭的文档

单击此处即可打开副本文档，并在编辑栏上方显示如图 3-14 所示的提示信息，单击【还原】按钮即可将工作簿文档恢复到当前版本。

　　第二种情况是因为 Excel 程序因发生断电、程序崩溃等情况而意外退出，致使 Excel 工作窗口非正常关闭。这种情况下再次启动 Excel 时，会自动出现如图 3-15 所示的【文档恢复】任务窗格。

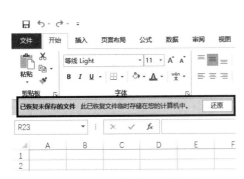

图 3-14　恢复未保存的文档

图 3-15　【文档恢复】任务窗格

　　在这个任务窗格中，用户可以选择打开 Excel 自动保存的文件版本（通常是最近一次自动保存时的文件状态），或者选择打开原始文件版本（即用户最后一次手动保存时的文件状态）。

　　虽然自动保存功能已经非常完善，但并不能完全代替用户的手动保存操作。在使用 Excel 的过程中，养成良好的保存习惯才是避免数据损失的有效途径。

3.1.6　恢复未保存的工作簿

　　此项功能与自动保存功能相关，但在对象和方式上与自动保存功能有所区别。

　　在图 3-11 所示的自动保存选项设置中，如果选中了
【如果我没保存就关闭，请保留上次自动恢复的版本】的复
选框，当用户对尚未保存过的新工作簿进行编辑时，也会
定时进行备份保存。在未进行手动保存的情况下关闭此工
作簿时，Excel 程序会弹出如图 3-16 所示的对话框，提示
用户保存文档。

图 3-16　未保存而直接关闭提示对话框

　　如果单击【不保存】而关闭了工作簿，可以使用"恢复未保存的工作簿"功能恢复到之前所编辑的状态，操作步骤如下。

步骤① 依次单击【文件】→【打开】→【最近】→【恢复未保存的工作簿】命令。

步骤② 在弹出的【打开】对话框中选择需要恢复的文件，最后单击【打开】按钮，完成恢复未保存的工作簿，如图 3-17 所示。

　　"恢复未保存的工作簿"功能仅对从未保存过的新建工作簿或临时文件有效。

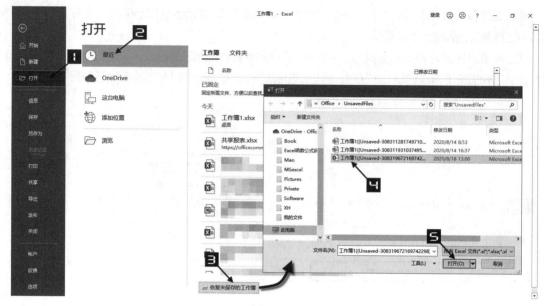

图 3-17　恢复未保存的工作簿

3.1.7　打开现有工作簿

经过保存的工作簿在计算机磁盘上形成实体文件，用户使用标准的计算机文件管理操作方法就可以对工作簿文件进行管理，如复制、剪切、删除和重命名等。无论工作簿文件被保存在何处，或者是复制到不同的计算机上，只要所在的计算机安装有 Excel 程序，工作簿文件就可以被再次打开进行读取和编辑等操作。

 提示

　　Excel 新版本会兼容旧版本创建的 Excel 文件，如 Excel 2019 程序可以打开 Excel 2003 创建的工作簿（扩展名为 .xls）。

打开现有工作簿的方法如下。

⊃Ⅰ 直接通过文件打开

如果用户知道工作簿文件所保存的确切位置，利用 Windows 的资源管理器找到文件所在路径，直接双击文件图标即可打开。

另外，如果用户创建了启动 Excel 的快捷方式，那么将工作簿文件拖动到此快捷方式上，也可以打开此工作簿。

⊃Ⅱ 使用【打开】对话框

如果用户已经启动了 Excel 程序，那么可以通过执行【打开】命令打开指定的工作簿。有以下几种等效的方式可以显示【打开】对话框。

（1）在功能区中依次单击【文件】→【打开】命令。

（2）按下键盘上的 <Ctrl+O> 组合键。

在【打开】界面，用户可以通过单击【最近】【OneDrive】【这台电脑】【添加位置】【浏览】几种选项，打开储存于不同位置的工作簿。以【浏览】选项为例，单击【浏览】按钮弹出【打开】对话框，选择目标文件所在的路径，单击【打开】按钮即可，如图 3-18 所示。

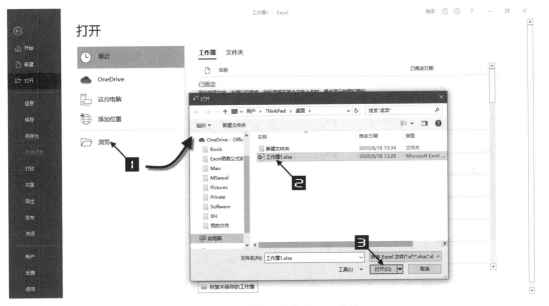

图 3-18　通过【浏览】打开工作簿

在【打开】对话框中，用户可以通过左侧的树形列表选择工作簿文件存放的路径，在目标路径下选中具体文件后，双击文件图标或单击【打开】按钮即可打开文件，如果按住 <Ctrl> 键后用鼠标选中多个文件，再单击【打开】按钮，则可以同时打开多个工作簿。

单击图 3-18 中的【打开】下拉按钮，可以打开如图 3-19 所示的下拉菜单。【打开】选项的含义如下。

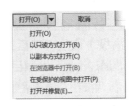

图 3-19　【打开】下拉菜单选项

❖ 打开：正常打开方式。

❖ 以只读方式打开：以"只读"的方式打开目标文件，不能对文件进行覆盖性保存。

❖ 以副本方式打开：选择此方式时，Excel 自动创建一个目标文件的副本文件，命名为类似"副本（1）属于（原文件名）"的形式，同时打开这个文件。这样用户可以在副本文件上进行编辑修改，而不会对原文件造成任何影响。

❖ 在浏览器中打开：对于 .mht 等格式的工作簿，可以选择使用 Web 浏览器（如 IE 浏览器）打开文件。

❖ 在受保护的视图中打开：主要用于在打开可能包含病毒或其他任何不安全因素的工作簿前的一种保护措施。为了尽可能保护计算机安全，存在安全隐患的工作簿都会在受保护的视图中打开，此时大多数编辑功能都将被禁用，用户可以检查工作簿中的内容，以便降低可能发生的危险。

❖ 打开并修复：由于某些原因，如程序崩溃可能会造成用户的工作簿遭受破坏，无法正常打开，应用此选项可以对损坏文件进行修复并重新打开。但修复还原后的文件并不一定能够和损坏前的文件状态保持一致。

⊃ III 设置"最近使用的工作簿"数目

用户近期曾经打开过的工作簿文件，通常情况下都会在 Excel 程序中留有历史记录，如果用户需要打开最近曾经操作过的工作簿文件，也可以在【文件】→【打开】→【最近】的右侧窗格中看到这些文件的列表，单击目标文件名即可打开，如图 3-20 所示。

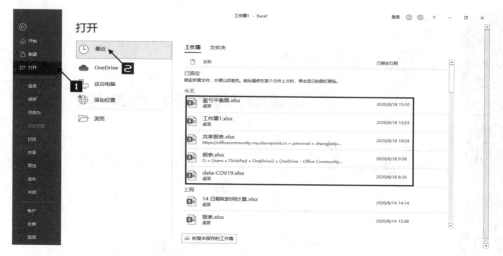

图 3-20　最近使用的工作簿文件列表

【最近使用的工作簿】默认显示 50 条记录，用户可以自行修改显示数目，操作方法如下。

在功能区中依次单击【文件】→【选项】命令，打开【Excel 选项】对话框，在左侧选中【高级】选项卡然后在右侧的【显示】区域中，通过【显示此数目的"最近使用的工作簿"】微调按钮，调节需要显示的"最近使用的工作簿"个数，设置范围为 0~50，最后单击【确定】按钮保存设置并关闭【Excel 选项】对话框，如图 3-21 所示。

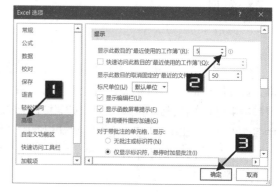

图 3-21　设置【最近使用的工作簿】显示数目

用户通过选中【快速访问此数目的"最近使用的工作簿"】的复选框，同时调节右侧的微调按钮显示数量（默认为 4 个），可以在【文件】选项卡底部显示"快速访问工作簿"列表，如图 3-22 所示。单击列表中的文件名称，即可打开相应的工作簿文件。

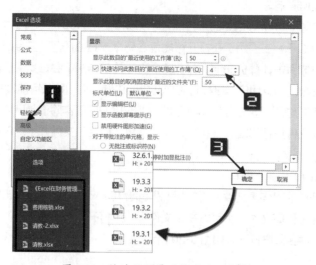

图 3-22　快速访问最近使用的工作簿

用户还可以将【最近】中常用的工作簿始终显示在顶端位置，操作方法如下。

在【最近使用的工作簿】列表中选择需要置顶的项目，单击右侧的【图钉】按钮，完成置顶操作，如图 3-23 所示。

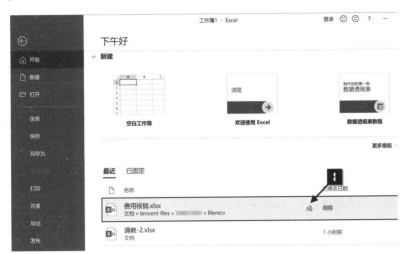

图 3-23　使用【图钉】功能将经常打开的工作簿置顶

用户如果想取消置顶，可以选择需要取消置顶的项目，单击右侧的【图钉】按钮，即可完成取消置顶操作。

3.1.8　以兼容模式打开早期版本的工作簿

用户在 Excel 2019 版本中打开由 Excel 2003 版本创建的文档，默认开启"兼容模式"，可确保用户在处理文档时避免使用 Excel 2019 版本中新增或增强的功能，仅使用与早期版本相兼容的功能进行编辑操作。

3.1.9　显示和隐藏工作簿

如果在 Excel 程序中同时打开多个工作簿，系统的任务栏上会显示所有的工作簿标签。在【视图】选项卡上单击【切换窗口】的下拉按钮，能够查看所有工作簿列表，如图 3-24 所示。

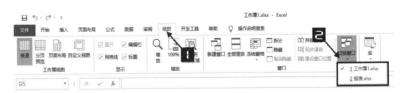

图 3-24　显示所有打开的工作簿

如果需要隐藏其中的某个工作簿，可在激活该工作簿后，在【视图】选项卡下单击【隐藏】按钮，如图 3-25 所示。

图 3-25　隐藏工作簿

所有打开的工作簿均被隐藏后，Excel 界面显示如图 3-26 所示。

图 3-26　所有工作簿均被隐藏

隐藏后的工作簿并没有退出或关闭，而是继续驻留在 Excel 程序中，但无法通过正常的窗口切换来显示。

如果需要取消隐藏，恢复显示工作簿，操作方法如下。

在【视图】选项卡下单击【取消隐藏】按钮，在弹出的【取消隐藏】对话框中选择需要取消隐藏的工作簿名称，最后单击【确定】按钮关闭对话框完成操作，如图 3-27 所示。此时目标工作簿的标签将会重新显示在【切换窗口】下拉按钮列表中，并在系统的任务栏上重新显示。

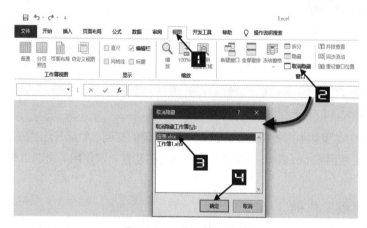

图 3-27　取消隐藏工作簿

> **提示**　取消隐藏工作簿操作一次只能取消一个隐藏工作簿，不能批量操作。

3.1.10　版本与格式转换

Excel 2019 版本除了可以用兼容模式打开和编辑 .xls 格式的文件外，还可以将早期版本工作簿转换为当前版本，方法有以下两种。

➲｜直接转换

步骤① 打开需要转换的 .xls 格式的文件。

步骤② 依次单击【文件】选项卡→【信息】→【转换】命令。

步骤③ 在弹出的提示对话框中单击【确定】按钮，即可完成格式转换，再单击【是】按钮，此时 Excel 程序以正常模式重新打开转换格式后的工作簿文件，标题栏中的"兼容模式"字样消失，如图 3-28 所示。

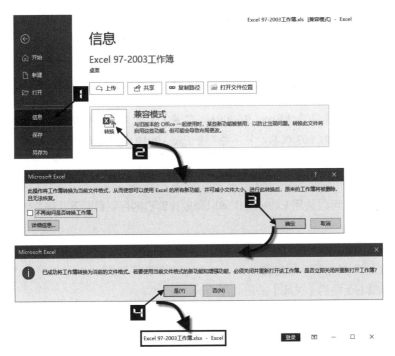

图 3-28　转换 Excel 格式

○ II　利用"另存为"方法转换

用户可以使用"另存为"的方法，将 .xls 格式的文件转换为 .xlsx 格式，操作方法请参阅 3.1.3。

虽然以上两种方法都可以将 .xls 格式的 Excel 工作簿文件转换为 .xlsx 格式的工作簿文件，但这两种方法是有区别的，如表 3-1 所示。

表 3-1　转换 .xls 文件格式的两种方式对比

比较项目	"转换"方式	"另存为"方式
早期版本的工作簿文件	删除 .xls 格式的工作簿文件	不删除 .xls 格式的工作簿文件
工作模式	立即以正常模式工作	保持 .xls 格式的兼容模式，需要关闭文件并打开转换后的文件才可以以正常模式工作
新建工作簿文件格式	Excel 工作簿（.xlsx）	可以选择多种文件格式

此外，需要注意的是，如果 .xls 格式的工作簿包含了宏代码或其他启用宏的内容，在另存为高版本文件时，需要保存为"启用宏的工作簿"。当工作簿中带有宏代码时，如果选择将此工作簿保存为"Excel 工作簿"文件类型，单击【保存】按钮后，则会弹出提示对话框，如图 3-29 所示。

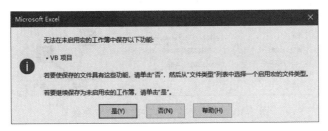

图 3-29　带有宏代码的工作簿保存成常规类型时的提示

如果用户单击【是】按钮，则保存为"Excel 工作簿"文件类型，此时，系统自动删除文件中的所有宏代码。如果用户单击【否】按钮，则会弹出【另存为】对话框，用户可以在【保存类型】下拉列表中选择【Excel 启用宏的工作簿】【Excel 97-2003 工作簿】等支持宏功能的文件类型，设置文件存储路径和名称后，单击【确定】按钮，将文件保存成保留宏代码的 Excel 文档。

提示　　　如果用户保存为【Excel 97-2003 工作簿】文件类型，系统将自动转换工作簿的功能、元素为 Excel 97-2003 版本，将不再具备 Excel 2019 新功能或新特性。

3.1.11　关闭工作簿和 Excel 程序

当用户结束工作后，可以关闭 Excel 工作簿以释放计算机内存。有以下几种等效操作可以关闭当前工作簿。

（1）在功能区上单击【文件】→【关闭】命令。

（2）按下键盘上的 <Alt+F4> 组合键。

（3）单击工作簿右上角的【关闭】按钮。

（4）在功能区顶端的空白位置右击，在弹出的快捷菜单中选择【关闭】命令。

3.2　工作表的基本操作

工作表是工作簿的重要组成部分，工作簿总是包含一张或多张工作表，以下将对工作表的创建、复制等基本操作进行详细介绍。

3.2.1　创建工作表

⊃ Ⅰ 随工作簿一同创建

默认情况下，Excel 2019 在创建工作簿时，自动包含了名为【Sheet1】的 1 张工作表。用户可以通过设置来改变新建工作簿时所包含的工作表数目。

打开【Excel 选项】对话框，在【常规】选项卡中的【包含的工作表数】微调框内，可以设置新工作簿默认所包含的工作表数目，数值范围为 1~255，单击【确定】按钮保存设置并关闭【Excel 选项】对话框，如图 3-30 所示。

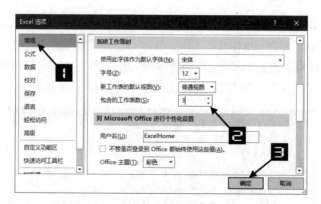

图 3-30　设置新建工作簿时的工作表数目

设置完成后，新建工作簿时，自动创建的内置工作表数目会随着设置值而定，并且自动命名为 Sheet1~Sheetn。

提示

> 在大多数情况下，用户的工作簿并没有包含太多工作表的必要，而且空白的工作表会增加工作簿文件的体积，造成不必要的存储容量占用。所以，建议用户将此数目设置得尽可能小，在需要的时候增加工作表比不需要的时候删除空白工作表更容易。

○ II 从现在的工作簿中创建

有以下几种等效方式可以在当前工作簿中创建一张新的工作表。

（1）在【开始】选项卡中依次单击【插入】→【插入工作表】命令，如图 3-31 所示，则会在当前 工作表左侧插入新工作表。

图 3-31 通过【插入工作表】命令创建新工作表

（2）在当前工作表标签上右击，在弹出的快捷菜单上选择【插入】命令，在弹出的【插入】对话框中选中【工作表】，然后单击【确定】按钮，如图 3-32 所示。

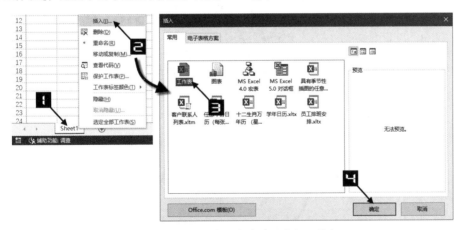

图 3-32 通过右键快捷菜单创建新工作表

（3）单击工作表标签右侧的【新工作表】按钮，如图 3-33 所示，则会在工作表的末尾快速插入新工作表。

（4）按下键盘上的 <Shift+F11> 组合键，则会在当前工作表左侧插入新工作表。

（5）如果用户需要批量增加多张工作表，可以通过右键快捷菜单插入工作表后，按 <F4> 键重复操作。若通过右侧的【新工作表】按钮创建新工作表

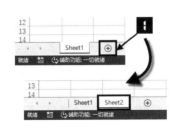

图 3-33 使用【新建工作表】按钮创建工作表

操作，则无法使用 <F4> 键重复创建。也可以在同时选中多张工作表的情况下使用功能按钮或使用工作表标签的右键快捷菜单命令插入工作表，此时会一次性创建与选定的工作表数目相同的新工作表。同时选定多张工作表的方法请参阅 3.2.3。

提示
■■■■→　新创建的工作表依次自动编号命名，创建新工作表的操作无法通过【撤销】按钮进行撤销。

3.2.2　激活当前工作表

在 Excel 操作过程中，始终有一张"当前工作表"作为用户输入和编辑等操作的对象和目标，用户的大部分操作都是在"当前工作表"上得以体现。在工作表标签上，"当前工作表"的标签背景将以反白显示，如图 3-34 所示的 Sheet1。要切换其他工作表为当前工作表，可以直接单击目标工作表标签。

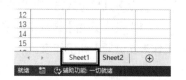

图 3-34　当前工作表

如果工作簿包含的工作表较多，标签栏上不一定能够全部显示所有工作表标签，则可以通过单击标签栏左侧的工作表导航按钮滚动显示工作表标签，如图 3-35 所示。

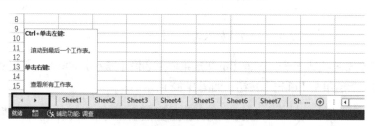

图 3-35　工作表导航按钮

除此之外，通过拖动工作表窗口上的水平滚动条边框，用户可以改变工作表标签的显示宽度，如图 3-36 所示，以便显示更多的工作表标签。

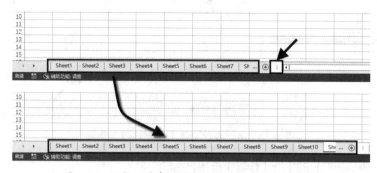

图 3-36　调整工作表标签与水平滚动条的显示宽度

如果工作簿中的工作表很多，还可以在工作表导航栏上右击鼠标，此时会显示一个工作表标签列表，如图 3-37 所示。选中其中任何一个工作表名称，单击【确定】按钮就可以切换到相应的工作表。直接双击列表中的工作表名称也可以跳转到该工作表。

另外，使用 <Ctrl+Page Up> 和 < Ctrl+Page Down> 组合键，也可以切换到上一张工作表和下一张工作表。

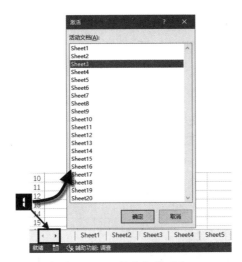

图 3-37　工作表标签列表

3.2.3　同时选定多张工作表

除了选定某张工作表为当前工作表外，用户还可以同时选中多张工作表形成"组"。在工作组模式下，用户可以方便地同时对多张工作表对象进行复制、删除等操作，也可以进行部分编辑操作。

有以下几种方式可以同时选定多张工作表以形成工作组。

（1）按住 <Ctrl> 键，同时用鼠标依次单击需要选定的工作表标签，就可以同时选定相应的工作表。

（2）如果用户需要选定一组连续排列的工作表，可以先单击其中第一张工作表标签，然后按住 <Shift> 键，再单击连续工作表中的最后一张工作表标签，即可同时选定上述工作表。

（3）如果要选定当前工作簿中的所有工作表，可以在任意工作表标签上右击，在弹出的快捷菜单上选择【选定全部工作表】命令。

多张工作表被同时选中后，会在 Excel 窗口标题栏上显示"组"字样。被选定的工作表标签全部反白显示，如图 3-38 所示。

图 3-38　同时选定多个工作表组成工作组

用户如果需要取消工作组的操作模式，可以单击工作组以外的任意工作表标签。如果所有工作表标签都在工作组内，则单击任意工作表标签即可。或是在工作表标签上右击，在弹出的快捷菜单上选择【取

消组合工作表】命令。

3.2.4　工作表的复制、移动、删除与重命名

 通过对工作表进行复制、移动、删除，以及对工作表标签进行重命名等操作，可以方便地管理和组织工作簿中的各工作表。本节详细内容，请扫描右侧二维码阅读。

3.2.5　工作表标签颜色

为了方便用户对工作表进行辨识，为工作表标签设置不同的颜色是一种不错的方法。

在工作表标签上右击，然后在弹出的快捷菜单中选择【工作表标签颜色】命令，在弹出的【颜色】面板中选择颜色，即可完成对工作表标签颜色的设置，如图3-39所示。

3.2.6　显示和隐藏工作表

出于某些特殊需要，或者数据安全方面的原因，用户可以使用工作表隐藏功能，将指定工作表隐藏。选定需要隐藏的工作表后，有以下两种方式可以隐藏工作表。

图 3-39　设置工作表标签颜色

（1）在【开始】选项卡中依次单击【格式】下拉按钮→【隐藏和取消隐藏】→【隐藏工作表】选项，如图3-40所示。

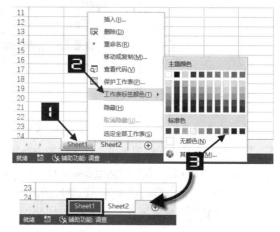

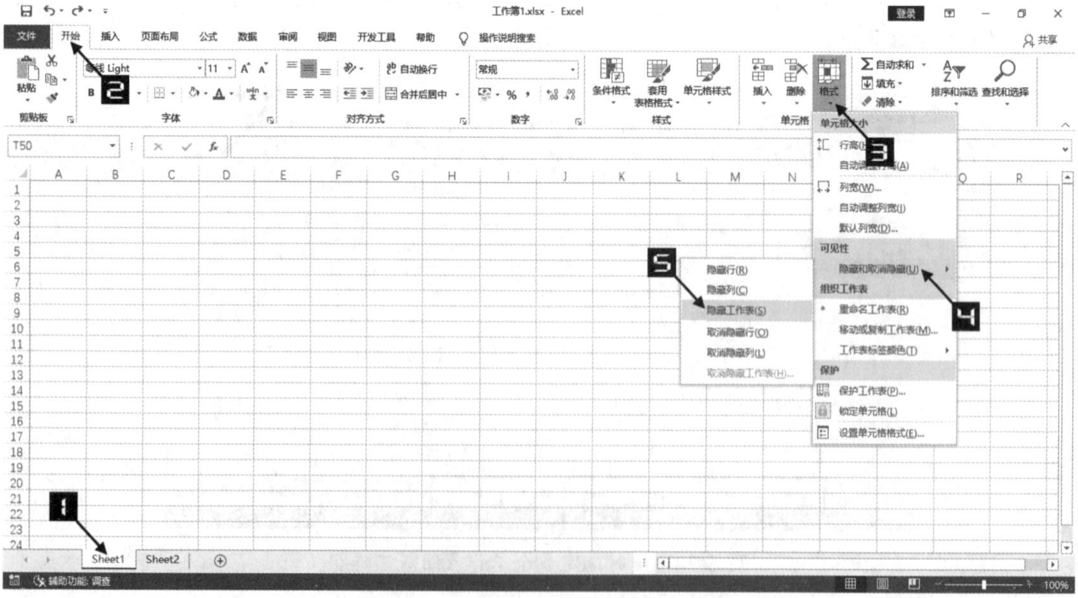

图 3-40　通过功能区命令隐藏工作表

（2）在工作表标签上右击，在弹出的快捷菜单中选择【隐藏】命令，如图 3-41 所示。

一个工作簿内至少包含一张可视工作表，当隐藏最后一张可视工作表时，会弹出如图 3-42 所示的提示对话框。

 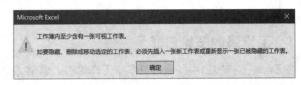

图 3-41　通过右键快捷菜单隐藏工作表　　　　图 3-42　隐藏最后一张可视工作表提示

如果要取消工作表的隐藏状态，有以下两种方法。

（1）在【开始】选项卡中依次单击【格式】下拉按钮→【隐藏和取消隐藏】→【取消隐藏工作表】命令，在弹出的【取消隐藏】对话框中选择需要取消隐藏的工作表，如"Sheet1"，最后单击【确定】按钮，如图 3-43 所示。

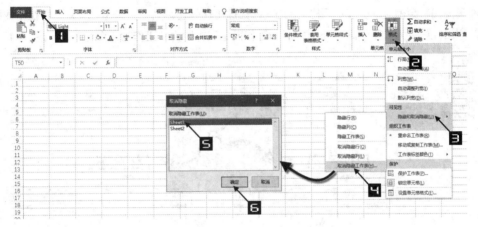

图 3-43　通过功能区命令取消隐藏工作表

（2）在工作表标签上右击，在弹出的快捷菜单中选择【取消隐藏】命令，然后在弹出的【取消隐藏】对话框中选择需要取消隐藏的工作表，如"Sheet1"，最后单击【确定】按钮，如图 3-44 所示。

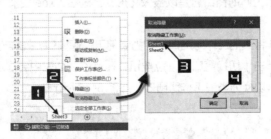

图 3-44　通过右键快捷菜单取消隐藏工作表

注意　　无法一次性对多张隐藏的工作表取消隐藏。如果没有隐藏的工作表，则【取消隐藏】命令呈灰色不可用状态。

3.3 工作窗口的视图控制

在处理一些复杂且数据量多的表格时，往往需要花费很多精力在诸如切换工作簿（或工作表）、查找浏览和定位所需内容等烦琐操作上。为了能够在有限的屏幕区域中显示更多的有用信息，以便于对表格内容的查询与编辑，可以通过工作窗口的视图控制改变窗口显示。以下将对各项控制窗口视图显示的操作功能及方法进行详细介绍。

3.3.1 工作簿的多窗口显示

在 Excel 工作窗口中同时打开多个工作簿时，通常每个工作簿只有一个独立的工作簿窗口，并处于最大化显示状态。通过【新建窗口】命令可以为同一个工作簿创建多个窗口。

用户可以根据需要在不同的工作簿中选择不同的工作表为当前工作表，或者是将窗口显示定位到同一张工作表中的不同位置，以满足自己的浏览或编辑需求，对表格所做的编辑修改会同时反映在该工作簿的所有窗口上。

⮑ I 创建新窗口

依次单击【视图】→【新建窗口】命令，即可为当前工作簿创建新的窗口。原有的工作簿窗口和新建的工作簿窗口都会相应地更改标题栏上的名称，如原工作簿名称为"工作簿1.xlsx"，则在新建窗口后，原工作簿窗口标题变为"工作簿1.xlsx:1"，新工作簿窗口标题为"工作簿1.xlsx:2"，如图 3-45 所示。

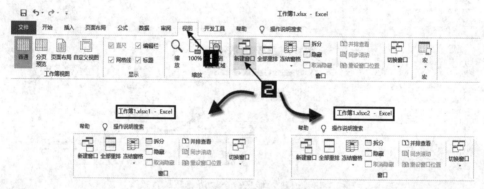

图 3-45　新建窗口

⮑ II 窗口切换

在默认情况下，每一个工作簿窗口总是以最大化形式出现在 Excel 工作窗口中，并在工作窗口标题栏上显示出名称。

用户可以通过菜单操作将其他工作簿窗口选定为当前工作簿窗口，操作方法如下。

在【视图】选项卡中单击【切换窗口】下拉按钮，在其扩展列表中会显示当前所有的工作簿窗口名称，单击相应名称即可将其切换为当前工作簿窗口，如图 3-46 所示。

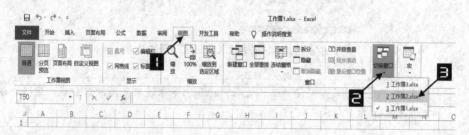

图 3-46　多窗口切换

如果当前打开的工作簿窗口较多，在【切换窗口】下拉列表中将无法显示所有的窗口名称，在列表底部会显示【其他窗口】选项，单击此选项会弹出【激活】对话框，在【激活】列表框中选定工作簿窗口，单击【确定】按钮，即可切换至目标工作簿窗口，如图 3-47 所示。

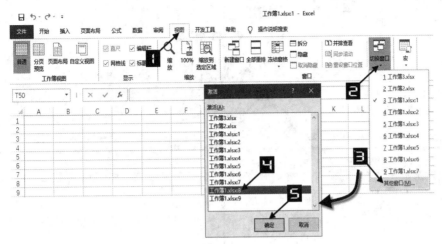

图 3-47　激活新窗口

除了通过菜单的操作方式外，在 Excel 工作窗口中按 <Ctrl+Tab> 组合键，也可以循环切换工作簿窗口。

另外，还可以通过单击系统任务栏上的工作簿名称来进行工作簿窗口的切换，或者按 < Alt+Tab> 组合键进行程序窗口的切换。

➲ III　重排窗口

在 Excel 中打开了多个工作簿窗口时，通过菜单命令或手工操作的方法可以将多个工作簿以不同形式同时显示在 Excel 工作窗口中，方便用户检索和监控表格内容。

（1）手动排列窗口

用户可以通过手动对 Excel 工作窗口进行排列，如图 3-48 所示。

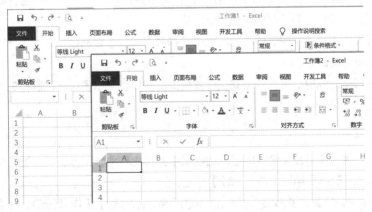

图 3-48　手动排列窗口

（2）【全部重排】命令

在【视图】选项卡中单击【全部重排】按钮，在弹出的【重排窗口】对话框中选中一种排列方式单选按钮，如【平铺】，然后单击【确定】按钮，就可以将当前 Excel 程序中所有的工作簿窗口"平铺"

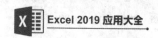

显示在工作窗口中，如图 3-49 所示。

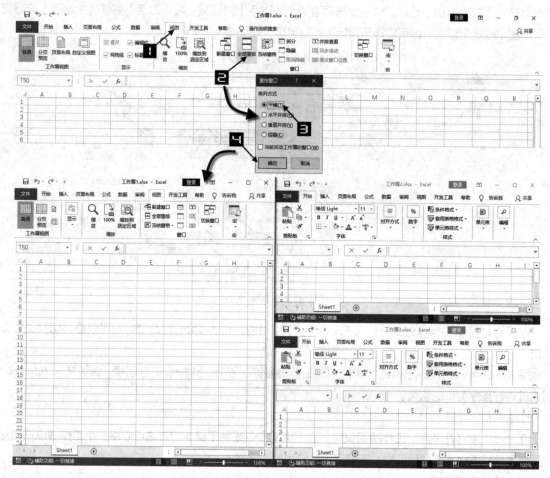

图 3-49　平铺显示窗口

类似地，用户也可以在【重排窗口】对话框中选择其他排列方式，如【水平并排】【垂直并排】或【层叠】，工作簿窗口则会对应有不同的排列显示方式。

如果在【重排窗口】对话框中选中【当前活动工作簿的窗口】复选框，则在工作窗口中只会同时显示出当前工作簿的所有窗口。

通过【重排窗口】命令自动排列的浮动工作簿窗口，同样也可以通过拖动鼠标的方法来改变位置和窗口大小。

3.3.2　并排比较

在有些情况下，用户需要在两个同时显示的窗口中并排比较两张工作表，并要求两个窗口中的内容能够同步滚动浏览，此时需要用到【并排比较】功能。

【并排比较】是一种特殊的重排窗口方式。选定需要对比的某个工作簿窗口，在【视图】选项卡上单击【并排查看】按钮，如果存在多个工作簿，则会弹出【并排比较】对话框，用户在其中选择需要进行对比的目标工作簿，然后单击【确定】按钮，即可将两个工作簿窗口并排显示在 Excel 工作窗口中。如图 3-50 所示。当前打开的只有两个工作簿时，则直接显示"并排比较"后的状态，如图 3-51 所示。

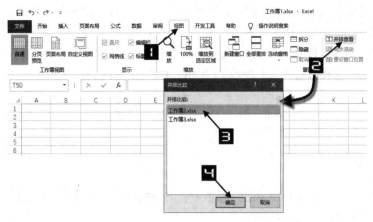

图 3-50　执行【并排查看】

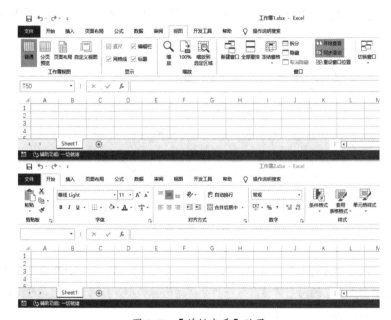

图 3-51　【并排查看】结果

注意

　　并排比较只能作用于两个工作簿窗口，参加并排比较的工作簿窗口，可以是同一个工作簿的不同窗口，也可以是不同的两个工作簿。

　　用户可以很方便地观察比较两个窗口内容的异同之处，遗憾的是，用户只能凭借自己的观察对内容进行比较，而不能自动显示出内容的差异之处。

　　当用户在其中一个窗口中滚动浏览内容时，另一个窗口也会随之同步滚动。【同步滚动】功能是并排比较与单纯重排窗口之间最大的区别。通过【视图】选项卡上的【同步滚动】切换按钮，用户可以选择打开或关闭此功能。

　　使用【并排查看】命令同时显示的两个工作簿窗口，在默认情况下是以水平并排的方式显示的，用户也可以通过【重排窗口】命令来改变它们的排列方式。对于排列方式的改变，Excel 具有记忆能力，在下次执行【并排查看】命令时，将以用户最近选择的方式进行窗口的排列。如果要恢复初始默认的水平状态，可以在【视图】选项卡上单击【重设窗口位置】按钮。当光标置于某个窗口上，然后再单击【重设窗口位置】按钮，则此窗口会置于上方。

要关闭并排比较的工作模式，可以在【视图】选项卡上单击【并排查看】切换按钮，则取消【并排查看】功能。单击某张工作表窗口的【最大化】按钮，并不会取消【并排查看】。

> **注意**
> 如果当前 Excel 工作窗口中只打开了一个工作簿窗口，则会因为没有比较对象使【并排查看】命令呈现灰色不可用状态。

3.3.3　拆分窗口

对于单张工作表来说，除了新建窗口的方法来显示工作表的不同位置外，还可以通过拆分窗口的方法在现有的工作表窗口中同时显示多个位置。

在【视图】选项卡中单击【拆分】按钮，就可以将当前工作表沿着活动单元格的左边框和上边框的方向拆分为 4 个窗格，如图 3-52 所示。将光标定位到拆分条上，按住鼠标左键拖动即可移动拆分条。

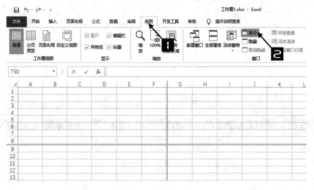

图 3-52　拆分窗口

> **提示**
> 如果当前活动工作表中活动单元格位于第一列或第一行，拆分操作则只将表格区域拆分为水平或垂直的两个窗格，每个拆分得到的窗格都是独立的，用户可以再根据自己的需要让它们显示同一张工作表中不同位置的内容。

要在窗口内去除某条拆分条，可将此拆分条拖到窗口边缘或是在拆分条上双击。要取消整个窗口的拆分状态，可以在【视图】选项卡上再次单击【拆分】按钮进行状态切换。

3.3.4　冻结窗格

对于数据量比较多的表格，常常需要在滚动浏览表格时，固定显示表头标题行（或标题列），使用【冻结窗格】命令可以方便地实现这种效果。

冻结窗格与拆分窗格操作类似，具体实现方法可以参照以下示例。

示例3-2　通过冻结窗格实现区域固定显示

在图 3-53 所示表格中，需要固定显示列标题（第 1 行）及合同编号、客户编号和客户姓名 3 列区域（A、B、C 列）。

	A	B	C	D	E	F	G	H	I	J	K
1	合同编号	客户编号	客户姓名	产品分类	产品名称	产品期限	金额	考核系数	到账日	出借日	到期日
2	TZ00001	K00076	宋清	创新类	创新一号	12	790	1	2017/12/4	2017/12/5	2018/12/4
3	TZ00002	K00078	龚旺	固收类	固收二号	3	295	0.25	2017/11/17	2017/11/20	2018/2/19
4	TZ00003	K00007	秦明	创新类	创新三号	36	840	2	2017/11/17	2017/11/20	2020/11/19
5	TZ00004	K00091	邹润	固收类	固收二号	3	85	0.25	2017/12/4	2017/12/4	2018/3/3
6	TZ00005	K00034	解珍	固收类	固收五号	12	45	1	2018/1/17	2018/1/18	2019/1/17
7	TZ00006	K00058	王英	创新类	创新二号	12	220	1	2017/11/19	2017/11/20	2018/11/19
8	TZ00007	K00027	阮小二	创新类	创新二号	24	180	1.5	2018/1/28	2018/1/29	2020/1/28
9	TZ00008	K00069	童猛	固收类	固收五号	12	45	1	2017/12/20	2017/12/21	2018/12/20
10	TZ00009	K00098	焦挺	固收类	固收四号	9	155	0.75	2017/12/12	2017/12/13	2018/9/12
11	TZ00010	K00077	乐和	创新类	创新二号	12	230	1	2018/1/22	2018/1/23	2019/1/22
12	TZ00011	K00099	石勇	固收类	固收二号	3	235	0.25	2017/11/30	2017/11/30	2018/2/27
13	TZ00012	K00057	皇甫端	固收类	固收二号	3	205	0.25	2017/11/24	2017/11/24	2018/2/23
14	TZ00013	K00011	孝应	创新类	创新五号	12	55	1	2017/12/15	2017/12/18	2018/12/18
15	TZ00014	K00040	宣赞	创新类	创新一号	12	480	1	2017/11/29	2017/11/30	2018/11/29
16	TZ00015	K00108	段景住	创新类	创新一号	12	630	1	2017/12/11	2017/12/12	2018/12/11

图 3-53　冻结窗格示例表格

选中要冻结列的右侧和要冻结行下方单元格，本例为 D2 单元格，在【视图】选项卡上依次单击【冻结窗格】→【冻结窗格】命令，会沿着当前活动单元格的上边框和左边框的方向出现水平和垂直的两条黑色冻结线条，如图 3-54 所示。

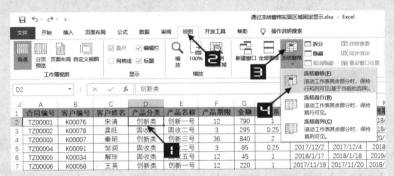

图 3-54　使用【冻结窗格】功能固定标题行列

此时，左侧的"合同编号"列、"客户编号"列和"客户姓名"列及上方的标题行都被"冻结"，再沿着水平方向滚动浏览表格内容时，A、B、C 列冻结区域保持不变且始终可见。而当沿着垂直方向滚动浏览表格内容时，则第 1 行的标题区域保持不变且始终可见。

> **提示** →
> 在设置了冻结窗格的工作表中按 <Ctrl+Home> 组合键，可快速定位到两条冻结线交叉的位置，即最初执行【冻结窗格】命令时的活动单元格位置。

此外，用户可以在【冻结窗格】的下拉列表中选择【冻结首行】或【冻结首列】命令，快速地冻结表格首行或首列，如图 3-55 所示。

> **提示** →
> 如果改变冻结的位置，需要先取消冻结，然后再执行一次冻结窗格操作，但"冻结首行"和"冻结首列"不受此限制。冻结窗格与拆分窗口功能无法在同一个工作表上同时使用。

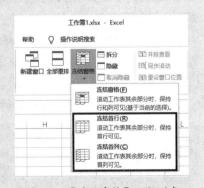

图 3-55　【冻结窗格】下拉列表

要取消工作表的冻结窗格状态，可以依次单击【视图】选项卡上的【冻结窗格】→【取消冻结窗格】命令，窗口即可恢复到冻结前的状态。

3.3.5　窗口缩放

当一些表格中数据信息的文字较小不易分辨，或者是信息量太大，无法在一个窗口中纵观全局时，使用放大或缩小功能是一种比较理想的解决方法。

在【视图】选项卡上单击【缩放】按钮，弹出【缩放】对话框，如图 3-56 所示。

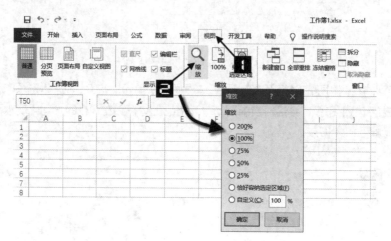

图 3-56　打开【缩放】对话框

当前默认的缩放比例为 100%，用户可在对话框中选择"200%""75%"等预先设定的缩放比例，或者是选中【自定义】单选按钮，并在右侧的文本框中输入所需的缩放比例，数值允许范围为 10~400。如果选中【恰好容纳选定区域】单选按钮，则 Excel 会对当前选定的表格区域进行缩放，以使得当前窗口恰好完整显示所选定的区域（前提是不超过 10%~400% 的缩放允许范围）。

除了使用功能区命令之外，还可以通过 Excel 状态栏右侧的【显示比例】滑动按钮调节缩放比例，如图 3-57 所示。

单击【显示比例】滑动按钮右侧的【缩放级别】按钮（显示当前缩放比例百分比位置），可以打开【缩放】对话框进行相应设置，如图 3-58 所示。

图 3-57　状态栏右侧的缩放比例滑动按钮

图 3-58　通过【缩放级别】按钮
打开【缩放】对话框

要快速地将缩放比例恢复到 100% 显示状态，可以直接单击【视图】选项卡上的【100%】按钮。

提示 ■■■→　如果用户的鼠标带有滚轮功能，可以按住 <Ctrl> 键同时滚动鼠标滚轮，也可以方便地调整显示比例。

注意 ■■■→　窗口缩放比例设置只对当前工作表窗口有效，可以对不同的工作表或同一张工作表的不同窗口设置不同的缩放显示比例。

3.3.6 自定义视图

在用户对工作表进行各种视图显示调整之后 ，如果想要保存这些设置内容，并在需要的时候调用这些设置后的视图显示效果，可以通过【视图管理器】来实现。

在【视图】选项卡上单击【自定义视图】按钮，弹出【视图管理器】对话框。然后单击【添加】按钮，在弹出的【添加视图】对话框的【名称】文本框中输入所要添加的视图名称，如"我的视图 1"，最后单击【确定】按钮即可完成自定义视图的添加，如图 3-59 所示。

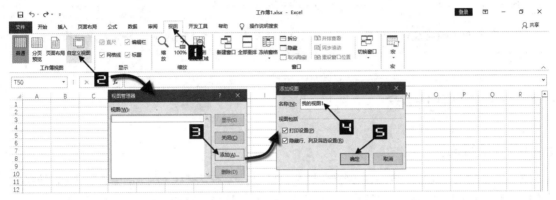

图 3-59　添加自定义视图

在【添加视图】对话框中，用户可以通过是否选中【打印设置】和【隐藏行、列及筛选设置】两个复选框，设置是否将当前视图窗口中的打印设置及行、列隐藏、筛选等设置保留在自定义视图中。

视图管理器所能保存的视图设置包括窗口的大小、位置、拆分窗口、冻结窗格、显示比例、打印设置、创建视图时的选定单元格、行列的隐藏、筛选，以及【Excel 选项】对话框中的部分设置。

需要调用自定义视图显示时，可以再次在【视图】选项卡上单击【自定义视图】按钮，在弹出的【视图管理器】对话框的列表框中选择相应的视图名称，然后单击【显示】按钮即可。

创建自定义视图名称均保存在当前工作簿中，用户可以在同一个工作簿中创建多个自定义视图，也可以为不同的工作簿创建不同的自定义视图，但是在【视图管理器】对话框的列表框中，只显示出当前激活的工作簿中所保存的视图名称列表。

要删除已经保存的自定义视图，可以选择相应的工作簿，然后在【视图管理器】对话框的列表框中选择相应的视图名称，最后单击【删除】按钮即可。

如果当前工作簿的任何工作表存在"表格"，则【自定义视图】按钮会变成灰色不可用状态。关于"表格"功能详细介绍请参阅 29.10。

第 4 章　认识行、列及单元格区域

本章主要介绍工作表中的行、列及单元格等操作对象。上述对象是 Excel 中数据存储的基础单元，无论是数据处理技巧、函数公式、图表、数据透视表等功能，都离不开对行、列及单元格区域的引用或操作。读者通过本章学习，可以理解这些对象的概念及基本操作方法。

> **本章学习要点**
>
> （1）行与列的概念及基础操作。　　　　　　（2）单元格和区域的概念及基础操作。

4.1　行与列的概念

4.1.1　认识行与列

"表格"是指由许多条横线和竖线交叉而成的一排排格子。在这些线条围成的格子中填写各种数据，就构成了我们日常所用的表，如课程表、人事履历表、考勤表、销售明细表、资产负债表等。

Excel 作为一个电子表格软件，其最基本的操作形态就是标准的表格，即由横线和竖线所构成的格子。在 Excel 工作表中，由横线所间隔出来的区域称为"行"，而由竖线间隔出来的区域称为"列"。行列互相交叉所形成的一个个格子称为"单元格"。

启动 Excel 后，在工作簿窗口中，一组垂直的灰色标签中的阿拉伯数字标识了电子表格的行号，而另一组水平的灰色标签中的英文字母，则标识了电子表格的列标。这两组标签在 Excel 中分别称为"行标题"和"列标题"。如图 4-1 所示。

在【页面布局】选项卡或【视图】选项卡下，通过是否选中【网格线】和【标题】复选框，能够启用或关闭网格线与标题的显示，如图 4-2 所示。

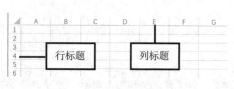

图 4-1　行标题和列标题

图 4-2　显示行和列标题设置

在工作表区域中，用于划分不同行列的横线和竖线称为"网格线"，能够便于用户识别行、列及单元格的位置。在默认情况下，网格线并不会随着表格的内容被实际打印出来。

在【Excel 选项】对话框的【高级】选项卡下取消选中【显示网格线】的复选框，也可以关闭网格线的显示。若需要修改网格线的颜色，则先在【此工作表的显示选项】下拉菜单中选择需要修改的工作表名称，然后选中【显示网格线】复选框，单击【网格线颜色】下拉按钮，在颜色面板中选择相应颜色，最后单击【确定】按钮完成操作，如图 4-3 所示。

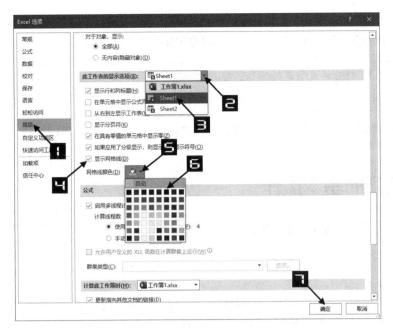

图 4-3　修改网格线颜色

提示 ▬▬▬→
　　网格线的选项设置仅对设置的目标工作表有效。

4.1.2　行与列的范围

　　在 Excel 2019 中，工作表的最大行标题为 1 048 576（即 1 048 576 行），最大列标题为 XFD（即 A~Z、AA~XFD 共 16 384 列）。

　　选中任意单元格，按 <Ctrl+ ↓ > 组合键，可以快速定位到选定单元格所在列向下连续非空的最后一行，若所选单元格所在列的下方均为空，则定位到当前列的最后一行。按 <Ctrl+ → > 组合键，可以快速定位到选定单元格所在行向右连续非空的最后一列，若选定单元格所在行右侧单元格均为空，则定位到当前行的 XFD 列。按 <Ctrl+Home> 组合键，可以到达表格定义的左上角单元格；按 <Ctrl+End> 组合键，可以到达表格定义的右下角单元格。

注意 ▬▬▬→
　　左上角单元格只是一个相对位置，并不一定是 A1 单元格。例如，当工作表设置冻结窗格时，按 <Ctrl+Home> 组合键到达的位置为设置冻结格所在的单元格位置。

4.1.3　A1 引用样式与 R1C1 引用样式

　　以字母为列标题、数字为行标题的标记方式被称为"A1 引用样式"，这是 Excel 默认使用的引用样式。在使用"A1 引用样式"的状态下，工作表中的任意一个单元格都会以其所在列的字母标号加上所在行的数字标号作为它的位置标志。例如，"A1"表示 A 列第 1 行的单元格，"D23"表示 D 列第 23 行的单元格。

　　在 Excel 的名称框中输入字母加数字的组合，即表示单元格地址，可以快速定位到该单元格。例如，在名称框中输入"H12"后按 <Enter> 键，就能够快速定位到 H 列第 12 行的单元格位置。

　　除了"A1 引用样式"外，Excel 还有另一种引用样式，称为"R1C1 引用样式"。

　　"R1C1 引用样式"是以"字母 R+ 行标题数字 + 字母 C+ 列号数字"来标记单元格位置，其中字母

R 是指行（Row）的缩写，字母 C 是指列（Column）的缩写。例如，"R12C20"表示第 12 行 20 列的单元格，而最右下角的单元格地址就是"R1048576C16384"。

> **提示**
>
> "A1 引用样式"是列标题在前，行标题在后的形式，也就是字母在前，数字在后。而"R1C1 引用样式"是行标题在前，列号在后的形式，与"A1 引用样式"相反。

有关"A1 引用样式"和"R1C1 引用样式"的更详细内容，请参阅 12.3.1。

4.2 行与列的基本操作

以下介绍与行、列相关的各项操作方法。

4.2.1 选择行与列

⋑ I 选定单行或单列

单击某个行标签或列标签，即可选中相应的整行或整列。当选中某行后，此行的行标签会改变颜色，所有的列标签会高亮显示，此行的所有单元格也会高亮显示，以此来表示此行当前处于选中状态。相应地，当列被选中时也会有类似的显示效果。

除此之外，使用快捷键也可以快速地选定单行或单列，选中单元格后，按 <Shift+ 空格键 > 组合键，即可选定单元格所在的行；按 <Ctrl+ 空格键 > 组合键，即可选定单元格所在的列。

> **提示**
>
> 在中文 Windows 操作系统中，<Ctrl+ 空格 > 组合键被默认为切换中英文输入法的组合键。在 Excel 中使用这一组合键时，需要先将切换中英文输入法设置为其他组合键。

⋑ II 选定相邻连续的多行或多列

单击某个行标签后，按住鼠标左键向上或向下拖动，即可选中与此行相邻的连续多行。选中多列的方法与此相似（单击某列的标签后，向左或向右拖动鼠标）。拖动鼠标时，行标签或列标签旁会出现一个带数字和字母的提示框，显示当前选中的区域中有多少行和多少列。如图 4-4 所示，第 6 行下方的提示框内显示"4R×16384C"，表示当前选中了 4 行 16 384 列。当选择多个列时，则会显示"1048576R×nC"，其中 n 表示选中的列数。

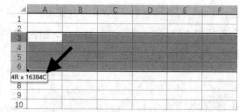

图 4-4　选中相邻连续的多行

选定某行后，按 <Ctrl+Shift+ ↓ > 组合键，如果选定行中活动单元格以下的行都是空单元格，则将同时选定该行到工作表中的最后一行。同理，选定某列后按 <Ctrl+Shift+ → > 组合键，如果选定列中活动单元格右侧的列都是空单元格，则将同时选定该列到工作表中的最后一列。

单击行列标题交叉处的【全选】按钮，可以同时选中工作表中的所有行和所有列，即选中整个工作表区域。

⋑ III 选定不相邻的多行或多列

要选定不相邻的多行，可以通过如下操作实现。选中单行后，按住 <Ctrl> 键不放，继续使用鼠标单击多个行标签，直至选择所有需要选择的行，然后松开 <Ctrl> 键，即可完成不相邻的多行的选择。如果要选择不相邻的多列，方法与此相似。

4.2.2 设置行高和列宽

➲ I 精确设置行高和列宽

设置行高前，先选定目标行整行或某个单元格，然后在【开始】选项卡上依次单击【格式】→【行高】命令，在弹出的【行高】对话框中输入所需设定行高的具体数值，最后单击【确定】按钮完成操作，如图 4-5 所示。设置列宽的方法与此类似。

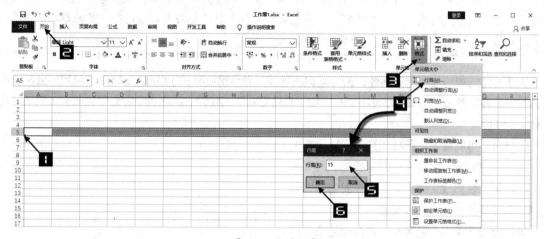

图 4-5 设置行高

另一种方法是在选定行或列后，鼠标右击，在弹出的快捷菜单中选择【行高】（或【列宽】）命令，然后进行相应的操作，如图 4-6 所示。

➲ II 直接改变行高和列宽

除了使用菜单命令精确设置行高和列宽外，还可以直接在工作表中拖动鼠标来改变行高和列宽。

以设置列宽为例，在工作表中选中单列或多列，将鼠标指针移动到相邻的列标签之间，鼠标指针会显示为一个黑色双向箭头。按住鼠标左键不放，向左或向右拖动鼠标，在列标签上方会出现一个提示框，显示当前的列宽，如图 4-7 所示。调整到所需的列宽时，松开鼠标左键即可完成列宽的设置。

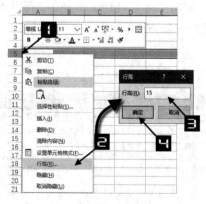

图 4-6 通过鼠标右键菜单设置行高

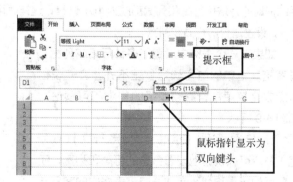

图 4-7 拖动鼠标指针设置列宽

设置行高的方法与此操作类似。

深入了解行高和列宽的数值的单位

一直以来，Excel 的行高和列宽数值的单位是一个令初学者容易混淆的问题，Excel 不但没有使用多数用户所熟悉的公制长度单位，如 cm、mm，而且为行高和列宽分别使用了不同单位。

行高的单位是磅。这里的磅并非英制重量单位的磅，而是一种印刷业描述印刷字体大小的专用尺度，英文 Point 的音译，所以磅数制又称为点制、点数制。1 磅近似等于 1/72 英寸，1 英寸约等于 25.4mm，所以 1 磅近似等于 0.35278mm。行高的最大限制为 409 磅，即 144.286mm。

列宽的单位是字符。列宽的数值是指在默认字体下数字 0~9 的平均值。如果不考虑不同字符之间的宽度差异，列宽的值可以理解为这一列所能容纳的数字字符个数。列宽设置的数字范围为 0~255 之间，当列宽设置为 0 时，即隐藏该列。

由于列宽的单位与使用的字体有关（其实还与屏幕显示精度有关），所以要转换成常用的公制长度单位并没有实际意义，毕竟 Excel 不是一个用于高精度制图的软件。因此也没有必要去深究行列宽度的具体实际长度。

但是有时可能需要将行高和列宽建立一定关系，如需要设置出一个正方形的单元格。行高和列宽的不可比性形成了障碍，此时需要借助另一个隐形的行高列宽单位 —— 像素（Pixel）。

虽然无法在菜单中以像素作为行高列宽的单位，但是在直接拖动鼠标设置行高列宽的过程中，像素这个隐形的单位就会被显示出来。例如，在图 4-8 所示的例子中，当拖动鼠标设置列宽时，列标签上方的提示框里会显示当前的列宽及像素

图 4-8　通过像素值设置正方形区域

值"宽度：12.00（101 像素）"，以此指明了当前虚线位置的列宽值为 12.00，对应的像素值为 101。同样，当拖动设置行高时，也会有类似的信息显示。

由于像素值也与系统的显示精度有关，同样的 101 像素在不同的显示模式之下，并不一定都等于列宽 12.00 字符，所以要在行高和列宽之间建立精确的联系也是比较困难的。但是在同一环境下，列宽与行高都能以像素值为度量单位，这就使列宽与行高有了可比性。例如在图 4-8 所示的例子中，可以使用手动拖动的办法使行高和列宽都成为 101 像素，这样就可以得到一个正方形单元格。

⊃ III　设置适合的行高和列宽

如果在一个表格中设置了多种行高或列宽，或者是表格中的内容长短参差不齐，会使表格看上去比较凌乱，影响表格的美观和可读性，如图 4-9 所示。

针对这种情况，使用【自动调整行高】（或列宽）命令可以快速地设置合适的行高和列宽，使设置后的行高和列宽自动适应于表格中的字符长度，操作方法如下。

	A	B	C	D	E	F	G
1	序号	姓名	部门名称	人员类别	数量	金额大写	金额
2	1	卢涛	总经理	经理人员	##	叁佰柒拾玖元零陆分	379.06
3	2	邝冬明	财务部	经理人员	##	伍佰壹拾伍元捌角叁分	515.83
4	3	冯少梅	财务部	管理人员	##	陆佰贰拾壹元玖角贰分	621.92
5	4	冯剑	市场部	经理人员	##	壹佰玖拾柒元陆角陆分	197.66
6	5	朱美玲	市场部	经营人员	##	肆佰贰拾伍元陆角壹分	425.61

图 4-9　凌乱的表格显示

选中需要调整列宽的多列，在【开始】选项卡上依次单击【格式】→【自动调整列宽】命令，就可以将选中列的列宽调整到最合适的宽度，使一列中最多字符的单元格能够恰好完全地显示，如图 4-10 所示。

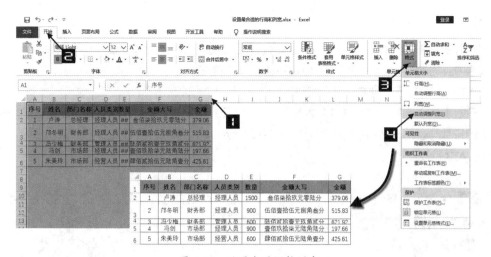

图 4-10　设置自动调整列宽

类似地，使用菜单中的【自动调整行高】命令，可以设置最合适的行高。

除了使用菜单操作外，还有一种更加快捷的方法可以用来调整合适的行高或列宽，操作方法如下。

如图 4-11 所示，同时选中需要调整列宽的多列，将鼠标指针放置在列标签之间，此时，鼠标指针显示为黑色双向箭头，双击即可完成设置"自动调整列宽"的操作。

"自动调整行高"的方法与此类似。

图 4-11　双击黑色双向箭头

⊃ IV　标准列宽

【默认列宽】命令位于【开始】选项卡的【格式】下拉菜单中，如图 4-12 所示。使用【默认列宽】命令，可以一次性修改当前工作表中所有列宽，但是该命令对已设置列宽的列无效，也不会影响其他工作表及新建工作表或工作簿。

图 4-12　设置默认列宽

4.2.3 插入行与列

用户有时候需要在表格中新增一些条目内容，并且这些内容不是添加在现有表格内容的末尾，是插入现有表格内容的中间，这就需要使用插入行或插入列的功能。

以插入行为例，以下几种方法可以实现。

在【开始】选项卡中，依次单击【插入】→【插入工作表行】命令，此时会在当前选区之前插入新行，插入的行数与当前选区的行数相同，如图 4-13 所示，选中第 5~7 行整行，执行上述命令，则在第 5 行之前插入 3 行。

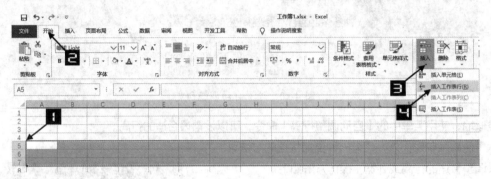

图 4-13 通过功能区命令插入行

在选中整行的情况下，鼠标右击，在弹出的快捷菜单中选择【插入】命令，可以在当前选区之前插入新行，如图 4-14 所示。

如果当前选区不是整行，而是一个单元格，如 B3，则在右键快捷菜单中选择【插入】命令后，弹出【插入】对话框。在【插入】对话框中选中【整行】单选按钮，然后单击【确定】按钮，即可完成插入行操作，如图 4-15 所示。

图 4-14 通过右键菜单插入行

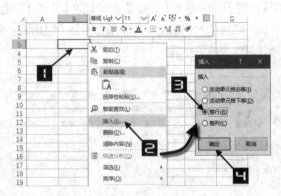

图 4-15 选中单元格区域时插入整行的方法

提示 此操作插入新行的数量，也和选中的单元格区域有关，当前选中的单元格区域包含多少行，就会插入多少个新行。

按下键盘上的 <Ctrl+Shift+=> 组合键。与上述情况类似，选定整行的情况下，直接插入新行。选定单元格区域的情况下，会弹出与图 4-15 相同的【插入】对话框，对话框操作方法与上述相同。

插入列的方法与插入行类似，同样也有通过功能区命令、右键快捷菜单和键盘快捷键等几种操作方法。

提示 ━━▶ 如果在插入操作之前选定的是非连续的多行或多列，也可以同时执行插入行、列的操作，并且新插入的行或列，也是非连续的，数目与选定的行列数目相同。

在执行插入行或插入列的操作过程中，Excel 本身的行、列数并没有增加，只是将当前选定位置之后的行、列连续向后移动，位于表格最末的空行或空列则被移除。这样，表格区域内始终还是保持了 1 048 576 行和 16 384 列的规格。

基于上述原因，如果表格的末尾行或末尾列不为空，则不能执行插入新行、列的操作。如果在这种情况下选择"插入"操作，则会弹出如图 4-16 所示警告框，提示用户只有清空或删除末尾的行、列后才能在表格中插入新的行或列。

图 4-16　末尾行、列不为空时插入行列弹出的警告框

4.2.4　删除行与列

对于一些不需要的行列内容，用户可以选择删除整行或整列来进行清除。删除行的操作如下。

选定要删除的目标行，在【开始】选项卡下依次单击【删除】→【删除工作表行】命令，或者鼠标右击，在弹出的快捷菜单中选择【删除】命令。如果选定区域不是整行，则会弹出如图 4-17 所示的【删除】对话框，在【删除】对话框中选中【整行】单选按钮，然后单击【确定】按钮即可完成目标行的删除。删除列的操作与此类似。

图 4-17　【删除】对话框

与插入行、列的情况类似，删除行、列也不会引起 Excel 工作表中行、列总数的变化，删除目标行、列的同时，Excel 会在行、列的末尾位置自动补充新的空白行、列，使行、列总数保持不变。

4.2.5　移动和复制行与列

用户有时需要改变行列内容的放置位置或顺序，这时可以使用"移动"行或列的操作来实现。

⊃ Ⅰ 通过功能区菜单方式移动行或列

步骤① 选定要移动的行，在【开始】选项卡上单击【剪切】按钮，此时当前选定的行显示出虚线边框。

步骤② 选定需要移动的目标位置的下一行（选定整行或此行的第一个单元格），在【开始】选项卡上依次单击【插入】→【插入剪切的单元格】命令。

⊃ Ⅱ 通过右键菜单方式移动行或列

步骤① 选定要移动的行，鼠标右击，在弹出的快捷菜单上选择【剪切】命令，此时当前选定的行显示出虚线边框。

步骤② 选定需要移动的目标位置的下一行，鼠标右击，在弹出的快捷菜单上选择【插入剪切的单元格】命令。

⊃ Ⅲ 通过鼠标拖动方式移动行或列

相比以上两种方式，直接使用鼠标拖动的方法更加直接而且方便。

选定需要移动的行，将光标移至选定行的边框上，当鼠标指针显示为黑色十字箭头图标时，按住鼠标左键不放，按下 <Shift> 键拖动鼠标，可以看到出现一条"工"字型虚线，显示了移动行目标的插入位置，如图 4-18 左侧所示。拖动鼠标将工字形虚线移动到目标位置后，松开鼠标左键和 <Shift> 键，即可完成选定行的移动操作，结果如图 4-18 右侧所示。

图 4-18　通过拖动鼠标方式移动行

移动列的方法和移动行类似，也可以通过以上三种方法实现，区别是在选定要移动的目标和放置的目标位置时，将选定行改为选定列。

⊃ IV 复制行或列的方法

复制行列与移动行列的操作方式十分相似，如果使用功能区菜单方式或右键菜单方式，只需要将【剪切】命令更改为【复制】命令即可。如果使用鼠标拖动方式，只需将按 <Shift> 键更改为同时按 <Ctrl+Shift> 组合键，即可将移动行列更改为复制行列操作。

提示

　　如果在拖动鼠标的同时没有按 <Ctrl+Shift> 组合键，则在目标位置松开鼠标左键，替换目标行列之前，Excel 会弹出对话框询问"是否替换目标单元格内容"，单击【确定】按钮后，会在替换对应目标行列内容的同时，数据原有位置留空显示。

4.2.6　隐藏和显示行与列

有时用户出于方便浏览的需要，或者不希望让其他人看到一些特定内容，可以隐藏工作表中的某些行或列。

⊃ I 隐藏指定的行或列

选定目标行（单选或多行）整行或行中的单元格，在【开始】选项卡下依次单击【格式】→【隐藏和取消隐藏】→【隐藏行】命令，即可完成目标行的隐藏。按 <Ctrl+9> 组合键，可以代替菜单操作，更快捷地达到隐藏行的目的。隐藏列的操作与此类似，选定目标列后，再依次单击【格式】→【隐藏和取消隐藏】→【隐藏列】命令，快捷键为 <Ctrl+0> 组合键。

如果选定的对象是整行或整列，也可以通过鼠标右击，在弹出的快捷菜单中选择【隐藏】命令来实现隐藏行列的操作。

从实质上来说，被隐藏的行实际上就是行高设置为 0。同样地，被隐藏的列实际上就是列宽设置为 0。所以用户可以通过将目标行高或列宽设置为 0 的方式来隐藏目标行或列。通过右键快捷菜单命令或拖动鼠标改变行高或列宽的操作方法，也可以实现行和列的隐藏。

⊃ II 显示被隐藏的行或列

在隐藏行列之后，包含隐藏行列处的行标题或列标题标签不再显示连续的序号，如图 4-19 所示。

图 4-19　包含隐藏行的行标题

通过这些特征，用户可以发现表格中隐藏行列的位置。要把被隐藏的行列取消隐藏，重新恢复显示，有以下几种操作方法。

（1）使用【取消隐藏】命令。在工作表中选定包含隐藏行的区域，如选定图 4-19 中的 A4:A8 单元格区域，在【开始】选项卡中依次单击【格式】→【隐藏和取消隐藏】→【取消隐藏行】命令，即可将其中隐藏的第 5~7 行恢复显示。按 <Ctrl+Shift+9> 组合键，可以代替菜单操作，更快捷地达到取消隐藏的目的。如果选定的是包含隐藏行的多个整行范围，还可以鼠标右击，在弹出的快捷菜单中选择【取消隐藏】命令来显示隐藏的行。

（2）使用设置行高或列宽的方法取消隐藏。通过将行高或列宽设置为 0，可以将选定行列隐藏；反之，通过将行高或列宽设置为大于 0 的值，则可以让隐藏的行列变为可见，达到取消隐藏的效果。

（3）用【自动调整行高】（或【自动调整列宽】）命令取消隐藏。选定包含隐藏行（或列）的区域后，在【开始】选项卡下依次单击【格式】→【自动调整行高】（或【自动调整列宽】）命令，即可将其中隐藏的行（或列）恢复显示。

取消隐藏列的操作与取消隐藏行的操作类似。如果要将表格中所有被隐藏的行或列都同时显示出来，可以单击行列标签交叉处的【全选】按钮，然后再选择以上方法之一，执行"取消隐藏"。

> 通过设置行高或列宽值的方法，达到取消行列的隐藏，会改变原有行列的行高或列宽，而通过菜单取消隐藏的方法，则保持原有的行高和列宽。

4.3 单元格和区域

在了解行列的概念和基础操作之后，再进一步学习和理解单元格和区域，这是最基础的工作表构成元素和操作对象。

4.3.1 单元格的基本概念

○ I 认识单元格

单元格是构成工作表最基础的组成元素，由多个单元格组成一张完整的工作表。

每个单元格都通过单元格地址来进行标识，单元格地址由它所在列的列标题和所在行的行标题组成，其形式通常为"字母 + 数字"的形式。例如，地址为"A1"的单元格就是位于 A 列第 1 行的单元格。

用户可以在单元格内输入和编辑数据，单元格中可以保存的数据包括数值、文本和公式等，除此之外，还可以为单元格添加批注及设置格式。

○ II 单元格的选取与定位

在当前工作表中，无论用户是否曾经单击过工作表区域，都存在一个被选中的活动单元格。如图 4-20 所示，B3 单元格即为当前被选中的活动单元格。活动单元格的边框显示为绿色矩形线框，在 Excel 工作窗口的名称框中会显示此活动单元格的地址，在编辑栏中则会显示此单元格中的内容，活动单元格所在的行列标签会高亮显示。

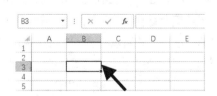

图 4-20　当前活动单元格

> 在使用滚动条滚动浏览工作表时，活动单元格可能会在当前工作表窗口的显示范围之外，按 <Ctrl+Backspace> 组合键，可以快速返回到活动单元格所在位置。

直接单击目标单元格，可将目标单元格切换为当前活动单元格，使用键盘方向键及 <Page Up> <Page Down> 等按键，也可以在工作表中移动选取活动单元格。具体的按键使用及其含义如表 4-1 所示。

表 4-1　活动单元格的移动按键

按键动作	作用含义
↑ ↓ ← →	分别向上、下、左、右一行（或一列）移动活动单元格
<Page Up>	向上一屏移动活动单元格
<Page Down>	向下一屏移动活动单元格
<Alt+Page Up>	向左一屏移动活动单元格
<Alt+Page Down>	向右一屏移动活动单元格

提示 　　使用 <Page Up> <Page Down> 等按键滚动移动活动单元格时，每次移动间隔的行列数并非固定数值，而是与当前屏幕中所显示的行列有关。

除了上述方法外，在名称框中直接输入目标单元格地址按 <Enter> 键，也可以快速定位到目标单元格所在位置，同时激活目标单元格为活动单元格。

4.3.2　区域的基本概念

"区域"的概念实际上是单元格概念的延伸，多个单元格所构成的单元格群组就称为"区域"。构成区域的多个单元格之间可以是相互连续的，它们所构成的区域就是连续区域，连续区域的形状总为矩形。多个单元格之间也可以是相互独立不连续的，它们所构成的区域称为不连续区域。

对于连续区域，可以使用矩形区域左上角和右下角的单元格地址进行标识，形式为"左上角单元格地址：右上角单元格地址"。例如，连续单元格地址为"C5：F11"，则表示此区域包含了从 C5 单元格到 F11 单元格的矩形区域，矩形区域宽度为 4 列，高度为 7 行，总共包括 28 个连续单元格。

与此类似，"A5：XFD5"则表示区域为工作表的第 5 行整行，也可以用"5：5"表示。"F1：F1048576"则表示区域为工作表的 F 列整列，也可以用"F：F"表示。对于整个工作表来说，其区域地址就是"A1：XFD1048576"。

4.3.3　区域的选取

在 Excel 工作表中选取区域后，可以对区域内所包含的所有单元格同时执行相关的命令操作，如输入数据、复制、粘贴、删除、设置单元格格式等。选取区域后，在其中总是包含了一个活动单元格。工作窗口的【名称框】显示的是当前活动单元格的地址，【编辑栏】所显示的也是当前活动单元格中的内容。

活动单元格与区域中其他单元格显示风格不同，区域中所包含的其他单元格会加亮显示，而当前活动单元格还是保持正常显示，以此来标识活动单元格的位置，如图 4-21 所示，B2：D6 单元格区域为选定区域，B2 单元格为活动单元格。

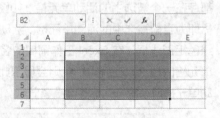
图 4-21　选定区域与活动单元格

提示
■■■→

> 按键盘上的 <Tab> 键，可以在区域范围内切换当前活动单元格；按 <Shift+Tab> 组合键可以以相反的次序切换当前活动单元格。

❏ I 连续区域的选取

对于连续单元格，有以下几种常用方法可以实现选取操作。

（1）选定一个单元格，按住鼠标左键直接在工作表中拖动选取相邻的连续区域。

（2）选定一个单元格，按住 <Shift> 键不放，然后使用方向键在工作表中选择相邻的连续区域。

（3）选定一个单元格，按 <F8> 键，进入"扩展"模式（在状态栏会显示"扩展式选定"字样），此时，再单击另一个单元格时，则会自动选中这两个单元格之间所构成的连续区域。再按一次 <F8> 键，可取消"扩展"模式。

（4）在工作窗口的【名称框】中直接输入区域地址，如"B2:D6"，按 <Enter> 键确认后，即可选取并定位到目标区域。此方法可用于选取隐藏行列中所包含的区域。

选取连续区域时，鼠标或键盘第一个选定的单元格就是选定区域中的活动单元格。如果使用【名称框】或【定位】窗口选定区域，则所选区域的左上角单元格就是选定区域中的活动单元格。

❏ II 不连续区域的选取

对于不连续区域的选取，有以下几种方法。

（1）选定一个单元格，按住 <Ctrl> 键，然后单击或拖曳选择多个单元格或连续区域，在这种情况下，鼠标最后一次单击的单元格，或者在最后一次拖曳开始之前选定的单元格就是此选定区域的活动单元格。

（2）按 <Shift+F8> 组合键，可以进入"添加"模式，进入添加模式后，再用鼠标选取的单元格或区域会添加到之前的选取区域当中。

（3）在工作窗口的名称框中输入多个单元格地址或区域地址，地址之间用半角状态下的逗号隔开，如"C3,C5:F11,G12"，按 <Enter> 键确认后即可选取并定位到目标区域。

❏ III 多表区域的选取

除了可以在一张工作表中选取某个二维区域外，Excel 还允许用户同时在多张工作表上选取区域。

要选取多表区域，可以在当前工作表中选定某个区域后，按住 <Ctrl> 键或 <Shift> 键，再单击其他工作表标签选中多张工作表。此时，当用户在当前工作表中对此区域进行输入、编辑及设置单元格格式等操作时，会同时反映在其他工作表的相同位置上。

示例4-1 通过多表区域的操作设置单元格格式

如需将当前工作簿的 Sheet1、Sheet2、Sheet3 的"A1:B6"单元格区域都设置成红色背景色，操作步骤如下。

步骤① 在当前工作簿的 Sheet1 工作表中选中 A1:B6 单元格区域。

步骤② 按住 <Shift> 键，然后单击 Sheet3 工作表标签，释放 <Shift> 键。此时 Sheet1~Sheet3 工作表的 A1:B6 区域构成一个多表区域，并且进入多表区域的工作组编辑模式，在 Excel 工作窗口标题栏上显示出"［组］"字样。

步骤③ 单击【开始】选项卡的【字体】组中的【填充颜色】下拉按钮，在弹出的颜色面板中选取"红色"，操作完成。

此时切换 3 张工作表，可以看到 3 张工作表的 A1:B6 区域单元格背景色均被统一填充为红色，如图 4-22 所示。

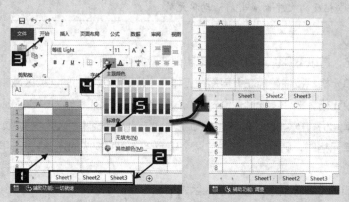

图 4-22　多表区域设置单元格格式

➲ IV　选取特殊的区域

除了通过以上操作方法选取区域外，还有几种特殊的操作方法可以让用户选定一个或多个符合特定条件的单元格区域。

在【开始】选项卡中依次单击【查找和选择】→【定位条件】命令，或者按 <F5> 键或 <Ctrl+G> 组合键，在弹出的【定位】对话框中单击【定位条件】按钮，显示【定位条件】对话框，如图 4-23 所示。

图 4-23　【定位】对话框和【定位条件】对话框

在【定位条件】对话框中选择特定条件，然后单击【确定】按钮，就会在当前选定区域中查找符合选定条件的单元格（如果当前只选定了一个单元格，则会在整个工作表中进行查找），并将其选中。如果查找范围中没有符合条件的单元格，Excel 会弹出【未找到单元格】对话框。

例如，在【定位条件】对话框中选中【常量】单选按钮，然后在下方选中【数字】复选框，单击【确定】按钮后，则当前选定区域中所有包含有数字形式常量的单元格均被选中。

定位条件各选项的含义如表 4-2 所示。

表4-2　定位条件的含义

选项	含义
批注	包含批注的单元格
常量	不包含公式的非空单元格。可在"公式"下方的复选框中进一步筛选数据类型，包括数字、文本、逻辑值和错误值
公式	包含公式的单元格。可在"公式"下方的复选框中进一步筛选数据类型，包括数字、文本、逻辑值和错误值
空值	所有空单元格
当前区域	当前单元格周围矩形区域的单元格。这个区域范围由周围非空的行列所决定，此选项与 <Ctrl+Shift+8> 组合键的功能相同
当前数组	如果当前单元格中包含多单元格数组公式，将选中包含相同多单元格数组公式的所有单元格。关于数组公式的详细介绍请参阅第 21 章
对象	包括图片、图表、自选图形、插入文件等
行内容差异单元格	选定区域中，每一行的数据均以活动单元格作为此行的参照数据，横向比较数据，选定与参照数据不同的单元格
列内容差异单元格	选定区域中，每一列的数据均以活动单元格作为此列的参照数据，纵向比较数据，选定与参照数据不同的单元格
引用单元格	当前单元格中公式引用到的所有单元格，可在【从属单元格】下方的复选框中进一步筛选引用的级别，包括【直属】和【所有级别】
从属单元格	与引用单元格相对应，选定在公式中引用了当前单元格的所有单元格。可在【从属单元格】下方的复选框中进一步筛选引用的级别
最后一个单元格	包含数据或格式的区域范围中最右下角的单元格
可见单元格	所有未经隐藏的单元格
条件格式	工作表中所有运用了条件格式的单元格。在【数据验证】单选按钮下方的选项组中可选择定位的范围，包括【相同】和【全部】，其中【相同】选项表示与当前单元格使用了相同的条件格式规则
数据验证	工作表中所有运用了数据验证的单元格。下方的选项组中可选择定位的范围，包括【相同】和【全部】，其中【相同】选项表示与当前单元格使用了相同的数据验证规则

04章

提示
■■■■→

在【定位】功能中，使用【空值】作为定位条件的情况比较特殊。在使用【空值】作为定位条件时，如果当前选定的是一个单元格，Excel 就不会像通常一样在整个工作表中进行查找，而是只会在当前工作表中包含数据或格式的区域内进行查找。

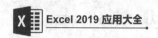

第 5 章　在电子表格中输入和编辑数据

本章详细介绍 Excel 的各种数据类型，以及如何在电子表格中输入和编辑各种类型的数据。正确合理地输入和编辑数据，对于后续的数据处理与分析非常重要。从另一个角度来看，数据的录入工作往往是枯燥和烦琐的，只要掌握了科学的方法并能运用一定的技巧，就能更高效地完成工作。

本章学习要点

（1）认识 Excel 中的数据类型。　　　　　　（2）数据输入和编辑的方法与技巧。

5.1　数据类型的简单认识

在工作表中输入和编辑数据是用户使用 Excel 时最基础的操作项目之一。工作表中的数据都保存在单元格之中，而诸如图形、图表、控件等对象，则保存在单元格的上一层。

在单元格中可以输入和保存的数据包括 4 种基本类型：数值、日期时间、文本和公式。除此之外，还有逻辑值、错误值等一些特殊的数据类型。

5.1.1　数值

数值是指所有代表数量的数字形式，如企业的产值和利润、学生的成绩、个人的身高体重等。数值可以是正数，也可以是负数，并且都可以进行计算，如加、减、求平均值等。除了普通的数字外，还有一些带有特殊符号的数字也被 Excel 识别为数值，这些特殊符号包括百分号（%）、货币符号（如￥）、千分间隔符（,）及科学计数符号（E）。

在现实中，数字的大小可以是无穷无尽的，但是在 Excel 中，由于软件自身的限制，对于数值的使用和存储也存在一些规范和限制。

Excel 可以表示和存储的数字最大精确到 15 位有效数字。对于超过 15 位的整数数字，如 1 234 567 890 123 456 789，Excel 会自动将 15 位以后的数字变为 0 来存储，成为 1 234 567 890 123 450 000。对于大于 15 位有效数字的小数，则会将超出的部分截去。

因此，对于超出 15 位有效数字的数值，Excel 将无法进行精确的计算和处理。例如，无法比较相差无几的 20 位数字的大小、无法用数值形式存储 18 位的身份证号码等。用户可以使用文本形式来保存位数过多的数字，来处理和避免上述情况，如在单元格里输入 18 位身份证号码的首位之前加上单引号"'"，或者将数字格式设置为"文本"后，再输入身份证号码。

对于一些很大或很小的数值，Excel 会自动以科学计数法来表示，例如，123 456 789 012 345 会以科学计数法表示为 1.23457E+14，即为 1.23457×10^{14} 之意，其中代表 10 的乘方的大写字母"E"不可省略。

5.1.2　日期和时间

在 Excel 中，日期和时间是以一种特殊的数值形式存储的，这种数值形式称为"序列值"。序列值的范围为 1~2 958 465。

在 Windows 操作系统上所使用的 Excel 版本中，日期系统默认为"1900 日期系统"，即以 1900 年

1 月 1 日作为序列值的基准日期，这一天的序列值计为 1，这之后的日期均以距离基准日期的天数作为其序列值，例如，1900 年 1 月 15 日的序列值为 15，2020 年 9 月 10 日的序列值为 44 084。在 Excel 中可表示的最大日期是 9999 年 12 月 31 日，其序列值为 2 958 465。

> **提示** →　　要查看一个日期的序列值，可以在单元格内输入该日期后，再将单元格数字格式设置为"常规"，此时，就会在单元格内显示该日期的序列值。关于单元格格式的设置方法请参阅 8.1。

由于日期存储为数值的形式，因此它承载着数值的所有运算功能，日期运算的实质是序列值的数值运算。例如，要计算两个日期之间相距的天数，可以直接在单元格中输入两个日期，再用减法运算的公式来求得。

如果用户使用的是 Macintosh 操作系统下的 Excel 版本，默认的日期系统为"1904 日期系统"，即以 1904 年 1 月 1 日作为日期系统的基准日期。Windows 用户如需要使用"1904 日期系统"，可以在【Excel 选项】对话框中的【高级】选项卡下，选中【使用 1904 日期系统】复选框。

日期系统的序列值是一个整数数值，一天的数值单位是 1，那么 1 小时就可以表示为 1/24 天，1 分钟就可以表示为 1/(24×60) 天等，一天中的每一个时刻都可以由小数形式的序列值来表示。例如，中午 12：00：00 的序列值为 0.5（一天的一半），12：30：00 的序列值近似为 0.520833。

如果输入的时间值超过 24 小时，Excel 会自动以天为整数单位进行处理，如 26：13：12，转换为序列值为 1.0925，即 1+0.0925（1 天 +2 小时 13 分 12 秒）。

将小数部分表示的时间和整数部分表示的日期结合起来，就能以序列值表示一个完整的日期时间点。例如 2020 年 9 月 10 日中午 12：00：00 的序列值为 44 084.5，9999 年 12 月 31 日中午 12：30：00 的序列值近似为 2 958 465.520833。

> 　　对于不包含日期且小于 24 小时的时间值，如"12：30：00"，Excel 会自动以 1900 年 1 月 0 日这样一个实际不存在的日期作为其日期值。在 Excel 的日期系统中，还包含了一个鲜为人知的小错误，实际并不存在的 1900 年 2 月 29 日（1900 年并不是闰年），却存在于 Excel 的日期系统中，并且有所对应的序列值 60。微软公司在对这个问题的解释中声称，保留这个错误是为了保持与 Lotus 1-2-3 相兼容。

5.1.3　文本

文本通常是指一些非数值性的文字、符号等，如企业名称、学生的考试科目、姓名等。除此以外，许多不代表数量的、不需要进行数值计算的数字也可以保存为文本形式，如电话号码、身份证号码、银行卡号等。所以，文本并没有严格意义上的概念。事实上，Excel 将许多不能理解为数值（包括日期时间）和公式的数据都视为文本。文本不能用于计算，但可以比较。

5.1.4　逻辑值

逻辑值是比较特殊的一类参数，它只有 TRUE（真）和 FALSE（假）两种类型。

例如，在公式"= A3>0"中，"A3>0"就是一个可以返回 TRUE（真）或 FALSE（假）为结果的参数。

逻辑值之间进行四则运算或是逻辑值与数值之间的运算时，TRUE 的作用等同于 1，FALSE 的作用等同于 0。例如：

```
TRUE+TRUE=2    FALSE*FALSE=0 TRUE-1=0 FALSE*5=0
```

但是在逻辑判断中，不能将逻辑值和数值视为相同，如公式"=TRUE<6"，结果是 FALSE，因为在 Excel 中的大小比较规则为：数字 < 字符 < 逻辑值 FALSE< 逻辑值 TRUE。因此 TRUE 大于 6。

5.1.5 错误值

用户在使用 Excel 的过程中，可能会遇到一些错误值信息，如 #N/A、#VALUE!、#DIV/0! 等，出现这些错误的原因有很多种，如果公式不能计算正确结果，Excel 将显示一个错误值，根据产生错误的不同原因，Excel 会返回不同类型的错误值，便于用户进行排查。常见的错误值及其含义请参阅 23.3.1。

5.1.6 不同数据类型的大小比较原则

在 Excel 中，除了错误值外，文本、数值与逻辑值比较时按照以下顺序排列。

```
…、-2、-1、0、1、2、…、A~Z、FALSE、TRUE
```

即数值小于文本，文本小于逻辑值 FALSE，逻辑值 TRUE 最大，错误值不参与排序。

5.1.7 公式

公式是 Excel 中一种非常重要的数据类型，Excel 作为一种电子数据表格，许多强大的计算功能都是通过公式来实现的。

公式通常都是以等号"="开头，它的内容可以是简单的数学公式，如"=24*60+12"，也可以包括 Excel 的内置函数，甚至是用户自定义的函数，如"=SUM(A1：A5)"。

当用户在单元格内输入公式并确认后，默认情况下会在单元格内显示公式的运算结果。从数据类型上来说，公式的运算结果也大致可区分为数值型数据和文本型数据两大类。选中公式所在的单元格后，在编辑栏内会显示公式的内容。

5.2 输入和编辑数据

5.2.1 在单元格输入数据

要在单元格内输入数值和文本类型的数据，可以先选中目标单元格，使其成为当前活动单元格后，直接向单元格内输入数据。数据输入完毕后按 <Enter> 键或单击编辑栏左侧的输入按钮或是单击其他单元格，都可以确认完成输入。要在输入过程中取消输入的内容，则可以按 <Esc> 键退出输入状态。

当用户输入数据时，原有编辑栏左边的【×】按钮和【√】按钮被激活，如图 5-1 所示。用户单击【√】按钮后，可以对当前输入内容进行确认；如果单击【×】按钮，则表示取消输入。

图 5-1　编辑栏左侧图标被激活

虽然单击【√】按钮和按 <Enter> 键都可以对输入内容进行确认，但是两者的效果并不完全相同。当用户按 <Enter> 键确认输入后，Excel 会自动将下一个单元格激活为活动的单元格，这为需要进行连续输入的用户提供了便利。而当用户使用【√】按钮确认输入后，Excel 不会改变当前活动单元格。

　　用户也可以对"下一个"激活单元格的方向进行设置。在【Excel 选项】对话框的【高级】选项卡下，选中【按 Enter 键后移动所选内容】复选框，在下方【方向】下拉菜单中可以选择移动方向（包含向下、向右、向上、向左 4 个选项），默认为【向下】，最后单击【确定】按钮确认操作，如图 5-2 所示。

　　如果希望在输入结束后活动单元格仍停留在原位，则可以取消选中【按 Enter 键后移动所选内容】复选框。

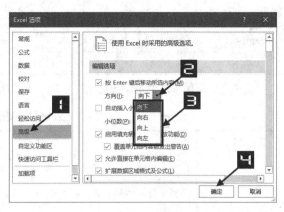

图 5-2　设置按 <Enter> 键后光标移动的方向

5.2.2　使用"记录单"功能添加数据

　　用户可以在数据列表内直接输入数据，也可以使用 Excel 记录单功能让输入更加方便，尤其是喜欢使用对话框来输入数据的用户。

　　Excel 2019 的功能区默认不显示"记录单"的相关命令，如果要使用此功能，单击数据列表中的任意单元格，依次按下 <Alt> 键、<D> 键和 <O> 键即可调出"记录单"。

05章

示例5-1　使用记录单高效录入数据

　　以图 5-3 所示的数据列表为例，要使用"记录单"功能添加新的数据，可参照以下步骤。

步骤① 单击数据列表区域中任意一个单元格，（如 A13）。

步骤② 依次按下 <Alt> 键、<D> 键和 <O> 键，弹出【数据列表】对话框，对话框的名称取决于当前工作表的名称，单击【新建】按钮进入新记录输入状态，如图 5-3 所示。

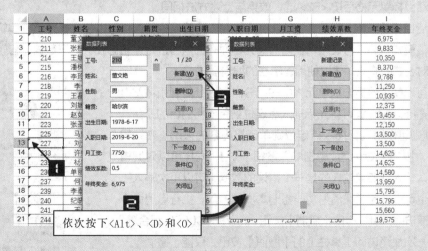

图 5-3　通过【记录单】输入和编辑的对话框

步骤③ 在【数据列表】对话框的各个文本框中输入相关信息，用户可以使用 <Tab> 键在文本框之间依次移动，一条数据记录输入完毕后可以在对话框内单击【新建】或【关闭】按钮，也可以直接按 <Enter> 键，新增的数据即可保存到数据列表中。

有关【记录单】对话框中按钮的用途如表5-1所示。

表5-1　Excel【记录单】对话框按钮的用途

记录单按钮	用途
新建	单击【新建】按钮可以在数据列表中添加新记录
删除	删除当前显示的记录
还原	在没有单击【新建】按钮之前，恢复所编辑的全部信息
上一条	显示数据列表中的前一条记录
下一条	显示数据列表中的下一条记录
条件	用户输入设置搜索记录的条件，单击【上一条】和【下一条】按钮显示符合条件的记录
关闭	关闭【记录单】对话框

5.2.3　编辑单元格内容

对于已经存在数据的单元格，用户可以激活目标单元格后，重新输入新的内容来替换原有数据。但是，如果用户只想对其中的部分内容进行编辑修改，则可以激活单元格进入编辑模式。有以下几种方式可以进入单元格编辑模式。

（1）双击单元格。在单元格中的原有内容后会出现竖线光标显示，提示当前进入编辑模式，光标所在的位置为数据插入位置，在不同位置单击或使用左右方向键，可以移动光标的位置，用户可以在单元格中直接对其内容进行编辑修改。

（2）激活目标单元格后按 <F2> 键，效果与上述方法相同。

（3）激活目标单元格，然后单击 Excel 工作窗口的编辑栏，这样可以将光标定位于编辑栏内，激活编辑栏的编辑模式，用户可在编辑栏内对单元格原有的内容进行编辑修改。对于数据内容较多的编辑修改，特别是对公式的修改，建议使用编辑栏的编辑模式。

（4）也可以使用鼠标选取单元格中的部分内容进行复制和粘贴操作。另外，按 <Home> 键可将光标插入点定位到单元格内容的开头，按 <End> 键则可以将光标插入点定位到单元格内容的末尾。在编辑修改完成后，按 <Enter> 键或单击输入按钮【√】，同样可以对编辑内容进行确认输入。如果输入的是一个错误的数据，可以再次输入正确的数据，也可以使用"撤消"功能撤消本次的输入。执行撤消命令可以单击快速访问工具栏上的【撤消】按钮，或者按 <Ctrl+Z> 组合键。

每单击一次快速访问工具栏上的【撤消】按钮，只能"撤消"一步操作，如果需要撤消多步操作，可以多次单击【撤消】按钮，或者单击【撤消】下拉按钮，在打开的下拉列表中选择需要撤消返回的具体操作步骤，如图5-4所示。

图 5-4　撤消多步操作

> **提示**
> ■■■■→
>
> 　　可在单元格中直接对内容进行编辑的操作，依赖于"单元格内直接编辑"功能（系统默认开启），此功能的开关位于【Excel 选项】对话框【高级】选项卡中的【允许直接在单元格内编辑】复选框。

5.2.4　显示和输入的关系

输入数据后，会在单元格中显示输入的内容（或公式的结果），在选中单元格时，编辑栏中将显示输入的内容。但有些时候，在单元格内输入的数值和文本，与单元格中的实际显示并不完全相同。

事实上，Excel 对于用户输入的数据，存在一种智能分析功能，它总是会对输入数据的标识符及结构进行分析，然后以它所认为最理想的方式显示在单元格中，有时甚至会自动更改数据的格式或数据的内容。对于此类现象及其原因，大致归纳为以下几种情况。

⊃ | 系统规范

如果用户在单元格中输入位数较多的小数，如"123.456798012"，而单元格列宽设置为默认值时，单元格内会显示"123.4568"。这是由于 Excel 系统默认设置了对数值进行四舍五入显示的缘故。

当单元格列宽无法完整显示数据的所有部分时，Excel 会自动以四舍五入的方式对数值的小数部分进行截取显示。如果将单元格的列宽调整得更大，显示的位数相应增多，但是最大也只能显示到 10 位有效数字。虽然单元格的显示与实际数值不符，但是当用户选中此单元格，在编辑栏中仍可以完整显示数值，并且在数据计算过程中，Excel 也是根据完整的数值进行计算。

除此之外，还有一些数值方面的规范，使输入与实际显示不符。

❖ 当用户在单元格中输入非常大或者非常小的数值时，系统会在单元格中自动以科学记数法的形式来显示。

❖ 输入大于 15 位有效数字的数值时（如 18 位身份证号码），Excel 会对原数值进行 15 位有效数字的截断处理，如果输入的数值是整数，超过 15 位部分将自动补 0。

❖ 当输入数值外面包括一对半角小括号时，如"(123456)"，系统会自动以负数形式保存和显示括号内的数值，而括号不再显示（这是会计专业方面的一种数值形式约定）。

❖ 当用户输入末尾为"0"的小数时，系统会自动将非有效位数上的"0"清除，使之符合数值的规范显示。

对于上述 4 种情况，如果用户确实需要以完整的形式输入数据，可以进行以下操作。

对于不需要进行数值计算的数字，如身份证号码、银行卡号、股票代码等，可将数据形式转换成文本形式来保存和显示完整数字内容。在输入数据时，以单引号"'"开始输入数据，系统会将所输入的内容自动识别为文本数据，并以文本形式在单元格中保存和显示，其中的单引号"'"不显示在单元格中，但在编辑栏中会显示。

用户也可以先选中目标单元格，按 <Ctrl+1> 组合键打开【设置单元格格式】对话框，将目标单元格数字格式设置成"文本"格式，如图 5-5 所示。

图 5-5　设置单元格格式为文本

有以下几种等效操作方法可以打开【设置单元格格式】对话框。

（1）单击【开始】选项卡中【字体】【对齐方式】或【数字】命令分组右下角的对话框启动器按钮，如图 5-6 所示。

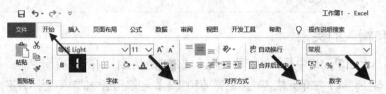

图 5-6　单击【开始】选项卡中对应的对话框启动器按钮

（2）选中目标单元格后，鼠标右击，在弹出的快捷菜单中选择【设置单元格格式】命令，如图 5-7 所示。

（3）按 <Ctrl+1> 组合键。

设置成文本后的数据无法正常参与数值计算，如果用户不希望改变数据类型，在单元格中能完整显示的同时，仍可以保留数值的特性，可以参照如下操作。

以某股票代码"000123"为例，先选中目标单元格，打开【设置单元格格式】对话框，选择【数字】选项卡，并在【分类】列表框中选择【自定义】选项，此时右侧会出现新的【类型】列表框。在列表框顶部的【类型】文本框内输入"000000"（与股票代码字符数保持一致），然后单击【确定】按钮完成操作，此时再在单元格内输入代码"123"，即可显示为"000123"，并且仍保留数值的格式，如图 5-8 所示。

图 5-7　通过右键快捷菜单打开

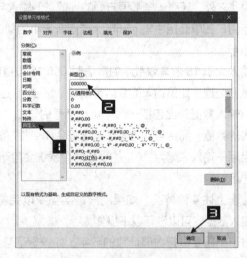

图 5-8　设置自定义格式

注意

　　此种方法特别适用于需要显示前置"0"的数值情况，但是这种方法只限于输入小于等于 15 位的整数，如果数值大于 15 位，则单元格中仍然不能真实显示。

对于小数末尾中"0"的保留显示（如某些数字保留位数的需求），与上面例子类似。用户可以在输入数据的单元格中设置自定义的格式，形如"0.0000"（小数点后面"0"的个数表示需要保留显示小数的位数）。除了自定义的格式外，使用系统内置的"数值"格式也可以达到相同的效果。在【设置单元格格式】对话框【数字】选项卡选中【数值】分类后，对话框右侧会出现设置【小数位数】的微调框，调整需要显示的小数位数，就可以将用户输入的数据按照用户需要保留的位数来显示。

除了以上提到的这些数值输入的情况外，某些文本数据的输入也存在输入与显示不符合的情况。例如，在单元格中输入内容较长的文本时（文本长度大于列宽），如果目标单元格右侧的单元格内没有内容，则文本显示会"侵占"右侧的单元格，以完整显示，如图 5-9 所示的 A1 单元格；而如果右侧单元格本身包含内容时，则文本就会显示不完整，如图 5-9 所示的 A2 单元格。

　　要将这样的文本输入在单元格中并完整显示出来，可使用以下几种方法。

　　（1）将列宽调整得更大，容纳更多字符的显示。

　　（2）选中单元格，打开【设置单元格格式】对话框，选择【对齐】选项卡，在【文本控制】区域中选中【自动换行】复选框，或者单击【开始】选项卡上【对齐方式】分组中的【自动换行】切换按钮。效果如图 5-9 所示的 A3 单元格。

　　（3）选中单元格，打开【设置单元格格式】对话框，选择【对齐】选项卡，在【文本控制】区域中选中【缩小字体填充】复选框，效果如图 5-9 所示的 A4 单元格。

图 5-9　不同设置的文本显示

Ⅱ　自动格式

　　在某些情况下，当用户输入的数据中带有一些特殊符号时，会被 Excel 识别为具有特殊含义，从而自动为数据设定特有的数字格式来显示。

❖ 在单元格中输入某些分数时，如"12/29"，单元格会自动识别为日期形式，进而显示为日期"12月 29 日"，同时此单元格的单元格格式也会被自动更改。当然，如果用户输入的对应日期不存在，如"11/31"（11 月没有 31 日），单元格还会保持原来的输入显示。但实际上此时单元格还是文本格式，并没有被赋予真正的分数数值意义。关于如何在单元格中输入分数的详细介绍，请参阅 5.3.3。关于日期和时间的输入和显示，请参阅 5.2.5。

❖ 当在单元格中输入带有货币符号的数值时，如"￥123300"，Excel 会自动将单元格格式设置为相应的货币格式，在单元格中也可以以货币的格式显示（自动添加千位分隔符，负数以红色显示或加括号显示）。如果选中单元格，可以看到在编辑栏内显示的是不带货币符号的实际数值。

Ⅲ　自动更正

　　Excel 系统中预置"纠错"功能，会在用户输入数据的时候进行检查，在发现包含有特定条件的内容时，自动进行更正，如以下几种情况。

❖ 在单元格中输入"(R)"时，单元格中会自动更正为"®"。

❖ 在输入英文单词时，如果开头有连续两个大写字母，如"EXcel"，则 Excel 系统会自动将其更正为首字母大写"Excel"。

　　此类情况的产生，都是基于 Excel 中【自动更正选项】的相关设置。"自动更正"是一项非常实用的功能，它不仅可以帮助用户减少英文拼写错误，纠正一些中文成语错别字和错误用法，还可以为用户提供一种高效的输入替换方法 —— 输入缩写或特殊字符，系统自动替换为全称或用户需要的内容。

　　打开【Excel 选项】对话框，单击【校对】选项卡中的【自动更正选项】按钮，弹出【自动更正】对话框，在此对话框中可以通过复选框及列表框中的内容对原有的更正替换项目进行修改设置，也可以新增用户的自定义设置。例如，要在单元格输入"EH"时，自动替换为"ExcelHome"，可以在【替换】文本框中输入"EH"，然后在【为】文本框中输入"ExcelHome"，最后单击【添加】按钮，这样就可以成功添加一条用户自定义的自动更正项目，添加完毕后依次单击【确定】按钮关闭对话框，如图 5-10 所示。

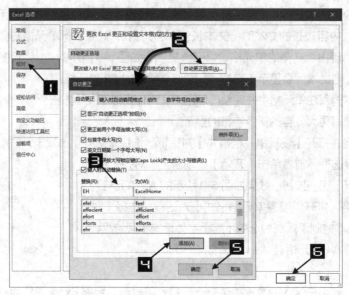

图 5-10　添加自定义【自动更正】内容

　　自动更正功能通用于 Office 组件，用户在 Excel 中添加的自定义更正项目，也可以在 Word、PowerPoint 中使用。

　　对于英文单词的拼写错误纠正，除了使用自动更正功能外，还可以通过"拼写检查"功能来实现，在 Excel 功能区单击【审阅】选项卡下的【校对】组中的【拼写检查】按钮，或者按 <F7> 键，可以启动拼写检查程序。

　　如果用户输入的内容不希望被 Excel 自动更改，可以对"自动更正选项"进行如下设置。

　　在图 5-10 所示的【自动更正】对话框中，取消选中【键入时自动替换】复选框，使所有的更正项目停止使用。也可以取消选中某个单独功能的复选框（如【句首字母大写】复选框），或者在下面的列表框中删除某些特定的替换内容，来终止该项自动更正规则。

● IV　自动套用格式

　　自动套用格式与自动更正类似，当在输入内容中发现包含特殊文本标记时，Excel 会自动对单元格加入超链接。

　　例如，当用户输入的数据中包含 @、WWW、FTP、FTP://、HTTP:// 等文本内容时，Excel 会自动为此单元格添加超链接，并在输入的数据下方显示下划线。关于超链接的详细介绍，请参阅第 10 章。

5.2.5　日期和时间的输入和识别

　　日期和时间属于一类特殊的数值类型，其特殊的属性使得此类数据的输入及 Excel 对输入内容的识别，都有一些特别之处。

● I　日期的输入和识别

　　在 Windows 中文操作系统的默认日期设置下，可以被 Excel 自动识别为日期数据的输入形式如下。

　　使用分隔符 "-" 或 "/" 的输入，如表 5-2 所示。

表 5-2　日期输入形式 1

单元格输入	Excel 识别
2020-9-10 或 2020/9/10	2020 年 9 月 10 日
20-9-10 或 20/9/10	2020 年 9 月 10 日
79-9-10 或 79/9/10	1979 年 9 月 10 日
2008-5 或 2008/5	2008 年 5 月 1 日
9-10 或 9/10	当前年份的 9 月 10 日

使用中文"年月日"分隔的输入，如表 5-3 所示。

表 5-3　日期输入形式 2

单元格输入	Excel 识别
2020 年 9 月 10 日	2020 年 9 月 10 日
20 年 9 月 10 日	2020 年 9 月 10 日
79 年 9 月 10 日	1979 年 9 月 10 日
2008 年 5 月	2008 年 5 月 1 日
9 月 10 日	当前年份的 9 月 10 日

使用包括英文月份的输入，如表 5-4 所示。

表 5-4　日期输入形式 3

单元格输入	Excel 识别
September10	当前年份的 9 月 10 日
Sep10	当前年份的 9 月 10 日
10 Sep	当前年份的 9 月 10 日
Sep-10	当前年份的 9 月 10 日
10-Sep	当前年份的 9 月 10 日
Sep/10	当前年份的 9 月 10 日
10/Sep	当前年份的 9 月 10 日

对于以上 3 类可以被 Excel 识别的日期输入，有以下几点补充说明。

❖ 年份的输入方式包括短日期（如 79 年）和长日期（1979 年）两种，当用户以两位数字的短日期方式来输入年份时，系统默认将 0~29 之间的数字识别为 2000~2029 年，而将 30~99 之间的数字识别为 1930~1999 年。为避免系统自动识别造成错误理解，建议用户在输入年份时，使用 4 位完整数字的长日期方式，以确保数据的准确性。

❖ 短横线"-"分隔与斜线"/"分隔可以结合使用。例如，输入"2020-9/10"与输入"2020/9-10"

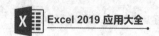

均可以表示 2020 年 9 月 10 日。

❖ 当用户输入的数据只包含年份和月份时，Excel 会自动以这个月的 1 日作为它的完整日期值。如输入 "2008/5"，会被自动识别为 "2008 年 5 月 1 日"。

❖ 当用户输入的数据只包含月份和日期时，Excel 会自动以系统当年年份作为这个日期的年份值。

❖ 包含英文月份的输入方式可以用于只包含月份和日期的数据输入，其中月份的英文单词可以使用完整拼写，也可以使用标准缩写。

> 以上所述部分的输入和识别方式，只适用于中文 Windows 操作系统，区域设置为 "中国" 的操作环境之下。如果用户的区域设置为其他国家和地区，Excel 会根据不同的语言习惯而产生不同的日期识别格式。

除了以上这些可以被 Excel 自动识别为日期的输入方式外，其他不被识别的日期输入方式，则会被识别为文本形式的数据。不少用户都习惯使用 "." 分隔符来输入日期，如 "2020.9.10" 这样输入的数据只会被 Excel 识别为文本格式，而不是日期格式，导致无法参与各种运算，从而给数据处理和计算带来麻烦。

⊃ Ⅱ 时间的输入和识别

时间的输入规则比较简单，一般可分为 12 小时制和 24 小时制两种。采用 12 小时制时，需要在输入时间后加入表示上午或下午的后缀 "AM" 或 "PM"。例如，用户输入 "10:21:30 AM" 会被 Excel 识别为 "上午 10 点 21 分 30 秒"，而输入 "10:21:30 PM" 则会被 Excel 识别为 "下午 10 点 21 分 30 秒"。如果输入形式中不包含英文后缀，则 Excel 默认以 24 小时制来识别输入的时间。

用户在输入时间数据时可以省略 "秒" 的部分，但不能省略 "小时" 和 "分钟" 的部分。例如，输入 "10:21" 将会被自动识别为 "10 点 21 分 0 秒"，要表示 "1 点 21 分 35 秒"，需要完整输入 "1:21:35"。

> 如果要在单元格中快捷输入当前系统时间，可以按 <Ctrl+Shift+;> 组合键。

5.2.6 为单元格添加批注

除了可以在单元格中输入数据外，用户还可以为单元格添加批注。通过批注，可以对单元格的内容添加一些注释或说明，方便自己或其他用户更好地理解单元格中的内容含义。

有以下几种等效方式可以为单元格添加批注。

（1）选定单元格，在【审阅】选项卡上单击【新建批注】按钮。

（2）选定单元格，右击，在弹出的快捷菜单中选择【插入批注】命令。

（3）选定单元格，按 <Shift+F2> 组合键。

添加批注后，在目标单元格的右上角会出现红色三角符号，此符号为批注标识符，表示当前单元格包含批注。右侧的矩形文本框通过引导箭头与红色标识符相连，此矩形文本框即为批注内容的显示区域，用户可以在此输入批注内容。批注内容会默认以加粗字体的用户名开头，标识了添加批注的作者。此用户名默认为当前 Excel 用户名，实际使用时，用户也可以根据需要更改为更方便识别的名称，如图 5-11 所示。

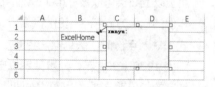

图 5-11 添加批注

完成批注内容输入之后，单击其他单元格即表示完成了添加批注的操作，此时批注内容呈现隐藏状态，只显示出红色标识符。当用户将光标移到包括标识符的目标单元格上时，批注内容会自动显示出来。用户也可以在包含批注的单元格上鼠标右击，在弹出的快捷菜单中选择【显示 / 隐藏批注】命令，使批注内容取消隐藏状态，固定显示在表格上方。或单击【审阅】选项卡上【批注】组中的【显示 / 隐藏批注】切换按钮，就可以切换批注的"显示"状态和"隐藏"状态。单击【显示所有批注】切换按钮，将切换所有批注的"显示"状态和"隐藏"状态。

要对现有单元格的批注内容进行编辑修改，有以下几种等效操作方式，和添加批注方法类似。

（1）选定包含批注的单元格，在【审阅】选项卡上单击【编辑批注】按钮。

（2）选定包含批注的单元格，鼠标右击，在弹出的快捷菜单中选择【编辑批注】命令。

（3）选定包含批注的单元格，按 <Shift+F2> 组合键。

当单元格添加批注或批注处于编辑状态时，如果将鼠标指针移至批注矩形框的边框上时，鼠标指针会显示为黑色双箭头或黑色十字箭头图标。分别用于拖曳改变批注区域大小和移动批注显示位置。

> **提示**　对于只在鼠标指针移至目标单元格时才会显示的批注（设置隐藏状态的批注），Excel 会根据单元格所在位置自动调整批注的显示位置，对于设置了固定显示状态的批注，则可以手动调整显示位置。

要删除一个现有的批注，可以选中包括批注的目标单元格，然后鼠标右击，在弹出的快捷菜单中选择【删除批注】命令。或选中包括批注的目标单元格后，在【审阅】选项卡的【批注】组单击【删除】按钮。

如果需要一次性删除当前工作表中的所有批注，可以按 <Ctrl+A> 组合键全选工作表，然后在【审阅】选项卡的【批注】组单击【删除】按钮。

此外，用户还可以根据需要删除某个区域中的所有批注。首先选择需要删除批注的区域，然后在【开始】选项卡中依次单击【清除】→【清除批注】命令即可。

5.2.7　删除单元格内容

对于不再需要的单元格内容，如果用户想要将其删除，可以选中目标单元格，然后按 <Delete> 键。但是这样操作并不会影响单元格格式、批注等内容。要彻底地删除这些内容，可以在选定目标单元格后，在【开始】选项卡上单击【清除】下拉按钮，在下拉菜单中显示出如图 5-12 所示的 6 个选项。

图 5-12　【清除】下拉菜单

【清除】下拉菜单 6 个选项的功能介绍如下。

❖ 全部清除：清除单元格中的所有内容，包括数据、格式、批注等。

❖ 清除格式：仅清除格式，保留其他内容。

❖ 清除内容：仅清除单元格中的数据，包括数值、文本、公式等，保留格式、批注等其他内容。

❖ 清除批注：仅清除单元格中的批注。

❖ 清除超链接 (不含格式)：在含超链接的单元格显示【清除超链接】智能按钮，单击【清除超链接】下拉按钮可以在下拉列表中选择【仅清除超链接】选项或【清除超链接和格式】选项，如图 5-13 所示。

图 5-13　【清除超链接】智能按钮

❖ 删除超链接（含格式）：清除单元格中的超链接和格式。

注意■■■→ 以上所述的"删除单元格内容"并不等同于"删除单元格"操作。后者虽然也能彻底清除单元格或区域中所包含的内容，但是它的操作会引起整个表格的结构的变化。

5.3 数据输入技巧

数据输入是日常工作中一项使用频率很高却又效率较低的工作。如果用户学习和掌握一些数据输入方面的常用技巧，就可以极大地简化数据输入操作，提高工作效率。正所谓"磨刀不误砍柴工"，以下介绍一些数据输入方面的实用技巧。

5.3.1 强制换行

在表格内输入大量的文字信息时，如果单元格文本内容过长，如何控制文本换行是一个需要解决的问题。如果使用自动换行功能，虽然可将文本显示为多行，但是换行的位置并不受用户控制，而是根据单元格的列宽来决定。

如果希望控制单元格中文本的换行位置，要求整个文本外观能够按照指定位置进行换行，可以使用强制换行功能。当单元格处于编辑状态时，在需要换行的位置按 <Alt+Enter> 组合键为文本添加强制换行符，图 5-14 所示为一段文字使用强制换行后的编排效果，此时单元格和编辑栏中都会显示强制换行后的段落结构。

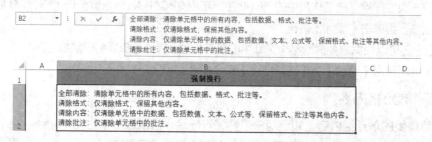

图 5-14 通过【强制换行】功能控制文本格式

注意■■■→ 使用了强制换行后的单元格，Excel 会自动为其选中【自动换行】复选框，但事实上它和通常情况下使用【自动换行】功能有着明显的区别。如果用户取消选中【自动换行】复选框，则使用了强制换行的单元格仍然显示为单行文本，而编辑栏中保留着换行后的显示效果。

5.3.2 在多个单元格同时输入数据

当需要在多个单元格中同时输入相同的数据时，可以同时选中需要输入相同数据的多个单元格，输入所需要的数据后，按 <Ctrl+Enter> 组合键确认输入。

5.3.3 输入分数

输入分数的方法如下。

❖ 如果要输入一个假分数（即包含整数部分又包含分数部分），如"二又五分之一"，可以在单元格内

输入"2 1/5"（整数部分和分数部分之间使用一个空格间隔），然后

按 <Enter> 键确认。Excel 会将输入识别为分数形式的数值类型。

在编辑栏中显示此数值为 2.2，在单元格显示出分数形式"2 1/5"，

如图 5-15 中的 B2 单元格所示。

	A	B
1	输入形式	显示形式
2	2 1/5	2 1/5
3	0 3/5	3/5
4	0 13/5	2 3/5
5	0 2/24	1/12

图 5-15　输入分数及显示

❖ 如果需要输入的分数是真分数（不包含整数部分），用户在输入时必

须以"0"作为这个分数的整数部分输入。如需要输入"五分之三"，则输入方式为"0 3/5"。这样

Excel 才可以识别为分数数值，而不会被识别为日期。如图 5-15 中的 B3 单元格所示。

❖ 如果用户输入分数的分子大于分母，如"五分之十三"，Excel 会自动进行换算，将分数显示为假分

数（整数 + 真分数）形式，如图 5-15 中的 B4 单元格所示。

❖ 如果用户输入的分数的分子和分母可以约分，如"二十四分之二"在确认输入后，Excel 会自动对

其进行约分处理，转换为最简形式，如图 5-15 中的 B5 单元格所示。

5.3.4　输入指数上标

在工程和数学等方面的应用中，经常会需要输入一些带有指数上标的数字或符号单位，如

"10^2""M^3"等。通过设置单元格格式特殊效果的方法，能够改变指数在单元格中的显示。

例如，需要在单元格中输入"E^{-20}"，可先在单元格中输入"E-20"，然后激活单元格的编辑模式，

选中文本中的"-20"部分，按 <Ctrl+1> 组合键打开【设置单元格格式】对话框，选中【特殊效果】组

中的【上标】复选框，最后单击【确定】按钮完成操作。此时，在单元格中数据将显示为"E^{-20}"形式

（在编辑栏中依旧显示为"E-20"），如图 5-16 所示。如果要设置的内容全部为数字，如"10^3"，则需要

将单元格数字格式设置为"文本"后，再选中 3，然后进行上标设置。

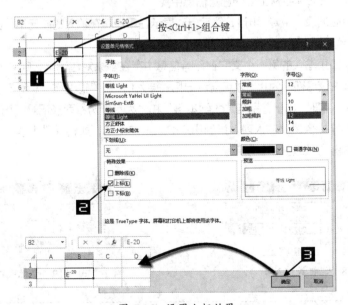

图 5-16　设置上标效果

> **注意**
>
> 以上所提到的含有上标的数字，在输入单元格后，实际以文本形式保存，不能参与数值计算。

5.3.5 自动输入小数点

有一些数据处理方面的应用（如财务报表、工程计算等）往往需要用户在单元格中大量输入小数数据，如果这些数据需要保留的最大小数位数是相同的，可以通过更改 Excel 选项免去小数点"."的输入操作。本节详细内容请扫描右侧二维码阅读。

5.3.6 记忆式键入

如果输入的数据包含较多的重复性文字，如建立员工档案信息时，在"学历"字段中总是在"大专学历""大学本科""博士研究生"等几个固定词汇之间来回地重复输入。要简化这样的输入过程，可以借助 Excel 提供的"记忆式键入"功能。

首先，在【Excel 选项】对话框中查看并确认【记忆键入】功能是否已被开启：选中【Excel 选项】对话框【高级】选项卡中【编辑选项】区域里的【为单元格值启用记忆式键入】复选框（系统默认为选中状态）如图 5-17 所示。

启用此功能后，当用户在同一列输入相同的信息时，就可以利用"记忆式键入"来简化输入。如图 5-18 所示的表格，用户在"学历"字段前 3 行分别输入过信息以后，当在第 4 条记录中再次输入"中"时（按 <Enter> 键确认之前），Excel 会从上面的已有信息中找

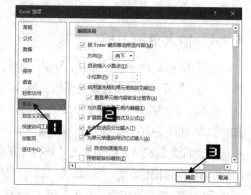

图 5-17 记忆式键入的选项设置

到"中"字开头的对应记录"中专学历"，然后自动显示在用户正在输入的单元格，此时只要按 <Enter> 键，就可以将"中专学历"完整地输入当前的单元格中。

值得注意的是，如果输入的第一个文字在已有信息中存在多条对应记录，则必须增加文字信息，一直到能够仅与一条单独信息匹配为止，才可显示记忆式键入信息。仍以图 5-18 所示表格为例，当在"学历"字段中输入"大"字时，由于分别与"大学本科"和"大专学历"两条记录匹配，所以 Excel 的"记忆式键入"功能并不能提供建议输入项。直到用户输入第二个字，如输入"大学"时，Excel 才能显示建议输入项"大学本科"，如图 5-19 所示。

	A	B	C	D	E
1	姓名	性别	出生年月	参加工作时间	学历
2	刘希文	男	1976/7/1	2000/7/1	大学本科
3	叶知秋	男	1984/8/1	2004/3/1	中专学历
4	白如雪	男	1986/5/1	2016/7/1	大专学历
5	沙雨燕	男	1979/3/1	2002/7/1	中专学历
6	夏吾冬	女	1978/2/1	2001/7/1	
7	千艺雪	女	1970/7/1	1992/10/1	

图 5-18 记忆式键入 1

	A	B	C	D	E
1	姓名	性别	出生年月	参加工作时间	学历
2	刘希文	男	1976/7/1	2000/7/1	大学本科
3	叶知秋	男	1984/8/1	2004/3/1	中专学历
4	白如雪	男	1986/5/1	2016/7/1	大专学历
5	沙雨燕	男	1979/3/1	2002/7/1	中专学历
6	夏吾冬	女	1978/2/1	2001/7/1	大学本科
7	千艺雪	女	1970/7/1	1992/10/1	

图 5-19 记忆式键入 2

提示

"记忆式键入"功能只对文本型数据适用，对于数值型数据和公式无效。此外，匹配文本的查找和显示仅能在同一列中进行，而不能跨列进行，并且输入单元格到原有数据间不能存在空行，否则 Excel 只会在空行以下的范围内查找匹配项。

"记忆式键入"功能除了能够帮助用户减少输入外,还可以保持输入的一致性。例如,用户在第一行输入"Excel",当用户在第二行中输入小写字母"e"时,"记忆式键入"功能会找到"Excel",只要此时按 <Enter> 键确认输入,则会自动输入"Excel",并且保持与之前输入格式一致,即首字母为大写。

5.3.7 从下拉列表中选择

还有一种简便的重复数据输入功能,叫作"面向鼠标版本的记忆式键入"功能,它在使用范围和使用条件上,与以上所介绍的"记忆式键入"完全相同,所不同的只是在数据输入方法上。

以图 5-20 所示表格为例,当用户需要在"学历"字段的下一行继续输入数据时,可选中目标单元格,然后鼠标右击,在弹出的快捷菜单中选择【从下拉列表中选择】命令,或者选中单元格后按 <Alt+ ↓ > 组合键,就可以在单元格下方显示下拉列表,用户可以从下拉列表中选择输入。

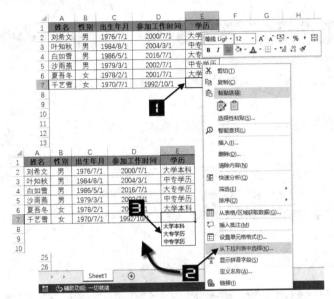

图 5-20 从下拉列表中选择

5.3.8 为汉字添加拼音注释

利用 Excel 中的"拼音指南"功能,用户可以为单元格中的汉字加上拼音注释。本节详细内容请扫描右侧二维码阅读。

5.4 填充与序列

除了通常的数据输入方式外,如果数据本身包括某些顺序上的关联特性,还可以使用 Excel 提供的填充功能进行快速批量录入数据。

5.4.1　自动填充功能

当需要在工作表内连续输入某些"顺序"数据时，如"星期一、星期二……""甲、乙、丙……"等，可以利用Excel的自动填充功能实现快速输入。

首先，需要确保"单元格拖放"功能被启用（系统默认启用），在【Excel 选项】对话框【高级】选项卡【编辑选项】区域中，选中【启用填充柄和单元格拖放功能】复选框，单击【确定】按钮，如图 5-21 所示。

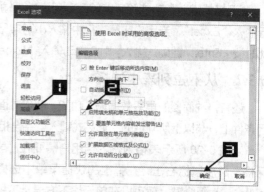

图 5-21　启用单元格拖放功能

示例5-2　使用自动填充连续输入1~10的数字

以下操作可以在 A1:A10 单元格区域内快速连续输入 1~10 之间的数字。

步骤① 在 A1 单元格内输入数字"1"，在 A2 单元格内输入数字"2"。

步骤② 选中 A1:A2 单元格区域，将鼠标指针移至选中区域的右下角（此处称为"填充柄"），当鼠标指针显示为黑色加号时，按住鼠标左键向下拖动到A10 单元格，松开鼠标左键，如图 5-22 所示。

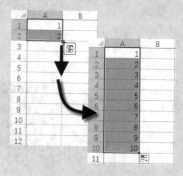

图 5-22　自动填充数字

示例5-3　使用自动填充连续输入"甲、乙、丙……"天干序列

步骤操作如下。

步骤① 在 B1 单元格中输入"甲"。

步骤② 选中 B1 单元格，将鼠标指针移至填充柄处，当指针显示为黑色加号时双击。

完成自动填充的效果如图 5-23 所示。

图 5-23　自动填充天干序列

注意示例 5-2 和示例 5-3 中步骤的区别。

首先，除了数值类型数据外，使用其他类型数据（包括文本类型和日期时间类型）进行连续填充时，并不需要提供前两个数据作为填充依据，只需要提供一个数据即可。例如，示例 5-3 步骤 1 中的 B1 单元格数据"甲"。

其次，除了拖动填充柄的方法外，双击填充柄也可以完成自动填充的操作。当数据填充的目标区域相邻单元格存在数据时（中间没有空单元格），双击填充柄的操作可以代替拖动填充的方式。在此例中，与 B1:B10 相邻的 A1:A10 中都存在数据，所以可以采用双击填充柄的操作方法。

提示	如果相邻区域中存在空白单元格，那么双击填充柄只能将数据填充到空白单元格所在的上一行。自动填充的功能也同样适用于"行"的方向，并且可以选中多行或多列同时填充。

　　在某个单元格中输入不同类型的数据，然后拖曳填充柄进行填充操作，Excel 的默认处理方式是不同的。

　　对于数值型数据，Excel 将这种"填充"操作处理为复制方式；对于内置序列的文本型和日期型数据，Excel 则将这种"填充"操作处理为顺序填充。

　　如果按 <Ctrl> 键再拖曳填充柄进行填充操作，则以上默认方式会发生逆转，即原来处理为复制方式的，将变成顺序填充方式，而原来处理为顺序填充方式的，则变成复制方式。

5.4.2　序列

　　前面提到可以实现自动填充的"顺序"数据在 Excel 中被称为序列。在前几个单元格内输入序列中的元素，就可以为 Excel 提供识别序列的内容及顺序信息，以便 Excel 在使用自动填充功能时，自动按照序列中的元素、间隔顺序来依次填充。

　　用户可以在 Excel 的选项设置中查看可以被自动填充的序列。在【Excel 选项】对话框的【高级】选项卡中，单击【常规】区域的【编辑自定义列表】按钮，打开【自定义序列】对话框，如图 5-24 所示。

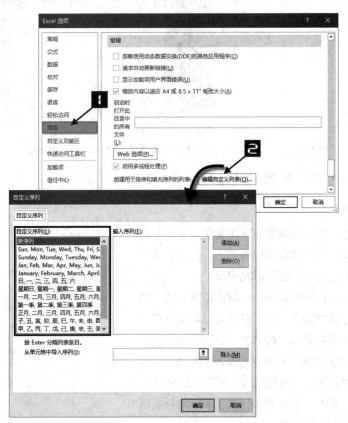

图 5-24　Excel 内置序列及自定义序列

　　【自定义序列】对话框左侧的列表中显示了当前 Excel 中可以被识别的序列。所有的数值型、日期型数据都是可以被自动填充的序列，不再显示于该列表中。用户也可以在右侧的【输入序列】文本框中手动添加新的数据序列作为自定义序列，或者引用表格中已经存在的数据列表作为自定义序列进行导入。

Excel 中自动填充的使用方式相当灵活，用户并非必须从序列中的第一个元素开始进行自动填充，而是可以开始于序列的任何一个元素。当填充的数据达到序列尾部时，下一个填充数据会自动取序列开头的元素，循环往复地继续填充。例如，图 5-25 所示的表格中，显示了从"星期二"开始自动填充多个单元格的结果。

除了对自动填充的起始元素没有要求外，填充时序列中的元素的间隔、顺序也没有严格限制。

当用户只在第一个单元格中输入除了数值数据外的序列元素时，自动填充功能默认以连续顺序的方式进行填充。而当用户在第一个、第二个单元格内输入具有一定间隔的序列元素时，Excel 会自动按照间隔的规律进行填充。例如，在图 5-26 所示的表格中，显示了从"二月""五月"开始自动填充多个单元格的结果。

但是，如果用户提供的初始信息不符合序列元素的基本排列顺序，Excel 则不能将其识别为序列，此时使用填充功能并不能使得填充区域出现序列内的其他元素，而只是单纯实现复制功能效果。例如，在图 5-27 所示的表格中，显示了从"甲、丙、乙"3 个元素开始自动填充连续多个单元格的结果。

图 5-25　循环填充序列中的数据　　图 5-26　非连续序列元素的自动填充　　图 5-27　无规律序列元素的填充

用户也可以利用此特性，使用自动填充功能进行单元格数据的复制操作。

5.4.3　填充选项

自动填充完成后，填充区域的右下角会显示【填充选项】智能按钮，将鼠标指针移动至该按钮上，在其扩展菜单中可显示更多的填充选项，如图 5-28 所示。

在此扩展菜单中，用户可以选择不同的填充方式，如"仅填充格式""不带格式填充"等，甚至可以将填充方式改为复制，使数据不再按照序列顺序递增，而是与最初的单元格保持一致。【填充选项】按钮下拉菜单中的选项内容取决于所填充的数据类型。例如图 5-28 所示的填充目标数据是日期型数据，则在扩展菜单中显示了更多与日期填充有关的选项，如"以天数填充""填充工作日"等。

图 5-28　【填充选项】按钮中的选项菜单

除了使用【填充选项】按钮选择更多的填充方式外，用户还可以从右键快捷菜单中选取这些选项，鼠标右击并拖动填充柄，在到达目标单元格时松开右键，此时会弹出一个快捷菜单，快捷菜单中显示了与图 5-28 类似的填充选项。

5.4.4 使用菜单命令填充

除了通过拖动或双击填充柄的方式进行填充外，使用 Excel 功能区中的填充命令，也可以在连续单元格中进行填充。

在【开始】选项卡中依次单击【填充】→【序列】命令，打开【序列】对话框，如图 5-29 所示。在此对话框中，用户可以选择序列填充的方向为"行"或"列"，也可以根据需要填充的序列数据类型，选择不同的填充方式，如"等差序列""等比序列"等。

图 5-29 打开【序列】对话框

⊃ | 文本型数据序列

对于包含文本型数据的序列，如内置的序列"甲、乙、丙……"，在【序列】对话框中实际可用的填充类型只有"自动填充"，具体操作方法如下。

步骤① 在目标单元格（如 A1）中输入需要填充的序列元素，如"甲"。

步骤② 选中输入序列元素的单元格及相邻的目标填充区域，如 A1:A10。

步骤③ 在【开始】选项卡中依次单击【填充】→【序列】命令，打开【序列】对话框，在【类型】区域中选中【自动填充】单选按钮，单击【确定】按钮完成操作，如图 5-30 所示。

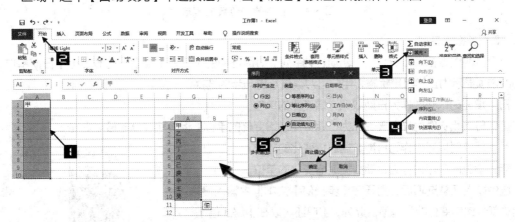

图 5-30 填充文本型数据序列

提示

【序列】对话框中【序列产生在】区域的行列方式，Excel 会根据用户选定的区域位置，自动进行行列判断选取。

⊃ II 数值型数据序列

数值型数据可以选择以下两种填充类型。

- ❖ 等差序列：使数值型数据按固定的差值间隔依次填充，需要在【步长值】文本框内输入固定差值。
- ❖ 等比序列：使数值型数据按固定的比例间隔依次填充，需要在【步长值】文本框内输入固定比例值。

提示 → 　　如果选定多个数值开始填充，Excel 会以等差序列的方式自动测算出"步长值"；如果只选定单个数值型数据开始填充，则"步长值"默认为 1。

对于数值型数据，用户还可以在【终止值】文本框内输入填充的最终目标数据，以确定填充单元格区域的范围。在输入终止值的情况下，用户不需要预先选取填充目标区域即可完成填充操作。

除了用户手动设置数据变化规律外，Excel 还具有自动测算数据变化趋势的能力。当用户提供连续两个以上单元格数据时，选定这些数据单元格和目标填充区域，然后选中【序列】对话框内的【预测趋势】复选框，并且选择数据变化趋势，进行填充操作。例如，图 5-31 显示了初始数据为"1、3、9"，选择等比方式进行预测趋势填充的结果。

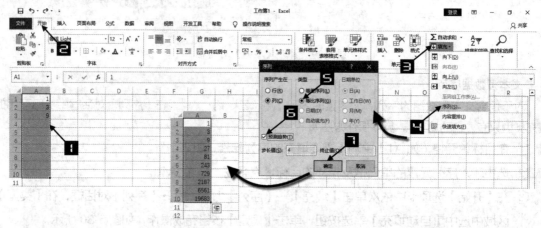

图 5-31　预测趋势的数值填充

⊃ III 日期型数据序列

对于日期型数据，Excel 会自动选中【序列】对话框中的【日期】类型，同时右侧【日期单位】区域中的选项显示为正常可用状态，用户可对其进行进一步的选择。

- ❖ 日：填充时以天数作为日期数据递增变化的单位。
- ❖ 工作日：填充时同样以天数作为日期数据递增变化的单位，但是跳过周末日期填充。
- ❖ 月：填充时以月份作为日期数据递增变化的单位。
- ❖ 年：填充时以年份作为日期数据递增变化的单位。

选中以上任意选项后，需要在【步长值】文本框中输入日期组成部分递增变化的间隔值。此外，用户还可以在【终止值】文本框内输入填充的最终目标日期，以确定填充单元格区域的范围。

例如图 5-32 显示了以"2020/9/5"为初始日期，选择按"月"递增，"步长值"为 2 的填充效果。

图 5-32　日期型数据按月间隔填充

当填充的日期超过 Excel 的日期范围时，则单元格中的数据无法正常显示，而是显示为一串"#"号。

5.4.5　快速填充

在图 5-28 所示【填充选项】智能按钮的扩展菜单中，最后一项为【快速填充】，它能让一些规律性较强的字符串处理工作变得更简单。例如，能够实现日期的拆分、字符串的分列和合并等功能。

快速填充必须是在数据区域的相邻列内才能使用，在横向填充时不起作用。启用"快速填充"有以下 3 种等效方法。

（1）选中填充起始单元格及需要填充的目标区域，然后在【数据】选项卡的【数据工具】组单击【快速填充】命令按钮，如图 5-33 所示。

（2）选中填充起始单元格，使用双击或拖曳填充柄至目标区域，在填充完成后会在右下角显示【填充选项】智能按钮，单击该按钮，在出现的扩展菜单中选择【快速填充】选项，如图 5-34 所示。

图 5-33　功能区的【快速填充】按钮

图 5-34　【快速填充】选项

（3）选中填充起始单元格及需要填充的目标区域，按 <Ctrl+E> 组合键。

除此以外，在生成快速填充结果之后，填充区域右侧还会显示【快速填充】按钮，用户可以在这个选项中选择是否接受 Excel 的自动处理，也可以直接在填充区域中更改单元格内容生成新的填充。

➲ | 字段自动匹配

快速填充的基本功能是"字段匹配"，即在单元格中输入相邻数据列表中与当前单元格位于同一行的某个单元格内容，则在向下"快速填充"时会自动按照这个对应字段的整列顺序来进行匹配式填充。

如图 5-35 所示，在 H1 单元格输入 B1 单元格中的内容，如"店铺名称"，在向下快速填充的过程中，就会自动填充 B2、B3、B4……的相应内容。

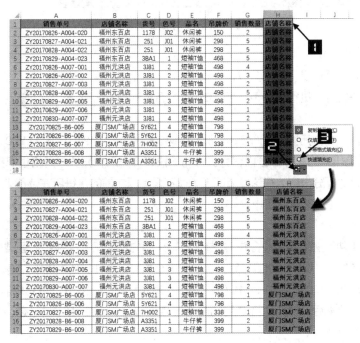

图 5-35　字段自动匹配

◯ II 根据字符位置进行拆分

快速填充的第 2 种用法是"根据字符位置进行拆分"，如果在单元格中输入的不是数据列表中某个单元格的完整内容，而只是其中一部分字符，Excel 程序会依据这部分字符在整个字符串中所处的位置，在向下填充的过程中按照这个位置规律自动拆分其他同列单元格的字符串，生成相应的填充内容。

如图 5-36 所示，在 H2 单元格输入"20170826"，即 A2 单元格"ZY20170826-A004-020"中的第 3~10 个字符，执行向下快速填充后，Excel 会截取所有 A 列字符串相同位置的字符进行填充。

	A	B	C	D	E	F	G	H
1	销售单号	店铺名称	货号	色号	品名	吊牌价	销售数量	销售日期
2	ZY20170826-A004-020	福州东百店	1178	J02	休闲裤	150	2	20170826
3	ZY20170827-A004-021	福州东百店	251	J01	休闲裤	298	5	20170826
4	ZY20170828-A004-022	福州东百店	251	J01	休闲裤	298	5	20170826
5	ZY20170829-A004-023	福州东百店	3BA1	1	短袖T恤	468	5	20170826
6	ZY20170826-A007-001	福州元洪店	3J81	2	短袖T恤	498	4	20170826
7	ZY20170826-A007-002	福州元洪店	3J81	2	短袖T恤	498	3	20170826
8	ZY20170827-A007-003	福州元洪店	3J81	3	短袖T恤	498	2	20170826
9	ZY20170828-A007-004	福州元洪店	3J81	3	短袖T恤	498	5	20170826
10	ZY20170829-A007-005	福州元洪店	3J81	3	短袖T恤	498	2	20170826
11	ZY20170829-A007-006	福州元洪店	3J81	3	短袖T恤	498	1	20170826
12	ZY20170830-A007-007	福州元洪店	3J81	4	短袖T恤	498	2	20170826
13	ZY20170825-B6-005	厦门SM广场店	5Y621	5	短袖T恤	798	1	20170826
14	ZY20170826-B6-006	厦门SM广场店	5Y621	4	短袖T恤	798	1	20170826
15	ZY20170827-B6-007	厦门SM广场店	7H002	1	短袖T恤	338	1	20170826
16	ZY20170828-B6-008	厦门SM广场店	A3351	1	牛仔裤	399	2	20170826
17	ZY20170829-B6-009	厦门SM广场店	A3351	3	牛仔裤	399	3	20170826
18								

○ 复制单元格(C)
○ 填充序列(S)
○ 仅填充格式(F)
○ 不带格式填充(O)
○ 快速填充(F)

	A	B	C	D	E	F	G	H
1	销售单号	店铺名称	货号	色号	品名	吊牌价	销售数量	销售日期
2	ZY20170826-A004-020	福州东百店	1178	J02	休闲裤	150	2	20170826
3	ZY20170827-A004-021	福州东百店	251	J01	休闲裤	298	5	20170827
4	ZY20170828-A004-022	福州东百店	251	J01	休闲裤	298	5	20170828
5	ZY20170829-A004-023	福州东百店	3BA1	1	短袖T恤	468	5	20170829
6	ZY20170826-A007-001	福州元洪店	3J81	2	短袖T恤	498	4	20170826
7	ZY20170826-A007-002	福州元洪店	3J81	2	短袖T恤	498	3	20170826
8	ZY20170827-A007-003	福州元洪店	3J81	3	短袖T恤	498	2	20170827
9	ZY20170828-A007-004	福州元洪店	3J81	3	短袖T恤	498	5	20170828
10	ZY20170829-A007-005	福州元洪店	3J81	3	短袖T恤	498	1	20170829
11	ZY20170829-A007-006	福州元洪店	3J81	3	短袖T恤	498	1	20170829
12	ZY20170830-A007-007	福州元洪店	3J81	4	短袖T恤	498	2	20170830
13	ZY20170825-B6-005	厦门SM广场店	5Y621	5	短袖T恤	798	1	20170825
14	ZY20170826-B6-006	厦门SM广场店	5Y621	4	短袖T恤	798	1	20170826
15	ZY20170827-B6-007	厦门SM广场店	7H002	1	短袖T恤	338	1	20170827
16	ZY20170828-B6-008	厦门SM广场店	A3351	1	牛仔裤	399	2	20170828
17	ZY20170829-B6-009	厦门SM广场店	A3351	3	牛仔裤	399	3	20170829

图 5-36 根据字符位置进行拆分

◯ III 根据分隔符进行拆分

快速填充的第 3 种用法是"根据分隔符进行拆分"。这个功能实现的效果与【分列】功能类似，若原始数据中包含分隔符号，执行快速填充后，Excel 会智能地根据分隔符号的位置，提取其中的相应部分进行拆分。

如图5-37所示，在 H2 单元格输入"A004"提取店铺编号，也就是 A2 单元格"ZY20170826-A004-020"中以"-"分隔符间隔出来的第 2 部分内容，执行向下快速填充后，其他单元格也都提取出 A 列对应行的分隔符分隔出的第 2 部分内容。在这种情况下，就不再参照之前的字符所在位置来进行拆分判断，而是会根据其中的分隔符位置进行判断。

◯ IV 字段合并

快速填充的第 4 种用法是"字段合并"。单元格输入的内容如果是相邻数据区域中同一行的多个单元格内容所组成的字符串，执行快速填充后，会依照这个规律，合并其他相应单元格来生成填充内容。

如图5-38所示，在 H2 单元格输入"1178-J02"，也就是 C2 单元格与 D2 单元格内容并用短横线"-"分隔。执行向下快速填充后，会自动将 C 列的内容与 D 进行合并，并且用短横线"-"分隔生成相应的填充内容。

	A	B	C	D	E	F	G	H
1	销售单号	店铺名称	货号	色号	品名	吊牌价	销售数量	店铺编号
2	ZY20170826-A004-020	福州东百店	1178	J02	休闲裤	150	2	A004
3	ZY20170827-A004-021	福州东百店	251	J01	休闲裤	298	5	A005
4	ZY20170828-A004-022	福州东百店	251	J01	休闲裤	298	5	A006
5	ZY20170829-A004-023	福州东百店	3BA1	1	短袖T恤	468	5	A007
6	ZY20170826-A007-001	福州元洪店	3J81	2	短袖T恤	498	4	A008
7	ZY20170826-A007-002	福州元洪店	3J81	2	短袖T恤	498	3	A009
8	ZY20170827-A007-003	福州元洪店	3J81	3	短袖T恤	498	2	A010
9	ZY20170828-A007-004	福州元洪店	3J81	3	短袖T恤	498	5	A011
10	ZY20170829-A007-005	福州元洪店	3J81	3	短袖T恤	498	2	A012
11	ZY20170829-A007-006	福州元洪店	3J81	3	短袖T恤	498	1	A013
12	ZY20170830-A007-007	福州元洪店	3J81	4	短袖T恤	498	2	A014
13	ZY20170825-B6-005	厦门SM广场店	5Y621	4	短袖T恤	798	1	A015
14	ZY20170826-B6-006	厦门SM广场店	5Y621	4	短袖T恤	798	1	A016
15	ZY20170827-B6-007	厦门SM广场店	7H002	1	短袖T恤	338	1	A017
16	ZY20170828-B6-008	厦门SM广场店	A3351	1	牛仔裤	399	2	A018
17	ZY20170829-B6-009	厦门SM广场店	A3351	3	牛仔裤	399	3	A019

- 复制单元格(C)
- 填充序列
- 仅填充(F)
- 不带格式填充(O)
- 快速填充(F)

	A	B	C	D	E	F	G	H
1	销售单号	店铺名称	货号	色号	品名	吊牌价	销售数量	店铺编号
2	ZY20170826-A004-020	福州东百店	1178	J02	休闲裤	150	2	A004
3	ZY20170827-A004-021	福州东百店	251	J01	休闲裤	298	5	A004
4	ZY20170828-A004-022	福州东百店	251	J01	休闲裤	298	5	A004
5	ZY20170829-A004-023	福州东百店	3BA1	1	短袖T恤	468	5	A004
6	ZY20170826-A007-001	福州元洪店	3J81	2	短袖T恤	498	4	A007
7	ZY20170826-A007-002	福州元洪店	3J81	2	短袖T恤	498	3	A007
8	ZY20170827-A007-003	福州元洪店	3J81	3	短袖T恤	498	2	A007
9	ZY20170828-A007-004	福州元洪店	3J81	3	短袖T恤	498	5	A007
10	ZY20170829-A007-005	福州元洪店	3J81	3	短袖T恤	498	2	A007
11	ZY20170829-A007-006	福州元洪店	3J81	3	短袖T恤	498	1	A007
12	ZY20170830-A007-007	福州元洪店	3J81	4	短袖T恤	498	2	A007
13	ZY20170825-B6-005	厦门SM广场店	5Y621	4	短袖T恤	798	1	B6
14	ZY20170826-B6-006	厦门SM广场店	5Y621	4	短袖T恤	798	1	B6
15	ZY20170827-B6-007	厦门SM广场店	7H002	1	短袖T恤	338	1	B6
16	ZY20170828-B6-008	厦门SM广场店	A3351	1	牛仔裤	399	2	B6
17	ZY20170829-B6-009	厦门SM广场店	A3351	3	牛仔裤	399	3	B6

图 5-37　根据分隔符进行拆分

	A	B	C	D	E	F	G	H
1	销售单号	店铺名称	货号	色号	品名	吊牌价	销售数量	货号-色号
2	ZY20170826-A004-020	福州东百店	1178	J02	休闲裤	150	2	1178-J02
3	ZY20170827-A004-021	福州东百店	251	J01	休闲裤	298	5	1178-J03
4	ZY20170828-A004-022	福州东百店	251	J01	休闲裤	298	5	1178-J04
5	ZY20170829-A004-023	福州东百店	3BA1	1	短袖T恤	468	5	1178-J05
6	ZY20170826-A007-001	福州元洪店	3J81	2	短袖T恤	498	4	1178-J06
7	ZY20170826-A007-002	福州元洪店	3J81	2	短袖T恤	498	3	1178-J07
8	ZY20170827-A007-003	福州元洪店	3J81	3	短袖T恤	498	2	1178-J08
9	ZY20170828-A007-004	福州元洪店	3J81	3	短袖T恤	498	5	1178-J09
10	ZY20170829-A007-005	福州元洪店	3J81	3	短袖T恤	498	2	1178-J10
11	ZY20170829-A007-006	福州元洪店	3J81	3	短袖T恤	498	1	1178-J11
12	ZY20170830-A007-007	福州元洪店	3J81	4	短袖T恤	498	2	1178-J12
13	ZY20170825-B6-005	厦门SM广场店	5Y621	4	短袖T恤	798	1	1178-J13
14	ZY20170826-B6-006	厦门SM广场店	5Y621	4	短袖T恤	798	1	1178-J14
15	ZY20170827-B6-007	厦门SM广场店	7H002	1	短袖T恤	338	1	1178-J15
16	ZY20170828-B6-008	厦门SM广场店	A3351	1	牛仔裤	399	2	1178-J16
17	ZY20170829-B6-009	厦门SM广场店	A3351	3	牛仔裤	399	3	1178-

- 复制单元格(C)
- 填充序列
- 仅填充(F)
- 不带格式填充(O)
- 快速填充(F)

	A	B	C	D	E	F	G	H
1	销售单号	店铺名称	货号	色号	品名	吊牌价	销售数量	货号-色号
2	ZY20170826-A004-020	福州东百店	1178	J02	休闲裤	150	2	1178-J02
3	ZY20170827-A004-021	福州东百店	251	J01	休闲裤	298	5	251-J01
4	ZY20170828-A004-022	福州东百店	251	J01	休闲裤	298	5	251-J01
5	ZY20170829-A004-023	福州东百店	3BA1	1	短袖T恤	468	5	3BA1-1
6	ZY20170826-A007-001	福州元洪店	3J81	2	短袖T恤	498	4	3J81-2
7	ZY20170826-A007-002	福州元洪店	3J81	2	短袖T恤	498	3	3J81-2
8	ZY20170827-A007-003	福州元洪店	3J81	3	短袖T恤	498	2	3J81-3
9	ZY20170828-A007-004	福州元洪店	3J81	3	短袖T恤	498	5	3J81-3
10	ZY20170829-A007-005	福州元洪店	3J81	3	短袖T恤	498	2	3J81-3
11	ZY20170829-A007-006	福州元洪店	3J81	3	短袖T恤	498	1	3J81-3
12	ZY20170830-A007-007	福州元洪店	3J81	4	短袖T恤	498	2	3J81-4
13	ZY20170825-B6-005	厦门SM广场店	5Y621	4	短袖T恤	798	1	5Y621-4
14	ZY20170826-B6-006	厦门SM广场店	5Y621	4	短袖T恤	798	1	5Y621-4
15	ZY20170827-B6-007	厦门SM广场店	7H002	1	短袖T恤	338	1	7H002-1
16	ZY20170828-B6-008	厦门SM广场店	A3351	1	牛仔裤	399	2	A3351-1
17	ZY20170829-B6-009	厦门SM广场店	A3351	3	牛仔裤	399	3	A3351-3

图 5-38　字段合并

❏ V 部分内容合并

快速填充的第 5 种用法是"部分内容合并"。这是一种将拆分功能和合并功能同时组合在一起的使用方式，将拆分的部分内容再进行合并，Excel 依然能够智能地识别这一规律，在执行快速填充时，会依照这个规律处理其他的相应内容。

如图 5-39 所示，在 H2 单元格输入的内容是 B2 单元格中代表区域的内容加 E2 单元格和 G2 单元格的内容，执行快速填充后，Excel 会依照上面这种组合规律，相应地处理 B、E、G 列的其他单元格内容，生成填充内容。

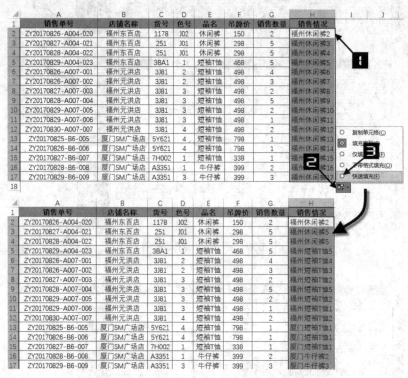

图 5-39　部分内容合并

综上所述，Excel 2019 中的"快速填充"功能可以很方便地实现数据的拆分和合并，在一定程度上可以替代【分列】功能和进行这种处理的函数公式。但是与函数公式实现效果有所不同的是，使用"快速填充"功能时，如果原始数据区域中的数据发生变化，填充的结果并不能随之自动更新。同时，使用"快速填充"功能的前提是数据必须有较强的规律性，否则可能无法返回正确的结果，需要用户进行判断确认，在实际使用时有较大的局限性。

第 6 章　数据验证

规范的数据和设计合理的表格布局，能够使后续的汇总、统计等工作事半功倍。借助数据验证功能，能够按照预先设置的规则对用户录入的数据进行限制或检测，从而在源头上对数据的规范性进行约束，避免数据录入的随意性。

本章学习要点

（1）认识数据验证。　　　　　　　　　（3）数据验证的个性化设置。

（2）数据验证的基础应用。　　　　　　（4）修改和清除已有数据验证规则。

6.1　认识数据验证

在 Excel 2013 之前的版本中，数据验证被称为"数据有效性"。借助数据验证功能，可以设置规则来限制在单元格中所录入数据的范围、类型、字符长度等，或者对已经录入的数据进行检测。

6.1.1　设置数据验证的方法

设置数据验证的步骤如下。

步骤① 选中目标单元格或单元格区域，如 B2:B11 单元格区域。

步骤② 在【数据】选项卡中单击【数据验证】命令按钮，打开【数据验证】对话框。

【数据验证】对话框包含【设置】【输入信息】【出错警告】和【输入法模式】四个选项卡，用户可以在不同选项卡下对各个项目进行设置。每个选项卡的左下角都有一个【全部清除】按钮，方便用户删除已有的验证规则，如图 6-1 所示。

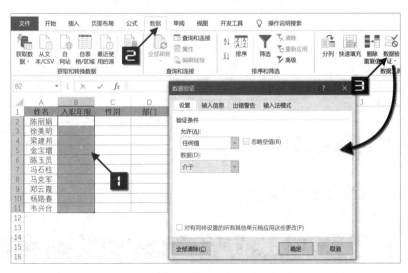

图 6-1　设置数据验证的方法

6.1.2 设置数据验证条件

在【数据验证】对话框的【设置】选项卡下，单击【允许】下拉按钮，可以在下拉列表中选择多种内置的数据验证条件。当选择除"任何值"之外的验证条件时，会在对话框底部区域出现基于该规则类型的设置选项，如图 6-2 所示。

不同验证条件的说明如表 6-1 所示。

图 6-2 数据验证条件

表 6-1 数据验证条件

验证条件	说明
任何值	允许在单元格中输入任何数据
整数	限制单元格只能输入整数，并且可以指定范围区间
小数	限制单元格只能输入小数，并且可以指定范围区间
序列	限制只能输入包含在特定序列中的内容，序列可由单元格引用、公式或手工输入项构建
日期	限制只能输入某一区间的日期，或者是排除某一日期区间之外的其他日期
时间	与日期条件的设置基本相同，用于限制单元格只能输入时间
文本长度	用于限制输入数据的字符个数
自定义	使用函数与公式来实现自定义的条件

如果用户在【允许】下拉列表中选择类型为"整数""小数""日期""时间"及"文本长度"时，对话框中将出现【数据】下拉按钮及相应的区间设置选项。

单击【数据】下拉按钮，可使用的选项包括"介于""未介于""等于""不等于""大于""小于""大于或等于"及"小于或等于"等。

当验证条件设置为"任何值"之外的其他选项，并且取消选中【忽略空值】复选框时，在单元格编辑状态下用 <Backspace> 键删除单元格中已有的内容将弹出对话框，提示"此值与此单元格定义的数据验证限制不匹配"。

6.2 数据验证基础应用

6.2.1 限制输入数据的范围区间

示例6-1 限制输入员工入职年限

图 6-3 所示是某公司员工信息表的部分内容，需要在 B 列输入员工入职年限。该公司成立时间为五年，因此员工入职年限的区间只能是 0~5 之间的整数。

	A	B	C	D	E	F	G
1	姓名	入职年限	性别	部门	工号	值班日期	联系电话
2	陈丽娟						
3	徐美明						
4	梁建邦						
5	金宝增						
6	陈玉员						
7	冯石柱						
8	马克军						
9	郑云霞						
10	杨路春						
11	韦兴台						

图 6-3　员工信息表

操作步骤如下。

步骤① 选中 B2:B11 单元格区域，依次单击【数据】→【数据验证】命令，打开【数据验证】对话框。

步骤② 在【设置】选项卡下单击【允许】下拉按钮，在下拉列表中选择"整数"。然后单击【数据】下拉按钮，在下拉列表中选择"介于"。在【最小值】编辑框内输入 0，在【最大值】编辑框内输入 5，最后单击【确定】按钮，如图 6-4 所示。

【最小值】和【最大值】编辑框的数值也可以引用工作表中的单元格。

设置完成后，在 B2:B11 单元格区域中仅可以输入指定范围内的数据类型，如果输入的内容不符合验证条件，则会弹出如图 6-5 所示的警告对话框。单击【重试】按钮，单元格将重新进入编辑状态，等待用户重新输入。单击【取消】按钮，则会清除单元格中已输入的内容。

图 6-4　限制输入数据的范围区间

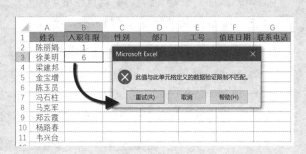

图 6-5　Excel 警告对话框

6.2.2　使用下拉菜单输入数据

使用下拉菜单式的输入方式，能够借助鼠标快速选取一些预先设置的内容，而无须使用键盘输入。

示例6-2　用下拉菜单输入员工性别和部门信息

如图 6-6 所示，需要在员工信息表的 C 列和 D 列，分别制作输入员工性别和部门信息的下拉菜单。

	A	B	C	D	E	F	G
1	姓名	入职年限	性别	部门	工号	值班日期	联系电话
2	陈丽娟	1	女				
3	徐美明	3					
4	梁建邦	5	男				
5	金宝壃	4	女				
6	陈玉员	2					
7	冯石柱	0					
8	马克军	1					
9	郑云霞	2					
10	杨路春	5					
11	韦兴台	3					

图 6-6 使用下拉菜单输入员工性别

操作步骤如下。

步骤① 选中 C2:C11 单元格区域，依次单击【数据】→【数据验证】命令，打开【数据验证】对话框。

步骤② 在【设置】选项卡下单击【允许】下拉按钮，在下拉列表中选择"序列"。然后在【来源】编辑框中输入备选选项"男,女"，注意各个选项之间需要使用半角逗号隔开。最后单击【确定】按钮，如图 6-7 所示。

设置完成后，单击单元格会在右侧出现下拉箭头，单击下拉箭头，在下拉菜单中单击某项内容即可完成输入。

图 6-7 手工输入序列来源

> **提示** →　在数据验证的【来源】编辑框中编辑内容时，如果使用方向键来移动光标的位置，需要先按 <F2> 功能键进入编辑状态。

在设置 D 列的部门下拉菜单时，下拉列表中需要添加的选项较多，此时可以先在工作表的空白单元格区域（如 I2:I6）输入备选内容。选中 D2:D11 单元格区域，参考步骤 1 和步骤 2，在【数据验证】对话框中设置验证条件为"序列"，然后单击【来源】编辑框右侧的折叠按钮，选择 I2:I6 单元格区域。再次单击折叠按钮返回【数据验证】对话框，最后单击【确定】按钮即可，如图 6-8 所示。

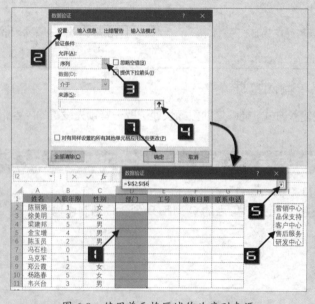

图 6-8 使用单元格区域作为序列来源

选择单元格区域作为数据验证的序列来源时，仅可以选择单行或是单列的单元格区域。

6.3 借助函数与公式自定义验证规则

内置的数据验证规则相对比较简单，而借助函数与公式，则能实现更多个性化的数据验证规则。

6.3.1 限制输入重复工号

示例6-3 **限制输入重复工号**

仍以示例 6-2 中的员工信息表为例，由于工号具有唯一性，因此需要在 E 列设置数据验证规则，避免录入重复工号。

操作步骤如下。

步骤① 选中 E2:E11 单元格区域，依次单击【数据】→【数据验证】命令，打开【数据验证】对话框。

步骤② 在【设置】选项卡下单击【允许】下拉按钮，在下拉列表中选择"自定义"。然后在【公式】编辑框中输入以下公式，最后单击【确定】按钮，如图 6-9 所示。

```
=COUNTIF($E$2:$E$11,E2)=1
```

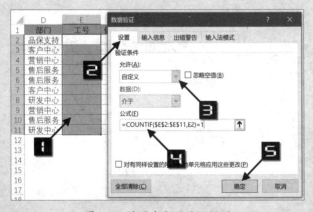

图 6-9 使用自定义验证规则

在数据验证中使用公式作为自定义验证规则时，如果公式计算结果为逻辑值 TRUE 或是不等于 0 的任意数值，Excel 允许用户录入，否则将拒绝录入。

本例使用 COUNTIF 函数统计 $E$2:$E$11 单元格区域中有多少个与 E2 相同的单元格，当统计结果等于 1 时，说明 E2 单元格在 $E$2:$E$11 单元格区域中没有重复出现，Excel 允许用户录入内容。

> **提示→** 　　在数据验证中使用公式条件时，首先需要以当前活动单元格为基准设置公式，因为该公式将同时作用于设置数据验证的整个区域，所以尤其要注意使用适合的单元格引用方式。可以看作是在活动单元格中输入公式，然后将公式复制到其他单元格区域。

> **注意→** 　　使用数据验证功能只能对用户输入内容进行限制，如果将其他位置的内容复制后粘贴到已设置了数据验证的单元格区域，该单元格区域中的内容和数据验证规则将同时被覆盖清除。

6.3.2 限制录入周末日期

示例6-4 限制录入周末日期

仍以示例 6-2 中的员工信息表为例，需要在 F 列的值班日期输入区域设置数据验证规则，要求输入的值班日期不能是星期六或星期日。

操作步骤如下。

步骤① 选中 F2:F11 单元格区域，依次单击【数据】→【数据验证】命令，打开【数据验证】对话框。

步骤② 在【设置】选项卡下单击【允许】下拉按钮，在下拉列表中选择"自定义"。然后在【公式】编辑框中输入以下公式，最后单击【确定】按钮，如图 6-10 所示。

```
=WEEKDAY(F2,2)<6
```

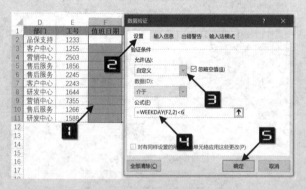

图 6-10 限制录入周末日期

WEEKDAY 函数用于计算指定日期是一周中的第几天，第二参数使用 2 时，结果用数值 1~ 7 来代表星期一到星期日。WEEKDAY 函数判断 F2 单元格中的日期是星期几，如果不小于 6，说明是周末，Excel 拒绝录入。

6.3.3 动态扩展的下拉菜单

6.2.2 小节中介绍的设置使用下拉菜单输入数据，其下拉选项是固定不变的。借助 OFFSET 函数，能够使下拉菜单中的内容随着数据源的增减自动扩展。

示例6-5 动态扩展的下拉菜单

图 6-11 所示是某公司客户维护表的部分内容，需要在 B 列设置下拉菜单，要求能随着"客户信息"工作表中的客户名单增减，动态调整下拉菜单中的选项。

图 6-11 动态扩展的下拉菜单

操作步骤如下。

步骤① 选中需要输入客户名称的 B2:B9 单元格区域，依次单击【数据】→【数据验证】命令，打开【数据验证】对话框。

步骤② 在【设置】选项卡下单击【允许】下拉按钮，在下拉列表中选择"序列"。然后在【来源】编辑框中输入以下公式，最后单击【确定】按钮，如图 6-12 所示。

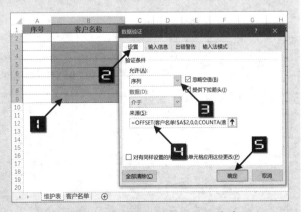

图 6-12 设置动态扩展的下拉菜单

=OFFSET (客户名单!$A$2,0,0,COUNTA (客户名单!$A:$A)-1)

首先使用 COUNTA 函数统计出"客户名单"工作表 A 列的非空单元格个数，以此作为 OFFSET 函数的引用行数。

OFFSET 函数以客户名单 !$A$2 为参照点，向下偏移 0 行，向右偏移 0 列，新引用的行数为 COUNTA 函数的计算结果，减去 1 是为了去掉字段标题占用的非空单元格数。

关于 OFFSET 函数的详细用法，请参阅 17.6。

> **提示→**　使用此方法时，COUNTA 函数的统计区域中必须是连续输入的数据，否则 OFFSET 函数无法得到正确的引用范围。
>
> 【数据验证】对话框的大小不可调整，当需要在序列【来源】编辑框或是【公式】编辑框中输入较多字符的公式时，编辑和查看公式不太方便。此时可以先在任意空白单元格中输入公式，然后复制公式，再粘贴到序列【来源】编辑框或是【公式】编辑框中。

6.3.4 "忽略空值"的妙用

当验证条件设置为"序列"时，如果数据来源是已经定义了名称的范围，并且该范围中包含有空白单元格，此时选中【忽略空值】复选框，将允许用户键入任何内容而不会出现提示信息。如果序列来源是指定范围的单元格区域，则无论是否选中【忽略空值】复选框，以及该单元格区域中是否包含空白单元格，Excel 都将阻止输入不符合规则的内容。

示例6-6　允许输入其他内容的下拉菜单

图 6-13 所示是某公司员工信息表的部分内容，需要根据 J 列的学历层次对照表，在 G 列制作下拉菜单。要求除了从下拉菜单中选取项目，还允许用户手工输入其他内容。

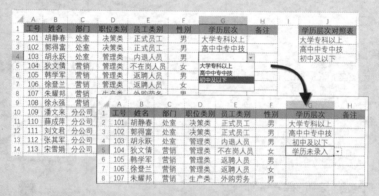

图 6-13　员工信息表

操作步骤如下。

步骤① 选中 J1:J5 单元格区域，依次单击【公式】→【根据所选内容创建】命令，在弹出的【根据所选内容创建】对话框中，选中【首行】复选框，最后单击【确定】按钮，如图 6-14 所示。此步骤的目的是创建一个名为"学历层次对照表"的自定义名称，注意所选区域要包含一个空白单元格。

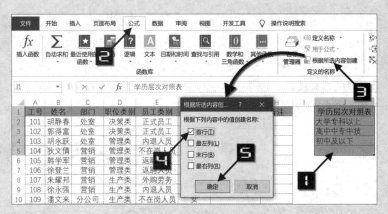

图 6-14 根据所选内容创建名称

步骤② 选中需要输入学历层次信息的 G2:G14 单元格区域，依次单击【数据】→【数据验证】命令，打开【数据验证】对话框。

步骤③ 在【设置】选项卡下单击【允许】下拉按钮，然后在下拉列表中选择"序列"。取消选中【忽略空值】复选框，在【来源】编辑框中输入以下公式，最后单击【确定】按钮。

= 学历层次对照表

6.3.5 二级下拉菜单

二级下拉菜单，是指二级下拉列表的选项能够根据一级下拉列表输入的内容自动调整范围。

06章

示例6-7 制作二级下拉菜单

如图 6-15 所示，在客户回访表的 A 列使用下拉菜单选择不同的乡镇，B 列的下拉菜单中就会出现对应乡镇的客户名称。

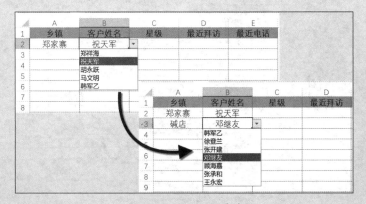

图 6-15 二级下拉菜单

操作步骤如下。

步骤① 在"客户信息"工作表中准备一份包含客户所在乡镇的对照表，其中 E 列是乡镇名称的对照表，

A 列和 B 列是客户姓名和所在乡镇的对照表，并且按乡镇进行了排序处理，如图 6-16 所示。

步骤② 在"客户回访表"工作表中，选中要输入乡镇名称的 A2:A14 单元格区域，依次单击【数据】→【数据验证】命令，打开【数据验证】对话框。在【允许】下拉列表中选择"序列"，单击【来源】编辑框右侧的折叠按钮，选中"客户信息"工作表的 E2:E5 单元格区域，单击【确定】按钮关闭对话框，如图 6-17 所示。

图 6-16 客户所在乡镇对照表

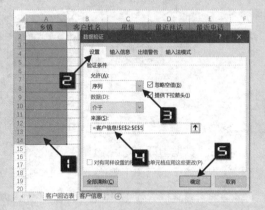

图 6-17 创建一级下拉列表

步骤③ 选中要输入客户姓名的 B2:B14 单元格区域，依次单击【数据】→【数据验证】命令，打开【数据验证】对话框。在【允许】下拉列表中选择"序列"，在【来源】的编辑框输入以下公式，单击【确定】按钮。

```
=OFFSET(客户信息!$A$1,MATCH(A2,客户信息!$B$2:$B$9999,0),0, COUNTIF(客
户信息!B:B,A2))
```

此时会弹出"源当前包含错误。是否继续？"的警告，这是因为 A2 单元格还没有输入乡镇名称，公式无法返回正确的引用结果，单击【是】按钮即可，如图 6-18 所示。

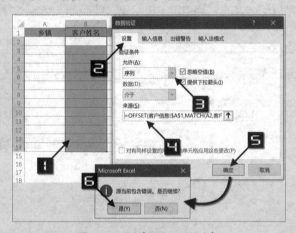

图 6-18 创建二级下拉列表

公式中使用 OFFSET 函数和 MATCH 函数结合的方法，根据 A 列的内容引用不同的单元格区域。

"MATCH(A2,客户信息!$B$2:$B$9999,0)"部分，以 A2 单元格中的乡镇名称作为查找值，在"客户信息"工作表的 B2:B9999 单元格区域中精确查找该乡镇首次出现的位置，以此作为 OFFSET 函数向

下偏移的行数。

"COUNTIF(客户信息 !B:B,A2)"部分，用 COUNTIF 函数统计出"客户信息"工作表的 B 列中与
A2 内容相同的单元格个数，以此作为 OFFSET 函数的新引用行数。

OFFSET 函数以"客户信息"工作表的 A1 单元格为参照基点，根据 MATCH 函数查询到的结果来
确定向下偏移的行数，也就是偏移到该乡镇首次出现的位置。向右偏移的列数为 0 列。根据 COUNTIF
函数的统计结果来确定新引用的行数，也就是"客户信息"工作表的 B 列中有多少个与 A2 相同的乡镇
名称，就引用多少行。

6.3.6　动态扩展的二级下拉菜单

使用 6.3.5 中的方法创建二级下拉菜单，适合菜单选项固定不变的场景，如果菜单选项需要经常进
行增减，还可以创建能够随数据源动态扩展的二级下拉菜单。

示例6-8　制作动态扩展的二级下拉菜单

操作步骤如下。

步骤① 在"客户信息"工作表中准备一份包含客户所在乡镇的对照表，其中首行是乡镇名称，每一列则
是该乡镇的所有客户姓名，如图 6-19 所示。

步骤② 在"客户回访表"工作表中，选中要输入乡镇名称的 A2:A14 单元格区域，依次单击【数据】→
【数据验证】命令，打开【数据验证】对话框。在【允许】下拉列表中选择"序列"，在【来源】
编辑框中输入以下公式，单击【确定】按钮关闭对话框，如图 6-20 所示。

`=OFFSET( 客户信息 !$A$1,0,0,1,COUNTA( 客户信息 !$1:$1))`

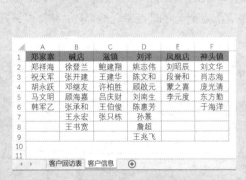

图 6-19　客户信息

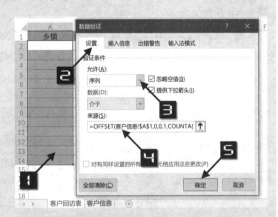

图 6-20　设置动态的一级下拉菜单

"COUNTA(客户信息 !$1:$1)"部分，用 COUNTA 函数统计"客户信息"工作表的第一行中有多少
个非空单元格，以此作为 OFFSET 函数的引用列数。

OFFSET 函数以"客户信息"工作表的 A1 单元格作为偏移基点，向下偏移 0 行，向右偏移 0 列，
新引用的行数为 1 行，新引用的列数根据 COUNTA 函数的统计结果来确定，也就是在"客户信息"工

作表的第一行中有多少个非空单元格，就引用多少列。

步骤③ 单击 A2 单元格的下拉箭头，在下拉列表中选择一个乡镇名称，如"碱店"。然后选中要输入客户名称的 B2:B14 单元格区域，依次单击【数据】→【数据验证】命令，打开【数据验证】对话框。在【允许】下拉列表中选择"序列"，在【来源】编辑框中输入以下公式，单击【确定】按钮关闭【数据验证】对话框。

=OFFSET（客户信息 !\$A\$2,0,MATCH(A2, 客户信息 !\$1:\$1,0)-1,COUNTA(OFFSET(客户信息 !\$A\$2,0,MATCH(A2, 客户信息 !\$1:\$1,0)-1,100)))

公式看起来比较冗长，将其拆解后计算过程更容易理解。公式可以分为两个部分，先来看 "COUNTA(OFFSET(客户信息 !\$A\$2,0,MATCH(A2, 客户信息 !\$1:\$1,0)-1,100))"部分。

用"MATCH(A2, 客户信息 !\$1:\$1,0)"，计算出 A2 单元格的乡镇名称"碱店"在"客户信息"工作表第一行中所处的位置，结果是 2，即第 2 列。

OFFSET 函数以"客户信息"工作表的 \$A\$2 单元格为偏移基点，向下偏移 0 行，向右偏移两列。此时偏移到 C2 单元格，比乡镇名称"碱店"实际的位置向右多出了 1 列。因此列偏移参数需要在 MATCH 函数的计算基础上再减去 1。新引用的行数为 100 行，这里的 100 可以根据实际数据情况写成一个较大的数值，只要能保证大于实际数据的最大行数即可。相当于先以 A2 单元格中的乡镇名称为查询依据，在"客户信息"工作表中找到对应的列之后，返回该列 100 行的引用范围。偏移过程如图 6-21 所示。

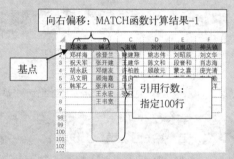

图 6-21 偏移过程图示 1

再用 COUNTA 函数计算出这个范围内有多少个非空单元格，计算结果作为最外层 OFFSET 函数的新引用行数。

最外层的 OFFSET 函数以"客户信息"工作表 \$A\$2 为偏移基点，向下偏移 0 行，向右偏移列数为 MATCH 函数的结果减 1，新引用的行数为 COUNTA 函数统计出的非空单元格个数，偏移过程如图 6-22 所示。

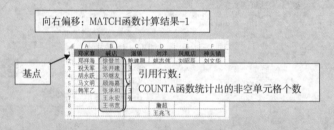

图 6-22 偏移过程图示 2

如果"客户信息"工作表中的数据增加或减少，COUNTA 函数的统计结果也会发生变化，以此作为 OFFSET 函数的新引用行数，最终得到了动态的引用区域。

提示	使用此方法时，"客户信息"工作表中输入的对照信息必须是连续的，否则 OFFSET 函数会无法返回正确的引用区域。

6.4 数据验证的个性化设置

在【数据验证】对话框的【输入信息】选项卡下，用户可以设置输入提示信息。在【输入法模式】选项卡下，还可以设置自动切换中英文输入法。在【出错警告】选项卡下，能够设置不同的提示方式及自定义提示内容。另外，还能够对已经输入的内容按指定规则进行检测，圈释出无效数据。

6.4.1 选中单元格时显示屏幕提示信息

通过设置输入信息，选定单元格时能够在屏幕上自动显示这些信息，提示用户输入符合要求的数据。

示例6-9　提示输入正确的手机号码

如图 6-23 所示，需要在员工信息表的 G 列设置屏幕提示，提醒用户输入正确的联系电话。

	A	B	C	D	E	F	G	H
1	姓名	入职年限	性别	部门	工号	值班日期	联系电话	
2	陈丽娟	1	女	品保支持	1233	8月3日		
3	徐美明	3	女	客户中心	1255	8月4日	注意	
4	梁建邦	5	男	营销中心	2503	8月5日	请输入正确的 11位手机号码	
5	金宝增	4	男	售后服务	1856	8月6日		
6	陈玉员	2	男	售后服务	2245	8月7日		
7	冯石柱	0	男	客户中心	2243	8月10日		
8	马克军	1	男	研发中心	1644	8月11日		
9	郑云霞	2	女	营销中心	7355	8月12日		
10	杨路春	5	女	售后服务	1266	8月13日		
11	韦兴台	3	男	研发中心	1588	8月14日		

图 6-23　提示输入正确的手机号码

操作步骤如下：

步骤① 选中 G2:G14 单元格区域，依次单击【数据】→【数据验证】命令，打开【数据验证】对话框。

步骤② 切换到【输入信息】选项卡，保留【选定单元格时显示输入信息】复选框的选中状态，在【标题】文本框中输入提示标题，如"注意"。在【输入信息】文本框中输入提示信息"请输入正确的 11 位手机号码"，最后单击【确定】按钮，如图 6-24 所示。

图 6-24　设置输入信息

6.4.2 自动切换中英文输入法

如果操作系统中安装有英文键盘输入法（注意不是切换到中文输入法的英文输入模式），并且在计算机的【设置】→【时间和语言】→【区域和语言】选项中将中文设置为系统默认语言，可以借助数据验证的【输入法模式】，实现中英文输入法的自动切换。

示例6-10 自动切换中英文输入法

如图 6-25 所示，需要在备件登记表中分别输入备件名称和规格型号。其中备件名称为中文，规格型号为英文字母和数字的组合。设置输入法模式后，在不同列输入内容时，系统能够自动切换输入法模式。

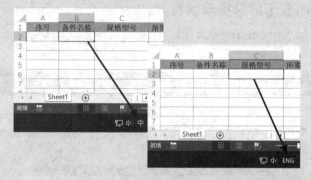

图 6-25 备件登记表

操作步骤如下。

步骤① 选中需要输入备件名称的 B2:B11 单元格区域，依次单击【数据】→【数据验证】命令，打开【数据验证】对话框。切换到【输入法模式】选项卡，在【模式】下拉菜单中选择"打开"，单击【确定】按钮关闭对话框，如图 6-26 所示。

步骤② 选中需要输入规格型号的 C2:C11 单元格区域，依次单击【数据】→【数据验证】命令，打开【数据验证】对话框。切换到【输入法模式】选项卡，在【模式】下拉菜单中选择"关闭（英文模式）"，最后单击【确定】按钮完成设置。

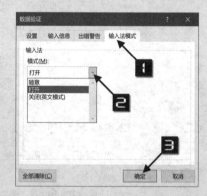

图 6-26 设置输入法模式

6.4.3 设置出错警告提示信息

当用户在设置了数据验证的单元格中输入不符合验证条件的内容，Excel 会默认弹出警告对话框并拒绝录入，用户可以对出错警告的提示方式和提示内容进行个性化设置。

在【数据验证】的【出错警告】选项卡，单击【样式】下拉菜单，可以选择"停止""警告"和"信息"三种提示样式，不同提示样式的作用说明如表 6-2 所示。

表 6-2　出错警告样式

提示样式	说明
停止	禁止不符合验证条件数据的输入
警告	允许选择是否输入不符合验证条件的数据
信息	仅对输入不符合验证条件的数据进行提示

如需设置自定义的出错警告提示信息，可以在【出错警告】选项卡下单击【样式】下拉按钮，在下拉列表选择“警告”，然后在右侧【标题】文本框中输入警告标题，如“注意”，在【错误信息】文本框中输入提示内容，如“输入信息不符合要求，请确认”，最后单击【确定】按钮，如图 6-27 所示。

图 6-27　设置自定义的出错警告信息

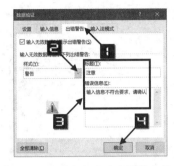

完成设置后，如果在单元格中输入不符合验证条件的内容，Excel 将弹出用户设置的个性化对话框。单击【是】按钮，则保留当前输入内容。单击【否】按钮，单元格进入编辑状态等待用户继续输入。单击【取消】按钮，则结束当前输入操作，如图 6-28 所示。

如果在【样式】下拉列表中选择“信息”选项，在单元格中输入不符合验证条件的内容时，弹出的警告对话框如图 6-29 所示。此时单击【确定】按钮，Excel 将允许输入该内容。如果单击【取消】按钮，则结束当前输入操作。

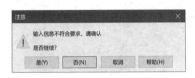

图 6-28　【警告】对话框

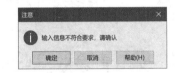

图 6-29　【信息】对话框

6.5　圈释无效数据

使用圈释无效数据功能，能够在已输入的数据中快速查找出不符合要求的内容。

示例6-11　圈释无效数据

在图 6-30 所示的员工信息表中，需要对 B 列中已输入的入职年限检查是否符合要求。

姓名	入职年限	性别	部门	工号	值班日期	联系电话
陈丽娟	1	女	品保支持	1233	8月3日	
徐美明	3	女	客户中心	1255	8月4日	
梁建邦	7	男	营销中心	2503	8月5日	
金宝增	4	男	售后服务	1856	8月6日	
陈玉员	2	男	售后服务	2245	8月7日	
冯石柱	6	男	客户中心	2243	8月10日	
马克军	1	男	研发中心	1644	8月11日	
郑云霞	2	女	营销中心	7355	8月12日	
杨路春	5	女	售后服务	1266	8月13日	
韦兴台	3	男	研发中心	1588	8月14日	

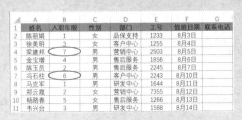

图 6-30　员工信息表

操作步骤如下。

步骤① 选中 B2:B14 单元格区域，依次单击【数据】→【数据验证】命令，打开【数据验证】对话框。设置【允许】条件为"整数"，【最小值】为"0"，【最大值】为"5"，单击【确定】按钮关闭对话框。

步骤② 依次单击【数据】→【数据验证】→【圈释无效数据】命令，如图 6-31 所示。

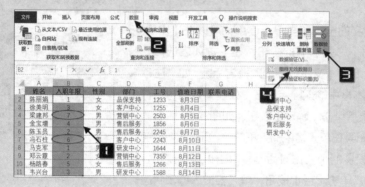

图 6-31　圈释无效数据

设置完成后，在不符合要求的单元格上都添加了红色的标识圈。将单元格修改为符合规则的数据后，标识圈将不再显示。

如需清除标识圈，可以在【数据验证】下拉菜单中单击【清除验证标识圈】命令或是按 <Ctrl+S> 组合键即可。

6.6　修改和清除数据验证规则

6.6.1　复制数据验证

复制包含数据验证规则的单元格时，单元格中的内容和数据验证规则会被一同复制。如果只需要复制单元格中的数据验证规则，可以使用选择性粘贴的方法，在【选择性粘贴】对话框中选择【验证】选项。

6.6.2　修改已有数据验证规则

如需修改已有数据验证规则，可以选中已设置数据验证规则的任意单元格，打开【数据验证】对话框。设置新的规则后，选中【对有同样设置的所有其他单元格应用这些更改】复选框，单击【确定】按钮，如图 6-32 所示。

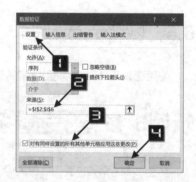

图 6-32　修改已有数据验证规则

6.6.3　清除数据验证规则

如果要清除单元格中已有的数据验证规则，可以使用以下两种方法。

方法 1：选中包含数据验证规则的单元格区域，打开【数据验证】对话框，在【数据验证】对话框的任意选项卡中单击【全部清除】按钮，最后单击【确定】按钮关闭对话框。

　　方法 2：按 <Ctrl+A> 组合键选中当前工作表。依次单击【数据】→【数据验证】命令，Excel 会弹出如图 6-33 所示的警告对话框。单击【确定】按钮打开【数据验证】对话框，直接单击【确定】按钮，即可清除当前工作表内的所有数据验证规则。

图 6-33　警告对话框

第 7 章　整理电子表格中的数据

对于已经录入电子表格中的数据，往往还需要对数字格式、外观样式、数据结构等进行进一步的处理。本章主要学习数字格式应用、数据的移动与复制、数据的粘贴、隐藏和保护数据、查找和替换数据等内容。通过对本章的学习，读者可以按需完成工作表中的数据整理，为数据统计和分析等高级功能的使用做好准备。

本章学习要点

（1）为数据应用数字格式。　　（3）查找和替换特定内容。

（2）复制、粘贴和移动数据。　　（4）数据的隐藏和保护。

7.1　为数据应用合适的数字格式

如果输入单元格中的数据没有格式设置，将无法直观地展示究竟是一串电话号码还是一个日期，或是一笔金额。Excel 提供了丰富的数据格式化功能，用于提高数据的可读性。除了对齐方式、字体与字号、边框和单元格填充颜色等常见的格式化功能外，设置"数字格式"还可以根据数据的意义和表达需求来调整外观显示效果。

在图 7-1 所示的表格中，A 列是原始数据，B 列是格式化后的显示效果，通过比较可以明显看出，设置数字格式能够提高数据的可读性。

	A	B	C
1	原始数据	格式化后显示	格式类型
2	39668	2008年8月8日	日期
3	-16580.2586	(16,580.26)	数值
4	0.505648148	12:08:08 PM	时间
5	0.0459	4.59%	百分比
6	0.6125	49/80	分数
7	5431231.35	¥5,431,231.35	货币
8	12345	壹万贰仟叁佰肆拾伍	特殊-中文大写数字
9	4000049448	400-004-9448	自定义(电话号码)
10	右对齐	右对齐	自定义(靠右对齐)

图 7-1　通过设置数字格式提高数据的可读性

 提示 设置数字格式虽然改变了数据的显示外观，但不会影响数据的实际值。

Excel 内置的数字格式大部分适用于数值型数据，因此称为"数字"格式。除了应用于数值数据外，用户还可以通过创建自定义格式，为文本型数据提供各种格式化效果，如图 7-1 中的第 10 行所示。

对单元格中的数据应用格式，可以使用【开始】选项卡中的【数字】命令组或借助【设置单元格格式】对话框，以及应用包含数字格式设置的样式和组合键等方法。

7.1.1　使用功能区命令

在 Excel【开始】选项卡的【数字】命令组中，【数字格式】组合框内会显示当前活动单元格的数字格式类型。单击其下拉按钮，可以从 11 种数字格式中进行选择，单击其中一项即可应用到单元格中，如图 7-2 所示。

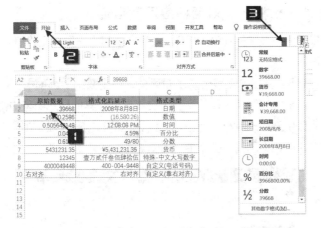

图 7-2 【数字】命令组下拉列表中的 11 种数字格式

【数字格式】组合框下方预置了【会计数字格式】【百分比样式】【千位分隔样式】【增加小数位数】和【减少小数位数】5 个常用的数字格式按钮，如图 7-3 所示。

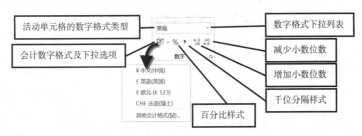

图 7-3 【数字】命令组各按钮功能

在工作表中选中包含数值的单元格或区域，然后单击以上按钮或选项，即可应用相应的数字格式。

提示

　　Excel 的数字格式在很大程度上受到当前 Windows 系统的影响，当前系统决定了不同类型数字格式的默认样式。本书中如无特殊说明，均指简体中文版 Windows 10 系统默认设置下的数字格式。

7.1.2　使用组合键应用数字格式

除了使用功能区的命令按钮外，还可以通过组合键对目标单元格和区域设定数字格式，如表 7-1 所示。

表 7-1　设置数字格式的组合键

组合键	作用
Ctrl+Shift+~	设置为常规格式，即不带格式
Ctrl+Shift+%	设置为不包含小数的百分比格式
Ctrl+Shift+^	设置为科学计数法
Ctrl+Shift+#	设置为短日期
Ctrl+Shift+@	设置为包含小时和分钟的时间格式
Ctrl+Shift+!	设置为不包含小数位的千位分隔样式

7.1.3 使用【设置单元格格式】对话框应用数字格式

如果用户希望在更多的内置数字格式中进行选择，可以通过【设置单元格格式】对话框中的【数字】选项卡来进行数字格式设置。

按 <Ctrl+1> 组合键打开【设置单元格格式】对话框，在【数字】选项卡，左侧【分类】列表中显示了 Excel 内置的多种数字格式，除了【常规】和【文本】外，其他格式类型中都包含了更多的可选样式或选项。在【分类】列表中选中一种格式类型后，对话框的右侧就会显示相应的设置选项，并根据用户所做的选择将预览效果显示在【示例】区域中，如图 7-4 所示。

图 7-4 【设置单元格格式】对话框的【数字】选项卡

示例7-1 通过【设置单元格格式】对话框设置数字格式

如果要将图 7-5 所示的表格中的利润额设置为显示两位小数的货币格式，负数显示为带括号的红色字体，可按以下步骤操作。

步骤① 选中 B2:B9 单元格区域，按 <Ctrl+1> 组合键打开【设置单元格格式】对话框并切换到【数字】选项卡。

步骤② 在左侧的【分类】列表框中选择【货币】选项，然后在右侧的【小数位数】微调框中设置数值为"2"，在【货币符号】下拉列表中选择"¥"，在【负数】列表框中选择带括号的红色字体样式。最后单击【确定】按钮完成设置，如图 7-6 所示。

	A	B
1	月份	利润额
2	1月份	7275.272
3	2月份	31334.744
4	3月份	-2905.816
5	4月份	-875.894
6	5月份	13746.943
7	6月份	-2935.641
8	7月份	46.203
9	8月份	14353.963

	A	B
1	月份	利润额
2	1月份	¥7,275.27
3	2月份	¥31,334.74
4	3月份	(¥2,905.82)
5	4月份	(¥875.89)
6	5月份	¥13,746.94
7	6月份	(¥2,935.64)
8	7月份	¥46.20
9	8月份	¥14,353.96

图 7-5 设置数字格式前后对比

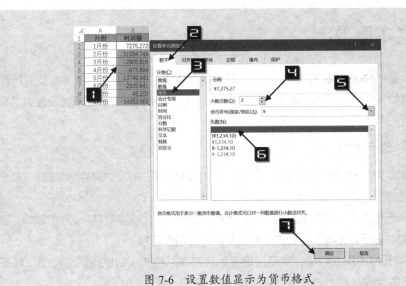

图 7-6 设置数值显示为货币格式

【设置单元格格式】对话框中 12 种数字格式的详细解释如表 7-2 所示。

表 7-2 各种数字类型的特点与用途

数字格式类型	特点与用途
常规	数据的默认格式，即未进行任何特殊设置的格式
数值	可以设置小数位数、选择是否添加千位分隔符，负数可以设置特殊样式（包括显示负号、显示括号、红色字体等几种样式）
货币	可以设置小数位数、货币符号，数字显示自动包含千位分隔符，负数可以设置特殊样式（包括显示负号、显示括号、红色字体等几种样式）
会计专用	可以设置小数位数、货币符号，数字显示自动包含千位分隔符。与货币格式不同的是，该格式将货币符号置于单元格最左侧显示
日期	可以选择多种日期显示模式，包括同时显示日期和时间模式
时间	可以选择多种时间显示模式
百分比	可以选择小数位数。数字以百分数形式显示
分数	可以设置多种分数显示模式，包括显示一位数或是两位数分母等
科学记数	以包含指数符号（E）的科学记数形式显示数字，可以设置显示的小数位数
文本	设置为文本格式后，再输入的数值将作为文本存储，对于已经输入的数值不能直接将其转换为文本格式
特殊	包括三种比较特殊的数字格式：邮政编码、中文小写数字和中文大写数字
自定义	允许用户按照一定的规则自己定义单元格格式

7.2 处理文本型数字

"文本型数字"是一种比较特殊的数据类型，其数据内容是数值，但作为文本类型进行存储，具有和文本类型数据相同的特征。输入文本型数字的方法之一是先将单元格的数字格式设置为"文本"格式后再输入数值。

7.2.1 "文本"数字格式

"文本"格式的作用是设置单元格数据为"文本"。在实际应用中，这一数字格式并不总是如字面含义那样，可以让数据在"文本"和"数值"之间进行转换。

如果先将空白单元格设置为"文本"格式，然后输入数值，Excel 会将其存储为"文本型数字"。"文本型数字"自动左对齐显示，在单元格的左上角显示绿色三角形符号。

如果先在空白单元格中输入数值，然后再设置为"文本"格式，数值虽然也自动左对齐显示，但 Excel 仍将其视为数值型数据。

对于单元格中的"文本型数字"，无论修改其数字格式为"文本"之外的哪一种格式，Excel 仍然视其为"文本"类型的数据，直到重新输入数据才会变为数值型数据。

要辨别单元格中的数据是否为数值类型，除了查看单元格左上角是否出现绿色的"错误检查"标识外，还可以通过检验这些数据是否能参与数值运算来判断。

在工作表中选中两个或多个数据，如果状态栏中能够显示求和结果，且求和结果与当前选中单元格区域的数字之和相等，则说明目标单元格区域中的数据全部为数值类型，否则说明包含了文本型数字，如图 7-7 所示。

| 1234 |
| 546 |
| 13856 |
| 62 |

平均值: 614　计数: 4　最大值: 1234　求和: 1842

图 7-7　借助状态栏统计功能
判断数据类型

7.2.2 将文本型数字转换为数值型数据

"文本型数字"所在单元格的左上角显示绿色三角形符号，此符号为 Excel"错误检查"功能的标识符，它用于标识单元格可能存在某些错误或需要注意的特点。选中此类单元格，会出现【错误检查选项】按钮，单击按钮右侧的下拉按钮会显示选项菜单，如图 7-8 所示。

在下拉菜单中，【以文本形式存储的数字】显示了当前单元格的数据状态。如果单击【转换为数字】选项，单元格中的数据将会转换为数值型。

图 7-8　"文本型数字"所在单元格的
错误检查选项菜单

除了借助"错误检查"功能提供的菜单项外，还可以按以下方法进行转换。

示例7-2 将文本型数字转换为数值

图 7-9 所示为某单位转账记录的部分内容，需要将 D2:E71 单元格区域中的文本型数字转换为数值型数据。

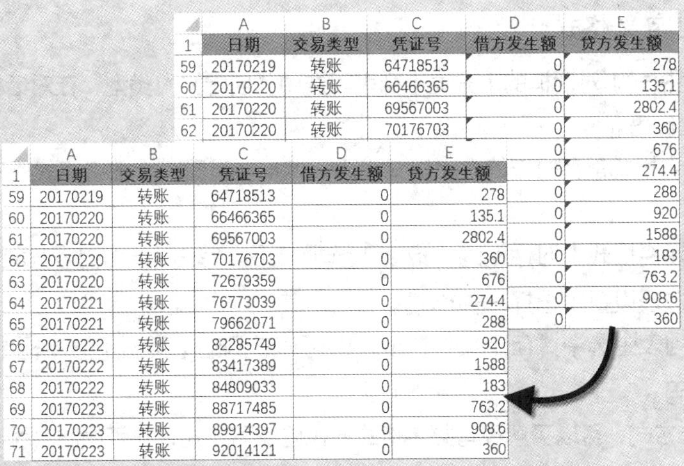

	A	B	C	D	E
1	日期	交易类型	凭证号	借方发生额	贷方发生额
59	20170219	转账	64718513	0	278
60	20170220	转账	66466365	0	135.1
61	20170220	转账	69567003	0	2802.4
62	20170220	转账	70176703	0	360

	A	B	C	D	E
1	日期	交易类型	凭证号	借方发生额	贷方发生额
59	20170219	转账	64718513	0	278
60	20170220	转账	66466365	0	135.1
61	20170220	转账	69567003	0	2802.4
62	20170220	转账	70176703	0	360
63	20170220	转账	72679359	0	676
64	20170221	转账	76773039	0	274.4
65	20170221	转账	79662071	0	288
66	20170222	转账	82285749	0	920
67	20170222	转账	83417389	0	1588
68	20170222	转账	84809033	0	183
69	20170223	转账	88717485	0	763.2
70	20170223	转账	89914397	0	908.6
71	20170223	转账	92014121	0	360

图 7-9　将文本型数字转换为数值

操作步骤如下。

步骤① 选中任意一个空白单元格，如 G3，按 <Ctrl+C> 组合键复制。

步骤② 选中 D2:E71 单元格区域，右击，在弹出的快捷菜单中单击【选择性粘贴】命令，弹出【选择性粘贴】对话框，在【粘贴】区域中选中【数值】单选按钮，在【运算】区域中选中【加】单选按钮，最后单击【确定】按钮完成操作，如图 7-10 所示。

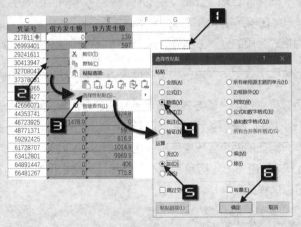

图 7-10　利用"选择性粘贴"功能批量转换文本型数字

提示 → 关于"选择性粘贴"功能的详细介绍，请参阅 7.4.4。

7.3　自定义数字格式

"自定义"数字格式类型允许用户创建新的数字格式。

7.3.1 内置的自定义格式

在【设置单元格格式】对话框的【分类】列表里选中"自定义"类型，在对话框右侧会显示当前活动单元格的数字格式代码。

Excel 所有的数字格式都有对应的数字格式代码，如果要查看某个数字格式所对应的格式代码，操作方法如下。

步骤① 在【设置单元格格式】对话框的【数字】选项卡下，单击【分类】列表中的某个格式分类，然后在右侧选项设置中选择一种格式。

步骤② 在【分类】列表中选中"自定义"选项，即可在右侧的【类型】文本框中查看刚才所选择格式的对应代码。

通过这样的操作方式，可以了解现有数字格式的代码编写方式，并可据此改编出更符合自己需求的数字格式代码。

7.3.2 格式代码的组成规则

自定义格式代码的完整结构如下：

> 对正数应用的格式；对负数应用的格式；对零值应用的格式；对文本应用的格式

以 3 个半角分号";"间隔的 4 个区段构成了一个完整结构的自定义格式代码，每个区段中的代码对应不同类型的内容。例如，在第 1 区段"正数"中的代码只会在单元格中的数据为正数时起作用，而第 4 区段"文本"中的代码只会在单元格中的数据为文本时才起作用。

除了以数值正负作为格式区段的分隔依据外，用户也可以为区段设置自己所需的特定条件。例如：

> 大于条件值时应用的格式；小于条件值时应用的格式；等于条件值时应用的格式；文本

还可以使用"比较运算符 + 数值"的方式来表示条件值，在自定义格式代码中可以使用的比较运算符包括大于号（>）、小于号（<）、等于号（=）、大于等于（>=）、小于等于（<=）和不等于（<>）6 种。

在实际应用中，最多只能在前两个区段中使用"比较运算符 + 数值"的条件形式，第 3 区段自动以"除此之外"的情况作为其条件值，第 4 区段"文本"仍然只对文本型数据起作用。因此，使用包含条件值的格式代码结构也可以这样来表示：

> 条件 1；条件 2；除此之外的数值；文本

此外，在实际应用中，不必每次都严格按照 4 个区段的代码结构来编写格式代码，区段数少于 4 个甚至只有 1 个都是被允许的，表 7-3 中列出了少于 4 个区段的代码结构含义。

表 7-3　少于 4 个区段的自定义代码结构含义

区段	代码结构含义
1	格式代码作用于所有类型的数值
2	第 1 区段作用于正数和零值，第 2 区段作用于负数
3	第 1 区段作用于正数，第 2 区段作用于负数，第 3 区段作用于零值

对于包含条件值的格式代码来说，区段可以少于 4 个。相关的代码结构含义如表 7-4 所示。

表 7-4　少于 4 个区段的包含条件值格式代码结构含义

区段	代码结构含义
2	第 1 区段作用于满足条件 1，第 2 区段作用于其他情况
3	第 1 区段作用于满足条件 1，第 2 区段作用于满足条件 2，第 3 区段作用于其他情况

除了特定的代码结构外，完成一个格式代码还需要了解自定义格式所使用的代码字符及其含义。表 7-5 显示了可以用于格式代码编写的代码符号及其对应的含义和作用。

表 7-5　代码符号及其含义作用

代码符号	符号含义及作用
G/ 通用格式	不设置任何格式，按原始输入显示。同 "常规" 格式
#	数字占位符，只显示有效数字，不显示无意义的零值
0	数字占位符，当数字比代码的位数少时，显示无意义的零值
?	数字占位符，与 "0" 作用类似，但以显示空格代替无意义的零值。可用于显示分数
.	小数点
%	百分数显示
,	千位分隔符
E	科学记数的符号
"文本"	可显示双引号之间的文本
!	强制显示下一个字符。可用于分号（;）、点号（.）、问号（?）等特殊符号的显示
\	作用与 "!" 相同。此符号可用作代码输入，但在输入后会以符号 "!" 代替其代码显示
*	重复下一个字符来填充列宽
_（下划线）	留出与下一个字符宽度相等的空格
@	文本占位符，同 "文本" 格式
［颜色］	显示相应颜色，[黑色]/[black][白色]/[white][红色]/[red][青色]/[cyan][蓝色]/[blue][黄色]/[yellow][洋红]/[magenta][绿色]/[green]。对于中文版的 Excel 只能使用中文颜色名称，而英文版的 Excel 则只能使用英文颜色名称
［颜色 n］	显示以数值 n 表示的兼容 Excel 2003 调色板上的颜色。n 的范围在 1~56 之间
［条件］	设置条件。条件通常由 ">" "<" "=" ">=" "<=" "<>" 及数值所构成
[DBNum1]	显示中文小写数字，如 "123" 显示为 "一百二十三"
[DBNum2]	显示中文大写数字，如 "123" 显示为 "壹佰贰拾叁"
[DBNum3]	显示全角的阿拉伯数字与小写中文单位的结合，如 "123" 显示为 "1 百 2 十 3"

在编写日期时间相关的自定义数字格式时，还有一些包含特殊意义的代码符号，如表 7-6 所示。

表 7-6　与日期时间格式相关的代码符号

日期时间代码符号	日期时间代码符号含义及作用
aaa	使用中文简称显示星期几（"一"～"日"）
aaaa	使用中文全称显示星期几（"星期一"～"星期日"）
d	使用没有前导零的数字来显示日期（1~31）
dd	使用有前导零的两位数字来显示日期（01~31）
ddd	使用英文缩写显示星期几（Sun~sat）
dddd	使用英文全拼显示星期几（Sunday~Saturday）
m	使用没有前导零的数字来显示月份或分钟（1~12）或（0~59）
mm	使用有前导零的两位数字来显示月份或分钟（01~12）或（00~59）
mmm	使用英文缩写显示月份（Jan~Dec）
mmmm	使用英文全拼显示月份（January~December）
mmmmm	使用英文首字母显示月份（J~D）
y 或 yy	使用两位数字显示公历年份（00~99）
yyyy	使用 4 位数字显示公历年份（1900—9999）
b 或 bb	使用两位数字显示泰历（佛历）年份（43~99）
bbbb	使用 4 位数字显示泰历（佛历）年份（2443—9999）
b2	在日期前加上"b2"前缀可显示回历日期
h	使用没有前导零的数字来显示小时（0~23）
hh	使用有前导零的两位数字来显示小时（00~23）
s	使用没有前导零的数字来显示秒（0~59）
ss	使用有前导零的两位数字来显示秒（00~59）
[h][m][s]	显示超出进制的小时数、分钟数、秒数
AM/PM 或 A/P	使用英文上下午显示十二小时制的时间
上午 / 下午	使用中文上下午显示十二小时制的时间

7.3.3　创建自定义格式

要创建新的自定义数字格式，可在【设置单元格格式】对话框的格式列表中选中【自定义】，然后在右侧的【类型】编辑框中填入新的数字格式代码，也可选择现有的格式代码，然后在【类型】编辑框中进行编辑修改。输入或编辑完成后，可以从【示例】处观察该格式代码对应的数据显示效果，如果符合预期的结果，单击【确定】按钮即可。

如果用户所编写的格式代码符合 Excel 的规则要求，即可成功创建新的自定义格式，并应用于当前所选定的单元格区域中，否则 Excel 会弹出警告窗口提示错误，如图 7-11 所示。

用户所创建的自定义格式仅保存在当前工作簿中。如果要将自定义的数字格式应用于其他工作簿，可将包含特定格式的单元格直接复制到目标工作簿中。

图 7-11　自定义格式代码错误的警告提示信息

7.3.4　自定义数字格式应用案例

通过编写自定义格式代码，用户可以创建出丰富多样的数字格式，使单元格中的数据更有表现力，增强可读性，有些特殊的自定义格式还可以起到简化数据输入、限制部分数据输入，或隐藏输入数据的作用，以下介绍部分常用自定义数字格式案例。

○ | 不同方式显示分段数字

如果希望表格阅读者能够从数据的显示方式上直观地判断数值的正负、大小等信息，可通过对不同的格式区段设置相应的显示方式来设置数字格式。

示例7-3　设置自定义数字格式

如需设置正数正常显示、负数红色显示带负号、零值不显示、文本显示为"ERR!"，格式代码可设置如下：

```
G/ 通用格式 ;[ 红色 ]-G/ 通用格式 ;;"ERR!"
```

格式代码分为 4 个区段，分别对应于"正数；负数；零值；文本"。其中"G/ 通用格式"表示按常规格式显示。用"[红色]"作为格式前缀表示显示为红色。第 3 区段为空，表示零值不显示。第 4 区段"ERR!"表示只要是文本，即显示为 "ERR!"，效果如图 7-12 所示。

	A	B	C	D
1	原始数值	显示为	格式代码	说明
2	797.8446	797.8446		
3	798	798		
4	-35.21	-35.21	G/通用格式;[红色]-G/通用	正数正常显示、负数红色显示带负号、
5	0		格式;;"ERR!"	零值不显示、文本显示为"ERR!"
6	Excel	ERR!		
7	-1180	-1180		

图 7-12　正数、负数、零值、文本的不同显示方式

示例7-4　设置多个条件的自定义数字格式

如需设置大于 5 的数字显示为红色、小于 5 的数字显示为绿色、等于 5 的数字显示为黑色等号，格式代码可设置如下：

```
[ 红色 ][>5]G/ 通用格式 ;[ 绿色 ][<5]G/ 通用格式 ;=;@
```

格式代码分 4 个区段，分别对应于"大于 5; 小于 5; 等于 5"的数值类型的格式显示。第 3 区段不使用条件格式代码，而直接使用显示内容的代码，黑色作为默认颜色，也不必使用代码来表示。第 4 区段，使用文本点位符"@"，文本将按其实际内容显示。效果如图 7-13 所示。

	A	B	C	D
1	原始数值	显示为	格式代码	说明
2	6.5	6.5		
3	2.1	2.1	[红色][>5]G/通用格式;[绿	大于5的数字显示红色、小于5的数字显示绿色
4	0	0	色][<5]G/通用格式;=;@	、等于5的数字显示黑色等号
5	5	=		
6	ExcelHome	ExcelHome		

图 7-13　不同大小的数字显示不同方式

示例7-5　设置一个条件的自定义数字格式

如需设置小于 1 的数字以两位小数的百分数显示，其他情况以普通的两位小数数字显示，并且以小数点位置对齐数字。格式代码设置如下：

```
[<1]0.00%;#.00_%
```

格式代码分为两个区段，第 1 区段适合数值"小于 1"的情况，以两位小数的百分数显示。第 2 区段适合除数值"小于 1"以外的情况，在以两位小数显示的同时，"_%"使数字末尾多显示一个与"%"同宽度的空格，这样就可使小于 1 的数字显示与其他情况下的数字显示保持对齐。效果如图 7-14 所示。

	A	B	C	D
1	原始数值	显示为	格式代码	说明
2	6.5	6.50		
3	0.123	12.30%		
4	ExcelHome	ExcelHome	[<1]0.00%;#.00_%	小于1的数字以两位小数的百分数显示，其他以
5	0.024	2.40%		普通的两位小数数字显示。并且以小数点位置
6	0	0.00%		对齐数字。
7	1.52	1.52		

图 7-14　小于 1 的数字自动显示为百分比

⊃ Ⅱ 以不同的数值单位显示

这里所称的"数值单位"指的是"十、百、千、万、十万、百万"等十进制数字单位。在大多数英语国家中，习惯以"千"和"百万"作为数值单位，千位分隔符就是其中的一种表现形式。而在中文环境中，常以"万"和"亿"作为数值单位。通过设置自定义数字格式，可以方便地使数值以不同的单位显示。

示例7-6　以万为单位显示数值

格式代码设置如下：

```
0!.0,
```

利用自定义的"小数点"将原数值缩小到原来的万分之一显示。在数学上，数值缩小到原来的万分之一后，原数值小数点需要向左移 4 位，利用添加自己定义的"小数点"，则可以将数字显示得像被缩小后的效果。实际上这里的小数点并非真实意义上的小数点，而是用户自己创建的一个符号。为了与真正的小数点相区别，需要在"."之前加上"!"（或"\"），表示后面的点号"."需要强制显示。代码末尾的"0,"表示被缩去的 4 位数字，其中","代表千位分隔符。缩去的 4 位数字只显示千位所在的数字，其余部分四舍五入到千位显示。

也可以使用以下格式代码，增加了字符"万"作为后缀。

0!.0000"万"

或是使用以下格式代码，将缩进的后三位数字也显示完全，并以文本"万元"作为后续显示。

0!.0,"万元"

效果如图 7-15 所示。

	A	B	C	D
1	原始数值	显示为	格式代码	说明
2	184555	18.5	0!.0,	以万为单位显示数值，保留一位小数显示。
3	779506	78.0	同上	同上
4	83800	8.4万	0!.0,"万"	以万为单位、保留一位小数。显示后缀"万"。
5	141565	14.1565万元	0!.0000"万元"	以万为单位、保留四位小数。显示后缀"万元"。

图 7-15　以万为单位显示数值

○ III　多种方式显示分数

使用自定义数字格式能以多种方式来显示分数形式的数值，常用格式代码及说明如表 7-7 所示。

表 7-7　多种方式显示分数

原始数值	显示为	格式代码	说明
7.25	7 1/4	# ?/?	以整数加真分数的形式显示分数值
7.25	7 又 1/4	#"又"?/?	以中文字符"又"替代整数与分数之间的连接符
7.25	7+1/4	#"+"?/?	以符号"+"替代整数与分数之间的连接符
7.25	29/4	?/?	以假分数形式显示分数值
7.25	7 5/20	# ?/20	以"20"为分母显示分数部分
7.25	7 13/50	# ?/50	以"50"为分母显示分数部分

○ IV　多种方式显示日期和时间

在 Excel 中，日期和时间可供选择的显示方式种类繁多，甚至有许多专门的代码符号适用于日期和时间的格式代码。用户可以通过这些格式代码设计出丰富多彩的显示方式，适合日期数据的常用格式代码如表 7-8 所示。

表 7-8　多种方式显示日期

原始数值	显示为	格式代码	说明
2020/9/10	2020 年 9 月 10 日 星期四	yyyy" 年 "m" 月 " d" 日 "aaaa	中文的"年月日"及"星期"方式显示日期
2020/9/10	二○二○年九月十日 星期四	[DBNum1]yyyy" 年 " m" 月 "d" 日 "aaaa	小写中文数字加上中文的"年月日星期"方式显示
2020/9/10	10/Sep/20,Thursday	d-mmm-yy,dddd	英文方式显示日期及星期
2020/9/10	2020.9.10	yyyy.m.d	以"."号分隔符间隔的日期显示
2020/9/10	[2020][09][10]	![yyyy!]![mm!]![dd!]	年月日外显示方括号，双位显示月份和日期
2020/9/10	今天星期四	" 今天 "aaaa	仅显示星期几加上文本前缀

适合时间数据显示的常用格式代码如表 7-9 所示。

表 7-9　多种方式显示时间

原始数值	显示为	格式代码	说明
15:05:25	下午 3 点 05 分 25 秒	上午 / 下午 h" 点 " mm" 分 "ss" 秒 "	中文的"点分秒"及"上下午"方式显示时间
15:05:25	下午 三点○五分 二十五秒	[DBNum1] 上午 / 下午 h" 点 "mm" 分 "ss" 秒 "	小写中文数字加上中文的"点分秒上下午"方式显示
15:49:12	3:49 p.m.	h:mm a/p".m."	英文方式显示 12 小时制时间
15:49:12	15:49 o'clock	h:mm o'clock	英文方式显示 24 小时制时间，加上文本后缀
15:49:12.88	49'12.88"	mm'ss.00!"	以分秒符号代替分秒名称的显示，秒数显示到百分之一秒
15:49:12	949 分钟 12 秒	[m]" 分钟 "s" 秒 "	显示超过进制的分钟数

⊃ Ⅴ　显示电话号码

通过自定义数字格式，可以在 Excel 中灵活显示电话号码并且能够简化用户输入操作。

示例7-7　使用自定义格式显示电话号码

通常有以下几种处理方法：

```
"Tel:"000-000-0000
```

对于一些专用业务号码，如 400、800 开头的电话号码等，使用此类格式可以使业务号段前置显示，使业务类型一目了然。另外，文本型的前缀可以添加更多用户自定义信息。

```
(0###) #### ####
```

此种格式适用于长途区号的自动显示，其中本地号码长度固定为 8 位。由于我国的城市长途区号分为 3 位（如上海 021）和 4 位（如杭州 0571）两类，代码中的"(0###)"适应了小于等于 4 位区号的不同情况，强制显示了前导"0"。后面的 8 位数字占位符"#"是实现长途区号与本地号码分离的关键，也决定了此格式只适用于 8 位本地号码的情况。

```
[<100000]#;0### - #### ####
```

此种格式在上述格式基础上增加了对特殊服务号码的考虑。

以上自定义格式显示效果如图 7-16 所示。

	A	B	C	D
1	原始数值	显示为	格式代码	说明
2	4000049448	Tel: 400-004-9448	"Tel: "000-000-0000	对400、800等电话号码进行分段显示，外加显示文本前缀
3	2112345678	(021) 1234 5678	(0###) #### ####	自动显示3位、4位城市区号，电话号码分段显示
4	51288663355	(0512) 8866 3355	同上	同上
5	95555	95555	[<100000]#;0### - #### ####	特殊服务号码不显示区号，普通电话分段显示
6	2112345678	021 - 1234 5678	同上	同上

图 7-16　电话号码的多种格式显示

◯ VI　简化输入操作

　　在某些情况下，使用带有条件判断的自定义格式可以简化用户的输入操作，起到类似"自动更正"功能的效果。

示例7-8　用数字0和1代替"√"和"×"的输入

　　通过设置包含条件判断的格式代码，可以实现当用户输入"1"时自动显示为"√"，输入"0"时自动显示为"×"，以输入 0 和 1 的简便操作代替了原有特殊符号的输入。如果输入的是 1 或 0 之外的其他数值，将不显示，格式代码如下：

```
[=1]"√";[=0]"×";;
```

　　同理，用户还可以设计一些与此类似的数字格式，在输入数据时以简单的数字输入来替代复杂的文本输入，并且方便数据统计，而在显示效果时以含义丰富的文本来替代信息单一的数字。例如：

```
"YES";;"NO"
```

大于零时显示"YES"，等于零时显示"NO"，小于零时显示空。

```
"京A-2020"-00000
```

特定的前缀的编码，末尾是 5 位流水号。在需要大量输入有规律的编码时，此类格式可以显著提高效率。

以上自定义格式显示效果如图 7-17 所示。

	A	B	C	D
1	原始数值	显示为	格式代码	说明
2	0	×	[=1]"√";[=0]"×";;	输入"0"时显示"×"，输入"1"时显示"√"，其余显示空
3	1	√		
4	8	YES	"YES";;"NO"	大于零时显示"YES"，小于零时显示空，等于零时显示"NO"
5	0	NO		
6	12	京A-2020-00012	"京A-2020"-00000	特定前缀的编码，末尾是5位流水号
7	1029	京A-2020-01029		
8	2	沪2010-0002-KD	"沪2010"-0000-"KD"	特定前缀和后缀的编码，中间是4位流水号
9	108	沪2010-0108-KD		

图 7-17　通过自定义格式简化输入

⊃ VII　隐藏某些类型的数据

通过设置数字格式，还可以在单元格内隐藏某些特定类型的数据，甚至隐藏整个单元格的内容显示。但需要注意的是，这里所谓的"隐藏"只是在单元格显示上的隐藏，当用户选中单元格时，编辑栏中仍会显示其真实内容。

示例7-9　设置数字格式隐藏特定内容

通常有以下几类隐藏内容的自定义格式。

`[>1]G/ 通用格式 ;;;`

格式代码分为 4 个区段，第 1 区段当数值大于 1 时常规显示，其余区段均不显示内容。应用此格式后，仅当单元格数值大于 1 时才有数据显示，隐藏其他类型的数据。

`0.000;-0.000;0;**`

格式代码同样为 4 个区段，第 1 区段当数值大于 0 时，显示包含 3 位小数的数字格式；第 2 区段当数值小于 0 时，显示负数形式的包含 3 位小数的数字格式；第 3 区段当数值等于 0 时显示 0 值；第 4 区段文本类型数据显示星号"＊"，其中第一个"＊"表示重复下一个字符来填充列宽，而紧随其后的第二个"＊"则是用来填充的具体字符。

`;;`

格式代码为 3 个区段，分别对应数值大于 0、小于 0 及等于 0 的 3 种情况。分号前后没有其他代码，表示均不显示内容。因此这个格式的效果为只显示文本类型的数据。

`;;;`

格式代码为 4 个区段，分号前后均无其他代码，表示均不显示内容。因此这个格式的效果为隐藏所有单元格内容。

以上自定义格式显示效果如图 7-18 所示。

	A	B	C	D
1	原始数值	显示为	格式代码	说明
2	0.232		[>1]G/通用格式;;;	仅大于1的时候才显示数据，不显示文本数据
3	1.234	1.234		
4	1.234	1.234	0.000;-0.000;0;**	数值数据显示包含3位小数的数字，文本数据只显示"*"号
5	ExcelHome	********************		
6	1.234		;;	只显示文本型数据
7	ExcelHome	ExcelHome	""	
8	1.234		;;;	所有内容均不显示
9	ExcelHome			

图 7-18　设置格式隐藏某些特定内容

⊃ VIII　文本数据的显示设置

数字格式在大多数场合中主要应用于数值型数据的显示需求，但用户也可创建出主要应用于文本型数据的自定义格式，从而为文本内容的显示增添更多样式和附加信息。

示例7-10　文本类型数据的多种显示

应用于文本数据的常用格式代码包括以下几种。

;;;" 集团公司 "@" 部 "

格式代码分为 4 个区段，前 3 个区段隐藏非文本型数据的显示，第 4 区段为文本数据增加了一些附加信息。此类格式可用于简化输入操作，或某些固定样式的动态内容显示（如公文信笺标题、署名等），用户可以按照此种结构根据自己的需要创建出更多样式的附加信息类自定义格式。

;;;* @

文本型数据通常在单元格中靠左对齐显示，设置此种格式可以在文本左边填充足够数量的空格，使文本内容显示为靠右侧对齐。

;;;@*_

此格式在文本内容的右侧填充下划线 "_"，形成类似签名栏的效果，可用于一些需要打印后手动填写的文稿类型。

此类自定义格式显示效果如图 7-19 所示。

	A	B	C	D
1	原始数值	显示为	格式代码	说明
2	市场	集团公司市场部	;;;"集团公司"@"部"	显示部门
3	财务	集团公司财务部		
4	长宁	长宁区分店	;;;@"区分店"	显示区域
5	徐汇	徐汇区分店		
6	三	三年级	;;;@"年级"	年级显示
7	三	第三大街	;;;"第"@"大街"	街道显示
8	右对齐	右对齐	;;;* @	文本内容靠右对齐显示
9	签名栏	签名栏＿＿＿＿	;;;@*_	预留手写文字位置

图 7-19　文本类型数据的多种显示方式

7.3.5　按单元格显示内容保存数据

通过 Excel 内置的数字格式和用户的自定义格式，可以使工作表中的数据显示更具表现力，所包含的信息量远远大于数据本身。但这样的显示效果并没有影响到数据本身，这对于数据运算和统计来说相当有利。

但有些用户会希望将设置格式后的单元格显示作为真实数据保存下来，虽然 Excel 没有直接提供这样的功能，但可以通过多种方法来实现。以下介绍较为简便的操作方法。

步骤① 选中需要保存显示内容的单元格或区域，按 <Ctrl+C> 组合键进行复制。

步骤② 打开 Windows 中的记事本程序，按 <Ctrl+V> 组合键进行粘贴，得到和显示效果完全相同的内容。

步骤③ 从记事本中将这些内容复制并粘贴到 Excel 中，即可完成操作。

7.4　单元格和区域的复制与粘贴

用户常常需要将工作表的数据从一处复制或移动到其他处，可以使用以下两种方法实现。

（1）复制：选择源区域，执行"复制"操作，然后选择目标区域，执行"粘贴"操作。

（2）移动：选择源区域，执行"剪切"操作，然后选择目标区域，执行"粘贴"操作。

复制和移动的主要区别在于，复制是产生源区域的数据副本，最终效果不影响源区域；而移动则是将数据从源区域移走。

7.4.1　单元格和区域的复制和剪切

选中需要复制的单元格区域，有以下几种等效的方法可以执行"复制"操作。

（1）单击【开始】选项卡上的【复制】按钮 ➊。

（2）按 <Ctrl+C> 组合键。

（3）在选中的目标单元格区域上鼠标右击，在弹出的快捷菜单中选择【复制】命令。

选中需要移动的单元格区域，有以下几种等效的方法可以剪切目标内容。

（1）单击【开始】选项卡上的【剪切】按钮 ✂。

（2）按 <Ctrl+X> 组合键。

（3）在选中的目标单元格区域上鼠标右击，在弹出的快捷菜单中选择【剪切】命令。

完成以上操作后，即可将目标单元格区域的内容添加到剪贴板上，用于后续的操作处理。这里所指的"内容"不仅包括单元格中的数据（包括公式），还包括单元格中的任何格式（包括条件格式）、数据验证设置及单元格的批注等。

在进行粘贴操作之前，被剪切的源单元格区域中的内容并不会被清除，直到用户在新的目标单元格区域中执行粘贴操作。

所有复制、剪切操作的目标可以是单个单元格，也可以是同行或同列的连续或不连续的多个单元格，或者包含多行或多列的连续单元格区域。但是 Excel 不允许对跨行或跨列的非连续区域进行复制和剪切操作，在进行该操作时，弹出如图 7-20 所示的提示信息。

图 7-20　对多重选择区域进行剪切（左）或复制（右）时的错误提示

> **注意**
> 　　用户在进行了"复制"或"剪切"操作后，如果按下 <Esc> 键，则从"剪贴板"清除了信息，影响后续的"粘贴"操作。

7.4.2　单元格和区域的普通粘贴

粘贴操作实际上是从剪贴板中取出内容存放到新的目标区域中。Excel 允许粘贴操作的目标区域大于或等于源区域。选中目标单元格区域，以下几种操作方式都可以进行粘贴操作。

（1）单击【开始】选项卡中的【粘贴】按钮 。
（2）按 <Ctrl+V> 组合键或按 <Enter> 键。

> **提示**
> 　　如果复制或剪切的内容只需要粘贴一次，可以选中目标区域后直接按 <Enter> 键。

完成以上操作后，即可将最近一次复制或剪切的内容粘贴到目标区域中。如果之前执行的是剪切操作，则源单元格区域中的内容将被清除。

> **注意**
> 　　如果复制的对象是同行或同列中的非连续单元格，在粘贴到目标区域时会形成连续的单元格区域，并且不会保留源单元格中所包含的公式。

7.4.3　借助【粘贴选项】按钮选择粘贴方式

当用户执行复制后再粘贴时，默认情况下在被粘贴区域的右下角会出现【粘贴选项】按钮（剪切后的粘贴不会出现此按钮）。单击此按钮，展开的下拉菜单如图 7-21 所示。

将鼠标指针悬停在某个【粘贴选项】按钮上时，工作表中将出现粘贴结果的预览效果。

此外，在执行了复制操作后，如果单击【开始】选项卡中的【粘贴】下拉按钮，也会出现相同的下拉菜单。

图 7-21　粘贴选项按钮的下拉菜单

在普通的粘贴操作下，默认粘贴到目标区域的内容包括源单元格中的全总内容，包括数据、公式、单元格格式、条件格式、数据验证及单元格的批注等。

而通过在【粘贴选项】下拉菜单中进行选择，用户可根据自己的需要来进行粘贴。【粘贴选项】下拉菜单中的大部分选项与【选择性粘贴】对话框中的选项相同，它们的含义与效果请参阅 7.4.4。本节主要介绍粘贴图片功能。

❖ 图片：以图片格式粘贴被复制的内容，此图片为静态图片，与源区域不再有关联，可以被移动到工作簿的任何位置，就像一张照片。

❖ 链接的图片：以动态图片的方式粘贴被复制的内容，如果源区域的内容发生改变，图片也会发生相应的变化。

7.4.4 借助【选择性粘贴】对话框选择粘贴方式

"选择性粘贴"是一项非常有用的粘贴辅助功能，其中包含许多详细的粘贴选项设置，以便用户根据实际需求选择多种不同的复制粘贴方式。要打开【选择性粘贴】对话框，首先需要执行复制操作（使用剪切方式将无法使用"选择性粘贴"功能），有以下几种操作方法可打开【选择性粘贴】对话框。

（1）单击【开始】选项卡中的【粘贴】下拉按钮，选择下拉菜单中的最后一项【选择性粘贴】选项。

（2）在粘贴目标单元格区域上鼠标右击，在弹出的快捷菜单中单击【选择性粘贴】命令。

【选择性粘贴】对话框通常如图 7-22 所示。

如果复制的数据来源于其他程序（如记事本、网页），则会打开另一种样式的【选择性粘贴】对话框，如图 7-23 所示。在这种样式的【选择性粘贴】对话框中，根据复制数据的类型不同，会在【方式】列表框中显示不同的粘贴方式以供选择。

图 7-22 最常见的【选择性粘贴】对话框   图 7-23 从其他程序复制数据时的【选择性粘贴】对话框

◐ | 粘贴选项

如图 7-22 所示的【选择性粘贴】对话框中各个粘贴选项的具体含义如表 7-10 所示。

表 7-10 【选择性粘贴】对话框中粘贴选项的含义

粘贴选项	含义
全部	粘贴源单元格区域中的全部复制内容，包括数据（包括公式）、单元格中的所有格式（包括条件格式）、数据验证及单元格的批注。此选项即默认的常规粘贴方式
公式	粘贴所有数据（包括公式），不保留格式、批注等内容
数值	粘贴数值、文本及公式运算结果，不保留公式、格式、批注数据验证等内容
格式	只粘贴所有格式（包括条件格式），而不在粘贴目标区域中粘贴任何数值、文本和公式，也不保留批注、数据验证等内容
批注	只粘贴批注，不保留其他任何数据内容和格式

粘贴选项	含义
验证	只粘贴数据验证的设置内容，不保留其他任何数据内容和格式
所有使用源主题的单元	粘贴所有内容，并且使用源区域的主题。一般在跨工作簿复制数据时，如果两个工作簿使用的主题不同，可以使用此项
边框除外	保留粘贴内容的所有数据（包括公式）
列宽	仅将粘贴目标单元格区域的列宽设置成与源单元格列宽相同，但不保留任何其他内容
公式和数字格式	粘贴时保留数据内容（包括公式）及原有的数字格式，而去除原来所包含的文本格式，如字体、边框、填充色等格式设置
值和数字格式	粘贴时保留数值、文本、公式运算结果及原有的数字格式，而去除原来所包含的文本格式，如字体、边框、填充色等格式设置，也不保留公式
所有合并条件格式	合并源区域与目标区域中的所有条件格式

⊃ Ⅱ 跳过空单元

【选择性粘贴】对话框中的【跳过空单元】选项，可以防止用户使用包含空单元格的源数据区域粘贴覆盖目标区域中的单元格内容。例如，用户选定并复制的当前区域第一行为空行，使用此粘贴选项，则当粘贴到目标区域时，会自动跳过第一行，不会覆盖目标区域第一行中的数据。

⊃ Ⅲ 转置

粘贴时使用【选择性粘贴】对话框中的"转置"功能，可以将源数据区域的行列相对位置互换后粘贴到目标区域，类似于二维坐标系统中 x 坐标与 y 坐标的互换转置。

如图 7-24 所示，数据源区域为 6 行 3 列的单元格区域，在进行行列转置粘贴后，目标区域转变为 3 行 6 列的单元格区域，其对应数据的单元格位置也发生了变化。

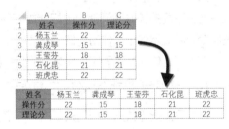

图 7-24　转置粘贴示意

注意 → 不可以使用转置方式将数据粘贴到源数据区域或与源数据区域有任何重叠的区域。

⊃ Ⅳ 粘贴链接

此选项在目标区域生成含引用的公式，链接指向源单元格区域，保留原有的数字格式，去除其他格式。

7.4.5　通过拖放进行复制和移动

除了上述的复制和剪切方法外，Excel 还支持以鼠标拖放的方式直接对单元格和区域进行复制或移动操作。复制的操作方法如下。

步骤① 选中需要复制的目标单元格区域。

步骤② 将鼠标指针移至区域边缘，当鼠标指针显示为黑色十字箭头时，按住鼠标左键。

步骤③ 拖动鼠标，移至需要粘贴数据的目标位置后按住 <Ctrl> 键，此时鼠标指针显示为带加号"＋"的指针样式，最后依次松开鼠标左键和 <Ctrl> 键，即可完成复制操作，如图 7-25 所示。

移动数据的操作与复制类似，只是在操作过程中不需要按 <Ctrl> 键。

在使用拖放方法进行移动数据操作时，如果目标区域已经存在数据，则在松开鼠标左键后会出现警告对话框提示用户，询问是否替换单元格内容，如图 7-26 所示。单击【确定】按钮将继续完成移动操作，单击【取消】按钮则取消移动操作。

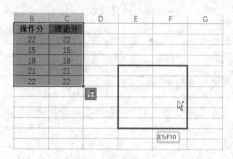

图 7-25　通过鼠标拖放实现复制操作

图 7-26　移动操作时提示替换内容的警告对话框

注意　　鼠标拖放方式的复制和移动只适用于连续的单元格区域，另外，通过鼠标拖放进行复制、移动操作时并不会把复制内容添加到剪贴板中。

鼠标拖放进行复制和移动的方法同样适用于不同工作表或不同工作簿之间的操作。

要将数据复制到不同的工作表中，可在拖动过程中将鼠标指针移至目标工作表的标签上，然后按 <Alt> 键（按键的同时不要松开鼠标左键），即可切换到目标工作表中，此时再继续上面步骤 3 的复制操作，即可完成跨表粘贴。

要在不同的工作簿间使用鼠标拖放复制数据，可以先通过【视图】选项卡中的【窗口】命令组的相关命令同时显示多个工作簿窗口，然后就可以在不同的工作簿之间拖放数据进行复制。

在不同工作表及不同工作簿之间的数据移动操作方法与此类似。

7.4.6　使用填充功能将数据复制到相邻单元格

如果只需要将数据复制到相邻的单元格，除了上述方法外，也可以使用填充功能实现。

示例7-11　使用填充功能进行复制

要将 M2:N2 单元格区域的数据复制到 M2:N8 单元格区域，操作步骤如下。

步骤① 同时选中需要复制的单元格及目标单元格区域，在本例中选中 M2:N8 单元格区域。

步骤② 依次单击【开始】选项卡→【填充】→【向下】命令或按 <Ctrl+D> 组合键即可完成填充，如图 7-27 所示。

除了【向下】填充外，在【填充】按钮的下拉列表中还包括了【向右】【向上】和【向左】填充三个命令，可针对不同的复制需要分别选择。其中【向右】填充命令也可通过 <Ctrl+R> 组合键来替代。

图 7-27　使用【向下】填充进行复制

如果在填充前，用户选中的区域中包含了多行多列数据，则只会使用填充方向上的第一行或第一列数据进行复制填充，即使第一行的单元格是空单元格也如此，如图 7-28 所示。

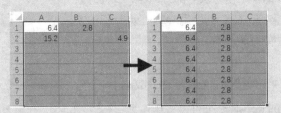

图 7-28 选中多行多列向下填充的效果

使用填充功能复制数据会自动替换目标区域中的原有数据，所复制的内容包括原有的所有数据（包括公式）、格式（包括条件格式）和数据验证，但不包括单元格批注。

> **提示**→ 填充操作只适用于连续的单元格区域。

除了在同一个工作表的相邻单元格中进行复制外，使用填充功能还能对数据跨工作表复制。操作方法如下。

步骤① 同时选中当前工作表和要复制的目标工作表，形成"工作组"。

步骤② 在当前工作表中选中需要复制的单元格区域。

步骤③ 依次单击【开始】选项卡→【填充】按钮→【至同组工作表】选项，弹出【填充成组工作表】对话框，如图 7-29 所示。在对话框中选择填充方式（如【全部】），单击【确定】按钮即可完成跨工作表的填充操作。

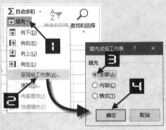

图 7-29 填充"成组工作表"

填充完成后，所复制的数据会出现在目标工作表中的相同单元格区域位置。

【填充成组工作表】对话框中各选项含义如下。

❖ 全部：复制对象单元格所包含的所有数据（包括公式）、格式（包括条件格式）和数据验证，不保留单元格批注。

❖ 内容：只保留复制对象单元格的所有数据（包括公式），不保留其他格式。

❖ 格式：只保留复制对象单元格的所有格式（包括条件格式），不保留其他格式。

> **提示**→ 除了以上使用菜单命令的填充方式外，用户还可以通过拖动填充柄进行自动填充来实现数据在相邻单元格的复制。关于自动填充的使用方法，请参阅 5.4。

7.5 使用分列功能处理数据

使用分列功能能够完成简单的数据清洗。例如，清除不可见字符、转换数字格式、按间隔符号拆分字符及按固定宽度拆分字符等。

7.5.1 清除不可见字符

图 7-30 展示的是某公司客户信息表的部分内容，B 列的联系人姓名中包含有不可见字符，在 C 列使用 LEN 函数计算的字符长度均为 4。借助分列功能可清除不可见字符。

操作步骤如下。

步骤① 单击 B 列列标选中 B 列整列，依次单击【数据】→【分列】按钮，在弹出的【文本分列向导 - 第 1 步，共 3 步】对话框中保留默认设置，单击【下一步】按钮。

步骤② 在弹出的【文本分列向导 - 第 2 步，共 3 步】对话框中保留默认设置，单击【下一步】按钮。

步骤③ 在弹出的【文本分列向导 - 第 3 步，共 3 步】对话框中，单击预览区域的空白列列标，选中【不导入此列】单选按钮，最后单击【完成】按钮。如图 7-31 所示。

	A	B	C
1	客户名	联系人	字符长度
2	广东东海集团	罗常椿	4
3	上海华利实业	董思贵	4
4	利达（广东）公司	何赛英	4
5	家润集团上海总部	董如进	4
6	北京三印公司	夏思芳	4
7	南方孟达公司	陈登志	4
8	夏思丽北京公司	杨春来	4
9	广东新华书店	范明明	4
10	北京广美信息公司	董晓曦	4
11	远成实业有限公司	万家城	4

图 7-30　客户信息表

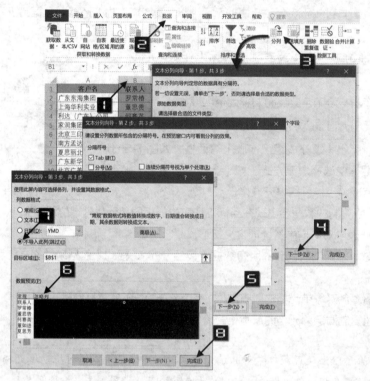

图 7-31　使用分列清除不可见字符

提示　　部分不可见字符无法使用分列功能去除，可借助 Power Query 中的修整功能，去除较为"顽固"的不可见字符。

7.5.2 将数值转换为文本型数字

对于单元格中已经输入的数值，如果要将其转换为文本型数字，操作步骤如下。

步骤① 选中包含数值的单元格区域，如 E2:E71，将数字格式设置为"文本"。

步骤② 依次单击【数据】→【分列】按钮，在弹出的【文本分列向导－第 1 步，共 3 步】对话框中，单击【下一步】按钮。

步骤③ 在弹出的【文本分列向导－第 2 步，共 3 步】对话框中，单击【下一步】按钮。

步骤④ 在弹出的【文本分列向导－第 3 步，共 3 步】对话框【列数据格式】区域中选中【文本】单选按钮，最后单击【完成】按钮，如图 7-32 所示。

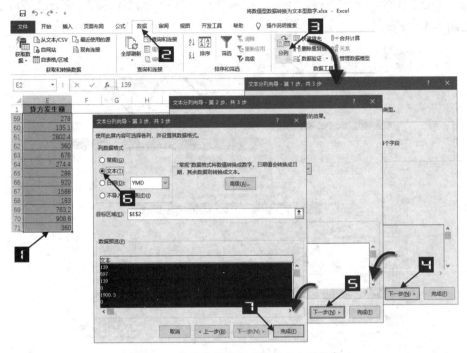

图 7-32　将数值型数据转换为文本型数字

07章

7.5.3　按分隔符号拆分字符

图 7-33 展示的是某公司会计科目表的部分内容，需要将 F 列的会计科目，根据间分符号"-"拆分到不同列。

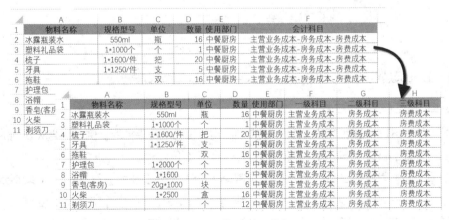

图 7-33　会计科目表

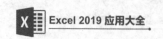

操作步骤如下。

步骤① 单击 F 列列标选中 F 列整列，依次单击【数据】→【分列】按钮，在弹出的【文本分列向导－第 1 步，共 3 步】对话框中，单击【下一步】按钮。

步骤② 在弹出的【文本分列向导－第 2 步，共 3 步】对话框中，【分隔符号】区域选中【其他】复选框，在右侧文本框中输入分隔符号"-"，单击【下一步】按钮。

步骤③ 在弹出的【文本分列向导－第 3 步，共 3 步】对话框中保留默认设置，单击【完成】按钮，如图 7-34 所示。

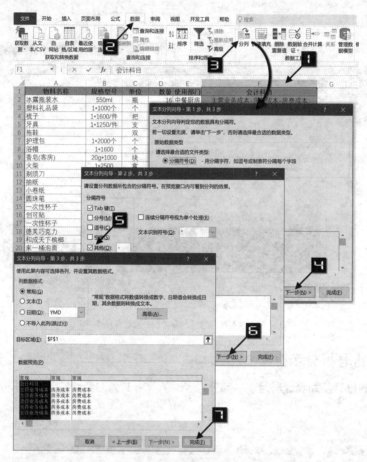

图 7-34　按分隔符号分列

步骤④ 对拆分后的数据设置单元格格式，输入字段标题，完成数据拆分。

7.5.4　按固定宽度拆分字符

使用分列功能，还能按指定宽度分列，来实现固定长度的字符串提取。例如，要从 B 列的证件号码第 7 位开始，提取出 8 位字符表示出生年月日，操作步骤如下。

步骤① 选中 B2:B11 单元格区域，依次单击【数据】→【分列】按钮，在弹出的【文本分列向导－第 1 步，共 3 步】对话框中选中【固定宽度】单选按钮，单击【下一步】按钮。

步骤② 在弹出的【文本分列向导－第 2 步，共 3 步】对话框中，在数据预览区域分别从第 6 位之后和第 14 位之后单击鼠标建立分列线，单击【下一步】按钮。

步骤③ 在弹出的【文本分列向导 – 第 3 步，共 3 步】对话框中，执行以下操作。

（1）单击数据预览区域的最左侧列，选中【不导入此列】单选按钮。

（2）单击数据预览区域的中间列，在列数据格式区域选中【日期】单选按钮，在右侧的下拉菜单中选择类型为"YMD"。Y、M、D 分别表示年、月、日，用户可根据实际的数据分布情况选择不同的类型。

（3）在目标区域文本框中输入存放数据的起始单元格"$C$2"。也可单击该文本框，然后使用鼠标单击 C2 单元格。

（4）单击数据预览区域的最右侧列，选中【不导入此列】单选按钮，最后单击【完成】按钮。如图 7-35 所示。

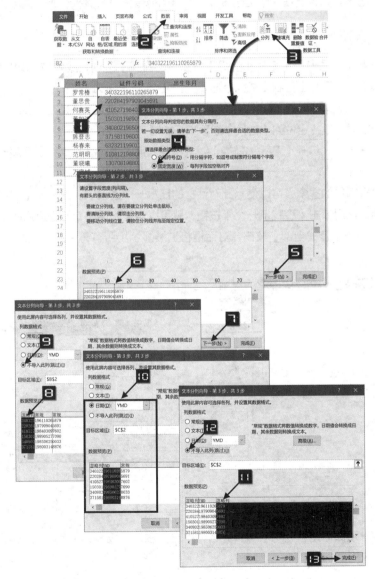

图 7-35 按固定宽度分列

 提示 　使用分列功能每次仅可以处理一列数据。

7.6 查找和替换

在数据整理过程中，查找与替换是一项常用的功能。例如，在客户信息表中查找所有包含"医药"字样的客户名称并进行标记，或是在销售明细表中将某个品类批量更名。这样的任务需要用户根据某些内容特征查找到对应的数据，再进行相应处理，在数据量较大或数据较分散的情况下，通过目测搜索显然费时费力，而通过 Excel 所提供的查找和替换功能则可以快速完成。

7.6.1 常规查找和替换

在使用"查找"和"替换"功能之前，必须先确定查找的目标范围。如果要在某一个区域中进行查找，需要先选取该区域。如果要在整个工作表或工作簿的范围内进行查找，则只需单击工作表中的任意一个单元格。

在 Excel 中，"查找"和"替换"功能位于同一个对话框的不同选项卡。

依次单击【开始】选项卡→【查找和选择】按钮→【查找】选项，或者按 <Ctrl+F> 组合键，可以打开【查找和替换】对话框并定位到【查找】选项卡。

依次单击【开始】选项卡→【查找和选择】按钮→【替换】选项，或者按 <Ctrl+H> 组合键，可以打开【查找和替换】对话框并定位到【替换】选项卡，如图 7-36 所示。

使用以上任何一种方式打开【查找和替换】对话框后，用户也可在【查找】选项卡和【替换】选项卡之间进行切换。

如果只需要进行简单的搜索，可以使用此对话框的任意一个选项卡。只要在【查找内容】文本框中输入要查找的内容，然后单击【查找下一个】按钮，就可以定位到活动单元格之后的第一个包含查找内容的单元格。如果单击【查找全部】按钮，对话框将扩展显示出所有符合条件结果的列表，如图 7-37 所示。

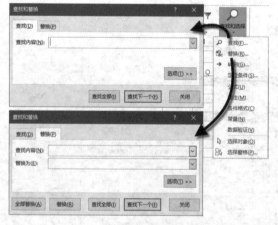

图 7-36 打开【查找和替换】对话框

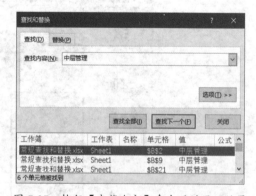

图 7-37 执行【查找全部】命令后的显示结果

此时单击其中一项即可定位到对应的单元格，单击任意一项按 <Ctrl+A> 组合键可以在工作表中选中列表中的所有单元格。

　　　　　　如果查找结果列表中的单元格分布在多个工作表中，则只能同时选中单个工作表中的匹配单元格，而无法一次性选中不同工作表中的单元格。

如果要进行批量替换操作，可以切换到【替换】选项卡，在【查找内容】文本框中输入需要查找的内容，在【替换为】文本框中输入所要替换的内容，然后单击【全部替换】按钮，即可将目标区域中所有满足【查找内容】条件的数据全部替换为【替换为】中的内容。

如果希望对查找到的数据逐个判断是否需要替换，则可以先单击【查找下一个】按钮，定位到单个查找目标，然后依次对查找结果中的数据进行确认，需要替换时可单击【替换】按钮，不需要替换时可单击【查找下一个】按钮定位到下一个数据。

> **提示** →
> 对于设置了数字格式的数据，查找时以实际数值为准。

示例7-12　对指定内容进行批量替换操作

如果需要将工作表中的所有"中层管理"替换为"中层干部"，操作方法如下。

步骤① 单击工作表中的任意一个单元格，如 A2。

按 <Ctrl+H> 组合键打开【查找和替换】对话框。

步骤② 在【查找内容】文本框中输入"中层管理"，在【替换为】文本框中输入"中层干部"，单击【全部替换】按钮，此时 Excel 会提示进行了 n 处替换，单击【确定】按钮即可，如图 7-38 所示。

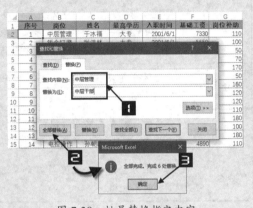

图 7-38　批量替换指定内容

> **提示** →
> Excel 允许在显示【查找和替换】对话框的同时返回工作表进行其他操作。如果进行了错误的替换操作，可以关闭【查找和替换】对话框后按 <Ctrl+Z> 组合键来撤消操作。

7.6.2　更多查找选项

在【查找和替换】对话框中，单击【选项】按钮可以显示更多查找和替换选项，如图 7-39 所示。

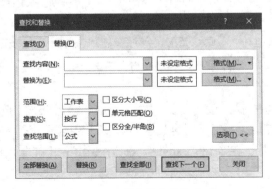

图 7-39　更多查找和替换选项

【查找和替换】对话框中各选项的含义如表 7-11 所示。

表 7-11　查找和替换选项的含义

选项	含义
范围	查找的目标范围是当前工作表还是整个工作簿
搜索	查找时的搜索顺序，有"按行"和"按列"两个选项。例如，当前查找区域中包含 A3 和 B2 两个符合条件的单元格，将光标定位到 A1 单元格执行查找或替换功能，如果选择"按行"方式，则 Excel 会先查找 B2 单元格，再查找 A3 单元格（行号小的优先）；如果选择"按列"方式，则搜索顺序相反
查找范围	查找对象的类型。 "公式"指查找所有单元格数据及公式中包含的内容。 "值"指的是仅查找单元格中的数值、文本及公式运算结果，而不包括公式中的内容。例如，A1 单元格为数值 2，A2 单元格为公式 =2+2，在查找"2"时，如果查找范围为"公式"，则 A1 和 A2 都将被查找到。如果查找范围为"值"，则仅有 A1 单元格会被找到。 "批注"指的是仅在批注内容中进行查找。其中在"替换"模式下，只有"公式"一种方式有效
区分大小写	是否区分英文字母的大小写。如果选择区分，则查找"Excel"时就不会查找到内容为"excel"的单元格
单元格匹配	查找的目标单元格是否仅包含需要查找的内容。例如，选中【单元格匹配】复选框的情况下，查找"excel"时就不会查找到值为"excelhome"的单元格
区分全 / 半角	是否区分全角和半角字符。如果选择区分，则查找"excel"时就不会查找到值为"ｅｘｃｅｌ"的单元格

除了以上这些选项外，用户还可以设置查找对象的格式参数，以求在查找时只包含格式匹配的单元格，此外，在替换时也可设置替换对象的格式，使其在替换数据内容的同时更改单元格格式。

示例7-13　通过格式进行查找替换

如果要将工作表中黑底白字的"喷漆整形"批量修改为绿底黑字的"喷涂工序"，操作步骤如下。

步骤① 单击工作表中任意单元格，如 A2，然后按 <Ctrl+H> 组合键打开【查找和替换】对话框，单击【选项】按钮显示更多选项。

步骤② 在【查找内容】文本框输入"喷漆整形"，然后单击【格式】下拉按钮，在下拉菜单中选择【从单元格选择格式】选项，当光标变成吸管样式后，单击 B8 单元格，即选择现有单元格中的格式，如图 7-40 所示。

步骤③ 在【替换为】文本框中输入"喷涂工序"，然后单击右侧的【格式】按钮，在弹出的【替换格式】对话框中单击【填充】选项卡，在【背景色】颜色面板中选择"浅绿"，单击【确定】按钮。

步骤④ 单击【全部替换】按钮，在弹出的 Excel 提示对话框中单击【确定】按钮，即可完成替换操作。如图 7-41 所示。

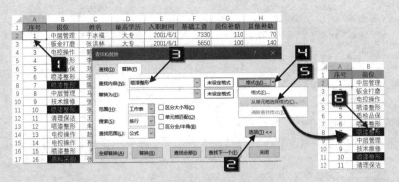

图 7-40 设置查找内容与格式

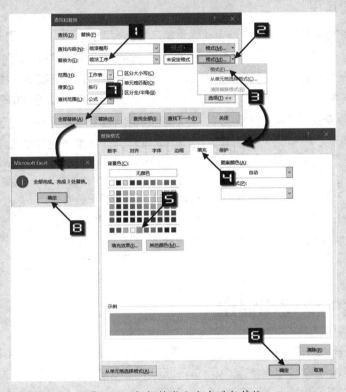

图 7-41 根据格式和内容进行替换

替换完成后的效果如图 7-42 所示。

	A	B	C	D	E
1	序号	岗位	姓名	最高学历	入职时间
2	1	中层管理	于冰福	大专	2001/6/1
3	2	钣金打磨	张洪林	大专	2001/6/1
4	3	电控操作	郭光坡	大专	2001/6/1
5	4	喷漆整形	李坤堂	大专	2001/6/1
6	5	质检品保	刘文恒	研究生	2001/6/1
7	6	喷漆整形	张红珍	本科	2001/6/1
8	7	喷涂工序	陈全风	大专	2001/6/1
9	8	中层管理	马万明	硕士	2002/11/1
10	9	技术维修	张成河	本科	2002/11/1
11	10	喷涂工序	张成功	大专	2002/11/1
12	11	清理保洁	王本岭	本科	2002/11/1
13	12	喷漆整形	朱伟东	硕士	2002/11/1
14	13	电控操作	赵春同	大专	2002/11/1
15	14	电控操作	孙朝颉	大专	2002/11/1
16	15	喷漆整形	李鹏	大专	2002/11/1
17	16	原料采购	张培军	大专	2002/11/1
18	17	原料采购	焦玉香	大专	2002/11/1
19	18	原料采购	马长树	大专	2002/11/1

图 7-42 根据格式和内容替换后的结果

提示 ▪▪▪▪→ 　　如果将【查找内容】文本框和【替换为】文本框留空。仅设置"查找内容"和"替换为"的格式,可以实现快速替换格式的效果。

注意 ▪▪▪▪→ 　　在关闭 Excel 程序之前,【查找和替换】对话框会自动记忆用户最近一次的设置。按格式查找替换操作后,如果再次使用查找替换功能,需要在【查找和替换】对话框中依次单击【选项】→【格式】→【清除查找格式】命令,否则会影响查找和替换的准确性。

7.6.3 通配符的运用

　　使用包含通配符的模糊查找方式,能完成更为复杂的查找要求。Excel 支持的通配符包括星号（*）和问号（?）两种,其中星号（*）可代替任意多个字符,问号（?）可代替任意单个字符。

　　例如,要在表格中查找以"e"开头、"l"结尾的所有文本内容,可在【查找内容】文本框内输入"e*l",此时表格中包含了"excel""electrical""equal""email"等单词的单元格都会被查找到。而如果用户仅是希望查找以"ex"开头、"l"结尾的五个字母单词,则可以在【查找内容】文本框内输入"ex??l",以两个"?"代表两个任意字符的位置,此时查找的结果在以上四个单词中就只会包含"excel"。

提示 ▪▪▪▪→ 　　如果用户需要查找字符"*"或"?"本身,而不是将其当作通配符使用,则需要在字符前加上波浪线符号（~）。如"~*"代表查找星号（*）本身。如果需要查找字符"~",则需要以两个连续的波浪线"~~"来表示。

7.7　单元格的隐藏和锁定

　　通过设置 Excel 单元格格式的"保护"属性,再配合"工作表保护"功能,可以将某些单元格区域的数据隐藏起来,或者将部分单元格或整个工作表锁定,防止泄露机密或意外地编辑删除数据。

7.7.1　单元格区域的隐藏

　　除了将数字格式设置为";;;"（3 个半角的分号）来隐藏单元格中的显示内容,还可以将单元格的背景和字体颜色设置为相同的颜色,以实现"浑然一体"的效果,从而起到隐藏单元格内容的作用。但当单元格被选中时,编辑栏中仍然会显示单元格的真实数据。要真正地隐藏单元格内容,可以在以上两种方法的基础上继续操作。

步骤① 选中需要隐藏内容的单元格区域,按 <Ctrl+1> 组合键打开【设置单元格格式】对话框,在【数字】选项卡下单击左侧格式列表中的【自定义】选项,然后在右侧的【格式】文本框中输入 3 个半角分号";;;"。

步骤② 切换到【保护】选项卡,选中【锁定】复选框和【隐藏】复选框,单击【确定】按钮,如图 7-43 所示。

步骤③ 单击【审阅】选项卡中的【保护工作表】按钮,在弹出的【保护工作表】对话框中单击【确定】按钮即可完成单元格内容的隐藏，如图 7-44 所示。

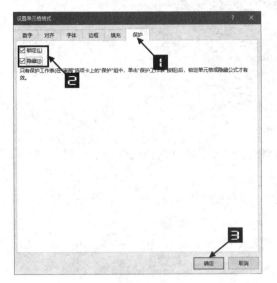

图 7-43　在【设置单元格格式】对话框中设置锁定和隐藏

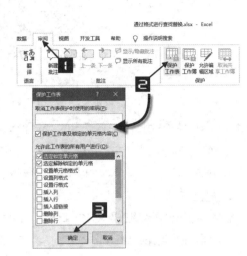

图 7-44　执行【保护工作表】命令

要取消单元格内容的隐藏状态，单击【审阅】选项卡中的【撤消工作表保护】按钮即可，如果之前曾经设定保护密码，此时需要提供正确的密码。

另外，也可以先将整行或整列的单元格进行"隐藏行"或"隐藏列"操作，再执行"工作表保护"以达到隐藏数据的目的。

7.7.2　单元格区域的锁定

单元格是否允许被编辑，取决于单元格是否被设置为"锁定"状态，以及当前工作表是否执行了【工作表保护】命令。

当执行了【工作表保护】命令后，所有被设置为"锁定"状态的单元格，将不允许再被编辑，而未被设置"锁定"状态的单元格则仍然可以被编辑。

要将单元格设置为"锁定"状态，可以在图 7-43 所示的【设置单元格格式】对话框的【保护】选项卡中，选中【锁定】复选框。默认状态下，Excel 单元格都为"锁定"状态。

根据此原理，用户可以实现在工作表中仅针对一部分单元格区域进行锁定的效果。

示例7-14　禁止编辑表格中的关键部分

如果要将表格中的计算区域和表格框架设置为禁止编辑，其他部分设置为允许编辑，操作步骤如下。

步骤① 单击行号和列标交叉处的【全选】按钮，选中整个工作表，如图 7-45 所示。

步骤② 按 <Ctrl+1> 组合键，在弹出的【设置单元格格式】对话框中，切换到【保护】选项卡，取消选中【隐藏】复选框和【锁定】复选框，单击【确定】按钮。

步骤③ 选中禁止编辑的单元格区域，如 B2:C10。

图 7-45　全选整个工作表

步骤④ 按 <Ctrl+1> 组合键，在弹出的【设置单元格格式】对话框中，切换到【保护】选项卡，选中【隐藏】复选框和【锁定】复选框，单击【确定】按钮。

步骤⑤ 单击【审阅】选项卡中的【保护工作表】按钮，在弹出的【保护工作表】对话框中单击【确定】按钮即可。

至此，如果试图编辑 B2:C10 单元格区域中的任何单元格，都会被拒绝，并弹出如图 7-46 所示的提示框。而其他单元格仍然允许编辑。

Microsoft Excel　　　　　　　　　　　　　　　　　　　　　　　×

⚠　您试图更改的单元格或图表位于受保护的工作表中。若要进行更改，请取消工作表保护。您可能需要输入密码。

确定

图 7-46　Excel 拒绝编辑已经锁定的单元格

有关"保护工作表"功能的更多介绍，请参阅 38.2。

第8章　格式化工作表

通过对工作表的内容进行格式化处理，如设置字号、更改字体颜色、添加边框、设置对齐方式、设置数字格式等，能够使得表格更有个性、更易于阅读。

本章学习要点

（1）设置单元格格式。　　　　　　（3）应用主题。

（2）创建和使用单元格样式。　　　 （4）数据表格美化。

8.1　单元格格式

单元格格式主要包括数字格式、字体和对齐方式等。通过功能区的命令组、浮动工具栏及【设置单元格格式】对话框等方式，可以对单元格格式进行自定义设置。

8.1.1　格式工具

在【开始】选项卡下有多个设置单元格格式的命令组，便于用户直接调用，如图 8-1 所示。

图 8-1　功能区中的格式命令组

⊃ Ⅰ 功能区中的命令组

在"字体"命令组中能够设置字体、字号、字体加粗、倾斜、下划线、单元格填充颜色及字体颜色等。

在"对齐方式"命令组中能够设置文字对齐方式及文字方向、调整缩进量、设置自动换行及合并后居中等。

在"数字"命令组中可以选择不同的内置数字格式，还可以快速设置百分比样式、增加或减少小数位、设置千位分隔样式等。

⊃ Ⅱ 浮动工具栏

右击单元格，会弹出快捷菜单和【浮动工具栏】，在【浮动工具栏】中包括了常用的单元格格式命令。此外，在 Excel 默认设置下，选中单元格中的部分内容后也可调出简化的【浮动工具栏】。如图 8-2 所示。

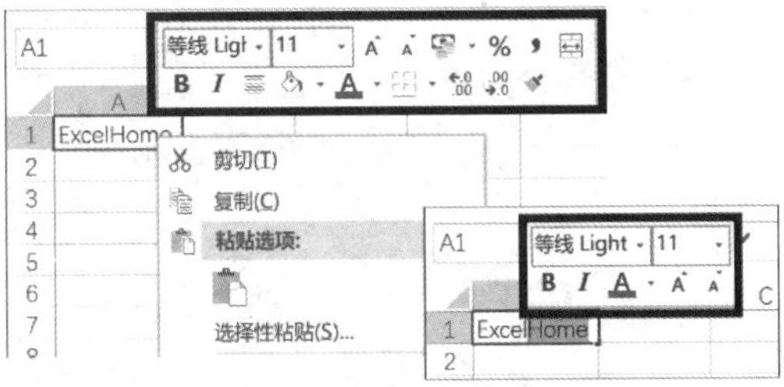

⊃ Ⅲ 【设置单元格格式】对话框

除了功能区中的单元格格式按钮，还可以在【设置单元格格式】对话框中进行更加细致的设置。有多种方法可以打开【设置单元格格式】对话框。

图 8-2　浮动工具栏

Excel 2019 应用大全

方法 1：在【开始】选项卡中单击【字体】【对齐方式】或【数字】命令组右下角的【对话框启动器】按钮，将打开【设置单元格格式】对话框，并自动切换到对应的选项卡下，如图 8-3 所示。

图 8-3　通过【对话框启动器】打开【设置单元格格式】对话框

方法 2：按 <Ctrl+1> 组合键。

方法 3：右击单元格，在弹出的快捷菜单中选择【设置单元格格式】命令，如图 8-4 所示。

图 8-4　通过快捷菜单打开【设置单元格格式】对话框

方法 4：单击【开始】选项卡下的【格式】下拉按钮，在下拉菜单中选择【设置单元格格式】命令。或单击【数字格式】下拉按钮，在下拉菜单中选择【其他数字格式】命令，如图 8-5 所示。

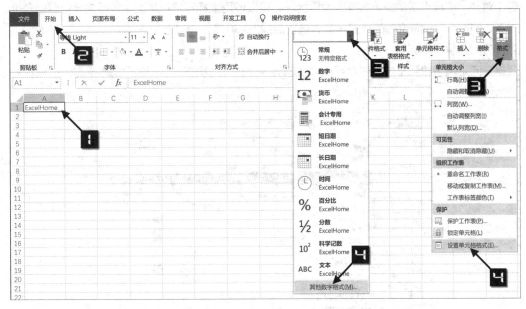

图 8-5　在功能区菜单中打开【设置单元格格式】对话框

8.1.2　对齐方式

除了【开始】选项卡下【对齐方式】命令组中的常用对齐方式命令，在【设置单元格格式】对话框的【对齐】选项卡下，还有更多的对齐方式选项，如图 8-6 所示。

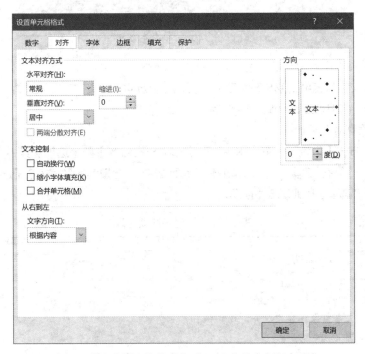

图 8-6　【设置单元格格式】对话框的【对齐】选项卡

⊃ Ⅰ 对齐方向和文字方向

❖ 倾斜角度

在【对齐】选项卡右侧的【方向】设置区域，可以使用鼠标直接在半圆型表盘内调整倾斜角度，或者通过下方的微调框设置文本的倾斜角度，设置范围为 -90 度至 90 度。

❖ 竖排方向与垂直角度

竖排方向是指将单元格内容由水平排列状态转为竖直排列状态，字符仍保持水平显示，设置方法如图 8-7 所示。

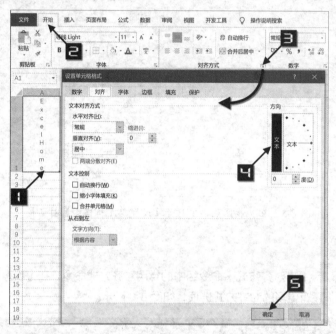

图 8-7　设置竖排文本方向

❖ 文字方向

文字方向是指文字从左至右或从右到左的书写和阅读方向，将文字方向设置为"总是从右到左"，便于输入阿拉伯语、希伯来语等习惯从右到左输入的语言内容。

⊃ Ⅱ 水平对齐和垂直对齐

在【文本对齐方式】区域下，有【水平对齐】和【垂直对齐】两个选项。其中水平对齐包括"常规""靠左""居中""靠右""填充""两端对齐""跨列居中""分散对齐"等多个子选项。

不同的水平对齐选项说明如表 8-1 所示。

表 8-1　水平对齐选项说明

水平对齐选项	说明	效果
常规	Excel 默认的对齐方式，数值型数据靠右对齐，文本型数据靠左对齐，逻辑值和错误值居中	咱们一起学 123 TRUE

水平对齐选项	说明	效果
靠左（缩进）	单元格内容靠左对齐。如果单元格内容长度大于单元格列宽，则内容会从右侧超出单元格边框显示。如果右侧单元格有其他内容，则内容右侧超出部分不被显示。在"缩进"微调框内可以调整距离单元格右侧边框的距离，可选缩进范围为 0~250 字符	咱们—ExcelHome 咱们一起学
居中	内容水平居中。如果单元格内容长度大于单元格列宽，会从两侧超出单元格边框显示。如果两侧单元格有其他内容，则超出部分不被显示	函数公式 咱们一起学 Excel 咱们一起学
靠右（缩进）	单元格内容靠右对齐，与靠左（缩进）对齐方式类似	函数公式 一起学 咱们一起学
填充	重复显示文本，直到单元格被填满或是右侧剩余的宽度不足以显示完整的文本为止	A1 × ✓ ƒx 学习 A B C 1 学习学习学习
两端对齐	单行文本以类似"靠左"方式对齐，如果文本过长，超过列宽时，文本内容会自动换行显示	Excel 咱们一起学
跨列居中	单元格内容在选定的同一行内连续多个单元格居中显示。此对齐方式可以在不需要合并单元格的情况下，居中显示表格标题	A1 × ✓ ƒx 每天进步一点点 A B C D 1 每天进步一点点
分散对齐	在单元格内平均分布中文字符，两端靠近单元格边框。对于连续的数字或字母符号等文本则不产生作用。可以在"缩进"微调框调整距离单元格两侧边框的距离，可选缩进范围为 0~250 个字符。应用此格式时，如果单元格文本内容过长，会自动换行显示	ExcelHome 咱 们 一 起 学 每天进步一点点，一起 加 油 一 起 学
两端分散对齐	在单元格内平均分布中文字符，两端与单元格边框有一定距离。当文本水平对齐方式选择为"分散对齐"，并且选中【两端分散对齐】复选框时，即可实现水平方向的两端分散对齐	ExcelHome 咱 们 一 起 学 每天进步一点点，一起加油 一 起 学

08 章

垂直对齐方式包括"靠上""居中""靠下""两端对齐""分散对齐"及"两端分散对齐"6 种，不同的垂直对齐选项说明如表 8-2 所示。

表 8-2　垂直对齐选项说明

垂直对齐选项	说明	效果
靠上	文字沿单元格顶端对齐	ExcelHome
居中	文字垂直居中，是 Excel 默认的垂直方向对齐方式	ExcelHome
靠下	文字靠底端对齐	ExcelHome
两端对齐	文字在垂直方向上平均分布，应用此格式的单元格会随着列宽的变化自动换行显示	每天进步一点点，一起加油一起学 ExcelHome技术论坛
分散对齐	当文本方向设置为垂直角度（±90°）、垂直对齐方式为"分散对齐"时，会在垂直方向上平均分布排满整个单元格高度，并且两端靠近单元格边框。设置此格式的单元格，当文本内容过长时会换行显示	ExcelHome技术 坛 论
两端分散对齐	当文本方向为垂直角度（±90°）、垂直对齐方式为"分散对齐"时，如果选中【两端分散对齐】复选框，文字会在垂直方向上排满整个单元格高度，且两端与单元格边框有一定距离	ExcelHome技术 坛 论

➲ III　文本控制

在设置文本对齐方式的同时，还可以对文本进行输出控制，包括"自动换行""缩小字体填充"和"合并单元格"三种方式。不同文本控制方式的说明如表 8-3 所示。

表 8-3　文本控制方式说明

文本控制方式	效果说明
自动换行	如果文本内容长度超出单元格宽度，可使文本内容分为多行显示。如果调整单元格宽度，文本内容的换行位置也随之调整
缩小字体填充	如果文本内容长度超出单元格宽度，在不改变字号的前提下能够使文本内容自动缩小显示，以适应单元格的宽度大小

提示
======➤ "自动换行"与"缩小字体填充"不能同时使用。

⊃ IV 合并单元格

为了满足某些特殊场景的版式需求，有时需要将多个单元格合并成占有多个单元格空间的更大的单元格，根据合并方式的不同，分为"合并后居中""跨越合并"和"合并单元格"三种。

选中需要合并的单元格区域，在【开始】选项卡中单击【合并后居中】下拉按钮，在下拉列表中可以选择不同的单元格合并方式，如图 8-8 所示。

图 8-8 合并单元格

不同的合并单元格方式说明如表 8-4 所示。

表 8-4 合并单元格方式说明

合并方式	说明
合并后居中	将选取的多个单元格进行合并，并将单元格内容在水平和垂直两个方向居中显示
跨越合并	在选取多行多列的单元格区域后，将所选区域的每行进行合并，形成单列多行的单元格区域
合并单元格	将所选单元格区域进行合并，并沿用该区域活动单元格的对齐方式

不同合并单元格方式的显示效果如图 8-9 所示。

单元格合并时，如果选定的单元格区域中包含多个非空单元格，Excel 会弹出警告对话框，提示用户："合并单元格时，仅保留左上角的值，而放弃其他值。"如图 8-10 所示。

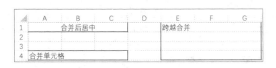

图 8-9 合并单元格显示效果

图 8-10 Excel 警告对话框

提示　　　使用合并单元格会影响数据的排序和筛选等操作，而且会使后续的数据分析汇总过程变得更加复杂，因此在多数情况下应减少使用此功能。

8.1.3 字体设置

Excel 2019 中文版的默认字体为"正文字体"、字号为 11 号。如果使用默认字体（即等线字体），在编辑栏中编辑公式时会无法直观识别出标点符号的全角或半角状态，可以依次单击【文件】→【选项】命令打开【Excel 选项】对话框，在【常规】选项下修改默认的字体、字号，如图 8-11 所示。

在【开始】选项卡下的"字体"命令组中，可以快捷地设置字体、字号、字体颜色、边框、增大字号、减小字号等格式效果。除此之外，还可以在【设置单元格格式】对话框的【字体】选项卡下进行更加详细的设置，如图 8-12 所示。

图 8-11 【Excel 选项】对话框 　　　　图 8-12 【设置单元格格式】对话框的【字体】选项卡

【字体】选项卡下的各个选项说明如表 8-5 所示。

表 8-5 【字体】选项卡下各个选项的功能说明

选项	说明
字体	拖动"字体"右侧的滚动条，可选择系统已安装的各种字体
字形	在"字形"区域可选择常规、倾斜、加粗和加粗倾斜四种字形效果
字号	字号表示文字显示的大小，除了可以在"字号"下拉列表中选择字号，也可以直接在文本框中输入字号的磅数，范围为 1~409 磅
下划线	单击【下划线】下拉按钮，可选择不同下划线类型，包括单下划线、双下划线、会计用单下划线和会计用双下划线四种
颜色	单击【颜色】下拉按钮，在主题颜色面板中可以选择字体颜色
删除线	选中此复选框时，在单元格内容上显示一条直线，表示内容被删除
上标	选中此复选框时，将文本内容显示为上标形式，如"m^2"
下标	选中此复选框时，将文本内容显示为下标形式，如"H_2O"

除了可以对整个单元格的内容设置字体格式外，还可以选中文本型数据单元格中的一部分内容，单独设置字体格式。

8.1.4　边框设置

边框用于划分表格区域，增加单元格的视觉效果。在【开始】选项卡的【字体】命令组中，单击【边框】下拉按钮，在下拉列表中可以选择内置的边框类型及绘制边框时的线条颜色和线型等选项，如图 8-13 所示。

在【设置单元格格式】对话框中的【边框】选项卡，能够对单元格边框进行更加细致的设置。如需将单元格边框设置为双横线的绿色外边框，可以先选中需要设置边框的单元格区域，按 <Ctrl+1> 组合键，在弹出的【设置单元格格式】对话框中切换到【边框】选项卡，按图 8-14 所示步骤操作。

图 8-13　边框选项

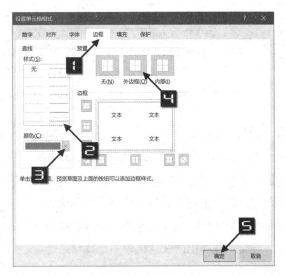

图 8-14　在【设置单元格格式】对话框中设置边框效果

8.1.5　填充颜色

选中单元格区域后，单击【开始】选项卡下【填充颜色】下拉按钮，可以在主题颜色面板中选择单元格背景色，使其更加醒目，如图 8-15 所示。

在【设置单元格格式】对话框的【填充】选项卡，除了能设置单元格的背景颜色，还能设置填充效果和图案效果等更多选项。

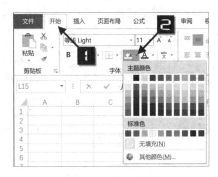

图 8-15　填充颜色

在【背景色】区域中可以选择填充颜色，单击【图案颜色】下拉按钮可以进一步设置填充图案的颜色，在【图案样式】下拉列表中选择内置的图案样式，如图 8-16 所示。

单击【填充效果】按钮，在弹出的【填充效果】对话框中还可以设置渐变颜色和底纹样式。单击【其他颜色】按钮，则打开【颜色】对话框，用户可以在此对话框中设置自定义的颜色效果，如图 8-17 所示。

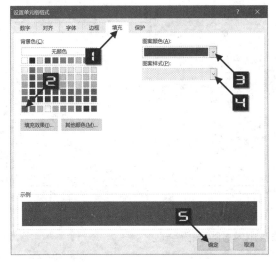

图 8-16　设置背景色和图案效果

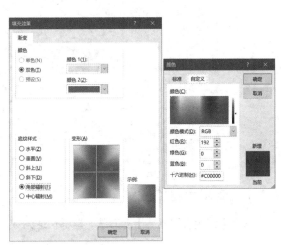

图 8-17　【填充效果】和【颜色】对话框

　　在【开始】选项卡下的"数字"命令组中，包含了多个用于改变数字显示效果的命令按钮。单击【数字格式】下拉按钮，可以在图 8-5 所示的下拉列表中选择内置的数字格式类型。除此之外，在【设置单元格格式】对话框的【数字】选项卡下还能进行更加详细的设置，并且允许用户设置自定义的数字格式，关于自定义数字格式的详细内容，请参阅 7.3.3。

8.1.6　复制格式

　　如果需要将现有的单元格格式复制到其他单元格区域，可以使用以下几种方法。

　　方法 1：选中带有格式的单元格或单元格区域，按 <Ctrl+C> 组合键复制，然后选中目标单元格区域，右击，在弹出的快捷菜单中选择粘贴选项为"格式"。

　　方法 2：选中需要复制格式的单元格或单元格区域，在【开始】选项卡中单击【格式刷】命令。此时光标形状变为 ⊕▲，移动光标到目标单元格区域，按下鼠标左键不放进行拖动，即可将格式复制到目标单元格区域，如图 8-18 所示。

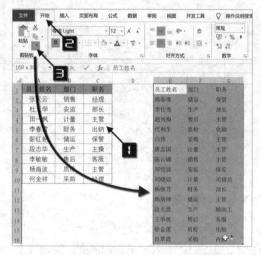

图 8-18　使用【格式刷】复制单元格格式

　　双击格式刷，可以在不连续的区域内多次使用格式刷复制格式，操作完毕后再次单击【格式刷】命令或是按 <Ctrl+S> 组合键退出格式刷状态。

　　如果目标区域大于复制格式的区域，Excel 会按照复制格式区域的大小在目标区域重复应用格式，如图 8-19 所示。

	A	B	C	D	E	F	G
1	员工姓名	部门	职务		员工姓名	部门	职务
2	张天云	销售	经理		杨春继	储运	保管
3	杜玉学	安监	部长		李仕尧	生产	部长
4	田一枫	计量	主管		赵兴梅	售后	主管
5	李春雷	财务	出纳		代利生	质检	化验
6	彭红艳	储运	保管		白伟	采购	主管
7	段志华	生产	主操		唐志国	计量	主管
8	李敏敏	售后	客服		陈云娣	销售	主管
9	杨海波	质检	主管		郑雪波	安监	保安
10	何金祥	采购	经理		刘晓琼	计量	司磅员
11					杨继芳	财务	部长
12					杨培坤	储运	主管
13					段天贵	生产	辅助工
14					王华祝	售后	客服
15					徐金莲	质检	化验
16					肖翠霞	采购	内勤

图 8-19　不正确的格式复制结果

8.1.7　套用表格格式

　　采用【套用表格格式】的方法，能够快速为数据表应用内置的表格格式。

示例8-1　套用表格格式快速格式化数据表

　　单击数据区域任意单元格，如 A5，在【开始】选项卡下单击【套用表格格式】下拉按钮。在展开的下拉列表中，单击需要的表格样式图标，如"蓝色，表样式浅色 9"，此时会弹出【套用表格式】对话框，选中【表包含标题】复选框后单击【确定】按钮，活动单元格所在的连续数据区域即可创建为"表格"，并应用相应的样式效果，如图 8-20 所示。

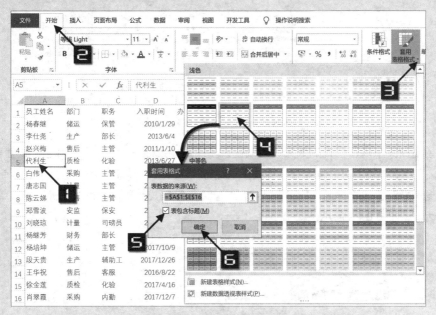

图 8-20　【套用表格格式】

　　关于"表格"的更多内容，请参阅 29.10 节。

8.2　单元格样式

　　单元格样式是一组特定单元格格式的组合，可以快速实现复杂的格式化设置，从而提高工作效率并使工作表格式规范统一。

8.2.1　应用内置样式

　　选中需要套用单元格样式的单元格区域，在【开始】选项卡下单击【单元格样式】命令，（根据系统分辨率或 Excel 窗口大小的不同，【单元格样式】命令按钮会显示为【样式】命令组，此时可单击该命令组右侧的【其他】按钮），在弹出的下拉列表中会显示多个内置的样式效果，光标悬停到某个单元格样式时，所选单元格区域会实时显示应用此样式的预览效果，单击鼠标即可将此样式应用到所选单元格区域，如图 8-21 所示。

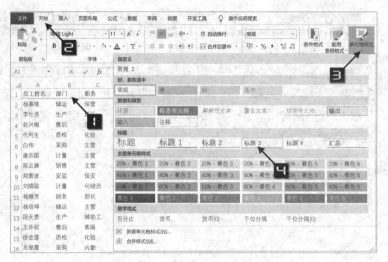

图 8-21　应用【单元格样式】

如果希望更改某个内置样式的效果，可以在该项样式上鼠标右击，然后在弹出的快捷菜单中单击"修改"命令打开【样式】对话框。在【样式】对话框中单击【格式】按钮，打开【设置单元格格式】对话框，根据需要对相应样式的"数字""对齐""字体"等格式效果进行修改，最后依次单击【确定】按钮关闭对话框，如图 8-22 所示。

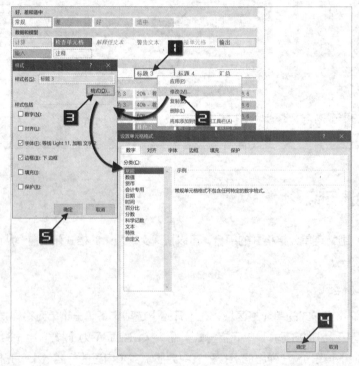

图 8-22　修改内置样式

8.2.2　创建自定义样式

除了使用 Excel 内置的单元格样式，还可以创建自定义的单元格样式。例如，要新建一个名为"日报表专用表头样式"的单元格样式，可以按以下步骤操作。

步骤① 在【开始】选项卡单击【单元格样式】命令，或是单击【样式】命令组右侧的【其他】按钮，打开单元格样式列表，单击样式列表底部的【新建单元格样式】命令，打开【样式】对话框。

步骤② 在【样式名】编辑框中输入样式名称，单击【格式】按钮，在弹出的【设置单元格格式】对话框中切换到【字体】选项卡下，分别对字体、字形和字号等项目进行设置，最后依次单击【确定】按钮关闭对话框，如图 8-23 所示。

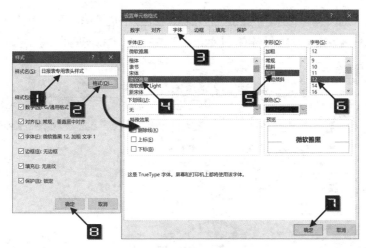

图 8-23 新建单元格样式

根据实际需要，可以重复以上步骤创建多组自定义的样式。新建自定义单元格样式后，在样式列表的顶端会出现【自定义】样式区，其中包括新建的自定义样式的名称。如需删除自定义样式，鼠标右击该样式，在快捷菜单中选择【删除】命令即可，如图 8-24 所示。

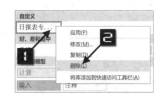

图 8-24 自定义样式

8.2.3 合并样式

用户创建的自定义单元格样式仅保存在当前工作簿中，不能直接在其他工作簿中应用。如需在其他工作簿中使用当前的自定义样式，可以通过合并样式来实现。操作步骤如下。

步骤① 打开需要应用自定义样式的工作簿，如"工作簿 2.xlsx"。再打开已设置了自定义单元格样式的工作簿，如"工作簿 1.xlsx"。

步骤② 在"工作簿 2.xlsx"的【开始】选项卡中单击【样式】命令组右侧的【其他】按钮，在展开的样式列表底部单击【合并样式】按钮，弹出【合并样式】对话框。

步骤③ 选中合并样式来源工作簿名称"工作簿 1.xlsx"，单击【确定】按钮，即可将"工作簿 1.xlsx"中的自定义单元格样式应用到"工作簿 2.xlsx"，如图 8-25 所示。

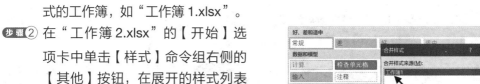
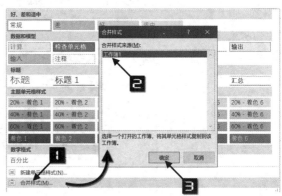

图 8-25 合并样式

8.3 使用主题

主题是包含颜色、字体和效果在内的一组格式选项组合，通过应用文档主题，可以使文档具有个性化的外观。

8.3.1 主题三要素

在【页面布局】选项卡下单击【主题】下拉按钮，在展开的主题样式列表中，包含多种不同效果的内置主题。也可以分别单击【颜色】【字体】【效果】下拉按钮，选择不同的主题选项，如图 8-26 所示。

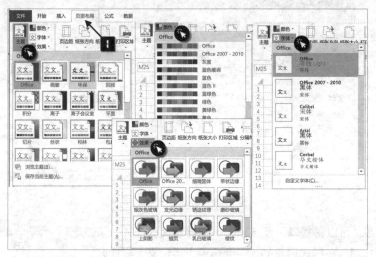

图 8-26 选择主题

通过对"主题"的设置，能够实现对整个数据表的颜色、字体等进行快速格式化。选定某个主题后，有关颜色的设置，如颜色面板、套用表格格式、单元格样式中的颜色和图表配色均使用这一主题的颜色效果，如图 8-27 所示。

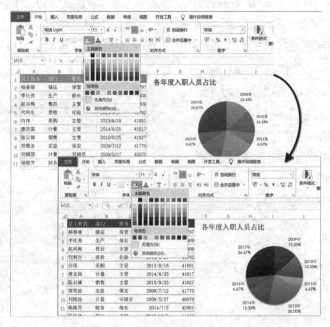

图 8-27 不同主题效果下的显示差异

如果将字体设置为"主题字体"，选择不同主题时字体也会随之更改，如图 8-28 所示。

8.3.2　自定义主题

用户能够创建自定义的颜色、字体和效果组合，也可以保存自定义主题以便在其他的文档中使用。以创建自定义主题颜色为例，可以依次单击【页面布局】→【颜色】命令，在展开的下拉列表中单击【自定义颜色】命令，打开【新建主题颜色】对话框，在对话框中选择适合的主题颜色并进行命名，最后单击【保存】按钮即可，如图 8-29 所示。

图 8-28　主题字体

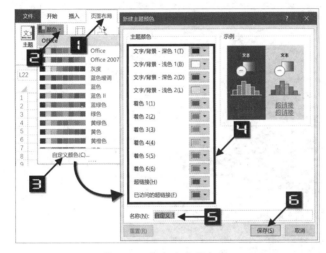

图 8-29　自定义主题颜色

提示　更改后的主题颜色仅应用于当前工作簿，不会影响其他工作簿的主题颜色。

创建自定义主题字体的步骤与之类似，不再赘述。

如果希望将自定义的主题用于更多的工作簿，则可以保存当前主题。依次单击【页面布局】→【主题】命令，在展开的下拉列表中单击【保存当前主题】命令，打开【保存当前主题】对话框。保持默认的保存位置不变，对主题文件命名后单击【保存】按钮，如图 8-30 所示。

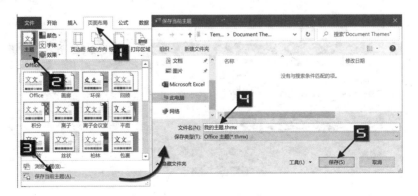

图 8-30　保存当前主题

自定义文档主题保存后，会自动添加到自定义主题列表中。如需删除自定义主题，可鼠标右击该主题，在快捷菜单中选择【删除】命令，如图 8-31 所示。

图 8-31　自定义主题

8.4　清除格式

如需清除已有的单元格格式，可以先选中数据区域，然后依次单击【开始】→【清除】→【清除格式】命令，单元格格式将恢复到 Excel 默认状态，数字格式将恢复为常规，如图 8-32 所示。

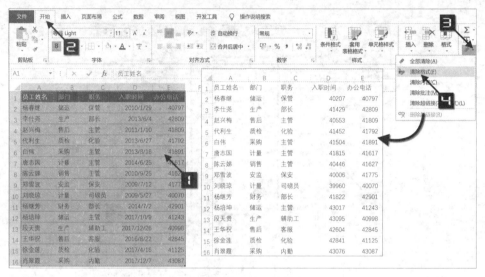

图 8-32　清除单元格格式

8.5　数据表格美化

一些专业的 Excel 表格，通常具有布局合理清晰、颜色和字体设置协调的特点，虽然数据很多但并不会显得凌乱，如图 8-33 所示。

预计每月收入			住房	预计成本	实际成本	差额
收入 1		¥4,300.00	抵押贷款或租金	¥1,000.00	¥1,000.00	
额外收入		¥300.00	电话	¥54.00	¥100.00	
每月总收入		¥4,600.00	电费	¥44.00	¥56.00	
			燃气	¥22.00	¥28.00	
实际每月收入			用水和排污	¥8.00	¥8.00	
收入 1		¥4,000.00	有线电视费	¥34.00	¥34.00	
额外收入		¥300.00	垃圾处理	¥10.00	¥10.00	
每月总收入		¥4,300.00	保养或修理	¥23.00	¥0.00	

图 8-33　布局清晰的 Excel 表格

为了让表格更加美观大方，在报表制作完成后，可以按以下要素进行美化设置。

❖ 清除主要数据区域之外的填充颜色、边框等单元格格式，然后在【视图】选项卡下取消选中【网格线】复选框。

❖ 如果表格中有公式产生的错误值，可以使用 IFERROR 函数等进行屏蔽，或是将错误值手工删除。

❖ 将数字格式设置为无货币符号的"会计专用"格式，即可将单元格中的零值显示成短横线。

❖ 在字体的选择上，首先要考虑表格的用途，商务类表格通常可以使用等线或是 Arial Unicode MS 等字体，同时应考虑不同字段的字号大小是否协调。

❖ 在设置颜色时，同一张表格内应注意尽量不要使用过多或是过于鲜艳的颜色。如果要选用多种颜色，可以在一些专业配色网站搜索选择适合的配色方案。或使用同一种色系，然后搭配该色系不同深浅的颜色，既可实现视觉效果的统一，也可体现出数据的层次感。

❖ 可以借助不同粗细的单元格边框线条或是不同深浅的填充颜色来区分数据的层级，边框颜色除了使用默认的黑色，还可以使用浅蓝、浅绿等颜色。

第 9 章 创建和使用模板

模板是可以重复使用的预先定义好的工作表方案。将带有特定格式或计算模型的工作簿保存为模板，能够随时"克隆"出样式相同的新工作簿，提高工作效率。本章主要介绍创建和使用模板的方法。

> **本章学习要点**
>
> （1）更改默认工作簿模板。 （3）创建自定义模板。
>
> （2）更改默认工作表模板。 （4）使用联机模板。

9.1 创建并使用自定义模板

Excel 2019 的模板文件的扩展名为".xltx"或".xltm"，前者不包含宏代码，后者可以包含宏代码。本章提到的"模板"，在没有特殊说明的前提下均指的是".xltx"文件。

首先新建一个工作簿，对字体、字号、填充颜色、边框及行高列宽等项目进行个性化设置。完成设置之后，按 <F12> 键弹出【另存为】对话框，在【保存类型】下拉列表中选择"Excel 模板"，此时 Excel 会自动选择模板的默认保存位置文件夹，直接单击【保存】按钮即可，如图 9-1 所示。

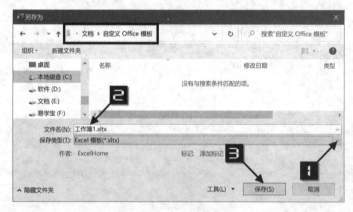

图 9-1 将模板文件保存到默认位置

如图 9-2 所示，如需以自定义模板创建新工作簿，可以先新建一个 Excel 工作簿，依次单击【文件】→【新建】命令，在右侧的【新建】任务窗格中切换到【个人】选项卡下，单击自定义样式的模板即可创建一个基于该模板的新工作簿，在使用模板创建的工作簿中进行任何操作都与模板文件无关。

在模板文件夹中允许同时存放多个模板文件，用户可以根据不同的工作任务选用对应的自定义模板来创建新工作簿。

提示 →
> 如果将自定义模板文件保存在 Excel 默认模板文件夹之外的其他位置，个人模板将不会出现在【新建】对话框中，需要双击模板文件，才能够根据该模板文件新建工作簿。

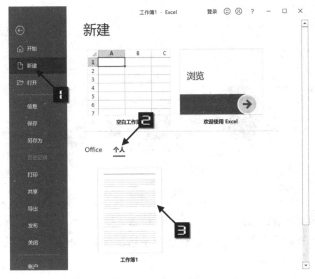

图 9-2 个人模板

9.2 使用内置模板创建工作簿

Excel 2019 为用户提供了很多可快速访问的电子表格模板文件，其中一部分随安装程序被保存到模板文件夹（请参阅:9.3）中，其他模板由 Office.com 进行维护并展示在 Excel【新建】窗口中，如图 9-3 所示。

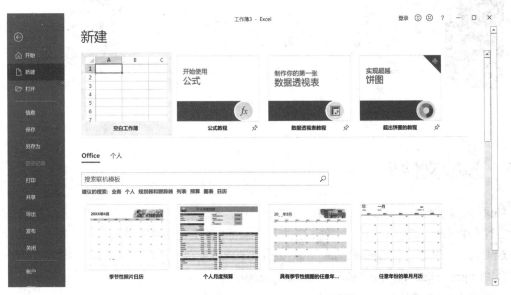

图 9-3 可用模板列表

单击其中一个模板缩略图，如"公司月度预算"，会弹出该模板的预览界面，单击【创建】按钮，在网络正常连接的前提下即可下载并使用该模板，如图 9-4 所示。

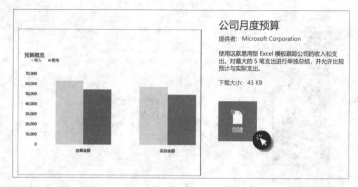

图 9-4　使用内置模板

除了列表中显示的模板项目，还可以通过搜索框获取更多联机模板内容。例如在搜索框中输入关键字"图表"，然后单击【开始搜索】按钮，Excel 会显示与之有关的更多模板选项，如图 9-5 所示。

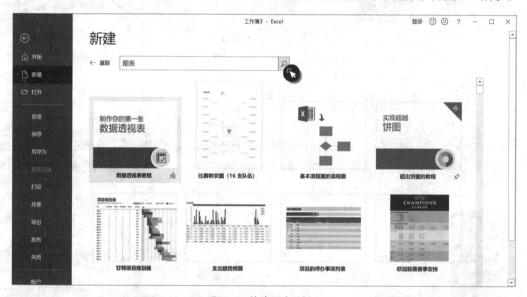

图 9-5　搜索联机模板

9.3　模板文件夹

如果将模板文件保存在 Excel 的默认模板文件夹中，该模板将出现在【新建】窗口的模板列表中，只需在列表中单击，即可根据模板创建新工作簿。默认的模板文件夹路径如下。

❖ C:\Users\ 用户名 \AppData\Roaming\Microsoft\Templates\。

❖ C:\Program Files\Microsoft Office\Root\Templates\。

❖ 当前用户"我的文档"中的"自定义 Office 模板"文件夹。

如需查看或修改所有默认启动文件夹和模板文件夹所在的路径，可以依次单击【文件】→【选项】命令，弹出【Excel 选项】对话框。切换到【信任中心】选项卡，单击【信任中心设置】按钮，在弹出的【信任中心】对话框中切换到【受信任位置】选项卡，右侧的受信任位置列表中包含了默认启动文件夹和模板文件夹及所在的路径，如图 9-6 所示。

图 9-6　Excel 启动文件夹和模板文件夹路径列表

9.4　启动文件夹

Excel 2019 默认的启动文件夹如下。

❖ C:\ 用户 \ 用户名 \AppData\Roaming\Microsoft\Excel\XLSTART。

❖ C:\Program Files\Microsoft Office\Root\Office16\Xlstart。

❖ 在【Excel 选项】→【高级】→【常规】中设置的【启动时打开此目录中的所有文件】。

Excel 启动时自动会打开以上文件夹中的所有工作簿。如果用户需要每次启动 Excel 时都能打开指定的文件，可以把相应的文件存放到以上任一文件夹中。

AppData 文件夹默认为隐藏状态，可以打开系统资源管理器，在【查看】选项卡下选中【隐藏的项目】复选框，如图 9-7 所示。

图 9-7　设置在资源管理器中查看隐藏项目

9.5　更改默认工作簿模板

简体中文版 Excel 2019 新建工作簿时会有一些默认设置，如字体为正文字体，字号为 11 等。这些默认设置并不存在于实际的模板文件中，如果 Excel 在启动时没有检测到模板文件"工作簿 .xltx"，就会使用这些默认设置。用户只要创建或修改模板文件"工作簿 .xltx"，就可以对这些设置进行自定义的修改，操作步骤如下。

步骤① 新建一个空白工作簿，对字体、字号、填充颜色、边框及行高列宽等项目进行个性化设置。

步骤② 按 <F12> 键打开【另存为】对话框，在【保存类型】下拉列表中选择"Excel 模板"，然后将保存位置定位到 Excel 默认启动文件夹"C:\ 用户 \ 用户名 \AppData\Roaming\Microsoft\Excel\XLSTART"，在【文件名】编辑框中输入"工作簿 .xltx"，单击【保存】按钮完成模板保存，如图 9-8 所示。

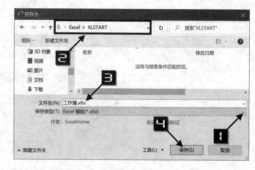

图 9-8　保存 Excel 模板文件

 提示　　简体中文版 Excel 默认工作簿模板文件名为"工作簿 .xltx."，英文版 Excel 默认工作簿模板文件名为"book.xltx"。

步骤③ 在【Excel 选项】对话框中切换到【常规】选项卡，取消选中【此应用程序启动时显示开始屏幕】复选框，单击【确定】按钮，如图 9-9 所示。

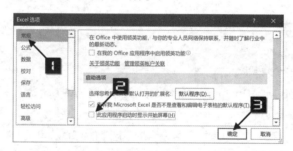

图 9-9　【Excel 选项】对话框

完成以上设置后，在 Excel 窗口中按 <Ctrl+N> 组合键，或是重新启动 Excel 程序，即可基于此模板生成新的工作簿。

工作簿模板中可自定义的项目包括工作表数目、工作表名称、标签颜色、排列顺序，自定义数字格式、字体、对齐方式、字号大小、行高和列宽，打印区域、页眉页脚、页边距等打印设置，以及【Excel 选项】对话框中【高级】选项卡下的部分设置，如显示网格线、显示工作表标签、显示行和列标题、显示分页符等。除此之外，还可以在模板中加入数据、公式链接、图形控件等内容。

在 Excel 启动文件夹中删除模板文件，此后新建的工作簿会自动恢复到默认状态。

9.6　更改默认工作表模板

在工作簿中新建工作表时，Excel 会使用默认设置来配置新建工作表的样式。通过创建工作表模板，可以替换原有的默认设置。

设置默认工作表模板的操作步骤与设置工作簿模板的操作步骤基本相同，唯一区别是文件名需要保存为"Sheet.xltx"。

需要制作为工作表模板的工作簿建议只保留 1 张工作表，以避免在应用此模板创建新工作表时同时生成多张工作表。

　　对工作表模板进行的自定义设置的项目与工作簿模板中的项目类似，但是要注意部分设置是针对整个工作簿有效，并不会单独存在于工作表中。例如在【Excel 选项】对话框的【高级】选项卡中，仅有【此工作表的显示选项】下的设置选项可以成为工作表模板的设置内容，如图 9-10 所示。

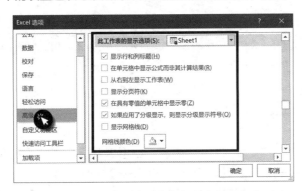

图 9-10　只对当前工作表有效的设置选项

如果在 Excel 启动文件夹中删除 "Sheet.xltx" 文件，Excel 新建的工作表会自动恢复到默认状态。

09章

第 10 章　链接和超链接

链接是通过对其他工作簿中的单元格区域引用来获取数据的过程，超链接是在 Excel 工作簿内的不同位置或是工作簿以外的对象之间实现跳转，比如其他文件或某个网页。本章将介绍链接和超链接的使用方法。

> **本章学习要点**
>
> （1）链接的建立和编辑。　　　　　　　　　（2）超链接的创建、编辑和删除。

10.1　链接工作簿

在公式中可以引用其他工作簿中的单元格内容，但是如果移动了被引用工作簿的路径，或重命名被引用的工作簿，都会使公式无法正常运算。另外，部分函数如 SUMIF、COUNTIF、INDIRECT、OFFSET 等，在引用其他工作簿数据时，如果被引用的源工作簿未处于打开状态，将返回错误值。实际工作中，为了便于数据的维护和管理，应尽量避免跨工作簿引用数据，可以将多个工作簿合并成同一个工作簿，以不同工作表的形式进行引用。

10.1.1　外部引用公式的结构

当公式引用其他工作簿中的数据时，其标准结构为：

```
=' 文件路径 \［工作簿名 .xlsx］工作表名 '! 单元格地址
```

工作簿名称的外侧要使用成对的半角中括号"［］"，工作表名后要加半角感叹号"!"。

⊃ Ⅰ 被引用文件处于关闭状态下的外部引用公式

当公式引用其他未打开的工作簿中的单元格时，要在引用中添加完整的文件路径。例如，以下公式表示对 C 盘根目录"示例"工作簿中 Sheet1 工作表 E7 单元格的引用：

```
='C:\［示例 .xlsx］Sheet1'!$E$7
```

⊃ Ⅱ 被引用文件处于打开状态下的外部引用公式

如果引用了其他已打开的工作簿中的单元格，公式中会自动省略路径。如果工作簿和工作表名称中不包含空格等特殊字符，还会自动省略外侧的单引号，使公式成为简化结构：

```
=［示例 .xlsx］Sheet1!$E$7
```

源工作簿关闭后，外部引用公式自动添加文件路径，变为标准结构。

10.1.2　常用建立链接的方法

⊃ Ⅰ 鼠标指向引用单元格

如果文件路径较为复杂，或是工作簿名称的字符较多，直接输入时容易导致错误。可以用鼠标指向被引用文件工作表中单元格的方法，建立外部引用链接。操作步骤如下。

步骤① 打开源工作簿。

步骤② 在当前工作簿中需要输入公式的单元格中输入等号"＝"，鼠标选取源工作簿中要引用的单元格或单元格区域，按 <Enter> 键确认。

采用此方法时，单元格地址默认为绝对引用，用户可以根据实际需要修改不同的引用方式。

◯ II 粘贴链接

除了使用鼠标选取之外，还可以通过选择性粘贴来创建外部引用链接的公式。采用这种方法，同样要求源工作簿处于打开状态。具体步骤如下。

步骤① 在源工作簿中选中要引用的单元格，按 <Ctrl+C> 组合键复制。

步骤② 右击当前工作簿中用于存放链接的单元格，在弹出的快捷菜单中单击【粘贴链接】按钮。

10.1.3　使用和编辑链接

◯ I 设置工作簿启动提示方式

当首次打开一个含有外部引用链接公式的工作簿，而源工作簿并未打开时，Excel 会弹出如图 10-1 所示的安全警告对话框，单击【启用内容】按钮可启用自动更新链接。

之后再次打开含有外部引用链接公式的工作簿时，将出现如图 10-2 所示的提示对话框。可以单击【更新】或【不更新】按钮来选择是否执行数据更新。如果被引用的工作簿不存在或移动了位置，单击【更新】按钮时会出现警告提示对话框。如果单击【继续】按钮，则保持现有链接不变。

图 10-1　Excel 安全警告

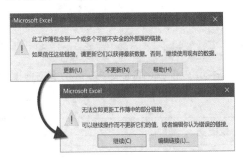

图 10-2　Excel 提示对话框

如果单击【编辑链接】按钮，将打开【编辑链接】对话框。在【编辑链接】对话框中，用户可以对现有链接进行编辑，同时可以设置打开当前工作簿的【启动提示】，如图 10-3 所示。

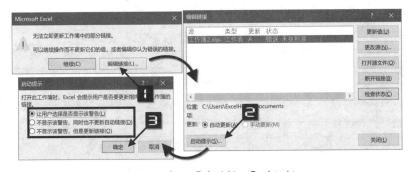

图 10-3　打开【启动提示】对话框

在【启动提示】对话框中，包括"让用户选择是否显示该警告""不显示该警告，同时也不更新自动链接""不显示该警告，但是更新链接"三种选项。

如果选中了【让用户选择是否显示该警告】单选按钮，则在打开含有该链接的工作簿时，弹出警告对话框，提示用户进行相应的选择操作。如果用户不希望每次打开工作簿都弹出警告对话框，则可以根据需要选择其他启动提示方式。

如果在【启动提示】对话框中选中了【不显示该警告，同时也不更新自动链接】或是【不显示该警告，但是更新链接】的其中一项单选按钮，再次打开目标工作簿时将不会弹出警告提示。

⭕ Ⅱ 编辑链接

如果希望编辑链接，可以在【数据】选项卡中单击【编辑链接】按钮，打开【编辑链接】对话框，如图 10-4 所示。

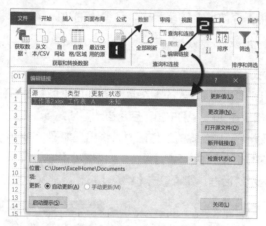

图 10-4　打开【编辑链接】对话框

【编辑链接】对话框中各命令按钮的功能说明如表 10-1 所示。

表 10-1　【编辑链接】对话框命令

命令按钮	功能说明
更新值	按用户所选定的工作簿作为数据源来更新数据
更改源	弹出【更改源】对话框，重新选择其他工作簿单元格区域作为数据源
打开源文件	打开被引用的工作簿
断开链接	断开与被引用工作簿的链接，并将链接结果转换为值
检查状态	检查所有被引用的工作簿是否可用，以及值是否已更新

提示

如果收到来自其他用户的包括链接的工作簿文件，可以选择"断开链接"，将所有的链接公式转变为值，防止因源文件不存在造成数据丢失。在数据文件分发之前，同样可以采用"断开链接"的方式，制作一份不包含外部引用链接的数据文件分发给接收者。

10.2　超链接

在浏览网页时，如果单击某些文字或图形，就会打开另一个网页。在 Excel 中，可以利用单元格、图片、图形创建具有跳转功能的超链接。

10.2.1　自动产生的超链接

对于用户输入的 Internet 及网络路径，Excel 会自动进行识别并将其替换为超链接文本。例如，在工作表中输入电子邮件地址"123456@163.com"，按 <Enter> 键确认后，Excel 会将其转换为超链接文本，如图 10-5 所示。此时如果单击此文本，将会打开当前系统默认的电子邮件程序，并创建一封收件人为该邮箱的新邮件。

图 10-5　自动产生的超链接

在批量输入此类数据时，为了避免因误操作而触发超链接，可以暂时关闭该功能，操作步骤如下。

步骤① 依次单击【文件】→【选项】，打开【Excel 选项】对话框。

步骤② 切换到【校对】选项卡，单击【自动更正选项】按钮，打开【自动更正】对话框。

步骤③ 在【自动更正】对话框中切换到【键入时自动套用格式】选项卡下，取消选中【Internet 及网络路径替换为超链接】复选框，单击【确定】按钮返回【Excel 选项】对话框，再次单击【确定】按钮关闭对话框，如图 10-6 所示。

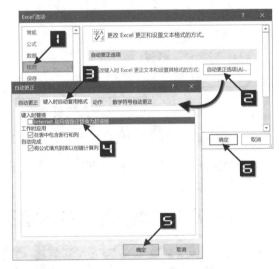

图 10-6　自动更正选项

完成设置后，再次输入电子邮件地址，Excel 则会自动以常规格式进行存储，如图 10-7 所示。

图 10-7　常规格式的邮件地址

如需批量将邮件地址文本转换为超链接，可以先参考步骤 1 至步骤 3，在【自动更正】对话框的【键入时自动套用格式】选项卡下选中【Internet 及网络路径替换为超链接】复选框。然后在 B1 单元格输入和 A1 单元格相同的邮箱地址，再根据 A 列的数据行数选中 B 列对应的单元格区域，按 <Ctrl+E> 组合键，借助快速填充功能得到带有超链接的内容。

10.2.2　创建超链接

用户可以根据需要在工作表中创建不同跳转目标的超链接。利用 Excel 的超链接功能，不但可以链接到工作簿中的任意一个单元格或区域，也可以链接到其他文件及电子邮件地址或网页等。

➲ I 创建指向网页的超链接

如果要创建指向网页的超链接，可以按以下步骤操作。

步骤① 选中用于存放网页超链接的单元格，如 A3，依次单击【插入】→【链接】按钮，打开【插入超链接】对话框。

步骤② 在左侧链接位置列表中单击选中【现有文件或网页】选项。在【要显示的文字】编辑框中输入需要在屏幕上显示的文字，如"VBA 代码宝"。在【地址】编辑框中输入网址，如"https://vbahelper.excelhome.net/"，或是单击【查找范围】右侧的【浏览 Web】按钮，打开要链接到的网页，然后再切换回 Excel。

步骤③ 单击【确定】按钮，关闭【插入超链接】对话框。如图 10-8 所示。

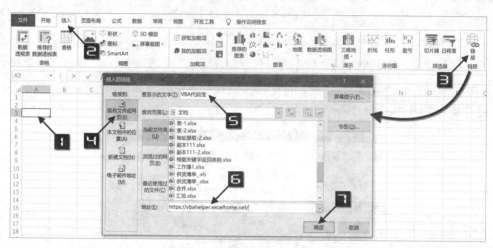

图 10-8　创建指向网页的超链接

设置完成后，将光标移动到超链接处，光标指针会变成手形，单击该超链接，Excel 会启动计算机上的默认浏览器打开目标网址，如图 10-9 所示。

图 10-9　使用超链接打开指定网页

⊃ II 创建指向现有文件的超链接

如果要创建指向现有文件的超链接，可以按以下步骤操作。

步骤① 选中需要存放超链接的单元格，如 A4，依次单击【插入】→【链接】按钮，或是按 <Ctrl+K> 组合键打开【插入超链接】对话框。

步骤② 在左侧链接位置列表中单击选中【本文档中的位置】选项。在【要显示的文字】编辑框中输入要显示的文字，如"现金流量表"。

步骤③ 在【请键入单元格引用】编辑框中输入单元格地址，如 C3，在【或在此文档中选择一个位置】中选择引用工作表，如"现金流量表"。单击【确定】按钮，如图 10-10 所示。

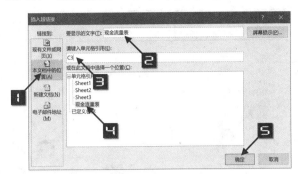

图 10-10 创建指向现有文件的超链接

设置完成后，A4 单元格中显示为"现金流量表"，单击单元格中的超链接，即可跳转到指定位置。

⊃ III 创建指向新文件的超链接

创建超链接时，如果文件尚未建立，Excel 允许用户创建指向新文件的超链接，操作步骤如下。

步骤① 选中需要存放超链接的单元格，如 A1，鼠标右击，在弹出的快捷菜单中单击【链接】命令，打开【插入超链接】对话框。

步骤② 在左侧链接位置列表中单击选中【新建文档】选项。

步骤③ 【何时编辑】区域包括【以后再编辑新文档】和【开始编辑新文档】两个单选按钮。如果选中【以后再编辑新文档】单选按钮，创建超链接后，将自动在指定位置新建一个指定类型的空白文档。如果选中【开始编辑新文档】单选按钮，创建超链接后，将自动在指定位置新建一个指定类型的文档，并自动打开等待用户编辑。

本例选中【开始编辑新文档】单选按钮，然后单击右侧的【更改】按钮，弹出【新建文档】对话框，如图 10-11 所示。

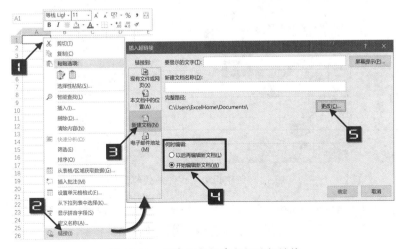

图 10-11 创建指向新建文档的超链接

步骤④ 在弹出的【新建文档】对话框中先指定存放新建文档的路径，然后在【保存类型】的下拉列表中选择指定的格式类型，如"工作簿（*.xls;*.xlsx;*.xlsm;*.xlsb）"。在【文件名】编辑框中输入新建文档名称和后缀名，如"工作簿 2.xlsx"，最后单击【确定】按钮返回【插入超链接】对话框，再次单击【确定】按钮完成操作，如图 10-12 所示。

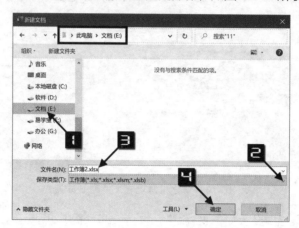

图 10-12　新建文档

操作完成后，在 A1 单元格会插入超链接，并且自动打开新建的文件。

◯ Ⅳ　创建指向电子邮件的超链接

在【插入超链接】对话框中还可以创建指向电子邮件的超链接，操作步骤如下。

步骤① 选中需要存放超链接的单元格，如 A2，按 <Ctrl+K> 组合键打开【插入超链接】对话框。

步骤② 在左侧链接位置列表中单击选中【电子邮件地址】选项。

步骤③ 在【要显示的文字】编辑框中输入文字，如"测试邮件"。在【电子邮件地址】编辑框中输入收件人电子邮件地址，如 123456@163.com，Excel 会自动加上前缀"mailto:"。在【主题】编辑框中输入电子邮件的主题，如"测试"。最后单击【确定】按钮，如图 10-13 所示。

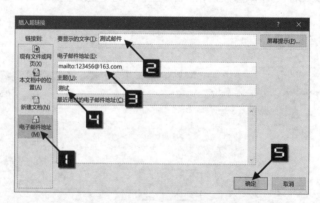

图 10-13　创建指向电子邮件的超链接

设置完成后，点击 A2 元格中的超链接，即可打开系统默认的邮件程序，并自动进入邮件编辑状态。如果是初次使用该功能，会提示用户先进行必要的账户设置，如图 10-14 所示。

图 10-14 打开系统默认的邮件程序

❍ V 使用 HYPERLINK 函数创建自定义超链接

使用 HYPERLINK 函数也能够在单元格中创建超链接，而且更适合为多个单元格快速添加超链接。该函数的详细用法请参阅 17.8。

10.2.3 编辑和删除超链接

❍ I 选中带有超链接的单元格

如果需要只选中包含超链接的单元格而不触发跳转，可以单击该单元格的同时按住鼠标左键稍微移动光标，待光标指针变为空心十字型时释放鼠标左键。

❍ II 编辑超链接

编辑现有超链接的操作步骤如下。

鼠标右击带有超链接的单元格，在弹出的快捷菜单中单击【编辑超链接】命令，也可以选中带有超链接的单元格，依次单击【插入】→【链接】命令，或是按 <Ctrl+K> 组合键，打开【编辑超链接】对话框，在对话框中更改链接位置或是显示的文字内容，设置完成后单击【确定】按钮即可，如图 10-15 所示。

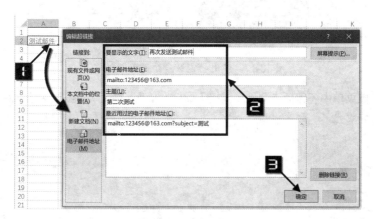

图 10-15 编辑超链接

❍ III 删除超链接

如果需要删除单元格中的超链接，仅保留显示的文字，可以使用以下几种方法。

方法 1：选中包含超链接的单元格区域，鼠标右击，在弹出的快捷菜单中单击【删除超链接】命令，如图 10-16 所示。

图 10-16　右键删除超链接

　　方法 2：选中含有超链接的单元格区域，按 <Ctrl+K> 组合键打开【编辑超链接】对话框，单击对话框右下方的【删除链接】命令，最后单击【确定】按钮关闭对话框。

　　方法 3：选中含有超链接的单元格区域，依次单击【开始】→【清除】下拉按钮，在下拉菜单中单击【删除超链接】命令，如图 10-17 所示。

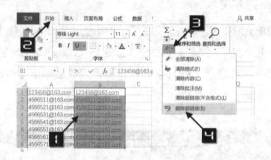

图 10-17　使用功能区命令删除超链接

　　在【清除】下拉菜单中还包括【清除超链接】命令，使用该命令功能时，只清除单元格中的超链接而不会清除超链接的格式。

第 11 章 页面设置与打印输出

为了使打印的文档版式更加美观，同时避免浪费纸张，在打印之前可以进行必要的页面设置及打印选项调整。本章介绍 Excel 文件打印与页面设置有关的内容。

> **本章学习要点**
>
> （1）设置打印区域。　　　　　　　　（3）打印输出。
> （2）页面设置。

11.1 页面设置

页面设置包括纸张大小、纸张方向、页边距、打印区域及添加页眉页脚等内容，如果制作的 Excel 表格需要打印输出，在录入数据之前需要先进行页面设置，以免在数据录入后因为调整页面设置而破坏表格整体结构。

11.1.1 常用页面设置选项

图 11-1 所示是某平台理财产品的部分销售记录，需要将其打印输出。

	A	B	C	D	E	F	G	H	I
1	成交日期	合同编号	客户编号	客户姓名	产品分类	产品名称	产品期限	金额	预期收益率
2	2020/10/15	TZ00186	K00062	孔明	创新类	创新二号	24	740000	1.5
3	2020/10/15	TZ00102	K00002	卢俊义	创新类	创新三号	36	850000	2
4	2020/10/15	TZ00059	K00016	张清	创新类	创新三号	36	230000	2
5	2020/10/15	TZ00012	K00051	杨林	固收类	固收二号	3	190000	0.25
6	2020/10/15	TZ00113	K00083	杜迁	固收类	固收二号	3	140000	0.25
7	2020/10/15	TZ00191	K00045	魏定国	固收类	固收二号	3	155000	0.25
8	2020/10/15	TZ00040	K00003	吴用	固收类	固收四号	9	60000	0.75
9	2020/10/15	TZ00047	K00051	杨林	固收类	固收四号	9	130000	0.75
10	2020/10/15	TZ00314	K00069	童猛	固收类	固收五号	12	45000	1

图 11-1　理财产品销售记录

接下来对该表格进行打印前的设置。

◯ | 纸张设置

在【页面布局】选项卡下，包含了"页面设置""调整为合适大小"及"工作表选项"三组与页面设置有关的命令，如图 11-2 所示。

图 11-2　【页面布局】选项卡

单击【纸张大小】下拉按钮，在下拉列表中包括常用的纸张尺寸，单击某个选项即可应用对应的规格，如"A4"，如图 11-3 所示。

单击【纸张方向】下拉按钮，在下拉列表中选择纸张方向，本例选择默认的"纵向"，如图 11-4 所示。如果表格列数较多，可以选择纸张方向为"横向"，以便在水平方向显示更多的内容。

图 11-3　设置纸张大小

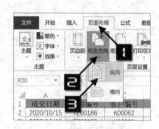

图 11-4　设置纸张方向

在"页面设置"命令组中单击【页边距】下拉按钮，下拉列表中包括"常规""宽""窄"三种选项，并且会保留用户上次的自定义设置。

单击底部的【自定义页边距】命令，则打开【页面设置】对话框，并且自动切换到【页边距】选项卡。可根据需要依次调整"上""下""左""右"的微调按钮设置自定义页边距，然后在【居中方式】下选中【水平】复选框，使打印后的内容在水平方向居中对齐。对话框的中间区域可预览对齐效果。最后单击【确定】按钮，如图 11-5 所示。

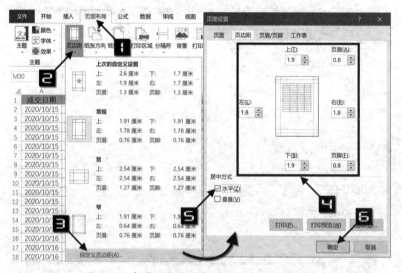

图 11-5　在【页面设置】对话框中设置页边距

➲ Ⅱ 打印区域

默认情况下，用户在 Excel 中执行打印命令时，会打印所有可见内容，包括文字、添加的网格线、设置的填充色或是图形对象等。如果工作表中不包含可见内容，执行打印命令时会弹出如图 11-6 所示的提示对话框，提示用户未发现打印内容。

如果仅需要打印工作表中的部分内容或是打印不连续的单元格区域，

图 11-6　找不到打印内容

可以先选中需要打印的单元格区域，如 A1：I90，在【页面布局】选项卡下单击【打印区域】下拉按钮，然后在下拉列表中选择【设置打印区域】命令，即可将当前选中区域设置为打印区域，如图 11-7 所示。

用户可以根据需要再次选择其他单元格区域添加到打印区域，如果将不连续的单元格范围设置为打印区域，打印时会分别打印在不同的纸张上。

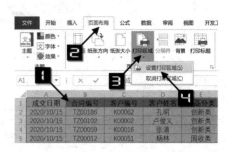

图 11-7　设置打印区域

⊃ III　插入分页符

在打印连续的数据表时，Excel 默认以纸张大小自动进行分页打印，可以根据需要在指定的位置插入分页符，使 Excel 强制分页打印。

单击要插入分页符的单元格，如 J26，在【页面布局】选项卡下单击【分隔符】下拉按钮，在下拉列表中选择【插入分页符】命令，即可在活动单元格的上一行和左侧分别插入分页符，如图 11-8 所示。

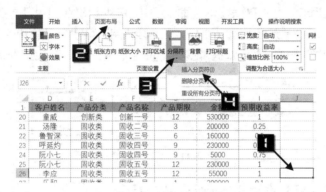

图 11-8　插入分页符

插入分页符之后，还可以通过【分隔符】下拉列表中的【删除分页符】和【重设所有分页符】命令对分页符位置进行修改调整。

⊃ IV　调整为合适大小

在"调整为合适大小"命令组中，通过调整【高度】和【宽度】右侧的微调按钮，能够通过指定页数来缩小打印比例。例如，将宽度设置为"1 页"，即表示将所有列的内容自动缩放到一页宽度，如图 11-9 所示。

图 11-9　调整为合适大小

通过调整【缩放比例】右侧的微调按钮或是手工输入比例数值，能够调整打印的缩放比例，可调整范围为 10%~400%，如图 11-10 所示。

图 11-10　调整缩放比例

> **注意→** 调整打印比例有可能会造成打印预览的效果与实际打印的效果略有差异。

⊃ Ⅴ 背景

单击【页面布局】选项卡下的【背景】命令按钮，可以在当前工作表中插入背景图片。但是插入的背景图片属于非打印内容，在打印时不会打印出来。

⊃ Ⅵ 工作表选项

在【页面布局】选项卡下的"工作表选项"命令组中，包括【网格线】和【标题】两组显示与打印选项。"网格线"表示在未设置单元格边框的情况下，工作表内用于间隔单元格的灰色线条。"标题"指的是工作表的行号列标。通过选中对应的复选框，能够控制是否显示或打印网格线及标题，如图 11-11 所示。

图 11-11　工作表选项

11.1.2　在【页面设置】选项卡下进行详细设置

在【页面布局】选项卡下单击【打印标题】命令按钮，或单击"页面设置""调整为合适大小"和"工作表选项"命令组右下角的对话框启动器按钮，打开【页面设置】对话框。

⊃ Ⅰ 页面设置

在【页面设置】对话框的【页面】选项卡下，可以对纸张方向、缩放比例及纸张大小和打印质量进行自定义设置。

⊃ Ⅱ 设置页边距

在【页面设置】对话框的【页边距】选项卡下，能够在上、下、左、右四个方向设置打印区域与纸张边界的距离，同时能够设置页眉 / 页脚与纸张边界的距离，如图 11-5 所示。

⊃ Ⅲ 设置页眉 / 页脚

页眉 / 页脚是指打印在纸张顶部或底部的固定内容的文字或是图片，如文档的标题、页码或公司 logo 图案等内容。

单击【页眉】右侧的下拉按钮，在下拉菜单中可以选择内置的页眉样式，如图 11-12 所示。

如需设置自定义的页眉效果，可单击【自定义页眉】按钮

图 11-12　设置页眉 / 页脚

打开【页眉】对话框。在【页眉】对话框中，分为左部、中部、右部三个编辑框，单击其中一个编辑框，然后再单击编辑框顶部的命令按钮，即可在页眉中添加不同的元素。如图 11-13 所示。

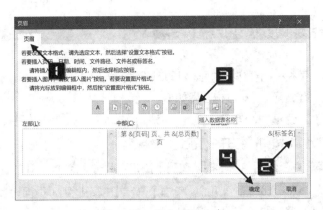

图 11-13　添加页眉元素

【页眉】对话框中各个按钮的功能说明如表 11-1 所示。

表 11-1　【页眉】对话框中各个按钮的功能说明

按钮名称	功能说明
格式文本	打开【字体】对话框，用来设置页眉中插入文字的字体格式
插入页码	插入代码"&［页码］"，打印时显示当前页的页码
插入页数	插入代码"&［总页数］"，打印时显示文档包含的总页数
插入日期	插入代码"&［日期］"，显示打印时的系统日期
插入时间	插入代码"&［时间］"，显示打印时的系统时间
插入文件路径	插入代码"&［路径］&［文件］"，打印时显示当前工作簿的路径及工作簿的文件名
插入文件名	插入代码"&［文件］"，打印时显示当前工作簿的文件名
插入数据表名称	插入代码"&［标签名］"，打印时显示当前工作表的名称
插入图片	打开【插入图片】对话框，可选择本地或联机图片
设置图片格式	打开【设置图片格式】对话框，对插入的图片格式进行调整

设置页脚的方法与之类似。

如需删除已添加的页眉或页脚，可以在图 11-12 所示的对话框中单击【页眉】或【页脚】右侧的下拉按钮，在下拉列表中选择"无"。

在【页面设置】对话框【页眉/页脚】选项卡的底部还包括四个复选框，其功能说明如表 11-2 所示。

表 11-2　页眉 / 页脚有关的选项

选项	功能说明
奇偶页不同	为奇数页和偶数页指定不同的页眉 / 页脚。选择该项时，仅可以使用自定义页眉 / 页脚
首页不同	为首个页面指定不同的页眉 / 页脚。选择该项时，仅可以使用自定义页眉 / 页脚
随文档自动缩放	如果文档打印时调整了缩放比例，则页眉和页脚的字号也相应进行缩放
与页边距对齐	左页眉和页脚与左边距对齐，右页眉和页脚与右边距对齐

11章

示例11-1　首页不显示页码

在多页文档中,第一页往往需要作为封面,打印时不需要页码。通过设置可以使页码从第二页开始,依次显示为"第1页""第2页"……操作步骤如下。

步骤① 在【页面设置】对话框中切换到【页眉/页脚】选项卡下,选中【首页不同】复选框,然后单击【自定义页眉】按钮,打开【页眉】对话框。

步骤② 单击【中部】编辑框,然后单击【插入页码】按钮,此时会自动插入内置代码"&[页码]"。将代码手工修改为"第&[页码]-1页",单击【确定】按钮返回【页面设置】对话框,再次单击【确定】按钮完成设置,如图11-14所示。

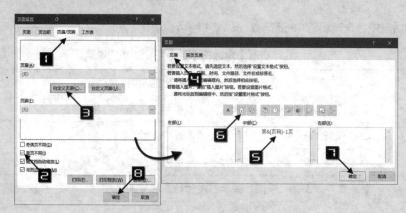

图 11-14　首页不显示页码

⊃ Ⅳ　其他打印选项

在【页面设置】对话框的【工作表】选项卡下,能够对打印区域、打印标题及单元格注释内容(批注)、网格线、行号列标及错误值等打印选项进行设置,如图11-15所示。

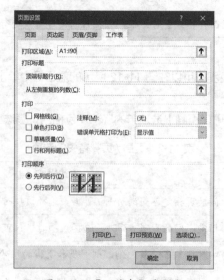

图 11-15　【工作表】选项卡

示例11-2　多页文档打印相同的标题行

在打印内容较多的表格时，通过设置可以将标题行或标题列重复打印在每个页面上，使打印出的表格每页都有相同的标题行或是标题列。

操作步骤如下。

步骤① 依次单击【页面布局】→【打印标题】命令，弹出【页面设置】对话框并且自动切换到【工作表】选项卡下。

步骤② 单击【顶端标题行】编辑框，然后单击工作表字段标题行的行号，或是在【顶端标题行】编辑框中输入标题行的行号"$1:$1"，最后单击【确定】按钮完成设置，如图 11-16 所示。

图 11-16　设置顶端标题行

设置完成后，每一页都会显示相同的顶端标题行。

【工作表】选项卡下的部分选项功能说明如表 11-3 所示。

表 11-3　部分选项的功能说明

选项	功能说明
注释	包括"无""工作表末尾"及"如同工作表中的显示"三个选项。"无"表示打印时不显示单元格批注内容。"工作表末尾"表示所有批注内容会单独显示在一个页面，并且显示批注所在的单元格位置。"如同工作表中的显示"表示打印效果与工作表中的实际显示状态相同
错误单元格打印为	指定在打印时包含错误值的单元格显示效果，包括"显示值""空白""—"和"#N/A"四种显示方式

续表

选项	功能说明
单色打印	单元格的边框颜色、背景颜色及字体颜色等都将在打印输出时被忽略，使黑白打印效果更加清晰
草稿质量	除了彩色效果之外，工作表中的图表图形对象、批注及网格线等元素在打印时都将被忽略
网格线	在未设置单元格边框的情况下，打印时单元格外侧显示灰色线条
行和列标题	打印工作表中的行号数字和列标字母

示例11-3 将页面设置快速应用到其他工作表

同一个工作簿中如果有多张工作表，可以对每张工作表单独进行页面设置，如果需要将当前工作表的页面设置快速应用到其他工作表，可以通过以下步骤完成。

步骤① 切换到已经进行过页面设置的工作表。

步骤② 按住 <Ctrl> 键依次单击其他工作表标签，选中多张工作表。

步骤③ 在【页面布局】选项卡下单击【打印标题】命令。

步骤④ 在弹出的【页面设置】对话框中直接单击【确定】按钮，关闭对话框。

步骤⑤ 右键单击任意工作表标签，在快捷菜单中选择【取消组合工作表】命令。

设置完成后，除了"打印区域"和"打印标题"及页眉/页脚中的自定义图片，当前工作表中的其他页面设置规则即可应用到其他工作表内。

11.2 分页预览和页面布局视图

在【视图】选项卡下单击【页面布局】或【分页预览】命令按钮，或单击工作表右下角的视图切换按钮，即可切换到【页面布局】或【分页预览】视图模式，对页面设置进行快速调整，如图 11-17 所示。

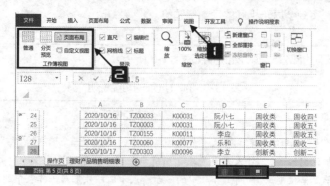

图 11-17 切换工作簿视图

11.2.1 分页预览视图

在【分页预览】视图模式下，窗口中会显示浅灰色的页码，这些页码只用于显示并不会被实际打印输出。分页符将以蓝色线条的形式显示，并且能够使用鼠标直接进行拖动调整。

鼠标右击任意单元格，在快捷菜单中能够选择"插入分页符""设置打印区域"等与打印设置有关的命令，如图 11-18 所示。

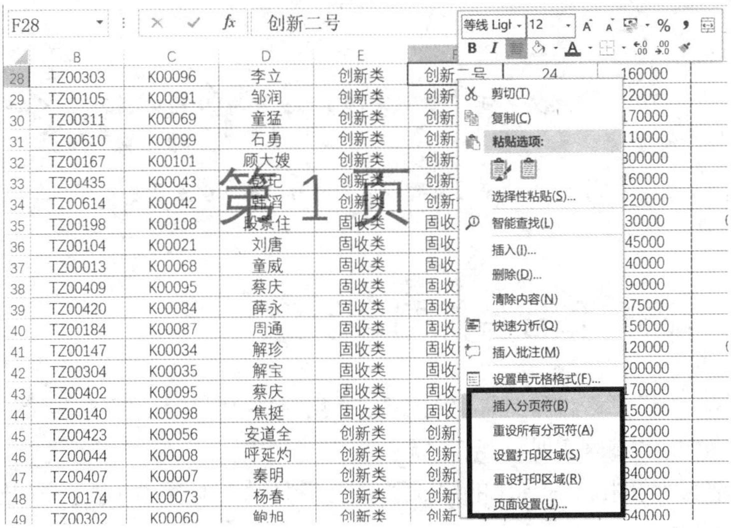

图 11-18 【分页预览】视图模式下的右键菜单

11.2.2 页面布局视图

在【页面布局】视图模式下，可以通过拖动顶端及左侧的标尺快速调整页边距，如图 11-19所示。

图 11-19 调整页边距

单击工作表顶端的页眉区域，会自动激活【页眉和页脚工具】选项卡，在【设计】选项卡下选择相应的命令按钮，能够快速对页眉进行设置，如图 11-20 所示。

设置页脚的方法与之类似。相对于在【页面设置】选项卡中进行设置，【分页预览】和【页面布局】视图模式下的设置更加直观也更加简便。

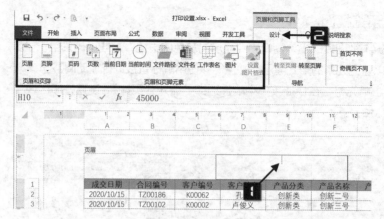

图 11-20 在【页面布局】视图模式下设置页眉

11.3 图表、图形和控件的打印设置

工作表中的图表、图形和控件等对象，也能够进行自定义打印输出。如果不希望打印工作中的某个图片，可以通过设置图片格式来实现。操作步骤如下。

步骤① 右键单击待处理的图片，在弹出的快捷菜单中选择【大小和属性】命令，弹出【设置图片格式】窗格，并自动切换到【大小和属性】选项卡。

步骤② 单击【属性】按钮，在展开的命令组中取消选中【打印对象】复选框，如图 11-21 所示。

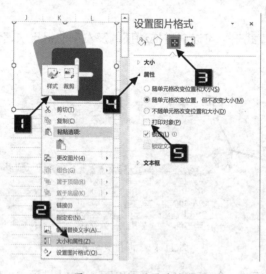

图 11-21 设置图片格式

以上菜单中的快捷菜单命令及窗格名称取决于所选定对象的类型，如果选定的对象是文本框，则右侧窗格会相应地显示为【设置形状格式】，但操作方法基本相同。对于其他对象的设置可参考以上对图片对象的设置方法。

如果要同时更改工作表中所有对象的打印属性，可以单击其中一个图表、图片或图形对象，再按 <Ctrl+A> 组合键选中工作表中的所有对象，然后再对属性进行设置即可。

11.4　打印预览

为了保证打印效果，通常在页面设置完成后使用打印预览命令对打印效果进行预览，确认无误后再执行打印操作。

11.4.1　打印窗口中的设置选项

依次单击【文件】→【打印】命令，或者按 <Ctrl+P> 组合键，打开【打印】窗口，在此窗口中可以对打印效果进行更详细的设置，如图 11-22 所示。

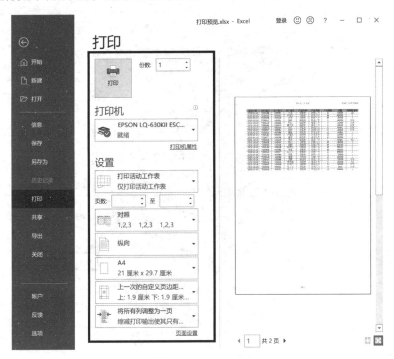

图 11-22　打印窗口

❖ 在【打印】窗口中，除了纸张方向、纸张大小、页边距及缩放比例等常用命令，还包含其他打印有关的选项，其功能说明如表 11-4 所示。

表 11-4　部分打印选项的功能说明

选项	功能说明
份数	单击"份数"右侧的微调按钮或直接输入数字，设置要打印几份文件
打印机	选择当前计算机已经安装的打印机
打印活动工作表	可以选择打印工作表、打印整个工作簿或是当前选定区域
页数	选择打印的页面范围
对照	如果选择打印多份文件，在"对照"右侧的下拉列表中可以选择打印的顺序。默认为"1,2,3"类型的逐份打印，即打印一份完整文档后再依次打印下一份

单击底部的【页面设置】按钮会打开【页面设置】对话框。需要注意的是，在【打印】窗口中打开【页面设置】对话框时，【工作表】选项卡下的【打印标题】和【打印区域】命令选项将不可用。

最后单击【打印】命令按钮，即可按照当前设置进行打印。

11.4.2 在预览模式下调整页边距

单击打印窗口右下角的【缩放到页面】按钮，会放大右侧的预览比例。单击【显示边距】按钮，预览窗口中会显示调节柄和灰色线条。光标靠近后将自动变成双向箭头形状，按住鼠标左键拖动，即可对页边距进行粗略调整，如图 11-23 所示。

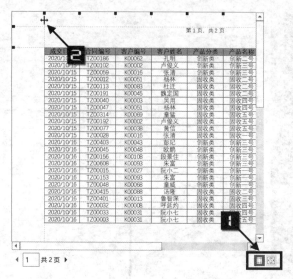

图 11-23   在打印预览模式下调整页边距

第二篇

使用公式和函数

　　本篇将详细介绍Excel的公式和常用内置函数，主要包括信息提取、逻辑判断、文本处理、日期与时间计算、数学计算、统计求和、查找引用、工程函数和财务函数等。数组公式和多维引用是Excel公式的高级用法，适合有兴趣的用户进阶学习，本篇也将对它们进行充分的讲解。

　　通过本篇的学习，读者能够深入了解Excel公式与函数的应用技术，并将其运用到实际工作和学习中，真正发挥Excel在数据计算上的威力。

第 12 章　函数与公式基础

本章对函数与公式的基本概念、单元格引用方式、公式中的运算符、公式错误检查及自定义名称等方面的知识点进行讲解，理解并掌握这些知识点，对于进一步学习和运用函数与公式解决问题有着重要的作用。

> **本章学习要点**
>
> （1）Excel 函数与公式中的基础概念。　　（4）函数与公式的限制。
> （2）单元格引用方式。　　　　　　　　　（5）自定义名称。
> （3）公式的输入、编辑和复制。

12.1　认识公式

Excel 中的公式是指以等号"="开头，使用运算符并按照一定的顺序组合进行数据运算的算式，通常包含运算符、单元格引用、数值、文本、工作表函数等元素。

12.1.1　公式的输入和编辑

在单元格中输入等号"="后，Excel 将自动进入公式输入状态。在单元格中输入以加号"+"或减号"-"开头的算式，Excel 会自动加上等号，并自动计算出算式的结果。

要计算 3+2 时，输入顺序依次为等号"="→数字 3→加号"+"→数字 2，最后按 <Enter> 键或是单击其他任意单元格结束输入。

如果要在 B1 单元格中计算出 A1 和 A2 单元格中的数值之和，输入顺序依次为"="→"A1"→"+"→"A2"，最后按 <Enter> 键。也可以先输入等号"="，然后单击选中 A1 单元格，再输入加号"+"，单击选中 A2 单元格，最后按 <Enter> 键。

如果需要对已有公式进行修改，可以通过以下 3 种方式进入单元格编辑状态。

（1）选中公式所在单元格，按 <F2> 键。

（2）双击公式所在单元格。

（3）先选中公式所在单元格，然后单击编辑栏中的公式，在编辑栏中直接进行修改，最后单击左侧的输入按钮 ✔ 或是按 <Enter>
键确认，如图 12-1 所示。

图 12-1　在编辑栏内修改公式

12.1.2　公式的复制与填充

⟳ | 在多个单元格中复制公式

当在多个单元格中需要使用相同的计算规则时，可以通过【复制】→【粘贴】的方法实现，而不必逐个单元格编辑公式。如图 12-2 所示，要在 F 列单元格区域中，分别根据 D 列的里程和 E 列的单价计算各车辆的运费金额。

	A	B	C	D	E	F
1	车号	出发地	目的地	里程	单价	运费
2	鲁N83455	德州	聊城	156	2.5	
3	鲁A16520	济南	烟台	454	2.5	
4	鲁Q33260	济宁	潍坊	401	2.5	
5	鲁N53628	青岛	烟台	219	2.5	
6	鲁M22695	淄博	滨州	84	2.5	

图 12-2　用公式计算金额

在 F2 单元格输入以下公式计算金额：

=D2*E2

公式中的"*"表示乘号。F 列各单元格中的计算规则都是里程乘以单价，因此只要将 F2 单元格中的公式复制到 F3~F6 单元格，即可快速计算出其他车辆的运费。

复制公式有以下两种常用方法。

方法 1：单击 F2 单元格，光标指向该单元格右下角，当鼠标指针变为黑色"十"字形填充柄时，按住鼠标左键向下拖曳，到 F6 单元格时释放鼠标。

方法 2：单击选中 F2 单元格，双击该单元格右下角的填充柄，公式会快速向下填充到 F6 单元格。使用此方法时，需要相邻列中有连续的数据。

⊃ Ⅱ 在不同单元格区域或不同工作表中复制公式

如果不同单元格区域或是不同工作表中的计算规则一致，也可以快速复制已有公式。

步骤① 选中已有公式的单元格区域，按 <Ctrl+C> 组合键复制。

步骤② 单击目标单元格区域的首个单元格，按 <Ctrl+V> 组合键或是按 <Enter> 键。

使用以上方法，也可以将已有公式快速应用到不同工作表中。

12.2　公式中的运算符

12.2.1　认识运算符

运算符是构成公式的基本元素之一，包括以下 4 种类型。

❖ 算术运算符：主要包括加、减、乘、除、百分比及乘幂等各种常规的算术运算。

❖ 比较运算符：用于比较数据的大小，包括对文本或数值的比较。

❖ 文本运算符：主要用于将字符或字符串进行连接与合并。

❖ 引用运算符：主要用于产生单元格引用。

不同运算符的作用说明如表 12-1 所示。

表 12-1　公式中的运算符

符号	说明	实例
-	算术运算符：负号	=8*-5=-40
%	算术运算符：百分比	=60*5%=3
^	算术运算符：乘幂	=3^2=9
* 和 /	算术运算符：乘和除	=3*2/4=1.5
＋ 和 -	算术运算符：加和减	=3+2-5=0
=、<> >、< >=、<=	比较运算符：等于、不等于、大于、小于、大于等于、小于等于	=A1=A2 判断 A1 和 A2 是否相等 =B1<>"ABC" 判断 B1 是否不等于 "ABC" =C1>=5 判断 C1 是否大于等于 5

续表

符号	说明	实例
&	文本运算符：连接文本	=A2&B2 将 A2 和 B2 单元格的内容连接到一起
：（冒号）	引用运算符的一种	=SUM(A1:B10) 引用分别以冒号两侧的单元格为左上角和右下角的矩形单元格区域
（空格）	引用运算符的一种	=SUM(A1:B5 A4:D9) 引用 A1:B5 与 A4:D9 的重叠部分
，（逗号）	引用运算符的一种	=SUM(A1:B5,A4:D9) 在公式中对不同参数进行间隔

12.2.2 运算符的优先顺序

当公式中使用多个运算符时，Excel 将根据各个运算符的优先级顺序进行运算；对于同级运算符，则按从左到右的顺序运算，表 12-2 展示了不同运算符的优先级顺序，1 级最高。

表 12-2 不同运算符的优先级

顺序	符号	说明
1	：（空格），	引用运算符：冒号、单个空格和逗号
2	-	算术运算符：负号（取得与原值正负号相反的值）
3	%	算术运算符：百分比
4	^	算术运算符：乘幂
5	*和 /	算术运算符：乘和除（注意区别数学中的 ×、÷）
6	+和 -	算术运算符：加和减
7	&	文本运算符：连接文本
8	=,<,>,<=,>=,<>	比较运算符：比较两个数值是否相同或判断大小

12.2.3 嵌套括号

在 Excel 中，使用小括号来改变运算的优先级别，括号中的算式优先计算。如果在公式中使用了多组括号，其计算顺序则是由内向外逐级进行计算。

例如，使用以下公式计算梯形面积：

```
=(5+8)*4/2
```

括号优先于其他运算符，因此先计算 5+8 得到 13，再从左向右计算 13*4 得到 52，最后计算 52/2 得到 26。

在公式中，使用的括号必须成对出现。Excel 在结束公式编辑时能够对括号的完整性做出判断并自动补齐，但并不一定总是用户所期望的更正结果。例如，在单元格中输入以下内容，按 <Enter> 键结束输入，会弹出如图 12-3 所示的对话框。

```
=(22+5)/(6+24
```

如果所选单元格的公式中有较多的嵌套括号，在编辑栏中单击公式的任意位置，不同的成对括号会以不同颜色显示，此项功能可以帮助用户更好地理解公式的运算过程。

图 12-3　公式自动更正

12.3　认识单元格引用

单元格是工作表的基本组成元素，在公式中使用类似坐标的方式表示某个单元格在工作表中的位置，实现对存储于单元格中的数据的调用，这种方法称为单元格引用。

在公式中引用单元格时，如果工作表插入或删除行、列，公式中的引用位置会自动更改。如图 12-4 所示，A1 单元格的公式为"=C1"，此时右击 B 列列标，在快捷菜单中选择【插入】命令，A1 单元格中的公式会自动变成"=D1"。

如果删除了被引用的单元格区域，公式则会出现引用错误，如图 12-5 所示。

图 12-4　插入列后引用位置自动更改

图 12-5　删除 C 列后出现引用错误

实际工作中，在工作表中输入公式后应尽量不再执行插入和删除行、列的操作，避免由此造成的单元格引用错误。

12.3.1　A1 引用样式和 R1C1 引用样式

单元格引用样式分为 A1 引用样式和 R1C1 引用样式两种。

⊃ I A1 引用样式

Excel 默认使用 A1 引用样式。单元格地址由列标字母和行号数字组合而成，列标在前，行号在后。通过单元格所在的列标和行号，可以准确地定位一个单元格。例如，"A1"即表示该单元格位于 A 列第 1 行，是 A 列和第 1 行交叉处的单元格。

如果要在公式中引用某个单元格区域，可顺序输入该区域左上角单元格的地址、半角冒号（：）和该区域右下角单元格的地址，也可以通过鼠标选取。

A1 引用样式的不同示例，如表 12-3 所示。

表 12-3　A1 引用样式示例

表达式	引用
C5	C 列第 5 行的单元格
D15：E20	D 列第 15 行到 E 列第 20 行的单元格区域
9：9	第 9 行的所有单元格
C：C	C 列的所有单元格

⊃ Ⅱ R1C1 引用样式

依次单击【文件】→【选项】，打开【Excel 选项】对话框。切换到【公式】选项卡，在【使用公式】区域中选中【R1C1 引用样式】复选框，可以启用 R1C1 引用样式，如图 12-6 所示，

使用 R1C1 引用样式时，工作表中的列标和行号都将显示为数字。使用字母"R""C"加行列数字的方式来指示单元格的位置，其中字母"R""C"分别是英文"Row""Column"（行、列）的首字母，其后的数字则表示相应的行号和列号。例如，R2C5 即指该单元格位于工作表中的第 2 行第 5 列交叉位置。如图 12-7 所示。

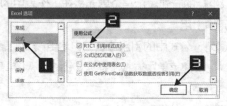

图 12-6　启用 R1C1 引用样式

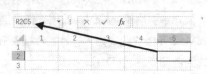

图 12-7　R1C1 引用样式

R1C1 引用样式的不同示例，如表 12-4 所示。

表 12-4　R1C1 引用样式示例

表达式	引用
R5C3	第 5 行和第 3 列交叉位置的单元格
R15C4:R20C4	第 15 行第 4 列到第 20 行第 4 列的单元格区域
R9	第 9 行的所有单元格
C3	第 3 列的所有单元格

12.3.2　相对引用、绝对引用和混合引用

如果 A1 单元格公式为"=B1"，那么 A1 就是 B1 的从属单元格，B1 就是 A1 的引用单元格。从属单元格与引用单元格之间的位置关系称为单元格引用的相对性，可分为相对引用、绝对引用和混合引用 3 种不同的引用方式，不同引用方式用"$"符号进行区别。

⊃ Ⅰ 相对引用

当复制公式到其他单元格时，Excel 保持从属单元格与引用单元格的相对位置不变，称为相对引用。

例如，使用 A1 引用样式时，在 B2 单元格输入公式"=A1"，当公式向右复制时将依次变为"=B1""=C1""=D1"……，当公式向下复制时将依次变为"=A2""=A3""=A4"……，也就是始终保持引用公式所在单元格的左侧 1 列或上方 1 行位置的单元格。

在 R1C1 引用样式中，需要在行号或列号的数字外侧添加标识符"[ ]"，标识符中的正数表示公式所在单元格下方或右侧的单元格，负数表示公式所在单元格上方或左侧的单元格，如公式"=R[-1]C[-1]"，即表示引用公式所在单元格上方 1 行、左侧 1 列的单元格。

⊃ Ⅱ 绝对引用

当复制公式到其他单元格时，保持公式所引用的单元格绝对位置不变，称为绝对引用。

在 A1 引用样式中，如果希望复制公式时能够固定引用某个单元格地址，需要在行号和列标前添加

绝对引用符号"$"。如在 B2 单元格输入公式"=$A$1"，将公式向右或向下复制时，会始终保持引用 A1 单元格不变。

在 R1C1 引用样式中的绝对引用方式为"=R1C1"，也就是行号和列号不使用标识符"[ ]"。

● Ⅲ　混合引用

当复制公式到其他单元格时，仅保持所引用单元格的行或列方向之一的绝对位置不变，而另一个方向的位置发生变化，这种引用方式称为混合引用。可分为"行绝对引用、列相对引用"及"行相对引用、列绝对引用"两种。

假设公式放在 B1 单元格中，各引用类型的说明如表 12-5 所示。

表 12-5　单元格引用类型及特性

引用类型	A1 样式	R1C1 样式	说明
绝对引用	=$A$1	=R1C1	公式向右、向下复制均不改变引用的单元格地址
行绝对引用、列相对引用	=A$1	=R1C[-1]	锁定行号。公式向下复制时不改变引用的单元格地址，向右复制时列号递增
行相对引用、列绝对引用	=$A1	=RC1	锁定列号。公式向右复制时不改变引用的单元格地址，向下复制时行号递增。
相对引用	=A1	=RC[-1]	公式向右、向下复制均会改变引用单元格地址。

示例12-1　制作损耗成本测算表

图 12-8 所示是某公司原材料损耗成本测算表的部分内容，需要根据 B1~F1 单元格中的拟定采购量、A2~A6 单元格中的损耗率及 I1 单元格中的单位成本，来测算不同采购量和不同损耗率的相应成本。计算规则是用 B1~F1 单元格中的拟定采购量与 A2~A6 单元格中的损耗率分布相乘，然后乘以 I1 单元格中的单位成本。

采购量 损耗率	5500	7000	10000	50000	10000		单位成本	4900
0.20%	53900	68600	98000	490000	98000			
0.35%	94325	120050	171500	857500	171500			
0.50%	134750	171500	245000	1225000	245000			
0.75%	202125	257250	367500	1837500	367500			
1.00%	269500	343000	490000	2450000	490000			

图 12-8　测算不同损耗率下的成本

输入公式之前，首先要明确使用哪种引用方式。

在 B2:F6 单元格区域中，每个单元格中的计算规则都是用公式所在列第一行中的拟定采购量乘以公式所在行 A 列中的损耗率。因此可以确定拟定采购量的引用方式为"行绝对引用、列相对引用"。而损耗率的引用方式为"行相对引用、列绝对引用"。

同时，各个单元格均需要乘以 I1 单元格中的单位成本。因此可以确定单位成本的引用方式为绝对引用。

在 B2 单元格输入以下公式，拖动 B2 单元格右下角的填充柄，向右拖动到 F2 单元格，然后拖动 F2 单元格右下角的填充柄向下拖动至 F6 单元格，完成公式的复制填充。

```
=B$1*$A2*$I$1
```

公式中的"B$1"部分，"$"符号在行号之前，表示引用方式为"列相对引用、行绝对引用"。
"$A2"部分，"$"符号在列标之前，表示引用方式为"列绝对引用、行相对引用"。
"$I$1"部分，在行号列标之前都使用了"$"符号，表示对行、列均使用绝对引用。

示例12-2 混合引用的特殊用法

图 12-9 所示是某产品销售汇总表的部分内容，需要在 C 列计算出从一月份开始的累计销售金额。

C2 单元格输入以下公式，向下复制到 C10 单元格。

```
=SUM($B$2:B2)
```

公式中的第一个 B2 使用了绝对引用，第二个 B2 使用了相对引用，在公式向下复制时会依次变成 $B$2:B3、$B$2:B4、$B$2:B5……这样逐步扩大的范围，最后再使用 SUM 函数对这个动态扩展的区域进行求和。

图 12-9　计算累计销售金额

⊃ Ⅳ 快速切换引用类型

当在公式中输入单元格地址时，可以连续按 <F4> 功能键在 4 种不同引用类型中进行循环切换，其顺序如下。

绝对引用→行绝对引用、列相对引用→行相对引用、列绝对引用→相对引用。

在 A1 引用样式中，如果在 A1 单元格中输入公式：=B2，依次按 <F4> 键，引用类型切换顺序为：

$B$2 → $B2 → B$2 → B2

在 R1C1 引用样式中，如果在 A1 单元格中输入公式：=R[1]C[1]，依次按 <F4> 键，引用类型切换顺序为：

R2C2 → R2C[1] → R[1]C2 → R[1]C[1]

　在部分笔记本电脑中，需要先按 <Fn> 键切换功能键，然后再按 <F4> 键。如果电脑中有其他软件占用了 <F4> 键，需要在相关软件的设置中调整。

12.3.3　跨工作表引用和跨工作簿引用

⮑ I　引用其他工作表中的单元格区域

在公式中允许引用其他工作表的数据。跨工作表引用的表示方式为"工作表名 + 半角感叹号 + 引用区域"。例如，以下公式即表示对 Sheet2 工作表 A1 单元格的引用。

```
=Sheet2!A1
```

除了手工输入之外，也可以在公式编辑状态下，通过鼠标单击相应的工作表标签，然后选取待引用的单元格或单元格区域。

当所引用的工作表名是以数字开头或包含空格及某些特殊字符时，公式中的工作表名称两侧需要分别添加半角单引号（'）。

如果更改了被引用的工作表名，公式中的工作表名会自动更改。例如，将上述公式中的 Sheet2 工作表标签修改为"2 月"时，原有公式将自动变为：

```
='2 月'!A1
```

⮑ II　引用其他工作簿中的工作表区域

当引用的单元格与公式所在单元格不在同一工作簿中时，其表示方式为：

```
［工作簿名称］工作表名！单元格引用
```

如果关闭了被引用的工作簿，公式中会自动添加被引用工作簿的路径。如果首次打开引用了其他工作簿数据的 Excel 文档，并且被引用的工作簿没有同时打开，则会出现如图 12-10 所示的安全警告。

图 12-10　安全警告

用户可以单击【启用内容】按钮更新链接，但是部分函数在跨工作簿引用时，如果被引用的工作簿没有同时打开，公式将返回错误值。因此，为了便于数据管理，在公式中应尽量减少将跨工作簿的数据引用作为函数的参数。

⮑ III　引用多个连续工作表的相同区域

在使用 SUM（求和）、AVERAGE（计算平均值）函数等进行简单的多工作表计算汇总时，如果需要引用多个相邻工作表的相同单元格区域，可以使用特殊的引用方式，而无须逐个对工作表的单元格区域进行引用。

如图 12-11 所示，需要在"汇总"工作表中，计算"开元公司"~"绿源饲料"之间所有工作表中 I 列的总计销售额。

	A	B	C	D	E	F	G	H	I
1	发货日期	客户名称	产品名称	规格	型号	数量	单价	合同金额	实际销售额
2	2020/10/25	绿源饲料科技有限公司	饲料级乳酸	罐	0.8	30.46	4700		143162
3	2020/11/22	绿源饲料科技有限公司	饲料级乳酸	罐	0.8	29.26	4700	137522	137522
4	2020/11/26	绿源饲料科技有限公司	饲料级乳酸	液袋	0.8	24.5	4300	105350	105350
5	2020/11/26	绿源饲料科技有限公司	饲料级乳酸	液袋	0.8	24.11	4300	103673	103673
6	2020/12/4	绿源饲料科技有限公司	饲料级乳酸	液袋	0.8	24.56	4300	105608	105608
7	2020/12/7	绿源饲料科技有限公司	饲料级乳酸钙	0.025	0.97	20	7300	6975	146000
8									

汇总　开元公司　大和牧业　益友食品　天润贸易　希望化工　个人客户　绿源饲料

图 12-11　引用多个连续工作表的相同区域

步骤① 在"汇总"工作表的 A2 单元格中输入"=SUM(",然后鼠标单击左侧的"开元公司"工作
表标签,按住 <Shift> 键不放,单击"绿源饲料"工作表标签,单击 I 列列标,选取 I 列整
列作为求和区域,最后输入右括号")",按 <Enter> 键结束公式编辑,得到以下公式:

=SUM(开元公司:绿源饲料!I:I)

步骤② 在"汇总"工作表 A2 单元格输入以下公式,也能对除了公式所在工作表之外的其他工作表
I 列单元格区域求和:

=SUM('*'!I:I)

使用此方法时,如果移动了"开元公司"或"绿源饲料"两个工作表的位置,需要重新编辑公式,
否则会导致公式运算错误。

12.3.4 表格中的结构化引用

"表格"是指在【插入】选项卡下通过【表格】命令将普通数据区域转换为具有某些特殊功能的数
据列表。

打开【Excel 选项】对话框,切换到【公式】选项卡,选中【在公式中使用表名】复选框,单击【确
定】按钮退出对话框,即可以使用结构化引用来表示表格区域中的单元格,如图 12-12 所示。

图 12-12 在公式中使用表名

如图 12-13 所示,A~E 的销售数据区域已经转换为"表格"。在 G2 单元格中依次输入等号、函数
名称"SUM"和左括号,再用鼠标选取 C 列的销售数量区域后按 <Enter> 键,公式中的单元格地址将
自动转换为表名称和字段标题"表1[销售数量]"。

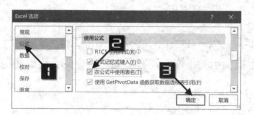

	A	B	C	D	E	F	G
1	业务员	销售地区	销售数量	销售金额	销售排名		销售总量
2	马珂燕	广东	7125	36463	3		102555
3	霍顺	浙江	7375	39814	1		
4	陆千峰	浙江	5120	28224	14		
5	荣锦芳	江苏	6667	33724	5		
6	孙蕾	广东	6067	31157	9		
7	马魏	湖北	7587	39725	2		
8	乔森圆	江苏	5173	27590	15		
9	杨欢涛	江苏	5064	25835	17		

图 12-13 公式中的结构化引用

如果将公式中的"销售数量"修改为"销售金额",将得到 D 列的金额总和。

提示

> 如果开启了"在公式中使用表名"功能,公式中的字段标题部分仅可以使用相对引用
> 方式。

12.4 认识 Excel 函数

12.4.1 函数的概念和特点

Excel 的工作表函数是预先定义并按照特定算法来执行计算的功能模块，函数名称不区分大小写。

函数具有简化公式、提高编辑效率的特点，某些简单的计算可以通过自行设计的公式完成，如需要对 A1:A3 单元格求和时，可以使用 =A1+A2+A3 完成，但如果要对 A1~A100 或更大范围的单元格区域求和，逐个单元格相加的做法将变得繁杂、低效。使用 SUM 函数则可以大大简化这些公式，使之更易于输入和修改，以下公式可以得到 A1~A100 单元格中所有数值的和。

```
=SUM(A1:A100)
```

其中 SUM 是求和函数，A1:A100 是需要求和的区域，表示对 A1:A100 单元格区域执行求和计算。

使用公式对数据汇总，相当于在数据之间搭建了一个关系模型，当数据源中的数据发生变化时，无需对公式再次编辑，即可实时得到最新的计算结果。同时，也可以将已有的公式快速应用到具有相同样式和相同运算规则的新数据源中。

12.4.2 函数的结构

Excel 函数由函数名称、左括号、函数参数和右括号构成。

一个公式中可以同时使用多个函数或计算式。

大部分函数有一个或多个参数，如 SUM(A1:A10,C1:C10) 就是使用了 A1:A10 和 C1:C10 两个参数。少量函数没有参数，如返回系统日期和时间的 NOW 函数、生成随机数的 RAND 函数等，仅由等号、函数名称和一对括号组成。部分函数的参数可以省略，如返回行号的 ROW 函数、返回列标的 COLUMN 函数等。

函数的参数可以使用字符、单元格引用或其他函数的结果，当使用一个函数的结果作为另一个函数的参数时，称为函数的嵌套。

12.4.3 可选参数与必需参数

一些函数可以仅使用其部分参数，如 SUM 函数可支持 255 个参数，其中第 1 个参数为必需参数，不能省略，第 2 个至 255 个参数都可以省略。在函数语法中，可选参数用一对方括号"［］"包含起来；当函数有多个可选参数时，可从右向左依次省略参数，如图 12-14 所示。

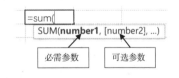

图 12-14 可选参数与必需参数

此外，有些参数可以省略参数值，在前一参数后仅使用一个逗号，用以保留参数的位置，这种方式称为"省略参数的值"或"简写"，常用于代替逻辑值 FALSE、数值 0 或空文本等参数值。

12.4.4 常用函数类型

根据不同的功能，Excel 函数分为文本函数、信息函数、逻辑函数、查找和引用函数、日期和时间函数、统计函数、数学和三角函数、财务函数、工程函数、多维数据集函数、兼容性函数和 Web 函数等多种类型。其中，兼容性函数是对早期版本中的函数进行了精确度的改进，或是为了更好地反映其用法而更改了函数的名称。

在实际应用中，函数的功能被不断开发挖掘，不同类型函数能够解决的问题也不仅仅局限于某个类型。函数的灵活性和多变性，也正是学习函数公式的乐趣所在。Excel 2019 中的内置函数有数百个，但是这些函数并不需要全部学习，掌握使用频率较高的几十个函数及这些函数的组合嵌套使用，就可以应对工作中的绝大部分任务需求。

12.4.5 函数的易失性

如果在工作表中使用了易失性函数，当在工作表中输入或编辑任意单元格的数据时，都会使这些函数重新计算。

常见的易失性函数主要有以下几种。

❖ 获取随机数的 RAND 和 RANDBETWEEN 函数，每次编辑会自动产生新的随机数。

❖ 获取当前日期、时间的 TODAY、NOW 函数，每次编辑都会返回系统当前的日期、时间。

❖ 返回单元格引用的 OFFSET、INDIRECT 函数，每次编辑都会重新定位实际的引用区域。

❖ 获取单元格信息的 CELL 函数和 INFO 函数，每次编辑都会刷新相关信息。

另外，当 SUMIF 函数的求和区域和条件区域大小不同时，也会有易失性。

12.5 输入函数的几种方式

12.5.1 使用"自动求和"按钮插入函数

在【开始】选项卡及【公式】选项卡下都有【自动求和】按钮。默认情况下，单击【自动求和】按钮或按 <Alt+=> 组合键，将在工作表中插入用于求和的 SUM 函数。

单击【自动求和】下拉按钮，在下拉列表中包括求和、平均值、计数、最大值和最小值等选项，如图 12-15 所示。

图 12-15 自动求和选项

当要计算的表格区域处于筛选状态，或是已经转换为"表格"时，单击【自动求和】按钮将应用 SUBTOTAL 函数的相关功能。该函数仅统计可见单元格，详细用法请参阅 18.9.1。

12.5.2 使用函数库插入已知类别的函数

在【公式】选项卡下的【函数库】命令组中，Excel 按照内置函数分类提供了【财务】【逻辑】【文本】等多个下拉按钮。在【其他函数】下拉按钮中还提供了【统计】【工程】【多维数据集】【信息】【兼容性】和【Web】等函数扩展菜单。

用户可以根据需要和分类插入函数，还可以从【最近使用的函数】下拉按钮中选取最近使用过的 10 个函数，如图 12-16 所示。

图 12-16 使用函数库插入已知类别的函数

12.5.3 使用"插入函数"向导搜索函数

如果用户对函数所属的类别不太熟悉，还可以使用【插入函数】对话框来选择或搜索所需函数。以下 4 种方法均可打开【插入函数】对话框。

（1）单击【公式】选项卡上的【插入函数】按钮。

（2）在【公式】选项卡下的【函数库】命令组中单击任意一个函数类别下拉按钮，在扩展菜单底部单击【插入函数】命令。

（3）单击编辑栏左侧的【插入函数】按钮 fx 。

（4）按 <Shift+F3> 组合键。

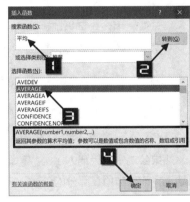

图 12-17 搜索函数

如图 12-17 所示，在【搜索函数】编辑框中输入关键字"平均"，单击【转到】按钮，对话框中将显示推荐的函数列表，选择具体函数后在底部会出现函数语法和简单的功能说明。单击【确定】按钮，即可插入该函数并切换到【函数参数】对话框。

在【函数参数】对话框中，从上而下由函数名、参数编辑框、函数简介及参数说明和计算结果等几部分组成。参数编辑框允许直接输入参数或单击右侧折叠按钮以选取单元格区域，在右侧将实时显示输入参数及计算结果的预览。如果单击左下角的【有关该函数的帮助】链接，将以系统默认浏览器打开 Office 支持页面，如图 12-18 所示。

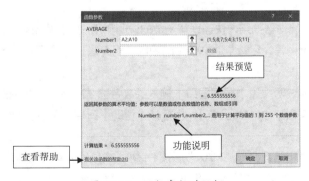

图 12-18 函数参数对话框

12.5.4　手工输入函数

直接在单元格或编辑栏中手工输入函数时，Excel 能够根据用户输入公式时的关键字，在屏幕上显示候选的函数和已定义的名称列表。例如，在单元格中输入 "=if" 或 "=IF" 后，Excel 将自动显示所有包含 "IF" 的函数名称候选列表，随着输入字符的变化，候选列表中的内容也会随之更新，如图 12-19 所示。

通过在扩展下拉菜单中移动上、下方向键选中该函数后，鼠标双击或按 <Tab> 键可将此函数添加到当前编辑的位置并自动添加左括号。

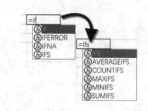

图 12-19　公式记忆式键入

12.5.5　活用函数屏幕提示工具

用户在单元格中或编辑栏中编辑公式时，当正确地输入完整函数名称及左括号后，在编辑位置附近会自动出现悬浮的【函数屏幕提示】工具条，可以帮助用户了解函数语法中参数名称、可选参数或必需参数等。

提示信息中包含了当前输入的函数名称及完成此函数所需要的参数。如图 12-20 所示，输入的 IFS 函数有多个参数，待输入的参数以加粗字体显示。

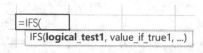

图 12-20　函数屏幕提示

如果公式中已经输入了函数参数，单击【函数屏幕提示】工具条中的某个参数名称时，编辑栏中会自动选择该参数所在部分的公式，并以灰色背景突出显示，如图 12-21 所示。

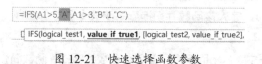

图 12-21　快速选择函数参数

12.6　查看函数帮助文件

使用函数帮助文件，能够帮助用户快速理解函数的说明和用法。帮助文件中包括函数的说明、语法、参数，以及简单的函数示例等，尽管帮助文件中的函数说明有些还不够透彻，但仍然不失为初学者学习函数公式的好帮手。

在功能区右侧【操作说明搜索】搜索窗口中输入函数名称 "MAX"，然后在下拉列表中单击【获得相关帮助】右侧的扩展按钮→【MAX 函数】，将打开【帮助】窗格显示该函数的帮助信息，如图 12-22 所示。

除此之外，输入等号和函数名称 "MAX" 后按 F1 键，或是输入等号和函数名称后单击【函数屏幕提示】工具条上的函数名，也可以打开帮助窗格，如图 12-23 所示。

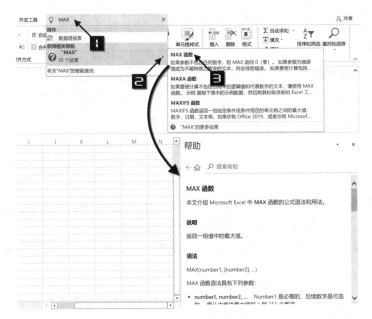

图 12-22 获取函数帮助信息

图 12-23 打开帮助窗格

提示

　　从 Excel 2016 开始只能使用在线的函数帮助文件，因此需要计算机能够正常联网，如果网络环境较差，打开速度会有所延迟。

12.7　函数与公式的限制

12.7.1　计算精度限制

　　Excel 计算精度为 15 位数字（含小数，即从左侧第 1 个不为 0 的数字开始算起），输入长数字时，超过 15 位数字部分将自动变为 0。

　　在输入身份证号码、银行卡号等超过 15 位的长数字时，需要先设置单元格为文本格式后再输入内容，或者先输入半角单引号"'"，以文本形式存储数字。

12.7.2　公式字符限制

　　Excel 2019 中的公式最大长度为 8192 个字符。实际应用中，如果公式长度达到数百个字符，就已经相当复杂，对于后期的修改、编辑都会带来影响，也不便于其他用户快速理解公式的含义。可以借助排序、筛选、辅助列等手段，降低公式的长度和 Excel 的计算量。

12.7.3　函数参数的限制

　　Excel 2019 中的内置函数最多可以包含 255 个参数，当使用单元格引用作为函数参数且超过参数个数限制时，可将多个引用区域加上一对括号形成合并区域，作为一个参数使用，从而解决参数个数限制问题。例如，以下两个公式：

```
=SUM(J3:K3,L3:M3,K7:L7,N9)
=SUM((J3:K3,L3:M3,K7:L7,N9))
```

公式 1 中使用了 4 个参数，而公式 2 利用"合并区域"引用的方式，仅视为 1 个参数。

12.7.4　函数嵌套层数的限制

Excel 2019 的函数嵌套层数最大为 64 层。

12.8　认识名称

12.8.1　名称的概念

名称是经过特殊命名，并且不需要存储在单元格中的公式，由等号、单元格引用、函数等元素组成。除了由用户自定义，在创建表格、设置打印区域及执行筛选等操作时也会自动产生名称。

已定义的名称可以在其他名称或公式中调用，还可以用于数据验证的序列来源、动态图表及数据透视表的数据源等。

12.8.2　名称的用途

在一些较为复杂的公式中，如果需要重复使用相同的公式段进行计算，可以将重复出现的公式部分进行命名后使用。

在数据验证和条件格式中不能直接使用含有常量数组的公式，将常量数组定义为名称，即可在数据验证和条件格式中进行调用。

宏表函数不能在单元格中直接使用，必须通过定义名称来调用。另外，还可作为动态图表或数据透视表的数据源。

12.8.3　名称的级别

名称的级别分为工作簿级和工作表级，工作表级的名称仅能够在指定的工作表中使用，工作簿级的名称可以在整个工作簿中使用。

12.8.4　定义名称

定义名称有以下几种方法。

⊃ | 使用名称框定义名称

选中要命名的单元格区域，在名称框中输入名称，如"存货名称"，按 <Enter> 键确认，即可将该单元格区域命名为"存货名称"，如图 12-24 所示。

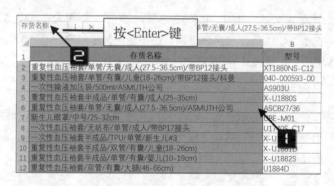

图 12-24　使用名称框定义名称

使用名称框定义名称时有一定的局限性，一是仅适用于当前已经选中的范围，二是不能在名称框中修改已有名称的引用范围。

⤷ Ⅱ 使用【新建名称】命令定义名称

依次单击【公式】→【定义名称】命令按钮，在弹出的【新建名称】对话框中：

（1）在【名称】文本框中输入命名，如"存货名称"。

（2）单击【范围】右侧的下拉按钮，能够将定义名称指定为工作簿范围或是某个工作表范围。

（3）在【批注】文本框中可以根据需要添加注释，以便于使用者理解名称的用途。

（4）在【引用位置】编辑框中可以直接输入公式，也可以单击右侧的折叠按钮选择某个单元格区域，最后单击【确定】按钮，如图 12-25 所示。

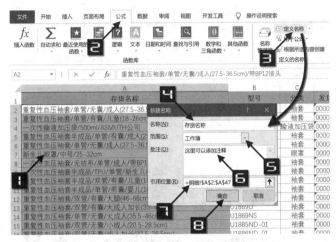

图 12-25 使用【新建名称】命令定义名称

⤷ Ⅲ 根据所选内容批量创建名称

使用【根据所选内容创建】命令，能够按标题行或标题列，对某个单元格区域快速定义多个名称。

如图 12-26 所示，选中 A1:D9 单元格区域，依次单击【公式】→【根据所选内容创建】命令，或者按 <Ctrl+Shift+F3> 组合键，在弹出的【根据所选内容创建名称】对话框中，选中【首行】复选框，单击【确定】按钮，即可分别创建以列标题"销售一区""销售二区""销售三区""销售四区"命名的四个名称。

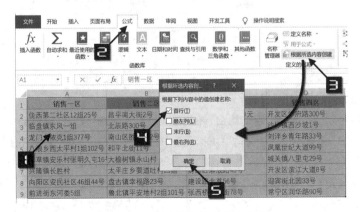

图 12-26 根据所选内容创建名称

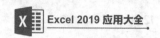

【根据所选内容创建名称】对话框中各复选框的作用如表 12-6 所示。

表 12-6 【根据所选内容创建名称】选项说明

复选框选项	说明
首行	将顶端行的文字作为该列的范围名称
最左列	将最左列的文字作为该行的范围名称
末行	将底端行的文字作为该列的范围名称
最右列	将最右列的文字作为该行的范围名称

提示→ 　　使用【根据所选内容创建】命令创建名称时，Excel 基于自动分析的结果有时并不完全符合用户的期望，操作时应进行必要的检查。

⊃ IV 在名称管理器中新建名称

依次单击【公式】→【名称管理器】命令按钮或是按 <Ctrl+F3> 组合键，弹出【名称管理器】对话框。在对话框中单击【新建】按钮，弹出【新建名称】对话框，在此对话框中也能完成新建名称操作，如图 12-27 所示。

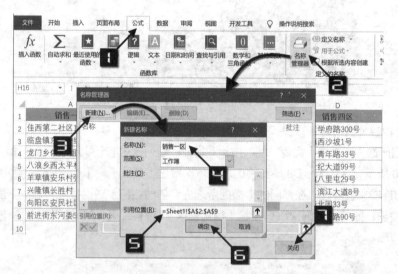

图 12-27 【名称管理器】对话框

12.8.5 名称命名的限制

名称命名的限制主要包括以下几种情况。

（1）名称的命名可以是字母与数字的组合，但不能以纯数字命名或以数字开头。

（2）字母"R""C"在 R1C1 引用样式中表示工作表的行、列，因此在命名时不能使用"R""C"或"r""c"。

（3）不能使用与单元格地址相同的命名，如"B3""D5"等。

（4）不能使用除下划线（"_"）、点号和反斜线（"\"）、问号（"?"）以外的其他符号，也不能使用除下划线（"_"）和反斜线（"\"）以外的其他符号开头。

（5）不能包含空格，不区分大小写，不允许超过 255 个字符。

（6）在设置了打印区域或是使用高级筛选等操作之后，Excel 会自动创建一些系统内置的名称，如 Print_Area、Criteria 等，创建名称时应避免覆盖 Excel 的内部名称。此外，名称作为公式的一种存在形式，同样受函数与公式关于嵌套层数、参数个数、计算精度等方面的限制。

12.8.6 管理名称

使用名称管理器，用户能够方便地新建、编辑和删除名称。

○ I 修改已有名称的命名和引用位置

用户可以对已有名称的命名和引用位置进行编辑修改。修改命名后，公式中使用的名称会自动应用新的命名。

依次单击【公式】→【名称管理器】，或者按 <Ctrl+F3> 组合键打开【名称管理器】对话框。在名称列表中单击选中需要修改的名称，单击【编辑】按钮弹出【编辑名称】对话框。

在对话框中根据需要重新命名，或是修改引用的单元格区域和公式，最后单击【确定】按钮返回【名称管理器】对话框。再单击【关闭】按钮退出【名称管理器】对话框，如图 12-28 所示。

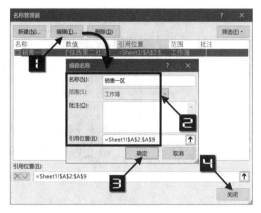

图 12-28 修改已有名称的命名

如果不需要更改原有的命名，可以在【名称管理器】中选中名称后直接在底部的【引用位置】编辑框中输入新的公式或是选择新的单元格引用区域，单击左侧的输入按钮☑确认即可。

> 在【引用位置】编辑框中编辑公式时按下 <F2> 键，能够使用方向键移动光标，以方便修改公式。

○ II 修改名称级别

已有名称的级别无法修改，可以根据原有名称的公式或引用范围，新建一个同名但是不同级别的名称，再删除原有名称即可。

○ III 筛选和删除错误名称

当名称出现错误无法正常使用时，在【名称管理器】对话框中能够进行筛选和删除。单击【筛选】下拉按钮，在下拉菜单中选择【有错误的名称】。如果在筛选后的名称管理器中包含多个有错误的名称，可以按住 <Shift> 键依次单击顶端和底端的名称，最后单击【删除】按钮，将有错误的名称全部删除，如图 12-29 所示。

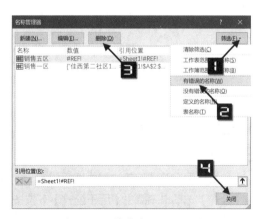

图 12-29 筛选有错误的名称

○ IV 在单元格中粘贴名称列表

如果定义名称时所用到的公式字符较多，在【名称管理器】中就无法完整显示，需要查看详细信息时，可以将定义名称的引用位置或公式全部在单元格中罗列出来。

选中需要粘贴名称的目标单元格，按 <F3> 键或依次单击【公式】→【用于公式】→【粘贴名称】命令，在弹出的【粘贴名称】对话框中单击【粘贴列表】按钮，所有已定义的名称将粘贴到工作表中，如图 12-30 所示。

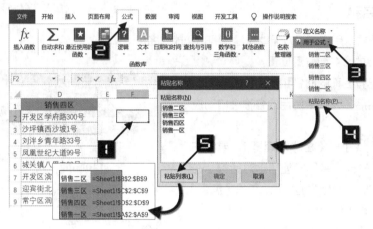

图 12-30　在单元格中粘贴名称列表

 注意　　粘贴到单元格的名称，将按照命名排序后逐行列出；如果名称中使用了相对引用或混合引用，粘贴后的公式文本会根据其相对位置发生改变。

➲ V　查看命名范围

将工作表显示比例缩小到 40% 以下时，可以在定义为名称的单元格区域中显示命名范围的边界和名称，如图 12-31 所示。边界和名称有助于观察工作表中的命名范围，打印工作表时，这些内容不会被打印输出。

图 12-31　查看命名范围

12.8.7　使用名称

➲ I　输入公式时使用名称

如果需要在公式编辑过程中调用已定义的名称，除了在公式中直接手工输入已定义的名称，也可以在【公式】选项卡下单击【用于公式】下拉按钮并选择相应的名称，如图 12-32 所示。

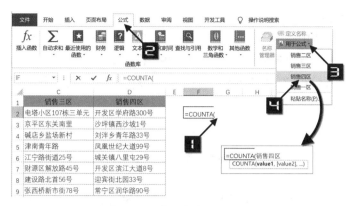

图 12-32　在公式中调用名称

如果为某个单元格区域中设置了名称，在输入公式过程中使用鼠标选择该区域时，公式中将显示为该单元格区域定义的名称。

Excel 没有提供关闭该功能的选项，如果需要在公式中使用常规的单元格或区域引用，则需要手工输入单元格区域的地址。

⊃ II　在现有公式中使用名称

如果在工作表内已经输入了公式，再进行定义名称时，Excel 不会自动用新名称替换公式中的单元格引用。如需将名称应用到已有公式中，可依次单击【公式】→【定义名称】→【应用名称】命令，在弹出的【应用名称】对话框【应用名称】列表中，选择需要应用于公式中的名称，最后单击【确定】按钮即可，如图 12-33 所示。

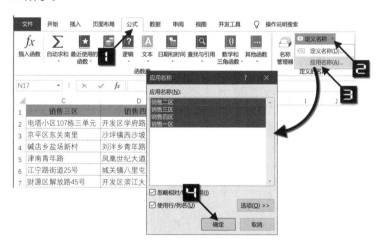

图 12-33　在公式中应用名称

12.8.8　定义名称技巧

⊃ I　名称中的相对引用和混合引用

在单元格中输入公式时使用相对引用方式，是与公式所在单元格形成相对位置关系。在定义名称的公式中使用相对引用方式，则是与活动单元格形成相对位置关系。在定义名称前应先单击选中要使用名称的首个单元格，然后再以此为参照，来设置定义名称中的公式引用方式。

➲ Ⅱ 引用位置始终指向当前工作表内的单元格

如果需要在任意工作表中使用名称时，都能引用当前工作表中的单元格区域，可以在【名称管理器】对话框的【引用位置】编辑框内去掉"!"前面的工作表名称，如"=!A2"。

修改完成后，再次在公式中使用名称时，即可始终引用公式所在工作表的单元格区域。

12.8.9 使用名称的注意事项

➲ Ⅰ 复制工作表

在不同工作簿中复制工作表时，名称会随着工作表一同被复制。当复制的工作表中包含名称时，应注意可能由此产生的名称混乱。

在不同工作簿建立工作表副本时，源工作表中的所有名称将被原样复制。

在同一个工作簿中建立副本工作表时，原有的工作簿级名称和工作表级名称都将被复制，产生同名的工作表级名称。

➲ Ⅱ 删除工作表或单元格区域

当删除某个工作表时，该工作表中的工作表级名称会被全部删除，而引用该工作表内容的工作簿级名称将被保留，但【引用位置】编辑框中的公式会出现错误值 #REF!。

在【名称管理器】中删除名称后，工作表所有调用该名称的公式将返回错误值 #NAME?。

第 13 章　文本处理技术

文本型数据的处理在日常工作中较为常见，如拆分与合并字符，提取或替换字符中的部分内容等。本章主要介绍利用文本函数处理数据的常用方法与技巧。

本章学习要点

（1）认识文本型数据。　　　　　　　　　　　（2）常用文本函数。

13.1　文本型数据

13.1.1　认识文本型数据

文本型数据是指不能参与算术运算的任何字符，如汉字、英文字母、其他字符和文本型的数字串。在 Excel 中，所有的数据类型都是按照单元格的全部内容来进行区分。所以，如果一个单元格的数据既包括阿拉伯数字，也包括字母或符号，则该单元格的数据类型为文本型数据，如"Excel 2019"和"Windows 10"。

在公式中，文本型数据需要以一对半角双引号包含，如公式：=" 我 "&" 是中国人 "。否则将被识别为未定义的名称而返回 #NAME? 错误。此外，在公式中要表示半角双引号字符本身时，需要使用两个半角双引号。例如要使用公式得到带半角双引号的字符串"" 我 ""，表示方式为：="""" 我 """"，其中最外层的一对双引号表示输入的是文本字符，"我"字前后分别用两个双引号""表示单个的双引号字符本身。

13.1.2　空单元格与空文本

空单元格是指未经赋值或赋值后按 <Delete> 键清除内容的单元格。空文本是指没有任何内容的文本，在公式中以一对半角双引号 "" 表示，其性质是文本，字符长度为 0。空文本通常是由函数公式计算获得，结果在单元格中显示为空白。

空单元格与空文本有共同的特性，但又不完全相同。使用定位功能时，定位条件选择"空值"时，结果不包括"空文本"。而在筛选操作中，筛选条件为"空白"时，结果包括"空单元格"和"空文本"。

如图 13-1 所示，A3 单元格是空单元格，由公式结果可以发现，空单元格可视为空文本，也可看作数字 0（零）。但是由于空文本和数字 0（零）的数据类型不一致，所以二者并不相等。

A	B	C
以下为空单元格	比较结果	B列公式
	TRUE	=A3=""
	TRUE	=A3=0
	FALSE	=""=0

图 13-1　比较空单元格与空文本

在使用部分查找引用类函数时，如果目标单元格为空，公式将返回无意义的 0。在公式最后连接空文本 ""，可将无意义 0 值显示为空文本，省去了使用 IF 函数判断的步骤。

示例13-1　屏蔽函数返回的无意义0值

图 13-2 的 H3 单元格中使用以下公式查询 E3 单元格的商品风格名称，但是由于 E3 单元格为空白，公式最终返回无意义的 0。

`=INDEX(E:E,3)`

使用以下公式可以将无意义的 0 值屏蔽。

`=INDEX(E:E,3)&""`

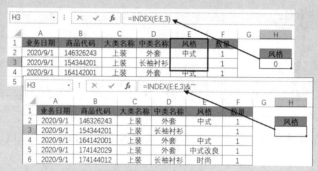

图 13-2　屏蔽函数返回的无意义 0 值

13.1.3　文本型数字与数值的互相转换

部分函数的参数支持使用文本型数字，如 LEFT 函数、RIGHT 函数、SUBSTITUTE 函数等。还有一部分函数的参数则区分文本型数字和数值格式，如 VLOOKUP 函数的第一参数、MATCH 函数的第一参数等。

使用 VALUE 函数或是使用乘以 1、除以 1、加 0 或减 0 的方法，能够实现从文本型数字到数值的转换。

另外，在文本型数字前加上两个负号也能使其转换为数值。例如公式"=--A2"，第二个负号先将 A2 单元格中的文本型数字转换为负数，再使用一个负号将负数转换为正数，即负负得正。

如果要将数值转换为文本型数字，可以在数值后连接上一个空文本，如公式"=25&"""将得到文本型的数字 25，公式"=A2&"""会将 A2 单元格中的数值转换为文本型数字。

> 在四则运算中，能够直接使用文本型数字和数值进行计算，而无须转换格式。

13.2　常用文本函数

文本函数通常用于处理文本型数据，但是一些文本函数也可用于数值型和日期型数据，换言之，文本函数将处理对象都视作文本型数据来处理，处理结果也是文本型数据。

13.2.1　文本运算

❖ 连接运算符

"&"运算符可以将两个字符串（或数字）连接生成新的字符串。例如：

=" 本期金额: "&999&" 元 "

公式结果为字符串"本期金额: 999 元"。

❖ 比较运算符

在 Excel 中，文本型数据根据系统字符集成的顺序，具有类似数值的大小顺序。使用比较运算符 >、<、=、>=、<= 可以比较文本值的大小，比较运算遵循以下规则。

1. 逻辑值 > 文本 > 数值，汉字 > 英文 > 文本型数字。

2. 区分半角与全角字符，全角字符大于对应的半角字符，如公式 =" A ">"A"，将返回逻辑值 TRUE。

3. 区分文本型数字和数值。文本型数字本质是文本，大于所有的数值。

4. 不区分字母的大小写。虽然大写字母和小写字母在字符集中的编码并不相同，但在比较运算中，大小写字母是等同的，如公式 ="a"="A"，将返回逻辑值 TRUE。

❖ 绝对相等

EXACT 函数可以区分大小写字母，比较两个字符串是否完全相同，如图 13-3 所示。

图 13-3　EXACT 函数特性

> EXACT 函数不区分字符格式，也不区分文本型数字和数值。

13.2.2 字符与编码转换

CHAR 函数和 CODE 函数用于处理字符与编码间的转换。CHAR 函数返回编码在计算机字符集中对应的字符，CODE 函数返回字符串中第一个字符在计算机字符集中对应的编码。CHAR 函数和 CODE 函数互为逆运算，但 CHAR 函数与 CODE 函数并不是一一对应的。以下公式，返回结果 32。

```
=CODE(CHAR(180))
```

在 Excel 帮助文件中，CHAR 函数的参数要求是介于 1 至 255 之间的数字，实际上 Number 参数可以取更大的值。例如，公式"=CHAR(55289)"，将返回字符"座"。

示例13-2　生成字母序列

大写字母 A~Z 的 ANSI 编码为 65~90，小写字母的 ANSI 编码为 97~122，根据字母编码，使用 CHAR 函数可以生成大写字母或小写字母，如图 13-4 所示。

图 13-4　生成字母序列

B3 单元格输入以下公式，并将公式向右复制到 AA3 单元格。

```
=CHAR(COLUMN(BM1))
```

公式利用 COLUMN 函数生成 65~90 的自然数序列，通过 CHAR 函数返回对应编码的大写字母。

同理，B7 单元格输入以下公式，并将公式向右复制到 AA7 单元格，可以生成 26 个小写字母。

```
=CHAR(COLUMN(CS1))
```

此外，36 进制的 10~35 分别由大写字母 A~Z 表示，所以也可用 BASE 函数来生成大写字母，B4 单元格输入以下公式，并将公式向右复制到 AA4 单元格。

```
=BASE(COLUMN(J1),36)
```

公式利用 COLUMN 函数生成 10~35 的自然数序列，通过 BASE 函数转换为 36 进制的值，即得到大写字母 A~Z。

13.2.3　CLEAN 函数和 TRIM 函数

CLEAN 函数用于删除文本中所有不能打印的字符。对从其他应用程序导入的文本使用CLEAN 函数，将删除其中包含的当前操作系统无法打印的字符。

TRIM 函数用于移除半角文本中超出 1 个空格部分的多余空格，字符串内部的连续多个空格仅保留一个，字符串首尾的空格不再保留。如公式："=TRIM(" Time　and　tide　wait　for　no　man　　")"，返回结果为"Time and tide wait for no man"。

13.2.4　字符串长度

全角字符是指一个字符占用两个标准字符位置的字符，又称为双字节字符。所有汉字均为双字节字符。半角字符是指一个字符占用一个标准字符位置的字符，又称为单字节字符。

字符长度可以使用 LEN 函数和 LENB 函数统计，其中 LEN 函数返回文本字符串中的字符数，LENB 函数返回文本字符串中所有字符的字节数。

对于双字节字符（包括汉字及全角字符），LENB 函数计数为 2，而 LEN 函数计数为 1。对于单字节字符（包括英文字母、数字及半角符号），LEN 函数和 LENB 函数都计数为 1。

例如，使用以下公式将返回 5，表示该字符串共有 5 个字符。

```
=LEN("GPS 定位 ")
```

使用以下公式将返回 7，因为该字符串中的两个汉字占 4 个字节长度。

```
=LENB("GPS 定位 ")
```

13.2.5　字符串提取函数

常用的字符提取函数主要包括 LEFT 函数、RIGHT 函数及 MID 函数等。

LEFT 函数用于从字符串的起始位置返回指定数量的字符，函数语法如下：

```
LEFT(text,[num_chars])
```

第一参数 text 是需要从中提取字符的字符串。第二参数［num_chars］是可选参数，指定要提取的字符数。如果省略该参数，则默认提取最左侧的一个字符。

例如以下公式返回字符串"Microsoft Excel"中的左侧 9 个字符，结果为"Microsoft"。

```
=LEFT("Microsoft Excel",9)
```

以下公式返回字符串"Microsoft Excel"中的最左侧 1 个字符，结果为"M"。

```
=LEFT("Microsoft Excel")
```

RIGHT 函数用于从字符串的末尾位置返回指定数字的字符。函数语法与 LEFT 函数类似，如果省略第二参数，默认提取最右侧的一个字符。

例如以下公式返回字符串"Microsoft Excel"中的右侧 5 个字符，结果为"Excel"。

```
=RIGHT("Microsoft Excel",5)
```

以下公式返回字符串"Microsoft Excel"中的最右侧 1 个字符，结果为字母"l"。

```
=RIGHT("Microsoft Excel")
```

MID 函数用于从字符串的任意位置开始，提取指定长度的字符串。函数语法如下：

```
MID(text,start_num,num_chars)
```

第一参数 text 是要从中提取字符的字符串。第二参数 start_num 用于指定要提取字符的起始位置，num_chars 参数用于指定提取字符的长度。如果第二参数加上第三参数，超过了第一参数的字符总数，则提取到最后一个为止。

例如以下公式表示从字符串"Office 2019 办公组件"的第 8 个字符开始，提取 4 个字符，结果为"2019"。

```
=MID("Office 2019 办公组件 ",8,4)
```

以下公式表示从字符串"Office 2019 办公组件"的第 12 个字符开始，提取 10 个字符。由于指定位置 8 加上要提取的字符数 10 超过了字符总数。因此返回结果为"办公组件"。

```
=MID("Office 2019 办公组件 ",12,10)
```

对于需要区分处理单字节字符和双字节字符的情况，分别对应 LEFTB 函数、RIGHTB 函数和 MIDB 函数，即在原来 3 个函数名称后加上字母"B"，它们的语法与原函数相似，含义略有差异。

LEFTB 函数用于从字符串的起始位置返回指定字节数的字符。

RIGHTB 函数用于从字符串的末尾位置返回指定字节数的字符。

MIDB 函数用于在字符串的任意字节位置开始，返回指定字节数的字符。

当 LEFTB 函数和 RIGHTB 函数省略第二参数时，分别提取 text 字符串第一个和最后一个字节的字符。当第一个或最后一个字符是双字节字符（如汉字）时，函数返回半角空格。

如果 MIDB 函数的 num_chars 参数为 1，且该位置字符为双字节字符，函数也会返回空格。

如图 13-5 所示，需要提取出 A 列字符中的月份。B2 单元格输入以下公式，再将公式向下复制即可。

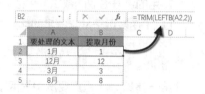

图 13-5　提取月份

```
=TRIM(LEFTB(A2,2))
```

该公式首先使用 LEFTB 函数从 A2 单元格左侧开始，提取两个字节的字符数，得到结果为 "1 "，即数字 1 和一个空格，再使用 TRIM 函数删除多余空格。

> 使用文本函数在字符串中提取到的数字仍为文本型数据，如要将其转化为数值，请参阅 13.1.3。

示例13-3　提取型号名称中的型号和产品名称

图 13-6 展示了某企业产品明细表的部分内容，B 列是型号和产品名称的混合内容，需要在 C 列提取出产品名称，在 D 列取出型号。

首先观察 B 列型号名称的字符分布规律，可以发现半角字符的型号均在左侧，而全角字符的产品名称均在右侧。已知一个全角字符等于两个字节长度。因此在提取产品名称时，可以先分别计算出 B3 单元格中的字节长度和字符长度，然后使用字节长度减去字符长度，其结果就是全角字符数。最后再使用 RIGHT 函数，从 B3 单元格最右侧根据全角字符个数提取出对应的字符数即可。

A	B	C	D
	型号名称	产品名称	型号
	0-1/2/B冷却器	冷却器	0-1/2/B
	M-18T2励磁冷却器	励磁冷却器	M-18T2
	1715冷却器装配	冷却器装配	1715
	1597轴承测温元件	轴承测温元件	1597
	U807轴承座振测器	轴承座振测器	U807

图 13-6　提取型号名称中的规格和产品名称

C3 单元格输入以下公式，将公式向下复制到 C7 单元格。

```
=RIGHT(B3,LENB(B3)-LEN(B3))
```

要提取 B3 单元格中的半角字符型号，首先需要确定单元格中有多少个半角字符。用字符长度减去全角字符数，剩余部分即为半角字符数。半角字符数的计算公式为：

```
=LEN(B3)-(LENB(B3)-LEN(B3))
```

其中 LEN(B3) 部分为 B3 单元格的字符数，(LENB(B3)-LEN(B3)) 部分为 B3 单元格中的全角字符数。

再使用 LEFT 函数，根据以上公式计算出的半角字符数，从 B3 单元格最左侧提取出对应数量的字符数。

D3 单元格输入以下公式，并将公式向下复制到 D7 单元格。

```
=LEFT(B3,LEN(B3)-(LENB(B3)-LEN(B3)))
```

如果简化公式中的 "LEN(B3)-(LENB(B3)-LEN(B3))" 部分，可以写成：

```
=LEFT(B3,LEN(B3)+LEN(B3)-LENB(B3))
```

继续简化还可以写成：

```
=LEFT(B3,2*LEN(B3)-LENB(B3))
```


示例13-4 提取字符串中的电话号码

图 13-7 中 B 列所示是某公司部门、职务、姓名及电话号码组成的混合内容，需要提取出其中的电话号码。

C3: =-LOOKUP(1,-RIGHT(B3,ROW($1:$15)))

姓名电话	电话
CIO 何兰83208980	83208980
IT部 庄蝶13512345678	13512345678
CFO 夏冰664385	664385
CEO 文静88282610	88282610
CTO 高云653295	653295
COO 许文华13787654321	13787654321
孟丽彬676665	676665
江晟涵83209919	83209919
刘芳丽669534	669534

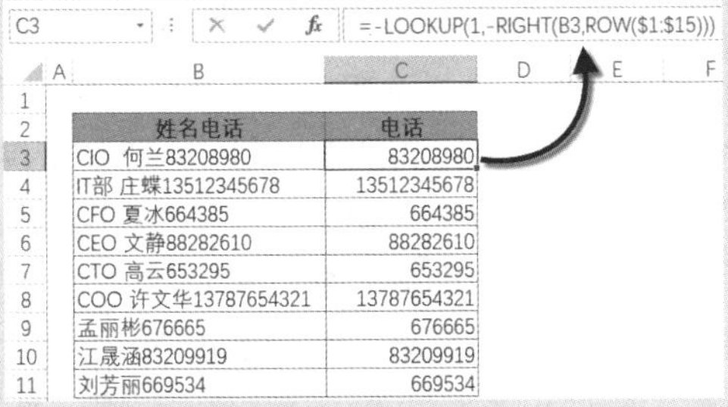

图 13-7 提取字符串中的电话号码

在 C3 单元格输入以下公式，并将公式向下复制到 C11 单元格。

```
=-LOOKUP(1,-RIGHT(B3,ROW($1:$15)))
```

本例中所有电话号码均在单元格的最右侧，但是部分部门和职务名称中包含有英文字符。因此无法直接使用计算字符数和字节数的技巧提取电话号码。

先使用 ROW($1:$15) 得到 1~15 的序号，以此作为 RIGHT 函数的第二参数。

RIGHT 函数从字符串右侧分别截取长度为 1~15 个字符的字符串，得到内存数组结果为：

{"0";"80";"980";"8980";"08980";"208980";"3208980";"83208980";"兰83208980";……;"何兰 83208980"}

再加上负号将内存数组中的文本型数字转化为数值，文本字符串部分则返回错误值：

{0;-80;-980;-8980;-8980;-208980;-3208980;-83208980;#VALUE!;……;#VALUE!}

最后使用 LOOKUP 函数，以 1 作为查找值，在内存数组中忽略错误值返回最后一个数值，最后加上负号将负数转化为正数，得到右侧的连续数字。

有关 LOOKUP 函数的用法请参阅 17.3。

相同的思路，还可以使用以下公式提取出字符串左侧的连续数字。

```
=-LOOKUP(1,-LEFT(B3,ROW($1:$15)))
```

注意	虽然 Excel 函数可以从部分混合字符串中提取出数字，但并不意味着在工作表中可以随心所欲地录入数据。格式不规范、结构不合理的基础数据，会给后续的汇总、计算、分析等工作带来很多麻烦。

13.2.6　字符串查找函数

在从字符串中提取部分字符时，提取的位置和字符数量往往是不确定的，需要根据条件进行定位。FIND 函数和 SEARCH 函数，以及用于双字节字符的 FINDB 函数和 SEARCHB 函数可以解决在字符串中的文本查找定位问题。

FIND 函数和 SEARCH 函数都是根据指定的字符串，在包含该字符串的另一个字符串中返回该字符串的起始位置，函数语法如下：

```
FIND(find_text, within_text, [start_num])
SEARCH(find_text, within_text, [start_num])
```

第一参数 find_text 是要查找的文本，第二参数 within_text 是包含查找文本的源文本。第三参数 [start_num] 是可选参数，表示从源文本的第几个字符位置开始查找，如果省略该参数，默认值为 1。

如果源文本中存在多个要查找的文本，函数将返回从指定位置开始向右找到的首个被查找文本的位置。如果源文本中不包含要查找的文本，则返回错误值 #VALUE!。

例如，以下两个公式都返回"公司"在字符串"华美公司东城分公司"中第一次出现的位置 3。

```
=FIND("公司","华美公司东城分公司")
=SEARCH("公司","华美公司东城分公司")
```

此外，还可以使用第三参数指定开始查找的位置。以下公式从字符串"华美公司东城分公司"第 5 个字符开始查找"公司"，结果返回 8。

```
=FIND("公司","华美公司东城分公司",5)
=SEARCH("公司","华美公司东城分公司",5)
```

FIND 函数区分大小写，而 SEARCH 函数不区分大小写。FIND 函数不支持通配符，SEARCH 函数则支持通配符。

示例13-5　提取指定符号后的内容

图 13-8 所示是某医药公司发货明细表的部分内容，需要从 D 列的商品规格中提取"×"之后的字符。在 E2 单元格输入以下公式，将公式向下复制到 E14 单元格。

```
=MID(D2,FIND("×",D2)+1,99)
```

本例中，由于间隔符号"×"在 D 列各个单元格中出现的位置不固定。因此先使用 FIND 函数来查找"×"的位置。FIND("×",D2) 部分返回结果为 4。

E2　=IFERROR(MID(D2,FIND("×",D2)+1,99),"")

	A	B	C	D	E
1	通用名称	包装单位	剂型	商品规格	提取"×"后的字符
2	阿那曲唑片（瑞宁得）	盒	片剂	1mg×14片	14片
3	青霉胺片	片	片剂	0.125g×100片/瓶	100片/瓶
4	马来酸氯苯那敏注射液	盒	注射剂	1ml:10mg×10支	10支
5	普罗碘胺注射液	盒	注射剂	2ml:0.4g×10支	10支
6	清开灵注射液	盒	注射剂	2ml×10支	10支
7	碳酸氢钠注射液	盒	注射剂	10ml:0.5g×5支	5支
8	血塞通注射液	盒	注射剂	2ml:100mg×10支	10支
9	盐酸林可霉素注射液	盒	注射剂	2ml:0.6g×10支	10支
10	盐酸倍他司汀氯化钠注射液	瓶	注射剂	500ml	
11	阿那曲唑片	盒	片剂	1mg×14片/板/盒	14片/板/盒
12	葡萄糖注射液5%	瓶	注射剂	500ml:25g（玻瓶）	
13	葡萄糖注射液50%	盒	注射剂	10g×20ml×5支	20ml×5支
14	盐酸消旋山莨菪碱注射液	盒	注射剂	1ml×10mg×10支	10mg×10支

图 13-8　提取指定符号后的字符

然后使用 MID 函数，从 FIND 函数获取的间隔符号位置向右一个字符开始，提取右侧剩余部分的字符。在不知道具体的剩余字符数时，指定一个较大的数值 99 作为要提取的字符数，99 加上起始位置 4 大于 D2 单元格的总字符数，MID 函数最终提取到最后一个字符为止。

D10 和 D12 单元格中没有出现符号“×”，FIND 函数会返回错误值，可在公式外侧嵌套 IFERROR 函数来屏蔽错误值。

```
=IFERROR(MID(D2,FIND("×",D2)+1,99),"")
```

示例13-6　提取最后一个空格之前的字符

图 13-9 的 A 列，是部分标准编码及名称的混合内容，需要从中提取出标准编码。

B2　{=LEFT(A2,COUNT(FIND(" ",A2,ROW($1:$30))))}

	A	B
1	标准编码及名称	标准编码
2	EN 100012-1995 基本规范:电子元件的X线透视法	EN 100012-1995
3	DIN EN 14531-12015 铁路标准.制动距离与制动力的计算方法	DIN EN 14531-12015
4	EN 10002-1-2001 金属材料.拉力试验.第1部分:室温下的试验方法	EN 10002-1-2001
5	BS EN 868-2-2017 灭菌医疗装置的包装.灭菌套要求和测试方法	BS EN 868-2-2017
6	EN 10001-1991 生铁的定义和分类	EN 10001-1991
7	N 60436-2020 洗碗机标准	N 60436-2020
8	EN 15570 家具测试标准	EN 15570
9	EN 10209-1996 搪瓷用冷轧低碳钢板制品.交货技术条件	EN 10209-1996
10	EN ISO 15547-2001 石油和天然气工业.板式热交换器	EN ISO 15547-2001

图 13-9　提取标准编码

观察数据规律可以发现，A 列的字符串中包含有多个空格，而最后一个空格之前的字符即是标准编码。因此只要判断出最后一个空格的位置，再使用 LEFT 函数从字符串的最左侧开始提取出相应长度的字符串即可。

B2 单元格输入以下数组公式，按 <Ctrl+Shift+Enter> 组合键，再将公式向下复制到 B10 单元格。

```
{=LEFT(A2,COUNT(FIND(" ",A2,ROW($1:$30)))-1)}
```

FIND 函数使用第三参数时，无论从哪个字符位置开始查找，返回的位置信息均为从最左侧首个字符开始计数。

公式中的"FIND(" ",A2,ROW($1:$30))"部分，FIND 函数第三参数使用了 ROW($1:$30)，表示分别在 A2 单元格第 1~30 个字符位置开始，查找空格 " " 所处的位置，返回内存数组结果为：

{3;3;3;15;15;15;15;15;15;15;15;15;15;15;15;#VALUE!;……;#VALUE!}

FIND 函数在源文本中查找不到关键字符时会返回错误值 #VALUE!，本例内存数组中首次出现错误值的位置是第 16 个元素，即表示从第 15 个字符往后开始没有要查询的空格 " "。因此只要使用 COUNT 函数判断 FIND 函数返回的内存数组中有多少个数值，其结果就是最后一个空格所在的位置。

最后使用 LEFT 函数，根据 COUNT 函数返回的结果，从 A2 单元格最左侧开始提取对应长度的字符串。COUNT 函数的结果减去 1，目的是提取到最后一个空格的位置再向左一个字符。

FINDB 函数和 SEARCHB 函数分别与 FIND 函数和 SEARCH 函数对应，区别仅在于返回的查找字符串在源文本中的位置是以字节为单位计算。利用 SEARCHB 函数支持通配符的特性，可以进行模糊查找。

示例13-7 提取混合内容中的中文标签

图 13-10 所示是某外贸公司产品标签的部分内容，其中包含中、英文标签内容及部分中文项目，需要提取出字符串最左侧的中文标签。

B2 单元格输入以下公式，向下复制到 B12 单元格。

=LEFTB(A2,SEARCHB("?",A2)-1)

本例中，最左侧的中英文之间没有分隔符号，而且英文名称的起始字母也不相同。因此无法使用查询固定分隔符号的方法来确定要提取字符数。另外在部分单元格的左右两侧均有中文字符，也无法使用判断字节数和字符数的方法确定中文个数。

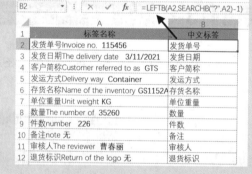

图 13-10 提取混合内容中的中文标签

公式使用 SEARCHB 函数，以通配符半角问号"?"作为关键字，在 A2 单元格中返回首个半角字符出现的位置，得到结果为表示字节数的 9。

再使用 LEFTB 函数，根据 SEARCHB 函数得到的字节数减去 1，从 A2 单元格最左侧开始提取出对应字节数长度的字符串。

13.2.7 替换字符串

使用替换函数，能够将字符串中的部分或全部内容替换为新的字符串。替换函数包括 SUBSTITUTE 函数、REPLACE 函数及用于区分双字节字符的 REPLACEB 函数。

⊃ ｜SUBSTITUTE 函数

SUBSTITUTE 函数用于将目标字符串中指定的字符串替换为新字符串，函数语法如下：

```
SUBSTITUTE(text,old_text,new_text,[instance_num])
```

第一参数 text 是目标字符串或目标单元格引用。第二参数 old_text 是需要进行替换的旧字符串。第三参数 new_text 指定将旧字符串替换成的新字符串。第四参数 instance_num 是可选参数，指定替换第几次出现的旧字符串，如果省略该参数，源字符串中的所有与 old_text 参数相同的文本都将被替换。

例如，以下公式返回"123"。

```
=SUBSTITUTE("E1E2E3","E","")
```

而以下公式返回"E12E3"。

```
=SUBSTITUTE("E1E2E3","E","",2)
```

SUBSTITUTE 函数区分字母大小写和全角半角字符。当第三参数为空文本""""或简写该参数的值而仅保留参数之前的逗号时，相当于将需要替换的文本删除。例如，以下两个公式都返回字符串"Excel"。

```
=SUBSTITUTE("ExcelHome","Home","")
=SUBSTITUTE("ExcelHome","Home",)
```

示例13-8 借助SUBSTITUTE函数提取专业名称

图 13-11 展示了某学校学生录取信息表的部分内容。B 列是以符号"/"分隔的学校、专业和姓名字符串，需要在 C 列提取专业名称。

图 13-11 学生信息表

B2 单元格输入以下公式，并将公式向下复制到 B7 单元格。

```
=TRIM(MID(SUBSTITUTE(B3,"/",REPT(" ",99)),99,99))
```

REPT 函数的作用是按照给定的次数重复文本。公式中的"REPT(" ",99)"就是将" """（空格）重复 99 次，返回由 99 个空格组成的字符串。

SUBSTITUTE 函数将源字符串中的分隔符"/"替换成 99 个空格（99 可以是大于源字符串长度的任意值），目的是拉大各个字段间的距离：

" 四川大学   土木工程   谭松 "

MID 函数从以上字符串的第 99 个字符位置开始截取 99 个字符长度的字符串，结果为一个包含专业名称及空格的字符串。最后使用 TRIM 函数清除字符串首尾多余的空格，得到专业名称。

如果需要计算指定字符（串）在某个字符串中出现的次数，可以使用 SUBSTITUTE 函数将其全部删除，然后通过 LEN 函数计算删除前后字符长度的变化来完成。

示例13-9 统计选修课程数

图 13-12 展示了某班级学生选修课记录表的部分内容，C 列的选修课程由"、"分隔，需要统计每位学生有几门选修课。

D3		fx	=(LEN(C3)-LEN(SUBSTITUTE(C3,"、",))+1)*(C3<>"")		
	A	B	C	D	E	F
1					
2		姓名	选修课程	课程数	
3		杨洋洋	天文科学、环境科学、生命科学	3	
4		向建荣	资讯科技、社会学	2	
5		沙志超	材料科学与能源科学、经济学基础	2	
6		胡孟祥	法语入门、日语基础、葡语入门	3	
7		张淑珍	心理学导论、政治学概论	2	
8		崔文杰	行政学	1	

图 13-12　统计问卷结果

在 D3 单元格输入以下公式，将公式向下复制到 D8 单元格。

```
=LEN(C3)-LEN(SUBSTITUTE(C3,"、",))+1
```

本例中，SUBSTITUTE 函数省略第三参数的参数值，表示从 C3 单元格中删除所有的分隔符号"、"。先用 LEN 函数计算出 C3 单元格字符个数，再用 LEN 函数计算出替换掉分隔符号"、"后的字符个数，二者相减即为分隔符"、"的个数。由于选修课数比分隔符数多 1，因此加 1 即得到有几门选修课。

为了避免在 C 列单元格为空时，公式返回错误结果 1，可在公式原有公式基础上加上 C3 不等于空的判断，当 C3 单元格为空时最终返回 0。

```
=(LEN(C3)-LEN(SUBSTITUTE(C3,"、",))+1)*(C3<>"")
```

⊃ Ⅱ REPLACE 函数

REPLACE 函数用于从目标字符串的指定位置开始，将指定长度的部分字符串替换为新字符串，函数语法如下：

```
REPLACE(old_text,start_num,num_chars,new_text)
```

第一参数 old_text 表示目标字符串。第二参数 start_num 指定要替换的起始位置。第三参数 num_chars 表示需要替换字符长度，如果该参数为 0（零），可以实现插入字符串的功能。第四参数 new_text 表示用来替换的新字符串。

示例13-10　在姓名和电话号码之间换行显示

图 13-13 所示是姓名和电话号码的混合内容，需要将姓名和电话号码换行显示。

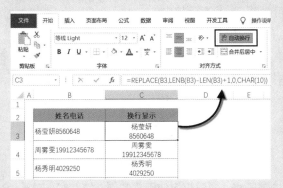

图 13-13　姓名和电话换行显示

C2 单元格输入以下公式，将公式向下复制到数据区域的最后一行。

```
=REPLACE(B3,LENB(B3)-LEN(B3)+1,0,CHAR(10))
```

公式首先使用 LENB(B3)-LEN(B3) 计算出 C2 单元格中的全角字符数，结果加 1 得到首个半角字符出现的位置。然后使用 REPLACE 函数，从 C2 单元格中首个半角字符所在的位置开始，用 CHAR(10) 部分得到的换行符替换掉其中的 0 个字符。

最后在【开始】选项卡下设置对齐方式为【自动换行】。

REPLACEB 函数的语法与 REPLACE 函数类似，区别在于 REPLACEB 函数是将指定字节长度的字符串替换为新文本。

> SUBSTITUTE 函数是按字符串内容替换，而 REPLACE 函数和 REPLACEB 函数是按位置和字符串长度替换。

13.2.8　TEXT 函数

Excel 的自定义数字格式功能可以将单元格中的数值或文本以自定义格式显示，而 TEXT 函数也有类似的功能，可以将数值或文本转换为指定数字格式的文本。

TEXT 函数的基本语法如下：

```
TEXT(value,format_text)
```

第一参数 value 是要处理的字符串。第二参数 format_text 是格式代码。格式代码与单元格自定义数字格式中的大部分代码基本相同，有少部分用于表示颜色或是对齐方式的格式代码仅适用于自定义格式，不能在 TEXT 函数中使用。

设置单元格的自定义数字格式和 TEXT 函数有以下区别。

（1）前者仅仅改变显示外观，数据本身并未发生变化。

（2）使用 TEXT 函数返回按指定格式转换后的文本，该返回值与原始值并不相同。

示例13-11 合并带数字格式的字符串

图 13-14 所示为某施工项目完成进度表的部分内容，其中 B 列为日期格式，C 列为百分比格式，需要将姓名、日期和完成进度合并在一个单元格内。

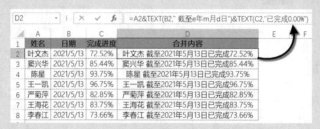

图 13-14　合并带数字格式的字符串

对于设置了数字格式的单元格，如果直接使用文本连接符"&"连接，会全部按常规格式进行连接合并。本例中，如果使用公式"=A2&B2&C2"，结果为"叶文杰 443290.7252"。其中 44329 是 B2 单元格的日期序列值，0.7252 则是 C2 单元格中百分比的小数形式。

D2 单元格输入以下公式，将公式向下复制到 D8 单元格。

=A2&TEXT(B2," 截至 e 年 m 月 d 日 ")&TEXT(C2," 已完成 0.00%")

公式中的"TEXT(B2,"截至 e 年 m 月 d 日")"部分，使用 TEXT 函数将 B2 单元格中的日期转换为字符串" 截至 2021 年 5 月 13 日"。"TEXT(C2," 已完成 0.00%")"部分，将 C2 单元格中的百分比转换为字符串" 已完成 72.52%"，最后再使用文本连接符"&"，将 A2 单元格中的姓名及 TEXT 函数得到的字符串进行连接，得到结果为"叶文杰 截至 2021 年 5 月 13 日已完成 72.52%"。

示例13-12 在TEXT函数格式代码参数中引用单元格地址

对 TEXT 函数第二参数进行改造，能够在格式代码参数中引用单元格地址。图 13-15 展示的是某单位员工应知应会考核记录的部分内容，使用 TEXT 函数能够对 B 列的得分进行简单的条件判定。

	A	B	C	D	E	F
C2	fx =TEXT(B2,"[>="&E$2&"]合格;不合格")					
1	姓名	应知应会得分	是否合格		标准	
2	王一宁	9.3	合格		9	
3	郑小兰	8.3	不合格			
4	何文辉	9.2	合格			
5	贾春丽	8	不合格			
6	窦春来	9.9	合格			
7	陈明哲	9	合格			
8	张万春	8.7	不合格			
9	杨红兰	9.3	合格			

图 13-15　判断考核成绩是否合格

C2 单元格输入以下公式，将公式向下复制到 C9 单元格。

=TEXT(B2,"[>="&E$2&"] 合格 ; 不合格 ")

首先使用字符串 ""[>="" 和 E2 单元格中的字符 9，以及字符串 ""] 合格；不合格 "" 进行连接，得到新的字符串 "[>=9] 合格；不合格"，以此作为 TEXT 函数的第二参数。如果 B 列得分大于等于 9 则返回 "合格"，否则返回 "不合格"。

当更改 E2 单元格中的标准分数时，相当于调整了格式代码中的数值，TEXT 函数的判断结果也会随之更新。

> 同自定义数字格式一样，TEXT 函数的第二参数最多只能进行两个条件的判断，即 "符合条件 1 时的结果；符合条件 2 时的结果；除此之外的结果"。

示例13-13　计算课程总时长

图 13-16 展示的是某在线学习班的课程及时长目录，需要计算出课程总时长。

D3 单元格输入以下公式，计算结果为 33：42：37。

```
=TEXT(SUM(B2:B11),"[h]:mm:ss")
```

先使用 SUM 函数计算出 B2：B11 的时长总和，再使用 TEXT 函数将结果转换为超过进制的 "时：分：秒" 形式。

图 13-16　计算课程总时长

如果需要使用 Excel 制作一些票据和凭证，这些票据和凭证中的金额往往需要转换为中文大写样式。

根据《票据法》的有关规定，对中文大写金额有以下要求。

（1）中文大写金额数字到 "元" 为止的，在 "元" 之后应写 "整"（或 "正"）字，在 "角" 之后，可以不写 "整"（或 "正"）字。大写金额数字有 "分" 的，"分" 后面不写 "整"（或 "正"）字。

（2）数字金额中有 "0" 时，中文大写应按照汉语语言规律、金额数字构成和防止涂改的要求进行书写。数字中间有 "0" 时，中文大写要写 "零" 字。数字中间连续有几个 "0" 时，中文大写金额中间可以只写一个 "零" 字。金额数字万位和元位是 "0"，或者数字中间连续有几个 "0"，万位、元位也是 "0"，但千位、角位不是 "0" 时，中文大写金额中可以只写一个 "零" 字，也可以不写 "零" 字。金额数字角位是 "0"，而分位不是 "0" 时，中文大写金额 "元" 后面应写 "零" 字。

示例13-14　转换中文大写金额

如图 13-17 所示，B 列是小写的金额数字，需要转换为中文大写金额。

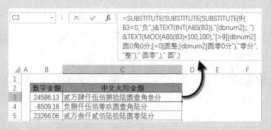

图 13-17　转换中文大写金额

C3 单元格输入以下公式，将公式向下复制。

=SUBSTITUTE(SUBSTITUTE(SUBSTITUTE(IF(B3<0,"负",)&TEXT(INT(ABS(B3)),
"[dbnum2];; ")&TEXT(MOD(ABS(B3)*100,100),"[>9][dbnum2]元0角0分;[=0]元
整;[dbnum2]元零0分"),"零分","整"),"元零",),"元",)

"IF(B3<0,"负",)" 部分，判断金额是否为负数。如果是负数则返回"负"字，否则返回零。

"TEXT(INT(ABS(B3)),"[dbnum2];; ")" 部分，使用 ABS 函数和 INT 函数得到数字金额的整数部分，然后通过 TEXT 函数将正数转换为中文大写数字，将零转换为一个空格" "。

"TEXT(MOD(ABS(B3)*100,100),"[>9][dbnum2]元0角0分;[=0]元整;[dbnum2]元零0分")" 部分，使用 MOD 函数和 ABS 函数提取金额数字小数点后两位数字，然后通过 TEXT 函数自定义条件的三区段格式代码转换为对应的中文大写金额。

最后公式通过由里到外的三层 SUBSTITUTE 函数完成字符串替换得到中文大写金额。第一层 SUBTITUTE 函数将"零分"替换为"整"，对应数字金额到"角"为止的情况，在"角"之后写"整"字。第二层 SUBSTITUTE 函数将"元零"替换为空文本，对应数字金额只有"分"的情况，删除字符串中多余的字符。第三层 SUSTITUTE 函数将"元"替换为空文本，对应数字金额整数部分为"0"的情况，删除字符串中多余的字符。

13.2.9　合并字符串

TEXTJOIN 函数用于合并单元格区域中的内容或是内存数组中的元素，并可指定间隔符号，函数语法如下：

```
TEXTJOIN(delimiter,ignore_empty,text1,…)
```

第一参数 delimiter 是指定的间隔符号。该参数为空文本或省略参数值时，表示不使用分隔符号。第二参数 ignore_empty 用逻辑值指定是否忽略空单元格和空文本，TRUE 表示忽略空单元格和空文本，FALSE 表示不忽略空单元格和空文本。第三参数是需要合并的单元格区域或数组。

示例13-15　根据实习单位合并人员姓名

图 13-18 展示了某高校部分学生的实习记录，需要根据 G 列的实习单位合并学生姓名，并用"、"进行分隔。

图 13-18　销售产品清单

H2 单元格输入以下数组公式，按 <Ctrl+Shift+Enter> 组合键，将公式向下复制到 H6 单元格。

{=TEXTJOIN("、",TRUE,IF(E$2:E$16=G2,A$2:A$16,""))}

先使用 IF 函数将 E$2:E$16 区域中的单位名称与 G2 单元格中的名称进行比较，相同则返回对应的姓名，不同则返回空文本，得到内存数组结果为：

{"蔡玲玲";"蔡亚婵";"曹玉玲";"";"";"";"";"";"";"";"";"";"";"";""}

最后利用 TEXTJOIN 函数，以"、"作为分隔符，忽略空文本合并该内存数组。
TEXTJOIN 函数第二参数也可以使用非零数值来替代逻辑值 TRUE，使用数值 0 来代替逻辑值 FALSE。

CONCAT 函数用于合并单元格区域中的内容或内存数组中的元素，但不提供分隔符。

示例13-16　合并选修科目

图 13-19 为某高校学生选修课程表的部分内容，标记"√"的为该生选修课程，需要在 H 列合并选修科目，并用空格进行分隔。

	A	B	C	D	E	F	G	H
1	姓名	城市生态学	心理学	教育学	金融工程	高等数学	气象学	选修科目
2	刘计云	√		√		√		城市生态学 教育学 高等数学
3	冯佳华		√	√				心理学 教育学
4	董春梅	√			√		√	城市生态学 金融工程 气象学
5	葛文成				√	√		金融工程 高等数学
6	龚小玲	√		√				城市生态学 教育学
7	蔡冬菊		√		√	√		心理学 金融工程 高等数学
8	曹玉玲	√	√			√		城市生态学 心理学 高等数学
9	曾俊丽		√		√		√	心理学 金融工程 气象学
10	陈春秀	√		√		√		城市生态学 教育学 高等数学
11	白明翠		√		√		√	心理学 金融工程 气象学
12	张占蕊	√		√		√		城市生态学 心理学 高等数学

图 13-19　参赛名单

H2 单元格输入以下数组公式，按 <Ctrl+Shift+Enter> 组合键，将公式向下复制到 H12 单元格。

{=TRIM(CONCAT(IF(B2:G2="√",B$1:G$1&" ","")))}

公式中的"IF(B2:G2="√",B\$1:G\$1&" ","")"部分，使用 IF 函数对 B2:G2 单元格进行判断，如果等于字符"√"，则返回 B\$1:G\$1 中的科目名称并连接一个空格" "，否则返回空文本 ""。得到内存数组结果为：

{" 城市生态学 ",""," 教育学 ",""," 高等数学 ",""}

然后使用 CONCAT 函数连接该内存数组中的各个元素，最后使用 TRIM 函数清除最后多余的一个空格。

提示 → 为了便于识别，本书中列举的数组公式最外侧均添加了大括号，这些大括号是在按 <Ctrl+Shift+Enter> 组合键结束编辑后自动产生的，不能手工输入。

提示 → 使用 LEFT、RIGHT、SUBSTITUTE、TEXTJOIN 等文本函数或文本连接运算符（&）得到的结果均为文本型数据。

第 14 章 逻辑判断与信息提取函数

逻辑函数主要用于对数据进行对比判断或检验，如判断与另一个单元格是否相同、检验是否符合指定的条件等。借助信息类函数，能够获取工作簿名称、单元格格式等信息。

> **本章学习要点**
>
> （1）常用逻辑函数。　　　　　　　　　　（3）"IS" 开头的信息函数。
> （2）用 CELL 函数提取单元格信息。

14.1 逻辑函数

14.1.1 用 AND 函数、OR 函数和 NOT 函数判断真假

AND 函数对应逻辑关系"与"。当所有参数为逻辑值 TRUE 时，结果返回 TRUE，只要有一个参数为逻辑值 FALSE，结果返回 FALSE。

OR 函数对应逻辑关系"或"。只要有一个参数为逻辑值 TRUE，结果就返回 TRUE。只有当所有参数均为逻辑值 FALSE 时，才会返回 FALSE。

NOT 函数对应链接关系"非"。用于对参数的逻辑值求反，当参数为 TRUE 时返回 FALSE，参数为逻辑值 FALSE 时返回 TRUE。

示例14-1 使用AND函数和OR函数进行多条件判断

图 14-1 所示是某公司各代理商在 2019 和 2020 两个年度的销量汇总，使用 AND 函数可以判断两个年度销量是否均高于 35000。

	A	B	C	D	E	F
1	编号	代理商	所在社区	2019年销量	2020年销量	两年度均高于35000
2	A-001	师胜昆	凤凰店	45000	34000	FALSE
3	A-002	贾丽丽	门楼徐	33000	19000	FALSE
4	A-003	赵睿	老官陈	45000	42000	TRUE
5	A-004	师丽莉	郑家寨	27000	39000	FALSE
6	A-005	岳恩	姜家坊	18000	15000	FALSE
7	A-006	李勤	大杨店	26000	17000	FALSE
8	A-007	郝尔冬	陆家场	21000	23000	FALSE
9	A-008	朱丽叶	郭家寨	41000	39000	TRUE
10	A-009	白可燕	前后杨	44000	30000	FALSE

图 14-1　销量汇总表

F2 单元格输入以下公式，向下复制到 F10 单元格。

```
=AND(D2>35000,E2>35000)
```

先使用 D2>35000 和 E2>35000 分别对比两个年度的销量是否大于 35000，然后使用 AND 函数对两个条件返回的结果进一步判断。如果两个条件对比后都返回 TRUE，AND 函数才会返回 TRUE，表示两个条件同时符合。只要有一个条件对比后返回 FALSE，AND 函数即返回逻辑值 FALSE。

如果要判断是否有任意一个年度的销量大于 35000，可以在 G2 单元格输入以下公式，向下复制到 G10 单元格。

```
=OR(D2>35000,E2>35000)
```

先分别对比两个年度的销量是否大于 35000，然后使用 OR 函数对两个条件返回的结果进行判断。如果任意一个条件对比后返回 TRUE，OR 函数即返回 TRUE，表示两个条件符合其一。只有两个条件对比后都返回 FALSE，OR 函数才会返回逻辑值 FALSE，表示两个条件均不符合。

14.1.2 用乘法、加法替代 AND 函数和 OR 函数

在实际运用中，常用乘法代替 AND 函数，用加法代替 OR 函数。

乘法运算与 AND 函数的逻辑关系相同，只要有一个乘数为 0，结果就等于 0。只有当所有乘数都不等于 0 时，结果才不等于 0。

加法运算与 OR 函数的逻辑关系相同，只要有一个加数不为 0，结果就不等于 0。只有当所有加数都为 0 时，结果才是 0。

仍以示例 14-1 中的数据为例，需要计算代理商的年终返利。假设在两个年度销量均高于 35000 时返回 1000，否则返回 0，使用乘法替代 AND 函数的公式为：

```
=(D2>35000)*(E2>35000)*1000
```

假设在任意一个年度销量高于 35000 时返回 1000，否则返回 0，使用加法替代 OR 函数的公式为：

```
=((D2>35000)+(E2>35000))*1000
```

14.1.3 认识 IF 函数

使用 AND 或 OR 函数虽然能对多个条件进行判断，但是只能返回逻辑值 TRUE 或 FALSE，如果要根据不同的判断结果返回指定的内容或是执行某项计算，可以借助 IF 函数来实现。

⊃ I 简单的 IF 函数用法

IF 函数的语法为：

```
IF(logical_test,value_if_true,value_if_false)
```

可以理解为：

```
IF( 判断条件 , 条件成立时返回的值 , 条件不成立时返回的值 )
```

当第一参数为 TRUE 或非 0 数值时，IF 函数返回第二参数的值。当第一参数为 FALSE 或等于 0 时，则返回第三参数的值。

仍以示例 14-1 中的数据为例，如果希望在两个年度销量均高于 35000 时返回"优质客户"，否则返回"普通客户"，可以使用以下公式：

```
=IF(AND(D2>35000,E2>35000)," 优质客户 "," 普通客户 ")
```

IF 函数根据 AND 函数的结果分别返回不同的内容，当 AND 函数结果为 TRUE 时，返回第二参数"优质客户"，当 AND 函数结果为 FALSE 时，返回第三参数"普通客户"。

⊃ II IF 函数的嵌套使用

IF 函数的第二参数和第三参数除了可以使用数值和文字，也可以使用另一个 IF 函数再次计算，从而实现多条件的判断。

示例14-2 使用IF函数评定门店等级

图 14-2 展示了某公司各门店销售汇总表的部分内容，需要根据销售金额评定门店等级。评定规则是大于50000 为 "A"，大于 30000 为 "B"，其他为 "C"。

E2 单元格输入以下公式，将公式向下复制到 E11单元格。

```
=IF(D2>50000,"A",IF(D2>30000,"B",
"C"))
```

	A	B	C	D	E
1	序号	门店名称	负责人	销售金额	等级
2	1	碱店涌金店	杨杭州	92,622.10	A
3	2	刘泮大行宫店	刘文京	59,793.10	A
4	3	郑寨古北店	于上海	54,860.00	A
5	4	杨家金桥店	段金平	35,991.54	B
6	5	宋家联洋店	刘德友	21,482.37	C
7	6	张西桥南方店	马家辉	4,630.00	C
8	7	义渡口七宝店	何文化	6,918.00	C
9	8	边镇曲阳店	陈家栋	1,023.00	C
10	9	苏官屯店	苏文瑞	13,849.00	C
11	10	新里程店	杨凤萍	2,205.00	C

图 14-2 销售汇总表

公式中的"IF(D2>30000,"B","C")"部分，可以看作首个 IF 函数的第三参数。如果 D2 单元格中的销售金额大于 50000，将返回第二参数"A"。如果不满足该条件，则执行第三参数IF(D2>30000,"B","C")，继续判断 D2 是否大于 30000，满足该条件时返回"B"，否则返回"C"。

使用 IF 函数按不同数值区间进行嵌套判断时，需要注意区段划分的完整性，各个判断条件之间不能有冲突。可以先判断是否小于条件中的最小标准值，然后逐层判断，最后是判断是否小于条件中的最大标准值。也可以先判断是否大于条件中的最大标准值，然后逐层判断，最后是判断是否大于条件中的最小标准值。

使用以下公式能够完成同样的计算要求。

```
=IF(D2<=30000,"C",IF(D2<=50000,"B","A"))
```

14.1.4 用 IFS 函数实现多条件判断

使用 IFS 函数可以取代多个嵌套 IF 语句，在进行多个条件判断时更加方便。函数语法为：

```
IFS(logical_test1,value_if_true1,[logical_test2,value_if_
true2],logical_test3,value_if_true3],…)
```

logical_test1 参数是必需参数，是需要判断的第一个条件。

value_if_true1 参数也是必需参数，是在第一参数判断结果为 TRUE 时要返回的结果。

其他参数为可选参数，两两一组，是需要判断的第 2 至第 127 组判断条件和符合判断条件时要返回的结果。将最后一个判断条件的参数设置为 TRUE 或是不等于 0 的数值，在不满足其他所有判断条件时能够返回指定的内容。

IFS 函数的用法可以理解为：

```
IFS（判断条件 1，条件 1 成立时返回的值 ，判断条件 2，条件 2 成立时返回的值…）
```

仍以示例 14-2 中的数据为例，可以在 E2 单元格输入以下公式，向下复制到 E11 单元格，也能够完成门店等级的判断。

```
=IFS(D2>50000,"A",D2>30000,"B",TRUE,"C")
```

IFS 函数对多个条件依次进行判断，如果 D2>50000 的条件成立，返回指定内容"A"，如果 D2>30000 的条件成立，返回指定内容"B"，当以上两个条件都不成立时，返回指定内容"C"。

14.1.5 用 SWITCH 函数进行条件判断

SWITCH 函数用于将表达式与参数进行比对，如匹配则返回对应的值，没有参数匹配时返回可选的默认值。函数语法为：

```
=SWITCH(expression,value1,result1,[default_or_value2,result2],...)
```

如果第一参数的结果与 value1 相等，则返回 result1；如果与 value2 相等，则返回 result2……；如果都不匹配，则返回指定的内容。当不指定内容且无参数可以匹配时，将返回错误值。

示例14-3 用SWITCH函数完成简单的条件判断

在图 14-3 所示的销售汇总表中，需要根据 E 列的门店等级，返回对应的拟定措施。等级为"A"时，拟定措施为"重点关注"，等级为"B"时，拟定措施为"加强开发"，其他等级的拟定措施为"跟进升级"。

	A	B	C	D	E	F	G
1	序号	门店名称	负责人	销售金额	等级	拟定措施	
2	1	碱店涌金店	杨杭州	92,622.10	A	重点关注	
3	2	刘洋大行宫店	刘文京	59,793.10	A	重点关注	
4	3	郑寨古北店	于上海	54,860.00	A	重点关注	
5	4	杨家金桥店	段金平	35,991.54	B	加强开发	
6	5	宋家联洋店	刘德友	21,482.37	C	跟进升级	
7	6	张西桥南方店	马家辉	4,630.00	C	跟进升级	
8	7	义渡口七宝店	何文化	6,918.00	C	跟进升级	
9	8	边镇曲阳店	陈家栋	1,023.00	C	跟进升级	
10	9	苏官屯店	苏文瑞	13,849.00	C	跟进升级	
11	10	新里程店	杨凤萍	2,205.00	C	跟进升级	

F2 单元格公式：`=SWITCH(E2,"A","重点关注","B","加强开发","跟进升级")`

图 14-3 用 SWITCH 函数完成简单的条件判断

F2 单元格输入以下公式，向下复制到 F11 单元格。

```
=SWITCH(E2,"A","重点关注","B","加强开发","跟进升级")
```

SWITCH 函数的第一参数是要判断的单元格，之后是成对的 value 和 result 参数，当第一参数等于某个 value 时，则返回与之对应的 result 值。最后一个参数作为指定的默认值，在前面的条件都不符合时将返回该结果。

14.1.6 用 IFERROR 函数屏蔽错误值

IFERROR 函数常用于处理公式可能返回的错误值。如果公式的计算结果为错误值，IFERROR 函数将返回事先设定的内容，否则返回公式的计算结果。函数语法为：

```
IFERROR(value, value_if_error)
```

可以理解为：

=IFERROR（公式，公式结果为错误值时返回的内容）

第一参数是需要检查是否有错误值的公式或单元格引用。第二参数是公式计算结果为错误值或是单元格中为错误值时要返回的内容，返回的内容可以是数字、文本或是其他公式。能够判断的错误值类型包括 #N/A、#VALUE!、#REF!、#DIV/0!、#NUM!、#NAME？和 #NULL!。

图 14-4 所示是某企业订单备货表的部分内容。在 G 列使用 F 列的完成吨数除以 E 列的订单吨数，计算订单完成进度。

由于 E4 单元格中缺少订单吨数，G4 单元格中的公式"=F4/E4"返回了错误值。

	A	B	C	D	E	F	G
	产品型号	客户	交期	包装规格	订单吨数	完成吨数	进度
2	无蔗糖型	新加坡SK	2020/12/31	25kg纸袋 无标	60.4	19.6	32.45%
3	原味经典	菲律宾BL	2020/12/31	20kg加内膜	56		76.79%
4	甜味香醇	墨西哥OMS	2020/11/10	10kg纸袋 贴标		6	#DIV/0!
5	黑豆营养	日本捷邦	2020/11/10	20kg加内膜	99.5	85.4	85.83%
6	青豆浓郁	新加坡SK	2020/11/25	20kg加内膜	81.9	52.9	64.59%
7	红枣益气	美国BHFR	2020/11/25	600kg集装袋	60	54	90.00%
8	高钙香醇	新加坡SK	2020/11/25	10kg纸袋 贴标	69.2	59.6	86.13%
9	组合营养	国内散户	2020/12/1	500kg集装袋	105	85	80.95%

图 14-4　计算订单完成进度

如需将错误值显示为"订单吨数待核"，可以在 G2 单元格输入以下公式，然后将公式向下复制到 G9 单元格。

```
=IFERROR(F2/E2,"订单吨数待核")
```

提示　　　IFNA 函数也用于屏蔽公式返回的错误值，但是能够判断的错误值类型仅包括 #N/A。因此在使用中有一定的局限性。

14.2　常用信息函数

14.2.1　借助 CELL 函数返回单元格信息

CELL 函数能够根据第一参数指定的类型返回单元格中的信息，函数语法为：

```
CELL(info_type, [reference])
```

info_type 参数为必需参数，用于指定要返回的单元格信息的类型。

reference 参数为可选参数，是需要得到其相关信息的单元格或单元格区域。如果省略该参数，则返回最后更改的单元格信息。如果该参数是一个单元格区域，则 CELL 函数返回该区域左上角单元格的信息。

info_type 参数的部分常用取值及对应的结果如表 14-1 所示。

表 14-1　CELL 函数常用参数及返回的结果

Info_type 参数取值	函数返回结果
"col"	以数字形式返回单元格的列号
"filename"	返回带有工作簿名称和工作表名称的完整文件路径。如果是未保存的新建文档，则返回空文本（""）
"row"	返回单元格的行号
"width"	取整后的单元格列宽，以默认字号的一个字符宽度为单位

提示　　在更改了引用单元格的格式后，需要按 <F9> 功能键重新计算工作表，才能更新 CELL 函数的结果。

示例14-4　忽略隐藏列的求和汇总

图 14-5 所示是某公司服装销售记录表的部分内容，需要在 M 列计算出 C~L 列的总和，同时忽略隐藏列的数据。

▲	A	B	C	G	H	J	L	M
1	大类名称	款式名称	暗红	粉红	粉花	黑色	红花	合计
2	单衣	T恤				13		13
3	单衣	半袖衬衫			16	2		18
4	单衣	吊带衫				12		12
5	单衣	风衣		12		12		24
6	单衣	连衣裙		15			5	20
7	单衣	上衣	9		7			16
8	单衣	套服					3	3
9	单衣	套裙						0
10	单衣	长袖衬衫			5	11	7	23
11	单衣	针织衫	3	8		1		12
12	夹衣	夹克				2		2
13	下装	长裤				17		17

图 14-5　销售数据表

操作步骤如下。

步骤①　在数据区域底部的空白单元格，如 C15，输入以下公式，向右复制到 L15 单元格。

```
=CELL("width",C1)
```

CELL 函数第一参数使用 "width"，得到 C1 单元格的列宽，这里的 C1 可以是公式所在列的任意单元格。如果隐藏了 C~L 列的任意列，CELL 函数的结果将返回 0。

步骤②　在 M2 单元格输入以下公式，向下复制到 M13 单元格。

```
=SUMIF(C$15:L$15,">0",C2:L2)
```

SUMIF 函数以 C15:L15 单元格区域中 CELL 函数的计算结果作为求和区域,如果 C15:L15 大于 0,则对 C2:L2 单元格对应的数值进行求和。

如果隐藏了 C~L 列的任意列,然后按 <F9> 键,即可在 M 列得到忽略隐藏列的汇总结果。

14.2.2 "IS"开头的信息函数

以"IS"开头的函数主要用于判断数据类型、奇偶性,以及是否为空单元格、错误值、文本、公式等,常用信息函数的功能如表 14-2 所示。

表 14-2 "IS"开头的信息函数

函数名称	参数符合以下条件时,返回 TRUE
ISBLANK	空单元格
ISERR	除 #N/A 以外的其他错误值
ISERROR	任意错误值
ISEVEN	偶数
ISFORMULA	单元格中包含公式
ISLOGICAL	逻辑值
ISNA	错误值 #N/A
ISNONTEXT	不是文本类型
ISNUMBER	数值
ISODD	奇数
ISREF	引用
ISTEXT	文本

➲ ┃ 判断数值的奇偶性

ISODD 函数和 ISEVEN 函数能够判断数值的奇偶性,使用这两个函数,能够根据身份证号码信息判断持有人的性别。

示例14-5 根据身份证号码判断性别

我国现行居民身份证由 17 位数字本体码和 1 位数字校验码组成,其中第 17 位数字表示性别,奇数代表男性,偶数代表女性。如图 14-6 所示,需要根据 G 列的员工身份证号码判断性别。

| H2 | : | × | ✓ | fx | =IF(ISODD(MID(G2,17,1)),"男","女") |

	A	B	C	D	E	F	G	H
1	工号	姓名	学历	部门	职务	工作电话	身份证号码	性别
2	QH005	李玉磊	本科	企划部	职员	26985496	150429********1216	男
3	XS001	刘文颖	本科	销售部	门市经理	24785625	210311********0041	女
4	XZ003	尚福乐	本科	行政部	职员	23698754	522324********5216	男
5	XS007	宋林良	大专	销售部	营业员	26584965	211224********5338	男
6	XZ002	苏士超	本科	行政部	处长	26359875	522626********1214	男
7	XS002	孙小雪	本科	销售部	经理助理	24592468	210303********1224	女
8	XS003	孙源龙	大专	销售部	营业员	26859756	210111********3012	男
9	XS005	佟大琳	大专	销售部	营业员	26849752	152123********0681	女
10	XS006	吴春雨	本科	销售部	营业员	23654789	211322********2025	女
11	XZ001	杨少猛	本科	行政部	经理	25986746	522324********5617	男
12	QH001	张纯华	博士	企划部	经理	24598738	120107********0641	女
13	QH003	张家超	本科	企划部	职员	25478965	211322********0317	男

图 14-6　根据身份证号码判断性别

在 H2 单元格输入以下公式，将公式向下复制到 H13 单元格。

```
=IF(ISODD(MID(G2,17,1)),"男","女")
```

公式首先利用 MID 函数提取 G2 单元格中的第 17 个字符，再使用 ISODD 函数判断该字符的奇偶性，并返回逻辑值 TRUE 或是 FALSE。最后使用 IF 函数根据 ISODD 函数得到的逻辑值返回相对应的值。同样的思路，也可以使用以下公式。

```
=IF(ISEVEN(MID(G2,17,1)),"女","男")
```

提示→　　　ISODD 函数或 ISEVEN 函数支持使用文本型参数，如果参数不是整数，将被截尾取整后再进行判断。

○ II 判断是否为数值

ISNUMBER 函数用于判断参数是否为数值。该函数支持数组运算，通常与其他函数嵌套使用。

示例14-6　包含关键字的多列数据汇总

图 14-7 所示是某公司产品销售记录的部分内容，需要以 A 列物料名称中是否包含指定的关键字作为统计条件，对 D~H 列的数据进行汇总求和。

| J2 | ▼ | : | × | ✓ | fx | {=SUM(ISNUMBER(FIND(J1,A2:A15))*D2:H15)} |

	A	B	C	D	E	F	G	H	J
1	产品名称	规格描述	单位	1月售出	2月售出	3月售出	4月售出	5月售出	PVC胶片
2	白色磨砂PP胶片(AL-WE), 38号(厚度：0.950mm)	19"x41"	张	98	95	113	199	190	3007
3	哑白纹特幼磨砂PP胶片(S1S2), 16号(厚度：0.400mm)	31"x 14.5"	张	258	233	111	273	236	
4	紫色双面特幼磨砂PP胶片(PMS 2612C)	19"x41"	张	284	232	108	200	259	
5	蓝白双面特幼磨砂PP胶片, 38号(厚度：0.950mm)	18"x40"	张	99	224	95	251	138	
6	白色16号 PVC胶片.(厚度：0.400mm)	15.75"x21.5"	张	223	158	213	246	277	
7	PET胶片, 3号(厚度：0.070mm), 19.69"封. 窗口级	19.69"卷装	kg	170	254	172	237	161	
8	蓝色磨砂PP胶片(AL纹), 38号(厚度：0.950mm)	20.5"x41"	张	142	105	208	172	137	
9	透明PVC胶片, 14号(厚度：0.350mm), 21"封. 折盒级	21"卷装	kg	293	227	188	190	169	
10	黄色磨砂PP胶片109C(AB纹), 32号(厚度：0.800mm)	22"x41"	张	153	161	165	250	195	
11	透明双镜面PP胶片, 16号(厚度：0.400mm)	20.875"x14.5"	张	122	266	237	244	193	
12	纹白色白面磨砂PP胶片A2B5(不透光)	20.75"x17"	张	260	144	114	207	168	
13	特白双面磨砂PP胶片15号(厚度：0.375mm)	25"x16.75"	张	142	166	158	191	222	
14	环保APET胶片, 14号(厚度：0.350mm), 24"封. 折盒级	24"卷装	kg	141	164	120	129	144	
15	蓝色PVC胶片, 20号(厚度：0.500mm), 24"封. 折盒级	24"卷装	kg	218	90	103	131	281	

图 14-7　包含关键字的多列数据汇总

J2 单元格公式输入以下数组公式，按 <Ctrl+Shift+Enter> 组合键。

```
{=SUM(ISNUMBER(FIND(J1,A2:A15))*D2:H15)}
```

　　公式先使用 FIND 函数，以 J1 单元格中指定的关键字作为查询条件，查询该关键字在 A2:A15 单元格中首次出现的位置。如果 A2:A15 单元格中包含关键字，将返回以数字表示的位置信息，否则将返回错误值 #VALUE!，得到内存数组结果为：

```
{#VALUE!;#VALUE!;#VALUE!;#VALUE!;7;#VALUE!;#VALUE!;3;#VALUE!;#VALUE!;#V
ALUE!;#VALUE!;#VALUE!;3}
```

14 章

　　接下来使用 ISNUMBER 函数依次判断以上内存数组结果中的每个元素是否为数值，得到新的内存数组结果为：

```
{FALSE;FALSE;FALSE;FALSE;TRUE;FALSE;FALSE;TRUE;FALSE;FALSE;FALSE;
FALSE;TRUE}
```

　　再用这个内存数组与 D2:H15 单元格区域中的售出数量对应相乘，在四则运算中，FALSE 的作用相当于 0，TRUE 的作用相当于 1。最后使用 SUM 函数计算出乘积之和。

第 15 章　数学计算

利用和掌握 Excel 数学计算类函数的基础应用技巧，可以在工作表中快速完成求和、取余、随机和修约等数学计算过程。

同时，常用数学函数的应用技巧，在构造数组序列、单元格引用位置变换、日期函数综合应用及文本函数的提取中都起着重要的作用。

> **本章学习要点**
>
> （1）取余函数及应用。　　　　　　　　（3）随机函数的应用。
> （2）常用舍入函数介绍。

15.1　取余函数

余数是被除数与除数进行整除运算后剩余的数值，余数的绝对值必定小于除数的绝对值。例如 20 除以 6，余数为 2。

MOD 函数用来返回两数相除后的余数，其结果的正负号与除数相同。该函数的语法结构为：

```
MOD(number,divisor)
```

其中，number 是被除数，divisor 是除数。如果借用 INT 函数来表示，其计算过程为：

```
MOD(n,d)=n-d*INT(n/d)
```

示例15-1　MOD函数计算余数

计算数值 25 除以 4.3 的余数，可以使用以下公式，结果为 3.5。

```
=MOD(25,4.3)
```

如果被除数是除数的整数倍，MOD 函数将返回结果 0。以下公式用于计算数值 3 除以 1 的余数，结果为 0。

```
=MOD(3,1)
```

MOD 函数的被除数和除数允许使用负数，结果的正负号与除数相同。以下公式用于计算数值 22 除以 -6 的余数，结果为 -2。

```
=MOD(22,-6)
```

学校考试座位排位或引用固定间隔单元格区域等应用中，经常用到循环序列。循环序列是基于自然数序列，按固定的周期重复出现的数字序列。其典型形式是 1,2,3,4,1,2,3,4,…1,2,3,4。借助 MOD 函数可生成这样的数字序列。

示例15-2　MOD函数生成循环序列

如图 15-1 所示，B 列是用户指定的循环周期，C 列是初始值，利用 MOD 函数结合自然数序列可以生成指定周期和初始值的循环序列。

D4		:	×	✓	fx	=MOD(D$2-1,$B4)+$C4						
▲	A	B	C	D	E	F	G	H	I	J	K	L
1												
2		自然数序列		1	2	3	4	5	6	7	8	9
3		周期	初始值				生成循环序列					
4		3	0	0	1	2	0	1	2	0	1	2
5		3	2	2	3	4	2	3	4	2	3	4
6		4	5	5	6	7	8	5	6	7	8	5

图 15-1　MOD 函数生成循环序列

B4 的周期为 3，C4 的初始值为 0，需要生成横向的循环序列。D4 单元格输入以下公式，并复制填充至 D4:L6 单元格区域。

=MOD(D$2-1,$B4)+$C4

利用自然数序列生成循环序列的通用公式为：

=MOD(自然数序列 -1, 周期)+ 初始值

15.2　数值取舍函数

在对数值的处理中，经常会遇到进位或舍去的情况。例如，去掉小数部分、按 3 位小数四舍五入或保留 4 位有效数字等。

Excel 2019 中的常用取舍函数如表 15-1 所示。

表 15-1　常用取舍函数

函数名称	功能描述	示例
INT	取整函数，将数字向下舍入为最接近的整数	=INT(4.2516)=4
TRUNC	将数字按指定的保留位数直接截尾取整	=TRUNC(4.2516,1) =4.2
ROUND	将数字四舍五入到指定位数	=ROUND(4.2516,1) =4.3
MROUND	按指定基数进行四舍五入	=MROUND(12,5) =10
ROUNDUP	将数字朝远离零的方向舍入，即向上舍入	=ROUNDUP(4.2516,2) =4.26
ROUNDDOWN	将数字朝向零的方向舍入，即向下舍入	=ROUNDDOWN(4.2516,1) =4.2

続表

函数名称	功能描述	示例
CEILING 或 CEILING.MATH	将数字沿绝对值增大的方向，向上舍入为最接近的指定基数的倍数	=CEILING(4.2516,0.5)=4.5
FLOOR 或 FLOOR.MATH	将数字沿绝对值减小的方向，向下舍入为最接近的指定基数的倍数	=FLOOR(4.2516,0.5)=4
EVEN	将数字向上（绝对值增大的方向）舍入为最接近的偶数	=EVEN(4.2516)=6
ODD	将数字向上（绝对值增大的方向）舍入为最接近的奇数	=ODD(4.2516)=5

15.2.1　INT 和 TRUNC 函数

INT 函数和 TRUNC 函数通常用于舍去数值的小数部分，仅保留整数部分。因此常被称为"取整函数"。虽然这两个函数功能相似，但在实际使用上存在一定的区别。

INT 函数用于取得不大于目标数值的最大整数，其语法结构为：

```
INT(number)
```

其中，number 是需要取整的实数。

TRUNC 函数是对目标数值进行直接截位，其语法结构为：

```
TRUNC(number, [num_digits])
```

其中，number 是需要截尾取整的实数，num_digits 是可选参数，用于指定取整精度的数字，num_digits 的默认值为零。

两个函数对正数的处理结果相同，对负数的处理结果有一定的差异。

示例15-3　对数值进行取整计算

对于正数 7.28，INT 函数和 TRUNC 函数的取整结果相同。

```
=INT(7.28)=7
=TRUNC(7.28)=7
```

对于负数 -5.1，两个函数的取整结果不同。公式 =INT(-5.1) 的结果为 -6，即不大于 -5.1 的最大整数。公式 =TRUNC(-5.1) 的结果为 -5，即直接截去数值的小数部分。

INT 函数只能保留数值的整数部分，而 TRUNC 函数可以指定小数位数，相对而言，TRUNC 函数更加灵活。例如，需要将数值 37.639 仅保留 1 位小数，TRUNC 函数就非常方便，INT 函数则相对复杂。

```
=TRUNC(37.639,1)=37.6
=INT(37.639*10)/10=37.6
```

15.2.2　ROUNDUP 和 ROUNDDOWN 函数

从函数名称来看，ROUNDUP 函数与 ROUNDDOWN 函数对数值的取舍方向相反。ROUNDUP 函数向绝对值增大的方向舍入，ROUNDDOWN 函数向绝对值减小的方向舍去。两个函数的语法结构如下：

```
ROUNDUP(number, num_digits)
ROUNDDOWN(number, num_digits)
```

其中，number 是需要舍入的任意实数，num_digits 是要将数字舍入到的位数。

示例15-4　对数值保留两位小数的计算

如需将数值 15.2758 保留两位小数，两个函数都不会进行四舍五入，而是直接进行数值的舍入和舍去。

```
=ROUNDUP(15.2758,2)=15.28
=ROUNDDOWN(15.2758,2)=15.27
```

由于 ROUNDDOWN 函数向绝对值减小的方向舍去，其原理与 TRUNC 函数相同。因此 TRUNC 函数可代替 ROUNDDOWN 函数。例如：

```
=TRUNC(15.2758,2)=15.27
```

如需将负数 -7.4573 保留两位小数，各个函数的结果如下。

```
=ROUNDUP(-7.4573,2)=-7.46
=ROUNDDOWN(-7.4573,2)=-7.45
=TRUNC(-7.4573,2)=-7.45
```

ROUNDUP 函数结果向绝对值增大的方向舍入，ROUNDDOWN 函数和 TRUNC 函数结果则向绝对值减小的方向舍去。

15.2.3　CEILING 和 FLOOR 函数

CEILING 函数与 FLOOR 函数是按指定基数的整数倍进行取舍。CEILING 函数是向上舍入，FLOOR 函数是向下舍去，两者的取舍方向相反。

两个函数的语法结构相同：

```
CEILING(number,significance)
FLOOR(number,significance)
```

其中，number 是需要进行舍入计算的值，significance 是舍入的基数。

示例15-5　将数值按照整数倍进行取舍计算

如图 15-2 所示，A 列为需要进行舍入计算的值，B 列为舍入的基数。在 C 列和 D 列分别使用 CEILING 函数和 FLOOR 函数进行取舍。

在 C2 单元格输入以下公式，并向下填充至 C5 单元格。

```
=CEILING(A2,B2)
```

在 D2 单元格输入以下公式，并向下填充至 D5 单元格。

```
=FLOOR(A2,B2)
```

	A	B	C	D
1	number	significance	CEILING	FLOOR
2	4	2.4	4.8	2.4
3	-9.527	-3.1	-12.4	-9.3
4	-7.91	3	-6	-9
5	6.38	-1.9	#NUM!	#NUM!

图 15-2　将数值按整数倍进行取舍

从图 15-2 所示的计算结果可以看出，CEILING 函数向绝对值增大的方向舍入，FLOOR 函数向绝对值减小的方向舍去。当舍入数值为正数、基数为负数时，结果返回错误值 #NUM!。

CEILING.MATH 函数和 FLOOR.MATH 函数会忽略第二参数中数值符号的影响，避免函数运算结果出现错误值，语法结构如下：

```
CEILING.MATH(number,[significance],[mode])
FLOOR.MATH(number,[significance],[mode])
```

可选参数 mode 用于控制负数的舍入方向（接近或远离零）。significance 参数缺省时，按 significance 等于 1 处理。

示例15-6　将负数按指定方向进行取舍计算

如果将负数 -7.6424 按 1.3 的整数倍进行取舍，几个函数结果如下。

```
=CEILING.MATH(-7.6424,1.3,0)
```

以上公式等于 -6.5，结果朝接近零的方向舍入。

```
=CEILING.MATH(-7.6424,1.3,1)
```

以上公式等于 -7.8，结果朝远离零的方向舍入。

```
=FLOOR.MATH(-7.6424,1.3,0)
```

以上公式等于 -7.8，结果朝远离零的方向舍入。

```
=FLOOR.MATH(-7.6424,1.3,1)
```

以上公式等于 -6.5，结果朝接近零的方向舍入。

15.3　四舍五入函数

15.3.1　常用的四舍五入

ROUND 函数是常用的四舍五入函数之一，用于将数字四舍五入到指定的位数。该函数对需要保留位数的右边 1 位数值进行判断，若小于 5 则舍弃，若大于等于 5 则进位。

其语法结构为：

```
ROUND(number,num_digits)
```

第 2 个参数 num_digits 是小数位数。若为正数，则对小数部分进行四舍五入；若为负数，则对整数部分进行四舍五入。

以下公式将数值 728.492 四舍五入保留 2 位小数，结果为 728.49。

```
=ROUND(728.492,2)
```

以下公式将数值 -257.1 四舍五入到十位，结果为 -260。

```
=ROUND(-257.1,-1)
```

此外，FIXED 函数也可将数字四舍五入到指定的位数。该函数的舍入规则与 ROUND 函数一致，不同的是 FIXED 函数的返回结果是文本，且能返回带千位分隔符的格式文本。

其语法结构为：

```
FIXED(number,[decimals],[no_commas])
```

decimals 参数是四舍五入的位数。若为正数，则对小数部分进行四舍五入；若为负数，则 number 从小数点往左按相应位数四舍五入。若省略该参数，则按其值为 2 进行四舍五入。

no_commas 参数是一个逻辑值。若为 TRUE，则返回不包含千位分隔符的结果文本；若为 FALSE 或省略，则返回带千位分隔符的结果文本。

分别使用以下几个公式将数值 28359.476 四舍五入保留两位小数。

```
=ROUND(28359.476,2)
```

该公式结果为数值 28359.48。

```
=FIXED(28359.476)
```

该公式结果为带千位分隔符的文本 28,359.48。

```
=FIXED(28359.476,2,TRUE)
```

该公式结果为不带千位分隔符的文本 28359.48。

分别使用以下几个公式将数值 -5782.3 四舍五入到十位：

```
=ROUND(-5782.3,-1)
```

该公式结果为数值 -5780。

```
=FIXED(-5782.3,-1)
```

该公式结果为带千位分隔符的文本 -5,780。

```
=FIXED(-5782.3,-1,TRUE)
```

该公式结果为不带千位分隔符的文本 -5780。

15.3.2 特定条件下的舍入

在实际工作中，不仅需要按照常规的四舍五入法来进行取舍计算，而且需要更灵活的特定舍入方式，下面介绍两则算法技巧。

按 0.5 单位取舍：将目标数值乘以 2，按其前 1 位置数值进行四舍五入后，所得数值再除以 2。

按 0.2 单位取舍：将目标数值乘以 5，按其前 1 位置数值进行四舍五入后，所得数值再除以 5。

另外，MROUND 函数可返回参数按指定基数四舍五入后的数值，语法结构为：

```
MROUND(number,multiple)
```

如果数值 number 除以基数 multiple 的余数大于或等于基数的一半，则 MROUND 函数向远离零的方向舍入。

 注意 ━━━→ 当 MROUND 函数的两个参数符号相反时，函数返回错误值 #NUM!。

示例15-7 特定条件下的舍入计算

如图 15-3 所示，分别使用不同的公式对数值进行按条件取舍运算。

	C4	: × ✓ fx	=ROUND(B4*5,0)/5		

	A	B	C	D	E	F
1						
2		数值	按0.2单位取舍		按0.5单位取舍	
3			ROUND应用	MROUND应用	ROUND应用	MROUND应用
4		-3.6183	-3.6	-3.6	-3.5	-3.5
5		2.27	2.2	2.2	2.5	2.5
6		4.9	5	5	5	5
7		-15.43	-15.4	-15.4	-15.5	-15.5

图 15-3 按指定条件取舍

C4 单元格使用 ROUND 函数的公式为：

```
=ROUND(B4*5,0)/5
```

D4 单元格使用 MROUND 函数的公式为：

```
=MROUND(B4,SIGN(B4)*0.2)
```

其中 SIGN 函数取得数值的符号，如果数字为正数，则返回 1；如果数字为 0，则返回零（0）；如果数字为负数，则返回 -1。目的是确保 MROUND 函数的两个参数符号相同，避免返回错误值。

利用上述原理，可以将数值舍入至 0.5 单位。

E4 单元格公式为：

```
=ROUND(B4*2,0)/2
```

F4 单元格公式为：

```
=MROUND(B4,SIGN(B4)*0.5)
```

15.3.3　四舍六入五成双

常规的四舍五入直接进位，从统计学的角度来看会偏向大数，误差积累而产生系统误差。而四舍六入五成双的误差均值趋向于零。因此是一种比较科学的计数保留法，是较为常用的数字修约规则。

四舍六入五成双，具体讲就是保留数字后一位小于等于 4 时舍去，大于等于 6 时进位，等于 5 且后面有非零数字时进位，等于 5 且后面没有非零数字时分两种情况：保留数字为偶数时舍去，保留数字为奇数时进位。

示例15-8　利用取舍函数解决四舍六入五成双问题

如图 15-4 所示，对 B 列的数值根据 E3 单元格指定的位数按四舍六入五成双法则进行修约计算。

C3 单元格修约的通用公式如下：

```
=ROUND(B3,E$3)-(MOD(B3*10^(E$3+1),
20)=5)*10^(-E$3)
```

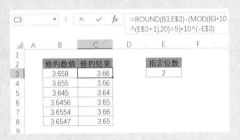

图 15-4　利用 ROUND 函数实现四舍六入五成双

对于保留位数字为偶数、保留位后一位为 5 且后面无非零数字的情况，四舍五入法会进位，而四舍六入五成双的方法则不需要进位。因此公式先将数值按四舍五入法则修约，然后针对上述情况减去 10^(-E$3)，即可完成四舍六入五成双的修约。

15.4　随机函数

随机数是一个事先不确定的数，在随机抽取试题、随机安排考生座位、随机抽奖等应用中，都需要使用随机数进行处理。RAND 函数和 RANDBETWEEN 函数均能产生随机数。

RAND 函数不需要参数，可以随机生成一个大于等于 0 且小于 1 的小数，而且产生的随机小数几乎不会重复。

RANDBETWEEN 函数的语法结构为：

```
RANDBETWEEN(bottom,top)
```

两个参数分别指定产生随机数的范围，生成一个大于等于 bottom 且小于等于 top 的整数。

Excel 2019 应用大全

> **注意** → 　　这两个函数都是易失性函数，当用户在工作表中执行输入、编辑等操作时或按下
> <F9> 键函数将返回新的结果。

在 ANSI 字符集中大写字母 A~Z 的代码为 65~90。因此利用随机函数生成随机数的原理，先在此数值范围中生成一个随机数，再用 CHAR 函数进行转换，即可得到随机生成的大写字母，公式如下：

```
=CHAR(RANDBETWEEN(65,90))
```

15.5　数学函数的综合应用

15.5.1　计扣个人所得税

示例15-9 　速算个人所得税

根据 2019 年 1 月 1 日起施行的《个人所得税扣缴申报管理办法（试行）》，居民个人工资、薪金所得预扣预缴所得税率区间为 7 级，如图 15-5 所示。

个人所得税预扣率表一

（居民个人工资、薪金所得预扣预缴适用）

级数	累计预扣预缴应纳税所得额	预扣率（%）	速算扣除数
1	不超过 36000 元的部分	3	0
2	超过 36000 元至 144000 元的部分	10	2520
3	超过 144000 元至 300000 元的部分	20	16920
4	超过 300000 元至 420000 元的部分	25	31920
5	超过 420000 元至 660000 元的部分	30	52920
6	超过 660000 元至 960000 元的部分	35	85920
7	超过 960000 元的部分	45	181920

图 15-5　现行个人所得税税率表

全年个人所得税 = 全年应纳税所得额 × 税率 - 速算扣除数

假设某员工累计应纳税所得额为 580,000 元，那么对应 420,000~660,000 的级数，税率为 0.30，速算扣除数为 52,920，应纳个人所得税公式如下：

```
=580000*0.30-52920=121080
```

计算个人所得税的关键是根据"累计应纳税所得额"找到对应的"税率"和"速算扣除数"，使用 LOOKUP 函数可实现此类近似查询。

如图 15-6 所示，D13 单元格的公式如下：

```
=LOOKUP(C13,D$4:D$10,C13*E$4:E$10-F$4:F$10)
```

LOOKUP 函数根据"累计应纳税所得额"查找对应的个人所得税。

使用速算法，还可以直接使用以下数组公式，按 <Ctrl+Shift+Enter> 组合键。

```
{=MAX(C13*E$4:E$10-F$4:F$10)}
```

其中，MAX 函数的第一个参数部分将"累计应纳税所得额"与各个"税率""速算扣除数"进行运算，得到一系列备选"个人所得税"，其中数值最大的一个即为所求。

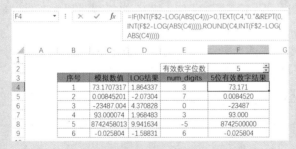

图 15-6　个人所得税计算结果

15.5.2　指定有效数字

在数字修约应用中，经常需要根据有效数字进行数字舍入。保留有效数字实质也是对数值进行四舍五入，关键是确定需要保留的数字位。因此可以使用 ROUND 函数作为主函数，关键是控制其第 2 个参数 num_digits。除规定的有效数字外，num_digits 与数值的整数位数有关，比如 12345，保留 3 位有效数字变成 12300，num_digits=-2=3-5，于是可以得到以下等式：

```
num_digits= 有效数字 - 数值的整数位数
```

数值的整数位数可由 LOG 函数求得，如 LOG(1000)=3，LOG(100)=2。

示例15-10 按要求返回指定有效数字

在如图 15-7 所示的数据表中，B 列为待舍入的数值，F2 单元格指定需要保留的有效数字位数为 5，要求返回 5 位有效数字的结果。

图 15-7　按要求返回指定有效数字

F4 单元格的公式如下：

```
=IF(INT(F$2-LOG(ABS(C4)))>0,TEXT(C4,"0."&REPT(0,INT(F$2-
LOG(ABS(C4))))),ROUND(C4,INT(F$2-LOG(ABS(C4)))))
```

在公式中，ABS 函数返回数字的绝对值，用于应对负数，使得 LOG 函数能够返回模拟数值的整数位数。再利用 INT 函数截尾取整的原理，使用 INT 函数返回小于等于 E$1-LOG(ABS(B3)) 的最大整数，即为 ROUND 函数的第 2 参数。

由于 ROUND 函数会丢失小数点后末尾的 0 值，导致返回的有效数字位数不满足指定位数要求，所以使用 TEXT 函数代替 ROUND 函数处理需要保留小数点后数字的情况。

15.5.3 生成不重复随机序列

为了模拟场景或出于公平公正的考虑，经常需要用到随机序列。例如，在面试过程中面试的顺序对评分有一定影响。因此需要随机安排出场顺序。

示例15-11 随机安排面试顺序

如图 15-8 所示，有 9 人参加面试，出于公平公正的考虑，使用 1~9 的随机序列来安排出场顺序。

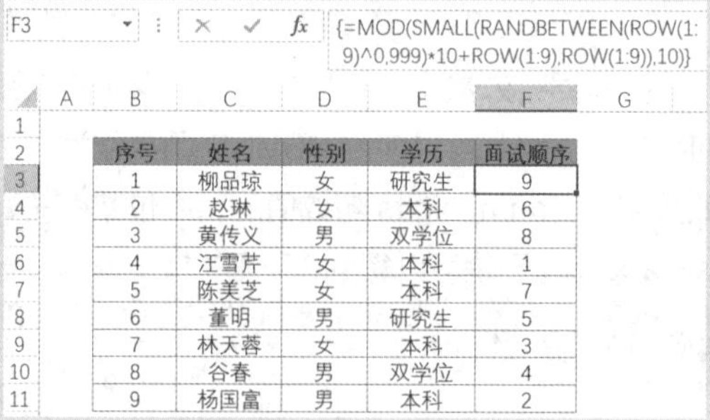

序号	姓名	性别	学历	面试顺序
1	柳品琼	女	研究生	9
2	赵琳	女	本科	6
3	黄传义	男	双学位	8
4	汪雪芹	女	本科	1
5	陈美芝	女	本科	7
6	董明	男	研究生	5
7	林天蓉	女	本科	3
8	谷春	男	双学位	4
9	杨国富	男	本科	2

图 15-8 随机安排面试顺序

选中 F3:F11 单元格区域，然后输入以下数组公式，按 <Ctrl+Shift+Enter> 组合键。

```
{=MOD(SMALL(RANDBETWEEN(ROW(1:9)^0,999)*10+ROW(1:9),ROW(1:9)),10)}
```

首先利用 RANDBETWEEN 函数生成一个数组，共包含 9 个元素，各元素为 1~999 之间的一个随机整数。由于各元素都是随机产生的。因此数组元素的大小是随机排列的。

然后对上述生成的数组乘以 10，再加上由 1~9 构成的序数数组。如此，在确保数组元素大小随机的前提下最后 1 位数字为序数 1~9。

再用 SMALL 函数对经过乘法和加法处理后的数组进行重新排序，由于原始数组的大小是随机的，因此排序使得各元素最后 1 位数字对应的序数成为随机排列。

最后，用 MOD 函数取出各元素最后 1 位数字，即可得到由序数 1~9 组成的随机序列。

第 16 章　日期和时间计算

日期和时间是 Excel 中一种特殊类型的数据，有关日期和时间的计算在各个领域中都具有非常广泛的应用。本章重点讲解日期和时间数据的特点及计算方法，以及日期与时间的相关函数应用。

本章学习要点

（1）认识日期与时间数据。　　　　　　（3）工作日和假期计算。

（2）常用的日期、时间和星期计算函数。

16.1　认识日期及时间

16.1.1　日期及时间数据的本质

Excel 中支持的日期范围为 1900 年 1 月 1 日到 9999 年 12 月 31 日。日期和时间数据的本质是数字，日期是数字的整数部分，数字 1 代表 1 天。默认情况下以 1900 年 1 月 1 日作为日期序列值 1，之后某个日期的序列值，表示该日期距 1900 年 1 月 1 日过去的天数。例如，2020 年 10 月 8 日，转化为数字格式后，显示为序列号 44112。这是因为它距 1900 年 1 月 1 日有 44 112 天。对于负数和超出范围的数字，设置为日期格式后会以"#"填充单元格。

时间是数字的小数部分，1/24 代表 1 小时，1/24/60 代表 1 分钟，1/24/60/60 代表 1 秒钟。

16.1.2　标准日期格式

在 Excel 中，日期数据的年月日之间，使用"-"或"/"作为连接符号，如 2020-10-8 或 2020/10/8，都是标准的日期格式。可以用"."或其他符号作为日期的连接符号，如 2020.10.8，这样得到的是一个文本型字符串，并不是标准的日期，相应的日期函数都无法对此直接进行计算。

16.1.3　快速生成日期或时间

按 <Ctrl+;> 组合键可以快速生成系统当前日期，按 <Ctrl+Shift+;> 组合键可以快速生成系统当前时间。

16.2　常规日期及时间函数

Excel 中提供了多种专门处理日期及时间的函数，各个函数的功能说明如表 16-1 所示。

表 16-1　常规日期及时间函数

函数名称	功能说明
TODAY	返回系统当前日期
DATE	根据指定的年、月、日参数，返回对应日期
YEAR	返回某日期对应的年份

续表

函数名称	功能说明
MONTH	返回某日期对应的月份
DAY	返回某日期对应的日
NOW	返回系统当前日期和时间
TIME	根据指定的时、分、秒参数，返回对应时间
HOUR	返回时间值的小时数
MINUTE	返回时间值的分钟数
SECOND	返回时间值的秒数

16.2.1 基本日期函数 TODAY、DATE、YEAR、MONTH 和 DAY

TODAY 函数用于返回当前日期。在任意单元格输入以下公式，可以得到当前系统日期。

```
=TODAY()
```

TODAY 函数得到的日期是一个变量，会随着系统日期而变化。而使用 <Ctrl+;> 组合键得到的日期是一个常量，输入后不会发生变化。

DATE 函数用于返回指定日期，函数语法为：

```
=DATE(year,month,day)
```

3 个参数分别指定输入相应的年、月、日。以下公式可以得到指定的日期 2020/10/9。

```
=DATE(2020,10,9)
```

如果第二参数小于 1，则从指定年份的一月份开始递减该月份数，然后再加上 1 个月，如 DATE(2020,-3,2)，将返回表示 2019 年 9 月 2 日的序列号。

如果第三参数小于 1，则从指定月份的第一天开始递减该天数，然后再加上 1 天。如 DATE(2020,1, -15)，将返回表示 2019 年 12 月 16 日的序列号。

YEAR 函数、MONTH 函数和 DAY 函数分别返回指定日期的年、月、日。例如，在 B1~B3 单元格中依次输入以下公式，可以分别提取出 A1 单元格日期中的年、月、日。

```
=YEAR(A1)
=MONTH(A1)
=DAY(A1)
```

16.2.2 日期之间的天数

由于日期的本质是数字。因此也可以直接使用减法计算两个日期之间的天数差。例如，使用以下公式可以计算出今天距 2030 年元旦还有多少天。

```
=DATE(2030,1,1)-TODAY()
```

用 DATE 函数生成指定日期 2030/1/1，减去系统当前日期，返回二者之间的天数差。

16.2.3　返回月末日期

利用 DATE 函数，能够返回每个月的月末日期。

示例16-1　返回月末日期

如图 16-1 所示，在 B2 单元格输入以下公式，然后向下复制到 B13 单元格，可以得到 2020 年每个月的月末日期。

```
=DATE(2020,A2+1,0)
```

以 B2 单 元 格 为 例，其 中 的 A2+1 返 回 结 果 2，函 数 等 同 于 DATE(2020,2,0)。DATE 函数第三参数为 0，所以得到 2020 年 2 月 1 日的前 1 天，即 1 月最后一天的日期。

	A	B
1	月份	月末日期
2	1	2020/1/31
3	2	2020/2/29
4	3	2020/3/31
5	4	2020/4/30
6	5	2020/5/31
7	6	2020/6/30
8	7	2020/7/31
9	8	2020/8/31
10	9	2020/9/30
11	10	2020/10/31
12	11	2020/11/30
13	12	2020/12/31

图 16-1　返回月末日期

16.2.4　判断某个年份是否为闰年

闰年的计算规则是："年数能被 4 整除且不能被 100 整除，或者年数能被 400 整除"，也就是 "世纪年的年数能被 400 整除，非世纪年的年数能被 4 整除"。

示例16-2　判断某个年份是否为闰年

Excel 中没有直接判断年份是否为闰年的函数，但是可以借助其他方法来判断。假设 A2 单元格中为年份数字，要判断此年份是否为闰年，可以根据是否存在 2 月 29 日这个闰年特有的日期来判断，公式如下：

```
=IF(DAY(DATE(A2,2,29))=29,"闰年","平年")
```

DATE(A2,2,29) 部分返回一个日期值，如果这一年存在 2 月 29 日这个日期，则日期值为该年的 2 月 29 日，否则自动转换为该年的 3 月 1 日。然后用 DAY 函数判断日期值是 29 日还是 1 日，从而判断此年为闰年或平年。

上述公式还可以更改为：

```
=IF(MONTH(DATE(A2,2,29))=2,"闰年","平年")
```

 提示 → 在 1900 日期系统中，为了兼容 Lotus 1-2-3，保留了 1900 年 2 月 29 日这个实际上不存在的日期。所以使用上述公式时，1900 年被错误地判断为闰年，实际上此年应该是平年。

16.2.5　将英文月份转换为数字

在部分外资或合资企业，经常会用英文来表示月份，如 Jan、February、June、Sep 等，为了便于计算，需要将这部分英文转换为数字。

示例16-3 将英文月份转换为数字

如图 16-2 所示，在 B2 单元格输入以下公式，然后向下复制到 B5 单元格，可以将相应的英文月份转换为数字。

```
=MONTH(A2&-1)
```

以 B2 单元格为例，用“A2&-1”得到“Jan-1”，构建出 Excel 能识别的具有日期样式的文本字符串。然后使用 MONTH 函数提取其中的月份，得到数字 1，即 1 月。

	A	B
1	月份	数字
2	Jan	1
3	February	2
4	June	6
5	Sep	9

图 16-2 将英文月份转换为数字

16.2.6 基本时间函数 NOW、TIME、HOUR、MINUTE 和 SECOND

NOW 函数用于返回日期时间格式的当前日期和时间。以下公式可以得到系统当前的日期及时间。

```
=NOW()
```

TIME 函数用于返回指定时间，函数参数为：

```
TIME(hour,minute,second)
```

3 个参数分别指定输入相应的时、分、秒。

在单元格输入以下公式，可以得到指定的时间：5:07 PM。

```
=TIME(17,7,28)
```

提示 单元格默认时间显示格式为“时：分 AM/PM”，公式中第三参数 28 表示秒，在默认格式下，不被显示。

HOUR 函数、MINUTE 函数和 SECOND 函数分别返回指定时间的时、分、秒。在 B1 到 B3 单元格依次输入以下公式，可以分别提取出 A1 单元格中时间的时、分、秒。

```
=HOUR(A1)
=MINUTE(A1)
=SECOND(A1)
```

16.2.7 计算 90 分钟之后的时间

示例16-4 计算90分钟之后的时间

以 A2 单元格中时间为基准，要计算 90 分钟之后的时间，有多种方法可以实现。

方法 1：使用 TIME 函数，公式为：

```
=TIME(HOUR(A2),MINUTE(A2)+90,SECOND(A2))
```

分别用 HOUR、MINUTE、SECOND 函数提取当前时间的时、分、秒。其中 MINUTE 函数提取出的分钟数加上 90，然后再使用 TIME 函数将三部分组合成一个新的时间值。

　　MINUTE（A2）+90 的结果大于时间进制 60，TIME 函数会将大于 60 的部分自动进位到小时上，确保返回正确的时间。

　　方法 2：使用当前时间直接加上 90 分钟的方式，以下 3 个公式都可以完成计算：

```
=A2+"00:90"
=A2+TIME(0,90,0)
=A2+90*1/24/60
```

　　　　在函数公式中直接使用日期和时间常量时，需要在外侧加上一对半角的双引号，否则 Excel 无法正确识别。

16.2.8　使用鼠标快速填写当前时间

示例16-5　使用鼠标快速填写当前时间

　　使用鼠标快速填写当前时间，可以通过 NOW 函数和【数据验证】功能实现，操作步骤如下。

步骤① 如图 16-3 所示，在 A2 单元格输入以下公式：

```
=NOW()
```

图 16-3　输入 NOW 函数公式

步骤② 选中 B2:B7 单元格区域，单击【数据】选项卡上的【数据验证】命令按钮，在弹出的【数据验证】对话框中设置【允许】的条件为"序列"，设置【来源】为"=$A$2"，单击【确定】按钮，如图 16-4 所示。

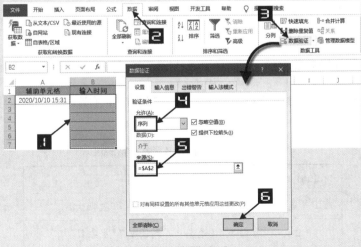

图 16-4　设置数据验证

步骤③ 保持 B2:B7 单元格区域的选中状态，按 <Ctrl+1> 组合键打开【设置单元格格式】对话框，在【数字】选项卡下的【分类】列表框中选择"日期"选项，在右侧的【类型】列表框中选择完整包含日期及时间的格式，如"2012/3/14 13:30"，单击【确定】按钮关闭对话框完成设置，如图16-5 所示。

设置完成后，选中 B2:B7 单元格区域的任意单元格，单击单元格右侧的下拉箭头，即可使用鼠标选中后快速录入当前日期和时间，而且已经输入的日期和时间不再自动更新，如图 16-6 所示。

图 16-5　设置单元格格式

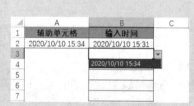

图 16-6　快速填写当前时间

16.3　星期函数

在 Excel 中用于计算星期的函数包括 WEEKDAY 函数、WEEKNUM 函数和 ISOWEEKNUM 函数。

16.3.1　用 WEEKDAY 函数计算某个日期是星期几

WEEKDAY 函数返回某个日期是星期几，语法为：

```
WEEKDAY(serial_number,[return_type])
```

参数 return_type 为可选参数，可以是 1~3 或 11~17 的数字，省略时默认为 1。第一参数使用不同数字，其作用如表 16-2 所示。

表 16-2　WEEKDAY 函数参数解释

return_type	作用
1 或省略	数字 1（星期日）到数字 7（星期六）
2	数字 1（星期一）到数字 7（星期日）

续表

return_type	作用
3	数字 0（星期一）到数字 6（星期日）
11	数字 1（星期一）到数字 7（星期日）
12	数字 1（星期二）到数字 7（星期一）
13	数字 1（星期三）到数字 7（星期二）
14	数字 1（星期四）到数字 7（星期三）
15	数字 1（星期五）到数字 7（星期四）
16	数字 1（星期六）到数字 7（星期五）
17	数字 1（星期日）到数字 7（星期六）

在日常工作中，WEEKDAY 函数的第 2 个参数一般使用数字 2，用 1 表示星期一、2 表示星期二……7 表示星期日。

如图 16-7 所示，在 B2 单元格输入以下公式，并向下复制到 B2：B9 单元格区域，即可得到 A 列日期对应的星期。

```
=WEEKDAY(A2,2)
```

16.3.2　用 WEEKNUM 函数计算指定日期是当年第几周

使用 WEEKNUM 函数可以计算某日期是当年的第几周，语法为：

图 16-7　WEEKDAY 函数

```
WEEKNUM(serial_number,[return_type])
```

参数 return_type 为可选参数，可以是数字 1~2、11~17 或 21，省略后默认为 1。使用不同数字可以确定以星期几作为一周的第 1 天，如表 16-3 所示。

表 16-3　WEEKNUM 函数参数解释

return_type	一周的第一天为	机制
1 或省略	星期日	1
2	星期一	1
11	星期一	1
12	星期二	1
13	星期三	1
14	星期四	1

续表

return_type	一周的第一天为	机制
15	星期五	1
16	星期六	1
17	星期日	1
21	星期一	2

其中的机制 1 是指包含 1 月 1 日的周为该年的第 1 周，机制 2 是指包含该年的第一个星期四的周为该年的第 1 周。

如图 16-8 所示，WEEKNUM 函数使用不同的第二参数，对于同一日期返回不同的结果。

2017/1/1 是星期日，参数 21 表示以星期一到星期日为完整的一周，并且包含第一个星期四的周为该年第一周。而 2017 年第一个星期四是 2017/1/5，所以 2017 年第一周即为 2017/1/2 至 2017/1/8。2017/1/1 则被计算在 2016 年中，属于 2016 年的第 52 周，所以 B4 单元格结果为 52。

	A	B	C
1	日期	WEEKNUM结果	公式
2	2017/1/1	1	=WEEKNUM(A2,1)
3	2017/1/1	1	=WEEKNUM(A3,2)
4	2017/1/1	52	=WEEKNUM(A4,21)
5	2017/1/2	1	=WEEKNUM(A5,1)
6	2017/1/2	2	=WEEKNUM(A6,2)
7	2017/1/2	1	=WEEKNUM(A7,21)

图 16-8　WEEKNUM 函数参数对比

2017/1/2 是星期一，参数 2 表示以星期一到星期日为完整的一周，而默认 1 月 1 日为第一周，所以 2017/1/2 是第 2 周，B6 单元格结果为 2。

ISOWEEKNUM 函数返回给定日期在全年中的 ISO 周数，计算结果与 WEEKNUM 函数第二参数为 21 时的计算结果相同。

16.4　用 EDATE 和 EOMONTH 函数计算几个月之后的日期

EDATE 和 EOMONTH 函数专门用于计算指定间隔月份前 / 后的日期，函数的语法和作用如下。

```
=EDATE(start_date,months)
```

计算与指定日期相隔几个月之前 / 后的日期。

```
=EOMONTH(start_date,months)
```

计算与指定日期相隔几个月之前 / 后的月末日期。

两个函数的第一参数都是指定的日期，第二参数是相隔的月数，可以是正数、0 或负数。负数表示指定日期相隔几个月之前。

EDATE 和 EOMONTH 函数的基础用法如图 16-9 所示。

	A	B	C	D	E
1	日期	EDATE	公式	EOMONTH	公式
2	2020/2/8	2020/7/8	=EDATE(A2,5)	2020/7/31	=EOMONTH(A2,5)
3		2020/2/8	=EDATE(A2,0)	2020/2/29	=EOMONTH(A2,0)
4		2019/10/8	=EDATE(A2,-4)	2019/10/31	=EOMONTH(A2,-4)

图 16-9　EDATE 和 EOMONTH 函数基础用法

EDATE 函数能够对月末日期进行自动判断，根据对应月份天数不同，自动返回相应的结果，如图 16-10 所示。

以 2020/1/31 为例，"=EDATE(A8,-4)"应返回结果为 2019/9/31，但是 9 月只有 30 天，所以返回结果 2019/9/30。同样，当结果在 2 月的时候，也会对应返回 2 月的月末日期。

以 2020/4/30 为例，"=EDATE(A15,6)"返回结果 2020/10/30，虽然 4 月 30 日是月末日期，它的结果也只会得到对应的 10 月 30 日，而不是 10 月月末的 31 日。

	A	B	C
7	月底为31日	EDATE	公式
8	2020/1/31	2020/7/31	=EDATE(A8,6)
9		2020/1/31	=EDATE(A8,0)
10		2019/9/30	=EDATE(A8,-4)
11		2020/2/29	=EDATE(A8,1)
12		2019/2/28	=EDATE(A8,-11)
13			
14	月底不为31日	EDATE	公式
15	2020/4/30	2020/10/30	=EDATE(A15,6)
16		2020/4/30	=EDATE(A15,0)
17		2019/12/30	=EDATE(A15,-4)
18		2020/2/29	=EDATE(A15,-2)
19		2019/2/28	=EDATE(A15,-14)

图 16-10　EDATE 对于月末日期的处理

16.4.1　计算正常退休日期

示例16-6　计算正常退休日期

排除工种、行政级别及员工疾病等特殊情况影响，假定男性为 60 周岁退休，女性为 55 周岁退休，出生日期为 1980/9/15，那么退休日各为哪一天？如图 16-11 所示，在 B4 和 B5 单元格分别输入以下公式，得到相应的正常退休日期。

	A	B	C
1	生日	1980/9/15	
2			
3	性别	退休日期	公式
4	男	2040/9/15	=EDATE(B1,60*12)
5	女	2035/9/15	=EDATE(B1,55*12)
6			

图 16-11　计算正常退休日期

```
=EDATE(B1,60*12)
=EDATE(B1,55*12)
```

EDATE 函数的第 2 个参数是指定的月份数，因此需要以年数乘以 12。

16.4.2　计算合同到期日

示例16-7　计算劳动合同到期日

某员工在 2020/2/8 与公司签订了一份 3 年期限的劳动合同，需要计算合同到期日是哪一天。

劳动合同签订时，大部分公司会按照整 3 年的日期与员工签订，还有一部分公司为了减少人事部门的工作量，合同到期日会签订到 3 年后到期月份的月末日期。

	A	B	C
1	签订日期	2020/2/8	
2			
3	签订方式	合同到期日	公式
4	整3年	2023/2/7	=EDATE(B1,3*12)-1
5	3年后月末日	2023/2/28	=EOMONTH(B1,3*12)

图 16-12　计算劳动合同到期日

如图 16-12 所示，按照整 3 年计算，在 B4 单元格输入以下公式，计算结果为 2023/2/7。

```
=EDATE(B1,3*12)-1
```

公式最后的"-1"，是因为在劳动合同签订上，头尾两天都算合同有效日期。如果不减 1，则合同到期是为 2023/2/8，相当于合同签订了 3 年零 1 天，并不是整 3 年。

按照 3 年后月末计算，可以在 B5 单元格输入以下公式，计算结果为 2023/2/28。

```
=EOMONTH(B1,3*12)
```

16.4.3　计算每月天数

示例16-8　计算当前年份每月的天数

如图 16-13 所示，在 B2 单元格输入以下公式，并向下复制到 B2:B13 单元格区域。

```
=DAY(EOMONTH(A2&"1 日 ",0))
```

首先将 A 列的月份连接字符串 "1 日"，构建出 Excel 能识别的中文日期格式字符串："1 月 1 日""2 月 1 日"……"12 月 1 日"。如果输入日期的时候省略年份，则 Excel 默认识别为系统当前年份。

然后用 EOMONTH 函数得到该日期所在月的月末日期，最后使用 DAY 函数提取出该日期的天数。

	A	B
1	月份	天数
2	1月	31
3	2月	29
4	3月	31
5	4月	30
6	5月	31
7	6月	30
8	7月	31
9	8月	31
10	9月	30
11	10月	31
12	11月	30
13	12月	31

图 16-13　计算当前年份每月的天数

16.5　认识 DATEDIF 函数

DATEDIF 函数是一个隐藏函数，用于计算两个日期之间的间隔年数、月数和天数。函数语法如下：

```
DATEDIF(start_date,end_date,unit)
```

第一参数是开始日期，第二参数是结束日期，结束日期必须在开始日期之后，否则会返回错误值。第三参数有 6 个不同的选项，各选项的作用如表 16-4 所示。

表 16-4　DATEDIF 函数的 unit 参数作用

unit 参数	作用
Y	时间段中的整年数
M	时间段中的整月数
D	时间段中的天数
MD	天数的差。忽略日期中的月和年
YM	月数的差。忽略日期中的日和年

续表

unit 参数	作用
YD	天数的差。忽略日期中的年

> DATEDIF 函数的 unit 参数不区分大小写，如 "Y" 和 "y" 是等效的。

16.5.1 函数的基本用法

如图 16-14 所示，在 D2 单元格输入以下公式，并向下复制到 D2:D7 单元格区域。

```
=DATEDIF(B2,C2,A2)
```

在 D10 单元格输入以下公式，并向下复制到 D10:D15 单元格区域。

```
=DATEDIF(B10,C10,A10)
```

	A	B	C	D	E
1	unit	start_date	end_date	DATEDIF	简述
2	Y	2016/2/8	2019/7/28	3	整年数
3	M	2016/2/8	2019/7/28	41	整月数
4	D	2016/2/8	2019/7/28	1266	天数
5	MD	2016/2/8	2019/7/28	20	天数，忽略月和年
6	YM	2016/2/8	2019/7/28	5	整月数，忽略日和年
7	YD	2016/2/8	2019/7/28	171	天数，忽略年
8					
9	unit	start_date	end_date	DATEDIF	简述
10	Y	2016/7/28	2019/2/8	2	整年数
11	M	2016/7/28	2019/2/8	30	整月数
12	D	2016/7/28	2019/2/8	925	天数
13	MD	2016/7/28	2019/2/8	11	天数，忽略月和年
14	YM	2016/7/28	2019/2/8	6	整月数，忽略日和年
15	YD	2016/7/28	2019/2/8	195	天数，忽略年

图 16-14　DATEDIF 函数的基本用法

D2 和 D10 单元格公式第三参数使用 "Y"，计算两个日期之间的整年数。2016/2/8 到 2019/7/28 超过 3 年，所以其结果返回 3。而 2016/7/28 到 2019/2/8 不满 3 年，所以其结果返回 2。

D3 和 D11 单元格公式第三参数使用 "M"，计算两个日期之间的整月数。2016/2/8 到 2019/7/28 超过 41 个月，所以返回结果 41。由于 2016/7/28 到 2019/2/8 不满 31 个月，所以返回结果为 30。

D4 和 D12 单元格公式第三参数使用 "D"，计算两个日期之间的天数，相当于两个日期相减。

D5 和 D13 单元格公式第三参数使用 "MD"，忽略月和年计算天数之差，前者相当于计算 7/8 与 7/28 之间的天数差，后者相当于计算 1/28 与 2/8 之间的天数差。

D6 和 D14 单元格公式第三参数使用 "YM"，忽略日和年计算两个日期之间的整月数，前者相当于计算 2019/2/8 与 2019/7/28 之间的整月数，后者相当于计算 2018/7/28 与 2019/2/8 之间的整月数。

D7 和 D15 单元格公式第三参数使用 "YD"，忽略年计算天数差，前者相当于计算 2019/2/8 与 2019/7/28 之间的天数差，后者相当于计算 2018/7/28 与 2019/2/8 之间的天数差。

16.5.2 计算年休假天数

根据相关规定，参加工作满 1 年不满 10 年的，年休假为 5 天。参加工作满 10 年不满 20 年的，年休假为 10 天。参加工作满 20 年及以上的，年休假为 15 天，使用 DATEDIF 函数可以快速计算年休假天数。

示例16-9　计算年休假天数

如图 16-15 所示，假定 A2 单元格为统计截止日期，在 B5 单元格输入以下公式，向下复制到 B12 单元格，计算工作年数。

```
=DATEDIF(A5,A$2,"Y")
```

在 C5 单元格输入以下公式，向下复制到 C12 单元格，计算年休假天数。

```
=LOOKUP(B5,{0,1,10,20},{0,5,10,15})
```

	A	B	C
1	统计截止日期		
2	2020/10/13		
3			
4	参加工作日期	工作年数	年假天数
5	1993/12/6	26	15
6	1994/1/9	26	15
7	2002/8/16	18	10
8	2007/7/27	13	10
9	2010/10/13	10	10
10	2010/10/14	9	5
11	2016/3/4	4	5
12	2020/8/16	0	0

图 16-15　计算年休假天数

DATEDIF 函数的第三参数使用"Y"，计算参加工作日期和统计截止日期的年数之差。A9 和 A10 单元格中的日期只相关 1 天，但是由于 DATEDIF 函数计算的是整年数。因此在 2020/10/13 这一天统计时，两者之间年数结果会相差 1 年，年休假天数则相差 5 天。

16.5.3　计算员工工龄

示例16-10　计算员工工龄

实际工作中，员工工龄是福利待遇的一项重要参考指标。如图 16-16 所示，假定 A2 单元格为统计截止日期，在 B5 单元格输入以下公式，向下复制到 B12 单元格，计算出员工工龄。

```
=DATEDIF(A5,A$2,"Y")&" 年 "&DATEDIF(A5,A$2,"YM")&" 个月 "
```

	A	B
1	统计截止日期	
2	2020/10/13	
3		
4	参加工作日期	员工工龄
5	1991/12/6	28年10个月
6	1994/1/9	26年9个月
7	1999/8/16	21年1个月
8	2010/10/12	10年0个月
9	2010/10/13	10年0个月
10	2010/10/14	9年11个月
11	2019/8/5	1年2个月
12	2019/11/16	0年10个月

图 16-16　计算员工工龄

公式利用两个 DATEDIF 函数连接得到相应结果。第一个 DATEDIF 函数使用参数"Y"，计算出参加工作日期距现在的年数，第二个 DATEDIF 函数使用参数"YM"忽略年和日，计算距现在的月数。再使用连接符"&"连接后，得到格式为"m 年 n 个月"的结果。

16.5.4　生日到期提醒

示例16-11　生日到期提醒

部分公司在员工生日时，发送祝福短信或是发放生日礼物。对于记录到工作表中的员工生日信息，需要随着日期的变化，显示出距离每个员工过生日还有多少天。

如图 16-17 所示，假定 B2 单元格为统计截止日期，在 C5 单元格输入以下公式，向下复制到 C14

单元格，计算出距离员工生日的天数。

```
=EDATE(B5,(DATEDIF(B5,B$2-
1,"Y")+1)*12)-B$2
```

计算生日到期日，首先要得到该员工下一个生日的具体日
期，然后将此日期与统计截止日期直接做减法，其差值便是
距离员工生日的天数。

公式"DATEDIF(B5,B$2-1,"Y")"用来计算得到出生日期
到统计截止日期的前一天（B$2-1）之间的整年数。DATEDIF
函数所得结果加 1 再乘以 12 用作 EDATE 函数的第二参数，
得到该员工下一个生日的日期。

	A	B	C
1		统计截止日期	
2		2020/10/13	
3			
4	姓名	出生日期	距离员工生日天数
5	刘备	1977/7/21	281
6	关羽	1980/3/20	158
7	张飞	1983/6/12	242
8	赵云	1986/10/13	0
9	曹操	1970/8/24	315
10	荀彧	1980/11/14	32
11	许褚	1982/10/15	2
12	孙权	1980/2/28	138
13	甘宁	1981/2/28	138
14	太史慈	1972/10/2	354

图 16-17　生日到期提醒

　　公式中，先把截止日期减 1，得到整年数再加 1，是为了使生日正好在截止日期当天
时，得到的结果为统计截止日期，而不是统计截止日期下一年的日期。

最后减去 B2 单元格的统计截止日期，得到最终的结果。

16.5.5　DATEDIF 函数计算相隔月数特殊情况处理

在使用 DATEDIF 函数计算两个日期之间相隔月数时，遇到月底日期，往往会出现意想不到的结果。
如图 16-18 所示，C2 单元格使用以下公式，部分计算结果出现了错误。

```
=DATEDIF(A2,B2,"m")
```

	A	B	C	D
1	开始日期	结束日期	DATEDIF相隔月数	实际相隔月数
2	2019/2/28	2019/3/31	1	1
3	2019/2/27	2019/3/27	1	1
4	2019/3/31	2019/4/30	0	1
5	2019/2/28	2019/3/28	1	0
6	2019/1/30	2019/2/28	0	1

图 16-18　DATEDIF 函数对月底日期的处理错误

通过图 16-18 可以看出，A4 单元格日期为"2019/3/31"，B4 单元格日期为"2019/4/30"。两个日
期均为月底，实际间隔为 1 整月，但 DATEDIF 函数计算结果为 0。

A5 单元格日期为"2019/2/28"，B5 单元格日期为"2019/3/28"。前者为月底最后一天，需要到下
一个月的月底（2019/3/31）才为 1 整月，但 DATEDIF 函数计算结果为 1。

A6 单元格日期为"2019/1/30"，B6 单元格日期为"2019/2/28"。前者还未到月底，后者是月底日
期，实际间隔已达 1 整月，但 DATEDIF 函数计算结果为 0。

通过以上存在的问题可以看出，DATEDIF 函数在计算两个日期间隔月数时忽略了对月末日期的判断。
要规避这个错误，需要判断 DATEDIF 函数计算的两个日期是否为月末，如为月末，可以在原来日期的
基础上加 1，变为次月 1 日，再进行相隔月数计算即可。

判断 A2 单元格日期是否为月末，如为月末在此基础上加 1，可以使用如下公式：

```
=IF(DAY(A2+1)=1,A2+1,A2)
```

将以上公式代入 DATEDIF 函数，再计算相隔月份时，公式结果不再出现错误。

```
=DATEDIF(IF(DAY(A2+1)=1,A2+1,A2),IF(DAY(B2+1)=1,B2+1,B2),"m")
```

16.6 日期和时间函数的综合运用

在实际工作中，可以使用很多数学、统计等函数来完成对日期及时间的计算。

16.6.1 分别提取单元格中的日期和时间

示例16-12 分别提取单元格中的日期和时间

如图 16-19 所示，A1 单元格中包含日期和时间，在 B3 单元格和 B4 单元格分别输入以下公式可以提取出日期和时间：

▲	A	B	C
1	2020/10/13 13:49		
2			
3	日期	2020/10/13	=INT(A1)
4	时间	13:49:00	=MOD(A1,1)

```
=INT(A1)
=MOD(A1,1)
```

图 16-19 分别提取单元格中的日期和时间

因为日期和时间数据是由整数和小数构成的数字，所以使用 INT 函数向下取整，得到该数字的整数部分，即日期。

使用 MOD 函数计算日期除以 1 的余数，得到的结果就是该数字的小数部分，即时间。

> **提示**
> 使用此方法提取日期和时间，需要将公式所在的单元格设置成对应的日期或时间格式才能显示正确的结果。

16.6.2 计算加班时长

示例16-13 计算加班时长

根据某公司内部规定，加班时每满 30 分钟按照 30 分钟来计算，不足 30 分钟的部分不计算。

如图 16-20 所示，在 B2 单元格输入以下公式，向下复制到 B6 单元格。

```
=FLOOR(A2,"00:30")
```

▲	A	B
1	实际加班时长	加班计算时间
2	0:25:00	0:00:00
3	0:45:00	0:30:00
4	1:01:00	1:00:00
5	1:59:00	1:30:00
6	2:32:00	2:30:00

图 16-20 计算加班时长

FLOOR 函数用于将数字向下舍入到最接近的基数的倍数。本例中第二参数使用"00:30",表示 30 分钟。FLOOR 函数将时间向下舍入到最接近的 30 分钟的倍数,得到相应的加班计算时间。

16.6.3 计算跨天的加班时长

示例16-14 计算跨天的加班时长

如图 16-21 所示,A4:A8 单元格区域为加班员工的打卡时间,其中 B6:B8 单元格表示员工加班到次日凌晨下班打卡。如果要根据 B1 单元格的下班时间,计算员工的实际加班时长,可在 B4 单元格输入以下公式,并向下复制到 B4:B8 单元格区域。

`=IF(A4>B$1,A4-B$1,A4+1-B$1)`

公式使用 IF 函数判断,如果打卡时间大于下班时间,则二者相减即为实际加班时长。否则,如果打卡时间小于下班时间则视为次日凌晨打卡,此时将打卡时间加 1 计算出次日对应的时间,再和当天的下班时间相减,得出正确结果。

	A	B
1	下班时间	18:00:00
2		
3	打卡时间	实际加班时长
4	18:35:00	0:35:00
5	22:15:00	4:15:00
6	0:25:00	6:25:00
7	0:45:00	6:45:00
8	2:32:00	8:32:00

图 16-21 计算跨天的加班时长

16.6.4 计算通话时长

示例16-15 计算通话时长

在计算电话通话时长时,通常按通话分钟数计算,不足 1 分钟按 1 分钟计算。

如图 16-22 所示,A 列为通话开始时间,B 列为通话结束时间,在 C2 单元格输入如下公式,向下复制到 C6 单元格。

`=TEXT(B2-A2+"0:00:59","[m]")`

	A	B	C
1	通话开始时间	通话结束时间	通话时长
2	8:25:15	8:27:18	3
3	11:59:05	12:05:03	6
4	11:59:05	12:05:06	7
5	17:32:48	18:00:00	28
6	21:32:00	21:35:00	3

图 16-22 计算通话时长

如果利用 TEXT 函数把两个时间相减后的结果换算成分钟,结果会忽略不足 1 分钟的部分。此公式把两个时间相减的结果加上"0:00:59",也就是加上 59 秒,再计算两个时间之间的整数分钟。

16.6.5 计算母亲节与父亲节日期

示例16-16 计算母亲节与父亲节日期

有些节日不是一年中的固定日期,而是按照一定规则推算出来的,如"母亲节"是每年 5 月的第 2

个星期日，"父亲节"是每年 6 月的第 3 个星期日。

要根据 A2 单元格的 4 位年份数字，计算当年的"母亲节"，可以使用如下公式：

```
=DATE(A2,5,1)-WEEKDAY(DATE(A2,5,1),2)+7*2
```

DATE(A2,5,1) 是根据 A2 单元格的年份，返回当年 5 月 1 日的日期。

WEEKDAY(DATE(A2,5,1),2) 判断当年 5 月 1 日是星期几。

DATE(A2,5,1)-WEEKDAY(DATE(A2,5,1),2) 是用当年 5 月 1 日的日期减去星期几的数值，推算出 5 月 1 日之前最近的星期日。

5 月 1 日之前最近的星期日加上 7*2，即为 5 月的第 2 个星期日。

运用此公式思路计算类似日期时，只需修改 DATE 的第二参数（本例中为 5，代表 5 月）和周数修正值（本例中为 2）即可。例如，要计算当年的父亲节（6 月的第 3 个星期日），则公式修改为：

```
=DATE(A2,6,1)-WEEKDAY(DATE(A2,6,1),2)+7*3
```

16.7　计算工作日和假期

在日常工作中，经常会涉及工作日和假期的计算。所谓工作日，一般是指除周末休息日（通常指双休日）以外的其他标准工作日期。但是在法定节假日会增加相应的假期，同时也会将一部分假期调整为工作日。与工作日相关的计算可以使用 WORKDAY 函数、WORKDAY.INTL 函数、NETWORKDAYS 函数和 NETWORKDAYS.INTL 函数来完成。

16.7.1　计算工作日天数

示例16-17　计算工作日天数

要计算某个时间段之内的工作日天数，可以使用 NETWORKDAYS 函数。

NETWORKDAYS 函数语法如下：

```
NETWORKDAYS(start_date,end_date,[holidays])
```

第一参数为开始日期，第二参数为结束日期。第三参数 holidays 为可选参数，可以在指定的休息日外排除一些特殊的假日，如 2020/5/1 为星期五，但当天属于法定休息日，在计算工作日天数时，可将此日期当作 NETWORKDAYS 函数的第三参数，排除这类特殊假日。

假设 A2 单元格为日期数据"2020/3/14"，B2 单元格为日期数据"2020/5/21"，要计算两者之间的工作日天数，可以使用如下公式：

```
=NETWORKDAYS(A2,B2)
```

公式结果为 49，NETWORKDAYS 函数默认以周六和周日之外的日期作为工作日。这两个日期间除了周六和周日之外，共有 49 个工作日。

如果需要在周六和周日外排除一些特殊的假日，如 5 月 1 日劳动节，可以使用如下公式：

```
=NETWORKDAYS(A2,B2,"2020/5/1")
```

把需要排除的假日日期作为 NETWORKDAYS 函数的第三参数，就能在计算工作日时剔除这些日期。如果假期日期比较多，还可以把这些日期放置在单元格区域中，然后引用此单元格区域作为 NETWORKDAYS 函数的第三参数。

16.7.2　错时休假制度下的工作日天数计算

示例16-18　错时休假制度下的工作日天数计算

有些公司采用错时休假制度，与公众的双休日错开，而其他的日期作为休息日，这种制度下的工作日天数计算，可以使用 NETWORKDAYS.INTL 函数来完成。

NETWORKDAYS.INTL 函数语法如下：

```
=NETWORKDAYS.INTL(start_date,end_date,weekend,[holidays])
```

第三参数 weekend 可以指定一周的哪几天作为休息日，它允许使用一个由 0 和 1 组成的 7 位的字符串作为参数，从左到右依次代表星期一到星期日，0 表示工作日，1 表示休息日。假设某公司周三和周六为休息日，可以设置此参数为"0010010"，计算工作日天数的公式如下：

```
=NETWORKDAYS.INTL(A2,B2,"0010010")
```

第三参数还可以使用数字 1~7 和 11~17，不同数字代表的休息日如表 16-5 所示。

表 16-5　weekend 参数值含义

weekend 参数	休息日
1 或省略	星期六、星期日
2	星期日、星期一
3	星期一、星期二
4	星期二、星期三
5	星期三、星期四
6	星期四、星期五
7	星期五、星期六
11	仅星期日
12	仅星期一

续表

weekend 参数	休息日
13	仅星期二
14	仅星期三
15	仅星期四
16	仅星期五
17	仅星期六

第四参数 holidays 可以在指定的休息日外排除一些特殊的假日，和 NETWORKDAYS 函数第三参数用法相同，此处不再赘述。

16.7.3　有调休的工作日计算

根据我国假日安排规则，往往会安排假日相邻的周末和当前假日连续休假。例如，2020 年 5 月 1 日国际劳动节休假安排是：5 月 1 日至 5 日放假调休，共 5 天。4 月 26 日（星期日）、5 月 9 日（星期六）上班。

这种复杂的"调休式"假日安排，为工作日计算带来一些难度。以 2020 年各月的工作日计算为例，方法如下。

示例16-19　有调休的工作日计算

计算有调休的工作日之前，需要先整理出各个节假日的公休日期和调休日期明细表，如图 16-23 所示。

	E	F	G	H	I
1	节日	公休日期		节日	调休上班日期
2	元旦	2020/1/1		春节	2020/1/19
3	春节	2020/1/24		劳动节	2020/4/26
4	春节	2020/1/25		劳动节	2020/5/9
5	春节	2020/1/26		端午节	2020/6/28
6	春节	2020/1/27		中秋节&国庆节	2020/9/27
7	春节	2020/1/28		中秋节&国庆节	2020/10/10
8	春节	2020/1/29			
9	春节	2020/1/30			
10	春节	2020/1/31			
11	春节	2020/2/1			
12	春节	2020/2/2			
13	清明节	2020/4/4			

图 16-23　节假日公休日期和调休日期明细表

如图 16-24 所示，在 C2 单元格输入如下公式，并下拉复制到 C2:C13 单元格区域，即可计算出有调休的 2020 年各月的实际工作日。

```
=NETWORKDAYS(A2,B2,F$2:F$31)+COUNTIFS(I$2:I$7,">="&A2,I$2:I$7,"<="&B2)
```

　　NETWORKDAYS(A2,B2,F$2:F$31) 用于计算 A2 和 B2 两个日期之间的工作日数，并排除 F2:F31 单元格区域内的公休日期。此时的结果是未考虑调休上班日期的工作日天数。

　　COUNTIFS 函数用来统计符合多个条件的个数。"COUNTIFS(I$2:I$7,">="&A2,I$2:I$7,"<="&B2)" 是用来统计调休上班日期中，大于等于 A2 的开始日期，并且小于等于 B2 的结束日期的天数。

　　把 NETWORKDAYS 函数的计算结果和 COUNTIFS 函数的计算结果相加，即为考虑调休日期后的工作日天数。

	A	B	C
1	开始日期	结束日期	工作日天数
2	2020/1/1	2020/1/31	17
3	2020/2/1	2020/2/29	20
4	2020/3/1	2020/3/31	22
5	2020/4/1	2020/4/30	22
6	2020/5/1	2020/5/31	19
7	2020/6/1	2020/6/30	21
8	2020/7/1	2020/7/31	23
9	2020/8/1	2020/8/31	21
10	2020/9/1	2020/9/30	23
11	2020/10/1	2020/10/31	17
12	2020/11/1	2020/11/30	21
13	2020/12/1	2020/12/31	23

图 16-24　有调休的工作日计算

16.7.4　当月的工作日天数计算

示例16-20　当月的工作日天数计算

　　要根据某个日期计算其所在月份的工作日天数，可以利用 NETWORKDAYS 函数结合 EOMONTH 函数来实现。

　　假设 A6 单元格为日期数据"2020/6/15"，要计算其所在月份的工作日天数，可以先利用 EOMONTH 函数取得这个月的月初日期和月末日期。

　　月初日期公式如下：

`=EOMONTH(A6,-1)+1`

　　月末日期公式如下：

`=EOMONTH(A6,0)`

　　根据以上公式取得的日期，再使用 NETWORKDAYS 计算工作日天数，结果为 22 天，公式如下：

`=NETWORKDAYS(EOMONTH(A6,-1)+1,EOMONTH(A6,0))`

　　如果要计算当月的双休日天数，只需要将当月的总天数减去上述公式计算得到的工作日天数即可实现，公式如下：

`=DAY(EOMONTH(A6,0))-NETWORKDAYS(EOMONTH(A6,-1)+1,EOMONTH(A6,0))`

　　也可以使用 NETWORKDAYS.INTL 函数计算错时休假制度下的工作日天数，公式如下：

`=NETWORKDAYS.INTL(EOMONTH(A6,-1)+1,EOMONTH(A6,0),"1111100")`

　　此公式是将周六和周日视为工作日，计算结果即为当月的周六和周日的总天数。

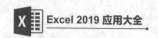

16.7.5 判断某天是否为工作日

示例16-21 判断某天是否为工作日

要根据某个日期判断当天是否属于工作日，假设这个日期存放在 A11 单元格，可以使用以下公式：

```
=IF(WEEKDAY(A11,2)<6,"是","否")
```

公式用 WEEKDAY 函数根据指定日期得到表示星期的数值，通过判断星期数值是否小于 6 的方法来确定是否属于工作日。

除此以外，也可以使用 NETWORKDAYS 函数来实现：

```
=IF(NETWORKDAYS(A11,A11)=1,"是","否")
```

NETWORKDAYS 函数使用同一日期作为起止日期，判断这个日期是否属于工作日。如果是工作日，NETWORKDAYS 函数计算结果应该等于 1，否则结果等于 0。

使用 WORKDAY 函数也能够完成类似计算：

```
=IF(WORKDAY(A11-1,1)=A11,"是","否")
```

WORKDAY 函数可以根据指定日期返回若干个工作日之前或之后的日期，函数语法为：

```
=WORKDAY(start_date,days,[holidays])
```

上述公式中，先使用 A11-1 返回指定日期前一天的日期，WORKDAY 函数以 "A11-1" 作为第一参数，返回该日期的下一个工作日的日期，如果这个日期与 A11 单元格的日期相同，就可以确定 A11 单元格中的日期是工作日。

WORKDAY 函数在默认情况下也是把周六和周日作为休息日，如果需要定义其他日期为休息日，可以使用 WORKDAY.INTL 函数来处理。

WORKDAY.INTL 函数的参数用法和 NETWORKDAYS.INTL 函数相似，假设要以周三和周六作为休息日，计算 A11 单元格中日期之后 7 个工作日的日期，可以使用以下公式：

```
=WORKDAY.INTL(A11,7,"0010010")
```

表 16-5 中的 weekend 参数值，也适用于 WORKDAY.INTL 函数。

如果需要在排除休息日的基础上，再排除一些特殊节假日，同样可以在此函数的第四参数中指定。

第 17 章 查找与引用

查找与引用函数可以在指定单元格区域完成查找相关的任务，本章重点介绍查找与引用函数的基础知识及典型应用。

本章学习要点

（1）行列函数生成序列。　　　　　　（3）创建文件链接。

（2）常用数据查询函数的应用。

17.1 用 ROW 函数和 COLUMN 函数返回行号列号信息

常用的行列函数包含 ROW 函数和 COLUMN 函数，ROW 函数用来返回参数单元格或区域的行号，COLUMN 函数用来返回参数单元格或区域的列号。它们的语法分别为：

```
ROW([reference])
COLUMN([reference])
```

17.1.1 返回当前单元格的行列号

ROW 函数和 COLUMN 函数的参数是可选参数，如果省略参数，则结果返回公式所在单元格的行列号，如图 17-1 所示，在 C3 单元格输入公式：=ROW()，并向右向下复制到 C3:E5 单元格区域，会返回每一个单元格的行号，结果为 3、4、5。

在 H3 单元格输入公式：=COLUMN()，并向右向下填充到 H3:J5 单元格区域，会返回每一个单元格的列号，结果为 8、9、10。

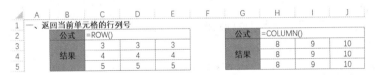

图 17-1 返回当前单元格的行列号

17.1.2 返回指定单元格的行列号

在不省略参数的情况下，则返回参数单元格的行列号，如图 17-2 所示。

	A	B	C	D	E	F	G
8	二、返回指定单元格的行列号						
9		结果	公式			结果	公式
10		1	=ROW(A1)			1	=COLUMN(A1)
11		5	=ROW(H5)			8	=COLUMN(H5)
12		100	=ROW(AB100)			28	=COLUMN(AB100)
13		1	=ROW(1:1)			1	=COLUMN(A:A)
14		5	=ROW(5:5)			8	=COLUMN(H:H)
15		100	=ROW(100:100)			28	=COLUMN(AB:AB)

图 17-2 返回指定单元格的行列号

以公式 =ROW(H5) 为例，H5 单元格位于表格中的第 5 行，所以结果为 5。同理，H5 单元格位于表格的 H 列，即第 8 列，所以公式 =COLUMN(H5) 返回结果为 8。

图 17-2 公式中的 1:1、5:5、100:100，代表表格中的第 1 行、第 5 行、第 100 行整行；A:A、H:H、AB:AB，代表表格中的 A 列、H 列、AB 列整列。

17.1.3 返回单元格区域的自然数数组序列

ROW 函数和 COLUMN 函数不仅可以对单个单元格返回行列序数，还可以对单元格区域返回一组自然数序列，如图 17-3 所示。

	A	B	C	D	E	F	G	H	I	J	K
18	三、返回单元格区域的自然数数组序列										
19		结果	3			结果	4	5	6	7	8
20			4			公式	{=COLUMN(D3:H5)}				
21			5								
22		公式	{=ROW(D3:H5)}								

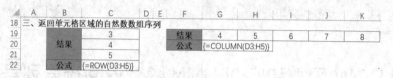

图 17-3 返回单元格区域的自然数数组序列

选中 C19:C21 单元格区域，输入以下公式，按 <Ctrl+Shift+Enter> 组合键，可以得到纵向序列 {3;4;5}。

```
{=ROW(D3:H5)}
```

选中 G19:K19 单元格区域，输入以下公式，按 <Ctrl+Shift+Enter> 组合键，可以得到横向序列 {4,5,6,7,8}。

```
{=COLUMN(D3:H5)}
```

17.1.4 其他行列函数

行列函数还包含 ROWS 函数和 COLUMNS 函数，它们的语法分别为：

```
ROWS(array)
COLUMNS(array)
```

例如，输入公式：=ROWS(D3:H5)，返回结果为 3；输入公式：=COLUMN(D3:H5)，返回结果为 5。因为 D3:H5 单元格区域共有 3 行 5 列。

17.1.5 生成等差数列

行列函数可以生成连续序列，如在任意单元格输入公式：=ROW(1:1)，然后向下复制公式，即可得到自然数序列 1，2，3，4……

还可以借用行列函数来生成等差数列 1，4，7，10，13……如图 17-4 所示。

	A	B	C	D	E	F	G	H
1	纵向等差数列		横向等差数列					
2	1		1	4	7	10	13	16
3	4							
4	7							
5	10							
6	13							
7	16							

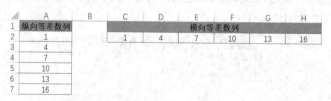

图 17-4 生成等差数列

在 A2 单元格输入以下公式，并下拉复制到 A2:A7 单元格区域，可以得到纵向等差序列。

```
=ROW(1:1)*3-2
```

在 C2 单元格输入以下公式，并右拉复制到 C2:H2 单元格区域，可以得到横向等差序列。

```
=COLUMN(A:A)*3-2
```

由于 1，4，7……的公差为 3，所以对于 ROW、COLUMN 得到的序数扩大 3 倍，然后再减去 2，使其从 1 开始，得到最终结果。

17.2 认识 VLOOKUP 函数

VLOOKUP 函数是使用频率非常高的查找与引用函数之一，能够根据指定的查找值，在单元格区域或数组的首列中查询该内容的位置，并返回与之对应的其他列的内容。例如，根据姓名查询电话号码、根据单位名称查询负责人等。函数语法如下：

```
VLOOKUP (lookup_value, table_array, col_index_num, [range_lookup])
```

第一参数 lookup_value 是要在单元格区域或数组的第一列中查找的值。如果查询区域首列中包含多个符合条件的查找值，VLOOKUP 函数只能返回第一个查找值对应的结果。如果没有符合条件的查找值，将返回错误值 #N/A。

第二参数 table_array 是需要查询的单元格区域或数组，该参数的首列应该包含第一参数。

第三参数 col_index_num 用于指定返回查询区域中的第几列的值，该参数如果超出待查询区域的总列数，VLOOKUP 函数将返回错误值 #REF!，如果小于 1 则返回错误值 #VALUE!。

第四参数 range_lookup 为可选参数，用于决定函数的查找方式。如果为 0 或 FALSE，则为精确匹配方式，而且支持无序查找；如果为 TRUE 或省略参数值，则以所有小于查询值的最大值进行匹配，同时要求查询区域的首列按照升序排列。

17.2.1 正向精确查找

示例17-1 用VLOOKUP函数查询零件类型对应的库存数量和单价

如图 17-5 所示，需要根据 E 列指定的零件类型，在 A~C 列查询对应的库存数量和单价。在 F2 单元格中输入以下公式，将公式复制到 F2:G3 单元格区域。

```
=VLOOKUP($E2,$A:$C,COLUMN(B2),0)
```

	A	B	C	D	E	F	G
1	零件类型	库存数量	单价		查找零件	库存数量	单价
2	螺栓	1124	1.5		轴承	351	15
3	垫片	684	0.8		支架	1121	35
4	齿轮	428	8				
5	轴承	351	15				
6	法兰	2727	47				
7	支架	1121	35				

图 17-5 VLOOKUP 正向精确查找

公式中的"$E2"是查询值，"$A:$C"是指定的查询区域，"COLUMN(B2)"部分用于指定 VLOOKUP 函数返回查询区域中的第几列。VLOOKUP 函数以 E2 单元格中指定的查找零件类型，在 "$A:$C"这个区域的首列进行查找，并返回该区域中与之对应的第 2 列的信息。

公式中"$E2"和"$A:$C"均使用列方向的绝对引用，当向右复制公式时，不会发生偏移。而第三参数在向右复制公式时会变为"COLUMN(C2)"，结果为 3，指定 VLOOKUP 函数返回第三列的信息。第三参数也可以分别用数字 2 或 3 代替。

> **注意**
>
> VLOOKUP 函数的第三参数是指查询区域中的第几列，不能理解为工作表中实际的列号。

17.2.2 通配符查找

VLOOKUP 函数的查询值是文本内容时，在精确匹配模式下支持通配符查找。

示例17-2 VLOOKUP函数使用通配符查找

如图 17-6 所示，A~B 列为部门名称及对应的代码，要求查找 D 列包含通配符的关键字并返回对应部门的代码信息。

在 E2 单元格中输入以下公式，向下复制到 E3 单元格。

```
=VLOOKUP(D2,$A$1:$B$5,2,0)
```

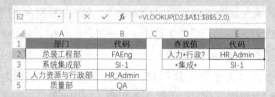

图 17-6 VLOOKUP 通配符查找

"*"和"?"都是通配符，其中"*"表示任意长度的字符串，"?"表示任意一个字符。D2 单元格的查找值"人力*行政?"表示"人力"和"行政"这两个关键字之间为任意长度字符的字符串，"行政"之后为 1 个字符的字符串。A 列符合条件的部门名称为"人力资源与行政部"。因此 E2 单元格返回其对应的代码"HR_Admin"。

如果 D2 单元格中为字符"人力资源"，使用以下公式可以查询包含该关键字的记录。

```
=VLOOKUP("*"&D2&"*",$A$1:$B$5,2,0)
```

> **提示**
>
> 如果需要查找本身包含"*"或"?"的字符，书写公式时需要在"*"或"?"字符前加上"~"。

17.2.3 正向近似匹配

VLOOKUP 函数第四参数为 TRUE 或被省略时，使用近似匹配方式。如果在查询区域中无法找到查询值时，将以小于查找值的最大值进行匹配。同时要求查询区域必须按照首列值的大小进行升序排列，否则可能得到错误的结果。

示例17-3 根据销售额查询所在区间的提成比例

如图 17-7 所示，A~C 列是提成比例的对照表，每个提成比例对应一个区间的销售额，如销售额大于等于 100001 且小于等于 20000 时，提成比例为 3%。现在需要根据 F 列的销售额，在 A~C 列查询对应的提成的比例。G2 单元格输入以下公式，向下复制到 G5 单元格。

```
=VLOOKUP(F2,$A$2:$C$5,3,1)
```

	A	B	C	D	E	F	G
1	销售额(下限)	销售额(上限)	提成比例		员工	销售额	提成比例
2	0	100000	1%		A	257119	5%
3	100001	200000	3%		B	371808	10%
4	200000	300000	5%		C	88473	1%
5	300001	无	10%		D	226855	5%
6					E	199374	3%

图 17-7　VLOOKUP 正向近似匹配

VLOOKUP 函数以 F2 单元格中的销售额 257119 为查询值，在 A2:A5 区域的首列中查找该内容。由于没有与该数值相同的内容，因此以小于 F2 的最大值 200001 进行匹配，并返回与之对应的提成比例 5%。

17.2.4　逆向查找

VLOOKUP 函数进行查找时，要求查找值必须位于查询区域的首列，否则需要通过嵌套函数构成内存数组，间接地调整查询区域字段顺序来实现逆向查找。

示例17-4 用VLOOKUP函数进行逆向查找

如图 17-8 所示，A~C 列为员工信息表，需要根据 E 列单元格中的姓名查找对应的员工号。F2 单元格中输入以下公式，向下复制到 F3 单元格。

```
=VLOOKUP($E2,IF({1,0},$B$2:$B$5,$A$2:$A$5),2,0)
```

	A	B	C	D	E	F	G
1	员工号	姓名	部门		姓名	员工号	
2	1569	李秀兰	人事部		郑琼琼	2315	
3	2315	郑琼琼	采购部		吴文红	1233	
4	1240	杨国聪	工程部				
5	1233	吴文红	市场部				

图 17-8　VLOOKUP 逆向查找

IF 函数在此处的作用是构成内存数组，当 IF 函数的第一参数为 TRUE 或是不等于 0 的数值时，返回第二参数指定的内容，当第一参数为 FALSE 或是数值 0 时，返回第三参数指定的内容。

本例中 IF 函数的第一参数使用常量数组"{1,0}"，目的是得到由第二参数"$B$2:$B$5"和第三参数"$A$2:$A$5"构成的内存数组，如图 17-9 所示。

李秀兰	1569
郑琼琼	2315
杨国聪	1240
吴文红	1233

图 17-9　IF 函数构造的内存数组

VLOOKUP 函数以此内存数组作为第二参数，从该内存数组的首列查找指定的姓名，并返回内存数组第二列中对应的内容。

17.2.5　常见问题及注意事项

VLOOKUP 函数使用过程中，如果出现返回值不符合预期或是返回错误值，常见原因如表 17-1 所示。

表 17-1　VLOOKUP 函数常见异常返回值原因

问题描述	原因分析
返回错误值 #N/A，且第四参数为 TRUE	第一参数小于第二参数首列的最小值
返回错误值 #N/A，且第四参数为 FALSE	第一参数在第二参数首列中未找到精确匹配项
返回错误值 #REF!	第一参数在第二参数首列中有匹配值，但是第三参数大于第二参数的总列数
返回错误值 #VALUE!	第一参数在第二参数首列中有匹配值，但是第三参数小于 1
返回了不符合预期的值	第四参数为 TRUE 或省略时，第二参数未按首列升序排列

图 17-10 为 VLOOKUP 函数返回错误值的常见示例。

	A	B	C	D	E	F	G
1	员工号	成绩		员工号	成绩	公式	原因分析
2	1569	87		1967	#REF!	=VLOOKUP(D2,A2:B7,3,0)	第三参数"3"超过查询区域的实际列数2
3	2052	75		2020	#VALUE!	=VLOOKUP(D3,A2:B7,0,0)	第三参数小于1，且2020在A列中存在
4	1967	74		1877	#N/A	=VLOOKUP(D4,A2:B7,2,0)	查找值格式不同，D4单元格为文本，A列为数字
5	2020	65		2104	#N/A	=VLOOKUP(D5,A2:B7,2,0)	员工号2104在查询区域内不存在
6	2014	95		1569	#N/A	=VLOOKUP(D6,A2:B7,2,0)	D6单元格或A2单元格中有不可见字符
7	1877	76					
8				FALSE	=D6=A2		

图 17-10　VLOOKUP 函数返回错误值示例

第一参数常见的问题是查询值与查询区域首列中的数字格式不同，文本和数字格式的内容，看似相同实则并不同。

可以使用等式判断两个单元格是否相同，如在 D8 单元格中输入"=D6=A2"得到的结果是"FALSE"，说明 D6 和 A2 单元格内容其实并不相同，很可能某个单元格中包含了空格或是不可见字符。对查找值及查询区域的首列进行处理，统一格式及清理不可见字符等可以避免此类错误的产生。

第二参数的常见问题是由于未采用绝对引用，公式在向其他区域复制时，引用的单元格区域发生了变化，导致可能查询不到正确的结果，只要将相对引用改成绝对引用即可。

当第四参数为 TRUE 或省略时，如果查询区域首列没有按照升序排列，则可能返回错误的值。

17.3 强大的 LOOKUP 函数

LOOKUP 函数有向量形式和数组形式两种语法，向量形式语法如下：

```
LOOKUP(lookup_value, lookup_vector, [result_vector])
```

第一参数 lookup_value 可以使用单元格引用和数组。第二参数 lookup_vector 为查找范围。第三参数 [result_vector] 为可选参数，表示查询返回的结果范围，同样支持单元格引用和数组。

向量形式在单行区域或单列区域（称为"向量"）中查找值，然后返回第二个单行区域或单列区域中相同位置的值，如果第三参数省略，将返回第二参数中对应位置的值。

如果需在查找范围中查找一个明确的值，查找范围必须升序排列；当需要查找一个不明确的值时，如查找一列或一行数据的最后一个值，查找范围不需要严格地进行升序排列。

LOOKUP 函数数组形式语法如下：

```
LOOKUP(lookup_value, array)
```

数组形式在数组的第一行或第一列中查找指定的值，并返回数组最后一行或最后一列中同一位置的值。应用此种类型时，如果数组行数大于或等于列数，LOOKUP 会在数组的首列中查找指定的值，并返回最后一列中同一位置的值。如果数组列数大于或等于行数，则会在数组的首行中查找指定的值，并返回最后一行中同一位置的值。日常工作中，可使用其他函数代替 LOOKUP 函数的数组形式，避免出现自动识别查询方向而产生的错误。

17.3.1 向量语法查找

LOOKUP 函数向量式用法相较于 VLOOKUP 函数更为简洁，且没有 VLOOKUP 函数中对查询区域列顺序的限制。因此使用 LOOKUP 函数时可以更轻松地实现逆向查找功能。

示例17-5 LOOKUP函数向量形式查找

如图 17-11 所示，A~B 列为员工姓名与员工号信息，其中 B 列的员工号已经进行了升序处理，需要根据 D 列的员工号查询对应的姓名。E2 单元格中输入以下公式，向下复制到 E3 单元格。

图 17-11 LOOKUP 函数向量语法查找

```
=LOOKUP(D2,$B$2:$B$5,$A$2:$A$5)
```

LOOKUP 以 D2 单元格中的员工号作为查找值，在第二参数"$B$2:$B$5"中进行查询，并返回第三参数"$A$2:$A$5"中对应位置的内容。

> **注意**
> ━━■■━➡ 当查询一个具体的值时，查找值所在列需要进行升序排序。

17.3.2 查找某列的最后一个值

示例17-6 LOOKUP函数查找某列的最后一个值

当需要查找一个不确定的值时，如查找一列或一行数据的最后一个值，LOOKUP 函数的查找范围不需要升序排列。以下公式可返回 A 列最后一个文本：

=LOOKUP("々",A:A)

"々"通常被看作是一个计算机字符集中编码较大的字符，输入方法为按住 Alt 键不放，依次按数字小键盘的 4、1、3、8、5。为了便于输入，第一参数也常使用编码较大的汉字"做"。

如图 17-12 所示，要查询最后一个打卡的人员姓名，可以在 D2 单元格中输入以下公式：

=LOOKUP("做",B:B)

以下公式可返回 A 列最后一个数值：

=LOOKUP(9E+307,A:A)

图 17-12 LOOKUP 函数查找最后一个文本

公式第一参数"9E+307"是 Excel 中的科学计数法，即 9*10^307，被认为是接近 Excel 允许输入的最大数值。将它用作查找值，可以返回一列或一行中的最后一个数值。

如果不区分查找值的类型，只需要返回最后一个非空单元格的内容，可以使用以下公式：

=LOOKUP(1,0/(A:A<>""),A:A)

"0/条件"是 LOOKUP 函数的一种模式化用法，将条件设定为"某一列 <>"""，可返回最后一个非空单元格的内容。

公式先用"A:A<>"""来判断 A 列是否为空单元格，得到一组由逻辑值 TRUE 和 FALSE 构成的内存数组。然后利用"0 除以任何数都得 0"和"0 除以错误值得到还是错误值"的特性，得到一串由 0 和错误值组成的新内存数组。

LOOKUP 函数以 1 作为查找值，在这个新内存数组中进行查找。由于内存数组中只有 0 和错误值。因此在忽略错误值的同时，以最后一个 0 进行匹配，并最终返回第三参数中相同位置的内容。

 提示

使用此方法时，虽然内存数组没有经过排序处理，LOOKUP 函数也会按照升序排序的规则进行处理，也就是认为最大的数值在内存数组的最后。因此会以最后一个 0 进行匹配。

17.3.3 多条件查找

实际工作中，当 LOOKUP 函数查找值的所在列不允许排序时，有一种较为典型的用法能够处理这种问题，可以归纳为：

=LOOKUP(1,0/((条件1)*(条件2)*……*(条件n))，要返回内容的区域或数组)

其中的"条件 1* 条件 2……* 条件 n",可以是一个条件也可以是多个条件。

示例17-7 LOOKUP函数多条件查找

如图 17-13 所示,需要根据 E 列的员工"姓名"和 F 列的"考核项"两个条件,从左侧的成绩对照表中查询对应的成绩。G2 单元格中输入以下公式,向下复制到 G3 单元格。

```
=LOOKUP(1,0/(($A$2:$A$7=E2)*($B$2:$B$7=F2)),$C$2:$C$7)
```

| G2 | : | × | ✓ | fx | =LOOKUP(1,0/(($A$2:$A$7=E2)*($B$2:$B$7=F2)),$C$2:$C$7) |

	A	B	C	D	E	F	G	H
1	姓名	考核项	成绩		姓名	考核项	成绩	
2	郭汉鑫	理论	87		洪波	理论	74	
3	王维中	理论	75		王维中	实操	95	
4	洪波	理论	74					
5	郭汉鑫	实操	65					
6	王维中	实操	95					
7	洪波	实操	76					

图 17-13 LOOKUP 函数多条件查找

公式中的"($A$2:$A$7=E2)"和"($B$2:$B$7=F2)"部分,分别将 $A$2:$A$7 单元格区域中的姓名与 E2 单元格中指定的姓名,以及 $B$2:$B$7 单元格区域中的考核项与 F2 单元格中指定的考核项进行比较,得到两个由 TRUE 和 FALSE 组成的内存数组:

{FALSE;FALSE;TRUE;FALSE;FALSE;TRUE}

{TRUE;TRUE;TRUE;FALSE;FALSE;FALSE}

两个内存数组对应相乘,如果内存数组中对应位置的元素都为 TRUE,相乘后返回 1,否则返回 0,计算后得到由 1 和 0 组成的新内存数组:

{0;0;1;0;0;0}

再用 0 除以上述内存数组,得到由 0 和错误值 #DIV/0! 组成的内存数组:

{#DIV/0!;#DIV/0!;0;#DIV/0!;#DIV/0!;#DIV/0!}

最后使用 1 作为查询值,由于在内存数组中找不到 1。因此 LOOKUP 以小于 1 的最大值,也就是 0 进行匹配,并返回第三参数"$C$2:$C$7"中对应位置的内容"74"。

提示

> 如果有多个满足条件的结果,LOOKUP 函数将返回最后一个记录。

17.4 INDEX 和 MATCH 函数查找组合

INDEX 函数和 MATCH 函数结合,能够实现任意方向的数据查询,使数据查询更加灵活简便。

17.4.1　使用 INDEX 函数进行检索

INDEX 函数能够在一个区域引用或数组范围中，根据指定的行号或（和）列号来返回值或引用。
INDEX 函数的语法有引用和数组两种形式，数组形式语法如下：

```
INDEX(array, row_num, [column_num])
```

第一参数为检索的单元格区域或数组常量。如果数组只包含一行或一列，则相应的 row_num 或
[column_num] 参数是可选的。如果数组具有多行和多列，并且仅使用 row_num 或 [column_num]，
则 INDEX 返回数组中整个行或列的数组。

第二参数 row_num 代表数组中的指定行，函数从该行返回数值。如果省略 row_num，则需要有第
三参数 [column_num]。

第三参数 [column_num] 为可选参数，代表数组中的指定列，函数从该列返回数值。如果省略该参
数，则需要有第二参数 row_num。

引用形式语法如下：

```
INDEX(reference, row_num, [column_num], [area_num])
```

第一参数 reference 是必需参数，为一个或多个单元格区域的引
用，如果需要输入多个不连续的区域，必须将其用小括号括起来。
第二参数 row_num 是必需参数，为要返回引用的行号。第三参数
[column_num] 是可选参数，为要返回引用的列号。第四参数 [area_
num] 是可选参数，为要选择返回用引用的区域。

	A	B	C	D
1	1	2	3	4
2	5	6	7	8
3	9	10	11	12
4	13	14	15	16
5				
6	12	=INDEX(A1:D4,3,4)		
7	42	=SUM(INDEX(A1:D4,3,0))		
8	40	=SUM(INDEX(A1:D4,0,4))		
9	11	=INDEX((A1:B4,C1:D4),3,1,2)		

图 17-14　INDEX 函数检索

如图 17-14 所示，A1：D4 单元格区域中是需要检索的数据。
以下公式返回 A1：D4 单元格区域中第 3 行和第 4 列交叉处的单
元格，即 D3 单元格的值 12。

```
=INDEX(A1:D4,3,4)
```

以下公式返回 A1：D4 单元格区域中第 3 行单元格的和，即 A3：D3 单元格区域的和 42。

```
=SUM(INDEX(A1:D4,3,0))
```

以下公式返回 A1：D4 单元格区域中第 4 列单元格的和，即 D1：D4 单元格区域的和 40。

```
=SUM(INDEX(A1:D4,0,4))
```

以下公式返回 (A1：B4,C1：D4) 两个单元格区域中的第二个区域第 3 行第 1 列的单元格，即 C3 单元
格。由于 INDEX 函数的第一参数是多个区域。因此用小括号括起来。

```
=INDEX((A1:B4,C1:D4),3,1,2)
```

根据公式需要，INDEX 函数的返回值可以为引用或是数值。例如，如下第一个公式等价于第二个公
式，CELL 函数将 INDEX 函数的返回值作为 B1 单元格的引用。

```
=CELL("width",INDEX(A1:B2,1,2))
=CELL("width",B1)
```

而在以下公式中，则将 INDEX 函数的返回值解释为 B1 单元格中的数字。

```
=2*INDEX(A1:B2,1,2)
```

17.4.2 单行（列）数据转换为多行多列

示例17-8 单行（列）数据转换为多行多列

如图 17-15 所示，A2:A13 单元格区域为零件库存的基本信息，从 A2 单元格起，每 3 个单元格为一组。
要求将 A2:A13 单元格区域的数据转换为 C2:E5 单元格区域的形式，每个零件的信息拆分为 1 行 3 列。
C2 单元格输入以下公式，将公式复制到 C2:E5 单元格区域。

```
=INDEX($A$2:$A$13,3*ROW(A1)-3+COLUMN(A1))
```

	A	B	C	D	E
1	原始数据		零件号	描述	库存数量
2	A345-3122-008		A345-3122-008	碳钢螺栓	31083
3	碳钢螺栓		CBE4-0000-3217	法兰316不锈钢	6658
4	31083		A358-0217-019	支架	12083
5	CBE4-0000-3217		E088-3229-0500	管塞	4459
6	法兰316不锈钢				
7	6658				
8	A358-0217-019				
9	支架				
10	12083				
11	E088-3229-0500				
12	管塞				
13	4459				

图 17-15 单列数据转多列

公式中的"3*ROW(A1)-3+COLUMN(A1)"部分，计算结果为 1，公式向下复制时，ROW(A1) 依次
变为 ROW(A2)、ROW(A3)……这部分的公式计算结果分别为 4，7，10……即生成步长为 3 的递增数列。

公式向右复制时，COLUMN(A1) 依次变为 COLUMN(B1)、COLUMN(C1)……这部分的计算结果为 2，
3……即生成步长为 1 的递增数列。

"3*ROW(A1)-3+COLUMN(A1)"部分生成的结果如图 17-16 所示。

1	2	3
4	5	6
7	8	9
10	11	12

图 17-16 ROW 函数和 COLUMN 函数生成递增数列

最后用 INDEX 函数，根据以上公式中生成的数列提取出 A 列中对应位置的内容。

17.4.3 使用 MATCH 函数返回查询项的相对位置

MATCH 函数用于根据指定的查询值，返回该查询值在一行（一列）的单元格区域或数组中的相对
位置。若有多个符合条件的结果，MATCH 函数仅返回第一次出现的位置。函数语法如下：

```
MATCH(lookup_value, lookup_array, [match_type])
```

第一参数 lookup_value 为指定的查找对象。

第二参数 lookup_array 为可能包含查找对象的单元格区域或数组，这个单元格区域或数组只能是一行或一列，如果是多行多列则返回错误值 #N/A。

第三参数 [match_type] 是可选参数，为查找的匹配方式。当第三参数为 0、1 或省略、-1 时，分别表示精确匹配、升序模式下的近似匹配和降序模式下的近似匹配。如果简写第三参数的值，仅以逗号占位，表示使用 0，也就是精确匹配方式。例如，"MATCH("ABC",A1：A10,0)" 等价于"MATCH("ABC",A1：A10,)"。

例 1　当第三参数为 0 时，第二参数不需要排序。以下公式返回值为 3。其含义为：在第二参数的数组中，字母 "A" 第一次出现的位置为 3。

```
=MATCH("A",{"B","D","A","C","A"},0)
```

例 2　当第三参数为 1 或省略第三参数时，第二参数要求按升序排列，如果第二参数中没有具体的查找值，将返回小于第一参数的最大值所在位置。以下两个公式都返回值为 2，由于第二参数没有查询值 4。因此以小于 4 的最大值也就是 3 进行匹配。3 在第二参数数组中是第 2 个。因此结果返回 2。

```
=MATCH(4,{1,3,5,7},1)
=MATCH(4,{1,3,5,7})
```

例 3　当第三参数为 -1 时，第二参数要求按降序排列，如果第二参数中没有具体的查找值，将返回大于第一参数的最小值所在位置。以下公式返回值为 3，由于第二参数中没有查询值 5。因此以大于 5 的最小值也就是 6 进行匹配。6 在第二参数数组中是第 3 个。因此结果返回 3。

```
=MATCH(5,{10,8,6,4,2,0},-1)
```

如果查找内容为文本，在使用精确匹配方式时允许使用通配符，具体使用方法与 VLOOKUP 函数的第一参数相同。

17.4.4　不重复值个数的统计

如果查询区域中包含多个查找值，MATCH 函数只返回查找值首次出现的位置。利用这一特点，可以统计出一行或一列数据中的不重复值的个数。

示例17-9　不重复值个数的统计

如图 17-17 所示，A2：A9 单元格区域包含重复值，要求统计不重复值的个数。

C2 单元格输入以下数组公式，按 <Ctrl+Shift+Enter> 组合键。

```
{=SUM(N(MATCH(A2:A9,A2:A9,0)=ROW(A2:A9)-1))}
```

图 17-17　MATCH 函数统计不重复值个数

公式中的 "MATCH(A2：A9,A2：A9,0)" 部分，以精确匹配的查询方式，分别查找 A2：A9 单元格区域中每个数据在该区域首次出现的位置。返回结果如下：

```
{1;2;3;2;3;6;1;2}
```

以 A2 单元格和 A8 单元格中的数值"1"为例，MATCH 函数查找在 A2:A9 单元格区域中的位置均返回 1，也就是该数值在 A2:A9 单元格区域中首次出现的位置。

"ROW(A2:A9)-1"部分用于得到 1~8 的连续自然数序列，行数与 A 列数据行数一致。通过观察可知，只有数据第一次出现时，用 MATCH 函数得到的位置信息与 ROW 函数生成的序列值对应相等。如果数据是首次出现，则比较后的结果为 TRUE，否则为 FALSE。

"MATCH(A2:A9,A2:A9,0)=ROW(A2:A9)-1"部分返回的结果如下：

```
{TRUE;TRUE;TRUE;FALSE;FALSE;TRUE;FALSE;FALSE}
```

TRUE 的个数即代表 A2:A9 单元格区域中不重复值的个数。然后用 N 函数将逻辑值 TRUE 和 FALSE 分别转换成 1 和 0，再用 SUM 函数求和即可。

17.4.5　在带有合并单元格的表格中定位

在一些包含合并单元格的数据表中查询数据时，难点是最后一组合并单元格包含的单元格个数。将 MATCH 函数第三参数设置为 -1，能够处理此类问题。

示例17-10　按部门分配奖金

图 17-18 展示的是某单位奖金分配表的部分内容，其中 A 列是部门名称（车间），B 列是员工姓名，C 列是每个部门的奖金金额，需要在 D 列根据各个部门的奖金金额和人数分配奖金。

D2 单元格输入以下数组公式，按 <Ctrl+Shift+Enter> 组合键，将公式向下复制到 D10 单元格。

```
{=IF(C2>0,C2/MATCH(FALSE,IF({1},A3:A$11=0),
-1),D1)}
```

	A	B	C	D
1	车间	员工	奖金	分配奖金
2		刘文静		300
3	前清理	何彩萍	1200	300
4		何恩杰		300
5		段启志		300
6	风选车间	窦晓玲	500	500
7		刘翠玲		400
8	中试车间	陈晓丽	1200	400
9		马思佳		400
10	包装间	李家俊	500	500

图 17-18　按部门分配奖金

在合并单元格内只有第一个单元格有内容，其他均为空单元格。

公式中的"MATCH(FALSE,IF({1},A3:A$11=0),-1)"部分，先使用"A3:A$11=0"来判断 A 列自公式下一行为起点、到数据表的下一行这个区域内是否等于 0，也就是判断是否为空单元格，得到一组由 TRUE 和 FALSE 构成的逻辑值。然后以 FALSE 作为查询值，在这组逻辑值中查询 FALSE 首次出现的位置，如果找不到 FALSE，将以比 FALSE 大的 TRUE 进行匹配，返回的结果就是当前车间的人数。

接下来使用 IF 函数对 C2 单元格中的金额进行判断，如果 C2 单元格金额大于 0，则使用 C2 除以当前车间的人数得到人均分配金额，否则返回 D 列上一个单元格中的值。

当公式复制到 D10 单元格，对最后一组非空单元格计算人数时，A11:A$11=0 部分的结果为单个的逻辑值 TRUE，此时 MATCH 函数会返回错误值。

IF 函数第一参数使用常量数组 {1}，目的是将 A11:A$11=0 部分得到的单个逻辑值 TRUE 转换为单

个元素的内存数组 {TRUE}。

MATCH 函数在该内存数组中找不到查询值 FALSE。因此以大于 FALSE 的最小值，也就是 TRUE 的所在位置进行匹配，计算出当前车间的人数为 1。

17.4.6 二维表交叉区域查询

MATCH 函数结合 INDEX 函数可以实现二维表交叉区域查询。

示例17-11 二维表交叉区域查询

如图 17-19 所示，A1:F5 为某产品在不同销售区域的订单数量。需要根据指定的“季度”和“区域”查找相应的订单数量。E8 单元格中输入以下公式，计算结果为 4363。

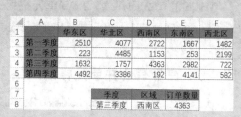

```
=INDEX($B$2:$F$5,MATCH(C8,$A$2:$A$5,0),MATCH(D8,$B$1:$F$1,0))
```

	A	B	C	D	E	F
1		华东区	华北区	西南区	东南区	西北区
2	第一季度	2510	4077	2722	1667	1482
3	第二季度	223	4485	1153	253	2199
4	第三季度	1632	1757	4363	2982	722
5	第四季度	4492	3386	192	4141	582
6						
7			季度	区域	订单数量	
8			第三季度	西南区	4363	

图 17-19 交叉区域查询

公式中的“MATCH(C8,$A$2:$A$5,0)”部分，返回 C8 单元格在 $A$2:$A$5 单元格区域中的位置，结果为 3。

“MATCH(D8,$B$1:$F$1,0)”部分，返回 D8 单元格在 $B$1:$F$1 单元格区域中的位置，结果为 3。

INDEX 函数的第一参数 $B$2:$F$5 是需要从中返回内容的引用区域，两个 MATCH 函数的结果分别作为 INDEX 函数查询区域中的行号和列号，最终返回 $B$2:$F$5 单元格区域中的第 3 行与第 3 列交叉的内容，即 D4 单元格中的 4363。

17.4.7 多条件查询

MATCH 函数结合 INDEX 函数，还可以实现多个条件的数据查询。

示例17-12 MATCH函数和INDEX函数多条件查询

如图 17-20 所示，A~C 列为某单位样品测试的部分记录，需要根据 E2 和 F2 单元格中的样品编号和测试次数，查找对应的测试结果。G2 单元格中输入以下数组公式，按 <Ctrl+Shift+Enter> 组合键。

```
{=INDEX(C2:C9,MATCH(E2&F2,A2:A9&B2:B9,0))}
```

G2 {=INDEX(C2:C9,MATCH(E2&F2,A2:A9&B2:B9,0))}

	A	B	C	D	E	F	G	H
1	样品编号	测试次数	结果		样品编号	测试次数	结果	
2	1	1	不合格		2	3	合格	
3	1	2	不合格					
4	1	3	合格					
5	2	1	不合格					
6	2	2	合格					
7	2	3	合格					
8	3	1	不合格					
9	3	2	合格					

图 17-20 MATCH 函数和 INDEX 函数多条件查询

公式中的“MATCH(E2&F2,A2:A9&B2:B9,0)”部分，先用连接符“&”将 E2 和 F2 合并成一个新的字符串“23”，以此作为查询值。再将 A2:A9 和 B2:B9 单元格区域合并成一个新的查询区域。然后用 MATCH 函数，查询出字符串“23”在合并后的查询区域中所处的位置 6。

最后用 INDEX 函数返回 C2:C9 单元格区域中对应位置的结果。

17.4.8 逆向查询

示例17-13 INDEX函数和MATCH函数逆向查找

如图 17-21 所示，A~C 列为员工信息表，需要根据 E 列单元格中的姓名查找对应的员工号，F2 单元格中输入以下公式，向下复制到 F3 单元格。

```
=INDEX(A:A,MATCH(E2,B:B,0))
```

F2 =INDEX(A:A,MATCH(E2,B:B,0))

	A	B	C	D	E	F
1	员工号	姓名	部门		姓名	员工号
2	2281	韩见	人事部		吕世宏	2962
3	2962	吕世宏	采购部		吴玉芳	1724
4	1510	周春艳	工程部			
5	1724	吴玉芳	市场部			

图 17-21 逆向查询

“MATCH(E2,B:B,0)”部分，用于定位 E2 单元格中的“吕世宏”在 B 列中的位置 3，以此作为 INDEX 函数的第二参数。INDEX 函数根据 MATCH 函数返回的位置信息，最终得到 A 列中对应位置的查询结果。

17.5 MATCH 函数与 VLOOKUP 函数配合

VLOOKUP 函数需要在多列中查找数据时，结合 MATCH 函数可使公式的编写更加方便。

示例17-14 MATCH函数配合VLOOKUP函数查找多列信息

如图 17-22 所示，左侧为某公司各部门的员工信息，需要根据 F 列的员工姓名查询相应的职级和部门。G2 单元格输入以下公式，将公式复制到 G2:H3 单元格区域。

```
=VLOOKUP($F2,$A:$D,MATCH(G$1,$A$1:$D$1,0),0)
```

G2 =VLOOKUP($F2,$A:$D,MATCH(G$1,$A$1:$D$1,0),0)

	A	B	C	D	E	F	G	H
1	员工姓名	部门	员工号	职级		员工姓名	职级	部门
2	张政雨	市场部	1534	46		梁爱民	46	人事部
3	万琼	销售部	1485	45		彭秀兰	49	采购部
4	梁爱民	人事部	2009	46				
5	余斌	工程部	2655	49				
6	郭又菱	质量部	1743	52				
7	彭秀兰	采购部	1507	49				
8	杨国丽	销售部	2856	52				

图 17-22 MATCH 函数与 VLOOKUP 函数配合

公式中的"MATCH(G$1,$A$1:$D$1,0)"部分，根据公式所在列的不同，分别查找出"职级"和"部门"在查询区域中处于第几列，以此作为 VLOOKUP 函数的第三参数。

使用该方法，在查询区域列数较多时能够自动计算出要返回的内容处于查询区域中第几列，而不需要人工判断。

17.6 认识 OFFSET 函数

OFFSET 函数能够以指定的引用为参照，通过给定的偏移量得到新的引用，返回的引用可以为一个单元格或单元格区域，也可以指定返回的行数和列数。用于构建动态的引用区域、制作动态下拉菜单及在图表中构建动态的数据源等。函数语法如下：

```
OFFSET(reference, rows, cols, [height], [width])
```

第一参数 reference 是必需参数，作为偏移量参照的起始引用区域。该参数必须为对单元格或单元格区域的引用。

第二参数 rows 是必需参数。用于指定从第一参数的左上角单元格位置开始，向上或向下偏移的行数。行数为正数时，表示在起始引用的下方。行数为负数时，表示在起始引用的上方。如果省略，必须用半角逗号占位，省略参数值时默认为 0（即不偏移）。

第三参数 cols 是必需参数。用于指定从第一参数的左上角单元格位置开始，向左或向右偏移的列数。列数为正数时，表示在起始引用的右侧。列数为负数时，表示在起始引用的左侧。如果省略，必须用半角逗号占位，省略参数值时默认为 0（即不偏移）。

第四参数［height］是可选参数，为要返回的引用区域行数。如果省略该参数，则新引用的行数与第一参数的行数相同。

第五参数［width］是可选参数，为要返回的引用区域列数。如果省略该参数，则新引用的列数与第一参数的列数相同。

如果 OFFSET 函数偏移后的结果超出工作表边缘，将返回错误值 #REF!。

17.6.1 图解 OFFSET 函数参数含义

如图 17-23 所示，以下公式将返回对 C4:D7 单元格的引用。

```
=OFFSET(A1,3,2,4,2)
```

其中，A1 单元格为 OFFSET 函数的引用基点，参数 rows 为 3，表示以 A1 为基点向下偏移 3 行，至 A4 单元格。参数 cols 为 2，表示自 A4 单元格向右偏移 2 列，至 C4 单元格。

参数 height 为 4，参数 width 为 2，表示 OFFSET 函数返回的引用是从 C4 为左上角位置，共 4 行 2 列的单元格区域，即引用 C4:D7 单元格区域。

OFFSET 函数的参数允许使用负数，如图 17-24 所示，以下公式将返回对 B3:C6 单元格的引用。

```
=OFFSET(E9,-3,-2,-4,-2)
```

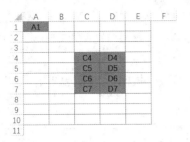

图 17-23　OFFSET 函数偏移示例

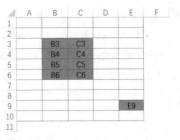

图 17-24　OFFSET 函数参数为负数

以上公式表示 OFFSET 函数以 E9 单元格为引用基点，向上偏移 3 行，向左偏移 2 列，至 C6 单元格。新引用的范围为从 C6 单元格向上 4 行，向左 2 列的单元格区域，即 B3:C6 单元格区域。

17.6.2　OFFSET 函数创建动态数据区域

示例17-15　OFFSET函数创建动态数据区域

如图 17-25 所示，A1:E12 单元格区域为基础数据源，随着时间变化，数据量会随之增加，在数据汇总、数据验证及制作图表时，往往需要引用最新的数据源区域，此时可以使用 OFFSET 函数创建动态数据源区域。

操作步骤如下。

步骤① 在【公式】选项卡下，单击【名称管理器】按钮命令，打开【名称管理器】对话框。

步骤② 单击【名称管理器】对话框的【新建】命令，打开【新建名称】对话框。在【名称】文本框中输入"动态区域"，在【引用位置】文本框中输入如下公式，然后单击【确定】按钮，单击【名称管理器】对话框的【关闭】按钮，完成新建名称，如图 17-26 所示。

=OFFSET (数据源 !$A$1,0,0,COUNTA(数据源 !$A:$A),COUNTA(数据源 !$1:$1))

	A	B	C	D	E
1	日期	客户姓名	产品名称	金额	分公司
2	2021/2/5	吕方	创新一号	330	北京分公司
3	2021/2/7	穆弘	固收五号	85	北京分公司
4	2021/2/10	雷横	固收一号	45	广州分公司
5	2021/2/11	卢俊义	创新三号	850	北京分公司
6	2021/2/15	焦挺	固收三号	275	广州分公司
7	2021/2/19	鲁智深	固收五号	160	上海分公司
8	2021/2/22	扈三娘	固收五号	235	北京分公司
9	2021/2/23	鲍旭	创新一号	540	广州分公司
10	2021/2/24	刘唐	固收一号	45	上海分公司
11	2021/2/27	李立	创新二号	160	上海分公司
12	2021/3/2	解宝	固收一号	200	广州分公司

图 17-25　数据源

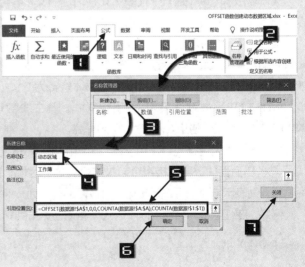

图 17-26　使用新建名称创建动态数据区域

公式中，"COUNTA(数据源 !$A:$A)"和"COUNTA(数据源 !$1:$1)"分别计算出基础数据源 A 列和第 1 行的非空单元格数量，即当前数据区域的行数 12，列数 5。然后分别作为 OFFSET 函数的第 4、第 5 参数，得到当前数据区域，即 A1:E12 单元格区域。

当数据区域的行数或列数增加时，COUNTA 函数计算的行、列数也会相应地增加，则 OFFSET 函数得到的结果区域也会变化，形成新的数据区域。

> **提示 ➡** 　　使用 COUNTA 函数配合 OFFSET 函数创建动态数据区域，要求 COUNTA 引用的 A 列和第 1 行数据必须完整，不能存在空单元格。

17.7　用 INDIRECT 函数把字符串变成真正的引用

在 Excel 表格中，尽管有绝对引用可以锁定引用范围，但插入行列或删除等操作，仍然可能造成已有公式中的引用区域发生改变，导致公式返回值发生错误，或者返回错误值 #REF!。

使用 INDIRECT 函数可以解决这个问题，因为 INDIRECT 函数中代表引用的参数是文本常量，不会随公式复制或行列的增加、删除等操作而改变。

17.7.1　INDIRECT 函数的基本用法

INDIRECT 函数能够根据第一参数的文本字符串，生成具体的单元格引用。函数语法如下：

```
INDIRECT(ref_text,a1)
```

函数语法可以理解为：

```
INDIRECT ( 具有引用样式的文本字符串 , 解释为何种引用样式 )
```

第一参数 ref_text 是一个代表单元格地址的文本，可以是 A1 或是 R1C1 引用样式的字符串，也可以是已定义的名称或"表"的结构化引用，如字符"A10""R5C6"或"表 1[@ 列 2]"。

第二参数 a1 为可选参数，是一个逻辑值，用于指定将第一参数的文本识别为 A1 引用样式还是 R1C1 引用样式。如果该参数为 TRUE 或非 0 的任意数值，第一参数中的文本被解释为 A1 引用样式，如果为 FALSE 或 0，则将第一参数中的文本解释为 R1C1 引用样式。

INDIRECT 函数默认采用 A1 引用样式。第二参数可以只以逗号占位，不输入具体参数，此时 INDIRECT 函数默认使用 0，即 A1 引用样式。

采用 R1C1 引用样式时，用字母"R"和"C"表示行和列，并且不区分大小写。参数中的"R"和"C"与各自后面的数字直接组合起来表示具体的区域，即绝对引用方式。如果数值是以方括号"[ ]"括起来，则表示与公式所在单元格相对位置的行、列，即相对引用方式。

例如，在任意单元格输入以下公式，将返回第一列第 8 个单元格的引用，即 A8 单元格。

```
=INDIRECT("R8C1",)
```

在 B2 单元格中输入以下公式，将返回 B2 向左一列向上一行的单元格引用，即 A1 单元格。

```
=INDIRECT("R[-1]C[-1]",)
```

如图 17-27 所示，B2 单元格为文本字符"E3"，E3 单元格中为字符串"我是 E3"，在 G3 单元格中输入以下公式，将返回 E3 单元格的内容"我是 E3"。

```
=INDRIECT(B2)
```

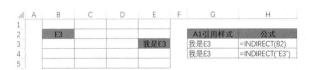

图 17-27　INDIRECT 函数 A1 引用样式

公式中的 INDIRECT 函数省略第二参数，表示将第一参数识别为 A1 引用方式。INDIRECT 函数将 B2 单元格中的文本"E3"变成 E3 单元格的实际引用，最终返回 E3 单元格中的字符串"我是 E3"。

如果在 G4 单元格输入以下公式，也会返回 E3 单元格中的内容"我是 E3"。INDIRECT 函数的第一参数是文本"E3"，使用 A1 引用样式，将其变成 E3 单元格的实际引用。

```
=INDRIECT("E3")
```

如图 17-28 所示，B9 单元格为文本"R11C5"，E11 单元格为文本"我是 E11"。输入以下两个公式，都将返回 E11 单元格的内容"我是 E11"。

```
=INDRIECT(B9,0)
=INDRIECT("R11C5",0)
```

图 17-28　INDIRECT 函数 R1C1 引用样式

INDIRECT 函数第二参数使用 0，表示将第一参数解释为 R1C1 引用样式。INDIRECT 函数将 B9 单元格中的字符串"R11C5"变成第 11 行第 5 列的实际引用。因此函数最终返回的是 E11 单元格的字符串"我是 E11"。

17.7.2　INDIRECT 函数跨工作表引用数据

示例17-16　使用INDIRECT函数汇总各店铺销售额

图 17-29 所示是某公司各店铺销售人员 1~6 月的销售记录，要求将各月销售人员的销售额汇总到"汇总表"工作表中。

通过观察可以发现，各工作表中的记录行数虽然不同，但是总计数均在 H 列的最后一行。只要得到相应工作表中 H 列的最大值即可实现跨工作表引用数据。

在"汇总表"工作表的 B2 单元格中输入以下公式，向下复制到 B2:B5 单元格区域。

`=MAX(INDIRECT("'"&A2&"'!H:H"))`

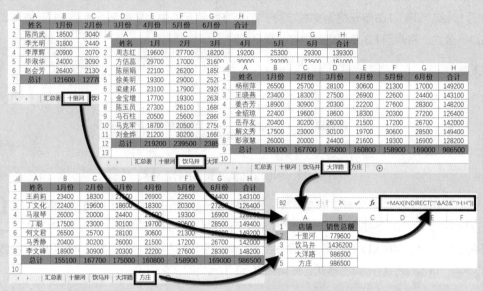

图 17-29 使用 INDIRECT 函数汇总各店铺销售额

公式中的""'"&A2&"'!H:H")"部分，使用连接符与 A2 单元格的工作表名称连接，得到具有引用样式的字符串""' 十里河 '!H:H""，也就是名称为"十里河"的工作表 H 列的单元格地址。

再使用 INDIRECT 函数将其转换成真正的引用，返回 H 列整列的引用。最后通过 MAX 函数计算出该列的最大值，得到指定工作表的销售额总计数。

如果引用工作表标签中包含有空格等特殊符号，或以数字开头时，工作表的标签名中必须使用一对半角单引号进行包含，否则将返回错误值 #REF!。

　　用 INDIRECT 函数也可以创建跨工作簿的引用，但被引用工作簿必须是打开的，否则公式将返回错误值 #REF!。

17.8 使用 HYPERLINK 函数生成超链接

HYPERLINK 函数是 Excel 中唯一一个可以返回数据值以外，还能够生成链接的特殊函数，函数语法以下：

```
HYPERLINK(link_location, [friendly_name])
```

第一参数 link_location 是要打开的文档路径和文件名，还支持使用定义的名称，但相应的名称前必须加上前缀"#"号，如 #DATA 等。对于当前工作簿中的链接地址，也可以使用前缀"#"号来代替工作簿名称。

第二参数［friendly_name］为可选参数，用于指定在单元格中显示的内容。如果省略该参数，会显示为第一参数的内容。

17.8.1　创建文件链接

示例17-17　使用HYPERLINK函数创建文件链接

图 17-30 所示为某文件夹下的所有文件，现在需要在 Excel 中创建这些文件的链接。操作步骤如下。

步骤① Windows10 系统下，按 <CTrl+A> 组合键选中所有要创建链接的文件，然后单击【主页】选项卡下的【复制路径】按钮，粘贴到 Excel 工作表的 A 列，如图 17-30 所示。

图 17-30　复制文件路径

步骤② 在 B2 单元格手动输入"查找与引用函数"，然后按 <Ctrl+E> 组合键完成文件名称的快速提取，如图 17-31 所示。

图 17-31　快速填充

步骤③ 在 C2 单元格中输入以下公式，向下复制到 C6 单元格。

```
=HYPERLINK(A2)
```

公式中省略了 HYPERLINK 函数的第二参数，显示结果如图 17-32 中 C 列所示。如果希望显示为链接的文件名称，可以将 HYPERLINK 函数的第二参数指定为"文件名称"对应的单元格。例如，D2 单元格可以使用以下公式：

```
=HYPERLINK(A2,B2)
```

	A	B	C	D
1	文件路径	文件名称	省略第二参数	包含第二参数
2	D:\课件\Excel函数\查找与引用函数.xlsx	查找与引用函数	D:\课件\Excel函数\查找与引用函数.xlsx	查找与引用函数
3	D:\课件\Excel函数\逻辑函数.xlsx	逻辑函数	D:\课件\Excel函数\逻辑函数.xlsx	逻辑函数
4	D:\课件\Excel函数\日期和时间函数.xlsx	日期和时间函数	D:\课件\Excel函数\日期和时间函数.xlsx	日期和时间函数
5	D:\课件\Excel函数\数学和三角函数.xlsx	数学和三角函数	D:\课件\Excel函数\数学和三角函数.xlsx	数学和三角函数
6	D:\课件\Excel函数\文本函数.xlsx	文本函数	D:\课件\Excel函数\文本函数.xlsx	文本函数

图 17-32　HYPERLINK 创建文件链接

设置完成后，鼠标指针靠近公式所在单元格时，会自动变成手形，单击超链接，即可打开相应的工作簿。

17.8.2　链接到工作表

如果使用连接符"&"将字符串连接为带有路径和工作簿名称、工作表名称及单元格地址的文本，也可以作为 HYPERLINK 函数跳转的具体位置。

图 17-33 所示是不同部门人员的花名册，每个部门的数据存储在以部门名称命名的工作表中。为方便查看，需要在"目录"工作表中创建指向各个工作表的超链接。

在 B2 单元格中输入以下公式，向下复制到 B6 单元格。

```
=HYPERLINK("#"&A2&"!A1"," 点击跳转 ")
```

图 17-33　HYPERLINK 函数链接到工作表

公式中的""#"&A2&"!A1""部分，得到字符串"# 工程部 !A1"，用于指定要跳转的具体位置。第二参数为文本"点击跳转"，表示建立超链接后 B2 单元格显示的文字。

如果要打开其他工作簿并定位到指定工作表，需要在工作簿名称和工作表名称之间加上"#"。例如，以下公式可以打开存放在 D 盘的"费用汇总表"工作簿，并定位到该工作簿"业务宣传费明细"工作表的 A1 单元格。

```
=HYPERLINK("D:\ 费用汇总表 .xlsx# 业务宣传费明细 !A1")
```

第 18 章　统计与求和

日常工作中有很多描述统计类的计算，如汇总工资总额、统计业务笔数、计算平均年龄、提取最高最低分数，以及销售排名、频数计算和插值计算等。Excel 提供了丰富的函数可以完成这些计算，本章主要介绍此类函数的用法。

本章学习要点

（1）条件求和与条件计数。

（2）最大、最小值及平均值有关的计算。

（3）众数和平均数计算。

（4）频数和插值计算。

（5）筛选状态下的统计汇总。

18.1　求和与条件求和

18.1.1　求和计算

使用 SUM 函数能够对数值进行求和，其参数可以是数值、单个的单元格引用或单元格区域引用。SUM 函数的各个参数使用半角逗号进行间隔，最多允许使用 255 个参数。

当 SUM 函数的参数是单元格或区域的引用时，如果单元格或区域中包含了文本，则会被忽略。

例如可以使用以下公式要对 A1~A1000 单元格区域中的数值进行求和。

```
=SUM(A1:A1000)
```

使用以下公式能够对 A1:A1000 和 D1:D20 两个不连续单元格区域中的数值求和。

```
=SUM(A1:A1000,D1:D20)
```

如果更改 SUM 函数参数的默认引用方式，能够实现累加求和。

示例18-1　按月份计算累计销售额

图 18-1 展示的是某公司 1 月至 6 月份每个月的销售金额，需要在 D 列按月计算累计销售额。

	A	B	C	D
	销售日期	金额	记账人	按月累加金额
2	2021年1月份	128900	陈家正	128900
3	2021年2月份	62700	段成双	191600
4	2021年3月份	147500	张瑞	339100
5	2021年4月份	129500	王炳义	468600
6	2021年5月份	247800	陈家正	716400
7	2021年6月份	204200	王炳义	920600

D2　　fx　=SUM($B$2:B2)

图 18-1　按月份计算累计销售额

D2 单元格输入以下公式，向下复制到 D7 单元格，计算出从 1 月份到当前月份的累加金额。

```
=SUM($B$2:B2)
```

公式中的 $B$2 部分使用了绝对引用，当公式向下复制时，会依次变成 $B$2:B3、$B$2:B4……
$B$2:B7。SUM 函数以这个动态扩展的范围作为求和参数，从而实现按月累加的求和。

18.1.2　条件求和

使用 SUMIF 函数能够按指定条件进行求和，函数语法如下：

```
SUMIF(range,criteria,[sum_range])
```

第一参数 range 用于指定进行条件判断的单元格区域。第二参数 criteria 用于指定求和的条件，可
以是字符串、表达式，也可以是单元格的引用或是其他公式的计算结果。第三参数［sum_range］是可
选参数，用于指定要进行求和的单元格区域。

函数的用法可以理解为：

```
SUMIF(条件区域,指定的条件,[求和区域])
```

示例18-2　计算指定日期之后的总销售额

图 18-2 展示了某公司销售出库单的部分内容，需要根据 K2 单元格指定的日期，计算在该日期之后
的总销售额。

L2		×	✓	fx	=SUMIF(A2:A45,">2020/1/8",H2:H45)				

▲	A	B	C	D	E	F	G	H	I	J	K	L
1	出库日期	出库单号	存货名称	规格型号	单位	数量	单价	金额	制单人		该日期之后	金额
2	2020/1/1	787820003596	MSS5100	25kg/件	kg	3220	25.922	83468.84	刘萌萌		2020/1/8	1968656.1
3	2020/1/1	900600036114	MSS5100	25kg/件	kg	200	25.922	5184.4	叶知秋			
4	2020/1/1	900600036114	MSS5100	25kg/件	kg	2300	25.922	59620.6	叶知秋			
5	2020/1/6	101700036141	千叶奶腐	25kg/件	kg	12	5.6722	68.0664	夏艳华			
6	2020/1/6	101700036142	千叶奶腐	26kg/件	kg	12	5.6722	68.0664	夏艳华			
7	2020/1/8	101500036178	MSS5100	25kg/件	kg	0.5	25.922	12.961	夏艳华			
8	2020/1/8	101700036179	千叶奶腐	25kg/件	kg	200	3.0007	600.14	夏艳华			
9	2020/1/8	101700036179	千叶奶腐	25kg/件	kg	1800	3.0007	5401.26	夏艳华			
10	2020/1/8	104300036193	MSS5100	25kg/件	kg	1000	25.922	25922	夏艳华			
11	2020/1/14	101500036213	MSS5100	10kg/件	kg	1000	26.4747	26474.7	夏艳华			

图 18-2　计算指定日期之后的总销售额

L2 单元格输入以下公式：

```
=SUMIF(A2:A45,">"&K2,H2:H45)
```

本例中，第一参数是 A2:A45 单元格区域中的出库日期，第二参数使用文本连接符"&"将大于
号">"与 K2 单元格中指定的日期连接后作为条件，第三参数为 H2:H45 单元格区域中的金额。如果
A2:A45 单元格中的日期大于 K2 单元格指定的日期，就对 H2:H45 单元格区域中对应的金额进行求和。

SUMIF 函数的第二参数使用带有比较运算符的条件时，必须加上一对半角双引号，如 ">8" 或是
"<=5"。要将某个单元格中的数值作为参照条件时，需要将比较运算符加上一对半角双引号后再和单元
格地址进行连接，例如本例的 ">"&K2，就不能写成 ">K2"，否则 SUMIF 函数会将半角双引号中的 "K2"
识别为普通的字符串，而不是单元格地址。

SUMIF 函数的第二参数能自动识别文本表达式，如果直接将 K2 单元格中的日期写到公式中，则公式写法为：

```
=SUMIF(A2:A45,">2020/1/8",H2:H45)
```

> 　　　如果省略 SUMIF 函数的第三参数，会默认将第一参数同时作为求和区域。例如，公式 =SUMIF(H2:H45,">50000")，就表示对 H2:H45 单元格区域中大于 50 000 的数字求和。

Excel 中的通配符包括"?"和"*"两种，其中半角问号"?"匹配任意单个字符，星号"*"匹配任意多个字符。通配符仅支持在文本内容中使用，不能在数值中使用。当 SUMIF 函数的第一参数为文本内容时，可以在求和条件中使用通配符，从而实现按关键字汇总求和。

示例18-3　根据指定关键字进行汇总

图 18-3 展示的是某公司上半年的会计科目汇总表，A 列的科目名称中包含了一级和二级科目。需要根据 J2 单元格中的一级科目，汇总该科目下的总计金额。

	A	B	C	D	E	F	G	H	I	J	K
						K2			=SUMIF(A:A,J2&"*",H:H)		
1	会计科目	1月	2月	3月	4月	5月	6月	总计		一级科目	总计金额
2	财务费用/利息支出				12,002.17	11,854.59	363,193.06	387,049.82		管理费用	2,057,672.03
3	财务费用/银行手续费	3,135.97	964.37	3,073.65	3,327.35	4,782.63	7,445.78	22,729.75			
4	管理费用/办公费	12,408.60	32,680.00	59,165.85	22,716.90	5,223.00	3,151.50	135,345.85			
5	管理费用/差旅费	1,694.50	5,400.00		686.00			7,780.50			
6	管理费用/车辆费	5,562.00	29,710.00	41,374.80	18,130.00	13,650.00	22,205.00	130,631.80			
7	管理费用/服务费		2,023.68	7,145.12	2,176.80	2,300.40	2,492.10	16,138.10			
8	管理费用/福利费					2,556.00	1,800.00	4,356.00			
9	管理费用/广告费	820.00				585.00		1,405.00			
10	管理费用/会务费		41,760.00		50,000.00			91,760.00			
11	管理费用/检测费		3,150.00	5,291.00	1,632.00			10,073.00			

图 18-3　按指定关键字汇总金额

在 K2 单元格输入以下公式，结果为 2 057 672.03。

```
=SUMIF(A:A,J2&"*",H:H)
```

公式中的"J2&"*""部分，用文本连接符"&"将 J2 单元格的一级科目名称和通配符"*"进行连接，以此作为 SUMIF 函数的求和条件。SUMIF 函数的条件区域和求和区域均使用整列引用。

如果 A 列单元格区域中的科目名称以 J2 单元格中指定的一级科目开头，SUMIF 就对 H 列中对应的金额进行求和。

如果将求和条件修改为""*"&J2&"*""，则表示在 A 列的条件区域中只要包含 J2 单元格中的字符，无论该字符处于单元格中的哪个位置，都对 H 列对应的金额求和。

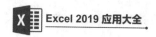

示例18-4 错列求和

日常工作中经常会有一些结构布局不规范的数据表，如图 18-4 中展示的学生成绩表，各个学科的学员姓名和成绩就分布在不同列中，需要根据 K 列中的姓名计算学生的总成绩。

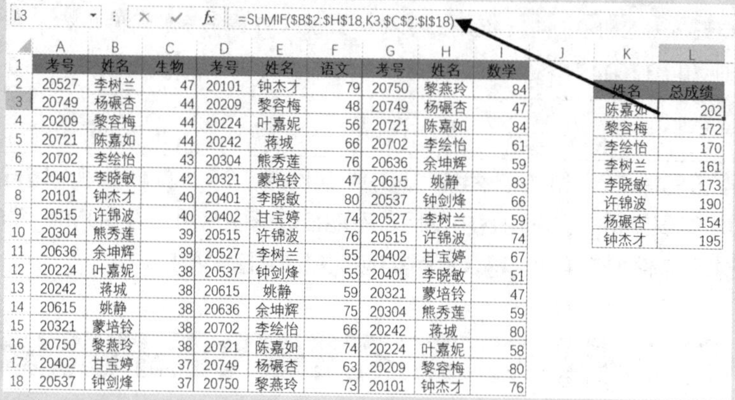

L3 =SUMIF($B$2:$H$18,K3,$C$2:$I$18)

	A	B	C	D	E	F	G	H	I
1	考号	姓名	生物	考号	姓名	语文	考号	姓名	数学
2	20527	李树兰	47	20101	钟杰才	79	20750	黎燕玲	84
3	20749	杨碾杏	44	20209	黎容梅	48	20749	杨碾杏	47
4	20209	黎容梅	44	20224	叶嘉妮	56	20721	陈嘉如	84
5	20721	陈嘉如	44	20242	蒋城	66	20702	李绘怡	61
6	20702	李绘怡	43	20304	熊秀莲	76	20636	余坤辉	59
7	20401	李晓敏	42	20321	蒙培铃	47	20615	姚静	83
8	20101	钟杰才	40	20401	李晓敏	80	20537	钟剑烽	66
9	20515	许锦波	40	20402	甘宝婷	74	20527	李树兰	59
10	20304	熊秀莲	39	20515	许锦波	76	20515	许锦波	74
11	20636	余坤辉	39	20527	李树兰	55	20402	甘宝婷	67
12	20224	叶嘉妮	38	20537	钟剑烽	55	20401	李晓敏	51
13	20242	蒋城	38	20615	姚静	59	20321	蒙培铃	47
14	20615	姚静	38	20636	余坤辉	75	20304	熊秀莲	59
15	20321	蒙培铃	38	20702	李绘怡	66	20242	蒋城	80
16	20750	黎燕玲	38	20721	陈嘉如	74	20224	叶嘉妮	58
17	20402	甘宝婷	37	20749	杨碾杏	63	20209	黎容梅	80
18	20537	钟剑烽	37	20750	黎燕玲	73	20101	钟杰才	76

K	L
姓名	总成绩
陈嘉如	202
黎容梅	172
李绘怡	170
李树兰	161
李晓敏	173
许锦波	190
杨碾杏	154
钟杰才	195

图 18-4　在多列区域中计算总成绩

L3 输入以下公式，将公式向下复制到 L10 单元格。

```
=SUMIF($B$2:$H$18,K3,$C$2:$I$18)
```

本例中，SUMIF 函数的条件区域和求和区域均使用了多列的数据范围。

首先在 $B$2:$H$18 单元格区域中确定 K3 单元格指定姓名“陈嘉如”所处的位置，分别为该区域的第 1 列第 4 行、第 4 列第 15 行及第 7 列第 3 行，然后对 $C$2:$I$18 单元格区域中相同行列位置的数值进行求和，如图 18-5 所示。

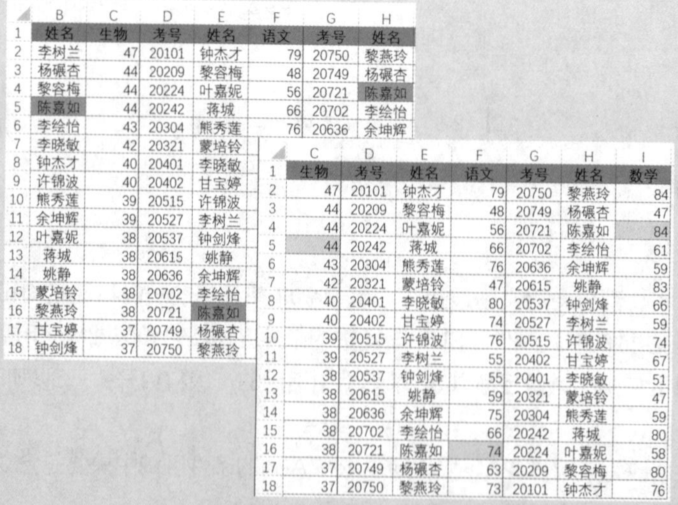

	B	C	D	E	F	G	H
1	姓名	生物	考号	姓名	语文	考号	姓名
2	李树兰	47	20101	钟杰才	79	20750	黎燕玲
3	杨碾杏	44	20209	黎容梅	48	20749	杨碾杏
4	黎容梅	44	20224	叶嘉妮	56	20721	陈嘉如
5	陈嘉如	44	20242	蒋城	66	20702	李绘怡
6	李绘怡	43	20304	熊秀莲	76	20636	余坤辉
7	李晓敏	42	20321	蒙培铃			
8	钟杰才	40	20401	李晓敏			
9	许锦波	40	20402	甘宝婷			
10	熊秀莲	39	20515	许锦波			
11	余坤辉	39	20527	李树兰			
12	叶嘉妮	38	20537	钟剑烽			
13	蒋城	38	20615	姚静			
14	姚静	38	20636	余坤辉			
15	蒙培铃	38	20702	李绘怡			
16	黎燕玲	38	20721	陈嘉如			
17	甘宝婷	37	20749	杨碾杏			
18	钟剑烽	37	20750	黎燕玲			

	C	D	E	F	G	H	I
1	生物	考号	姓名	语文	考号	姓名	数学
2	47	20101	钟杰才	79	20750	黎燕玲	84
3	44	20209	黎容梅	48	20749	杨碾杏	47
4	44	20224	叶嘉妮	56	20721	陈嘉如	84
5	44	20242	蒋城	66	20702	李绘怡	61
6	43	20304	熊秀莲	76	20636	余坤辉	59
7	42	20321	蒙培铃	47	20615	姚静	83
8	40	20401	李晓敏	80	20537	钟剑烽	66
9	40	20402	甘宝婷	74	20527	李树兰	59
10	39	20515	许锦波	76	20515	许锦波	74
11	39	20527	李树兰	55	20402	甘宝婷	67
12	38	20537	钟剑烽	55	20401	李晓敏	51
13	38	20615	姚静	59	20321	蒙培铃	47
14	38	20636	余坤辉	75	20304	熊秀莲	59
15	38	20702	李绘怡	66	20242	蒋城	80
16	38	20721	陈嘉如	74	20224	叶嘉妮	58
17	37	20749	杨碾杏	63	20209	黎容梅	80
18	37	20750	黎燕玲	73	20101	钟杰才	76

图 18-5　根据指定姓名的对应位置进行求和

18.1.3　多条件求和

使用 SUMIFS 函数能够对多个字段分别指定条件或是对同一个字段指定多个条件，然后将同时符合多个条件的对应数值进行求和。函数语法为：

```
SUMIFS(sum_range,criteria_range1,criteria1,[criteria_
range2,criteria2],...)
```

第一参数指定要对哪个区域进行求和。

第二参数和第三参数分别用于指定第一组条件判断的条件区域和判断条件。

之后的其他参数为可选参数，两两一组，分别用于指定其他组条件判断的区域及其关联条件，最多可设置 127 个区域 / 条件对。所有条件之间是“与”关系。

函数的用法可以理解为：

```
SUMIFS(求和区域，条件区域 1，指定的条件 1， 条件区域 2，指定的条件 2，……)
```

该函数的条件区域与求和区域必须具有相同的行列数，条件参数也支持使用通配符。

示例18-5　使用SUMIFS函数多条件求和

图 18-6 展示的是某公司商品销售表的部分内容，需要根据 K4 单元格中指定的销售类型和 L4 单元格中指定的客户名称来汇总金额。

	A	B	C	D	E	F	G	H	I
1	发货日期	销售类型	客户名称	摘要	货号	颜色	数量	单价	金额
2	2019/1/31	正常销售	莱州卡莱				1	10,000	10,000
3	2019/1/31	其它销售	聊城健步				1	5,000	5,000
4	2019/1/31	正常销售	济南经典保罗				1	3,000	3,000
5	2019/1/31	正常销售	东辰卡莱威盾				1	100,000	100,000
6	2020/1/1	其它销售	聊城健步	收货款					-380
7	2020/1/1	正常销售	莱州卡莱		R906327	白色	40	220	8,800
8	2020/1/1	其它销售	株洲圣百	收货款					-760
9	2020/1/1	其它销售	聊城健步	托运费			5	30	150
10	2020/1/1	正常销售	奥伦		R906	黑色	40	100	4,000
11	2020/1/2	正常销售	奥伦		R906	黑色	50	200	10,000
12	2020/1/2	其它销售	奥伦	样品	R906	黑色	1	150	150
13	2020/1/2	其它销售	奥伦	损益			1	-100	-100
14	2020/1/2	其它销售	奥伦	退鞋	R906	黑色	-5	130	-650
15	2020/1/2	其它销售	奥伦	包装			200	5	1,000
16	2020/1/2	其它销售	奥伦	托运费			5	30	150
17	2020/1/5	其它销售	奥伦	收货款					-760

K	L	M
销售类型	客户名称	金额
正常销售	奥伦	14,000

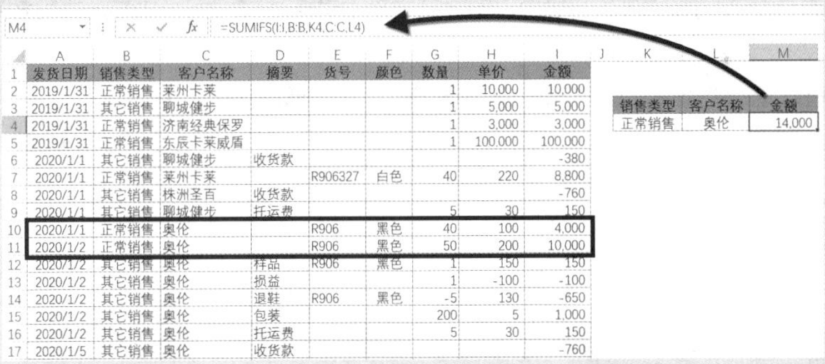

图 18-6　按销售类型和客户名称汇总金额

M4 单元格输入以下公式，计算结果为 14 000。

```
=SUMIFS(I:I,B:B,K4,C:C,L4)
```

SUMIFS 函数第一参数使用 I:I 的整列引用作为求和区域，第一组区域 / 条件对是“B:B,K4”，第二组区域 / 条件对是“C:C,L4”。当 B 列的销售类型等于 K4 单元格指定的销售类型，并且 C 列的客户名称等于 L4 单元格中指定的客户名称时，SUMIFS 函数对 I 列中对应位置的金额进行求和。

提示　SUMIFS 函数的求和区域是第一参数，而 SUMIF 函数的求和区域是第三参数，使用时应注意二者的参数设置差异。

18.2 计数与条件计数

18.2.1 计数统计

Excel 中用于计数的函数包括 COUNTBLANK 函数、COUNT 函数和 COUNTA 函数，各个函数的作用及语法如表 18-1 所示。

表 18-1 用于计数的部分函数作用与说明

函数名称	作用	语法	说明
COUNTBLANK	计算参数中空白单元格的个数	COUNTBLANK(range)	包含空文本 "" 的单元格也会计算在内
COUNT	计算参数中包含数字的单元格个数，或者参数中的数字个数	COUNT(value1,[value2],...)	参数可以是单元格引用或区域，也可以是手工输入的数字
COUNTA	计算参数中的非空单元格个数	COUNTA(value1,[value2],...)	包含错误值或空文本 "" 的单元格也会计算在内

示例18-6 统计总人数和到职人数

图 18-7 展示的是某人力资源部门新员工登记表的部分内容，需要分别统计总人数和到职人数。

	A	B	C	D	E	F	G	H	I	J	K	L
1	人员编码	姓名	性别	出生日期	从业状况	人员类别	用工形式	部门全称	到职日期			
2	009800	杨兰东	男	1991/4/8	在岗	全职	全日制	经营本部	2015/6/8		总人数	29
3	009799	杨光辉	男	1990/6/3	在岗	全职	全日制	人力资源部	2015/6/9		到职人数	26
4	009798	张军凤	女	1984/4/10	在岗	全职	全日制	人力资源部	2015/6/9			
5	009797	董成文	男	1984/4/9	在岗	全职	全日制	经营本部	手续未办理			
6	009795	王宏信	男	1987/11/17	在岗	全职	全日制	人力资源部	2015/6/9			
7	009794	王存仙	女	1994/12/11	在岗	全职	全日制	人力资源部	2015/6/9			
8	009793	周青连	男	1985/2/27	在岗	全职	全日制	人力资源部	2015/6/9			
9	009792	代云华	女	1992/10/20	在岗	全职	全日制	人力资源部	手续未办理			
10	009791	陈敏劲	男	1986/7/20	在岗	全职	全日制	研发部	2015/6/9			
11	009790	谢洪成	男	1990/6/1	在岗	全职	全日制	经营本部	2015/6/9			
12	009789	徐贵云	女	1984/10/8	在岗	全职	全日制	经营本部				
13	009788	荀琼娥	女	1987/2/23	在岗	全职	全日制	经营本部	2015/6/9			

图 18-7 基础统计函数应用

在 L2 单元格输入以下公式，计算总人数为 29。

```
=COUNTA(B2:B30)
```

用 COUNTA 函数统计姓名所在的 B2:B30 单元格区域中有多少个非空单元格，结果即为总人数。

在 L3 单元格输入以下公式，计算出到职人数为 26。

```
=COUNT(I2:I30)
```

用 COUNT 函数计算到职日期所在的 I2:I30 单元格区域中有多少个数字，因为日期也是以特殊形式存储的数值，因此结果即为到职人数。

18.2.2 条件计数

COUNTIF 函数用于统计符合指定条件的单元格数量，函数语法为：

```
COUNTIF(range,criteria)
```

第一参数 range 指定要统计的单元格范围。第二参数 criteria 指定计数的条件，可以是数字、表达式、单元格引用或是文本字符串，并且不区分大小写和数字格式，在统计文本内容时允许使用通配符问号"?"和星号"*"。

函数用法可以理解为：

```
COUNTIF( 数据区域 , 计数条件 )
```

COUNTIF 函数的第二参数设置方法与 SUMIF 函数的第二参数设置方法类似，在使用比较运算符进行统计时，需要注意参数中半角引号的位置。例如，要统计 A 列小于 60 的个数，公式应为：

```
=COUNTIF(A:A,"<60")
```

要统计 A 列中有多少个小于 B1 单元格的个数，公式应为：

```
=COUNTIF(A:A,"<"&B1)
```

除此之外，COUNTIF 函数的第二参数还有一些特殊写法，其作用说明如表 18-2 所示。

表 18-2 COUNTIF 函数第二参数的特殊写法及作用说明

特殊写法	作用说明
=COUNTIF(A:A,"*")	统计 A 列文本单元格数量。要统计星号本身的个数时，可在星号前加上转义符 "~"=COUNTIF(A:A,"~*")
=COUNTIF(A:A,"=")	统计 A 列不包括空文本 "" 在内的真空单元格数量。要统计等号本身的个数时，可在等号前再加上一个等号 =COUNTIF(A:A,"==")
=COUNTIF(A:A,"<>")	统计 A 列包括错误值在内的非空单元格数量

示例18-7 统计员工打卡次数

图 18-8 展示的是某公司员工的考勤机打卡记录，需要根据 H 列指定的姓名统计对应的打卡次数。

	A	B	C	D	E	F	G	H	I
I2					fx	=COUNTIF(A:A,H2)			
1	姓名	考勤号码	日期时间	机器号	比对方式	卡号		姓名	打卡次数
2	王仙慧	8120001	2020/1/3 08:22:43	1	指纹	2955102919		王仙慧	32
3	王仙慧	8120001	2020/1/3 18:02:45	1	指纹	2955102919		李成敏	36
4	王仙慧	8120001	2020/1/4 08:25:06	1	指纹	2955102919		刘武刚	53
5	王仙慧	8120001	2020/1/4 18:04:20	1	指纹	2955102919			
6	王仙慧	8120001	2020/1/5 08:29:02	1	指纹	2955102919			
7	王仙慧	8120001	2020/1/5 18:00:52	1	指纹	2955102919			
8	王仙慧	8120001	2020/1/6 08:28:18	1	指纹	2955102919			
9	王仙慧	8120001	2020/1/6 18:02:05	1	指纹	2955102919			
10	王仙慧	8120001	2020/1/7 18:01:34	1	指纹	2955102919			
11	王仙慧	8120001	2020/1/8 08:28:50	1	指纹	2955102919			
12	王仙慧	8120001	2020/1/8 12:14:24	1	指纹	2955102919			

图 18-8 统计员工打卡次数

18章

I2 单元格输入以下公式，将公式向下复制到 I4 单元格区域。

```
=COUNTIF(A:A,H2)
```

本例中，第一参数使用"A:A"，表示要在 A 列整列中统计符合指定条件的单元格数量。第二参数是
"H2"，表示以 H2 单元格中的姓名作为统计条件。最终统计出 A 列中与 H2 单元格姓名相同的单元格个数，
结果就是该员工的打卡次数。

示例18-8 按多条件计算执行单价

图 18-9 左侧展示的是某企业小包装生产线的计价对照表，需要分别根据 F~H 列指定的机台号、品
类和计量卷重，在 I 列计算出对应的执行单价。

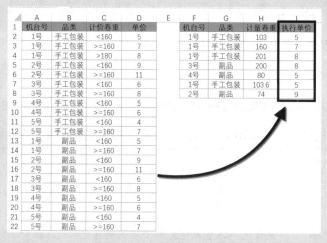

图 18-9 多条件提取执行单价

H2 单元格输入以下公式，向下复制到 H8 单元格区域。

```
=LOOKUP(1,0/((F2&G2=A$2:A$22&B$2:B$22)*COUNTIF(H2,C$2:C$22)),D$2:D$22)
```

公式中的"F2&G2=A$2:A$22&B$2:B$22"部分，先将 F2 与 G2 单元格中的机台号和品类合并为
新字符串""1 号手工包装""，然后将对照表中 A$2:A$22 单元格区域中的机台号与 B$2:B$22 单元格
区域中的品类一一合并，得到内存数组结果为：

{"1 号手工包装 ";"1 号手工包装 ";……;"5 号副品 ";"5 号副品 "}

再将字符串""1 号手工包装""与该内存数组中的元素进行逐一比较，返回包含逻辑值的内存数组：

{TRUE;TRUE;TRUE;FALSE;……;FALSE;FALSE}

以上内存数组中结果为 TRUE 的，即表示 A$2:A$22 单元格区域中机台号和品类与指定的条件均
相等。

公式中的"COUNTIF(H2,C$2:C$22)"部分，COUNTIF 函数第一参数为 H2 单元格中的计量卷

重，第二参数为对照表中包含表达式的 C$2:C$22 单元格区域，相当于分别判断 H2 单元格中有多少个 <160、>=160、>180……，得到内存数组结果为：

```
{1;0;0;1;0;1;0;1;0;1;0;1;0;1;0;1;0;1;0;1;0}
```

本例中 H2 单元格数值为 103，因此统计 <160 的个数为 1，而 >=160 和 >180 的个数为 0，其他依次类推。

接下来将包含逻辑值的内存数组与 COUNTIF 函数得到内存数组中的元素对应相乘，结果为：

```
{1;0;0;0;0;0;0;0;0;0;0;0;0;0;0;0;0;0;0;0;0}
```

以上内存数组中结果为 1 的，表示指定的机台号和品类与对照表中相同，并且计量卷重在对应的范围之内。

再使用 0 除以该内存数组，得到新内存数组结果为：

```
{0;#DIV/0!;#DIV/0!;#DIV/0!;……;#DIV/0!;#DIV/0!}
```

LOOKUP 函数使用 1 作为查询值，在以上内存数组中进行查询，由于内存数组中不包含 1，因此以小于 1 的最大值也就是 0 的位置进行匹配，并返回 D$2:D$22 单元格区域中对应位置的内容。

关于 LOOKUP 函数的用法，请参阅 17.3。

COUNTIF 函数的第二参数不区分数字格式，如果第二参数是文本型数字，也会视为数值型数字进行处理。在统计银行卡号、身份证号码等一些长数字内容时，需要对第二参数进行特殊处理，否则有可能造成统计结果错误。

示例18-9 判断重复银行卡号

图 18-10 是一份模拟的员工银行卡开户信息，为了避免重复录入，需要在 F 列使用公式统计银行卡号出现的次数。

	A	B	C	D	E	F
						=COUNTIF(D$2:D$11,D2)
1	序号	姓名	身份证号码	银行卡号	账户余额	银行卡号次数
2	1	王维扬	140928 6991	6013825000008544553	1.00	4
3	2	于万亭	530926 2668	6013825000008546012	1.00	4
4	3	木卓伦	421321 5366	6013825000008558017	1.00	1
5	4	骆元通	450405 4757	6013825000008282212	1.00	1
6	5	文泰来	210224 5339	6013825000008561714	1.00	1
7	6	关明梅	620522 9869	6013825000008144420	1.00	1
8	7	余鱼同	410711 4814	6013825000008517534	1.00	1
9	8	吴国栋	140981 3281	6013825000008544553	1.00	4
10	9	陈家洛	360981 8433	6013825000008548513	1.00	4
11	10	卫春华	370832 6172	6013825000008711749	1.00	1

图 18-10 判断重复银行卡号

在 F2 单元格输入以下公式，向下复制到 F11 单元格区域。

```
=COUNTIF(D$2:D$11,D2)
```

检查公式结果会发现，D3 单元格中的银行卡号仅出现了一次，但是 COUNTIF 函数的计算结果为 4。

出现这种问题的原因是 Excel 的最大数字精度为 15 位,而 COUNTIF 函数仍然将 D 列以文本形式存储的 19 位银行卡号按数值进行处理,因此会将前 15 位相同的银行卡号错误地识别为相同内容。

利用 Excel 不支持在数字中使用通配符的特性,可在 COUNTIF 函数的第二参数后连接上通配符"*",使其将第二参数按文本内容进行处理。F2 单元格修改为以下公式,向下复制到 F11 单元格区域即可。

```
=COUNTIF(D$2:D$11,D2&"*")
```

公式表示在 D$2:D$11 单元格区域中查找以 D2 单元格内容开头的文本,最终得到正确结果,如图 18-11 所示。

图 18-11　在 COUNTIF 函数的第二参数中使用通配符

18.2.3　统计不重复个数

示例18-10　统计不重复的客户数

图 18-12 展示的是某公司销售记录表的部分内容,需要根据 D 列的客户名称统计不重复的客户数。

图 18-12　统计不重复客户数

H2 单元格输入以下数组公式,按 <Ctrl+Shift+Enter> 组合键,结果为 37。

```
{=SUM(1/COUNTIF(D2:D58,D2:D58))}
```

公式中包含了一个数学逻辑,即任意一个数据重复出现 N 次,N 个 1/N 相加的结果仍然为 1。

"COUNTIF(D2:D58,D2:D58)"部分,COUNTIF 函数的第二参数和第一参数使用相同的引用区域,表示在 D2:D58 单元格区域中依次统计该区域中每个元素出现的次数。运算过程相当于：

```
=COUNTIF(D2:D58,D2)
=COUNTIF(D2:D58,D3)
……
=COUNTIF(D2:D58,D58)
```

返回内存数组结果为：

{1;1;1;1;1;2;2;……;3;3}

再使用 1 除以以上内存数组，得到以下结果：

{1;1;1;1;1;0.5;0.5;……;0.333333;0.333333}

用 1 除，即相当于计算 COUNTIF 函数所返回内存数组的倒数。为便于理解，把这一步的结果中的小数部分使用分数代替，结果为：

{1;1;1;1;1;1/2;1/2……; 1/3;1/3}

如果单元格的值在区域中是唯一值，这一步的结果是 1。如果重复出现两次，这一步的结果就有两个 1/2。如果单元格的值在区域中重复出现 3 次，结果就有 3 个 1/3，即每个元素对应的倒数合计起来结果仍是 1。

最后用 SUM 函数求和，得出不重复个数。

18.2.4　多条件计数

COUNTIFS 函数的作用是统计符合多个指定条件的记录数，语法为：

```
COUNTIFS(criteria_range1,criteria1,[criteria_range2,criteria2],…)
```

第一参数和第二参数都是必需参数，分别指定要统计的第一个单元格区域及要统计的条件。之后的其他参数为可选参数，两两一组，分别用于指定其他的条件判断区域及其关联条件，最多可设置 127 个区域 / 条件对。多个区域 / 条件对之间是"与"的关系，也就是多个条件要同时符合。

设置多个条件区域时，需要注意每个区域的行数或列数必须一致，但是无须彼此相邻。条件参数的设置规则与 COUNTIF 函数的条件参数设置规则相同。

函数用法可以理解为：

```
COUNTIFS( 数据区域 1, 指定的条件 1,  数据区域 2, 指定的条件 2,……)
```

示例18-11　按城市和类别统计客户数

图 18-13 展示的是某公司客户信息表的部分内容。需要分别根据城市名称和客户等级，统计各城市不同等级的客户数。

图 18-13　累计求和

G2 单元格输入以下公式，将公式复制到 G2：I5 单元格区域。

```
=COUNTIFS($B:$B,"*"&G$1&"*",$D:$D,"*"&$F2&"*")
```

本例中，COUNTIFS 函数的第一个条件区域是客户地址所在的 B 列整列引用"$B:$B"，与之对应的统计条件是 G1 单元格中指定的城市名称。在城市名称前后各加上一个通配符"*"，表示统计条件为 B 列的客户地址中包含城市关键字。

第二个条件区域是客户等级所在的 D 列整列引用"$D:$D"，与之对应的统计条件是 F2 单元格中指定的客户等级，并且在客户等级前后各加上一个通配符"*"。

COUNTIFS 函数最终统计出 B 列的客户地址中包含 G1 单元格中指定的城市名，并且 D 列的客户等级包含 F2 单元格中指定客户等级的记录数。

18.2.5　按条件统计不重复个数

如需按指定条件来统计不重复的个数，可以使用 COUNTIFS 函数在统计不重复个数公式基础上稍加改造。

示例18-12　按条件统计不重复客户数

图 18-14 展示的是某公司销售记录表的部分内容，需要根据 H2 单元格指定的月份，在 D 列中统计与该月份对应的不重复客户数。

	A	B	C	D	E	F	G	H	I
	年	月	日	客户名称	发票尾号	含税金额		指定月份	不重复客户数
2	2021	1	1	上海锦铝金属制品有限公司	176483	1,352,540.00		1	9
3	2021	1	2	德昌电机（深圳）有限公司	285461	154,640.00			
4	2021	1	4	深圳市科信通信设备有限公司	562583	639,260.00			
5	2021	1	5	德仕科技（深圳）有限公司	797689	315,190.00			
6	2021	1	5	深圳市宝安区公明将石朗广电器厂	140407	552,070.00			
7	2021	1	6	深圳振华普精密机械有限公司	528985	1,427,960.00			
8	2021	1	6	深圳振华亚普精密机械有限公司	109618	1,124,680.00			
9	2021	1	12	富士通电梯有限公司	234700	1,156,360.00			
10	2021	1	12	大行科技（深圳）有限公司	139641	381,170.00			
11	2021	1	12	深圳市派高模业有限公司	649507	188,340.00			
12	2021	1	12	深圳市派高模业有限公司	867791	432,430.00			
13	2021	1	12	深圳市派高模业有限公司	975421	974,580.00			
14	2021	2	1	深圳市派高模业有限公司	147666	247,330.00			
15	2021	2	3	深圳市派高模业有限公司	667020	732,560.00			

I2 单元格公式：`{=SUM((B2:B58=H2)/COUNTIFS(D2:D58,D2:D58,B2:B58,B2:B58))}`

图 18-14　按条件统计不重复客户数

I2 单元格输入以下数组公式，按 <Ctrl+Shift+Enter> 组合键，结果为 9。

```
{=SUM((B2:B58=H2)/COUNTIFS(D2:D58,D2:D58,B2:B58,B2:B58))}
```

该公式的计算思路与计算不重复个数的思路基本相同。

首先使用 "B2:B58=H2" 判断 B 列中的月份是否等于 H2 单元格指定的月份，得到由逻辑值 TRUE 或 FALSE 构成的内存数组：

```
{TRUE;TRUE;TRUE;TRUE;TRUE;TRUE;……;FALSE;FALSE;FALSE}
```

再使用 "COUNTIFS(D2:D58,D2:D58,B2:B58,B2:B58)"，分别在 D2:D58 和 B2:B58 单元格区域中依次统计两列区域中各个元素同时出现的次数，得到内存数组结果为：

```
{1;1;1;1;1;2;……;1;2;2}
```

接下来将两个内存数组中的元素对应相除，相当于在符合指定条件时返回 COUNTIFS 函数所返回内存数组中对应位置元素的倒数，否则返回 0：

```
{1;1;1;1;1;0.5;0.5;1;1;0.33333;0.33333;0.33333;0;……;0;0;0}
```

最后用 SUM 函数求和，得出指定条件的不重复个数。

18.3 使用 SUMPRODUCT 函数完成计数与求和

18.3.1 认识 SUMPRODUCT 函数

数组是一个存储同类型数据的集合，简单理解就是一组有关联的数据。构成数组的各个变量称为数组的元素。

SUMPRODUCT 函数用于将各数组间对应的元素相乘，并返回乘积之和。函数语法为：

```
SUMPRODUCT(array1,[array2],[array3],...)
```

除第一参数为必需参数外，其他参数均为可选参数。各参数必须具有相同的行数或列数，否则将返回错误值 #VALUE!。如果数组元素中包含文本内容，将作为 0 处理。

示例18-13 计算进货商品总金额

图 18-15 展示了某商店进货记录的部分内容，需要根据 B 列的数量和 C 列的单价计算进货商品的总金额。

E2 单元格输入以下公式，计算结果为 1 245。

```
=SUMPRODUCT(B2:B10,C2:C10)
```

SUMPRODUCT 函数先将 B2:B10 与 C2:C10 中的每个元素对应相乘，再将乘积相加，计算过程如图 18-16 所示。

图 18-15　采购清单

图 18-16　SUMPRODUCT 函数运算过程

18.3.2　SUMPRODUCT 应用实例

使用 SUMPRODUCT 函数能够完成按指定条件求和及按指定条件计数，其模式化写法分别为：

=SUMPRODUCT（条件 1* 条件 2*……* 条件 n，求和区域）

=SUMPRODUCT（条件 1* 条件 2*……* 条件 n）

示例18-14　计算指定月份的销售金额

图 18-17 展示的是某公司销售明细表的部分内容，需要根据 A 列的出库日期，计算 2 月份的销售总金额。

	A	B	C	D	E	F	G	H	I	J	K
1	出库日期	出库单号	存货名称	规格型号	单位	数量	单价	金额	制单人		2月份销售金额
2	2020/1/1	787820003596	MSS5100	25kg/件	kg	3220	25.922	83468.84	刘萌萌		1088895.23
3	2020/1/1	900600036114	MSS5100	25kg/件	kg	200	25.922	5184.4	叶知秋		
4	2020/1/1	900600036114	MSS5100	25kg/件	kg	2300	25.922	59620.6	叶知秋		
5	2020/1/23	100800036315	MSS4388P	650kg/件	kg	8450	8.3227	70326.815	赵莉秋		
6	2020/1/30	100800036315	MSS4388P	650kg/件	kg	9100	8.3227	75736.57	赵莉秋		
7	2020/1/30	100800036315	MSS4388P	650kg/件	kg	3250	8.3227	27048.775	赵莉秋		
8	2020/1/30	104300036316	MSS5100	25kg/件	kg	2540	25.922	65841.88	李兰芝		
9	2020/1/30	101700036382	原味冰淇淋粉	1kg/袋	袋	19	29.6674	563.6806	李兰芝		
10	2020/1/30	101700036382	甜味冰淇淋粉	1kg/袋	袋	20	29.6669	593.338	李兰芝		
11	2020/1/30	100800036388	MSS4388P	650kg/件	kg	7800	8.4298	65752.44	赵莉秋		
12	2020/1/30	100800036388	MSS4388P	650kg/件	kg	3250	8.4298	27396.85	赵莉秋		
13	2020/2/10	100800036388	MSS4388P	650kg/件	kg	3250	8.4298	27396.85	赵莉秋		
14	2020/2/10	100800036388	MSS4388P	650kg/件	kg	9100	8.4298	76711.18	赵莉秋		

K2 的公式为 =SUMPRODUCT((MONTH(A2:A28)=2)*1,H2:H28)

图 18-17　统计指定月份的销售金额

K2 单元格输入以下公式，计数结果为 1 088 895.23。

=SUMPRODUCT((MONTH(A2:A28)=2)*1,H2:H28)

公式中的"MONTH(A2:A28)=2"部分，先使用 MONTH 函数计算出 A2:A28 单元格区域中日期所属的月份，然后用等式判断是不是等于 2，得到一组由逻辑值 TRUE 和 FALSE 构成的内存数组：

{FALSE;FALSE;……;TRUE;TRUE;TRUE;TRUE;TRUE;FALSE}

由于逻辑值不能直接参加数组运算，因此将该内存数组乘以 1，目的是将逻辑值转换为数值。在四则运算中，TRUE 相当于 1，FALSE 相当于 0，计算后得到新内存数组：

$\{0;0;\cdots\cdots;1;1;1;1;1;0\}$

再用这个新数组与第二参数 H2:H28 中的各个元素对应相乘，最后计算出乘积之和。

如果去掉公式中的求和区域，则是按指定条件进行计数。例如，使用以下公式可计算出 2 月份的业务笔数。

```
=SUMPRODUCT((MONTH(A2:A28)=2)*1)
```

在 A2:A28 单元格区域中没有文本内容的前提下，使用以下公式也能计算出 2 月份的销售总额：

```
=SUMPRODUCT((MONTH(A2:A28)=2)*H2:H28)
```

公式将 MONTH 函数得到内存数组结果与 H2:H28 单元格区域中的金额直接相乘，相当于为 SUMPRODUCT 函数仅设置了一个数组参数。如果 A2:A28 单元格区域中包含文本内容，这种写法会返回错误值 #VALUE！。

> **提示**
>
> 如果日期数据中包含不同年份，还需要对年份进行判断。

示例18-15　在多行多列的数据表中根据两个条件统计数字

图 18-18 展示的是某财务部门成本报表的部分内容，需要根据 G2 单元格中的成本项目名称和 H1 单元格中指定的数据类别，来统计对应的数据。

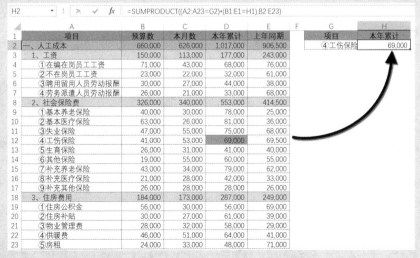

图 18-18　在多行多列的表格中统计数据

H2 单元格输入以下公式，计算结果为 69 000。

```
=SUMPRODUCT((A2:A23=G2)*(B1:E1=H1),B2:E23)
```

本例中的两个条件分别处于数据表的水平方向和垂直方向，对于这种结构的表格，可以分别对比水平和垂直方向的两个条件，再以数值所在区域作为求和区域。

公式先使用"A2：A23=G2"和"B1：E1=H1"，分别对比 A2：A23 单元格区域中的项目和 B1：E1 单元格区域的数据类别是否等于指定的项目和数据类别，得到垂直方向的内存数组和水平方向的内存数组。

两个内存数组中的元素对应相乘，得到一个多行多列的新内存数组。再将这个新内存数组中的元素与 B2：E23 单元格区域中的数值对应相乘，最后使用 SUMPRODUCT 函数计算出乘积之和。计算过程如图 18-19 所示。

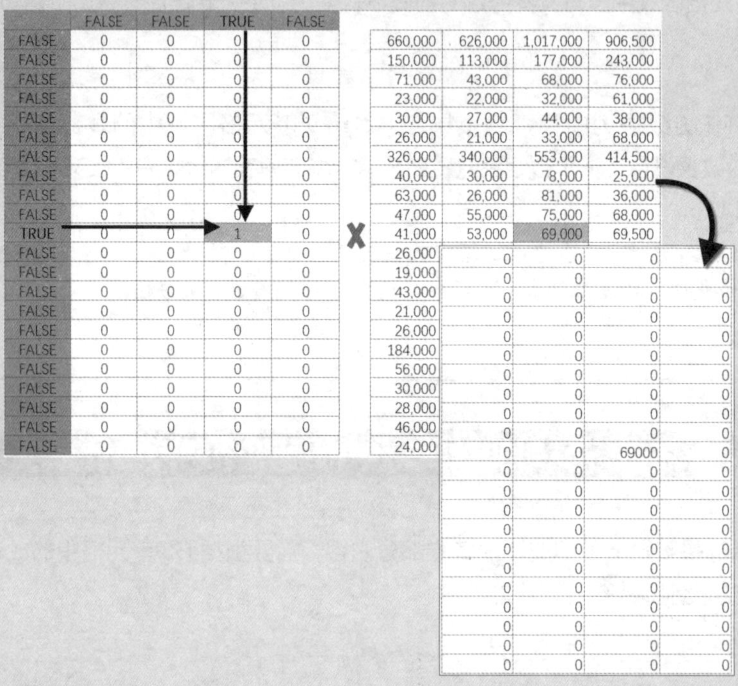

图 18-19　计算过程

在多行多列中分别根据行、列内容进行多条件统计时，需要注意数值区域的行数要与垂直方向条件区域的行数相同，并且列数要与水平方向条件区域的列数相同。例如，本例公式中的数值区域为 B2：E23，其行数是 2~23 行，和"A2：A23=G2"部分的行数相同。而列数是 B~E 列，和"B1：E1=H1"部分的列数相同。

SUMPRODUCT 函数的参数中不支持使用通配符，如需按指定关键字进行汇总，可借助 FIND 函数和 ISNUMBER 函数来完成。

示例18-16　按关键字统计指定日期的销售金额

图 18-20 展示了一份模拟的汽车配件销售记录，需要汇总 A 列出库日期为 1 月份，并且 C 列订单内容中包含 H 列指定关键字的总金额。

图 18-20 按关键字统计指定日期的销售金额

I2 单元格输入以下公式，向下复制到 I5 单元格区域。

```
=SUMPRODUCT((MONTH($A$2:$A$18)=1)*ISNUMBER(FIND(H2,$C$2:$C$18)),$E$2:
$E$18)
```

公式中的"MONTH($A$2:$A$18)=1"部分，用 MONTH 函数分别返回 $A$2:$A$18 单元格区域中各个日期的月份，然后判断是否等于指定月份"1"。

公式中的"FIND(H2,$C$2:$C$18)"部分，使用 FIND 函数在 $C$2:$C$18 单元格区域中查找 H2 单元格中的关键字，如果包含该关键字，FIND 函数返回表示关键字所在位置的数值，否则返回错误值，得到内存数组结果为：

```
{#VALUE!;#VALUE!;#VALUE!;1;1;1;1;1;……;#VALUE!}
```

然后使用 ISNUMBER 函数判断以上内存数组结果中的各个元素是否为数值，如果是数值，则说明包含关键字，结果返回 TRUE；如果不是数值，则说明不包含关键字，结果返回 FALSE，得到内存数组结果为：

```
{FALSE;FALSE;FALSE;TRUE;TRUE;TRUE;TRUE;TRUE;……;FALSE}
```

最后使用以上内存数组与第二参数 $E$2:$E$18 中的各个数值对应相乘，由 SUMPRODUCT 返回乘积之和。

18.4 计算平均值

平均值包括算术平均值、几何平均值、平方平均值、调和平均值及加权平均值等，其中以算术平均值最为常见。

18.4.1 用 AVERAGE 函数计算平均值

AVERAGE 函数用于返回参数的算术平均值，函数语法为：

```
AVERAGE(number1,[number2],...)
```

各参数是要计算平均值的数字、单元格引用或单元格区域。如果单元格中是文本、逻辑值或是空单元格将被忽略，但不会忽略零值。

该函数的使用方法与 SUM 函数类似，假如需要计算 A1:A10 单元格区域中的各个数字的平均值，可以使用以下公式：

```
=AVERAGE(A1:A10)
```

18.4.2 按条件计算平均值

AVERAGEIF 函数能够按照指定的条件计算平均值，该函数的语法和使用方法与 SUMIF 函数类似：

```
AVERAGEIF(range,criteria,[average_range])
```

第一参数是要判断条件的单元格区域。第二参数用于确定要对哪些单元格计算平均值的条件，和 SUMIF 函数的条件参数写法相同，也支持在文本参数中使用通配符。第三参数是可选参数，用于指定要进行计算平均值的单元格范围。

函数用法可以理解为：

```
AVERAGEIF(条件区域,指定的条件,[计算平均值的区域])
```

示例18-17 按条件计算平均值

图 18-21 展示的是某公司商品销售表的部分内容，需要根据 K4 单元格中指定的销售类型计算平均金额。

	A	B	C	D	E	F	G	H	I	J	K	L
1	发货日期	销售类型	客户名称	摘要	货号	颜色	数量	单价	金额			
2	2019/1/31	正常销售	莱州卡莱				1	10,000	10,000			
3	2019/1/31	其它销售	聊城健步				1	5,000	5,000		销售类型	金额
4	2019/1/31	正常销售	济南经典保罗				1	3,000	3,000		正常销售	20,943
5	2019/1/31	正常销售	东辰卡莱威盾				1	100,000	100,000			
6	2020/1/1	其它销售	聊城健步	收货款					-380			
7	2020/1/1	正常销售	莱州卡莱		R906327	白色	40	220	8,800			
8	2020/1/1	其它销售	株洲圣百	收货款					-760			
9	2020/1/1	其它销售	聊城健步	托运费			5	30	150			
10	2020/1/1	正常销售	奥伦		R906	黑色	40	100	4,000			
11	2020/1/2	正常销售	奥伦		R906	黑色	50	200	10,000			
12	2020/1/2	其它销售	奥伦	样品	R906	黑色	1	150	150			
13	2020/1/2	其它销售	奥伦	损益			1	-100	-100			
14	2020/1/2	其它销售	奥伦	退鞋	R906	黑色	-5	130	-650			
15	2020/1/2	其它销售	奥伦	包装			200	5	1,000			
16	2020/1/2	其它销售	奥伦	托运费			5	30	150			
17	2020/1/5	其它销售	奥伦	收货款					-760			
18	2020/1/5	正常销售	株洲圣百		R906	黑色	40	270	10,800			

图 18-21 按条件计算平均值

L4 单元格输入以下公式，计算结果为 20 943。

```
=AVERAGEIF(B:B,K4,I:I)
```

本例中，AVERAGEIF 函数要判断条件的单元格区域使用 B 列的整列引用，指定的条件是 K4 单元格中指定的销售类型，要计算平均值的单元格区域使用了 I 列的整列引用。如果 B 列中的销售类型等于 K4 单元格中指定的内容，就对 I 列对应的金额计算平均值。

18.4.3　多条件计算平均值

使用 AVERAGEIFS 函数能够按多个条件计算平均值，函数语法和使用方法与 SUMIFS 函数类似：

> AVERAGEIFS(average_range,criteria_range1,criteria1,[criteria_range2,criteria2],...)

第一参数用于指定要进行计算平均值的单元格范围。

第二参数和第三参数分别用于指定条件判断的第一个单元格区域和对应的判断条件。

之后的其他参数为可选参数，两两一组，分别用于指定条件判断的其他区域及其关联条件，最多可设置 127 个区域 / 条件对。

AVERAGEIFS 函数的条件区域与平均值计算区域必须具有相同的行列数，条件参数支持使用通配符。当多个条件同时符合时，AVERAGEIFS 函数就对第一参数中对应的数值计算平均值。

函数用法可以理解为：

> AVERAGEIFS (计算平均值的区域，条件区域 1，指定的条件 1，条件区域 2，指定的条件 2……)

仍然以 18.4.2 中的数据为例，使用以下公式能够计算出 B 列销售类型等于 K4 单元格指定的类型名称，并且 C 列客户名称等于"奥伦"的平均金额。

> =AVERAGEIFS(I:I,B:B,K4,C:C," 奥伦 ")

18.4.4　修剪平均值

舍弃掉样本中一定比例的最高和最低数据后再求平均值，能够避免个别数据对整体计算产生的干扰，这样计算的结果称为修剪平均值或裁剪平均值。许多体育运动或才艺比赛的评分方法都会使用修剪平均值，一组裁判分别给出分数，然后去除掉最高和最低的评分后，计算剩余评分的平均值作为实际得分。

TRIMMEAN 函数可用于修剪平均值的计算，其函数语法为：

> TRIMMEAN(array,percent)

第一参数是需要计算修剪平均值的单元格区域。第二参数用于指定要排除的比例，范围在 0~1 之间。如果有 20 个数据，排除比例为 0.2，则表示从 20 个数据中要排除 20*0.2=4 个数据，即裁剪掉所有数据中较高的两个值和较低的两个值。

如果有 30 个数据，排除比例为 0.1，30*0.1 等于 3。为了对称，TRIMMEAN 函数会将其向下舍入最接近的 2 的倍数，即分别裁剪掉所有数据中最高和最低的 1 个值。

如果数据区域中包含文本、逻辑值或空单元格等非数值格式的数据，TRIMMEAN 函数将忽略其中的非数值数据，仅使用数值的个数乘以百分比来计算要排除数据的个数。

函数用法可以理解为：

> TRIMMEAN (数值数组或数据区域，需要排除的极值比例)

18 章

示例18-18 计算最高客流量的修剪平均值

图 18-22 展示的是某调研公司统计的部分商超最高客流量信息，需要根据不同日期的最高客流量计算出修剪平均值。

	A	B	C	D	E	F	G	H	I
									=TRIMMEAN(B2:H2,2/7)
1	商超	3月1日	3月7日	3月12日	3月16日	3月15日	3月20日	3月21日	修剪平均值
2	Metro 麦德龙	834	400	272	481	636	497	862	570
3	Walmart 沃尔玛	235	454	534	399	402	276	189	353
4	Carrefour 家乐福	669	616	871	502	619	113	481	577
5	CR Vanguard 华润万家	616	122	532	209	277	330	293	328
6	RT Mart & Auchan 大润发&欧尚	411	844	694	845	173	261	514	545
7	WuMart 物美	310	115	846	108	745	776	578	505
8	Sam's Club 山姆会员店	260	605	102	441	680	217	656	436
9	Zhongbai (Hyper) 中百仓储	848	111	302	158	635	236	179	302
10	JoyMart 合家福	204	663	401	364	284	249	355	331
11	JiaJiaYue 家家悦	511	490	480	578	316	448	460	478
12	Rainbow 天虹	186	819	815	124	397	412	801	522
13	Suguo 苏果	269	567	896	39	834	96	697	493

图 18-22　计算修剪平均值

I2 单元格输入以下公式，向下复制到 I13 单元格区域。

```
=TRIMMEAN(B2:H2,2/7)
```

本例中指定要排除的比例为 2/7，即在 7 个调研数据中分别排除一个最高值和一个最低值之后再计算出剩余数据的平均值。

18.5　最大值和最小值

用于计算最大值与最小值的函数包括 MAX 函数、MIN 函数、MAXIFS 函数、MINIFS 函数及 LARGE 函数和 SMALL 函数等。

18.5.1　计算最大值与最小值

MAX 函数和 MIN 函数分别用于返回数组参数或是数据区域中的最大值和最小值，忽略参数中的空白单元格、文本和逻辑值。以下公式分别表示计算 A 列的最大值和最小值。

```
=MAX(A:A)
=MIN(A:A)
```

18.5.2　计算指定条件的最大值和最小值

如需按照指定条件计算对应的最大值或最小值，可以使用 MAXIFS 函数和 MINIFS 函数完成。

MAXIFS 函数用于根据多个条件计算最大值，函数语法为：

```
MAXIFS(max_range,criteria_range1,criteria1,[criteria_
range2,criteria2],...)
```

MAXIFS 函数和 MINIFS 函数的使用方法和条件设置规则与 SUMIFS 函数类似，第一参数 max_range 是必需参数，指定要计算最大（最小）值的单元格区域。第二参数 criteria_range1 和第三参数 criteria1 是必需参数，分别用于指定条件判断的第一个单元格区域和对应的判断条件。之后的其他参数为可选参数，两两一组，分别用于指定其他的条件判断区域及其关联条件，最多可设置 127 个区域 / 条件对。

示例18-19 计算最早和最晚打卡时间

图 18-23 展示的是某公司员工考勤记录的部分内容，需要根据 I 列指定的姓名和 J 列指定的日期，分别在 K 列和 L 列计算最早打卡和最晚打卡时间。

	A	B	C	D	E	F	G
1	姓名	考勤号码	日期	时间	机器号	比对方式	卡号
2	王仙慧	8120001	2020/1/3	8:22:43	1	指纹	2955102919
3	王仙慧	8120001	2020/1/3	18:02:45	1	指纹	2955102919
4	王仙慧	8120001	2020/1/4	8:25:06	1	指纹	2955102919
5	王仙慧	8120001	2020/1/4	18:04:20	1	指纹	2955102919
6	王仙慧	8120001	2020/1/5	8:29:02	1	指纹	2955102919
7	王仙慧	8120001	2020/1/5	18:00:52	1	指纹	2955102919
8	王仙慧	8120001	2020/1/6	8:28:18	1	指纹	2955102919
9	王仙慧	8120001	2020/1/6	18:02:05	1	指纹	2955102919
10	王仙慧	8120001	2020/1/7	18:01:34	1	指纹	2955102919
11	王仙慧	8120001	2020/1/8	8:28:50	1	指纹	2955102919
12	王仙慧	8120001	2020/1/8	12:14:24	1	指纹	2955102919
13	王仙慧	8120001	2020/1/10	8:20:37	1	指纹	2955102919

I	J	K	L
姓名	日期	最早打卡	最晚打卡
王仙慧	2020/1/3	8:22:43	18:02:45
王仙慧	2020/1/4	8:25:06	18:04:20
王仙慧	2020/1/5	8:29:02	18:00:52
王仙慧	2020/1/6	8:28:18	18:02:05
王仙慧	2020/1/7	18:01:34	18:01:34
王仙慧	2020/1/8	8:28:50	12:14:24
王仙慧	2020/1/10	8:20:37	18:01:10

图 18-23 计算最早和最晚打卡时间

在 K2 单元格输入以下公式计算最早打卡时间，将公式向下复制到 K8 单元格。

```
=MINIFS(D:D,A:A,I2,C:C,J2)
```

在 L2 单元格输入以下公式计算最晚打卡时间，将公式向下复制到 L8 单元格。

```
=MAXIFS(D:D,A:A,I2,C:C,J2)
```

本例中，MAXIFS 函数和 MINIFS 函数的第一参数使用 D 列的整列引用，以此作为计算最大和最小值的区域。条件区域 1 是 A 列的姓名所在区域，条件 1 是 I2 单元格中指定的姓名；条件区域 2 是 C 列日期所在区域，条件 2 是 J2 单元格指定的日期。

如果 A 列中的姓名等于 I2 单元格中指定的姓名，并且 C 列的日期等于 J2 单元格指定的日期，就对 D 列对应的时间计算最大或最小值。

18.5.3 第 k 个最大值和最小值

LARGE 函数和 SMALL 函数分别用于计算一组数值中的第 k 个最大值和第 k 个最小值。函数语法为：

```
LARGE(array,k)
SMALL(array,k)
```

第一参数指定要对哪些数据进行处理，第二参数指定要返回第几个最大（最小）值。

示例18-20　计算前10名的平均分

图 18-24 展示的是某高中模拟考试成绩表的部分内容，需要计算总分前 10 名的平均分。

图 18-24　计算总分前 10 名的平均分

L2 单元格输入以下公式，计算结果为 625.85。

```
=AVERAGEIF(J:J,">="&LARGE(J:J,10))
```

公式中的"LARGE(J:J,10)"部分，使用 LARGE 函数计算出 J 列总分的第 10 个最大值，也就是第 10 名的成绩，结果为 580。

再使用 AVERAGEIF 函数在 J 列中统计出大于等于 580 的平均数。本例中 AVERAGEIF 函数省略了第三参数，表示将第一参数用作计算平均值的区域。

如果要计算总分最后 10 名的平均分，可以使用以下公式：

```
=AVERAGEIF(J:J,"<="&SMALL(J:J,10))
```

先使用 SMALL 函数计算出 J 列总分的第 10 个最小值，然后使用 AVERAGEIF 函数计算 J 列小于等于该分数的平均值。

18.6　计算中位数

中位数又称为中值，是指将一组数据中的各个数值按大小顺序排列后形成一个数列，处于中间位置的数值。中位数趋于一组有序数据的中间位置，不受分布数列的极大或极小值影响，从而在一定程度上提高了对分布数列的代表性。

使用 MEDIAN 函数能够计算一组数值的中位数。如果参数集合中包含奇数个数字，位于大小顺序最中间的数字即是中位数，如果参数集合中包含偶数个数字，MEDIAN 函数将返回位于中间顺序的两个数的平均值。

如果参数中包含文本、逻辑值或是空白单元格，则这些值将被忽略，但包含零值的单元格将计算在内。

示例18-21　按部门计算工资中位数

图 18-25 展示的是某公司员工工资收入汇总表的部分内容，需要根据 G 列指定的部门，计算各个部

门的工资中位数。

图 18-25　按部门计算工资中位数

H2 单元格输入以下数组公式，按 <Ctrl+Shift+Enter> 组合键，将公式向下复制到 H8 单元格区域。

```
{=MEDIAN(IF(A$2:A$89=G2,E$2:E$89))}
```

公式中的"IF(A$2:A$89=G2,E$2:E$89)"部分，IF 函数省略了第三参数，如果 A$2:A$89 单元格区域中的部门等于 G2 单元格指定的部门，则返回 E$2:E$89 单元格区域中对应的实发工资数，否则返回逻辑值 FALSE，得到内存数组结果为：

```
{9961.72;6199.72;3922.72;4649.72;4917.72;5082.39;FALSE;……;FALSE}
```

MEDIAN 函数忽略参数中的逻辑值，计算出各个数值元素的中位数。

18.7　计算众数和频数

众数通常是指一组数据中出现次数最多的那个，用来代表数据的一般水平。一组数据中可能会有多个众数，也可能没有众数。

频数是指将一组数值按大小顺序排列并按一定的组距进行分组后，各组数据的个数。

18.7.1　众数计算

用于计算众数的函数包括 MODE 函数、MODE.SNGL 函数和 MODE.MULT 函数。如果数据集中不包含重复的数值，MODE.SNGL 函数和 MODE.MULT 函数都会返回错误值 #N/A。如果一组数值中有多个众数，MODE.MULT 函数能够返回多个结果。

示例18-22　计算废水排放数据中的pH值众数

图 18-26 展示的是某企业从系统导出的污水排放数据，需要在 K 列计算 pH 浓度数据的众数。

	A	B	C	D	E	F	G	H	I	J	K
1	企业名称	排口名称	时间	化学需氧量浓度(mg/L)	化学需氧量排放量(kg)	氨氮浓度(mg/L)	氨氮排放量(kg)	小时流量(m^3/h)	pH浓度		pH浓度
2	汉为生物科技集团有限公司	总排口	2021-02-01 00	12.3	2.61	0.32	0	212	8.08		8.13
3	汉为生物科技集团有限公司	总排口	2021-02-01 01	12.3	2.66	0.32	0	216	8.08		8.12
4	汉为生物科技集团有限公司	总排口	2021-02-01 02	12.9	2.83	0.32	0	220	8.09		#N/A
5	汉为生物科技集团有限公司	总排口	2021-02-01 03	12.9	2.85	0.32	0	222	8.13		#N/A
6	汉为生物科技集团有限公司	总排口	2021-02-01 04	12.7	2.87	0.35	0	225	8.13		#N/A
7	汉为生物科技集团有限公司	总排口	2021-02-01 05	12.7	2.89	0.35	0	227	8.13		
8	汉为生物科技集团有限公司	总排口	2021-02-01 06	10.3	2.38	0.38	0	230	8.09		
9	汉为生物科技集团有限公司	总排口	2021-02-01 07	10.3	2.39	0.38	0	231	8.09		
10	汉为生物科技集团有限公司	总排口	2021-02-01 08	11.8	2.71	0.35	0	229	8.09		
11	汉为生物科技集团有限公司	总排口	2021-02-01 09	11.8	2.71	0.35	0	229	8.07		
12	汉为生物科技集团有限公司	总排口	2021-02-01 10	14.3	3.26	0.38	0	227	8.05		

图 18-26　计算废水排放数据中的 pH 值众数

同时选中 K2:K6 单元格区域，输入以下数组公式，按 <Ctrl+Shift+Enter> 组合键。

```
{=MODE.MULT(I2:I1072)}
```

在多个单元格使用同一公式，并且按 <Ctrl+Shift+Enter> 组合键结束编辑形成的公式，称为多单元格数组公式。使用多单元格数组公式，可以在选定的范围内完全展现出数组公式运算所产生的数组结果，每个单元格分别显示数组中的一个元素。

使用多单元格数组公式时，所选择的单元格个数必须与公式最终返回的数组元素个数相同，如果所选区域单元格的个数大于公式最终返回的数组元素个数，多出部分将显示为错误值。如果所选区域单元格的个数小于公式最终返回的数组元素个数，则公式结果显示不完整。

本例中共得到两个众数 8.13 和 8.12，由于事先选中的范围是 5 个单元格。因此最后 3 个单元格中返回了错误值 #N/A。

18.7.2　频数计算

FREQUENCY 函数计算数值在指定区间内的出现频数，然后返回一个垂直数组。函数语法为：

```
FREQUENCY(data_array,bins_array)
```

第一参数 data_array 是需要从中计算频数的数组或对一组数值的引用。第二参数 bins_array 是一个区间数组或对区间的引用，用于对第一参数中的数值进行分组。

FREQUENCY 函数将第一参数中的数值以第二参数指定的间隔进行分组，计算数值在各个区间内出现的频数，最终返回的数组中的元素比bins_array中的元素多一个，多出来的元素表示最高区间之上的数值个数。

由于 FREQUENCY 函数返回的是数组结果，因此在直接使用该函数时需要按 <Ctrl+Shift+Enter> 组合键键入。

函数用法可以理解为：

```
FREQUENCY 函数（一组数值，指定的间隔值）
```

示例18-23　统计不同年龄段人数

图 18-27 展示的是某社区居民信息登记表的部分内容，需要根据 D 列的年龄数据，统计不同年龄段的人数。

	姓名	公民身份证号码	性别	年龄	与户主关系	服务处所	门牌号
2	马绍建	410205********0515	男	54	户主	东街社区	9号楼3单元11号
3	燕为景	410204********2020	女	60	户主	东街社区	8号楼3单元2号
4	宋建东	410205********0537	男	59	户主	东街社区	6号楼3单元3号
5	张玉东	410203********2022	女	53	妻	东街社区	6号楼3单元3号
6	宋子鑫	410205********3025	女	26	独生女	东街社区	6号楼3单元3号
7	杨中亮	410727********5613	男	62	户主	东街社区	7号楼1单元9号
8	杨振宇	410727********5612	男	34	子	东街社区	7号楼1单元9号
9	杨笑涵	410205********051X	男	25	次子	东街社区	7号楼1单元9号
10	刘子龙	410205********0510	男	32	户主	东街社区	6号楼2单元2号
11	成倩	410203********052X	女	34	妻	东街社区	6号楼1单元2号
12	郭欣羽	410203********0021	女	13	女	东街社区	6号楼1单元2号
13	张金封	410205********0516	男	67	户主	东街社区	7号楼2单元4号
14	张逊	410205********0510	男	34	子	东街社区	7号楼2单元4号
15	张宇	410204********6019	男	22	次子	东街社区	7号楼2单元4号

说明	年龄段	人数
0～6岁	6	25
7～17岁	17	255
18～28岁	28	316
29～40岁	40	474
41～65岁	65	534
66岁及以上		145

图 18-27 分数段统计

同时选中 K3:K8 单元格区域，输入以下数组公式，按 <Ctrl+Shift+Enter> 组合键。

```
{=FREQUENCY(D2:D1750,J3:J7)}
```

FREQUENCY 函数根据 D2:D1750 单元格区域中的年龄数据，以 J3:J7 单元格区域中指定的年龄段为间隔值，统计小于等于 J 列当前分段点且大于上一个分段点的数量，公式计算的结果如下。

（1）小于等于 6 岁（0-6 岁）的有 25 人。

（2）大于 6 且小于等于 17 岁（7~17 岁）的有 255 人。

（3）大于 17 且小于等于 28 岁（18~28 岁）的有 316 人。

（4）大于 28 且小于等于 40 岁（29~40 岁）的有 474 人。

（5）大于 40 且小于等于 65 岁（41~65 岁）的有 534 人。

（6）大于 65 岁（66 岁及以上）的有 145 人。

示例18-24 判断是否为断码

图 18-28 展示的是某鞋店存货统计表的部分内容，B2:G2 单元格区域是鞋码规格，A 列为款色名称。如果同一款色连续 3 个码数有存货，则该款色为齐码，否则为断码。现在需要在 H 列使用公式判断各个款色是齐码还是断码。

	款色	码数						齐码断码
		B70(32)	B75(34)	B80(36)	B85(38)	B90(40)	B95(42)	
3	0012764浅灰		2	4	3			
4	0012764浅肤		1		1			
5	0012769大红		4	3	2			
6	0012769蓝色	2	1		2			
7	0012769深灰		2					
8	0012789大红		2					
9	0012789豆绿	2	4	7	1			
10	0012789黑色	3	6	6	2			
11	0012789奶咖	2	6		1			
12	0012804黑色	1	3	2	3			
13	0012804浅虾红	3	4	5	2			
14	0112352浅灰		7	9	1	3		

图 18-28 判断是否为断码

H3 单元格输入以下数组公式，按 <Ctrl+Shift+Enter> 组合键，将公式向下复制到数据表的最后一行。

```
{=IF(MAX(FREQUENCY(IF(B3:G3>0,COLUMN(B:G)),IF(B3:G3=0,COLUMN(B
:G))))>2,"齐码","断码")}
```

"IF(B3∶G3>0,COLUMN(B:G))" 部分，使用 IF 函数判断 B3∶G3 单元格区域中各个码数的存货量是否大于 0，如果大于 0 说明该码数有货，公式返回相应单元格的列号，否则返回逻辑值 FALSE，得到内存数组结果为：

{FALSE,3,4,5,FALSE,FALSE}

"IF(B3∶G3=0,COLUMN(B:G))" 部分的计算规则与上一个 IF 函数相反，在 B3∶G3 单元格中的码数等于 0（缺货）时返回对应的列号，不等于 0（有货）时返回逻辑值 FALSE，得到内存数组结果为：

{2,FALSE,FALSE,FALSE,6,7}

借助 FREQUENCY 函数忽略数组中的逻辑值的特点，以缺货对应的列号 {2;6;7} 为指定间隔值，统计有货对应的列号 {3;4;5} 在各个分段中的数量，相当于分别统计在两个缺货列号之间有多少个有货的列号，返回内存数组结果为：

{0;3;0;0}

最后使用 MAX 函数从内存该数组中提取出最大值，再使用 IF 函数判断这个最大值是否大于等于 2，如果大于等于 2 时返回"齐码"，否则返回"断码"。

18.8　排名应用

常见的排名方式主要有美式排名、中式排名（密集型排名）和百分比排名三种。

18.8.1　美式排名

美式排名是使用最频繁的一种排名方式，也是大多数情况下的默认排名方式。美式排名的名次以参与排名的数据个数为依据，如果最后一名不是并列排名，其名次总是等于数据的总个数。由于并列者占用名次，因此会得到不连续名次。该排名方式可以判断出有多少数据大于当前数据，直观体现出该数据在总体中所处的位置和水平，但因为并列者占用名次。因此名次可能不连续。

比如有 10 个数据参与排名，名次可能是 1-2-2-4-5-6-7-7-7-10，也可能是 1-2-3-4-5-6-7-8-8-8。

在早期 Excel 版本中用于美式排名的有 RANK 函数，在后续的高版本中新增了 RANK.EQ 和 RANK.AVG 函数。其中 RANK.EQ 和原来的 RANK 函数功能完全相同，而 RANK.AVG 函数在多个值具有相同的排位时，能够返回其平均排位。

RANK.EQ 函数的语法为：

```
RANK.EQ(number,ref,[order])
```

第一参数 number 是要进行排名的数字。第二参数 ref 是对数字列表的引用，其中的非数字内容会被忽略。第三参数 [order] 是可选参数，以数字来指定数字排位的方式，为 0（零）或省略该参数时，表示将列表中的最大数值排名为 1。如果该参数不为零，则将列表中的最小数值排名为 1。

函数用法可以理解为：

```
RANK.EQ( 数值 , 引用区域 , [ 排位方式 ])
```

使用 RANK.EQ 函数排名时，如果出现相同数据，并列的数据也占用名次，比如对 5、5、4 进行降序排名，结果分别为 1、1 和 3。而使用 RANK.AVG 函数对 5、5、4 进行降序排名时，结果则分别为 1.5、1.5 和 3。

示例18-25 计算学生成绩排名

图 18-29 展示的是某班级学生成绩汇总表的部分内容，需要根据 J 列的总分计算排名。

	A	B	C	D	E	F	G	H	I	J	K
	序号	姓名	语文	数学	英语	物理	化学	生物	理综	总分	排名
2	1	林重余	108	86	108.5	57	74	91	210	734.5	1
3	2	马健壮	97	108	36	56	77	79	208	661	2
4	3	覃渝东	100	108	35	59	64	85	172	623	4
5	4	梁少华	103	93	38	51	79	80	207	651	3
6	5	滚旭雷	103	101	76	33	43	78	146	580	10
7	6	李文浩	94	101	51	49	64	73	185	617	6
8	7	杨梓健	112	55	77	42	57	84	165	592	8
9	8	陈阳昇	99	94	41.5	57	61	71	199	622.5	5
10	9	潘何静	110	60	109.5	36	38	65	137	555.5	12
11	10	祝宗亮	91	103	39	52	46	84	179	594	7
12	11	黄晓东	105	50	64.5	32	77	79	176	583.5	9

图 18-29 学生成绩排名

K2 单元格输入以下公式，向下复制到数据表的最后一行。

```
=RANK.EQ(J2,J:J)
```

本例中 RANK.EQ 函数省略第三参数，表示将 J 列中的最大数值排名为 1。

18.8.2 中式排名

另一种排名方式为连续名次，即无论有多少并列的情况，名次本身一直是连续的自然数序列。这种排名方式被称为密集型排名，俗称"中式排名"。密集型排名的名次等于参与排名数据的不重复个数，最后一名的名次会小于或等于数据的总个数。比如有 10 个数据参与排名，名次可能是 1-2-2-3-4-5-6-7-7-7。

Excel 没有提供可以直接进行密集型排名计算的函数，需要借助其他函数组合来完成计算。

> "中式排名"和"美式排名"只是对名次连续和名次不连续两种不同排名方式的习惯性叫法，并不对应哪个国家。

示例18-26 奥运会金牌榜排名

图 18-30 展示的是 2000 年悉尼奥运会不同国家和地区代表团的奖牌记录，需要根据 B 列的金牌数，统计金牌榜排名。

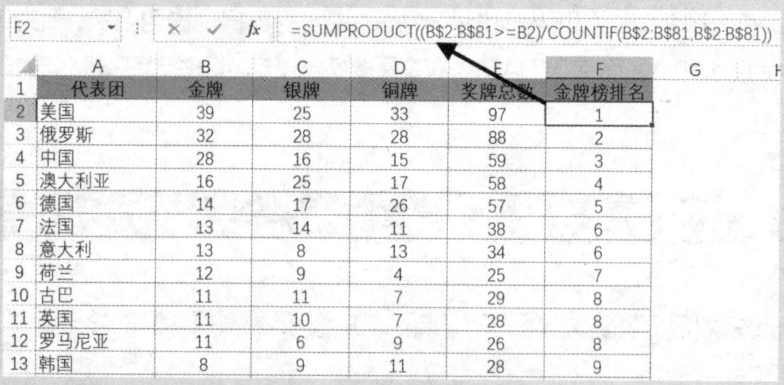

F2 =SUMPRODUCT((B$2:B$81>=B2)/COUNTIF(B$2:B$81,B$2:B$81))

	A	B	C	D	E	F
1	代表团	金牌	银牌	铜牌	奖牌总数	金牌榜排名
2	美国	39	25	33	97	1
3	俄罗斯	32	28	28	88	2
4	中国	28	16	15	59	3
5	澳大利亚	16	25	17	58	4
6	德国	14	17	26	57	5
7	法国	13	14	11	38	6
8	意大利	13	8	13	34	6
9	荷兰	12	9	4	25	7
10	古巴	11	11	7	29	8
11	英国	11	10	7	28	8
12	罗马尼亚	11	6	9	26	8
13	韩国	8	9	11	28	9

图 18-30 奥运会金牌榜排名

F2 单元格输入以下公式，向下复制到数据表的最后一行。

```
=SUMPRODUCT((B$2:B$81>=B2)/COUNTIF(B$2:B$81,B$2:B$81))
```

公式相当于在符合“B$2:B$81>=B2”的条件时，计算 B 列数据区域中的不重复个数，计算过程可参考 18.2.5 中的公式解释。

18.8.3 百分比排名

如果不知道数据总量，仅凭名次往往不能体现数据的真正水平。例如，学生张三的考试名次为第 5 名，如果参加考试的只有 5 人，其实际水平为最差。

百分比排名是对数据所占权重的一种比较方式，常用于业绩、分数等统计排名计算。这种排名方式是将当前数据与其他所有数据进行比较，最终得到一个百分数。假如该百分数为 95%，则说明当前数据高于 95% 的其他数据。因此该排名方式不需要知道数据总量，就能直观反映出当前数据的实际水平。

PERCENTRANK.INC 函数和 PERCENTRANK.EXC 函数都用于返回某个数值在一个数据集中的百分比排位，区别在于 PERCENTRANK.INC 函数返回的百分比值范围包含 0 和 1，而 PERCENTRANK.EXC 函数返回的百分比值范围不包含 0 和 1。两个函数的语法为：

```
PERCENTRANK.INC(array,x,[significance])
PERCENTRANK.EXC(array,x,[significance])
```

第一参数 array 是包含排名数据的单元格区域。第二参数 x 是需要得到百分比排名的数值。如果第二参数与第一参数中的任何一个值都不匹配，将以插值计算的形式返回百分比排位。第三参数 [significance] 是可选参数，用于指定返回百分比值的有效位数，省略该参数时，默认使用 3 位小数。

PERCENTRANK.INC 函数的计算过程相当于：

```
= 比此数据小的数据个数 /（数据总个数 -1）
```

PERCENTRANK.EXC 函数的计算过程相当于：

```
=（比此数据小的数据个数 +1）/（数据总个数 +1）
```

示例18-27　计算学生等第成绩

图 18-31 展示的是某地区的中考成绩表的部分内容，需要根据总分成绩从高到低按 25%、30%、26%、10%、8%、1% 的比例用 "A" "B" "C" "D" "E" "F" 六个等第表示。

	A	B	C	D	E	F	G	H	I	J	K
I2		✕ ✓ fx	=LOOKUP(PERCENTRANK.INC($H$2:$H$4772,H2),{0,0.01,0.09,0.19,0.45,0.75},{"F","E","D","C","B","A"})								
1	学校	姓名	语文	数学	英语	理综	文综	总分	等第成绩		
2	方达实验学校	陈子芹	84.50	76.50	75.75	211.50	210.50	658.75	A		
3	云山中学	郭丁与	89.00	82.50	88.50	248.50	236.50	745.00	A		
4	云山中学	邓程斐	83.00	81.00	88.50	258.00	221.00	731.50	A		
5	八团学校	谢巧巧	71.50	72.00	85.25	202.00	174.50	605.25	A		
6	八团学校	杨淑莹	67.50	66.00	60.25	209.00	164.00	566.75	B		
7	八团学校	周海鹏	66.00	67.00	82.50	208.00	211.00	634.50	A		
8	八团学校	彭剑强	64.50	83.00	89.00	254.00	235.00	725.50	A		
9	八团学校	谭海钰	63.50	61.00	30.00	179.50	154.50	488.50	B		
10	八团学校	周石鹏	62.50	59.50	35.00	210.00	181.50	548.50	B		
11	八团学校	谭润富	59.50	71.50	84.25	202.00	191.00	608.25	A		
12	八团学校	谭晨希	59.00	43.50	47.00	166.50	149.50	465.50	C		
13	八团学校	吴佳欣	59.00	46.00	42.00	138.50	175.50	461.00	C		

图 18-31　计算学生等第成绩

I2 单元格输入以下公式，将公式向下复制到数据表最后一行。

```
=LOOKUP(PERCENTRANK.INC($H$2:$H$4772,H2),{0,0.01,0.09,0.19,0.45,0.75},{
"F","E","D","C","B","A"})
```

本例中，先使用 PERCENTRANK.INC 函数计算出 H2 单元格中的分数在 $H$2:$H$4772 单元格区域中的百分比排名，结果为 0.88。

LOOKUP 函数的第二参数使用升序排列的常量数组 {0,0.01,0.09,0.19,0.45,0.75}。

其中的 0 表示 PERCENTRANK.INC 函数可能返回的最小值。

0.01 表示最低等第的比例 1%。

0.09 表示倒数第二档和最低档等第比例的合计 8%+1%。

0.19 表示倒数第三档、倒数第二档和最低档等第比例的合计 10%+8%+1%。

0.45 表示倒数第四档到最低档各个等第比例的合计 26%+10%+8%+1%。

0.75 则表示倒数第五档到最低档各个等第比例的合计 30+26%+10%+8%+1%。

LOOKUP 函数在常量数组 {0,0.01,0.09,0.19,0.45,0.75} 中查找 F2 单元格分数的百分比 0.88，由于在常量数组中没有与之匹配的数值。因此以小于 0.88 的最接近值 0.75 进行匹配，并返回第三参数常量数组 {"F","E","D","C","B","A"} 中对应位置的字符 "A"。

18.9　筛选和隐藏状态下的计算

18.9.1　认识 SUBTOTAL 函数

SUBTOTAL 函数用于返回列表或数据库中的分类汇总，能够使用求和、计数、平均值、最大值、最小值、标准差、方差等多种统计方式对可见单元格中的内容进行汇总。函数语法为：

```
SUBTOTAL(function_num,ref1,[ref2],...)
```

第一参数 function_num 使用数字来指定使用何种函数进行分类汇总计算，之后的 ref1,[ref2],... 是需要进行分类汇总的区域或引用。

SUBTOTAL 函数的汇总结果中始终排除已筛选掉的单元格，如果第一参数是 1~11 的数字，汇总结果中会包含使用菜单命令隐藏的行；如果是 101~111 的数字，则同时排除筛选掉的单元格和使用菜单命令隐藏的行，仅统计可见单元格中的内容。

SUBTOTAL 函数第一参数的作用及说明如表 18-3 所示。

表 18-3   SUBTOTAL 函数的第一参数及作用

第一参数为以下数值时	应用的函数	作用说明
1 或 101	AVERAGE	计算平均值
2 或 102	COUNT	计算数值个数
3 或 103	COUNTA	计算非空单元格个数
4 或 104	MAX	计算最大值
5 或 105	MIN	计算最小值
6 或 106	PRODUCT	计算数值的乘积
7 或 107	STDEV	计算样本标准偏差
8 或 108	STDEVP	计算总体标准偏差
9 或 109	SUM	求和
10 或 110	VAR	计算样本的方差
11 或 111	VARP	计算总体方差

如果统计区域中包含有嵌套的分类汇总公式，SUBTOTAL 函数会自动忽略这些嵌套分类汇总结果，避免重复计算。该函数仅能够对数据列或垂直区域中未被筛选掉的单元格进行统计，不适用于数据行或水平区域。

示例18-28 筛选状态下生成连续序号

图 18-32 展示的是某公司财务费用汇总表的部分内容，希望在报表中执行筛选操作之后，A 列的序号依然能保持连续。

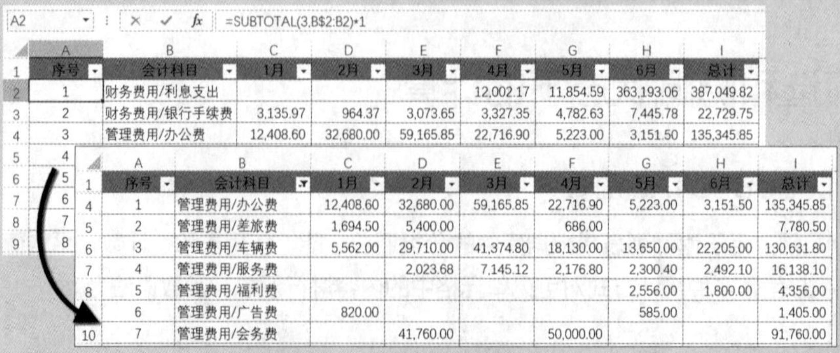

图 18-32   生成连续序号公式

A2 单元格输入以下公式，向下复制到数据区域的最后一行。

```
=SUBTOTAL(3,B$2:B2)*1
```

SUBTOTAL 函数第一参数使用 3，表示使用 COUNTA 函数的计算规则。

第二参数 B$2:B2 中的首个 B2 使用了行绝对引用方式，当公式向下复制时，会依次变成 B$2:B3、B$2:B4……这样逐步扩展的区域。

SUBTOTAL 函数统计从 B$2 单元格开始到公式所在行的 B 列范围中，有多少个可见状态下的非空单元格，公式结果就相当于为可见单元格加上了序号。

在使用了在 SUBTOTAL 函数的工作表中执行筛选操作时，默认情况下，SUBTOTAL 函数的最后一行结果会始终显示，从而影响筛选结果的准确性。这是因为 SUBTOTAL 函数的作用是计算数据的"分类汇总"，Excel 会把数据表中最后一行的 SUBTOTAL 函数当成数据列表的汇总行看待，而不是将其视为数据的一部分。通过在 SUBTOTAL 函数的结果基础上执行一次 *1 的计算，能够使 Excel 不再将最后一行公式作为汇总行。

> SUBTOTAL 函数支持多维引用，结合 OFFSET 函数能完成很多较为复杂的计算，关于多维引用的内容，请参阅第 22 章。

18.9.2 认识 AGGREGATE 函数

AGGREGATE 函数的作用是返回列表或数据库中的合计，函数用法与 SUBTOTAL 函数相似，同时能够忽略隐藏行和错误值进行汇总，函数语法分为引用和数组两种。

```
引用形式：AGGREGATE(function_num,options,ref1,[ref2],…)
数组形式：AGGREGATE(function_num,options,array,[k])
```

第一参数 function_num 使用 1 到 19 的数字，来指定要使用的汇总方式。

第二参数 options 使用 0 到 7 的数字，指定在计算区域内要忽略哪些类型的值。

ref1 参数是需要进行汇总的数组或是单元格区域的引用。[ref2] 是在使用部分函数规则时必需的第二参数。

AGGREGATE 函数的第一参数在选择不同数字时，所使用的函数规则及作用说明如表 18-4 所示。

表 18-4　AGGREGATE 函数第一参数作用说明

第一参数为以下数字时	使用的函数规则	作用说明
1	AVERAGE	计算平均值
2	COUNT	计算数字个数
3	COUNTA	计算非空单元格个数
4	MAX	返回最大值
5	MIN	返回最小值

第一参数为以下数字时	使用的函数规则	作用说明
6	PRODUCT	返回所有参数的乘积
7	STDEV.S	基于样本估算标准偏差
8	STDEV.P	基于整个样本总体计算标准偏差
9	SUM	求和
10	VAR.S	基于样本估算方差
11	VAR.P	计算基于样本总体的方差
12	MEDIAN	返回给定数值的中值
13	MODE.SNGL	返回数组或区域中出现频率最多的数值
14	LARGE	返回数据集中第 k 个最大值
15	SMALL	返回数据集中的第 k 个最小值
16	PERCENTILE.INC	返回区域中数值的第 K 个百分点的值 (K 介于 0~1，包含 0 和 1)
17	QUARTILE.INC	返回数据集的四分位数（包括 0 和 4）
18	PERCENTILE.EXC	返回区域中数值的第 K 个百分点的值 (K 介于 0~1，不包含 0 和 1)
19	QUARTILE.EXC	返回数据集的四分位数 (不包括 0 和 4)

AGGREGATE 函数的第二参数在选择不同数字时，忽略的数据类型如表 18-5 所示。

表 18-5　AGGREGATE 函数第二参数忽略的数据类型

第二参数为以下数字时	忽略的数据类型
0 或省略	忽略嵌套的 SUBTOTAL 和 AGGREGATE 函数
1	忽略隐藏行、嵌套的 SUBTOTAL 和 AGGREGATE 函数
2	忽略错误值、嵌套的 SUBTOTAL 和 AGGREGATE 函数
3	忽略隐藏行、错误值、嵌套的 SUBTOTAL 和 AGGREGATE 函数
4	忽略空值
5	忽略隐藏行
6	忽略错误值
7	忽略隐藏行和错误值

示例18-29 汇总带有错误值的数据

图 18-33 展示的是某公司销售业绩表的部分内容，其中 E 列的业绩完成率中包含部分错误值。希望在对业务区域执行筛选后，能够计算出可见单元格部分的最高完成率。

	A	B	C	D	E	F	G
1	业务区域	客户代表	完成业绩	业绩目标	完成率		最高完成率
2	河北	范文星	54843	50000	109.69%		128.42%
3	河北	黄家伟	91937	80000	114.92%		
4	河北	卓林林	90088	80000	112.61%		
5	河北	林芝林	42674		#DIV/0!		
11	江苏	田大伟	27410	30000	91.37%		
12	江苏	陈意涵	32104	25000	128.42%		
13	江苏	张玮玮	60812	50000	121.62%		
14	江苏	姜子林	75322	80000	94.15%		
15	江苏	刘子龙	14210		#DIV/0!		

图 18-33 忽略错误值求和

G2 单元格输入以下公式，计算结果为 128.42%。

=AGGREGATE(4,7,E2:E15)

AGGREGATE 函数第二参数和第三参数分别使用 4 和 7，表示以 MAX 函数的汇总规则，忽略 E2:E15 单元格区域中的隐藏行和错误值计算出其中的最大值。

当 AGGREGATE 函数第一参数为 14~19 的数字，也就是在使用 LARGE、SMALL、PERCENTILE.INC、QUARTILE.INC、PERCENTILE.EXC 和 QUARTILE.EXC 函数的规则进行汇总时，参数 ref1 支持使用数组形式，并且需要指定参数 ref2。

示例18-30 按指定条件汇总最大值和最小值

图 18-34 展示的是某公司销售汇总表的部分内容，需要根据 K4 单元格指定的销售类型，计算对应的最高和最低金额。

	A	B	C	D	E	F	G	H	I	J	K	L	M
1	发货日期	销售类型	客户名称	摘要	货号	颜色	数量	单价	金额				
2	2019/1/31	正常销售	莱州卡莱				1	10,000	10,000				
3	2019/1/31	其它销售	聊城健步				1	5,000	5,000		销售类型	最高金额	最低金额
4	2019/1/31	正常销售	济南经典保罗				1	3,000	3,000		正常销售	100,000	3,000
5	2019/1/31	正常销售	东辰卡莱威盾				1	100,000	100,000				
6	2020/1/1	其它销售	聊城健步	收货款					-380				
7	2020/1/1	正常销售	莱州卡莱		R906327	白色	40	220	8,800				
8	2020/1/1	其它销售	株洲圣百	收货款					-760				
9	2020/1/1	其它销售	聊城健步	托运费			5	30	150				
10	2020/1/1	正常销售	奥伦		R906	黑色	40	100	4,000				
11	2020/1/1	正常销售	奥伦		R906	黑色	50	200	10,000				
12	2020/1/2	其它销售	奥伦	样品	R906	黑色	1	150	150				
13	2020/1/2	其它销售	奥伦	损益			1	-100	-100				
14	2020/1/2	其它销售	奥伦	退鞋	R906	黑色	-5	130	-650				
15	2020/1/2	其它销售	奥伦	包装			200	5	1,000				
16	2020/1/2	其它销售	奥伦	托运费			5	30	150				
17	2020/1/5	其它销售	奥伦	收货款					-760				
18	2020/1/5	正常销售	株洲圣百		R906	黑色	40	270	10,800				

图 18-34 按条件统计最高和最低金额

L4 单元格输入以下公式，将公式向右复制到 M4 单元格区域。

```
=AGGREGATE(13+COLUMN(A1),6,$I2:$I18/($B2:$B18=$K4),1)
```

公式中的"13+COLUMN(A1)"部分，目的是公式向右复制时能够得到 14、15 的递增序号。以此作为 AGGREGATE 函数的第一参数，表示分别使用 LARGE 函数和 SMALL 函数的计算规则。

"$I2:$I18/($B2:$B18=$K4)"部分是 AGGREGATE 函数的统计区域。用 I2:I18 单元格区域中的金额除以指定的统计条件"($B2:$B18=$K4)"，当 B2:B18 单元格区域中的销售类型等于 K4 单元格指定的销售类型时，返回 I 列对应的金额，否则返回错误值 #DIV/0!，得到内存数组结果为：

```
{10000;#DIV/0!;3000;1……;10800}
```

AGGREGATE 函数的第二参数使用 6，第四参数使用 1，表示在以上内存数组中忽略错误值返回第 1 个最大值或第 1 个最小值。

示例18-31 返回符合指定条件的多个记录

图 18-35 展示的是某公司员工信息表的部分内容，需要根据 G2 单元格中指定的学历，提取出对应的姓名及隶属部门。

	A	B	C	D	E	F	G	H
1	工号	姓名	隶属部门	学历	年龄		学历	
2	068	魏靖晖	生产部	本科	30		本科	
3	014	虎必韧	生产部	专科	37			
4	055	杨丽萍	生产部	硕士	57		姓名	隶属部门
5	106	王晓燕	生产部	专科	48		魏靖晖	生产部
6	107	姜杏芳	销售部	本科	38		姜杏芳	销售部
7	114	金绍琼	销售部	本科	25		金绍琼	销售部
8	118	岳存友	行政部	专科	32		解文秀	行政部
9	069	解文秀	行政部	本科	24		彭淑慧	生产部
10	236	彭淑慧	生产部	本科	24		张文霞	生产部
11	237	杨莹妍	生产部	专科	44		郭志赟	生产部
12	238	周雾雯	生产部	高中	30			
13	239	杨秀明	生产部	高中	33			
14	240	张文霞	生产部	本科	29			
15	241	郭志赟	生产部	本科	35			
16	242	郑云霞	生产部	硕士	48			

图 18-35　提取学历为"本科"的记录

G5 单元格输入以下公式，将公式复制到 G5:H12 单元格区域。

```
=IFERROR(INDEX(B:B,AGGREGATE(15,6,ROW($2:$16)/($D$2:$D$16=$G$2),
ROW(A1))),"")
```

公式中的"ROW($2:$16)/($D$2:$D$16=$G$2)"部分，以数据源中的行号 ROW($2:$16) 除以指定条件"($D$2:$D$16=$G$2)"，当 D2:D16 单元格区域中的学历等于 G2 单元格指定的学历时返回对应的行号，否则返回错误值 #DIV/0!，得到一个包含行号和错误值的内存数组结果。

AGGREGATE 函数第一参数、第二参数、第四参数分别使用 15、6 和 ROW(A1)，表示使用 LARGE 函数的计算规则，在该内存数组中忽略错误值依次提取出第 1 至第 n 个最大行号。

再使用 INDEX 函数，根据 AGGREGATE 函数的计算结果，在 B 列中提取出对应位置的内容。

当公式向下复制的行数超过符合指定条件的记录数时，AGGREGATE 函数会返回错误值 #NUM!，最后使用 IFERROR 函数，将错误值显示为空文本 ""，使单元格中看起来为空白。

第 19 章　财务金融函数

除了专业的财务人员，随着投资理财的日渐普及，越来越多的人开始了解和学习财务金融方面的知识。本章主要学习利用 Excel 财务函数处理财务金融计算方面的需求。

本章学习要点

（1）财务基础相关知识。　　　　　　　　　　（2）投资价值函数。

19.1　财务基础相关知识

19.1.1　货币时间价值

货币时间价值是指货币随着时间的推移而发生的增值。可以简单地认为，随着时间的增长，货币的价值会不断地增加。例如，将 100 元存入银行，会产生利息，到将来可以取出的金额超过 100 元。

19.1.2　单利和复利

利息有单利和复利两种计算方式。

单利是指按照固定的本金计算的利息，即本金固定，到期后一次性结算利息，而本金所产生的利息不再计算利息，比如银行的定期存款。

复利是指在每经过一个计息期后，都要将所生利息加入本金，以计算下期的利息。这样，在每一个计息期，上一个计息期的利息都将成为生息的本金。

示例19-1　单利和复利的对比

如图 19-1 所示，分别使用单利和复利两种方式来计算收益，本金为 200 元，利率为 8%。可以明显看出两种计息方式所获得收益的差异，随着期数的增加，两者的差异逐渐增大。

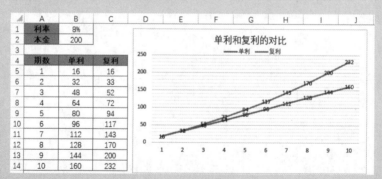

图 19-1　单利和复利的对比

在 B5 单元格输入以下公式并向下复制到 B14 单元格，可计算单利。

```
=$B$2*$B$1*$A5
```

在 C5 单元格输入以下公式并向下复制到 C14 单元格，可计算复利。

```
=$B$2*((1+$B$1)^$A5-1)
```

19.1.3 现金的流入与流出

所有的财务公式都基于现金流，即现金流入与现金流出。所有的交易也都伴随着现金流入与现金流出。

例如，买车对于购买者是现金流出，而对于销售者就是现金流入。如果是存款，存款人存款操作是现金流出，取款操作是现金流入，而对于银行则恰恰相反。

所以在构建财务公式的时候，首先要确定决策者是谁，以确定每一个参数应是现金流入还是现金流出。在 Excel 内置的财务函数计算结果和参数中，正数代表现金流入，负数代表现金流出。

19.2 借贷和投资函数

Excel 中有 5 个常用的借贷和投资函数，它们彼此之间是相关的，分别是 FV 函数、PV 函数、RATE 函数、NPER 函数和 PMT 函数。各自的功能如表 19-1 所示。

表 19-1 Excel 中的基本财务函数

函数	功能	语法
FV	Future Value 的缩写。基于固定利率及等额分期付款方式，返回某项投资的未来值	=FV(rate,nper,pmt,[pv],[type])
PV	Present Value 的缩写。返回投资的现值。现值为一系列未来付款的当前值的累积和	=PV(rate,nper,pmt,[fv],[type])
RATE	返回年金的各期利率	=RATE(nper,pmt,pv,[fv],[type],[guess])
NPER	Number Of Periods 的缩写。基于固定利率及等额分期的付款方式，返回某项投资的总期数	=NPER(rate,pmt,pv,[fv],[type])
PMT	Payment 的缩写。基于固定利率及等额分期付款，返回贷款的每期付款额	=PMT(rate,nper,pv,[fv],[type])

这 5 个财务函数之间的关系可以用以下表达式来表示。

$$FV + PV \times (1 + RATE)^{NPER} + PMT \times \sum_{i=0}^{NPER-1} (1 + RATE)^{i} = 0$$

进一步简化为：

$$FV + PV \times (1 + RATE)^{NPER} + PMT \times \frac{(1 + RATE)^{NPER} - 1}{RATE} = 0$$

当 MT 为 0，即在初始投资后不再追加资金，则公式可以简化为：

$$FV + PV \times (1 + RATE)^{NPER} = 0$$

19.2.1 未来值函数 FV

在利率 RATE、总期数 NPER、每期付款额 PMT、现值 PV 和支付时间类型 TYPE 已确定的情况下，可利用 FV 函数求出未来值。

示例19-2 整存整取

以 50 000 元购买一款理财产品，年收益率是 4%，按月计息，计算 2 年后的本息合计，如图 19-2 所示。

在 C6 单元格输入以下公式，结果为 54 157.15。

```
=FV(C2/12,C3,0,-C4)
```

图 19-2 整存整取

由于是按月计息，使用 4% 的年收益率除以 12 得到每个月的收益率。期数 24 代表 2 年共 24 个月。本金 50 000 元购买理财产品，属于现金流出，所以公式中使用负值 "-C4"。最终的本金收益结果为正值，说明是现金流入。

> **提示**
> ■■■■→ 由财务函数得到的金额，默认会将单元格格式设置为"货币"格式。

参数 TYPE 可选，可选值为 1 或 0，用以指定各期的付款时间是在期初还是期末。1 表示期初，0 表示期末。如果省略此参数，则默认值为 0。

通常情况下第一次付款是在第一期之后进行的，即付款发生在期末。例如，购房贷款是在 2020 年 8 月 24 日，则第一次还款是在 2020 年 9 月 24 日。

考虑 TYPE 参数的情况下，以上 5 个财务函数之间的表达式则为：

$$FV + PV \times (1 + RATE)^{NPER} + PMT \times \frac{(1 + RATE)^{NPER} - 1}{RATE} \times (1 + RATE \times TYPE) = 0$$

C7 单元格中的普通验证公式为：

```
=C4*(1+C2/12)^C3
```

示例19-3 零存整取

如图 19-3 所示，以 50 000 元购买一款理财产品，而且每月再固定投资 1 000 元，年收益率是 4%，按月计息，计算 2 年后的本息合计。

在 C7 单元格输入以下公式，结果为 79 100.04。

```
=FV(C2/12,C3,-C5,-C4)
```

其中每月投资额是每月固定投资给理财产品，属于现金流出，所以使用"-C5"。

C8 单元格中的普通验证公式为：

```
=C4*(1+C2/12)^C3+C5*((1+C2/12)^C3-1)/
(C2/12)
```

图 19-3 零存整取

 注意 此公式为复利计算的零存整取，并不一定适用于银行的零存整取的利息计算，一般情况下，银行的零存整取执行的是单利计算。

示例19-4 对比投资保险收益

有这样一份保险产品：从被保人 8 岁时开始投资，每月固定交给保险公司 200 元，一直到被保人年满 18 岁，共计 10 年。到期归还本金共计 200×12×10=24 000 元，如果被保人考上大学，额外奖励 5 000 元。

另有一份理财产品，每月固定投资 200 元，年收益率为 4%，按月计息。计算以上两种投资哪种收益更高，如图 19-4 所示。

在 C7 单元格输入以下公式，结果为 29 000。

```
=200*12*10+5000
```

在 C8 单元格输入以下公式，结果为 29 449.96。

```
=FV(C2/12,C3,-C5,-C4)
```

图 19-4 对比投资保险收益

如果默认被保人能够考上大学并且在不考虑出险及保险责任的情况下，投资保险产品要比投资理财产品少收益约 450 元。

19.2.2 现值函数 PV

在利率 RATE、总期数 NPER、每期付款额 PMT、未来值 FV 和支付时间类型 TYPE 已确定的情况下，可利用 PV 函数求出现值。

示例19-5 计算存款金额

如图 19-5 所示，银行 1 年期定期存款利率为 2%，如果希望在 30 年后个人银行存款可以达到 200 万元，那么现在一次性存入多少钱才可以达到这个目标呢？

在 C6 单元格输入以下公式，结果为 –1 104 141.78。

```
=PV(C2,C3,0,C4)
```

因为存款属于现金流出，所以最终计算结果为负值。

C7 单元格中的普通验证公式为：

```
=-C4/(1+C2)^C3
```

图 19-5　计算存款金额

示例19-6　整存零取

如图 19-6 所示，现在有一笔钱存入银行，银行 1 年期定期存款利率为 2%，希望在之后的 30 年内每年从银行取出 8 万元，直到将全部存款取完。计算现在需要存入多少钱？

在 C6 单元格输入以下公式，结果为 -1 791 716.44。

```
=PV(C2,C3,C4)
```

由于最终全部取完，即未来值 FV 为 0，所以可以省略第 4 参数。

C7 单元格中的普通验证公式为：

```
=-C4*(1-1/(1+C2)^C3)/C2
```

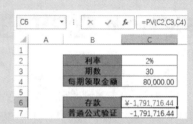

图 19-6　整存零取

19.2.3　利率函数 RATE

RATE 函数用于计算未来的现金流的利率或贴现利率。如果期数是按月计息，将结果乘以 12，可得到相应条件下的年利率。

示例19-7　房屋收益率

如图 19-7 所示，在 2000 年花 15 万元购买一套房屋，到 2019 年以 200 万元的价格卖出，总计 19 年时间。计算平均每年的收益率为多少？

在 C6 单元格输入以下公式，结果为 14.61%。

```
=RATE(C2,0,-C3,C4)
```

图 19-7　房屋收益率

其中 C2 单元格为从买房到卖房之间的期数，中间没有额外的投资，所以第 2 参数 PMT 为 0。在 2000 年花 15 万元，所以在 2000 年属于现值，使用 -C3 表示现金流出 15 万元。卖房时间是 2019 年，相对于 2000 年属于未来值，所以最后一个参数 FV 使用 C4。

示例19-8 借款利率

如图 19-8 所示，借款 20 万元，约定每季度还 1.5 万元，共计 5 年还清。那么这笔借款的利率是多少？
在 C6 单元格输入以下公式，结果为 4.22%。

```
=RATE(C2,-C3,C4)
```

由于期数是按照季度来算的，即 5 年共有 20 个季度，所以
这里计算得到的利率为季度利率。

在 C7 单元格输入以下公式，结果为 16.87%。

```
=RATE(C2,-C3,C4)*4
```

将季度利率乘以 4，便得到了相应的年利率值。

图 19-8 借款利率

RATE 函数是通过迭代计算的，如同解一元多次方程，可以有零个或多个解法。如果在 20 次迭代之后，RATE 函数的连续结果不能满足输出规则，则 RATE 函数返回错误值 #NUM!。

RATE 函数的语法为：

```
=RATE(nper,pmt,pv,[fv],[type],[guess])
```

其中最后一个参数 guess 为预期利率，是可选参数。如果省略 guess，则假定其值为 10%。如果不能满足输出结果，可尝试设置不同的 guess 值。如果 guess 在 0 和 1 之间，RATE 函数通常可以返回正常结果。

19.2.4 期数函数 NPER

NPER 函数用于计算基于固定利率及等额分期付款方式，返回某项投资的总期数。其计算结果可能会包含小数，可根据实际情况将结果进行舍入得到合理的数值。

示例19-9 计算存款期数

如图 19-9 所示，现有存款 20 万元，每月工资可以剩余 7 000 元用于购买年利率为 4% 的理财产品，按月计息，需要连续多少期购买该理财产品可以使总金额达到 100 万元？

在 C7 单元格输入以下公式，结果为 89.69706028。

```
=NPER(C2/12,-C3,-C4,C5)
```

由于期数必须为整数，所以最终结果应为 90 个月。
C8 单元格中的普通验证公式为：

```
=LOG(((-C3)-C5*C2/12)/((-C3)+(-
C4)*C2/12), 1+C2/12)
```

图 19-9 计算存款期数

19.2.5　付款额函数 PMT

PMT 函数的计算是把某个现值（PV）增加或降低到某个未来值（FV）所需要的每期金额。

示例19-10　计算每期存款额

如图 19-10 所示，银行 1 年期定期存款利率为 2%。现有存款 20 万元，如果希望在 30 年后，个人银行存款可以达到 200 万元，那么在 30 年中，需要每年向银行存款多少钱？

在 C7 单元格输入以下公式，结果为 -40 369.86。

```
=PMT(C2,C3,-C4,C5)
```

相对于个人，存款过程属于现金流出，所以使用"-C4"表示。最终结果为负数，表示每月的存款是属于现金流出的过程。

C8 单元格中的普通验证公式为：

```
=(-C5*C2+C4*(1+C2)^C3*C2)/((1+C2)^C3-1)
```

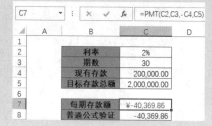

图 19-10　每期存款额

示例19-11　贷款每期还款额计算

如图 19-11 所示，某人从银行贷款 200 万元，年利率为 4.75%，贷款期限为 25 年，采用等额还款方式，则每月还款额为多少？

在 C6 单元格输入以下公式，结果为 -11 402.35。

```
=PMT(C2/12,C3,C4)
```

银行贷款的利率为年利率，由于是按月计息，所以需要除以 12 得到每月的利率。贷款的期数则用 25 年乘以 12，得到总计为 300 个月。贷款属于现金流入，所以这里的现值使用正数。本例省略了第四参数，是因为贷款金额最终全部还清，即未来值为 0。由于每月还款属于现金流出，所以结果为负数。

图 19-11　贷款每期还款额计算

C7 单元格中的普通验证公式为：

```
=(-C4*(1+C2/12)^C3*C2/12)/((1+C2/12)^C3-1)
```

19.3　计算本金与利息函数

除了计算投资、存款的起始或终止值等函数之外，还有一些函数是可以计算在这一过程中某个时间点的本金与利息，或某两个时间段之间的本金与利息的累计值，如表 19-2 所示。

表 19-2　计算本金与利息函数

函数	功能	语法
PPMT	Principal of PMT 的缩写。返回根据定期固定付款和固定利率而定的投资在已知期间内的本金偿付额	=PPMT(rate,per,nper,pv,[fv],[type])
IPMT	Interest of PMT 的缩写。基于固定利率及等额分期付款方式，返回给定期数内对投资的利息偿还额	=IPMT(rate,per,nper,pv,[fv],[type])
CUMPRINC	Cumulative Principal 的缩写。返回一笔贷款在给定期间内，累计偿还的本金数额	=CUMPRINC(rate,nper,pv,start_period, end_period,type)
CUMIPMT	Cumulative IPMT 的缩写。返回一笔贷款在给定期间内，累计偿还的利息数额	=CUMIPMT(rate,nper,pv,start_period, end_period,type)

19.3.1　每期还贷本金函数 PPMT 和利息函数 IPMT

PMT 函数通常被用在等额还贷业务中，用来计算每期应偿还的贷款金额。而 PPMT 函数和 IPMT 函数则可分别用来计算该业务中每期还款金额中的本金和利息部分，PPMT 函数和 IPMT 函数的语法如下。

```
=PPMT(rate,per,nper,pv,[fv],[type])
=IPMT(rate,per,nper,pv,[fv],[type])
```

其中的参数 per 是 period 的缩写，用于计算其利息数额的期数，必须在 1 到 nper 之间。

示例19-12　贷款每期还款本金与利息

如图 19-12 所示，某人从银行贷款 200 万元，年利率为 4.75%，贷款期限为 25 年，采用等额还款方式，计算第 10 个月还款时的本金和利息各含多少？

在 C7 单元格输入以下公式，结果为：-3 611.84。

```
=PPMT(C2/12,C5,C3,C4)
```

在 C8 单元格输入以下公式，结果为：-7 790.50。

```
=IPMT(C2/12,C5,C3,C4)
```

图 19-12　贷款每期还款本金与利息

在 C9 单元格输入以下公式，计算每月还款额，结果为：-11 402.35。

```
=PMT(C2/12,C3,C4)
```

C7 和 C8 单元格分别计算出该贷款在第 10 个月还款时所还的本金与利息。由于还贷款属于现金流出，所以结果均为负数。

在等额还款方式中，还款的初始阶段，所还的利息要远远大于本金。但二者金额之和始终等于每期的还款总额，即在相同条件下 PPMT+IPMT=PMT。

19.3.2　累计还贷本金函数 CUMPRINC 和利息函数 CUMIPMT

使用 CUMPRINC 函数和 CUMIPMT 函数可以计算某一个阶段所需要还款的本金和利息的和。CUMPRINC 函数和 CUMIPMT 函数的语法如下：

```
=CUMPRINC(rate,nper,pv,start_period,end_period,type)
=CUMIPMT(rate,nper,pv,start_period,end_period,type)
```

示例19-13　贷款累计还款本金与利息

如图 19-13 所示，某人从银行贷款 200 万元，年利率为 4.75%，贷款期限为 25 年，采用等额还款方式，计算第 2 年（即第 13 个月到第 24 个月）期间需要还款的累计本金和利息。

在 C8 单元格输入以下公式，结果为：-44 826.39。

```
=CUMPRINC(C2/12,C3,C4,C5,C6,0)
```

在 C9 单元格输入以下公式，结果为：-92 001.78。

```
=CUMIPMT(C2/12,C3,C4,C5,C6,0)
```

在 C10 单元格输入以下公式，计算第 2 年的还款总额，结果为：-136 828.17。

	A	B	C
1			
2		年利率	4.75%
3		期数	300
4		贷款总额	2,000,000.00
5		start_period	13
6		end_period	24
7			
8		第2年还款本金和	(¥44,826.39)
9		第2年还款利息和	(¥92,001.78)
10		第2年还款总和	(¥136,828.17)

图 19-13　贷款累计还款本金与利息

```
=PMT(C2/12,C3,C4)*(C6-C5+1)
```

C8 和 C9 单元格分别计算出该贷款在第 2 年时所还的本金和与利息和。由于还贷款属于现金流出，所以结果均为负数。它们和 PMT 的关系为：

```
CUMPRINC+CUMIPMT=PMT* 求和期数
```

这两个函数与之前介绍的财务函数不同，最后一个参数 TYPE 不可省略，通常情况下，第一次付款是在第一期之后发生的，所以 TYPE 一般使用参数 0。

19.3.3　制作贷款计算器

利用财务函数可以制作贷款计算器，以方便了解还款过程中的每一个细节。

示例19-14　制作贷款计算器

如图 19-14 所示，C2 单元格输入贷款年利率，C3 单元格输入贷款的总月数，即贷款年数乘以 12。C4 单元格输入贷款总额。本例中以年利率为 4.75%，共贷款 25 年，贷款总额 200 万元为参考。

	A	B	C	D	E	F	G	H	I
1		等额贷款还款计算			第n期	所还本金	所还利息	剩余未还本金	剩余未还利息
2		年利率	4.75%		1	(3,485.68)	(7,916.67)	1,996,514.32	1,412,787.50
3		期数（月）	300		2	(3,499.48)	(7,902.87)	1,993,014.84	1,404,884.63
4		贷款总额	2,000,000.00		3	(3,513.33)	(7,889.02)	1,989,501.51	1,396,995.62
5					4	(3,527.24)	(7,875.11)	1,985,974.27	1,389,120.51
6		每月还款额	(¥11,402.35)		5	(3,541.20)	(7,861.15)	1,982,433.08	1,381,259.36
7		还款总金额	(¥3,420,704.17)		6	(3,555.22)	(7,847.13)	1,978,877.86	1,373,412.23
8		还款利息总金额	(¥1,420,704.17)		7	(3,569.29)	(7,833.06)	1,975,308.57	1,365,579.17
9		还款利息总金额公式2	(¥1,420,704.17)		8	(3,583.42)	(7,818.93)	1,971,725.15	1,357,760.24
10					9	(3,597.60)	(7,804.75)	1,968,127.55	1,349,955.49
11					10	(3,611.84)	(7,790.50)	1,964,515.71	1,342,164.99
12					11	(3,626.14)	(7,776.21)	1,960,889.57	1,334,388.78
13					12	(3,640.49)	(7,761.85)	1,957,249.08	1,326,626.93
14					13	(3,654.90)	(7,747.44)	1,953,594.17	1,318,879.48
15					14	(3,669.37)	(7,732.98)	1,949,924.80	1,311,146.50

图 19-14　制作贷款计算器

在 C6 单元格输入以下公式，计算每月还款额。

=PMT(C2/12,C3,C4)

在 C7 单元格输入以下公式，计算还款总金额。

=C6*C3

在 C8 单元格输入以下公式，计算还款利息总金额。

=C7+C4

此处还可以使用 CUMIPMT 函数直接计算：

=CUMIPMT(C2/12,C3,C4,1,C3,0)

在 E2:E301 单元格区域输入 1~300 的数字序号。

在 F2 单元格输入以下公式，并向下复制到 F301 单元格，计算每一期还款中所包含的本金。

=PPMT($C$2/12,$E2,$C$3,$C$4)

在 G2 单元格输入以下公式，并向下复制到 G301 单元格，计算每一期还款中所包含的利息。

=IPMT($C$2/12,$E2,$C$3,$C$4)

在 H2 单元格输入以下公式，并向下复制到 H301 单元格，计算剩余未还本金。

=$C$4+CUMPRINC($C$2/12,$C$3,$C$4,1,E2,0)

剩余未还本金还可以使用 FV 函数计算，此处可理解为期初 200 万元投资，每月取款 11402.35 元，第 n 期后的未来值是多少，公式为：

=-FV($C$2/12,E2,$C$6,$C$4)

在 I2 单元格输入以下公式，并向下复制到 I301 单元格，计算剩余未还利息。

=CUMIPMT($C$2/12,$C$3,$C$4,1,E2,0)-$C$8

至此贷款计算器制作完成，可以较为直观地看到所需要还款的金额及每期的还款金额。通过每期的还款情况可以看出，初期还款所还利息远远大于本金。随着时间的推移，每月还款的本金越来越多，所还利息越来越少，直到为 0，如图 19-15 所示。

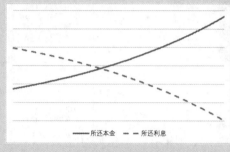

图 19-15　还款趋势图

19.4　投资评价函数

Excel 中有 4 个常用的投资评价函数，用以计算净现值和收益率，其功能和语法如表 19-3 所示。

表 19-3　投资评价函数

函数	功能	语法
NPV	使用贴现率和一系列未来支出（负值）与收益（正值）来计算某一项投资的净现值	=NPV(rate,value1,[value2],...)
IRR	返回一系列现金流的内部收益率	=IRR(values,[guess])
XNPV	返回一组现金流的净现值，这些现金流不一定定期发生	=XNPV(rate,values,dates)
XIRR	返回一组不一定定期发生的现金流的内部收益率	=XIRR(values,dates,[guess])

19.4.1　净现值函数 NPV

净现值是指一个项目预期实现的现金流入的现值与实施该项目计划的现金支出的差额。净现值为正值的项目可以为股东创造价值，净现值为负值的项目会损害股东价值。

NPV 是 Net Present Value 的缩写，是根据设定的贴现率或基准收益率来计算一系列现金流的合计。用 n 代表现金流的笔数，value 代表各期现金流，则 NPV 的公式如下：

$$NPV = \sum_{i=0}^{n} \frac{value_i}{(1+RATE)^i}$$

NPV 投资开始于 value$_1$，现金流所在日期的前一期，并以列表中最后一笔现金流为结束。NPV 的计算基于未来的现金流。如果第一笔现金流发生在第一期的期初，则第一笔现金必须添加到 NPV 的结果中，而不应包含在值参数中。

NPV 函数类似于 PV 函数。PV 与 NPV 的主要差别在于：PV 既允许现金流在期末开始，也允许现金流在期初开始，与可变的 NPV 现金流值不同，PV 现金流在整个投资中必须是固定的。

示例19-15 计算投资净现值

已知贴现率为5%，某工厂投资80 000元购买一套设备，之后的5年内每年的收益情况如图19-16所示，求此项投资的净现值。

在C10单元格输入以下公式，结果为 -2 853.96。

```
=NPV(C2,C4:C8)+C3
```

其中C3为第1年年初的现金流量。该公式等价于：

```
=NPV(C2,C3:C8)*(1+C2)
```

计算结果为负值，如果此设备的使用年限只有5年，那么截至目前来看，购买这个设备并不是一个好的投资。

在C11单元格中使用PV函数进行验证，输入以下数组公式，按 <Ctrl+Shift+Enter> 组合键。

```
{=SUM(-PV(C2,ROW(1:5),0,C4:C8))+C3}
```

在C12单元格中输入以下验证公式，按 <Ctrl+Shift+Enter> 组合键。

```
{=SUM(C4:C8/(1+C2)^(ROW(1:5)))+C3}
```

C10		fx	=NPV(C2,C4:C8)+C3	
	A	B	C	D
1				
2		贴现率	5.00%	
3		投资	-80,000.00	
4		第1年收益	12,000.00	
5		第2年收益	15,900.00	
6		第3年收益	19,100.00	
7		第4年收益	20,200.00	
8		第5年收益	23,200.00	
9				
10		净现值	¥-2,853.96	
11		使用PV函数验证	¥-2,853.96	
12		普通公式验证	¥-2,853.96	

图 19-16 计算投资净现值

示例19-16 出租房屋收益

如图19-17所示，已知贴现率为5%，投资者投资200万元购买了一套房屋，然后以每月4 000元价格出租，即48 000元的价格出租1年，以后每年的月租金比上一年增加200元，即每年增加2 400元。出租5年后，在第5年的年末以240万元的价格卖出，计算这个投资的收益情况。

在C11单元格输入以下公式，结果为119 425.45。

```
=NPV(C2,C5:C9)+C3+C4
```

此公式等价于：

```
=NPV(C2,C3+C4,C5:C9)*(1+C2)
```

由于第1年的租金是在出租房屋之前立即收取，即收益发生在期初，所以第1年租金与买房投资的钱都在期初来做计算。房屋在第5年年末以升值后的价格卖出，相当于第5期的期末值。最终计算得到净现值119 425.45元，为一个正值，说明此项投资获得了较高的回报。

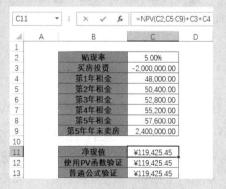

C11		fx	=NPV(C2,C5:C9)+C3+C4	
	A	B	C	D
1				
2		贴现率	5.00%	
3		买房投资	-2,000,000.00	
4		第1年租金	48,000.00	
5		第2年租金	50,400.00	
6		第3年租金	52,800.00	
7		第4年租金	55,200.00	
8		第5年租金	57,600.00	
9		第5年末卖房	2,400,000.00	
10				
11		净现值	¥119,425.45	
12		使用PV函数验证	¥119,425.45	
13		普通公式验证	¥119,425.45	

图 19-17 出租房屋收益

C12 单元格中使用 PV 函数进行验证，输入以下数组公式，按 <Ctrl+Shift+Enter> 组合键。

```
{=SUM(-PV(C2,ROW(1:5),0,C5:C9))+C3+C4}
```

C13 单元格输入以下验证公式，按 <Ctrl+Shift+Enter> 组合键。

```
{=SUM(C5:C9/(1+C2)^(ROW(1:5)))+C3+C4}
```

19.4.2　内部收益率函数 IRR

IRR 是 Internal Rate of Return 的缩写，返回一系列现金流的内部收益率，使得投资的净现值变成零。也可以说，IRR 函数是一种特殊的 NPV 的过程。

$$\sum_{i=0}^{n} \frac{\text{value}_i}{(1+\text{IRR})^i} = 0$$

因为这些现金流可能作为年金。因此不必等同。但是现金流必须定期（如每月或每年）出现。内部收益率是针对包含付款（负值）和收入（正值）的定期投资收到的利率。

示例19-17　计算内部收益率

某工厂投资 80 000 元购买了一套设备，之后的 5 年内每年的收益情况如图 19-18 所示。计算内部收益率是多少。

在 C9 单元格输入以下公式，结果为 3.82%。

```
=IRR(C2:C7)
```

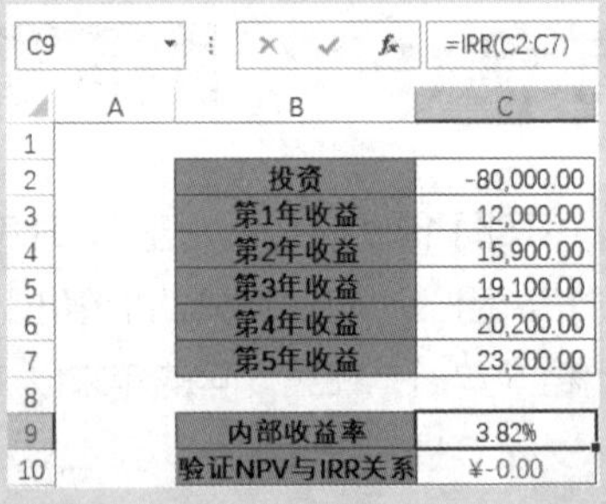

如果此设备的使用年限只有 5 年，那么说明如果现在的贴现率低于 3.82%，那么购买此设备并生产得到的收益更高。反之，如果贴现率高于 3.82%，那么这样的投资便是失败的。

在 C10 单元格输入以下公式，其结果为 0，以此来验证 NPV 与 IRR 之间的关系。

```
=NPV(C9,C3:C7)+C2
```

C9		⋮ × ✓ _fx_	=IRR(C2:C7)
◢	A	B	C
1			
2		投资	-80,000.00
3		第1年收益	12,000.00
4		第2年收益	15,900.00
5		第3年收益	19,100.00
6		第4年收益	20,200.00
7		第5年收益	23,200.00
8			
9		内部收益率	3.82%
10		验证NPV与IRR关系	¥-0.00

图 19-18　计算内部收益率

19.4.3　不定期净现值函数 XNPV

XNPV 函数用于返回一组现金流的净现值，这些现金流不一定定期发生。它与 NPV 函数的区别如下。

❖ NPV 函数是基于相同的时间间隔定期发生，而 XNPV 是不定期的。

❖ NPV 的现金流发生是在期末，而 XNPV 是在每个阶段的开头。

P_i 代表第 i 个支付金额，d_i 代表第 i 个支付日期，d_1 代表第 0 个支付日期，则 XNPV 的计算公式如下：

$$\text{XNPV} = \sum_{i=1}^{n} \frac{P_i}{(1+\text{RATE})^{\frac{d_i-d_1}{365}}}$$

XNPV 函数是基于一年 365 天来计算，将年利率折算成等价的日实际利率。

示例19-18　不定期现金流量净现值

已知贴现率为 5%，某工厂在 2018 年 1 月 1 日投资 80 000 元购买了一套设备，不等期的收益金额
情况如图 19-19 所示，求得此项投资的净现值。

在 C10 单元格输入以下公式，结果为 8 741.51。

`=XNPV(C2,C3:C8,B3:B8)`

此结果为正值，说明此项投资是一个好的投资，有超
过预期的收益。

在 C11 单元格输入以下验证公式，按 <Ctrl+Shift+Enter>
组合键。

`{=SUM(C3:C8/(1+C2)^((B3:B8-B3)/365))}`

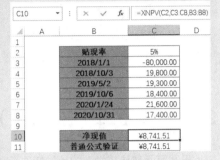

图 19-19　不定期现金流量净现值

19.4.4　不定期内部收益率函数 XIRR

XIRR 函数用于返回一组不一定定期发生的现金流的内部收益率。与 XNPV 函数一样，它与 IRR 的
区别也是需要具体日期，而这些日期不需要定期发生。

P_i 代表第 i 个支付金额，d_i 代表第 i 个支付日期，d_1 代表第 0 个支付日期，则 XIRR 计算的收益率即
为函数 XNPV=0 时的利率，其计算公式如下：

$$\sum_{i=1}^{n} \frac{P_i}{(1+\text{XIRR})^{\frac{d_i-d_1}{365}}} = 0$$

示例19-19　不定期现金流量收益率

某工厂在 2018 年 1 月 1 日投资 80 000 元购买了一套设
备，不定期的收益金额情况如图 19-20 所示，求得此项投资
的收益率。

在 C9 单元格输入以下公式，结果为 11.64%。

`=XIRR(C2:C7,B2:B7)`

如果当前的贴现率超过 11.64%，说明此项投资并不是一
个好的投资。反之，则说明此项投资可以获得较高的收益。

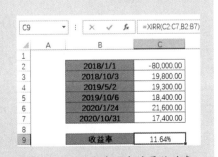

图 19-20　不定期现金流量收益率

第 20 章　工程函数

工程函数是专门为工程师们准备的，用于专业领域计算分析用的函数。经历长期的探索，部分函数已经超越其本身的定义，在更广泛的领域中得到应用。

本章学习要点

（1）贝赛耳函数。　　　　　　　　　　（4）误差函数。

（2）数字进制转换函数。　　　　　　　（5）处理复数的函数。

（3）度量衡转换函数。　　　　　　　　（6）位运算函数。

20.1　贝赛耳（Bessel）函数

贝赛耳函数是数学上的一类特殊函数的总称。一般贝赛耳函数是下列常微分方程（常称为贝赛耳方程）的标准解函数 $y(x)$。

$$x^2 \frac{\mathrm{d}^2 y}{\mathrm{d}x^2} + x \frac{\mathrm{d}y}{\mathrm{d}x} + (x^2 - \alpha^2)y = 0$$

贝塞耳函数的具体形式随上述方程中任意实数 α 值变化而变化（相应地，α 被称为其对应贝塞耳函数的阶数）。实际应用中最常见的情形为 α 是整数 n，对应解称为 n 阶贝塞耳函数。

贝赛耳函数在波动问题及各种涉及有势场的问题中占有非常重要的地位，最典型的问题有：在圆柱形波导中的电磁波传播问题、圆柱体中的热传导问题及圆形薄膜的振动模态分析问题等。

Excel 共提供了 4 个贝赛耳函数，如图 20-1 至图 20-4 所示：

$$\mathrm{BESSELJ}(x, n) = J_n(x) = \sum_{k=0}^{\infty} \frac{(-1)^k}{k!\,\Gamma(n+k+1)} \left(\frac{x}{2}\right)^{n+2k}$$

图 20-1　第一类贝赛耳函数——J 函数

$$\mathrm{BESSELY}(x, n) = Y_n(x) = \lim_{v \to n} \frac{J_v(x)\cos(v\pi) - J_{-v}(x)}{\sin(v\pi)}$$

图 20-2　第二类贝赛耳函数——诺依曼函数

$$\mathrm{BESSELK}(x, n) = K_n(x) = \frac{\pi}{2} i^{n+1} [J_n(ix) + iY_n(ix)]$$

图 20-3　第三类贝赛耳函数——汉克尔函数

$$\mathrm{BESSELI}(x, n) = I_n(x) = i^{-n} J_n(ix)$$

图 20-4　虚宗量的贝赛耳函数

注意　当 x 或 n 为非数值型时，贝赛耳函数返回错误值 #VALUE!。如果 n 不是整数，将被截尾取整。当 $n<0$ 时，贝赛耳函数返回错误值 #NUM!。

20.2　数字进制转换函数

工程类函数中提供了二进制、八进制、十进制和十六进制之间的数值转换函数。这类函数名称比较容易记忆，其中二进制为 BIN，八进制为 OCT，十进制为 DEC，十六进制为 HEX，数字 2 相当于英文 two、to，表示转换的意思。例如，需要将十进制的数转换为十六进制，前面为 DEC，中间为 2，后面为 HEX。因此完成此转换的函数名为 DEC2HEX。所有进制转换函数如表 20-1 所示。

表 20-1　不同数字系统间的进制转换函数

转换为数字进制	二进制	八进制	十进制	十六进制
二进制	—	BIN2OCT	BIN2DEC	BIN2HEX
八进制	OCT2BIN	—	OCT2DEC	OCT2HEX
十进制	DEC2BIN	DEC2OCT	—	DEC2HEX
十六进制	HEX2BIN	HEX2OCT	HEX2DEC	—

进制转换函数的语法如下：

```
函数 (number, places)
```

其中，参数 number 为待转换的数字进制下的非负数，如果 number 不是整数，将被截尾取整。参数 places 为转换结果指定保留的字符数，如果省略此参数，函数将使用必要的最少字符数；如果结果的位数少于指定的位数，将在返回值的左侧自动添加 0。

提示　DEC2BIN、DEC2OCT、DEC2HEX 三个函数的 number 参数支持负数，当 number 参数为负数时，将忽略 places 参数，返回由补码记数法表示的 10 个字符长度的二进制数、八进制数、十六进制数，如 DEC2BIN(-2)= 1111111110。

20章

除此之外，Excel 2019 中还有 BASE 和 DECIMAL 两个进制转换函数。

BASE 函数可以将十进制的数值转换为其他进制，基本语法如下：

```
BASE(number, radix, [min_length])
```

其中，参数 number 为待转换的十进制数字，必须为大于等于 0 且小于 2^{53} 的整数。参数 radix 是要将数字转换成的基本基数，必须为大于等于 2 且小于等于 36 的整数。[min_length] 是可选参数，指定返回字符串的最小长度，必须为大于等于 0 的整数。如果 number、radix、[min_length] 不是整数，将被截尾取整。

DECIMAL 函数可以按不同进制将数字的文本表示形式转换成十进制数，基本语法如下：

```
DECIMAL(text, radix)
```

其中，参数 text 是不同进制数字的文本表示形式，字符串长度必须小于等于 255，text 参数可以是对于基数有效的字母数字字符的任意组合，并且不区分大小写。参数 radix 是 text 参数的基本基数，必须为大于等于 2 且小于等于 36 的整数。

示例20-1　不同进制数字的相互转换

将十进制数 2 696 004 307 转换为十六进制数值，可以使用以下两个公式，结果为"A0B1C2D3"。

=DEC2HEX(2696004307)

=BASE(2696004307,16)

将八进制数 725 转换为二进制数值，可以使用以下两个公式，结果为"111010101"。

=OCT2BIN(725)

=BASE(DECIMAL(725,8),2)

将十二进制数"1234567890AB"转换为三十六进制数值，可以使用以下公式，结果为"BA7QH83N"。

=BASE(DECIMAL("1234567890AB",12),36)

20.3　度量衡转换函数

CONVERT 函数可以将数字从一种度量系统转换为另一种度量系统，基本语法如下：

CONVERT(number, from_unit, to_unit)

其中，参数 number 是以 from_unit 为单位的需要进行转换的数值，参数 from_unit 是数值 number 的单位，参数 to_unit 是结果的单位。

CONVERT 函数中 from_unit 参数和 to_unit 参数接受的部分文本值（区分大小写），如图 20-5 所示。from_unit 和 to_unit 必须是同一列中的计量单位，否则函数返回错误值 #N/A。

	A	B	C	D	E	F	G	H	I	J	K
1											
2	重量和质量	unit	距离	unit	时间	unit	压强	unit	力	unit	
3	克	g	米	m	年	yr	帕斯卡	Pa	牛顿	N	
4	斯勒格	sg	英里	mi	日	day	大气压	atm	达因	dyn	
5	磅（常衡制）	lbm	海里	Nmi	小时	hr	毫米汞柱	mmHg	磅力	lbf	
6	U（原子质量单位）	u	英寸	in	分钟	min	磅平方英寸	psi	朋特	pond	
7	盎司	ozm	英尺	ft	秒	s	托	Torr			
8	吨	ton	码	yd							
9			光年	ly							
10											
11	能量	unit	功率	unit	磁	unit	温度	unit	容积	unit	
12	焦耳	J	英制马力	HP	特斯拉	T	摄氏度	C	茶匙	tsp	
13	尔格	e	公制马力	PS	高斯	ga	华氏度	F	汤匙	tbs	
14	热力学卡	c	瓦特	W			开氏温标	K	U.S. 品脱	pt	
15	IT卡	cal					兰氏度	Rank	夸脱	qt	
16	电子伏	eV					列氏度	Reau	加仑	gal	
17	马力-小时	HPh							升	L	
18	瓦特-小时	Wh							立方米	m3	
19	英尺磅	flb							立方英寸	ly3	

图 20-5　CONVERT 函数的单位参数

例如，将 1 天转化为秒，可以使用以下公式。

```
=CONVERT(1,"day","s")
```

公式结果为 86400，即 1day=86400s。

20.4 误差函数

数学中，误差函数（也称为高斯误差函数）在概率论、统计学及偏微分方程中都有广泛的应用。自变量为 x 的误差函数定义为：$\operatorname{erf}(x)=\frac{2}{\sqrt{\pi}}\int_0^x e^{-\eta^2}d\eta$，且有 $\operatorname{erf}(\infty)=1$ 和 $\operatorname{erf}(-x)=-\operatorname{erf}(x)$。补余误差函数定义为：$\operatorname{erf} c(x)=1-\operatorname{erf}(x)=\frac{2}{\sqrt{\pi}}\int_x^{\infty} e^{-\eta^2}d\eta$ 。

在 Excel 中，erf 函数返回误差函数在上下限之间的积分，基本语法如下：

```
erf(lower_limit, [upper_limit])
```

其中，lower_limit 参数为积分下限。upper_limit 参数为积分上限，如果省略，erf 函数将在 0 到 lower_limit 之间积分。

erfc 函数即补余误差函数，基本语法如下：

```
erfc(x)
```

其中，x 为 erfc 函数的积分下限。

例如，计算误差函数在 0.5 到 2 之间的积分，可以使用以下公式，计算结果为 0.474822387205906。

```
=erf(0.5,2)
```

20.5 处理复数的函数

工程类函数中有多个处理复数运算的函数，包括复数的加减乘除、开方、乘幂、模、共轭复数、辐角、对数等。例如，IMSUM 函数可以返回以 $x+yi$ 文本格式表示的两个或多个复数的和，基本语法如下：

```
IMSUM(inumber1, [inumber2], ...)
```

其中，inumber1、inumber2 等为文本格式表示的复数。

示例20-2 复数的简单运算

图 20-6 展示了复数的几种基本运算，包括复数的实部、虚部、共轭复数、模和辐角。

	复数	实部	虚部	共轭复数	模	辐角
3	1+2i	1	2	1-2i	2.236067977	1.107148718
4	3-5i	3	-5	3+5i	5.830951895	-1.030376827
5	4+3i	4	3	4-3i	5	0.643501109
6	8	8	0	8	8	0
7	7i	0	7	-7i	7	1.570796327

图 20-6　复数运算

IMREAL 函数可以获取复数实部，C3 单元格公式如下：

```
=IMREAL(B3)
```

IMAGINARY 函数可以获取复数虚部，D3 单元格公式如下：

```
=IMAGINARY(B3)
```

IMCONJUGATE 函数计算复数的共轭复数，E3 单元格公式如下：

```
=IMCONJUGATE(B3)
```

IMABS 函数计算复数的模，F3 单元格公式如下：

```
=IMABS(B3)
```

IMARGUMENT 函数计算复数的辐角，G3 单元格公式如下：

```
=IMARGUMENT(B3)
```

示例20-3　旅行费用统计

图 20-7 展示了某部门员工前往国外旅行的费用明细，其中包括人民币和美元两部分，需要计算一次国外旅行的平均费用。

图 20-7　旅行费用明细

G3 单元格输入以下数组公式，按 <Ctrl+Shift+Enter> 组合键。

```
{=SUBSTITUTE(IMDIV(IMSUM(D3:D10&"i"),8),"i",)}
```

公式首先将费用与字母 "i" 连接，将其转换为文本格式表示的复数。然后利用 IMSUM 函数返回复数的和，再利用 IMDIV 函数返回该复数之和与 8 相除的商，得到每个人的平均值。最后利用 SUBSTITUTE 函数将作为复数标志的字母"i"替换为空，即得平均费用。

20.6　位运算函数

所有数据在计算机内存中都是以二进制的形式储存的，位运算就是直接对整数在内存中的二进制位进行操作。在 Excel 2019 中，有 5 个位运算函数，如表 20-2 所示。

表 20-2　位运算函数

函数名	功能	语法
BITAND	按位与	BITAND(number1,number2)
BITOR	按位或	BITOR(number1,number2)
BITXOR	按位异或	BITXOR(number1,number2)
BITLSHIFT	按位左移	BITLSHIFT(number,shift_amount)
BITRSHIFT	按位右移	BITRSHIFT(number,shift_amount)

其中，number、number1、number2 均是大于等于零且小于 2^{48} 的整数，否则函数返回错误值 #NUM!。Shift_amount 参数是绝对值小于等于 53 的整数，否则返回错误值 #NUM!。

同时，按位运算结果大于等于 2^{48} 时，位运算函数也返回错误值 #NUM!。

示例20-4　位运算

整数 9 和 5 按位"与"运算结果为 1，公式如下：

```
=BITAND(9,5)
```

9 转换为二进制数为 1001，5 转换为二进制数为 101，按位"与"运算是相同位上均为 1 时则得 1，否则得 0。

整数 9 和 5 按位"或"运算结果为 13，公式如下：

```
=BITOR(9,5)
```

按位"与"运算是相同位上有一个为 1 即得 1，9 和 5 按位"与"运算后的二进制结果为 1101，最后转换成十进制数。

整数 9 和 5 按位"异或"运算结果为 13，公式如下：

```
=BITXOR(9,5)
```

按位"异或"运算是相同位上数字不同则得 1，9 和 5 按位"异或"运算后的二进制结果为 1100，最后转换成十进制数。

整数 9 左移 5 位的结果为 288，可以使用以下两个公式：

```
=BITLSHIFT(9,5)
=BITRSHIFT(9,-5)
```

9 左移 5 位的二进制运算结果为 100100000，转换成十进制数即为 288。

第 21 章 数组公式

借助数组公式，能够完成更加复杂的计算，一旦学会使用数组公式，就将真正体会到函数与公式的美妙和强大。

本章学习要点

（1）理解数组、数组公式与数组运算。
（2）掌握数组的构建及数组填充。
（3）理解并掌握数组公式的典型应用。
（4）统计类函数的综合应用。

21.1 数组基础知识

21.1.1 数组的概念及分类

数组（Array）是由一个或多个元素组成的集合，这些元素可以是文本、数值、逻辑值、日期、错误值等。各个元素构成集合的方式有按行排列或按列排列，也可能两种方式同时包含。根据数组的存在形式，又可分为常量数组、区域数组和内存数组。

⊃ I 常量数组

常量数组的所有组成元素均为常量数据，其中的文本字符前后需要加上一对半角双引号。所谓的常量数据，指的就是直接写在公式中，并且在使用时不会发生变化的固定数据。

常量数组的表示方法为用一对大括号 {} 将构成数组的常量包括起来，各常量数据之间用分隔符间隔。可以使用的分隔符包括半角分号";"和半角逗号","，其中分号用于间隔按行排列的元素，逗号用于间隔按列排列的元素。

例如：

{"甲",20;"乙",50;"丙",80;"丁",120;"戊",150;"己",200}

构成一个 6 行 2 列的常量数组。如果将这个数组填入表格区域，排列方式如图 21-1 所示。

⊃ II 区域数组

区域数组实际上就是公式中对单元格区域的直接引用。例如，以下公式中的 A2:A5 与 B2:B5 都是区域数组。

甲	20
乙	50
丙	80
丁	120
戊	150
己	200

图 21-1 6 行 2 列数组

=SUMPRODUCT(A2:A5,B2:B5)

⊃ III 内存数组

内存数组是指通过公式计算返回的结果，在内存中临时构成，并可以作为一个整体直接嵌套到其他公式中，继续参与其他计算的数组。例如：

=SMALL(A1:A10,{1,2,3})

在这个公式中，{1,2,3} 是常量数组，而整个公式得到的计算结果为 A1:A10 单元格数据中最小的 3

个数值组成的内存数组。假定 A1：A10 区域中所保存的是数据分别是 101~110 这 10 个数值，那么这个公式所产生的内存数组就是 {101,102,103}。

21.1.2　数组的维度和尺寸

数组具有行、列及尺寸的特征，数组的尺寸由行列两个参数来确定，M 行 N 列的二维数组是由 $M×N$ 个元素构成的。常量数组中用分号或逗号分隔符来辨识行列，而区域数组的行列结构则与其引用的单元格区域保持一致。例如常量数组：

{"甲",20;"乙",50;"丙",80;"丁",120;"戊",150;"己",200}

包含 6 行 2 列，一共由 6×2=12 个元素组成，如图 21-1 所示。

数组中的各行或各列中的元素个数必须保持一致，如果在单元格中输入以下公式，将返回图 21-2 所示的错误警告。

={1,2,3,4;1,2,3}

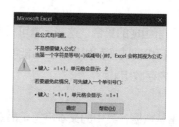

图 21-2　错误警告

这是因为它的第一行有 4 个元素，而第 2 行只有 3 个元素，各行尺寸没有统一。因此不能被识别为数组。

同时包含行列两个方向元素的数组称为"二维数组"。如果数组的元素都在同一行或同一列中，则称为"一维数组"。例如，{1,2,3,4,5} 就是一个一维数组，它的元素都在同一行中，由于行方向也是水平方向。因此行方向的一维数组也称为"水平数组"。同理，{1;2;3;4;5} 就是一个单列的"垂直数组"。

如果数组中只包含一个元素，则称为单元素数组，如 {1}，以及 ROW(1:1)、ROW()、COLUMN(A:A) 返回的结果等。与单个数据不同，单元素数组虽然只包含一个数据，却也具有数组的特性，可以认为是 1 行 1 列的数组。

21.1.3　数组公式

数组公式不同于普通公式，是以按 <Ctrl+Shift+Enter> 组合键完成编辑的特殊公式，Excel 会自动在数组公式的首尾添加大括号"{}"作为数组公式的标识。数组公式的实质是单元格公式的一种书写形式，Excel 计算引擎会对数组公式执行多项计算。

多项计算是对公式中有对应关系的数组元素同时分别执行相关计算的过程。但是，并非所有执行多项计算的公式都必须以数组公式的输入方式来完成编辑。部分函数在执行特定条件的计算时，不需要使用数组公式就能自动进行多项计算，如 SUMPRODUCT 函数、LOOKUP 函数及 MMULT 函数等。

⊃ | 多单元格数组公式

在单个单元格中使用数组公式进行多项计算后，有时可以返回一组运算结果，但单元格中只能显示单个值，而无法显示整组运算结果。使用多单元格数组公式，则可以将结果数组中的每一个元素分别显示在不同的单元格中。

示例21-1　多单元格数组公式计算销售额

　　图 21-3 展示的是某超市销售记录表的部分内容。需要以 E3:E10 的单价乘以 F3:F10 的数量，计算不同业务员的销售额。

　　同时选中 G3:G10 单元格区域，在编辑栏输入以下公式（不包括两侧大括号），按 <Ctrl+Shift+Enter> 组合键。

```
{=E3:E10*F3:F10}
```

　　这种在多个单元格中使用同一公式，并按 <Ctrl+Shift+Enter> 组合键结束编辑的公式，称为"多单元格数组公式"。

G3			:	×	✓	fx	{=E3:E10*F3:F10}

▲	A	B	C	D	E	F	G
1						利润率:	20%
2		序号	销售员	饮品	单价	数量	销售额
3		1	王志	可乐	2	36	72
4		2	张君玉	农夫山泉	1	92	92
5		3	凌海兴	营养快线	4	42	168
6		4	龙玥华	原味绿茶	3.5	45	157.5
7		5	王静华	雪碧	3	29	87
8		6	杨锦辉	冰红茶	2.5	55	137.5
9		7	孙道祥	鲜橙多	5	46	230
10		8	杜凤君	美年达	3.5	40	140

图 21-3　多单元格数组公式计算销售额

　　此公式将各种商品的单价分别乘以各自的销售数量，获得一个内存数组，并将其在 G3:G10 单元格区域中显示出来（在本示例中生成的内存数组与单元格区域尺寸一致）。

> **注意**
> 　　如果多单元格数组公式计算所得的内存数组尺寸大于单元格区域尺寸时，单元格区域内只显示部分结果。反之，多余的单元格区域显示错误值 #N/A。

⊃ II 单个单元格数组公式

　　单个单元格数组公式是指在单个单元格中进行多项计算并返回单一值的数组公式。

示例21-2　单个单元格数组公式

　　沿用示例 21-1 的销售数据，可以使用单个单元格数组公式统计所有饮品的总销售利润。

　　如图 21-4 所示，在 G12 单元格输入以下数组公式，按 <Ctrl+Shift+Enter> 组合键。

```
{=SUM(E3:E10*F3:F10)*G1}
```

　　该公式先将各饮品的单价和数量分别相乘，然后用 SUM 函数汇总数组中的所有元素，得到总销售额。最后乘以 G1 单元格的利润率 20%，即得出所有饮品的总销售利润。

　　由于 SUM 函数的参数为 number 类型，不能直接支持多项运算，所以该公式必须以数组公式的形式按 <Ctrl+Shift+Enter> 组合键输入。

G12			:	×	✓	fx	{=SUM(E3:E10*F3:F10)*G1}

▲	A	B	C	D	E	F	G
1						利润率:	20%
2		序号	销售员	饮品	单价	数量	销售额
3		1	王志	可乐	2	36	72
4		2	张君玉	农夫山泉	1	92	92
5		3	凌海兴	营养快线	4	42	168
6		4	龙玥蓉	原味绿茶	3.5	45	157.5
7		5	王静华	雪碧	3	29	87
8		6	杨锦辉	冰红茶	2.5	55	137.5
9		7	孙道祥	鲜橙多	5	46	230
10		8	杜凤君	美年达	3.5	40	140
12						销售利润合计	216.8

图 21-4　单个单元格数组公式

21章

　　本例中的公式还可以用 SUMPRODUCT 函数代替。

```
=SUMPRODUCT(E3:E10*F3:F10)*G1
```

　　SUMPRODUCT 函数的参数是 array 数组类型，直接支持多项运算。因此该公式以普通公式形式输入就能够得出正确结果。

➲ III 多单元格数组公式的编辑

针对多单元格数组公式的编辑有如下限制。

❖ 不能单独改变数组公式区域中某一部分单元格的内容。

❖ 不能单独移动或删除数组公式区域中某一部分单元格。

❖ 不能在数组公式区域插入新的单元格。

如需修改多单元格数组公式，操作步骤如下。

步骤① 选择公式所在单元格或单元格区域，按 <F2> 键进入编辑模式。

步骤② 修改公式内容后，按 <Ctrl+Shift+Enter> 组合键结束编辑。

如需删除多单元格数组公式，操作步骤如下。

步骤① 选择数组公式所在的任意一个单元格，按 <F2> 键进入编辑模式。

步骤② 删除该单元格公式内容后，按下 <Ctrl+Shift+Enter> 组合键结束编辑。

另外，还可以先选择数组公式所在的任意一个单元格，按 <Ctrl+/> 组合键选择多单元格数组公式区域后，按 <Delete> 键进行删除。

21.2 数组的直接运算

21.2.1 数组与单值直接运算

数组与单值（或单元素数组）可以不使用函数，直接使用运算符对数组进行运算，返回一个与原数组尺寸相同的数组结果。如表 21-1 所示。

表 21-1 数组与单值直接运算

序号	公式	说明
1	=3+{1;2;3;4}	返回 {4;5;6;7}，与 {1;2;3;4} 尺寸相同
2	={2}*{1,2,3,4}	返回 {2,4,6,8}，与 {1,2,3,4} 尺寸相同
3	=ROW(2:2)* {1;2;3;4}	返回 {2;4;6;8}，与 {1;2;3;4} 尺寸相同

21.2.2 同方向一维数组之间的直接运算

两个同方向的一维数组直接进行运算，会根据元素的位置进行一一对应运算，生成一个新的数组结果，并且新数组的尺寸和维度与原来的数组保持一致。例如，公式：

```
={1;2;3;4}>{2;1;4;3}
```

返回如下结果：

```
={FALSE;TRUE;FALSE;TRUE}
```

公式运算过程如图 21-5 所示。

参与运算的两个一维数组需要具有相同的尺寸，否则结果中会出现错误值，例如：

```
={1;2;3;4}>{2;1}
```

将返回如下结果：

```
={FALSE;TRUE;#N/A;#N/A}
```

1	>	2	=	FALSE
2	>	1	=	TRUE
3	>	4	=	FALSE
4	>	3	=	TRUE

图 21-5　相同方向一维数组运算

示例21-3 多条件成绩查询

图 21-6 展示的是学生成绩表的部分内容，需要根据姓名和科目查询学生的成绩。

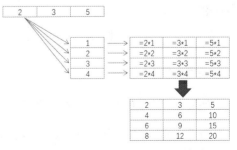

图 21-6　根据姓名和科目查询成绩

在 H5 单元格输入以下数组公式。

```
{=INDEX(E1:E11,MATCH(H3&H4,C1:C11&D1:D11,0))}
```

公式中将两个一维区域引用进行连接运算，即 C1:C11&D1:D11，生成同尺寸的一维数组。然后利用 MATCH 函数将两个查询值合并后作为新的查询值进行查找定位，最终查询出指定学生的成绩。

21.2.3　不同方向一维数组之间的直接运算

两个不同方向的一维数组，即 M 行垂直数组与 N 列水平数组进行运算，其运算方式如下：数组中每一元素分别与另一数组每一元素进行运算，返回 $M \times N$ 的二维数组。例如：

```
={2,3,5}*{1;2;3;4}
```

返回结果如下：

```
={2,3,5;4,6,10;6,9,15;8,12,20}
```

公式运算过程如图 21-7 所示。

图 21-7　不同方向一维数组之间的直接运算

21.2.4 一维数组与二维数组之间的直接运算

如果一个一维数组的尺寸与另一个二维数组的某个方向尺寸一致时，可以在这个方向上与数组中的每个元素进行一一对应运算。即 M 行 N 列的二维数组可以与 M 行或 N 列的一维数组进行运算，返回一个 $M×N$ 的二维数组。

例如：

```
={1;2;3;4}*{1,2;2,3;4,5;6,7}
```

返回结果如下：

```
={1,2;4,6;12,15;24,28}
```

公式运算过程如图 21-8 所示。

如果两个数组之间的尺寸大小没有完全匹配，直接运算则会产生错误值。例如：

```
={1;2;3;4}*{1,2;2,3;4,5}
```

返回结果如下：

```
={1,2;4,6;12,15;#N/A,#N/A}
```

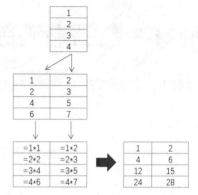

图 21-8　一维数组与二维数组之间的直接运算

21.2.5 二维数组之间的直接运算

两个尺寸完全相同的二维数组也可以直接运算，运算中将每个相同位置的元素一一对应进行运算，返回一个与它们尺寸相同的二维数组结果。

例如：

```
={1,2;2,3;4,5;6,7}*{3,5;2,7;1,3;4,6}
```

返回结果如下：

```
{3,10;4,21;4,15;24,42}
```

公式运算过程如图 21-9 所示。

如果参与运算的两个二维数组尺寸不一致，会产生错误值，生成的结果以两个数组中的最大行列为新的数组尺寸。例如：

```
={1,2;2,3;4,5;6,7}*{3,5;2,7;1,3}
```

返回结果为：

```
{3,10;4,21;4,15;#N/A,#N/A}
```

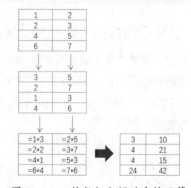

图 21-9　二维数组之间的直接运算

除了上面所说的直接运算方式，数组之间还包括使用函数的运算。部分函数对参与运算的数组尺寸有特定的要求。例如，MMULT 函数要求 Array1 的列数必须与 Array2 的行数相同，而不一定遵循直接运算的规则。

MMULT 函数用于计算两个数组的矩阵乘积，函数语法如下：

```
MMULT(array1, array2)
```

其中 array1、array2 是要进行矩阵乘法运算的两个数组。array1 的列数必须与 array2 的行数相同，而且两个数组都只能包含数值。当 array1 的列数与 array2 的行数不相等，或者任意元素为空或包含文本时，MMULT 函数将返回错误值 #VALUE!。参数 array1 和 array2 可以是单元格区域、数组常量或引用。

MMULT 函数进行矩阵乘积运算时，将 array1 参数各行中的每一个元素与 array2 参数各列中的每一个元素对应相乘，返回乘积之和。计算结果的行数等于 array1 参数的行数，列数等于 array2 参数的列数。

如图 21-10 所示，B5:D5 是一个 1 行 3 列的单元格区域，E2:E4 单元格区域是 3 行 1 列的单元格区域。在 E5 单元格输入以下公式，得到 B5:D5 与 E2:E4 单元格区域的矩阵乘积，结果为单个元素的数组 {32}。

```
=MMULT(B5:D5,E2:E4)
```

公式的运算过程如下：

```
=B5*E2+C5*E3+D5*E4=1*4+2*5+3*6=32
```

如果调换公式中 array1 和 array2 两个参数的位置，即 array1 参数使用 3 行垂直数组，array2 参数使用 3 列水平数组，其计算结果为 3 行 3 列的数组，如图 21-11 所示。选中 C8:E10 单元格区域，输入以下数组公式，按 <Ctrl+Shift+Enter> 组合键。

```
{=MMULT(B8:B10,C7:E7)}
```

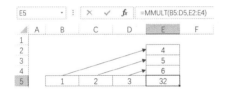

图 21-10　MMULT 函数 3 列 3 行矩阵运算

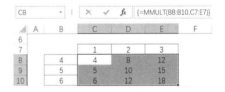

图 21-11　MMULT 函数 3 行 3 列矩阵运算

在数组运算中，MMULT 函数常用于生成内存数组，通常情况下 array1 使用水平数组，array2 使用 1 列的垂直数组。

示例21-4　使用MMULT函数计算综合成绩

图 21-12 所示，为某班级的考核成绩，需要根据三个单项成绩的占比，计算综合成绩。

	A	B	C	D	E	F	G	H
1	姓名	出勤	期中成绩	期末成绩	综合成绩		类别	综合成绩占比
2	邵敏	69	55	54	57.3		出勤	20%
3	杨剑明	79	62	92	80.4		期中成绩	30%
4	文豪	98	73	59	71		期末成绩	50%
5	陈加荣	80	71	87	80.8			
6	苏凤鸣	92	77	53	68			
7	李健员	82	69	98	86.1			
8	李文娟	75	58	75	69.9			
9	冯睿	56	85	50	61.7			
10	杨昀平	51	75	67	66.2			
11	孙国芬	87	68	88	81.8			

图 21-12　MMULT 函数计算综合成绩

选中 E2:E11 单元格区域，在编辑栏中输入以下数组公式，按 <Ctrl+Shift+Enter> 组合键。

```
{=MMULT(B2:D11,H2:H4)}
```

以 E3 单元格中的计算结果为例，MMULT 函数将 B2、C2、D2 单元格分别与 H2、H3、H4 单元格相乘，然后将结果相加，计算过程如下。其他行的计算过程以此类推。

```
=69*20%+55*30%+54*50%=57.3
```

示例21-5　利用MMULT函数生成和为30的随机内存数组

如图 21-13 所示，需要生成 4 个随机数，并满足和为 30 的条件。

在 C3:C6 单元格区域输入以下多单元格数组公式，按 <Ctrl+Shift+Enter> 组合键。

```
{=MMULT(N(RANDBETWEEN(COLUMN(A:AD)^0,4)={1;2;3;4}),ROW(1:30)^0)}
```

公式利用 RANDBETWEEN 函数生成 30 个大于等于 1 且小于等于 4 的随机数，然后与常量数组 {1;2;3;4} 进行比较运算，得到 4×30 的二维逻辑值数组。

然后利用 N 函数将逻辑值 TRUE 转化为数值 1，将 FALSE 转化为数值 0，以便 MMULT 函数的处理。

图 21-13　随机内存数组

最后通过 MMULT 函数进行矩阵运算，计算二维数组每行元素的和，得到 30 个数中分别等于 1、2、3、4 的个数，即为所求的随机内存数组。

21.3　数组构建与填充

掌握使用函数来重新构造数组的方法，对于数组公式的运用有很大的帮助。

21.3.1　行列函数生成数组

在数组公式中经常需要使用"自然数序列"作为函数的参数，如 LARGE 函数的第 2 个参数、OFFSET 函数除第 1 个参数以外的其他参数等。手工输入常量数组比较麻烦，且容易出错，而利用 ROW 函数、COLUMN 函数生成序列则非常方便快捷。

以下公式产生 1~15 的自然数垂直数组：

```
{=ROW(1:15)}
```

以下公式产生 1~10 的自然数水平数组：

```
{=COLUMN(A:J)}
```

21.3.2　一维数组生成二维数组

示例21-6　随机安排考试座位

图 21-14 展示的是某学校的部分学员名单，要求将 B 列的 18 位学员随机排列到 6 行 3 列的考试座位中。

	A	B	C	D	E	F
1	序号	姓名			考试座位表	
2	1	毛仁初		徐富陆	李潇潇	杨光才
3	2	刘金凤		甄树芬	蔡昆碧	罗莉
4	3	杨光才		郑雪婷	闫葛伟	吴开荣
5	4	姚冬梅		张跃东	姚冬梅	罗树仙
6	5	郑雪婷		毛仁初	胡虹	涂文杰
7	6	张跃东		李伟	刘金凤	刘秀芬
8	7	刘秀芬				
9	8	蔡昆碧				
10	9	甄树芬				
11	10	胡虹				
12	11	李潇潇				
13	12	罗莉				
14	13	徐富陆				
15	14	罗树仙				
16	15	李伟				
17	16	吴开荣				
18	17	涂文杰				
19	18	闫葛伟				

图 21-14　随机安排考试座位

在 D3:F8 单元格区域输入以下多单元格数组公式，按 <Ctrl+Shift+Enter> 组合键。

```
{=INDEX(B2:B19,RIGHT(SMALL(RANDBETWEEN(A2:A19^0,999)/1%+A2:A19,
ROW(1:6)*3-{2,1,0}),2))}
```

首先，利用 RANDBETWEEN 函数生成包含 18 个元素的数组，各元素为 1~999 的一个随机整数，由于各元素都是随机产生。因此数组元素的大小是随机排列的。

其次，对上述生成的数组乘以 100（/1%），再加上由 1~18 构成的序数数组，确保数组元素在大小随机的前提下最后两位数字为序数 1~18。

再次，用 ROW 函数生成垂直数组 {1;2;3;4;5;6}，结合常量数组 {2,1,0}，根据数组直接运算的原理，生成 6 行 3 列的二维数组。该结果作为 SMALL 函数的第 2 个参数，对经过乘法和加法处理后的数组进行重新排序。由于原始数组的大小是随机的。因此排序使各元素最后两位数字对应的序数成为随机排列。

最后，用 RIGHT 函数取出数组中各元素最后两位数字，并通过 INDEX 函数返回 B 列相应位置的学员姓名，即得到随机安排的学员考试座位表。

21.3.3　二维数组转换一维数组

一些函数的参数只支持使用一维数组，如 MATCH 函数的第 2 参数，LOOKUP 函数向量用法的第 2 参数等。如果希望在二维数组中完成查询，就需要先将二维数组转换成一维数组。

示例21-7 查询小于等于100的最大数值

如图 21-15 所示，A3:C6 单元格区域为一个二维数组，使用以下公式可以返回单元格区域中小于等于 100 的最大数值。

```
=LOOKUP(100,SMALL(A3:C6,ROW(1:12)))
```

	A	B	C	D	E	F
1	原始数组				小于等于100的最大数值	
2	列1	列2	列3		LOOKUP+SMALL	MAX+TEXT
3	A	51.57	93.3		98.760000001	98.76
4	113	-3.85	C			
5	98.760000001	B	-102.47			
6	9.249	0	0			

图 21-15 查询小于等于 100 的最大数值

因为单元格区域是 4 行 3 列共包含 12 个元素的二维数组，所以使用 ROW 函数产生 1~12 的自然数序列。然后利用 SMALL 函数对二维数组排序，转换成一维数组，结果为：

{-102.47;-3.85;0;9.249;51.57;93.3;98.760000001;113;…;#NUM!}

由于二维数组中包含文本。因此结果包含错误值 #NUM!。用 LOOKUP 函数在该内存数组中忽略错误值进行查找，返回小于等于 100 的最大数值 98.760000001。

除此之外，还可以利用 MAX 函数结合 TEXT 函数来实现相同的目的，公式如下：

{=MAX(--TEXT(A3:C6,"[<=100];;!0;!0"))}

首先利用 TEXT 函数将二维数组中的文本和大于 100 的数值都强制转化为 0，通过减负运算将 TEXT 函数返回的文本型数值转化为真正的数值。结果为：

{0,51.57,93.3;0,-3.85,0;98.76,0,-102.47;9.249,0,0}

最后利用 MAX 函数返回小于等于 100 的最大数值 98.76。

 注意

> TEXT 函数可能会导致浮点误差。如图 21-15 所示，TEXT 函数在转化数值的过程中，丢失了数值 98.760000001 的部分精度，直接转化为 98.76。

21.4 条件统计应用

21.4.1 单条件不重复统计

在实际应用中，经常需要进行单条件下的不重复统计，如统计人员信息表中不重复人员数或部门数、某品牌不重复的型号数量等。以下主要学习利用数组公式针对单列或单行的一维数组进行不重复统计的方法。

示例21-8 多种方法统计不重复职务数量

图 21-16 展示的是某单位人员信息表的部分内容，需要统计不重复职务个数。

	A	B	C	D	E	F	G
1	员工号	姓名	部门	职务		职务统计	
2	1001	黄民武	技术支持部	技术支持经理		MATCH函数法	5
3	2001	董云春	产品开发部	技术经理		COUNTIF函数法	5
4	3001	昂云鸿	测试部	测试经理			
5	2002	李枝芳	产品开发部	技术经理			
6	7001	张永红	项目管理部	项目经理			
7	1045	徐芳	技术支持部				
8	3002	张娜娜	测试部	测试经理			
9	8001	徐波	人力资源部	人力资源经理			

图 21-16 多种方法统计不重复职务数量

因为部分员工没有职务。因此需要过滤掉空白单元格数据进行不重复统计。以下介绍两种处理方法。

（1）MATCH 函数法。

G2 单元格数组公式如下：

```
{=COUNT(1/(MATCH(D2:D9,D:D,)=ROW(D2:D9)))}
```

公式中"MATCH(D2:D9,D:D,)=ROW(D2:D9)"部分，利用 MATCH 函数的定位结果与序号进行比较，来判断哪些职务是首次出现的记录。首次出现的职务返回逻辑值 TRUE，重复出现的职务返回逻辑值 FALSE，空白单元格返回错误值 #N/A。结果如下：

```
{TRUE;TRUE;TRUE;FALSE;TRUE;#N/A;FALSE;TRUE}
```

再用 1 除以上述结果，将逻辑值 FALSE 转换错误值 #DIV/0!。最后使用 COUNT 函数忽略错误值统计数值个数，返回不重复的职务个数。

（2）COUNTIF 函数法。

G3 单元格公式如下：

```
{=SUM((D2:D9>"")/COUNTIF(D2:D9,D2:D9&""))}
```

利用 COUNTIF 函数返回区域内每个职务名称出现次数的数组，被 1 除后再对得到的商求和，即得到不重复的职务数量。

公式原理为：假设职务"测试经理"出现了 n 次，则每次都转化为 $1/n$，n 个 $1/n$ 求和得到 1。因此 n 个"测试经理"将被计数为 1。另外，"(D2:D9>" ")"的作用是过滤掉空白单元格，让空白单元格计数为 0。

21章

21.4.2 多条件统计应用

在 Excel 2019 中，在类似 COUNTIFS、SUMIFS 和 AVERAGEIFS 等函数可处理简单的多条件统计问题，但在特殊条件下仍需借助数组公式来处理。

示例21-9　统计特定身份信息的员工数量

图 21-17 展示的是一份模拟的人员信息表，需要统计出生在 20 世纪六七十年代并且目前已有职务的员工数量。

	A	B	C	D	E
1	工号	姓名	身份证号	性别	职务
2	D005	常会生	370826197811065178	男	项目总监
3	A001	袁瑞云	370828197602100048	女	
4	A005	王天富	370832198208051945	女	
5	B001	沙宾	370883196201267352	男	项目经理
6	C002	曾蜀明	370881198409044466	女	
7	B002	李姝亚	370830195405085711	男	人力资源经理
8	A002	王薇	370826198110124053	男	产品经理
9	D001	张锡媛	370802197402189528	女	
10	C001	吕琴芬	370811198402040017	男	
11	A003	陈虹希	370881197406154846	女	技术总监
12	D002	杨刚	370826198310016815	男	
13	B003	白娅	370831198006021514	男	
14	A004	钱智跃	370881198409285340x	女	销售经理
15					
16	统计出生在六七十年代并且已有职务的员工数量				3

图 21-17　统计特定身份信息的员工数量

由于身份证号码中包含了员工的出生日期。因此只需要取得相关的出生年份，就可以判断出生年代进行相应的统计，在 E16 单元格输入以下数组公式，按 <Ctrl+Shift+Enter> 组合键。

```
{=SUM((MID(C2:C14,7,3)>="196")*(MID(C2:C14,7,3)<"198")*(E2:E14<>""))}
```

公式利用 MID 函数分别取得员工的出生年份进行比较判断，再判断 E 列区域是否为空，最后统计出满足条件的员工数量。

除此之外，还可以借助 COUNTIFS 函数来实现，在 E17 单元格输入以下数组公式，按 <Ctrl+Shift+Enter> 组合键。

```
{=SUM(COUNTIFS(C2:C14,"??????"&{196,197}&"*",E2:E14,"<>"))}
```

先将出生在 20 世纪六七十年代的身份证号码用通配符构造出来，然后利用 COUNTIFS 函数进行多条件计数统计，得出出生在 60 年代和 70 年代并且已有职务的员工数量，结果为 {1,2}。最后利用 SUM 函数对上述结果进行求和，即得到最终结果 3。

21.4.3　条件查询及定位

产品在一个时间段的销售情况是企业销售部门需要掌握的重要数据之一，以便对市场行为进行综合分析和制定销售策略。利用查询函数借助数组公式可以实现此类查询操作。

示例21-10　确定商品销量最大的最近月份

图 21-18 展示的是某超市下半年的饮品销量明细表，每种饮品的最旺销售月份各不相同，以下数组公式可以查询各饮品的最近销售旺月。

```
{=INDEX(1:1,RIGHT(MAX(OFFSET(C1,MATCH(L3,B2:B11,),,,6)/1%+COLUMN(C
:H)),2))}
```

	A	B	C	D	E	F	G	H	I	J	K	L
1	序号	产品	七月	八月	九月	十月	十一月	十二月	汇总		数据查询	
2	1	果粒橙	174	135	181	139	193	158	980		商品名称	美年达
3	2	营养快线	169	167	154	198	150	179	1017		查询月份	八月
4	3	美年达	167	192	162	147	180	135	983			
5	4	伊力牛奶	146	154	162	133	162	150	907			
6	5	冰红茶	186	159	176	137	154	175	987			
7	6	可口可乐	142	166	190	150	163	176	987			
8	7	雪碧	145	194	190	158	170	143	1000			
9	8	蒙牛特仑苏	142	137	166	144	200	155	944			
10	9	芬达	159	170	159	130	137	199	954			
11	10	统一鲜橙多	161	199	139	167	144	168	978			

图 21-18　确定商品销量最大的最近月份

利用 MATCH 函数查找饮品所在行，结合 OFFSET 函数形成动态引用，定位被查询饮品的销售量（数据行）。将销售量乘以 100，并加上列号序号，这样就在销售量末尾附加了对应的列号信息。

通过 MAX 函数定位最大销售量的数据列，得出结果 19204，最后两位数字即为最大销量所在的列号。最后利用 INDEX 函数返回查询的具体月份。

除此之外，还可以直接利用数组运算来完成查询，公式如下：

```
{=INDEX(1:1,RIGHT(MAX((C2:H11/1%+COLUMN(C:H))*(B2:B11=L3)),2))}
```

该公式直接将所销量放大 100 倍后，附加对应的列号，并利用商品名称完成过滤，结合 MAX 函数和 RIGHT 函数得到相应饮品最大销量对应的列号，最终利用 INDEX 函数返回查询的具体月份。

21.4.4　一对多查询

在实际工作中，经常会遇到一对多查询的问题。所谓一对多查询，是指把符合一个指定条件的多个结果提取出来。

示例21-11　查询指定部门的姓名列表

图 21-19 展示的是某公司员工统计表，现需要根据 F2 单元格指定的部门，查询所有的姓名列表。

	A	B	C	D	E	F	G
1	工号	部门	姓名	学历		部门	姓名
2	EH001	人事部	宋江	专科		人事部	宋江
3	EH002	行政部	卢俊义	高中			鲁智深
4	EH003	财务部	吴用	本科			呼延灼
5	EH004	行政部	公孙胜	高中			武松
6	EH005	行政部	柴进	本科			
7	EH006	行政部	林冲	专科			
8	EH007	人事部	鲁智深	本科			
9	EH008	人事部	呼延灼	本科			
10	EH009	行政部	花荣	本科			
11	EH010	财务部	孙二娘	本科			
12	EH011	财务部	阮小七	专科			
13	EH012	人事部	武松	专科			

图 21-19　一对多查询

在 G2 单元格输入以下数组公式，按 <Ctrl+Shift+Enter> 组合键，并将公式复制到 G2:G13 单元格区域。

```
{=INDEX(C:C,SMALL(IF(B$2:B$13=F$2,ROW($2:$13),4^8),ROW(A1)))&""}
```

公式中的"IF(B$2:B$13=F$2,ROW($2:$13),4^8)"部分，用于判断 B2:B13 单元格区域的值是否等于 F2 单元格值，如条件成立返回当前数据行号，否则指定一个较大的行号 4^8（即 65536）。例如，当 F2 单元格为"人事部"时，返回内存数组结果为：

```
{2;65536;65536;65536;65536;65536;8;9;65536;65536;65536;13}
```

再通过 SMALL 函数将行号由小到大逐个取出，最终由 INDEX 函数返回对应人员姓名列表。

21.4.5　多对多查询

多对多查询是指把符合多个条件的多个结果提取出来，多对多查询通常可分为两种情况：一是提取同时满足多个条件的所有记录；二是提取多个条件满足其一的所有记录。

❍ Ⅰ 提取同时满足多个条件的记录

示例21-12　查询指定部门且指定学历的姓名列表

仍以 21.4.4 小节的员工统计表为例，现需要查询指定部门且指定学历的姓名列表，如图 21-20 所示。

	A	B	C	D	E	F	G	H
1	工号	部门	姓名	学历		部门	学历	同时满足
2	EH001	人事部	宋江	专科		行政部	本科	柴进
3	EH002	行政部	卢俊义	高中				花荣
4	EH003	财务部	吴用	本科				
5	EH004	行政部	公孙胜	高中				
6	EH005	行政部	柴进	本科				
7	EH006	行政部	林冲	专科				
8	EH007	人事部	鲁智深	专科				
9	EH008	人事部	呼延灼	本科				
10	EH009	行政部	花荣	本科				
11	EH010	财务部	孙二娘	本科				
12	EH011	财务部	阮小七	专科				
13	EH012	人事部	武松	专科				

图 21-20　提取同时满足多个条件的记录

在 H2 单元格输入以下数组公式，，按 <Ctrl+Shift+Enter> 组合键，并将公式复制到 H2：H13 单元格区域。

```
{=INDEX(C:C,SMALL(IF(($B$2:$B$13=$F$2)*($D$2:$D$13=$G$2),ROW($2:$13),4^
8),ROW(A1)))&""}
```

公式中的"($B$2:$B$13=$F$2)*($D$2:$D$13=$G$2)"部分，把 $B$2:$B$13=$F$2 和 $D$2:$D$13=$G$2 的判断结果进行乘法运算，如两个条件同时成立则返回 1，否则返回 0。例如，当 F2 单元格为"行政部"，G2 单元格为"本科"时，返回内存数组结果为：

```
{0;0;0;0;1;0;0;0;1;0;0;0}
```

再使用 IF 函数进行判断，当内存数组结果为 1 时，返回对应的行号，否则返回指定一个较大的行号 4^8（即 65536）。

通过 SMALL 函数将行号由小到大逐个取出后，最终由 INDEX 函数返回对应人员姓名列表。

　　由于AND 函数与OR 函数只能返回单个的逻辑值。因此不能用于数组中的多条件判断。

❍ II 提取多个条件满足其一的所有记录

示例21-13　查询指定部门或指定学历的姓名列表

如图 21-21 所示，现需要查询指定部门或指定学历的姓名列表，即满足"部门"和"学历"两个条件其一的所有姓名。

	A	B	C	D	E	F	G	I
1	工号	部门	姓名	学历		部门	学历	满足其一
2	EH001	人事部	宋江	专科		行政部	本科	卢俊义
3	EH002	行政部	卢俊义	高中				吴用
4	EH003	财务部	吴用	本科				公孙胜
5	EH004	行政部	公孙胜	高中				柴进
6	EH005	行政部	柴进	本科				林冲
7	EH006	行政部	林冲	专科				鲁智深
8	EH007	人事部	鲁智深	本科				呼延灼
9	EH008	人事部	呼延灼	本科				花荣
10	EH009	行政部	花荣	本科				孙二娘
11	EH010	财务部	孙二娘	本科				
12	EH011	财务部	阮小七	专科				
13	EH012	人事部	武松	专科				

图 21-21　提取多个条件满足其一的所有记录

在 I2 单元格输入以下数组公式，按 <Ctrl+Shift+Enter> 组合键，并将公式复制到 I2:I13 单元格区域。

```
{=INDEX(C:C,SMALL(IF(($B$2:$B$13=$F$2)+($D$2:$D$13=$G$2),ROW($2:$13),4^
8),ROW(A1)))&""}
```

公式中的"($B$2:$B$13=$F$2)+($D$2:$D$13=$G$2)"部分，把 $B$2:$B$13=$F$2 和 $D$2:$D$13=$G$2 的判断结果进行加法运算，如两个条件满足任意一个或同时满足则返回一个非 0 数值（1 或 2），否则返回 0。例如，当 F2 单元格为"行政部"，G2 单元格为"本科"时，返回内存数组结果为：

```
{0;1;1;1;2;1;1;1;2;1;0;0}
```

公式其他部分思路与 21.4.4 小节公式相同，此处不再赘述。

21.5　数据筛选技术

提取不重复数据是指在一个数据表中提取出唯一的记录，即重复记录只算 1 条。

21.5.1　一维区域取得不重复记录

示例21-14　从销售业绩表提取唯一销售人员姓名

图 21-22 展示的是某单位的销售业绩表，为了便于发放销售人员的提成工资，需要取得唯一的销售人员姓名列表，并统计各销售人员的销售总金额。

	A	B	C	D	E	F	G
1	地区	销售人员	产品名称	销售金额		销售人员	销售总金额
2	北京	陈玉萍	冰箱	14000			
3	北京	刘品国	微波炉	8700			
4	上海	李志国	洗衣机	9400			
5	深圳	肖青松	热水器	10300			
6	北京	陈玉萍	洗衣机	8900			
7	深圳	王运莲	冰箱	11500			
8	上海	刘品国	微波炉	12900			
9	上海	李志国	冰箱	13400			
10	上海	肖青松	热水器	7000			
11	深圳	王运莲	洗衣机	12300			
12		合计		108400			

图 21-22　提取唯一销售人员姓名

根据 MATCH 函数查找原理，当查找位置序号与数据自身的位置序号不一致时，表示该数据重复。F2 单元格可使用以下数组公式，按 <Ctrl+Shift+Enter> 组合键，并将公式复制到 F2:F8 单元格区域。

```
{=INDEX(B:B,SMALL(IF(MATCH(B$2:B$11,B:B,)=ROW($2:$11),ROW($2:$11),65536),
ROW(A1)))&""}
```

公式利用 MATCH 函数定位销售人员姓名，当 MATCH 函数结果与数据自身的位置序号相等时，返回当前数据行号，否则指定一个较大的行号 65536（这是容错处理，工作表的 65536 行通常是无数据的空白单元格）。再通过 SMALL 函数将行号逐个取出，最终由 INDEX 函数返回不重复的销售人员姓名列表。

在 G2 单元格输入以下公式，并将公式复制到 G2:G8 单元格区域，统计所有销售人员的销售总金额。

```
=IF(F2="","",SUMIF(B:B,F2,D:D))
```

SUMIF 函数用于统计各销售人员的销售总金额，IF 函数用于容错，处理 F7、F8 的空白单元格。

最终结果如图 21-23 所示。

	E	F	G
1		销售人员	销售总金额
2		陈玉萍	22900
3		刘品国	21600
4		李志国	22800
5		肖青松	17300
6		王运莲	23800
7			
8			

图 21-23　销售汇总表

21.5.2　条件提取唯一记录

示例21-15　提取唯一品牌名称

图 21-24 展示的是某商场商品进货明细表的部分内容，当指定商品大类后，需要筛选该商品大类下品牌的不重复记录列表。

	A	B	C	D	E	F	G
1	商品大类	品牌	型号	进货量		提取条件	
2	空调	美的	KFR-33GW	2		洗衣机	
3	空调	美的	KFR-25GW	3			
4	空调	海尔	KFR-65LW	6		简化解法	常规解法
5	空调	海尔	KFR-34GW	10		海尔	海尔
6	空调	格力	KFR-50LW	6		小天鹅	小天鹅
7	空调	格力	KFR-58LW	3		美的	美的
8	冰箱	海尔	KFR-39GW	6			
9	冰箱	海尔	KFR-20LW	8			
10	冰箱	美的	KFR-45LW	3			
11	冰箱	西门子	KFR-33GW	9			
12	冰箱	西门子	KFR-37LW	4			
13	洗衣机	海尔	KFR-27GW	3			
14	洗衣机	海尔	KFR-25LW	9			
15	洗衣机	小天鹅	KFR-76LW	5			
16	洗衣机	美的	KFR-79GW	6			
17	洗衣机	美的	KFR-37LW	4			

图 21-24 根据商品大类提取唯一品牌名称

在 F5 单元格输入以下数组公式，按 <Ctrl+Shift+Enter> 组合键。

```
{=INDEX(B:B,1+MATCH(,COUNTIF(F$4:F4,B$2:B$18)+(A$2:A$18<>F$2)*(A$2:A$18<>""),))&""}
```

公式利用 COUNTIF 函数统计当前公式所在的 F 列中已经提取过的品牌名称，并借助“+(A$2:A$18<>F$2)*(A$2:A$18<>"")”的特殊处理，为不满足提取条件的数据计数增加 1，从而使未提取出来的品牌计数为 0，最终通过 MATCH 函数定位 0 值的技巧来取得唯一记录。

除此之外，利用 INDEX 函数、SMALL 函数和 IF 函数的常规解法也可以实现，在 G5 单元格输入以下数组公式，按 <Ctrl+Shift+Enter> 组合键。

```
{=INDEX(B:B,SMALL(IF((F$2=A$2:A$17)*(MATCH(A$2:A$17&B$2:B$17,A$2:A$17&B
$2:B$17,)=ROW($1:$16)),ROW($2:$17),4^8),ROW(A1)))&""}
```

该解法利用连接符将多关键字连接生成单列数据，利用 MATCH 函数的定位结果与序号比较，并结合提取条件的筛选，让满足提取条件且首次出现的品牌记录返回对应行号，而不满足提取条件或重复的品牌记录返回 65536。

然后利用 SMALL 函数逐个提取行号，再借助 INDEX 函数返回对应的品牌名称。

21.6 利用数组公式排序

示例21-16 按产品产量降序排列

图 21-25 展示的是某企业各生产车间钢铁产量明细表，需要按产量降序排列。

	A	B	C	D
1	生产部门	车间	产品类别	产量（吨）
2	钢铁一部	1车间	合金钢	833.083
3	钢铁二部	1车间	结构钢	1041.675
4	钢铁一部	4车间	碳素钢	1140
5	钢铁三部	1车间	角钢	639.06
6	钢铁三部	2车间	铸造生铁	1431.725
7	钢铁一部	3车间	工模具钢	1140
8	钢铁二部	2车间	特殊性能钢	618.7

图 21-25 产量明细表

方法 1：产量附加行号排序法

选择 G2:G8 单元格区域，在编辑栏输入以下数组公式，按 <Ctrl+Shift+Enter> 组合键。

```
{=INDEX(C:C,MOD(SMALL(ROW(2:8)-D2:D8/1%%%,ROW(1:7)),100))}
```

该公式利用 ROW 函数产生的行号序列与产量的 1 000 000 倍组合生成新的内存数组，再利用 SMALL 函数从小到大逐个提取，MOD 函数返回排序后的行号，最终利用 INDEX 函数返回产品类别。

在 H2 单元格输入以下公式，将公式复制到 H2:H8 单元格区域，计算产量。

```
=VLOOKUP(G2,C:D,2,0)
```

方法 2：RANK 函数化零为整排序法

选择 K2:K8 单元格区域，在编辑栏输入以下数组公式，按 <Ctrl+Shift+Enter> 组合键。

```
{=INDEX(C:C,RIGHT(SMALL(RANK(D2:D8,D2:D8)/1%+ROW(2:8),ROW()-1),2))}
```

利用 RANK 函数将产量按降序排名，与 ROW 函数产生的行号数组组合生成新的数组，再利用 SMALL 函数从小到大逐个提取，RIGHT 函数返回排序后的行号，最终利用 INDEX 函数返回产品类别。

在 L2 单元格输入以下公式，将公式复制到 L2:L8 单元格区域，计算产量。

```
=SUMIF(C:C,K2,D:D)
```

方法 3：SMALL 函数结合 COUNTIF 函数排名法

在 P2 单元格输入以下公式，将公式复制到 P2:P8 单元格区域，将产量降序排列。

```
=LARGE(D$2:D$8,ROW(A1))
```

在 O2 单元格输入以下数组公式，按 <Ctrl+Shift+Enter> 组合键。

```
{=INDEX(C:C,SMALL(IF(P2=D$2:D$8,ROW($2:$8)),COUNTIF(P$1:P2,P2)))}
```

根据产量返回对应的产品类别。当存在相同产量时，使用 COUNTIF 函数统计当前产量出现的次数，来分别返回不同的产品类别。

注意

> 当产量数值较大或小数位数较多时，方法 1 受到 Excel 的 15 位有效数字的限制，而不能返回正确排序结果。方法 2 利用 RANK 函数将数值化零为整，转化为数值排名，可有效对大数值和小数位数过多的数值排序，避免15位有效数字限制，返回正确的排序结果。

第 22 章　多维引用

在公式计算中，"多维引用"是一个比较抽象的概念，使用多维引用的方法能够直接在内存中构造出对多个单元格区域的引用，从而实现一些较为特殊的计算需求。本章将介绍多维引用的基础知识及部分多维引用计算实例。

> **本章学习要点**
>
> （1）认识多维引用。　　　　　　　　　（2）多维引用实例。

22.1　认识多维引用

22.1.1　帮助文件中的"三维引用"

在微软的帮助文件中，关于"三维引用"的定义是对两个或多个工作表上相同单元格或单元格区域的引用。

例如，以下公式就是对 Sheet1、Sheet2 和 Sheet3 三个工作表的 A1 单元格求和：

```
=SUM(Sheet1:Sheet3!A1)
```

在公式输入状态下，单击最左侧的工作表标签"Sheet1"，按住 <Shift> 键，再单击最右侧的工作表标签"Sheet3"，然后选中需要计算的单元格范围"A1"，按 <Enter> 键即可完成输入。

以下公式是对 Sheet1、Sheet2 和 Sheet3 三个工作表的 A1:A7 单元格区域求和。

```
=SUM(Sheet1:Sheet3!A1:A7)
```

支持这种三维引用的常用函数包括 SUM、AVERAGE、COUNT、COUNTA、MAX、MIN、RANK、PRODUCT 等。

INDIRECT 函数不支持此种三维引用形式，所以不能用以下公式将字符串"Sheet1:Sheet3!A1:A7"转换为真正的引用。

```
=INDIRECT("Sheet1:Sheet3!A1:A7")
```

使用这种引用形式时，各个工作表必须是连续的。如果移动 Sheet2 工作表的位置，使其不在工作表 Sheet1 和 Sheet3 中间，则"Sheet1:Sheet3!A1"就不会引用 Sheet2 工作表的 A1 单元格。

使用此种三维引用的计算结果只能返回单值，而不能返回数组结果。另外，此种三维引用不能用于数组公式中。

22.1.2　单元格引用中的维度和维数

Excel 中所有数据的计算都是以行、列为基础，也只能以行列的形式表现出来，本身并无"维度"这一概念。但是在使用某些特殊函数时，如果将其参数设置成数组形式，再与其他函数结合，能够突破平面计算的特性，利用这种特性可以实现一些较为特殊的计算需求。

为了便于理解这种特殊的计算方式，有人引用了数学中的"维度"概念来形容其计算原理，于是就有了"三维""四维"的说法。引入"维度"概念，只是为了能让人们更直观地理解这种计算原理，并无标准答案。

通常认为，引用的维度是指引用中单元格区域的排列方向，维数则是引用中不同维度的个数。

单个单元格引用可视作一个无方向的点，没有维度和维数；一行或一列的连续单元格区域引用可视作一条直线，拥有一个维度，称为一维横向引用或一维纵向引用；多行多列的连续单元格区域引用可视作一个平面，拥有纵横两个维度，称为二维引用。

引用函数由于其参数在维度方面的交织叠加，可能返回超过二维的引用区域，习惯上将其称为函数产生的多维引用。

22.1.3 函数产生的多维引用

在 OFFSET 函数和 INDIRECT 函数的部分或全部参数中使用数组时，所返回的引用即为多维引用。

例如，以下公式中，OFFSET 函数第二参数使用常量数组 { 0;1;2;3;4 }，表示以 A2:L2 单元格区域为基点，向下分别偏移 0 行、1 行、2 行、3 行和 4 行：

```
=OFFSET(A2:D2,{0;1;2;3;4},0)
```

结果会分别得到以下几个单元格区域的引用：

A2:D2、A3: D3、A4: D4、A5:D5、A6:D6

如果将 A2:D2 所处的位置看作一张纸，即初始的二维位置，然后在这张纸上再放另外一张纸 A3:D3、A4:D4……、A6:D6，这样由多张纸叠加组合起来就能构成一个三维的引用，如图 22-1 所示。

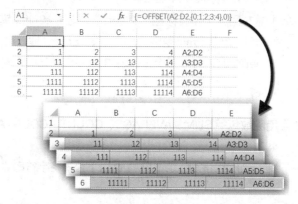

图 22-1　多维引用

假如再将以上公式中 OFFSET 函数的第三参数（列偏移参数）设置为常量数组形式的 { 0,1 }，那就可以看作在原来纸的右侧再放另外一张纸，然后在这两张纸上分别叠加，最终构成一个四维的引用。

为了便于理解，本章将所有超过二维引用的引用形式均称为多维引用。

22.1.4 对函数产生的多维引用进行计算

带有 reference、range 或 ref 参数的部分函数及数据库函数，可对多维引用返回的多个单元格区域引用分别进行计算，返回一个一维或二维的数组结果，相当于把多张纸上的结果再集合到一张纸上。

常用的处理多维引用的函数有 SUBTOTAL、AVERAGEIF、AVERAGEIFS、COUNTBLANK、COUNTIF、COUNTIFS、RANK、RANK.AVG、RANK.EQ、SUMIF、SUMIFS 等。

以 SUBTOTAL 函数为例，以下数组公式将分别对 A2：D2、A3：D3、A4：D4、A5：D5、A6：D6 这五

个区域进行求和，得到内存数组结果为 {10;50;450;4450;44450}，如图 22-2 所示。

```
{=SUBTOTAL(9,OFFSET(A2:D2,{0;1;2;3;4},0))}
```

图 22-2 使用 SUBTOTAL 函数对多维引用区域进行汇总

提示→

    SUM 函数仅支持类似"Sheet1:Sheet3!A1"的三维引用形式，不支持由函数产生的三维引用。

22.1.5　OFFSET 函数参数中使用数值与 ROW 函数的差异

如图 22-3 所示，分别使用以下两个公式计算 B5 单元格中的单价与 D2 单元格数量相乘的结果，只有第一个公式能正确运算。

```
=SUMPRODUCT(OFFSET(B1,4,0),D2)
=SUMPRODUCT(OFFSET(B1,ROW(A4),0),D2)
```

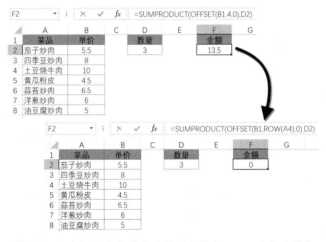

图 22-3　OFFSET 函数参数中使用数值与 ROW 函数的差异

这是因为 ROW(A4) 部分的结果并不是数值 4，而是只有一个元素的数组 {4}，由此产生了多维引用，而 SUMPRODUCT 不能直接对多维引用的结果进行计算。

在 ROW 函数外侧加上 MAX 函数、MIN 函数或是 SUM 函数，能使 ROW 函数返回的这个特殊的数组转换为一个普通的数值，第二个公式可以修改为：

```
=SUMPRODUCT(OFFSET(B1,MAX(ROW(A4)),0),D2)
```

22 章

22.1.6　借助 N 函数或 T 函数"降维"

当 N 函数和 T 函数的参数为多维引用时，会返回多维引用各个区域的第一个值。当多维引用的每个区域大小都是一个单元格时，使用这两个函数能实现"降维"的效果。

如图 22-4 所示，分别使用以下两个数组公式对 B2:B4 单元格中的数值求和，仅第二个公式可以返回正确结果。

```
=SUM(OFFSET(B1,ROW(1:3),0))
=SUM(N(OFFSET(B1,ROW(1:3),0)))
```

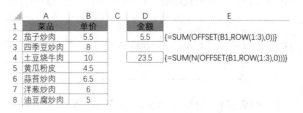

图 22-4　使用 N 函数降维

OFFSET 函数以 B1 单元格为基点，以 ROW(1:3) 得到的内存数组 {1;2;3} 作为行偏移量，分别向下偏移 1~3 行，最终返回一个多维引用，由 3 个大小为 1 行 1 列的区域构成，也就是 B2、B3 和 B4。

使用 N 函数分别得到这三个多维引用中的第一个值之后，再使用 SUM 函数求和才能得到正确结果。

22.2　多维引用实例

22.2.1　多工作表汇总求和

示例22-1　汇总多个工作表中的费用金额

图 22-5 展示的是某公司费用表的部分内容，各分公司的费用数据存放在以分公司名称命名的工作表内。希望在"汇总"工作表中，按照费用类别对各分公司对应的费用金额进行汇总。

在"汇总"工作表的 B2 单元格输入以下公式，将公式复制到 B2:B5 单元格区域。

```
=SUM(SUMIF(INDIRECT({"黄石";"仙桃";"郴州";"大冶";"荆门"}&"!A2:A100"),
$A2,INDIRECT({"黄石";"仙桃";"郴州";"大冶";"荆门"}&"!B2:B100")))
```

第一个 INDIRECT 函数部分，先将字符串 {"黄石";"仙桃";"郴州";"大冶";"荆门"} 与字符串"!A2:A100"进行连接，得到一组具有引用样式的文本字符串：

{"黄石!A2:A100";"仙桃!A2:A100";"郴州!A2:A100";"大冶!A2:A100";"荆门!A2:A100"}

再使用 INDIRECT 函数将这些字符串分别转换为对多个工作表 A2:A100 单元格区域的引用。

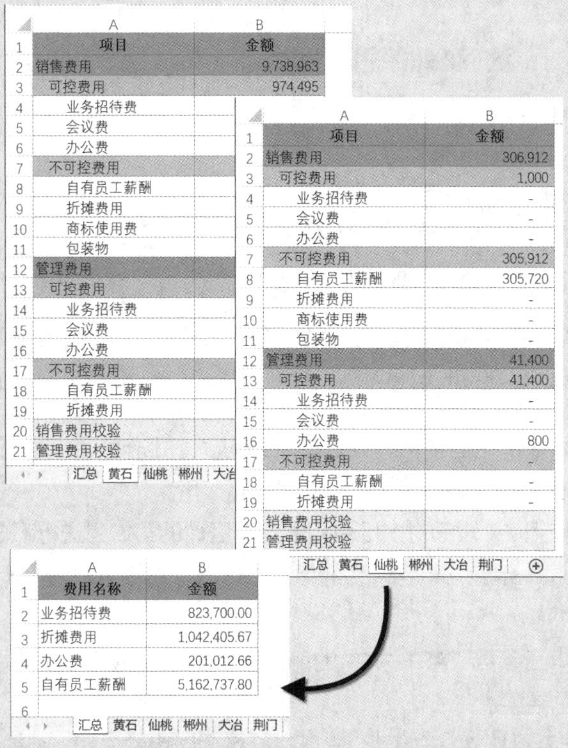

图 22-5 汇总多个工作表中的费用金额

第二个 INDIRECT 函数部分,使用 INDIRECT 函数得到对多个工作表 C2:C100 单元格区域的引用。

接下来使用 SUMIF 函数,将 INDIRECT 函数得到的两组多维引用作为条件区域和求和区域,以 A2 单元格中的费用名称作为求和条件,得到在黄石、仙桃、郴州、大冶和荆门四个工作表中的条件统计结果:

{283900;0;210000;164900;164900}

最后使用 SUM 函数进行汇总求和。

22.2.2 借助 DSUM 函数完成多工作表汇总求和

使用数据库函数也能处理多维引用,但是要求判断条件的字段名称与数据表中的字段名称一致。

示例22-2 借助DSUM函数完成多工作表汇总求和

仍以 22.2.1 小节中的数据为例,首先将"汇总"表中 A1 单元格修改成和数据表中相同的字段标题"项目",然后在 B2 单元格输入以下公式,将公式复制到 B2:B5 单元格区域,如图 22-6 所示。

```
=SUM(DSUM(INDIRECT({"黄石","仙桃","郴州","大冶","荆门"}&"!A:C"),
2,A$1:A2))-SUM(B$1:B1)
```

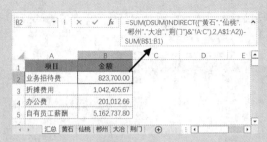

图 22-6　使用数据库函数处理多维引用

首先将字符串"{" 黄石 "," 仙桃 "," 郴州 "," 大冶 "," 荆门 "}"与字符串"!A:C"连接，得到一组具有引用样式的文本字符串：

{" 黄石 !A:C"," 仙桃 !A:C"," 郴州 !A:C"," 大冶 !A:C"," 荆门 !A:C"}

其次使用 INDIRECT 函数将这些字符串分别转换为对多个工作表 A~C 列的整列引用，返回的多维引用结果用作 DSUM 函数的第一参数。

DSUM 函数第二参数使用 2，表示对多维引用中各个区域的第二列进行汇总。

第三参数"A$1:A2"是一组包含给定条件的单元格区域。其中 A$1 是列标志，A2 是列标志下方用于设定条件的单元格。

当公式向下复制时，第三参数"A$1:A2"的范围不断扩展，最终在多维引用的各个区域中分别得到 A 列各个费用名称的汇总结果。

最后使用 SUM 函数计算出从 A2 开始到公式所在行各项费用的总和，减去公式上方已有的汇总数，结果就是公式所在行的 A 列费用汇总数。

22.2.3　筛选状态下按条件计数

在筛选状态下执行汇总计算时关键是判断单元格的显示状态，使用 SUBTOTAL 函数和 OFFSET 函数结合，能够完成筛选状态下的统计汇总。

示例22-3　筛选状态下按条件计数

图 22-7 展示的是一份体育赛事表的部分内容，希望在对 B 列的赛事类型进行筛选后，统计 G 列分别有多少个"胜""平""负"。

				胜	平	负
				1	6	5
赛事编号	赛事类型	比赛时间	主队	客队	比分	赛果
周一030	英甲	2017/1/2 23:00	沃尔索	罗奇代	(0:1) 0:2	负
周一029	英甲	2017/1/2 23:00	斯文登	南安联	(0:0) 0:0	平
周一028	英甲	2017/1/2 23:00	什鲁斯	福利特	(0:1) 0:1	负
周一027	英甲	2017/1/2 23:00	斯肯索	彼得堡	(1:0) 1:1	平
周一026	英甲	2017/1/2 23:00	奥德汉	维尔港	(0:0) 0:0	平
周一025	英甲	2017/1/2 23:00	北安普	布拉德	(1:0) 1:2	负
周一024	英甲	2017/1/2 23:00	吉灵汉	牛津联	(0:0) 0:1	负
周一023	英甲	2017/1/2 23:00	考文垂	博尔顿	(0:2) 2:2	平
周一022	英甲	2017/1/2 23:00	切斯特	米尔顿	(0:0) 0:0	平
周一021	英甲	2017/1/2 23:00	查尔顿	布流浪	(1:1) 4:1	胜
周一020	英甲	2017/1/2 23:00	贝里	谢菲联	(1:1) 1:3	负
周一003	英甲	2017/1/2 21:00	温布尔	米尔沃	(1:2) 2:2	平

图 22-7　筛选状态下按条件计数

E2 单元格输入以下数组公式，按 <Ctrl+Shift+Enter> 组合键，将公式复制到 E2:G2 单元格区域。

```
{=SUM((SUBTOTAL(3,OFFSET($B$4,ROW(1:41),0))=1)*($G$5:$G$45=E1))}
```

首先使用 OFFSET 函数，以 B4 单元格为基点分别向下偏移 1~41 行，向右偏移 0 列，得到一个多维引用，其中包含 41 个大小为一行一列的单元格区域。

然后使用 SUBTOTAL 函数，对多维引用中的 41 个区域分别统计可见状态下不为空的单元格个数，返回内存数组结果为：

```
{0;0;0;0;0;0;0;0;0;0;0;1;1;1;1;1;1;1;1;1;1;1;1;0;0;0;……;0;1;0;0}
```

相当于分别对 B5、B6、B7……B45 单元格的可见状态进行判断，内存数组中结果为 1 的，说明对应位置的单元格为可见状态。

然后使用"$G$5:$G$45=E1"，判断 G 列单元格中的内容是否与 E1 单元格中的字符相同，得到由逻辑值 TRUE 和 FALSE 构成的内存数组。

最后将两个内存数组中的元素对应相乘，再使用 SUM 函数计算出乘积之和。

22.2.4　计算前 n 个非空单元格对应的数值总和

SUBTOTAL 函数第一参数使用常量数组时，能够同时对第二参数执行不同的汇总方式。与 OFFSET 函数、LOOKUP 函数结合使用，能实现比较特殊的统计汇总要求。

示例22-4　计算造价表中前 n 项的总价合计

图 22-8 展示的是某公司电气工程造价表的部分内容，其中 A 列是大项名称，B 列是不同大项下的子项目名称，F 列是各个子项目的合价金额。

现在需要根据 L1 单元格中指定的大项个数，对 F 列对应的合价进行汇总。

	A	B	C	D	E	F	其中			J	K	L	M
1	大项	子项目名称	单位	工程量	单价	合价	人工合价	材料合价	机械合价		前	3	大项
2													
3	配电箱	配电箱	台	2	155.36	310.72	234.08	63.56	13.08		合价总计		31985.95
4		集中供电应急照明配电屏	台	2	1491	2982		2982					
5	环控柜	环控柜	台	20	111.07	2221.4	1504.8	716.6					
6		切换箱	台	20	292	5840		5840					
7		检修箱	台	2	173.57	347.14	181.46	149.58	16.1				
8		就地按钮箱	台	21	29.28	614.88		614.88					
9		阀门双电源箱	台	4	4	16		16					
10	配电箱安装	阀门手操箱	套	0.948	687.99	652.21	651.87	0.34					
11		电源模块箱	套	100.488	3.75	376.83		376.83					
12		接地端子箱	套	0.806	611.92	493.21	492.92	0.29					
13		冷水机组控制柜	套	85.436	143.53		143.53						
14		基础槽钢、角钢安装 槽钢	套	27.208	550.89	14988.62	14978.82	9.79					
15		铁构件制作、安装及箱盒制作 一般铁构件 制作及安装	套	2884.048	1.04	2999.41		2999.41					
16		各类灯	套	26.8	496.11	13295.75	13286.1	9.65					
17		单臂顶套式挑灯架安装	套	2840.8	0	2272.64		2272.64					
18	灯具	楼梯扶手LED灯带安装	100m	7.246	446.39	3234.54	3231.93	2.61					
19		路灯杆座安装成套型	m	768.076	0.6	460.85		460.85					
20		金属杆组立单杆式杆	100m	0.62	298.35	184.98	143.33	21.37	20.28				

图 22-8　计算前 N 项的总价合计

M3 单元格输入以下公式，计算出指定大项的合价金额。

```
=LOOKUP(L1,SUBTOTAL({3,9},OFFSET(F3,0,{-5,0},ROW(1:100))))
```

公式中的"OFFSET(F3,0,{-5,0},ROW(1:100))"部分，OFFSE 函数以 F3 单元格为基点，向下偏移 0 行，向右分别偏移 0 列（仍然是 F 列）和 -5 列（即向左偏移 5 列到 A 列），新引用的行数为 1 到 100。最终在 A 列和 F 列各生成一组多维引用，每一列中的多维引用分别由 100 个 1 列 n 行的区域构成，行数 n 从 1 到 100 依次递增。

SUBTOTAL 函数第一参数使用 {3,9}，表示对在 A 列生成的多维引用按统计非空单元格个数的方式进行汇总，对在 F 列生成的多维引用按求和方式进行汇总，最终得到两列一百行的内存数组结果：

{1,310.72;1,3292.72;2,5514.12;3,11354.12;3,11701.26;3,12316.14;3,12332.14;
3,12984.35;3,13361.18;3,13854.39;3,13997.92;3,28986.54;3,31985.95;4,
45281.7;……;12,116015.87}

LOOKUP 函数以 L1 单元格中指定的大项数为查找值，在以上内存数组中的首列查找最后一个符合条件的记录，并返回内存数组中与该记录位置对应的第二列中的内容。

22.2.5 按指定次数重复显示内容

示例22-5 制作设备责任人标签

如图 22-9 所示，某工厂为落实 5S 管理，需要制作粘贴到设备上的维护保养责任人标签。其中 A 列为责任人姓名，B 列为需要得到的标签数。

D2 单元格输入以下公式，向下复制到单元格显示空白为止。

=LOOKUP(ROW(A1)-1,SUBTOTAL(9,OFFSET(B$1,,,
ROW($1:$100))),A$2:A$101)&""

先使用 OFFSET 函数，从 B1 单元格开始，得到由 100 个区域构成的多维引用，这 100 个区域的大小分别为 1 列 1 行 ~1 列 100 行。

然后使用 SUBTOTAL 函数对多维引用中的每个区域分别求和，得到内存数组结果为：

{0;2;5;7;11;12;14;17;1;……;17;17}

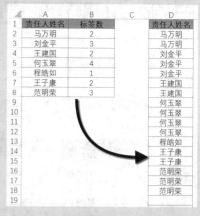

图 22-9 制作设备责任人标签

公式结果相当于从 B1 单元格开始依次向下累加求和。

接下来使用 LOOKUP 函数，以 ROW(A1)-1 为查询值，在以上内存数组中查找等于该值或是小于该值的最接近值，并返回第三参数 A$2:A$101 中对应位置的内容。

提示　　多维引用公式的编写和运算过程都较为复杂，如果处理的数据量比较多，公式的计算效率也会大打折扣。实际工作中，可以通过排序或是增加辅助列等手段，降低公式复杂程度。

第 23 章　使用公式审核工具稽核

公式编辑输入后，需要验证公式的计算结果是否正确。如果公式返回了错误值或是计算结果有误，可以借助公式审核工具找出错误原因。本章主要介绍公式审核工具的使用方法。

> **本章学习要点**
>
> （1）查看部分公式运算过程。　　　　　（3）单元格追踪与错误追踪。
> （2）错误检查工具。

23.1　验证公式结果

选中一个数据区域时，Excel 会根据所选内容的格式在状态栏中自动显示该区域的求和、平均值、计数等计算结果。根据状态栏中的显示内容，能够对公式结果进行简单的验证，右键单击状态栏，在弹出的快捷菜单中还可以设置要显示的计算选项，如图 23-1 所示。

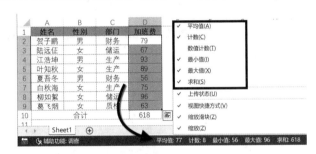

图 23-1　在状态栏中验证公式结果

23.2　查看公式运算过程

对于较为复杂的公式，需要手工验证结果，如查看引用的内容是否正确，运算的逻辑是否有误等。

当公式中包含多段计算或是包含嵌套函数时，可以借助 <F9> 键查看其中一部分公式的运算结果，也可以使用【公式求值】命令查看公式的运算过程。

23.2.1　分段查看运算结果

在编辑栏中选中公式中的一部分，按 <F9> 键即可显示该部分公式的运算结果，如图 23-2 所示。

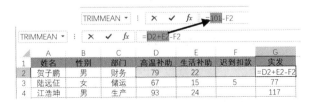

图 23-2　使用 <F9> 键分段查看运算结果

选择公式段时必须是一组完整的运算对象，否则 Excel 会弹出如图 23-3 所示的提示对话框。在查看过程中按 <Esc> 键或是单击编辑栏左侧的取消按钮，可使公式恢复原状。

图 23-3　Excel 提示对话框

23.2.2　显示公式运算过程

选中包含公式的单元格，依次单击【公式】→【公式求值】按钮，在弹出的【公式求值】对话框中单击【求值】按钮，可按照公式运算顺序依次查看分步计算结果，如图 23-4 所示。

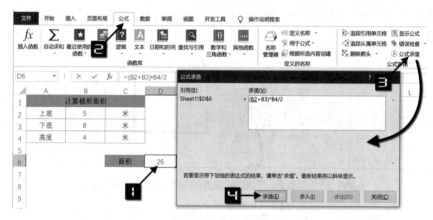

图 23-4　公式求值

如果单击【步入】按钮，将显示下一步要参与计算的单元格内容。如果下一步要计算的是定义的名称，会显示名称中所使用公式的计算过程，单击【步出】按钮可返回求值状态，如图 23-5 所示。

图 23-5　显示自定义名称中的公式运算过程

提示

在使用 <F9> 键或是使用"公式求值"功能时，如果所查看内容为函数产生的多维引用，有可能无法显示正确的分段计算结果。

23.3 错误检查

23.3.1 常见错误值及产生的原因

使用公式进行计算时,可能会因为某种原因而返回错误值。常见的错误值及其产生的原因如表23-1所示。

表 23-1 常见错误值及含义

错误值类型	产生的原因
#####	当列宽不能完整地显示数字,或者使用了负的日期、时间时,单元格中将以 # 号填充
#VALUE!	当使用的参数类型错误时出现错误。例如,A1 单元格为字符 "A",B1 单元格公式为 =1*A1,文本字符不能进行四则运算。因此返回错误值 #VALUE!
#DIV/0!	当数字被零除时出现错误。例如,公式 "=2/0",除数为 0。因此返回错误值 #DIV/0!
#NAME?	公式中使用文本字符时,在文本外侧没有添加半角双引号,或是函数名称输入有误。例如,公式 "=A2=销售部",由于 "销售部" 外侧没有添加半角双引号,Excel 因为无法识别而返回错误值 #NAME?。正确写法应为 "=A2=" 销售部 ""
#N/A	通常情况下,查询类函数找不到可用结果时,会返回错误值 #N/A
#REF!	当删除了被引用的单元格区域或被引用的工作表时,返回错误值 #REF!
#NUM!	公式或函数中使用了无效数字值。例如,公式 "=SMALL(A1:A6,7)",要在 6 个单元格中返回第 7 个最小值。因此返回错误值 #NUM!
#NULL!	此种类型的错误值出现较少。在使用空格表示两个引用单元格之间的交叉运算符,但计算并不相交的两个区域的交点时,会返回错误值 #NULL!。例如,公式 "=SUM(A:A B:B)",参数 A:A 与 B:B 没有交集部分

23.3.2 错误检查器

Excel 默认开启后台错误检查功能,用户可以根据需要设置错误检查的规则。

依次单击【文件】→【选项】,打开【Excel 选项】对话框。切换到【公式】选项卡下,保留【错误检查】区域中【允许后台错误检查】的选中状态,然后在【错误检查规则】区域选中各个错误检查规则前的复选框,最后单击【确定】按钮,如图 23-6 所示。

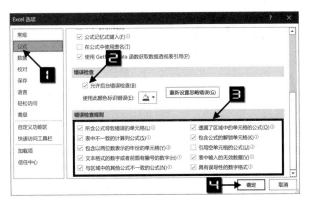

图 23-6 错误检查规则

如果单元格中的内容或公式符合以上规则，或者公式计算结果返回了 #DIV/0!、#N/A 等错误值，单元格的左上角将显示三角形的智能标记。

选中该单元格，单击自动出现的【错误提示器】按钮，在扩展菜单中会出现包括错误的类型及"有关此错误的帮助""显示计算步骤"等命令按钮，用户可以单击其中的某项命令，来进行对应的检查或是选择忽略错误，如图23-7 所示。

图 23-7 错误提示器

23.3.3 追踪错误

依次单击【公式】→【错误检查】命令，在弹出的【错误检查】对话框中，命令选项与错误提示器中的选项类似，会显示当前工作表中返回错误值的单元格及错误的原因，单击【上一个】或【下一个】按钮，可以依次查看其他单元格中公式的错误情况，如图 23-8 所示。

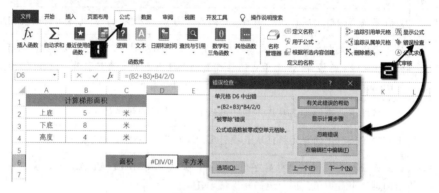

图 23-8 错误检查

选定包含错误值的单元格，依次单击【公式】→【错误检查】→【追踪错误】命令，将在该单元格中出现蓝色的追踪箭头，表示错误可能来源于哪些单元格，如图 23-9 所示。

图 23-9 追踪错误

单击【公式】选项卡下的【删除箭头】命令或是按 <Ctrl+S> 组合键，追踪箭头将不再显示。

23.3.4 单元格追踪

如果 B1 单元格中的公式引用了 A1 单元格，那么 A1 是 B1 的引用单元格，B1 则是 A1 的从属单元格。

选中包含公式的单元格，在【公式】选项卡下单击【追踪引用单元格】按钮，或是选中被公式引用的单元格，单击【追踪从属单元格】按钮，将在引用和从属单元格之间用蓝色箭头连接，方便用户查看公式与各单元格之间的引用关系，如图 23-10 所示。

图 23-10　追踪引用单元格

23.3.5　检查循环引用

当公式计算返回的结果需要依赖公式自身所在的单元格的值时，无论是直接还是间接引用，都称为循环引用。如 A1 单元格输入公式"=A1+1"。或是 B1 单元格输入公式"=A1"，而 A1 单元格公式为"=B1"，都会产生循环引用。

如果存在循环引用，公式将无法正常运算，状态栏左侧会提示包含循环引用的单元格地址。

也可以依次单击【公式】→【错误检查】→【循环引用】命令，查看包含循环引用的单元格。单击单元格地址，可跳转到对应单元格进行编辑。如果工作表中包含多个循环引用，此处仅显示一个包含循环引用的单元格地址，如图 23-11 所示。

图 23-11　循环引用

23.4　添加监视窗口

利用【监视窗口】功能，可以把重点关注的单元格添加到监视窗口中，随时查看数据的变化情况。切换工作表或是调整工作表滚动条时，【监视窗口】始终在最前端显示。

单击【公式】选项卡中的【监视窗口】按钮，在弹出的【监视窗口】对话框中单击【添加监视 ...】按钮。然后在弹出的【添加监视点】对话框中单击右侧的折叠按钮选择目标单元格，最后单击【添加】按钮，如图 23-12 所示。

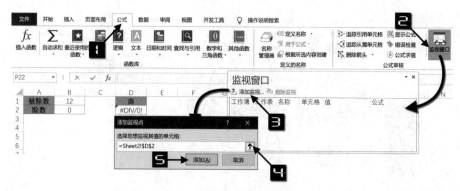

图 23-12 添加监视窗口

【监视窗口】会显示监视点单元格所在的工作簿和
工作表名称，同时显示定义的名称、单元格地址、显示
的值及使用的公式，并且可以随着这些项目的变化实时
更新显示内容。

在【监视窗口】中可添加多个监视点，选中某个监
视点后，单击【删除监视】按钮可将该监视点从窗口中
删除。双击【监视窗口】对话框右上角的空白区域，可
将该窗口显示到工作区顶端位置，如图 23-13 所示。

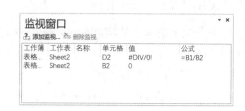

图 23-13 监视窗口

23.5 其他常见问题

23.5.1 显示公式本身

如果公式编辑后并未返回计算结果，而是显示公式本身的字
符，可以在【公式】选项卡下检查【显示公式】按钮是否为高亮
状态，单击该按钮可在普通模式和显示公式模式之间进行切换，
如图 23-14 所示。

如果未开启"显示公式"模式，则可能是当前单元格的数字格
式设置成了"文本"格式，将数字格式设置为"常规"格式后，双
击公式即可。

图 23-14 【显示公式】按钮

23.5.2 手动重算

如果在复制使用了相对引用的公式时，公式在不同单元格中的
结果不能自动更新，可依次单击【公式】→【计算选项】下拉按钮，
在下拉菜单中检查是否选中了【自动】命令，如图 23-15 所示。

图 23-15 计算选项

23.5.3 数据精度

Excel 在执行计算时，先将数值由十进制转换为二进制后再执行计算，最后将二进制的计算结果转
换为十进制的数值。这种运算通常伴随着因为无法精确表示而进行的近似或舍入，将二进制下的微小误
差传递到最终计算结果中，可能会得出不准确的结果。

例如，在 A1 单元格输入公式"=4.1-4.2+1"，然后不断增加 A1 单元格的小数位数，A1 单元格的计算结果将会显示为 0.899999999999999。

Excel 提供了两种用于补偿舍入误差的基本方法。

一种是使用 ROUND 函数对计算结果进行修约。例如，将公式修改为"=ROUND(4.1-4.2+1,1)"，将返回保留一位小数的计算结果 0.9。

另一种是将精度设置为所显示的精度。此选项会将工作表中每个数字的值强制为显示值。依次单击【文件】→【选项】，打开【Excel 选项】对话框，切换到【高级】选项卡，在【计算此工作簿时】区域，选中【将精度设为所显示的精度】复选框，最后依次单击【确定】按钮关闭对话框，如图 23-16 所示。

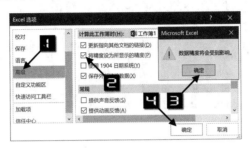

图 23-16　设置精度

如果设置了两位小数的数字格式，然后打开【将精度设为所显示的精度】选项，则在保存工作簿时所有超出两位小数的精度均会丢失。

 注意

开启此选项会影响工作簿中的全部工作表，并且无法恢复由此操作所丢失的数据。

第三篇

数据可视化常用功能

　　图表具有直观形象的优点，可以形象地反映数据的差异、构成比例或变化趋势。图形能增强工作表或图表的视觉效果，创建出引人注目的报表或非数据图表。结合Excel的函数与公式、定义名称、窗体控件、VBA等功能，还可以创建实时变化的动态图表，将数据表格、图表组合起来，就可以形成仪表盘。

　　Excel提供了丰富的图表、迷你图、图片、形状、图标、3D模型和SmartArt等元素，条件格式中的数据条、色阶和图标也简单实用，初学者很容易上手。此外，自定义图表和绘制自选图形的功能，更为追求特色效果的进阶用户提供了自由发挥的平台。

第 24 章 条件格式

使用 Excel 的条件格式功能，可以根据单元格中的内容来自动匹配应用格式，通过增强单元格显示效果来帮助用户聚焦关键数据、发现隐藏问题。常用的条件格式效果包括突出效果显示数据、数据条、色阶和图标集等。

本章学习要点

（1）认识条件格式。

（2）设置条件格式。

（3）编辑或删除条件格式规则。

24.1 认识条件格式

条件格式能够针对单元格的内容进行判断，为符合条件的单元格应用格式。例如，在某个数据区域设置条件格式为对重复数据用红色字体进行突出标记，当用户输入或是修改数据时，Excel 会对整个区域的数据进行自动检测，判断其是否符合。如果出现了重复内容，则自动将这些单元格的字体显示为红色。

或也可以为整列数据设置条件格式，使用数据条、色阶或图标集来标记同列数据的大小关系。

图 24-1 中显示了部分常用的条件格式效果。

	A	B	C	D	E	F
1	月份	合同签订	合作意向	合同执行	客户跟踪	客户回访
2	1月	11400	365	1501	1250	14516
3	2月	7095	1375	2600	2277	13347
4	3月	22160	11325	17986	1650	53121
5	4月	39525	12246	46619	2400	100790
6	5月	47415	19030	35093	2400	103938
7	6月	41333	15078	11573	700	68684
8	7月	28136	8743	18887	0	55766
9	6月	17662	5690	17691	0	41043

图 24-1 常用条件格式效果

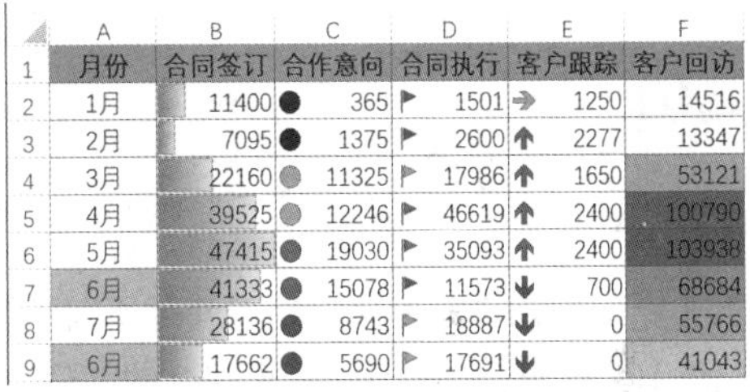

在【开始】选项卡下单击【条件格式】下拉按钮，下拉菜单中包括【突出显示单元格规则】【最前/最后规则】【数据条】【色阶】【图标集】等选项，单击其中一项时将展开子菜单，供用户继续选择。

在【突出显示单元格规则】和【最前/最后规则】命令的子选项中，包含了多个与数值大小相关的内置规则。能够根据单元格中的数值及所选区域的整体数据进行判断，然后对符合【发生日期】【重复值】【前 10 项】【最后 10 项】等规则的数据进行突出显示，如图 24-2 所示。

图 24-2 【条件格式】下拉菜单

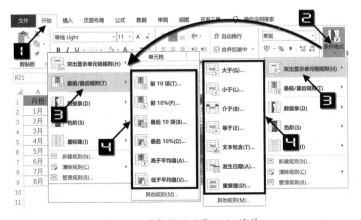

在【数据条】【色阶】和【图标集】命令的子选项中，分别包含了改变单元格底色和添加图标形状的多种视觉效果规则。数据条表示在单元格中水平显示的颜色条，数据条的长度和数值大小成正比。色阶能够根据所选区域数值的整体分布情况而变化背景色。图标集则是在单元格中显示图标，用以展示数值的上升或下降趋势，如图 24-3 所示。

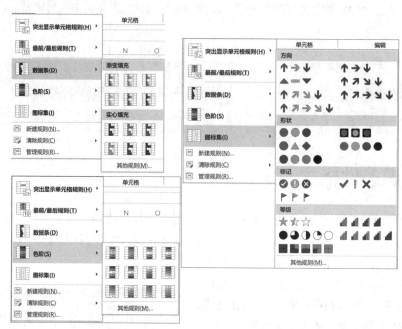

图 24-3　数据条、色阶和图标集样式预览

【新建规则】命令允许用户使用所有的条件，包括使用公式作为条件。使用公式条件时，如果公式结果返回 TRUE 或是返回不等于 0 的数值，将应用指定的单元格格式。如果公式结果返回 FALSE 或是返回数值 0，则不应用用户指定的单元格格式。

【清除规则】和【管理规则】命令，用于对条件格式规则的控制和管理。

24.2　设置条件格式

要为某个单元格区域应用条件格式时，需要先选中单元格区域。例如，要在销售业绩表中突出显示销售额最高的前 3 项，操作步骤如下。

步骤① 选中 C2:C14 单元格区域，依次单击【开始】→【条件格式】→【最前 / 最后规则】→【前 10 项】命令。

步骤② 在弹出的【前 10 项】对话框中，单击左侧的微调按钮或是手工输入数值 3，单击【设置为】右侧的下拉按钮，在下拉列表中选择【浅红色填充】命令，最后单击【确定】按钮，如图 24-4 所示。

如果在下拉菜单中选择【新建规则】命令，将打开【新建格式规则】对话框，并默认选中【基于各自值设置所有单元格的格式】选项。在此对话框中可以创建功能区中的所有条件格式规则，也可以创建基于公式的自定义规则，如图 24-5 所示。

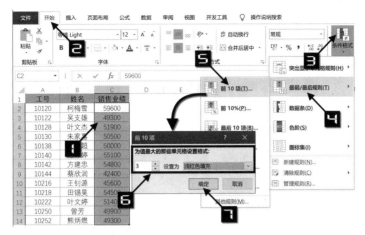

图 24-4 应用内置条件格式规则

图 24-5 【新建格式规则】对话框

【选择规则类型】列表中包含多个类型选项，不同规则的说明如表 24-1 所示。

表 24-1 条件格式规则类型说明

规则类型	说明
基于各自值设置所有单元格的格式	创建显示数据条、色阶或图标集的规则
只为包含以下内容的单元格设置格式	创建基于数值大小比较的规则，如大于、小于、不等于、介于等，及"特定文本""发生日期""空值""无空值""错误""无错误"等规则
仅对排名靠前或靠后的数值设置格式	创建可标记最高、最低 n 项或百分之 n 项的规则
仅对高于或低于平均值的数值设置格式	创建可标记特定范围内数值的规则
仅对唯一值或重复值设置格式	创建可标记指定范围内的唯一值或是重复值的规则
使用公式确定要设置格式的单元格	创建基于公式运算结果的规则

当选中【基于各自值设置所有单元格的格式】选项时，在底部的【格式样式】下拉列表中可以根据需要选择双色刻度、三色刻度、数据条和图标集四种样式。单击【类型】下拉列表，还会显示多个类型选项，如图 24-6 所示。

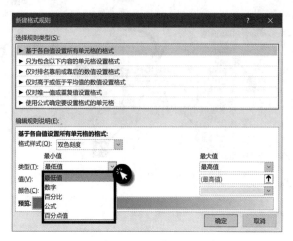

图 24-6　类型下拉列表中的计算规则

各个类型的计算说明如表 24-2 所示。

表 24-2　最小值、最大值类型

类型	说明
最低值或最高值	数据序列中最小值或最大值
数字	由用户直接录入的值
百分比	与通常意义的百分比不同，其计算规则为 ：(当前值 - 区域中的最小值)/(区域中的最大值 - 区域中的最小值)
公式	直接输入公式，以公式计算结果作为条件规则
百分点值	使用 PERCENTILE 函数规则计算出的第 K 个百分点的值

当用户在【选择规则类型】列表中选中其他规则时，对话框底部的【编辑规则说明】区域将依据所选规则显示不同的选项，在对话框的右下角也会显示出【格式】按钮。单击【格式】按钮，可以在弹出的【设置单元格格式】对话框中继续设置要应用的格式类型。如图 24-7 所示。

条件格式中的【设置单元格格式】对话框与常规的【设置单元格格式】对话框类似，每个选项卡下都包含用于清除所有已选定格式的【清除】按钮，便于用户操作。但是，该对话框中的部分命令无法使用，如在【字体】选项卡下将无法更改字体和字号，也无法设置文字上标或下标，如图 24-8 所示。

图 24-7　【新建格式规则】对话框中的规则和选项

图 24-8　用于条件格式的【设置单元格格式】对话框

24.3　条件格式实例

"数据条""色阶"和"图标集"用颜色或图标来突出显示特定数据，用户可以详细设置这些效果的展示方式。

24.3.1　使用数据条展示数据差异

数据条分为"渐变填充"和"实心填充"两类显示效果，在营收数据表中使用数据条来展示不同部门的营收占比，使数据更加直观，如图 24-9 所示。

操作步骤如下。

步骤① 选中 B2:B8 单元格区域，依次单击【开始】→【条件格式】→【数据条】命令，在样式列表中单击绿色数据条样式，如图 24-10 所示。

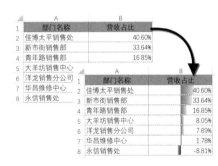

图 24-9　用数据条展示不同部门的营收占比

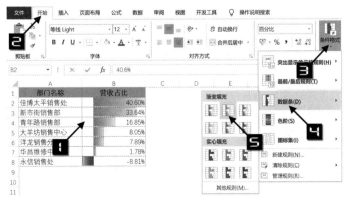

图 24-10　添加数据条

此时在 B2:B8 单元格区域中的数据条长度默认根据所选区域的最大值和最小值来显示，可以将其最大值调整为 1，即百分之百。

步骤② 依次单击【开始】→【条件格式】→【管理规则】命令，打开【条件格式规则管理器】对话框。在对话框中选中数据条规则，然后单击【编辑规则】命令，如图 24-11 所示。

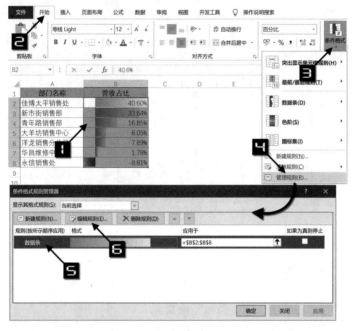

图 24-11　条件格式规则管理器

步骤③ 在弹出的【编辑格式规则】对话框中，单击【类型】下拉按钮，将【最小值】设置为"自动"，【最大值】设置为"数字"，【值】设置为"1"。单击【负值和坐标轴】按钮，弹出【负值和坐标轴设置】对话框。

步骤④ 在【坐标轴设置】区域，选中【单元格中点值】单选按钮，其他保留默认设置，最后依次单击【确定】按钮关闭各个对话框，如图 24-12 所示。

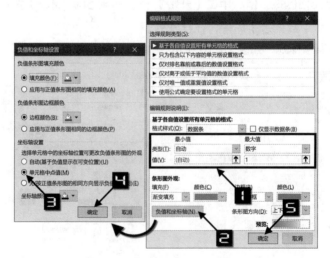

图 24-12　【编辑格式规则】对话框

24.3.2　使用色阶绘制“热图”效果

色阶包括“三色刻度”和“双色刻度”两类显示效果，可以用不同深浅、不同颜色的色块直观地反映数据大小，形成类似“热图”的效果。如图 24-13 所示。

城市	1月份	2月份	3月份	4月份	5月份	6月份	7月份	8月份	9月份	10月份	11月份	12月份
桂林	63.4	96.7	136.7	247.4	351.7	346.9	231.3	173.3	81.8	65.7	63.6	42.8
广州	40.9	69.4	84.7	201.2	283.7	276.2	232.5	227	166.2	87.3	35.4	31.6
海口	19.5	35	50.6	100.2	181.4	227	218.1	235.6	244.1	224.4	81.3	34.9
南昌	74	100.7	175.6	223.8	243.8	306.7	144	128.9	68.7	59.7	56.8	41.5
杭州	73.2	84.2	138.2	126.6	146.6	231.1	159.4	155.8	145.2	87	60.1	47.1
福州	48	86.6	145.4	166.5	193.7	208.9	98.8	179.7	145	47.6	41.3	32
长沙	66.1	95.2	128.5	207.2	178.5	202.4	93	107	56.8	84.2	71.2	41.2
武汉	43.4	58.7	95	131.1	164.2	225	190.3	111.7	79.7	92	51.8	26
上海	50.6	56.8	98.8	89.3	102.3	169.6	156.3	157.9	137.3	62.5	46.2	37.1
重庆	19.5	20.6	36.2	104.6	151.7	171.2	175.4	134.4	127.6	92.4	45.9	24.9
南京	37.4	47.1	81.8	73.4	102.1	193.4	185.5	129.2	72.1	65.1	50.8	24.4

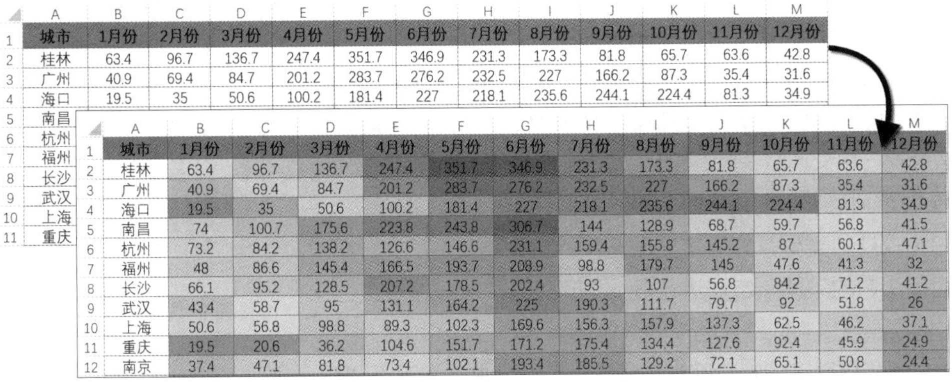

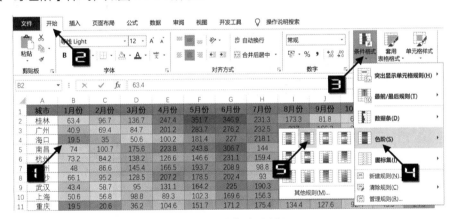

图 24-13　使用色阶展示的降水量数据

操作步骤如下。

步骤① 单击 B2 单元格，拖动鼠标到 M 列最后一行数据，依次单击【开始】→【条件格式】→【色阶】命令。

步骤② 在展开的样式列表中移动光标，被选中的单元格中会同步显示出相应的效果，单击应用【红 - 黄 - 绿色阶】样式，如图 24-14 所示。

图 24-14　选择色阶样式

24.3.3　使用图标集展示业绩差异

使用图标集功能，能够根据数值大小在单元格中显示特定的图标。在图 24-15 所示的各销售中心上半年营销业绩表中，完成计划率大于 80% 的显示为红色交通灯图标，60%~80% 的显示为黄色交通灯图标，而低于 60% 的则显示为绿色交通灯图标。

操作步骤如下。

步骤① 选中 B2:G13 单元格区域，依次单击【开始】→【条件格式】→【新建规则】命令，打开【新建格式规则】对话框。

步骤② 在【选择规则类型】列表中选中【基于各自值设置所选单元格的格式】选项。在【编辑规则说明】区域中进行如下设置：

（1）单击【格式样式】下拉按钮，在下拉列表中选择"图标集"。

（2）单击【图标样式】下拉按钮，在下拉列表中选择"三色交通灯 (无边框)"。

当选择图标集样式时，Excel 默认执行"百分比"的比较规则类型，并且依据所选图标集类型中图标个数的不同，自动进行等比的区间分段。本例需要直接判断单元格中的数值大小。

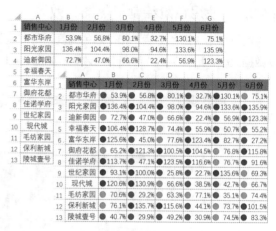

图 24-15 用图标集展示业绩差异

因此需要在【根据以下规则显示各个图标】区域中进行如下设置：

（1）将第一个图标的【类型】设置为"数字"，然后设置【当值是】为">="，【值】为"0.8"。

（2）将第二个图标的【类型】设置为"数字"，然后设置【当 <0.8 且】为">="，【值】为"0.6"。

Excel 的三色交通灯默认的颜色显示顺序为"绿→黄→红"，单击【反转图标次序】按钮，将颜色显示顺序更改为"红→黄→绿"，最后单击【确定】按钮，如图 24-16 所示。

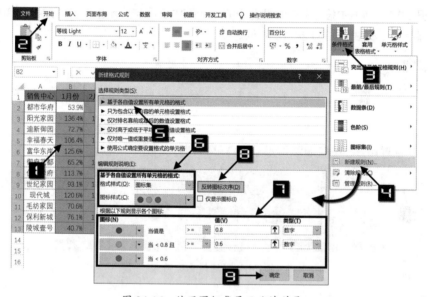

图 24-16 使用图标集展示业绩差异

提示   使用图标集时，仅可以选择内置的图标样式。如果单元格中同时显示图标和数字，则图标只能靠左侧显示。

24.3.4 变化多端的自定义条件格式规则

Excel 允许用户使用公式设置条件格式规则，使条件格式的应用更加多样化。

示例24-1 输入内容自动添加边框

　　如图 24-17 所示是某公司客户信息表的部分内容，只要在 A 列输入内容，Excel 就会自动对这一行的 A~E 列区域添加边框。当 A 列数据清除后，边框会自动消失。

	A	B	C	D	E
1	客户名称	姓名	职务	办公电话 1	办公电话 2
2	A&G环保设备有限公司	马春玲	副经理	66524130	66525380
3	天籁视听科技有限公司	刘世荣	业务经理	66524133	66526410
4					
5					

	A	B	C	D	E
1	客户名称	姓名	职务	办公电话 1	办公电话 2
2	A&G环保设备有限公司	马春玲	副经理	66524130	66525380
3	天籁视听科技有限公司	刘世荣	业务经理	66524133	66526410
4	春来科技有限公司				
5	绿洲软件开发有限公司				

图 24-17　输入内容自动添加边框

操作步骤如下。

步骤① 选中需要输入数据的单元格区域，如 A2:E10，依次单击【开始】→【条件格式】→【新建规则】命令，打开【新建格式规则】对话框。

步骤② 在【选择规则类型】列表中选中【使用公式确定要设置条件的单元格】选项，然后在【为符合此公式的值设置格式】编辑框中输入以下公式：

=$A2<>""

步骤③ 单击【格式】按钮，在弹出的【设置单元格格式】对话框中切换到【边框】选项卡，选择一种边框颜色，如"蓝色，个性 1"，单击【外边框】按钮，最后依次单击【确定】关闭对话框，如图 24-18 所示。

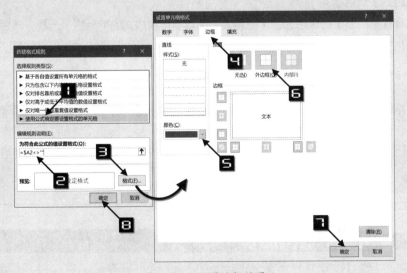

图 24-18　设置边框效果

　　在条件格式中使用函数与公式时，如果选中的是一个单元格区域，必须根据活动单元格作为参照来编写公式，设置完成后，该规则会应用到所选中范围的全部单元格。如果选中的是多行多列的区域，则需要同时考虑行方向和列方向的引用方式。

本例中，活动单元格为 A2，条件格式的公式为 "=$A2<>""""，即 A2:E10 区域中每一个单元格都根据 A 列当前行单元格是否等于空白来判断是否应用带边框的格式。

如果需要在条件格式的公式中固定引用某一行或某一列时，可以理解为在所选区域的活动单元格中输入公式，然后将公式复制到所选范围内。

示例24-2 突出显示销量最高的产品记录

图 24-19 展示了某公司近期服装销售汇总表的部分内容，使用条件格式能够自动突出显示销量最高的产品记录。

	A	B	C	D	E	F	G	H	I	J	K	L	M
1	大类名称	款式名称	暗红	白色	1号色	豆沙	粉红	粉花	粉色	黑色	红点	红花	合计
2	单衣	T恤		5						13			18
3	单衣	半袖衬衫						16	2		7		27
4	单衣	吊带衫				7				12			19
5	单衣	风衣			6		12			12			30
6	单衣	连衣裙		29				15		11		5	60
7	单衣	上衣	9					7			5		21
8	单衣	套服							1			3	4
9	单衣	套裙							10				10
10	单衣	长袖衬衫						5	15	11		7	42
11	单衣	针织衫	3			2	8			1			14
12	夹衣	夹克				4				2			6
13	下装	长裤		6		5				17			28

图 24-19　突出显示销量最高的产品记录

操作步骤如下。

步骤① 选中 A2:M13 单元格区域，依次单击【开始】→【条件格式】→【新建规则】命令，打开【新建格式规则】对话框。

步骤② 在【选择规则类型】列表中选中【使用公式确定要设置格式的单元格】选项，然后在【为符合此公式的值设置格式】编辑框中输入以下公式：

=$M2=MAX($M$2:$M$13)

步骤③ 单击【格式】按钮，在弹出的【设置单元格格式】对话框中切换到【填充】选项卡，选择一种填充颜色，最后依次单击【确定】关闭对话框。

因为每条记录都用 M 列当前行中的数据与区域最大值比较，所以 $M$2:$M$13 使用了绝对引用，而 $M2 则是列方向使用绝对引用，行方向使用相对引用。

示例24-3 劳动合同到期提醒

在图 24-20 所示的劳动合同列表中，通过设置条件格式，使距今 30 天内的合同到期日以浅蓝色填充突出显示。距今 7 天内的合同到期日以橙色填充突出显示。

	A	B	C	D	I	J	K	L	M	N	O
1	合同编号	姓名	试用期限（月）	试用到期	合同状态	续签次数	签订日期	生效日期	合同期限（月）	到期日期	终止日期
2	GS-HR9162	文仙朵	3	2019/3/10	有效	1	2019/10/10	2019/10/10	12	2020/10/10	
3	GS-HR9740	何伟彬	3	2018/5/31	有效	2	2019/9/21	2019/9/21	12	2020/9/21	
4	GS-HR9148	马向阳	1	2019/3/10	有效	1	2019/12/10	2019/12/10	12	2020/12/10	
5	GS-HR9895	何大茂	3	2019/3/22	有效	1	2019/9/22	2019/9/22	12	2020/9/22	
6	GS-HR9540	袁承志	6	2019/2/10	有效	1	2019/10/10	2019/10/10	12	2020/10/10	
7	GS-HR9591	祁同伟	3	2018/1/15	有效	2	2020/1/15	2020/1/15	12	2021/1/15	
8	GS-HR9605	高育良	1	2018/10/17	有效	2	2019/11/17	2019/11/17	12	2020/11/17	
9	GS-HR9815	李凤菲	1	2018/12/14	有效	2	2019/12/14	2019/12/14	12	2020/12/14	
10	GS-HR9137	刘学静	2	2019/5/31	有效	1	2019/12/31	2019/12/31	12	2020/12/31	
11	GS-HR9541	刘晓辰	3	2019/8/10	有效	1	2019/9/19	2019/9/19	12	2020/9/19	
12	GS-HR9641	纪美华	6	2019/8/27	有效	1	2020/4/27	2020/4/27	12	2021/4/27	

图 24-20 劳动合同到期提醒

操作步骤如下。

步骤① 选中 N2：N12 单元格区域，依次单击【开始】→【条件格式】→【新建规则】命令，打开【新建格式规则】对话框。

步骤② 在【选择规则类型】列表中选中【使用公式确定要设置格式的单元格】选项，然后在【为符合此公式的值设置格式】编辑框中输入以下公式：

=AND($N2>=TODAY(),$N2-TODAY()<=30)

步骤③ 单击【格式】按钮，在【设置单元格格式】对话框的【填充】选项卡下选择浅蓝色，最后依次单击【确定】按钮关闭对话框。

步骤④ 重复步骤 1~ 步骤 2，在【为符合此公式的值设置格式】编辑框中输入以下公式：

=AND($N2>=TODAY(),$N2-TODAY()=7)

重复步骤 3，在【填充】选项卡下的背景色颜色面板中选择橙色，最后依次单击【确定】按钮完成设置。

本例第一个规则的公式中，分别使用两个条件对 N 列当前行单元格中的日期进行判断。

第一个条件 $N2>=TODAY()，用于判断目标单元格中的合同到期日期是否大于等于当前系统日期。

第二个条件 $N2-TODAY()<=30，用于判断当前系统日期是否比目标单元格中的合同到期日期早 30 天之内。

该公式中用 AND 表示的两个条件，也可以使用乘号来表示同时符合多个条件。

=($N2>=TODAY())*($N2-TODAY()<=30)

即条件 1 乘以条件 2，如果两个条件同时符合，则相当于 TRUE*TRUE，结果为 1，否则结果为 0。在条件格式中，如果公式结果等于 0 时，相当于逻辑值 FALSE；如果公式结果不等于 0，则相当于逻辑值 TRUE。

第二个条件格式规则的公式原理与之相同，不再赘述。这两个条件格式必须按上述顺序添加，否则无法达到所需效果。

示例24-4 突出显示指定名次的销售业绩

图 24-21 展示了某营销公司销售汇总表的部分内容，使用条件格式，能够根据指定的名次在符合条件的单元格内添加图标集。

营销中心	工号	姓名	销售套数	销售面积		名次	5
清风家园	10120	柯梅雪	2	247.6			
清风家园	10122	吴支雄	5	▶555.5			
清风家园	10128	叶文杰	0	0.0			
清风家园	10130	朱家喜	2	288.4			
保利东城	10138	周国超	1	148.1			
保利东城	10140	汪婷婷	4	▶466.8			
保利东城	10142	方建忠	7	▶893.9			
保利东城	10144	蔡欣润	3	314.1			
保利东城	10216	王钊源	8	▶734.4			
和谐东郡	10218	田锡昊	2	221.0			
和谐东郡	10222	叶文婷	7	▶1028.3			

营销中心	工号	姓名	销售套数	销售面积		名次	2
清风家园	10120	柯梅雪	2	247.6			
清风家园	10122	吴支雄	5	555.5			
清风家园	10128	叶文杰	0	0.0			
清风家园	10130	朱家喜	2	288.4			
保利东城	10138	周国超	1	148.1			
保利东城	10140	汪婷婷	4	466.8			
保利东城	10142	方建忠	7	▶893.9			
保利东城	10144	蔡欣润	3	314.1			
保利东城	10216	王钊源	8	734.4			
和谐东郡	10218	田锡昊	2	221.0			
和谐东郡	10222	叶文婷	7	▶1028.3			
和谐东郡	10250	曾芳	1	145.3			
和谐东郡	10252	熊炳燃	1	112.8			

图 24-21　突出显示指定名次的销售业绩

操作步骤如下。

步骤① 选中 E2:E14 单元格区域，依次单击【开始】→【条件格式】→【新建规则】命令，打开【新建格式规则】对话框。

步骤② 在【选择规则类型】列表中选中【基于各自值设置单元格的格式】选项，在【编辑规则说明】区域中单击【格式样式】下拉按钮，在下拉列表中选择"图标集"。

在【根据以下规则显示各个图标】区域中进行如下设置：

（1）将第一个图标的【类型】设置为"公式"，设置【当值是】为">="，在【值】编辑框中输入以下公式：

=LARGE($E$2:$E$14,$H$2)

（2）依次单击第二个图标和第三个图标右侧的下拉按钮，在样式列表中选择"无单元格图标"，最后单击【确定】按钮，如图 24-22 所示。

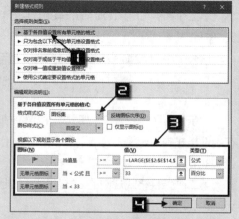
图 24-22　新建格式规则

LARGE 函数根据 H2 单元格中的数值，计算出 E2:E14 单元格区域中的第 k 个最大值。然后用所选区域单元格中的数值进行比较，如果大于或等于公式结果，就在单元格中显示出三色旗图标。调整 H2 单元格中的数值时，公式结果会随之变化，条件格式的效果也会实时更新。

在色阶、数据条和图标集的条件中使用函数公式时，仅支持单元格的绝对引用方式，而不允许使用相对引用。也就是所选区域的每一个单元格只能使用公式返回的同一个结果作为判断条件，否则会弹出错误提示，如图 24-23 所示。

图 24-23　Excel 提示对话框

示例24-5　用条件格式标记数据增减

将条件格式与自定义数字格式相结合，能够完成一些更加个性化的显示效果。图 24-24 展示了某公司各下属单位不同月份的销售数据，需要将这些数据与第 13 行中的上年同期平均值进行对比。

图 24-24　使用条件格式标记数据增减

操作步骤如下。

步骤① 选中 B2:M12 单元格区域，依次单击【开始】→【条件格式】→【管理规则】命令，打开【条件格式规则管理器】对话框。

步骤② 单击【新建规则】按钮，在弹出的【新建格式规则】对话框中选中【使用公式确定要设置格式的单元格】选项，然后在【为符合此公式的值设置格式】编辑框中输入以下公式：

```
=B2>B$13
```

步骤③ 单击【格式】按钮，在弹出的【设置单元格格式】对话框中切换到【数字】选项卡下，单击【分类】列表中的"自定义"，然后在右侧的类型文本框中输入以下格式代码，依次单击【确定】按钮返回【条件格式规则管理器】对话框，如图 24-25 所示。

```
[红色]↑0.0
```

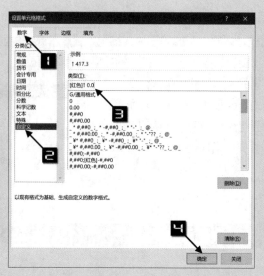

图 24-25　自定义数字格式

步骤④ 再次单击【新建规则】按钮，参照步骤 2，在【为符合此公式的值设置格式】编辑框中输入以下公式：

=B2<B$13

步骤⑤ 单击【格式】按钮打开【设置单元格格式】对话框，参照步骤 3，输入以下自定义数字格式代码，依次单击【确定】按钮关闭对话框。

［蓝色］↓ 0.0

24.4　管理条件格式

当为单元格创建了条件格式后，还可以根据实际需要对其进行编辑修改。

24.4.1　条件格式规则的编辑与修改

编辑与修改条件格式规则的步骤如下。

步骤① 选中需要修改条件格式的单元格区域，依次单击【开始】→【条件格式】→【管理规则】命令，打开【条件格式规则管理器】对话框。

步骤② 在【条件格式规则管理器】对话框中可进行如下设置：

（1）单击顶部的【显示其格式规则】下拉按钮，可选择不同的工作表、表格、数据透视表或是当前条件格式规则所应用的范围。

（2）单击【新建规则】按钮，将打开【新建格式规则】对话框，以便设置新的规则。

（3）在【应用于】编辑框中可以修改条件格式应用的范围，

（4）选中需要编辑的规则项目，单击【删除规则】按钮将删除该规则。如果单击【编辑规则】按钮，则打开【编辑格式规则】对话框，在此对话框中可以对已设置的条件格式进行编辑修改。如图 24-26 所示。

图 24-26 编辑格式规则

24.4.2 查找条件格式

通过目测的方法无法确定单元格中是否包含条件格式，如需要查找哪些单元格区域设置了条件格式，可以按 <Ctrl+G> 组合键打开【定位】对话框，然后单击【定位条件】按钮打开【定位条件】对话框。选中【条件格式】单选按钮，在对话框底部如果选中【全部】单选按钮，会选中当前工作表中所有包含条件格式的单元格区域，如果选中【相同】单选按钮，则仅选中与活动单元格具有相同条件格式规则的单元格区域，最后单击【确定】按钮，如图 24-27 所示。

也可以依次单击【开始】→【查找和选择】→【条件格式】命令，即可选中全部包含条件格式的单元格区域，如图 24-28 所示。

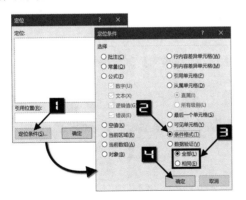

图 24-27 定位条件格式

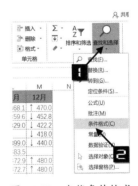

图 24-28 查找条件格式

24.4.3 调整条件格式规则优先级

Excel 允许对同一个单元格区域设置多个条件格式。当两个或更多条件格式规则应用于一个单元格区域时，将按其在【条件格式规则管理器】对话框中列出的顺序依次执行这些规则，越是位于上方的规则，其优先级越高。

○丨 调整条件格式规则优先级

默认情况下，新规则总是添加到列表的顶部，因此具有最高的优先级。选中一项规则后，单击对话框中的【上移】或【下移】箭头按钮，能够更改该规则的优先级顺序，如图 24-29 所示。

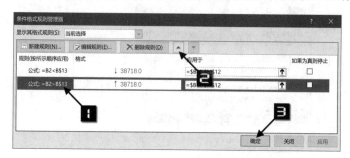

图 24-29　调整条件格式规则的优先级

当同一单元格存在多个条件格式规则时，如果规则之间没有冲突，则全部规则都有效。例如，如果一个规则将单元格格式设置为字体加粗，而另一个规则将同一个单元格的格式设置为红色，则在符合规则条件时，该单元格格式设置为字体加粗且为红色。

如果规则之间有冲突，则只执行优先级高的规则。例如，一个规则将单元格字体颜色设置为红色，而另一个规则将单元格字体颜色设置为绿色。因为这两个规则存在冲突，所以只应用优先级较高的规则。

○ 丨丨 应用"如果为真则停止"规则

在【条件格式规则管理器】对话框中，如果选中某个规则右侧对应的【如果为真则停止】复选框，当该规则成立时，则不再执行优先级较低的其他规则。

示例24-6　给条件格式加上开关

如图 24-30 所示是某公司销售记录表的部分内容，在 H 列设置了条件格式的图标集规则。借助条件格式中的"如果为真则停止"功能，能够控制条件格式是否显示。

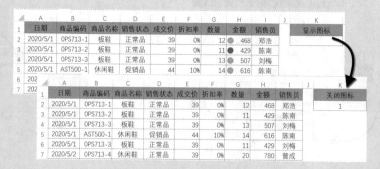

图 24-30　给条件格式加上开关

操作步骤如下。

步骤① 单击设置了条件格式规则的任意单元格，如 H2，依次单击【开始】→【条件格式】→【管理规则】命令，打开【条件格式规则管理器】对话框。

步骤② 单击【新建规则】按钮，在弹出的【新建格式规则】对话框中选中【使用公式确定要设置格式的单元格】选项，然后在【为符合此公式的值设置格式】编辑框中输入以下公式，单击【确定】按钮返回【条件格式规则管理器】对话框。

=$K$2=1

步骤③ 选中底部的条件格式规则，在【应用于】文本框中拖动鼠标选中单元格地址，按 <Ctrl+C> 组合键复制，然后选中刚刚设置的条件格式规则，在【应用于】文本框中按 <Ctrl+V> 组合键粘贴，选中右侧的【如果为真则停止】复选框，单击【确定】按钮关闭对话框，如图 24-31 所示。

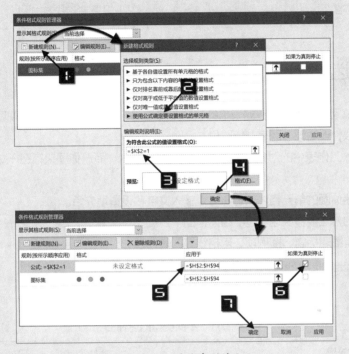

图 24-31 如果为真则停止

设置完成后，在 K2 单元格中输入数字 1，条件格式的图标集规则将不再执行，清除 K2 单元格中的数字 1，则继续显示图标集的效果。

24.4.4 删除条件格式规则

依次单击【开始】→【条件格式】→【清除规则】，在展开的二级菜单中可进行以下操作：

（1）单击【清除所选单元格的规则】命令，将清除所选单元格区域的条件格式规则。

（2）单击【清除整个工作表的规则】命令，则清除当前工作表中所有条件格式规则。

（3）如果当前选中的是"表格"（在【插入】选项卡下单击【表格】按钮创建的表）或是数据透视表，还可以选择使用【清除此表的规则】和【清除此数据透视表的规则】命令，如图 24-32 所示。

图 24-32 清除规则

第 25 章　用迷你图展示数据

迷你图是绘制在单元格中的微型图表，包括折线、柱形和盈亏三种类型，用来显示趋势或突出显示最大、最小值。迷你图使用方便，效果直观，是工作表内重要的数据可视化工具。

> **本章学习要点**
>
> （1）创建迷你图。　　　　　　　　　　　（2）设置迷你图样式。

25.1　认识迷你图

迷你图结构简单紧凑，通常在数据表格的一侧成组使用，能够帮助用户快速观察数据变化趋势。迷你图外观与图表相似，但功能与图表有所差异。

（1）图表是嵌入工作表中的对象，能够显示多个数据系列，而迷你图只存在于单元格中，并且仅由一个数据系列构成。

（2）在使用了迷你图的单元格内，仍然可以输入文字和设置填充色。

（3）使用填充的方法能够快速创建一组迷你图。

（4）迷你图没有图表标题、图例项、网格线等图表元素。

25.1.1　迷你图类型

迷你图包括折线、柱形和盈亏三种类型，其效果和功能说明如表 25-1 所示。

表 25-1　不同类型的迷你图

类型	效果	功能说明
折线		与折线图类似，用于展示数据趋势走向
柱形		与柱形图类似，能够快速识别最高和最低点的数据
盈亏		将数据点显示为正方向和负方向的方块，分别表示盈利和亏损

25.1.2　创建迷你图

以创建折线迷你图为例，操作步骤如下。

步骤① 选中要插入迷你图的单元格，如 H2，依次单击【插入】→【折线】命令，打开【创建迷你图】对话框。

步骤② 单击【数据范围】编辑框右侧的折叠按钮，选择 B2:G2 单元格区域。

步骤③ 单击【确定】按钮关闭【创建迷你图】对话框，即可在 H2 单元格中创建折线迷你图，如图 25-1 所示。

步骤④ 光标靠近 H2 单元格右下角，拖动填充柄到 H6 单元格，即可在 H2~H6 单元格内快速生成多个迷你图，如图 25-2 所示。

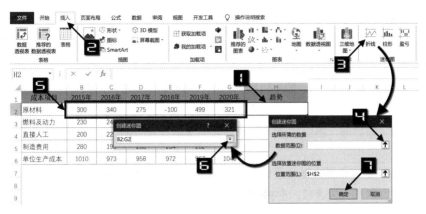

图 25-1　创建迷你图

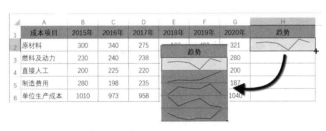

图 25-2　使用填充柄复制迷你图

除此之外，还可以先选中 H2∶H6 单元格区域，然后依次单击【插入】→【折线】命令。在弹出的【创建迷你图】对话框中单击【数据范围】编辑框，然后拖动鼠标选择 B2∶G6 单元格区域，最后单击【确定】按钮，如图 25-3 所示。

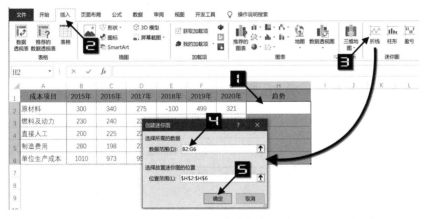

图 25-3　同时创建多个迷你图

注意

　　单元格的宽高比例将影响迷你图的外观效果，如图 25-4 所示是同一个迷你图在不同单元格大小下的显示效果，实际使用时应注意由此对数据解读带来的影响。

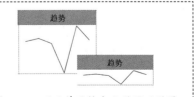

图 25-4　不同单元格大小的显示效果

25.1.3 迷你图的组合

通过填充或是同时选中多个单元格创建的迷你图，称为成组迷你图。同一组迷你图具备相同的特性，如果选中其中一个，处于同一组的迷你图会显示蓝色的外框线，如图 25-5 所示。如果对其进行个性化设置，将影响当前组中的全部迷你图。

利用迷你图的组合功能，可以将多个或多组迷你图组合为新的成组迷你图。

图 25-5　成组迷你图

如图 25-6 所示，选中已插入迷你图的 H2：H6 单元格区域，然后按住 <Ctrl> 键不放，再用鼠标选择包含迷你图的 B7：G7 单元格区域，选中两组迷你图。在【迷你图工具】的【设计】选项卡中单击【组合】命令完成组合。

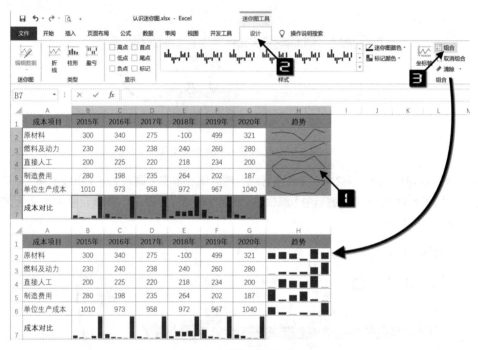

图 25-6　迷你图的组合

组合迷你图的图表类型由最后选中的单元格中的迷你图类型决定，本例中最后选中的是 B7：G7 中的柱形迷你图，所以新组合后的迷你图类型会全部转换为柱形。

25.2　更改迷你图类型

25.2.1　更改成组迷你图类型

如需更改成组迷你图的图表类型，可以先选中其中任意一个迷你图，然后在【迷你图工具】的【设计】选项卡下单击【类型】命令组中的图表类型按钮，将成组迷你图统一更改为指定的迷你图类型，如图 25-7 所示。

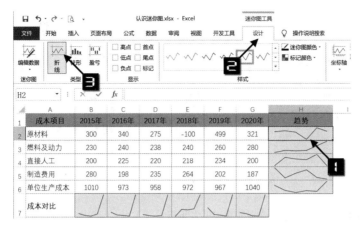

图 25-7　更改成组迷你图类型

25.2.2　更改单个迷你图类型

如需对成组迷你图中的单个迷你图类型进行更改，需要先取消迷你图的组合状态，然后再更改迷你图类型。

选中需要更改迷你图类型的单元格，如 H2，依次单击【设计】→【取消组合】命令，再选择一种迷你图类型，如柱形，将 H2 单元格中的折线迷你图更改为柱形迷你图，如图 25-8 所示。

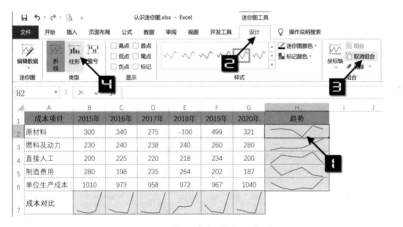

图 25-8　更改单个迷你图类型

25.3　设置迷你图样式

25.3.1　设置突出显示项目

单击选中迷你图，在【迷你图工具】的【设计】选项卡下的【显示】命令组中，通过选中各个复选框，能够突出显示迷你图中对应的项目。单击【标记颜色】下拉按钮，还能够对迷你图中的负点、标记、高点、低点、首点和尾点等项目分别设置不同的颜色，如图 25-9 所示。其中的标记选项仅在使用折线型迷你图时可用。

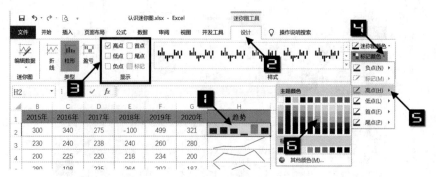

图 25-9　【显示】命令组和标记颜色

【显示】命令组中各选项的功能说明如表 25-2 所示。

表 25-2　【显示】命令组中各选项的功能说明

选项	功能说明
高点	突出显示最高数据点
低点	突出显示最低数据点
负点	突出显示负值数据点
首点	突出显示最左侧数据点
尾点	突出显示最右侧数据点
标记	在折线迷你图中突出显示数据点

25.3.2　使用内置样式

Excel 内置了多种迷你图样式，用户可以根据需要来选择。选中包含迷你图的单元格，如 H2，在【设计】选项卡中单击【样式】下拉按钮，打开迷你图样式库。选中一个样式图标，即可将该样式应用到所选迷你图，如图 25-10 所示。

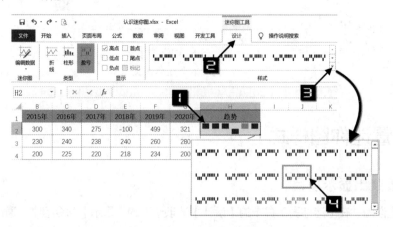

图 25-10　设置迷你图样式

25.3.3　设置迷你图颜色或线型

在折线迷你图中，迷你图颜色是指折线的颜色，在柱形迷你图和盈亏迷你图中是指柱形或方块颜色。

如果是折线迷你图，还可以设置线条粗细。操作步骤如下。

步骤① 选择包含折线迷你图的单元格，如 H3，在【迷你图工具】的【设计】选项卡下单击【迷你图颜色】下拉按钮，在【主题颜色】面板中选择一种颜色。

步骤② 依次单击【粗细】→【1.5 磅】，将折线迷你图的线条设置为 1.5 磅，如图 25-11 所示。

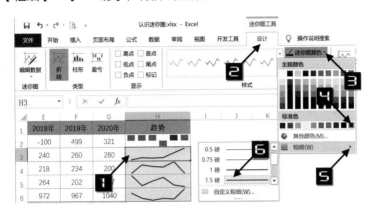

图 25-11　设置迷你图颜色与线条粗细

25.3.4　设置迷你图垂直轴

默认情况的成组迷你图，仅对每一行 / 列中的数据单独展示高低变化，用户可以根据需要手动设置迷你图的纵坐标最小值和最大值，使迷你图能够以统一的坐标轴范围反映数据的整体差异量状况，操作步骤如下。

步骤① 选中 H3:H6 单元格区域，按住 <Ctrl> 键再单击 H2 单元格，在【迷你图工具】的【设计】选项卡下单击【组合】命令按钮。

步骤② 选中 H2 单元格，在【迷你图工具】的【设计】选项卡下单击【坐标轴】命令按钮，在下拉列表中单击【纵坐标轴的最小值选项】区域中的【自定义值】命令，打开【迷你图垂直轴设置】对话框。

步骤③ 根据实际数据范围输入垂直轴的最小值，如 -150.0，单击【确定】按钮完成设置，如图 25-12 所示。

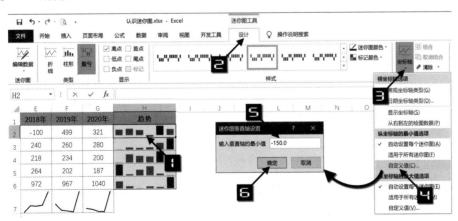

图 25-12　设置成组迷你图的垂直轴最小值

使用同样的方法设置纵坐标轴的最大值，如
1100.0，设置完成后的迷你图效果如图 25-13 所示。

25.3.5 设置迷你图横坐标轴

⊃ Ⅰ 显示横坐标轴

选中包含迷你图的单元格，如 H2，依次单击【迷
你图工具】→【设计】→【坐标轴】→【显示坐标轴】
命令，如图 25-14 所示。

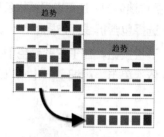

图 25-13 设置自定义垂直轴的成组迷你图

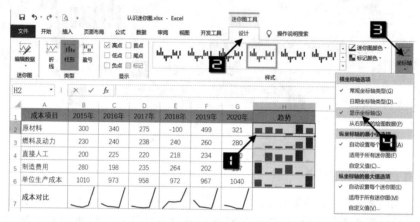

图 25-14 显示横坐标轴

提示 →

在选择【显示坐标轴】命令时，如果折线迷你图或是柱形迷你图中不包含负值数
据点，则不会显示横坐标轴。而盈亏迷你图则无论是否包含负值数据点，都可以显示横
坐标轴。

⊃ Ⅱ 使用日期坐标轴

在插入迷你图时，如果数据区域中的字段标题为日期型数据，无论日期是否连续，迷你图都将以相
同间隔显示各组数据。

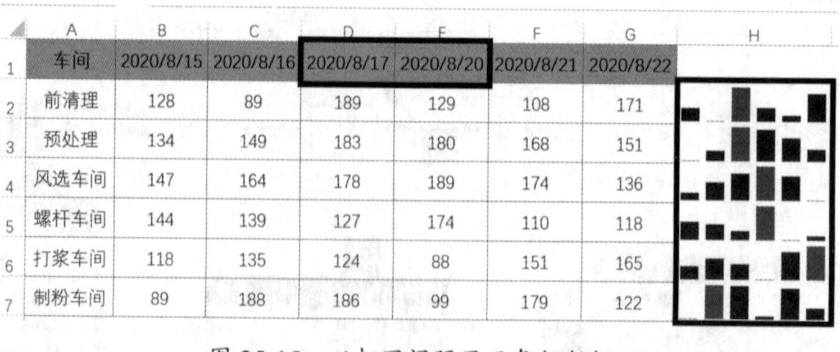

车间	2020/8/15	2020/8/16	2020/8/17	2020/8/20	2020/8/21	2020/8/22	
前清理	128	89	189	129	108	171	
预处理	134	149	183	180	168	151	
风选车间	147	164	178	189	174	136	
螺杆车间	144	139	127	174	110	118	
打浆车间	118	135	124	88	151	165	
制粉车间	89	188	186	99	179	122	

图 25-15 以相同间隔显示各组数据

使用日期坐标轴能够使缺少数据的日期在迷你图中显示为空位，操作步骤如下。

步骤① 选中 H2 单元格，依次单击【迷你图工具】→【设计】→【坐标轴】→【日期坐标轴类型】
命令，打开【迷你图日期范围】对话框。

步骤② 在【迷你图日期范围】对话框中单击右侧的折叠按钮，拖动鼠标选择 B1:G1 单元格区域，
最后单击【确定】按钮，如图 25-16 所示。

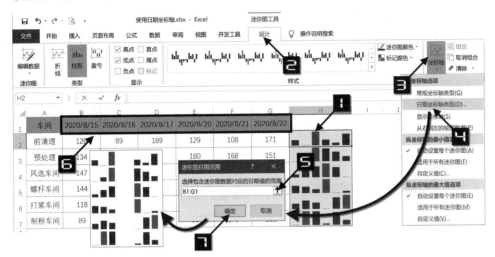

图 25-16　使用日期坐标轴

25.3.6　处理隐藏和空单元格

在默认情况下，迷你图中不显示隐藏行列的数据，将空单元格显示为空距。如需更改这些设置，操
作步骤如下。

步骤① 选中包含迷你图的单元格，如 H2，依次单击【迷你图工具】→【设计】→【编辑数据】→【隐
藏和清空单元格】命令，打开【隐藏和空单元格设置】对话框。

步骤② 在对话框中选中【用直线连接数据点】单选按钮，再选中【显示隐藏行列中的数据】复选框，
最后单击【确定】按钮。完成设置后，空单元格在迷你图中用直线连接，被隐藏的数据也会
显示在迷你图中，如图 25-17 所示。

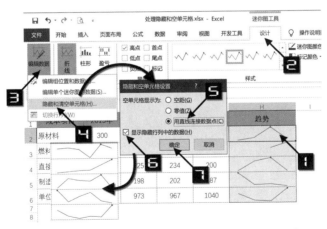

图 25-17　隐藏和空单元格设置

提示

　　"用直线连接数据点"选项仅适用于折线迷你图，在柱形和盈亏迷你图中，此选项将
不可用。

25.4 清除迷你图

如需清除迷你图，可以使用以下几种方法。

方法 1：选中迷你图所在的单元格，依次单击【迷你图工具】→【设计】→【清除】→【清除所选的迷你图】或【清除所选的迷你图组】命令，如图 25-18 所示。

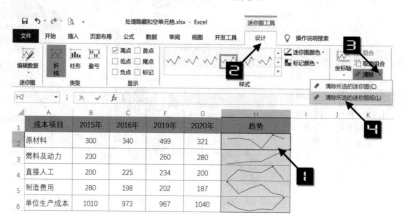

图 25-18　清除迷你图

方法 2：选中迷你图所在的单元格，鼠标右击，在弹出的快捷菜单中依次单击【迷你图】→【清除所选的迷你图】或是【清除所选的迷你图组】命令。

方法 3：选中迷你图所在的单元格区域，在【开始】选项卡下依次单击【清除】→【全部清除】命令。

第 26 章　数据类图表制作

Excel 在提供强大的数据处理功能的同时，也提供了丰富实用的图表功能。从 Excel 2013 开始，图表与图形引入了全新的扁平化视觉效果、快速分析选项窗格等功能，使数据图形化输出更加美观、快捷、实用。

本章主要介绍 Excel 图表的基础知识，以及如何创建、编辑、修饰和打印图表，并详细讲解各种图表类型的应用场合及专业实用图表的制作方法，同时学习部分常用动态图表和变形图表的制作方法。

> **本章学习要点**
>
> （1）图表的特点及组成。　　　　　（4）交互式图表的制作。
> （2）图表的创建与格式设置。　　　（5）图表排版设计。
> （3）变化数据结构与组合图表的制作。

26.1　图表及其特点

图表是 Excel 的重要组成部分，具有直观形象、种类丰富和实时更新等特点。图表是图形化的数据，由点、线、面与数据匹配组合而成。

26.1.1　直观形象

图表最大的特点就是直观形象，能使用户一目了然地看清数据的大小、差异和变化趋势。如图 26-1 所示，如果只阅读上方数据表中的数字，无法直观得到整组数据所包含的更有价值的信息，而图表至少反映了如下 3 条信息。

（1）不同类型企业的年度补充养老福利平均值为 27%。

（2）外商独资企业与国有企业均超过平均值。

（3）民营企业年度补充养老福利水平较低。

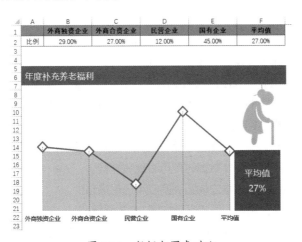

图 26-1　数据与图表对比

26.1.2 种类丰富

Excel 内置有 16 种标准图表类型：柱形图、折线图、饼图、条形图、面积图、XY 散点图、地图、股价图、曲面图、雷达图、树状图、旭日图、直方图、箱形图、瀑布图和漏斗图，不同图表类型下还包括多种子图表类型，比早期版本更加丰富。

❖ 柱形图是 Excel 的默认图表类型，也是用户经常使用的一种图表类型。主要用于表现数据之间的差异。子图表类型堆积柱形图还可以表现数据构成明细，百分比堆积柱形图可以表现数据构成比例。柱形图旋转 90 度则为条形图，条形图主要按顺序显示数据的大小，并可以使用较长的分类标签。

❖ 折线图、面积图、XY 散点图均可表现数据的变化趋势，折线图向下填充即为面积图，XY 散点图可以灵活地显示数据的横向或纵向变化。柱形图和折线图一般可以互相转换展示，也可以在同一图表中组合展示。

❖ 饼图和圆环图都是展现数据构成比例的图表，不同的是圆环图在展示多组数据的时候更方便一些。

❖ 气泡图是 XY 散点图的扩展，它相当于在 XY 散点图的基础上增加了第三个变量，即气泡的尺寸。气泡图可以应用于分析更加复杂的数据关系。除了描述两组数据之间的关系之外，该图还可以描述数据本身的另一种指标。

❖ 瀑布图一般用于分类使用，便于反映各部分之间的差异。瀑布图是指通过巧妙的设置，使图表中数据点的排列形状看似瀑布。这种效果的图形能够在反映数据多少的同时，直观地反映出数据的增减变化，在工作中非常具有实用价值。

❖ 在雷达图中，每个分类都使用独立的由中心点向外辐射的数值轴，它们在同一系列中的值则是通过折线连接的。雷达图对于采用多项指标全面分析目标情况有着重要的作用，是企业进行经营分析等分析活动中十分有效的图表，具有完整、清晰和直观的特点。

❖ 树状图用于比较层级结构不同级别的值，以矩形显示层次结构级别中的比例。一般在数据按层次结构组织并具有较少类别时使用。

❖ 旭日图用于比较层级结构不同级别的值，以环形显示层次结构级别中的比例。一般在数据按层次结构组织并具有较多类别时使用。

❖ 直方图又称质量分布图，是一种统计报告图，由一系列高度不等的纵向条纹或线段表示数据分布的情况。一般用横轴表示数据类型，纵轴表示分布情况。

❖ 排列图又称帕累托图，排列图用双直角坐标系表示，左边纵坐标表示频数，右边纵坐标表示频率，分析线表示累积频率，横坐标表示影响质量的各项因素，按影响程度的大小（即出现频数多少）从左到右排列，通过对排列图的观察分析可以抓住影响质量的主要因素。

❖ 箱形图又称为盒须图、盒式图或箱线图，是一种用作显示一组数据分散情况资料的统计图，因形状如箱子而得名。它在各种领域也经常被使用，常用于品质管理，能提供有关数据位置和分散情况的关键信息，尤其在比较不同的母体数据时更可表现其差异。

❖ 随着扁平化设计风格的流行，三维立体图表的应用已越来越少。

根据不同的应用范围，建议采用的图表类型如图 26-2 所示。

另外，Excel 允许自定义组合两种或将两种以上的标准图表类型绘制在同一个图表中，同时允许用户创建自定义图表类型为图表模板，以方便调用。

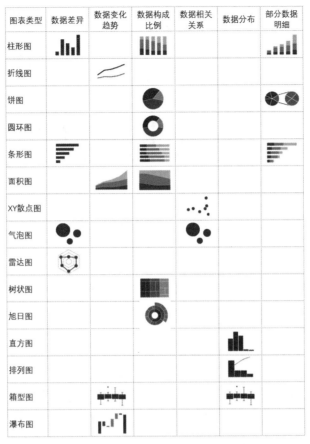

图表类型	数据差异	数据变化趋势	数据构成比例	数据相关关系	数据分布	部分数据明细
柱形图	▪		▮			▪
折线图		∕				
饼图			◕			◑◑
圆环图			◎			
条形图	▬		▬			▬
面积图		◢	◣			
XY散点图				∴		
气泡图	●			●		
雷达图	⬡					
树状图			▦			
旭日图			◉			
直方图					▪	
排列图					◤	
箱型图	┝╋┥				┝╋┥	
瀑布图	▪▪					

图 26-2　建议采用的图表类型

26.1.3　实时更新

Excel 图表是动态的，换句话说，在默认情况下，图表系列将链接到工作表中的数据，如果工作表中的数据发生变化，图表则会自动更新，以反映这些数据的变化。图表自动更新的前提是：在【公式】选项卡中依次单击【计算选项】→【自动】，将计算选项设置为工作簿默认的自动重算，如图 26-3 所示。

图 26-3　设置自动计算选项

26.2　图表的组成

认识图表的各个组成，对于正确选择图表元素和设置图表元素格式来说是非常重要的。Excel 图表由图表区、绘图区、标题、数据系列、图例和网格线等基本组成部分构成，如图 26-4 所示。

在 Excel 2019 中，选中图表时会在图表的右上方显示快捷选项按钮，非选中状态时则隐藏该组按钮。

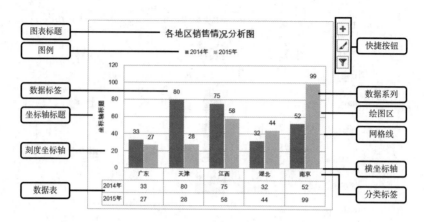

图 26-4　图表的组成

26.2.1　图表区

图表区是指图表的全部范围，Excel 默认的图表区是由白色填充区域和 50% 灰色细实线边框组成的。选中图表区时，将显示图表对象边框，以及用于调整图表大小的 8 个控制点。

图表区具有以下功能。

❖ 改变图表区的大小，即调整图表的大小及长宽比例。

❖ 设置图表的位置是否随单元格变化，以及选择是否打印图表。

❖ 选中图表区后，可以快速统一设置图表中文字的字体、大小和颜色。

26.2.2　绘图区

绘图区是指图表区内的图形所在的区域，是以四个坐标轴为边的长方形区域。选中绘图区时，将显示绘图区边框，以及用于调整绘图区大小的 8 个控制点。通过拖放控制点，可以改变绘图区的大小，以适应图表的整体效果。

26.2.3　标题

标题包括图表标题和坐标轴标题。图表标题是显示在绘图区上方的类文本框，坐标轴标题是显示在坐标轴外侧的类文本框。图表标题只有一个，而坐标轴标题最多允许 4 个。Excel 默认的标题是无边框的黑色文字。

图表标题的作用是对图表主要内容的说明，坐标轴标题的作用是对坐标轴的内容进行标示，一般坐标轴标题使用频率较低。

26.2.4　数据系列和数据点

数据系列是由数据点构成的，每个数据点对应于工作表中的某个单元格内的数据，数据系列对应于工作表中一行或一列数据。数据系列在绘图区中表现为彩色的点、线、面等图形。

数据系列具备以下功能。

❖ 根据工作表中数据信息的大小呈现不同高低的数据点。

❖ 可单独修改某个数据点的格式。

❖ 当一个图表含有两个或两个以上的数据系列时，可以指定数据系列绘制在主坐标轴或次坐标轴。若有一个数据系列绘制在次坐标轴上，则图表中将默认显示次要纵坐标轴。

❖ 设置不同数据系列之间的重叠比例与同一数据系列不同数据点之间的间隔大小。

❖ 可为各个数据点添加数据标签。

❖ 添加趋势线、误差线、涨 / 跌柱线、垂直线、系列线和高低点连线等。

❖ 调整不同数据系列的排列次序。

26.2.5　坐标轴

坐标轴可分为主要横坐标轴，主要纵坐标轴，次要横坐标轴和次要纵坐标轴 4 种。Excel 默认显示的是绘图区左侧的主要纵坐标轴和底部的主要横坐标轴。坐标轴按引用数据类型不同可分为数据轴、分类轴、时间轴和序列轴四种。

坐标轴的作用是对图表中的分类进行说明和标识，用户可以设置刻度值大小、刻度线、坐标轴交叉与标签的数字格式与单位，以及设置逆序坐标轴与坐标轴标签的对齐方式。

26.2.6　图例

图例由图例项和图例项标识组成。当图表只有一个数据系列时，默认不显示图例，当超过一个数据系列时，默认的图例则显示在绘图区下方。

图例的作用是对数据系列的名称进行标识。用户可以调整图例在图表区中的显示位置，也能够单独对某个图例项进行格式设置与删除。

26.2.7　数据表

数据表可以显示图表中所有数据系列的数据，对于设置了显示数据表的图表，数据表将固定显示在绘图区下方，如果图表中已经显示了数据表，则可不再显示图例与数据标签。

数据表是显示所有数据系列数据源的列表，可以在一定程度上取代图例、刻度值、数据标签和主要横坐标轴。

提示

　　　图表中的元素均可以通过设置填充、边框颜色、边框样式、阴影、发光和柔化边缘、三维格式等项目改变图表元素的外观。

26.2.8　快捷选项按钮

快捷选项按钮共有 3 个，分别是图表元素、图表样式和图表筛选器，如图 26-5 所示。

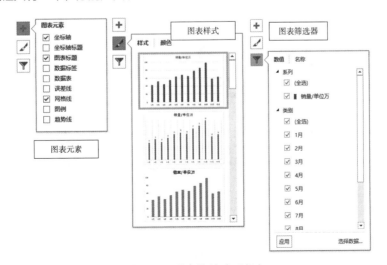

图 26-5　图表快捷选项按钮

❖ 图表元素：可以快速添加、删除或更改图表元素，如图表标题、图例、网格线和数据标签等。
❖ 图表样式：可以快速设置图表样式和配色方案。
❖ 图表筛选器：可以快速选择在图表上显示哪些数据系列（数据点）和名称。

26.3 创建图表

数据是图表的基础，若要创建图表，首先需要在工作表中为图表准备数据。插入的图表既可以嵌入工作表中，也可以显示在单独的图表工作表中，用户可以很容易地将一个嵌入式图表移动到图表工作表，反之亦然。

26.3.1 插入图表

示例26-1 插入图表

Ⅰ 嵌入式图表

日常工作中常用的 Excel 图表即嵌入式图表，是嵌入工作表单元格上层的图表对象，适合图文混排的编辑模式。

如图 26-6 所示，选择 A1:F2 单元格区域，单击【插入】选项卡中的【插入折线图或面积图】→【折线图】命令，即可在工作表中插入折线图。

Ⅱ 图表工作表

图表工作表是一种没有单元格的工作表，适合放置复杂的图表对象，以方便阅读。

选择 Sheet1 工作表中的 A1:F2 单元格区域，按 <F11> 键，即可在新建的图表工作表 Chart1 中创建一个柱形图，此方法插入的图表默认为柱形图。如图 26-7 所示。

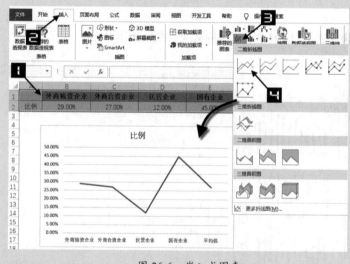

图 26-6　嵌入式图表

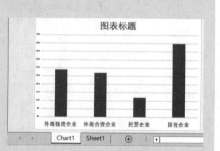

图 26-7　图表工作表

26.3.2 选择数据

示例26-2 选择数据对话框设置

选择数据包括添加、删除、编辑数据系列，编辑分类轴标签引用的数据区域等，操作步骤如下。

步骤① 选中创建好的图表，在【图表工具】的【设计】选项卡中单击【选择数据】按钮，打开【选择数据源】对话框，左侧【图例项（系列）】区域有 5 个按钮，分别为添加、编辑、删除、上移和下移。

步骤② 单击【添加】按钮打开【编辑数据系列】对话框，在【编辑数据系列】对话框中单击【系列名称】输入框，然后在输入框编辑状态下单击 C1 单元格。接下来单击【系列值】输入框，在输入框编辑状态下选择 C2：C6 单元格区域。最后单击【确定】按钮关闭【编辑数据系列】对话框，如图 26-8 所示。

在【选择数据源】对话框中选中任一系列，单击【编辑】按钮可更改此系列数据，单击【删除】按钮可将此系列删除。单击【上移】和【下移】按钮可移动系列的上下位置。

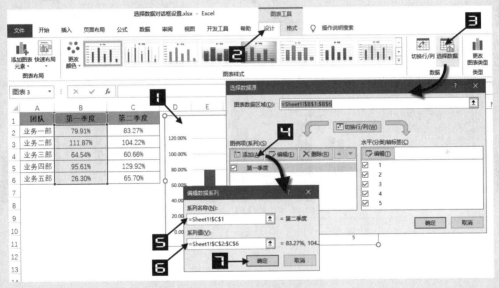

图 26-8 选择数据 - 编辑系列

步骤③ 在【选择数据源】对话框中单击右侧【水平（分类）轴标签】区域的【编辑】按钮，打开【轴标签】对话框。单击【轴标签区域】输入框，在输入框编辑状态下选择 A2：A6 单元格区域，依次单击【确定】按钮关闭【轴标签】对话框和【选择数据源】对话框，可更改图表坐标轴的分类标签，如图 26-9 所示。

步骤④ 选中图表，在【图表工具】的【设计】选项卡中单击【切换行 / 列】按钮，将所选图表的两个数据系列更改为 5 个数据系列，如图 26-10 所示。再次单击【切换行 / 列】按钮可切换至之前设置。另外，在图 26-8 所示的【选择数据源】对话框中也可以通过单击【切换行 / 列】按钮进行系列切换。

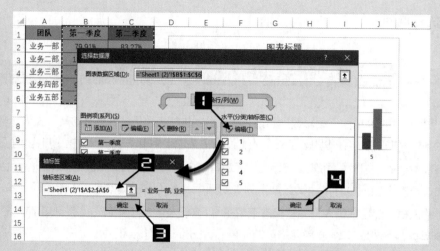

图 26-9　选择数据 - 编辑水平（分类）轴标签

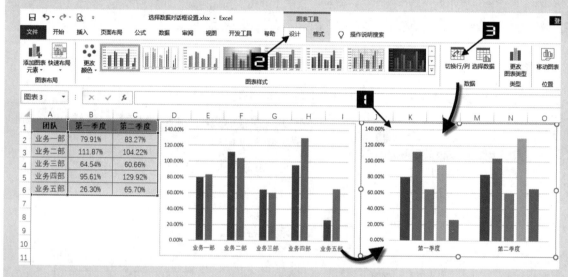

图 26-10　切换行 / 列

26.3.3　移动图表

➲ Ⅰ 在工作表中移动图表

在图表区中单击选中图表，出现图表容器框，鼠标指针变为十字箭形，按住鼠标左键，拖动鼠标至合适的位置后释放鼠标即可将图表移动到新的位置，如图 26-11 所示。

➲ Ⅱ 在工作表间移动图表

在图表区的空白处鼠标右击，在弹出的快捷菜单中单击【移动图表】命令，打开【移动图表】对话框。在【对象位于】选项按钮的下拉列表中

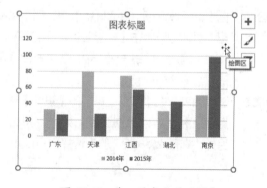

图 26-11　在工作表内移动图表

选择目标工作表，单击【确定】按钮，即可将图表移动到目标工作表中，如图 26-12 所示。如果选择【新工作表】选项，Excel 会新建一张图表工作表。

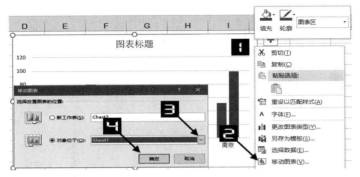

图 26-12　工作表间的移动

> 利用【剪切】和【粘贴】命令，也可以达到移动图表的目的，粘贴后的图表与单元格左上角对齐。

26.3.4　复制图表

⟳ I 复制命令

单击图表的图表区，然后单击【开始】选项卡下的【复制】命令（或按 <Ctrl+C> 组合键），再选择目标单元格，单击【粘贴】命令（或按 <Ctrl+V> 组合键），可以将图表复制到目标位置。

⟳ II 快捷复制

单击图表的图表区，出现图表容器框，将光标移动到图表容器框上，此时鼠标指针变为十字箭形，按住鼠标左键拖放图表，在不释放鼠标左键的情况下按住 <Ctrl> 键，可完成图表的复制。

26.3.5　删除图表

在图表的图表区空白处鼠标右击，在弹出的快捷菜单中单击【剪切】命令，或者选中图表后按 <Delete> 键，都可删除工作表中的嵌入图表。

删除图表工作表的操作方法与删除普通工作表相同。切换到图表工作表后，单击【开始】选项卡下的【删除】→【删除工作表】命令删除图表工作表。也可以右键单击图表工作表标签，在弹出的快捷菜单中单击【删除】命令进行删除。

26.4　设置图表格式

在 Excel 中插入的图表，一般使用内置的默认样式，只能满足制作简单图表的要求。如果需要用图表清晰地表达数据的含义，或制作个性化的图表，就需要进一步对图表进行修饰和处理。

本小节将以几个示例对图表常用的格式设置展开介绍，用户只需要双击要设置的图表元素即可调出对应的设置选项窗格进行格式设置。

示例26-3　音乐比赛成绩统计图

图 26-13 展示了一份某学校三年级（3）班参加音乐比赛的学生成绩表，为了更好地展示学生分数的高低对比，可以将成绩进行排序之后，使用柱形图展示。

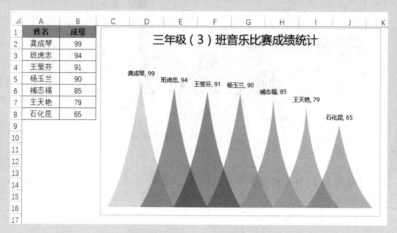

图 26-13　音乐比赛成绩统计

操作步骤如下。

步骤① 首先选中 A1:B8 单元格区域，在【插入】选项卡中依次单击【插入柱形图或条形图】→【簇状柱形图】命令，在工作表中生成一个柱形图，如图 26-14 所示。

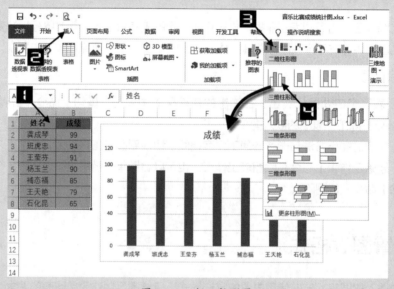

图 26-14　插入柱形图

步骤② 选中图表，在【图表工具】→【设计】选项卡中单击【切换行/列】按钮，将 1 个系列转换为多个数据系列，如图 26-15 所示。

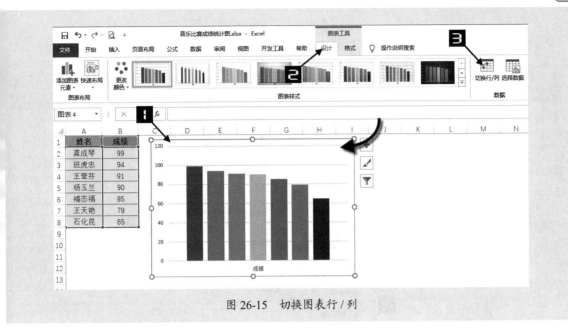

图 26-15 切换图表行 / 列

26.4.1 柱形图数据系列选项设置

步骤③ 双击柱形图中任意一个数据系列，打开【设置数据系列格式】选项窗格，在【系列选项】选项卡中，设置【系列重叠】选项为"50%"，【间隙宽度】选项为"0%"，完成调整柱形的重叠与间距。如图 26-16 所示。

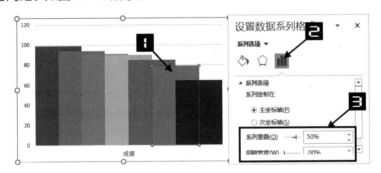

图 26-16 系列选项设置

柱形图数据系列的【系列选项】说明如下。

❖ 系列绘制在：当某个图表中包含两个或两个以上的数据系列时，可以设置数据系列的"系列选项"。指定数据系列绘制在【次坐标轴】时，图表中将显示右侧的次要纵坐标轴。

❖ 系列重叠：不同数据系列之间的重叠比例，比例范围为 -100% 到 100%。

❖ 间隙宽度：不同数据点之间的距离，间距范围为 0% 到 500%，同时调整柱形的宽度。

26.4.2 数据系列填充与线条格式设置

在【设置数据系列格式】选项窗格中，切换到【填充与线条】选项卡，可设置系列的填充与边框样式。

如果默认的主题颜色不符合用户要求，可在【主题颜色】面板中单击【其他颜色】命令调出【颜色】对话框，切换到【自定义】选项卡，用户可根据需要设置颜色 RGB 值，最后单击【确定】按钮关闭【颜色】对话框即可，如图 26-17 所示。

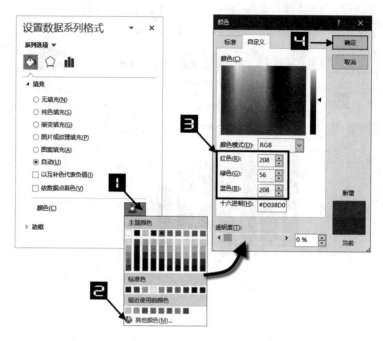

图 26-17 设置自定义填充

【填充】选项说明如下。

❖ 无填充：即透明。

❖ 纯色：即一种颜色。

❖ 渐变填充：即一种或几种颜色，从一种颜色过渡变化到另一种颜色。

❖ 图片或纹理填充：即填充自定义图片或内置图片。

❖ 图案填充：即不同背景色和背景色的条纹图案。

❖ 自动：Excel 主题颜色。

❖ 以互补色代表负值：默认以白色填充，可以分别设置正值和负值的填充颜色（此选项在正负数据对比图表中使用率较高）。

❖ 依数据点着色：为各个数据点柱形设置不同的颜色。

❖ 颜色：根据用户需要选择颜色进行填充。

❖ 透明度：可设置柱形填充颜色的透明度，透明度范围为0%到100%，百分比数据越大，柱形越透明。

【边框】选项说明如下。

❖ 无线条：即无边框线。

❖ 实线：同一种颜色的边框线。

❖ 渐变线：由一种颜色过渡变化到另一种颜色的边框线。

❖ 自动：默认无边框线。

❖ 颜色：与填充色一样可根据需要设置边框颜色。

❖ 透明度：边框线的透明度为 0% 到 100%。

❖ 宽度：边框的粗细为 0 到 1584 磅。

❖ 复合类型：包括单线、双线、由粗到细、由细到粗、三线等。

❖ 短划线类型：包括实线、圆点、方点、短划线、划线 - 点、长划线、长划线 - 点、长划线 - 点 - 点等。

❖ 端点类型：包括正方形、圆形和平面。

❖ 连接类型：包括圆形、棱台和斜接。

❖ 箭头选项：即直线两端箭头的样式和大小，边框样式中不可使用此设置。

步骤④ 使用【图片或纹理填充】填充选项。在视觉上更改柱形图数据点的形状。

首先，插入自选图形并编辑图形形状。具体操作如下。

单击【插入】→【形状】下拉按钮，在下拉列表中选择"等腰三角形"，在工作表中拖动鼠标绘制一个三角形。

单击选中形状，在【绘图工具】的【格式】选项卡下依次单击【编辑形状】→【编辑顶点】命令，使形状进入编辑状态，在图形上单击顶点，出现两侧调整点，拖动调整点即可改变图形形状。如图26-18 所示。

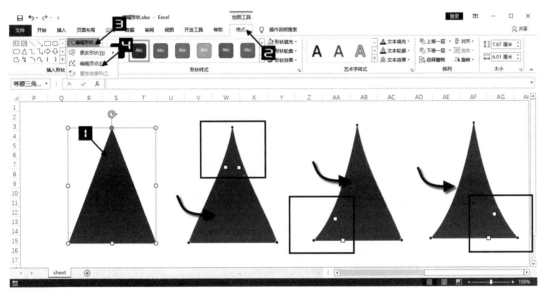

图 26-18　编辑形状顶点

提示 →

　　单击顶点时，出现左右两个调整点，如果用户需要对顶点类型更改，可在顶点上鼠标右击，快捷菜单中有【添加顶点】【删除顶点】【开放路径】【关闭路径】【平滑顶点】【直线点】【角部顶点】【退出编辑顶点】等相应命令。如图26-19所示。

图 26-19　更改顶点类型

单击形状，按 <Ctrl+1> 组合键打开【设置形状格式】选项窗格，在【填充与线条】选项中设置【填充】为【纯色填充】，【颜色】为"紫色"，【透明度】为"50%"。设置【线条】为【无线条】。如图 26-20 所示。

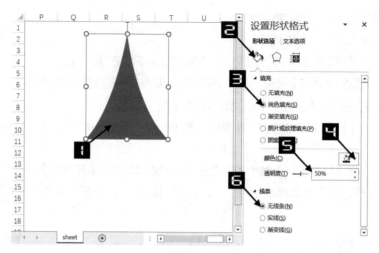

图 26-20 设置形状填充与线条

然后，选中绘制好的图形，按 <Ctrl+C> 组合键复制。

通过两次单击选中一个柱形，按 <Ctrl+V> 组合键，将图形粘贴到柱形上，或在【设置数据系列格式】选项窗格中切换到【填充与线条】选项卡，在【填充】区域选中【图片或纹理填充】单选按钮，单击【剪贴板】命令，如图 26-21 所示。

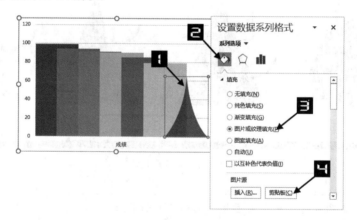

图 26-21 设置图片或纹理填充

再次更改图形填充颜色后，依次填充图表中的其他数据系列。

> **提示** →
> 如果一个数据系列中有多个数据点，用户需要对某一个数据点单独设置不同的格式，可单击数据系列后再次单击目标数据点进行设置。如果同时存在多个数据系列，可以直接两次单击目标数据系列选中后设置。

26.4.3 数值与分类坐标轴格式设置

步骤⑤ 双击柱形图中的纵坐标轴，打开【设置坐标轴格式】选项窗格，切换到【坐标轴选项】选项卡，在【坐标轴选项】区域设置【边界】的【最小值】为 "0"，【最大值】为 "100"，在【标签】→【标签位置】下拉框中选择【无】，将刻度坐标轴隐藏。如图 26-22 所示。

单击横坐标轴，按 <Delete> 键删除。删除的图表元素可在图表元素快捷选项按钮中调出。

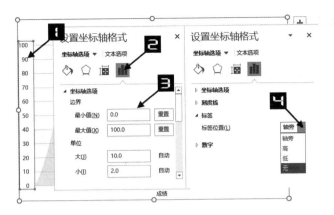

图 26-22　设置刻度坐标轴

数值轴的【坐标轴选项】说明如下。

❖ 边界 - 最小值：数值坐标轴的最小值。

❖ 边界 - 最大值：数值坐标轴的最大值。

❖ 单位 - 主要：主要刻度单位，显示坐标轴标签。

❖ 单位 - 次要：在坐标轴中不显示（影响次要横网格线）。

❖ 重置：设置刻度为自动。

❖ 横坐标轴交叉：包括自动、坐标轴值和最大坐标轴值（可设置横坐标轴显示位置）。

❖ 显示单位：包括无、百、千、10000、100000、百万、10000000、100000000、十亿、兆。

❖ 对数刻度：刻度之间为等比数列。

❖ 逆序刻度值：坐标轴刻度方向相反。

分类轴的【坐标轴选项】说明如下。

❖ 坐标轴类型：根据数据自动选择、文本坐标轴、日期坐标轴（在折线图与面积图中较常用）。

❖ 位置坐标轴：在刻度线上（在折线图与面积图中较常用）、刻度线之间。

❖ 其他选项可参阅数值轴选项。

坐标轴的【刻度线】说明如下

❖ 标记间隔：默认为 1。可根据用户需要设置间隔（此设置会影响网格线间隔）。

❖ 主要类型：包括无、内部、外部和交叉（默认为无）。

❖ 次要类型：包括无、内部、外部和交叉（默认为无）。

坐标轴的【标签】说明如下。

❖ 标签间隔：自动（默认为 1）、指定间隔单位（设置为自动时，图表数据源有多少分类项均显示在图表分类轴上，设置指定间隔单位则可根据设置的单位间隔显示分类）。

❖ 与坐标轴的距离：默认的分类标签与横坐标轴距离为 100。

坐标轴的【数字】说明如下。

❖ 类别：包括常规、数字、货币、会计专用、日期、时间、百分比、分数、科学记数、文本、特殊格式和自定义。

❖ 格式代码：可根据用户需要自定义代码后单击添加。

❖ 链接到源：默认为选中状态。图表中的数字格式默认以数据源数字格式显示，对图表数字格式设置为其他格式后，链接到源会自动取消选中。

26.4.4 图表区格式设置

步骤⑥ 单击图表区，在【设置图表区格式】选项窗格中切换到【大小与属性】选项卡，单击展开【大小】选项卡，在【宽度】输入框中输入"15 厘米"，在【高度】输入框中输入"10 厘米"。如图 26-23 所示。

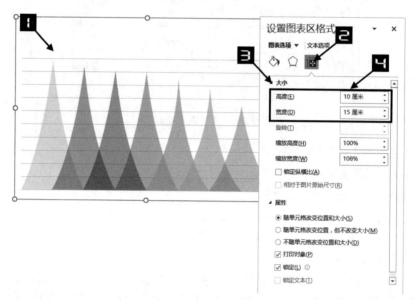

图 26-23　设置图表区大小

也可以选中图表区后，光标停在图表区各个控制点上，当光标形状变化后拖动控制点，可调整图表大小。

绘图区的【大小与属性】选项说明如下。

❖ 大小：包括高度、宽度、旋转（默认的图表无法进行旋转）、缩放高度、缩放宽度和锁定纵横比。

❖ 属性：包括大小和位置随单元格而变、大小固定，位置随单元格而变、大小和位置均固定、打印对象（取消选中则打印时不显示图表）和锁定（默认选中锁定，当保护工作表时，图表不可移动）。

26.4.5 图表数据标签设置

步骤⑦ 选中图表，单击【图表元素】快捷选项按钮，选中【数据标签】复选框，为图表各系列添加数据标签，并取消选中【网格线】复选框。如图 26-24 所示。

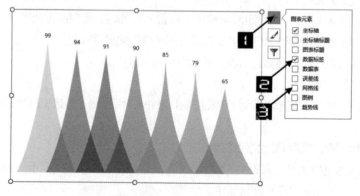

图 26-24　添加数据标签

选中数据标签，鼠标右击，在快捷菜单中单击【设置数据标签格式】按钮，打开【设置数据标签格式】对话框，在【标签选项】中选中【系列名称】复选框，设置【分隔符】为【空格】。如图 26-25 所示。

用同样的方式设置其他数据系列的数据标签。

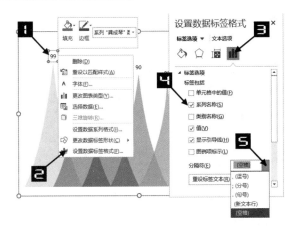

图 26-25　设置数据标签格式

数据标签的【标签选项】说明如下。

❖ 标签包括：包括单元格中的值、系列名称、类别名称、值、显示引导线、图例项标示和分隔符。

❖ 标签位置：包括居中、数据标签内、轴内侧和数据标签外。

❖ 数据标签的【数字】与 26.4.3 小节中坐标轴【数字】的选项与设置方法相同。

26.4.6　设置图表字体

步骤⑧ 选中图表区，在【开始】选项卡下，依次设置【字体】为"微软雅黑"、【字号】为"10"、【字体颜色】为"黑色"（选中图表区可快速统一设置整个图表的字体）。如图 26-26 所示。

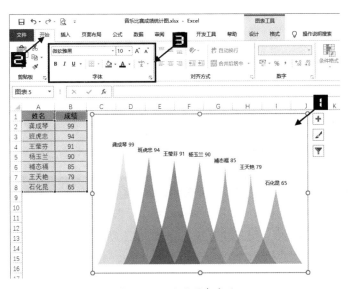

图 26-26　设置图表字体

26.4.7 设置图表标题

单击默认图表标题之后，再次单击可进入编辑状态，输入图表标题文字即可。当图表标题文字较多时，图表标题会自动换行，为了更好地对图表布局进行排版，用户可以利用文本框代替默认图表标题。具体操作如下。

步骤⑨ 单击图表区，依次单击【插入】→【形状】命令，在形状列表中选择"文本框"，如图26-27 所示。

在工作表中绘制形状之后输入文字。选中文本框，在【开始】选项卡下依次设置【字体】为"微软雅黑"、【字号】为"18"、【字体颜色】为"黑色"。

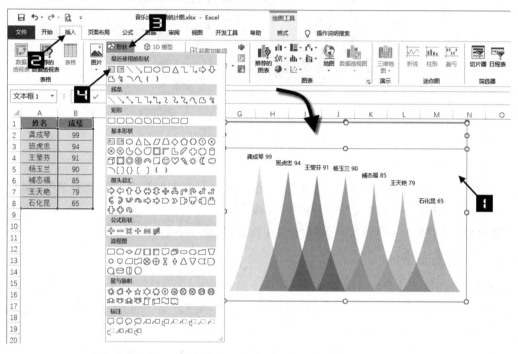

图 26-27　插入文本框

> 　　当图表在选中的状态下插入文本框，则文本框与图表为同一个对象，文本框移动不可超出图表区范围。当图表在非选中的状态下插入文本框，则文本框与图表为两个独立的对象，文本框可随意移动位置。

示例26-4　排名变化趋势图

图 26-28 展示了某公司 2020 年第三季度各个月份的员工创收排名前 10 的统计表，为了更好地展示排名的变化，可以使用折线图展示。

姓名	7月	8月	9月
杨玉兰	1	2	4
龚成琴	2	4	2
王莹芬	3	7	6
石化昆	4	6	9
班虎忠	5	5	7
補态福	6	1	3
王天艳	7	3	1
安德运	8	9	10
岑仕美	9	10	8
杨再发	10	8	
云潇潇			5

图 26-28　员工创收排名前 10 统计表

步骤① 选中A1:D12单元格区域，单击【插入】选项卡中的【插入折线图或面积图】→【折线图】命令，在工作表中生成一个折线图，如图 26-29 所示。

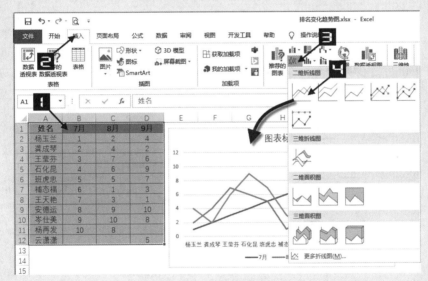

图 26-29　插入折线图

步骤② 选中图表，在【图表工具】的【设计】选项卡中单击【切换行/列】按钮，将所选图表的3个数据系列更换为多个数据系列，如图 26-30 所示。

步骤③ 双击折线图中的纵坐标轴，打开【设置坐标轴格式】选项窗格，切换到【坐标轴选项】选项卡。

在【坐标轴选项】→【边界】的【最小值】输入框中输入"0"，在【最大值】输入框中输入"10.5"，在【单位】的【大】输入框中输入"1"。选中【横坐标轴交叉】下【坐标轴值】单选按钮，在输入框中输入"0.5"。选中【逆序刻度值】复选框。

在【数字】→【类别】下拉框中选择【自定义】，在【格式代码】输入框中输入"top 0;;;"，单击【添加】按钮完成坐标轴格式设置。如图 26-31 所示。

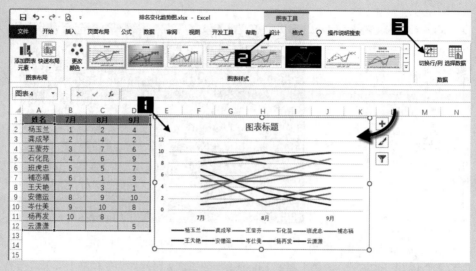

图 26-30　切换折线图行列数据

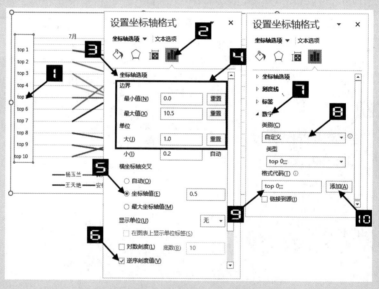

图 26-31　设置刻度坐标轴格式

步骤④ 单击图表区，单击图表左上角的【图表元素】快速选项按钮，选中【数据标签】复选框，取消选中【图表标题】【网格线】和【图例】复选框，如图 26-32 所示。

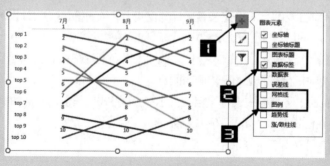

图 26-32　图表元素增加与减少

步骤⑤ 双击折线图中的横坐标轴，打开【设置坐标轴格式】选项窗格。

切换到【坐标轴选项】选项卡。设置【坐标轴位置】为【在刻度线上】，将折线系列延伸到整个绘图区。

切换到【填充与线条】选项卡，设置【线条】为【无线条】，将横坐标轴的线条设置为无线条。如图 26-33 所示。

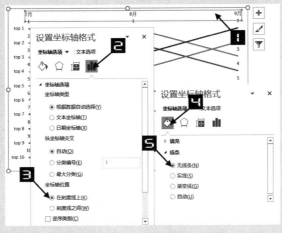

图 26-33 设置横坐标轴格式

26.4.8 折线图的线条与标记格式设置

步骤⑥ 双击折线图中呈上升趋势的数据系列，打开【设置数据系列格式】选项窗格，切换到【填充与线条】选项卡，单击【线条】选项，在【线条】区域选中【实线】单选按钮，设置【颜色】为"绿色"，再设置【透明度】为"60%"、【宽度】为"20 磅"、【线端类型】为"平"，选中【平滑线】复选框。如图 26-34 所示。

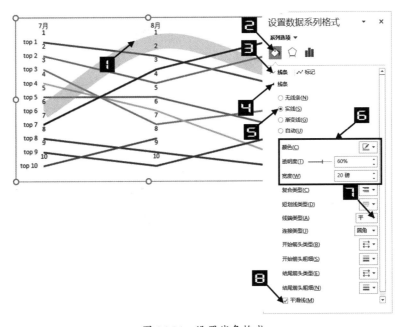

图 26-34 设置线条格式

以同样的方式设置其他线条，将呈下降趋势的折线设置为"紫色"。

折线图数据系列的【线条】选项说明如下。

❖ 箭头前端类型：折线开始端的 6 种类型，包括无箭头、箭头、开放型箭头、燕尾箭头、钻石形箭头、圆形箭头。

❖ 箭头前端大小：9 种大小可选。

❖ 箭头末端类型：折线结束端的 6 种类型（与前端类型一样）。

❖ 箭头末端大小：9 种大小可选。

❖ 平滑线：对折线进行平滑处理。

❖ 其他选项请参阅 26.4.1 小节。

在折线图、散点图、雷达图中，【填充与线条】选项卡中多了一个【标记】选项，此选项可以设置图表的标记点格式。

单击【标记】选项卡，在【标记选项】区域选中【内置】单选按钮，单击【类型】下拉按钮，在下拉菜单中可以选择标记的类型，并且可以设置【大小】、【填充】与【边框】格式，也可以使用图片或其他形状进行填充。如图 26-35 所示。

步骤⑦ 使用形状填充折线系列标记。具体操作如下。

单击【插入】→【形状】下拉按钮，在下拉列表中选择"矩形"，在工作表中拖动鼠标绘制一个矩形。

单击选中形状，在【绘图工具】的【格式】选项卡下依次单击【形状填充】下拉按钮，在颜色面板中设置颜色为"绿色"。单击【形状轮廓】下拉按钮，在下拉菜单中设置为"无轮廓"，如图 26-36 所示。

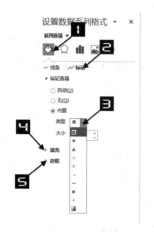

图 26-35　设置标记格式窗口

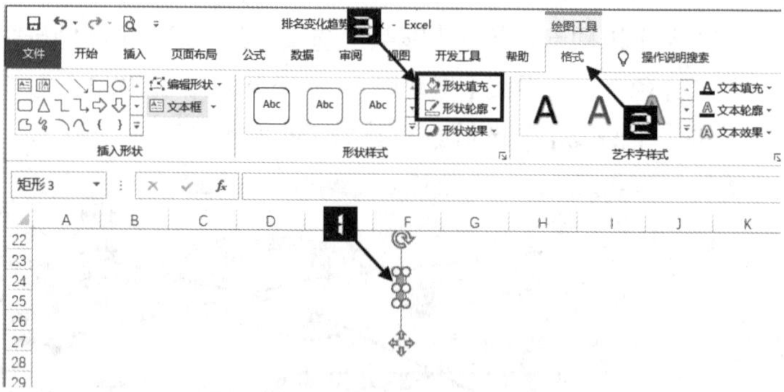

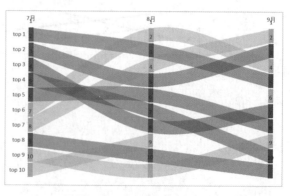

图 26-36　设置形状格式

选中绘制好的图形，按 <Ctrl+C> 组合键复制。

单击图表，选中呈上升趋势的数据系列后按 <Ctrl+V> 组合键，将图形粘贴到图表折线标记上。

将图形颜色设置为"紫色"后，以同样的方式粘贴到呈下降趋势的数据系列上。如图 26-37 所示。

数据系列的【标记选项】说明如下。

图 26-37　设置折线图标记

❖ 自动：数据标记的图形大小默认为 5。

❖ 无：没有数据标记的折线。

❖ 内置：包括 9 种数据标记的图形类型（可以使用图片），大小可以在 2 到 72 之间调节。

26.4.9　其他元素格式设置

步骤 ⑧ 双击图表数据标签，打开【设置数据标签格式】对话框，在【标签选项】中选中【系列名称】复选框，取消选中【值】复选框，设置【分隔符】为【空格】。在【标签位置】区域选中【靠右】单选按钮。如图 26-38 所示。

以同样的方式设置其他数据系列的数据标签。

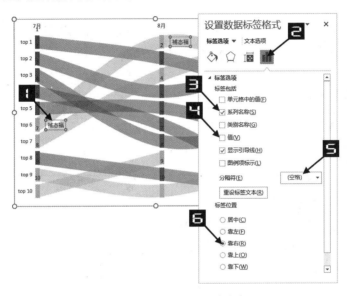

图 26-38　设置数据标签格式

步骤 ⑨ 双击图表区，在【设置图表区格式】选项窗格中切换到【填充与线条】选项卡，设置【填充】为【纯色填充】，设置【颜色】为"黑蓝色"。

保持图表区选中状态，在【开始】选项卡下依次设置【字体】为"微软雅黑"、【字号】为"11"、【字体颜色】为"白色"。

调整绘图区大小，依次单击【插入】→【形状】命令，在形状列表中选择"文本框"，在图表区绘制一个文本框后，输入图表标题"2020 年第三季度前 10 业绩排行榜"并设置标题字体格式。

26.4.10　饼图中的数据点格式设置

示例26-5 | 区域销售占比图

使用饼图展示各省销售占比，可直观看出各省占比情况。但如果数值之间相差太多或数据分类太多，使用饼图会使较小的数据无法正常显示或显示杂乱，遇到这两种情况可以使用子母饼图来展示。如图 26-39 所示。

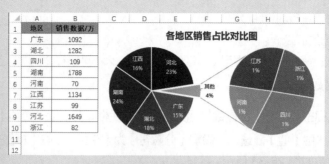

图 26-39　区域销售数据

具体操作步骤如下。

步骤① 选中A1:B10单元格区域，单击【插入】选项卡中的【插入饼图或圆环图】→【子母饼图】命令，在工作表中生成一个子母饼图，如图 26-40 所示。

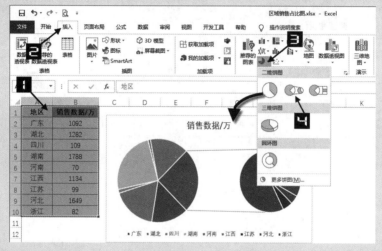

图 26-40　插入子母饼图

步骤② 双击饼图数据系列，调出【设置数据系列格式】选项窗格，切换到【系列选项】选项卡，单击【系列分割依据】下拉按钮，选择【百分比值】，在【值小于】调节框中输入 10%，在【第二绘图区大小】调节框中输入"100%"，如图 26-41 所示。

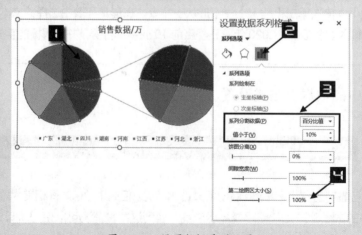

图 26-41　设置数据系列位置

步骤③ 单击饼图系列，再次单击任意一个数据点可单独选中该数据点。双击数据点，调出【设置数据点格式】选项窗格，切换到【填充与线条】选项卡，依次单击【填充】→【纯色填充】→【颜色】命令，设置数据点的填充颜色，如图 26-42 所示。

依次设置其他数据点填充格式。

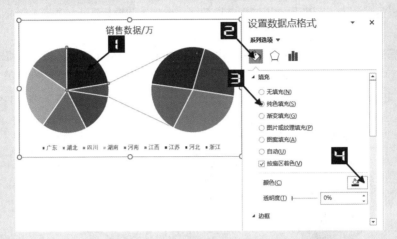

图 26-42　设置数据点格式

步骤④ 单击饼图数据系列，再次单击"其他"数据点可单独选中该数据点，调出【设置数据点格式】选项窗格，切换到【系列选项】选项卡，在【系列选项】选项卡的【点分离】调节框中输入"15%"，如图 26-43 所示。

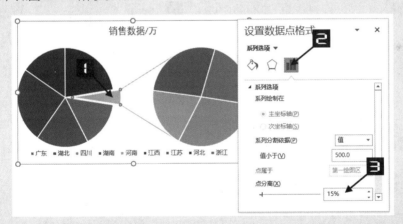

图 26-43　设置点分离

饼图的【系列选项】选项卡说明如下。

❖ 系列绘制在：包括主坐标轴和次坐标轴。

❖ 第一数据点起始角度：范围为 0° 到 360°。

❖ 饼图分离程度：范围为 0% 到 400%。（设置数据点格式时，此选项为【点分离】。）

子母饼图的【系列选项】说明如下。

❖ 系列绘制在：包括主坐标轴和次坐标轴。

❖ 系列分割依据：包括位置（根据数据源位置）、值、百分比值（根据数据源数据占比）、自定义（选择自定义后，出现选择要在绘图区之间移动的数据点，选择饼图数据点，单击【点属于】复选框下拉按钮，可选择点属于第一绘图区或第二绘图区）。

❖ 饼图分离程度：范围为 0% 到 400%。

❖ 间隙宽度：两个饼图之间的距离，范围为 0% 到 500%。

❖ 第二绘图区大小：范围为 5% 到 200%。

步骤⑤ 单击图表区，单击【图表元素】快速选项按钮，选中【数据标签】的复选框，取消选中【图例】
复选框。

步骤⑥ 双击数据标签，调出【设置数据标签格式】选项窗格，切换到【标签选项】选项卡。在【标签包
括】选项中依次选中【类别名称】和【百分比】复选框，取消选中【值】复选框。单击【分隔符】
下拉选项按钮，选择【(新文本行)】，【标签位置】设置为【数据标签内】。如图 26-44 所示。

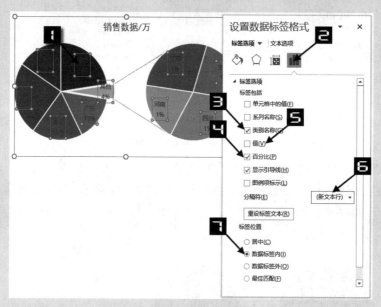

图 26-44　设置数据标签

步骤⑦ 保持数据标签选中状态，在【开始】选项卡下依次设置【字体】为 "微软雅黑"、【字号】为 "9"、
【字体颜色】为 "白色"。再次单击 "其他" 数据点的数据标签可单独选中，设置【字体颜色】为
"黑色"，并拖动调整到合适位置。

步骤⑧ 双击图表区，调出【设置图表区格式】选项窗格，在【填充与线条】选项卡下设置【边框】为
【无线条】。

步骤⑨ 单击图表标题，再次单击进入编辑状态，更改图表标题文字为 "各地区销售占比对比图"。

步骤⑩ 双击饼图之间的系列线，调出【设置系列线格式】选项窗格，在【填充与线条】选项卡下依次单
击【线条】→【实线】→【颜色】命令，设置系列线颜色。

提示 → 　　根据图表类型不同，每个图表元素设置稍有不同，但大部分设置大同小异，用户只需
知道，当要设置格式时如何双击图表元素调出设置选项窗格即可。

26.4.11　复制图表格式

想快速制作多个相同类型及相同格式或大部分格式相同的图表时，Excel 提供了一种简单的方法：复制图表格式。

选择工作表左侧的子母饼图，单击【开始】选项卡下的【复制】命令，或者按 <Ctrl+C> 组合键，如图 26-45 所示。

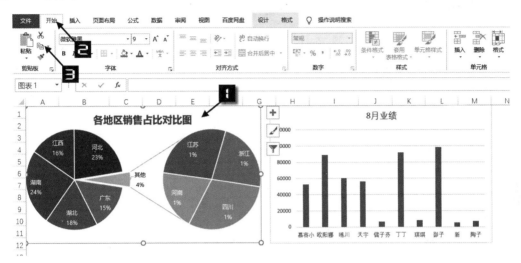

图 26-45　复制图表

选择工作表右侧的柱形图，单击【开始】选项卡下的【粘贴】下拉按钮，在下拉菜单中单击【选择性粘贴】命令，打开【选择性粘贴】对话框。在对话框中选择【格式】单选按钮，单击【确定】关闭【选择性粘贴】对话框，如图 26-46 所示。

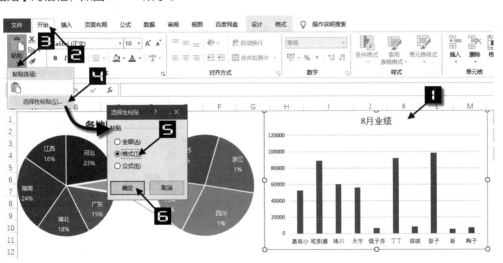

图 26-46　选择性粘贴

复制图表格式后的效果如图 26-47 所示。当数据维度及数据点位置不同时，用户需手动进一步调整。

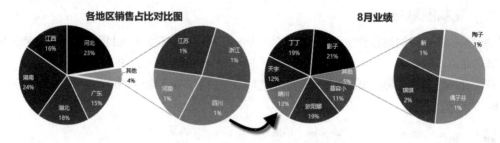

图 26-47　复制图表格式后效果

利用选择性粘贴的方法复制图表格式，一次只能设置一个图表，对于多个图表的格式复制，需要通过多次操作来完成。

26.5　图表模板

在制作相同类型及相同格式或大部分格式相同的图表时，除了可以使用复制图表格式外，还可以将图表另存为模板进行调用。

26.5.1　保存模板

选中设置好的图表，在图表区的空白处鼠标右击，在弹出的快捷菜单中选择【另存为模板】命令，打开【保存图表模板】对话框，在【文件名】输入框中为模板文件设置一个文件名，如"柱形图 .crtx"，路径与文件类型保持默认选项，最后单击【保存】按钮关闭【保存图表模板】对话框。如图 26-48 所示。

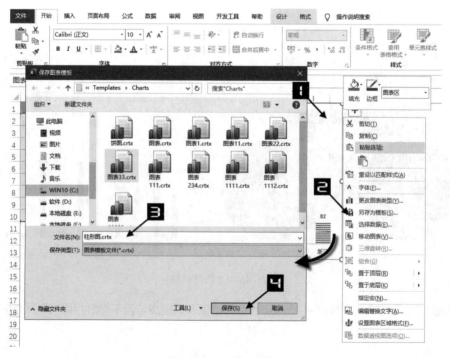

图 26-48　另存为模板

26.5.2　使用模板

选中 A1:B11 单元格区域，单击【插入】选项卡，单击【图表】命令组中的【查看所有图表】快速启动器按钮，调出【插入图表】对话框。切换到【所有图表】选项卡，单击【模板】选项，在【我的模板】中会出现所有保存的模板，单击要插入的模板类型，最后单击【确定】按钮关闭【插入图表】对话框，如图 26-49 所示。

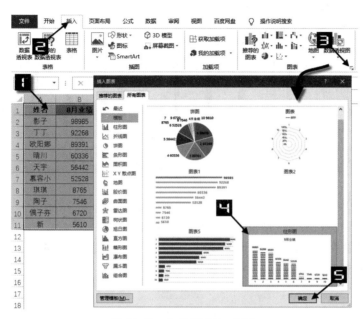

图 26-49　使用模板插入图表

26.5.3　管理模板

如想删除图表模板，可在【我的模板】界面左下角单击【管理模板】按钮，打开保存模板的文件夹，选中要删除的模板文件后，按 <Delete> 键删除即可。

26.6　图表布局与样式

Excel 除了提供图表元素格式设置选项窗格供用户进行设置，还提供了快速布局与图表样式供用户选择，以便于快速对图表进行设计。

26.6.1　图表布局

图表布局是指在图表中显示的图表元素及其位置的组合。

选中图表，在【图表工具】的【设计】选项卡下单击【快速布局】下拉按钮，下拉菜单中默认有多种布局方式，单击选择"布局 2"，将其应用到选中的图表中，如图 26-50 所示。

除了使用默认的图表布局，还可以自定义添加或删除图表元素。

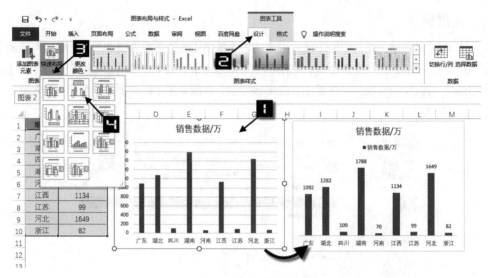

图 26-50 快速布局

26.6.2 图表样式

图表样式是指在图表中显示的数据点形状和颜色的组合。

选中图表，在【图表工具】的【设计】选项卡中单击【图表样式】下拉按钮，打开图表样式库，选择"样式 14"，将其应用到选中的图表中。如图 26-51 所示。

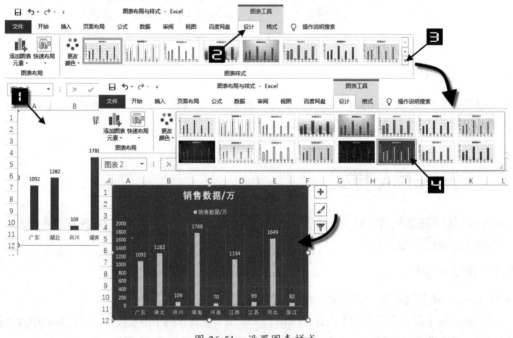

图 26-51 设置图表样式

除了使用默认的图表样式，还可以统一更改数据系列的颜色。

选中图表，在【图表工具】的【设计】选项卡中单击【更改颜色】下拉按钮，下拉列表中展现了彩色和单色多种选项，选择"单色调色板 5"应用到选中的图表中。如图 26-52 所示。

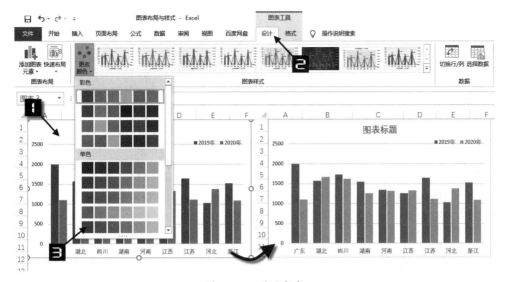

图 26-52　更改颜色

提示　　图表设置完成后，可以按需要打印图表，打印之前应先预览打印效果，以避免一张图表打印在多张纸上，造成纸张浪费。

26.7　基础图表制作

Excel 图表类型较多，本节将详细介绍 Excel 中常用的几个基础图表，通过简单的格式设置，将数据转化为高级的图表。

26.7.1　瀑布图

示例26-6　展示收入支出的瀑布图

瀑布图是由麦肯锡顾问公司所独创的图表类型，因为形似瀑布流水而称为瀑布图。此种图表采用绝对值与相对值结合的方式，适用于表达数个特定数值之间的数量变化关系。效果如图 26-53 所示。

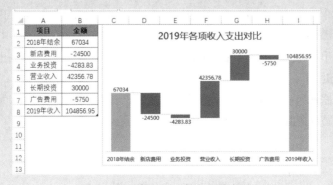

图 26-53　展示收入支出的瀑布图

具体操作步骤如下。

步骤① 选择 A1:B8 单元格区域，单击【插入】选项卡中的【插入瀑布图、漏斗图、股价图、曲面图或雷达图】→【瀑布图】命令，在工作表中插入瀑布图，如图 26-54 所示。

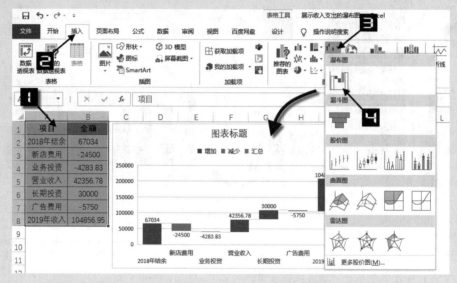

图 26-54　插入瀑布图

步骤② 单击瀑布图数据系列，在"2019 年收入"数据点上鼠标右击，在快捷菜单中单击【设置为汇总】命令，同样的方式设置"2018 年结余"数据点。如图 26-55 所示。

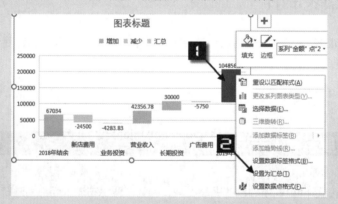

图 26-55　设置数据点为汇总

步骤③ 选中图表，在【图表工具】的【设计】选项卡下单击【快速布局】下拉按钮，在下拉列表中选择"布局 2"应用到瀑布图中。

步骤④ 选中图表，在【图表工具】的【设计】选项卡中单击【更改颜色】下拉按钮，选择"彩色调色板4"应用到瀑布图中。

步骤⑤ 双击瀑布图数据系列，调出【设置数据系列格式】选项窗格。让【系列选项】选项卡下的【显示连接符线条】复选框保持选中状态，如图 26-56 所示。

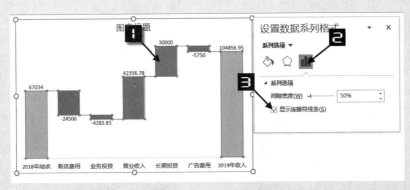

图 26-56　显示连接符线条

提示 ▬▬▬→ 连接符线条只有在柱形设置边框线条或设置边框为自动时才会显示。

步骤⑥ 单击图表标题，再次单击进入编辑状态，更改图表标题文字为"2019 年各项收入支出对比"。

26.7.2　旭日图

示例26-7　展示多级对比的旭日图

旭日图类似于多个圆环的嵌套，每一个圆环代表了同一级别的比例数据，越接近内层的圆环级别越高，适合展示层级较多的比例数据。效果如图 26-57 所示。在此图表中，年份是一个层级，季度是中间层级。而在销量较高的第四季度，特意展示了下一个层级的月销量。

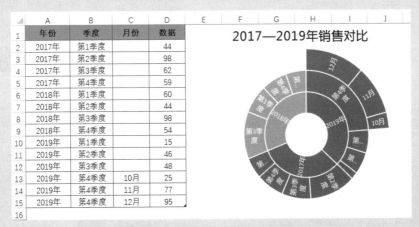

图 26-57　展示多级对比的旭日图

具体操作步骤如下。

步骤① 选择 A1:D15 单元格区域，单击【插入】选项卡中的【插入层次结构图表】→【旭日图】命令，即可在工作表中插入旭日图，如图 26-58 所示。

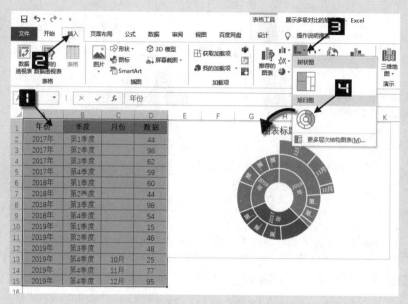

图 26-58　插入旭日图

步骤② 选中图表，在【图表工具】的【设计】选项卡中单击【更改颜色】下拉按钮，选择"彩色调色板 3"应用到旭日图中。

步骤③ 单击图表数据标签，在【开始】选项卡中设置【字体颜色】为"白色"。

步骤④ 单击图表标题，再次单击进入编辑状态，更改图表标题文字为"2017—2019 年销售对比"。

　　层次结构图除了旭日图，还可以使用树状图展示，制作步骤与旭日图类似。

26.7.3　圆环图

示例26-8　百分比圆环图

　　圆环图和饼图都是展现数据构成比例的图表，但圆环图在展示多组数据的时候更方便一些。很多时候也会用于展示完成率百分比，如图 26-59 所示。

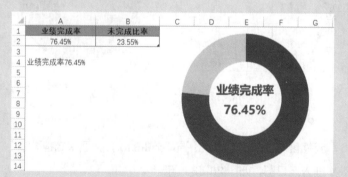

图 26-59　插入圆环图

　　具体操作步骤如下。

步骤① 选中 A1:B2 单元格区域，单击【插入】选项卡中的【插入饼图或圆环图】→【圆环图】命令，在工作表中生成一个圆环图，如图 26-60 所示。

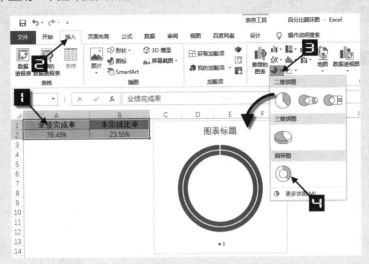

图 26-60　插入圆环图

步骤② 选中图表，在【图表工具】的【设计】选项卡中单击【切换行 / 列】按钮，将两个圆环的图表更改为 1 个圆环的图表。

步骤③ 双击圆环图数据系列，调出【设置数据点格式】选项窗格，切换到【系列选项】选项卡，在【圆环图圆环大小】调节框中输入"60%"，如图 26-61 所示。

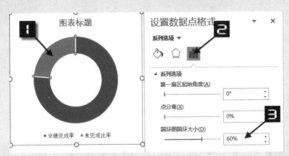

图 26-61　设置圆环图圆环大小

步骤④ 单击圆环图系列，再次单击任意一个数据点可单独选中，在【设置数据点格式】选项窗格中切换到【填充与线条】选项卡，依次单击【填充】→【纯色填充】→【颜色】命令，设置数据点填充颜色为"蓝色"，如图 26-62 所示。

以同样的方式设置另外一个数据点的填充颜色为"浅蓝色"。

步骤⑤ 分别单击图表标题和图例，按 <Delete> 键删除。

步骤⑥ 在 A4 单元格中输入以下公式，如图 26-63 所示。

```
=A1&TEXT(A2,"0.00%")
```

步骤⑦ 单击图表区，依次单击【插入】→【形状】命令，在形状列表中选择"文本框"，在圆环中心处绘制一个文本框。选中文本框，在编辑栏输入等号"="后，单击 A4 单元格，最后按 <Enter> 键完成。如图 26-64 所示。

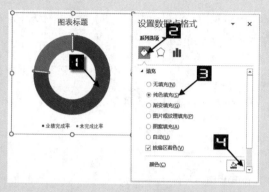

图 26-62　设置数据点填充

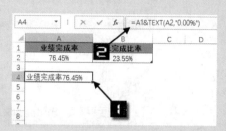

图 26-63　在单元格中输入公式

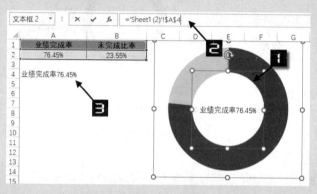

图 26-64　为文本框添加单元格引用

保持文本框选中状态，在【开始】选项卡下依次设置【字体】为"微软雅黑"、【字号】为"18"、【字体颜色】为"蓝色"并【加粗】。

26.7.4　自定义形状的百分比图表

示例26-9　自定义形状的百分比图表

百分比图表除了使用圆环图、饼图、气泡图制作外，还可以利用柱形图的【图片或纹理填充】选项来填充数据系列，制作出各种形状的百分比图表。如图 26-65 所示。

图 26-65　自定义形状的百分比图表

具体操作步骤如下。

步骤① 选择 A1：B2 单元格区域，依次单击【插入】→【插入柱形图或条形图】→【簇状柱形图】命令，在工作表中插入柱形图。

步骤② 双击柱形图中的纵坐标轴，打开【设置坐标轴格式】选项窗格，切换到【坐标轴选项】选项卡，在【边界】的【最小值】输入框中输入"0"，在【最大值】输入框中输入"1"。

步骤③ 分别单击纵坐标轴、横坐标轴、图表标题、网格线和图例，按 <Delete> 键依次删除。

步骤④ 双击柱形图中任意一个数据系列，打开【设置数据系列格式】选项窗格，在【系列选项】选项卡中设置【系列重叠】选项为"100%"，【间隙宽度】选项为"0%"。

步骤⑤ 单击图表区，在【设置图表区格式】选项窗格中切换到【填充与线条】选项卡，设置【线条】为【无线条】。

步骤⑥ 单击工作表任意一个单元格后，依次单击【插入】→【形状】命令，在形状列表中选择"菱形"，在工作表中绘制形状后单击选中该形状，然后单击【绘图工具】的【格式】选项卡，在【形状填充】下拉菜单中选择"白色"、在【形状轮廓】下拉菜单中选择"蓝色"，轮廓【粗细】设置为"4.5 磅"，如图 26-66 所示。

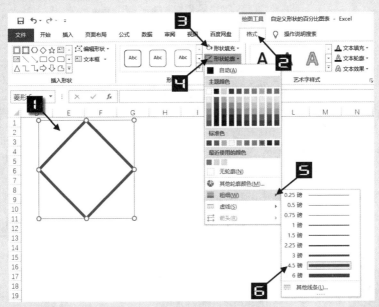

图 26-66　设置形状格式

步骤⑦ 单击绘制好的形状，按 <Ctrl+C> 组合键复制形状。然后单击图表"目标"数据系列，按 <Ctrl+V> 组合键粘贴，将形状填充到图表系列中。更改形状填充【颜色】为"蓝色"，再次复制形状，单击图表"业绩完成率"数据系列，按<Ctrl+V>组合键粘贴，将形状填充到图表系列中，如图 26-67 所示。

步骤⑧ 将形状填充到图表系列后，默认会根据柱形的高度进行缩放变形，还需要对其进一步设置。

图 26-67　填充形状

双击图表"业绩完成率"数据系列，打开【设置数据系列格式】选项窗格。切换到【填充与线条】选项卡，在【填充】选项卡下选中【层叠并缩放】单选按钮，在【单位/图片】输入框中输入"1"，因为图表纵坐标轴边界最大值为1，现在需要形状在1的范围里进行缩放，如图26-68所示。

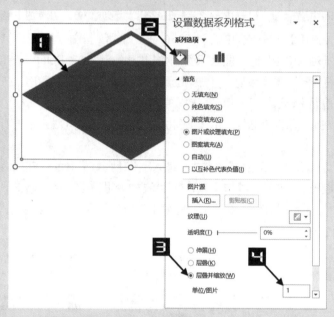

图 26-68　设置填充的层叠并缩放值

步骤⑨　为了改变图表大小时图形比例不受影响，可以添加一个饼图系列限制图表的长宽比。具体操作如下。

选择图表后鼠标右击，在快捷菜单中单击【选择数据】命令，打开【选择数据源】对话框，在【选择数据源】对话框中单击【添加】按钮，在弹出的【编辑数据系列】对话框中直接单击【确定】按钮关闭【编辑数据系列】对话框，最后单击【确定】按钮关闭【选择数据源】对话框，如图26-69所示。

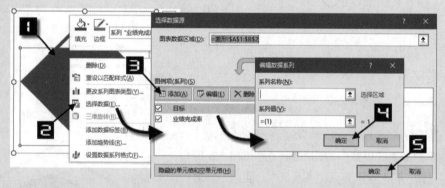

图 26-69　添加新系列

步骤⑩　选择图表"系列 3"后鼠标右击，在快捷菜单中单击【更改系列图表类型】命令，打开【更改图表类型】对话框，在【更改图表类型】对话框中单击"系列 3"下拉选项按钮，在列表中选择"饼图"图表类型，最后单击【确定】按钮关闭【更改图表类型】对话框，如图26-70所示。

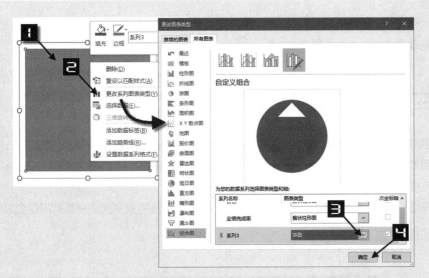

图 26-70　更改新系列图表类型

步骤⑪ 单击选中图表，在【图表工具】的【格式】选项卡中单击【图表元素】选项按钮，在下拉列表中选择"系列 3"。单击【设置所选内容格式】命令打开【设置数据系列格式】选项窗格，切换到【填充与线条】选项卡，设置【填充】为【无填充】，如图 26-71 所示。

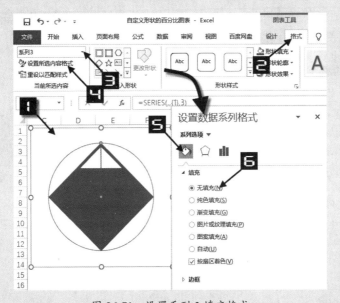

图 26-71　设置系列 3 填充格式

步骤⑫ 单击图表区，依次单击【插入】→【形状】命令，在形状列表中选择"文本框"，在图表中心处绘制一个文本框。选中文本框，在编辑栏输入等号"＝"后，单击 B2 单元格，最后按 <Enter> 键。

保持文本框选中状态，在【开始】选项卡下依次设置【字体】为"微软雅黑"、【字号】为"18"、【字体颜色】为"白色"并【加粗】。

其他形状的百分比图表制作方法相同，只需插入不同的自选图形即可。

除了以上图表外，还有排列图、箱形图、漏斗图、直方图等图表类型，制作步骤与设置格式均类似，用户可以根据需要选择图表类型展示。

26.8 变化数据结构与组合图表制作

大多数用户制作Excel图表，都会选择Excel的默认图表格式，或者凭自己的感觉进行一些格式美化，但效果很难尽如人意。很多时候用户需要制作一些比较特殊的图表，就需要对数据进行重新排列，设置图表格式来完成。

本节将详细介绍如何对数据进行重新构建，对图表如何设置格式来完成一系列高级图表的制作。

26.8.1 柱图数据结构原理

示例26-10 按季度分类显示的柱形图

很多时候，用户需要对一组二维数据进行展示，使用原始数据创建的默认图表相对较杂乱，所以适当地将数据重新排列后制图很有必要。

如图 26-72 所示，将数据重新排列。使每个季度的数据进行错列显示，并且每个季度之间使用空行分隔。制作出来的图表按照季度分类显示，展示更直观。

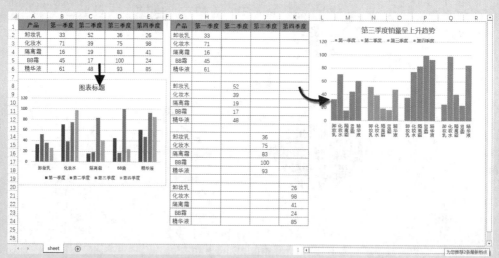

图 26-72　数据重新排列后效果

操作步骤如下。

步骤① 选中 G1:K24 单元格区域，在【插入】选项卡下单击【插入柱形图或条形图】→【簇状柱形图】命令，在工作表中插入柱形图。

步骤② 双击柱形图中的数据系列，打开【设置数据系列格式】选项窗格，在【系列选项】选项卡中调整【系列重叠】选项为"100%"，【间隙宽度】选项为"0%"，完成调整柱形的大小与间距。

步骤③ 双击图表区，在【设置图表区格式】选项窗格中，切换到【填充与线条】选项卡，设置【边框】为【无线条】。

步骤④ 双击图表数据系列，打开【设置数据系列格式】选项窗格。切换到【填充与线条】选项卡下依次单击【填充】→【纯色填充】→【颜色】命令，设置填充颜色为"蓝色"。依次单击【边框】→【实线】→【颜色】命令，设置线条颜色为"白色"。使用同样的方法依次为每个系列设置填充颜色与线条颜色。

步骤⑤ 单击图表标题，再次单击可进入编辑，输入"第三季度销量呈上升趋势"作为图表标题。

步骤⑥ 选中图表区，在【开始】选项卡下依次设置【字体】为"微软雅黑"、【字号】为"10"、【字体颜色】为"深灰色"。

步骤⑦ 双击图表横坐标轴，在【设置坐标轴格式】选项窗格中单击【大小与属性】选项卡，将【文字方向】设置为【竖排】，如图 26-73 所示。

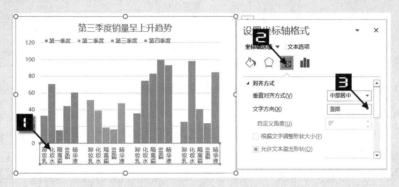

图 26-73　设置横坐标轴格式

　　重新排列后的数据源，空白区域为占位数据，作图时空白数据区域仍然存在于图表系列中，只不过数据源中没有数据，默认以 0 的高度显示数据点。用户可以在空白数据区域输入数值查看图表变化。

示例26-11　自动凸显系列最大值最小值

　　若数据源是有序排列，可设置固定位置的数据点为特殊填充颜色，若数据源为乱序，需要自动突出最大值与最小值时，就需要利用函数自动获取数据中的最大值或最小值作为新系列，再设置系列颜色，更改数据源时，图表效果会自动变化，效果如图 26-74 所示。

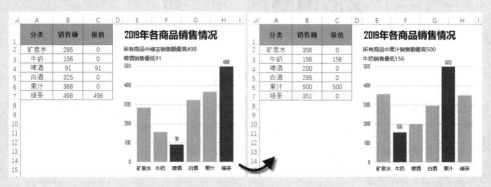

图 26-74　自动凸显极值的柱形图

具体操作步骤如下。

步骤① 构建数据系列。在 C2 单元格输入以下公式，向下复制到 C7 单元格，用于生成极值系列。如图 26-75 所示。

`=IF(OR(B2=MAX(B$2:B$7),B2=MIN(B$2:B$7)),B2,0)`

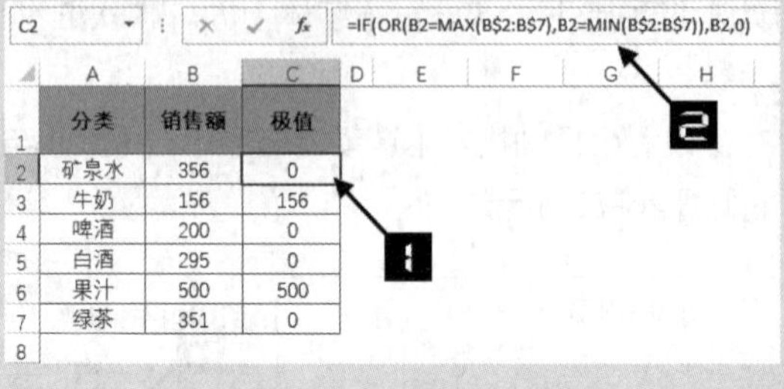

图 26-75 构建辅助列

步骤② 选择 A1:C7 单元格区域，依次单击【插入】→【插入柱形图或条形图】→【簇状柱形图】命令，在工作表中插入柱形图。

步骤③ 双击柱形图中任意一个数据系列，打开【设置数据系列格式】选项窗格，在【系列选项】选项卡中设置【系列重叠】为"100%"，【间隙宽度】为"2%"。

步骤④ 选中图表中的"极值"数据系列，鼠标右击，在快捷菜单中单击【添加数据标签】命令。

步骤⑤ 双击图表"极值"系列的数据标签，打开【设置数据标签格式】选项窗格。切换到【标签选项】选项卡，在【数字】选项下单击【类别】下拉选项按钮，在下拉列表中选择【自定义】，在【格式代码】编辑框中输入"0;;;"，单击【添加】按钮，将系列中为 0 值的数据标签值隐藏。如图 26-76 所示。

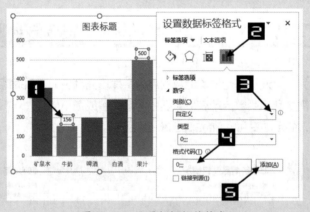

图 26-76 设置数据标签格式

步骤⑥ 单击图表"极值"系列，在【设置数据标签格式】选项窗格中切换到【填充与线条】选项卡，依次单击【填充】→【纯色填充】→【颜色】命令，设置填充颜色为"深蓝色"。

用同样的方式设置图表"销售额"系列填充颜色为"浅蓝色"。

步骤⑦ 单击图表区，在【设置图表区格式】选项窗格中单击【填充与线条】选项卡，设置【边框】为【无线条】。

单击图表区，在【开始】选项卡下依次设置【字体】为"微软雅黑"、【字号】为"10"、【字体颜色】为"黑色"。

步骤8 在 E1 单元格中输入文字 "2019 年各商品销售情况"，依次设置【字体】为 "微软雅黑"、【字号】为 "18"、【字体颜色】为 "黑色" 并【加粗】。

步骤9 在 E2 单元格输入以下公式，依次设置【字体】为 "微软雅黑"、【字号】为 "10"、【字体颜色】为 "黑色"。

=" 所有商品中 "&INDEX(A2:A7,MATCH(MAX(B2:B7),B2:B7,))&" 销售额最高 "&MAX(B2:B7)

在 E3 单元格输入以下公式，依次设置【字体】为 "微软雅黑"、【字号】为 "10"、【字体颜色】为 "黑色"。

=INDEX(A2:A7,MATCH(MIN(B2:B7),B2:B7,))&" 销售最低 "&MIN(B2:B7)

步骤10 调整图表区大小，移动图表与 E 列的公式结果进行排版。如果需要与单元格对齐，可按 <Alt> 键拖动图表，图表会自动锚定到单元格边缘。

> 提示 ■■■→
> 　　带数据标记的折线图也可以使用同样的方式制作自动凸显最大值与最小值数据点，只是在制作最大值与最小值数据点辅助列时，需将公式中的 0 更改为 NA()，且无须设置数据标签自定义代码。如果使用此示例中数据制作，公式可更改为 "=IF(OR(B2=MAX(B$2:B$7),B2=MIN(B$2:B$7)),B2,NA())"。

示例26-12　百分比图表-积木　㉖章

如图 26-77 所示，A2 单元格为完成率百分比，经过重新设置数据结构，使用【簇状条形图】图表类型，再利用形状填充形成右侧图表效果，使图表看起来更新颖直观。

具体操作步骤如下。

步骤1 重新设置数据结构。

在 C2:C11 单元格中输入 10%，在 D2 单元格输入以下公式，向下复制到 D11 单元格。

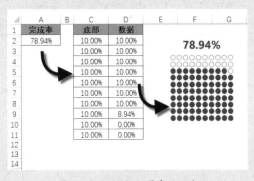

图 26-77　百分比图表 - 积木

=MIN($A$2-SUM(D$1:D1),C2)

步骤2 选择 C2:D11 单元格区域，依次单击【插入】→【插入柱形图或条形图】→【簇状条形图】命令，在工作表中生成一个条形图。

步骤3 双击图表中任意一个数据系列，打开【设置数据系列格式】选项窗格，切换到【系列选项】选项卡，在【系列重叠】调节框中输入 "100%"，【间隙宽度】调节框中输入 "0%"。

步骤4 双击条形图中的横坐标轴，打开【设置坐标轴格式】选项窗格，切换到【坐标轴选项】选项卡，在【坐标轴选项】→【边界】的【最小值】输入框中输入 "0"，【最大值】输入框中输入 "0.1"。

⑤ 分别单击纵坐标轴、横坐标轴、图表标题、网格线和图例，按 <Delete> 键依次删除。

⑥ 单击图表区，在【设置图表区格式】选项窗格中切换到【填充与线条】选项卡，设置【边框】为【无线条】。

⑦ 插入自选图形并设置格式。

依次单击【插入】→【形状】下拉按钮，在下拉列表中选择"椭圆"，按住 <Shift> 键在工作表中拖动鼠标绘制一个正圆形。

> **提示** ■■■→　插入线条时，如果同时按住 <Shift> 键，可以绘制水平、垂直和 45° 角方向旋转的直线。如果同时按住 <Alt> 键，可以绘制终点在单元格角上的直线。

单击选中形状，在【绘图工具】的【格式】选项卡下，单击【形状填充】按钮，在颜色面板中选择要进行填充的颜色。

用同样的方式设置【形状轮廓】颜色。

为了让图表中的圆形周围有间距，可以绘制一个比圆形大的矩形，并设置为无填充无线条，与圆形居中对齐后组合。

依次单击【插入】→【形状】下拉按钮，在下拉列表中选择"矩形"，按住 <Shift> 键在工作表中拖动鼠标绘制一个正方形。

单击选中正方形，在【绘图工具】的【格式】选项卡下，单击【形状填充】下拉按钮，在列表中选择"无填充"，在【形状轮廓】下拉列表中选择"无轮廓"。

单击工作表中的"矩形"形状，按住 <Ctrl> 键再单击"椭圆"形状，保持两个形状同时选中的状态，切换到【绘图工具】的【格式】选项卡。

单击【对齐】按钮，在下拉列表中依次单击【水平居中】和【垂直居中】命令。

单击【组合】按钮，在下拉列表中单击【组合】命令。如图 26-78 所示。

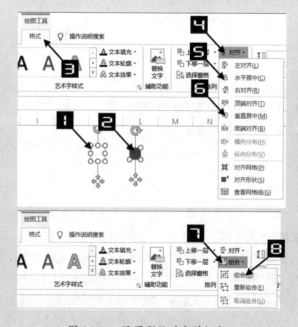

图 26-78　设置形状对齐并组合

步骤 ⑧ 选中组合后的形状，按 <Ctrl+C> 组合键复制，单击图表"数据"数据系列，按 <Ctrl+V> 组合键粘贴，将形状填充到系列中。

步骤 ⑨ 双击图表"数据"数据系列，打开【设置数据系列格式】选项窗格，切换到【填充与线条】选项卡，选中【填充】选项下的【层叠并缩放】单选按钮，在【单位 / 图片】输入框中输入"0.01"，表示在此图表中，一个圆形代表的值为 0.01。如图 26-79 所示。

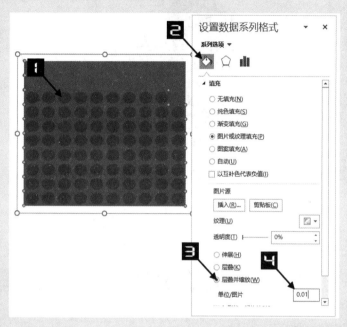

图 26-79　设置填充层叠并缩放值

步骤 ⑩ 重新设置"椭圆"填充颜色与轮廓颜色后，用同样的方式设置"底部"数据系列。

步骤 ⑪ 单击图表区，依次单击【插入】→【形状】命令，在形状列表中选择"文本框"，在图表区中绘制一个文本框。选中文本框，在编辑栏输入等号"="后，单击 A2 单元格，最后按 <Enter> 键。

保持文本框选中状态，在【开始】选项卡下依次设置【字体】为"微软雅黑"、【字号】为"16"、【字体颜色】为"蓝色"并【加粗】。

为了变化图形大小时图形比例不受影响，可以添加一个饼图系列限制图表的长宽比。具体操作步骤可参考 26.7.4 小节。

26.8.2　雷达图数据结构原理

在雷达图中，每个分类都使用独立的由中心点向外辐射的数值轴，它们在同一系列中的值是连接的。利用特殊的数据结构，可以制作出一些比较美观图表。

图 26-80 所示的图表，展示的是某个时间点的新冠肺炎全球疫情形势，图表类型新颖美观，在 Excel 中就可以使用填充雷达图来制作。

图 26-80　新冠肺炎全球疫情形势

示例26-13　雷达图数据原理

填充雷达图数据构建原理如下。

在 A1:A25 单元格中录入一组有规律的数据，如 1、2、3、4、5 的数据，将它重复 5 次。选中 A1:A25 单元格区域，单击【插入】选项卡中的【插入瀑布图、漏斗图、股价图、曲面图或雷达图】→【填充雷达图】命令，插入一个填充雷达图。如图 26-81 所示。

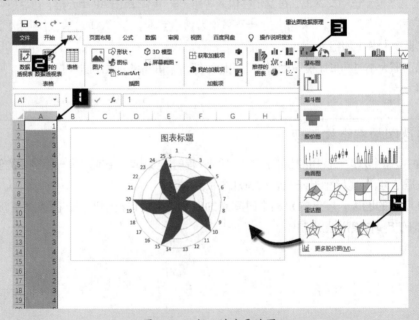

图 26-81　插入填充雷达图

当使用一样的数据制作雷达图的时候，数据点越多，雷达图越接近圆形，用户可以使用 360 个相同的数据点，插入一个填充雷达图。图表会呈现出一个类似正圆形。如图 26-82 所示。

数据结构为单列时，雷达图中只有一个系列且只能设置一种颜色。若想要设置多种颜色，可以将数据写入不同列。如图 26-83 所示。

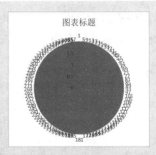

图 26-82 360 个数据点的雷达图

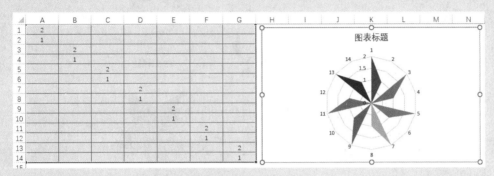

图 26-83 多系列雷达图

很多时候需要数据点与数据点连接形成不一样的效果图，可以在每列数据的交叉点重复相同的数据，效果如图 26-84 所示。

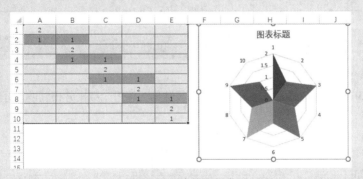

图 26-84 连接数据点

观察图 26-84 所示图表与数据，五角星的每个角为三个数据点形成，而数据结构中第一个角只有两个数据点，为了让五角星闭合，可以在 A10 单元格中输入 1，如图 26-85 所示。

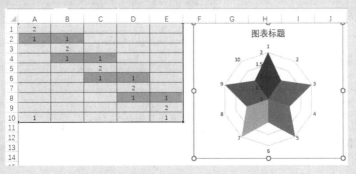

图 26-85 闭合的五角星

闭合的数据点根据图表形状的不同可设置在数据结构的第一列或在数据结构的最后一列，具体取决于最后闭合的是哪个角。如图 26-86 所示。

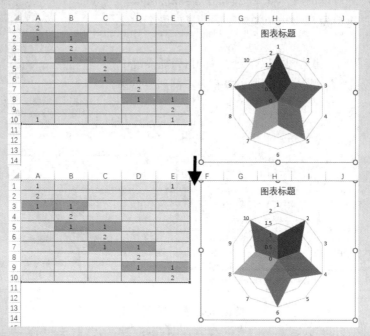

图 26-86　不同闭合数据点效果

示例26-14 南丁格尔玫瑰图

要制作如图 26-80 所示的图表，需要构建 360 行数据，将每个数据分布到设定好的角度。具体结构如图 26-87 所示。

	A	B	C	D	E	F	G	H	I	J	K	L	M	N
1	姓名	业绩		数据	13800	17526	19504	21160	22080	22134	24567	25070	25502	26036
2	刘炎	13800		开始角度	0	12	24	36	48	60	72	84	96	108
3	肖子	17526		结束角度	12	24	36	48	60	72	84	96	108	120
4	王嘉宣	19504		数据标签	刘炎	肖子	王嘉宣	邓丽	洪悦	杨再发	岑仕美	方秋子	龚艳	何秀秀
5	邓丽	21160		1	13800	#N/A	#N/A	#N/A	#N/A	#N/A	#N/A	#N/A	#N/A	#N/A
6	洪悦	22080		2	13800	#N/A	#N/A	#N/A	#N/A	#N/A	#N/A	#N/A	#N/A	#N/A
7	杨再发	22134		3	13800	#N/A	#N/A	#N/A	#N/A	#N/A	#N/A	#N/A	#N/A	#N/A
8	岑仕美	24567		4	13800	#N/A	#N/A	#N/A	#N/A	#N/A	#N/A	#N/A	#N/A	#N/A
9	方秋子	25070		5	13800	#N/A	#N/A	#N/A	#N/A	#N/A	#N/A	#N/A	#N/A	#N/A
10	龚艳	25502.4		6	13800	#N/A	#N/A	#N/A	#N/A	#N/A	#N/A	#N/A	#N/A	#N/A
11	何秀秀	26036		7	13800	#N/A	#N/A	#N/A	#N/A	#N/A	#N/A	#N/A	#N/A	#N/A
12	胡麟	28350		8	13800	#N/A	#N/A	#N/A	#N/A	#N/A	#N/A	#N/A	#N/A	#N/A
13	刘大元	29394		9	13800	#N/A	#N/A	#N/A	#N/A	#N/A	#N/A	#N/A	#N/A	#N/A
14	罗文	32568		10	13800	#N/A	#N/A	#N/A	#N/A	#N/A	#N/A	#N/A	#N/A	#N/A
15	安德运	33245		11	13800	#N/A	#N/A	#N/A	#N/A	#N/A	#N/A	#N/A	#N/A	#N/A
16	王天艳	34926		12	13800	17526	#N/A	#N/A	#N/A	#N/A	#N/A	#N/A	#N/A	#N/A
17	補态福	37420		13	#N/A	17526	#N/A	#N/A	#N/A	#N/A	#N/A	#N/A	#N/A	#N/A
18	李大丁	38200		14	#N/A	17526	#N/A	#N/A	#N/A	#N/A	#N/A	#N/A	#N/A	#N/A
19	班虎忠	39359		15	#N/A	17526	#N/A	#N/A	#N/A	#N/A	#N/A	#N/A	#N/A	#N/A
20	梁德	41970.4		16	#N/A	17526	#N/A	#N/A	#N/A	#N/A	#N/A	#N/A	#N/A	#N/A

	O	P	Q	R	S	T	U	V	W	X	Y	Z	AA	AB
1	28350	29394	32568	33245	34926	37420	38200	39359	41970	45080	46000	49590	54208	62100
2	120	132	144	156	168	180	192	204	216	228	240	252	264	276
3	132	144	156	168	180	192	204	216	228	240	252	264	276	288
4	胡麟	刘大元	罗文	安德运	王天艳	補态福	李大丁	班虎忠	梁德	陈阳	叶慧燕	石化昆	熊戴琳	孙小
5	#N/A	#N/A	#N/A	#N/A	#N/A	#N/A	#N/A	#N/A	#N/A	#N/A	#N/A	#N/A	#N/A	#N/A
6	#N/A	#N/A	#N/A	#N/A	#N/A	#N/A	#N/A	#N/A	#N/A	#N/A	#N/A	#N/A	#N/A	#N/A
7	#N/A	#N/A	#N/A	#N/A	#N/A	#N/A	#N/A	#N/A	#N/A	#N/A	#N/A	#N/A	#N/A	#N/A
8	#N/A	#N/A	#N/A	#N/A	#N/A	#N/A	#N/A	#N/A	#N/A	#N/A	#N/A	#N/A	#N/A	#N/A
9	#N/A	#N/A	#N/A	#N/A	#N/A	#N/A	#N/A	#N/A	#N/A	#N/A	#N/A	#N/A	#N/A	#N/A
10	#N/A	#N/A	#N/A	#N/A	#N/A	#N/A	#N/A	#N/A	#N/A	#N/A	#N/A	#N/A	#N/A	#N/A
11	#N/A	#N/A	#N/A	#N/A	#N/A	#N/A	#N/A	#N/A	#N/A	#N/A	#N/A	#N/A	#N/A	#N/A
12	#N/A	#N/A	#N/A	#N/A	#N/A	#N/A	#N/A	#N/A	#N/A	#N/A	#N/A	#N/A	#N/A	#N/A
13	#N/A	#N/A	#N/A	#N/A	#N/A	#N/A	#N/A	#N/A	#N/A	#N/A	#N/A	#N/A	#N/A	#N/A
14	#N/A	#N/A	#N/A	#N/A	#N/A	#N/A	#N/A	#N/A	#N/A	#N/A	#N/A	#N/A	#N/A	#N/A
15	#N/A	#N/A	#N/A	#N/A	#N/A	#N/A	#N/A	#N/A	#N/A	#N/A	#N/A	#N/A	#N/A	#N/A
16	#N/A	#N/A	#N/A	#N/A	#N/A	#N/A	#N/A	#N/A	#N/A	#N/A	#N/A	#N/A	#N/A	#N/A
17	#N/A	#N/A	#N/A	#N/A	#N/A	#N/A	#N/A	#N/A	#N/A	#N/A	#N/A	#N/A	#N/A	#N/A
18	#N/A	#N/A	#N/A	#N/A	#N/A	#N/A	#N/A	#N/A	#N/A	#N/A	#N/A	#N/A	#N/A	#N/A
19	#N/A	#N/A	#N/A	#N/A	#N/A	#N/A	#N/A	#N/A	#N/A	#N/A	#N/A	#N/A	#N/A	#N/A
20	#N/A	#N/A	#N/A	#N/A	#N/A	#N/A	#N/A	#N/A	#N/A	#N/A	#N/A	#N/A	#N/A	#N/A

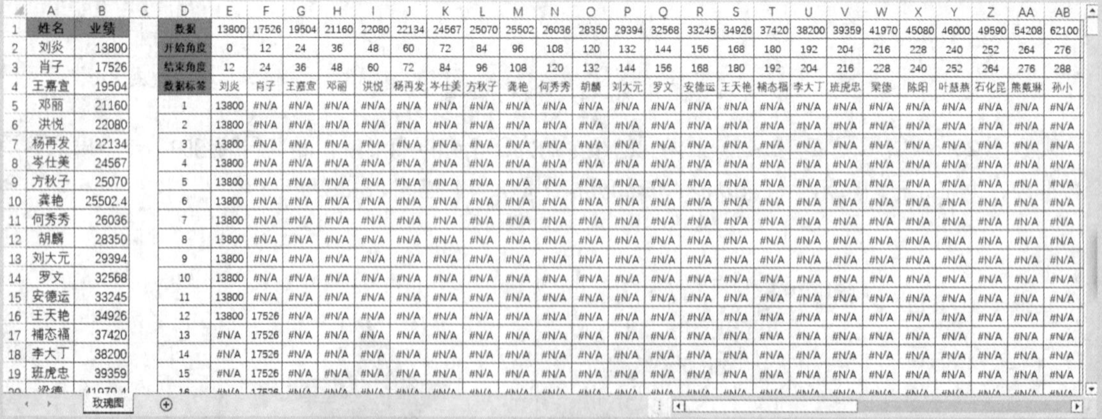

图 26-87　玫瑰图数据结构

具体操作步骤如下。

步骤① 单击 B2 单元格后，鼠标右击，在快捷菜单中依次单击【排序】→【升序】命令，将数据从小到大排序。

步骤② 在 D1 单元格中输入"数据"，在 D2 单元格中输入"开始角度"，在 D3 单元格中输入"结束角度"，在 D4 单元格中输入"数据标签"，在 D5：D364 单元格中输入 1 到 360 的序号。

选择 B2：B31 单元格区域，按 <Ctrl+C> 组合键复制，单击选择 E1 单元格，鼠标右击，在快捷菜单中单击【粘贴选项：】下的【转置】命令，如图 26-88 所示。

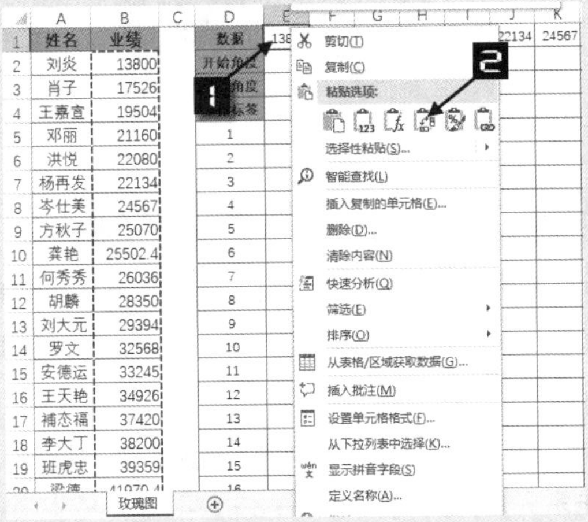

图 26-88　选择性粘贴：转置

同样的方式将 A2：A31 单元格粘贴至 E4：AH4 单元格。

在 E2 单元格中输入以下公式，将公式向右复制到 AH2 单元格，作为图表各个系列的开始角度。

```
=SUM(D3)
```

在 E3 单元格中输入以下公式，将公式向右复制到 AH3 单元格，作为图表各个系列的结束角度。公式中的 12 为一个数据所占的角度，使用 360 度除以数据分类个数 30 所得。即一个分类数据在数据结构中重复 12 次。

```
=SUM(D3,12)
```

在 E5 单元格中输入以下公式，将公式复制到 E5：AH364 单元格区域，作为图表各个系列的数据点。

```
=IF(AND($D5>=E$2,$D5<=E$3),E$1,NA())
```

更改 AH5 单元格公式，作为图表的闭合点。

```
=AH1
```

步骤③ 选中 E4：AH364 单元格区域，单击【插入】选项卡中的【插入瀑布图、漏斗图、股价图、曲面图或雷达图】→【填充雷达图】命令，插入一个填充雷达图。

步骤④ 分别单击图表标题、图例、网格线、坐标轴，按 <Delete> 键删除。效果如图 26-89 所示。

步骤⑤ 双击图表数据系列，打开【设置数据系列格式】选项窗格，切换到【填充与线条】选项卡，单击【标记】选项，依次单击【填充】→【纯色填充】，单击【颜色】下拉按钮，在颜色列表中即可设置各系列颜色。如图 26-90 所示。

图 26-89　玫瑰图效果

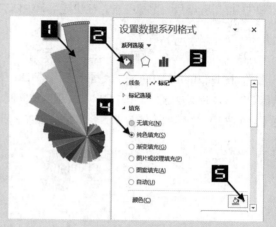

图 26-90　设置填充雷达图数据系列格式

最后可添加文本框来模拟图表数据标签。

26.8.3　散点图的数据结构原理

XY 散点图可以将两组数据绘制成 XY 坐标系中的一个数据系列，除了可以显示数据的变化趋势以外，更多地用来描述数据之间的关系。

示例26-15　毛利与库存分布图

本例用毛利率与库存率两组数据进行展示比较，使用 XY 散点图找出最优产品与可改进产品区域。如图 26-91 所示。

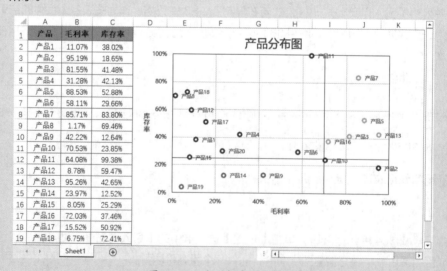

图 26-91　毛利与库存分布图

具体操作步骤如下。

步骤① 选择 B1：C21 单元格区域，单击【插入】选项卡中的【插入散点图（X，Y）或气泡图】→【散点图】命令，在工作表中插入散点图。

步骤② 双击散点图中的纵坐标轴，打开【设置坐标轴格式】选项窗格。

切换到【坐标轴选项】选项卡下，在【坐标轴选项】选项卡【边界】的【最小值】输入框中输入"0"，【最大值】输入框中输入"1"，在【单位】的【主要】输入框中输入"0.2"。

单击【数字】选项，在【小数位数】输入框中输入"0"，将小数舍去。

切换到【填充与线条】选项卡，设置【线条】为【无线条】。

使用同样的步骤设置横坐标轴。

步骤③ 单击绘图区，在【设置绘图区格式】选项窗格中切换到【填充与线条】选项卡，设置【边框】为【实线】，设置【颜色】为"黑色"。

步骤④ 单击图表区，在【设置图表区格式】选项窗格中单击【填充与线条】选项卡，设置【边框】为【无线条】。

步骤⑤ 选中图表，单击【图表元素】快捷选项按钮，分别选中【数据标签】和【坐标轴标题】复选框。

步骤⑥ 双击图表数据标签，打开【设置数据标签格式】选项窗格。

切换到【标签选项】选项卡，在【标签包括】选项中取消选中【Y 值】复选框。选中【单元格中的值】复选框，在弹出的【数据标签区域】对话框中，设置【选择数据标签区域】为 A2:A21 单元格区域，单击【确定】按钮关闭【数据标签区域】对话框。如果对已有参数进行修改，则需要单击【选择范围】按钮打开该对话框。【标签位置】设置为【靠右】，如图 26-92 所示。

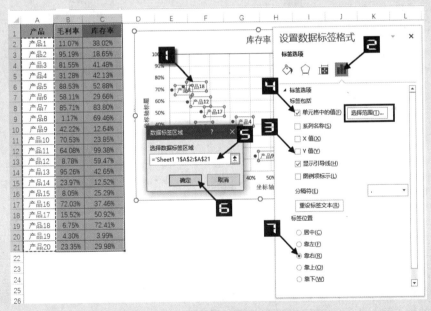

图 26-92 设置图表数据标签格式

提示　散点图中没有文本分类，所以数据标签无法添加"分类名称"，使用【单元格中的值】功能可以解决散点图存在的缺陷。但此功能仅在 Excel 2016 或以上版本才可以使用，如需在 Excel 2013 或以下版本中打开，需手动逐个将数据标签与单元格进行关联引用，具体操作可以参考百分比圆环图中数据标签的引用方法。

步骤7 为更好体现数据优良区域，在 E1:G6 单元格中设置分隔点数据，数据点落在毛利率为 70% 以上、库存率为 25% 以下区域为最优产品，所以需要在毛利率为 70% 处设置分隔，在库存率为 25% 处设置分隔，数据如图 26-93 所示。

	E	F	G
1		X	Y
2	竖线	70.00%	0.00%
3	竖线	70.00%	100.00%
4			
5	横线	0.00%	25.00%
6	横线	100.00%	25.00%

图 26-93　分隔数据

步骤8 为散点图增加一个新系列。选择 F2:G6 单元格区域，按 <Ctrl+C> 组合键复制区域。单击图表，在【开始】选项卡下依次单击【粘贴】下拉按钮→【选择性粘贴】命令打开【选择性粘贴】对话框。

在【选择性粘贴】对话框中选中【添加单元格为】区域中【新建系列】单选按钮；选中【数值 (Y)轴在】区域【列】单选按钮，选中【首列为分类 X 值】复选框，单击【确定】按钮关闭对话框，如图26-94 所示。图表中数据点显示为黄色的系列则是新增加的数据系列。

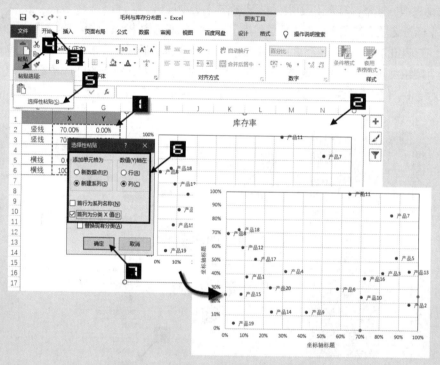

图 26-94　使用选择性粘贴添加散点系列

步骤9 单击新增的数据系列，在【插入】选项卡中依次单击【插入散点图（X，Y）或气泡图】→【带直线的散点图】命令，将新数据系列的图表类型更改为带直线的散点图。

步骤10 双击新增的数据系列，打开【设置数据系列格式】选项窗格，在【填充与线条】选项卡下依次单击【线条】→【实线】，设置颜色为"黑色"，将【宽度】设置为"1磅"。

步骤11 单击选中纵坐标轴标题，再次单击进入编辑状态，输入"库存率"作为纵坐标轴标题，用同样的方式在横坐标轴标题中输入"毛利率"，在图表标题中输入"产品分布图"。

步骤12 双击纵坐标轴标题，打开【设置坐标轴标题格式】选项窗格，切换到【大小与属性】选项卡，设置【文字方向】为【竖排】。

步骤13 选中散点图系列，再次单击可单独选中数据点。按 <Ctrl+1> 组合键打开【设置数据点格式】选项窗格。

切换到【填充与线条】选项卡，依次单击【标记】→【标记选项】命令，选中【内置】单选按钮，设置【类型】为"圆形"、【大小】为"7"，再单击【填充】，选中【纯色填充】单选按钮，设置填充颜色为"白色"。设置【线条】为【实线】，分别为每个区域设置不同的线条颜色，将【宽度】设置为"2磅"。如图 26-95 所示。

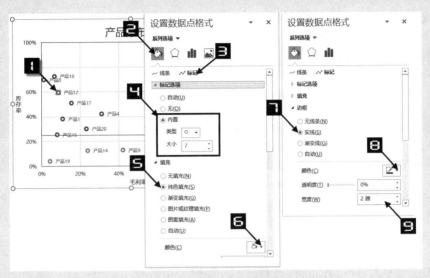

图 26-95　设置散点图数据标记格式

示例26-16　带涨幅的对比图

图 26-96 展示的是使用柱形图与散点图制作而成的组合图表，利用散点图制作的上升、下降箭头突出数据之间的对比，使图表数据展示更直观。

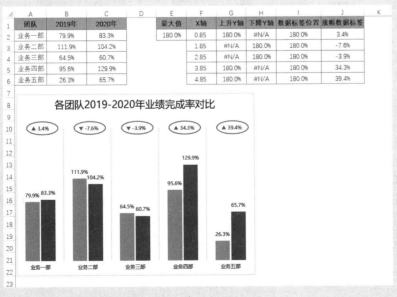

图 26-96　带涨幅的对比图

具体操作步骤如下。

步骤① 选中 A1:C6 单元格区域，单击【插入】选项卡，依次单击【插入柱形图或条形图】→【簇状柱形图】命令，在工作表中生成一个柱形图。

步骤② 构建涨幅辅助列数据结构。具体操作如下。

在 E2 单元格中输入 180%，此数值为该图表纵坐标刻度轴的最大值，用户可根据实际数据自行更换，构建散点图的 X 轴数据。在图表中，文本分类轴的起始位置一般情况下为 0.5，即到第一个分类的中心是 1，每个分类的默认间隔也是 1。如图 26-97 中的标记所示。

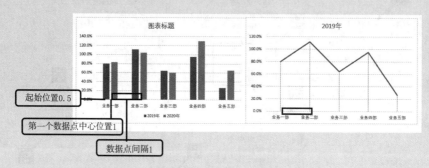

图 26-97　分类轴位置

双击图表分类轴，打开【设置坐标轴格式】选项窗格，切换到【坐标轴选项】选项卡，在【坐标轴位置】中选中【在刻度线上】单选按钮，该分类轴的起始位置就会变成 1，也就是第一个数据点的中心就是分类坐标轴的起始位置。如图 26-98 所示。

面积图默认的【坐标轴位置】为【在刻度线上】，其他图表类型的【坐标轴位置】一般为【在刻度之间】。【在刻度线上】一般适合折线图与面积图图表类型的设置，而柱形图与条形图设置后，前后数据系列的一半会被遮挡。如图 26-98 中的标记所示。

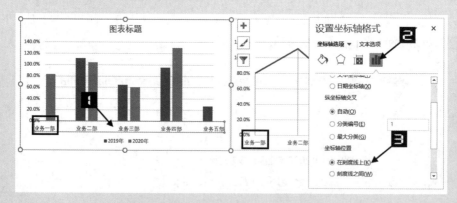

图 26-98　设置坐标轴位置为在刻度线上

设置 "X 轴" 从 0.85 开始，每个数据点间隔 1，以此类推。在 F2:F6 单元格中分别输入 0.85~4.85。此处的 0.85 数值的设定，是为了后续散点填充的标记能在分类的中心，用户可以根据实际情况调整该值。

在 G2 单元格中输入以下公式，向下复制到 G6 单元格。

```
=IF(C2>B2,E$2,NA())
```

在 H2 单元格中输入以下公式，向下复制到 H6 单元格。

```
=IF(C2<B2,E$2,NA())
```

在 I2 单元格中输入以下公式，向下复制到 I6 单元格。

```
=$E$2
```

在 J2 单元格中输入以下公式，向下复制到 J6 单元格。

```
=C2-B2
```

步骤③ 选择 F2：G6 单元格区域，按 <Ctrl+C> 组合键复制。单击图表，在【开始】选项卡下依次单击【粘贴】→【选择性粘贴】命令打开【选择性粘贴】对话框。在【选择性粘贴】对话框中【添加单元格为】区域选中【新建系列】单选按钮；【数值(Y)轴在】区域选中【列】单选按钮，选中【首列中的类别（X 标签）】复选框，单击【确定】关闭对话框。如图 26-99 所示。

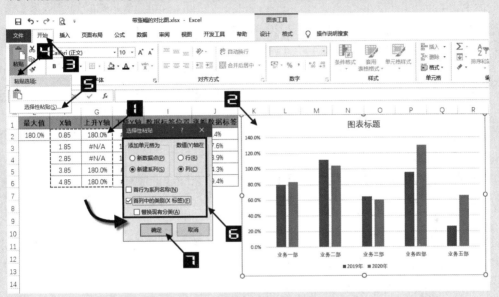

图 26-99　选择性粘贴添加图表系列

步骤④ 单击图表新增的数据系列，在【插入】选项卡中依次单击【插入散点图（X，Y）或气泡图】→【散点图】命令，将新系列的图表类型更改为散点图。

步骤⑤ 双击散点系列，打开【设置数据系列格式】选项窗格，切换到【系列选项】，在【系列绘制在】中选中【主坐标轴】单选按钮。如图 26-100 所示。

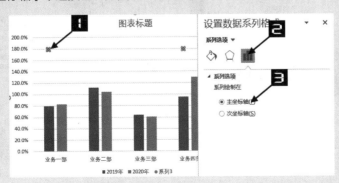

图 26-100　设置散点系列为主坐标轴

步骤⑥ 选择 F2:F6 单元格区域，按住 <Ctrl> 键不放，再选择 H2:H6 区域，按 <Ctrl+C> 组合键复制。重复以上的操作将数据选择性粘贴到图表中。同样的方式将 F2:F6 和 I2:I6 单元格区域的数据粘贴至图表中，效果如图 26-101 所示。

步骤⑦ 双击图表纵坐标轴，打开【设置坐标轴格式】选项窗格，切换到【坐标轴选项】选项卡，在【坐标轴选项】→【边界】的【最小值】输入框中输入"0"，在【最大值】输入框中输入"1.8"，按 <Delete> 键删除纵坐标轴。

步骤⑧ 单击"系列 5"散点系列，鼠标右击，在快捷菜单中单击【添加数据标签】命令。

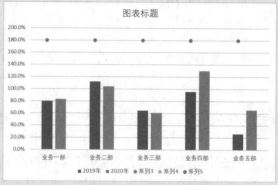

图 26-101 添加散点后的图表效果

使用同样的方式，分别为"2019 年""2020 年"柱形系列添加数据标签。

步骤⑨ 双击图表"系列 5"数据标签，打开【设置数据标签格式】选项窗格。切换到【标签选项】选项卡，在【标签包括】选项中取消选中【Y 值】复选框，选中【单元格中的值】复选框，在弹出的【数据标签区域】对话框中，设置【选择数据标签区域】为 J2:J6 单元格区域，单击【确定】按钮关闭【数据标签区域】对话框。

步骤⑩ 单击图表"系列 5"数据系列，在【设置数据系列格式】选项窗格中，单击【填充与线条】选项卡，在【标记】选项中设置【标记选项】为【无】。

步骤⑪ 单击图表"2019 年"数据系列，打开【设置数据系列格式】选项窗格。

切换到【系列选项】选项卡，在【系列重叠】调节框中输入"-10%"，在【间隙宽度】调节框中输入"120%"。

切换到【填充与线条】选项卡，在【填充】选项中单击【纯色填充】单选按钮，设置【颜色】为"灰色"。用同样的方式设置"2020 年"数据系列的填充颜色为"蓝色"。

步骤⑫ 单击图表标题、图例、网格线，按 <Delete> 键删除。

单击图表区，单击【图表元素】快速选项按钮，选中【网格线】选项下的【主轴主要垂直网格线】复选框。如图 26-102 所示。

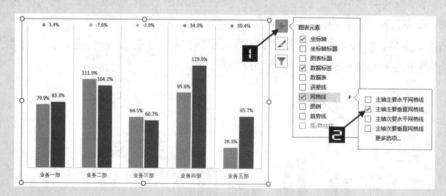

图 26-102 添加主轴主要垂直网格线

步骤⑬ 单击图表区，依次单击【插入】→【形状】命令，在形状列表中选择"文本框"，在工作表中绘制形状之后输入文字。选中文本框，在【开始】选项卡下依次设置【字体】为"微软雅黑"、【字号】为"18"、【字体颜色】为"黑色"。

步骤14 插入自选图形并设置格式。

依次单击【插入】→【形状】下拉按钮，在下拉列表中选择"椭圆"，在工作表中拖动鼠标绘制一个椭圆形。

单击选中形状，在【绘图工具】的【格式】选项卡下，单击【形状填充】按钮，在下拉菜单中选择"无填充"，在【形状轮廓】下拉菜单中选择"蓝色"。

依次单击【插入】→【形状】下拉按钮，在下拉列表中选择"等腰三角形"，在工作表中拖动鼠标绘制一个等腰三角形。

单击选中形状，在【绘图工具】的【格式】选项卡下单击【形状填充】按钮，在颜色面板中选择"蓝色"，在【形状轮廓】下拉菜单中选择"无轮廓"。

调整"椭圆"与"等腰三角形"的位置，单击"椭圆"形状，按住 <Ctrl> 键再单击"等腰三角形"形状，保持两个形状同时选中的状态，切换到【绘图工具】的【格式】选项卡，单击【组合】按钮，在下拉列表中单击【组合】命令。如图 26-103 所示。

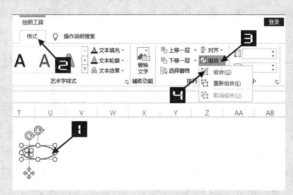

图 26-103　组合图形

为了让图形粘贴到散点中时标记与数据标签居中，可以根据以上操作步骤绘制一个比圆形大的矩形，并设置无填充无线条，与椭圆形组合。

复制组合好的组合图形，单独选中"等腰三角形"，将其水平翻转后形成下降的三角形，将三角形与椭圆形设置为"红色"。最终组合图形效果如图 26-104 所示。

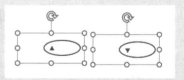

图 26-104　最终组合效果

步骤15 选中组合后的蓝色图形，按 <Ctrl+C> 组合键复制，单击图表"系列 3"数据系列，按 <Ctrl+V> 组合键粘贴，将形状填充到系列中。

选中组合后的红色图形，按 <Ctrl+C> 组合键复制，单击图表"系列 4"数据系列，按 <Ctrl+V> 组合键粘贴，将形状填充到系列中。

使用公式与辅助列数据制作的涨幅，只要表格数据变化，涨幅的上升、下降均会自动变化，无须重新设置图表格式。若数据最大值超出 180%，可调出图表纵坐标轴后，重新设置【边界】的【最大值】。

26.8.4　组合图表中的主次坐标轴设置

示例26-17　同时展示月销量与日销量的对比图

图 26-105 所示是一个同时展示月销量与日销量的柱形与折线组合图表，当数据分类数量不同时，制作出来的图表默认效果如左侧所示，而右侧是经过设置主次坐标轴格式后显示的效果。

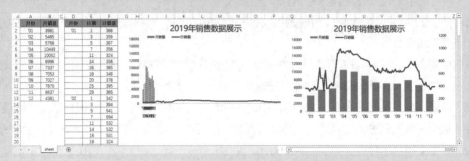

图 26-105　同时展示月销量与日销量的柱形与折线组合图表

具体操作步骤如下。

步骤① 选择 B1:B13 单元格区域，在【插入】选项卡中依次单击【插入柱形图或条形图】→【簇状柱形图】命令，在工作表中插入一个柱形图。

步骤② 选择 F1:F133 单元格区域，按 <Ctrl+C> 组合键复制，单击图表区，按 <Ctrl+V> 组合键将数据粘贴到图表中。

步骤③ 单击图表"日销量"数据系列，在【图表工具】的【设计】选项卡中单击【更改图表类型】按钮，调出【更改图表类型】对话框。在【更改图表类型】对话框中将"日销量"系列的图表类型更改为"折线图"，选中【次坐标轴】复选框，最后单击【确定】按钮关闭对话框。如图 26-106 所示。

图 26-106　更改图表类型

步骤④ 单击图表区，单击【图表元素】快速选项按钮，选中【坐标轴】选项下的【次要横坐标轴】复选框。如图 26-107 所示。

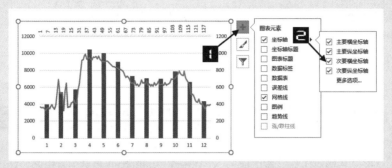

图 26-107 添加图表元素 - 次横坐标轴

步骤⑤ 双击图表次要横坐标轴，打开【设置坐标轴格式】选项窗格。

切换到【坐标轴选项】选项卡，在【标签】选项下设置【标签位置】为【无】。

切换到【填充与线条】选项卡，设置【线条】为【无线条】。

步骤⑥ 选中图表，在【图表工具】的【设计】选项卡中单击【选择数据】按钮，打开【选择数据源】对话框，在【选择数据源】对话框中单击右侧"水平（分类）轴标签"的【编辑】按钮，打开【轴标签】对话框。单击【轴标签区域】输入框，在输入框编辑状态下选择 A2:A13 单元格区域，依次单击【确定】按钮关闭【轴标签】对话框和【选择数据源】对话框，更改图表坐标轴的分类标签。

步骤⑦ 双击图表"月销量"数据系列，打开【设置数据系列格式】选项窗格。

切换到【系列选项】选项卡，在【系列重叠】调节框中输入"0%"，在【间隙宽度】调节框中输入"50%"。

切换到【填充与线条】选项卡，在【填充】选项中选中【纯色填充】单选按钮，设置【颜色】为"青色"。

步骤⑧ 单击图表"日销量"数据系列，在【设置数据系列格式】选项窗格中切换到【填充与线条】选项卡，在【线条】选项中选中【实线】单选按钮，设置【颜色】为"深青色"，【宽度】为"3 磅"。

步骤⑨ 单击图表主要纵坐标轴，在【设置坐标轴格式】选项窗格中切换到【坐标轴选项】选项卡，在【坐标轴选项】→【边界】的【最小值】输入框中输入"0"，在【最大值】输入框中输入"18000"。

步骤⑩ 单击图表区，在【设置图表区格式】选项窗格中切换到【填充与线条】选项卡，设置【线条】为【无线条】。

步骤⑪ 单击网格线，按 <Delete> 键删除。

步骤⑫ 单击选中图表区，再依次单击【插入】→【形状】命令，在形状列表中选择"文本框"，在工作表中绘制形状之后输入文字。选中文本框，在【开始】选项卡下依次设置【字体】为"微软雅黑"、【字号】为"20"、【字体颜色】为"黑色"。

提示 ▬▬▬▶　　当图表设置了一个或多个系列为"次坐标轴"后，图表最多可以有四个坐标轴，但当主 / 次坐标轴上的系列横轴均为分类轴时，默认只显示"主要横坐标轴"，也就是主 / 次坐标轴上的系列共用一个分类轴，如果需要主 / 次分类轴分开显示，可按以上操作完成。

26.9 交互式图表制作

动态图表是利用 Excel 函数公式、名称、控件、VBA 等功能实现的交互展示图表。本节将通过多个实例技巧说明如何制作动态图表与制作仪表板。

26.9.1 自动筛选动态图表

示例26-18 自动筛选动态图

使用简单的条形图与表格组合，可以展示 2019 年每笔业务中业务员创收金额的对比，如图 26-108 所示。如果需要从图表中筛选符合条件的数据进行展示，可以使用 Excel 的自动筛选功能，制作动态效果的图表。

	A	B	C	D	E	F	G	H
1	客户姓名	产品归类	经办人	经办部门	公司可核创收	业务员创收	对比	进单时间
2	冯	信用贷	翔	业务四部	1500	1500		2019/1/2
3	毕	信用贷	翔	业务四部	2790	2790		2019/1/8
4	周	抵押贷	岳	业务三部	9250	9250		2019/1/22
5	李	信用贷	翔	业务四部	3000	3000		2019/1/4
6	韦	信用贷	勇	业务一部	1250	1250		2019/1/30
7	姚	抵押贷	英	业务二部	9151	9151		2019/3/20
8	戴	抵押贷	立	业务四部	22952	22952		2019/3/20
9	蔡	抵押贷	翔	业务四部	20000	20000		2019/3/26
10	陈	信用贷	立	业务四部	7500	7500		2019/4/2
11	梁	信用贷	立	业务四部	8700	8700		2019/4/8
12	陈	抵押贷	立	业务四部	13440	13440		2019/4/13
13	王	信用贷	立	业务四部	3240	3240		2019/5/14
14	刘	信用贷	翔	业务四部	2475	2475		2019/5/20
15	巩	信用贷	恩	业务一部	5265	5265		2019/6/5
16	王	信用贷	立	业务四部	13500	13500		2019/6/8
17	陈	信用贷	岳	业务三部	2700	2700		2019/6/11
18	李	信用贷	勇	业务一部	5874	5874		2019/6/11
19	李	信用贷	立	业务四部	2700	2700		2019/6/19

筛选动态图表

图 26-108 数据源与图表

具体操作步骤如下。

步骤① 单击工作表 G 列列标，鼠标右击，在快捷菜单中单击【插入】命令，在工作表中插入一列空白单元格。在 G1 单元格中输入文字"对比"。

步骤② 选择 F2:F146 单元格区域，在【插入】选项卡中依次单击【插入柱形图或条形图】→【簇状条形图】命令。在工作表中插入一个条形图。

步骤③ 双击条形图的纵坐标轴，打开【设置坐标轴格式】选项窗格，切换到【坐标轴选项】选项卡。在【坐标轴选项】中选中【逆序刻度值】复选框。

步骤④ 单击条形图的横坐标轴，在【设置坐标轴格式】选项窗格中切换到【坐标轴选项】选项卡。在【坐标轴选项】→【单位】的【大】输入框中输入"1"。

步骤⑤ 分别单击图表标题、纵坐标轴、横坐标轴和网格线，按 <Delete> 键删除。

步骤⑥ 双击图表区，打开【设置图表区格式】选项窗格，切换到【填充与线条】选项卡，设置【填充】

为【无填充】，设置【边框】为【无线条】。

步骤⑦ 单击图表数据系列，打开【设置数据系列格式】选项窗格。

切换到【系列选项】选项卡，依次设置【系列重叠】选项为"0%"，【间隙宽度】选项为"80%"，切换到【填充与线条】选项卡，依次单击【填充】→【纯色填充】，将【颜色】设置为"红色"。

步骤⑧ 拖动图表绘图区控制点，调整绘图区在图表区中最大化，再调整图表区大小，按 <Alt> 键对齐到工作表的 G 列。

步骤⑨ 选择 A1:H1 单元格区域，在【数据】选项卡中单击【筛选】按钮，添加筛选功能，如图 26-109 所示。

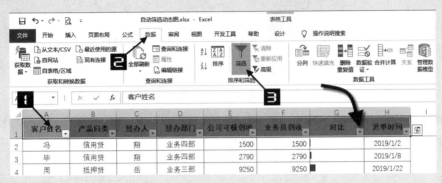

图 26-109　添加自动筛选

步骤⑩ 单击 D1 单元格，即"经办部门"右下角的筛选按钮，选择要显示的部门，最后单击【确定】按钮，可得到筛选后的数据源，图表效果也会随之更新，如图 26-110 所示。

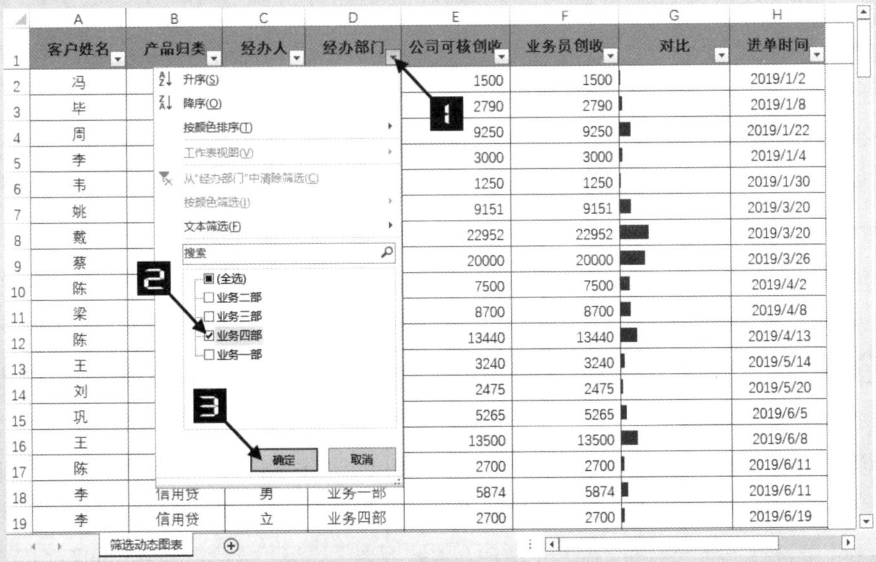

图 26-110　筛选

提示

> 如果用户设置了【显示隐藏行列中的数据】命令，将会使图表不再随数据筛选而变化。

选中图表后，在【图表工具】下的【设计】选项卡中单击【选择数据】按钮，打开【选择数据源】

对话框。在【选择数据源】对话框中单击【隐藏的单元格和空单元格】命令，打开【隐藏和空单元格设置】对话框，选中【显示隐藏行列中的数据】复选框，最后依次单击【确定】按钮关闭对话框，如图26-111所示。

设置完成后，如果再筛选数据，图表中将始终显示全部数据。

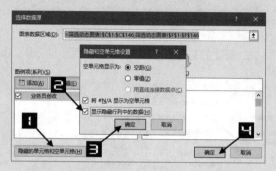

图 26-111　隐藏的单元格和空单元格

【隐藏和空单元格设置】对话框中的【空单元格显示为：】功能，在折线图与面积图中比较常用，三个选项分别为：空距、零值、用直线连接数据点。图26-112展示了三个不同设置的折线图表现方式。

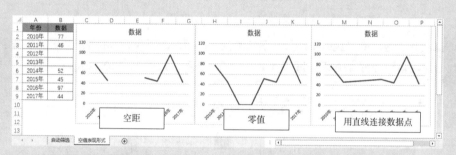

图 26-112　空单元格不同设置展示

26.9.2　切片器动态图表

示例26-19　使用切片器代替自动筛选

除了可以使用自动筛选进行数据筛选之外，还可以使用切片器进行筛选，使筛选过程更加简便直观。

步骤① 单击A1单元格，在【插入】选项卡中单击【表格】按钮，打开【创建表】对话框，选中【表包含标题】复选框，最后单击【确定】按钮，将数据表转换为"表格"形式，如图26-113所示。

步骤② 选择A1单元格，在【表格工具】的【设计】选项卡下单击【插入切片器】按钮，打开【插入切片器】对话框。在【插入切片器】对话框中选中需要进行筛选的字段"经办部门"复选框，单击【确定】按钮，关闭【插入切片器】对话框，在工作表中插入一个切片器。

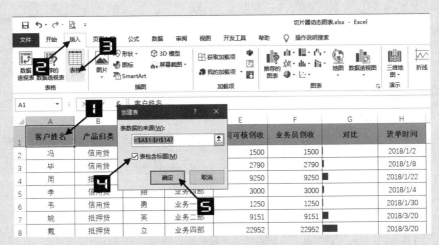

图 26-113　插入表格

在【表格工具】的【格式】选项卡选中【汇总行】复选框，单击 F147 单元格中的下拉按钮，在下拉列表中选择【求和】命令。如图 26-114 所示。

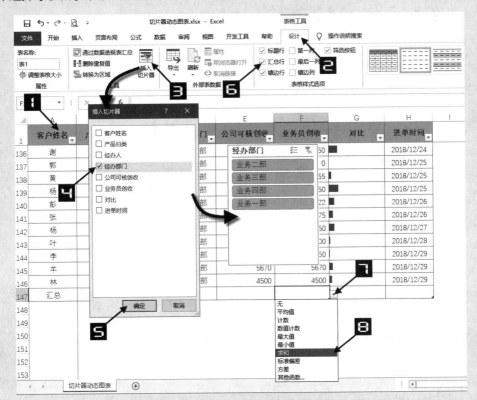

图 26-114　插入切片器并添加汇总

步骤③ 单击切片器，在【表格工具】下的【设计】选项卡中设置【切片器样式】为"浅蓝色"，在【按钮】功能组中的【列】调节框中输入"4"，将切片器更改为横向显示，调整切片器大小。效果如图 26-115 所示。

步骤④ 在工作表第一行插入一行空白行，调整行高，将切片器移动到空白行中，并且与表格对齐。

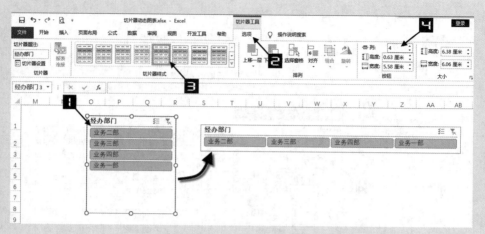

图 26-115　设置切片器格式

设置后只需要在切片器中单击分类项，即可完成数据与图表的筛选。效果如图 26-116 所示。

	A	B	C	D	E	F	G	H	I
	经办部门							≣	▼
1	业务二部		业务三部		业务四部		业务一部		
2	客户姓名	产品归类	经办人	经办部门	公司可核创收	业务员创收	对比	进单时间	
5	周	抵押贷	岳	业务三部	9250	9250	▮	2018/1/22	
18	陈	信用贷	岳	业务三部	2700	2700	▮	2018/6/11	
28	付	信用贷	岳	业务三部	5400	5400	▮	2018/7/31	
35	李	信用贷	俊	业务三部	6570	6570	▮	2018/8/20	
38	耿	抵押贷	俊	业务三部	6480	6480	▮	2018/8/23	
40	王	抵押贷	岳	业务三部	69065	69065	▬▬▬	2018/8/30	
46	张	信用贷	岳	业务三部	3750	3750	▮	2018/9/10	
47	韩	信用贷	俊	业务三部	4464	4464	▮	2018/9/10	
52	石	信用贷	俊	业务三部	1800	0		2018/9/19	
54	李	信用贷	岳	业务三部	9000	9000	▮	2018/9/20	
64	刘	抵押贷	翔	业务三部	24300	24300	▬	2018/10/9	
67	胡	信用贷	翔	业务三部	9282	9282	▮	2018/10/12	
74	张	信用贷	俊	业务三部	4000	4000	▮	2018/10/25	
77	陈	信用贷	锋	业务三部	1650	1650	▮	2018/10/26	
80	李	信用贷	俊	业务三部	2025	2025	▮	2018/10/30	
82	汤	抵押贷	翔	业务三部	7695	7695	▮	2018/11/2	

图 26-116　调整切片器位置

如需在切片器中选中多项分类，可先单击切片器左上角的【多选】按钮，然后依次单击切片器中的分类。

如需释放筛选，单击切片器右上角的【清除筛选器】按钮即可，如图 26-117 所示。

图 26-117　多选和清除筛选器

26.9.3　数据验证动态图表

示例26-20　**数据验证动态图表**

如图 26-118 所示，借助数据验证和公式，也能实现图表的动态展示。

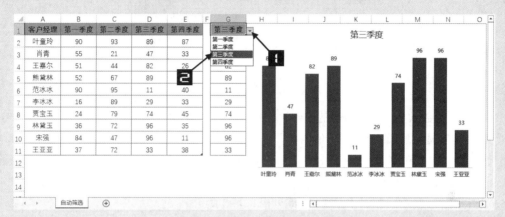

图 26-118　数据验证动态图表

具体操作步骤如下。

步骤① 单击 G1 单元格，依次单击【数据】→【数据验证】按钮，打开【数据验证】对话框。切换到【设置】选项卡，单击【允许】选项下拉按钮，在下拉列表中选择【序列】，在【来源】编辑框中选择 B1:E1 单元格区域，最后单击【确定】按钮关闭【数据验证】对话框，如图 26-119 所示。

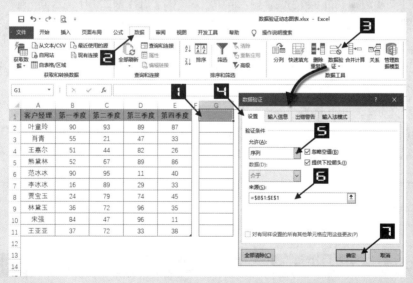

图 26-119　数据验证

步骤② 在 G2 单元格输入以下公式，将公式向下复制到 G11 单元格，如图 26-120 所示。

```
=HLOOKUP(G$1,B$1:E$11,ROW(A2),)
```

G2 =HLOOKUP(G$1,$B$1:$E$11,ROW(A2),)

	A	B	C	D	E	F	G
1	客户经理	第一季度	第二季度	第三季度	第四季度		第二季度
2	叶童玲	90	93	89	87		93
3	肖青	55	21	47	33		21
4	王嘉尔	51	44	82	26		44
5	熊黛林	52	67	89	86		67
6	范冰冰	90	95	11	40		95
7	李冰冰	16	89	29	33		89
8	贾宝玉	24	79	74	45		79
9	林黛玉	36	72	96	35		72
10	宋强	84	47	96	11		47
11	王亚亚	37	72	33	38		72
12							

图 26-120　数据构建

HLOOKUP 函数以 G$1 单元格中的内容为查找值，在 B$1:E$11 单元格区域的首行中找到与之相同的项目，并依次返回该项目下不同行的内容。

步骤③ 选择 G1:G11 单元格区域，在【插入】选项卡中依次单击【插入柱形图或条形图】→【簇状柱形图】命令，生成一个柱形图。

步骤④ 双击图表数据系列，打开【设置数据系列格式】选项窗格。

切换到【系列选项】选项卡，在【系列重叠】调节框中输入“0%”，在【间隙宽度】调节框中输入“60%”。

切换到【填充与线条】选项卡，在【填充】选项中选中【纯色填充】单选按钮，设置【颜色】为“红色”。

步骤⑤ 单击图表纵坐标轴，在【设置坐标轴格式】选项窗格中切换到【坐标轴选项】选项卡，在【坐标轴选项】→【边界】的【最小值】输入框中输入“0”，在【最大值】输入框中输入“100”。

如果动态图表的数据区间基本固定，可将坐标轴边界设置为固定值，这样设置后，在改变数据时图表变化更有对比性。

步骤⑥ 单击图表区，在【设置图表区格式】选项窗格中切换到【填充与线条】选项卡，设置【线条】为【无线条】。

步骤⑦ 依次选中网格线和纵坐标轴，按 <Delete> 键删除。

设置图表格式后，单击 G1 单元格的下拉按钮，选择不同的季度。G2:G11 单元格区域的公式结果会随之更新，以此为数据源的图表也会随之变化。

26.9.4　控件动态图表

示例26-21　控件动态折线图

图 26-121 展示的是某种植园主要产品全年销售情况的动态折线图。使用单选控件按钮与函数公式来制作折线图，单击控件选择某一产品时，数据区域会自动突出显示，图表展示更加直观。

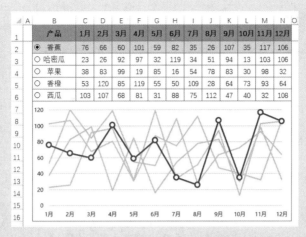

图 26-121　动态选择产品的折线图

具体操作步骤如下。

步骤① 单击【开发工具】选项卡中的【插入】下拉按钮，在下拉列表中单击【选项按钮（表单控件）】按钮，拖动鼠标在工作表中绘制一个选项按钮。如图 26-122 所示。

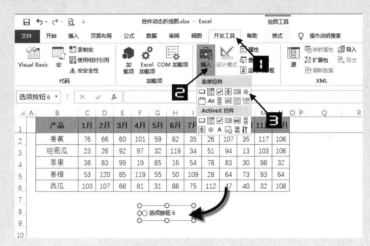

图 26-122　插入选项按钮

步骤② 鼠标右击选项按钮，在快捷菜单中选择【编辑文字】命令，将选项按钮中的文本按 <Delete> 键删除。

步骤③ 在选项按钮上鼠标右击，选中选项按钮，按住 <Alt> 键拖动到 B2 单元格，调整选项按钮大小与单元格对齐。如图 26-123 所示。

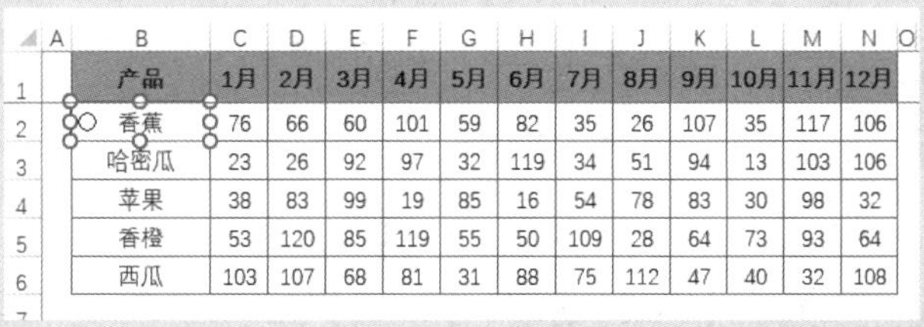

▲	A	B	C	D	E	F	G	H	I	J	K	L	M	N	O
1		产品	1月	2月	3月	4月	5月	6月	7月	8月	9月	10月	11月	12月	
2		香蕉	76	66	60	101	59	82	35	26	107	35	117	106	
3		哈密瓜	23	26	92	97	32	119	34	51	94	13	103	106	
4		苹果	38	83	99	19	85	16	54	78	83	30	98	32	
5		香橙	53	120	85	119	55	50	109	28	64	73	93	64	
6		西瓜	103	107	68	81	31	88	75	112	47	40	32	108	

图 26-123　调整选项按钮位置与大小

步骤④ 在选项按钮上鼠标右击，选中选项按钮，按住 <Ctrl> 键拖动，复制选项按钮。根据产品的个数及顺序复制选项按钮并对齐到不同单元格，效果如图 26-124 所示。

▲	A	B	C	D	E	F	G	H	I	J	K	L	M	N	O
1		产品	1月	2月	3月	4月	5月	6月	7月	8月	9月	10月	11月	12月	
2		◉ 香蕉	76	66	60	101	59	82	35	26	107	35	117	106	
3		○ 哈密瓜	23	26	92	97	32	119	34	51	94	13	103	106	
4		○ 苹果	38	83	99	19	85	16	54	78	83	30	98	32	
5		○ 香橙	53	120	85	119	55	50	109	28	64	73	93	64	
6		○ 西瓜	103	107	68	81	31	88	75	112	47	40	32	108	

图 26-124　复制多个选项按钮

步骤⑤ 在选项按钮上鼠标右击，然后在弹出的快捷菜单中单击【设置控件格式】命令，打开【设置控件格式】对话框。切换到【控制】选项卡，单击【单元格链接】输入框，再单击工作表中的 P1 单元格，最后单击【确定】按钮关闭【设置控件格式】对话框。如图 26-125 所示。

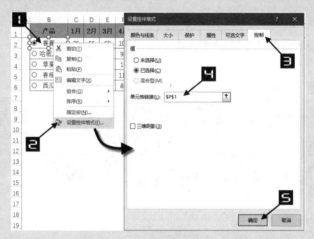

图 26-125　设置控件格式 - 控制

步骤⑥ 在 C7 单元格输入以下公式，向右复制到 N7 单元格，构建一个新的图表系列，如图 26-126 所示。

=OFFSET(C1,$P$1,0)

C7	▼	:	×	✓	ƒx	=OFFSET(C1,$P$1,0)											
▲	A	B	C	D	E	F	G	H	I	J	K	L	M	N	O	P	Q
1		产品	1月	2月	3月	4月	5月	6月	7月	8月	9月	10月	11月	12月		1	
2		◉ 香蕉	76	66	60	101	59	82	35	26	107	35	117	106			
3		○ 哈密瓜	23	26	92	97	32	119	34	51	94	13	103	106			
4		○ 苹果	38	83	99	19	85	16	54	78	83	30	98	32			
5		○ 香橙	53	120	85	119	55	50	109	28	64	73	93	64			
6		○ 西瓜	103	107	68	81	31	88	75	112	47	40	32	108			
7			76	66	60	101	59	82	35	26	107	35	117	106			
8																	
9																	

图 26-126　构建数据

步骤⑦ 选择 C1:N7 单元格区域，在【插入】选项卡下单击【插入折线图或面积图】→【折线图】命令，在工作表中插入折线图。

步骤⑧ 双击折线图系列，打开【设置数据系列格式】选项窗格。切换到【填充与线条】选项卡，在【线条】选项中选中【实线】单选按钮，设置【颜色】为"灰色"。

单击其他数据系列后，按 <F4> 功能键快速重复上一次操作。将系列 1 至系列 5 全部设置为灰色线条。

步骤⑨ 单击"系列 6"数据系列，在【设置数据系列格式】选项窗格中切换到【填充与线条】选项卡。在【线条】选项中依次单击【线条】→【实线】→【颜色】为"蓝色"，【宽度】为"2.25 磅"。在【标记】选项中依次单击【标记选项】→【内置】，设置【类型】为"圆形"，【大小】为"9"。设置【填充】为【纯色填充】，【颜色】为"白色"。依次单击【边框】→【实线】，设置【颜色】为"蓝色"，【宽度】为"2.25 磅"。

步骤⑩ 选中 B2:N6 单元格区域，依次单击【开始】→【条件格式】→【新建规则】命令，打开【新建格式规则】对话框。

选中【使用公式确定要设置格式的单元格】选项，然后在【为符合此公式的值设置格式】编辑框中输入以下公式：

```
=ROW(A1)=$P$1
```

单击【格式】按钮，在弹出的【设置单元格格式】对话框中切换到【填充】选项卡，选择蓝色，最后依次单击【确定】按钮关闭对话框。如图 26-127 所示。

设置完成后，会随着选项按钮的选择而突出显示当前行的记录。

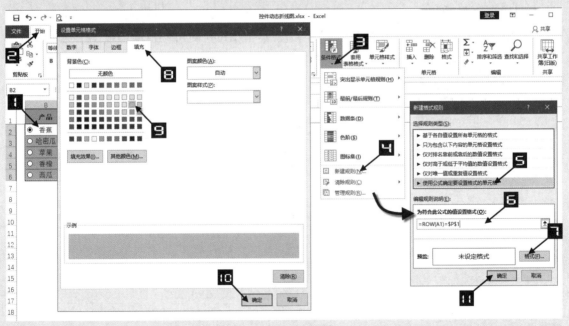

图 26-127　设置条件格式

示例26-22 动态盈亏平衡分析图

图 26-128 展示的是利用 Excel 折线图与控件绘制的盈亏平衡分析图，使用控件动态调整业务量，让图表展示不同业务量下的成本与收入的关系。

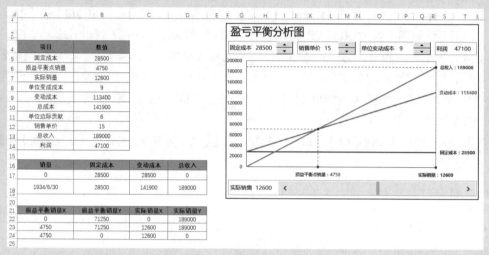

图 26-128 盈亏平衡分析图

具体操作步骤如下。

步骤① 单击【开发工具】选项卡中的【插入】下拉按钮，在下拉列表中单击【数值调节钮（窗体控件）】按钮，在工作表中绘制一个数值调节按钮。如图 26-129 所示。

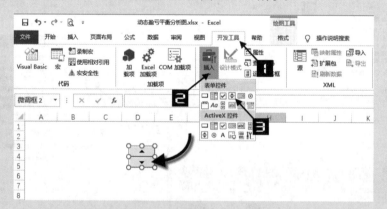

图 26-129 插入数值调节钮

用同样的方式再插入两个数值调节钮和 1 个滚动条。

步骤② 选择控件后鼠标右击，在弹出的快捷菜单中单击【设置控件格式】命令，打开【设置控件格式】对话框。切换到【控制】选项卡，分别设置参数如图 26-130 所示。

步骤③ 分别在图 26-131 的单元格中输入对应的公式。

图 26-130 设置控件格式

	A	B	C	D	E
1					
2					
4	项目	数值	B列公式		
5	固定成本	28500			
6	损益平衡点销量	4750	=B5/B11		
7	实际销量	10500			
8	单位变成成本	9			
9	变动成本	94500	=B8*B7		
10	总成本	123000	=B9+B5		
11	单位边际贡献	6			
12	销售单价	15	=B11+B8		
13	总收入	157500	=B7*B12		
14	利润	34500	=B13-B10		
15					
16	销量	固定成本	变动成本	总收入	
17	0	28500	28500	0	
18	10500	28500	123000	157500	
19	0	=B5	=A17*B8+B17	=A17*B12	17行公式
20	=IF(B7<B6,B6,B7)	=B5	=A18*B8+B18	=A18*B12	18行公式
21	损益平衡销量X	损益平衡销量Y	实际销量X	实际销量Y	
22	0	71250	0	157500	
23	4750	71250	10500	157500	
24	4750		10500	0	
25	0	=B6*B8+B5	0	=B13	22行公式
26	=B6	=B6*B8+B5	=B7	=B13	23行公式
27	=A23	0	=C23	0	24行公式
28					

图 26-131 计算各指标数据

损益平衡点销量 = 固定成本 / 单位边际贡献

变动成本 = 单位变动成本 * 实际销量

总成本 = 固定成本 + 变动成本

销售单价 = 单位变动成本 + 单位边际贡献

总收入 = 实际销量 * 销售单价

利润 = 总收入 − 总成本

步骤④ 选择 B16:D18 单元格区域，在【插入】选项卡下依次单击【插入折线图或面积图】→【折线图】命令，在工作表中插入折线图。

步骤⑤ 单击选中图表区，在【图表工具】的【设计】选项卡中单击【选择数据】按钮，打开【选择数据源】对话框。

单击【切换行/列】按钮调整图表布局。再单击【水平（分类）轴标签】下的【编辑】按钮打开【轴标签】对话框，单击【轴标签区域】文本框，选择 A17:A19 单元格区域。依次单击【确定】按钮关闭对话框。

> **注意**
> ■■■■→ A19 为空白单元格，此处设置轴标签区域为三个数据点，是为了在后面添加三个数据点的散点图时，散点图能正常显示。

步骤⑥ 双击图表横坐标轴，打开【设置坐标轴格式】选项窗格。切换到【坐标轴选项】选项下，设置【坐标轴类型】为【日期坐标轴】，设置【单位】→【基准】为【天】。如图 26-132 所示。

步骤⑦ 选择 A21:B24 单元格区域，按 <Ctrl+C> 组合键复制。单击图表，在【开始】选项卡下依次单击【粘贴】→【选择性粘贴】命令打开【选择性粘贴】对话框。

在【选择性粘贴】对话框中依次选中【添加单元格为】→【新建系列】；【数值(Y)轴在】→【列】单选按钮，分别选中【首行为系列名称】和【首列为分类X值】复选框，单击【确定】关闭【选择性粘贴】对话框。

图 26-132　设置坐标轴格式

步骤⑧ 单击图表"损益平衡销量 Y"数据系列，在【图表工具】的【设计】选项卡中单击【更改图表类型】按钮，调出【更改图表类型】对话框，在【更改图表类型】对话框中将"损益平衡销量 Y"系列的图表类型更改为"带直线和数据标记的散点图"，取消选中【次坐标轴】复选框，最后单击【确定】按钮关闭对话框。

以同样的步骤复制 C21:D24 单元格区域选择性粘贴到图表中。效果如图 26-133 所示。

步骤⑨ 分别单击图表标题、横坐标轴、网格线和图例，按 <Delete> 键删除。

步骤⑩ 双击"损益平衡销量 Y"数据系列，打开【设置数据系列格式】选项窗格，切换到【填充与线条】选项卡。在【线条】选项卡中，设置【线条】为【实线】，设置【颜色】为"黑色"，【宽度】为"1磅"，【短划线类型】为【短划线】。

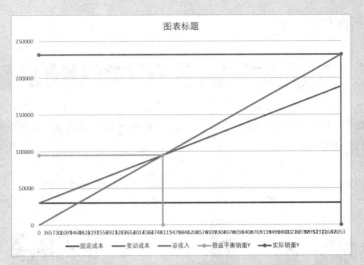

图 26-133　添加散点后的效果图

在【标记】选项卡中依次单击【标记选项】→【内置】，设置【类型】为"圆形"，【大小】设置为"5"，【填充】为【纯色填充】设置填充颜色为"深灰色"。【线条】设置为【无线条】。

同样的方式设置"实际销量 Y"数据系列格式。

步骤⑪　对图表进行整体设置与排版。

首先需要在单元格中输入公式获得各个点的标签内容。

在 A27 单元格中输入以下公式，作为损益平衡点销量的数据标签。

`=A6&": "&TEXT(A23,"0")`

在 A28 单元格中输入以下公式，作为实际销量的数据标签。

`=A7&": "&TEXT(C23,"0")`

在 A29 单元格中输入以下公式，作为固定成本的数据标签。

`=A5&": "&TEXT(B5,"0")`

在 A30 单元格中输入以下公式，作为总收入的数据标签。

`=A13&": "&TEXT(B13,"0")`

在 A31 单元格中输入以下公式，作为变动成本的数据标签。

`=A9&": "&TEXT(B9,"0")`

然后单独选中各数据系列的靠右的最后一个数据点，添加【数据标签】后，手动修改数据标签的引用单元格。

最后将图表与控件及单元格内容进行排版即可，与图表排版的单元格值，可直接引用表格中的数据，以达到数据与图表跟随控件变化而变化的目的。

26.9.5　VBA 制作动态图表

示例26-23　制作鼠标光标悬停的动态图表

利用函数公式结合 VBA 代码制作动态图表，当光标悬停在某一选项上时，图表能够自动展示对应的数据系列，如图 26-134 所示。

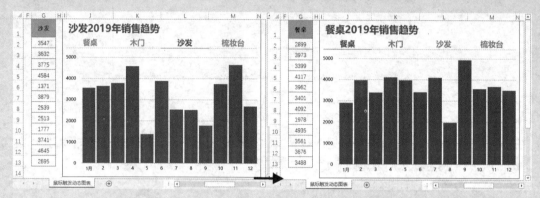

图 26-134　鼠标触发动态图表

操作步骤如下。

步骤① 按 <Alt+F11> 组合键打开 VBE 窗口，在 VBE 窗口中依次单击【插入】→【模块】，然后在模块代码窗口中输入以下代码，最后关闭 VBE 窗口，如图 26-135 所示。

```
Function techart(rng As Range)
Sheets(" 鼠标触发动态图表 ").[g1] = rng.Value
End Function
```

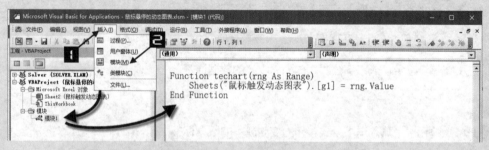

图 26-135　插入模块并输入代码

代码中的 Sheets(" 鼠标触发动态图表 ").[g1] 为当前工作表的 G1 单元格，用 G1 单元格获取触发后的分类，可根据实际表格情况设置单元格地址。

步骤② 在 G1 单元格中任意输入一个分类名称，如 "木门"，在 G2 单元格中输入以下公式，向下复制到 G13 单元格，如图 26-136 所示。

```
=HLOOKUP(G$1,B$1:E2,ROW(),)
```

步骤③ 选中 G1:G13 单元格区域，依次单击【插入】→【插入柱形图或条形图】→【簇状柱形图】，在工作表中生成一个簇状柱形图。

步骤④ 单击选中图表区，在【图表工具】的【设计】选项卡中单击【选择数据】按钮，打开【选择数据源】对话框。单击【轴标签区域】文本框，选择 A2:A13 单元格区域。依次单击【确定】按钮关闭对话框。

步骤⑤ 双击图表数据系列，打开【设置数据系列格式】选项窗格。

切换到【系列选项】选项卡，在【系列重叠】调节框中输入“0%”，【间隙宽度】调节框中输入“10%”。切换到【填充与线条】选项卡，设置【填充】为【纯色填充】，设置【颜色】为“蓝色”。

月份	餐桌		沙发			木门
1月	2899	1255	3547	2548		1255
2	3973	4023	3632	2587		4023
3	3399	3981	3775	4496		3981
4	4117	4322	4584	2094		4322
5	3962	4159	1371	1862		4159
6	3401	4809	3879	2221		4809
7	4092	2073	2539	2039		2073
8	1978	1829	2513	1506		1829
9	4935	4426	1777	2508		4426
10	3561	2657	3741	3260		2657
11	3676	3273	4645	2461		3273
12	3488	1739	2695	4229		1739

图 26-136　构建辅助列

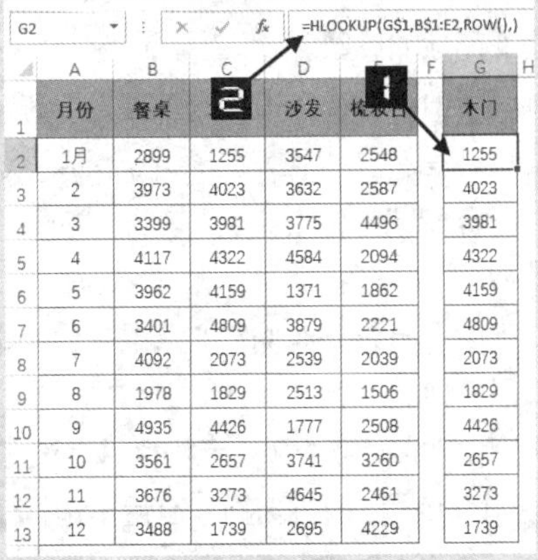

步骤⑥ 双击纵坐标轴，打开【设置坐标轴格式】选项窗格，切换到【坐标轴选项】选项卡，在【坐标轴选项】→【边界】的【最小值】输入框中输入“0”，在【最大值】输入框中输入“5000”。在【单位】的【大】输入框中输入“1000”。

步骤⑦ 单击图表标题，按 <Delete> 键删除。

步骤⑧ 单击图表区，在【设置图表区格式】选项窗格中切换到【填充与线条】选项卡，设置【边框】为【无线条】。

步骤⑨ 调整图表，将图表对齐到 I3:N14 单元格区域，在 J1 单元格输入以下公式并设置单元格【字体】格式，作为动态图表的标题。

```
=G1&"2019 年销售趋势 "
```

在 J2 单元格输入以下公式，将公式向右复制到 M2 单元格。作为触发数据变化的触发器。如图 26-137 所示。

```
=IFERROR(HYPERLINK(techart(B1)),B1)
```

月份	餐桌		沙发	梳妆台		梳妆台
1月	2899	1255	3547	2548		2548
2	3973	4023	3632	2587		2587
3	3399	3981	3775	4496		4496
4	4117	4322	4584	2094		2094
5	3962	4159	1371	1862		1862
6	3401	4809	3879	2221		2221
7	4092	2073	2539	2039		2039
8	1978	1829	2513	1506		1506
9	4935	4426	1777	2508		2508
10	3561	2657	3741	3260		3260
11	3676	3273	4645	2461		2461
12	3488	1739	2695	4229		4229

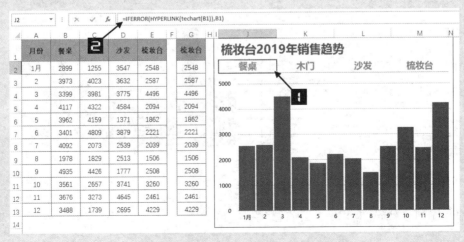

图 26-137　输入触发公式

公式中的 techart 函数，是之前在 VBA 代码中自定义的函数，将各产品的列标签单元格引用作为自定义函数的参数。

用 HYPERLINK 函数创建一个超链接，当光标移动到超链接所在单元格时，会出现屏幕提示，同时鼠标指针由【正常选择】自动切换为【链接选择】，当光标悬停在超链接文本上时，超链接会读取 HYPERLINK 函数第一参数返回的路径作为屏幕提示的内容。此时，就会触发执行第一参数中的自定义函数。

由于 HYPERLINK 的结果会返回错误值。因此使用 IFERROR 屏蔽错误值，将错误值显示为对应的产品名称。

步骤⑩ 选择 J2:M2 单元格区域，设置【字体】为"微软雅黑"、【字号】为"15"、【字体颜色】为"灰色"并【加粗】。设置【边框】的【线条颜色】为"灰色"，【边框】类型设置为【下框线】。如图 26-138 所示。

保持单元格区域的选择状态，依次单击【开始】→【条件格式】→【新建规则】，打开【新建格式规则】对话框。单击【使用公式确定要设置格式的单元格】，在【为符合此公式的值设置格式】编辑框中输入以下公式：

```
=J$2=$G$1
```

单击【格式】按钮打开【设置单元格格式】对话框。切换到【字体】选项卡下，设置字体【颜色】为"蓝色"并【加粗】。再切换到【边框】选项卡，设置【下框线】颜色为"蓝色"，最后依次单击【确定】按钮关闭对话框。如图 26-139 所示。

设置条件格式的作用是凸显当前触发的产品名称。

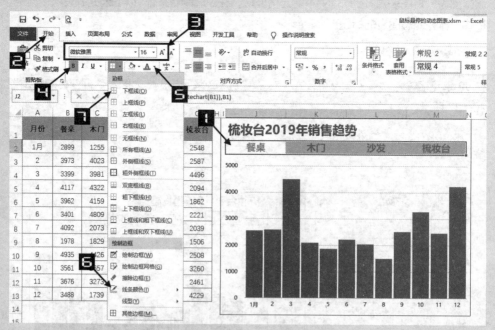

图 26-138　设置单元格格式

由于使用了 VBA 代码，所以要将工作簿另存为"Excel 启用宏的工作簿 (*.xlsm)"类型。

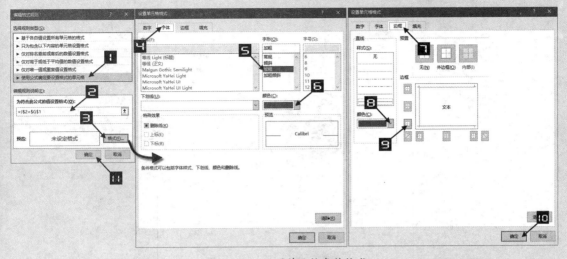

图 26-139　设置单元格条件格式

26.10　图表排版设计

在现实工作中，图表不仅仅是在 Excel 中展示，有时候也会在不同大小的纸张版面中进行打印、保存 PDF 格式及在 PPT 中展示。因此，图表的排版设计也是非常重要的。

图表除了使用默认的图表元素进行排版设置外，还可以利用图片、自选图形、单元格等来进行辅助排版，使图表更新颖直观。

示例26-24　图表排版设计-1

如图 26-140 所示，用户可以使用饼图来展示表格中的百分比占比。

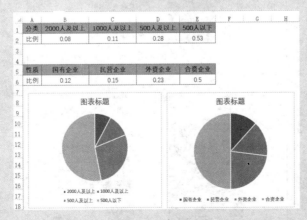

图 26-140　占比饼图

如果表格与图表需要在 A4 版面中进行打印，或者保存成 PDF 格式，我们可以使用表格、图表、自选图形、文本框等元素，并调整整体布局，设置表格打印区域，让版面更美观。如图 26-141、图 26-142 所示。

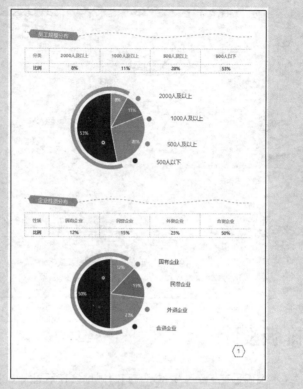

图 26-141　图表排版设计后效果 1

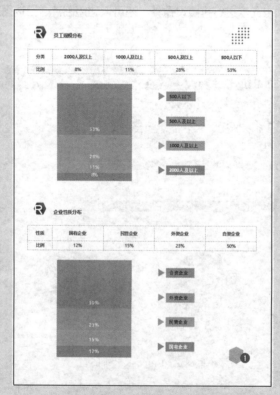

图 26-142　图表排版设计后效果 2

示例26-25 图表排版设计-2

如图 26-143 所示，按照用户的一般制图习惯，会用饼图来展示。

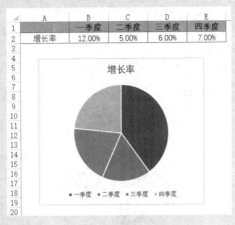

图 26-143　饼图展示的百分比图表

如果用户需要在 PPT 中展示，可以重新构建数据制作图表之后，用图片与自选图形进行排版达到图 26-144 效果。

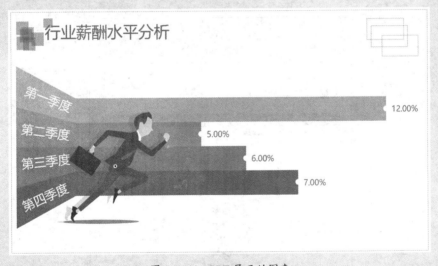

图 26-144　PPT 展示的图表

示例26-26 图表排版设计-3

使用自选图形、图片及特殊技巧排版，将普通的条形图、圆环图、气泡图等进行排版，可以完成如图 26-145、图 26-146、图 26-147、图 26-148、图 26-149、图 26-150 所示的效果。

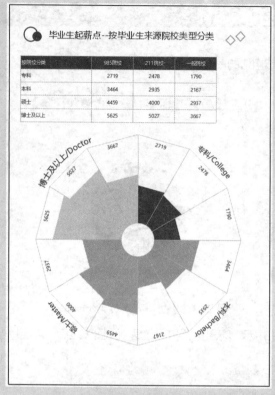

图 26-145　雷达效果

图 26-146　气泡效果

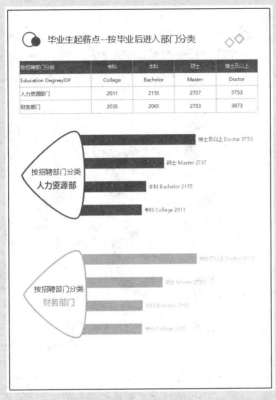

图 26-147　条形效果

图 26-148　菱形效果

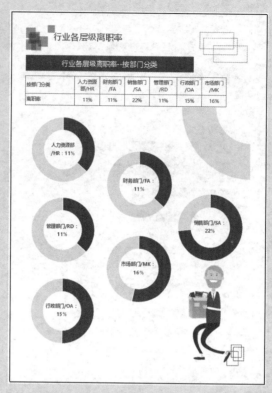

图 26-149　百分比圆环图效果

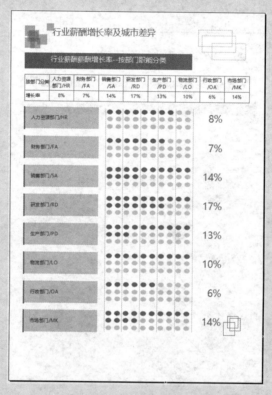

图 26-150　百分比图表效果

第 27 章 非数据类图表制作

在工作表或图表中使用图形和图片，能够增强报表的视觉效果，本章主要介绍在 Excel 报表中应用图形、图片、SmartArt 等对象实现美化报表。

本章学习要点

（1）插入图形制作图表。　　　　　　　　　　（3）插入文件对象。

（2）图片的处理与 SmartArt 图示。

27.1 形状

形状是指一组浮于单元格上方的简单几何图形，也叫自选图形。不同的形状可以组合成新的形状，从而在 Excel 中实现绘图。

文本框是一种可以输入文本的特殊形状，允许放置在工作表中的任何位置，用来对表格图形或图片进行说明。

示例27-1　图形百分比图表

除了数据图表外，利用特殊的图形也可以制作出新颖美观的图表，如图 27-1 所示。

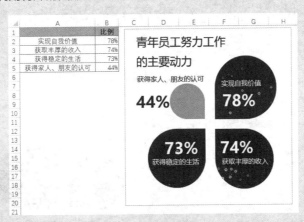

图 27-1　图形百分比图表

具体制作步骤如下。

步骤① 单击【插入】选项卡的【形状】下拉按钮，在下拉列表中选择"泪滴形"，按住 <Shift> 键在工作表中拖动鼠标绘制一个泪滴形。如图 27-2 所示。

步骤② 单击选中形状，在【绘图工具】的【格式】选项卡下，单击【形状填充】按钮，在颜色中选择颜色进行填充，在【形状轮廓】下拉列表中选择"无轮廓"。

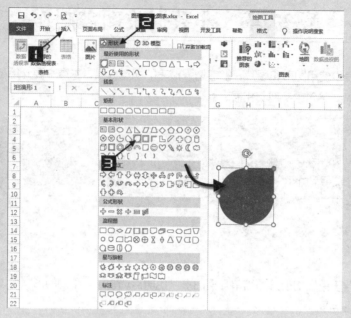

图 27-2 插入泪滴形形状

拖动形状的同时按住 <Ctrl> 键，在工作表中复制一个相同的形状，在【绘图工具】的【格式】选项卡下单击【旋转】按钮，在下拉列表中单击【向右旋转 90°】命令。如图 27-3 所示。

同样的步骤再次复制两个相同图形，然后【旋转】角度。形成四个方向不同的泪滴形。

步骤③ 单击选中形状，切换到【绘图工具】的【格式】选项卡，在【大小】功能组中设置形状【形状高度】和【形状宽度】均为 "3.9 厘米"。如图 27-4 所示。

同样的方式，根据图形中标识的数字，分别设置其大小为 3.9 厘米、3.7 厘米、3.65 厘米、2.2 厘米。

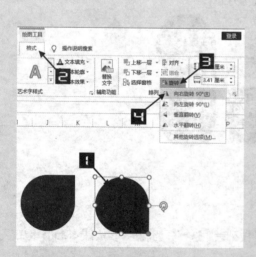

图 27-3 旋转图形

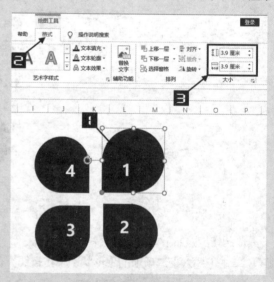

图 27-4 设置形状大小

最后调整图形布局，使用文本框制作图表的数据标签与标题，将所有图形选中后进行【组合】即可。

27.2 图片

27.2.1 插入图片

示例27-2 地图标记图

步骤① 插入地图图片，在工作表中插入图片主要有以下两种方法。

❖ 直接从图片浏览软件中复制图片，粘贴到工作表中。

❖ 单击【插入】选项卡中的【图片】按钮，打开【插入图片】对话框，选择一个图片文件，单击【插入】按钮，将图片插入工作表中所选单元格的右下方。如图 27-5 所示。

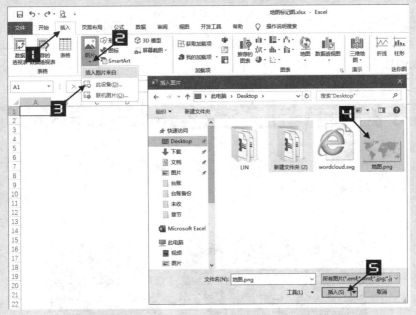

图 27-5　插入图片

步骤② 单击【插入】选项卡的【形状】下拉按钮，在下拉列表中选择"泪滴形"，按住 <Shift> 键在工作表中拖动鼠标绘制一个泪滴形。

步骤③ 单击选中形状，再单击形状上的旋转点，按住 <Shift> 键拖动鼠标，按照角度旋转图形，旋转后图形如图 27-6 所示。

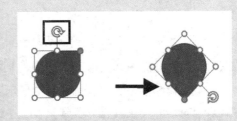

图 27-6　旋转图形

步骤④ 单击选中形状，在【绘图工具】的【格式】选项卡下单击【形状填充】按钮，在颜色中选择颜色进行填充，在【形状轮廓】下拉列表中选择"无轮廓"。

用户可以根据需要重复复制图形，调整大小，定位到地图上。效果如图 27-7 所示。

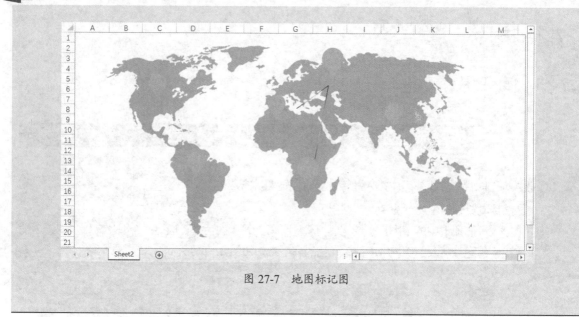

图 27-7　地图标记图

27.2.2　裁剪图片

示例27-3　**长方形图片转换为正圆形图片**

裁剪图片可以删除图片中不需要的矩形部分，裁剪为形状可以将图片外形设置为任意形状。如图 27-8 所示，将长方形图片裁剪为正圆形。

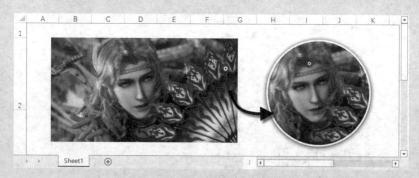

图 27-8　长方形图片转换为正圆形图片

步骤① 选择图片，在【图片工具】【格式】选项卡中依次单击【裁剪】→【纵横比】→【1:1】命令，将图片裁剪为正方形。如图 27-9 所示。

步骤② 选择图片，在【图片工具】【格式】选项卡中依次单击【裁剪】→【裁剪为形状】→【椭圆】命令，将图片裁剪为正圆形。如图 27-10 所示。

步骤③ 最后根据用户需要，可以给图片添加一些预设的样式。

选择图片，在【图片工具】→【格式】选项卡中依次单击【图片效果】→【预设】→【预设 1】命令，如图 27-11 所示。

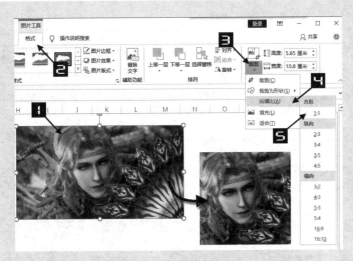

图 27-9　裁剪图片纵横比

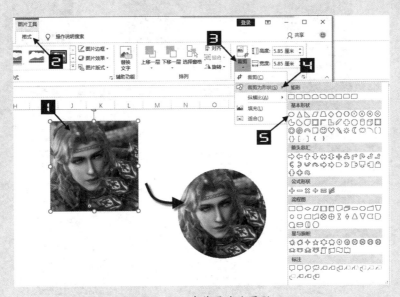

图 27-10　裁剪图片为圆形

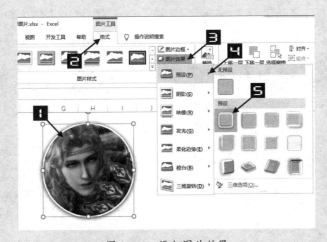

图 27-11　添加图片效果

示例27-4　根据姓名动态显示照片

动态显示照片是通过对数据验证下拉列表的选择，在同一位置显示不同的照片。如图 27-12 所示。

图 27-12　动态显示照片效果

具体操作步骤如下。

步骤① 将准备好的照片移动到对应的单元格中，图片的四周必须在单元格网格线之内。可以使用 <Alt>键进行对齐单元格。

选择 E2 单元格，在【数据】选项卡下单击【数据验证】命令，打开【数据验证】对话框，在【设置】选项卡中单击【允许】下拉框，选择【序列】，在【来源】框中选择 A2:A8 单元格区域，单击【确定】按钮关闭【数据验证】对话框。完成单元格下拉菜单制作，如图 27-13 所示。

步骤② 单击【公式】选项卡中的【定义名称】命令，打开【新建名称】对话框，在【名称】输入框中输入公式名称"图"，在【引用位置】输入框中输入以下公式，单击【确定】按钮关闭对话框，如图 27-14 所示。

```
=OFFSET($B$1,MATCH($E$2,$A$2:$A$8,),)
```

步骤③ 单击 F2 单元格，按 <Ctrl+C> 组合键复制单元格，在任意单元格鼠标右击，将光标移动到快捷菜单中的【选择性粘贴】扩展箭头上，在快捷菜单中单击【图片】按钮。将单元格粘贴为图片，如图 27-15 所示。

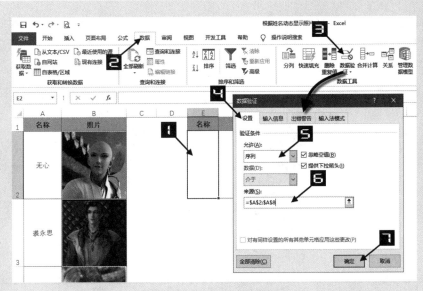

图 27-13　添加数据验证

图 27-14　定义名称

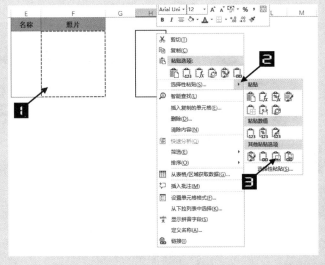

图 27-15　选择性粘贴

步骤④ 将粘贴的单元格图片，对齐到 F2 单元格。选择粘贴的单元格图片，在【编辑栏】中输入公式："=图"，单击【输入】按钮，如图 27-16 所示。此时单击 E2 单元格下拉按钮，选择任意一个名称，图片均会变化为对应的图片。

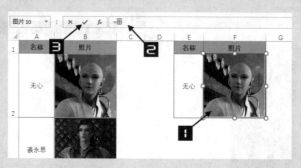

图 27-16　图片引用公式

27.3　SmartArt

SmartArt 属于结构化的图文混排模式，包含了列表、流程、循环、层次结构、关系、矩阵、棱锥图、图片共 8 大类图示。

示例27-5　制作组织结构图

步骤① 插入 SmartArt。单击【插入】选项卡中的【SmartArt】按钮，打开【选择 SmartArt 图形】对话框，切换到【层次结构】选项卡，选择【组织结构图】图示样式，单击【确定】按钮在工作表中插入一个组织结构图示，如图 27-17 所示。

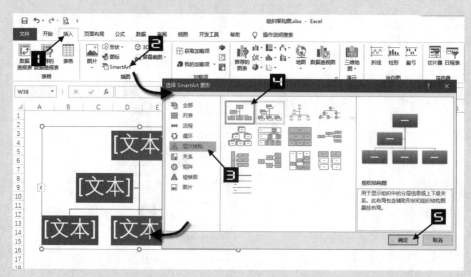

图 27-17　插入 SmartArt- 组织结构图

步骤② 编辑 SmartArt 文字。选择 SmartArt，在【SmartArt 工具】【设计】选项卡中单击【文本窗格】
按钮，打开【在此处键入文字】对话框。如图 27-18 所示。

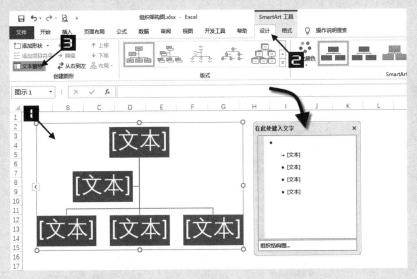

图 27-18　打开【在此处键入文字】对话框

在【在此处键入文字】对话框中逐行输入文本，按 <Enter> 键可
增加同级别文本框，按 <Tab> 键可降级，按 <Shift+Tab> 组合键可升
级。也可以选择需要调整的文本行，单击鼠标右键，在快捷菜单中选择。
如图 27-19 所示。

步骤③ 设置 SmartArt 样式。选择 SmartArt，切换到【SmartArt 工具】
【设计】选项卡下。单击【SmartArt 样式】→【其他】下拉命
令，选择【优雅】样式，如图 27-20 所示。单击【SmartArt 样
式】→【更改颜色】，选择【彩色 - 个性色】颜色。

图 27-19　设置文本级别

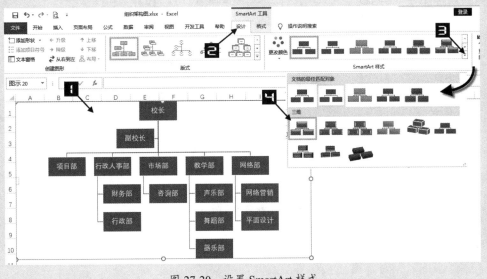

图 27-20　设置 SmartArt 样式

提示

如果 Excel 中内置的颜色样式无法满足需求，可单独选中文本框后设置颜色样式，也可以在【页面布局】中单击【颜色】命令，在下拉菜单中选择一个新的主题色，如图 27-21 所示，此操作可更改整个 SmartArt 的配色。

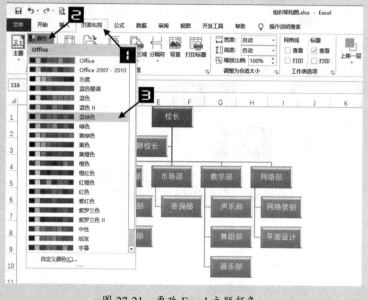

图 27-21　更改 Excel 主题颜色

步骤④ 如需更改 SmartArt 形状，可以先选择要进行更改的文本框，鼠标右击，在快捷菜单中单击【更改形状】命令，在【形状】列表中选择一种形状即可。如图 27-22 所示。

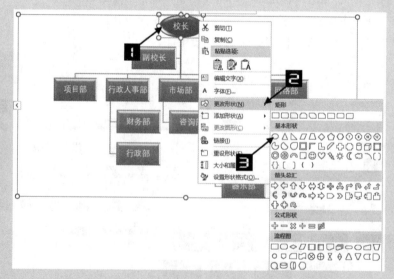

图 27-22　更改 SmartArt 形状

示例27-6　制作美观的照片墙

用户还可以利用 SmartArt 来制作一些特定排版的图形。下图 27-23 所示效果的照片墙，就可以利用 SmartArt 的【交替六边形】图示来制作完成。

步骤① 单击【插入】选项卡中的【SmartArt】按钮，打开【选择 SmartArt 图形】对话框，切换到【列表】选项卡，选择【交替六边形】图示样式，单击【确定】按钮在工作表中插入一个交替六边形的 SmartArt 图形，如图 27-24 所示。

图 27-23　照片墙

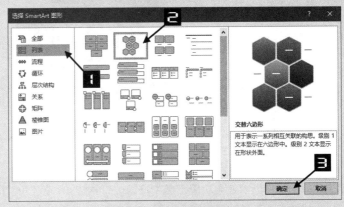

图 27-24　插入交替六边形

步骤② 选中 SmartArt 中任意一个文本框，按 <Ctrl> 键再选择其他两个文本框，按 <Delete> 键删除。如图 27-25 所示。

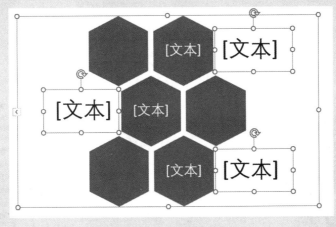

图 27-25　删除黑色文本框

步骤③ 切换到【SmartArt 工具】【设计】选项卡，单击【转换为形状】命令，将 SmartArt 转换为普通图形。如图 27-26 所示。

27章

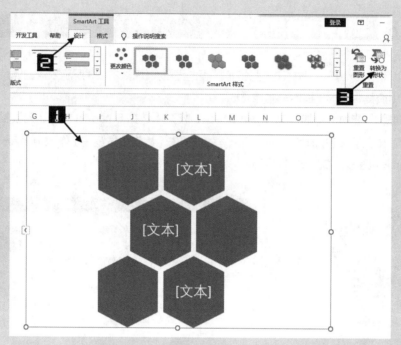

图 27-26　转换为形状

步骤④ 单击选中形状，再次单击选中任意一个六边形，按住 <Ctrl> 键移动并复制图形到缺角位置，形成 7 个六边形的组合图。如图 27-27 所示。

步骤⑤ 准备一张合适的图片，按 <Ctrl+C> 组合键复制图片，单击六边形组合图，按 <Ctrl+1> 组合键打开【设置图片格式】选项窗格，切换到【填充与线条】选项卡，依次单击【图片或纹理填充】→【剪贴板】命令，再选中【将图片平铺为纹理】复选框，根据图片中的图像位置适当调整图片偏移量，如图 27-28 所示。

图 27-27　六边形组合图

图 27-28　填充图片并设置偏移量

27.4　条形码和二维码

条形码（BarCode）是将宽度不等的多个黑条和空白按照一定的编码规则排列，用以表达一组信息的图形标识符。

示例27-7　条形码和二维码

步骤① 依次单击【开发工具】选项卡中的【插入】→【其他控件】命令，打开【其他控件】对话框，选择 "Microsoft BarCode Control 16.0"，单击【确定】按钮，在工作表中拖动鼠标绘制一个矩形，得到一个条形码图形，如图 27-29 所示。

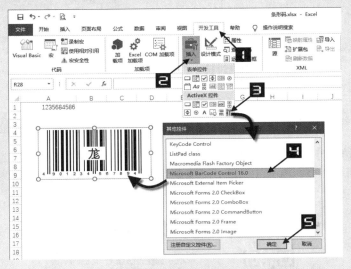

图 27-29　插入其他控件 - Microsoft BarCode Control 16.0

步骤② 右键单击条形码图形，在弹出的快捷菜单中依次单击【Microsoft BarCode Control 16.0 对象】→【属性】命令，打开【Microsoft BarCode Control 16.0 属性】对话框。设置条形码【样式】为【7-Code-128】，单击【确定】按钮关闭对话框，如图 27-30 所示。

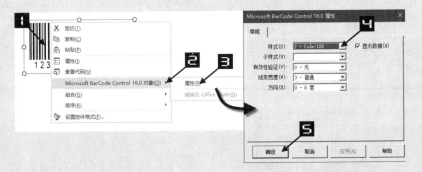

图 27-30　设置条形码属性

步骤③ 单击【开发工具】选项卡中的【属性】命令，打开【属性】对话框，设置【LinkedCell】属性为 A1 单元格，关闭【属性】对话框。

在【开发工具】选项卡中单击【设计模式】命令，退出控件设计模式，条形码自动与 A1 单元格建立链接。如图 27-31 所示。修改 A1 单元格中的文字，条形码可以实现自动更新。

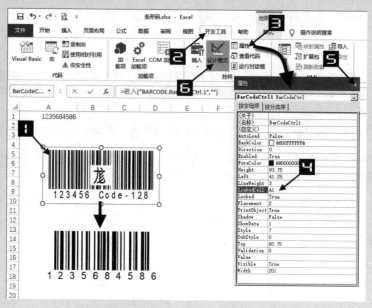

图 27-31　设置条形码链接并退出设计模式

按照以上操作步骤，在【Microsoft BarCode Control 16.0 属性】对话框中设置条形码【样式】为【11-QR Code】，单击【确定】按钮关闭对话框，即可将条形码更改为二维码显示。如图 27-32 所示。

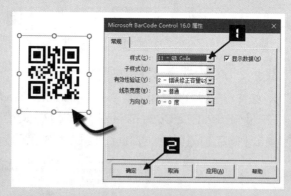

图 27-32　设置二维码样式

第 28 章　轻松制作仪表盘

随着大数据时代的到来，更多的企业越来越重视数据可视化，除了专业的可视化软件或借助各种可视化平台，也可以使用 Excel 整理数据并制作出专业的可视化仪表盘。

可视化的重点是在大量的数据里面进行汇总、分类、提取重要的数据，再通过各种图表及排版进行展示，数据之间互相联系并自动关联变化。只要确定、整理好数据，制作多个图表后排版即可完成一个完整的可视化仪表盘。本章将通过几个步骤来讲解可视化仪表盘制作。

> **本章学习要点**
>
> （1）数据的整理与关联。　　　　　　　　（3）多图排版美化。
> （2）定义动态数据区域。

28.1　确定数据与版面基本要求

图 28-1 展示的是一份少儿机器人在各校区的销售情况，需要展示校区销售总数、校区销售前三名、各校区的销售与指标完成情况、各校区的在读转换数及各个日期间的销售趋势。

	A	B	C	D	E	F	G	H	I	J	K	L	M
1	5月							5月4日		5月5日		5月6日	
2	5月	校区	总指标	新签总数	在读转换数	销售总数	总指标完成率	新签	在读转	新签	在读转	新签	在读转
3	5月	上虞体验中心	160	24	27	51	31.88%	1	0	1	2	2	0
4	5月	余姚体验中心	114	27	28	55	48.25%	0	2	1	2	0	0
5	5月	台州体验中心	48	28	33	61	127.08%	0	1	2	0	2	2
6	5月	东阳体验中心	54	32	29	61	112.96%	0	0	2	0	2	2
7	5月	宁波体验中心	74	17	30	47	63.51%	0	1	0	2	0	1
8	5月	温州体验中心	60	33	27	60	100.00%	1	2	2	2	1	0
9	5月	绍兴体验中心	34	23	40	63	185.29%	2	0	0	2	1	2
10	5月	慈溪体验中心	40	36	25	61	152.50%	1	2	1	2	0	1
11	5月	义乌体验中心	36	27	26	53	147.22%	2	1	0	2	1	1
12	5月	瑞安体验中心	26	29	32	61	234.62%	1	0	2	0	1	2
13	5月	乐清体验中心	26	29	25	54	207.69%	2	2	2	1	2	0
14	5月	海盐体验中心	26	31	39	70	269.23%	2	1	2	1	1	0
15	5月	奉化体验中心	20	28	27	55	275.00%	2	1	2	1	1	0
16	5月	青岛体验中心	94	28	22	50	53.19%	1	0	1	1	2	0
17	5月	南昌体验中心	140	27	28	55	39.29%	1	1	2	0	1	2
18	5月	盐城体验中心	60	21	32	53	88.33%	2	1	1	1	1	0
19	5月	长沙体验中心	48	34	30	64	133.33%	2	1	1	1	1	1
20	5月	东莞体验中心	48	27	27	54	112.50%	0	1	1	0	2	1
21	5月	乌鲁木齐体验中心	26	30	22	52	200.00%	2	0	2	1	0	2
22	5月	昆山体验中心	26	26	32	58	223.08%	1	2	0	2	2	1
23	5月	昆明体验中心	16	24	34	58	362.50%	0	1	2	1	1	1

总数据表

图 28-1　少儿机器人销售数据

按照要求，此仪表盘至少由三个图表组成，大致可以按照图 28-2 所示排版。

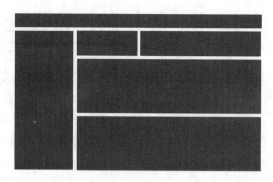

图 28-2　版面预设

28.2　数据整理与关联

步骤① 制作月份按钮，自动获取月份的区间。

单击【新工作表】命令，在工作簿中新建一张工作表，双击新工作表标签，将其重命名为"看板"。如图 28-3 所示。

在"看板"工作表中单击 T2 单元格，依次单击【数据】→【数据验证】按钮，打开【数据验证】对话框。切换到【设置】选项卡，单击【允许】选项下拉按钮，在下拉列表中选择【序列】，在【来源】编辑框中输入"5月,6月,7月"，此处的日期范围可根据数据表中的实际日期范围来确定。最后单击【确定】按钮关闭【数据验证】对话框，如图 28-4 所示。

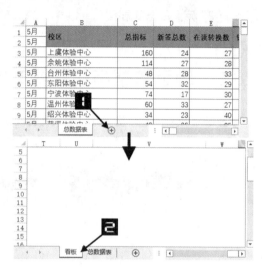

图 28-3　新建工作表并命名

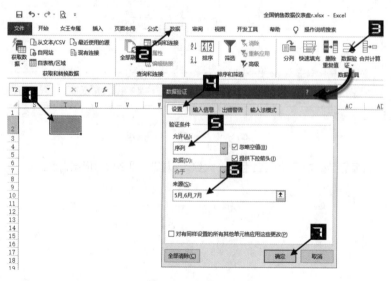

图 28-4　数据验证

因为数据表中的销售月份不是自然日期的月份，所以需要根据实际情况获取日期区间。

在 V2 单元格输入"看板显示区间"，在 V3 单元格输入以下公式动态获取数据区间，效果如图 28-5 所示。

```
=" 日期区间： "&TEXT(INDEX( 总数据表 !H:H,MATCH(T2, 总数据表 !A:A,)),"e/m/
d")&"-"&TEXT(MAX(OFFSET( 总数据表 !$H$1:$BU$1,MATCH(T2, 总数据表 !A:A,)-1,)),"e/
m/d")
```

图 28-5　动态月份按钮与区间

公式中的"INDEX(总数据表 !H:H,MATCH(T2, 总数据表 !A:A,))"部分，先使用 MATCH 函数根据 T2 单元格中的内容，在总数据表的 A 列查找到该内容首次出现的位置。然后使用 INDEX 函数，在总数据表的 H 列返回对应位置的内容，来获取指定销售月份的起始日期。

"MAX(OFFSET(总数据表 !$H$1:$BU$1,MATCH(T2, 总数据表 !A:A,)-1,))"部分，OFFSET 函数以总数据表的 $H$1:$BU$1 为偏移基点，以 MATCH 函数获取的位置信息减去 1 后作为向下偏移的行数，以此来获取指定销售月份的全部日期，再使用 MAX 函数计算出其中的最大值，结果作为指定销售月份的截止日期。

最后使用 TEXT 函数将指定销售月份的开始日期和截止日期转换为日期样式的文本，再与其他字符串连接成完整的起始区间说明。

步骤② 根据月份动态获取在读转换数。

新建一张工作表，将其重命名为"在读转换"。在 A1 单元格中输入"校区"，在 B1 单元格中输入"在读转换数"，在 C1 单元格中输入"排序辅助"，在 E1 单元格中输入"校区"，在 F1 单元格中输入"在读转换数"。

切换到"总数据表"工作表，选择 B3:B37 单元格，按 <Ctrl+C> 组合键复制区域，切换到"在读转换"工作表，单击 A2 单元格，按 <Ctrl+V> 组合键粘贴。保持 A 列的选中状态，按 <Ctrl+H> 组合键，依次批量替换掉校区名称中的"体验中心"和"城东嘉年华校区"字样。

在 B2 单元格中输入以下公式，向下复制到 B36 单元格。根据"看板"中月份按钮选择的月份，获取对应校区的在读转换数据。

```
=SUMIFS( 总数据表 !E:E, 总数据表 !A:A, 看板 !$T$2, 总数据表 !B:B,"*"&A2&"*")
```

为了后续数据排序不因重复数据而获取校区名称时错误，可在 C 列添加辅助列，为数据添加上序列小数位。小数位数据较小，不影响真实数据的排序显示。

在 C2 单元格中输入以下公式，向下复制到 C36 单元格。

```
=B2+ROW(A1)%%%%
```

即在 B2 原有的在读转换数基础上加上行号的亿分之一。

在 F2 单元格中输入以下公式,得到 C 列数据降序排列后的结果。

```
=ROUND(LARGE($C$2:$C$36,ROW(A1)),0)
```

在 E2 单元格中输入以下公式,获取对应数据的校区。

```
=INDEX(A:A,MATCH(LARGE($C$2:$C$36,ROW(A1)),C:C,))
```

操作后的表格结构如图 28-6 所示。

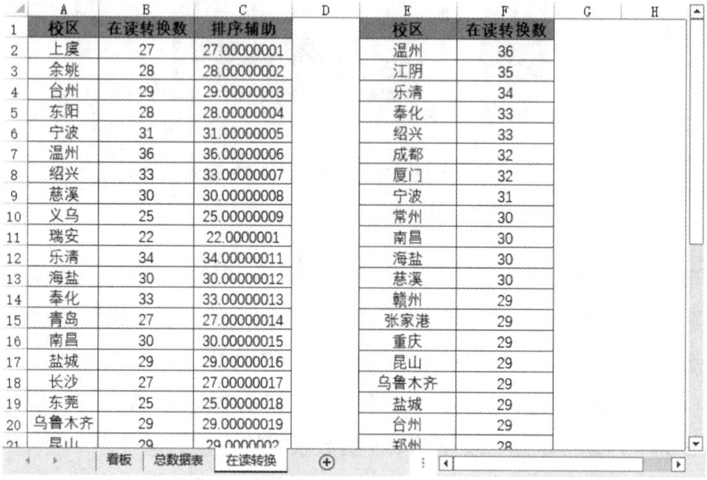

	A	B	C	D	E	F	G	H
1	校区	在读转换数	排序辅助		校区	在读转换数		
2	上虞	27	27.00000001		温州	36		
3	余姚	28	28.00000002		江阴	35		
4	台州	29	29.00000003		乐清	34		
5	东阳	28	28.00000004		奉化	33		
6	宁波	31	31.00000005		绍兴	33		
7	温州	36	36.00000006		成都	32		
8	绍兴	33	33.00000007		厦门	32		
9	慈溪	30	30.00000008		宁波	31		
10	义乌	25	25.00000009		常州	30		
11	瑞安	22	22.0000001		南昌	30		
12	乐清	34	34.00000011		海盐	30		
13	海盐	30	30.00000012		慈溪	30		
14	奉化	33	33.00000013		赣州	29		
15	青田	27	27.00000014		张家港	29		
16	南昌	30	30.00000015		重庆	29		
17	盐城	29	29.00000016		昆山	29		
18	长沙	27	27.00000017		乌鲁木齐	29		
19	东莞	25	25.00000018		盐城	29		
20	乌鲁木齐	29	29.00000019		台州	29		
21	昆山	29	29.0000002		郑州	28		

看板　总数据表　在读转换

图 28-6 "在读转换"工作表

步骤③ 根据月份动态获取指标与销售总数。

新建一张工作表,将其重命名为"指标完成"。

在 A1~H1 单元格区域中依次输入"校区""指标""已完成""行数""全国销售总数""名次"和"校区"。

切换到"在读转换"工作表,选择 A2:A36 单元格区域,按 <Ctrl+C> 组合键复制区域,切换到"指标完成"工作表,单击 A2 单元格,按 <Ctrl+V> 组合键粘贴。

在 B2 单元格中输入以下公式,向下复制到 B36 单元格。根据"看板"工作表 T2 单元格选择的月份,获取对应校区的指标数据。

```
=SUMIFS(总数据表!C:C,总数据表!A:A,看板!$T$2,总数据表!B:B,"*"&A2&"*")
```

在 C2 单元格中输入以下公式,向下复制到 C36 单元格。根据"看板"工作表 T2 单元格选择的月份,获取对应校区的销售总数据。

```
=SUMIFS(总数据表!F:F,总数据表!A:A,看板!$T$2,总数据表!B:B,"*"&A2&"*")
```

在 E2 单元格中输入以下公式,获取当前校区的个数。

```
=COUNTA(A:A)-1
```

在 F2 单元格中输入以下公式,获取当前月份的销售总数。

```
=SUM(C:C)
```

在 G2、G3、G4 单元格中分别输入"第一名""第二名""第三名"。

在 H2 单元格中输入以下公式,向下复制到 H4 单元格,动态获取销售量前三名的校区。

```
=INDEX(A:A,MATCH(LARGE(C:C,ROW(A1)),C:C,))&"校区"
```

在 J1 单元格中输入以下公式,向右复制到 P1 单元格,将销售总数拆分到不同单元格。

```
=MID(TEXT($F2,"0000000"),COLUMN(A1),1)
```

操作后表格结构如图 28-7 所示。

	A	B	C	D	E	F	G	H	I	J	K	L	M	N	O	P
1	校区	指标	已完成		行数	全国销售总量	名次	校区		0	0	0	1	9	0	9
2	上虞	160	51		35	1909	第一名	海盐校区								
3	余姚	114	55				第二名	济南校区								
4	台州	48	61				第三名	赣州校区								
5	东阳	54	61													
6	宁波	74	47													
7	温州	60	60													
8	绍兴	34	63													
9	慈溪	40	61													
10	义乌	36	53													
11	瑞安	26	61													
12	乐清	26	54													
13	海盐	26	70													
14	奉化	20	55													
15	青岛	94	50													
16	南昌	140	55													
17	盐城	60	53													
18	长沙	48	64													
19	东莞	48	54													
20	乌鲁木齐	26	52													
21	昆山	26	58													

看板 | 总数据表 | 在读转换 | 指标完成

图 28-7 "指标完成"表格结构

步骤④ 根据月份动态获取各日期之间的销售总数。

新建一张工作表,将其重命名为"日销售量"。

在 B1、C1 和 D1 单元格中分别输入"行数""日期"和"销售量"。

在 C2 单元格中输入以下公式,向下复制到 C49 单元格。根据"看板"工作表 T2 单元格选择的月份,获取对应日期。

```
=TEXT(OFFSET(总数据表!H$1,MATCH(看板!$T$2,总数据表!A:A,)-1,ROW(A1)*2-2),"m/
d;;")
```

公式首先用 MATCH 函数查找出"看板"工作表 T2 单元格中的月份,在"总数据表"A 列中首次出现的位置。再使用 OFFSET 函数,以"总数据表"H$1 单元格为基点,根据 MATCH 函数的计算结果向下偏移到对应的行。ROW(A1)*2-2 的作用是生成一个 0、2、4、6……的序号,结果用作 OFFSET 函数向右偏移的列数。

最后使用 TEXT 函数将日期转换为具有日期样式的文本字符串。

在 D2 单元格中输入以下公式,向下复制到 D49 单元格。根据"看板"中月份按钮选择的月份,获取对应日期的销售总数。

```
=OFFSET(总数据表!H$1,MATCH(看板!$T$2,总数据表!A:A,)+COUNTIF(总数据表!A:A,
看板!$T$2)-2,ROW(A1)*2-2)
```

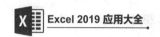

此公式与 C2 单元格中的公式类似，不同之处在于 OFFSET 函数向下偏移的行数，是由“MATCH(看板 !$T$2, 总数据表 !A:A,)+COUNTIF(总数据表 !A:A, 看板 !$T$2)-2”部分计算得到。也就是先查找出“看板”工作表 T2 单元格中的月份，在“总数据表”A 列中首次出现的位置，然后加上“总数据表”A 列中与 T2 单元格内容相同的个数，目的是偏移到“总数据表”对应月份数据的最后一行来获取销售总数。

在 B2 单元格中输入以下公式。获取当前销售月份的天数。

```
=COUNTIF(C:C,"*/*")
```

操作后的表格结构如图 28-8 所示。

	A	B	C	D
1		行数	日期	销售量
2		28	6/2	75
3			6/3	70
4			6/4	61
5			6/5	67
6			6/6	83
7			6/7	79
8			6/8	76
9			6/9	77
10			6/10	70
11			6/11	78
12			6/12	67
13			6/13	74
14			6/14	77
15			6/15	60
16			6/16	65
17			6/17	78
18			6/18	73
19			6/19	70
20			6/20	73

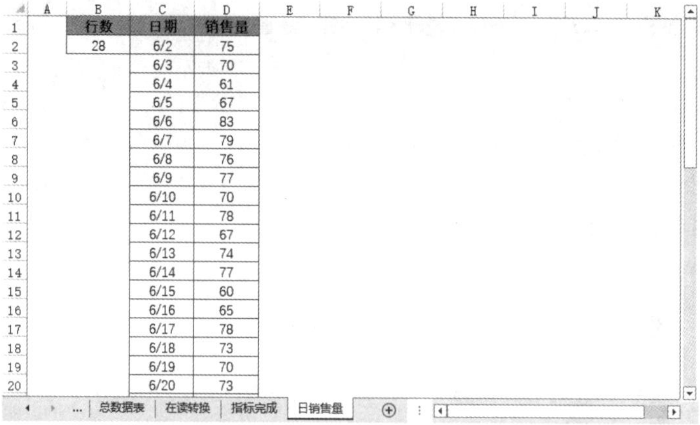

图 28-8 “日销售量”表格结构

步骤⑤ 将数据区域定义为名称，可根据数据的增减自动扩展区域，图表最终效果也能随之变化。单击【公式】选项卡中的【定义名称】命令，打开【新建名称】对话框，在【名称】输入框中输入公式名称“日期”，在【引用位置】输入框中输入以下公式，单击【确定】按钮关闭对话框，如图 28-9 所示。

```
=OFFSET(日销售量!$C$1,1,,日销售量!$B$2,)
```

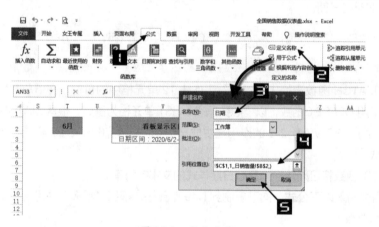

图 28-9 定义名称

同样的方式分别将以下公式定义为名称。

日销量

```
=OFFSET ( 日销售量 !$D$1,1,, 日销售量 !$B$2,)
```

指标 _ 校区

```
=OFFSET ( 指标完成 !$A$1,1,, 指标完成 !$E$2,)
```

完成量

```
=OFFSET ( 指标完成 !$C$1,1,, 指标完成 !$E$2,)
```

指标

```
=OFFSET ( 指标完成 !$B$1,1,, 指标完成 !$E$2,)
```

在读 _ 校区

```
=OFFSET ( 在读转换 !$E$1,1,, 指标完成 !$E$2,)
```

在读转换数

```
=OFFSET ( 在读转换 !$F$1,1,, 指标完成 !$E$2,)
```

28.3　制作图表

步骤⑥ 使用条形图展示排序后的在读转换数。

切换到"看板"工作表，选择任意空白单元格，在【插入】选项卡中依次单击【插入柱形图或条形图】→【簇状条形图】命令，在工作表中生成一个空白的条形图。

选择图表后鼠标右击，在快捷菜单中单击【选择数据】命令，打开【选择数据源】对话框。

单击左侧的【添加】按钮，打开【编辑数据系列】对话框。在【系列名称】输入框中输入"在读转换数"，在【系列值】输入框编辑状态下单击"在读转换"工作表标签，然后输入定义的名称"在读转换数"，单击【确定】按钮关闭【编辑数据系列】对话框。

单击右侧"水平（分类）轴标签"的【编辑】按钮，打开【轴标签】对话框。单击【轴标签区域】输入框，在输入框编辑状态下单击"在读转换"工作表标签，然后输入定义的名称"在读 _ 校区"，单击【确定】按钮关闭【轴标签】对话框。

最后单击【确定】按钮关闭【选择数据源】对话框，如图 28-10 所示。

图 28-10　添加系列与分类轴标签

步骤⑦ 使用折线图与面积图展示指标完成情况数据。

切换到"看板"工作表，选择任意空白单元格，单击【插入】选项卡中的【插入折线图或面积图】→【折线图】命令，在工作表中生成一个空白的折线图。

选择图表后鼠标右击，在快捷菜单中单击【选择数据】命令，打开【选择数据源】对话框。

单击左侧的【添加】按钮，打开【编辑数据系列】对话框。在【系列名称】输入框中输入"指标"，在【系列值】输入框编辑状态下单击"指标完成"工作表标签，然后输入定义的名称"指标"，单击【确定】按钮关闭【编辑数据系列】对话框。

同样的方式添加定义的名称"已完成"，【系列名称】为"已完成"。

再分别将"指标""已完成"重复添加一次，【系列名称】分别为"指标辅助""已完成辅助"。

单击右侧"水平（分类）轴标签"的【编辑】按钮，打开【轴标签】对话框。单击【轴标签区域】输入框，在输入框编辑状态下单击"指标完成"工作表标签，然后输入定义的名称"指标_校区"，单击【确定】按钮关闭【轴标签】对话框，返回【选择数据源】对话框，效果如图 28-11 所示。最后单击【确定】按钮关闭【选择数据源】对话框。

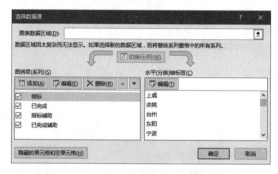

图 28-11　折线图添加系列与分类轴标签

步骤⑧ 选择图表任意数据系列后鼠标右击，在快捷菜单中单击【更改系列图表类型】命令，打开【更改图表类型】对话框。在【更改图表类型】对话框中分别单击"指标辅助"与"已完成辅助"下拉选项按钮，在列表中选择面积图图表类型，最后单击【确定】按钮关闭【更改图表类型】对话框，如图 28-12 所示。

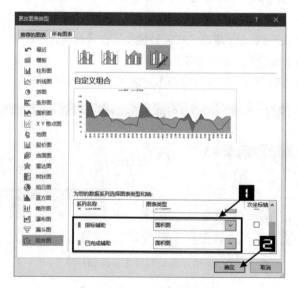

图 28-12　更改图表系列类型

步骤⑨ 使用柱形图展示日销售数据。

切换到"看板"工作表，选择任意空白单元格，在【插入】选项卡中依次单击【插入柱形图或条形图】→【簇状柱形图】命令，在工作表中生成一个空白的柱形图。

选择图表后鼠标右击，在快捷菜单中单击【选择数据】命令，打开【选择数据源】对话框。

单击左侧【添加】按钮，打开【编辑数据系列】对话框，在【系列名称】输入框中输入"销售量"，在【系列值】输入框编辑状态下单击"日销售量"工作表标签，然后输入定义的名称"日销量"，单击【确定】按钮关闭【编辑数据系列】对话框。

单击右侧"水平（分类）轴标签"的【编辑】按钮，打开【轴标签】对话框。单击【轴标签区域】输入框，在输入框编辑状态下单击"日销售量"工作表标签，然后输入定义的名称"日期"，依次单击【确定】按钮关闭对话框。

28.4　确定颜色主题、美化仪表盘

在美化仪表盘之前，需要先确定整个版面的主题颜色，本示例为少儿机器人销售数据看板，可以采用科技类风格主题与排版，用户也可以到互联网上查找一些合适的版面设计进行模拟。

科技类风格看板，一般为深色背景，亮色图表与文字。此示例直接使用深蓝色为背景，图表使用耀眼的青绿色与橙黄色，部分填充颜色使用渐变色，字体使用白色。最终的仪表盘效果如图 28-13 所示。

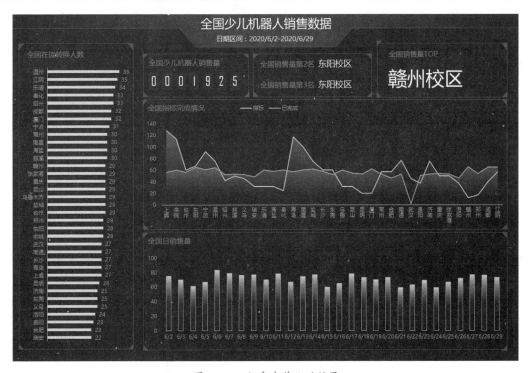

图 28-13　仪表盘美化后效果

仪表盘中的日期区间、全国少儿机器人销售量、全国销售量排名均使用文本框或矩形关联工作表单元格而来，当数据源数据变化或"看板"工作表中的 T2 单元格中的月份变化，文本框或矩形中的显示均会跟随单元格变化而变化。

28章

步骤⑩ 链接的文本框或矩形具体操作步骤如下。

单击"看板"工作表任意单元格,依次单击【插入】→【形状】命令,在形状列表中选择"矩形",在工作表中绘制一个矩形。选中矩形,在编辑栏输入等号"="后,切换到"指标完成"工作表中单击 J1 单元格,最后按 <Enter> 键完成。

保持矩形选中状态,在【开始】选项卡下依次设置【字体】为"Agency FB"、【字号】为"20"、【字体颜色】为"白色"。切换到【绘图工具】的【格式】选项卡下,单击【形状填充】按钮,设置形状填充颜色为"蓝色"(此蓝色比背景颜色稍浅一点),在【形状轮廓】下拉菜单中选择"无轮廓"。

单击矩形,按 <Ctrl> 键拖动可复制一个相同的矩形,依次将"指标完成"工作表中的 K1、L1、M1、N1、O1、P1 单元格分别引用到矩形中,形成 7 个小矩形。

选中一个小矩形后,按 <Ctrl> 键选中其他小矩形,将 7 个小矩形选中后,切换到【绘图工具】的【格式】选项卡,单击【对齐】按钮,在下拉列表中依次单击【垂直居中】和【横向分布】命令。如图 28-14 所示。

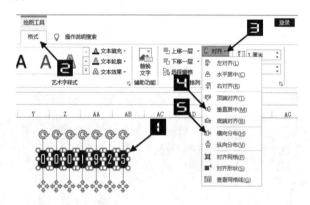

图 28-14　对齐分布形状

其他链接的文本框或矩形制作方式形同,日期区间引用的单元格为"看板"工作表中的 V3 单元格,全国销售量 TOP 引用的单元格为"指标完成"工作表中的 H2 单元格,全国销售量第 2 名引用的单元格为"指标完成"工作表中的 H3 单元格,全国销售量第 3 名引用的单元格为"指标完成"工作表中的 H4 单元格。

图表的美化可参阅第 26 章。

步骤⑪ 仪表盘制作完成后,可将辅助数据的工作表进行隐藏,只保留看板与总数据表显示。

最后在"看板"工作表中单击 T2 单元格下拉按钮,在下拉菜单中选择月份,看板数据会跟随月份变化而变化。

第四篇

使用Excel进行数据分析

　　无论是一张简单的电子表格，还是数量庞大的数据源，如果要从中获取有价值的信息，不仅要选择数据分析的方法，还必须掌握数据分析的工具。Excel提供了大量功能，能够帮助用户完成从简单到复杂的各种数据分析任务。

　　本篇主要讲解如何在Excel中运用各种分析工具进行数据分析，重点介绍排序、筛选、"表格"、合并计算、数据透视表、Power Query、Power Pivot、Power Map、分析工具库、单变量求解、模拟运算表和规划求解等功能，同时配以各种典型的实例，使用户能够迅速掌握运用Excel进行数据分析的各种方法。

第 29 章　在数据列表中简单分析数据

本章介绍如何在数据列表中使用排序及筛选、高级筛选、分类汇总、合并计算等基本功能，以及 Excel 2019 中功能增强的表格功能。通过对本章的学习，读者能掌握在数据列表中基本的数据分析操作方法和运用技巧。

> **本章学习要点**
>
> （1）在数据列表中排序及筛选。　　　　　（4）在数据列表中创建分类汇总。
>
> （2）删除重复值。　　　　　　　　　　　（5）Excel 中的"表格"功能。
>
> （3）高级筛选的运用。　　　　　　　　　（6）合并计算功能。

29.1　了解 Excel 数据列表

Excel 数据列表是由多行多列数据构成的有组织的信息集合，它通常由位于顶部的一行字段标题，以及多行数值或文本作为数据行。

图 29-1 展示了一个 Excel 数据列表的实例。此数据列表的第一行是字段标题，下面包含若干行数据。数据列表中的列又称为字段，行称为记录。为了保证数据列表能够有效地工作，它必须具备以下特点。

（1）每列必须包含同类的信息，即每列的数据类型相同。

（2）列表的第一行应该是标题，用于描述当前列的内容。

（3）列表中不能存在重复的标题。

	A	B	C	D	E	F	G	H	I
1	工号	姓名	性别	籍贯	出生日期	入职日期	月工资	绩效系数	年终奖金
2	210	董文艳	男	哈尔滨	1978-6-17	2019-6-20	7,750	0.50	6,975
3	211	张桂兰	女	成都	1983-6-25	2019-6-13	5,750	0.95	9,833
4	214	王媛媛	男	杭州	1974-6-14	2019-6-14	5,750	1.00	10,350
5	215	潘树娟	男	广州	1977-5-28	2019-6-11	7,750	0.60	8,370
6	216	李玲玉	男	南京	1983-12-29	2019-6-10	7,250	0.75	9,788
7	218	李佳	男	成都	1975-9-25	2019-6-17	6,250	1.00	11,250
8	219	王晶晶	男	北京	1980-1-21	2019-6-4	6,750	0.90	10,935
9	220	刘媛媛	女	天津	1972-1-6	2019-6-3	6,250	1.10	12,375
10	221	赵如敬	女	山东	1970-10-18	2019-6-2	5,750	1.30	13,455
11	223	张圣圣	男	天津	1986-10-18	2019-6-16	6,750	1.00	12,150
12	225	马懿	男	广州	1969-6-1	2019-6-12	6,250	1.20	13,500
13	227	刘芳	女	北京	1966-5-24	2019-6-1	6,250	1.20	13,500
14	233	许娜	男	桂林	1989-12-23	2019-6-18	6,250	1.30	14,625
15	235	杨霞	男	南京	1977-7-13	2019-6-9	6,250	1.30	14,625
16	236	单丽君	男	成都	1966-12-25	2019-6-15	6,750	1.20	14,580
17	237	何会	女	厦门	1980-11-11	2019-6-6	7,750	1.00	13,950
18	239	李奉之	男	广州	1988-11-23	2019-6-8	6,750	1.30	15,795
19	240	纪晓楠	女	西安	1967-6-16	2019-6-19	6,750	1.30	15,795

图 29-1　数据列表实例

29.2 数据列表的使用

Excel 最常见的任务之一就是管理各种数据列表，如电话号码清单，消费者名单，供应商名称等。用户可以对数据列表进行如下操作。

（1）在数据列表中输入数据和设置格式。

（2）根据特定的条件对数据列表进行排序和筛选。

（3）对数据列表进行分类汇总。

（4）在数据列表中使用函数和公式达到特定的计算目的。

（5）根据数据列表创建图表或数据透视表。

29.3 创建数据列表

创建数据列表的具体步骤如下。

步骤① 在表格中的第一行的各个单元格中输入描述性的文字。

步骤② 设置相应的单元格格式，使需要输入的数据能够以正常形态表示。

步骤③ 在每一列中输入相同类型的信息。

创建完成的数据列表如图 29-1 所示。

29.4 删除重复值

利用【删除重复值】功能，可以快速删除单列或多列数据中的重复值。

29.4.1 删除单列重复数据

示例29-1 快速删除重复记录

如图 29-2 所示，A 列是商品的中类名称，目前需要从中提取一份不重复的商品中类名称清单，具体操作步骤如下。

步骤① 单击数据区域中的任意单元格（如 A5），在【数据】选项卡中单击【删除重复值】命令，打开【删除重复值】对话框。

步骤② 在【删除重复值】对话框中保留默认设置，单击【确定】按钮，然后在弹出的【Microsoft Excel】对话框中单击【确定】按钮，如图 29-3 所示。此时，在原始区域返回删除重复值后的商品中类名称清单。

	A
1	中类名称
2	单鞋
3	单鞋
4	单鞋
5	单鞋
6	单鞋
7	单鞋
8	单鞋
9	单鞋
10	棉鞋
11	棉鞋
12	棉鞋
13	棉鞋
14	棉鞋
15	棉鞋
16	棉鞋
17	棉鞋
18	棉鞋

图 29-2 单列数据中的重复值

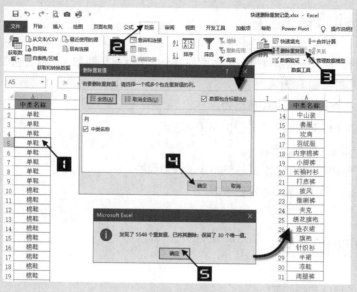

图 29-3　删除单列数据中的重复值

29.4.2　删除多列数据表的重复值

	A	B	C	D	E	F
1	商店名称	中类名称	季节名称	风格名称	大类名称	特色分类名称
2	京东店	单鞋	常年	中式	布鞋	胶片千层底
3	京东店	单鞋	常年	中式	布鞋	千层底
4	京东店	单鞋	常年	中式	布鞋	胶片千层底
5	京东店	单鞋	常年	中式	布鞋	皮底
6	京东店	单鞋	常年	休闲	布鞋	PU底平跟
7	京东店	单鞋	常年	中式改良	布鞋	PU底平跟
8	京东店	单鞋	秋	中式改良	布鞋	牛筋底坡跟
9	京东店	单鞋	秋	休闲	皮鞋	PU底平跟
10	京东店	棉鞋	冬	中式	布鞋	胶底手工
11	京东店	棉鞋	冬	中式改良	皮鞋	PU底平跟
12	京东店	棉鞋	冬	休闲	皮鞋	成型底平跟
13	京东店	棉鞋	冬	休闲	布鞋	硫化底
14	京东店	棉鞋	冬	休闲	布鞋	成型底平跟
15	京东店	棉鞋	冬	休闲	布鞋	硫化底
16	京东店	棉鞋	冬	休闲	布鞋	PU底平跟
17	京东店	棉鞋	冬	中式改良	布鞋	硫化底
18	京东店	棉鞋	冬	休闲	皮鞋	成型底平跟

图 29-4　删除多列数据中的重复值

　　图 29-4 所示的数据表是一份商品的销售记录表，现需要确定各个商店有哪些特色分类商品参与了销售，具体操作步骤如下。

步骤① 选中数据区域内的任意单元格（如 A5）。

步骤② 依次单击【数据】→【删除重复值】命令，打开【删除重复值】对话框。

步骤③ 单击【取消全选】按钮，在【列】下拉列表中选中【商店名称】和【特色分类名称】复选框，单击【确定】按钮，关闭【删除重复项值】对话框，然后再单击【确定】按钮，关闭【Microsoft Excel】提示对话框，如图 29-5 所示。

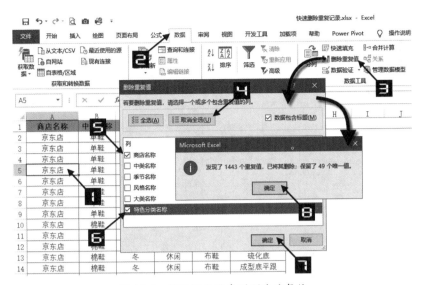

图 29-5　根据指定的多列删除重复值

最终得到各个商店参与销售的特色分类商品的不重复数据，如图 29-6 所示。

	A	B	C	D	E	F
1	商店名称	中类名称	季节名称	风格名称	大类名称	特色分类名称
2	京东店	单鞋	常年	中式	布鞋	胶片千层底
3	京东店	单鞋	常年	中式	布鞋	千层底
4	京东店	单鞋	常年	中式	布鞋	皮底
5	京东店	单鞋	常年	休闲	布鞋	PU底平跟
6	京东店	单鞋	秋	中式改良	布鞋	牛筋底坡跟
7	京东店	棉鞋	冬	中式	布鞋	胶底手工
8	京东店	棉鞋	冬	休闲	皮鞋	成型底平跟
9	京东店	棉鞋	冬	休闲	布鞋	硫化底
10	大猫店	单鞋	常年	中式改良	布鞋	PU底平跟
11	天猫店	单鞋	常年	中式	布鞋	胶底手工
12	天猫店	单鞋	春	正装	皮鞋	成型底平跟
13	天猫店	棉靴	冬	休闲	皮鞋	PU底中跟
14	天猫店	棉鞋	冬	中式改良	布鞋	硫化底
15	天猫店	棉鞋	常年	中式	布鞋	千层底
16	淘宝C店	棉鞋	冬	中式改良	布鞋	硫化底
17	网店（分销）	单鞋	常年	中式	布鞋	千层底
18	网店（分销）	单鞋	秋	休闲	布鞋	PU底平跟

图 29-6　删除多列数据中的重复值

> 　　【删除重复值】命令在判定重复值时不区分字母大小写，但是区分数字格式。同一数值的数字格式不同，也会判断为不同的数据。

29.5　数据列表排序

　　用户可以根据需要按行或列、按升序或降序来排序，也可以使用自定义排序命令，或是按单元格的背景颜色及字体颜色进行排序，以及按单元格内显示的条件格式图标进行排序。

29.5.1　一个简单排序的例子

未经排序的数据列表看上去杂乱无章，不利于用户查找和分析数据，如图 29-7 所示。

月	科目编码	一级科目	二级科目	末级科目	预算金额	原始部门	考核区域
09	56010029	销售费用	办公费	咨询服务费	126,545	IT支持部	管理部门
12	560115	销售费用	房租及物业费	房租及物业费	95,389	总公司总经办	管理部门
11	560115	销售费用	房租及物业费	房租及物业费	95,389	总公司总经办	管理部门
10	560115	销售费用	房租及物业费	房租及物业费	95,389	总公司总经办	管理部门
09	560115	销售费用	房租及物业费	房租及物业费	95,389	总公司总经办	管理部门
08	560115	销售费用	房租及物业费	房租及物业费	95,389	总公司总经办	管理部门
07	560115	销售费用	房租及物业费	房租及物业费	95,389	总公司总经办	管理部门
12	56011905	销售费用	办公费	空调费	90,551	总公司总经办	管理部门
07	56011905	销售费用	办公费	空调费	71,100	博物馆	管理部门
12	56010604	销售费用	包装费	标类	50,900	物流质检	管理部门
09	56010604	销售费用	包装费	标类	50,900	物流质检	管理部门
08	56010029	销售费用	办公费	咨询服务费	50,000	办公室	管理部门
12	56011905	销售费用	办公费	空调费	43,500	物流办公室	管理部门
09	56011903	销售费用	办公费	咨询服务费	38,000	财务管理部	管理部门
08	56011901	销售费用	办公费	电子设备及配件	30,000	IT支持部	管理部门
09	56010029	销售费用	办公费	咨询服务费	27,740	IT支持部	管理部门
11	540302	营业税金及附加	房产税	房产税	23,370	财务管理部	管理部门
11	56011905	销售费用	办公费	空调费	21,750	物流办公室	管理部门
12	560115	销售费用	房租及物业费	房租及物业费	21,705	博物馆	管理部门
11	560115	销售费用	房租及物业费	房租及物业费	21,705	博物馆	管理部门

图 29-7　未经排序的数据列表

要对图 29-7 所示的数据列表按 E 列的 "末级科目" 升序排序，可选中表格 E 列中的任意单元格（如 E7），在【数据】选项卡中单击【升序】按钮，如图 29-8 所示。这样就可以按照 "末级科目" 字段中的内容对表格进行升序排序，其具体规则是根据科目名称的拼音字母为序进行排列。

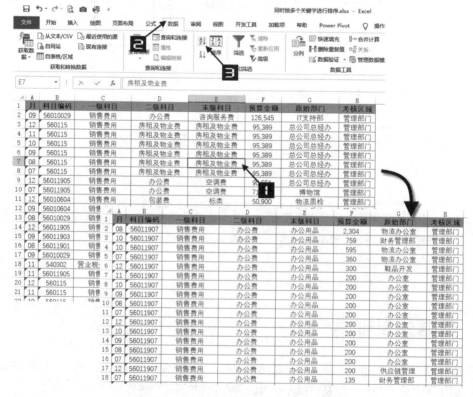

图 29-8　按 "末级科目" 升序排序的列表

29.5.2　按多个关键字进行排序

示例29-2　同时按多个关键字进行排序

假设要对图 29-9 所示表格中的数据进行排序，关键字依次为“单据编号”“商品编号”“商品名称”“型号”和“单据日期”，可参照以下步骤。

仓库	单据编号	单据日期	商品编号	商品名称	型号	单位	数量
总仓	20080702-0013	2019-7-2	50362	鑫五福竹牙签（8袋）	1*150	个	1
总仓	20080702-0020	2019-7-2	2717	微波单层大饭煲	1*18	个	1
总仓	20080702-0009	2019-7-2	0207	31CM通用桶	1*48	个	1
总仓	20080704-0018	2019-7-4	0412	大号婴儿浴盆	1*12	个	1
总仓	20080704-0007	2019-7-4	1809-A	小型三层三角架	1*8	个	1
总仓	20080701-0005	2019-7-1	2707	微波大号专用煲	1*15	个	2
总仓	20080702-0014	2019-7-2	2703	微波双层保温饭煲	1*18	个	2
总仓	20080702-0059	2019-7-2	1508-A	19CM印花脚踏卫生桶	1*24	个	2
总仓	20080703-0011	2019-7-3	1502-A	24CM印花脚踏卫生桶	1*12	个	2
总仓	20080703-0004	2019-7-3	2703	微波双层保温饭煲	1*18	个	2
总仓	20080703-0014	2019-7-3	1802-B	孔底型三角架	1*6	个	2
总仓	20080703-0003	2019-7-3	2601	便利保健药箱	1*72	个	2
总仓	20080701-0001	2019-7-1	2602	居家保健药箱	1*48	个	3
总仓	20080701-0005	2019-7-1	0403	43CM脸盆	1*60	个	3
总仓	20080702-0005	2019-7-2	1805-A	三层鞋架（三体）	1*10	个	3
总仓	20080702-0055	2019-7-2	1805-A	三层鞋架（三体）	1*10	个	3
总仓	20080702-0059	2019-7-2	1502-A	24CM印花脚踏卫生桶	1*12	个	3

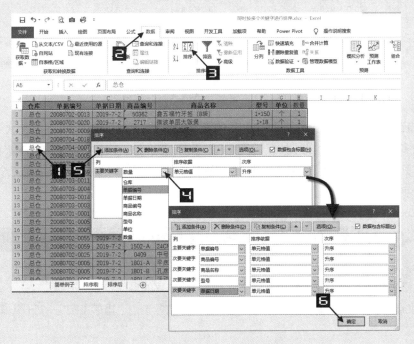

图 29-9　需要进行排序的表格

步骤① 选中表格中的任意单元格（如 A6），依次单击【数据】→【排序】按钮，在弹出的【排序】对话框中选择【主要关键字】为“单据编号”。

步骤② 单击【添加条件】按钮，将【次要关键字】设置为“商品编号”。

步骤③ 重复以上步骤，依次添加次要关键字为“商品名称”“型号”和“单据日期”，单击【确定】按钮，关闭【排序】对话框，完成排序。如图 29-10 所示。

图 29-10　同时添加多个排序关键字

当要排序的数据列中含有文本格式的数字时，会出现【排序提醒】
对话框，如图 29-11 所示。

如果整列数据都是文本型数字，可以在【排序提醒】对话框中直接
单击【确定】按钮，此时 Excel 将按文本的排序方式对数据进行。

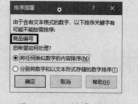

图 29-11　排序提醒

此外，可以使用 29.5.1 中介绍的方法，依次按"单据日期""型号""商品名称""商品编号"和"单
据编号"来排序，即分成多轮次进行排序。

Excel 对多次排序的处理原则是：先被排序过的列，会在后续其他列的排序过程中尽量保持自己的
顺序。因此，在使用这种方法时应该遵循的规则是：先排序较次要（排序优先级较低）的列，后排序较
重要（排序优先级较高）的列。

29.5.3　按笔划排序

在默认情况下，Excel 对汉字的排序方式是按照拼音首字母顺序，以中文姓名为例，字母顺序即按
姓名第一个字的拼音首字母在 26 个英文字母中出现的顺序进行排列，如果同姓，则继续比较姓名中的
第二个字，以此类推。图 29-12 中显示的表格包含了对姓名字段按字母顺序升序排列的数据。

	A	B	C	D	E	F	G
1	姓名	部门	创建时间	加班开始时间	加班结束时间	本次加班小时数	加班事由
2	白睿	设备安保部	2020-02-19 17:17	2020-02-18 12:30	2020-02-18 17:00	4.50	上报资料整理
3	白睿	设备安保部	2020-02-16 17:32	2020-02-16 13:20	2020-02-16 17:00	3.67	器材检查
4	白睿	设备安保部	2020-02-15 12:02	2020-02-12 13:30	2020-02-12 17:00	3.50	资料整理
5	白睿	设备安保部	2020-02-11 15:46	2020-02-11 12:30	2020-02-11 16:30	4.00	消防资料整理、疫情事务
6	白睿	设备安保部	2020-02-11 15:45	2020-02-10 08:30	2020-02-10 12:00	3.50	资料整理、疫情事务
7	白睿	设备安保部	2020-01-15 16:37	2020-01-15 08:35	2020-01-15 17:00	8.42	集团安全检查
8	白睿	设备安保部	2020-01-15 16:35	2020-01-11 15:10	2020-01-11 17:00	1.83	部门工作
9	白睿	设备安保部	2020-01-09 15:39	2020-01-09 11:10	2020-01-09 15:40	4.50	上报文件
10	薄记平	人才经营管理部	2020-02-04 17:38	2020-02-05 09:00	2020-02-05 11:30	2.50	整理人社局统计报表所需资料
11	薄记平	人才经营管理部	2020-01-22 09:48	2020-01-22 09:00	2020-01-22 16:00	7.00	部门工作
12	薄记平	人才经营管理部	2020-01-19 10:15	2020-01-19 08:50	2020-01-19 15:00	6.17	梳理部门预算
13	薄记平	人才经营管理部	2020-01-15 10:24	2020-01-15 09:30	2020-01-15 16:30	7.00	办理公积金缴交汇总表盖章手续
14	薄记平	人才经营管理部	2020-01-14 11:48	2020-01-14 10:00	2020-01-14 14:00	4.00	部门工作
15	薄记平	人才经营管理部	2020-01-13 12:14	2020-01-13 09:00	2020-01-13 17:00	8.00	修改部门预算领导审核后交财务
16	薄记平	人才经营管理部	2020-01-10 17:24	2020-01-10 09:00	2020-01-10 17:30	8.50	部门工作
17	薄记平	人才经营管理部	2020-01-09 15:53	2020-01-09 08:30	2020-01-09 16:40	8.17	编制社保、公积金明细表提供财务数据
18	薄记平	人才经营管理部	2020-01-07 14:27	2020-01-07 10:00	2020-01-07 17:00	7.00	部门工作

图 29-12　需要按字母顺序排列的姓名

然而，在日常习惯中，常常是按照"笔划"的顺序来排列姓名的。这种排序的规则大致上是：按第
一个字的划数多少排列，同笔划的字起笔顺序排列（横、竖、撇、捺、折），划数和笔形都相同的字，
按字形结构排列，先左右、再上下，最后整体字。如果第一个字相同，则依次对比姓名第二个和第三个字，
规则同第一个字。

示例29-3　按笔划排列姓名

以图 29-12 所示的表格为例，使用姓氏笔划的顺序来排序的操作步骤如下。

步骤① 单击数据区域中的任意单元格，如 A8。依次单击【数据】→【排序】按钮，打开【排序】对话框。

步骤② 在【排序】对话框中选择【主要关键字】为"姓名"，【排序次序】为"升序"。

步骤③ 单击【排序】对话框中的【选项】按钮，在弹出的【排序选项】对话框中选中【笔划排序】单选按钮，单击【确定】按钮关闭【排序选项】对话框，再单击【确定】按钮，关闭【排序】对话框。如图 29-13 所示。

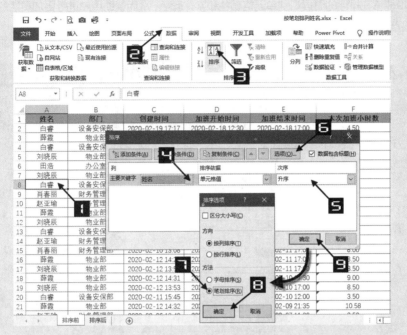

图 29-13　设置以姓名为关键字按笔划排序

最后的排序结果如图 29-14 所示。

	A	B	C	D	E	F	G
1	姓名	部门	创建时间	加班开始时间	加班结束时间	本次加班小时数	加班事由
2	王帆	设备安保部	2020-01-09 12:01	2020-01-09 08:30	2020-01-09 17:00	8.50	设备盘点
3	王洋	设备安保部	2020-01-17 23:58	2020-01-15 14:15	2020-01-15 16:23	2.13	接待台领导安全检查
4	王洋	设备安保部	2020-01-08 09:57	2020-01-06 09:10	2020-01-06 12:29	3.32	教委安全检查
5	叶喜乐	党委	2020-01-09 12:54	2020-01-09 08:30	2020-01-09 12:52	4.37	部门工作
6	田浩	办公室	2020-02-13 15:38	2020-02-13 10:00	2020-02-13 14:30	4.50	部门相关工作
7	田浩	办公室	2020-02-06 16:32	2020-02-06 14:34	2020-02-06 16:34	2.00	财务办公室盖章
8	田浩	办公室	2020-02-01 10:47	2020-02-01 09:48	2020-02-01 11:48	2.00	给资产处盖章
9	田浩	办公室	2020-01-23 11:15	2020-01-23 10:16	2020-01-23 14:16	4.00	整理部门办公用品信息
10	田浩	办公室	2020-01-21 14:55	2020-01-21 15:57	2020-01-21 17:57	2.00	缴纳2019年12月电话费
11	田浩	办公室	2020-01-21 11:41	2020-01-21 10:42	2020-01-21 16:42	6.00	梳理文件，办公用品
12	白睿	设备安保部	2020-02-19 17:17	2020-02-18 12:30	2020-02-18 17:00	4.50	上报资料整理
13	白睿	设备安保部	2020-02-16 17:32	2020-02-16 13:20	2020-02-16 17:00	3.67	器材检查
14	白睿	设备安保部	2020-02-15 12:02	2020-02-12 13:30	2020-02-12 17:00	3.50	资料整理
15	白睿	设备安保部	2020-02-11 15:46	2020-02-11 12:30	2020-02-11 16:30	4.00	消防资料整理、疫情事务
16	白睿	设备安保部	2020-02-11 15:45	2020-02-10 08:30	2020-02-10 12:00	3.50	资料整理、疫情事务
17	白睿	设备安保部	2020-01-15 16:37	2020-01-15 08:35	2020-01-15 17:00	8.42	集团安全检查
18	白睿	设备安保部	2020-01-15 16:35	2020-01-11 15:10	2020-01-11 17:00	1.83	部门工作

图 29-14　按笔划排序的结果

注意

　　Excel 中按笔划排序的规则并不完全符合前文所提到的日常习惯。对于相同笔划数的汉字，Excel 会按照其内码顺序进行排列，而不是按照笔划顺序进行排列。

29.6 更多排序方法

29.6.1 按颜色排序

Excel 2019能够在排序的时候识别单元格颜色和字体颜色，从而帮助用户进行更加灵活的数据整理操作。

⮞ | 按单元格颜色排序

示例29-4 将红色单元格在表格中置顶

在如图 29-15 所示的表格中，部分学号所在单元格被设置成了红色，如果希望将这些特别的数据排列到表格的上方，可以按如下步骤操作。

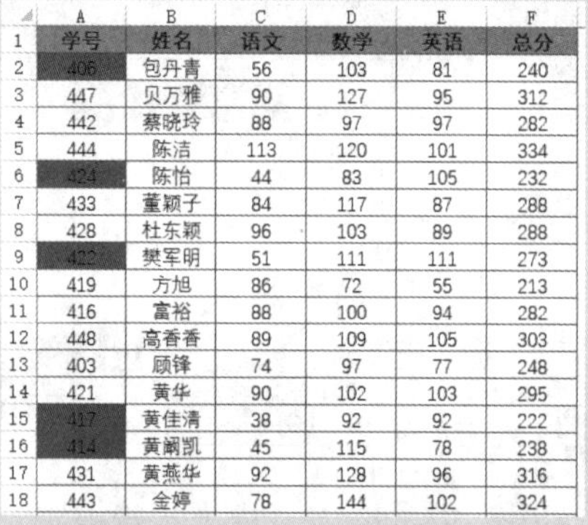

图 29-15 部分单元格背景颜色被设置为红色的表格

选中表格中任意一个红色单元格（如 A6）。鼠标右击，在弹出的快捷菜单中依次单击【排序】→【将所选单元格颜色放在最前面】命令，即可将所有的红色单元格排列到表格最前面，如图 29-16 所示。

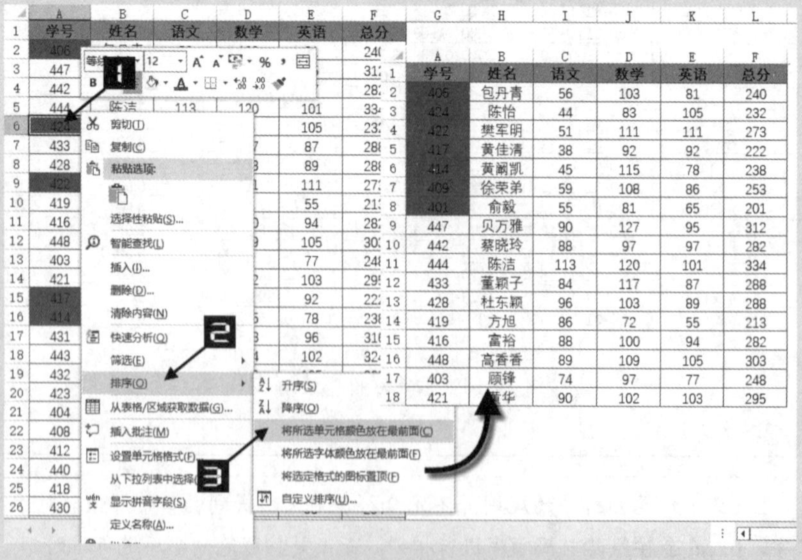

图 29-16 所有的红色单元格排列到表格最前面

● II　按单元格多种颜色排序

示例29-5　按红色、茶色和浅蓝色的顺序排列表格

图 29-17 所示，如果希望按三种颜色"红色""茶色"和"浅蓝色"的分布来排序，可以按以下步骤操作。

	A	B	C	D	E	F
1	学号	姓名	语文	数学	英语	总分
8	407	卫骏	87	95	88	270
9	408	马治政	73	103	99	275
10	409	徐荣弟	59	108	86	253
11	410	姚巍	84	49	82	215
12	411	张军杰	84	114	88	286
13	412	莫爱洁	90	104	68	262
14	413	王峰	87	127	75	289
15	414	黄阙凯	45	115	78	238
16	415	张琛	88	23	64	175
17	416	富裕	88	100	94	282
18	417	黄佳清	38	92	92	222
19	418	倪天峰	82	110	78	270
20	419	方旭	86	72	55	213
21	420	唐泰	95	133	93	321
22	421	黄华	90	102	103	295
23	422	樊军明	51	111	111	273
24	423	利剑	95	98	90	283

图 29-17　包含不同颜色单元格的表格

步骤① 选中表格中的任意单元格（如 C2），依次单击【数据】→【排序】，弹出【排序】对话框。

步骤② 设置【主要关键字】为"总分"，【排序依据】为"单元格颜色"，【次序】为"红色"在顶端，单击【复制条件】按钮。

步骤③ 继续添加条件，单击【复制条件】按钮，分别设置"茶色"和"浅蓝色"为次级次序，最后单击【确定】按钮关闭对话框，如图 29-18 所示。

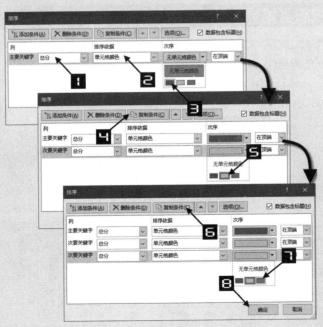

图 29-18　设置不同颜色的排序次序

排序完成后的局部效果如图 29-19 所示。

	A	B	C	D	E	F
1	学号	姓名	语文	数学	英语	总分
20	434	孙婷婷	96	113	98	307
21	435	沈燕玲	91	112	100	303
22	436	钟洁	102	118	116	336
23	437	王晓燕	102	125	103	330
24	438	徐超珍	92	102	115	309
25	439	申淼	94	99	93	286
26	440	倪佳璨	95	131	101	327
27	441	朱霜霜	77	113	95	285
28	442	蔡晓玲	88	97	97	282
29	443	金婷	78	144	102	324
30	444	陈洁	113	120	101	334
31	445	叶怡	103	131	115	349
32	447	贝万雅	90	127	95	312
33	448	高香香	89	109	105	303
34	403	顾锋	74	97	77	248
35	409	徐荣弟	59	108	86	253
36	430	倪燕华	88	77	99	264
37	412	莫爱洁	90	104	68	262
38	404	马辰	77	22	58	157
39	415	张琛	88	23	64	175

图 29-19　按多种颜色排序完成后的表格

29.6.2　按字体颜色和单元格图标排序

除了单元格颜色外，Excel 还能根据字体颜色和由条件格式生成的单元格图标进行排序，方法与单元格颜色排序相同，在此不再赘述。

29.6.3　自定义排序

如果用户想用特殊的次序进行排序，可以使用自定义序列的方法。

示例29-6　按职务排列表格

在如图 29-20 所示的表格中，记录着某公司员工的津贴数据，其中 C 列是员工的职务，现在需要按职务对表格进行排序。

	A	B	C	D	E
1	人员编号	姓名	职务	工作津贴	联系方式
2	00697	郎会坚	销售代表	750	022-8888800697
3	00717	李珂	销售代表	995	022-8888800717
4	00900	张勇	销售代表	535	022-8888800900
5	00906	王丙柱	销售代表	675	022-8888800906
6	00918	赵永福	销售总裁	1,275	022-8888800918
7	00930	朱体高	销售助理	1,240	022-8888800930
8	00970	王俊松	销售助理	895	022-8888800970
9	00974	刘德瑞	销售代表	895	022-8888800974
10	01002	肴和平	销售副总裁	870	022-8888801002
11	01026	薛滨峰	销售代表	870	022-8888801026
12	01069	王志为	销售代表	870	022-8888801069
13	01084	高连兴	销售经理	675	022-8888801084
14	01142	苏荣连	销售副总裁	970	022-8888801142
15	01201	刘恩树	销售经理	645	022-8888801201
16	01221	丁涛	销售代表	645	022-8888801221
17	01222	刘恺	销售代表	510	022-8888801222
18	01223	许丽萍	销售助理	645	022-8888801223

图 29-20　员工津贴数据

首先需要创建一个自定义序列，以确定职务的排序规则。操作方法如下。

步骤① 在一张空白工作表的连续单元格中（如 A1:A5）依次输入"销售总裁""销售副总裁""销售经理""销售助理"和"销售代表"，并选中该单元格区域。

步骤② 依次按下 \<Alt\> 键、\<T\> 键和 \<O\> 键，打开【Excel 选项】对话框。切换到【高级】选项卡下，单击【编辑自定义列表】按钮，调出【自定义序列】对话框。

步骤③ 此时，由于在步骤 1 中选中了 A1:A5 单元格区域，在【从单元格中导入序列】文本框中会自动填入单元格地址"$A$1:$A$5"，单击【导入】按钮。

步骤④ 单击【确定】按钮关闭【自定义序列】对话框，再次单击【确定】按钮关闭【Excel 选项】对话框，完成自定义序列的创建，如图 29-21 所示。

图 29-21　添加有关职务大小的自定义序列

然后使用以下方法对表格按照职务排序。

步骤① 单击数据区域中的任意单元格，如 A2。依次单击【数据】→【排序】，弹出【排序】对话框。

步骤② 在【排序】对话框中选择【主要关键字】为"职务"，【次序】为"自定义序列"，在弹出的【自定义序列】对话框中选中之前添加的自定义序列，单击【确定】按钮返回【排序】对话框，再次单击【确定】按钮完成操作，如图 29-22 所示。

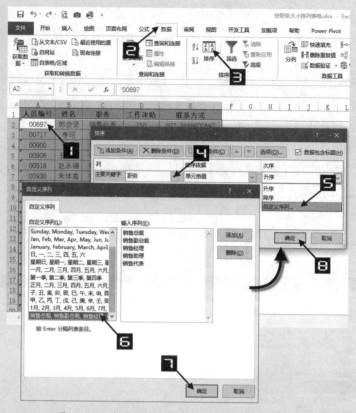

图 29-22　在【排序】对话框中设置自定义序列

步骤③ 完成排序的效果如图 29-23 所示。

	A	B	C	D	E
1	人员编号	姓名	职务	工作津贴	联系方式
2	00918	赵永福	销售总裁	1,275	022-8888800918
3	01142	苏荣连	销售副总裁	970	022-8888801142
4	01002	胥和平	销售副总裁	870	022-8888801002
5	01201	刘恩树	销售经理	645	022-8888801201
6	01084	高连兴	销售经理	675	022-8888801084
7	05552	刘忠诚	销售助理	620	022-8888805552
8	01223	许丽萍	销售助理	645	022-8888801223
9	00970	王俊松	销售助理	895	022-8888800970
10	00930	朱体高	销售助理	1,240	022-8888800930
11	05775	凌勇刚	销售代表	535	022-8888805775
12	05763	阎京明	销售代表	590	022-8888805763
13	05616	董连清	销售代表	610	022-8888805616
14	05592	秦勇	销售代表	610	022-8888805592
15	05579	张国顺	销售代表	620	022-8888805579
16	05572	张占军	销售代表	620	022-8888805572
17	05386	刘凤江	销售代表	735	022-8888805386
18	05380	李洪民	销售代表	630	022-8888805380

图 29-23　按职务排序的表格

提示

■■■→　Excel 2019 允许同时对多个字段使用不同的自定义次序进行排序。

29.6.4　对数据列表中的某部分进行排序

示例29-7　对数据列表中的某部分进行排序

Excel 允许对数据表中的某一特定部分进行排序，如图 29-24 所示，如果希望对 A5:I20 单元格区域按"性别"排序，具体操作方法如下。

	A	B	C	D	E	F	G	H	I
1	工号	姓名	性别	籍贯	出生日期	入职日期	月工资	绩效系数	年终奖金
2	A00001	林达	男	哈尔滨	1978-6-17	2016-6-20	6,750	0.50	6,075
3	A00002	贾丽丽	女	成都	1983-6-25	2016-6-13	4,750	0.95	8,123
4	A00003	赵睿	男	杭州	1974-6-14	2016-6-14	4,750	1.00	8,550
5	A00004	师丽莉	男	广州	1977-5-28	2016-6-11	6,750	0.60	7,290
6	A00005	岳恩	男	南京	1983-12-29	2016-6-10	6,250	0.75	8,438
7	A00006	李勤	男	成都	1975-9-25	2016-6-17	5,250	1.00	9,450
8	A00007	郝尔冬	男	北京	1980-1-21	2016-6-4	5,750	0.90	9,315
9	A00008	朱丽叶	女	天津	1972-1-6	2016-6-3	5,250	1.10	10,395
10	A00009	白可燕	女	山东	1970-10-18	2016-6-2	4,750	1.30	11,115
11	A00010	师胜昆	男	天津	1986-10-18	2016-6-16	5,750	1.00	10,350
12	A00011	郝河	男	广州	1969-6-1	2016-6-12	5,250	1.20	11,340
13	A00012	艾思迪	女	北京	1966-5-24	2016-6-1	5,250	1.20	11,340
14	A00013	张祥志	男	桂林	1989-12-23	2016-6-18	5,250	1.30	12,285
15	A00014	岳凯	男	南京	1977-7-13	2016-6-9	5,250	1.30	12,285
16	A00015	孙丽星	男	成都	1966-12-25	2016-6-15	5,750	1.20	12,420
17	A00016	艾利	女	厦门	1980-11-11	2016-6-6	6,750	1.00	12,150
18	A00017	李克特	男	广州	1988-11-23	2016-6-8	5,750	1.30	13,455
19	A00018	邓星丽	女	西安	1967-6-16	2016-6-19	5,750	1.30	13,455
20	A00019	吉汉阳	男	上海	1968-1-25	2016-6-7	6,250	1.20	13,500
21	A00020	马豪	男	上海	1958-3-21	2016-6-5	6,250	1.50	16,875

图 29-24　将要进行某部分排序的数据列表

步骤① 选中将要进行排序的 A5:I20 单元格区域，依次单击【数据】→【排序】，弹出【排序】对话框。

步骤② 在【排序】对话框中取消选中【数据包含标题】复选框。

步骤③ 设置【主要关键字】为"列 C"，单击【确定】按钮关闭对话框，如图 29-25 所示。

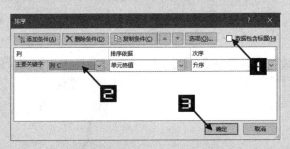

图 29-25　对数据列表中的某部分进行排序

 提示

如果排序对象是"表格"中的一部分，【排序】对话框中的【数据包含标题】复选框将呈现灰色不可用状态。

29.6.5　按行排序

Excel 不但可以按列排序，也能够按行来排序。

示例29-8　按行排序

在如图 29-26 所示的表格中，A 列是部门名称；第 1 行中的数字用来表示月份。现在需要依次按"月份"来对表格排序。

项　目	10	11	12	1	2	3	4	5	6	7	8	9	总计
财务部	22	5	11	7	4	5	6	5	10	12	12	78
总经办	11	5	6	9	9	8	8	24	5	8	6	88
品牌管理部	3	21	21	6	6	7	19	21	25	8	123	28	264
人力资源部	22	21	17	36	12	14	32	26	26	11	17	15	206
运营部	58	53	60	58	30	36	64	76	63	37	158	62	644
总计	116	105	115	117	61	71	128	152	125	73	315	122	1,280

图 29-26　同时具备行、列标题的二维表格

操作步骤如下。

步骤① 选中 B1:M6 单元格区域。依次单击【数据】→【排序】，弹出【排序】对话框。

步骤② 单击【排序】对话框中的【选项】按钮，在弹出的【排序选项】对话框中选中【按行排序】单选按钮，再依次单击【确定】按钮关闭对话框，如图 29-27 所示。

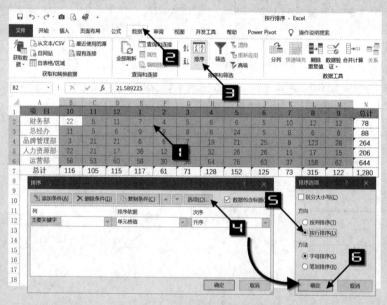

图 29-27　【排序选项】对话框

步骤③ 在【排序】对话框中，选择【主要关键字】为"行 1"，【排序依据】为"单元格值"，【次序】为"升序"，单击【确定】按钮关闭对话框，如图 29-28 所示。

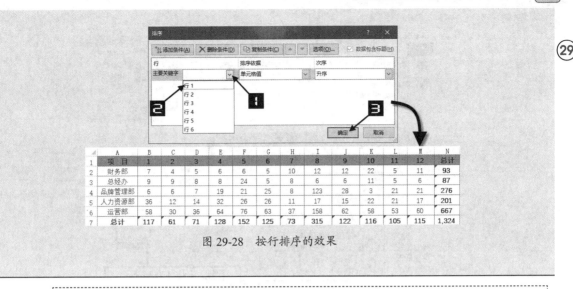

图 29-28　按行排序的效果

　在使用按行排序时，如果选中全部数据区域再按行排序，左侧第一列的数据也会参与排序。因此在本例的步骤 1 中，只选中首列以外的数据区域。

29.6.6　排序时注意含有公式的单元格

当对数据列表进行排序时，要注意含有公式的单元格。如果是按行排序，则在排序之后，数据列表中对同一行的其他单元格的引用可能是正确的，但对不同行的单元格的引用有可能发生错乱。

同样，如果是按列排序，则排序后，数据列表中对同一列的其他单元格的引用可能是正确的，但对不同列的单元格的引用却是错误的。

为了避免在对含有公式的数据列表中排序出错，可以遵守以下规则。

❖ 数据列表中的公式中引用了数据列表外的其他单元格时，请使用绝对引用。

❖ 对行排序时，避免使用引用了其他行单元格的公式。

❖ 对列排序时，避免使用引用了其他列单元格的公式。

29.7　筛选数据列表

简单地说，筛选数据列表就是只显示符合用户指定的特定条件的行，隐藏其他的行。Excel 提供了以下两种筛选数据列表的命令。

❖ 筛选：适用于简单的筛选条件。

❖ 高级筛选：适用于复杂的筛选条件。

29.7.1　筛选

在管理数据列表时，根据某种条件筛选出匹配的数据是一项常见的需求。对于工作表中的普通数据列表，可以使用下面的方法进入筛选状态。

以图 29-29 所示的数据列表为例，先选中列表中的任意单元格（如 C3），然后单击【数据】选项卡中的【筛选】按钮即可启用筛选功能。此时，功能区中的【筛选】按钮将呈现高亮显示状态，数据列表中所有字段的标题单元格中也会出现筛选按钮。

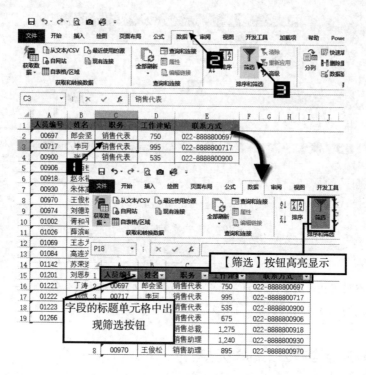

图 29-29　对普通数据列表启用筛选

因为 Excel 的"表格"（Table）默认启用筛选功能，所以也可以先将普通数据列表转换为表格，然后就能使用筛选功能。

此外，选中列表中的任意单元格，按 <Ctrl+Shift+L> 组合键也可启用筛选功能。

数据列表进入筛选状态后，单击每个字段的标题单元格中的筛选按钮，都将弹出筛选下拉菜单，提供有关"排序"和"筛选"的详细选项。例如，单击 C1 单元格中的筛选按钮，弹出的筛选下拉菜单如图 29-30 所示。不同数据类型的字段所能够使用的筛选选项也不同。

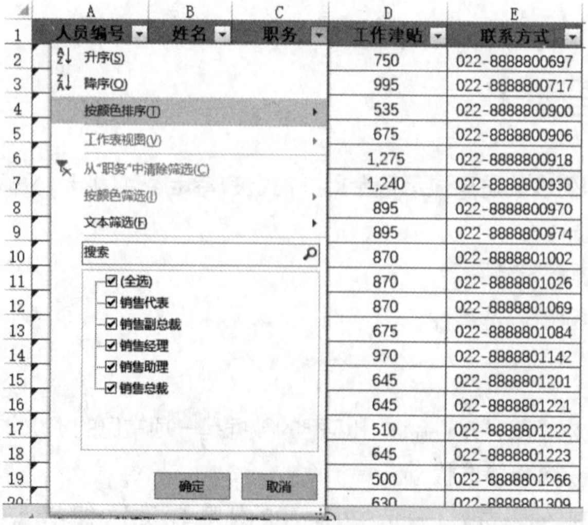

图 29-30　包含排序和筛选选项的下拉菜单

通过简单的勾选即可完成筛选。被筛选字段的筛选按钮形状会发生改变，同时数据列表中的行号颜色也会改变，如图 29-31 所示。

29.7.2 按照文本的特征筛选

对于文本型数据字段，筛选下拉菜单中会显示

图 29-31 筛选状态下的数据列表

【文本筛选】的相关选项，如图 29-32 所示。事实上，无论选择其中哪一个选项，最终都将进入【自定义自动筛选方式】对话框，通过选择逻辑条件和输入具体条件值，才能完成自定义筛选。

示例29-9 按照文本的特征筛选

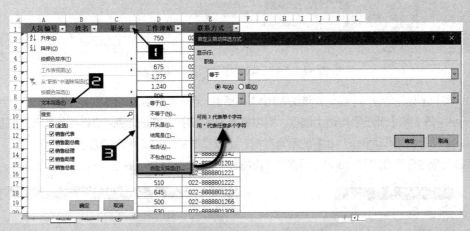

图 29-32 文本型数据字段相关的筛选选项

例如，要筛选出职务为"销售助理"的所有数据，可以参照图 29-33 所示的方法来设置。

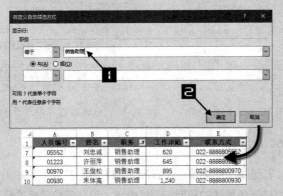

图 29-33 筛选出职务为"销售助理"的所有数据

提示

在【自定义自动筛选方式】对话框中设置的条件，不区分字母大小写。【自定义自动筛选方式】对话框中显示的逻辑运算符也并非适用于每种数据类型的字段，如"包含"运算符就不适用于数值型数据。

29.7.3 按照数字的特征筛选

对于数值型数据字段，筛选菜单中会显示【数字筛选】的相关选项，如图 29-34 所示。

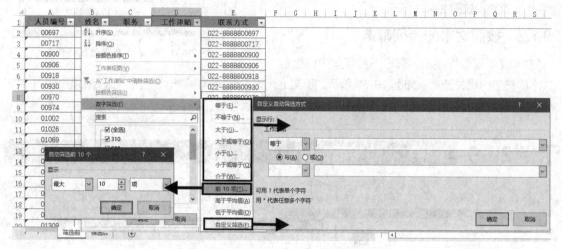

图 29-34　数值型数据字段相关的筛选选项

【前10项】选项则会进入【自动筛选前10个】对话框，用于筛选最大（或最小）的 N 个项（百分比）。

【高于平均值】和【低于平均值】选项，则根据当前字段所有数据的值来进行相应的筛选和显示。

例如，要筛选出工作津贴前 10 名的所有数据，可以参照图 29-35 所示的方法来设置。

要筛选出津贴介于 900 和 1300 之间的所有数据，可以参照图 29-36 所示的方法来设置。

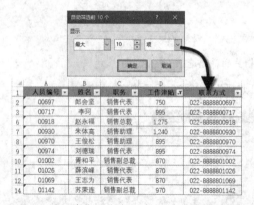

图 29-35　筛选工作津贴前 10 名的所有数据

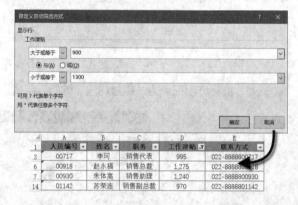

图 29-36　筛选工作津贴介于 900 和 1300 之间的所有数据

29.7.4 按照日期的特征筛选

对于日期型数据字段，筛选菜单中会显示【日期筛选】的更多选项，如图 29-37 所示。

日期分组列表并没有直接显示具体的日期，而是以年、月、日分组后的分层形式显示。

Excel 提供了大量的预置动态筛选条件，将数据列表中的日期与当前日期（系统日期）的比较结果作为筛选条件。

【期间所有日期】菜单下面的命令只按日期区间进行筛选，而不考虑年。例如，【第 4 季度】表示数据列表中任何年度的第 4 季度，这在按跨若干年的时间段来筛选日期时非常实用。

除了上面的选项以外，仍然提供了【自定义筛选】选项。

图 29-37　更具特色的日期筛选选项

如果希望取消筛选菜单中的日期分组状态，以便可以按具体的日期值进行筛选，可以按下面的步骤操作。

在【Excel 选项】对话框中单击【高级】选项卡，在【此工作簿的显示选项】区域取消选中【使用"自动筛选"菜单分组日期】复选框，单击【确定】按钮，如图 29-38 所示。

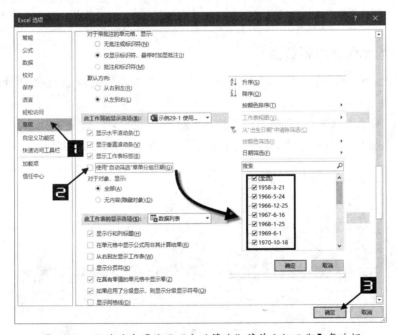

图 29-38　取消选中【使用"自动筛选"菜单分组日期】复选框

29.7.5　按照字体颜色、单元格颜色或图标筛选

Excel 支持以字体颜色或单元格颜色作为条件来筛选数据。

当要筛选的字段中设置过字体颜色或单元格颜色时，筛选下拉菜单中的【按颜色筛选】选项会变为可用，并列出当前字段中所有用过的字体颜色或单元格颜色，如图 29-39 所示。选中相应的颜色项，可以筛选出应用了该种颜色的数据。如果选中【无填充】【自动】和【无图标】，则可以筛选出完全没有应用过颜色和条件格式图标的数据。

图 29-39　按照字体颜色或单元格颜色筛选

> **注意**　→　无论是单元格颜色还是字体颜色和单元格图标，一次只能按一种颜色或图标进行筛选。

29.7.6　按所选单元格进行筛选

利用右键快捷菜单，也可以对所选单元格的值、颜色、字体颜色和图标进行快速筛选，具体操作方法如下。

如果需要在工作表中筛选出"职务"为"销售助理"的数据，可以鼠标右击 C7 单元格，在弹出的快捷菜单中依次选择【筛选】→【按所选单元格的值筛选】命令，如图 29-40 所示。

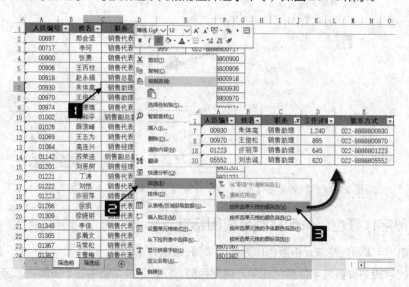

图 29-40　按所选单元格进行筛选

29.7.7 使用通配符进行模糊筛选

用于筛选数据的条件，有时并不能明确指定为某一项内容，而是某一类内容，如所有包含"医药"字样的客户名、产品编号中第三位是"B"的产品等。在这种情况下，可以借助 Excel 提供的通配符来进行筛选。

模糊筛选中通配符的使用必须借助【自定义自动筛选方式】对话框来完成，并允许使用两种通配符条件，可用问号"？"代表一个字符，用星号"*"代表任意多个连续字符，如图 29-41 所示。

图 29-41 【自定义自动筛选方式】对话框

通配符仅能用于文本型数据，而对数值和日期型数据无效。要筛选"*""？"字符本身时，可以在前面添加波形符"~"，如"~*"和"~？"。

有关通配符的使用说明如表 29-1 所示。

表 29-1 通配符使用的说明

条件		符合条件的数据
等于	Sh?ll	Shall，Shell
等于	医？	医药，医疗
等于	H??e	Huge，Hide，Hive，Have
等于	L*n	Lawn，Lesson，Lemon
包含	~?	可以筛选出数据中含有？的数据
包含	~*	可以筛选出数据中含有*的数据

29.7.8 筛选多列数据

用户可以对数据列表中的任意多列同时指定筛选条件。也就是说，先对数据列表中某一列设置条件进行筛选，然后在筛选出的记录中对另一列设置条件进行筛选，依此类推。在对多列同时应用筛选时，筛选条件之间是"与"的关系。

示例29-10 筛选多列数据

例如，要筛选出职务为"销售代表"，并且工作津贴等于"500"的所有数据，可以参照图 29-42 所示的方法来设置。

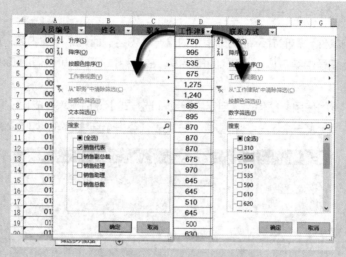

图 29-42　设置两列值的筛选条件

筛选后的效果如图 29-43 所示。

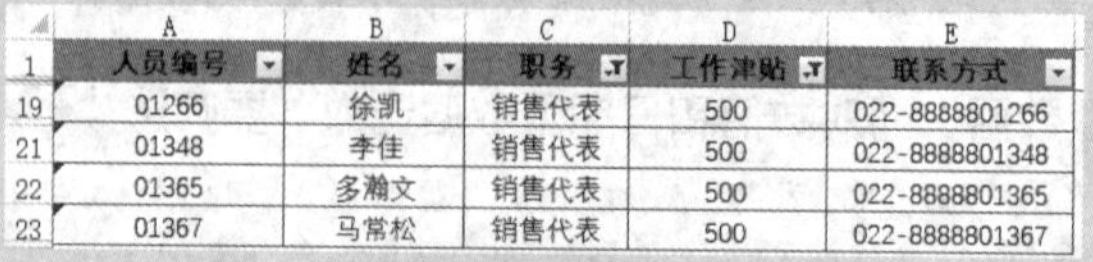

	A	B	C	D	E
1	人员编号	姓名	职务	工作津贴	联系方式
19	01266	徐凯	销售代表	500	022-8888801266
21	01348	李佳	销售代表	500	022-8888801348
22	01365	多瀚文	销售代表	500	022-8888801365
23	01367	马常松	销售代表	500	022-8888801367

图 29-43　对数据列表进行两列值的筛选

29.7.9　取消筛选

如果要取消对某一列的筛选，则可以单击该列的下拉按钮，在筛选列表框中选中【（全选）】复选框，或者单击【从"字段名"中清除筛选】命令，如图 29-44 所示。

如果要取消数据列表中的所有筛选，则可以单击【数据】选项卡中的【清除】按钮，如图 29-45 所示。

再次单击【数据】选项卡中的【筛选】按钮，则退出筛选状态。此外，按下 <Ctrl+Shift+L> 组合键也可退出筛选状态。

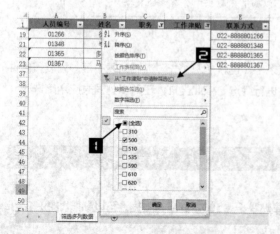

图 29-44　取消对指定列的筛选

图 29-45　清除筛选内容

29.7.10 复制和删除筛选后的数据

当复制筛选结果中的数据时，只有可见的行被复制。

同样，如果删除筛选结果，只有可见的行被删除，隐藏的行将不受影响。

29.8 使用高级筛选

Excel 高级筛选功能是筛选的升级，它不但包含了筛选的所有功能，而且还可以设置更多更复杂的筛选条件。

29.8.1 设置高级筛选的条件区域

【高级筛选】要求在一个工作表区域内单独指定筛选条件，并与数据列表的数据分开。在执行筛选的过程中，不符合条件的行将被隐藏，所以如果把筛选条件放在数据列表的左侧或右侧时，可能导致条件区域也同时被隐藏。因此，通常把这些条件区域放置在数据列表的顶端或底端。

一个【高级筛选】的条件区域至少要包含两行，第一行是列标题，列标题应和数据列表中的标题完全相同，第二行由筛选条件值构成。

29.8.2 两列之间运用"关系与"条件

示例29-11 "关系与"条件的高级筛选

以图 29-46 所示的数据列表为例，需要运用"高级筛选"功能筛选出"性别"为"男"并且"绩效系数"为"1.00"的数据。

	A	B	C	D	E	F	G	H	I
1	工号	姓名	性别	籍贯	出生日期	入职日期	月工资	绩效系数	年终奖金
2	535353	林达	男	哈尔滨	1978-5-28	2016-6-20	6,750	0.50	6,075
3	626262	贾丽丽	女	成都	1983-6-5	2016-6-13	4,750	0.95	8,123
4	727272	赵睿	男	杭州	1974-5-25	2016-6-14	4,750	1.00	8,550
5	424242	师丽莉	男	广州	1977-5-8	2016-6-11	6,750	0.60	7,290
6	323232	岳恩	男	南京	1983-12-9	2016-6-10	6,250	0.75	8,438
7	131313	李勤	男	成都	1975-9-5	2016-6-17	5,250	1.00	9,450
8	414141	郝冬冬	男	北京	1980-1-1	2016-6-4	5,750	0.90	9,315
9	313131	朱丽叶	女	天津	1971-12-17	2016-6-3	5,250	1.10	10,395
10	212121	白可燕	女	山东	1970-9-28	2016-6-2	4,750	1.30	11,115
11	929292	师胜昆	男	天津	1986-9-28	2016-6-16	5,750	1.00	10,350
12	525252	郝河	男	广州	1969-5-12	2016-6-12	5,250	1.20	11,340
13	121212	艾思迪	女	北京	1966-5-4	2016-6-1	5,250	1.20	11,340
14	232323	张祥志	男	桂林	1989-12-3	2016-6-18	5,250	1.30	12,285
15	919191	岳凯	男	南京	1977-6-23	2016-6-9	5,250	1.30	12,285
16	828282	孙丽星	男	成都	1966-12-5	2016-6-15	5,750	1.20	12,420
17	616161	艾利	女	厦门	1980-10-22	2016-6-6	6,750	1.00	12,150
18	818181	李克特	男	广州	1988-11-3	2016-6-8	5,750	1.30	13,455

图 29-46 需要设置"关系与"条件的表格

具体操作步骤如下。

步骤① 在数据列表上方新插入 3 个空行，输入高级筛选的条件。筛选条件可以是文本、数字、公式或表达式，如图 29-47 所示。

步骤② 单击数据列表中的任意单元格（如 A8），单击【数据】选项卡中的【高级】按钮，弹出【高级筛选】对话框。

步骤③ 将光标定位到【条件区域】编辑框内，拖动鼠标选中 A1:B2 单元格区域，最后单击【确定】按钮，如图 29-48 所示。

	A 性别	B 绩效系数	C	D 籍贯	E 出生日期	F 入职日期	G 月工资	H 绩效系数	I 年终奖金
1	性别	绩效系数							
2	男	1.00							
3									
4	工号	姓名	性别	籍贯	出生日期	入职日期	月工资	绩效系数	年终奖金
5	535353	林达	男	哈尔滨	1978-5-28	2016-6-20	6,750	0.50	6,075
6	626262	贾丽丽	女	成都	1983-6-5	2016-6-13	4,750	0.95	8,123
7	727272	赵睿	男	杭州	1974-5-25	2016-6-14	4,750	1.00	8,550
8	424242	师丽莉	男	广州	1977-5-8	2016-6-11	6,750	0.60	7,290
9	323232	岳恩	男	南京	1983-12-9	2016-6-10	6,250	0.75	8,438
10	131313	李勤	男	成都	1975-9-5	2016-6-17	5,250	1.00	9,450
11	414141	郝尔冬	男	北京	1980-1-1	2016-6-4	5,750	0.90	9,315
12	313131	朱丽叶	女	天津	1971-12-17	2016-6-3	5,250	1.10	10,395
13	212121	白可燕	女	山东	1970-9-28	2016-6-2	4,750	1.30	11,115
14	929292	师胜昆	男	天津	1986-9-28	2016-6-16	5,750	1.00	10,350
15	525252	郝河	男	广州	1969-5-12	2016-6-12	5,250	1.20	11,340
16	121212	艾思迪	女	北京	1966-5-4	2016-6-1	5,250	1.20	11,340
17	232323	张祥志	男	桂林	1989-12-3	2016-6-18	5,250	1.30	12,285
18	919191	岳凯	男	南京	1977-6-23	2016-6-9	5,250	1.30	12,285

图 29-47 设置"高级筛选"的条件区域

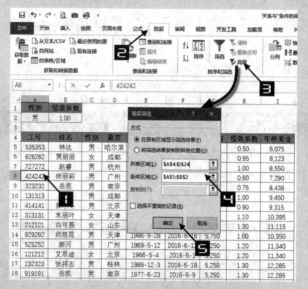

图 29-48 设置参数以进行高级筛选

筛选后的结果如图 29-49 所示。

	A 性别	B 绩效系数	C	D	E	F	G	H	I
1	性别	绩效系数							
2	男	1.00							
3									
4	工号	姓名	性别	籍贯	出生日期	入职日期	月工资	绩效系数	年终奖金
7	727272	赵睿	男	杭州	1974-5-25	2016-6-14	4,750	1.00	8,550
10	131313	李勤	男	成都	1975-9-5	2016-6-17	5,250	1.00	9,450
14	929292	师胜昆	男	天津	1986-9-28	2016-6-16	5,750	1.00	10,350

图 29-49 使用高级筛选得到的数据

如果希望将筛选出的结果复制到其他位置，可按以下步骤操作。

步骤① 在【高级筛选】对话框内选中【将筛选结果复制到其他位置】单选按钮。

步骤② 将光标定位到【复制到】编辑框内，单击选中目标单元格，如 A26，最后单击【确定】按钮，如图 29-50 所示。

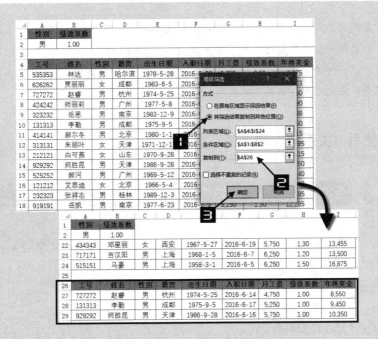

图 29-50　将高级筛选结果复制到其他位置

29.8.3　两列之间运用"关系或"条件

示例29-12　　"关系或"条件的高级筛选

以图 29-46 所示的数据列表为例，需要运用"高级筛选"功能筛选出"性别"为"男"或"绩效系数"为"1.00"的数据，可参照两列之间运用"关系与"条件的步骤，只是设置条件区域的范围略有不同，如图 29-51 所示。

筛选后的结果如图 29-52 所示。

	A	B
1	性别	绩效系数
2	男	
3		1.00

图 29-51　设置"关系或"的条件区域

	A	B	C	D	E	F	G	H	I
1	性别	绩效系数							
2	男								
3		1.00							
4									
5	工号	姓名	性别	籍贯	出生日期	入职日期	月工资	绩效系数	年终奖金
6	535353	林达	男	哈尔滨	1978-5-28	2016-6-20	6,750	0.50	6,075
8	727272	赵睿	男	杭州	1974-5-25	2016-6-14	4,750	1.00	8,550
9	424242	师丽莉	男	广州	1977-5-8	2016-6-11	6,750	0.60	7,290
10	323232	岳恩	男	南京	1983-12-9	2016-6-10	6,250	0.75	8,438
11	131313	李勤	男	成都	1975-9-5	2016-6-17	5,250	1.00	9,450
12	414141	郝尔冬	男	北京	1980-1-1	2016-6-4	5,750	0.90	9,315
15	929292	师胜昆	男	天津	1986-9-28	2016-6-16	5,750	1.00	10,350
16	525252	郝河	男	广州	1969-5-12	2016-6-12	6,250	1.20	11,340
18	232323	张祥志	男	桂林	1989-12-3	2016-6-18	5,250	1.30	12,285
19	919191	岳凯	男	南京	1977-6-23	2016-6-9	5,250	1.30	12,285
20	828282	孙丽星	男	成都	1966-12-5	2016-6-15	5,750	1.20	12,420

图 29-52　运用"关系或"条件执行高级筛选后的结果

提示 →	在编辑条件时，条件区域的首行必须是标题行，其内容必须与目标表格中的列标题匹配。但是条件区域标题行中内容的排列顺序，可以不必与目标表格中相同。条件区域标题行下方为条件值的描述区，出现在同一行的各个条件之间是"与"的关系，出现在不同行的各个条件之间则是"或"的关系。

29.8.4 同时使用"关系与"和"关系或"条件

示例29-13 同时使用"关系与"和"关系或"高级筛选

如图29-53所示，要筛选"顾客"为"天津大宇"，"宠物垫"产品的"销售额总计"大于500的记录。

或"顾客"为"北京福东"，"宠物垫"产品的"销售额总计"大于100的记录。

或"顾客"为"上海嘉华"，"雨伞"产品的"销售额总计"小于400的记录。

或"顾客"为"南京万通"的所有记录。

可以参照图29-54所示设置筛选条件。

	A	B	C	D
1	日期	顾客	产品	销售额总计
2	2019-1-1	上海嘉华	衬衫	302
3	2019-1-3	天津大宇	香草枕头	293
4	2019-1-3	北京福东	宠物垫	150
5	2019-1-3	南京万通	宠物垫	530
6	2019-1-4	上海嘉华	睡袋	223
7	2019-1-11	南京万通	宠物垫	585
8	2019-1-11	上海嘉华	睡袋	0
9	2019-1-18	天津大宇	宠物垫	876
10	2019-1-20	上海嘉华	睡袋	478
11	2019-1-20	上海嘉华	床罩	191
12	2019-1-21	上海嘉华	雨伞	684
13	2019-1-21	南京万通	宠物垫	747
14	2019-1-25	上海嘉华	睡袋	614
15	2019-1-25	天津大宇	雨伞	782
16	2019-1-26	天津大宇	床罩	162
17	2019-1-26	天津大宇	宠物垫	808
18	2019-2-3	北京福东	睡袋	203
19	2019-2-3	天津大宇	床罩	957
20	2019-2-4	天津大宇	袜子	66

图 29-53　待筛选的数据列表

	A	B	C
1	顾客	产品	销售额总计
2	天津大宇	宠物垫	>500
3	北京福东	宠物垫	>100
4	上海嘉华	雨伞	<400
5	南京万通		

图 29-54　同时设置多种关系的筛选条件

29.8.5 高级筛选中通配符的运用

数据列表高级筛选的功能运用中，对于文本条件可以使用如下通配符。

❖ 星号"*"表示可以与任意多的字符相匹配。

❖ 问号"？"表示只能与单个的字符相匹配。

更多的例子可以参照表29-2。

表 29-2　文本条件的实例

条件设置	筛选效果
="= 天津 "	文本中只等于"天津"字符的所有记录
天	以"天"开头的所有文本的记录
<>D*	包含除了字符 D 开头的任何文本的记录
* 天 *	文本中包含"天"字字符的记录
Ch*	包含以 Ch 开头的文本的记录
C*e	以 C 开头并包含 e 的文本记录
="=C*e"	包含以 C 开头并以 e 结尾的文本记录
C?e	第一个字符是 C，第三个字符是 e 的文本记录
="=a?c"	长度为 3，并以字符 a 开头、以字符 c 结尾的文本记录
<>*f	包含不以字符 f 结尾的文本的记录
="=???"	包含 3 个字符的记录
<>????	不包含 4 个字符的记录
<>*w*	不包含字符 w 的记录
~?	以 ? 号开头的文本记录
~?	包含 ? 号的文本记录
~*	以 * 号开头的文本记录
=	记录为空
<>	任何非空记录

29.8.6　使用计算条件

示例29-14　使用计算条件的高级筛选

"计算条件"指的是根据数据列表中的数据计算得到的条件。如图 29-55 所示，要在数据列表中筛选出"顾客"列中含有"天津"且在 1980 年出生，且"产品"列中第一个字母为"G"、最后一个字母为"S"的数据。

操作步骤如下。

A2 单元格输入以下公式：

```
=ISNUMBER(FIND(" 天津 ",A5))
```

公式通过在"客户"列中寻找"天津"并做出数值判断。

	A	B	C	D	E	F	G	H	I
1									
2	FALSE	FALSE	1						
3									
4	**顾客**	**身份证**	**产品**	**总计**					
5	北京高洁	360320198105121511	Good*Eats	302					
6	天津刘坤	306320198009201512	GokS	530					
7	上海花花	325156198202251511	Good*Treats	223					
8	天津杨鑫豪	360320198005121000	GBIES	363		筛选结果：			
9	南京肖炜	306320198010201512	Cookies	478					
10	四川宋炜	306320198405121511	Milk	191					
11	杭州张林波	360320198705121511	Bread	684		**顾客**	**身份证**	**产品**	**总计**
12	重庆李冉	306320198003201512	GdS	614		天津刘坤	306320198009201512	GokS	530
13	北京高洁	360320198703251511	Good*Eats	380		天津杨鑫豪	360320198005121000	GBIES	363
14	北京高洁	360320198605121511	Bread	120		天津毕春艳	306320198009101512	Gookies	48
15	上海花花	360320198505121511	Milk	174		天津毕春艳	306320198009101512	Gookies	715
16	天津毕春艳	306320198009101512	Gookies	48		天津刘坤	306320198009201512	GokS	561
17	天津毕春艳	306320198009101512	Gookies	715		天津刘坤	306320198009201512	GokS	746
18	天津刘坤	306320198009201512	GokS	561		天津杨鑫豪	360320198005121000	GBIES	275
19	天津杨鑫豪	360320198005121000	Cake	468					
20	天津刘坤	306320198009201512	GokS	746					

图 29-55　利用计算条件进行"高级筛选"

B2 单元格输入以下公式：

```
=MID(B5,7,4)="1980"
```

公式通过在"身份证"列中第 7 个字符开始截取 4 位字符来判断是否等于"1980"。
C2 单元格输入以下公式：

```
=COUNTIF(C5,"G*S")
```

公式通过在"产品"列中对包含"G*S"，即第一个字母为"G"最后一个字母为"S"的产品计数，来判断是否符合第一个字母为"G"最后一个字母为"S"的条件。

如图 29-56 所示，执行高级筛选时条件区域要选择 A1:C2。条件区域没有使用数据列表中的标题，而是使用空白标题。在设置计算条件时允许使用空白字段或创建一个新的字段标题，而不允许使用与数据列表中同名的字段标题。

图 29-56　注意条件区域的范围

注意 　　使用数据列表中首行数据来创建计算条件的公式，首行数据的单元格地址要使用相对引用。如果计算公式引用到数据列表外的数据或是基于数据列表中的某列数据来计算，单元格引用要使用绝对引用。例如，筛选总计高于平均值的项目，公式需要使用"=D5>AVERAGE($D$5:$D$20)"。

29.8.7　利用高级筛选选择不重复的记录

在【高级筛选】对话框中，选中【选中不重复的记录】复选框时能够删除重复的行。

示例29-15 筛选不重复数据项并输出到其他工作表

如果希望将"原始数据"表中的不重复数据筛选出来并复制到"筛选结果"表中,可以按以下步骤操作。

步骤① 单击"筛选结果"工作表标签激活该工作表,在【数据】选项卡中单击【高级】按钮,弹出【高级筛选】对话框,如图 29-57 所示。

步骤② 单击【高级筛选】对话框中【列表区域】编辑框的折叠按钮,使用鼠标切换到"原始数据"工作表选取完整的数据区域。

步骤③ 再次单击【列表区域】编辑框的折叠按钮返回【高级筛选】对话框,选中【方式】项下的【将筛选结果复制到其他位置】单选按钮。

图 29-57 选中复制筛选结果的工作表

步骤④ 单击【复制到】编辑框的折叠按钮返回"筛选结果"表并单击 A1 单元格,再次单击【复制到】编辑框的折叠按钮返回【高级筛选】对话框,单击选中【选择不重复的记录】的复选框,最后单击【确定】按钮完成设置,如图 29-58 所示。

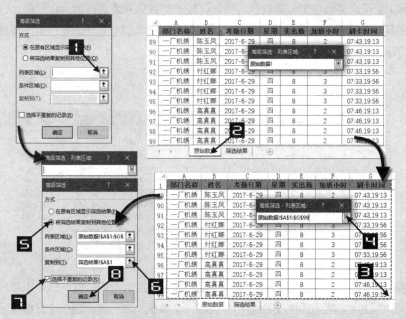

图 29-58 选取高级筛选列表区域

筛选效果如图 29-59 所示。

	A	B	C	D	E	F	G
1	部门名称	姓名	考勤日期	星期	实出勤	加班小时	刷卡时间
2	一厂充绒	王海霞	2017-6-29	四	8	3	07:32,19:46
3	一厂充绒	王焕军	2017-6-29	四	8	3	06:56,19:52
4	一厂充绒	王利娜	2017-6-29	四	8	3	07:32,19:45
5	一厂充绒	王瑞霞	2017-6-29	四	8	3	07:26,19:58
6	一厂充绒	王闪闪	2017-6-29	四	8	3	07:47,19:47
7	一厂充绒	王淑香	2017-6-29	四	8	3	07:54,20:01
8	一厂充绒	王文丽	2017-6-29	四	8	3	07:45,19:46
9	一厂充绒	吴传贤	2017-6-29	四	8	2.5	07:50,19:43
10	一厂充绒	姚道侠	2017-6-29	四	8	3	07:48,19:51
11	一厂充绒	于洪秀	2017-6-29	四	8	2	07:42,19:13
12	一厂充绒	于维芝	2017-6-29	四	8	2.5	07:39,19:42
13	一厂充绒	张改荣	2017-6-29	四	8	3	07:32,19:45
14	一厂充绒	张红红	2017-6-29	四	8	2.5	07:44,19:40
15	一厂充绒	张金环	2017-6-29	四	8	3	07:48,19:55
16	一厂充绒	张淑英	2017-6-29	四	8	2.5	07:43,19:36
17	一厂充绒	张向争	2017-6-29	四	8	2	07:45,19:15
18	一厂充绒	张燕芬	2017-6-29	四	8	3	07:18,19:54
19	一厂充绒	赵海利	2017-6-29	四	8	3	07:47,19:54
20	一厂充绒	赵龙	2017-6-29	四	8	3	07:19,19:45

图 29-59　选择不重复的记录后的数据列表

29.9　分级显示和分类汇总

29.9.1　分级显示概述

分级显示功能可以将包含类似标题且行列数据较多的数据列表进行组合和汇总，分级后会自动产生工作表视图的符号（加号、减号和数字 1、2、3 或 4），单击这些符号，可以显示或隐藏明细数据，如图 29-60 所示。

	A	B	F	J	N	R	S
1	工种	人数	一季度	二季度	三季度	四季度	工资合计
6	平缝一组合计	33	89,980	73,289	63,297	50,947	277,513
11	平缝二组合计	33	89,980	73,289	63,297	50,947	277,513
16	平缝三组合计	34	93,234	75,953	65,594	52,803	287,583
21	平缝四组合计	33	89,980	73,289	63,297	50,947	277,513
26	平缝五组合计	31	84,560	68,875	59,485	47,878	260,798
31	平缝六组合计	33	89,980	73,289	63,297	50,947	277,513
36	平缝七组合计	44	120,335	98,023	84,656	68,144	371,158
41	平缝八组合计	21	30,840	24,414	21,330	16,760	93,344
42	总计	262	688891.3964	560418.4064	484254.7126	389371.5144	2122936.03

图 29-60　分级显示

使用分级显示可以快速显示摘要行或摘要列，或者显示每组的明细数据；既可以单独创建行或列的分级显示，也可以同时创建行和列的分级显示。但在一个数据列表只能创建一个分级显示，一个分级显示最多允许有 8 层嵌套的数据。

29.9.2　建立分级显示

用户如果需要对数据列表进行组合和汇总，可以采用自动建立分级显示的方式，也可以使用自定义样式的分级显示。

➲ | 自动建立分级显示

示例29-16　自动建立分级显示

图 29-61 展示的数据列表中各季度汇总、各平缝小组合计及总计均由求和公式计算得来，如果用户希望自动建立分级显示，达到如图 29-60 所示的效果，可以按下面的步骤操作。

提示→ 建立自动分级显示的前提是数据列表中必须包含汇总公式，分级的依据就是汇总公式的引用范围。

工种	人数	7月工资合计	8月工资合计	9月工资合计	三季度	10月工资合计	11月工资合计	12月工资合计	四季度	工资合计
平缝五组合计	31	22,446	17,289	19,745	59,485	12,390	17,896	17,593	47,878	260,798
车工	24	17,261	13,295	15,195	45,751	9,527	13,762	13,529	36,818	200,581
副工	4	2,877	2,216	2,533	7,625	1,588	2,294	2,255	6,136	33,431
检验	4	2,877	2,216	2,533	7,625	1,588	2,294	2,255	6,136	33,431
组长	1	870	670	756	2,296	480	694	682	1,856	10,071
平缝六组合计	33	23,884	18,397	21,016	63,297	13,184	19,043	18,720	50,947	277,513
车工	32	23,014	17,727	20,260	61,001	12,703	18,349	18,038	49,090	267,440
副工	5	3,596	2,770	3,166	9,531	1,985	2,867	2,818	7,670	41,788
检验	5	3,596	2,770	3,166	9,531	1,985	2,867	2,818	7,670	41,788
组长	1	1,740	1,341	1,511	4,592	961	1,388	1,364	3,712	20,141
平缝七组合计	44	31,946	24,607	28,103	84,656	17,634	25,471	25,039	68,144	371,158
车工	16	5,710	4,399	5,430	15,539	3,152	4,553	4,476	12,181	67,987
副工	2	714	550	679	1,942	394	569	559	1,523	8,499
检验	2	714	550	679	1,942	394	569	559	1,523	8,499
组长	1	719	554	633	1,906	397	573	564	1,534	8,358
平缝八组合计	21	7,857	6,052	7,421	21,330	4,337	6,265	6,158	16,760	93,344
总计	262	182541.6164	140606.3802	161106.716	484254.7126	100758.4182	145539.9374	143073.1588	389371.5144	2122936.03

=SUM(K26:M26)　　=SUM(N6,N11,N16,N21,N26,N31,N36,N41)　　=SUM(F26,J26,N26,R26)

图 29-61　建立分级显示前的数据列表

在【数据】选项卡中依次单击【组合】→【自动建立分级显示】命令即可创建一张分级显示的数据列表，如图 29-62 所示。

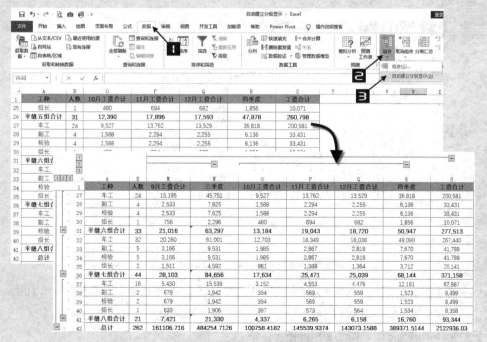

图 29-62　自动建立分级显示

分别单击行、列的分级显示符号，即可查看不同级别的数据，如图 29-63 所示。

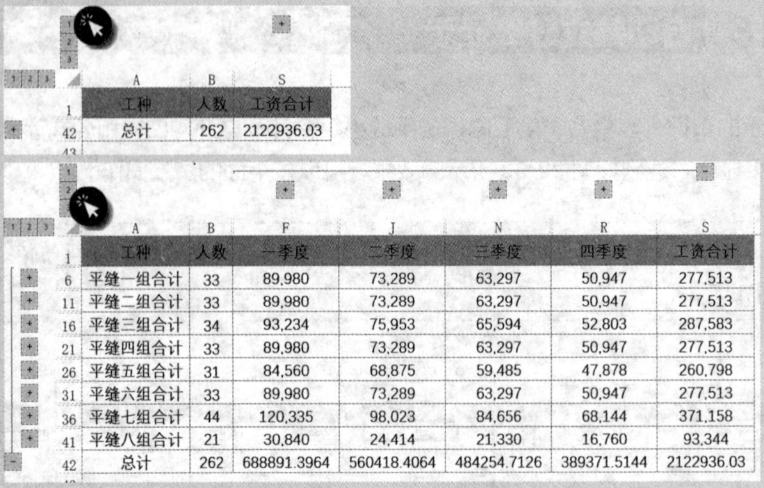

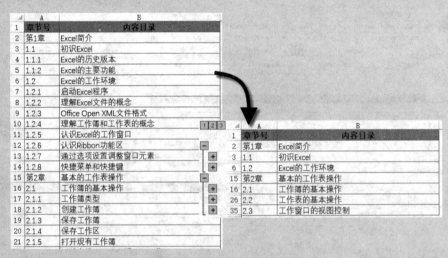

图 29-63　分级显示数据

⊃ Ⅱ 自定义分级显示

示例29-17　自定义分级显示

　　自定义方式分级显示比较灵活，用户可以根据自己的具体需要进行手动组合显示特定的数据，如果用户希望将图 29-64 所示的数据列表按照大纲的章节号自定义分级显示，可以按下面的步骤操作。

图 29-64　自定义方式分级显示

步骤① 选中第 1 章的所有小节数据（如 A3：A14 单元格区域），在【数据】选项卡中单击【组合】下拉按钮，在快捷菜单中单击【组合】命令，弹出【组合】对话框，单击对话框中的【确定】按钮即可对第 1 章进行分组，如图 29-65 所示。

图 29-65　创建自定义方式分级显示

提示 →

选中数据区域后也可以按 <Shift+Alt+ → > 组合键调出【组合】对话框。

步骤② 分别选中 A4:A5 和 A7:A14 单元格区域，重复步骤 1，即可对第 1 章项下的小节进行分组，第一章节完成分组后如图 29-66 所示。

图 29-66　对第 1 章项下的小节进行分组

步骤③ 重复以上步骤对第 2 章及项下的小节进行分组，完成后如图 29-67 所示。

1 2 3		A	B
	1	章节号	内容目录
	2	第1章	Excel简介
+	3	1.1	初识Excel
+	6	1.2	Excel的工作环境
	15	第2章	基本的工作表操作
+	16	2.1	工作簿的基本操作
+	26	2.2	工作表的基本操作
+	35	2.3	工作窗口的视图控制

图 29-67　自定义方式分级显示

29.9.3 清除分级显示

如果希望将数据列表恢复到建立分级显示前的状态，只需在【数据】选项卡中依次单击【取消组合】→【清除分级显示】命令即可，如图 29-68 所示。

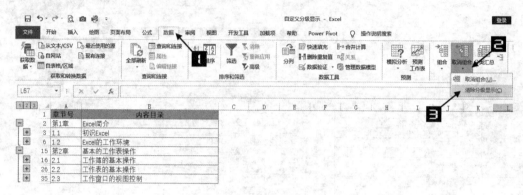

图 29-68 清除分级显示

29.9.4 创建简单的分类汇总

分类汇总能够快速地以某一个字段为分类项，对数据列表中其他字段的数值进行各种统计计算，如求和、计数、平均值、最大值、最小值、乘积等。

示例29-18 创建简单的分类汇总

以图 29-69 所示的表格为例，如果希望在数据列表中计算每个科目名称的费用发生额合计，可以参照以下步骤。

	月	日	凭证号数	科目编号	科目名称	摘要	借方
26	04	30	现-0152	550121	通讯费	手机费	100.00
27	01	30	现-0159	550121	通讯费	手机费	100.00
28	01	30	现-0159	550121	通讯费	手机费	100.00
29	01	30	现-0159	550121	通讯费	手机费	50.00
30	01	09	现-0024	550107	邮件快件费	邮电费	120.00
31	05	15	现-0044	550107	邮件快件费	快递费	120.00
32	04	10	现-0066	550107	邮件快件费	快递费	632.50
33	03	12	现-0070	550107	邮件快件费	快件费	407.22
34	03	21	现-0130	550107	邮件快件费	邮费	26.00
35	03	24	转-0028	550124	折旧	3月份折旧	6,191.49
36	02	27	转-0040	550124	折旧	2月份折旧	6,191.49
37	01	31	转-0084	550124	折旧	1月份折旧	6,191.49
38	04	30	转-0136	550124	折旧	4月份折旧	6,191.49
39	06	30	转-0153	550124	折旧	提6月份折旧	6,245.49
40	05	30	转-0170	550124	折旧	5月份折旧	6,191.49

图 29-69 分类汇总前的数据列表

> **注意**
> 使用分类汇总功能以前，必须要对数据列表中需要分类汇总的字段进行排序，图 29-69 所示的数据列表已经对"科目名称"字段排序。

步骤① 单击数据列表中的任意单元格（如 C5），依次单击【数据】→【分类汇总】，弹出【分类汇总】对话框，如图 29-70 所示。

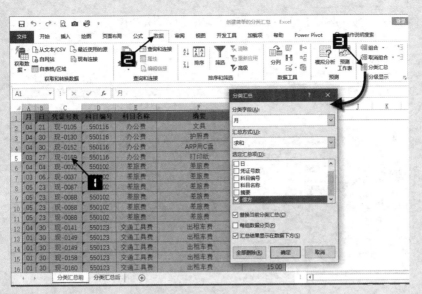

图 29-70 【分类汇总】对话框

步骤② 在【分类汇总】对话框中,【分类字段】选择"科目名称",【汇总方式】选择"求和",【选定汇总项】选中"借方"复选框,选中【汇总结果显示在数据下方】复选框,如图 29-71 所示。

步骤③ 单击【确定】按钮,分类汇总的结果如图 29-72 所示。

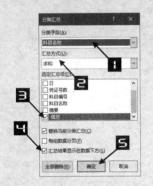

图 29-71 设置分类汇总

	1 2 3		A	B	C	D	E	F	G
			月	日	凭证号数	科目编号	科目名称	摘要	借方
		2	04	21	现-0105	550116	办公费	文具	207.00
		3	04	30	现-0130	550116	办公费	护照费	1,000.00
		4	04	30	现-0152	550116	办公费	ARP用C盘	140.00
		5	03	27	现-0169	550116	办公费	打印纸	85.00
		6					办公费 汇总		1,432.00
		7	04	04	现-0032	550102	差旅费	差旅费	3,593.26
		8	03	06	现-0037	550102	差旅费	差旅费	474.00
		9	05	23	现-0087	550102	差旅费	差旅费	26,254.00
		10	05	23	现-0088	550102	差旅费	差旅费	3,510.00
		11	05	23	现-0088	550102	差旅费	差旅费	5,280.00
		12	05	23	现-0088	550102	差旅费	差旅费	282.00
		13					差旅费 汇总		39,393.26

图 29-72 分类汇总的结果

（G6 单元格公式：=SUBTOTAL(9,G2:G5)）

29.9.5 多重分类汇总

示例29-19 多重分类汇总

如果希望在图 29-72 所示的数据列表中增加显示每个"科目名称"的费用平均值、最大值、最小值,则需要进行多重分类汇总,具体可以参照以下步骤操作。

步骤① 单击分类汇总求和后的数据列表中的任意单元格（如 E5）,依次单击【数据】→【分类汇总】,弹出【分类汇总】对话框。【分类字段】选择"科目名称",【汇总方式】选择"平均值",取消选中【替换当前分类汇总】复选框，单击【确定】按钮完成操作，如图 29-73 所示。

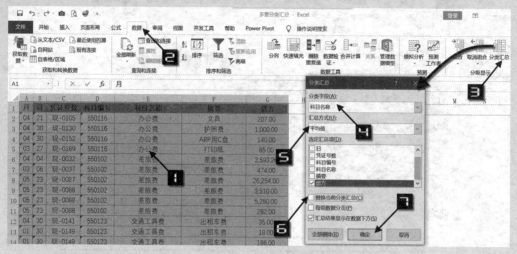

图 29-73　设置分类汇总

效果如图 29-74 所示。

1 2 3		A	B	C	D	E	F	G
	1	月	日	凭证号数	科目编号	科目名称	摘要	借方
	2	04	21	现-0105	550116	办公费	文具	207.00
	3	04	30	现-0130	550116	办公费	护照费	1,000.00
	4	04	30	现-0152	550116	办公费	ARP用C盘	140.00
	5	03	27	现-0169	550116	办公费	打印纸	85.00
	6					办公费 平均值		358.00
	7	04	04	现-0032	550102	差旅费	差旅费	3,593.26
	8	03	06	现-0037	550102	差旅费	差旅费	474.00
	9	05	23	现-0087	550102	差旅费	差旅费	26,254.00
	10	05	23	现-0088	550102	差旅费	差旅费	3,510.00
	11	05	23	现-0088	550102	差旅费	差旅费	5,280.00
	12	05	23	现-0088	550102	差旅费	差旅费	282.00
	13					差旅费 平均值		6,565.54

图 29-74　对同一字段同时使用两种分类汇总方式

步骤② 重复以上操作，分别对"科目名称"进行最大、最小值和求和的分类汇总，效果如图 29-75 所示。

1 2 3 4 5 6		A	B	C	D	E	F	G
	1	月	日	凭证号数	科目编号	科目名称	摘要	借方
	2	04	21	现-0105	550116	办公费	文具	207.00
	3	04	30	现-0130	550116	办公费	护照费	1,000.00
	4	04	30	现-0152	550116	办公费	ARP用C盘	140.00
	5	03	27	现-0169	550116	办公费	打印纸	85.00
	6					办公费 汇总		1,432.00
	7					办公费 最小值		85.00
	8					办公费 最大值		1,000.00
	9					办公费 平均值		358.00
	10	04	04	现-0032	550102	差旅费	差旅费	3,593.26
	11	03	06	现-0037	550102	差旅费	差旅费	474.00
	12	05	23	现-0087	550102	差旅费	差旅费	26,254.00
	13	05	23	现-0088	550102	差旅费	差旅费	3,510.00
	14	05	23	现-0088	550102	差旅费	差旅费	5,280.00
	15	05	23	现-0088	550102	差旅费	差旅费	282.00
	16					差旅费 汇总		39,393.26
	17					差旅费 最小值		282.00
	18					差旅费 最大值		26,254.00
	19					差旅费 平均值		6,565.54

图 29-75　对"科目名称"进行多重分类汇总

如果用户想将分类汇总后的数据列表按汇总项打印出来,只要在【分类汇总】对话框中选中【每组数据分页】复选框即可。如图 29-76 所示。

29.9.6 取消和替换当前的分类汇总

如果想取消已经设置好的分类汇总,只需打开【分类汇总】对话框,单击【全部删除】按钮即可。如果想替换当前的分类汇总,则要在【分类汇总】对话框中选中【替换当前分类汇总】复选框。

图 29-76 每组数据分页

29.10 Excel 的"表格"工具

Excel 的"表格"功能,具有自动扩展区域的特性,极大地方便了数据管理和分析操作。

29.10.1 创建"表格"

示例29-20 创建"表格"

要创建如图 29-77 所示的"表格",可以按照下面的步骤来操作。

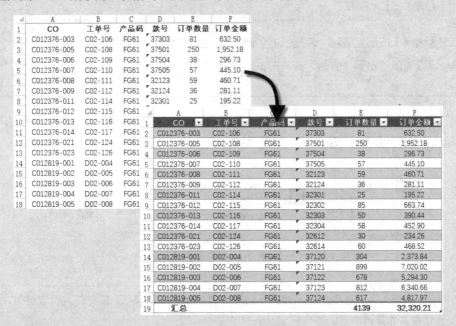

图 29-77 创建的"表格"

步骤① 单击数据列表中的任意单元格(如 A5),在【插入】选项卡中单击【表格】按钮,弹出【创建表】对话框,如图 29-78 所示。

图 29-78 【创建表】对话框

> **提示** →
>
> 此外，单击数据区域中的任意单元格后按下 <Ctrl+T> 或 <Ctrl+L> 组合键也可以调出【创建表】对话框。

步骤② 单击【确定】按钮完成对"表格"的创建，现在的"表格"被套用默认的蓝白相间的表格样式，用户可以清楚地看到"表格"的轮廓，如图 29-77 所示。

要将"表格"转换为原始的数据区域，可以单击"表格"中的任意单元格，在【表格工具】【设计】选项卡中单击【转换为区域】按钮即可，如图 29-79 所示。

图 29-79 转换为区域

> **注意** →
>
> Excel 无法在已经设置为共享的工作簿中创建"表格"。若要创建"表格"，必须先撤销该工作簿的共享。

29.10.2 "表格"工具的特征和功能

⊃丨在"表格"中添加汇总行

要想在指定的"表格"中添加汇总行，可以单击"表格"中的任意单元格（如 A5），在【表格工具】【设计】选项卡下选中【汇总行】复选框，Excel 将在"表格"的最后一行自动增加一个汇总行。

"表格"汇总行默认的汇总函数为 SUBTOTAL 函数（第一个参数为 109，表示使用 SUM 函数的统计规则进行求和）。选中"表格"中"订单金额"汇总行的单元格，单击出现的下拉箭头，可以从列表框中选择自己需要的汇总方式，如图 29-80 所示。

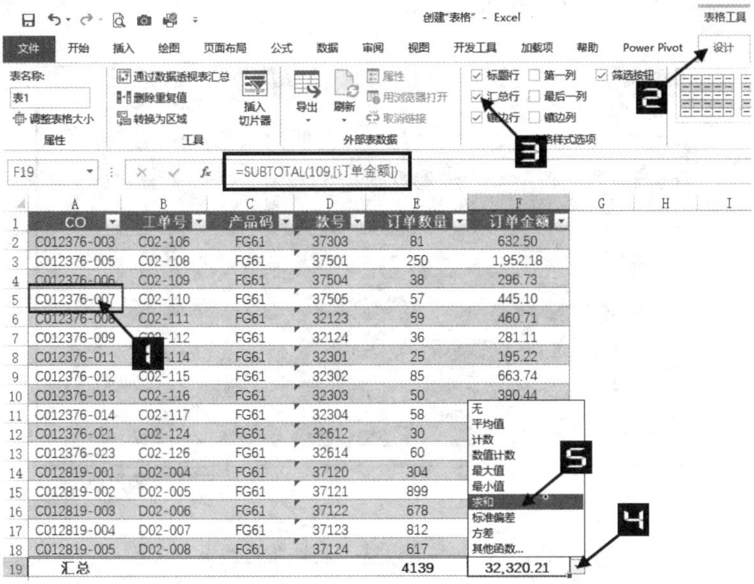

图 29-80　改变"表格"汇总行的函数

○ ‖ 在"表格"中添加数据

单击"表格"中最后一个数据所在单元格，如 F18（不包括汇总行数据），按下 <Tab> 键即可向"表格"中添加新的一行，如图 29-81 所示。

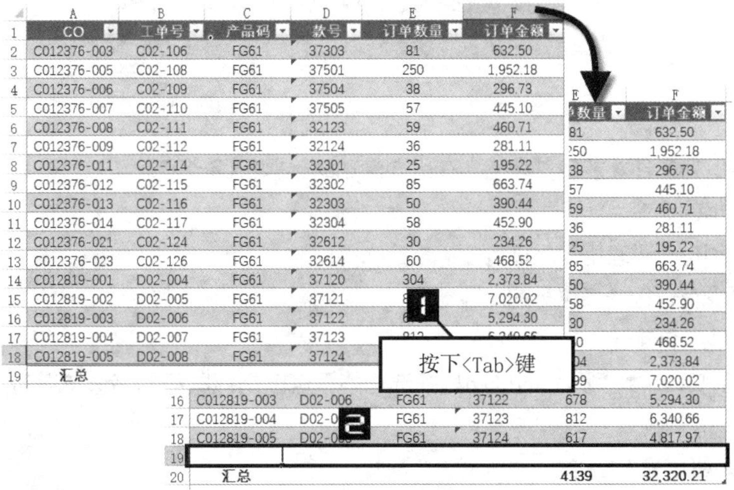

图 29-81　向"表格"添加行数据

此外，取消"表格"的汇总行以后，只要在"表格"下方相邻的空白单元格中输入数据，也可向"表格"中添加新的一行数据。

如果希望向“表格”中添加新的一列，可以将光标定位到“表格”最后一列右侧的相邻单元格，输入新的内容即可。

在“表格”区域右的下角单元格有一个特殊标记，选中它并向下拖动可以增加“表格”的行，向右拖动则可以增加“表格”的列，如图 29-82 所示。

	A	B	C	D	E	F	G
1	CO	工单号	产品码	款号	订单数量	订单金额	
2	C012376-003	C02-106	FG61	37303	81	632.50	
3	C012376-005	C02-108	FG61	37501	250	1,952.18	
4	C012376-006	C02-109	FG61	37504	38	296.73	
5	C012376-007	C02-110	FG61	37505	57	445.10	
6	C012376-008	C02-111	FG61	32123	59	460.71	
7	C012376-009	C02-112	FG61	32124	36	281.11	
8	C012376-011	C02-114	FG61	32301	25	195.22	
9	C012376-012	C02-115	FG61	32302	85	663.74	
10	C012376-013	C02-116	FG61	32303	50	390.44	
11	C012376-014	C02-117	FG61	32304	58	452.90	
12	C012376-021	C02-124	FG61	32612	30	234.26	
13	C012376-023	C02-126	FG61	32614	60	468.52	
14	C012819-001	D02-004	FG61	37120	304	2,373.84	
15	C012819-002	D02-005	FG61	37121	899	7,020.02	
16	C012819-003	D02-006	FG61	37122	678	5,294.30	
17	C012819-004	D02-007	FG61	37123	812	6,340.66	
18	C012819-005	D02-008	FG61	37124	617	4,817.97	
19	汇总				4139	32,320.21	

图 29-82　手工调整“表格”的大小

➲ III　“表格”滚动时标题行仍然可见

当用户单击“表格”中的任意一个单元格后再向下滚动浏览时，“表格”中的标题将始终可见，如图 29-83 所示。

	CO	工单号	产品码	款号	订单数量	订单金额
13	C012376-023	C02-126	FG61	32614	60	468.52
14	C012819-001	D02-004	FG61	37120	304	2,373.84
15	C012819-002	D02-005	FG61	37121	899	7,020.02
16	C012819-003	D02-006	FG61	37122	678	5,294.30
17	C012819-004	D02-007	FG61	37123	812	6,340.66
18	C012819-005	D02-008	FG61	37124	617	4,817.97
19	汇总				4139	32,320.21

图 29-83　“表格”滚动时标题行仍然可见

必须同时满足下列条件才能使“表格”在纵向滚动时标题行保持可见。

❖ 未使用冻结窗格的命令。

❖ 活动单元格必须位于“表格”区域内。

❖ 可见区域中至少有一行“表格”的内容。

➲ IV　“表格”的排序和筛选

“表格”整合了 Excel 数据列表的排序和筛选功能，可以用标题行的筛选按钮对“表格”进行排序和筛选。

➲ V　使用“套用表格格式”功能

Excel 提供了 64 种表格样式。单击“表格”中的任意单元格（如 A4），在【表格工具】【设计】选项卡中单击【表格样式】下拉按钮，在弹出的样式列表中选择【橙色，表样式浅色 14】样式，如图 29-84 所示。

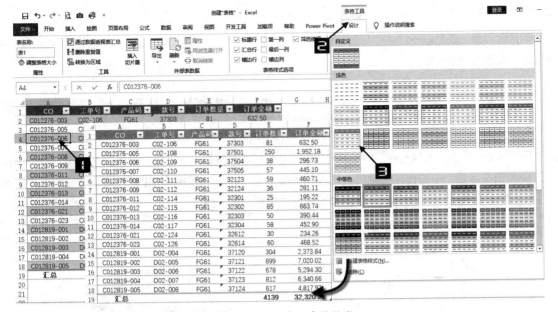

图 29-84　自动套用表格格式

如果用户希望创建自己的报表样式，可以通过新建表样式对"表格"的格式进行自定义设置，一旦保存后便存放于【表格工具】自定义的表格样式库中，在当前工作簿中可以随时调用。

要设置自定义的"表格"样式，可以按如下步骤操作。

步骤① 单击"表格"中的任意单元格，在【表格工具】【设计】选项卡中单击【表格样式】的下拉按钮，在下拉列表中选择【新建表格样式】命令，弹出【新建表样式】对话框，如图 29-85 所示。

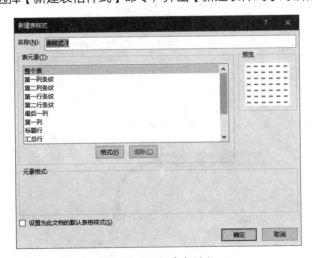

图 29-85　新建表样式

步骤② 在【名称】编辑框内输入自定义样式的名称，在【表元素】下拉列表中选中某个选项进行设置，单击【格式】按钮将弹出【设置单元格格式】对话框，用户可进行边框、填充效果和颜色及字体方面的设置，最后单击【确定】按钮依次关闭【设置单元格格式】对话框和【新建表样式】对话框，完成设置。

29.10.3 在"表格"中插入切片器

切片器实际上就是以一种图形化的筛选工具，通过对切片器中的字段项筛选，能够实现比筛选按钮更加方便灵活的筛选功能。

示例29-21 在"表格"中插入切片器

在"表格"插入"品牌名称"和"季节名称"切片器的方法如下。

步骤① 单击"表格"中的任意单元格（如 A5），在【插入】选项卡中单击【切片器】按钮，在弹出的【插入切片器】对话框中选中"品牌名称"复选框，单击【确定】按钮插入"品牌名称"切片器，如图 29-86 所示。

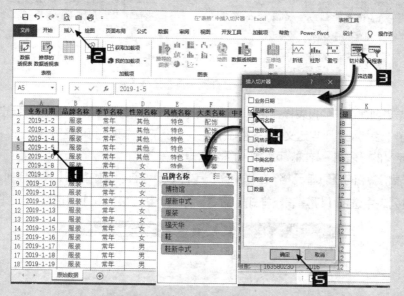

图 29-86 在"表格"插入切片器

步骤② 重复操作步骤 1 插入"季节名称"切片器，如图 29-87 所示。

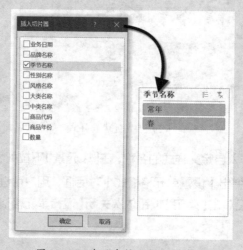

图 29-87 在"表格"插入切片器

在【插入切片器】对话框中如果选中多个字段名称前的复选框，可同时插入多个切片器。

步骤③ 此时，在切片器中单击某个项目，"表格"中即可出现对应的数据记录。如图 29-88 所示。

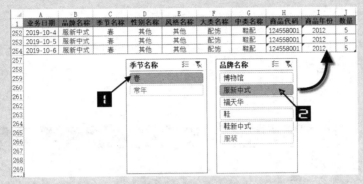

图 29-88　切片器多选操作

29.10.4　与 SharePoint 服务器的协同处理

　　如果用户使用了微软的 SharePoint 服务，可以把 Excel "表格"发布到 Microsoft SharePoint Services 网站上，可以使其他用户在没有安装 Excel 的情况下使用 Web 浏览器便能够查看和编辑数据。

　　单击"表格"中的任意单元格（如 A2），在【表格工具】的【设计】选项卡中依次单击【导出】按钮→【将表格导出到 SharePoint 列表】，在【将表导出为 SharePoint 列表 (第 1 步，共 2 步)】对话框中的【地址】栏中输入 SharePoint 网站地址，【名称】栏中输入提供表的名称，单击【下一步】按钮即可创建 SharePoint 列表，如图 29-89 所示。

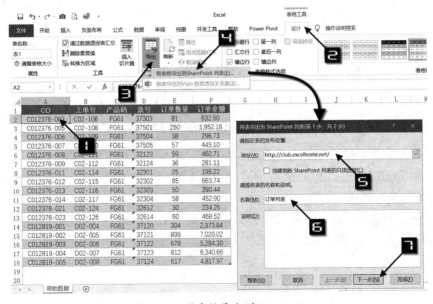

图 29-89　将表格导出到 SharePoint

29.11　合并计算

Excel 的"合并计算"功能可以汇总或合并多个数据源区域中的数据，具体方法有两种：一是按类别合并计算；二是按位置合并计算。

❍丨按类别合并

示例29-22　快速合并汇总两张数据表

在图 29-90 中有两张结构相同的数据表"表一"和"表二"，利用合并计算可以轻松地将这两张表进行合并汇总，具体步骤如下。

步骤① 选中 B9 单元格，作为合并计算后结果的存放起始位置，在【数据】选项卡中单击【合并计算】按钮，打开【合并计算】对话框，如图 29-90 所示。

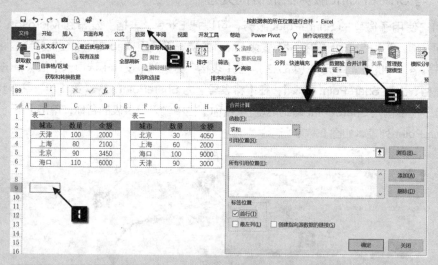

图 29-90　打开【合并计算】对话框

步骤② 单击【引用位置】编辑框右侧的折叠按钮，选中"表一"的 B2:D6 单元格区域，然后在【合并计算】对话框中单击【添加】按钮，所引用的单元格区域地址会出现在【所有引用位置】列表框中，如图 29-91 所示。

步骤③ 使用同样的方法将"表二"的 F2:H6 单元格区域添加到【所有引用位置】列表框中。依次选中【首行】和【最左列】的复选框，然后单击【确定】按钮，即可生成合并计算结果表，如图 29-92 所示。

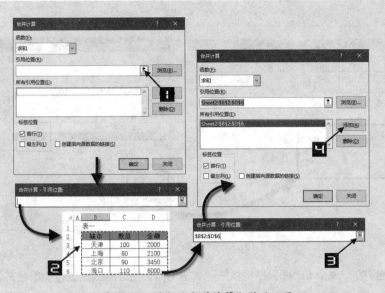

图 29-91　添加"合并计算"引用位置

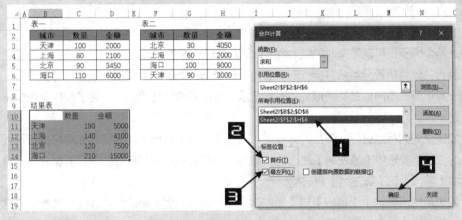

图 29-92　生成合并计算结果表

> **注意** → 在使用按类别合并的功能时，数据源列表必须包含行或列标题，并且在"合并计算"对话框的【标签位置】组合框中选中相应的复选框。在同时选中【首行】和【最左列】复选框时，所生成的合并结果表会缺失第一列的列标题。

○ ‖ 按位置合并

示例29-23　按数据表的所在位置进行合并

使用合并计算功能时，除了可以按类别合并计算外，还可以按数据表的数据位置进行合并计算。沿用示例 29-22 的数据，并在步骤 3 中取消选中【标签位置】区域的【首行】和【最左列】复选框，然后单击【确定】按钮，生成合并后的结果表如图 29-93 所示。

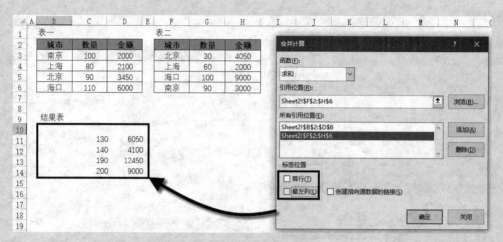

图 29-93　按位置合并

使用按位置合并的方式，Excel 只是将数据源表格相同位置上的数据进行简单合并计算，而忽略多个数据源表的行列标题内容是否相同。这种合并计算多用于数据源表结构完全一致情况下的数据合并。如果数据源表格结构不同，则会出现计算错误。

由以上两个例子，可以简单地总结出合并计算功能的一般性规律。

（1）当合并计算执行分类合并操作时，会将不同的行或列的数据根据标题进行分类合并。相同标题的合并成一条记录、不同标题的则形成的多条记录。最后形成的结果表中包含了数据源表中所有的行标题或列标题。

（2）如需根据列标题进行分类合并计算时，则需要选中【首行】复选框；如需根据行标题进行分类合并计算时，则需要选中【最左列】复选框；如需同时根据列标题和行标题进行分类合并计算时，则需要同时选中【首行】和【最左列】复选框。

（3）如果用户没有选中【首行】或【最左列】两个选项，则 Excel 将按数据源列表中数据的单元格位置进行计算，不会进行分类计算。

第 30 章　使用 Power Query 查询与转换数据

大数据分析、人工智能、区块链、云计算等技术的快速发展使得企业数据量越来越大，数据维度也越来越多。因此，数据的抽取、转换和加载变得越来越重要。Power Query 凭借操作简单、处理高效成为 Excel 转换数据的最佳工具。本章将向读者介绍如何在 Power Query 中进行数据查询、数据处理、分组统计和多表合并的操作方法。

> **本章学习要点**
>
> （1）Power Query 编辑器界面介绍。　　　（5）Power Query 分组依据操作。
>
> （2）使用 Power Query 进行数据查询。　　（6）数据提取。
>
> （3）编辑和刷新查询数据。　　　　　　　　（7）多表合并。
>
> （4）Power Query 行列处理技巧。

30.1　Power Query 编辑器界面介绍

30.1.1　Power Query 命令组

在【数据】选项卡下的【获取和转换数据】命令组中，包含 Power Query 的有关命令，如图 30-1 所示。

图 30-1　Power Query 命令按钮

在【数据】选项卡中单击【获取数据】下拉按钮，将出现获取数据的途径，单击【自文件】【自数据库】等命令将出现获取文件的方式，如图 30-2 所示。

图 30-2　Power Query 命令按钮

Power Query 支持多种数据来源，获取数据的方式如表 30-1 所示。

表 30-1　Power Query 获取数据方式

获取数据途径	获取数据方式
自文件	可以从 Excel 工作簿、文本文件、XML、JSON 轻量级数据交换格式、文件夹、SharePoint 文件夹等导入数据
自数据库	可以从 SQL server、Access、Oracle、IBM Db2、MySQL 数据库及 Analysis Services 等导入数据
来自 Azure	可以从 Azure SQL server 数据库、Azure SQL server 数据仓库、Azure HDinsigh（HDFS）等导入数据
来自在线服务	可以从 SharePoint 联机列表、Microsoft Exchange Online、Dynamics 365（在线）等导入数据
自其他源	可以从 Excel 表格和区域、网站、Microsoft Query、SharePoint 列表 OData 源、ODBC、OLEDB 等导入数据
合并查询	在已有查询的基础上进行合并或追加新的查询

30.1.2　Power Query 编辑器

执行获取数据的相关查询后，进入如图 30-3 所示的 Power Query 编辑器界面。

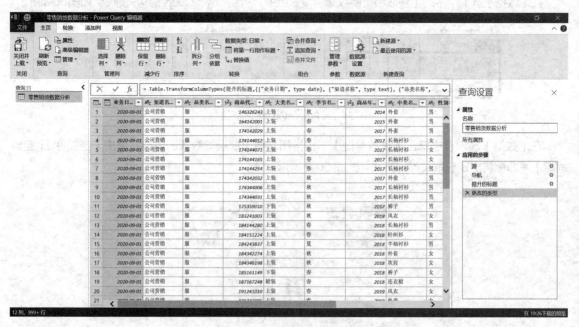

图 30-3　Power Query 编辑器

Power Query 编辑器窗口有四个选项卡，用于对导入的数据进行编辑、转换和加载等操作。

【主页】选项卡：可以执行插入列、删除行 / 列、拆分列、分组统计、设置数据类型、设置标题、替换值，以及合并和追加查询、参数管理、刷新和上载等处理，如图 30-4 所示。

图 30-4 【主页】选项卡

【转换】选项卡：可以执行转置、反转行、行计数，透视列、逆透视列、移动、拆分列、字符提取和日期数据处理等操作，如图 30-5 所示。

图 30-5 【转换】选项卡

【添加列】选项卡：可以添加自定义列、条件列和索引列等操作，如图 30-6 所示。

图 30-6 【添加列】选项卡

【视图】选项卡：主要完成对 Power Query 编辑器、查询依赖项的布局结构和查询结果预览，以及跳转指定列等操作，如图 30-7 所示。

图 30-7 【视图】选项卡

30.2　使用 Power Query 进行数据查询

Power Query 可以提取来自多种数据源的数据，并对数据进行转换、清洗、处理，再加载到 Excel 工作表进行后续的数据分析。

30.2.1　从 Excel 工作簿查询数据

使用 Power Query 进行数据查询不仅可以取得满足指定条件的数据，还可以在不改变原始数据表的情况下调整数据结构，最重要的是查询结果与数据源能够保持动态链接。

示例30-1　整理Excel工作簿中的销售数据

图 30-8 展示了某公司在 2020 年 9 月的门店销售数据，此数据为 ERP 系统导出，前 12 行记录了系统的一些相关信息，而且数量和结算额中有很多 0 值数据。

	A	B	C	D	E	F	G	H	I	J	K	L	M	N
1	零售销数据分析													
2	验收:已验收													
3	记帐:全部													
4	起始日:2020-09-01													
5	终止日:2020-09-30													
6	单据选择:全部													
7	商店:全部													
8	库位:全部													
9	商品:全部													
10	品牌:全部													
11	价格选定:零售价													
12	业务员:全部													
13	业务日期	营销渠道	品类名称	品牌名称	商店名称	商品代码	大类名称	季节名称	商品年份	中类名称	性别名称	风格名称	数量	结算额
268	2020-09-01	新美华	服	老美华	鲁****城	203244009	上装	秋	2020	长袖衬衫	女	休闲	1	806
269	2020-09-01	新美华	服	老美华	鲁****城	203266001	上装	秋	2020	长袖衬衫	女	休闲	0	0
270	2020-09-01	新美华	服	老美华	鲁****城	203266050	上装	秋	2020	七分袖衬衫	女	休闲	0	0
271	2020-09-01	新美华	鞋	昶旭美华	友****商	202284094	布鞋	夏	2020	布鞋	女	休闲	1	202
272	2020-09-01	新美华	鞋	昶旭美华	机****店	202284094	布鞋	夏	2020	布鞋	女	休闲	1	959
273	2020-09-01	新美华	鞋	昶旭美华	机****店	202284095	布鞋	夏	2020	布鞋	女	休闲	1	313
274	2020-09-01	新美华	鞋	昶旭美华	陆****嘴	201289005	旅游鞋	春	2020	健步休闲鞋	女	休闲	1	1210

零售销货数据分析

图 30-8　门店零售销货数据

现在需要在不改变原始数据源的情况下只保留第 13 行及以下的数据，筛选出"营销渠道"为"联营"的数据，同时过滤掉"数量"和"金额"中的 0 值。操作步骤如下。

步骤① 新建一个 Excel 工作簿，在【数据】选项卡中依次单击【获取数据】下拉按钮→【自文件】→【从工作簿】命令，在弹出的【导入数据】对话框中选择目标文件所在路径，选择数据源所在的工作簿，单击【导入】按钮，如图 30-9 所示。

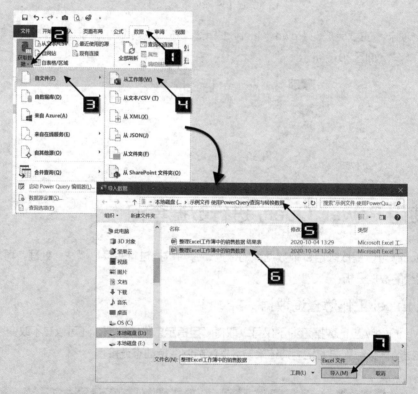

图 30-9　导入"整理 Excel 工作簿中的销售数据"工作簿

步骤② 在【导航器】窗格中单击"零售销货数据分析"数据表，单击【转换数据】按钮，将数据加载到 Power Query 编辑器，如图 30-10 所示。

图 30-10　转换数据

注意 ➡️ 单击【加载】按钮时，会直接将数据加载进 Excel 工作表而不会进入 Power Query 编辑器。

步骤③ 在【主页】选项卡中依次单击【删除行】下拉按钮→【删除最前面几行】命令，在弹出的【删除最前面几行】对话框中，【行数】设置为"11"，单击【确定】按钮，如图 30-11 所示。

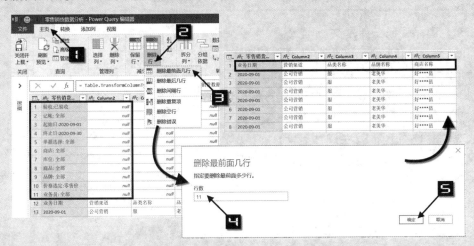

图 30-11　删除系统信息行

步骤④ 在【主页】选项卡中依次单击【将第一行用作标题】下拉按钮→【将第一行用作标题】命令，为查询表添加标题行，如图 30-12 所示。

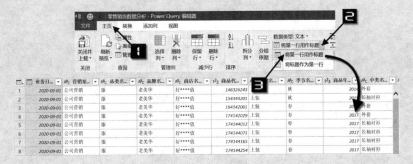

图 30-12　提升标题行

在右侧【查询设置】窗格中，记录了系统自动添加的步骤和用户操作过程的步骤，如果某个步骤操作有误，可以单击操作步骤左侧的×按钮，将此步骤删除，如图 30-13 所示。

步骤⑤ 单击"营销渠道"字段的筛选按钮，取消选中"全选"复选框，选中"联营"复选框，最后单击【确定】按钮，如图 30-14 所示。

图 30-13 删除操作步骤

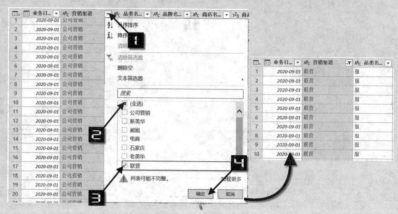

图 30-14 筛选数据

步骤⑥ 重复操作步骤 5，筛选掉"数量"和"结算额"列中的 0 值，如图 30-15 所示。

步骤⑦ 由于"商品代码"列是文本型数值，导入 Power Query 后自动转换为了整数型，需要进行还原。单击"商品代码"字段标题，依次单击【主页】→【数据类型】下拉按钮，选择"文本"。同样的方法将"年份"数据类型更改为"文本"，如图 30-16 所示。

步骤⑧ 依次单击【主页】→【关闭并上载】→【关闭并上载】命令，将数据加载进 Excel 工作表，如图 30-17 所示。

图 30-15 过滤 0 值数据

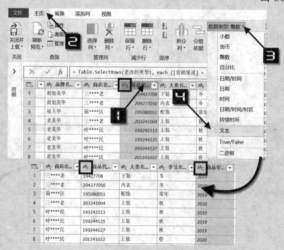

图 30-16 更改数据类型

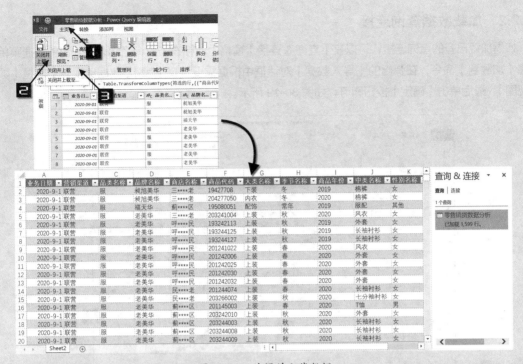

图 30-17 关闭并上载数据

也可以将查询结果创建为连接，使用时可随时调用。依次单击【主页】→【关闭并上载】→【关闭并上载至】命令，在弹出的【导入数据】对话框中选中【仅创建连接】单选按钮，同时选中【将此数据添加到数据模型】复选框，最后单击【确定】按钮，如图 30-18 所示。

图 30-18 关闭并上载至数据

30.2.2 加载数据查询连接

如需加载已有的查询连接，可以在【查询 & 连接】窗格中鼠标右击查询名称，在弹出的快捷菜单中选择【加载到】命令，在弹出的【导入数据】对话框中根据需要选择【表】【数据透视表】或是【数据透视图】，最后单击【确定】按钮即可，如图 30-19 所示。

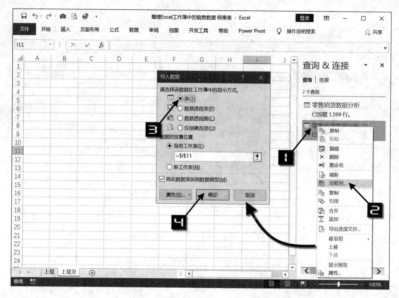

图 30-19 加载数据查询连接

30.2.3 从文本文件查询数据

导入文本文件进行数据查询的方法和导入 Excel 工作簿类似，在【数据】选项卡中依次单击【获取数据】→【自文件】→【从文本/CSV】命令，如图 30-20 所示。

从文本或 CSV 文件导入数据的【导航器】窗格和导入 Excel 文件略有不同，通过【文件原始格式】【分隔符】和【数据类型检测】下拉按钮，可以对 CVS 数据查询进行配置，单击【转换数据】按钮进入 Power Query 编辑器。如图 30-21 所示。

图 30-20 导入文本文件

图 30-21 CSV 文件导航界面

30.2.4　自网站查询数据

通过 Power Query 能够从网站查询数据并形成动态看板。

示例30-2　用Power Query制作未来15天天气预报

操作步骤如下。

步骤① 依次单击【数据】→【自网站】按钮，弹出【从 Web】对话框。在"URL"文本框中输入链接
"https://www.15tianqi.com/tianjin"，单击【确定】按钮。在打开的【导航器】对话框中单击选
中"Table 0"表，在右侧的【表视图】中单击【转换数据】按钮，将数据加载到 Power Query
编辑器，如图 30-22 所示。

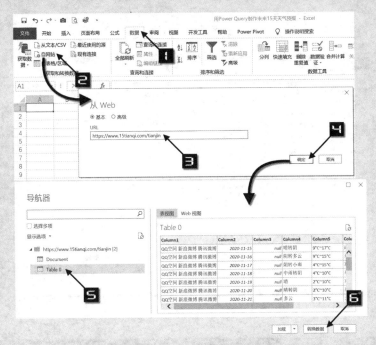

图 30-22　自网站获取数据

步骤② 单击"天气预报"列，在【主页】选项卡中依次单击【删除列】→【删除列】命令，将该空白列
删除，如图 30-23 所示。

步骤③ 接下来将"气温"列中的内容按分隔符拆分为两列。单击"气温"列，在【转换】选项卡中依次
单击【拆分列】→【按分隔符】命令，在弹出的【按分隔符拆分列】对话框中输入分隔符"~"，
单击【确定】按钮，如图 30-24 所示。

步骤④ 为了便于在工作表中创建图表，需要替换掉气温数据中的单位"℃"。同时选中"气温 .1"和
"气温 .2"列，在【转换】选项卡中依次单击【替换值】→【替换值】命令，弹出【替换值】
对话框。在【要查找的值】文本框中输入"℃"，单击【确定】按钮，如图 30-25 所示。

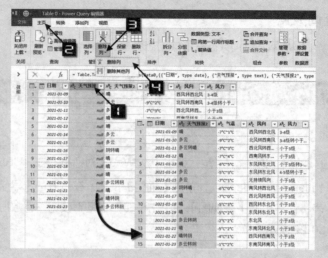

图 30-23 删除列

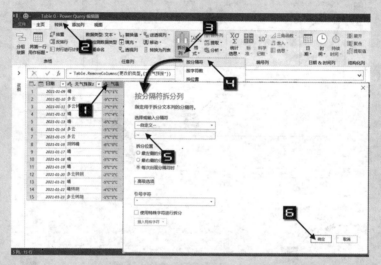

图 30-24 拆分列

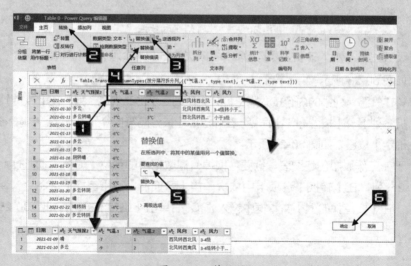

图 30-25 替换值

步骤⑤ 保持"气温.1"和"气温.2"列的选中状态，在【转换】选项卡中依次单击【数据类型】→【整数】命令，更改数据类型。依次更改字段标题为"最低温度"和"最高温度"，如图 30-26 所示。

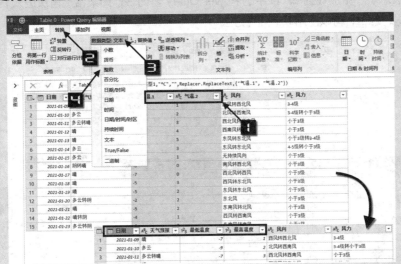

图 30-26 更改数据类型和标题

步骤⑥ 依次单击【主页】→【关闭并上载】命令，将数据上载到工作表中。

步骤⑦ 利用上载的数据创建折线图，最终效果如图 30-27 所示。

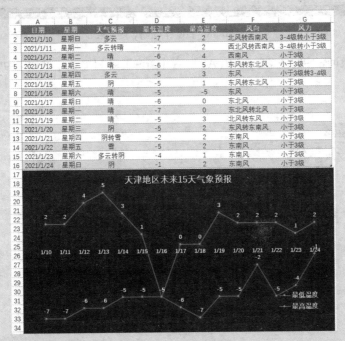

图 30-27 天气预报看板

> 在导入"https://www.15tianqi.com/tianjin"时，可将其中的"tianjin"改为其他城市的汉语拼音。部分网站会有限制，无法使用此方法获取数据。

30.2.5 编辑已经存在的查询

图 30-28 展示了一张加载到 Excel 中的 Power Query 查询表，如果希望再次进入 Power Query 编辑器对数据源进行编辑，可以使用以下几种方法。

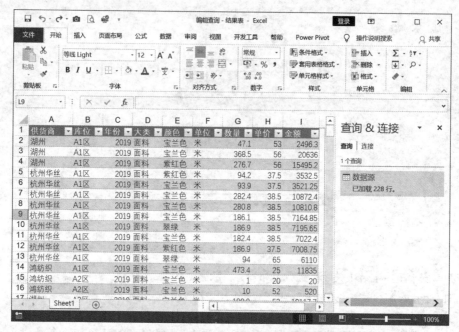

图 30-28　Power Query 查询表

方法 1：选中查询表中的任意单元格（A4），在【查询工具】【查询】选项卡中单击【编辑】按钮，如图 30-29 所示。

图 30-29　通过【查询工具】进入 Power Query 编辑器

方法 2：在【查询 & 连接】窗格中单击【查询】选项，移动到连接名称的上方，在弹出的数据源窗格中单击【编辑】按钮，如图 30-30 所示。

方法 3：单击【数据】选项卡，依次单击【获取数据】→【启动 Power Query 编辑器】，进入 Power Query 编辑器后单击导航窗格中的连接名称，即可进行编辑，如图 30-31 所示。

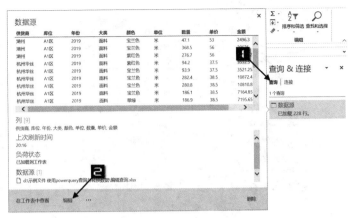

图 30-30 进入 Power Query 编辑器

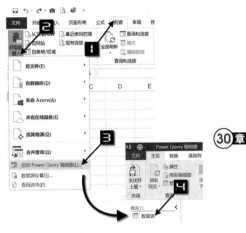

图 30-31 进入 Power Query 编辑器

此外，也可以在【数据】选项卡中单击【查询和连接】按钮调出【查询 & 连接】窗格，然后用鼠标双击【查询 & 连接】窗格中的连接名称进入 Power Query 编辑器，如图 30-32 所示。

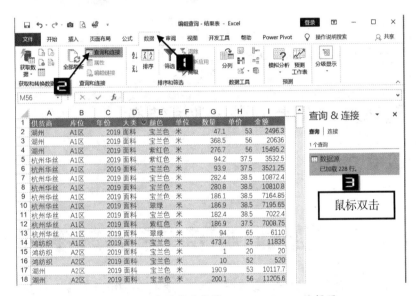

图 30-32 双击连接名称进入 Power Query 编辑器

30.2.6 刷新查询

当原始数据源发生改变后，可以通过以下几种方法得到最新的查询数据。

方法 1：在【查询 & 连接】窗格中的"数据源"上鼠标右击，在弹出的快捷菜单中选择【刷新】命令，如图 30-33 所示。

方法 2：在查询表中的任意一个单元格上鼠标右击，在弹出的快捷菜单中选择【刷新】命令，如图 30-34 所示。

方法 3：在【查询】选项卡中单击【刷新】命令，如图 30-35 所示。

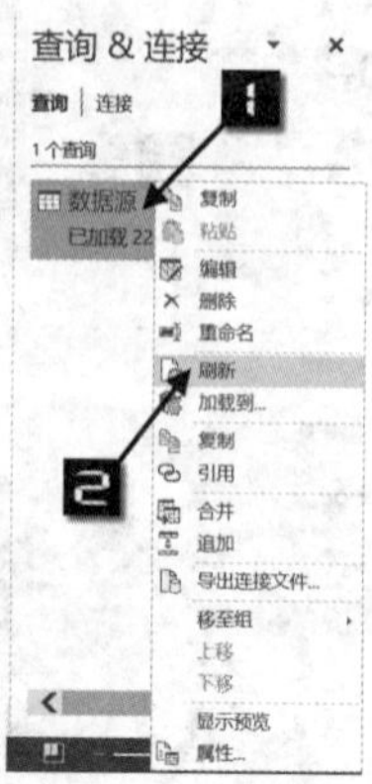

图 30-33 刷新查询

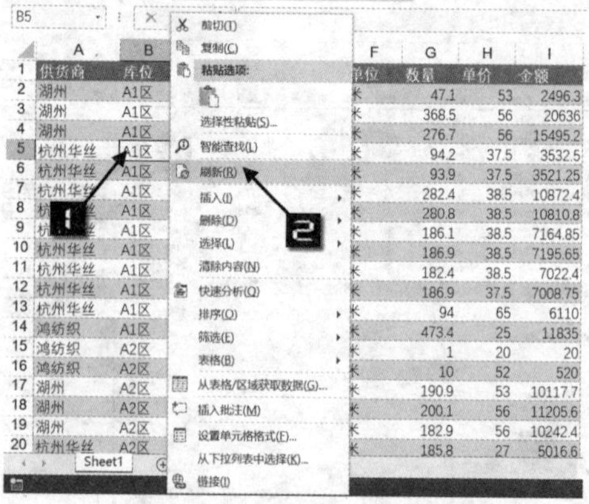

图 30-34 刷新查询

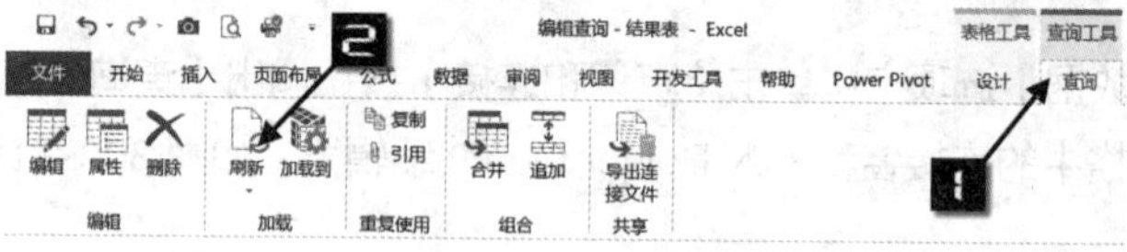

图 30-35 刷新查询

除此之外，还可以在【数据】选项卡中单击【全部刷新】命令。

30.3 使用 Power Query 进行数据转换

30.3.1 行列处理

➲ Ⅰ 拆分列

示例30-3 提取财务明细账中的部门和项目名称

图 30-36 展示了一张由财务系统导出的明细账，其中“摘要”栏中记录了每笔业务的发生内容、部门名称和项目，中间用下划线间隔。现在需要将“摘要”中部门名称和项目名称进行分离，用于后期的分析。

	A	B	C	D	E	F	G	H
1	年	月	日	凭证号数	科目编码	科目名称	摘要	借方金额
2	2020	01	17	转-0005	56010601	盒箱类	12月物流物资领用 纸箱_物流鞋批_商品项目	324,021
3	2020	01	31	付-0352	56010601	盒箱类	1.6货款福天华鞋盒（记11）_物流鞋批_商品项目	1,292,041
4	2020	01	17	转-0005	56010602	袋类	12月物流物资领用 袋类_新天地店_商品项目	8,798
5	2020	01	17	转-0005	56010602	袋类	12月物流物资领用 袋类_东楼店_商品项目	1,849
6	2020	01	17	转-0005	56010602	袋类	12月物流物资领用 袋类_体北店_商品项目	1,282
7	2020	01	17	转-0005	56010602	袋类	12月物流物资领用 袋类_滨江商厦店_商品项目	2,151
8	2020	01	17	转-0005	56010602	袋类	12月物流物资领用 袋类_鞍山西道店_商品项目	1,405
9	2020	01	17	转-0005	56010602	袋类	12月物流物资领用 袋类_十月店_商品项目	703
10	2020	01	17	转-0005	56010602	袋类	12月物流物资领用 袋类_塘沽三店_商品项目	2,844
11	2020	01	17	转-0005	56010602	袋类	12月物流物资领用 袋类_丁字沽店_商品项目	11,507
12	2020	01	17	转-0005	56010602	袋类	12月物流物资领用 袋类_中山门店_商品项目	2,676
13	2020	01	17	转-0005	56010602	袋类	12月物流物资领用 袋类_洪湖里店_商品项目	16,225
14	2020	01	17	转-0005	56010602	袋类	12月物流物资领用 袋类_物流质检_商品项目	16,447
15	2020	01	17	转-0005	56010602	袋类	12月物流物资领用 袋类_爱琴海店_商品项目	1,081
16	2020	01	17	转-0005	56010602	袋类	12月物流物资领用 袋类_乐宾店_商品项目	9,345
17	2020	01	17	转-0005	56010602	袋类	12月物流物资领用 袋类_老美华和平路旗舰店_商品项目	1,498
18	2020	01	17	转-0005	56010602	袋类	12月物流物资领用 袋类_友阿店_运输项目	7,463
19	2020	01	17	转-0005	56010602	袋类	12月物流物资领用 袋类 大港背心袋_加盟管理部_运输项目	42,240
20	2020	01	17	转-0005	56010602	袋类	12月物流物资领用 袋类 蓟州包装袋_加盟管理部_运输项目	366

财务明细账

图 30-36 财务明细账

操作步骤如下。

步骤① 依次单击【数据】→【获取数据】下拉按钮→【自文件】→【从工作簿】命令，根据提示将数据加载到 Power Query 编辑器。

步骤② 选中"摘要"列，在【主页】选项卡中依次单击【拆分列】→【按分隔符】命令，弹出【按分隔符拆分列】对话框。在【选择或输入分隔符】编辑栏中已经检测并默认匹配了分隔符"_"，单击【确定】按钮完成设置，如图 30-37 所示。

图 30-37　拆分列

步骤③ 拆分列完成后，原来的"摘要"列变为"摘要 .1"，提取出的部门名称被自动命名为"摘要 .2"，"项目名称"自动命名为"摘要 .3"。

选中"摘要 .1"列，鼠标右击，在弹出的快捷菜单中选择【重命名】命令，将"摘要 .1"改为"摘要"。同样的方法，依次将"摘要 .2"重命名为"部门名称"，将"摘要 .3"重命名为"项目名称"，如图 30-38 所示。

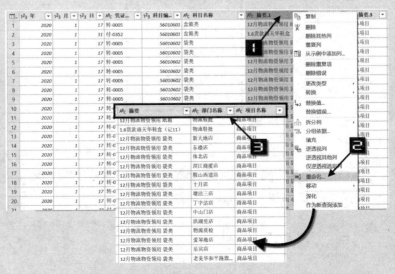

图 30-38　重命名列

步骤④ 依次单击【主页】→【关闭并上载】命令，将数据上载到 Excel 工作表，效果如图 30-39 所示。

年	月	日	凭证号数	科目编码	科目名称	摘要	部门名称	项目名称	借方金额
2020	1	17	转-0005	56010601	盒箱类	12月物流物资领用 纸箱	物流鞋批	商品项目	324021
2020	1	31	付-0352	56010601	盒箱类	1.6货款福天华鞋盒（记11）	物流鞋批	商品项目	1292041
2020	1	17	转-0005	56010602	袋类	12月物流物资领用 袋类	新天地店	商品项目	8798
2020	1	17	转-0005	56010602	袋类	12月物流物资领用 袋类	东楼店	商品项目	1849
2020	1	17	转-0005	56010602	袋类	12月物流物资领用 袋类	体北店	商品项目	1282
2020	1	17	转-0005	56010602	袋类	12月物流物资领用 袋类	滨江商厦店	商品项目	2151
2020	1	17	转-0005	56010602	袋类	12月物流物资领用 袋类	鞍山西道店	商品项目	1405
2020	1	17	转-0005	56010602	袋类	12月物流物资领用 袋类	十月店	商品项目	703
2020	1	17	转-0005	56010602	袋类	12月物流物资领用 袋类	塘沽三店	商品项目	2844
2020	1	17	转-0005	56010602	袋类	12月物流物资领用 袋类	丁字沽店	商品项目	11507
2020	1	17	转-0005	56010602	袋类	12月物流物资领用 袋类	中山门店	商品项目	2676
2020	1	17	转-0005	56010602	袋类	12月物流物资领用 袋类	洪湖里店	商品项目	16225
2020	1	17	转-0005	56010602	袋类	12月物流物资领用 袋类	物流质检	商品项目	16447
2020	1	17	转-0005	56010602	袋类	12月物流物资领用 袋类	爱琴海店	商品项目	1081
2020	1	17	转-0005	56010602	袋类	12月物流物资领用 袋类	乐宾店	商品项目	9345
2020	1	17	转-0005	56010602	袋类	12月物流物资领用 袋类	老美华和平路旗舰店	商品项目	1498
2020	1	17	转-0005	56010602	袋类	12月物流物资领用 袋类	友阿店	运输项目	7463

图 30-39　上载到 Excel 中的数据

⊃ Ⅱ 将数据拆分到行

示例30-4 利用Power Query快速整合商品目录

图 30-40 展示了某公司的商品目录表，"颜色明细"列中有颜色代码和颜色名称，颜色名称两侧有中括号，每种商品会有多种颜色，不同颜色和代码用逗号间隔。现在需要拆分颜色代码和颜色名称，且同一商品的不同颜色信息要分行显示，如图 30-41 所示。

	商品代码	商品名称	颜色明细	季度名称	零售价	备注
2	M3114500	撞色波点上衣	17[红色],40[蓝色]	秋	239	
3	M3114501A	撞边休闲套装上衣	11[粉红],20[橙色],96[花灰]	秋	269	
4	M3114501B	撞边休闲套装裤子	11[粉红],20[橙色],96[花灰]	秋	259	
5	M3114502	高弹哈伦长裤	30[黄色],90[黑色]	秋	269	
6	M3114505	显瘦连衣裙	03[米白],100[藏青],1A[酒红]	秋	279	爆款
7	M3114510	拼色套头针织衫	100[藏青],20[橙色],91[灰色]	秋	299	
8	M3114512	休闲长裤	20[橙色],90[黑色],95[深灰]	秋	199	
9	M3114513	哈伦修身小脚裤	1A[酒红],20[橙色],90[黑色]	秋	259	
10	M3114516	撞色拼接卫衣	30[黄色],54[墨绿]	秋	249	
11	M3114518	烫铜片长上衣	01[白色]	秋	299	
12	M3114521	拼接碎花卫衣	100[藏青],30[黄色],70[杏色]	秋	249	
13	M3114522	蕾丝宽松上衣	01[白色],90[黑色]	秋	289	主推款
14	M3114525	趣味几何上衣	100[藏青]	秋	289	
15	M3114528	蕾丝背心	100[藏青],12[玫红],1G[桔红]	秋	99	
16	M3114529	波点蝴蝶结印花上衣	17[红色],90[黑色]	秋	239	主推款
17	M3114530	分割印花长裤	100[藏青],1G[桔红],90[黑色]	秋	269	主推款
18	M3114536	低档休闲小脚裤	1A[酒红],1G[桔红],54[墨绿],90[黑色]	秋	239	
19	M3114547	糖果色口袋上衣	01[白色],20[橙色],90[黑色]	秋	219	爆款
20	M3114555	趣味熊猫长裤	90[黑色],95[深灰]	秋	259	

商品目录

图 30-40　商品目录表

	商品代码	商品名称	颜色代码	颜色名称	季度名称	零售价	备注
2	M3114500	撞色波点上衣	17	红色	秋	239	
3	M3114500	撞色波点上衣	40	蓝色	秋	239	
4	M3114501A	撞边休闲套装上衣	11	粉红	秋	269	
5	M3114501A	撞边休闲套装上衣	20	橙色	秋	269	
6	M3114501A	撞边休闲套装上衣	96	花灰	秋	269	
7	M3114501B	撞边休闲套装裤子	11	粉红	秋	259	
8	M3114501B	撞边休闲套装裤子	20	橙色	秋	259	
9	M3114501B	撞边休闲套装裤子	96	花灰	秋	259	

图 30-41　要求样式

步骤① 将数据加载到 Power Query 编辑器中。选中"颜色明细"列,依次单击【转换】→【拆分列】→【按分隔符】命令。在弹出的【按分隔符拆分列】对话框中,【选择或输入分隔符】选择为"逗号",单击【高级选项】折叠按钮,【拆分为】选择"行",单击【确定】按钮,如图 30-42 所示。

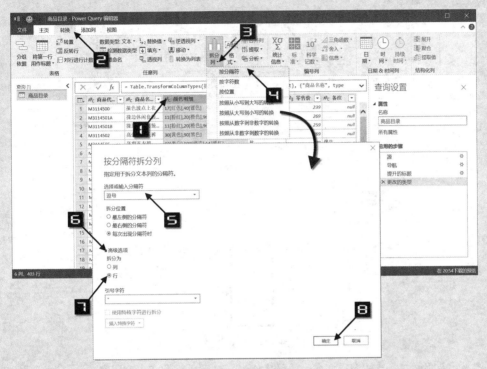

图 30-42 将列拆分为行

步骤② 选中"颜色明细"列,按分隔符"["将颜色代码和颜色名称进行拆分,如图 30-43 所示。

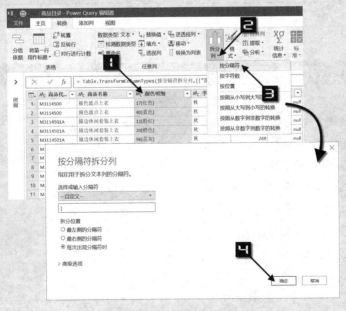

图 30-43 按分隔符拆分列

步骤③ 选中"颜色明细"列，依次单击【替换值】下拉按钮→【替换值】命令，在弹出的【替换值】对话框中，在【要查找的值】文本框内输入"]"，单击【确定】按钮，如图 30-44 所示。

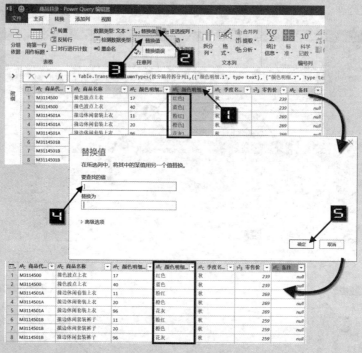

图 30-44　替换值

步骤④ 将"颜色明细 .1"字段名重命名为"颜色代码"，"颜色明细 .2"字段名重命名为"颜色名称"，关闭并上载数据。

⊃ III　添加自定义列

示例30-5　计算销售人员提成

图 30-45 展示了某公司一定时期内的销售明细表，现在依据每位销售人员的销售金额，按 8% 计算销售提成。操作步骤如下。

步骤① 将数据加载到 Power Query 编辑器，在【添加列】选项卡中单击【自定义列】按钮，弹出【自定义列】对话框。

在【新列名】文本框中输入"提成额"，双击【可用列】列表中的"销售金额"，在【自定义公式】编辑框中输入"*0.08"，最后单击【确定】按钮，如图 30-46 所示。

	A	B	C	D	E
1	销售途径	销售人员	销售金额	销售日期	订单 ID
690	送货上门	林茂	1030	2020-4-28	11026
691	送货上门	杨白光	877.72	2020-4-20	11027
692	送货上门	林茂	1286.8	2020-4-27	11029
693	送货上门	张春艳	12615.05	2020-4-27	11030
694	送货上门	苏珊	2393.5	2020-4-24	11031
695	送货上门	张春艳	3232.8	2020-4-23	11033
696	送货上门	周林波	539.4	2020-4-27	11034
697	送货上门	周林波	1692	2020-4-22	11036
698	送货上门	张春艳	60	2020-4-27	11037
699	送货上门	杨白光	732.6	2020-4-30	11038
700	送货上门	刘庆	1773	2020-4-28	11041
701	送货上门	李伟	210	2020-4-29	11043
702	送货上门	林茂	591.6	2020-5-1	11044
703	送货上门	周林波	1485.8	2020-4-24	11046
704	送货上门	张春艳	817.87	2020-5-1	11047
705	送货上门	张春艳	525	2020-4-30	11048
706	送货上门	刘庆	1332	2020-5-1	11052
707	送货上门	周林波	3740	2020-5-1	11056
708	送货上门	刘庆	45	2020-5-1	11057

销售明细

图 30-45　销售明细表

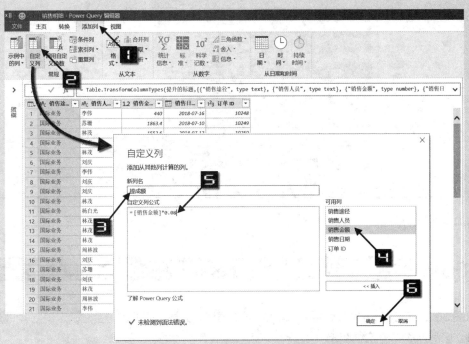

图 30-46 设置自定义列

步骤② 选中"提成额"列,在【转换】选项卡中依次单击【数据类型】下拉按钮→【整数】命令,将 "提成额"设置为整数,如图 30-47 所示。

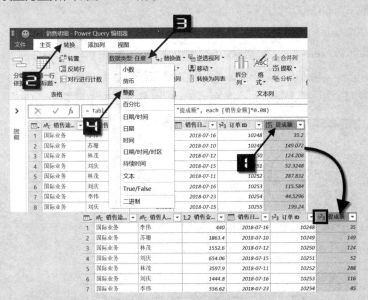

图 30-47 设置提成额数据类型

步骤③ 关闭并上载数据,最终结果如图 30-48 所示。

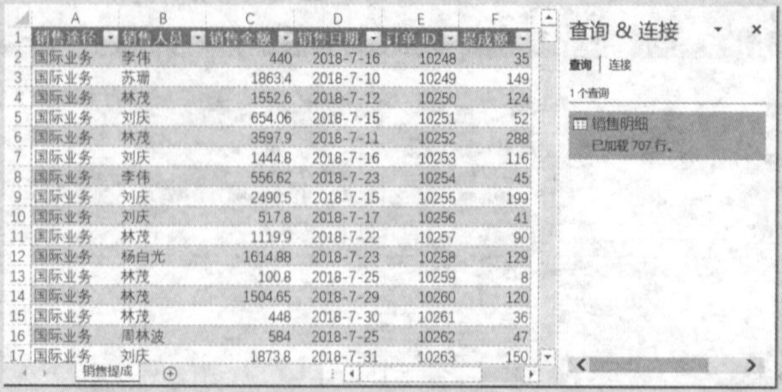

图 30-48　上载到 Excel 中的数据

○ IV 添加条件列

示例30-6　计算销售人员区间提成

仍以图 30-45 所示销售明细表为例，现在需要根据销售人员不同的销售金额确定销售区间提成比例及提成额。区间提成比例标准如下：

销售金额 < 500，区间提成比例为 1%。

销售金额 ≥ 500，<2000，区间提成比例为 3%。

销售金额 ≥ 2000，<5000，区间提成比例为 5%。

销售金额 ≥ 5000，<10000，区间提成比例为 10%。

销售金额 ≥ 10000，区间提成比例为 20%。

步骤① 将数据加载到 Power Query 编辑器，在【添加列】选项卡中单击【条件列】按钮，弹出【添加条件列】对话框。在【新列名】文本框中输入"区间提成率 %"，【列名】中选择"销售金额"、【运算符】选择"小于"【值】文本框输入"500"、【输出】文本框输入"1%"，如图 30-49 所示。

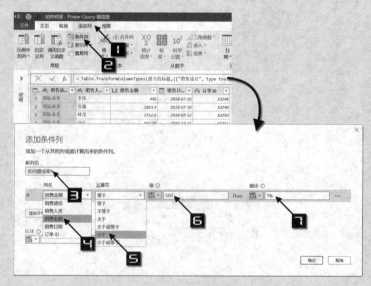

图 30-49　设置条件

步骤② 依次单击【添加子句】按钮，分别设置 2000、5000、10000 档的提成率，最后在【ELSE】文本框中输入"20%"，单击【确定】按钮完成设置，如图 30-50 所示。

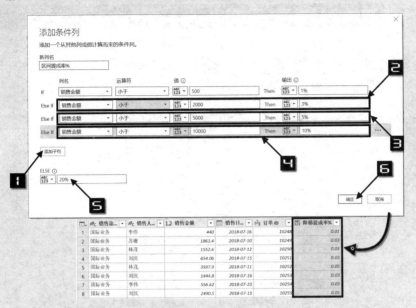

图 30-50　添加条件列

步骤③ 如图 30-51 所示。参照示例 30-5 操作步骤设置"区间提成额"自定义列，公式为：

＝[销售金额]＊[#" 区间提成率％"]

步骤④ 依次将"区间提成率％"数据类型设置为百分比、"区间提成额"数据类型设置为整数，关闭并上载数据，如图 30-52 所示。

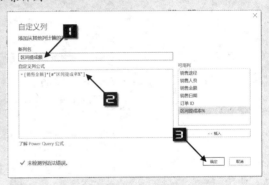

图 30-51　设置区间提成额

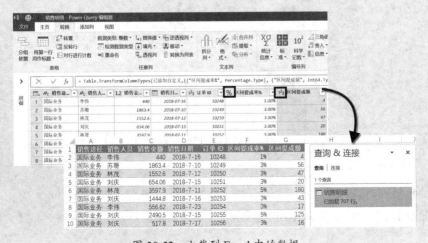

图 30-52　上载到 Excel 中的数据

⊃ Ⅴ 逆透视列

示例30-7 二维表转换为一维表

图 30-53 展示了某公司的部分预算数据，预算表月份字段采用了二维表的录入方式，现在需要转换为一维表的形式，便于后续的统计分析。

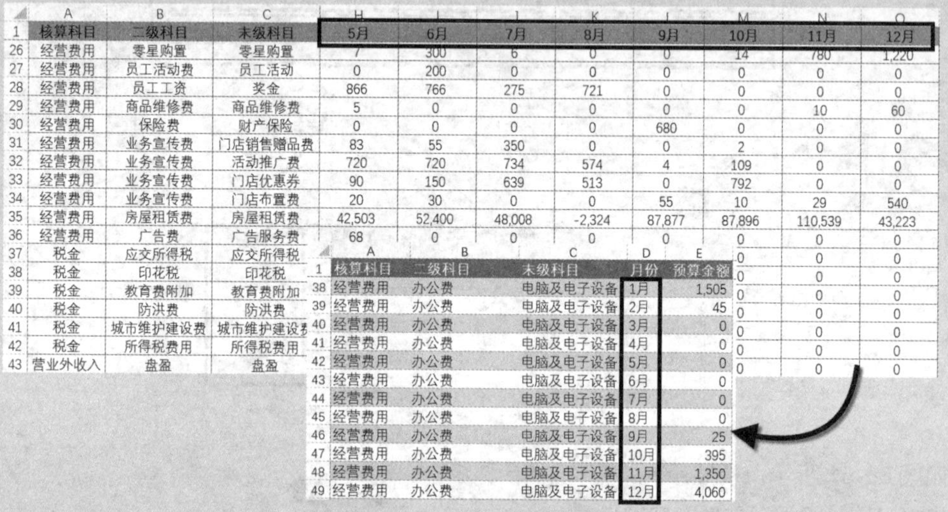

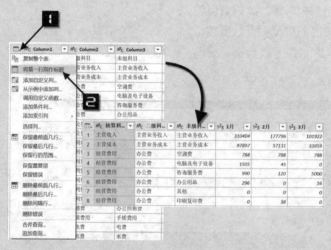

图 30-53　预算数据表

步骤① 将数据加载到 Power Query 编辑器。

步骤② 单击左上角的表格按钮，在快捷菜单中选择"将第一行用作标题"命令，如图 30-54 所示。

图 30-54　提升标题行

步骤③ 选中"1 月"字段标题，按住 <Shift> 键，再单击"12 月"字段标题，选中 1~12 月所有列，在【转换】选项卡中依次单击【逆透视列】下拉按钮→【逆透视列】命令，如图 30-55 所示。

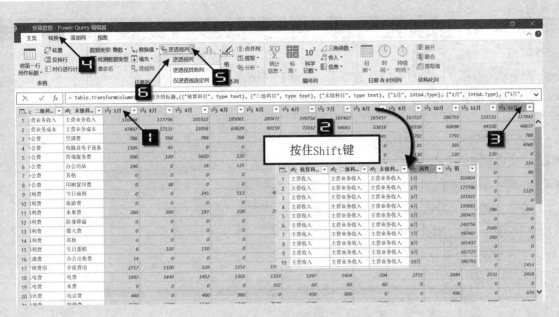

图 30-55　逆透视月份列

步骤④ 将"属性"字段名称重命名为"月份","值"字段名称重命名为"预算金额",关闭并上载数据,效果如图 30-56 所示。

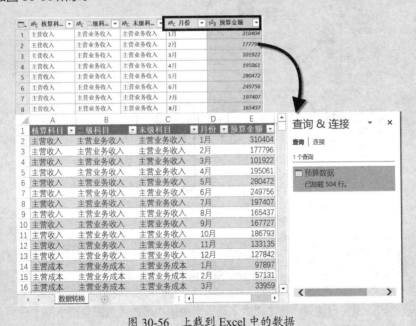

图 30-56　上载到 Excel 中的数据

30.3.2　数据提取

Power Query 最常用的功能就是进行数据提取,通常把一列数据信息中的某些关键字符信息提取出来用于分析。例如,从订单号中提取会员信息、从身份证号中提取出生日期和性别、从快递信息中提取城市等。

示例30-8　提取身份证中的相关信息

图 30-57 展示了一张身份证号的数据表，现在需要通过身份证号，提取出此身份证号的出生日期，并判断性别和年龄。

操作步骤如下。

步骤① 将数据加载到 Power Query 编辑器。

步骤② 依次单击【添加列】→【提取】→【范围】命令，弹出【提取文本范围】对话框。在【起始索引】文本框中输入"6"，在【字符数】文本框中输入"8"，单击【确定】按钮，如图 30-58 所示。

	A
1	身份证号
2	120103199303146000
3	120106199605017000
4	120104197507091520
5	130921197908174820
6	120106197910141527
7	120105197507134224
8	120106199309247510
9	120102197812271410
10	120102199209113000
11	120105199407162120
12	120105199010241000
13	120103199410210000
14	120104195906270834
15	120106195608262572
16	120111195701161515
17	120102195809170222
18	120113196102202423
19	120105195704013369
20	120106195805042510

图 30-57　身份证信息

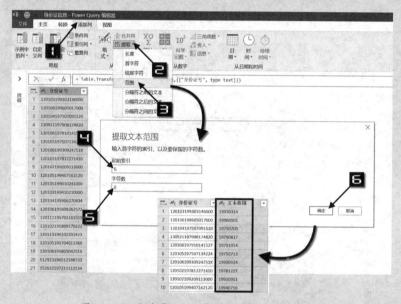

图 30-58　通过【添加列】选项卡提取出生日期

提示

在身份证号中，出生日期是由第 7 位开始的 8 位字符组成，由于 Power Query 中的索引规则是从 0 开始。因此在【起始索引】文本框中需要输入 6。

步骤③ 选中提取出来的出生日期列，在【转换】选项卡中依次单击【数据类型】→【日期】命令。将字段标题由"文本范围"重命名为"出生日期"，如图 30-59 所示。

步骤④ 身份证号码中的第 17 位数字是性别码，偶数表示女性，奇数表示男性。首先提取出性别码。选中"身份证号"列，依次单击【添加列】→【提取】→【范围】，在弹出的【提取文本范围】对话框中，【起始索引】设置为"16"，【字符数】设置为"1"，单击【确定】按钮，如图 30-60 所示。

步骤⑤ 将提取的判断性别信息列的数字类型设置为整数，如图 30-61 所示。如果不转换为整数则无法进行奇偶判断。

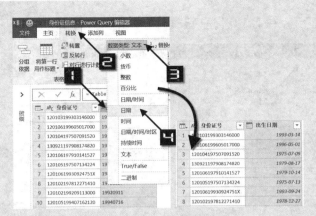

图 30-59 设置出生日期数据类型

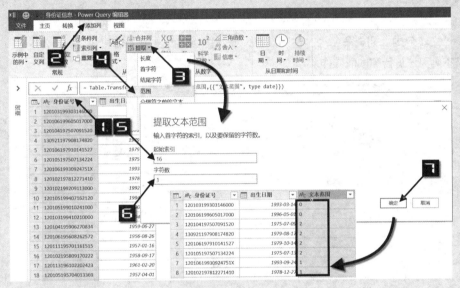

图 30-60 提取判断性别的信息

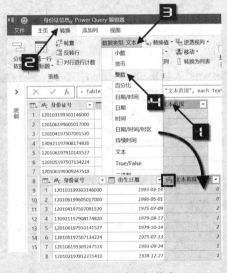

图 30-61 设置数据格式

步骤⑥ 选中"文本范围"列，在【转换】选项卡中依次单击【信息】→【奇数】命令，如图30-62所示。

图 30-62　进行奇偶判断

步骤⑦ 将"文本范围"列重命名为"性别"并设置数据格式为文本，如图30-63所示。如果不转换为文本则无法进行替换值操作。

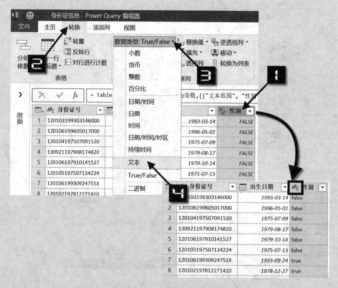

图 30-63　设置数据格式

步骤⑧ 在【转换】选项卡中依次单击【替换值】下拉按钮→【替换值】命令，弹出【替换值】对话框。【要查找的值】设置为"TRUE"，【替换为】"男"，单击【确定】按钮。重复替换操作，将"FALSE"替换为"女"，如图30-64所示。

步骤⑨ 选中"出生日期"列，在【添加列】选项卡中依次单击【日期】→【年限】命令，计算出生日期到今天的天数，如图30-65所示。

步骤⑩ 选中"年限"列，在【添加列】选项卡中单击【自定义列】按钮，弹出【自定义列】对话框。在【新列名】文本框中输入"年龄"，双击【可用列】列表框中的"年限"，【自定义列公式】文本框中输入"/365"，将出生日期到今天的天数除以365得到年龄，如图30-66所示。

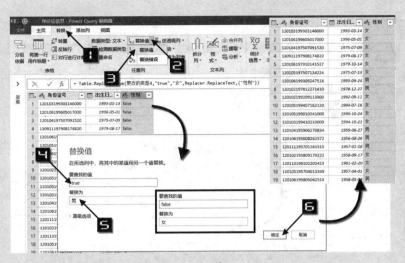

图 30-64　替换值

图 30-65　添加出生日期到今天的年限

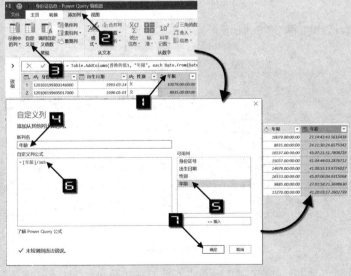

图 30-66　计算年龄

步骤⑪ 将"年龄"列数据类型设置为小数，步骤如图 30-67 所示。

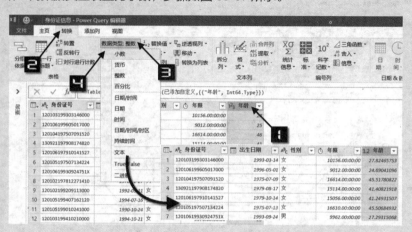

图 30-67　设置"年龄"列数据类型为小数

步骤⑫ 选中"年龄"列，在【添加列】选项卡中依次单击【舍入】→【向下舍入】命令，如图 30-68 所示。

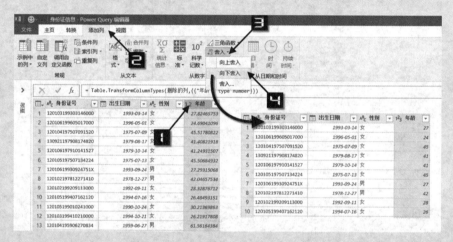

图 30-68　将"年龄"列数据向下舍入

关闭并上载数据，效果如图 30-69 所示。

	A	B	C	D
1	身份证号	出生日期	性别	年龄
2	120103199303146000	1993-3-14	女	27
3	120106199605017000	1996-5-1	女	24
4	120104197507091520	1975-7-9	女	45
5	130921197908174820	1979-8-17	女	41
6	120106197910141527	1979-10-14	女	41
7	120105197507134224	1975-7-13	女	45
8	12010619930924751X	1993-9-24	男	27
9	120102197812271410	1978-12-27	男	42
10	120102199209113000	1992-9-11	女	28
11	120105199407162120	1994-7-16	女	26
12	120105199010241000	1990-10-24	女	30
13	120103199410210000	1994-10-21	女	26
14	120104195906270834	1959-6-27	男	61
15	120106195608262572	1956-8-26	男	64
16	120111195701161515	1957-1-16	男	64
17	120102195809170222	1958-9-17	女	62
18	120113196102202423	1961-2-20	女	59

图 30-69　关闭并上载数据

30.3.3 指定分组依据统计

Power Query 主要功能是数据清洗，但是还可以在数据查询的同时，对指定列进行汇总，形成新的汇总统计表。

示例30-9 利用Power Query进行工资分析

图 30-70 所示是某公司工资表的部分内容，现在要求以部门代码为依据，统计每个部门人数、平均工资、最高工资和最低工资。

操作步骤如下。

步骤① 将数据加载到 Power Query 编辑器。

步骤② 选中"部门代码"列，在【主页】选项卡中单击【分组依据】按钮，弹出【分组依据】对话框。选中【高级】单选按钮，在【新列名】文本框中输入"部门人数"，其他保持默认，如图 30-71 所示。

	A	B	C	D	E
1	部门代码	工资	保险	公积金	合计
2	101	11,215	720	754	12,688
3	101	7,848	541	567	8,956
4	101	6,707	452	474	7,634
5	101	7,941	487	510	8,938
6	101	6,951	524	549	8,024
7	101	8,195	498	522	9,216
8	101	6,982	473	496	7,952
9	102	7,252	448	469	8,169
10	102	8,458	527	552	9,537
11	102	10,764	715	749	12,229
12	102	7,336	464	486	8,287
13	104	7,871	685	717	9,273
14	104	3,190	0	0	3,190
15	104	5,915	586	614	7,115
16	104	4,938	471	493	5,901
17	201	14,756	1,389	1,455	17,600
18	201	10,540	0	0	10,540
19	201	22,150	1,992	2,858	26,999
20	201	21,290	0	0	21,290

图 30-70 工资表

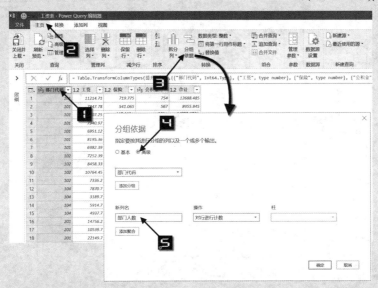

图 30-71 分组依据设置

步骤③ 依次单击【添加聚合】按钮，将【新列名】【操作】【柱】分别设置为：

"平均工资" → "平均值" → "合计"

"最低工资" → "最小值" → "合计"

"最高工资" → "最大值" → "合计"

最后单击【确定】按钮完成设置，如图 30-72 所示。

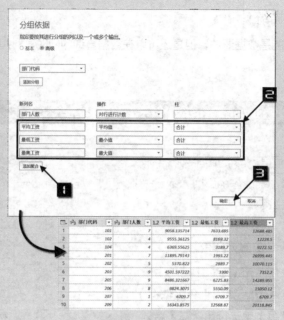

图 30-72 添加分组依据聚合

步骤④ 将"平均工资""最低工资"和"最高工资"数据类型设置为整数,关闭并上载数据,效果如图 30-73 所示。

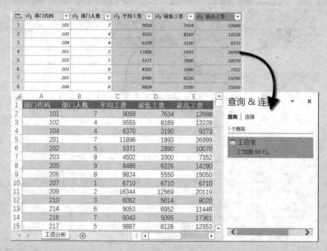

图 30-73 上载到 Excel 中的数据

30.4 利用 Power Query 快速合并文件

数据表格的合并是数据处理过程中的重要环节,Power Query 能够在短时间内完成数据表格的合并。

30.4.1 合并查询

此方法适用于合并同一工作簿内表格布局结构相同的所有工作表。

示例30-10　合并同一个工作簿内所有工作表

图 30-74 展示了某公司 1~6 月的费用发生额明细账，保存在同一工作簿的 6 张布局结构相同的工作表中，现在利用 Power Query 进行合并，操作步骤如下。

步骤① 将数据加载到 Power Query 编辑器。在【导航器】窗格中单击工作簿名称，然后单击【转换数据】按钮进入 Power Query 编辑器，如图 30-75 所示。

图 30-74　待合并工作表

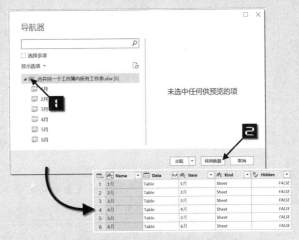

图 30-75　合并查询

步骤② 单击"Data"字段标题右侧的展开按钮，在快捷菜单中单击【确定】按钮，如图 30-76 所示。

图 30-76　展开数据

步骤③ 删除系统自动生成的工作簿信息字段"Item""Kind"和"Hidden"，提升标题行，将第一列的标题名称"1 月"重命名为"表名称"。

步骤④ 数据合并后，字段标题会出现多次，单击"月"下拉按钮，取消选中字段标题"月"的复选框，单击【确定】按钮，如图 30-77 所示。

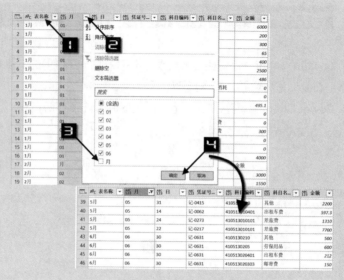

图 30-77　数据调整

> Power Query 合并查询实质上是将这个工作簿中的 6 张工作表连带标题行一起进行汇总。因此通过筛选"月"去除多余的标题行。

最后关闭并上载数据即可。

30.4.2　追加查询

此方法适用于有选择地合并同一工作簿内布局结构相同的部分工作表。

示例30-11　合并同一个工作簿内的部分工作表

仍以图 30-74 所示的工作簿为例，现在只需要合并"1月""3月"和"6月"三张工作表，操作步骤如下。

步骤① 将数据加载到Power Query编辑器。在【导航器】窗格中选中【选择多项】复选框，依次选中"1月""3月"和"6月"数据表筛选框，单击【转换数据】按钮进入 Power Query 编辑器，如图 30-78 所示。

步骤② 在【主页】选项卡中依次单击【追加查询】→【将查询追加为新查询】，在弹出的【追加】对话框中选中【三个或更多表】单选按钮，在【可用表】中依次选中"3月"和"6月"，单击【添加】按钮，添加到【要追加的表】编辑框内，单击【确定】按钮，如图 30-79 所示。

步骤③ 将"科目编码"的数据类型设置为文本。

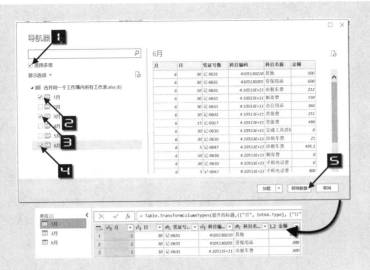

图 30-78　转换部分工作表

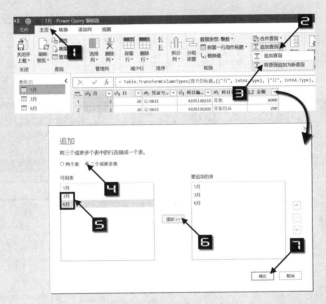

图 30-79　设置追加查询条件

在左侧的导航窗格中选中"追加 1"，依次单击【主页】→
【关闭并上载】→【关闭并上载至】命令，在弹出的【导入
数据】对话框中选中【仅创建连接】单选按钮，单击【确
定】按钮，如图 30-80 所示。

步骤④ 在【查询 & 连接】窗格中鼠标右击查询名称"追
加 1"，在弹出的快捷菜单中选择【加载到】命令，
在弹出的【导入数据】对话框选中【表】单选按
钮，数据放置位置设置为"现有工作表"，最后单击
【确定】按钮，如图 30-81 所示。

图 30-80　关闭并上载数据

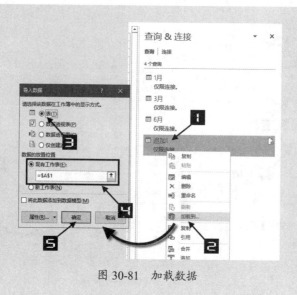

图 30-81 加载数据

30.4.3 多工作簿合并

此方法适用于合并不同工作簿内格式相同的工作表。

示例30-12 利用Power Query快速合并指定文件夹内的文件

图 30-82 展示了某集团公司四个子公司 1~6 月的费用发生额明细数据，共有 4 个 Excel 工作簿，24 个数据列表，每个数据列表结构相同，存放于 D 盘根目录"待汇总数据"文件夹内。如果希望将这 24 个数据列表合并，操作步骤如下。

步骤① 新建 Excel 工作簿，在【数据】选项卡中依次单击【获取数据】→【自文件】→【从文件夹】命令，单击【从文件夹】对话框中的【浏览】按钮，选择目标文件的所在路径"D:\待汇总数据"，单击【确定】按钮，如图 30-83 所示。

步骤② 单击【转换数据】按钮，进入 Power Query 编辑器，如图 30-84 所示。

步骤③ "Content"列包含所有待合并工作表的信息，"Name"列为工作簿名称。按住 <Shift> 键依次单击选中这两列，在【主页】选项卡中依次单击【删除列】→【删除其他列】命令，如图 30-85 所示。

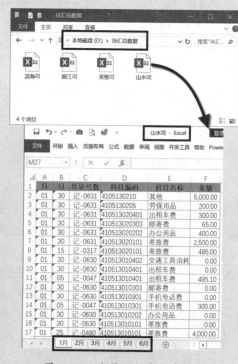

图 30-82 文件夹内待合并文件

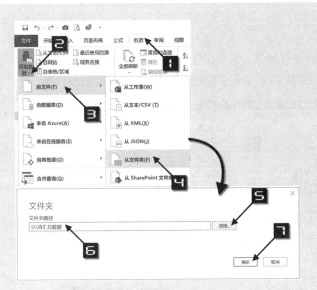

图 30-83 向 Power Query 添加合并文件

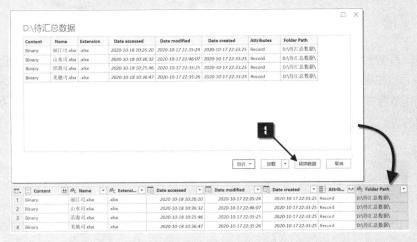

图 30-84 Power Query 编辑器

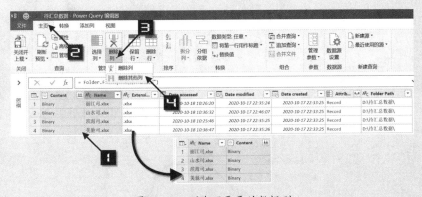

图 30-85 删除不需要的数据列

步骤④ 在【添加列】选项卡中单击【自定义列】按钮，弹出【自定义列】对话框。在【新列名】中输入 "工作簿合并"，在【自定义列公式】编辑框中输入以下公式，单击【确定】按钮，如图 30-86 所示。

```
=Excel.Workbook([Content])
```

此公式能够从 Excel 工作簿返回所有工作表的记录。公式首字母需要大写，函数的参数是需要转换的二进制字段，这个字段可以在右侧列表框双击选择，不必手工录入。

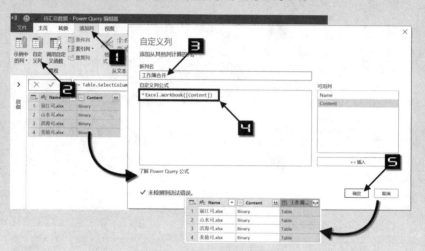

图 30-86　添加自定义列

步骤⑤ 单击"工作簿合并"列的展开按钮，在弹出的扩展列表中单击【确定】按钮，扩展出每个工作簿的不同月份数据列表。

单击"工作簿合并 .Data"列的展开按钮，在弹出的扩展列表中单击【确定】按钮，扩展出不同月份数据列表中的数据，如图 30-87 所示。

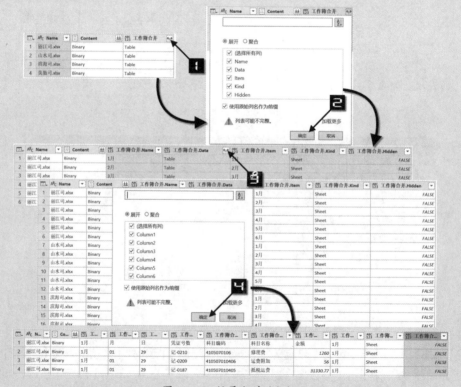

图 30-87　扩展合并的数据

在 Power Query 编辑器窗口中删除不需要的信息列，更改字段标题、提升标题行、筛选掉合并的其他工作表的标题行，最后关闭并上载数据。

> **提示**
> ■■■■→
>
> 　　Power Query 合并文件是将所有待合并文件汇总排列在一起。因此会保留各个数据列表的字段标题行，可使用筛选功能使这些标题行不再显示。

第 31 章　使用 Power Pivot 为数据建模

Power Pivot 是微软推出的 Power BI 商业智能工具之一，被整合到 Excel 2019 版本中。能够从不同的数据源导入数据，查询和更新该数据库中的数据，可以使用数据透视表和数据透视图，还可以将数据发布到 SharePoint，或者使用 DAX 公式语言，从而使 Excel 完成更高级和更复杂的计算和分析。

> **本章学习要点**
>
> （1）OLAP 工具。
> （2）Power Pivot 数据建模。
> （3）在 Power Pivot 中使用 DAX 语言。
>
> （4）在 Power Pivot 中使用层次结构。
> （5）创建 KPI 关键绩效指标报告。

31.1　运用 OLAP 工具将数据透视表转换为公式

Excel 中的 OLAP 工具只能在数据模型中使用，实质上就是一个 Power Pivot 数据库。

众所周知，创建好的数据透视表中是不允许插入行列数据的，通过添加计算字段和计算项可以插入指定计算的数据，但是有一定的局限性，运用 OLAP 工具将数据透视表转换为公式可以解决这方面的难题。

示例31-1　利用多维数据集函数添加行列占比

步骤① 如果在【创建数据透视表】对话框中选中【将此数据添加到数据模型】复选框，生成的数据透视表将会具备更多功能。单击数据透视表任意单元格（如 A3），在【数据透视表工具】【分析】选项卡中依次单击【OLAP 工具】→【转换为公式】，将数据透视表转换为多维数据集公式，如图 31-1 所示。

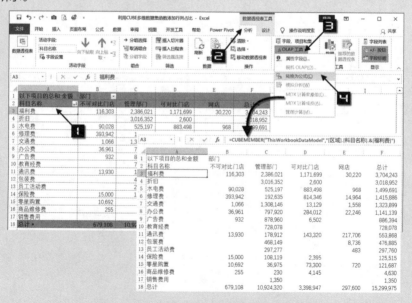

图 31-1　将数据透视表转换为多维数据集公式

转换为公式后，数据值转换为 CUBEVALUE 函数构成的公式，行列标签转换为 CUBEMEMBER 函数构成的公式，如图 31-2 所示。

数据值公式 =CUBEVALUE("ThisWorkbookDataModel",$A$1,$A15,C$2)

行标签公式 =CUBEMEMBER("ThisWorkbookDataModel","[区域].[科目名称].&[水电费]")

列标签公式 =CUBEMEMBER("ThisWorkbookDataModel","[区域].[部门].&[不可对比门店]")

总计标签公式 =CUBEMEMBER("ThisWorkbookDataModel","[区域].[科目名称].[All]"," 总计 ")

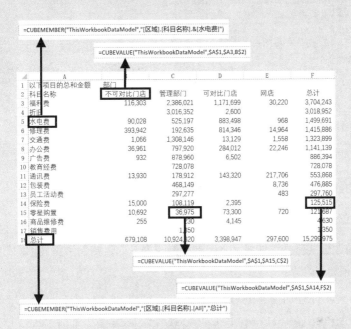

图 31-2　多维数据集公式

步骤② 转换为公式后，用户就可以根据需求添加辅助列来呈现数据，这是数据透视表无法做到的。

例如，在多维数据集公式表中的 D 列插入一列辅助列，命名为 "管理部门占比 %"，在 D3 单元格中输入公式 "=C3/G3"，并将数据设置为百分比单元格格式，向下填充至 D18 单元格，如图 31-3 所示。

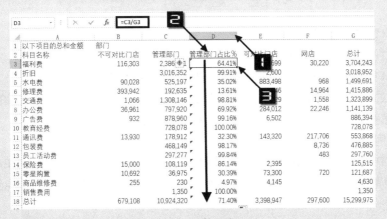

图 31-3　插入占比辅助列

步骤③ 参照步骤 2 插入 "固定费用占比 %" 和 "变动费用占比 %" 辅助行，并对表格进行美化，如图 31-4 所示。

▲	A	B	C	D	E	F	G
1	以下项目的总和金额	部门					
2	科目名称	不可对比门店	管理部门	管理部门占比%	可对比门店	网店	总计
3	福利费	116,303	2,386,021	64.41%	1,171,699	30,220	3,704,243
4	折旧		3,016,352	99.91%	2,600		3,018,952
5	水电费	90,028	525,197	35.02%	883,498	968	1,499,691
6	固定费用占比%	30.38%	54.26%	279.19%	60.54%	10.48%	53.74%
7	修理费	393,942	192,635	13.61%	814,346	14,964	1,415,886
8	交通费	1,066	1,308,146	98.81%	13,129	1,558	1,323,899
9	办公费	36,961	797,920	69.92%	284,012	22,246	1,141,139
10	广告费	932	878,960	99.16%	6,502		886,394
11	教育经费		728,078	100.00%			728,078
12	通讯费	13,930	178,912	32.30%	143,320	217,706	553,868
13	包装费		468,149	98.17%		8,736	476,885
14	员工活动费		297,277	99.84%		483	297,760
15	保险费	15,000	108,119	86.14%	2,395		125,515
16	零星购置	10,692	36,975	30.39%	73,300	720	121,687
17	商品维修费	255	230	4.97%	4,145		4,630
18	销售费用		1,350	100.00%			1,350
19	变动费用占比%	69.62%	45.74%	1167.07%	39.46%	89.52%	46.26%
20	总计	679,108	10,924,320	71.40%	3,398,947	297,600	15,299,975

图 31-4　插入辅助行列计算占比

B6 单元格固定费用占比公式为：

=SUM(B3:B5)/B20

B19 单元格变动费用占比公式为：

=SUM(B7:B18)/B20

在行列标签上修改公式参数，如将"水电费"修改为"广告费"，"管理部门"修改为"可对比门店"，表中的数据也将随之改变。

B5=CUBEMEMBER("ThisWorkbookDataModel","[区域].[科目名称].&[广告费]")
C2=CUBEMEMBER("ThisWorkbookDataModel","[区域].[部门].&[可对比门店]")

31.2　Power Pivot 简介

Power Pivot 的显著特性如下。

❖ 运用数据透视表工具以模型方式组织表格。

❖ Power Pivot 能在内存中存储数百万行数据，突破 Excel 中 1048576 行的局限。

❖ 引入了高效的列压缩技术，庞大的数据加载到 Power Pivot 后只保留原来数据容量的十分之一。

❖ 运用 DAX 编程语言，可在关系数据库上定义复杂的表达式。

❖ 能够整合不同来源、多种类型的数据。

当用户在【Power Pivot】选项卡中单击【管理】按钮调出【Power Pivot for Excel】窗口后，会发现【格式设置】【排序和筛选】等命令组中的按钮均呈现灰色不可用状态，不能创建数据模型，如图 31-5 所示。

要想利用 Power Pivot 创建数据模型，用户必须先添加数据模型，为 Power Pivot 准备数据。

图 31-5 Power Pivot 命令按钮呈现灰色不可用状态

③¹章

31.2.1 为 Power Pivot 链接当前工作簿内的数据

示例31-2 Power Pivot链接当前工作簿内的数据

利用已经存在的数据源能够直接和 Power Pivot 进行链接，具体操作如下。

打开 Excel 工作簿，单击数据区域中的任意单元格（如 A1），在【Power Pivot】选项卡中单击【添加到数据模型】按钮，弹出【创建表】对话框。选中【我的表具有标题】复选框，单击【确定】按钮，会自动弹出【Power Pivot for Excel】窗口，并出现已经配置好的数据表"表1"，此时，命令组中的按钮呈可用状态，如图 31-6 所示。

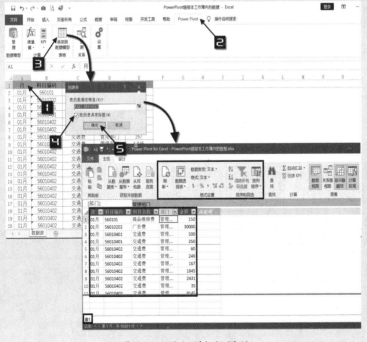

图 31-6 添加到数据模型

此外，在数据源表中选中全部数据，按 <Ctrl+C> 组合键复制，在【Power Pivot】选项卡中单击【管理】按钮调出【Power Pivot for Excel】窗口，单击【粘贴】按钮，在【粘贴预览】对话框【表名称】文本框中输入表名称为"费用表"，选中【使用第一行作为列标题】的复选框，单击【确定】按钮，能够以粘贴的方式将数据添加到 Power Pivot，如图 31-7 所示。

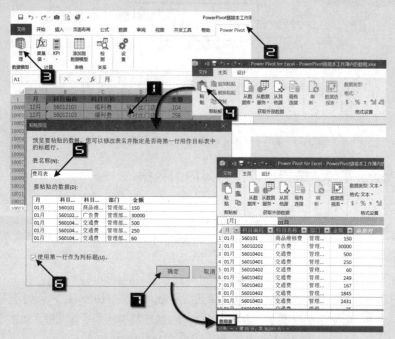

图 31-7　将数据粘贴到 Power Pivot 数据表

32.2.2　为 Power Pivot 获取外部 Access 链接数据

Power Pivot 支持多种格式的外部数据源，本例介绍 Power Pivot 获取".accdb"类型外部数据的方法。

示例31-3　Power Pivot获取外部链接数据

步骤① 在【Power Pivot】选项卡中单击【管理】按钮，在弹出【Power Pivot for Excel】窗口中单击【从其他源】按钮，在【表导入向导】对话框中选择"Microsoft Access"，单击【下一步】按钮，如图 31-8 所示。

步骤② 单击【浏览】按钮，在【打开】对话框中选择要导入的数据源文档，单击【打开】按钮，如图 31-9 所示。

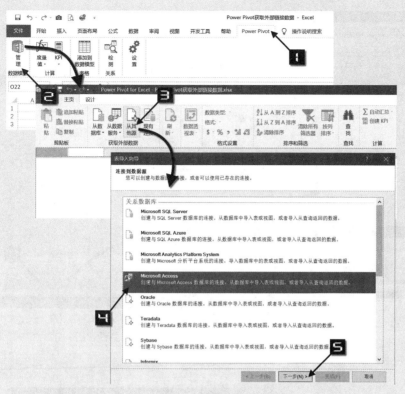

图 31-8　"Power Pivot for Excel"窗口

图 31-9　导入外部数据源

（步骤）③ 在【表导入向导】对话框中单击【下一步】按钮，选中【从表和视图的列表中进行选择，以便选择要导入的数据】单选按钮，单击【下一步】按钮，连接成功后单击【完成】按钮，最后单击【关闭】按钮，会弹出【Power Pivot for Excel】窗口并出现已经配置好的数据表"数据源"，如图 31-10 所示。

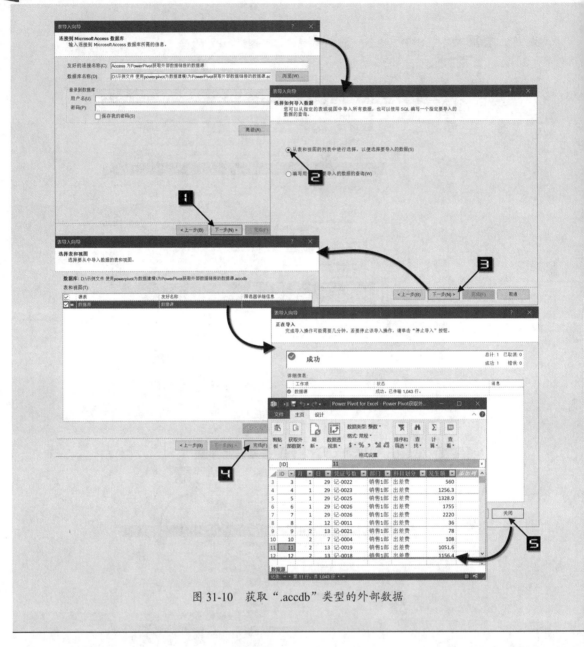

图 31-10　获取 ".accdb" 类型的外部数据

31.3　Power Pivot 数据建模

Power Pivot 通过整合各种来源的数据并将这些数据表建立关系，再根据不同的维度和逻辑进行聚合分析，从而建立数据分析模型，这个建立关系的过程就是数据建模。

示例31-4　建立商品分析模型

图 31-11 展示了某公司关于商品的数据信息，其中：

"销售明细表"中记录了 2017—2020 年的不同商店和商品的销售数量和实际收款额。

"价格明细表"中记录了每一种商品的零售单价和成本单价，收款额和零售额不同，二者的差异为折扣或溢价额，此表中的数据均为唯一值。

"商品档案"表中记录了每一种商品对应的品牌、季节和风格等档案信息，此表中的数据均为唯一值。

"日期表"中建立了 2017—2020 年每一天的日期信息。四张数据表存放在"建立商品分析模型"的 Excel 工作簿中。

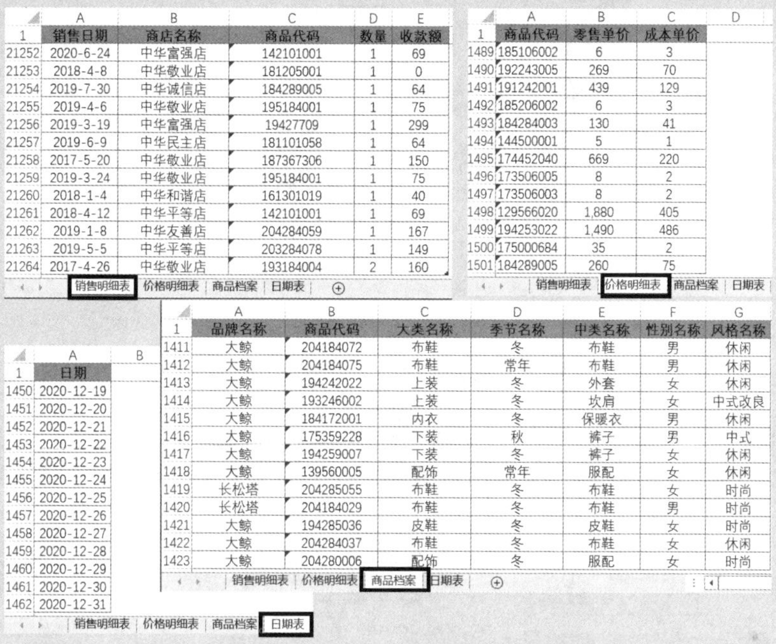

图 31-11　数据源表

建立商品分析模型的步骤如下。

步骤① 将"建立商品分析模型"工作簿中的数据列表依次添加数据模型，进入【Power Pivot for Excel】窗口，在"数据视图"中将"销售明细表"重命名为"销售表"，将"价格明细表"重命名为"价格表"，将"商品档案"重命名为"档案表"，如图 31-12 所示。

步骤② 在【Power Pivot for Excel】窗口中的【主页】选项卡中单击【关系图视图】按钮，选中"日期表"中的"日期"字段，按住鼠标左键不放拖动至"销售表"中的"销售日期"字段上释放鼠标，此时"日期表"和"销售表"的日期字段进行了一对多的关联，用于后期针对时间维度的分析，如图 31-13 所示。

图 31-12　添加数据模型

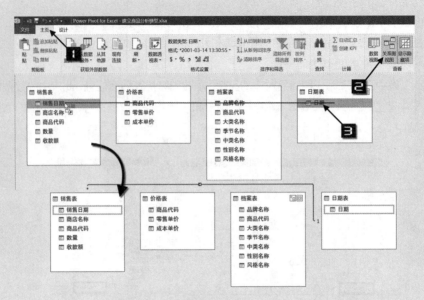

图 31-13 建模 1

步骤③ 参照步骤 1，将"价格表"和"销售表"通过"商品代码"字段进行关联，将"档案表"和"销售表"通过"商品代码"字段进行关联，如图 31-14 所示。

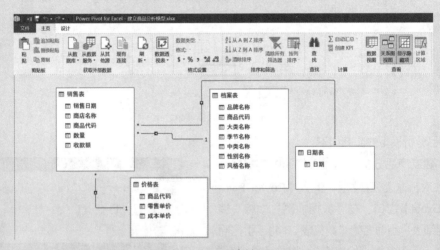

图 31-14 建模 2

创建数据关联的关系类型可分为一对一、一对多和多对一。无论采用哪种方式连接，其中必须有一个数据源的数据字段以唯一值存在，否则就会出现错误提示，无法创建关系，如图 31-15 所示。

图 31-15 无法创建关系

后续的依照商品建模后的分析，请参阅示例 31-8。

31.4　在 Power Pivot 中使用 DAX 语言

　　DAX 是数据分析表达式语言，广泛应用于 Power Pivot 和 SQL Server，特别是在 Excel 2019 版本中得到加强。DAX 有很多函数与 Excel 具有相同的名称和功能。因此 DAX 更容易被 Excel 用户所接受，然而 DAX 语言与 Excel 的数据处理结构完全不同，Excel 处理数据的范围只限于单元格或数据区域，而 DAX 语言使用列名和表名来指定数据坐标。

31.4.1　使用 DAX 创建计算列

　　DAX 中最简单的计算就是创建一个计算列，计算列是存储于数据模型中的列，在 Power Pivot 中通常也称添加列。

示例31-5　使用DAX计算列计算主营业务毛利

　　图 31-16 展示了一张根据收入及成本的明细数据创建的模型数据透视表，如果希望通过在 Power Pivot 添加 DAX 计算列来计算主营业务利润，可参照以下步骤。

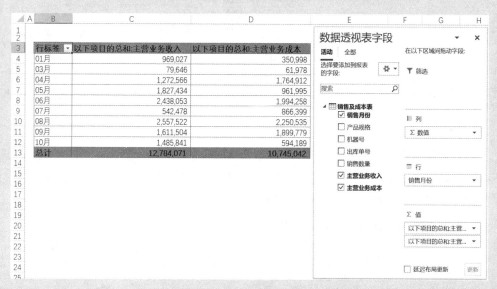

图 31-16　模型数据透视表

步骤① 将数据添加到数据模型后，进入【Power Pivot for Excel】窗口，在【设计】选项卡中单击【添加】按钮，在公式编辑栏中添加以下公式，按 <Enter> 键，得到 DAX 计算列"计算列 1"，如图 31-17 所示。

　　=［主营业务收入］-［主营业务成本］

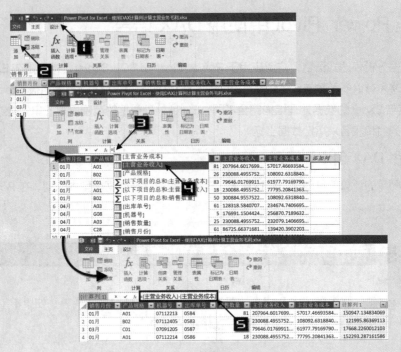

图 31-17 Power Pivot 添加 DAX 计算列

> **提示**
>
> 在公式编辑栏中添加公式时，在等号后面输入一个英文状态下的"["，会自动带出当前数据模型的所有字段，在等号后面输入一个英文状态下的"'"撇号，会自动带出当前工作簿所有数据模型的所有字段。

步骤② 鼠标双击列标题"计算列 1"，修改列名为"毛利"，在【主页】选项卡中依次单击【数据类型】→【整数】，将"毛利"列的数据类型设置为整数；同理，依次将"主营业务收入"和"主营业务成本"列的数据类型也设置为整数，如图 31-18 所示。

图 31-18 重新命名 DAX 计算列

步骤③ 关闭【Power Pivot for Excel】窗口，在【数据透视表字段】列表框中将 DAX 计算列字段拖动至【值】区域即可，如图 31-19 所示。

行标签	主营业务收入	主营业务成本	毛利
01月	969,027	350,998	618,028
03月	79,646	61,978	17,668
04月	1,272,566	1,764,912	-492,348
05月	1,827,434	961,995	865,439
06月	2,438,053	1,994,258	443,797
07月	542,478	866,399	-323,921
08月	2,557,522	2,250,535	306,986
09月	1,611,504	1,899,779	-288,276
10月	1,485,841	594,189	891,651
总计	12,784,071	10,745,042	2,039,024

图 31-19 【数据透视表字段】列表框中的 DAX 计算列

31.4.2　使用度量值创建计算字段

如图 31-20 所示，如果通过“[主营业务收入]-[主营业务成本] ”计算“主营业务毛利率 %”，DAX 计算列会将逐行的主营业务毛利率相加后呈现在数据透视表中，这显然不是正确的结果。

	A	B	C	D	E	F	G
1							
2							
3		行标签	以下项目的总和:主营业务收入	以下项目的总和:主营业务成本	以下项目的总和:主营业务利润	主营业务毛利率%	正确的毛利率%
4		01月	969,027	350,998	618,029	255.87%	63.78%
5		03月	79,646	61,978	17,668	22.18%	22.18%
6		04月	1,272,566	1,764,912	-492,346	-402.21%	-38.69%
7		05月	1,827,434	961,995	865,439	386.51%	47.36%
8		06月	2,438,053	1,994,258	443,795	198.51%	18.20%
9		07月	542,478	866,399	-323,921	-297.15%	-59.71%
10		08月	2,557,522	2,250,535	306,987	79.57%	12.00%
11		09月	1,611,504	1,899,779	-288,274	-322.48%	-17.89%
12		10月	1,485,841	594,189	891,651	307.90%	60.01%
13		总计	12,784,071	10,745,042	2,039,029	228.69%	15.95%

图 31-20　DAX 计算列在聚合层面得不到正确结果

运用 DAX 计算字段可以解决这个问题，计算字段是一个 DAX 表达式，它不是逐行计算，而是在聚合层面上进行计算，也称“度量”。

示例31-6　使用度量值计算主营业务毛利率

对图 31-20 所示的数据透视表用度量值计算主营业务毛利率，请参照以下步骤。

步骤① 在【Power Pivot for Excel】窗口中双击数据区域以外的任意单元格，在编辑栏中输入以下公式创建度量值字段“毛利率”，如图 31-21 所示。

[主营业... × ✓ fx 度量值 [illegible]=SUM([主营业务利润])/SUM([主营业务收入])

	销售月份	产品规格	机器号	出库单号	销售数量	主营业务收入	主营业务成本	主营业务利润
1	01月	A01	07112213	0584	81	207965	57017	150948
2	01月	B02	07112405	0583	26	230088	108093	121995
3	03月	C01	07091205	0587	83	79646	61978	17668
4	01月	A01	07112214	0586	18	230088	77795	152293
5	01月	B02	07112406	0585	50	300885	108093	192792
6	04月	A03	07102209	0588	61	128319	234675	-106356
7	04月	G08	08030301	0590	5	176991	256871	-79880
8	04月	A03	08031101	0592	25	230088	232079	-1991
9	04月	C28	08030101	0593	61	86726	139420	-52694
10	04月	A03	08031102	0594	50	203540	237270	-33730
11	04月	C28	08030102	0595	5	88496	139420	-50924
12	04月	C28	08030104	0596	87	106195	142150	-35955
13	04月	G08	08030302	0597	67	168142	253904	-85762
14	04月	C28	08030103	0598	13	84071	129122	-45051
15	05月	C28	08030105	0003	35	88496	[illegible]	5980
16	05月	S31	08030203	0004	71	115044	[illegible]	30370

1 度量值 1: 0.159...

图 31-21　插入度量值字段

度量值 1:=SUM([主营业务利润])/SUM([主营业务收入])

步骤② 将"度量值 1"重命名为"毛利率 %",返回数据透视表界面,在【数据透视表字段】列表中将度量值"毛利率 %"拖动到值区域。在数据透视表中将"毛利率 %"字段设置为百分比格式,如图 31-22 所示。

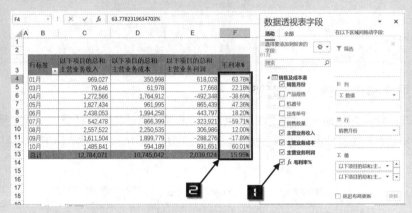

图 31-22　计算毛利率

31.4.3　常用 DAX 函数应用

常用的 DAX 函数包括聚合函数、逻辑函数、信息函数、数学函数、文本函数、转换函数、日期和时间函数和关系函数等。

聚合函数包括 SUM、AVERAGE、MIN 和 MAX 等。这些函数与 Excel 函数相同,在 Power Pivot 中列数据格式为数值或日期格式时才能应用聚合函数,运算中的任何非数值数据都将被忽略。

逻辑函数包括 AND、FALSE、IF、IFERROR、SWITCH、NOT、TRUE 和 OR 函数等。

信息函数包括 ISERROR、ISBLANK、ISLOGICAL、ISNONTEXT、ISNUMBER 和 ISTEXT 函数等。这些函数返回 TURE 或 FALSE,用于分析表达式的类型。

数学函数包括 ABS、EXP、FACT、LN、LOG、LOG10、MOD、PI、POWER、QUOTIENT、SIGN 和 SQRT 函数等。这些函数与 Excel 中的同名函数语法和功能基本相同。

文本函数包括 CONCATENATE、EXACT、FIND、FIXED、FORMAT、LEFT、LEN、LOWER、MID、SUBSTITUTE、VALUE 和 TRIM 函数等。这些函数与在 Excel 工作表中的同名函数用法相似。

转换函数包括 CURRENCY 和 INT 函数等,这些函数可用于转换数据类型。

日期和时间函数包括 DATE、DATEVALUE、DAT、MONTH、SECOND、TIME、WEEKDAY、YEAR 和 YEARFRAC 函数等。

关系函数包括 RELATED 和 RELATEDTABLE 函数等,这些函数可以在 Power Pivot 中跨表格引用相关列值。

⊃ I CALCULATE 函数

CALCULATE 是 DAX 语言中功能最强大的函数之一,在数据建模中使用频率非常高。该函数能够在筛选器修改的上下文中对表达式进行求值,语法如下。

```
CALCULATE ( Expression,[Filter1] ,[Filter2]    ··· )
```

Expression 是要计值的表达式，是必须参数。

［Filter1］，［Filter2］用于定义筛选器，CALCULATE 只接受布尔类型的条件和以表格形式呈现的值列表两类筛选器。

示例31-7　使用CALCULATE函数计算综合毛利率

图 31-23 展示了一张由 Power Pivot 创建的数据透视表，表中已经通过 DAX 计算字段计算出了毛利率 %，但是毛利率最高的产品由于形成销售的主营业务收入并不是最高。因此需要将毛利率结合销售规模综合考虑，得出综合毛利率才能在现实中指导公司决策，否则没有任何意义。

产品规格	以下项目的总和: 主营业务收入	以下项目的总和: 主营业务成本	以下项目的总和: 主营业务利润	毛利率%
A03	5,035,398	4,387,150	648,248	12.87%
G08	1,553,097	1,829,938	-276,840	-17.83%
D19	1,415,929	905,433	510,496	36.05%
A56	1,247,788	568,886	678,902	54.41%
C28	989,381	1,205,177	-215,797	-21.81%
S31	980,531	1,116,412	-135,881	-13.86%
B02	814,159	431,760	382,400	46.97%
A01	668,142	238,308	429,834	64.33%
C01	79,646	61,978	17,668	22.18%
总计	12,784,071	10,745,042	2,039,029	15.95%

图 31-23　Power Pivot 数据透视表

通过运用 CALCULATE 函数得出每种规格产品收入占总体收入的比重，再去和毛利率相乘可以得到综合毛利率，具体方法如下。

步骤① 在【Power Pivot】选项卡中依次单击【度量值】→【新建度量值】，调出【度量值】对话框。

步骤② 在【度量值】对话框【度量值名称】文本框中输入"销售规模"，在公式编辑框内输入以下公式，并设置为"百分比"的数字格式，单击【确定】按钮，如图 31-24 所示。

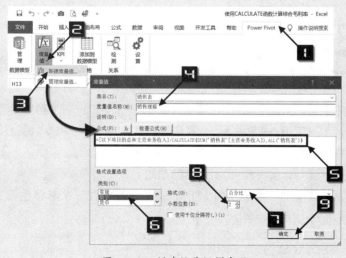

图 31-24　创建销售规模字段

=[以下项目的总和主营业务收入]/CALCULATE(SUM('销售表'[主营业务收入]),ALL('销售表'))

步骤③ 继续新建度量值"综合毛利率%",输入以下公式,如图31-25所示。

='销售表'[销售规模]*'销售表'[毛利率%]

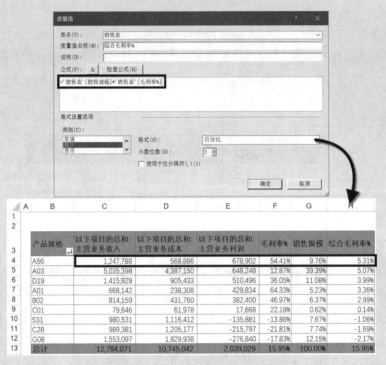

图 31-25　反映综合毛利率的数据透视表

分析结论：A56 规格的产品虽然毛利率不是最高,但综合销售规模衡量后的综合毛利率为最高,产生的毛利额也最多,是有一定竞争性的产品。

示例31-8　使用CALCULATE函数进行利润分析

创建模型数据透视表后,无法用普通方法添加计算字段和计算项,虽然可以用添加度量值的方法添加计算字段,如工资比%=工资/主营收入,但是要得到"二级科目"中的"房租及物业费"占"主营收入"的比重即"租售比%"仍然比较困难,如图31-26所示。

利用 CALCULATE 函数可以解决该问题,操作方法如下。

步骤① 首先要针对数据源中的"金额"列,使用 SUM 函数创建一个总体金额的度量值,后续的 CALCULATE 函数会调用该度量值。

金额度量值 =SUM([金额])

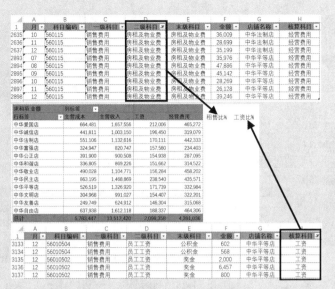

图 31-26　模型透视表的缺陷

步骤② 继续创建构成利润主体的度量值总额。

收入总额 =CALCULATE(' 经营明细表 '[金额度量值],' 经营明细表 '[核算科目]=" 主营收入 ")

成本总额 =CALCULATE([金额度量值],' 经营明细表 '[核算科目]=" 主营成本 ")

工资总额 =CALCULATE([金额度量值],' 经营明细表 '[核算科目]=" 工资 ")

费用总额 =CALCULATE([金额度量值],' 经营明细表 '[核算科目]=" 经营费用 ")

步骤③ 继续创建各分析指标的度量值。

净利润 =[收入总额]–[成本总额]–[工资总额]–[费用总额]

工资比 % =[工资总额]/[收入总额]

租售比 % =[房租总额]/[收入总额]

度量值指标创建完成后，如图 31-27 所示。

图 31-27　创建度量值

将相应的度量值添加进数据透视表，最终的分析结果如图 31-28 所示。

3	店铺名称	收入总额	成本总额	费用总额	工资总额	净利润	租售比%	工资比%
4	中华爱国店	1,657,556	664,481	465,272	212,006	315,797	20.15%	12.79%
5	中华诚信店	1,003,150	441,811	319,079	196,450	45,810	20.13%	19.58%
6	中华法制店	1,132,616	551,106	442,333	170,111	-30,934	20.04%	15.02%
7	中华富强店	820,747	324,947	234,403	157,580	103,817	18.67%	19.20%
8	中华公正店	900,508	391,900	287,095	154,938	66,575	18.97%	17.21%
9	中华和谐店	869,226	336,805	314,522	151,662	66,237	22.09%	17.45%
10	中华敬业店	1,104,771	490,028	458,202	156,284	257	27.66%	14.15%
11	中华民主店	1,468,869	863,195	435,571	238,540	-68,437	23.45%	16.24%
12	中华平等店	1,326,920	526,519	332,984	171,739	295,678	16.78%	12.94%
13	中华文明店	991,027	304,968	322,201	154,407	209,451	15.78%	15.58%
14	中华友善店	624,912	249,749	315,068	146,304	-86,209	30.04%	23.41%
15	中华自由店	1,612,118	637,938	464,306	188,337	321,537	20.25%	11.68%
16	总计							

3	月	收入总额	成本总额	费用总额	工资总额	净利润	租售比%	工资比%
4	07	1,960,000	845,743	741,219	299,714	73,324	23.30%	15.29%
5	08	2,220,000	960,667	737,437	309,453	212,443	22.99%	13.94%
6	09	2,520,931	1,074,707	786,845	358,820	300,559	19.80%	14.23%
7	10	2,703,719	1,156,040	777,428	378,708	391,543	17.54%	14.01%
8	11	1,902,092	813,615	666,105	311,131	111,241	21.96%	16.36%
9	12	2,205,678	932,675	682,002	440,532	150,469	21.04%	19.97%
10	总计	13,512,420	5,783,447	4,391,036	2,098,358	1,239,579	20.89%	15.53%

图 31-28 利润分析

分析结论："中华友善店"整体净利润亏损数额最大，该店 7~12 月整体租售比和工资比也最高；7 月所有店铺整体净利润最少，租售比也最高。

○ II SWITCH 判断函数

SWITCH 函数能够根据表达式的值返回不同结果，语法如下：

```
SWITCH（表达式,[值1],[结果1],[值2],[结果2],...,[Flse]）
```

第一参数是需要进行逻辑判断的对象。

[值1],[结果1]：相对于表达式中的值1，得出判断结果1。

[Flse]：如果表达式中多个判断都不符合条件，就返回该参数指定的内容。

示例31-9 对订单销售金额进行分级

图 31-29 展示了某零售公司一定时期内的销售数据，现需要根据销售金额的大小来判断销售等级，利用 SWITCH 函数可以达到这一目标，具体步骤如下。

	A	B	C	D	E	F	G	H
1	销售途径	销售人员	销售金额	销售日期	订单ID			
2	国际业务	李伟	440	2018/7/16	10248		等级	销售金额
3	国际业务	苏珊	1,863	2018/7/10	10249		优	>=5000
4	国际业务	林茂	1,553	2018/7/12	10250		良	>=2000
5	国际业务	刘庆	654	2018/7/15	10251		差	<2000
6	国际业务	林茂	3,598	2018/7/11	10252			
7	国际业务	刘庆	1,445	2018/7/16	10253			
8	国际业务	李伟	557	2018/7/23	10254			
9	国际业务	刘庆	2,491	2018/7/15	10255			
10	国际业务	刘庆	518	2018/7/17	10256			
11	国际业务	林茂	1,120	2018/7/22	10257			
12	国际业务	杨白光	1,615	2018/7/23	10258			

图 31-29 数据源及判断标准

步骤① 将数据源表添加到数据模型，进入【Power Pivot for Excel】窗口，如图 31-30 所示。

图 31-30 将数据源表添加到数据模型

步骤② 在【设计】选项卡中单击【插入函数】按钮，弹出【插入函数】对话框，单击【选择类别】的下拉按钮，选择"逻辑"函数"SWITCH"，单击【确定】按钮，如图 31-31 所示。

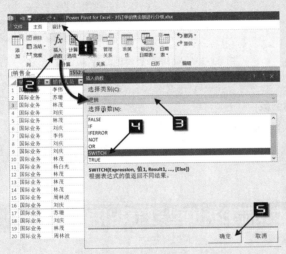

图 31-31 插入 SWITCH 函数

步骤③ 在公式编辑栏中输入以下公式，输入后会添加一个辅助列，将字段标题重命名为"销售等级"，如图 31-32 所示。

=SWITCH(TRUE(),' 表 1'[销售金额]>=5000,"优 ",' 表 1'[销售金额]>=2000,"良 ","差 ")

图 31-32 输入函数

步骤④ 在【主页】选项卡中依次单击【数据透视表】按钮→【数据透视表】，创建一张如图 31-33 所示的数据透视表，完成对销售等级的统计。

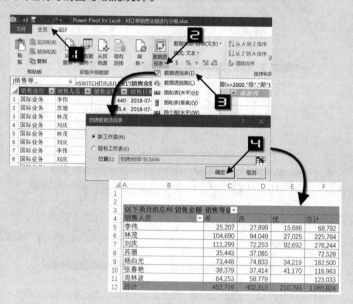

图 31-33　对销售金额进行等级分析

○ III　RELATED 跨表引用函数

RELATED 函数用于从其他表返回相关值，语法为：

```
RELATED（ColumnName）
```

示例31-10　建立商品分析模型 - 跨表引用单价

仍以示例 31-4 为例，图 31-34 中的"销售明细表"需要依据"商品代码"引入"价格明细表"中的"零售单价"和"成本单价"，在 Power Pivot 完成类似 VLOOKUP 函数的数据查询，操作步骤如下。

	A	B	C	D	E
1	销售日期	商店名称	商品代码	数量	收款额
21237	2018-1-23	中华文明店	204180026	1	147
21238	2019-2-22	中华自由店	203184128	1	165
21239	2020-5-22	中华诚信店	203284013	1	159
21240	2020-4-17	中华敬业店	191284066	1	90
21241	2018-8-20	中华文明店	203184085	2	257
21242	2019-9-11	中华诚信店	181388092	1	70
21243	2020-4-10	中华和谐店	201284035	1	108
21244	2018-2-4	中华敬业店	192285034	2	200
21245	2020-8-27	中华敬业店	142101001	1	69
21246	2017-10-1	中华民主店	192144001	1	209
21247	2017-2-17	中华和谐店	193285109	1	120
21248	2019-5-21	中华敬业店	203241050	1	382
21249	2020-3-30	中华友善店	201285075	1	269
21250	2019-1-22	中华诚信店	203184085	2	257
21251	2018-1-17	中华诚信店	195184001	1	75
21252	2020-6-24	中华富强店	142101001	1	69
21253	2018-4-8	中华诚信店	181205001	1	0
21254	2019-7-30	中华诚信店	184289005	1	64
21255	2019-4-6	中华敬业店	195184001	1	75

	A	零售单价	成本单价
1	商品代码	零售单价	成本单价
2	204285016	399	130
3	092106003	190	71
4	193288001	499	178
5	203244009	339	112.36
6	176565002	2980	296
7	204259012	239	78
8	201284063	179	49.7
9	203285069	369	110
10	205194052	499	130.8
11	203259004	239	77
12	204272050	299	106
13	195191001	159	30
14	201251001	499	166
15	204250024	439	146
16	203259001	269	78
17	203242008	399	132.5
18	203244035	339	106
19	202284005	199	66.8
20	203285033	269	73

销售明细表　价格明细表　商品档案　日期表

分析　销售明细表　价格明细表　商品档案

图 31-34　销售和参数数据列表

步骤① 在示例 31-4 中"销售明细表""价格明细表"和"商品档案表"建立关联，如图 31-35 所示。

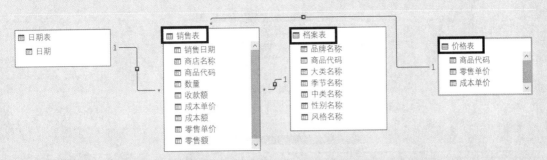

图 31-35 关系图视图

步骤② 在公式编辑栏中输入公式并重命名列，如图 31-36 所示。

成本单价 =RELATED(' 价格表 ' [成本单价])

步骤③ 在公式编辑栏中继续输入公式并重命名列，如图 31-37 所示。

成本额 =' 销售表 ' [成本单价]*' 销售表 ' [数量]

价格表 =RELATED(' 价格表 ' [价格表])

零售单价 =RELATED(' 价格表 ' [零售单价])

零售额 =' 销售表 ' [零售单价]*' 销售表 ' [数量]

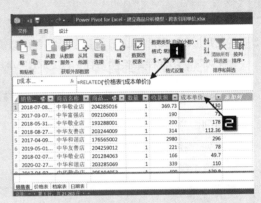

图 31-36 输入公式 1

	销售...	商店名称	商品...	数量	收款额	成本单价	成本额	零售单价	零售额
1	2018-07-08...	中华敬业店	204285016	1	369.73	130	130	399	399
2	2017-03-07...	中华富强店	092106003	1	190	71	71	190	190
3	2018-05-31...	中华敬业店	193288001	1	200	178	178	499	499
4	2018-08-27...	中华友善店	203244009	1	314	112.36	112.36	339	339
5	2017-04-09...	中华和谐店	176565002	1	2980	296	296	2980	2980
6	2019-05-01...	中华友善店	204259012	1	221	78	78	239	239
7	2018-02-07...	中华敬业店	201284063	1	166	49.7	49.7	179	179
8	2020-02-27...	中华和谐店	203285069	1	339	110	110	369	369
9	2017-04-03...	中华敬业店	205194052	1	499	130.8	130.8	499	499
10	2017-06-19...	中华富强店	203259004	1	239	77	77	239	239
11	2018-08-16...	中华和谐店	204272050	1	299	106	106	299	299
12	2017-06-18...	中华民主店	195191001	2	105.94	30	60	159	318
13	2017-05-09...	中华敬业店	201251001	1	474	166	166	499	499
14	2020-03-02...	中华和谐店	204250024	1	439	146	146	439	439
15	2018-03-18...	中华敬业店	203259001	1	246.88	78	78	269	269
16	2017-05-10...	中华诚信店	203242008	1	399	132.5	132.5	399	399
17	2017-08-16...	中华友善店	203244035	1	312.51	106	106	339	339
18	2017-06-01...	中华友善店	202284095	2	199	66.8	133.6	199	398
19	2020-08-19...	中华自由店	203285033	1	269	73	73	269	269
20	2019-11-04	中华民主店	193267007	1	530	335.33	335.33	1800	1800

销售表 | 价格表 | 档案表 | 日期表
记录：◄ ◄ 第 1 行，共 21,263 行 ► ►

图 31-37 输入公式 2

步骤④ 创建如图 31-38 所示的数据透视表。

商店名称	数量	零售额	收款额	成本额
中华爱国店	873	356,106	118,320	107,584
中华诚信店	3,802	1,097,283	665,457	345,320
中华法制店	515	156,998	126,714	48,676
中华富强店	2,424	706,707	447,016	225,891
中华公正店	321	104,238	86,936	33,012
中华和谐店	1,806	498,597	414,452	157,823
中华敬业店	6,291	2,222,371	1,228,258	669,201
中华民主店	1,726	589,430	368,893	181,104
中华平等店	336	106,384	79,701	34,888
中华文明店	1,826	499,532	437,502	156,177
中华友善店	3,849	1,112,401	982,606	351,439
中华自由店	886	261,565	233,509	84,177
总计	24,655	7,711,612	5,189,363	2,395,292

图 31-38 创建数据透视表

➲ IV 使用 LOOKUPVALUE 函数多条件匹配数据

RELATED 函数是单条件查找，LOOKUPVALUE 函数则为多条件查找。语法如下：

```
LOOKUPVALUE(<结果列>,<查找列>,<查找值>,[<查找列>,<查找值> …],[<备选结果>])
```

结果列：指定要从哪一列中返回值。

查找列：执行查找的现有列的名称。

查找值：量表达式，要搜索的值。

备选结果：可选，当第一参数结果为空或多个不重复值时的替代结果，如果省略此参数则返回空文本。

示例31-11 LOOKUPVALUE函数跨表多条件引用数据

图 31-39 展示了某公司 2018—2019 年销售数量的销售数据和产品信息的参数表，现在需要将参数表中的销售单价引入销售数据表中，其中不同品牌的产品类别商品销售单价不同。因此需要考虑品牌名称和产品类别多条件引用，具体方法如下。

	A	B	C	D	E
1	订单日期	产品编号	品牌	类别	销售数量
2	2018-1-1	A001	金达	冰箱	40
3	2018-1-2	A001	金达	冰箱	12
4	2018-1-3	B001	大新	冰箱	60
5	2018-1-4	C001	飞天	冰箱	35
6	2018-1-5	B001	大新	冰箱	50
7	2018-1-7	A001	金达	冰箱	58
8	2018-1-9	A001	金达	冰箱	30
9	2018-1-10	B001	大新	冰箱	36
10	2018-1-11	A001	金达	冰箱	45
11	2018-1-12	A001	金达	冰箱	68
12	2018-1-13	A001	金达	冰箱	25
13	2018-1-14	A001	金达	冰箱	63
14	2018-1-15	B001	大新	冰箱	52
15	2018-1-16	A001	金达	冰箱	10
16	2018-1-16	B001	大新	冰箱	20
17	2018-1-17	A001	金达	冰箱	63
18	2018-1-18	B001	大新	冰箱	21
19	2018-1-19	A001	金达	冰箱	57
20	2018-1-19	B001	大新	冰箱	69

销售数据 参数表

	A	B	C
1	品牌名称	产品类别	销售单价
2	金达	洗衣机	4669
3	大新	洗衣机	5699
4	飞天	洗衣机	4699
5	金达	电视	3299
6	大新	电视	4299
7	飞天	电视	4199
8	金达	冰箱	4669
9	大新	冰箱	4199
10	飞天	冰箱	3599
11			

销售数据 参数表

图 31-39 信息表

步骤① 将“销售数据”和“参数表”分别添加进数据模型。

步骤② 在公式编辑栏中输入公式并重命名列，如图 31-40 所示。

销售单价 =LOOKUPVALUE (' 参数表 ' [销售单价] , ' 参数表 ' [品牌名称] , ' 销售表 ' [品牌] , ' 参数表 ' [产品类别] , ' 销售表 ' [类别])

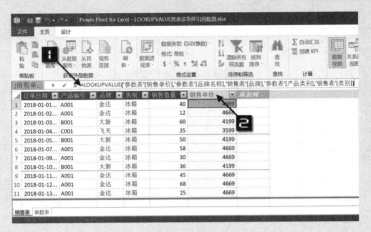

图 31-40　输入公式

步骤③ 继续添加销售额计算列。

销售额 =' 销售表 ' [销售数量]*' 销售表 ' [销售单价]

步骤④ 创建的数据透视表如图 31-41 所示。

品牌	产品编号	销售数量	销售额
大新	B001	23,002	96,585,398
	B002	10,120	43,505,880
	B003	6,355	36,217,145
大新 汇总		39,477	176,308,423
飞天	C001	11,021	39,664,579
	C002	5,056	21,230,144
	C003	4,283	20,125,817
飞天 汇总		20,360	81,020,540
金达	A001	21,335	99,613,115
	A002	4,753	15,680,147
	A003	9,565	44,658,985
金达 汇总		35,653	159,952,247
总计		95,490	417,281,210

图 31-41　创建数据透视表

◯ V COUNTROWS 和 VALUES 函数

COUNTROWS 函数可以计算表或自定义表达式中的行数，语法如下：

```
COUNTROWS ( Table )
```

VALUES 函数返回由一列组成的表或列中包含唯一值的表，语法如下：

```
VALUES ( TableName Or ColumnName )
```

示例31-12　在数据透视表值区域显示文本信息

默认情况下，数据透视表的值区域只能显示数字而无法显示文本信息，利用 COUNTROWS 结合

VALUES 函数可以解决该问题，如图 31-42 所示。

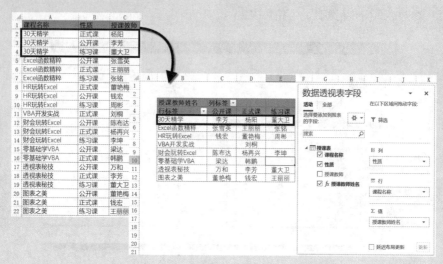

图 31-42　在数据透视表值区域显示文本信息

步骤① 将数据添加到数据模型，把 Power Pivot 表名称由"表1"更改为"授课表"并创建如图 31-43 所示的数据透视表。

步骤② 在【Power Pivot】选项卡中依次单击【度量值】→【新建度量值】，调出【度量值】对话框，在 【度量值】对话框【度量值名称】文本框中输入"授课教师姓名"，公式编辑框内输入以下公式， 单击【确定】按钮完成设置，如图 31-44 所示。

```
=IF(COUNTROWS(VALUES('授课表'[授课教师]))=1,VALUES('授课表'[授课教师]))
```

图 31-43　创建数据透视表

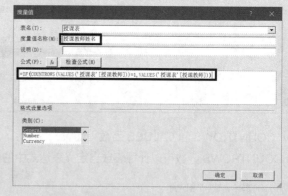

图 31-44　插入度量值

步骤③ 将"授课教师姓名"度量值拖动到数据透视表的值区域即可。

◯ Ⅵ DIVIDE 函数

DIVIDE 函数可以向数据模型中加入新的度量指标，还能处理数据被零除的情况，语法如下：

```
DIVIDE(分子,分母,[AlternateResult])
```

示例31-13 计算实际与预算的差异额与差异率

图 31-45 展示了某公司一定时期的预算额和实际发生额数据，如果期望在两表之间建立关联，同时计算出实际和预算的差异额和差异率，请参照以下步骤。

图 31-45 预算额与实际发生额数据

步骤① 将"预算额"与"实际发生额"数据表添加到数据模型，把 Power Pivot 表名称分别改为"预算"和"实际"，在编辑栏中输入以下公式，如图 31-46 所示。

=[月份]&[科目名称]

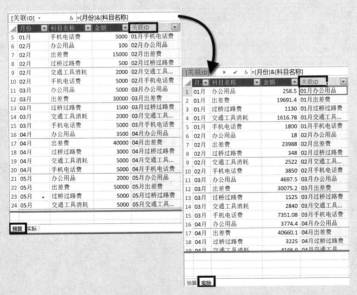

图 31-46 将数据表添加到数据模型

 提示

创建"关联 ID"的目的就是创建表间的唯一值标示符，便于在表间建立关联。

步骤② 在【主页】选项卡中单击【关系图视图】按钮，在弹出的布局界面中将【实际】表的"关联 ID"字段拖动到【预算】表的"关联 ID"字段上，通过"关联 ID"字段建立两表关联，如图 31-47 所示。

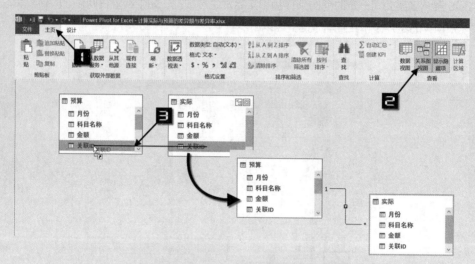

图 31-47 设置"预算"和"实际"两表关联

步骤③ 创建如图 31-48 所示的数据透视表。

	A	B	C	D	E	F	G	H
1								
2			列标签					
3		月份	办公用品	出差费	过桥过路费	交通工具消耗	手机电话费	总计
4		01月						
5		02月						
6		03月						
7		04月						
8		05月						
9		06月						
10		07月						
11		08月						
12		09月						
13		10月						
14		11月						
15		12月						
16		总计						

图 31-48 创建数据透视表

步骤④ 在【Power Pivot】选项卡中依次单击【度量值】→【新建度量值】，调出【度量值】对话框，依次新建"实际金额""预算金额""差异额""差异率%"四个度量值。

实际金额 =SUM('实际'[金额])

预算金额 =SUM('预算'[金额])

差异额 =[实际金额]-[预算金额]

差异率%=DIVIDE([差异额],[预算金额])

步骤⑤ 最后完成的数据透视表如图 31-49 所示，上月"办公用品"预算金额为零值时，差异率% 显示为空白。

列标签	办公用品				出差费				过桥过路费			
月份	预算金额	实际金额	差异额	差异率%	预算金额	实际金额	差异额	差异率%	预算金额	实际金额	差异额	差异率%
01月	500	259	-242	-48.30%	20,000	19,691	-309	-1.54%	1,000	1,130	130	13.00%
02月	100	18	-82	-82.00%	15,000	23,988	8,988	59.92%	500	348	-152	-30.40%
03月	5,000	4,698	-303	-6.05%	30,000	30,075	75	0.25%	1,500	1,525	25	1.67%
04月	3,500	3,774	274	7.84%	40,000	40,660	660	1.65%	3,000	3,225	225	7.50%
05月	2,000	2,285	285	14.25%	50,000	47,546	-2,454	-4.91%	5,000	5,684	684	13.67%
06月	0	200	200		50,000	44,967	-5,033	-10.07%	2,000	2,342	342	17.10%
07月	1,500	1,502	2	0.13%	90,000	90,282	282	0.31%	3,000	2,977	-23	-0.77%
08月	5,000	4,727	-273	-5.47%	50,000	56,243	6,243	12.49%	3,000	3,198	198	6.60%
09月	2,000	1,826	-174	-8.71%	50,000	50,915	915	1.83%	2,500	2,349	-151	-6.04%
10月	1,500	1,826	326	21.70%	20,000	19,596	-405	-2.02%	1,000	895	-105	-10.50%
11月	2,000	2,605	605	30.27%	90,000	90,574	574	0.64%	5,000	10,045	5,045	100.90%
12月	3,500	3,813	313	8.95%	60,000	63,431	3,431	5.72%	2,000	2,195	195	9.75%
总计	26,600	27,532	932	3.51%	565,000	577,968	12,968	2.30%	29,500	35,913	6,413	21.74%

图 31-49　预算和实际差异分析表

VII 时间智能函数 TOTALMTD、TOTALQTD 和 TOTALYTD 函数

TOTALMTD 函数计算月初至今的累计值，TOTALQTD 函数计算季初至今的累计值，TOTALYTD 函数计算年初至今的累计值，语法如下：

```
TOTALMTD(Expression, Dates,[filter])
TOTALQTD(Expression, Dates,[filter])
TOTALYTD(Expression, Dates,[filter],[Yearenddate])
```

第一参数 Expression 是表达式，第二参数 Dates 是包含日期的列，第三参数 [filter] 可选，是应用于当前上下文的筛选器参数。[Yearenddate] 参数可选，用于定义年末日期，默认值为 12 月 31 日。

示例31-14 利用时间智能函数进行销售额累计统计

图 31-50 展示了某公司 2017—2019 年的每日销售数据，利用时间智能函数得到月初至今、季初至今和年初至今累计数据呈现的方法如下。

步骤① 将“每日销售数据”数据表添加到数据模型，把 Power Pivot 表名称改为“销售”。

步骤② 创建如图 31-51 所示的数据透视表。

日期	年份	月份	销售收入
2019-12-14	2019年	12月	14.63
2019-12-15	2019年	12月	14.63
2019-12-16	2019年	12月	14.63
2019-12-17	2019年	12月	14.63
2019-12-18	2019年	12月	14.63
2019-12-19	2019年	12月	14.63
2019-12-20	2019年	12月	14.63
2019-12-21	2019年	12月	14.63
2019-12-22	2019年	12月	14.63
2019-12-23	2019年	12月	14.63
2019-12-24	2019年	12月	14.63
2019-12-25	2019年	12月	14.63
2019-12-26	2019年	12月	14.63
2019-12-27	2019年	12月	14.63
2019-12-28	2019年	12月	14.63
2019-12-29	2019年	12月	14.63
2019-12-30	2019年	12月	480
2019-12-31	2019年	12月	207.05

图 31-50　销售数据

年份	月份	以下项目的总和:销售收入
2017年	1月	75,855
	2月	2,614
	3月	13,879
	4月	188,218
	5月	14,414
	6月	17,269
	7月	112,414
	8月	96,944
	9月	60,940
	10月	272,563
	11月	18,611
	12月	4,323
2017年 汇总		878,044
2018年	1月	7,952
	2月	4,553
	3月	4,136
	4月	39,561
	5月	19,052
	6月	42,722
	7月	12,630
	8月	40,642

图 31-51　创建数据透视表

步骤③ 在【Power Pivot】选项卡中依次单击【度量值】→【新建度量值】，调出【度量值】对话框，依次插入"MTD""QTD"和"YTD"计算字段，如图 31-52 所示。

MTD=TOTALMTD([以下项目的总和销售收入],'销售'[日期])

QTD=TOTALQTD([以下项目的总和销售收入],'销售'[日期])

YTD=TOTALYTD([以下项目的总和销售收入],'销售'[日期])

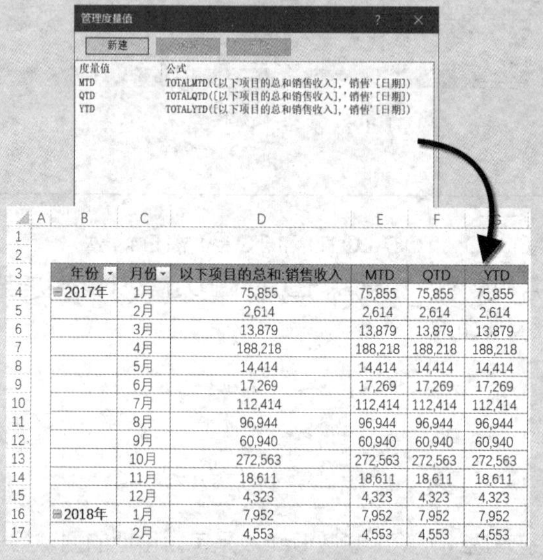

图 31-52 插入计算字段

注意 添加计算字段后的数据透视表中 MTD、QTD 和 YTD 字段每月数据都显示出相同的值，这是因为必须要为 Power Pivot 指定一个日期表，否则所有时间智能函数都无法得到正确的结果。

步骤④ 在 Power Pivot for Excel 窗口中的【设计】选项卡中依次单击【标记为日期表】下拉按钮→【标记为日期表】命令，在弹出的【标记为日期表】对话框中选择"日期"字段，最后单击【确定】按钮，如图 31-53 所示。

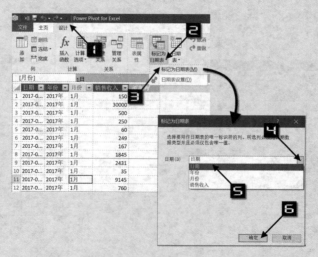

图 31-53 标记日期表

用作标记为日期表的数据必须为日期类型并且数据是唯一值的列表，否则标记为日期表时将会报错。

步骤⑤ MTD 只有在每日级别上查看数据才会有意义，将"日期"字段拖动到行区域后的结果如图 31-54 所示。

图 31-54　在每日级别上查看 MTD 数据

步骤⑥ 对数据透视表美化，对 MTD、QTD、YTD 字段重命名，并设置条件格式数据条效果，如图 31-55 所示。

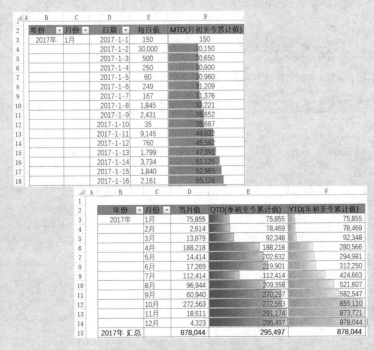

图 31-55　美化数据透视表

31.5 在 Power Pivot 中使用层次结构

使用层次结构能够帮助用户快速找到想要的字段，常用的层次结构包括：从年份→季度→月份→日期，从国家→省市→城市→邮编→客户，以及从产品品牌→大类→风格→款式→产品等。

层次结构的级别设置要适度，单一级别的层次结构无任何意义，层次结构级别过多也会因为过于复杂给用户带来麻烦。一旦定义了层次结构且隐藏了基本字段将无法越级显示字段，也不能将层次结构中的字段布局到数据透视表的不同区域。

示例31-15 使用层次结构对品牌产品进行分析

图 31-56 展示了一张不同品牌产品的进货和销售明细数据，如需建立"品牌→大类→风格→款式→大色系→ SKU"的层次结构，操作步骤如下。

	A	B	C	D	E	F	G	H	I	J	K	L
1	品牌	大类	性别	面料	款式	SKU	风格	色系	价格带	大色系	进货数量	销售数量
40	百年服饰	连衣裙	女	桑蚕丝	单衣	007-12031D121号色	现代	其他	601-800	流行色	13	6
41	百年服饰	连衣裙	女	桑蚕丝	单衣	099-X2211001D12兰色	现代	蓝色系	801-1000	流行色	3	
42	百年服饰	连衣裙	女	桑蚕丝	单衣	099-X2211001D12紫色	现代	紫色系	801-1000	流行色	2	
43	百年服饰	连衣裙	女	桑蚕丝	单衣	099-X2211022D12咖色	现代	棕色系	801-1000	流行色	5	3
44	百年服饰	连衣裙	女	桑蚕丝	单衣	099-X2211056D12紫色	现代	紫色系	801-1000	流行色	5	2
45	百年服饰	连衣裙	女	桑蚕丝	单衣	099-X2211071D12兰色	现代	蓝色系	401-500	流行色	14	7
46	百年服饰	连衣裙	女	桑蚕丝	单衣	099-X2211071D12绿色	现代	绿色系	401-500	流行色	12	4
47	百年服饰	旗袍	女	桑蚕丝	未定义	真丝女旗袍红花	中式传统	红色系	1001-1500	流行色	1	
48	百年服饰	套服	女	化纤	单衣	00112-78D121号色	现代	其他	201-300	流行色	47	30
49	百年服饰	套服	女	化纤	单衣	00112-78D122号色	现代	其他	201-300	流行色	30	23
50	爱华鞋品	凉鞋	男	化纤	布单鞋	12017网（2M1-017网）布黑	中式传统	黑色系	0-100	基础色	86	70
51	爱华鞋品	凉鞋	男	化纤	布单鞋	12017网（2M1-017网）布特	中式传统	黑色系	0-100	基础色	16	9
52	爱华鞋品	凉鞋	男	化纤	布单鞋	1242270布灰色	现代	灰色系	0-100	基础色	41	33
53	爱华鞋品	凉鞋	男	化纤	布单鞋	1242270布棕色	现代	流行色	0-100	流行色	37	31

图 31-56 数据源表

步骤① 将"数据源"表添加到数据模型，在 Power Pivot for Excel 窗口中的【主页】选项卡中单击【关系图视图】按钮进入关系图视图界面，如图 31-57 所示。

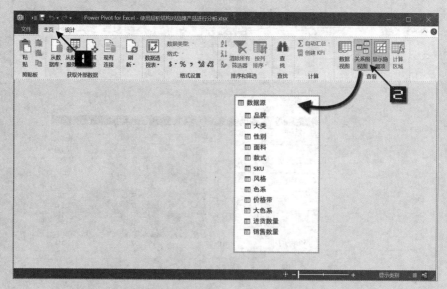

图 31-57 进入关系图视图界面

步骤② 按住 <Ctrl> 键，依次单击选中"品牌""大类""风格""款式""大色系""SKU"字段，鼠标右击，在快捷菜单中选择【创建层次结构】，在层次结构名称上鼠标右击，在子菜单中选择【重命名】，将名称改为"产品品牌分析"，如图 31-58 所示。

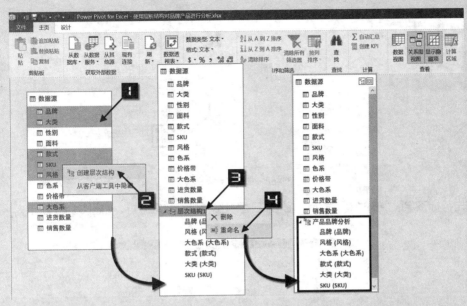

图 31-58　创建层次结构

步骤③ 层次结构创建后，显示的级别顺序可能和用户期望的不一致。此时，只需在需要调整的字段上鼠标右击，在出现的快捷列表中选择【上移】或【下移】命令，即可调整层次结构中字段的排列顺序，如图 31-59 所示。

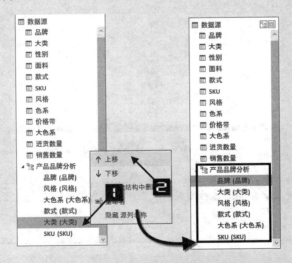

图 31-59　调整层次结构的排列顺序

步骤④ 创建数据透视表，在【数据透视表字段】列表中会出现已经设定好的层次结构"产品品牌分析"字段，将该字段拖动到值区域，并将"进货数量"和"销售数量"字段拖动到值区域，如图 31-60 所示。

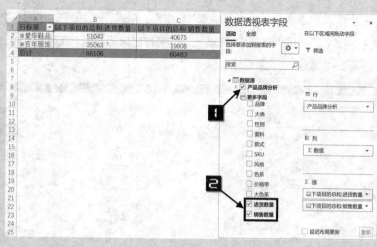

图 31-60 创建数据透视表

步骤⑤ 单击行标签字段中的"+"号可以逐层展开层次结构进行数据分析,如图 31-61 所示。

行标签	以下项目的总和:进货数量	以下项目的总和:销售数量
⊟爱华鞋品	51043	40675
⊟凉鞋	50755	40505
⊟现代	45710	36253
⊟布单鞋	33702	28287
⊞基础色	10818	8951
⊞流行色	22884	19336
⊞单皮鞋	12008	7966
⊞中式传统	5045	4252
⊞休闲鞋	288	170
⊟百年服饰	35063	19808
⊟T恤	1333	380
⊟现代	1333	380
⊟单衣	1333	380
⊞基础色	531	193
⊞流行色	802	187
⊞半袖衬衫	20228	11925
⊞半袖上衣	4	
⊞包	18	3
⊞坎肩	1	1
⊞连衣裙	2621	1150
⊞旗袍	141	44
⊞裙子	69	20
⊞上衣	60	23
⊞套服	3226	2448
⊞长裤	3270	1499
⊞长袖衬衫	1038	647
⊞针织衫	2641	1493
⊞中裤	413	175
总计	86106	60483

图 31-61 逐层展开层次结构分析数据

提示
■■■■→ 此数据透视表分类汇总的方式为"在组的顶部显示所有分类汇总"。

31.6 创建 KPI 关键绩效指标报告

KPI 是 Excel 数据模型中重要的分析工具之一,利用 KPI 考核实际数据偏离目标的状态,可用于战略层面的分析,特别是 KPI 报告可以在数据透视表中使用图标集,以视觉化展现数据中的重要指标。

示例31-16 创建KPI业绩完成比报告

图 31-62 展示了某零售公司各门店的预算和实际完成数据，希望利用此数据创建 KPI 业绩完成比报告，业绩完成率 100% 以上视为完成，80% 以下视为未完成，操作步骤如下。

	A	B	C	D	E	F
1	部门	核算科目	月份	科目编码	2019年预算	2019年实际
2	滨海一店	主营业务收入	01月	5001	767,775	1,080,000
3	滨海一店	主营业务收入	02月	5001	852,143	600,000
4	滨海一店	主营业务收入	03月	5001	370,960	480,000
5	滨海一店	主营业务收入	04月	5001	628,346	695,000
6	滨海一店	主营业务收入	05月	5001	1,013,406	1,110,000
7	滨海一店	主营业务收入	06月	5001	714,152	785,000
8	滨海一店	主营业务收入	07月	5001	268,280	307,000
9	滨海一店	主营业务收入	08月	5001	456,553	520,000
10	滨海一店	主营业务收入	09月	5001	651,778	735,000
11	滨海一店	主营业务收入	10月	5001	693,141	787,000
12	滨海一店	主营业务收入	11月	5001	570,328	650,000
13	滨海一店	主营业务收入	12月	5001	701,610	771,000
14	白堤路店	主营业务收入	01月	5001	373,275	518,000
15	白堤路店	主营业务收入	02月	5001	493,228	288,000
16	白堤路店	主营业务收入	03月	5001	206,338	230,000
17	白堤路店	主营业务收入	04月	5001	293,146	327,000
18	白堤路店	主营业务收入	05月	5001	444,992	492,000

图 31-62 预算和实际完成数据

步骤① 将"数据源"表添加到数据模型并创建数据透视表。

步骤② 在【Power Pivot】选项卡中依次单击【度量值】→【新建度量值】，调出【度量值】对话框，在【度量值】对话框【度量值名称】文本框中输入"业绩完成比 %"并添加公式，如图 31-63 所示。

=SUM('业绩完成表'[2019年实际])/SUM('业绩完成表'[2019年预算])

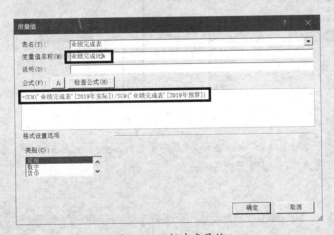

图 31-63 新建度量值

步骤③ 在【Power Pivot】选项卡中依次单击【KPI】→【新建 KPI】，弹出【关键绩效指标 (KPI)】对话框。选中【定义目标值】中的【绝对值】单选按钮，在右侧的编辑框中输入"1"（相当于需要100% 完成的预算目标），在【定义状态阈值】区域移动标尺上的滑块设定阈值下限为"0.8"，上限为"1"，阈值颜色方案选择 1，图标样式选择"三个符号"，单击【确定】按钮，如图31-64 所示。

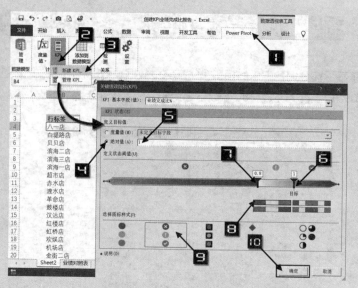

图 31-64　新建 KPI

步骤④ 数据透视表中多了一列"业绩完成比 % 状态",如图 31-65 所示。

	A	B	C	D	E
1	部门	预算	实际	业绩完成比%	业绩完成比% 状态
2	八一店	4,295,542	3,330,000	77.52%	-1
3	白堤路店	3,779,266	4,080,000	107.96%	1
4	贝贝店	3,342,585	3,560,000	106.50%	1
5	滨海二店	1,180,778	1,230,000	104.17%	1
6	滨海三店	10,845,005	11,790,000	108.71%	1
7	滨海一店	7,688,472	8,520,000	110.82%	1
8	超市店	5,097,936	3,490,000	68.46%	-1
9	赤水店	1,622,227	1,830,000	112.81%	1
10	渡水店	4,104,274	2,670,000	65.05%	-1
11	革命店	2,284,053	2,500,000	109.45%	1
12	鼓楼店	3,168,226	3,440,000	108.58%	1
13	汉沽店	1,376,242	1,650,000	119.89%	1
14	红楼店	2,468,739	2,790,000	113.01%	1
15	虹桥店	1,284,275	1,330,000	103.56%	1
16	欢娱店	1,443,629	1,500,000	103.90%	1
17	机场店	6,246,798	3,650,000	58.43%	-1
18	金街二店	11,621,416	12,550,000	107.99%	1
19	金街六店	9,854,648	9,520,000	96.60%	0
20	金街三店	16,057,320	15,860,000	98.77%	0

数据透视表字段

活动　**全部**

选择要添加到报表的字段:

搜索

▲ 业绩完成表
　☑ 部门
　☐ 核算科目
　☐ 月份
　☐ 科目编码
　☑ 2019年预算
　☑ 2019年实际
　☐ 业绩完成比%
　　☑ fx 数值 (业绩完成比%)
　　☐ 目标
　　☑ 状态

在以下区域间拖动字段:

▼ 筛选

Ⅲ 列
　Σ 数值　　▼

☰ 行
　部门　　　▼

Σ 值
　预算　　　▼

☐ 延迟布局更新　　更新

图 31-65　创建 KPI

步骤⑤ 在【数据透视表字段】列表中取消选中 KPI 字段【状态】复选框后再重新选中该复选框,即可显示图标效果。完成的 KPI 报告如图 31-66 所示。

	A	B	C	D	E	F
1						
2	部门		预算	实际	业绩完成比%	业绩完成比% 状态
3	金街三店		16,057,320	15,860,000	98.77%	①
4	金街一店		14,768,216	15,600,000	105.63%	✓
23	革命店		2,284,053	2,500,000	109.45%	✓
24	金街五店		2,353,276	2,320,000	98.59%	①
25	轻轨店		1,845,739	1,920,000	104.02%	✓
26	赤水店		1,622,227	1,830,000	112.81%	✓
27	汉沽店		1,376,242	1,650,000	119.89%	✓
28	商场店		1,640,815	1,620,000	98.73%	①
29	欢娱店		1,443,629	1,500,000	103.90%	✓
30	虹桥店		1,284,275	1,330,000	103.56%	✓
31	滨海二店		1,180,778	1,230,000	104.17%	✓
32	天主堂店		1,070,570	1,190,000	111.16%	✓
33	三千路店		1,001,245	1,100,000	109.86%	✓
34	总计		140,474,324	140,750,000	100.20%	✓

图 31-66　KPI 报告

步骤⑥　加入月份字段后，能更加清晰地反映出各个门店在每个月份的业绩完成比状态。例如，筛选出"机场店"后发现只有 1 月和 12 月完成了预算销售指标，其他月份均未完成，如图 31-67 所示。

部门	月份	预算	实际	业绩完成比%	业绩完成比% 状态
机场店	01月	315,517	346,722	109.89%	✓
	02月	456,516	253,514	55.53%	✗
	03月	439,744	235,014	53.44%	✗
	04月	547,920	286,613	52.31%	✗
	05月	754,836	412,337	54.63%	✗
	06月	617,468	306,613	49.66%	✗
	07月	639,668	343,947	53.77%	✗
	08月	715,321	362,892	50.73%	✗
	09月	601,818	342,003	56.83%	✗
	10月	492,224	264,448	53.73%	✗
	11月	459,698	269,448	58.61%	✗
	12月	206,068	226,448	109.89%	✓
机场店 汇总		6,246,798	3,650,000	58.43%	✗
总计		6,246,798	3,650,000	58.43%	✗

图 31-67　按月份查看单店业绩完成比状态

第 32 章 使用数据透视表分析数据

本章将向读者介绍如何创建数据透视表、设置数据透视表格式、数据透视表的排序和筛选、数据透视表中的切片器和日程表、数据透视表组合、数据透视表内的复杂计算、创建动态数据源的数据透视表与利用多种形式数据源创建数据透视表，以及创建数据透视图等内容。通过对本章的学习，读者可掌握创建数据透视表的基本方法和运用技巧。

> **本章学习要点**
>
> （1）创建数据透视表。 （5）在数据透视表中插入计算字段及计算项。
>
> （2）数据透视表的排序和筛选。 （6）利用多种形式的数据源创建数据透视表。
>
> （3）数据透视表中的切片器和日程表。 （7）钻取数据透视表。
>
> （4）数据透视表的项目组合。 （8）创建数据透视图。

32.1 关于数据透视表

数据透视表是用来从 Excel 数据列表、关系数据库文件或 OLAP 多维数据集中的特殊字段中总结信息的分析工具。它是一种交互式报表，可以快速分类汇总、比较数据，并可以随时选择其中页、行和列中的不同元素，以达到快速查看源数据的不同统计结果，同时还可以随意显示和打印出某个区域的明细数据。

数据透视表有机地综合了数据排序、筛选、分类汇总等数据分析方式的优点，可方便地调整分类汇总的方式，灵活地以多种方式展示数据的特征。仅靠使用鼠标移动字段位置，即可变换出各种类型的报表。同时，数据透视表也是解决函数公式运行速度瓶颈的一种非常高效的替代方法。

32.1.1 数据透视表的用途

数据透视表是一种对大量数据快速汇总和建立交叉列表的交互式动态表格，能帮助用户分析、组织数据。例如，计算平均数、标准差，建立列联表、计算百分比、建立新的数据子集等。创建数据透视表后，可以对数据透视表的布局重新安排，以便从不同的角度查看数据。数据透视表的名字来源于它具有"透视"表格的能力，从大量看似无关的数据中寻找背后的联系，从而将纷繁的数据转化为有价值的信息，以供研究和决策所用。

总之，合理运用数据透视表进行计算与分析，能使许多复杂的问题简单化并且极大地提高工作效率。

32.1.2 一个简单的例子

图 32-1 所示的数据展示了一家贸易公司的销售数据清单。清单中包括年份、用户名称、销售人员、产品规格、销售数量和销售额，时间跨度为 2018—2019 年。利用数据透视表只需几步简单操作，就可以将这张"平庸"的数据列表变成有价值的报表，如图 32-2 所示。

	A	B	C	D	E	F
1	年份	用户名称	销售人员	产品规格	销售数量	销售额
2	2018	山西	王心刚	SX-D-256	1	260000
3	2018	天津市	侯士杰	SX-D-256	1	340000
4	2018	广东	李立新	SX-D-256	1	200000
5	2018	云南	杨则力	SX-D-192	1	150000
6	2018	内蒙古	王心刚	SX-D-256	1	460000
7	2018	四川	侯士杰	SX-D-128	1	120000
8	2018	四川	李立新	SX-D-128	1	190000
174	2019	广东	侯士杰	SX-D-128	1	180000
175	2019	广西	李立新	SX-D-192	1	138000
176	2019	四川	杨则力	SX-D-192	1	250000
177	2019	天津市	王心刚	SX-D-192	1	220000
178	2019	天津市	侯士杰	SX-D-192	1	220000

图 32-1　用来创建数据透视表的数据列表

	A	B	C	D	E	F
1						
2						
3	销售额		产品规格 ▼			
4	销售人员 ▼	年份 ▼	SX-D-128	SX-D-192	SX-D-256	总计
5	⊟侯士杰	2018	2,120,000	1,962,000	2,224,000	6,306,000
6		2019	606,000	1,088,000	328,000	2,022,000
7	侯士杰 汇总		2,726,000	3,050,000	2,552,000	8,328,000
8	⊟李立新	2018	2,011,000	3,005,500	1,780,000	6,796,500
9		2019	934,000	598,000	1,042,000	2,574,000
10	李立新 汇总		2,945,000	3,603,500	2,822,000	9,370,500
11	⊟王心刚	2018	1,965,000	2,837,000	2,452,000	7,254,000
12		2019	753,000	628,000	1,133,000	2,514,000
13	王心刚 汇总		2,718,000	3,465,000	3,585,000	9,768,000
14	⊟杨则力	2018	2,731,000	2,764,000	2,869,800	8,364,800
15		2019	716,000	714,000	710,000	2,140,000
16	杨则力 汇总		3,447,000	3,478,000	3,579,800	10,504,800
17	总计		11,836,000	13,596,500	12,538,800	37,971,300

图 32-2　根据数据列表创建的数据透视表

此数据透视表显示了不同销售人员在不同年份所销售的各规格产品的销售金额汇总，最后一行还汇总出所有销售人员的销售额总计。

从图 32-2 所示的数据透视表中很容易找出原始数据清单中所记录的大多数信息，未显示的数据信息仅为用户名称和销售数量，只要将数据透视表做进一步调整，就可以将这些信息显示出来。如图 32-3 所示，只需简单地从用户名称、年份、产品规格字段标题的下拉列表框中选择相应的数据项，即可查看不同时期和不同地区的数据记录。

	A	B	C
1	年份	(全部) ▼	
2	用户名称	(全部) ▼	
3	产品规格	(全部) ▼	
4			
5	销售人员 ▼	销售数量	销售额
6	侯士杰	48	8,328,000
7	李立新	50	9,370,500
8	王心刚	51	9,768,000
9	杨则力	50	10,504,800
10	总计	199	37,971,300

图 32-3　从数据源中提炼出符合特定视角的数据

32.1.3　数据透视表的数据组织

用户可以从四种类型的数据源中来创建数据透视表。

❖ Excel 数据列表

如果以 Excel 数据列表作为数据源，则标题行不能有空白单元格或合并单元格，否则会出现错误提示，无法生成数据透视表，如图 32-4 所示。

图 32-4　错误提示

❖ 外部数据源

如文本文件、Access 数据库、SQL Server、Analysis Services、Windows Azure Marketplace、OData 数据库等。

❖ 多个独立的 Excel 数据列表

数据透视表在创建过程中可以将各个独立表格中的数据信息汇总到一起。

❖ 其他的数据透视表

创建完成的数据透视表也可以作为数据源，来创建另外一张数据透视表。

32.1.4 数据透视表中的术语

数据透视表中的相关术语如表 32-1 所示。

表 32-1 数据透视表相关术语

术语	术语解释
数据源	用于创建数据透视表的数据列表或多维数据集
列字段	信息的种类，等价于数据列表中的列
行字段	在数据透视表中具有行方向的字段
筛选器	数据透视表中进行分页筛选的字段
字段标题	描述字段内容的标志。可以通过拖动字段标题对数据透视表进行透视
项目	组成字段的成员。如图 32-2 中，2018 和 2019 就是组成销售年份字段的项
组	一组项目的集合，可以自动或手动组合项目
透视	通过改变一个或多个字段的位置来重新安排数据透视表布局
汇总函数	对透视表值区域数据进行计算的函数，文本和数值的默认汇总函数为计数和求和
分类汇总	数据透视表中对一行或一列单元格按类别汇总
刷新	重新计算数据透视表

32.1.5 用推荐的数据透视表创建自己的第一个数据透视表

从 Excel 2013 版本开始，新增了【推荐的数据透视表】命令按钮，单击这个按钮即可获取系统基于用户数据自动分析后推荐的数据透视表。

示例32-1　创建自己的第一个数据透视表

图 32-5 所示的数据列表，是某公司各部门在一定时期内的费用发生额流水账。

	A	B	C	D	E	F
1	月	日	凭证号数	部门	科目划分	发生额
1025	12	25	记-0111	经理室	招待费	3100
1026	12	28	记-0125	营运部	出差费	3600
1027	12	14	记-0047	经理室	招待费	3930
1028	12	14	记-0046	经理室	招待费	4000
1029	12	04	记-0008	经理室	招待费	4576
1030	12	20	记-0078	营运部	出差费	5143.92
1031	12	20	记-0077	营运部	出差费	5207.6
1032	12	07	记-0020	营运部	出差费	5500
1033	12	20	记-0096	营运部	广告费	5850
1034	12	07	记-0017	经理室	招待费	6000
1035	12	20	记-0061	研发中心	技术开发费	8833
1036	12	12	记-0039	财务部	公积金	19134
1037	12	27	记-0121	研发中心	技术开发费	20512.82
1038	12	19	记-0057	研发中心	技术开发费	21282.05
1039	12	03	记-0001	研发中心	技术开发费	34188.04
1040	12	20	记-0089	研发中心	技术开发费	35745
1041	12	31	记-0144	第一分公司	设备使用费	42479.87
1042	12	31	记-0144	第一分公司	设备使用费	42479.87
1043	12	04	记-0009	第一分公司	其他	62000
1044	12	20	记-0068	研发中心	技术开发费	81137

图 32-5　费用发生额流水账

面对这个上千行的费用发生额流水账，如果用户希望从各个统计视角进行数据分析，可以参照以下步骤。

步骤① 单击数据列表区域中的任意单元格（如 A8），在【插入】选项卡中单击【推荐的数据透视表】按钮 ，弹出【推荐的数据透视表】对话框，如图 32-6 所示。

图 32-6 推荐的数据透视表

【推荐的数据透视表】对话框中列示出按发生额求和、按凭证号计数等 8 种不同统计视角的推荐项，根据数据源的复杂程度不同，推荐数据透视表的数目也不尽相同，用户可以在【推荐的数据透视表】对话框左侧单击不同的推荐项，在右侧即可显示出相应的数据透视表预览，如图 32-7 所示。

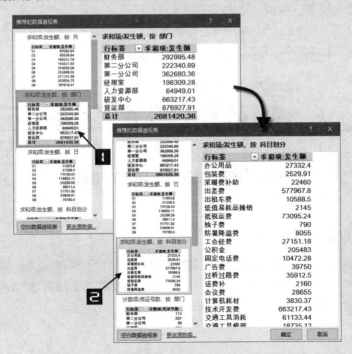

图 32-7 选择推荐的不同数据透视表

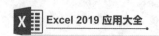

步骤② 如果用户希望统计不同科目的费用发生额，可以单击【求和项：发生额，按科目划分】，单击【确定】按钮即可迅速创建一张数据透视表，如图 32-8 所示。

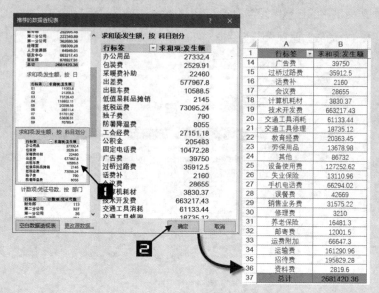

图 32-8　创建数据透视表

32.1.6　数据透视表的结构

数据透视表分为 4 个部分，如图 32-9 所示。

- ❖ 行区域：此标志区域中的字段将作为数据透视表的行标签。
- ❖ 列区域：此标志区域中的字段将作为数据透视表的列标签。
- ❖ 值区域：此标志区域用于显示数据透视表汇总的数据。
- ❖ 筛选器：此标志区域中的字段将作为数据透视表的筛选页。

图 32-9　数据透视表结构

32.1.7　数据透视表字段列表

【数据透视表字段】列表中反映了数据透视表的结构，用户利用它可以轻而易举地向数据透视表内添加、删除、移动字段，设置字段格式，甚至不动用【数据透视表工具】和数据透视表本身便能对数据透视表中的字段进行排序和筛选，如图 32-10 所示。

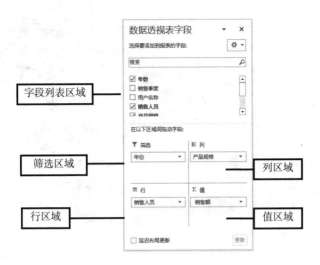

图 32-10 数据透视表结构

➲ I 打开和关闭【数据透视表字段】列表

在数据透视表中的任意单元格上（如 A5）鼠标右击，在弹出的快捷菜单中选择【显示字段列表】命令即可调出【数据透视表字段】列表，如图 32-11 所示。

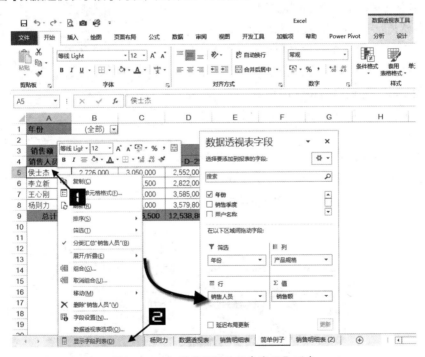

图 32-11 打开【数据透视表字段】列表

单击数据透视表中的任意单元格（如 D6），在【数据透视表工具】【分析】选项卡中单击【字段列表】按钮，也可调出【数据透视表字段】列表，如图 32-12 所示。

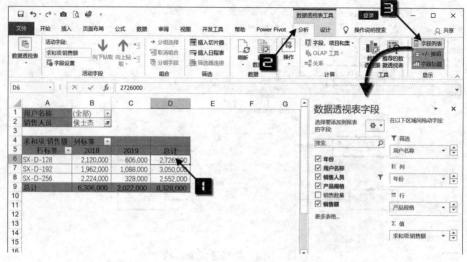

图 32-12　打开【数据透视表字段】列表

【数据透视表字段】列表一旦被调出之后，只要单击数据透视表任意单元格就会自动显示。单击【数据透视表字段】列表中的【关闭】按钮可将其关闭。

⊃ Ⅱ 在【数据透视表字段】列表显示更多的字段

如果用户使用字段较多的表格作为数据源创建数据透视表，数据透视表创建完成后部分字段在【选择要添加到报表的字段】列表框内将无法完全显示，需要拖动滚动条选择要添加的字段，影响创建报表的速度，如图 32-13 所示。

单击【选择要添加到报表的字段】列表框右侧的下拉按钮，选择【字段节和区域节并排】命令可展开【选择要添加到报表的字段】列表框内的更多字段，如图 32-14 所示。

图 32-13　【数据透视表字段】列表内的字段显示不完整

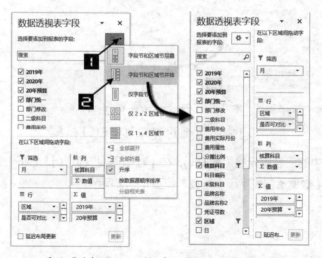

图 32-14　展开【选择要添加到报表的字段】列表框内的更多字段

● III　在【数据透视表字段】列表中搜索

利用【数据透视表字段】列表内的搜索框，可以根据关键字搜索字段名称。例如，需搜索"项目"字段，只要在【数据透视表字段】列表内的搜索框内输入"项目"即可，如图 32-15 所示。

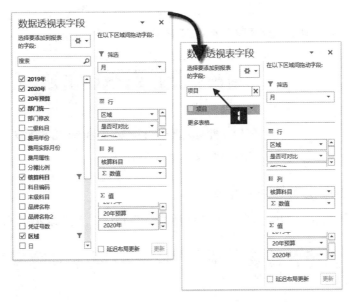

图 32-15　在【数据透视表字段】列表中搜索

如果需要恢复所有字段的显示，可单击搜索框右侧的【清除搜索】按钮☒。

32.2　改变数据透视表的布局

数据透视表创建完成后，用户可以通过改变数据透视表布局得到新的报表，以实现不同角度的数据分析需求。

32.2.1　启用经典数据透视表布局

数据透视表发展到 Excel 2019 版本，功能与外观样式均与早期版本有了较大变化，用户如果希望使用早期版本布局样式的数据透视表，可以参照以下步骤。

在已经创建好的数据透视表任意单元格上鼠标右击，在弹出的快捷菜单中选择【数据透视表选项】命令，调出【数据透视表选项】对话框。单击【显示】选项卡，选中【经典数据透视表布局（启用网格中的字段拖放）】的复选框，单击【确定】按钮，如图 32-16 所示。

设置完成后，数据透视表界面切换到 Excel 2003版本的经典布局，如图 32-17 所示。

图 32-16　启用【经典数据透视表布局】

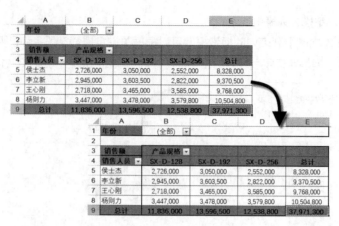

图 32-17 数据透视表经典布局

32.2.2 改变数据透视表的整体布局

在任何时候，只需通过在【数据透视表字段】列表中拖动字段按钮，就可以重新安排数据透视表的布局。

	A	B	C	D	E	F	G	H
1	求和项:订单金额		销售途径					
2	销售人员	年份	国际业务	国内市场	送货上门	网络销售	邮购业务	总计
3		2015			39,500	16,288		55,788
4	周萍	2016		9,193	76,151	10,506		95,850
5		2017	8,624	7,417	8,395		6,426	30,862
6	周萍 汇总		8,624	16,610	124,045	26,795	6,426	182,500
7		2015			12,108	5,074		17,182
8	苏珊	2016		3,593	34,554	2,679		40,826
9		2017	8,795	642	4,795		288	14,520
10	苏珊 汇总		8,795	4,235	51,456	7,753	288	72,528
11		2015			42,034	4,884		46,918
12	张林波	2016		6,261	46,538	4,155		56,954
13		2017	14,445	336	4,139		240	19,161
14	张林波 汇总		14,445	6,597	92,711	9,038	240	123,033
15		2015			13,572	6,120		19,692
16	张珊	2016		1,423	19,465	10,545		31,433
17		2017	3,059		14,092		516	17,667
18	张珊 汇总		3,059	1,423	47,130	16,665	516	68,792
19		2015			67,340	52,310		119,650

图 32-18 数据透视表

以图 32-18 所示的数据透视表为例，如果希望调整"销售人员"和"年份"的结构次序，只需在【数据透视表字段】列表中单击"年份"字段，在弹出的快捷菜单中选择【上移】命令即可，如图 32-19 所示。

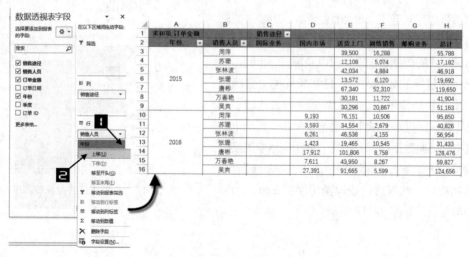

图 32-19 改变数据透视表布局

此外，利用【数据透视表字段】列表在区域间拖动字段也可以对数据透视表进行重新布局。

32.2.3　编辑数据透视表的默认布局

创建数据透视表时，如果希望直接使用符合自己风格的数据透视表布局，可以使用 Excel 2019 新增的"编辑默认布局"功能。

⊃Ⅰ　编辑布局

依次单击【文件】→【选项】命令，调出【Excel 选项】对话框。在【数据】选项卡中单击【编辑默认布局】按钮，在弹出的【编辑默认布局】对话框中，针对【小计】【总计】【报表布局】和【空白行】等布局进行个性化设置，单击【确定】按钮关闭对话框，最后再单击【确定】按钮，关闭【Excel 选项】对话框完成设置。如图 32-20 所示。

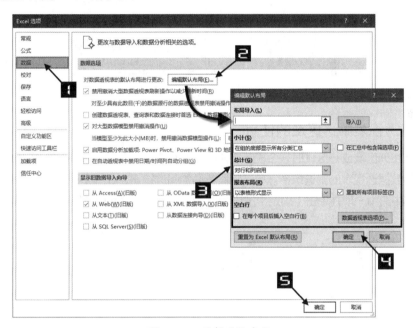

图 32-20　编辑默认布局

设置完成后再创建的数据透视表将按照自己个性化设置的布局来呈现。

⊃Ⅱ　布局导入

如果有一个已经创建完成的符合自己风格或分析需要的数据透视表，只需一键就可以导入数据透视表的默认布局。

在【编辑默认布局】对话框中，将光标切换到【布局导入】的编辑框中，单击准备导入默认设置的数据透视表任意单元格（如 A7），单击【导入】按钮，此时，【编辑默认布局】对话框中的【小计】【总计】【报表布局】【空白行】等布局已经发生变化，【重复所有项目标签】的复选框也被选中，依次单击【确定】按钮关闭对话框完成设置。如图 32-21 所示。

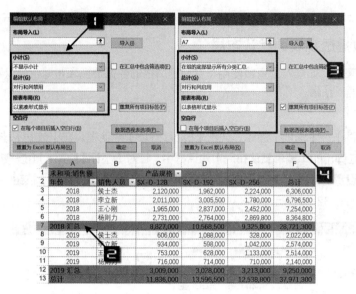

图 32-21　布局导入

32.2.4　数据透视表筛选区域的使用

当字段显示在列区域或行区域时，会显示字段中的所有项。当字段位于报表筛选区域中时，字段中的所有项都成为数据透视表的筛选条件。单击字段右侧的筛选按钮，在弹出的筛选列表中会显示该字段的所有项目，选中其中一项并单击【确定】按钮，数据透视表将根据此项进行筛选，如图 32-22 所示。

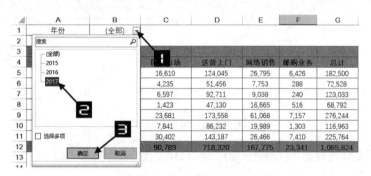

图 32-22　筛选器字段筛选列表中的项目

❏ Ⅰ 显示筛选器字段的多个数据项

如果希望对筛选器字段中的多个项目进行筛选，可参照以下步骤。

单击筛选器字段"年份"的下拉按钮，在弹出的下拉列表框中选中【选择多项】的复选框，取消选中"（全部）"复选框，依次选中"2016"和"2017"复选框，最后单击【确定】按钮，筛选器字段"年份"的内容由"（全部）"变为"（多项）"，数据透视表的内容也发生相应变化，如图 32-23 所示。

❏ Ⅱ 显示报表筛选页

通过选择筛选器字段中的项目，可以对整个数据透视表的内容进行筛选，但筛选结果仍然显示在一张表格中。利用数据透视表的【显示报表筛选页】功能，可以创建一系列链接在一起的数据透视表，每一张工作表显示筛选器字段中的一项。

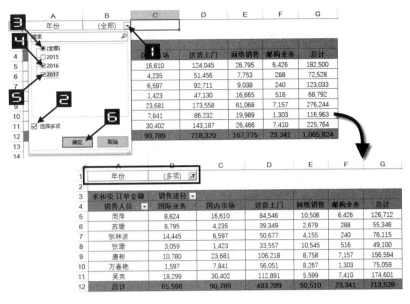

图 32-23　对筛选器字段进行多项选择

示例32-2　快速生成每位销售人员的分析报表

如果希望根据图 32-24 所示的数据透视表，生成每位销售人员的独立报表，可以按以下步骤操作。

步骤① 单击数据透视表中的任意单元格（如A6），在【数据透视表工具】【分析】选项卡中单击【选项】下拉按钮→【显示报表筛选页】命令，弹出【显示报表筛选页】对话框，如图 32-25 所示。

	A	B	C	D
1	用户名称	(全部)		
2	销售人员	(全部)		
3				
4	求和项:销售额	列标签		
5	行标签	2018	2019	总计
6	SX-D-128	8,827,000	3,009,000	11,836,000
7	SX-D-192	10,568,500	3,028,000	13,596,500
8	SX-D-256	9,325,800	3,213,000	12,538,800
9	总计	28,721,300	9,250,000	37,971,300

图 32-24　用于显示报表筛选页的数据透视表

图 32-25　调出【显示报表筛选页】对话框

步骤② 在【显示报表筛选页】对话框中选择"销售人员"字段，单击【确定】按钮就可将"销售人员"字段中每位销售人员的数据分别显示在不同的工作表中，并且按照"销售人员"字段中的项目名称来命名工作表，如图 32-26 所示。

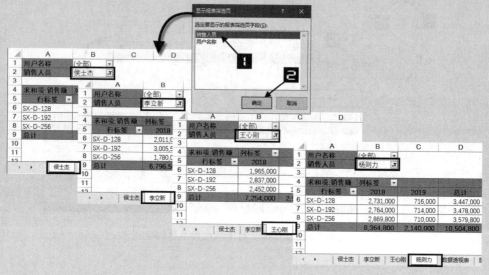

图 32-26　显示报表筛选页

32.2.5　整理数据透视表字段

整理数据透视表筛选器区域中的字段，可以根据指定项目筛选数据内容，而对数据透视表其他字段的整理，则可以满足用户对数据透视表外观样式上的需求。

⊃ | 重命名字段

当用户向值区域添加字段后，Excel 会根据汇总方式对字段标签重命名。例如，"销售数量"变成了"求和项：销售数量"或"计数项：销售数量"，如图 32-27 所示。

	A	B	C	D	E	F	G
1		年份	值				
2		2018	2018	2019	2019	求和项:销售数量汇总	求和项:销售额汇总
3	销售人员	求和项:销售数量	求和项:销售额	求和项:销售数量	求和项:销售额		
4	侯士杰	37	6306000	11	2022000	48	8328000
5	李立新	38	6796500	12	2574000	50	9370500
6	王心刚	39	7254000	12	2514000	51	9768000
7	杨则力	39	8364800	11	2140000	50	10504800
8	总计	153	28721300	46	9250000	199	37971300

图 32-27　自动生成的数据字段名

如果要对字段重命名，可单击数据透视表中的列标题单元格"求和项：销售数量"，输入新标题"数量"，按 <Enter> 键即可。同理，"求和项：销售额"修改为"销售金额"，完成后效果如图 32-28 所示。

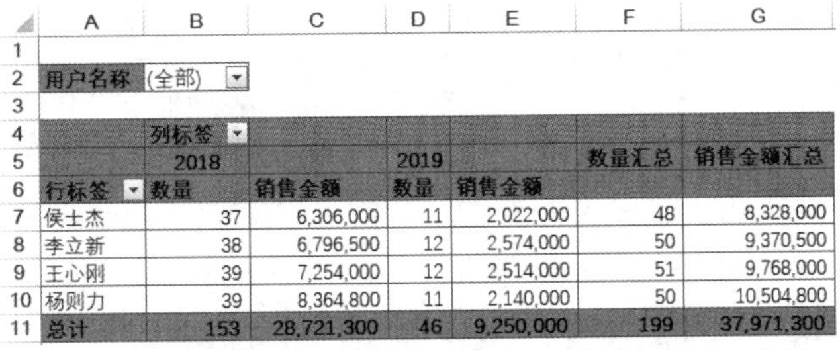

图 32-28 对数据透视表数据字段重命名

注意

　　数据透视表中每个字段的名称必须唯一，Excel 不接受任意两个字段具有相同的名称，即创建的数据透视表的各个字段的名称不能相同。默认状态下创建的数据透视表值区域的字段标题名称与数据源的标题行名称也不能相同，否则将会出现错误提示，如图 32-29 所示。

图 32-29　出现同名字段的错误提示

◐ II　删除字段

　　对于数据透视表中不再需要分析显示的字段，可以通过【数据透视表字段】列表来删除。

　　在【数据透视表字段】列表的【行标签】区域中单击需要删除的字段，在弹出的快捷菜单中选择【删除字段】命令即可，如图 32-30 所示。

　　此外，在希望删除的数据透视表字段上鼠标右击，在弹出的快捷菜单中选择【删除"字段名"】命令，同样也可以删除对应的字段，如图 32-31 所示。

图 32-30　删除数据透视表字段

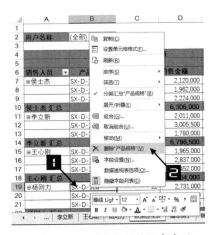

图 32-31　删除数据透视表字段

◐ III　隐藏字段标题

　　用户如果不希望在数据透视表中显示行或列字段的标题，可以通过以下步骤实现隐藏字段标题。

　　单击数据透视表任意单元格（如 A5），在【数据透视表工具】【分析】选项卡中单击【字段标题】切换按钮，原有数据透视表中的行字段标题"销售人员"、列字段标题"年份"将被隐藏，如图 32-32 所示。

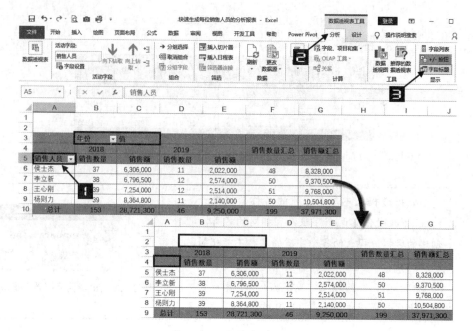

图 32-32　隐藏字段标题

再次单击【字段标题】切换按钮，可以显示被隐藏的行列字段标题。

⊃ Ⅳ　活动字段的折叠与展开

用户可以根据不同的使用场景，显示和隐藏数据透视表字段中的明细数据。

求和项:销售金额¥			月		
销售人员	销售地区	品名	2月	3月	总计
⊟白露	⊟北京	按摩椅	58,400		58,400
		微波炉	12,000	48,000	60,000
		液晶电视		385,000	385,000
	北京 汇总		70,400	433,000	503,400
白露 汇总			70,400	433,000	503,400
⊟刘春艳	⊟杭州	按摩椅	67,200		67,200
		微波炉	68,500		68,500
		显示器	303,000		303,000
		液晶电视	850,000		850,000
	杭州 汇总		1,288,700		1,288,700
刘春艳 汇总			1,288,700		1,288,700
⊟赵琦	⊟北京	按摩椅	70,400		70,400
		微波炉	32,500		32,500
		显示器	253,500		253,500
		液晶电视	475,000		475,000
	北京 汇总		831,400		831,400
赵琦 汇总			831,400		831,400
总计			2,190,500	433,000	2,623,500

图 32-33　字段折叠前的数据透视表

如果希望在图 32-33 所示的数据透视表中将"品名"字段先隐藏起来，在需要显示的时候再展开，可以参照以下步骤。

步骤① 单击数据透视表中的"品名"或"销售地区"字段的任意单元格（如C3），在【数据透视表工具】【分析】选项卡中单击【活动字段】组中的【折叠字段】按钮，将"品名"字段折叠隐藏，如图 32-34 所示。

步骤② 单击数据透视表"销售地区"字段中的【+】按钮可以展开某一项的明细数据，如图 32-35 所示。

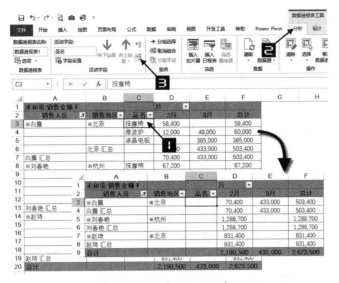

图 32-34 折叠"品名"字段

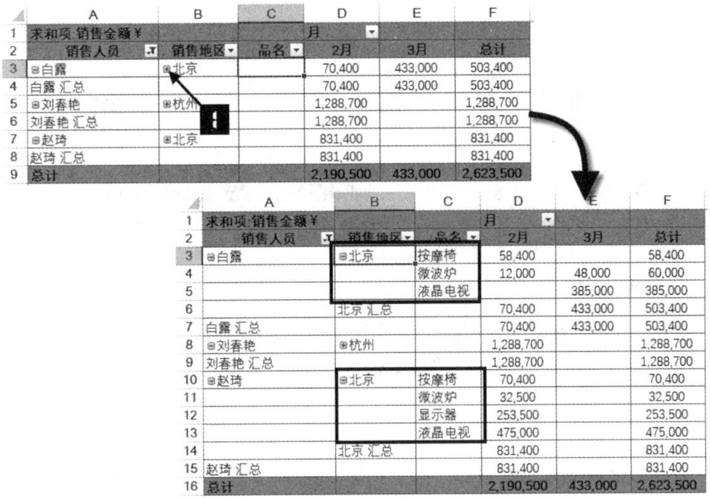

图 32-35 显示指定项的明细数据

提示 → 在数据透视表中各项所在的单元格上双击鼠标，也可以显示或隐藏该项的明细数据。

数据透视表中的字段被折叠后，在【数据透视表工具】【分析】选项卡中单击【展开字段】按钮即可展开所有字段。

如果不希望显示数据透视表中各字段项的"+/-"按钮，在【数据透视表工具】【分析】选项卡中单击【+/- 按钮】即可，如图 32-36 所示。

图 32-36 显示或隐藏【+/-】按钮

32.2.6 改变数据透视表的报告格式

数据透视表创建完成后，用户可以通过【数据透视表工具】【设计】选项卡中【布局】命令组来改变数据透视表的报告格式。

● | 报表布局

数据透视表为用户提供了"以压缩形式显示""以大纲形式显示"和"以表格形式显示"三种报表布局的显示形式。新创建的数据透视表默认"以压缩形式显示"，如图 32-37 所示。

用户可以将系统默认的"以压缩形式显示"报表布局改变为"以表格形式显示"，来满足不同的数据分析的需求，具体方法如下。

	A	B
1	行标签	求和项:订单金额
2	国际业务	65598.06
3	李伟	3058.82
4	林茂	18298.72
5	刘庆	10779.6
6	苏珊	8794.74
7	杨白光	8623.68
8	张春艳	1597.2
9	周林波	14445.3
10	国内市场	90789.42
11	李伟	1423
12	林茂	30401.68
13	刘庆	23681.12
14	苏珊	4235.4
15	杨白光	16609.97
16	张春艳	7840.91
17	周林波	6597.34
18	总计	156387.48

图 32-37　数据透视表以压缩形式显示

以图 32-37 所示的数据透视表为例，单击数据透视表中的任意单元格（如 A6），在【数据透视表工具】【设计】选项卡中依次单击【报表布局】按钮→【以表格形式显示】命令，如图 32-38 所示。

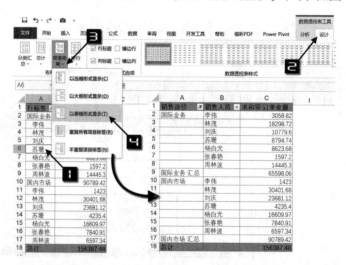

图 32-38　以表格形式显示的数据透视表

重复以上步骤，也可在【报表布局】的快捷菜单中选择【以大纲形式显示】命令，效果如图 32-39 所示。

如果希望将数据透视表中空白字段填充相应的数据，满足特定的报表显示要求，可以使用【重复所有项目标签】命令。

以图 32-38 所示以表格形式显示的数据透视表为例，单击数据透视表中的任意单元格（如 A9），在【数据透视表工具】【设计】选项卡中单击【报表布局】→【重复所有项目标签】命令，如图 32-40 所示。

	A	B	C
1	销售途径	销售人员	求和项:订单金额
2	国际业务		65598.06
3		李伟	3058.82
4		林茂	18298.72
5		刘庆	10779.6
6		苏珊	8794.74
7		杨白光	8623.68
8		张春艳	1597.2
9		周林波	14445.3
10	国内市场		90789.42
11		李伟	1423
12		林茂	30401.68
13		刘庆	23681.12
14		苏珊	4235.4
15		杨白光	16609.97
16		张春艳	7840.91
17		周林波	6597.34
18	总计		156387.48

图 32-39　以大纲形式显示的数据透视表

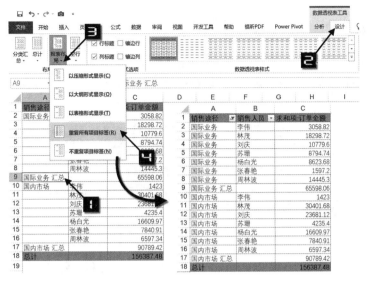

图 32-40　重复所有项目标签的数据透视表

再次选择【不重复所有项目标签】命令，可以撤销数据透视表所有重复项目的标签。

> 【重复所有项目标签】命令对设置了"合并且居中排列带标签的单元格"的数据透视表无效，如图 32-41 所示。

 32章

图 32-41　数据透视表选项

⊃ Ⅱ 分类汇总的显示方式

图 32-42 所示的数据透视表中，"销售地区"字段应用了分类汇总，用户可以通过多种方法将分类汇总删除。

方法 1：利用工具栏按钮。单击数据透视表中的任意单元格（如 A9），在【数据透视表工具】【设计】选项卡中单击【分类汇总】按钮→【不显示分类汇总】命令，如图 32-43 所示。

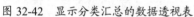

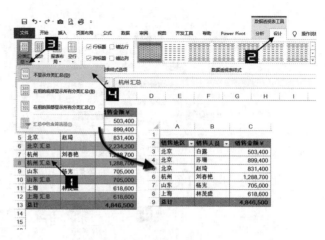

图 32-42　显示分类汇总的数据透视表　　　　图 32-43　不显示分类汇总

方法 2：通过【字段设置】对话框。单击数据透视表中"销售途径"列的任意单元格，在【数据透视表工具】【分析】选项卡中单击【字段设置】按钮，弹出【字段设置】对话框。在【分类汇总和筛选】选项卡中单击选中【无】单选按钮，最后单击【确定】按钮关闭对话框，如图 32-44 所示。

方法 3：使用右键快捷菜单。在数据透视表中"销售途径"列的任意单元格上鼠标右击，在弹出的快捷菜单中取消选中【分类汇总"销售途径"】，也可以快速删除分类汇总，如图 32-45 所示。

图 32-44　【字段设置】对话框设置　　　　图 32-45　在右键快捷菜单中设置

提示

对于以联机分析处理 OLAP 数据为数据源创建的数据透视表，可以利用【分类汇总】快捷菜单中的【汇总中包含筛选项】命令来计算有筛选项或没有筛选项的分类汇总和总计，以非 OLAP 数据为数据源创建的数据透视表，【汇总中包含筛选项】命令不可用。

32.3　设置数据透视表的格式

在通常情况下，数据透视表创建完成后，还需要作进一步的修饰美化才能得到更令人满意的效果。

32.3.1　数据透视表自动套用格式

【数据透视表工具】【设计】选项卡中的【数据透视表样式】库中提供了数十种可供用户套用的表格样式。

单击数据透视表，光标在【数据透视表样式】库的各种样式缩略图上悬停，数据透视表即显示相应的预览。单击某种样式，数据透视表则会自动套用该样式。

【数据透视表样式选项】命令组中还提供了【行标题】【列标题】【镶边行】和【镶边列】四种应用样式的具体设置选项。

- ❖【行标题】为数据透视表的第一列应用特殊格式。
- ❖【列标题】为数据透视表的第一行应用特殊格式。
- ❖【镶边行】为数据透视表中的奇数行和偶数行分别设置不同的格式。
- ❖【镶边列】为数据透视表中的奇数列和偶数列分别设置不同的格式。

镶边列和镶边行的样式变换，如图 32-46 所示。

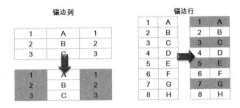

图 32-46　镶边列和镶边行的样式变换

32.3.2　自定义数据透视表样式

如果用户希望创建个性化的报表样式，可以通过【新建数据透视表样式】对数据透视表格式进行自定义设置，一旦保存后便存放于【数据透视表样式】库中，可以在当前工作簿中随时调用。

有关设置自定义样式的内容，请参阅 8.2.2。

32.3.3　改变数据透视表中所有单元格的数字格式

如果要改变数据透视表中所有单元格的数字格式，只需选中这些单元格再设置单元格格式即可，具体步骤如下。

步骤① 单击数据透视表中的任意单元格。

步骤② 按 <Ctrl+A> 组合键，选中除数据透视表筛选器以外的内容。

步骤③ 按 <Ctrl+1> 组合键，在弹出的【设置单元格格式】对话框中单击【数字】选项卡，设置数字格式。

当调整数据透视表布局或是进行刷新操作时，数据透视表筛选器中的格式将应用新设置的数字格式。有关设置单元格数字格式的相关内容，请参阅 7.1。

32.3.4　数据透视表与条件格式

将条件格式中"数据条"应用于数据透视表，可帮助用户查看某些项目之间的对比情况。"数据条"的长度代表单元格中值的大小。在观察、比较大量数据时，此功能尤为有用，如图 32-47 所示。

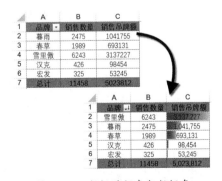

图 32-47　数据透视表与数据条

示例32-3　用数据条显示销售情况

步骤① 单击数据透视表"销售吊牌额"字段下的任意单元格（如 C2），在【数据】选项卡中单击【降序】按钮，完成对销售吊牌额的降序排序，如图 32-48 所示。

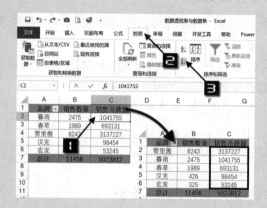

图 32-48　对数据透视表进行排序

步骤② 选中"销售吊牌额"字段下的任意单元格（如 C2），在【开始】选项卡中单击【条件格式】→【新建规则】命令，如图 32-49 所示。

图 32-49　调出【新建格式规则】对话框

步骤③ 在弹出的【新建格式规则】对话框中设置规则应用范围为【所有为"品牌"显示"销售吊牌额"值的单元格】，在【格式样式】下拉列表中选择【数据条】，数据条的填充设置为【渐变填充】，颜色为"红色"，单击【确定】即可完成设置，如图 32-50 所示。

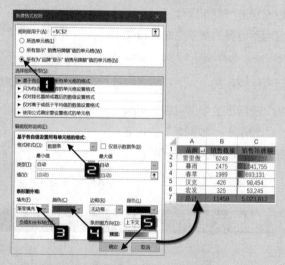

图 32-50　设置条件格式的规则

也可以在步骤 2 时通过选中数据透视表中 C2:C6 单元格区域，在【开始】选项卡中依次单击【条件格式】→【数据条】→【渐变填充】的"红色数据条"完成设置，如图 32-51 所示。

图 32-51 设置"数据条"条件格式

两种方式设置的区别在于条件格式应用范围不同。当数据透视表中"品牌"字段内容增加时，前者可依据品牌的增加而自动调整应用范围。后者只应用于当前所选定的区域，即 C2:C6 单元格区域，品牌如果增加，需要重新设置。

32.3.5 数据透视表与"图标集"

示例32-4 用图标集显示售罄率达成情况

利用条件格式中的"图标集"显示样式可以将数据透视表的重点数据快速标识出来，使数据透视表可读性和专业性更强。在如图 32-52 所示的数据透视表中应用了图标集对"售罄率"字段进行了设置，售罄率值高于 70%，显示绿色对号图标，售罄率值低于 50%，显示红色叉号图标，售罄率值在 50%~70%，不显示图标。

	A	B	C	D
1	品牌	进货数量	销售数量	售罄率
2	暮雨	4540	1998	✖ 44.01%
3	春草	3080	1584	51.43%
4	雪里傲	11180	5516	✖ 49.34%
5	汉克	730	521	✔ 71.37%
6	宏发	850	446	52.47%
7	总计	20380	10065	49.39%

图 32-52 应用"图标集"的数据透视表

设置方法如下。

步骤① 选中"售罄率"字段下的任意单元格（如 D2），单击【开始】→【条件格式】→【编辑格式规则】，弹出【新建格式规则】对话框。

步骤② 在【新建格式规则】对话框的【规则应用于】中选择【所有为"品牌"显示"售罄率"值的单元格】，在【格式样式】中选择【图标集】，【根据以下规则显示各个图标】具体设置为：【类型】为"数字"→【值】为"0.7"→【图标】选择"绿色复选符号"；【类型】为"数字"→【值】为"0.5"→【图标】设置为"无单元格图标"，将最后一个图标设置为"红色×字"，单击【确定】按钮完成设置，如图 32-53 所示。

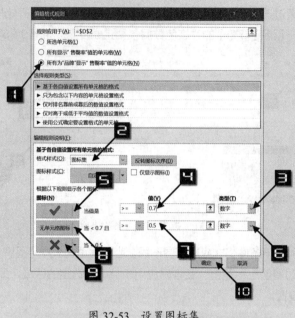

图 32-53　设置图标集

32.4　数据透视表刷新

32.4.1　刷新本工作簿的数据透视表

⊃ I 手动刷新数据透视表

　　如果数据透视表的数据源内容发生了变化，用户需要对数据透视表手动刷新。方法是在数据透视表的任意单元格鼠标右击，在弹出的快捷菜单中单击【刷新】命令，如图 32-54 所示。

　　此外，在【数据透视表工具】【分析】选项卡中单击【刷新】按钮，也可以实现对数据透视表的刷新。

⊃ II 在打开文件时刷新

　　还可以设置数据透视表打开时自动刷新，方法如下。

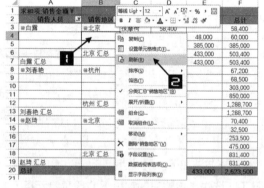

图 32-54　刷新数据透视表

步骤① 在数据透视表的任意单元格鼠标右击，在弹出的快捷菜单中选择【数据透视表选项】命令。

步骤② 在弹出的【数据透视表选项】对话框中切换到【数据】选项卡下，选中【打开文件时刷新数据】复选框，最后单击【确定】按钮关闭对话框，如图 32-55 所示。

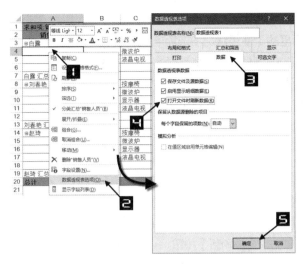

图 32-55　设置数据透视表打开时刷新

设置完成后，每当打开工作簿时，工作簿中的数据透视表会自动刷新数据。

◐ III　刷新链接在一起的数据透视表

当数据透视表用作其他数据透视表的数据源时，对其中任何一张数据透视表进行刷新，都会对链接在一起的数据透视表同时刷新。

32.4.2　刷新引用外部数据的数据透视表

如果数据透视表的数据源是基于对外部数据的查询，Excel 能够在后台执行数据刷新。

步骤① 单击数据透视表中的任意单元格（如 A2），在【数据】选项卡中单击【属性】按钮，弹出【连接属性】对话框。

步骤② 在【连接属性】对话框中单击【使用状况】选项卡，在【刷新控件】区域中选中【允许后台刷新】的复选框，单击【确定】按钮完成设置，如图 32-56 所示。

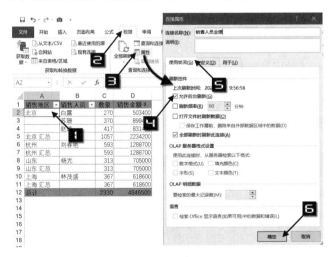

图 32-56　设置允许后台刷新

> **注意**
> 使用外部数据源创建的数据透视表或"表格"，才可调用【连接属性】对话框，否则【数据】选项卡中的【属性】按钮不可用。

关于引用外部数据的相关知识请参阅 32.12.2。

在【连接属性】对话框的【使用状况】选项卡中选中【刷新频率】复选框，在右侧的微调框内设置刷新频率，还能够根据指定的间隔时间定时刷新，如图 32-57 所示。

除此之外，还可以在【刷新控件】区域选中【打开文件时刷新数据】复选框，设置为打开文件时刷新数据。

32.4.3 全部刷新数据透视表

如果要刷新工作簿中包含的多个数据透视表，可以单击任意数据透视表中的任意单元格，在【数据透视表工具】【分析】选项卡中依次单击【刷新】→【全部刷新】命令，如图 32-58 所示。

在【数据】选项卡中单击【全部刷新】按钮 ，也可以同时刷新工作簿中的多个数据透视表，如图 32-59 所示。

图 32-57　设置定时刷新

图 32-58　全部刷新数据透视表

图 32-59　全部刷新

32.5　在数据透视表中排序

数据透视表有着与普通数据列表十分相似的排序功能和完全相同的排序规则。

32.5.1 改变字段的排列顺序

图 32-60 所示的数据透视表中，如需将行字段"年"移动至"销售人员"字段的前方，请参照以下步骤。

求和项:订单金额		销售途径					
销售人员	年	国际业务	国内市场	送货上门	网络销售	邮购业务	总计
李伟	2018年	3,058.82		14,092.38		516.00	17,667.20
	2019年		1,423.00	19,464.94	10,545.22		31,433.16
	2020年			13,572.33	6,119.56		19,691.89
李伟 汇总		3,058.82	1,423.00	47,129.65	16,664.78	516.00	68,792.25
林茂	2018年	18,298.72	3,010.82	21,225.94		7,409.63	49,945.11
	2019年		27,390.86	91,665.25	5,599.45		124,655.56
	2020年			30,296.06	20,866.95		51,163.01
林茂 汇总		18,298.72	30,401.68	143,187.25	26,466.40	7,409.63	225,763.68
周林波	2018年	14,445.30	336.00	4,139.00		240.40	19,160.70
	2019年		6,261.34	46,538.11	4,154.57		56,954.02
	2020年			42,034.10	4,883.85		46,917.95
周林波 汇总		14,445.30	6,597.34	92,711.21	9,038.42	240.40	123,032.67
总计		35,802.84	38,422.02	283,028.11	52,169.60	8,166.03	417,588.60

图 32-60　字段排序前的数据透视表

步骤① 调出【数据透视表字段】列表。

步骤② 在【数据透视表字段】列表中单击【年】字段按钮，在展开的菜单中选择【上移】命令，如图 32-61 所示。

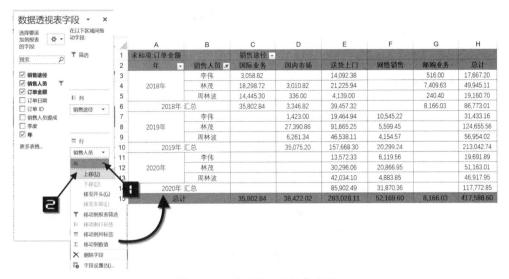

图 32-61 移动数据透视表字段

32.5.2 排序字段项

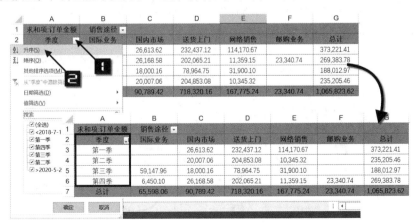

图 32-62 排序前的数据透视表

如果要对图 32-62 所示数据透视表中的行字段"季度"进行升序排列，可单击数据透视表中行字段"季度"的下拉按钮，在弹出的下拉列表中选择【升序】命令，如图 32-63 所示。

图 32-63 排序后的数据透视表

32.5.3 按值排序

如果要对图 32-63 所示数据透视表行字段"季度"中的"第一季"项按照品名的销售金额进行从左到右降序排列，请参照以下步骤。

步骤① 单击行字段"季度"中"第一季"项所在行的销售金额单元格（如 B3），在【数据】选项卡中单击【排序】按钮，弹出【按值排序】对话框。

步骤② 【按值排序】对话框中的【排序选项】选择【降序】，【排序方向】选择【从左到右】，单击【确定】按钮完成排序，如图 32-64 所示。

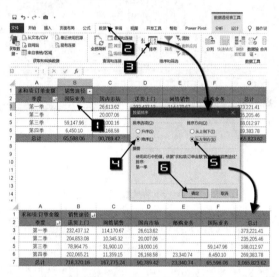

图 32-64　按值排序数据透视表

32.5.4 设置字段自动排序

Excel 在每次更新数据透视表时都可以进行自动排序。

步骤① 在数据透视表行字段上鼠标右击，在弹出的快捷菜单中选择【排序】→【其他排序选项】。

步骤② 在弹出的【排序】对话框中单击【其他选项】按钮。

步骤③ 在弹出的【其他排序选项】对话框中选中【自动排序】下的【每次更新报表时自动排序】复选框，单击【确定】按钮关闭【其他排序选项】对话框，再次单击【确定】按钮关闭【排序】对话框完成设置，如图 32-65 所示。

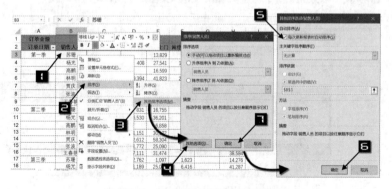

图 32-65　设置数据透视表自动排序

32.6　使用切片器筛选数据

在数据透视表中进行筛选后，如果需要查看是对哪些数据项进行了筛选，需要单击该字段的筛选按钮去查看，很不直观，如图 32-66 所示。

使用"切片器"功能，不仅能够对数据透视表字段进行筛选操作，还可以非常直观地在切片器内查看该字段的所有数据项信息，如图 32-67 所示。

	A	B	C
1	年份	(多项)	
2	用户名称	(多项)	
3			
4	产品规格	求和项 销售数量	求和项 销售额
5	CCS-128	2	420000
6	CCS-160	2	540000
7	MMS-120A4	1	145000
8	MMS-168A4	5	923000
9	SX-D-128	3	465000
10	SX-D-192	9	1033500
11	SX-D-256	1	155000
12	SX-G-128	1	78000
13	总计	24	3759500

图 32-66　处于筛选状态下的数据透视表

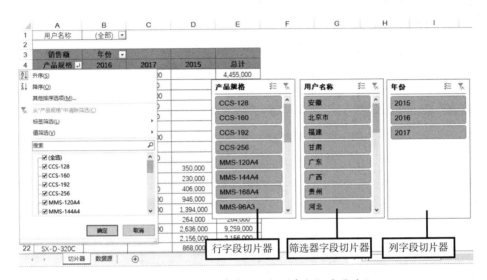

图 32-67　数据透视表字段下拉列表与切片器对比

数据透视表的切片器实际上就是以一种图形化的筛选方式，单独为数据透视表中的每个字段创建一个选取器，浮动于数据透视表之上。通过对选取器中的字段项进行筛选，实现了比字段下拉列表筛选按钮更加方便灵活的筛选功能。共享后的切片器还可以应用到其他的数据透视表中，在多个数据透视表数据之间架起了一座桥梁，轻松地实现多个数据透视表联动。切片器结构如图 32-68 所示。

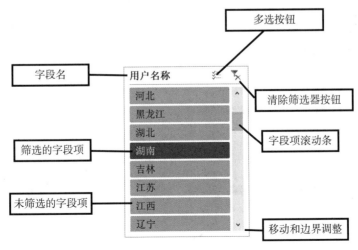

图 32-68　切片器结构

32.6.1　为数据透视表插入切片器

示例32-5　为数据透视表插入切片器

如果希望在图 32-69 所示的数据透视表中插入"年份"和
"用户名称"字段的切片器，可参照如下步骤。

步骤① 单击数据透视表中的任意单元格，在【数据透视表工
具】【分析】选项卡中单击【插入切片器】按钮，弹出
【插入切片器】对话框。

步骤② 在【插入切片器】对话框内分别选中"年份"和"用
户名称"字段名复选框，单击【确定】按钮，如图
32-70 所示。

图 32-69　数据透视表

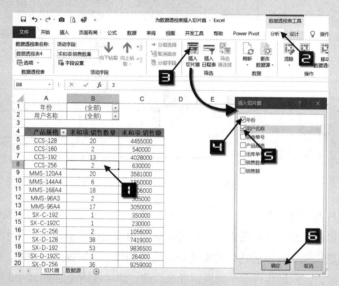

图 32-70　插入切片器

分别选择切片器【年份】和【用户名称】的字段项为"2017"和"广东"，数据透视表会立即显示
出筛选结果，如图 32-71 所示。

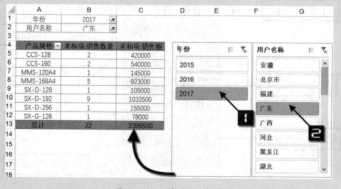

图 32-71　筛选切片器

此外，单击数据透视表任意单元格，在【插入】选项卡中单击【切片器】按钮，也可以调出【插入切片器】对话框，如图 32-72 所示。

图 32-72　【插入】选项卡中的【切片器】按钮

32.6.2　筛选多个字段项

单击切片器右上角的"多选"按钮 ⩩，可在列表中执行多项筛选，如图 32-73 所示。

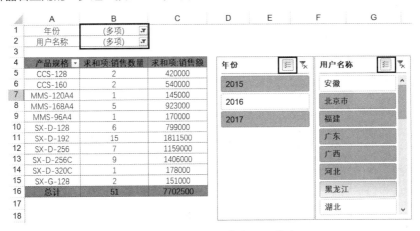

图 32-73　切片器的多字段项筛选

32.6.3　共享切片器实现多个数据透视表联动

图 32-74 所示的数据透视表是依据同一个数据源创建的不同分析角度的数据透视表，对页字段"年份"在各个数据透视表中分别进行不同的筛选后，数据透视表显示出相应的结果。

图 32-74　不同分析角度的数据透视表

示例32-6 多个数据透视表联动

使用同一数据源创建的多个数据透视表，能够通过切片器进行联动筛选。每当筛选切片器内的一个字段项时，多个数据透视表同时刷新，显示出同一筛选条件下的不同分析角度的数据信息，具体步骤如下。

步骤① 在任意一个数据透视表中插入"年份"字段的切片器。

步骤② 鼠标单击【年份】切片器的空白区域，在【切片器工具】【选项】选项卡中单击【报表连接】按钮调出【数据透视表连接(年份)】的对话框，分别选中"数据透视表2""数据透视表3"和"数据透视表4"的复选框，最后单击【确定】按钮完成设置，如图32-75所示。

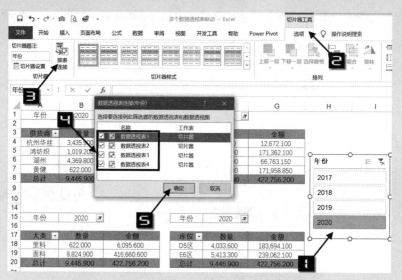

图 32-75 设置报表连接

在【年份】切片器内选择"2018"字段项后，所有数据透视表都显示出2018年的数据，如图32-76所示。

图 32-76 多个数据透视表联动

此外，在【年份】切片器的任意区域鼠标右击，在弹出的快捷菜单中选择【报表连接】命令，也可调出【数据透视表连接（年份）】对话框。

提示 → 共享切片器只能在使用相同数据源创建的多个数据透视表中实现连接。

32.6.4 清除切片器的筛选器

清除切片器筛选器的方法主要有以下几种。

❖ 单击切片器右上角的【清除筛选器】按钮。

❖ 单击切片器，按 <Alt+C> 组合键。

❖ 在切片器内鼠标右击，在弹出的快捷菜单中选择【从"字段名"中清除筛选器】命令，如图 32-77 所示。

32.6.5 删除切片器

在切片器内鼠标右击，在弹出的快捷菜单中选择【删除"字段名"】命令可以删除切片器，如图 32-78 所示。

此外，选中切片器，按下 <Delete> 键也可快速删除切片器。

图 32-77　清除筛选器

图 32-78　删除切片器

32.7　使用日程表筛选日期区间

对于数据源中存在的日期字段，可以在数据透视表中插入日程表，实现按年、季度、月和日的分析，类似数据透视表按日期的分组。

示例32-7　利用日程表分析各门店不同时期商品的销量

图 32-79 展示了某公司的各个门店不同上市日期各款商品的销售量，如果希望插入日程表进行数据分析，请参照以下步骤。

	A	B	C	D	E	F	G	H	I	J
1	商品名称	性别名称	风格名称	款式名称	上市日期	大类名称	季节名称	商店名称	颜色名称	数量
1460	金毛长大衣	女	现代	大衣	2013-8-2	夹衣	常年	门店18	红色	1
1461	香云纱团花男连半袖	男	中式传统	半袖衫衫	2016-4-5	单衣	夏	门店14	黄色	1
1462	香云纱女印花大半袖	女	中式传统	半袖衬衫	2016-4-5	单衣	春	门店21	兰点	1
1463	香云纱女小花大半袖	女	中式传统	半袖衬衫	2016-3-18	单衣	春	门店9	红色	1
1464	香云纱女小花大半袖	女	中式传统	半袖衬衫	2016-3-18	单衣	春	门店14	红色	1
1465	香云纱女小花大半袖	女	中式传统	半袖衬衫	2016-3-18	单衣	春	门店15	红色	1
1466	香云纱女小花大半袖	女	中式传统	半袖衬衫	2016-3-18	单衣	春	门店21	紫色	1
1467	香云纱女小花大半袖	女	中式传统	半袖衬衫	2016-3-18	单衣	春	门店21	红花	1
1468	香云纱女小花大半袖	女	中式传统	半袖衬衫	2016-3-18	单衣	春	门店24	红色	1
1469	香云纱男便服裤	男	中式传统	长裤	2015-6-23	下装	夏	门店3	黑色	1
1470	香云纱男便服裤	男	中式传统	长裤	2015-6-23	下装	夏	门店25	黑色	1
1471	香云纱男半袖(连袖)	男	中式传统	半袖衬衫	2015-6-23	单衣	夏	门店25	黑色	1
1472	高档双铺双盖	其他	中式传统	特色棉服	2015-6-23	服配	常年	门店2	黄色	1
1473	高档双铺双盖	其他	中式传统	特色棉服	2015-6-23	服配	常年	门店19	黄色	1
1474	高档双铺双盖	其他	中式传统	特色棉服	2015-6-23	服配	常年	门店21	黄色	1
1475	高档双铺双盖	其他	中式传统	特色棉服	2015-6-23	服配	常年	门店21	黄色	1
1476	高档男羊绒大衣	男	现代	大衣	2017-9-23	夹衣	常年	门店3	兰色	1
1477	高档男羊绒大衣	男	现代	大衣	2017-9-23	夹衣	常年	门店5	兰色	1

图 32-79　各门店不同时期商品的销量

步骤① 首先创建如图 32-80 所示的数据透视表。

	A	B	C	D	E
1	求和项:数量	列标签			
2	行标签	单衣	夹衣	下装	总计
3	门店1		1		1
4	门店10		1		1
5	门店11	1	1		2
6	门店14		1		1
7	门店15		1		1
8	门店16			2	2
9	门店17	2			2
10	门店2			3	3
11	门店22	1	1		2
12	门店4		1		1
13	门店5		2		2
14	门店6		1	2	3
15	门店7	1			1
16	门店8			2	2
17	门店9	1			1
18	总计	6	10	9	25

图 32-80　创建数据透视表

步骤② 单击数据透视表中的任意单元格，在【数据透视表工具】【分析】选项卡中单击【插入日程表】按钮，在弹出的【插入日程表】对话框中选中日期字段"上市日期"复选框，最后单击【确定】按钮，如图 32-81 所示。

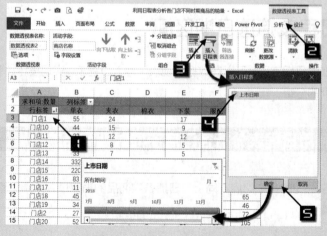

图 32-81　插入日程表操作

步骤③ 单击【上市日期】日程表的"月"下拉按钮,在下拉列表中选择"年",即可变为按年显示的日程表。同时,分别单击"2017"和"2018"年份项可以得到不同上市日期下各门店各款货品的销量,如图 32-82 所示。

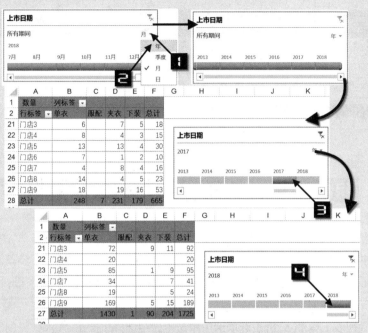

图 32-82　查看不同上市日期下各门店各款货品的销量

此外,单击【上市日期】日程表的"年"下拉按钮,在下拉列表中选择"季度"或"月""日",可以得到不同上市季度和日期下各门店各款货品的销量,如图 32-83 所示。

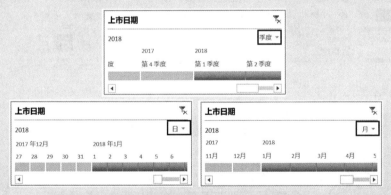

图 32-83　按不同时段进行统计

32.8　数据透视表的项目组合

使用数据透视表的分组功能,通过对数字、日期、文本等不同数据类型的数据项采取多种分组方式,增强了数据透视表分类汇总的适用性。

32.8.1　组合数据透视表的指定项

订单金额	销售人员							
销售途径	苏珊	杨光	高鹏	林明	贾庆	张波	王春艳	总计
国际业务	8,795	8,624	3,059	18,299	10,780	14,445	1,597	65,598
国内市场	4,235	16,610	1,423	30,402	23,681	6,597	7,841	90,789
送货上门	51,456	124,045	47,130	143,187	173,558	92,711	86,232	718,320
网络销售	7,753	26,795	16,665	26,466	61,068	9,038	19,989	167,775
邮购业务	288	6,426	516	7,410	7,157	240	1,303	23,341
总计	72,528	182,500	68,792	225,764	276,244	123,033	116,963	1,065,824

图 32-84　组合前的数据透视表

示例32-8　组合数据透视表的指定项

如果用户希望在图 32-84 所示的数据透视表中，将销售途径为"国内市场""送货上门""网络销售""邮购业务"的所有销售数据组合在一起，并称为"国内业务"，可参考以下步骤。

步骤① 在数据透视表中同时选中"国内市场""送货上门""网络销售""邮购业务"行字段项（如 A6：A9 单元格区域）。

步骤② 在【数据透视表工具】【分析】选项卡中单击【分组选择】按钮。Excel 将创建新的字段标题，并自动命名为"销售途径 2"，并且将选中的项组合到新命名的"数据组 1"项中，如图 32-85 所示。

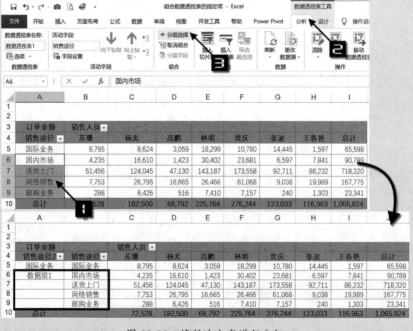

图 32-85　将所选内容进行分组

步骤③　单击"数据组 1"单元格，输入新的名称"国内业务"，并对"销售途径 2"字段进行分类汇总
如图 32-86 所示。

	A	B	C	D	E	F	G	H	I	J
1										
2										
3	订单金额		销售人员							
4	销售途径2	销售途径	苏珊	杨光	高鹏	林明	贾庆	张波	王春艳	总计
5	国际业务	国际业务	8,795	8,624	3,059	18,299	10,780	14,445	1,597	65,598
6	国际业务 汇总		8,795	8,624	3,059	18,299	10,780	14,445	1,597	65,598
7	国内业务	国内市场	4,235	16,610	1,423	30,402	23,681	6,597	7,841	90,789
8		送货上门	51,456	124,045	47,130	143,187	173,558	92,711	86,232	718,320
9		网络销售	7,753	26,795	16,665	26,466	61,068	9,038	19,989	167,775
10		邮购业务	288	6,426	516	7,410	7,157	240	1,303	23,341
11	国内业务 汇总		63,733	173,876	65,733	207,465	265,465	108,587	115,366	1,000,226
12	总计		72,528	182,500	68,792	225,764	276,244	123,033	116,963	1,065,824

图 32-86　创建指定项的组合

32.8.2　数字项组合

对于数据透视表中的数值型字段，Excel 提供了自动组合功能，使用这一功能可以更方便地对数据
进行分组。

示例32-9　数字项组合数据透视表字段

如果用户希望将图 32-87 所示的数据透视表的"季度"字段按每两个季度分为一组，请参照以下
步骤。

	A	B	C	D	E	F	G	H	I
1	求和项:订单金额			销售途径					
2	销售人员	年份	季度	国际业务	国内市场	送货上门	网络销售	邮购业务	总计
3		2015	1			10,063	16,288		26,351
4			2			29,437			29,437
5		2016	1		408	17,478			17,886
6	周萍		2		6,530	6,764	2,632		15,926
7			3		920	25,059	6,416		32,395
8			4		1,335	26,850	1,459		29,644
9		2017	3	8,624	269				8,892
10			4		7,148	8,395		6,426	21,969
11	周萍 汇总			8,624	16,610	124,045	26,795	6,426	182,500
12		2015	1			8,246	5,074		13,320
13			2			3,861			3,861
14		2016	1			5,583			5,583
15	苏珊		2		831	12,893	520		14,245
16			3		2,762	1,097	1,623		5,482
17			4			14,980	536		15,516
18		2017	3	8,795					8,795
19			4		642	4,795		288	5,725
20	苏珊 汇总			8,795	4,235	51,456	7,753	288	72,528

图 32-87　组合前的数据透视表

步骤①　在数据透视表中的"季度"字段任意单元格鼠标右击，在弹出的快捷菜单中单击【组合】命令，
调出【组合】对话框，如图 32-88 所示。

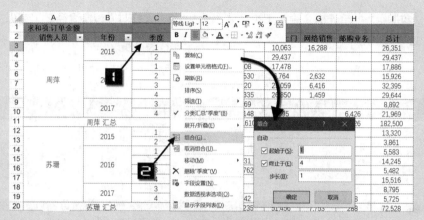

图 32-88　利用【组字段】分组

步骤② 在【组合】对话框中的【步长】文本框中输入"2"，单击【确定】按钮，完成设置，如图 32-89
所示。

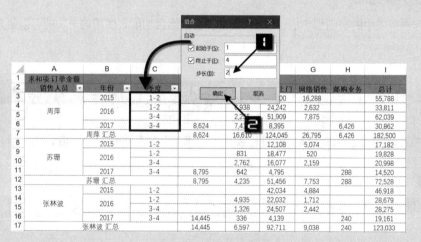

图 32-89　数字项组合

32.8.3　按日期或时间项组合

对于日期或时间型数据，数据透视表提供了更多的组合选项，可以按秒、分、小时、日、月、季度、
年等多种时间单位进行组合。

示例32-10　按日期或时间项组合数据透视表

图 32-90 所示的数据透视表显示了按订单日期统计的报表，如需对日期项进行分组，可参照以下
步骤。

	A	B	C	D	E	F	G	H	I
1	求和项:订单金额	销售人员							
2	订单日期	周萍	苏珊	张林波	张珊	唐彬	万春艳	吴爽	总计
3	2015-1-1		1,830						1,830
4	2015-1-2	315						2,943	3,258
5	2015-1-5	1,469			1,993	420			3,882
6	2015-1-6							1,193	1,193
7	2015-1-7		2,278				140		2,418
8	2015-1-8			852	191				1,043
9	2015-1-9	602							602
10	2015-1-12				1,693		833		2,526
11	2015-1-13				2,826	12,093			14,919
12	2015-1-14	1,031				5,465			6,496
13	2015-1-15	678							678
14	2015-1-16		238						238
15	2015-1-19	2,164							2,164

图 32-90　日期按原始项目排列的数据透视表

步骤① 单击数据透视表"订单日期"字段任意单元格，在【数据透视表工具】【分析】选项卡中单击【分组选择】按钮，弹出【组合】对话框，如图 32-91 所示。

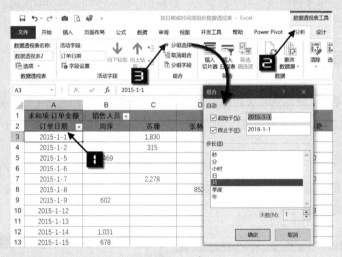

图 32-91　创建组

步骤② 在【组合】对话框中，保持起始和终止日期的默认设置，在【步长】列表框中同时选中"月"和"年"，单击【确定】按钮完成设置，如图 32-92 所示。

图 32-92　按日期项组合后的数据透视表

32.8.4　取消项目组合

如果用户不再需要已经创建好的某个组合，可以在组合字段上鼠标右击，在弹出的快捷菜单中选择【取消组合】命令，将字段恢复到组合前的状态。

32.8.5　组合数据时遇到的问题

当用户试图对一个日期或字段进行分组时，可能会得到一个错误信息警告，内容为"选定区域不能分组"，如图 32-93 所示。

导致分组失败的主要原因：一是组合字段的数据类型不一致；二是日期数据格式不正确；三是数据源引用失效。用户可以参阅以下方案解决这些问题。

图 32-93　选定区域不能分组

- ❖ 日期字段中包含文本内容。
- ❖ 日期数据格式不正确。检查修改数据源中日期字段的格式，然后刷新数据透视表。
- ❖ 数据源引用失效。更改数据透视表的数据源，重新划定数据透视表的数据区域。

32.9　在数据透视表中执行计算

在默认状态下，Excel 数据透视表对值区域中的数值字段使用求和方式汇总，对非数值字段则使用计数方式汇总。除此之外，数据透视表还提供了包括"平均值""最大值""最小值"和"乘积"等多种汇总方式。

如果要设置汇总方式，可在数据透视表数据区域相应字段的单元格上（如 B5）鼠标右击，在弹出的快捷菜单中单击【值字段设置】，弹出【值字段设置】对话框，选择要采用的汇总方式，最后单击【确定】按钮完成设置，如图 32-94 所示。

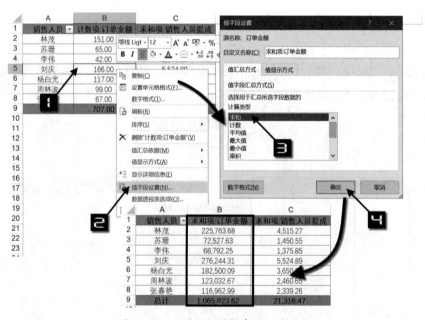

图 32-94　设置数据透视表值汇总方式

此外，也可以在弹出的右键快捷菜单中选择【值汇总依据】→选择要采用的汇总方式，如图 32-95 所示。

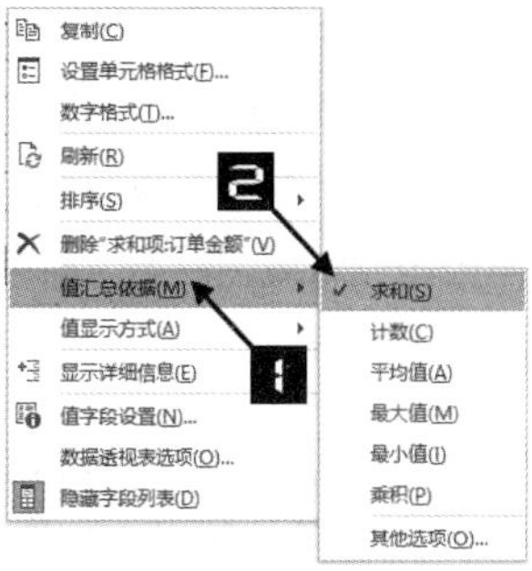

32.9.1　对同一字段使用多种汇总方式

在【数据透视表字段】列表内将该字段多次添加进数据透视表的数值区域中，并利用【值字段设置】对话框分别选择不同的汇总方式，可以对数值区域中的同一个字段同时使用多种汇总方式。

32.9.2　自定义数据透视表的数据显示方式

图 32-95　设置数据透视表值汇总方式

在右键快捷菜单中设置值显示方式，能够实现更多的计算要求。例如，显示数据透视表的数据区域中每项占同行或同列数据总和的百分比，或显示每个数值占总和的百分比等。

有关数据透视表值显示方式的简要说明，如表 32-2 所示。

表 32-2　值显示方式描述

选项	功能描述
无计算	数值区域字段显示为数据透视表中的原始数据
全部汇总百分比	数值区域字段分别显示为每个数值项占所有项总和的百分比
列汇总百分比	数值区域字段显示为每个数值项占该列所有项总和的百分比
行汇总百分比	数值区域字段显示为每个数值项占该行所有项总和的百分比
百分比	以选定的参照项为 100%，其余项基于该项的百分比
父行汇总的百分比	在多个行字段的前提下，以上一级行字段的汇总为 100%，计算每个数值项的百分比
父列汇总的百分比	在多个列字段的前提下，以上一级列字段的汇总为 100%，计算每个数值项的百分比
父级汇总的百分比	在多个行或列字段的前提下，某项数据占指定的某个行列字段总和的百分比
差异	数值区域字段与指定的基本字段和基本项的差值
差异百分比	数值区域字段显示为与基本字段项的差异百分比
按某一字段汇总	根据选定的某一字段进行汇总
按某一字段汇总的百分比	数值区域字段显示为基本字段项的汇总百分比
升序排列	数值区域字段显示为按升序排列的序号
降序排列	数值区域字段显示为按降序排列的序号
指数	使用公式：((单元格的值)×(总体汇总之和))/((行汇总)×(列汇总))

32.9.3　在数据透视表中使用计算字段和计算项

数据透视表创建完成后，不允许手工更改或移动数据透视表中的任何区域，也不能在数据透视表中直接插入单元格或添加公式进行计算。如果需要在数据透视表中执行自定义计算，必须使用"添加计算字段"或"添加计算项"功能。

计算字段是通过对数据透视表中现有的字段执行计算后得到的新字段。

计算项是在数据透视表的现有字段中插入新的项，通过对该字段的其他项执行计算后得到该项的值。

计算字段和计算项可以对数据透视表中的现有数据（包括其他的计算字段和计算项生成的数据）及指定的常数进行运算，但无法引用数据透视表之外的工作表数据。

○ I 创建计算字段

示例32-11 创建销售人员提成计算字段

图 32-96 展示了一张由销售订单数据列表所创建的数据透视表，如果希望根据销售人员业绩计算奖金提成，可以通过添加计算字段的方法来完成，操作步骤如下。

步骤① 单击数据透视表列字段下的任意单元格（如 A6），在【数据透视表工具】【分析】选项卡中依次单击【字段、项目和集】→【计算字段】命令，打开【插入计算字段】对话框。

步骤② 在【插入计算字段】对话框的【名称】编辑框内输入"销售人员提成"，将光标定位

到【公式】编辑框中，清除原有的数据"=0"。双击【字段】列表框中的"订单金额"字段，然后输入"*0.02"（销售人员的提成按 2% 计算），得到计算"销售人员提成"的计算公式，如图32-97 所示。

	A	B	C	D	E
1	销售途径	销售人员	订单金额	订单日期	订单 ID
2	国际业务	李伟	440	2018-7-16	10248
3	国际业务	苏珊	1863.4	2018-7-10	10249
4	国际业务	林茂	1552.6	2018-7-12	10250
5	国际业务	刘庆	654.06	2018-7-15	10251
6	国际业务	林茂	3597.9	2018-7-11	10252
7	国际业务	刘庆	1444.8	2018-7-16	10253
8	国际业务	李伟	556.62	2018-7-23	10254
9	国际业务	刘庆	2490.5	2018-7-15	10255
10	国际业务	刘庆	517.8	2018-7-17	10256

	A	B
1	销售人员	求和项:订单金额
2	林茂	225,763.68
3	苏珊	72,527.63
4	李伟	68,792.25
5	刘庆	276,244.31
6	杨白光	182,500.09
7	周林波	123,032.67
8	张春艳	116,962.99
9	总计	1,065,823.62

图 32-96　需要创建计算字段的数据透视表

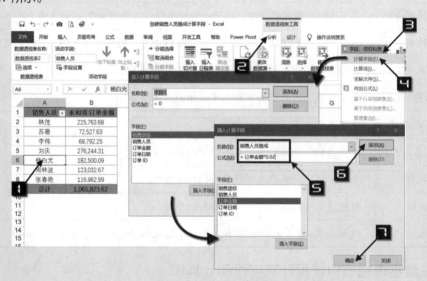

图 32-97　插入计算字段

步骤③ 单击【添加】按钮，最后单击【确定】按钮关闭对话框。此时，数据透视表中新增了一个字段"销售人员提成"，如图 32-98 所示。

	A	B	C
1	销售人员 ▼	求和项:订单金额	求和项:销售人员提成
2	林茂	225,763.68	4,515.27
3	苏珊	72,527.63	1,450.55
4	李伟	68,792.25	1,375.85
5	刘庆	276,244.31	5,524.89
6	杨白光	182,500.09	3,650.00
7	周林波	123,032.67	2,460.65
8	张春艳	116,962.99	2,339.26
9	总计	1,065,823.62	21,316.47
10			

图 32-98 添加计算字段后的数据透视表

⊃ Ⅱ 添加计算项

示例32-12 通过添加计算项计算预算差额分析

图 32-99 展示了一张由费用预算额与实际发生额明细表创建的数据透视表，在这张数据透视表的列区域中是"费用属性"字段，其中包含"实际发生额"和"预算额"两个项目。如果希望得到各个科目费用的"实际发生额"与"预算额"之间的差异，可以通过添加计算项的方法来完成。

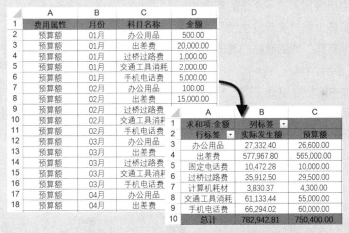

图 32-99 需要创建自定义计算项的数据透视表

步骤① 单击数据透视表列区域的字段标题单元格（如 C2），在【数据透视表工具】【分析】选项卡中依次单击【字段、项目和集】→【计算项】命令，打开【在"费用属性"中插入计算字段】对话框。

步骤② 在【在"费用属性"中插入计算字段】对话框内的【名称】编辑框中输入"差额"，把光标定位到【公式】框中，清除原有的数据"=0"，单击【字段】列表框中的【费用属性】选项，接着双击右侧【项】列表框中的"实际发生额"选项，然后输入减号"-"，再双击【项】列表框中的"预算额"选项，得到计算"差额"的公式，如图 32-100 所示。

32章

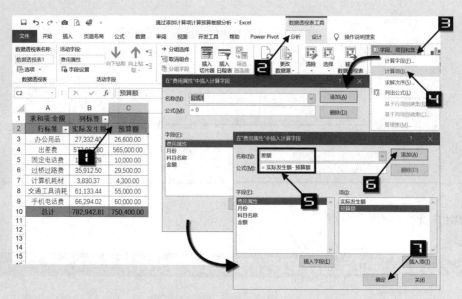

图 32-100　添加"差额"计算项

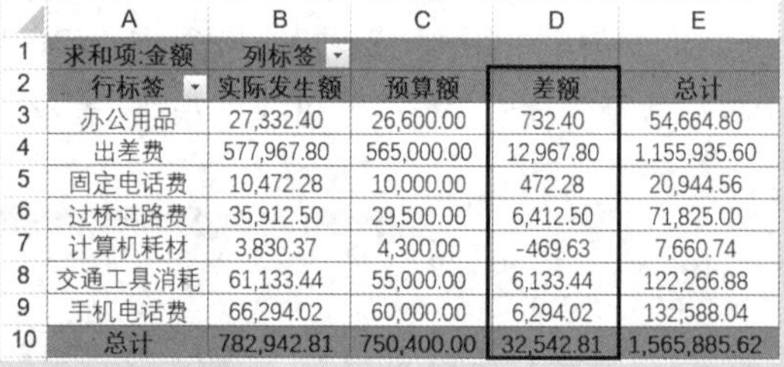

步骤③ 单击【添加】按钮，最后单击【确定】按钮关闭对话框。此时数据透视表的列字段区域中已经插入了一个新的项目"差额"，其数值就是"实际发生额"项的数据与"预算额"项的数据的差值，如图 32-101 所示。

求和项:金额	列标签			
行标签	实际发生额	预算额	差额	总计
办公用品	27,332.40	26,600.00	732.40	54,664.80
出差费	577,967.80	565,000.00	12,967.80	1,155,935.60
固定电话费	10,472.28	10,000.00	472.28	20,944.56
过桥过路费	35,912.50	29,500.00	6,412.50	71,825.00
计算机耗材	3,830.37	4,300.00	-469.63	7,660.74
交通工具消耗	61,133.44	55,000.00	6,133.44	122,266.88
手机电话费	66,294.02	60,000.00	6,294.02	132,588.04
总计	782,942.81	750,400.00	32,542.81	1,565,885.62

图 32-101　添加"差额"计算项后的数据透视表

由于数据透视表中的行"总计"将汇总所有的行项目，包括新添加的"差额"项。因此其结果不再具有实际意义。可通过设置去掉"总计"列。

步骤④ 在数据透视表的"总计"列上鼠标右击，在弹出的快捷菜单中单击【删除总计】命令，完成后的数据透视表如图 32-102 所示。

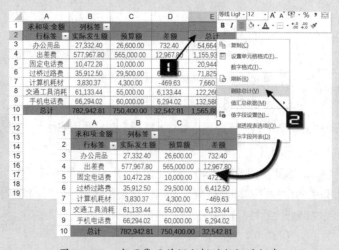

图 32-102　实现费用差额分析的数据透视表

添加计算项时，需要先单击选中对应字段中某一项，否则添加计算项按钮为灰色不可用状态。

32.10　使用透视表函数获取数据透视表数据

　　GETPIVOTDATA 函数用来返回存储在数据透视表中的数据，如果数据透视表中的汇总数据可见，可以使用 GETPIVOTDATA 函数从中检索相关数据。

　　该函数的语法如下：

```
GETPIVOTDATA(data_field, pivot_table, [field1, item1, field2, item2], ...)
```

　　其中参数 data_field 表示包含要检索数据的字段名称，其格式必须是以成对双引号输入的文本字符串。

　　参数 pivot_table 用于引用数据透视表中的单元格。

　　参数 field1，item1，field2，item2 可以是单元格引用或常量文本字符串，主要用于描述检索数据字段名称及项的名称。

　　注意　如果参数为数据透视表中不可见或不存在的字段，则 GETPIVOTDATA 函数将返回错误值 #REF!。

 使用GETPIVOTDATA函数从数据透视表中检索相关数据

　　图 32-103 是一张销售数据汇总透视表，反映的是三个城市 2020 年 10 月份两天的分品种的销售金额和销售量汇总情况。

	A	B	C	D	E	F	G	H
1	销售门店	品种	日期	求和项:数量	求和项:金额			
2		新中式服	2020-10-2	900	4,905		1、销售总量	41,200
3		连衣裙	2020-10-1	3600	22,608		2、黄章店销售金额	129,335
4			2020-10-2	2400	15,072		3、龙湾店2020年10月2日连衣	1,800
5	苍南店	套服	2020-10-2	900	5,976		裙的销售量	
6			2020-10-1	700	4,648			
7		绣花旗袍	2020-10-1	600	3,558		4、连衣裙的销售总金额	#REF!
8			2020-10-2	100	593			
9		苍南店 汇总		9200	57,360			
10		新中式服	2020-10-1	4800	26,160			
11		装	2020-10-2	2700	14,715			
12		连衣裙	2020-10-1	8200	51,496			
13	黄章店		2020-10-2	4300	27,004			
14		套服	2020-10-1	1000	6,640			
15			2020-10-2	500	3,320			
16		黄章店 汇总		21500	129,335			
17		新中式服	2020-10-1	2600	14,170			
18		装	2020-10-2	2500	13,625			
19	龙湾店	连衣裙	2020-10-1	2800	17,584			
20			2020-10-2	1800	11,304			
21		绣花旗袍	2020-10-1	500	2,965			
22			2020-10-2	300	1,779			
23		龙湾店 汇总		10500	61,427			
24		总计		41200	248,122			

图 32-103　使用透视表函数获取数据透视表中的数据并计算

用户可以根据需要，从这张数据透视表中获取相关信息。

1. 要获取销售总量的数据 41200，可在 H2 单元格中输入以下公式：

=GETPIVOTDATA(" 求和项：数量 ",$A$1)

公式中仅指定检索字段 data_field，GETPIVOTDATA 函数将直接返回该字段的汇总数。

2. 要获取黄章店的销售金额，可在 H3 单元格输入以下公式：

=GETPIVOTDATA(" 求和项：金额 ",$A$1," 销售门店 "," 黄章店 ")

该公式返回"销售门店"字段中项目为"黄章店"的金额汇总数。

3. 要获取龙湾店 2020 年 10 月 2 日的连衣裙销售量，可在 H4 单元格输入以下公式：

=GETPIVOTDATA(" 求和项：数量 ",$A$1," 品种 "," 连衣裙 "," 销售门店 "," 龙湾店 ",
" 日期 ",DATE(2020,10,2))

> **提示**
>
> 日期数据除了用 Date 函数计算得到外，还可以用 1*"2020-10-2" 的形式输入。

32.11　创建动态数据源的数据透视表

用户创建数据透视表后，如果数据源增加了新的行或列，即使刷新数据透视表，新增的数据仍无法出现在数据透视表中。通过为数据源定义名称或使用数据列表功能，能够为数据透视表提供可扩展的数据源。

32.11.1　定义名称法创建数据透视表

示例32-14 定义名称法创建动态扩展的数据透视表

	A	B	C	D	E	F	G	H
1	销售地区	销售人员	品名	数量	单价￥	销售金额￥	销售年份	销售季度
58	山东	何庆	跑步机	2	2200	4400	2016-2-10	1
59	山东	何庆	跑步机	42	2200	92400	2016-2-10	2
60	山东	何庆	显示器	44	1500	66000	2016-2-10	3
61	山东	杨光	液晶电视	27	5000	135000	2016-2-10	1
62	山东	杨光	显示器	52	1500	78000	2016-2-10	2
63	山东	杨光	微波炉	69	500	34500	2016-2-10	3
64	山东	杨光	显示器	91	1500	136500	2016-2-10	4
65	山东	杨光	液晶电视	60	5000	300000	2016-2-10	3
66	山东	杨光	显示器	14	1500	21000	2016-2-10	4
67	上海	林茂	微波炉	36	500	18000	2016-2-10	2
68	上海	林茂	显示器	42	1500	63000	2016-2-10	3
69	上海	林茂	液晶电视	1	5000	5000	2016-2-10	2
70	上海	林茂	显示器	71	1500	106500	2016-2-10	3
71	上海	林茂	微波炉	24	500	12000	2016-2-10	4
72	上海	林茂	跑步机	82	2200	180400	2016-2-10	1
73	上海	林茂	跑步机	17	2200	37400	2016-2-10	2
74	上海	林茂	跑步机	79	2200	173800	2016-2-10	1
75	上海	林茂	显示器	15	1500	22500	2016-2-10	4

图 32-104　销售明细表

在图 32-104 所示的销售明细表中定义名称"data"，公式为：

```
=OFFSET（销售明细表!$A$1,0,0,COUNTA（销售明细表!$A:$A),COUNTA（销售明细
表!$1:$1))
```

有关定义名称的更多内容可以参阅 12.8.4。

将定义的名称范围应用于数据透视表的步骤如下。

步骤① 单击"销售明细表"中任意一个有效数据单元格（如 A5），依次单击【插入】→【数据透视表】按钮，在弹出【创建数据透视表】对话框中【表/区域】编辑框中输入已经定义的名称"data"，单击【确定】按钮，如图 32-105 所示。

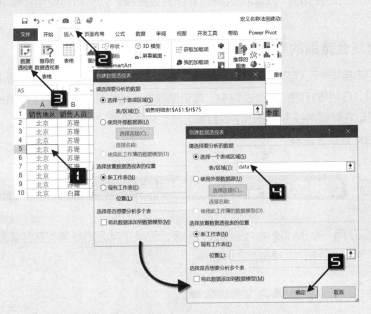

图 32-105　将定义的名称用于数据透视表

步骤② 向数据透视表中添加字段，完成布局设置。

现在，用户可以向作为数据源的销售明细表中添加一些新记录，如新增一条"销售地区"为"天津""销售人员"为"杨彬"的记录，通过右键快捷菜单【刷新】数据透视表，即可见到新增的数据记录，如图 32-106 所示。

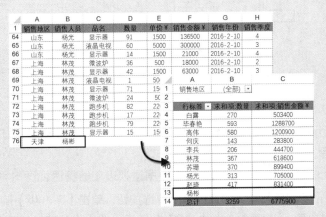

图 32-106　数据透视表中自动增添新数据

32.11.2 使用"表格"功能创建动态的数据透视表

利用表格的自动扩展特性可以创建动态的数据透视表，使用外部数据源创建的数据透视表，也都具有动态特性。

32.12 利用多种形式的数据源创建数据透视表

本节将讲述如何同时使用多个 Excel 数据列表作为数据源，以及如何使用外部数据源创建数据透视表。

32.12.1 创建复合范围的数据透视表

用户可以使用来自同一工作簿的不同工作表或不同工作簿中的数据，来创建数据透视表，前提是它们的结构完全相同。在创建好的数据透视表中，每个源数据区域均显示为页字段中的一项。使用页字段上的筛选按钮，可以在数据透视表中显示不同数据源的汇总结果。

⮩ Ⅰ 创建单页字段的数据透视表

示例32-15 创建单页字段的数据透视表

图 32-107 展示了同一个工作簿中的三张数据列表，记录了某公司业务人员各季度的销售数据，分别位于"1 季度""2 季度"和"3 季度"工作表中。

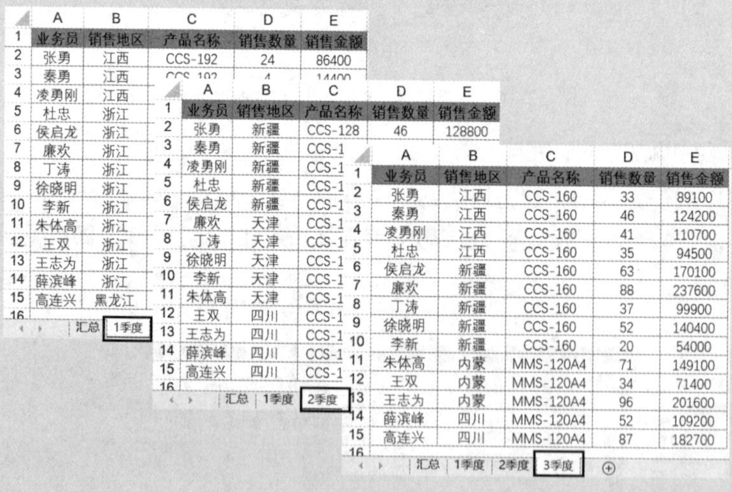

图 32-107 可以进行合并计算的同一工作簿中的 3 个工作表

要对图 32-107 所示的"1 季度""2 季度"和"3 季度"3 个数据列表进行合并计算并生成数据透视表，可以参照以下步骤。

步骤① 依次按下 <Alt>、<D> 和 <P> 键，调出【数据透视表和数据透视图向导 -- 步骤 1（共 3 步）】对话框，选中【多重合并计算数据区域】单选按钮，单击【下一步】按钮调出【数据透视表和数据透视图向导 -- 步骤 2a（共 3 步）】对话框，选中【创建单页字段】单选按钮，单击【下一步】按钮，如图 32-108 所示。

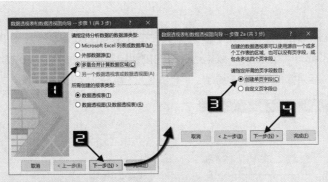

图 32-108　选择多重合并计算数据区域选项

步骤② 在弹出的【数据透视表和数据透视图向导—第 2b 步，共 3 步】对话框中单击【选定区域】文本框右侧的折叠按钮，使用鼠标选取"1 季度"工作表的 A1:E15 单元格区域，再次单击折叠按钮，【选定区域】文本框中出现了待合并的数据区域"'1 季度 '!$A$1:$E$15"，单击【添加】按钮，如图 32-109 所示。

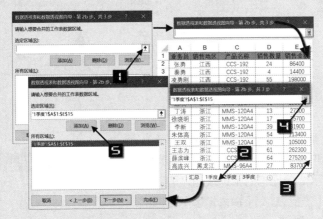

图 32-109　选定第一个数据区域

步骤③ 重复步骤 2 中的操作，将"2 季度""3 季度"工作表中的数据列表依次添加到"所有区域"列表中，如图 32-110 所示。

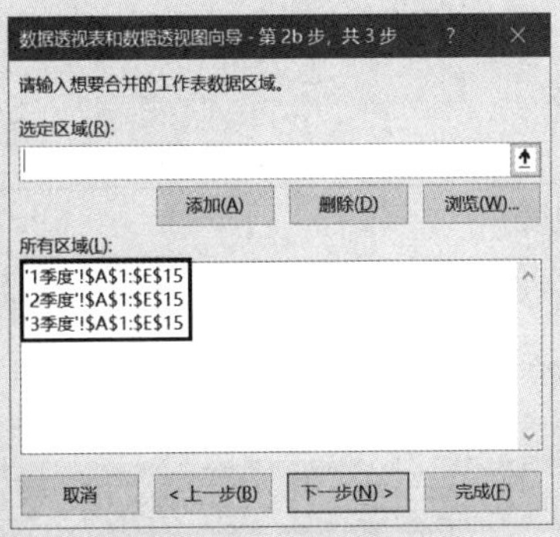

图 32-110　选定数据区域

注意

在指定数据区域进行合并计算时，要包括待合并数据列表中的行标题和列标题，但是不要包括汇总数据，数据透视表会自动计算数据的汇总。

步骤④ 单击【下一步】按钮，在弹出的【数据透视表和数据透视图向导 -- 步骤 3（共 3 步）】对话框中选中【现有工作表】单选按钮，数据透视表的创建位置指定为"汇总 !$A$3"单元格，然后单击【完成】按钮，结果如图 32-111 所示。

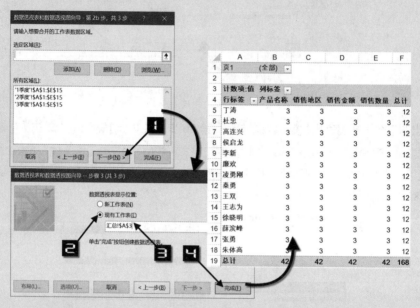

图 32-111　多重合并计算数据区域的数据透视表

步骤⑤ 在数据透视表"计数项：值"字段上鼠标右击，在弹出的快捷菜单中选择【值汇总依据】为【求和】。

步骤⑥ 单击"列标签"B3 单元格的筛选按钮，取消选中筛选列表中的【产品名称】【销售地区】复选框，然后单击【确定】按钮。

步骤⑦ 删除无意义的行总计后，套用自定义的数据透视表样式，最终完成的数据透视表如图 32-112 所示。

	A	B	C
1	页1	(全部) ▾	
2			
3	求和项：值	列标签 ▾	
4	行标签 ▾	销售金额	销售数量
5	丁涛	332400	107
6	杜忠	484100	151
7	高连兴	615600	211
8	侯启龙	638500	204
9	李新	449100	146
10	廉欢	678900	236
11	凌勇刚	571900	190
12	秦勇	379400	136
13	王双	288000	115
14	王志为	582700	190
15	徐晓明	222900	82
16	薛滨峰	431200	129
17	张勇	304300	103
18	朱体高	532500	200
19	总计	6511500	2200

图 32-112　去掉无意义的行"总计"

⊃ Ⅱ 创建自定义页字段的数据透视表

所谓创建"自定义"的页字段，就是事先为待合并的多重数据源命名，在将来创建好的数据透视表页字段的下拉列表中将会出现用户已经命名的选项。

示例32-16　创建自定义页字段的数据透视表

仍以图 32-107 所示的同一个工作簿中的三张数据列表为例，创建自定义页字段的数据透视表的方法与单页字段类似，区别在于步骤 2a 时，选中【自定义页字段】单选按钮，如图 32-113 所示。

在【数据透视表和数据透视图向导 - 第 2b 步，共 3 步】对话框中单击【选定区域】文本框中的折叠按钮,选定工作表"1 季度"的 A1:E15 单元格区域,单击【添加】按钮完成第一个合并区域的添加,选择"页字段数目"为"1",在【字段 1】下方的下拉列表框中输入"1 季度",如图 32-114 所示。

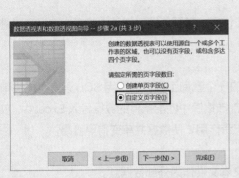

图 32-113　选中【自定义页字段】

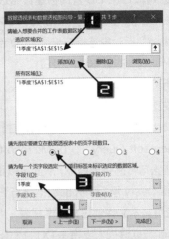

图 32-114　编辑自定义页字段

重复以上操作步骤,依次添加"2 季度""3 季度"工作表中的数据区域,分别将其命名为"2 季度""3 季度",完成后如图 32-115 所示。

单击【下一步】按钮,在弹出的【数据透视表和数据透视图向导 -- 步骤 3(共 3 步)】对话框中指定数据透视表的创建位置"汇总 !$A$3",然后单击【完成】按钮,创建完成的数据透视表的页字段选项中出现了自定义的名称"1 季度""2 季度""3 季度",便于用户筛选查看数据,如图 32-116 所示。

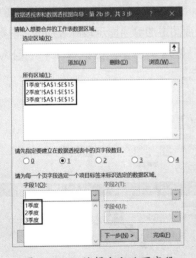

图 32-115　编辑自定义页字段

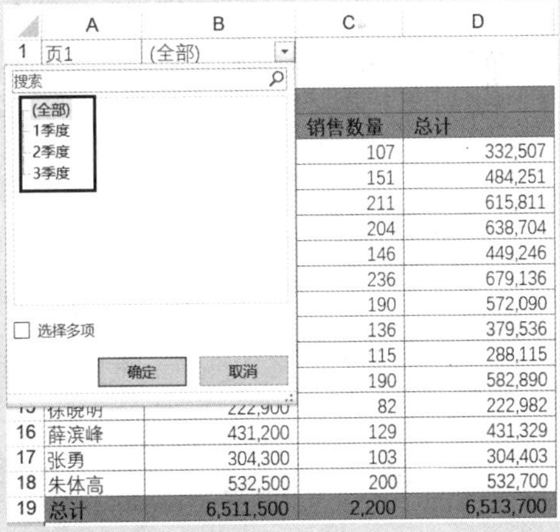

图 32-116　自定义页字段多重合并计算数据区域的数据透视表

⊃ III　创建多重合并计算数据区域数据透视表的限制

　　在创建多重合并计算数据区域的数据透视表时,Excel 会以各个待合并数据列表的第一列数据作为合并基准。即使子表需要合并的数据列有多个,创建后的数据透视表也只会选择第一列作为行字段,其他的列则作为列字段显示。

32.12.2 利用外部数据源创建数据透视表

◐ I 通过编辑 OLE DB 查询创建数据透视表

OLE DB 的全称是"Object Linking and Embedding Database"。其中,"Object Linking and Embedding"指对象连接与嵌入,"Database"指数据库。简单地说,OLE DB 是一种技术标准,目的是提供一种统一的数据访问接口。

运用"编辑 OLE DB 查询"技术,可以将不同工作表,甚至不同工作簿中的多个数据列表进行合并汇总生成动态的数据透视表。

◐ II Microsoft Query 做数据查询创建透视表

"Microsoft Query"是由 Microsoft Office 提供的一个查询工具。它使用 SQL 语言生成查询语句,并将这些语句传递给数据源,从而可以更精准地将外部数据源中匹配条件的数据导入 Excel 中。实际上,Microsoft Query 承担了外部数据源与 Excel 之间的纽带作用,使数据共享变得更容易。

◐ III 使用文本文件创建数据透视表

Excel 数据透视表支持 *.TXT、*.CSV 等格式的文本文件作为外部数据源。

◐ IV 使用 Microsoft Access 数据创建数据透视表

Microsoft Access 是一种桌面级的关系型数据库管理系统,Access 数据库可以直接作为外部数据源在 Excel 中创建数据透视表。

◐ V 在数据透视表中操作 OLAP

OLAP 英文全称为 On-Line Analysis Processing,其中文名称是联机分析处理。使用 OLAP 数据库的目的是提高检索数据的速度。因为在创建或更改表时,OLAP 服务器(而不是 Microsoft Excel)将计算汇总值,这样就只需要将较少数据传送到 Microsoft Excel 中。OLAP 数据库按照明细数据级别组织数据,采用这种分层的组织方法使得数据透视表和数据透视图更加容易显示较高级别的汇总数据。

在【数据】选项卡中单击【获取数据】的下拉按钮,依次单击【自数据库】→【自 Analysis Services】,弹出【数据连接向导】对话框,如图 32-117 所示。

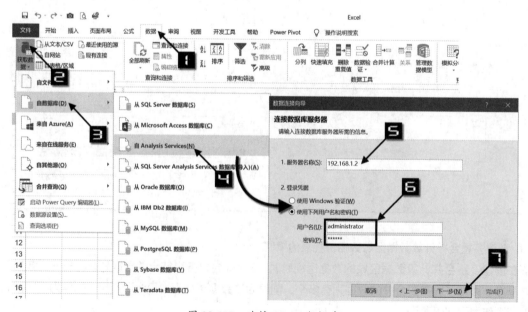

图 32-117 连接 OLAP 数据库

OLAP 数据库一般由数据库管理员创建并维护，服务器在安装 SQL Server 后还需安装 Analysis Service 服务选项，否则无法与服务器进行连接。连接数据库后，选择多维数据源即可创建数据透视表。

32.13 利用 Excel 数据模型进行多表分析

"Excel 数据模型"是在 Excel 2013 版本中新引入的功能，可以使用户在创建数据透视表过程中进行多表关联并获取强大的分析功能。

示例32-17 利用Excel数据模型创建多表关联的数据透视表

图 32-118 展示了某公司一定时期内的"成本数据"和"产品信息"数据列表，如果希望在"成本数据"表中引入"产品信息"表中的相关数据信息，请参阅以下步骤。

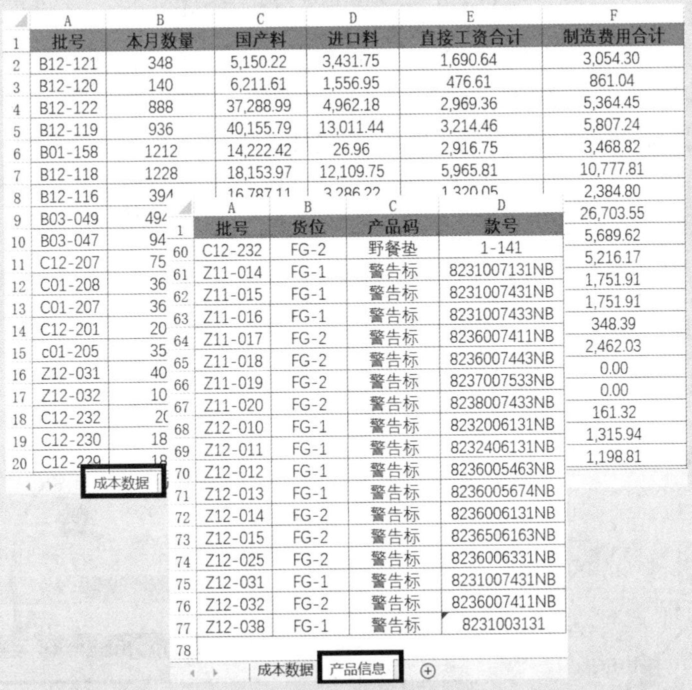

	A	B	C	D	E	F
1	批号	本月数量	国产料	进口料	直接工资合计	制造费用合计
2	B12-121	348	5,150.22	3,431.75	1,690.64	3,054.30
3	B12-120	140	6,211.61	1,556.95	476.61	861.04
4	B12-122	888	37,288.99	4,962.18	2,969.36	5,364.45
5	B12-119	936	40,155.79	13,011.44	3,214.46	5,807.24
6	B01-158	1212	14,222.42	26.96	2,916.75	3,468.82
7	B12-118	1228	18,153.97	12,109.75	5,965.81	10,777.81
8	B12-116	394	16,787.11	3,286.22	1,320.05	2,384.80
9	B03-049	494				26,703.55
10	B03-047	94				5,689.62
11	C12-207	75				5,216.17
12	C01-208	36				1,751.91
13	C01-207	36				1,751.91
14	C12-201	20				348.39
15	c01-205	35				2,462.03
16	Z12-031	40				0.00
17	Z12-032	10				0.00
18	C12-232	20				161.32
19	C12-230	18				1,315.94
20	C12-229	18				1,198.81

成本数据

	A	B	C	D
1	批号	货位	产品码	款号
60	C12-232	FG-2	野餐垫	1-141
61	Z11-014	FG-1	警告标	8231007131NB
62	Z11-015	FG-1	警告标	8231007431NB
63	Z11-016	FG-1	警告标	8231007433NB
64	Z11-017	FG-2	警告标	8236007411NB
65	Z11-018	FG-2	警告标	8236007443NB
66	Z11-019	FG-2	警告标	8237007533NB
67	Z11-020	FG-2	警告标	8238007433NB
68	Z12-010	FG-1	警告标	8232006131NB
69	Z12-011	FG-1	警告标	8232406131NB
70	Z12-012	FG-1	警告标	8236005463NB
71	Z12-013	FG-1	警告标	8236005674NB
72	Z12-014	FG-2	警告标	8236006131NB
73	Z12-015	FG-2	警告标	8236506163NB
74	Z12-025	FG-2	警告标	8236006331NB
75	Z12-031	FG-1	警告标	8231007431NB
76	Z12-032	FG-2	警告标	8236007411NB
77	Z12-038	FG-1	警告标	8231003131
78				

成本数据 产品信息 ⊕

图 32-118 数据列表

步骤① 选中"成本数据"表的任意单元格（如 A2），依次单击【插入】→【数据透视表】按钮，在弹出的【创建数据透视表】对话框内选中【将此数据添加到数据模型】复选框，最后单击【确定】按钮。在新创建的【数据透视表字段】列表内出现了数据模型"区域"，如图 32-119 所示。

步骤② 重复操作步骤 1，将"产品信息"表也添加到数据模型中，成为"区域 1"。

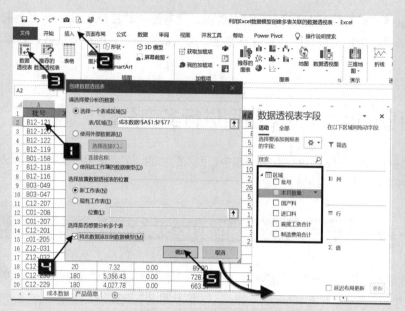

图 32-119　将此数据添加到数据模型

步骤③ 在【数据透视表字段】列表内切换到【全部】选项卡，单击【区域】按钮，分别选中"本月数量""国产料""进口料""直接工资合计""制造费用合计"字段的复选框，将数据添加进【∑ 值】区域，将"批号"字段拖动至【行】区域，如图 32-120 所示。

步骤④ 选中【区域1】中的"货位"字段，在弹出的【可能需要表之间的关系】提示框中单击【创建】按钮，在【创建关系】对话框中【表】选择"区域"，【列】选择"批号"；【相关表】选择"区域1"，【相关列】会自动带出"批号"，如图 32-121 所示。

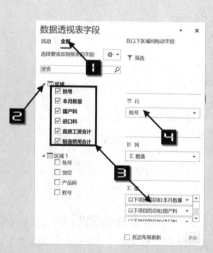

图 32-120　向"区域"添加数据透视表字段

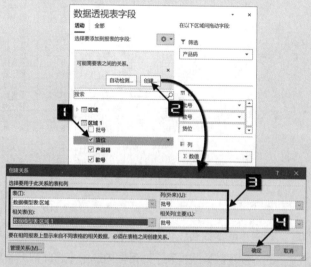

图 32-121　创建多表关系

步骤⑤ 单击【创建关系】对话框中的【确定】按钮后即可完成"成本数据"和"产品信息"在数据透视表中进行关联，将【区域1】中的"产品码"和"款号"字段依次添加进数据透视表的筛选区域和行区域，最终完成的数据透视表如图 32-122 所示。

	A	B	C	D	E	F	G	H
1	产品码	All						
2								
3	批号	货位	款号	本月数量	国产料	进口料	直接工资合计	制造费用合计
4	B01-158	FG-2	076-0705-4	1,212	14,222	27	2,917	3,469
5	B03-047	FG-1	076-0733-6	940	33,490	7,711	3,149	5,690
6	B03-049	FG-1	076-0705-4	4,940	86,011	47,402	14,781	26,704
7	B12-116	FG-3	076-0733-6	394	16,787	3,286	1,320	2,385
8	B12-118	FG-3	076-0837-0	1,228	18,154	12,110	5,966	10,778
9	B12-119	FG-3	076-0786-0	936	40,156	13,011	3,214	5,807
10	B12-120	FG-3	076-0734-4	140	6,212	1,557	477	861
11	B12-121	FG-3	076-0837-0	348	5,150	3,432	1,691	3,054
12	B12-122	FG-3	076-0732-8	888	37,289	4,962	2,969	5,364
13	C01-048	FG-3	SJM9700	504	3,550	552	484	874
14	C01-049	FG-3	SJM9700	504	3,620	552	484	874
15	C01-067	FG-3	SJM9700	500	4,179	402	482	871
16	C01-072	FG-3	SJM9700	504	3,622	552	484	874
17	C01-103	FG-3	38007002	140	2,876	1,130	332	600
18	C01-104	FG-3	38007002	160	3,289	1,321	379	686

图 32-122 多表关联的数据透视表

此外，如果在【创建数据透视表】对话框未选中【将此数据添加到数据模型】复选框，直接创建传统数据透视表后，在【数据透视表字段】列表内单击【更多表格】，在弹出的【创建新的数据透视表】对话框内单击【是】按钮也可以将数据添加到数据模型，具体操作如图 32-123 所示。

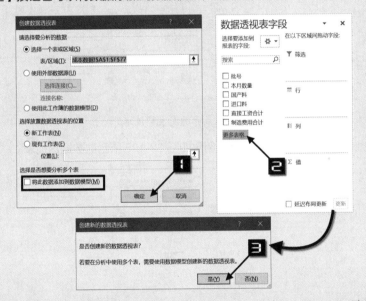

图 32-123 利用【数据透视表字段】列表内的"更多表格"添加数据模型

32.14 钻取数据透视表数据

将数据列表添加到数据模型创建数据透视表后，用户便可以实现对数据透视表的钻取，更加快速地进行不同统计视角的切换。

32.14.1 钻取到数据透视表某个字段

示例32-18 通过钻取数据透视表快速进行不同统计视角的切换

图 32-124 展示了某公司一定时期的费用发生额流水账，如果希望通过这张数据列表完成对数据透视表的数据钻取，请参照以下步骤。

	A	B	C	D	E	F
1	月	日	凭证号数	部门	科目划分	发生额
1027	12	14	记-0047	经理室	招待费	3,930.00
1028	12	14	记-0046	经理室	招待费	4,000.00
1029	12	04	记-0008	经理室	招待费	4,576.00
1030	12	20	记-0078	销售2部	出差费	5,143.92
1031	12	20	记-0077	销售2部	出差费	5,207.60
1032	12	07	记-0020	销售2部	出差费	5,500.00
1033	12	20	记-0096	销售2部	广告费	5,850.00
1034	12	07	记-0017	经理室	招待费	6,000.00
1035	12	20	记-0061	技改办	技术开发费	8,833.00
1036	12	12	记-0039	财务部	公积金	19,134.00
1037	12	27	记-0121	技改办	技术开发费	20,512.82
1038	12	19	记-0057	技改办	技术开发费	21,282.05
1039	12	03	记-0001	技改办	技术开发费	34,188.04
1040	12	20	记-0089	技改办	技术开发费	35,745.00
1041	12	31	记-0144	一车间	设备使用费	42,479.87
1042	12	31	记-0144	一车间	设备使用费	42,479.87
1043	12	04	记-0009	一车间	其他	62,000.00
1044	12	20	记-0068	技改办	技术开发费	81,137.00
1045						

图 32-124　费用发生额流水账

步骤① 将费用发生额流水账添加到数据模型并创建如图 32-125 所示的数据透视表。

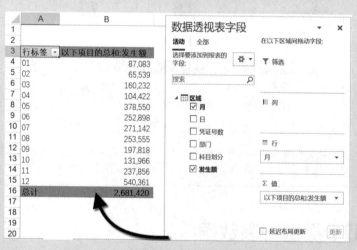

图 32-125　创建基于数据模型的数据透视表

步骤② 如果用户希望对 6 月份各部门的费用发生额进行快速统计，只需在数据透视表中选定"06"字段项，单击【快速浏览】按钮，在弹出的【浏览】对话框中依次单击【部门】→【钻取到部门】即可快速切换统计视角，如图 32-126 所示。

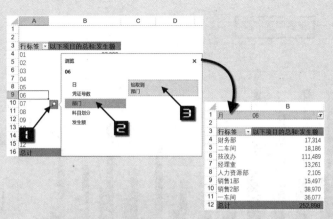

图 32-126 对指定月的数据进行部门钻取

32.14.2 向下或向上钻取数据透视表

使用【数据透视表工具】【分析】选项卡中的【向下钻取】和【向上钻取】按钮，可以用来对更加复杂的字段项进行钻取分析，如图 32-127 所示。

图 32-127 【向下钻取】和【向上钻取】按钮

提示

　　对于来自 Analysis Services 或联机分析处理 OLAP 的多维数据集文件创建的数据透视表，才能进行向下或向上钻取分析，否则【向下钻取】和【向上钻取】按钮呈灰色不可用状态。

32.15 创建数据透视图

数据透视图建立在数据透视表基础之上，以图形方式展示数据，使数据透视表更加生动。从另一个角度说，数据透视图也是 Excel 创建交互式图表的主要方法之一。

32.15.1 数据透视图术语

数据透视图不但具备数据系列、分类、数据标志、坐标轴等常规图表元素，还有一些特殊的元素，包括报表筛选字段、数据字段、系列图例字段、项、分类轴字段等，如图 32-128 所示。

用户可以像处理 Excel 图表一样处理数据透视图，包括改变图表类型，设置图表格式等。如果在数据透视图中改变字段布局，与之关联的数据透视表也会一起发生改变。同样，如果在数据透视表中改变字段布局，与之关联的数据透视图也会随之改变。

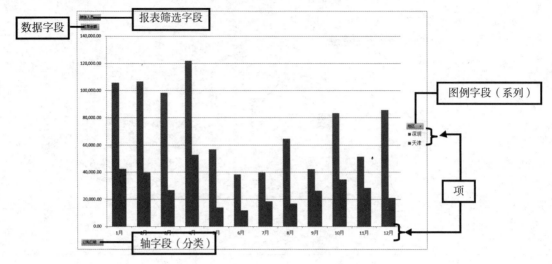

图 32-128 数据透视图的结构元素

32.15.2 数据透视图中的限制

相对于普通图表，数据透视图存在一些限制，了解这些限制将有助于用户更好地使用数据透视图。

❖ 不能使用某些特定图表类型，如不能使用散点图、股价图、气泡图等。

❖ 在数据透视表中添加、删除计算字段或计算项后，添加的趋势线会丢失。

❖ 无法直接调整数据标签、图表标题、坐标轴标题的大小，但可以通过改变字体的大小间接地进行调整。

32.15.3 创建数据透视图

示例32-19 创建数据透视图

图 32-129 所示的是一张已经创建完成的数据透视表，以这张数据透视表为数据源创建数据透视图的方法如下。

单击数据透视表中的任意单元格（如 A5），在【数据透视表工具】【分析】选项卡中单击【数据透视图】按钮，弹出【插入图表】对话框，依次单击【柱形图】→【簇状柱形图】，单击【确定】按钮，如图 32-130 所示。

生成的数据透视图如图 32-131 所示。

此外，单击数据透视表中的任意单元格（如 A5），在【插入】选项卡中依次单击【插入柱形图】→【簇状柱形图】，也可快速生成一张数据透视图，如图 32-132 所示。

	A	B	C	D
1	销售人员	(全部)		
2				
3	订单金额	列标签		
4	行标签	深圳	天津	总计
5	1月	105,950.88	42,447.15	148,398.03
6	2月	106,833.58	39,757.67	146,591.25
7	3月	98,280.58	26,763.31	125,043.89
8	4月	121,879.57	52,618.81	174,498.38
9	5月	56,918.27	13,989.30	70,907.57
10	6月	38,222.97	11,860.01	50,082.98
11	7月	39,579.11	18,676.10	58,255.21
12	8月	64,643.98	16,868.75	81,512.73
13	9月	42,171.99	26,365.44	68,537.43
14	10月	83,476.77	34,520.11	117,996.88
15	11月	51,442.59	28,461.42	79,904.01
16	12月	85,596.20	21,002.84	106,599.04

图 32-129 数据透视表

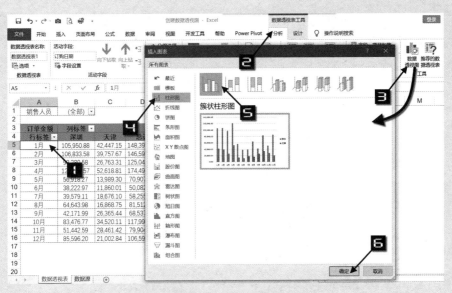

图 32-130　打开【插入图表】对话框

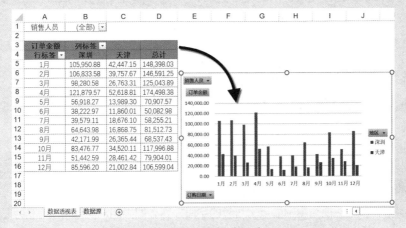

图 32-131　数据透视图

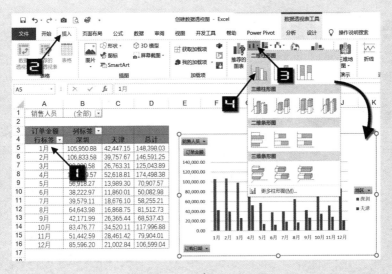

图 32-132　创建数据透视图

如果用户希望将数据透视图单独存放在一张工作表上，可以单击数据透视表中的任意单元格，然后按下 <F11> 键，即可创建一张数据透视图并存放在"Chart1"工作表中，如图 32-133 所示。

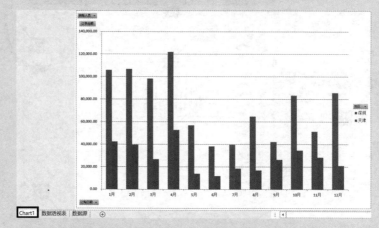

图 32-133 创建在"Chart1"工作表中的数据透视图

另外，还可以依次单击【插入】→【数据透视图】按钮，弹出和【创建数据透视表】类似的【创建数据透视图】对话框，用户根据提示操作即可。

32.15.4 显示或隐藏数据透视图字段按钮

数据透视图中的字段按钮能够方便用户对数据透视图进行条件筛选，显示或隐藏数据透视图字段按钮的方法如下。

单击数据透视图，在【数据透视图工具】【分析】选项卡中单击【字段按钮】命令，该命令图标分为上下两个部分，上半部是一个开关键，单击一次可以显示数据透视图中的字段按钮，再次单击则隐藏数据透视图中的字段按钮；该命令的下半部为复选按钮，单击后会打开下拉菜单，在下拉菜单中选中需要显示的字段类型，数据透视图中则显示出对应的字段按钮，如果用户需要将所有的字段按钮均隐藏起来，可以单击【全部隐藏】命令，如图 32-134 所示。

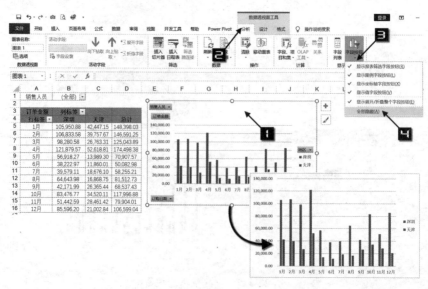

图 32-134 显示或隐藏数据透视图字段按钮

当用户只希望在数据透视表图中显示部分字段按钮，可以单击【字段按钮】下拉按钮，在下拉菜单中选择需要显示的字段按钮，未被选中的字段将不显示在数据透视图中，如图 32-135 所示。

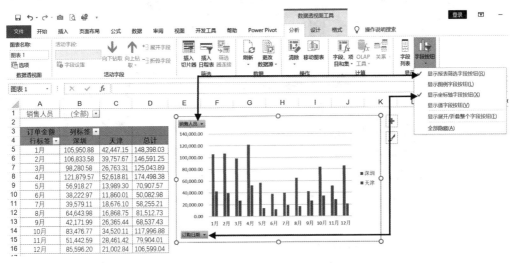

图 32-135　设置显示字段

32.15.5　使用切片器控制数据透视图

使用切片器能够对数据透视图进行便捷的筛选。

示例32-20　使用切片器控制数据透视图

如图 32-136 所示，使用"数据源"工作表为数据源，在"数据透视图"工作表中分别按客户和产品两个角度创建了数据透视图。

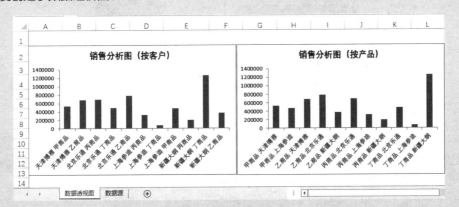

图 32-136　使用同一数据源创建的数据透视图

使用切片器控制多个数据透视图的操作方法如下。

步骤① 在"数据透视图"工作表中选中"销售分析图（按客户）"数据透视图，在【数据透视图工具】【分析】选项中单击【插入切片器】按钮，打开【插入切片器】对话框，选中【日期】复选框，单击【确定】按钮生成"日期"字段的切片器，如图 32-137 所示。

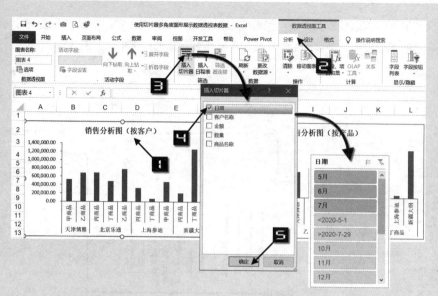

图 32-137　生成"日期"字段的切片器

步骤② 选中"切片器",在【切片器工具】【选项】选项卡中单击【报表连接】命令,打开【数据透视表连接(日期)】对话框,选中"数据透视表 2",单击【确定】按钮,用以创建"数据透视表 1"与"数据透视表 2"之间的连接,如图 32-138 所示。

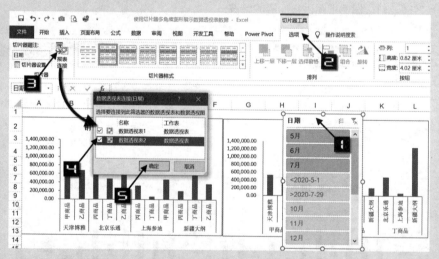

图 32-138　创建数据透视图连接

步骤③ 设置"日期"切片器的大小及显示外观。鼠标右击切片器,在快捷菜单中单击【切片器设置】命令,打开【切片器设置】对话框。选中【隐藏没有数据的项】复选框,单击【确定】按钮,如图 32-139 所示。

步骤④ 当在"日期"切片器中单击不同月份选项,两个数据透视图会同时发生相应的联动变化,效果如图 32-140 所示。

图 32-139　【切片器设置】对话框

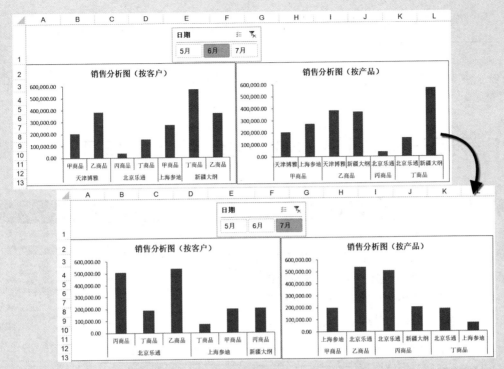

图 32-140 使用切片器控制两个数据透视图同步变化

第 33 章　使用 Power Map 展示地图数据

Power Map 最早是 Excel Power BI 的一个可视化地图展现工具，现在已经被整合为 Excel 2019 的内置功能。

33.1　利用三维地图创建 3D 可视化地图数据展现

示例33-1　利用Power Map创建3D地图可视化数据

图 33-1 展示了某公司在全国各地区的销售目标和实际完成情况数据列表，其中地区的具体位置采用了经纬度来表示，利用 Power Map（三维地图）创建 3D 可视化数据地图的步骤如下。

步骤① 单击数据区域的任意单元格（如 A2），在【插入】选项卡中依次单击【三维地图】→【打开三维地图】，弹出三维地图界面，如图 33-2 所示。

	A	B	C	D	E
1	地区	经度	纬度	销售目标	实际完成
2	合肥	117.27	31.86	3,500	2,300
3	北京	116.46	39.92	9,000	9,432
4	福州	119.3	26.08	2,390	3,592
5	兰州	103.73	36.03	1,788	4,870
6	广州	113.23	23.16	1,082	1,200
7	南宁	108.33	22.84	414	300
8	贵阳	106.71	26.57	7,020	6,909
9	海口	110.35	20.02	951	890
10	石家庄	114.48	38.03	921	1,000
11	郑州	113.65	34.76	4,456	5,000
12	哈尔滨	126.63	45.75	5,706	3,145
13	武汉	114.31	30.52	8,711	2,977
14	长沙	113	28.21	5,534	6,558
15	长春	125.35	43.88	4,326	5,382
16	南京	118.78	32.04	8,867	5,600
17	南昌	115.89	28.68	3,257	3,903
18	沈阳	123.38	41.8	5,779	3,626
19	呼和浩特	111.65	40.82	1,666	2,334
20	银川	106.27	38.47	7,774	9,270

图 33-1　三维地图的数据源

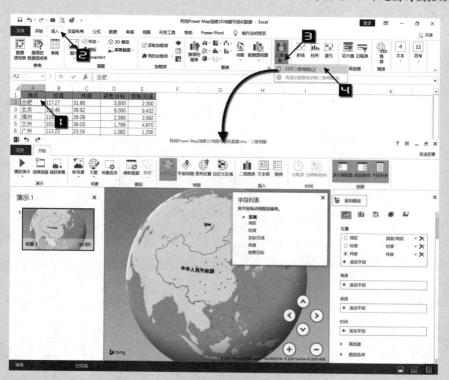

图 33-2　打开三维地图

步骤② 在【位置】区域，自动识别了【维度】字段为地理信息，在【高度】区域内，分别添加【销售目标】和【实际完成】字段创建默认的 3D 堆积柱形图，如图 33-3 所示。

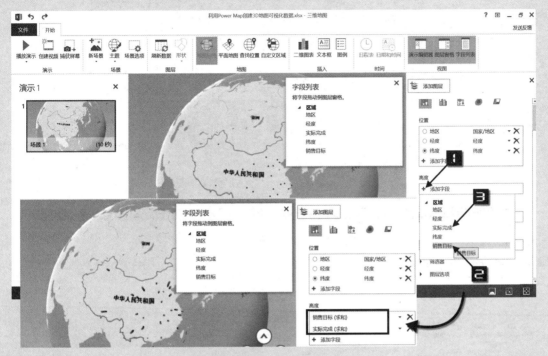

图 33-3　创建默认的 3D 堆积柱形图

　　如果在本例中使用【城市】用于匹配"数据列表"中地区的字段。用户必须给出地区中的具体城市名称，否则会出现【地图可信度报告】的可信度非 100%，甚至为 0，也就是说在 bing 地图上无法找到具体的地理位置，无法在地图上显示出结果，如图 33-4 所示。

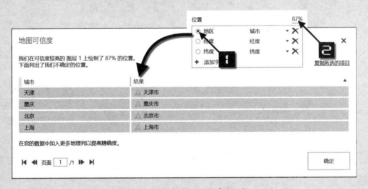

图 33-4　地图可信度报告

步骤③ 分别关闭【图例】【演示编辑器】和【图层窗格】并相应地调整 3D 地图微调按钮达到地图的最佳显示，如图 33-5 所示。

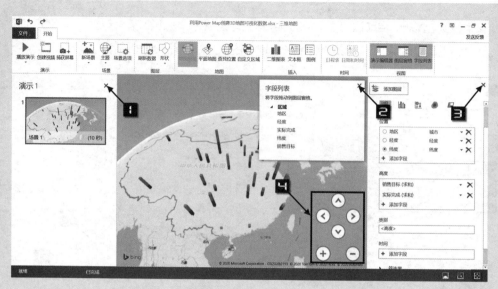

图 33-5　调整 3D 地图达到地图的最佳显示

步骤④ 调整后的 3D 地图如图 33-6 所示，单击地图上任意一个柱形图系列将会弹出该系列的相关信息。

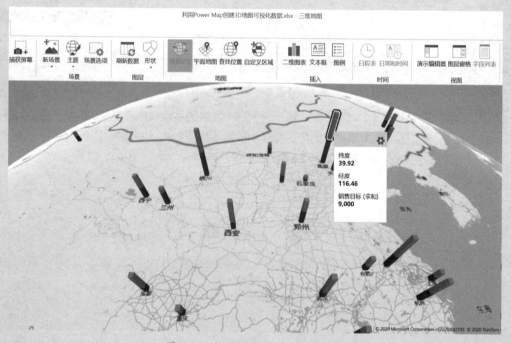

图 33-6　柱形图系列显示相关信息

步骤⑤ 在【开始】选项卡中单击【形状】的下拉按钮，在弹出的形状库中有"三角形""方形""圆形""五边形"和"星形"可供选择。本例选择"圆形"，将堆积柱形图的形状由"方形"改为"圆形"，如图 33-7 所示。

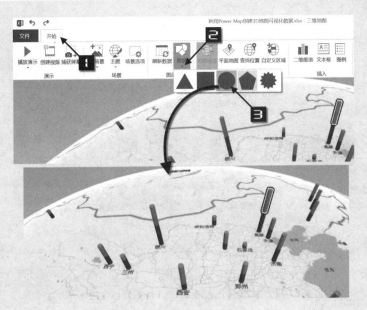

图 33-7　改变堆积柱形图的形状

步骤⑥ 单击【图层窗格】按钮打开【图层窗格】对话框，在【图层选项】选项中，可以根据视觉需要调整柱形图的【不透明度】【高度】和【厚度】，同时还可以在【颜色】的下拉列表中选择相应的系列改变其显示颜色，如图 33-8 所示。

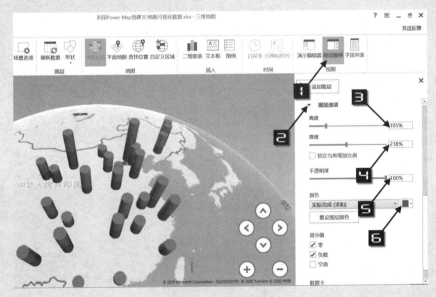

图 33-8　调整柱形图

　　添加不同演示场景：Power Map 允许在同一张数据地图使用多个场景，每个场景可以进行独立的地图效果设置，场景之间互不影响。

　　另外，在将来的"演示"过程中，不同的场景会依次播放，就如电影的情节展开一样。

步骤⑦ 单击【新场景】按钮添加"场景 2"，选中"场景 2"，在【图层窗格】对话框中单击【数据】选项，选择【将可视化更改为簇状柱形图】图标，将 3D 地图的数据显示为簇状柱形图，如图 33-9示。

图 33-9　添加场景

步骤⑧ 重复操作步骤 7 继续添加"场景 3"和"场景 4"，并将"场景 3"的可视化效果更改为"气泡图"，"场景 4"的可视化效果更改为"热度地图"，同时，单击【平面地图】按钮，将 3D 地图改为平面地图，在【图层选项】中调整视觉效果，如图 33-10 所示。

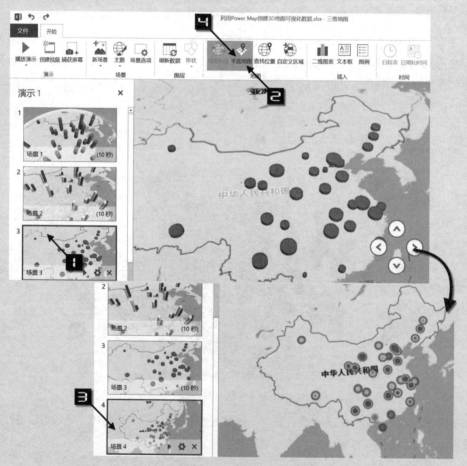

图 33-10　将 3D 地图改为平面地图

步骤⑨ 添加 4 个演示场景后，即可开始创建演示视频。

单击【创建视频】按钮打开【创建视频】对话框，在【请为您的视频选择质量】中选择【计算机和平板电脑】选项，单击【创建】按钮开始创建视频，在弹出的【保存影片】对话框中选择视频的保存路径、名称和类型后单击【保存】按钮开始创建视频，创建完成后单击【打开】按钮，如图 33-11 所示。

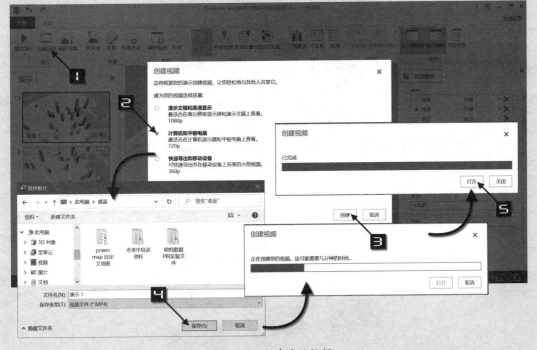

图 33-11　创建演示视频

提示 → 视频创建过程中通过【原声带选项】，支持用户加入提前录制好的演讲原声带音频。

33章

33.2　利用自定义地图创建 3D 可视化地图

除了使用世界地图创建 3D 可视化地图之外，用户还可以使用自定义地图满足自己的个性化需求展示，一般可用于呈现 App 上的点击率、网站各版块发帖量、招聘职位需求等，用途十分广泛。

示例33-2　利用Power Map创建3D天津市旅游打卡地图

天津作为一座历史名城，有很多独特的风景，如海河风景线、古文化街、盘山等，图 33-12 展示了利用自定义地图创建的天津旅游打卡地数量的 3D 可视化地图。操作步骤如下。

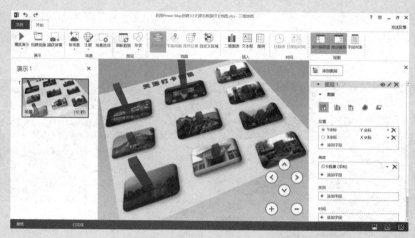

图 33-12　天津市旅游打卡地图

步骤① 首先需要创建天津旅游打卡地点的图片，如图 33-13 所示。

图 33-13　天津旅游打卡地图片

步骤② 依次单击【开始】按钮→【Windows 附件】→【画图】命令，打开画图程序并导入"天津打卡
地图"图片，如图 33-14 所示。

图 33-14　进入画图程序

步骤③ 在画图界面，当鼠标光标滑动到某打卡地图图片上面时，左下角就会出现这张打卡地在整张图片布局的像素位置（如"海河风景线"117,185 像素；"周邓纪念馆"400,543 像素），也就是 X 和 Y 的坐标值，如图 33-15 所示。

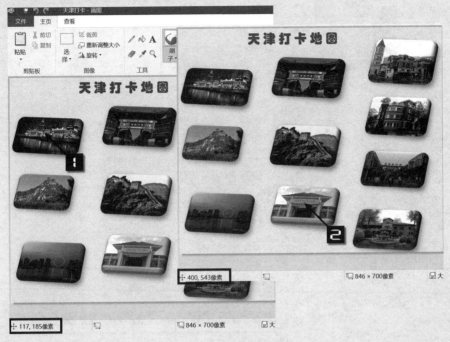

图 33-15　取得坐标值

步骤④ 建立一张如图33-16所示的数据列表，将10个打卡景点图片的坐标位置和打卡数量依次记录下来。

	打卡地点	位置	X坐标	Y坐标	打卡数量
1					
2	海河风景线	1	117	185	20,000
3	古文化街	2	413	155	45,000
4	意大利风情街	3	721	108	4,500
5	五大道旅游区	4	700	275	4,000
6	塘沽洋货市场	5	687	443	3,600
7	静园	6	659	624	5,000
8	天津之眼	7	121	574	25,000
9	盘山	8	107	356	6,500
10	黄崖关长城	9	409	367	7,000
11	周邓纪念馆	10	400	543	8,000

图 33-16　自定义地图的数据源

步骤⑤ 进入三维地图界面，依次单击【新场景】下拉按钮→【新建自定义地图】命令，如图 33-17 所示。

步骤⑥ 在弹出的【自定义地图选项】对话框中，单击【浏览背景图片】按钮，导入"天津打卡地图"图片，单击【像素空间】按钮，同时勾选【锁定当前的坐标值】复选框，单击【完成】按钮结束设置，如图 33-18 所示。

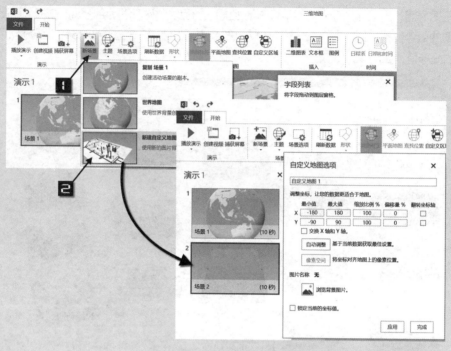

图 33-17　新建自定义地图

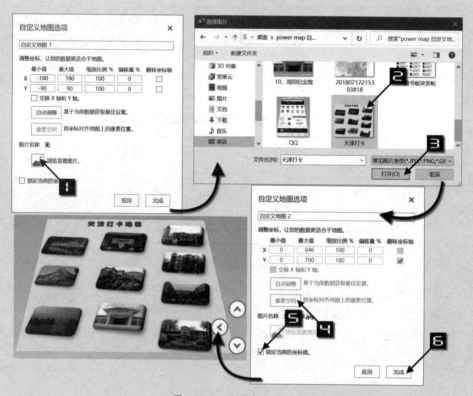

图 33-18　设置自定义地图

步骤⑦ 在【图层窗格】列表框中单击【位置】中的【＋添加字段】按钮，选择"区域"扩展列表中的"X 坐标"，同理，添加"Y 坐标"，如图 33-19 所示。

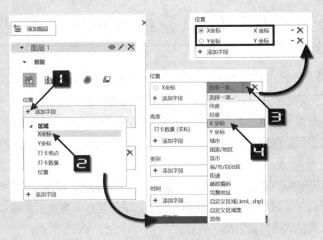

图 33-19　设置位置

步骤⑧ 在【图层窗格】列表框中单击【高度】中的【＋添加字段】按钮，选择"区域"扩展列表中的"打卡数量"，此时，自定义地图中出现柱形图，如图 33-20 所示。

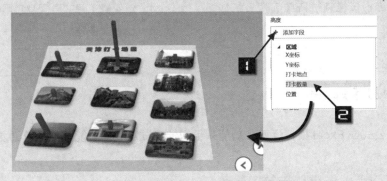

图 33-20　添加"高度"字段

步骤⑨ 调整"高度""厚度"和"旋转视角"，最终完成效果如图 33-21 所示。

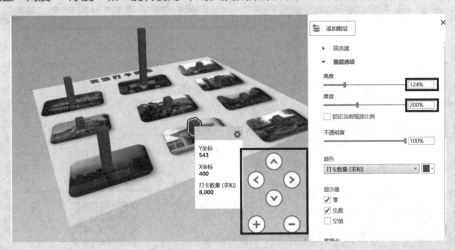

图 33-21　调整旋转视角

第 34 章 模拟分析和预测工作表

模拟分析，又称假设分析，或者"What-if"分析，是管理经济学中的一项重要分析手段。它主要是基于已有的模型，在影响最终结果的诸多因素中进行测算与分析，以寻求最接近目标的方案。例如公司在进行投资决策时，必须事先计算和分析贷款成本与盈利水平，这就需要对利率、付款期数、每期付款额和投资回报率等诸多因素做充分的考虑，通过关注和对比这些因素的变化而产生的不同结果来进行决策。

如果用户有基于历史时间的数据，可以借助"预测工作表"功能，将其用于创建预测。创建预测时，Excel 将创建一张新工作表，其中包含历史值和预测值，以及表达此数据的图表。可以帮助用户预测将来的销售额、库存需求或是消费趋势之类的信息。

> **本章学习要点**
>
> （1）利用公式进行手动模拟运算。　　　　（3）创建方案进行分析。
> （2）使用模拟运算表进行单因素分析或多　　（4）单变量求解的原理及应用。
> 因素分析。　　　　　　　　　　　　　　　（5）预测工作表。

34.1 模拟运算表

借助 Excel 公式或 Excel 模拟运算表功能来组织计算试算表格，能够处理较为复杂的模拟分析要求。

34.1.1 使用公式进行模拟运算

示例34-1 借助公式试算分析汇率变化对外贸交易额的影响

图 34-1 展示了一张某外贸公司用于 A 产品交易情况的试算表格。此表格的上半部分是交易中的各相关指标的数值，下半部分则是根据这些数值用公式统计出的交易量与交易额。

在这个试算模型中，CIF 单价、每次交易数量、每月交易次数和汇率都直接影响着月交易额。相关的模拟分析需求可能是：

如果单价增加 0.1 元会增加多少交易额？

如果每次交易数量提高 50 会增加多少交易额？

如果美元汇率下跌会怎么样？……

在对外贸易中，最不可控的是汇率因素，本例将围绕汇率的变化来分析对交易额的影响，使用公式完成试算表格的计算。操作步骤如下。

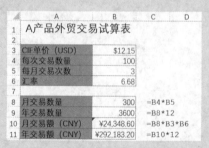

图 34-1 A 产品外贸试算模型表格

步骤① 首先在 D3:E3 单元格区域输入试算表格的列标题，然后在 D4:D11 单元格区域中输入最近的美元汇率值，从 6.88 开始以 0.05 为步长进行递减。

步骤② 在 E4 单元格输入以下公式计算当前汇率值下的月交易额，然后将公式向下复制到 E11 单元格，如图 34-2 所示。

```
=D4*$B$8*$B$3
```

E4	▼ : × ✓ fx =D4*$B$8*$B$3			
	A	B	C	D	E
1	A产品外贸交易试算表				
2					
3	CIF单价（USD）	$12.15		汇率	月交易额
4	每次交易数量	100		6.88	¥25,077.60
5	每月交易次数	3		6.83	¥24,895.35
6	汇率	6.68		6.78	¥24,713.10
7				6.73	¥24,530.85
8	月交易数量	300		6.68	¥24,348.60
9	年交易数量	3600		6.63	¥24,166.35
10	月交易额（CNY）	¥24,348.60		6.58	¥23,984.10
11	年交易额（CNY）	¥292,183.20		6.53	¥23,801.85

图 34-2 借助公式试算分析汇率变化对外贸交易额的影响

通过新创建的试算表格，能够直观展示不同汇率下的月交易额。

34.1.2 单变量模拟运算表

除了使用公式，Excel 的模拟运算表工具也是用于模拟试算的常用功能。模拟运算表实际上是一个单元格区域，它可以用列表的形式显示计算模型中某些参数的变化对计算结果的影响。在这个区域中，生成指定值所需要的若干个相同公式被简化成一个公式，从而简化了公式的输入。模拟运算时可分别设置行变量或列变量，如果只使用一个变量，称为单变量模拟运算表，如果同时使用行、列变量，称为双变量模拟运算表。

示例34-2 借助模拟运算表分析汇率变化对外贸交易额的影响

以下步骤将演示借助模拟运算表工具完成与 34.1.1 相同的试算表格。

步骤① 首先在 D4:D11 单元格区域中输入最近的美元汇率值，从 6.88 开始以 0.05 为步长进行递减，然后在 E3 单元格中输入公式"=B10"。

步骤② 选中 D3:E11 单元格区域，单击【数据】选项卡下的【模拟分析】，在下拉列表中单击【模拟运算表】，弹出【模拟运算表】对话框。

步骤③ 光标定位到【输入引用列的单元格】编辑框内，然后单击选中 B6 单元格，即美元汇率，【输入引用列的单元格】编辑框中将自动输入"$B$6"，最后单击【确定】按钮，如图 34-3 所示。

创建完成的试算表格如图 34-4 所示。选中 E4:E11 中任意一个单元格，编辑栏均显示公式为"{=TABLE(,B6)}"。利用此表格，用户可以快速查看不同汇率水平下的交易额情况。

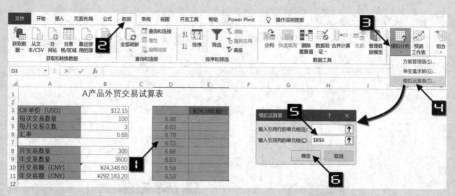

图 34-3　借助模拟运算表工具创建试算表格

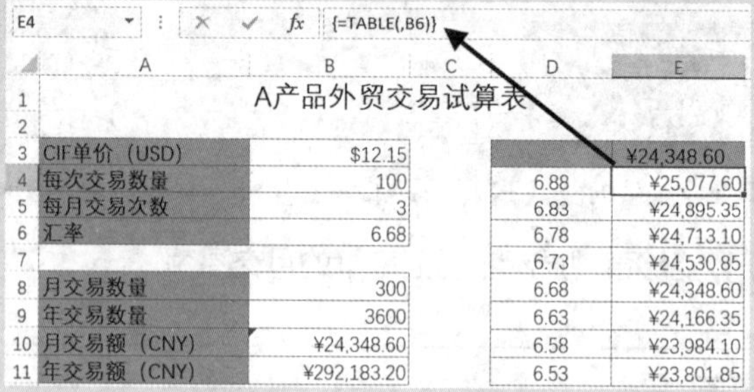

图 34-4　使用模拟运算表分析汇率影响

"{=TABLE(,B6)}"是一个比较特殊的数组公式，有关数组公式的更多内容，请参阅第 21 章。

在已经生成结果的模拟运算表中，可以修改 D4:D11 单元格区域中的汇率和 E3 单元格中的公式引用，但是不能修改存放结果的 E4:E11 单元格区域。如果原有的数值和公式引用有变化，结果区域会自动更新。

深入了解：模拟运算表的计算过程

初次接触 Excel 模拟运算表的用户在被这个强大工具所吸引的同时，可能较难理解每一步骤对最终结果产生的作用。

步骤 1 和步骤 2 是向 Excel 告知了两个规则前提：一是模拟运算表的表格区域是 D3:E11；二是本次计算要生成的结果是月交易额，以及月交易额是如何计算得到的。

步骤 3 的设置是告诉 Excel 本次计算只有美元汇率一个变量，而且这个变量可能出现的数值都存放于 D 列中。当然，也正因为这些美元汇率值已经存放于 D 列中，所以在步骤 3 中，"B6"是"引用列的单元格"，而不是"引用行的单元格"，而且将"引用行的单元格"留空。

不必去关心 D3 为什么为空，Excel 现在已经得到了足够的信息来生成用户需要的结果。

为了让用户充分理解这个计算过程，以下将用另一种形式生成模拟运算表。

步骤① 先在 E3:L3 单元格区域中输入可能的美元汇率值，从 6.88 开始以 0.05 为步长进行递减，然后在 D4 单元格中输入公式"=B10"。

步骤② 选中 D3:L4 单元格区域，依次单击【数据】→【模拟分析】→【模拟运算表】。在【模拟运算表】对话框的【输入引用行的单元格】编辑框中输入"$B$6"，如图 34-5 所示。

图 34-5　创建用于横向的模拟运算表格区域

单击【确定】按钮后，生成的计算结果如图 34-6 所示。

	6.88	6.83	6.78	6.73	6.68	6.63	6.58	6.53
¥24,348.60	¥25,077.60	¥24,895.35	¥24,713.10	¥24,530.85	¥24,348.60	¥24,166.35	¥23,984.10	¥23,801.85

图 34-6　横向的模拟运算表结果

在进行单变量模拟运算时，运算结果可以是一个公式，也可以是多个公式。在本例中，如果在 F3 单元格中输入公式"=B11"，然后选中 D3:F11 单元格区域，再创建模拟运算表，则会得到如图 34-7 所示的结果（为了便于阅读，可在 E2 和 F2 单元格中分别加入标题）。

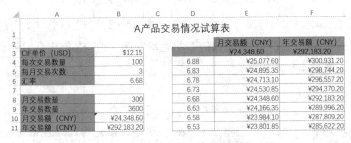

图 34-7　单变量模拟运算多个公式结果

34.1.3　双变量模拟运算表

双变量模拟运算可以帮助用户同时分析两个因素对最终结果的影响。

示例34-3　分析美元汇率和交货单价两个因素对外贸交易额的影响　

除了美元汇率以外，交货单价也是影响交易额的重要因素，现在使用模拟运算表分析这两个因素同时变化时对交易额的影响。

步骤①　首先在 D4:D11 单元格区域中输入最近的美元汇率，在 E3:J3 单元格区域中输入不同的单价，然后在 D3 单元格中输入公式"=B10"。

步骤②　选中 D4:J11 单元格区域，依次单击【数据】→【模拟分析】→【模拟运算表】，弹出【模拟运算表】对话框。

步骤③　在【输入引用行的单元格】编辑框中输入"$B$3"，即 CIF 单价所在单元格。在【输入引用列的单元格】编辑框中输入"$B$6"，即美元汇率所在单元格，如图 34-8 所示。

	A	B	C	D	E	F	G	H	I	J
1				A产品交易情况试算表						
2										
3	CIF单价（USD）	$12.15		¥24,348.60	$11.15	$11.65	$12.15	$12.65	$13.15	$13.65
4	每次交易数量	100		6.88						
5	每月交易次数	3		6.83						
6	汇率	6.68		6.78						
7				6.73						
8	月交易数量	300		6.68						
9	年交易数量	3600		6.63						
10	月交易额（CNY）	¥24,348.60		6.58						
11	年交易额（CNY）	¥292,183.20		6.53						

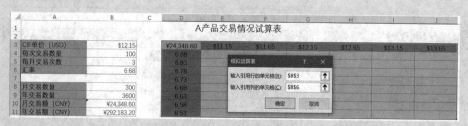

图 34-8　借助双变量模拟运算表进行分析

步骤④ 单击【确定】按钮，生成的计算结果如图 34-9 所示。

¥24,348.60	$11.15	$11.65	$12.15	$12.65	$13.15	$13.65
6.88	¥23,013.60	¥24,045.60	¥25,077.60	¥26,109.60	¥27,141.60	¥28,173.60
6.83	¥22,846.35	¥23,870.85	¥24,895.35	¥25,919.85	¥26,944.35	¥27,968.85
6.78	¥22,679.10	¥23,696.10	¥24,713.10	¥25,730.10	¥26,747.10	¥27,764.10
6.73	¥22,511.85	¥23,521.35	¥24,530.85	¥25,540.35	¥26,549.85	¥27,559.35
6.68	¥22,344.60	¥23,346.60	¥24,348.60	¥25,350.60	¥26,352.60	¥27,354.60
6.63	¥22,177.35	¥23,171.85	¥24,166.35	¥25,160.85	¥26,155.35	¥27,149.85
6.58	¥22,010.10	¥22,997.10	¥23,984.10	¥24,971.10	¥25,958.10	¥26,945.10
6.53	¥21,842.85	¥22,822.35	¥23,801.85	¥24,781.35	¥25,760.85	¥26,740.35

图 34-9　查看汇率与单价产生的双重影响结果

在双变量模拟运算表中，如果修改公式的引用或变量的取值，能让计算结果全部自动更新。在本例中，如果将 D3 的公式改为“=B11”，并且修改 D 列汇率数值，则表格结果会自动改为计算不同汇率和不同单价的年交易额，如图 34-10 所示。

	A	B	C	D	E	F	G	H	I	J
1				A产品交易情况试算表						
2										
3	CIF单价（USD）	$12.15		¥292,183.20	$11.15	$11.65	$12.15	$12.65	$13.15	$13.65
4	每次交易数量	100		6.58	¥264,121.20	¥275,965.20	¥287,809.20	¥299,653.20	¥311,497.20	¥323,341.20
5	每月交易次数	3		6.53	¥262,114.20	¥273,868.20	¥285,622.20	¥297,376.20	¥309,130.20	¥320,884.20
6	汇率	6.68		6.48	¥260,107.20	¥271,771.20	¥283,435.20	¥295,099.20	¥306,763.20	¥318,427.20
7				6.43	¥258,100.20	¥269,674.20	¥281,248.20	¥292,822.20	¥304,396.20	¥315,970.20
8	月交易数量	300		6.38	¥256,093.20	¥267,577.20	¥279,061.20	¥290,545.20	¥302,029.20	¥313,513.20
9	年交易数量	3600		6.33	¥254,086.20	¥265,480.20	¥276,874.20	¥288,268.20	¥299,662.20	¥311,056.20
10	月交易额（CNY）	¥24,348.60		6.28	¥252,079.20	¥263,383.20	¥274,687.20	¥285,991.20	¥297,295.20	¥308,599.20
11	年交易额（CNY）	¥292,183.20		6.23	¥250,072.20	¥261,286.20	¥272,500.20	¥283,714.20	¥294,928.20	¥306,142.20

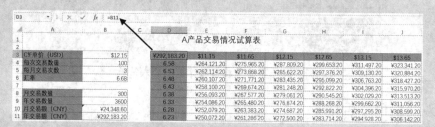

图 34-10　修改公式引用将改变模拟运算表的计算结果

34.1.4　模拟运算表的单纯计算用法

利用模拟运算表的特性，在某些情况下可以将其作为一个公式辅助工具来使用，从而能够在大范围内快速创建数组公式。

示例34-4　利用双变量模拟运算解方程

有一方程式为“z=5x-2y+3”，现在要计算当 x 等于从 1 到 5 之间的所有整数，且 y 为 1 到 7 之间所有整数时所有 z 的值。操作步骤如下。

步骤① 以 B1 代表 x，以 A2 代表 y，首先在 B2 单元格输入以下公式：

```
=5*B1-2*A2+3
```

步骤② 选中 B2:G9 单元格区域，依次单击【数据】→【模拟分析】→【模拟运算表】，弹出【模拟运算表】对话框。

步骤③ 将光标定位到【输入引用行的单元格】编辑框中，然后单击选中 B1 单元格。将光标定位到【输入引用列的单元格】编辑框中，然后单击选中 A2 单元格。

步骤④ 最后单击【确定】按钮，所有 z 值的计算结果都将显示到 C3:G9 单元格区域中，如图 34-11 所示。

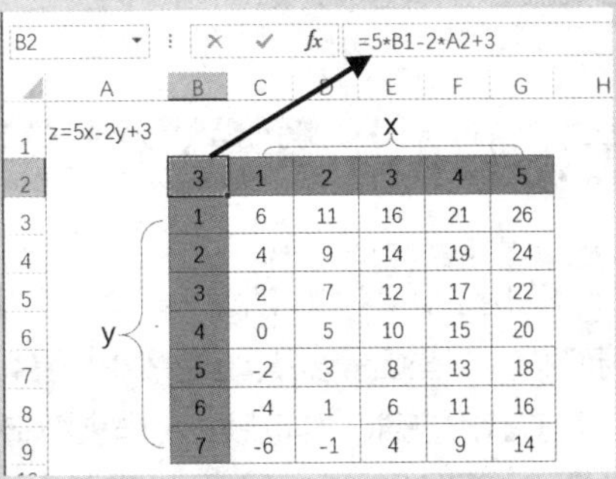

	A	B	C	D	E	F	G	H
1	z=5x-2y+3							
2		3	1	2	3	4	5	
3		1	6	11	16	21	26	
4		2	4	9	14	19	24	
5		3	2	7	12	17	22	
6		4	0	5	10	15	20	
7		5	-2	3	8	13	18	
8		6	-4	1	6	11	16	
9		7	-6	-1	4	9	14	

图 34-11　求方程解后的结果

注意

在模拟运算表中，应注意引用行、列的单元格位置。上例中，行是 C2:G2（即 x），列是 B3:B9（即 y），B2 中的公式为“=5*B1-2*A2+3”，即用 B1 代替 x，用 A2 代替 y。因此“引用行的单元格”是 B1，而“引用列的单元格”是 A2。

34.1.5　模拟运算表与普通的运算方式的差别

模拟运算表与普通的运算方式（输入公式，再复制到其他单元格区域）相比较，两者的特点如下。

➲ Ⅰ 模拟运算表

- ❖ 一次性输入公式，不用考虑在公式中使用哪种单元格引用方式。
- ❖ 表格中计算生成的数据无法单独修改。
- ❖ 公式中引用的参数必须引用“输入引用行的单元格”或“输入引用列的单元格”指向的单元格。

➲ Ⅱ 普通的运算方式

- ❖ 公式需要复制到每个对应的单元格或单元格区域。
- ❖ 需要详细考虑每个参数在复制过程中，单元格引用是否需要发生变化，以决定使用绝对引用、混合引用还是相对引用。
- ❖ 任何时候如果需要更改公式，就必须将所有的公式再重新输入或复制一遍。
- ❖ 表中的公式可以单独修改（多单元格数组公式除外）。
- ❖ 公式中引用的参数直接指向数据的行或列。

34.2　使用方案

在计算模型中，如需分析一到两个关键因素的变化对结果的影响，使用模拟运算表非常方便。但是如果要同时考虑更多的因素来进行分析时，其局限性也是显而易见的。

另外，用户在进行分析时，往往需要对比某些特定的组合，而不是从一张写满可能性数据的表格中去目测甄别。在这种情况下，使用 Excel 的方案将更容易处理问题。

34.2.1 创建方案

示例34-5 使用方案分析交易情况的不同组合

沿用示例 34-1 中的试算表格，影响结果的关键因素是 CIF 单价、每次交易数量和汇率。根据试算目标可以为这些因素设置为多种值的组合。假设要对比试算多种目标下的交易情况，如理想状态、保守状态和最差状态三种，则可以在工作表中定义三个方案与之对应，每个方案中都为这些因素设定不同的值。

假设理想状态的 CIF 单价为 14.15，每次交易数量为 200，美元汇率为 6.88。

保守状态的 CIF 单价为 13.05，每次交易数量为 120，美元汇率为 6.75。

最差状态的 CIF 单价为 12.00，每次交易数量为 50，美元汇率为 6.25。

操作步骤如下。

步骤① 选中 A3:B11 单元格区域，单击【公式】选项卡中的【根据所选内容创建】按钮，在弹出的【根据所选内容创建名称】对话框中选中【最左列】复选框，最后单击【确定】按钮，为表格中现有的因素和结果单元格批量定义名称。

提示

> 在创建方案前先将相关的单元格定义为易于理解的名称，可以在后续的创建方案过程中简化操作，也可以让将来生成的方案摘要更具有可读性。本步骤不是必须的，但是非常有实用意义。

步骤② 依次单击【数据】→【模拟分析】→【方案管理器】，弹出【方案管理器】对话框。如果之前没有在本工作表中定义过方案，对话框中将显示"未定义方案"字样，如图 34-12 所示。

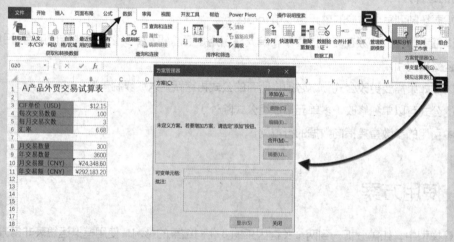

图 34-12　初次打开【方案管理器】对话框

注意

> Excel 的方案是基于工作表的，假设在 Sheet1 中定义了方案，如果切换到 Sheet2，则方案管理器中不会显示在 Sheet1 中定义过的方案。

步骤③ 在【方案管理器】对话框中单击【添加】按钮，弹出【添加方案】对话框，在此对话框中定义方案的各个要素，主要包括 4 个部分。

（1）方案名：当前方案的名称。

（2）可变单元格：也就是方案中的变量。每个方案允许用户最多指定 32 个变量，每个变量对应当前工作表中的一个单元格或单元格区域，变量之间使用英文半角逗号分隔。

（3）批注：用户可在此添加方案的说明。默认情况下，Excel 会将方案的创建者和创建日期，以及修改者和修改日期保存在此处。

（4）保护：当工作簿被保护且【保护工作簿】对话框中的【结构】复选框被选中时，此处的设置才会生效。【防止更改】选项可以防止此方案被修改，选中【隐藏】复选框可以使本方案不出现在方案管理器中。

步骤④ 首先定义理想状态下的方案。在【添加方案】对话框中依次输入方案名和可变单元格，保持【防止更改】复选框的默认选中状态，单击【确定】按钮后，将弹出【方案变量值】对话框，要求用户输入指定变量在本方案中的具体数值。

因为在步骤 1 中定义了名称，所以在【方案变量值】对话框中每个变量都会显示相应的名称，否则仅显示单元格地址。依次输入完毕后单击【确定】按钮，如图 34-13 所示。

重复步骤 3~ 步骤 4，依次添加保守状态和最差状态两个方案。【方案管理器】中会显示已创建方案的列表，如图 34-14 所示。

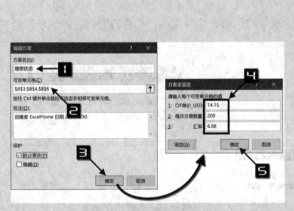

图 34-13　添加理想状态方案

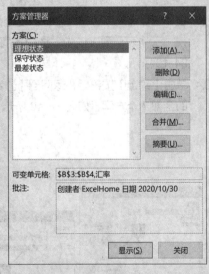

图 34-14　方案管理器中的方案列表

34.2.2　显示方案

在【方案管理器】对话框的方案列表中选中一个方案后，单击【显示】按钮或直接双击某个方案，Excel 将用该方案中设定的变量值替换工作表中相应单元格原有的值，以显示根据此方案的定义所生成的结果。

34.2.3　修改方案

在【方案管理器】对话框的方案列表中选中一个方案，单击【编辑】按钮，将打开【编辑方案】对话框。此对话框的内容与"添加方案"完全相同，用户可以在此修改方案的每一项设置。

34.2.4　删除方案

如果不再需要某个方案，可以在【方案管理器】对话框的方案列表中选中后单击【删除】按钮即可。

34.2.5　合并方案

示例34-6　合并不同工作簿中的方案

　　如果计算模型有多个使用者，且都定义了不同的方案，或者在不同工作表中针对相同的计算模型定义了不同的方案，则可以使用"合并方案"功能，将所有方案集中到一起。

步骤① 如需从多工作簿中合并方案，则应先打开所有需要合并方案的工作簿，然后激活要汇总方案的工作簿中方案所在工作表。如果从相同工作簿的不同工作表中合并方案，则需激活要汇总方案的工作表。本例中，要在"方案1.xlsx"工作簿中去合并"方案2.xlsx"工作簿中包含的方案。因此需要先将这两个工作簿打开。

步骤② 激活"方案1.xlsx"工作簿的方案所在工作表，依次单击【数据】→【模拟分析】→【方案管理器】，在弹出的【方案管理器】对话框单击【合并】按钮，弹出【合并方案】对话框。

步骤③ 在"工作簿"下拉列表中选择要合并方案的工作簿"方案2.xlsx"，然后选中包含方案的工作表。在"工作表"列表框中，选中不同工作表时，对话框会显示该工作表所包含的方案数量，如图34-15所示。

步骤④ 单击【确定】按钮后，返回到【方案管理器】对话框，合并完成。现在方案列表中显示了合并后的全部7个方案，如图34-16所示。

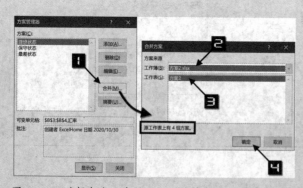

图 34-15　选择包含方案的目标工作簿与工作表进行合并

图 34-16　合并后的方案列表

 注意　　合并方案时要求当前工作簿和目标工作簿的方案除了方案名称和变量值不同以外，计算模型、变量定义都必须完全相同，否则可能出现意外的结果。

34.2.6 生成方案报告

定义多个方案后，可以生成报告，以方便进一步的对比分析。在【方案管理器】对话框中单击【摘要】按钮，将显示【方案摘要】对话框，如图 34-17 所示。

在该对话框中可以选择生成两种类型的摘要报告："方案摘要"是以大纲形式展示报告，而"方案数据透视表"则是数据透视表形式的报告。

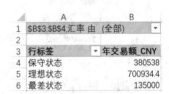

图 34-17 设置方案摘要

"结果单元格"是指方案中的计算结果，也就是用户希望进行对比分析的最终指标。在默认情况下，Excel 会根据计算模型主动推荐一个目标单元格。本例中，Excel 推荐的结果单元格为 B11，即年交易额。用户可以按自己的需要改变"结果单元格"中的引用。

单击【确定】按钮，将在新的工作表中生成相应类型的报告，如图 34-18 和图 34-19 所示。

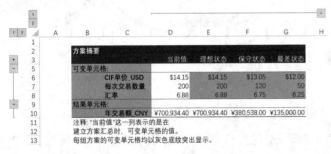

图 34-18 方案摘要报告

图 34-19 方案数据透视表报告

34.3 借助单变量求解进行逆向模拟分析

在实际工作中进行模拟分析时，用户可能会遇到与前两节相反的问题。沿用示例 34-1 中的试算表格，如果希望知道当其他条件不变时，单价修改为多少才能使月交易额达到 30000 元，这时就无法使用普通的方法来计算了。因为在现有的计算模型中，月交易额根据单价计算得到的，而这个问题需要根据单价与月交易额之间的关系，通过已经确定的月交易额来反向推算单价。

对于类似这种需要进行逆向模拟分析的问题，可以利用 Excel 单变量求解和规划求解功能来解决。对于只有单一变量的问题，可以使用单变量求解功能，而对于有多个变量和多种条件的问题，则需要使用规划求解功能。

34.3.1 在表格中进行单变量求解

示例34-7 计算要达到指定交易额时的单价

使用单变量求解命令的关键是在工作表上建立正确的数学模型，即通过有关的公式和函数描述清楚相应数据之间的关系。例如，示例 34-1 所示的表格中，月交易额及其他因素的关系计算公式分别为：

月交易额 = 月交易量 × 单价 × 美元汇率

月交易量 = 每次交易数量 × 每月交易次数

应用单变量求解功能的具体操作步骤如下。

步骤① 选中月交易额所在的 B10 单元格，在【数据】选项卡中依次单击【模拟分析】→【单变量求解】，弹出【单变量求解】对话框，Excel 自动将当前单元格的地址"B10"填入到【目标单元格】编辑框中。

步骤② 在【目标值】文本框中输入预定的目标"30000"；在【可变单元格】编辑框中输入单价所在的单元格地址"B3"，也可激活【可变单元格】编辑框后，直接在工作表中单击 B3 单元格。最后单击【确定】按钮，如图 34-20 所示。

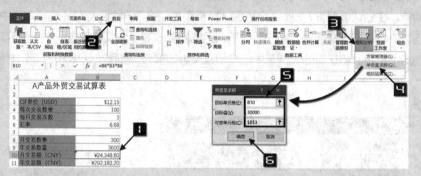

图 34-20　使用单变量求解功能反向推算单价

此时弹出【单变量求解状态】对话框，提示已找到一个解，并与所要求的解一致。同时，工作表中的单价、月交易额和年交易额已经发生了改变，如图 34-21 所示。

图 34-21　单变量求解完成

计算结果表明，在其他条件保持不变的情况下，要使月交易额增加到 30000 元，需要将单价提高到 14.97 美元。

如果单击【单变量求解状态】对话框中的【确定】按钮，求解结果将被保留，如果单击【取消】按钮，则将取消本次求解运算，工作表中的数据恢复到之前状态。

实际计算过程中，单变量求解的计算结果可能存在多个小数位，单击选中 B3 单元格后，在编辑栏中可以查看实际的结果。

34.3.2　求解方程式

实际计算模型中，可能会涉及诸多因素，而且这些因素之间还存在着相互制约的关系，归纳起来其实都是数学上的求解反函数问题，即对已有的函数和给定的值反过来求解。Excel 的单变量求解功能可以直接计算各种方程的根。

示例34-8　使用单变量求解功能求解非线性方程

例如，要求解下述非线性方程的根：

$2x^3-2x^2+5x=18$

操作步骤如下。

步骤① 假设在 B1 单元格中存放非线性方程的解，先将 A1 单元格定义名称为"X"。

步骤② 在 B2 单元格中输入以下公式，因为此时 B1 单元格的值为空，故 X 的值按 0 计算，所以 B2 单元格的计算结果为 0。

=2*X^3-2*X^2+5*X

步骤③ 单击选中 B2 单元格，然后在【数据】选项卡中依次单击【模拟分析】→【单变量求解】，弹出【单变量求解】对话框。在【目标单元格】编辑框输入"B2"，在【目标值】编辑框中输入"18"，指定【可变单元格】为"B1"，如图 34-22 所示。

步骤③ 单击【确定】按钮后，弹出【单变量求解状态】对话框，计算完成后，会显示已求得一个解。此时 B1 单元格中的值就是方程式的根，单击【确定】按钮，求解结果将得以保留，如图 34-23 所示。

图 34-22　在单变量求解对话框中设置参数

图 34-23　计算出方程式的根

提示

　　因为受到浮点数问题的影响和迭代次数的影响，使用单变量求解方程时求得的解有时存在误差，比如上例中正确的根是 18，而求得的解是一个非常接近 18 的小数。

　　部分线性方程可能有不止一个根，但使用单变量求解每次只能计算得到其中的一个根。如果尝试修改可变单元格的初始值，有可能计算得到其他的根。

34.3.3　使用单变量求解的注意事项

　　并非在每个计算模型中做逆向敏感分析都是有解的，比如方程式"$X^2=-1$"。在这种情况下，【单变量求解状态】对话框会告知用户无解，如图 34-24 所示。

　　在单变量求解根据用户的设置进行计算过程中，【单变量求解状态】对话框上会动态显示"在进行第 N 次迭代计算"。事实上，单变量求解正是由反复的迭代计算来得到最终结果的。如果增加 Excel 允许的最多迭代计算次数，可以使每次求解进行更多的计算，以获得更多的机会求出精确结果。

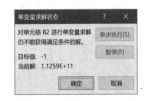

图 34-24　无解时的单变量求解状态对话框

要设置最多迭代次数，可以打开【Excel 选项】对话框，单击【公式】选项卡，在【最多迭代次数】编辑框中输入 1 到 32767 之间的数值，最后单击【确定】按钮完成设置。

34.4 预测工作表

使用"预测工作表"功能，能够从历史数据分析出事物发展的未来趋势，并以图表的形式展现出来，方便用户直观地观察事物发展方向或发展趋势。

创建预测时，需要在工作表中输入相互对应的两个数据系列，一个系列中包含时间线的日期或时间条目，另一个系列中包含对应的历史数据，并且要求时间系列中各数据点之间的间隔保持相对恒定，提供的历史数据记录越多，预测结果的准确性也会越高。

示例34-9 使用预测工作表功能预测未来的产品销售量

某商场记录了 2015 年 1 月到 2019 年 6 月的客流量历史数据，需要根据这些记录预测未来 1 年的客流量，操作步骤如下。

步骤① 单击数据区域中的任意单元格，如 A2，在【数据】选项卡下单击【预测工作表】命令，弹出【创建预测工作表】对话框。

步骤② 单击右上角的图表类型按钮，可以选择折线图或柱形图。单击【预测结束】右侧的日期控件按钮，选择预测结束日期，或者在编辑框中手工输入日期，如图 34-25 所示。

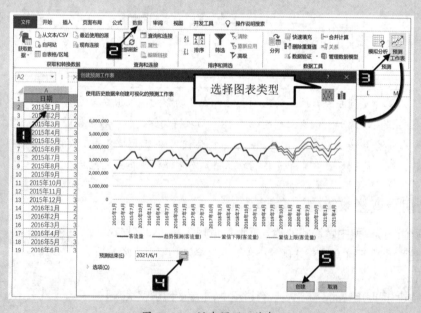

图 34-25 创建预测工作表

步骤③ 单击【创建】按钮，即可自动插入一张新工作表，新工作表中包含历史值和预测值及对应的图表，如图 34-26 所示。

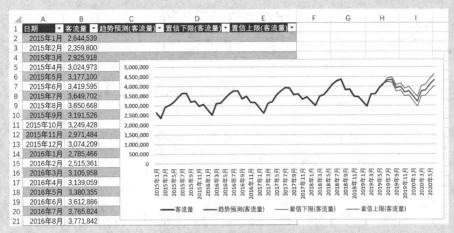

图 34-26　预测结果

使用预测工作表功能时，日期或时间系列的数据不能使用文本型内容。

　　如果在【创建预测工作表】对话框中单击【选项】，用户还可以根据需要设置预测的高级选项，如图 34-27 所示。

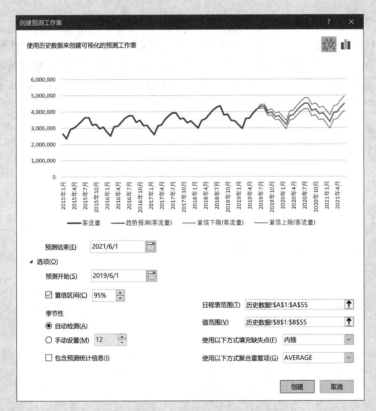

图 34-27　创建预测工作表选项

各选项的作用说明如表 34-1 所示。

表 34-1　预测选项作用说明

预测选项	描述
预测开始	设置预测的开始日期
置信区间	置信区间越大，置信水平越高，通常设置为 95%
季节性	用于表示季节模式的长度（点数）的数字，默认使用自动检测
日程表范围	存放日期或时间数据的单元格区域
值范围	存放历史数据记录的单元格区域
使用以下方式填充缺失点	Excel 默认使用插值处理缺失点，只要缺失的点不到 30%，都将使用相邻点的权重平均值补足缺失的点。单击列表中的"零"，可以将缺失的点视为零
使用以下方式聚合重复项	如果数据中包含时间相同的多个值，Excel 将计算这些重复项的平均值。用户可以根据需要从列表中选择其他计算方法
包含预测统计信息	选中此选项时，能够将有关预测的其他统计信息包含在新工作表中，Excel 将添加一个使用 FORECAST.ETS.STAT 函数生成的统计信息表，包括平滑系数和错误度量的度量值

提示
▪▪▪▪→　　预测工作表功能，实质上是借助 Excel 的 FORECAST.ETS 函数，按照指数平滑法进行时间序列预测计算的自动化工具。关于时间序列的描述性分析方法有很多，为了提高预测准确性而需要考虑的因素也很多，有兴趣的读者可以查阅相关资料进行了解。

第 35 章 规划求解

运筹学是一门研究如何最优安排的学科，它是近代应用数学的一个分支，该学科研究的课题是在若干有限资源约束的情况下，如何找到问题的最优或近似最优的决策。

规划求解（Solver）是 Microsoft Excel 中内置的用于求解运筹学问题的免费加载项，其程序代码来自 Frontline Systems, Inc 公司和 Optimal Methods, Inc 公司。开源免费的 LiberOffice 软件也支持规划求解功能。

> **本章学习要点**
>
> （1）启用规划求解加载宏。　　　　（3）规划求解高级应用。
>
> （2）规划求解建模。

35.1 启用规划求解加载项

Excel 默认安装时已经包含规划求解加载项的相关文件，但是在默认设置中，Excel 并未加载规划求解加载项。因此在使用规划求解功能之前，需要按照如下步骤在 Excel 中启用规划求解加载项。

示例35-1　启用规划求解加载项

步骤① 单击【文件】选项卡中的【选项】命令，打开【Excel 选项】对话框。

步骤② 在打开的【Excel 选项】对话框中切换到【加载项】选项卡。

步骤③ 在【Excel 选项】对话框左侧底部的【管理】组合框中，选中"Excel 加载项"，单击【转到】按钮，如图 35-1 所示。

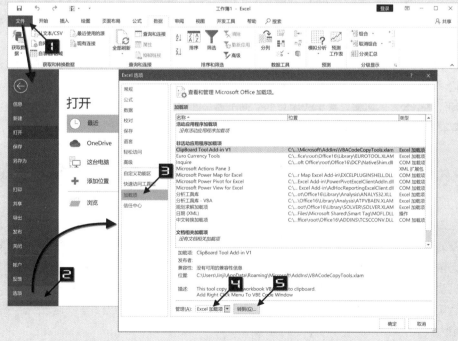

图 35-1　打开【Excel 选项】对话框

步骤④ 在弹出的【加载项】对话框中，选中【可用加载宏】列表框中的【规划求解加载项】复选框，单击【确定】按钮关闭【加载项】对话框。

上述操作完成之后，【数据】选项卡中将新增【规划求解】按钮，如图 35-2 所示。

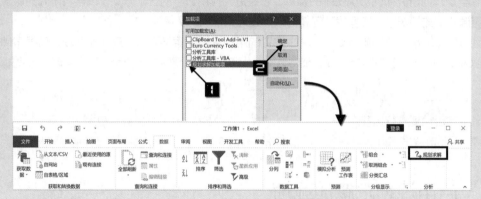

图 35-2　启用规划求解加载项

35.2　线性规划

线性规划作为运筹学的重要分支，由第二次世界大战时期的军事应用发展而来，线性规划研究的通常是稀缺资源的最优分配问题。现实社会生产和生活中的很多复杂问题本质上是线性的，所以线性规划经常被用来改善或优化现有系统和流程。例如，实现经营利润最大化、获得最低生产成本、选择最优路径等。

35.2.1　航班票务规划

受众多因素影响，每个航班的客座利用率（航班旅客数／航班座位数 ×100%）各不相同，然而航空公司执行某个客运航班飞行计划时，其空乘和地面服务人员成本、燃油和飞机折旧等大部分费用基本相同。因此航空公司都会尽可能地提升航班的客座利用率以实现经营利润最大化。

对于一个航班，航空公司既出售全价机票，也出售折扣机票。航空公司希望更多地售卖全价机票获取更多利润，然而乘客则希望买到性价比更高的折扣机票。如果折扣机票供应不足，则可能会导致部分乘客换乘其他航空公司的航班，甚至改用其他交通工具，此时航空公司将会损失航班票款收入。因此航空公司需要努力找到两种机票（全价票和折扣票）数量的平衡点。

示例35-2　航班票务规划

某航空公司使用空中客车 A320 客机（其满载容量为 220 个座位）执行北京经停上海到广州的航行任务，经停上海时部分旅客下机抵达其旅行目的地，同时也会有旅客登机由上海飞往广州。也就是说航空公司将出售 3 个不同航段的机票：北京至上海、北京至广州和上海至广州，每个航段都会出售全价机票和折扣机票。为了简化问题的复杂程度，这里假设每个航段只出售一种折扣机票。因此需要规划 6 种机票的可售卖数量，其售价如表 35-1 所示。"需求预测"列是航空公司根据多年的运营经验及其历史数据，并运用大数据技术预测的各种机票的需求量。

表 35-1　各种机票的票价和需求预测

航程	类型	价格	需求预测
北京 - 上海	全价票	￥1600	55
北京 - 上海	折扣票	￥1000	110
北京 - 广州	全价票	￥2300	65
北京 - 广州	折扣票	￥1500	90
上海 - 广州	全价票	￥1700	45
上海 - 广州	折扣票	￥1100	150

在制定票务规划时需要考虑如下约束条件。

❖ 每个航段可售机票的总量应小于或等于飞机容量（忽略机票超售）。

❖ 每个航段每种机票的可售卖数量应小于或等于需求预测。

❖ 可售机票数量应为非负整数，确保有实际意义。

按照如下步骤操作进行建模，并使用 Excel 规划求解功能制定票务规划。

步骤① 在 B3 单元格输入航班容量"220"。将表 35-1 的基础数据信息输入工作表中 A5：D11 单元格区域，在 E6：E11 单元格区域输入"0"作为决策变量的初始值，如图 35-3 所示。

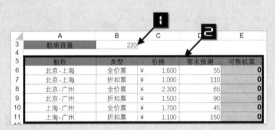

图 35-3　输入基础数据信息

步骤② 构建"航班容量（北京 - 上海）"约束条件，在 B14 单元格输入公式"=SUM($E$6:$E$9)"用于计算北京 - 上海航段的可售机票总数量；在 C14 单元格输入"<="作为约束关系；在 D14 单元格输入公式"=$B$3"引用航班容量单元格的值。

注意 → 　北京 - 上海航段的可售机票总数量为北京 - 上海航段和北京 - 广州（经停上海）航段的机票数量之和。

步骤③ 按照类似方法输入其他约束条件，如图 35-4 所示。

步骤④ 构建目标函数，在 B1 单元格输入以下公式计算票款总收入，即每种机票的票价分别乘以相应的可售机票数量再求和。工作表中的基础数据建模完成后如图 35-5 所示。

	A	B	C	D
13	约束条件	条件（左）	约束关系	条件（右）
14	航班容量(北京 - 上海)	0	<=	220
15	航班容量(上海 - 广州)	0	<=	220
16	需求预测约束	可售机票	<=	需求预测
17	整数约束	可售机票	int	整数
18	非负约束	可售机票	>=	0

图 35-4　构建约束条件

```
=SUMPRODUCT($C$6:$C$11,$E$6:$E$11)
```

| B1 | ▼ | : | × | ✓ | fx | =SUMPRODUCT($C$6:$C$11,$E$6:$E$11) |

	A	B	C	D	E
1	票款总收入	0			
2					
3	航班容量	220			
4					
5	航程	类型	价格	需求预测	可售机票
6	北京-上海	全价票	¥ 1,600	55	0
7	北京-上海	折扣票	¥ 1,000	110	0
8	北京-广州	全价票	¥ 2,300	65	0
9	北京-广州	折扣票	¥ 1,500	90	0
10	上海-广州	全价票	¥ 1,700	45	0
11	上海-广州	折扣票	¥ 1,100	150	0
12					
13	约束条件	条件(左)	约束关系	条件(右)	
14	航班容量(北京-上海)	0	<=	220	
15	航班容量(上海-广州)	0	<=	220	
16	需求预测约束	可售机票	<=	需求预测	
17	整数约束	可售机票	int	整数	
18	非负约束	可售机票	>=	0	

图 35-5 构建目标函数

步骤⑤ 选中 B1 单元格，依次单击【数据】→【规划求解】命令，打开【规划求解参数】对话框。此时【设置目标】编辑框中自动填入"$B$1"，在【到】选项中选中【最大值】单选按钮。

步骤⑥ 在【通过更改可变单元格】编辑框内单击鼠标激活控件，然后在工作表中选中 E6:E11 单元格区域（下文中称为决策变量单元格区域），如图 35-6 所示。

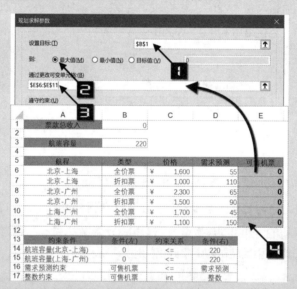

图 35-6 设置规划求解参数

在求解过程中，求解器通过不断改变决策变量单元格区域的值，来获得计算结果，直到目标函数单元格（本示例中为 B1）的值达到极值或目标值。

步骤⑦ 在【规划求解参数】对话框中单击【添加】按钮将弹出【添加约束】对话框，单击【单元格引用】编辑框激活控件，然后在工作表中选中航班容量约束"条件（左）"列的单元格区域 B14:B15；保持约束关系组合框默认值"<="；单击【约束】编辑框激活控件，在工作表中选中航班容量约束"条件（右）"列的单元格区域 D14:D15，单击【确定】按钮关闭【添加约束】对话框。

在【遵守约束】列表框中可以看到添加的约束条件"$B$14:$B$15 <= $D$14:$D$15"，如图 35-7所示。

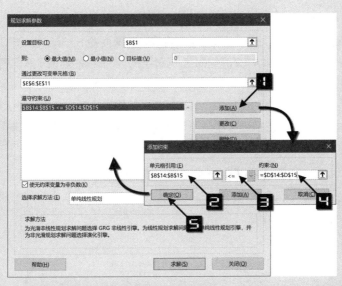

图 35-7　添加约束

注意→ 　　【约束】编辑框中显示为 "=\$D\$14:\$D\$15" 而不是 "\$D\$14:\$D\$15"

步骤⑧ 使用类似的操作方法，在【添加约束】对话框中继续添加其他约束条件。

提示→ 　　Excel 中的规划求解可以设置 5 种约束：不等式约束、等式约束、整数约束、二进制约束和互异约束。

步骤⑨ 添加非负约束条件 "\$D\$6:\$D\$11 >= 0"，确保决策变量为非负值，具有实际意义，取消选中【使无约束变量为非负值】复选框。

步骤⑩ 在【选择求解方法】组合框中选中 "单纯线性规划"，单击【求解】按钮启动求解器进行规划求解，如图 35-8 所示。

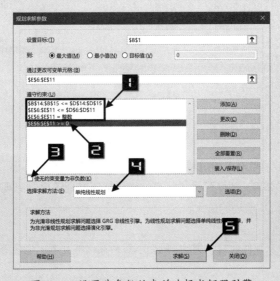

图 35-8　设置非负数约束并选择求解器引擎

35章

733

Excel 规划求解提供的 3 种求解算法引擎分别是："非线性 GRG""单纯线性规划"和"演化"。其中最常用的是"单纯线性规划"引擎，它适用于线性规划求解问题；"非线性 GRG"引擎（GRG 代表 Generalized Reduced Gradient，即广义简约梯度）适用于光滑非线性规划求解问题；"演化"引擎适用于非光滑规划求解问题。

步骤⑪ 在弹出的【规划求解结果】对话框中，可知规划求解成功找到一个全局最优解。保持默认选中的【保留规划求解的解】单选按钮，单击【确定】按钮关闭【规划求解结果】对话框，如图 35-9 所示。

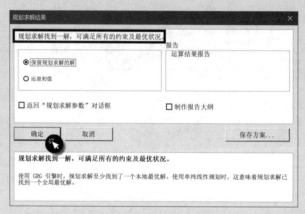

图 35-9　规划求解结果

在【规划求解结果】对话框中，如果选中【还原初值】单选按钮，并单击【确定】按钮将放弃求解器对决策变量的修改，恢复单元格的初始值。

规划求解的最终结果如图 35-10 所示。

	A	B	C	D	E
1	票款总收入	535000			
2					
3	航班容量	220			
4					
5	航程	类型	价格	需求预测	可售机票
6	北京-上海	全价票	¥　1,600	55	55
7	北京-上海	折扣票	¥　1,000	110	100
8	北京-广州	全价票	¥　2,300	65	65
9	北京-广州	折扣票	¥　1,500	90	0
10	上海-广州	全价票	¥　1,700	45	45
11	上海-广州	折扣票	¥　1,100	150	110
12					
13	约束条件	条件(左)	约束关系	条件(右)	
14	航班容量(北京-上海)	220	<=	220	
15	航班容量(上海-广州)	220	<=	220	
16	需求预测约束	可售机票	<=	需求预测	
17	整数约束	可售机票	int	整数	
18	非负约束	可售机票	>=	0	

图 35-10　规划求解结果

由规划求解的结果可以看出，6 种机票的"可售机票"数量均小于等于"需求预测"，两个航段的"可售机票"总量都达到了 220，即航班满员状态。如果能够实现这个票务规划，那么航空公司将获得票款收入 53.5 万元，这是此次航班的最大收入。

注意 受不同约束条件的综合影响，规划求解的最优解并不一定能够实现所有航段航班满员。

35.2.2 体育赛事排期

随着我国国民经济的快速发展，体育产业总规模已达到万亿规模，体育产业对于 GDP 的贡献度稳步提升。体育赛事排期是个颇为复杂的课题，不仅需要考虑比赛场地的可用性、赛制公平性等基础要求；为了确保商业体育赛事的利润，更要考虑如何在电视和在线平台获得黄金转播档期等诸多因素。

示例35-3 体育赛事排期

现有 4 个直辖市（北京、天津、上海和重庆）球队参加的某体育赛事，4 支球队分为两个区：北京队和天津队属于北区，上海队和重庆队属于南区。

赛事组委会对于赛程安排要求如下。

- ❖ 本次比赛采用主客场双循环赛制（抽签决定主客场先后顺序），即所有参加比赛的队之间均进行两场比赛，最后按各队在全部比赛中的总积分和得失分率排列比赛名次。
- ❖ 全部比赛需要在 6 周内完成。
- ❖ 每个球队每周只能进行一场比赛。
- ❖ 北京 vs 重庆的比赛不能安排在第 4 周和第 5 周进行。
- ❖ 同区内两支球队的主客场双循环比赛需要在前 3 周内完成。

按照如下步骤操作进行建模，并使用 Excel 规划求解功能完成体育赛事排期。

步骤① 在 A3:G9 单元格区域构建决策变量。首行（B3:G3）为周数，整个赛事共持续 6 周。在 A4:A9 列出 4 支球队循环比赛的 6 种对阵组合。B4:G9 初始化为"0"，如图 35-11 所示。

	A	B	C	D	E	F	G
3	决策变量	第1周	第2周	第3周	第4周	第5周	第6周
4	北京vs天津	0	0	0	0	0	0
5	北京vs上海	0	0	0	0	0	0
6	北京vs重庆	0	0	0	0	0	0
7	天津vs上海	0	0	0	0	0	0
8	天津vs重庆	0	0	0	0	0	0
9	上海vs重庆	0	0	0	0	0	0

图 35-11　构建决策变量

行列交叉单元格标记为"0"，代表该周没有安排比赛；反之，如果标记为"1"，则代表相应的对阵组合在该周进行比赛。

步骤② 在 A11:G15 单元格区域构建约束条件（每个球队每周只能进行一场比赛），统计每支球队在每周的比赛场次。在 B12:B15 输入第 1 周比赛场次统计公式，选中 B12:B15 单元格区域，向右拖曳填充柄，填充公式至 G 列，如图 35-12 所示。

B12	▼ :	× ✓	fx	=B4+B5+B6			
	A	B	C	D	E	F	G
11	约束条件 （每周一场）	第1周	第2周	第3周	第4周	第5周	第6周
12	北京	0	0	0	0	0	0
13	天津	0	0	0	0	0	0
14	上海	0	0	0	0	0	0
15	重庆	0	0	0	0	0	0

图 35-12　构建约束条件（每周比赛场次）

步骤③ 在 A18:E25 单元格区域构建约束条件辅助区域，如图 35-13 所示。

	A	B	C	D	E
17	约束条件	备注	条件(左)	约束关系	条件(右)
18	主客场双循环	北京vs天津	0	=	2
19	主客场双循环	北京vs上海	0	=	2
20	主客场双循环	北京vs重庆	0	=	2
21	主客场双循环	天津vs上海	0	=	2
22	主客场双循环	天津vs重庆	0	=	2
23	主客场双循环	上海vs重庆	0	=	2
24	第4、5周无比赛	北京vs重庆	0	=	0
25	二进制约束		B4:G9	bin	二进制

图 35-13　构建约束条件

步骤④ 在 A27:G28 单元格区域构建权重系数，用于后续步骤构建目标函数。

步骤⑤ 构建目标函数，在 B1 单元格输入以下公式，如图 35-14 所示。

=SUMPRODUCT(B4:G4,B28:G28)+SUMPRODUCT(B9:G9,B28:G28)

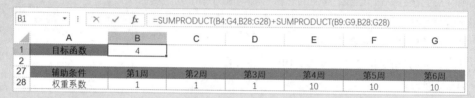

B1	: × ✓ fx	=SUMPRODUCT(B4:G4,B28:G28)+SUMPRODUCT(B9:G9,B28:G28)				
	A	B	C	D	E	F	G
1	目标函数	4					
2							
27	辅助条件	第1周	第2周	第3周	第4周	第5周	第6周
28	权重系数	1	1	1	10	10	10

图 35-14　构建目标函数和权重系数

构建目标函数是建模过程中一个重要步骤，在本示例中并没有合适的极值（最大值或最小值）或指定值可以当作目标函数。本示例在构建目标时引入"权重系数"，将最后一个约束条件隐含在其中。前 3 周的权重系数设置为 1，后 3 周的权重系数设置为 10。构建目标函数时，将北京 vs 天津和上海 vs 重庆（即同区内两支球队的比赛）安排分别与权重系数相乘。规划求解时将使用"最小值"求解，由于前 3 周的权重系数小，求解器将会把同区内两支球队的比赛优先安排在前 3 周。

步骤⑥ 选中 B1 单元格，依次单击【数据】→【规划求解】按钮，打开【规划求解参数】对话框，此时 【设置目标】编辑框中自动填入"$B$1"，在【到】选项中选中【最小值】单选按钮。设置【通过更改可变单元格】为"$B$4:$G$9"。

步骤⑦ 在【规划求解参数】对话框中单击【添加】按钮，弹出【添加约束】对话框，依次添加表 35-2 中的 4 个约束条件。

表 35-2　约束条件公式

约束条件	【遵守约束】关系式
主客场双循环	$C$18:$C$23 = $E$18:$E$23
每周一场	$B$12:$G$15 = 1
第 4、5 周无比赛	$C$24 = $E$24
二进制约束	$B$4:$G$9 = 二进制

步骤⑧ 在【选择求解方法】组合框中选中"单纯线性规划",单击【求解】按钮启动求解器进行规划求解,如图 35-15 所示。

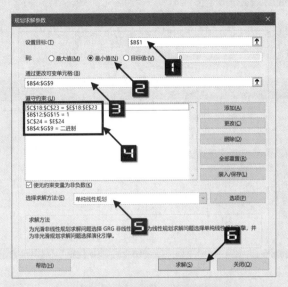

图 35-15 设置规划求解参数

步骤⑨ 在弹出的【规划求解结果】对话框中,可知规划求解成功找到一个全局最优解,保持默认选中的【保留规划求解的解】单选按钮,单击【确定】按钮关闭【规划求解结果】对话框,如图 35-16 所示。

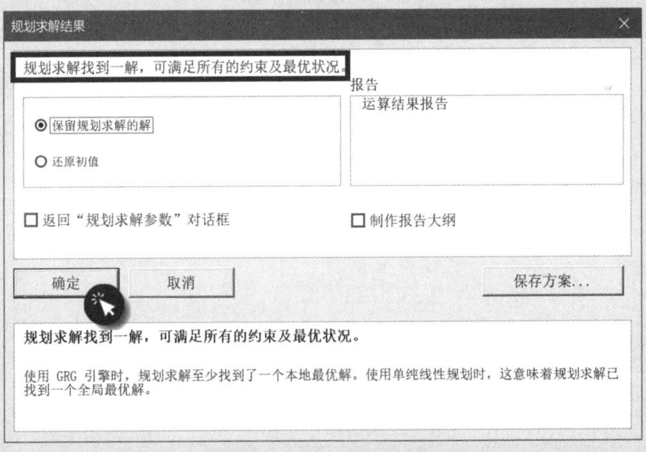

图 35-16 规划求解结果

Excel 工作表中规划求解的结果如图 35-17 所示。

此时目标函数的值为 4,这个数值本身并不具备可解释的含义。由规划求解的结果可以看出:4 支球队每周比赛场次统计(B12:G15)均为 1;每个对阵组合的比赛场次统计(C18:C23)均为 2;北京 vs 重庆的比赛安排在第 1 周和第 6 周;决策变量单元格区域(B4:G9)的值只有 0 和 1。规划求解的结果满足全部约束条件。

	A	B	C	D	E	F	G
1	目标函数	4					
2							
3	决策变量	第1周	第2周	第3周	第4周	第5周	第6周
4	北京vs天津	0	1	1	0	0	0
5	北京vs上海	0	0	0	1	1	0
6	北京vs重庆	1	0	0	0	0	1
7	天津vs上海	1	0	0	0	0	1
8	天津vs重庆	0	0	0	1	1	0
9	上海vs重庆	0	1	1	0	0	0
10							
11	约束条件 (每周一场)	第1周	第2周	第3周	第4周	第5周	第6周
12	北京	1	1	1	1	1	1
13	天津	1	1	1	1	1	1
14	上海	1	1	1	1	1	1
15	重庆	1	1	1	1	1	1
16							
17	约束条件	备注	条件(左)	约束关系	条件(右)		
18	主客场双循环	北京vs天津	2	=	2		
19	主客场双循环	北京vs上海	2	=	2		
20	主客场双循环	北京vs重庆	2	=	2		
21	主客场双循环	天津vs上海	2	=	2		
22	主客场双循环	天津vs重庆	2	=	2		
23	主客场双循环	上海vs重庆	2	=	2		
24	第4、5周无比赛	北京vs重庆	0	=	0		
25	二进制约束		B4:G9	bin	二进制		
26							
27	辅助条件	第1周	第2周	第3周	第4周	第5周	第6周
28	权重系数	1	1	1	10	10	10

图 35-17 规划求解的结果

第 36 章 使用分析工具库分析数据

"分析工具库"是用于提供分析功能的加载项，能够为用户提供一些高级统计函数和实用的数据分析工具，本章将介绍分析工具库中常用的统计分析功能。

┌─────────────┐
│ **本章学习要点** │
└─────────────┘

（1）分析工具库的安装。　　　　　　　（3）其他统计分析。

（2）描述性统计分析。

36.1　加载分析工具库

"分析工具库"是 Excel 自带的加载项，在默认情况下没有加载，如果需要使用"分析工具库"的功能，需要手动加载此加载项，方法与加载"规划求解"加载项相似（请参阅35.1）。操作步骤如下。

步骤① 依次单击【文件】→【选项】，打开【Excel 选项】对话框。

切换到【加载项】选项卡，在【管理】右侧的下拉菜单中选择"Excel 加载项"，然后单击【转到】按钮。

步骤② 在弹出的【加载项】对话框中选中【分析工具库】复选框，最后单击【确定】按钮关闭对话框，如图 36-1 所示。

图 36-1　在 Excel 中加载"分析工具库"加载项

提示
　　　过多的加载项会影响 Excel 的启动速度，用户可以参考以上步骤打开【加载项】对话框，或是在【开发工具】选项卡下分别单击【Excel 加载项】及【COM 加载项】按钮，在弹出的对话框中取消选中不需要的加载项。

此时，在功能区的【数据】选项卡下将会出现【数据分析】按钮，如图 36-2 所示。

图 36-2　Excel 功能区中新增的【数据分析】按钮

单击【数据分析】按钮，将弹出【数据分析】对话框，如图 36-3 所示。

在【数据分析】对话框的列表中选中某个分析工具，单击【确定】按钮，Excel 将显示针对所选工具的新对话框。

可选择的分析工具及用途说明如表 36-1 所示。

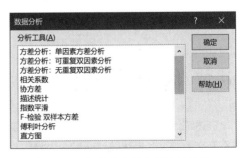

图 36-3　打开【数据分析】对话框

表 36-1 分析工具说明

分析工具名称	用途说明
方差分析	分析类型包括单因素方差分析、可重复双因素方差分析和无重复双因素方差分析
相关系数分析	用于判断两组数据集之间的关系，"简化版"的协方差
协方差分析	用于衡量两个变量的总体误差，通过检验每对测量值变量来确定两个测量值变量是否趋向于同时变动
描述统计分析	用来概括、表述事物整体状况及事物间关联和类属关系，分析数据的趋中性和离散性
指数平滑分析	基于前期预测值导出相应的新预测值，并修正前期预测值的误差。以平滑常数 α 的大小决定本次预测对前期预测误差的修正程度
傅立叶分析	又称调和分析，研究如何将一个函数或信号表达为基本波形的叠加。通常用于解决线性系统问题，并能够通过快速傅立叶变换分析周期性数据
F 检验 双样本方差检验	用来比较两个样本总体的方差
直方图分析	计算数据的个别和累计频率，用于统计数据集中某个数值元素的出现次数
移动平均分析	基于特定的过去某段时期中变量的均值，对未来值进行预测
t- 检验分析	包括双样本等方差假设 t- 检验、双样本异方差假设 t- 检验和平均值的成对二样本分析 t- 检验三种类型
z- 检验：双样本平均差检验	以指定的显著水平检验两个样本均值是否相等
随机数发生器分析	以指定的分布类型生成一系列独立随机数字，可以通过概率分布来表示总体中的主体特征
回归分析	通过对一组观察值使用"最小二乘法"直线拟合，进行线性回归分析。可用来分析单个因变量是如何受一个或几个自变量的值影响的
抽样分析	以数据源区域为总体，为其创建一个样本。当总体太大而不能进行处理或绘制图表时，可以选用具有代表性的样本。如果确认数据源区域中的数据是周期性的，还可以仅对一个周期中特定时间段中的数值进行采样

36.2 描述统计分析

描述统计在统计学概念中表示对一组数据进行计算分析，以便于估计和描述数据的分布状态、数字特征及变量关系。描述统计通常分为集中趋势分析、离散趋势分析和相关分析 3 大部分。Excel 的"描述统计分析"工具仅包含对集中趋势分析和离散趋势分析的部分指标的计算。

示例36-1　使用描述统计分析商品销售状况

图 36-4 展示了某公司两种商品的去年的销售数量，可以通过描述统计功能来分析各商品的销售状况。

操作步骤如下。

步骤① 依次单击【数据】→【数据分析】按钮，打开【数据分析】对话框。

步骤② 在【数据分析】对话框的分析工具列表中选中【描述统计】，单击【确定】按钮，打开【描述统计】对话框。

步骤③ 在【描述统计】对话框中设置相关参数：

（1）单击【输入区域】右侧的折叠按钮，选择要分析数据所在的 B1:C13 单元格区域。

（2）选中【分组方式】右侧的【逐列】单选按钮。

（3）选中【标志位于第一行】的复选框。

（4）在【输出选项】下选中【新工作表组】单选按钮。

（5）选中【汇总统计】和【平均数置信度】的复选框，并将平均数置信度设置为"95%"。

最后单击【确定】按钮，如图 36-5 所示。

	A	B	C
1	月份	收割机	挖掘机
2	1月	637	694
3	2月	723	653
4	3月	748	726
5	4月	551	738
6	5月	462	553
7	6月	489	617
8	7月	550	692
9	8月	280	637
10	9月	521	564
11	10月	551	587
12	11月	636	563
13	12月	807	668

图 36-4　两种商品的销售数据

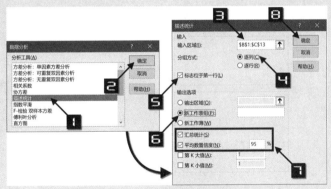

图 36-5　描述统计参数设置

Excel 将自动插入新工作表，并显示出描述统计结果，如图 36-6 所示。

从描述统计结果可以看出，收割机月均销量为 579.5833，最低销量 280，最高销量 807。峰度大于 0，说明该产品总体数据分布与正态分布相比较为陡峭，为尖顶峰。偏度系数为负值，表示其数据分布形态与正态分布相比为负偏或称之为左偏，说明数据左端有较多的极端值。综合各项描述统计结果，说明收割机各月份销售波动性较大，可能受到季节性影响。

挖掘机月均销量为 641，最低销量 553，最高销量 738。峰度小于 0，表示该总体数据分布与正态分布相比较

	A	B	C	D
1	收割机		挖掘机	
2				
3	平均	579.5833	平均	641
4	标准误差	41.27264	标准误差	18.70464
5	中位数	551	中位数	645
6	众数	551	众数	#N/A
7	标准差	142.9726	标准差	64.79478
8	方差	20441.17	方差	4198.364
9	峰度	0.586677	峰度	-1.379
10	偏度	-0.36107	偏度	0.018378
11	区域	527	区域	185
12	最小值	280	最小值	553
13	最大值	807	最大值	738
14	求和	6955	求和	7692
15	观测数	12	观测数	12
16	置信度(95.	90.84048	置信度(95.	41.16864

图 36-6　两种商品的描述统计分析结果

36章

为平坦，为平顶峰。偏度接近 0，表示其数据分布形态与正态分布的偏斜程度接近。综合各项描述统计结果，说明挖掘机各月份销售比较平稳。

36.3　其他统计分析

　　Excel 分析工具库中其他分析工具的使用方法大致相同，用户在掌握了一定的统计学知识后，可以结合实际需要使用对应的分析工具，限于篇幅，本章不再逐一讲解。有兴趣的读者，可以参阅《Excel 数据处理与分析应用大全》[①] 或其他专业书籍。

---

① ISBN: 9787301319345，Excel Home 编著，北京大学出版社出版。

第五篇

协作、共享与其他特色功能

随着信息化办公环境的不断普及与互联网技术的不断发展，团队协同开始取代单机作业，在企业与组织中成为主要的工作模式。秉承这一理念的Excel，不但可以与其他Office组件无缝链接，而且可以帮助用户通过 Intranet 与其他用户进行协同工作，交换信息。同时，借助IRM技术和数字签名技术，用户的信息能够获得更强有力的保护。借助Excel Online，用户可以随时随地协作处理电子表格。

此外，随着新型办公设备的不断出现，Excel在PC、手机、平板电脑上都能完美地运行，并且可以充分借助移动设备的特性来帮助用户开展工作。

第 37 章　使用 Excel 其他特色功能

随着用户处理电子表格任务的日趋复杂，Excel 不断增加各种功能来应对需求。用户可以利用朗读功能检验数据，利用简繁转换功能让表格在简体中文和繁体中文之间进行转换，利用翻译功能快速地翻译文本，利用墨迹公式功能可以方便地插入数学公式，对于平板电脑用户，还可以使用墨迹添加注释。

> 本章学习要点
>
> （1）语音朗读表格。　　　　　　　　　　（4）智能查找。
> （2）中文简繁转换。　　　　　　　　　　（5）墨迹公式。
> （3）多国语言翻译。　　　　　　　　　　（6）墨迹注释。

37.1　语音朗读表格

Excel 的"语音朗读"功能默认状态下并没有出现在功能区中。如果要使用该功能，必须先将相关的命令按钮添加到【快速访问工具栏】，包括"按行朗读单元格""按列朗读单元格"及"按 Enter 开始朗读单元格""朗读单元格""朗读单元格 - 停止朗读单元格"等，如图 37-1 所示。有关"快速访问工具栏"的更多内容，请参阅第一篇 2.10。

图 37-1　在【快速访问工具栏】内添加语音相关命令

单击【快速访问工具栏】中的 按钮，即可启用"按 Enter 开始朗读单元格"功能。当在单元格中输入数据后按 <Enter> 键，或者活动单元格中已经有数据时按 <Enter> 键，Excel 会自动朗读内容。再次单击按钮可关闭该功能。

选中需要朗读的单元格区域，单击【快速访问工具栏】中的 按钮，Excel 将开始按行逐单元格朗读该区域中的所有内容。如果需要停止朗读，单击【快速访问工具栏】中的 按钮或单击工作表中的任意一个单元格即可。

单击 或 按钮，可以切换朗读方向。

如果在执行朗读功能前只选中了一个单元格，则 Excel 会自动扩展到此单元格所在的连续数据区域进行朗读。

深入了解：关于语音引擎

　　Excel 的文本朗读功能需要计算机系统中安装有语音引擎才可以正常使用。该功能以何种语言进行朗读，取决于当前安装并设置的语音引擎，中文版 Windows 自 XP 版本开始都自带中文和英文语音引擎，默认设置为中文语音引擎。

　　事实上，Windows 的语音功能非常强大，不但可以作为语音引擎支持各类软件的相关功能，还可以实现控制计算机程序、读写文字等。

37.2　中文简繁转换

　　使用 Excel 的中文简繁转换功能，可以快速地将工作表内容（不包含名称、批注、对象和 VBA 代码）在简体中文与繁体中文之间进行转换，这是中文版 Excel 所特有的一项功能。

　　如果该功能没有显示在功能区中，可以依次单击【文件】→【选项】，打开【Excel 选项】对话框。切换到【加载项】命令组，单击【管理】右侧下拉按钮，选择【COM 加载项】，然后单击【转到】按钮，打开【COM 加载项】对话框。在【COM 加载项】对话框中选中【中文简繁转换加载项】复选框，最后单击【确定】按钮，如图 37-2 所示。

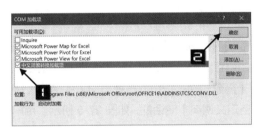

图 37-2　加载中文简繁转换加载项

　　要将一个不连续的单元格区域由简体中文转化为繁体中文，需要先选中整个区域；如果要转化整个表格，只需单击选中其中任意一个单元格，然后单击【审阅】选项卡中的【简转繁】按钮即可，结果如图 37-3 所示。

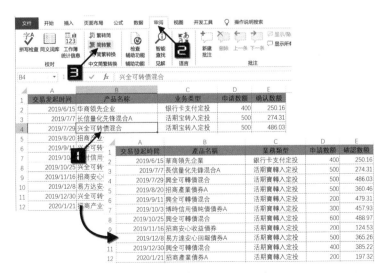

图 37-3　简体中文转化为繁体中文

如果此时工作簿尚未保存，将弹出对话框询问是否需要先保存再转换，如图 37-4 所示。单击【是】按钮可继续转换。

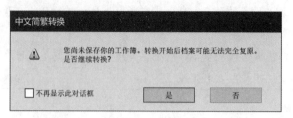

图 37-4　转化前关于保存文件的提示

简繁转换操作无法撤消，为了避免意外，应该先保存当前文件，或者为当前文件保存一份副本后再执行转换。

Excel 会按词或短语进行简繁转化，如"单元格"将转化为"储存格"，"模板"将转化为"範本"等。将繁体中文转化为简体中文的操作基本相同，先选中目标区域后，单击【繁转简】按钮即可。

如果将简体转换为繁体，再将这些繁体转换为简体时，可能无法得到之前的简体内容。例如将"模板"转换为繁体的"範本"后，再次转换将得到简体的"范本"。

如果要一次性将整张工作表的内容进行简繁转换，可以先选中工作表中的任意一个单元格，然后开始转换。如果要将整个工作簿的内容进行简繁转换，需要先选中所有工作表，然后开始转换。

单击【审阅】选项卡中的【简繁转换】按钮，在弹出的【中文简繁转化】对话框中单击【自定义词典】按钮，将弹出【简体繁体自定义词典】对话框，如图 37-5 所示。用户可以在这里维护自己的词典，让转化结果更适合自己的工作。

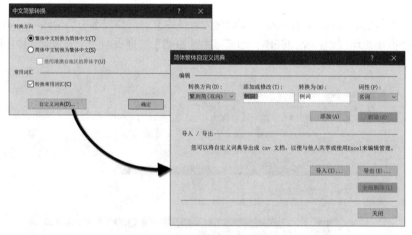

图 37-5　维护简繁转化词典

37.3　多国语言翻译

Office 2019 内置了由微软公司提供的在线翻译服务，该服务可以帮助用户翻译选中的文字、进行屏幕取词翻译或翻译整个文件。该服务支持多种语言之间的互相翻译。

要使用翻译服务，用户必须保持计算机与 Internet 的连接。

单击需要翻译的单元格，依次单击【审阅】→【翻译】按钮，将显示出【翻译工具】窗格，其中显示详细的翻译选项与当前的翻译结果，如图 37-6 所示。

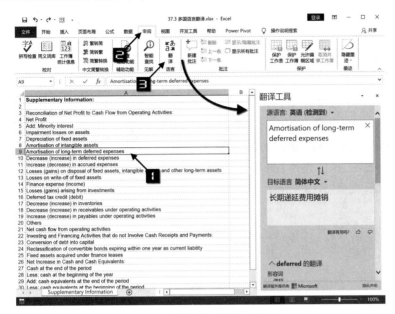

图 37-6 翻译单元格中的文字

37.4 智能查找

在计算机联网的情况下，用户只要选中某个单元格，然后依次单击【审阅】→【智能查找】按钮，即可在右侧的【搜索】窗格中显示相关的 Web 搜索结果，而不需要特意打开浏览器来查询，方便随时查阅网上资源，如图 37-7 所示。

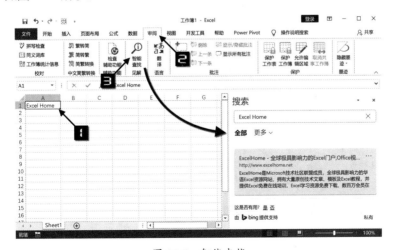

图 37-7 智能查找

37.5　墨迹公式

如果需要在工作表中插入数学公式，比如勾股定理公式，可以使用"公式编辑器"来编辑。依次单击【插入】→【公式】下拉按钮，可以选择常用的数学公式，或者"墨迹公式"——使用鼠标或触控笔在【数学输入控件】对话框中直接手写公式，如图 37-8 所示。

手写完成后，单击【数学输入控件】对话框的【插入】按钮，该数学公式就会成为工作表中的一个对象。如果需要修改已经插入的数学公式，可以选中公式对象，在【公式工具】【设计】选项卡下借助丰富的功能进行编辑，如图 37-9 所示。

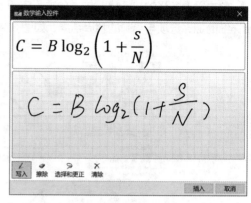

图 37-8　手写输入复杂数学公式

图 37-9　编辑数学公式的丰富功能

37.6　墨迹注释

如果用户使用的是带有触摸屏的电脑设备，比如微软公司的 Surface 系列，可以方便地在工作表中添加"墨迹注释"。任何时候，只需要用触控笔直接在工作表中的某个地方圈划书写即为插入"墨迹注释"，如图 37-10 所示。

	A	东北区	西北区	华南区	华东区	西南区	华中区	合　计	I
1		东北区	西北区	华南区	华东区	西南区	华中区	合　计	
2	1月份	24.90	13.20	36.90	41.10	14.00	26.10	156.20	
3	2月份	29.13	15.18	42.44	49.32	16.10	29.75	181.92	
4	3月份	34.09	17.46	48.80	59.18	18.52	33.92	211.96	
5	4月份	43.00	31.00	67.23	71.02	21.29	6.50	240.04	
6	5月份	50.31	35.65	77.31	85.22	24.49	44.08	317.07	
7	6月份	58.86	41.00	88.91	102.27	28.16	7.58	326.78	
8	合　计	240.29	153.48	361.59	408.12	122.55	147.94	1,433.97	

图 37-10　使用触控设备添加墨迹注释

在【审阅】选项卡下，可以设置隐藏或是批量删除墨迹注释。

37.7 快速分析

使用 Excel 快速分析功能，可快速添加条件格式、创建图表、插入常用汇总公式、创建数据透视表或添加迷你图。

首先选中待分析的数据区域，单击右下角出现的【快速分析】按钮，或者单击待分析数据区域的任意单元格，按 <Ctrl+Q> 组合键，然后在【快速分析】浮动面板中切换到不同选项卡来选择所需的命令，当光标在不同命令菜单上移动时，会实时显示该命令的效果预览，单击即可应用该命令，如图 37-11 所示。

图 37-11 快速分析

关于快速分析的详细内容，请扫描右边二维码阅读。

第 38 章　信息安全控制

用户的 Excel 工作簿中可能包含着一些比较重要的敏感信息。当需要与其他用户共享此类文件时，就需要对敏感信息进行保护。尽管用户可以为 Excel 文件设置打开密码，但仅仅运用这样的机制来保护信息显然不能满足所有用户的需求。Excel 在信息安全方面具备了许多优秀功能，尤其是"信息权限管理"（IRM）功能和数字签名功能，可以帮助用户保护文件中的重要信息。

> **本章学习要点**
>
> （1）借助 IRM 进行信息安全控制。　　　（4）保护个人私有信息。
> （2）保护工作表与工作簿。　　　　　　（5）自动备份。
> （3）为工作簿添加数字签名。　　　　　（6）发布工作簿为 PDF 或 XPS。

38.1　借助 IRM 进行信息安全控制

IRM，全称 Information Rights Management，允许个人和管理员指定可以访问指定 Office 文档的用户，防止未经授权的人员打印、转发或复制敏感信息。此外，IRM 还允许用户定义文档的有效期，文件一旦过期将不可以再访问。

IRM 技术通过在计算机上安装一个数字证书来完成对文件的加密，此后的权限分配与权限验证均基于用户账户进行，账户用于保证用户身份的唯一合法性。

IRM 提供了比"用密码进行加密"更灵活的权限分配机制和更高的安全级别，文档的所有人只需依次单击【文件】→【信息】→【保护工作簿】→【限制访问】，指定谁可以具备何种操作权限就完成了加密。被授权的人在访问文档时，不需要使用任何密码，只需要向 RMS 服务器验证自己的身份即可。

在 Office 中使用 IRM 技术必须要在企业内部部署 RMS 服务器或带 RMS Online 的 Office 365，相关内容可参阅微软网站技术文档。

38.2　保护工作表

通过设置单元格的"锁定"状态，并使用"保护工作表"功能，可以禁止对单元格的编辑，此部分内容请参阅 7.7。

在实际工作中，对单元格内容的编辑，只是工作表编辑方式中的一项，除此以外，Excel 还允许用户设置更明确的保护方案。

38.2.1　设置工作表的可用编辑方式

单击【审阅】选项卡中的【保护工作表】按钮，可以执行对工作表的保护，在弹出的【保护工作表】对话框中有很多权限设置选项，如图 38-1 所示。

这些权限设置选项决定了当前工作表处于保护状态时，除了禁

图 38-1　【保护工作表】对话框

止编辑锁定单元格以外，还可以进行其他哪些操作。部分选项的含义如表 38-1 所示。

表 38-1　【保护工作表】对话框部分选项的含义

选项	含义
选定锁定单元格	使用鼠标或键盘选定设置为锁定状态的单元格
选定解除锁定的单元格	使用鼠标或键盘选定未被设置为锁定状态的单元格
设置单元格格式	设置单元格的格式（无论单元格是否锁定）
设置列格式	设置列的宽度，或者隐藏列
设置行格式	设置行的高度，或者隐藏行
插入超链接	插入超链接（无论单元格是否锁定）
排序	对选定区域进行排序（该区域中不能包含锁定单元格）
使用自动筛选	使用现有的自动筛选，但不能打开或关闭现有表格的自动筛选
使用数据透视表和数据透视图	使用工作表中已有的数据透视表和数据透视图，但不能插入或删除已有的数据透视表和数据透视图
编辑对象	修改图表、图形、图片，插入或删除批注
编辑方案	使用方案

38.2.2　凭密码或权限编辑工作表的不同区域

默认情况下，Excel 的"保护工作表"功能作用于整张工作表，如果希望对工作表中的不同区域设置独立的密码或权限来进行保护，可以按以下方法操作。

步骤① 单击【审阅】选项卡中的【允许编辑区域】按钮，弹出【允许用户编辑区域】对话框。

步骤② 在此对话框中单击【新建】按钮，弹出【新区域】对话框。可以在【标题】文本框中输入区域名称（或使用系统默认名称），然后在【引用单元格】编辑栏中输入或选择区域的范围，然后输入区域密码。

如果要针对指定计算机用户（组）设置权限，还可以单击【权限】按钮，在弹出的【区域 1 的权限】对话框中进行设置。

步骤③ 单击【新区域】对话框的【确定】按钮，在根据提示重复输入密码后，返回【允许用户编辑区域】对话框。之后用户就可凭此密码对以上所选定的单元格和区域进行编辑操作。此密码与工作表保护密码各自独立。

步骤④ 如果需要，可以使用同样的方法创建多个使用不同密码访问的区域。

步骤⑤ 在【允许用户编辑区域】对话框中单击【保护工作表】按钮，执行工作表保护，如图 38-2 所示。

完成以上单元格保护设置后，在试图对保护的单元格或区域内容进行编辑操作时，会弹出如图 38-3 所示的【取消锁定区域】对话框，要求用户提供针对该区域的保护密码。只有在输入正确的密码后才能对其进行编辑。

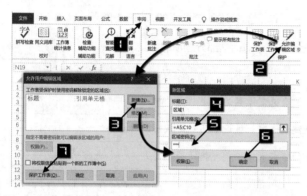

图 38-2　设置【允许用户编辑区域】对话框

图 38-3　【取消锁定区域】对话框

如果在步骤 2 中设置了指定用户（组）对某区域拥有"允许"的权限，则该用户或用户组成员可以直接编辑此区域，不会再弹出要求输入密码的提示对话框。

38.3　保护工作簿

Excel 允许对整个工作簿进行不同方式的保护，一种是保护工作簿的结构，另一种则是通过设置打开密码来加密工作簿。

38.3.1　保护工作簿结构

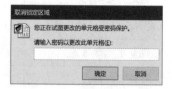

在【审阅】选项卡上单击【保护工作簿】按钮，将弹出【保护工作簿】对话框，如图 38-4 所示。

选中【结构】复选框后，禁止在当前工作簿中插入、删除、移动、复制、隐藏或取消隐藏工作表，同时禁止重新命名工作表。

图 38-4　【保护工作簿】对话框

提示

> 　　【窗口】复选框仅在 Excel 2007、Excel 2010、Excel for Mac 2011 和 Excel 2016 for Mac 中可用，选中此复选框后，当前工作簿的窗口按钮不再显示，禁止新建、放大、缩小、移动或分拆工作簿窗口，【全部重排】命令也对此工作簿不再有效。

如有必要，可以设置密码，此密码与工作表保护密码和工作簿打开密码没有任何关系。最后单击【确定】按钮即可。

38.3.2　加密工作簿

如果希望限定必须使用密码才能打开工作簿，除了在工作簿另存为操作时进行设置（请参阅 3.1.3）外，也可以在工作簿处于打开状态时进行设置。

单击【文件】选项卡，依次单击【信息】→【保护工作簿】→【用密码进行加密】，将弹出【加密文档】对话框。输入密码单击【确定】后，Excel 会要求再次输入密码进行确认。确认密码后，如果保存此工作簿，则下次被打开时将提示输入密码，如果不能输入正确的密码，将无法打开此工作簿，如图 38-5 所示。

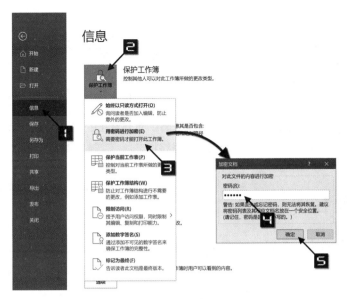

图 38-5　设置工作簿打开密码

如果要清除工作簿的打开密码，可以按上述步骤再次打开【加密文档】对话框，删除现有密码即可。

38.4　标记为最终状态

如果工作簿文件需要与其他人进行共享，或被确认为一份可存档的正式版本，可以使用"标记为最终状态"功能，将文件设置为只读状态，防止被意外修改。

要使用此功能，可以单击【文件】选项卡，依次单击【信息】→【保护工作簿】→【标记为最终】，在弹出的对话框中单击【确定】按钮，如图 38-6 所示。

系统弹出如图 38-7 所示的消息框，提示用户本工作簿已经被标记为最终状态。

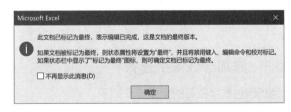

图 38-6　确认执行"标记为最终状态"对话框　　　图 38-7　提示用户本工作簿已经被标记为最终状态

注意

　　如果在一个新建的尚未保存过的工作簿上执行"标记为最终状态"，Excel 会自动弹出【另存为】对话框，要求先对工作簿进行保存。

现在，工作簿窗口的外观如图 38-8 所示，文件名后显示为"只读"，功能区被折叠，并提示当前为"标记为最终"的状态，文件将不再允许任何编辑。

图 38-8　最终状态下的工作簿窗口

事实上，"标记为最终"功能更像一个善意的提醒，而非真正的安全保护功能。任何时候只需要单击功能区下方的【仍然编辑】按钮，就可以取消"最终状态"，使文件重新回到可编辑状态。

38.5　数字签名

在生活和工作中，许多正式文档往往需要当事者的签名，以此鉴别当事者是否认可文档内容或文档是否出自当事者。具有签名的文档不允许任何修改，以确保文档在签名后未被篡改，是真实可信的。对于尤其重要的文档，除了当事者签名以外，可能还需要由第三方（如公证机关）出具的相关文书来证明该文档与签名的真实有效。

Office 的数字签名技术，基本遵循上述原理，只不过将手写签名换成了电子形态的数字签名。众所周知，手工签名很容易被模仿，且难以鉴定。因此，在很多场合下，数字签名更容易确保自身的合法性和真实性，而且操作更方便。

有效的数字签名必须在证书权威机构（CA）注册，该证书由 CA 认证并颁发，具有不可复制的唯一性。如果用户没有 CA 颁发的正式数字签名，也可以使用 Office 的数字签名功能创建一个本机的数字签名，签名人为 Office 用户名。但这样的数字签名不具公信力，也很容易被篡改，因为任何人在任何计算机上都可以创建一个完全相同的数字签名。

> **提示**　▬■■■➡　全球有多家提供数字签名注册服务的公司，并按不同服务标准收取服务年费。

Excel 允许向工作簿文件中加入可见的签名标志后再签署数字签名，也可以签署一份不可见的数字签名。无论是哪一种数字签名，如果在数字签名添加完成后对文件进行编辑修改，签名都将自动被删除。

38.5.1　添加隐性数字签名

添加隐性数字签名的操作步骤如下。

步骤① 单击【文件】选项卡，在默认的【信息】页中依次单击【保护工作簿】→【添加数字签名】。

步骤② 在弹出的【签名】对话框中，可以进行详细的数字签名设置，包括类型、目的和签名人信息等，如图 38-9 所示。对话框中的"承诺类型""签署此文档的目的""详细信息"等参数都是可选项，可以留空。单击【更改】按钮可以选择本机可用的其他数字签名。

根据需要填写各种签名信息后，单击【签名】按钮。

> **提示**　▬■■■➡　部分数字签名颁发机构的某些证书类型，要求用户进行签名验证。

弹出【签名确认】对话框，显示签名完成，单击【确定】按钮即可，如图 38-10 所示。

图 38-9　添加隐性数字签名

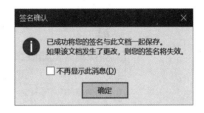

图 38-10　完成签名

成功添加数字签名后的工作簿文件将自动进入"标记为最终状态"模式，并在 Excel 状态栏的左侧会出现一个图标 　。单击此图标，将出现【签名】任务窗格，显示当前签名的详细信息，如图 38-11 所示。通过"签名"任务窗格，可以查看当前签名的详细信息，也可以删除签名。

图 38-11　查看"签名"任务窗格

再次打开该文件时，Excel 窗口会显示如图 38-12 所示的提示栏。

图 38-12　包含有效签名的工作簿文件

38.5.2　添加 Microsoft Office 签名行

步骤① 单击【插入】选项卡中【签名行】的下拉按钮，在下拉列表中单击【Microsoft Office 签名行】

项，将弹出【签名设置】对话框。根据具体情况输入姓名、职务、电子邮件地址等信息后，单击【确定】按钮，如图 38-13 所示。

此时，当前工作表中已经插入了一个类似图片的对象，显示了刚才填写的签名设置中的信息，这只是 Microsoft Office 签名行的一个半成品，如图 38-14 所示。

图 38-13　添加 Microsoft Office 签名行

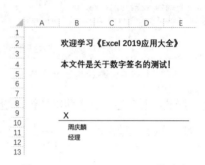

图 38-14　Microsoft Office 签名行

步骤② 要完成签名行的设置并添加数字签名，可以直接双击刚才的对象，弹出【签名】对话框，如图 38-15 所示。

图 38-15　为签名行添加数字签名

步骤③ 在【签名】对话框中输入签署者的信息，或者单击【选择图像】按钮，选择一张图片添加到签名行区域，最后单击【签名】按钮。此时会弹出【签名确认】对话框，表示签名完成。

签署完成后的工作簿文件如图 38-16 所示，可以看到，除了在工作表中的签名行对象，其他方面与添加隐性数字签名后的状态基本一致。

图 38-16 添加数字签名后的 Microsoft Office 签名行

38.5.3 添加图章签名行

添加图章签名行的方法与添加 Microsoft Office 签名行基本相同，在此不再赘述。图章签名的效果如图 38-17 所示。

图 38-17 添加数字签名后的图章签名行

38.6 借助"检查文档"保护私有信息

每一个工作簿文件除了所包含的工作表内容以外，还包含很多其他信息。单击【文件】选项卡，在【信息】页中可以看到这些信息，如图 38-18 所示。

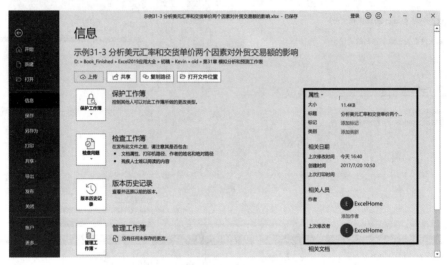

图 38-18 工作簿文件的自身信息

一部分信息是只读的，如文件大小、创建时间、上次修改时间、文件的当前位置等，另一部分信息则用于描述文件特征，是可编辑的，如标题、类别、作者等。在个人或企业内部使用 Excel 的时候，添加详细的文件信息描述是一个良好的习惯，可以帮助创建者本人和同事了解该文件的详细情况，并借助其他的应用（如 SharePoint Server）构建文件库，进行知识管理，同时也非常方便进行文件搜索。

单击【属性】按钮，在下拉菜单中单击【高级属性】，将弹出【属性】对话框，用户在此可进行详细的属性查看与管理，如图 38-19 所示。

图 38-19 编辑文档属性

此外，工作簿中还有可能保存了由多人协作时留下的批注、墨迹等信息，记录了文件的所有修订记录。如果工作簿要发送到组织机构以外的人员手中，以上这些信息可能会泄露私密信息，应该及时进行检查并删除。此时，可以使用"检查文档"功能，操作步骤如下。

步骤① 单击【文件】选项卡，依次单击【信息】→【检查问题】→【检查文档】。

步骤② 在弹出的【文档检查器】对话框中，列出可检查的各项内容，默认进行全部项目的检查，如图 38-20 所示。单击【检查】按钮即可开始进行检查。

图 38-21 展示了显示检查结果的【文档检查器】对话框，如果用户确认检查结果的某项内容应该去除，可以单击该项右侧的【全部删除】按钮。

图 38-20　用于检查文档的"文档检查器"

图 38-21　显示检查结果的【文档检查器】对话框

> **注意**
> 【全部删除】将一次性删除该项目类别下的所有设置，且无法撤消，应该谨慎使用。

38.7　发布为 PDF 或 XPS

PDF 全称为 Portable Document Format，译为可移植文档格式，由 Adobe 公司设计开发，目前已成为数字化信息领域中一个事实上的行业标准。它的主要特点是：

❖ 在大多数计算机平台上具有相同的显示效果。

❖ 较少的文件体积，最大程度保持与源文件接近的外观。

❖ 具备多种安全机制，不易被修改。

XPS 全称为 XML Paper Specification，是由 Microsoft 公司开发的一种文档保存与查看的规范。用户可以简单地把它看作微软版的 PDF。

PDF 和 XPS 必须使用专门的程序打开，免费的 PDF 阅读软件不计其数，而微软也从 Vista 开始在操作系统内集成了 XPS 阅读软件。

Excel 支持将工作簿发布为 PDF 或 XPS，以便获得更好的阅读兼容性及某种程度上的安全性。以发布为 PDF 格式文件为例，具体方法是按 <F12> 键，在弹出的【另存为】对话框中，选择【保存类型】为 PDF，如图 38-22 所示。可以根据情况选择不同的优化选项，然后单击【保存】按钮即可。

如果希望设置更多的选项，可以在【另存为】对话框中单击【选项】按钮。在弹出的【选项】对话框中可以设置发布的页范围、内容等参数，单击【确定】按钮即可保存设置。如图 38-23 所示。

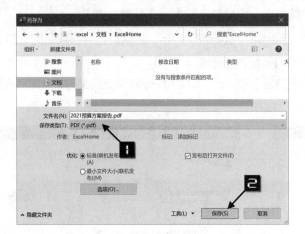

图 38-22　发布工作簿为 PDF 文件

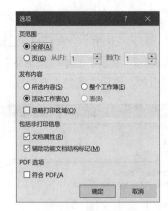

图 38-23　设置更多的 PDF 发布选项

发布为 XPS 文件的方法与此类似，在此不再赘述。

　　　　　将工作簿另存为 PDF 或 XPS 文件后，无法将其转换回 Microsoft Excel 文件格式，除非使用专业软件或第三方加载项。但是，Word 支持 .docx 文件和 PDF 文件之间的互相转换。

第 39 章　与其他应用程序共享数据

微软 Office 程序包含 Excel、Word、PowerPoint、OneNote 等多个组件，用户可以使用 Excel 进行数据处理分析，使用 Word 进行文字处理与编排，使用 PowerPoint 设计演示文稿等。为了完成某项工作，用户常常需要同时使用多个组件。因此在它们之间进行快速准确的数据共享显得尤为重要。本章将重点讲解借助复制和粘贴的方式实现 Excel 和其他应用程序之间的数据共享。

本章学习要点

（1）了解剪贴板的作用。　　　　　　　　　（3）在 Excel 中使用其他应用程序的数据。

（2）在其他应用程序中使用 Excel 的数据。　　（4）将 Excel 工作簿作为数据源。

39.1　Windows 剪贴板和 Office 剪贴板

Windows 剪贴板是所有应用程序的共享内存空间，任何两个应用程序只要互相兼容，Windows 剪贴板就可以实现相互之间的信息复制。Windows 剪贴板会一直保留用户使用复制命令复制的信息，每次粘贴操作将默认使用最后一次复制的信息。Windows 剪贴板在后台运行，用户通常看不到它。

 从 Windows 10 1809 版本开始，Windows 剪贴板最多可以容纳 25 条信息。如果按 <Win+V> 组合键打开剪贴板，可以选择任意一条信息进行粘贴。

Office 剪贴板则是专门为 Office 各组件服务的，最多可以容纳 24 条复制的信息，支持用户连续进行复制，然后再按需粘贴。

单击【开始】选项卡中【剪贴板】命令组右下角的对话框启动器，将显示【剪贴板】任务窗格，如图 39-1 所示。此时 Office 剪贴板将开始工作，用户的每一次复制（包括但不限于在 Office 应用程序中的复制）都会被记录下来，并在该窗格中按操作顺序列出。

图 39-1　显示【剪贴板】任务窗格

将光标悬浮于其中一项之上时，该项将出现下箭头按钮，单击该按钮可显示下拉菜单。单击【粘贴】可将该项信息进行粘贴，单击【删除】将从 Office 剪贴板中清除该项信息。

Office 剪贴板是所有 Office 组件共用的，所以它在所有 Office 组件中将显示完全相同的信息项列表。

单击【剪贴板】窗格下方的【选项】按钮，可以在弹出的快捷菜单中设置 Office 剪贴板的运行方式，如图 39-2 所示。

图 39-2　Office 剪贴板的运行设置

 在 Office 组件程序中进行数据复制或剪切时，信息同时存储在 Windows 剪贴板和 Office 剪贴板上。

39.2　将 Excel 数据复制到其他 Office 应用程序中

Excel 中的所有数据形式都可以被复制到其他 Office 应用程序中，包括工作表中的数据、图片、图表和其他对象等。不同的信息在复制与粘贴过程中有不同的选项，以适应用户的不同需求。

39.2.1　复制单元格区域

复制 Excel 某个单元格区域中的数据到 Word 或 PowerPoint 中，是较常见的一种信息共享方式。利用"选择性粘贴"功能，用户可以选择以多种方式将数据进行静态粘贴，也可以选择动态链接数据。静态粘贴的结果是源数据的静态副本，与源数据不再有任何关联。而动态链接则会在源数据发生改变时自动更新粘贴结果。

 如果希望在复制后能够执行"选择性粘贴"功能，用户在复制 Excel 单元格区域后，应立即进行粘贴操作，而不要进行其他操作，比如按下 <Esc> 键，或者双击某个单元格，或者在某个单元格输入数据等。

如需将 Excel 表格数据复制到 Word 文档中，操作步骤如下。

步骤① 选择需要复制的 Excel 单元格区域，按 <Ctrl+C> 组合键进行复制。

步骤② 激活 Word 文档中的待粘贴位置。

如果直接按 <Ctrl+V> 组合键，或者使用"Office 剪贴板"中的粘贴功能，将以 Word 当前设置的默认粘贴方式进行粘贴。

如果单击【开始】选项卡，再单击【粘贴】按钮下方的下拉箭头，可以在下拉菜单中找到更多的粘贴选项，以及【选择性粘贴】命令。单击【选择性粘贴】命令会弹出【选择性粘贴】对话框，调整其中的选项，可以按不同方式和不同形式进行粘贴。默认的粘贴选项是粘贴为 HTML 格式，如图 39-3 所示。

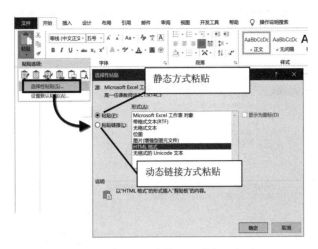

图 39-3 在 Word 中执行"选择性粘贴"

在静态方式下，各种粘贴形式的用途如表 39-1 所示。

表 39-1 静态方式下各种粘贴形式的用途

形式	用途
Microsoft Excel 工作表对象	作为一个完整的 Excel 工作表对象进行嵌入，在 Word 中双击该对象可以像在 Excel 中一样进行编辑处理
带格式文本（RTF）	成为带格式的文本表格，将保留源数据的行、列及字体格式
无格式文本	成为普通文本，没有任何格式
位图	成为 BMP 图片文件
图片（增强型图元文件）	成为 EMF 图片文件，文件体积比位图小
HTML 格式	成为 HTML 格式的表格，在格式上比 RTF 更接近源数据
无格式的 Unicode 文本	成为 Unicode 编码的普通文本，没有任何格式

如果希望粘贴后的内容能够随着源数据的变化而自动更新，则应使用"粘贴链接"方式进行粘贴。

> 注意
>
> 对于不同的复制内容，并非每一种选择性粘贴选项都是有效的。

示例39-1 链接Excel表格数据到Word文档中

复制Excel中的表格数据后，在Word文档中执行【选择性粘贴】命令，弹出【选择性粘贴】对话框。选中【粘贴链接】单选按钮，如图 39-4 所示。

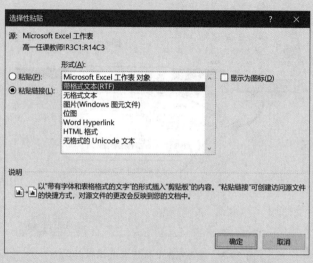

图 39-4 【选择性粘贴】对话框中 "粘贴链接" 方式下的各种形式

"粘贴链接" 方式下各种形式的粘贴结果在外观上与静态方式基本相同，但是均会链接到 Excel 的源数据，原始数据中的任何变化会自动更新到 Word 中。此外，粘贴结果具备与源数据之间的超链接功能。以 "粘贴链接" 为 "带格式文本（RTF）" 为例，如果在粘贴结果中鼠标右击，在弹出的快捷菜单中选择【链接的 Worksheet 对象】项，单击【编辑链接】或【打开链接】命令，将激活 Excel 并定位到源文件的目标区域，如图 39-5 所示。

工作表名称	基础工资合计	工资总计	绩效合计
总经办		41,870.57	-1,246.09
	40,000.00		
设计二部		40,136.66	-257.28
	11,800.00		
设计一部		90,334.51	-26,645.3
	18,300.00		
市场一部	7,800.00	65,040.24	-22,258.0
市场三部		45,702.80	10,677.
	15,100.00		
核算部		11,260.00	1,260.0
	10,000.00		
财务中心		40,687.62	3,422.
	35,570.00		
市场二部		52,926.84	10,488.
	21,400.00		
市场四部	7,400.00	12,273.21	-5,856.

图 39-5 从粘贴结果链接到 Excel 工作表

提示

选择 "粘贴链接" 方式中的 "Word Hyperlink" 选项，能够创建到源数据区域的超链接，但不会自动更新数据。

39.2.2　复制图片

复制 Excel 工作表中的图片、图形后，如果在其他 Office 应用程序中执行【选择性粘贴】命令，将弹出如图 39-6 所示的【选择性粘贴】对话框。

图 39-6　复制对象为图片时的【选择性粘贴】对话框

选择性粘贴允许以多种格式的图片来粘贴，但只能进行静态粘贴。

39.2.3　复制图表

与 Excel 单元格区域类似，Excel 图表同时支持静态粘贴和动态粘贴链接。

示例39-2　链接Excel图表到PowerPoint演示文稿中

步骤① 选中要复制的 Excel 图表，按 <Ctrl+C> 组合键复制。

步骤② 激活 PowerPoint 演示文稿中的待粘贴位置，执行【选择性粘贴】命令，在弹出的【选择性粘贴】对话框中，选中【粘贴链接】单选按钮，最后单击【确定】按钮，如图 39-7 所示。

图 39-7　粘贴 Excel 图表链接到演示文稿中

图 39-8 展示了在 PowerPoint 演示文稿中具备动态链接特性的 Excel 图表，当源图表发生变化以后，此处的图表也会自动更新。在图表上右击鼠标，可以执行相关的链接命令。

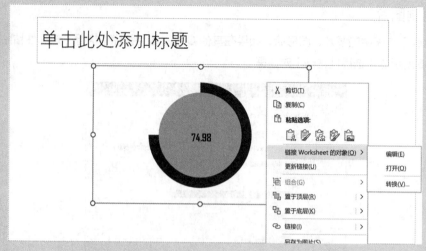

图 39-8　PowerPoint 演示文稿中链接形式的 Excel 图表

39.3　在其他 Office 应用程序文档中插入 Excel 对象

除了使用复制粘贴的方法来共享数据之外，用户还可以在 Office 应用程序文档中插入对象。例如在 Word 文档或 PowerPoint 演示文稿中创建新的 Excel 工作表对象，将其作为自身的一部分。操作步骤如下。

步骤① 激活需要新建 Excel 对象的 Word 文档。

步骤② 单击【插入】选项卡中的【对象】按钮，弹出【对象】对话框，如图 39-9 所示。利用此对话框，可以"新建"一个对象，也可以链接到一个现有的对象文件。选择【Microsoft Excel Worksheet】项，单击【确定】按钮。

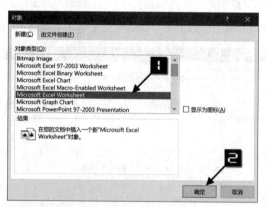

图 39-9　【对象】对话框显示所有本电脑上可供插入的对象列表

单击【插入】选项卡下的【表格】→【Excel 电子表格】也可以插入一个 Excel 工作表对象。

深入了解

【对象】对话框中显示的对象列表来源于本电脑安装的支持 OLE（对象连接与嵌入）的软件。

例如，电脑上安装了 Auto CAD 制图软件的话，该列表中就会出现 CAD 对象，允许在 Word 文档中插入。

Excel 工作表插入到 Word 文档后，如果不被激活，则只显示为表格。双击它可以激活对象，弹出 Excel 窗口进行编辑，如图 39-10 所示。

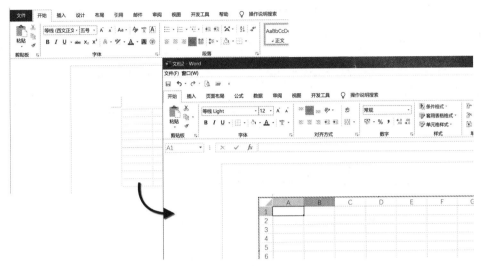

图 39-10　在 Word 文档中编辑 Excel 工作表对象

编辑完毕后，可直接关闭此 Excel 窗口。

插入到 Word 文档中的 Excel 对象，既可以使用 Excel 的功能特性，又成为 Word 文档的一部分，而不必单独保存为 Excel 工作簿文件，这一用法在需要创建复杂内容的文档时是非常有意义的。

39.4　在 Excel 中使用其他 Office 应用程序的数据

将其他 Office 应用程序的数据复制到 Excel 中，与将 Excel 数据复制到其他 Office 应用程序的方法基本类似。借助"选择性粘贴"功能，以及【粘贴选项】按钮，用户可以按自己的需求进行信息传递。

在 Excel 中也可以使用插入对象的方式，插入其他 Office 应用程序中的文件，作为工作表内容的一部分。

39.5　使用 Excel 工作簿作为外部数据源

许多 Office 应用程序都有使用外部数据源的需求，Excel 工作簿是常见的外部数据源之一。可以使用 Excel 工作簿作为外部数据源的应用包括 Word 邮件合并、Access 表链接、Visio 数据透视表与数据图形、Project 日程表及 Outlook 通讯簿的导入导出等。

第 40 章　协同处理 Excel 数据

尽管 Excel 是一款个人桌面应用程序，但它并不是让用户只能在自己的个人电脑上进行单独作业的应用程序。借助 Internet、Intranet 或电子邮件，Excel 提供了多项易于使用的功能，使用户可以方便地存储自己的工作成果、与同事共享数据及协作处理数据。

> **本章学习要点**
>
> （1）从远程电脑上获取或保存 Excel 数据。　　（4）Excel Online。
> （2）共享工作簿。　　　　　　　　　　　　　　（5）共同协作。
> （3）审阅。　　　　　　　　　　　　　　　　　　（6）在线调查。

40.1　远程打开或保存 Excel 文件

Excel 允许用户选择多种位置来打开和保存文件，如本地磁盘、FTP 文件夹、局域网共享文件夹、OneDrive 文件夹等。

在默认情况下，每一个本地磁盘中的 Excel 工作簿文件只能被一个用户以独占方式打开。如果试图在局域网共享文件夹中打开一个已经被其他用户打开的文件时，Excel 会弹出【文件正在使用】对话框，表示该文件已经被锁定，如图 40-1 所示。

图 40-1　打开使用中的工作簿弹出"文件正在使用"对话框

遇到这种情况，可以与正在使用该文件的用户进行协商，请对方先关闭该文件，否则只能以只读方式打开该文件。当以只读方式打开文件后，虽然可以编辑，但编辑后不能进行保存，而只能另存为一个副本。

如果单击【只读】按钮，将以只读方式打开文件。

如果单击【通知】按钮，仍将以只读方式打开。当对方关闭该文件后，Excel 将用一条信息通知后面打开文件的用户，如图 40-2 所示。

图 40-2　当前一个用户关闭文件时，Excel 通知后一个用户

单击【现在可以使用的文件】对话框中的【读 - 写】按钮，将获得当前 Excel 工作簿的"独占权"，可以编辑并保存该文件。

Excel 打开 OneDrive 上的文件时，尽管实际上是先从 OneDrive 将文件缓存到本地，保存时再上传到 OneDrive 服务器，但仍然支持独占编辑。Excel 允许使用同一个 Microsoft 账户在多台设备上登录，或者同一个账户同时使用 Web 形式和应用程序来访问 OneDrive 上的文件。如果有来自一个账户的多个访问请求同时打开一个 OneDrive 中的文件，则后打开的请求会被提示无法修改。

如果使用不同的账户打开同一个 OneDrive 上的文件，属于"共同创作"的模式，详细内容请参阅 40.4。

40.2　共享工作簿与审阅

Excel 支持"共享工作簿"及基于"共享工作簿"功能的审阅机制，这使得局域网中多个用户可以同时编辑同一个 Excel 工作簿，或者将工作簿分发给其他同事进行审阅与修订，最后合并所有的修订记录。但是，这一系列"古老"的功能因为存在诸多限制，在 Excel 2019 中已经被更具云计算特性的"共同创作"功能所取代，有关"共同创作"的详细介绍请参阅 40.4。

　　　如果用户仍然对"共享工作簿"情有独钟，需要通过自定义快速访问工具栏的方式，将"共享工作簿（旧版）""修订（旧版）""保护共享（旧版）""比较和合并工作簿"等按钮添加到快速访问工具栏上，即可继续使用此功能。

40.3　使用 Excel Online 查看和编辑工作簿

使用 Microsoft 账户登录到 Excel 后，能够将本地工作簿文件保存到 OneDrive 中，也可以直接打开 OneDrive 里面的工作簿文件。

事实上，OneDrive 服务包含 Office Online 和在线存储（网盘），是微软一系列云服务产品的总称。Excel Online 作为微软 Office Online 的一部分，可以理解为基于浏览器的轻量级 Excel 应用程序。借助 Excel Online，只需要使用浏览器就可以查看并简单编辑 Excel 工作簿，而无须安装 Excel 应用程序。

启动浏览器，访问网址 https://www.office.com/launch/excel，使用个人微软账户或公司员工账户登录后将直接到达 Excel Online 页面，如图 40-3 所示。

图 40-3　Excel Online 首页

用户可以进行以下操作。

❖ 新建空白工作簿。

❖ 根据模板新建工作簿。

❖ 将本地文件上传到 OneDrive 后打开。

❖ 打开已经保存在 OneDrive 里面的工作簿，如果在"最近"列表里没有看到目标文件，可以单击【OneDrive 中的更多内容】链接来访问其他文件。

图 40-4 展示了使用在线模板"制作清单"新建工作簿的 Excel Online 外观，用户可以使用诸多编辑功能对工作簿进行编辑，操作方法与 Excel 应用程序基本相同。

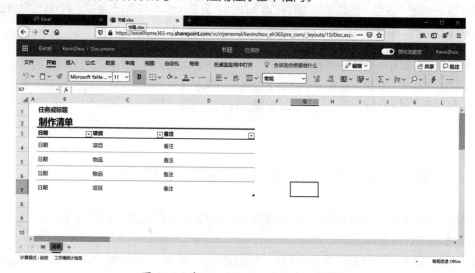

图 40-4　在 Excel Online 中新建工作簿

此时如果单击【在桌面应用中打开】，将使用 Excel 应用程序打开此文件（自动缓存到本地）。

在使用 Excel Online 进行编辑时，所有的更改都直接自动保存。因此不需要手动"保存"操作。

40.4　共同创作

在云时代，利用先进的在线服务实现全球各地的工作者协同工作已经不再鲜见。Excel 的共享工作簿功能只能实现局域网环境下的共享，借助 Excel Online 和 OneDrive，则可以实现任何时间任何地点的共享。

对于已经保存在 OneDrive 中的文件，OneDrive、Excel Online 和 Excel 应用程序都支持设置不同权限的共享，获得权限的其他用户可以使用 Excel Online 或 Excel 应用程序与文件所有者共同编辑。

40.4.1　在 Excel 中设置共享

用 Excel 打开 OneDrive 中的工作簿后，单击功能区右侧的【共享】按钮，即可开始设置或查看当前文件的共享，如图 40-5 所示。

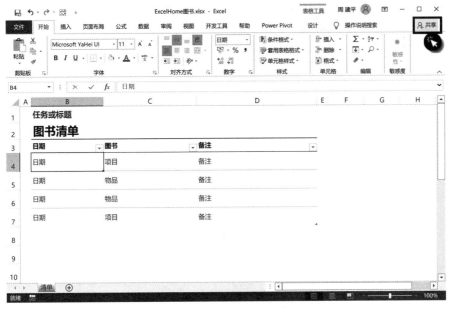

图 40-5　在 Excel 应用程序中设置共享

在出现的【共享】窗格中，根据需要输入共享对象的邮件地址（或从地址簿中选择），再设置编辑权限，输入适当的邀请说明文字（该内容会出现在邀请邮件中），然后单击【共享】按钮，就完成了共享设置。Excel 会立即发送邀请邮件，方便邀请对象访问此文件，如图 40-6 所示。

> **提示** ━■━■━■→　邀请对象既可以是组织内成员，也可以是其他的个人。

在【共享】窗格中，可以查看并修改当前已经邀请的人员及其权限，也可以随时新增或删除邀请人员。

如果需要邀请的人员较多，或者对方不方便接收邮件，可以单击【获取共享链接】按钮，直接获取共享链接，将来以邮件群发、QQ、微信、Teams 等方式进行邀请，如图 40-7 所示。

图 40-6　设置共享权限与对象

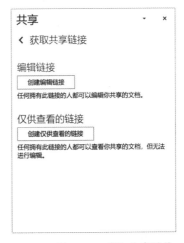

图 40-7　获取共享链接

> **提示** ━■━■━■→　在 Excel 应用程序中设置共享时，权限选项比较单一，如果获取了"可编辑"的共享链接，则任何得到该链接的人都可以编辑。

受邀人收到的邮件内容如图 40-8 所示，只要单击邮件中的链接，即可进入 OneDrive 中查看登录或共同编辑该文件，而无须使用 Microsoft 账户登录。

图 40-8　共享邀请邮件内容

　　　只有较新版本的 Excel 2019 应用程序完全支持"共同创作"功能，早期发布的 Excel 2019 及更低版本的 Excel 不支持"共同创作"功能。如果有用户使用了不支持"共同创作"功能的 Excel 版本打开了共享文件，将导致文件被锁定成独占编辑模式，其他共享用户只能查看，无法编辑。但 Excel Online 不受此影响。

40.4.2　在 Excel Online 中设置共享

在 Excel Online 中可以针对文件设置更细致的共享权限。单击功能区右侧的【共享】按钮，弹出【发送链接】对话框，默认的权限是"拥有链接的任何人"，如图 40-9 所示。此时只要填写邀请对象的邮箱就可以向对方发送共享链接。

也可以单击【复制链接】按钮，获取链接，然后以合适的方式发送给邀请对象。

单击【拥有链接的人员都可编辑】按钮，将弹出【链接设置】对话框，此处可以选择设置不同的权限以控制到底哪些用户可以访问此文件，如图 40-10 所示。

图 40-9　发送共享链接

图 40-10　高级权限设置

40.4.3 协作编辑

使用 Excel Online 或完全支持"共同创作"的 Excel 应用程序可以进行协作编辑，此时每个用户都可以几乎实时地看到其他人的修改内容，这样可以减少协作者之间的修改冲突。如果两人同时修改了同一个单元格的内容，Excel 将采用"最后者胜"的策略，根据提交时间来判定，以最后提交的内容为准。在浏览器的右上方，可以看到同时编辑的用户有哪些，也可以在工作表中看到此时某个用户正在工作表中进行何种编辑，如图 40-11 所示。

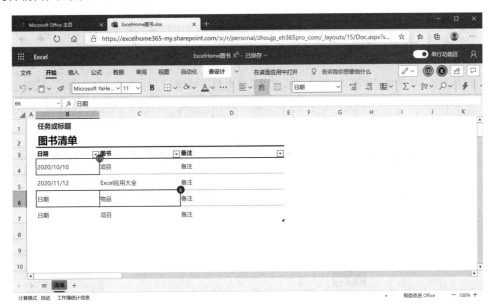

图 40-11　多人同时编辑

借助"批注"功能，协作者可以在工作表内方便地进行交流，如图 40-12 所示。

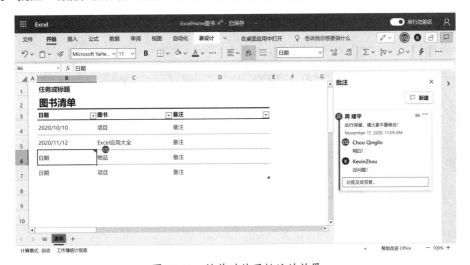

图 40-12　协作时使用批注的效果

 提示　　微软会不定期更新 Excel 应用程序、Excel Online、OneDrive 的各项功能特性，如果读者发现实际情况与本章内容有少许出入，请以软件的实际功能与微软的更新说明为准。

40.5 借助 Excel Online 实现在线调查

实际工作中常常需要通过调查问卷的方式进行各种数据收集，比如针对产品的消费者市场调查、针对员工的工作内容调查等。传统的调查问卷费时费力，而且准确性和及时性都不高。因此基于互联网技术的在线调查方式特别受欢迎。借助内嵌在 Excel Online 中的 Forms，可以快速地设计、分发在线调查问卷，并且实时跟踪调查数据，非常方便。

示例40-1　创建"培训课程反馈表"在线调查

如果要创建一份面向培训学员的课程反馈表，供学员在线填写，然后统计调查数据，操作步骤如下。

步骤① 进入 Excel Online，新建一个空白工作簿，单击【插入】选项卡中的【Forms】→【新表单】，进入 Forms，如图 40-13 所示。

图 40-13　创建的新表单

步骤② 修改标题和描述，如图 40-14 所示。

图 40-14　修改表单的标题和描述

步骤③ 单击【新增】按钮，开始设置第一个问题。问题的形式有多种可选，如图 40-15 所示。

图 40-15　选择题型

单击某种形式的按钮，将出现具体问题的内容设计界面。比如，单击【选择】按钮，将出现该形式的问题设计界面，输入完毕后，可以单击【新增】按钮，继续设计下一题，如图 40-16 所示。

图 40-16　设置题目内容

步骤④ 所有问题设置完成后，可以单击【预览】按钮，分别以"计算机"和"手机"的方式预览问卷，如图 40-17 所示。

图 40-17　预览调查问卷

步骤⑤ 如果发现有问题，可以单击【上一步】进行修改。确认无误后，单击【上一步】→【共享】，根据需要选择合适的方式，将调查的共享链接网址发送给调查对象，就可以开始接收数据了。所有得到共享链接的用户可以利用各种设备访问调查问卷进行填写并提交，相应数据会实时写入调查表所在工作簿中，如图 40-18 所示。

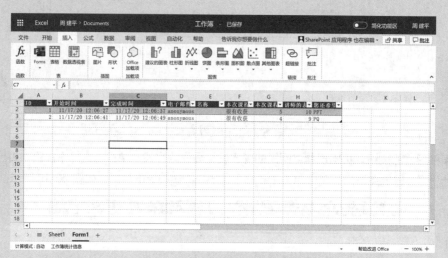

图 40-18　Excel Online 实时接收调查数据

可以根据需要对调查和调查结果进行统计与分析，完成具体的调查任务。

第 41 章　扩展 Excel 的功能

尽管 Excel 的功能已经非常强大，但是用户对于数据处理与分析的需求是无穷无尽的。因此，Excel 支持以加载项的方式来扩展自身的功能。按照安装和部署方式的不同，这些加载项可以分为两类，一类是从 Office 应用商店中下载安装的加载项（早期称为应用程序），另一类则是通过本地安装或在 Excel 中手动加载的加载项。

> **本章学习要点**
>
> （1）云端的 Excel 加载项。　　　　　　　　　（2）本地的 Excel 加载项。

41.1　从 Office 应用商店获取 Excel 加载项

随着 Internet 的飞速发展，越来越多的应用软件和服务从个人电脑桌面转移到了互联网上，用户也已经习惯借助浏览器来使用所需的服务。服务后台在"云端"，客户端设备越来越瘦身，用户可以不必关心应用程序的安装维护，也不必花时间存储个人数据。

从 Excel 2013 开始，微软引入了一种新的机制——Apps for Office，即 Office 应用商店，用户可以在 Excel 中按需选择和使用加载项。这些加载项托管在云端，计算处理也在云端，只将结果返回到 Excel 中。

示例41-1　获取加载项"Bubbles"为数据表创建动感彩色气泡图

Excel 自带的图表类型包含了气泡图，但样式比较单一，如果希望创建一张别具一格的气泡图，可以按照如下步骤操作。

步骤① 单击【插入】选项卡中的【获取加载项】按钮，将弹出【Office 加载项】对话框，用于浏览和查找加载项，以及管理用户已经获取过的加载项。在对话框的搜索框中输入"Bubbles"，然后单击【搜索】按钮，如图 41-1 所示。

步骤② 在搜索结果中找到加载项 Bubbles，单击其右侧的【添加】按钮，如图 41-2 所示。如果弹出了有关此加载项的"许可条款和隐私策略"对话框，单击【继续】即可。

此时，当前工作表中添加了一个图形对象，此对象的位置可以用鼠标任意拖动，如图 41-3 所示。同时，【我的加载项】列表中会自动记忆该加载项，方便下次使用。

步骤③ 单击 Bubbles 加载项任意位置，在弹出的【选择数据】对话框中选中左侧表格，单击【确定】按钮，如图 41-4 所示。

即可生成带动画效果的彩色气泡图，如图 41-5 所示。这些气泡的位置可以用鼠标拖动来改变；如果数据表中的数据改变了，气泡图也会随之自动更新。

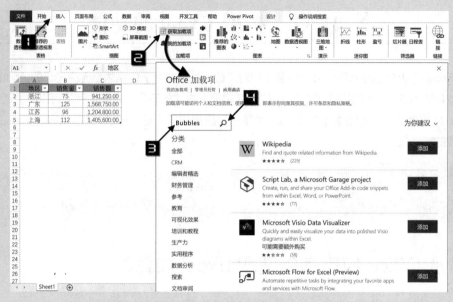

图 41-1 进入 Office 应用商店搜索目标加载项

图 41-2 添加加载项

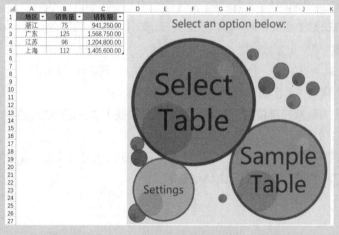

图 41-3 添加到工作表中的 Bubbles 加载项对象

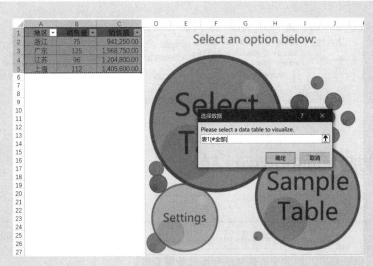

图 41-4　选择数据

图 41-5　Bubbles 加载项生成的气泡图

Office 应用商店中有很多实用的加载项（部分需要收费），包括 Bing 地图、Modern Trend、People Graph 等热门应用。这些加载项的使用方法各不相同，但都很容易上手。

41.2　本地安装或加载 Excel 加载项

通过本地安装或加载的方法，可以使用难以计数的各种各样的 Excel 加载项，用户通过学习 VBA，甚至可以为自己开发 Excel 加载项来扩展 Excel 的功能。

本书中讲解过的 "分析工具库" "规划求解" 等加载项，自从问世以来就一直以 Excel 加载项的形式存在，用户可以随时加载或取消加载，来调整 Excel 的功能。

部分较为专业的第三方加载项会提供独立的安装程序，只需像其他应用程序那样完成安装，即可自动加载到 Excel 中，扩展 Excel 的功能。

图 41-6 展示了由 Excel Home 开发的 "Excel 易用宝" 加载项安装后的界面。

图 41-6　第三方加载项"Excel 易用宝"安装后的界面

41.3　两种加载项的特点比较

项目	本地加载项	应用商店加载项
安装和加载难度	难度较高，经常受系统环境和权限等因素影响而导致失败	非常方便，但偶尔受网速影响
获取渠道	用户自行查找与获取，不易了解从何处获取	内置于 Excel 的 Office 应用商店中，一目了然
升级与更新	较为麻烦	非常方便
功能性	非常强大	较弱，局限性较多
安全性	一般	较高
兼容性	取决于加载项本身	仅 Excel 2013 及更高版本可使用
开发语言	VBA、VSTO、C# 等多种语言	JS

第六篇

Excel自动化

本篇将介绍如何使用 Visual Basic for Applications（VBA）实现 Excel 自动化。

本篇内容包括：VBA的基本概念及其代码编辑调试环境、Excel常用对象、自定义函数及控件和窗体的应用等。

通过本篇的学习，读者将初步掌握Excel VBA，并能够将VBA用于日常工作之中，提高Excel的使用效率。

第 42 章　初识 VBA

VBA 全称为 Visual Basic for Applications®，它是 Visual Basic® 的应用程序版本，为 Microsoft Office 等应用程序提供了更多扩展功能。VBA 作为功能强大的工具，使 Excel 形成了相对独立的编程环境。本章将简要介绍什么是 VBA 及如何开始学习 Excel VBA。

> **本章学习要点**
>
> （1）关于 VBA 的基本概念。　　　　　　　　（2）如何录制宏。

42.1　什么是宏

在很多应用软件中可能都有宏的功能，"宏"这个名称来自英文单词 macro，其含义是：软件提供一个特殊功能，利用这个功能可以组合多个命令以实现任务的自动化。本书中讨论的宏仅限于 Excel 中提供的宏功能。

与大多数编程语言不同，宏代码只能"寄生"于 Excel 文件之中，并且宏代码不能编译为可执行文件，所以不能脱离 Excel 运行。

一般情况下，可以认为宏和 VBA 这两个名称是等价的，但是准确地讲这二者是有区别的。VBA for Office 的历史可以追溯到 Office 4.2（Excel 5.0），在此之前的 Excel 只能使用"宏表"来实现部分 Excel 应用程序功能的自动化。时过境迁，即使在 VBA 得到普遍应用的今天，最新发布的 Office 2019（Excel 16.0）版本中仍然保留了宏表的功能，也就是说用户同样可以在 Excel 2019 中使用宏表功能。在 Excel 中，VBA 代码和宏表都可以被统称为"宏"，由此可见宏和 VBA 是有区别的。但是为了和 Excel 及其相关官方文档的描述保持一致，本书中除了使用术语"Microsoft Excel 4.0 宏"特指宏表外，其他描述中"VBA"和"宏"具有相同的含义。

深入了解：什么是宏表？

宏表的官方名称是"Microsoft Excel 4.0 宏"，也被称为"XLM 宏"，其代码被保存在 Excel 的特殊表格中，该表格外观和通常使用的工作表完全相同，但是功能却截然不同。由于宏表功能本身的局限性，导致现在的开发者已经几乎不再使用这个功能开发新的应用。在 Excel 5.0 和 7.0 中，用户录制宏时可以选择生成 Microsoft Excel 4.0 宏或生成 VBA 代码，但是从 Excel 8.0 开始，录制宏时 Excel 只能将操作记录为 VBA 代码，这从一个侧面印证了微软的产品思路，即逐渐放弃 Microsoft Excel 4.0 宏功能，希望广大用户更多的使用 VBA 功能。

从 Excel 2010（即 Excel 14.0）开始，微软开发人员已经成功地将 Microsoft Excel 4.0 宏的部分功能移植到 VBA 中，这将有助于用户将以前开发的 Microsoft Excel 4.0 宏迁移为 VBA 应用程序。

42.2　VBA 的版本

伴随着 Office 软件的版本升级，VBA 版本也有相应的升级。不同版本 Excel 中 VBA 的版本信息如

图 42-1 所示。

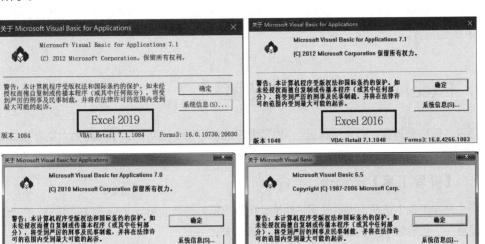

图 42-1　Excel 和 VBA 的版本

　　Excel 2010 是微软发布的第一个支持 64 位的 Office 应用程序，与此同时在其中引入了 VBA 7.0，该版本 VBA 与低版本的显著区别是：能够开发和运行支持 64 位 Office 的代码。Excel 2019 中的 VBA 版本为 7.1.1084。

42.3　VBA 的应用场景

　　Excel VBA 作为一种扩展工具被广泛地使用，其原因在于很多 Excel 应用中的复杂操作都可以利用 Excel VBA 得到简化。一般来说，Excel VBA 可以应用在如下几个方面。

- ❖ 自动执行重复的操作。
- ❖ 进行复杂的数据分析对比。
- ❖ 生成报表和图表。
- ❖ 个性化用户界面与人机交互。
- ❖ Office 组件的协同工作。
- ❖ Excel 二次开发。

42.4　VBA 与 VSTO

　　VSTO（Visual Studo Tools for Office）是一套基于微软 .NET 平台用于 Office 应用程序开发的 Visual Studio 工具包，开发人员可以使用强大的编程语言（Visual Basic 或 Visual C#）和 Visual Studio 开发环境来构建灵活的企业级解决方案，这使得开发 Office 应用程序更加简洁和高效，并且 VSTO 部分解决了 VBA Office 应用开发中的难于更新、扩展性差、安全性低等诸多问题。

　　虽然 VBA 开发本身具备很多局限性，但是其易用性是显而易见的，专业开发人员和普通用户都可以轻松地使用 VBA 开发 Office 扩展应用，而 VSTO 更多的是面向专业开发者的平台，普通 Office 用户很难在较短时间内掌握该技术。因此 VSTO 和 VBA 是定位于不同路线的开发技术，VSTO 短期内并不会成为 VBA 的终结者。

42.5 Excel 中 VBA 的工作环境

俗话说"工欲善其事，必先利其器"，为了更好地学习和使用 VBA，下面将为大家介绍在 Excel 中如何使用 VBA。

42.5.1 【开发工具】选项卡

利用【开发工具】选项卡提供的相关功能，可以非常方便地使用与 VBA 相关的功能。然而在 Excel 的默认设置中，功能区中并不显示【开发工具】选项卡。

在功能区中显示【开发工具】选项卡的步骤如下。

步骤① 单击【文件】选项卡中的【选项】命令打开【Excel 选项】对话框。

步骤② 在打开的【Excel 选项】对话框中切换到【自定义功能区】选项卡。

步骤③ 在右侧列表框中选中【开发工具】复选框，单击【确定】按钮，关闭【Excel 选项】对话框。

步骤④ 单击功能区中的【开发工具】选项卡，如图 42-2 所示。

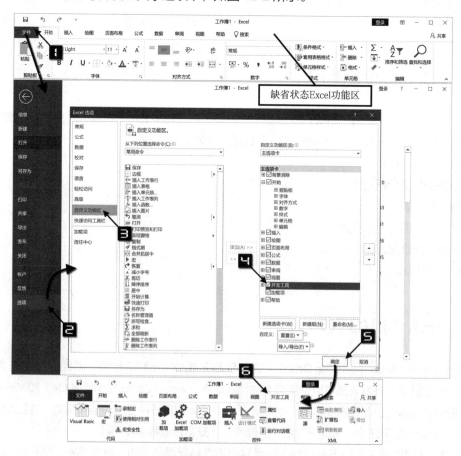

图 42-2 在功能区中显示【开发工具】选项卡

【开发工具】选项卡的功能按钮分为 4 个组：【代码】组、【加载项】组、【控件】组和【XML】组。【开发工具】选项卡中按钮的功能如表 42-1 所示。

表 42-1 【开发工具】选项卡按钮功能

组	按钮名称	按钮功能
代码	Visual Basic	打开 Visual Basic 编辑器
	宏	查看宏列表，可在该列表中运行、创建或删除宏
	录制宏	开始录制新的宏
	使用相对引用	录制宏时切换单元格引用方式（绝对引用 / 相对引用）
	宏安全性	自定义宏安全性设置
加载项	加载项	管理可用于此文件的 Office 应用商店加载项
	Excel 加载项	管理可用于此文件的 Excel 加载项
	COM 加载项	管理可用的 COM 加载项
控件	插入	在工作表中插入表单控件或 ActiveX 控件
	设计模式	启用或退出设计模式
	属性	查看和修改所选控件属性
	查看代码	编辑处于设计模式的控件或活动工作表对象的 Visual Basic 代码
	执行对话框	执行自定义对话框
XML	源	打开【XML 源】任务窗格
	映射属性	查看或修改 XML 映射属性
	扩展包	管理附加到此文档的 XML 扩展包，或者附加新的扩展包
	刷新数据	属性工作簿中的 XML 数据
	导入	导入 XML 数据文件
	导出	导出 XML 数据文件

【XML】组提供了在 Excel 中操作 XML 文件的相关功能，使用这部分功能需要具备一定的 XML 基础知识，读者可以自行查阅相关资料。

在【视图】选项卡中也提供了部分宏功能的按钮。

42.5.2　状态栏上的按钮

位于 Excel 窗口底部的状态栏对于广大用户来说并不陌生，但是大家也许并没有注意到 Excel 2019 状态栏左侧提供了一个【宏录制】按钮。单击此按钮，将弹出【录制宏】对话框，此时状态栏上的按钮变为【停止录制】按钮，如图 42-3 所示。

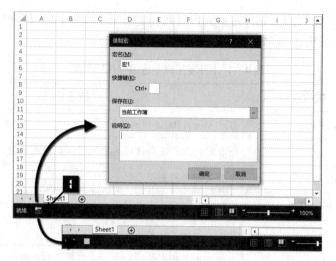

图 42-3　状态栏上的【宏录制】按钮和【停止录制】按钮

如果 Excel 2019 窗口状态栏左侧没有【宏录制】按钮，可以按照下述操作步骤使其显示在状态栏上。

步骤① 在 Excel 窗口的状态栏上单击右键，在弹出的快捷菜单上选中【宏录制】。

步骤② 单击 Excel 窗口中的任意位置关闭快捷菜单。

此时，【宏录制】按钮将显示在状态栏左侧，如图 42-4 所示。

图 42-4　启用状态栏上的【宏录制】按钮

42.5.3　控件

在【开发工具】选项卡【控件组】中单击【插入】下拉按钮，弹出的下拉列表中包括【表单控件】和【ActiveX 控件】两部分，如图 42-5 所示。有关控件的更多介绍，请参阅第 49 章。

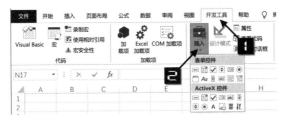

图 42-5 【插入】按钮的下拉列表

42.5.4 宏安全性设置

宏在为 Excel 用户带来极大便利的同时，也带来了潜在的安全风险。这是由于宏的功能非常强大，宏不但可以控制 Excel，也可以控制或运行其他应用程序，此特性可以被用来制作计算机病毒或其他恶意功能。因此，用户非常有必要了解 Excel 中的宏安全性设置，合理使用这些设置可以帮助用户有效地降低使用宏的安全风险。

步骤① 单击【开发工具】选项卡中的【宏安全性】按钮，打开【信任中心】对话框。

> **提示→** 在【文件】选项卡中依次单击【选项】→【信任中心】→【信任中心设置】→【宏设置】，也可以打开相同的【信任中心】对话框。

步骤② 在【宏设置】选项卡中选中【禁用所有宏，并发出通知】单选按钮。

步骤③ 单击【确定】按钮关闭【信任中心】对话框，如图 42-6 所示。

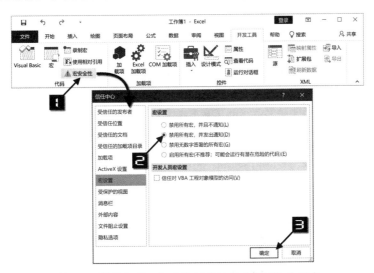

图 42-6 【信任中心】对话框中的【宏设置】选项卡

一般情况下，推荐使用"禁用所有宏，并发出通知"选项。启用该选项后，打开保存在非受信任位置的包含宏的工作簿时，在 Excel 功能区下方将显示"安全警告"消息栏，告知用户工作簿中的宏已经被禁用，具体使用方法请参阅 42.5.6。

42.5.5 文件格式

Microsoft Office 2019 支持使用 Office Open XML 格式的文件，具体到 Excel 来说，除了 *.xls,*.xla 和 *.xlt 兼容格式之外，Excel 2019 支持更多的存储格式，如 *.xlsx，*.xlsm 等。在众多的 Office Open

XML 文件格式之中，二进制工作簿和扩展名以字母"m"结尾的文件格式才可以用于保存 VBA 代码和 Excel 4.0 宏工作表（通常被简称为"宏表"）。

可以用于保存宏代码的文件类型如表 42-2 所示。

表 42-2   支持宏的文件类型

扩展名	文件类型
xlsm	启用宏的工作簿
xlsb	二进制工作簿
xltm	启用宏的模板
xlam	加载宏

提示　　在 Excel 2019 中为了兼容 Excel 2003 或更早版本而保留的文件格式（*.xls，*.xla 和 *.xlt）仍然可以用于保存 VBA 代码和 Excel 4.0 宏工作表。

42.5.6   启用工作簿中的宏

在宏安全性设置中选择"禁用所有宏，并发出通知"选项后，打开包含代码的工作簿时，在功能区和编辑栏之间将出现如图 42-7 所示的【安全警告】消息栏。如果用户信任该文件的来源，单击【安全警告】消息栏上的【启用内容】按钮，【安全警告】消息栏将自动关闭。此时，工作簿的宏功能已经被启用，用户将可以运行工作簿中的宏代码。

注意　　Excel 窗口中出现【安全警告】消息栏时，用户的某些操作（例如：添加一个新的工作表）将导致该消息栏自动关闭，此时 Excel 已经禁用了工作簿中的宏功能。在此之后，如果用户希望运行该工作簿中的宏代码，只能先关闭该工作簿，然后再次打开该工作簿，并单击【安全警告】消息栏上的【启用内容】按钮。

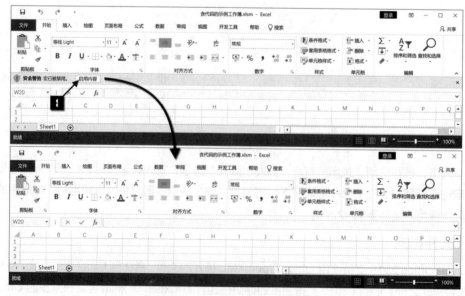

图 42-7   启用工作簿中的宏

上述操作之后，该文档将成为受信任的文档。在 Excel 中再次打开该文档时，将不再显示【安全警告】消息栏。值得注意的是，Excel 的这个"智能"功能可能会给用户带来潜在的危害。如果有恶意代码被人为地添加到这些受信任的文档中，并且原有文件名保持不变，那么当用户再次打开该文档时将不会出现任何安全警示，而直接激活其中包含恶意代码的宏程序，这将对计算机安全造成危害。因此，如果需要进一步提高文档的安全性，可以考虑为文档添加数字签名和证书，或按照如下步骤禁用"受信任文档"功能。

步骤① 单击【开发工具】选项卡中的【宏安全性】按钮，打开【信任中心】对话框，切换到【受信任的文档】选项卡。

步骤② 选中【禁用受信任的文档】复选框。

步骤③ 单击【确定】按钮关闭对话框，如图 42-8 所示。

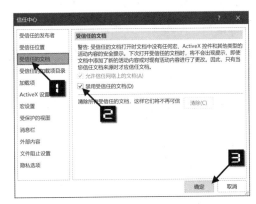

图 42-8　【信任中心】对话框中的【受信任的文档】选项卡

提示　　"受信任的文档"功能是从 Excel 2010 开始新增的功能，更早版本的 Excel 不支持此功能。

如果用户在打开包含宏代码的工作簿之前已经打开了 VBA 编辑窗口，那么 Excel 将直接显示如图 42-9 所示的【Microsoft Excel 安全声明】对话框，用户可以单击【启用宏】按钮启用工作簿中的宏。

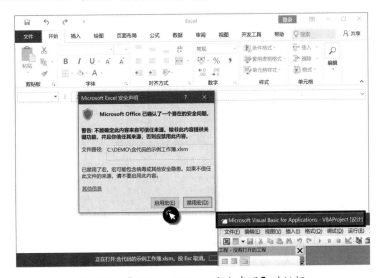

图 42-9　【Microsoft Excel 安全声明】对话框

42.5.7　受信任位置

打开任何包含宏的工作簿都需要手工启用宏，这个设置虽然提高了安全性，但也造成很多不便。利用"受信任位置"功能将可以在不修改安全性设置的前提下，方便快捷地打开工作簿并启用宏。

步骤① 打开【信任中心】对话框，具体步骤请参阅 42.5.4。

步骤② 切换到【受信任位置】选项卡，在右侧窗口单击【添加新位置】按钮。

步骤③ 在弹出的【Microsoft Office 受信任位置】对话框中输入路径（如 C:\DEMO），或者使用【浏览】按钮选择要添加的目录。

步骤④ 选中【同时信任此位置的子文件夹】复选框。

步骤⑤ 在【描述】文本框中输入说明信息，此步骤也可以省略。

步骤⑥ 单击【确定】按钮关闭对话框，如图 42-10 所示。

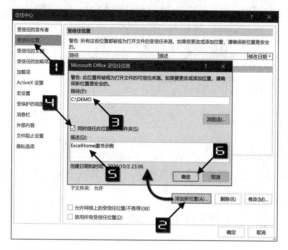

图 42-10　添加用户自定义的"受信任位置"

步骤⑦ 返回【信任中心】对话框，在右侧列表框中可以看到新添加的受信任位置，单击【确定】按钮关闭对话框，如图 42-11 所示。

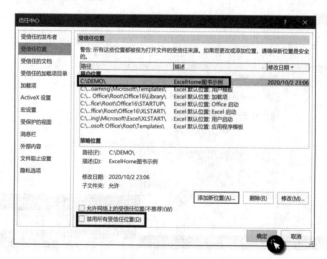

图 42-11　用户自定义受信任位置

此后打开保存于受信任位置（C:\DEMO）中的任何包含宏的工作簿时，Excel 将自动启用宏，而不再显示安全警告提示窗口。

 如果在如图 42-11 所示【信任中心】对话框的【受信任位置】选项卡中选中【禁用所有受信任位置】复选框，那么所有的受信任位置都将失效。

42.6　录制宏代码

42.6.1　录制新宏

对于 VBA 初学者来说，最困难的事情往往是想要实现一个功能，却不知道代码从何写起，录制宏可以很好地帮助大家。录制宏作为 Excel 中一个非常实用的功能，对于广大 VBA 用户来说是不可多得的学习帮手。

在日常工作中大家经常需要在 Excel 中重复执行某个任务，这时可以通过录制一个宏来快速地自动执行这些任务。

按照如下步骤操作，可以在 Excel 中开始录制一个新宏。

单击【开发工具】选项卡中【代码】组的【录制宏】按钮开始录制新宏，在弹出的【录制宏】对话框中可以设置宏名（FormatTitle）、快捷键（<Ctrl+Shift+Q>）、保存位置和添加说明，单击【确定】按钮关闭【录制宏】对话框，并开始录制一个新的宏，如图 42-12 所示。

图 42-12　在 Excel 中开始录制一个新宏

录制宏时 Excel 提供的默认名称为"宏"加数字序号的形式（在 Excel 英文版本中为"Macro"加数字序号），如"宏 1""宏 2"等，其中的数字序号由 Excel 自动生成，通常情况下数字序号依次增大。

宏的名称可以包含英文字母、中文字符、数字和下划线，但是第一个字符必须是英文字母或中文字符，如"1Macro"不是合法的宏名称。为了使宏代码具有更好的通用性，尽量不要在宏名称中使用中文字符，否则在非中文版本的 Excel 中应用该宏代码时，可能会出现兼容性问题。除此之外，还应该尽量使用能够说明用途的宏名称，这样有利于日后的使用维护与升级。

| 注意 → | 如果宏名称为英文字母加数字的形式，那么需要注意不可以使用与单元格引用相同的字符串，即"A1"至"XFD1048576"不可以作为宏名称使用。例如在图 42-12 所示的【录制宏】对话框中输入"ABC168"作为宏名，单击【确定】按钮，将出现如图 42-13 所示的错误提示框。但是"ABC"或"ABC1048577"就可以作为合法的宏名称，因为 Excel 工作表中不可能出现引用名称为"ABC"或"ABC1048577"的单元格。 |  图 42-13 无效的宏名称 |

开始录制宏之后，用户可以在 Excel 中进行操作，其中绝大部分操作将被记录为宏代码。

在开始录制宏之后，功能区中的【录制宏】按钮将变成【停止录制】按钮。操作结束后，单击【停止录制】按钮，将停止本次录制宏。如图 42-14 所示。

图 42-14 停止录制宏

单击【开发工具】选项卡【代码】组中的【Visual Basic】按钮或直接按 <Alt+F11> 组合键将打开 VBE（Visual Basic Editor，即 VBA 集成开发环境）窗口，在代码窗口中可以查看刚才录制的宏代码，在下一章中将详细讲述 VBE 中主要窗口的使用方法与功能。

通过录制宏，可以看到整个操作过程所对应的代码，请注意这只是一个"半成品"，经过必要的修改才能得到更高效、更通用的代码。

42.6.2 录制宏的局限性

Excel 的录制宏功能可以"忠实"地记录 Excel 中的操作，但是也有其本身的局限性，主要表现在以下几个方面。

❖ 录制宏产生的代码不一定完全等同于用户的操作。例如用户设置保护工作表时输入的密码就无法记录在代码中；设置工作表控件的属性也无法产生相关的代码。这样的例子还有很多，这里不再逐一罗列。

❖ 一般来说，录制宏产生的代码可以实现相关功能，但往往并不是最优代码，这是由于录制的代码中经常会有很多冗余代码。例如，用户选中某个单元格或滚动屏幕之类的操作，都将被记录为代码，删除这些冗余代码后，宏代码可以更高效地运行。

❖ 通常录制宏产生的代码执行效率不高，其原因主要有如下两点：第一，代码中大量使用 Activate 和 Select 等方法，影响了代码的执行效率，在实际应用中需要进行相应的优化。第二，录制宏无法产生控制程序流程的代码，如循环结构、判断结构等。

42.7 运行宏代码

在 Excel 中可采用多种方法运行宏，这些宏可以是在录制宏时由 Excel 生成的代码，也可以是由

VBA 开发人员编写的代码。

42.7.1　快捷键

(步骤)① 打开示例文件，单击工作表标签选择"快捷键"工作表。

(步骤)② 按快捷键 <Ctrl+Shift+Q> 运行宏，设置标题行效果如图 42-15 所示。

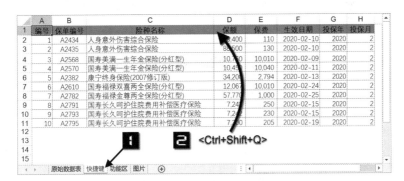

图 42-15　使用快捷键运行宏

　　本节将使用多种方法调用执行相同的宏代码。因此后续几种方法不再提供代码运行效果截图。

42.7.2　功能区"宏"按钮

(步骤)① 打开示例文件，单击工作表标签选择"功能区"工作表。

(步骤)② 在【开发工具】选项卡中单击【宏】按钮。

(步骤)③ 在弹出的【宏】对话框中，单击选中"FormatTitle"，单击【执行】按钮运行宏。

(步骤)④ 单击【取消】按钮关闭对话框，如图 42-16 所示。

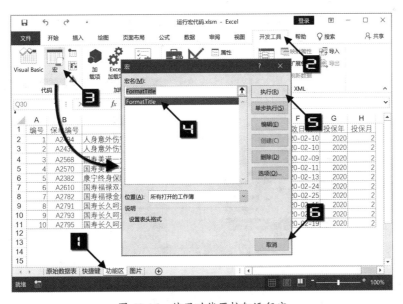

图 42-16　使用功能区按钮运行宏

42.7.3　图片或图形按钮

(步骤)① 打开示例文件，单击工作表标签选择"图片"工作表。

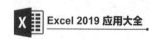

步骤② 在【插入】选项卡中单击【图片】按钮，在弹出的【插入图片】对话框中，浏览选中图片文件 "logo.gif"，单击【插入】按钮，如图 42-17 所示。

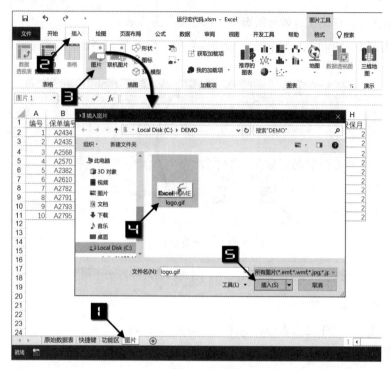

图 42-17　在工作表中插入图片

步骤③ 在图片上单击鼠标右键，选择【指定宏】命令。

步骤④ 在弹出的【指定宏】对话框中，单击选中 "FormatTitle"，单击【确定】按钮关闭对话框，如图 42-18 所示。在工作表中单击新插入的图片将运行 FormatTitle 过程设置标题行格式。

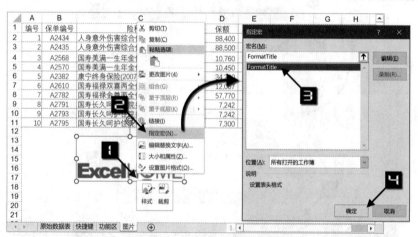

图 42-18　使用图片按钮指定宏

在工作表中使用 "形状"（通过【插入】选项卡中的【形状】下拉按钮插入的形状）或 "按钮（窗体控件）"（通过【开发工具】选项卡中的【插入】下拉按钮插入的控件）也可以实现类似的关联运行宏代码的效果。

第 43 章　VBA 集成编辑环境

Visual Basic Editor（以下简称 VBE）是指 Excel 及其他 Office 组件中集成的 VBA 代码编辑器，本章将介绍 VBE 中主要功能窗口的功能。

> **本章学习要点**
>
> （1）熟悉 VBE 界面。　　　　　　　　　（3）掌握主要功能窗口的使用方法。
> （2）了解主要功能窗口的用途。

43章

43.1　VBE 界面介绍

43.1.1　如何打开 VBE 窗口

在 Excel 界面中可以使用如下多种方法打开 VBE 窗口。

❖ 按 <Alt+F11> 组合键。

❖ 单击【开发工具】选项卡的【Visual Basic】按钮。

❖ 在任意工作表标签上单击鼠标右键，在弹出的快捷
菜单中选择【查看代码】命令，如图 43-1 所示。

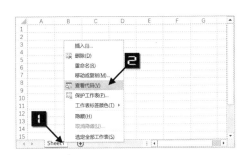

图 43-1　工作表标签的右键快捷菜单

> **注意** ━■■■➡
> 打开 VBE 窗口的方法并不局限于这几种，这里只是列出了最常用的 3 种方法。

如果 VBE 窗口已经处于打开状态，按 <Alt+Tab> 组合键也可以由其他窗口切换到 VBE 窗口。

43.1.2　VBE 窗口介绍

在 VBE 窗口中，除了类似于普通 Windows 应用程序的菜单和工具栏外，在其工作区中还可以显示多个不同的功能窗口。为了方便 VBA 代码编辑与调试，建议在 VBE 窗口中显示最常用的功能窗口，主要包括：工程资源管理器、属性窗口、代码窗口、立即窗口、本地窗口和监视窗口，如图 43-2 所示。

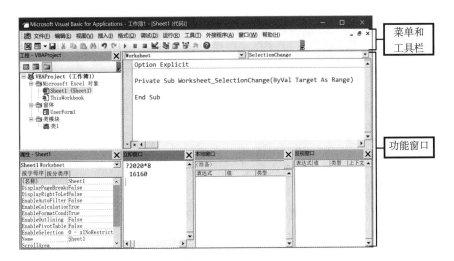

图 43-2　VBE 窗口

○ I 工程资源管理器

工程资源管理器窗口以树形结构显示当前 Excel 应用程序中的所有工程（工程是指 Excel 工作簿中模块的集合），即 Excel 中所有已经打开的工作簿（包含隐藏工作簿和加载宏），如图 43-3 所示。不难看出，当前 Excel 应用程序中打开的两个工作簿分别为：用户文件"工作簿 1.xlsm"和分析工具库加载宏文件"FUNCRES.XLAM"。

在工程资源管理器窗口中，每个工程显示为一个独立的树形结构，其根节点以"VBAProject"+工作簿名称的形式命名。单击窗口中根节点前面的加号将展开显示其中的对象或对象文件夹，如图 43-3所示。

○ II 属性窗口

属性窗口可以列出被选中对象（用户窗体、用户窗体中的控件、工作表和工作簿等）的属性，在设计时可以修改这些对象的属性值。属性窗口分为上下两部分，分别是对象框和属性列表，如图 43-4 所示。

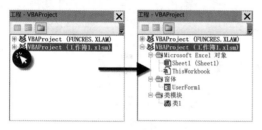

图 43-3　工程资源管理器窗口

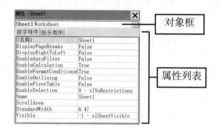

图 43-4　属性窗口

在 VBE 中如果同时选中了多个对象，对象框将显示为空白，属性列表将仅列出这些对象所共有的属性。如果此时在属性列表中更改某个属性的值，那么被选中的多个对象的相应属性将同时被修改。

○ III 代码窗口

代码窗口用来显示和编辑 VBA 代码。在工程资源管理器窗口中双击某个对象，将在 VBE 中打开该对象的代码窗口。在代码窗口，可以查看其中的模块或代码，并且可以在不同模块之间进行复制和粘贴。代码窗口分为上下两部分：上方为对象框和过程 / 事件框，下方为代码编辑区域，如图 43-5 所示。

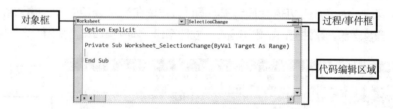

图 43-5　代码窗口

代码窗口支持文本拖动功能，即可以将当前选中的部分代码拖动到窗口中的不同位置或其他代码窗口、立即窗口或监视窗口中，其效果与剪切 / 粘贴完全相同。

○ IV 立即窗口

在立即窗口中键入或粘贴一行代码，然后按 <Enter> 键可以直接执行该代码，如图 43-6 所示。除了在立即窗口中直接输入代码外，也可以在 VBA 代码中使用 Debug.Print 命令将指定内容输出到立即窗口中。

图 43-6　立即窗口

> 立即窗口中的内容是无法保存的，关闭 Excel 应用程序后立即窗口中的内容将丢失。

➲ Ⅴ **本地窗口**

　　本地窗口将自动显示出当前过程中的所有变量声明及变量值。如果本地窗口在 VBE 中是可见的，则每当代码执行方式切换到中断模式或是操纵堆栈中的变量时，本地窗口就会自动地更新显示，如图 43-7 所示。

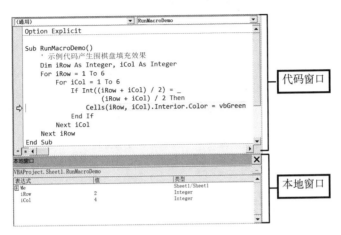

图 43-7　代码处于中断模式时的本地窗口

43.1.3　显示功能窗口

　　单击 VBE 的菜单栏上的【视图】命令，将显示如图 43-8 所示的菜单项，用户可以根据需要和使用习惯选择在 VBE 工作区中显示功能窗口。

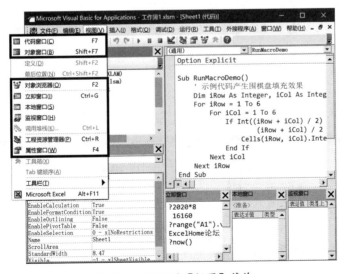

图 43-8　VBE 的【视图】菜单

　　由于 VBE 功能窗口显示区域面积所限，实际使用中可能需要经常显示或隐藏各个功能窗口，除了使用如图 43-8 所示的【视图】菜单来完成窗口设置以外，还可以使用快捷键来方便快速地显示相应功能窗口。表 43-1 列出了 VBE 功能窗口对应的快捷键。

表 43-1　VBE 功能窗口快捷键

功能窗口名称	快捷键
代码窗口	F7
对象窗口	\<Shift+F7\>
对象浏览器	F2
立即窗口	\<Ctrl+G\>
本地窗口	无
监视窗口	无
调用堆栈	\<Ctrl+L\>
工程资源管理器	\<Ctrl+R\>
属性窗口	F4

43.2　在 VBE 中运行宏代码

在开发过程中，经常需要在 VBE 中运行和调试 VBA 代码。

示例43.1　在VBE中运行宏代码

步骤① 打开示例文件，按 \<Alt+F11\> 组合键打开 VBE 窗口。

步骤② 在【工程资源管理器】中双击"mdlDemo"模块，将在【代码】窗口显示其中的代码。。

步骤③ 在【代码】窗口中，将光标定位于需要运行的过程代码（例如：RunMacroDemo）的任意位置，即进入代码编辑状态。

步骤④ 此时单击工具栏上的【运行子过程/用户窗体】按钮或直接按快捷键 \<F5\> 即可运行过程代码，如图 43-9 所示。

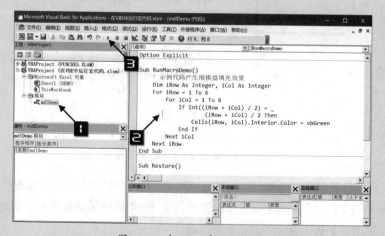

图 43-9　在 VBE 中运行代码

RunMacroDemo 运行结果如图 43-10 所示。

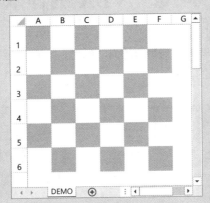

图 43-10　示例代码运行结果

在 Excel 界面中运行代码的方法，请参阅 42.7。

第 44 章　VBA 编程基础

VBA 作为一种编程语言，具有其自身特有的语法规则。本章将介绍 VBA 编程的基础知识，掌握这些知识是熟练使用 VBA 不可或缺的基础。

> **本章学习要点**
>
> （1）常量与变量。
>
> （2）3 种最基本的代码结构。
>
> （3）对象的属性、方法和事件。

44.1　常量与变量

44.1.1　常量

常量用于存储固定信息，常量值具有只读特性，也就是在程序运行期间其值不能发生改变。在代码中使用常量的好处有如下两点。

❖ 增加程序的可读性。例如，在下面设置活动单元格字体为绿色的代码中，使用了系统常量 vbGreen（其值为 65280），不难看出与直接使用数字相比较，下面代码的可读性更好。

```
ActiveCell.Font.Color = vbGreen
```

❖ 代码的维护升级更加容易。除了系统常量外，在 VBA 中也可以使用 Const 语句声明自定义常量，如下代码将声明字符型常量 ClubName。

```
Const ClubName As String = "ExcelHome"
```

假设在 VBA 程序编写完成后，需要将所有的"ExcelHome"简写为"EH"，那么开发人员只需要修改上面这行代码，VBA 应用程序代码中所有的 ClubName 将引用新的常量值。

44.1.2　变量

变量用于保存程序运行过程中需要临时保存的值或对象，在程序运行过程中其值可以被改变。事实上，在 VBA 代码中无须声明变量就可以直接使用，但通常这将给后期调试和维护带来很多麻烦。而且未被声明的变量为变体变量（即 Variant 变量），将占用较大的内存空间，进而代码的运行效率也会比较差。因此在使用变量之前声明变量并指定数据类型是一个良好的编程习惯，同时也可以提高程序的运行效率。

VBA 中使用 Dim 语句声明变量。下述代码声明变量 iRow 为整数型变量。

```
Dim iRow as Integer
```

利用类型声明字符，上述代码可以简化为：

```
Dim iRow%
```

在 VBA 中并不是所有的数据类型都有对应的类型声明字符，在代码中可以使用的类型声明字符如表 44-1 所示。

表 44-1　类型声明字符

数据类型	类型声明字符
Integer	%
Long	&
Single	!
Double	#
Currency	@
String	$

　　变量赋值是代码中经常要用到的功能。变量赋值使用等号，等号右侧可以是数值、字符串和日期等，也可以是表达式，如下代码将为变量 iSum 赋值。

```
iSum = 365*24*60*60
```

注意

　　　　如下的 Dim 语句在一行代码中同时声明了多个变量，其中的变量 iRow 实际上被声明为 Variant 变量而不是 Integer 变量。

　　Dim iRow, iCol as Integer

　　如果希望将两个变量均声明为 Integer 变量，应该使用如下代码：

　　Dim iRow as Integer, iCol as Integer

44.1.3　数据类型

　　数据类型决定变量或常量可用来保存何种数据。VBA 中的数据类型包括 Byte、Boolean、Integer、Long、Currency、Decimal、Single、Double、Date、String、Object、Variant（默认）和用户的定义类型等。不同数据类型所需要的存储空间并不相同，其取值范围也不相同，详情如表 44-2 所示。

表 44-2　VBA 数据类型的存储空间及其取值范围

数据类型	存储空间大小	取值范围
Byte	1 个字节	0 到 255
Boolean	2 个字节	True 或 False
Integer	2 个字节	−32,768 到 32,767
Long（长整型）	4 个字节	−2,147,483,648 到 2,147,483,647
LongLong（LongLong 整型）	8 字节	−9,223,372,036,854,775,808 到 9,223,372,036,854,775,807（只在 64 位系统上有效）
LongPtr	在 32 位系统上为 4 字节；在 64 位系统上为 8 字节	在 32 位系统上为 −2,147,483,648 到 2,147,483,647；在 64 位系统上为 −9,223,372,036,854,775,808 到 9,223,372,036,854,775,807

数据类型	存储空间大小	取值范围
Single（单精度浮点型）	4 个字节	负数时从 −3.402823E38 到 −1.401298E−45； 正数时从 1.401298E−45 到 3.402823E38
Double（双精度浮点型）	8 个字节	负数时从 −1.79769313486231E308 到 −4.94065645841247E−324； 正数时从 4.94065645841247E−324 到 1.79769313486232E308
Currency（变比整型）	8 个字节	从 −922,337,203,685,477.5808 到 922,337,203,685,477.5807
Decimal	14 个字节	没 有 小 数 点 时 为 +/−79,228,162,514,264,337,593,543,950,335，而 小数点 右边 有 28 位数时为 +/−7.9228162514264337593543950335；最小的非零值为 +/−0.0000000000000000000000000001
Date	8 个字节	100 年 1 月 1 日到 9999 年 12 月 31 日
Object	4 个字节	任何 Object 引用
String（变长）	10 字节 + 字符串长度	0 到大约 20 亿
String（定长）	字符串长度	1 到大约 65,400
Variant（数字）	16 个字节	任何数字值，最大可达 Double 的范围
Variant（字符）	22 个字节 + 字符串长度	与变长 String 有相同的范围
用户自定义（利用 Type）	所有元素所需数目	每个元素的范围与它本身的数据类型的范围相同

 注意　　　　VBA 7.0 中引入的 LongPtr 并不是一个真实的数据类型，因为在 32 位操作系统环境中，它转变为 Long；在 64 位操作系统环境中，它转变为 LongLong。

44.2　运算符

VBA 中有如下四种运算符。

❖ 算术运算符：用来进行数学计算的运算符。

❖ 比较运算符：用来进行比较的运算符。

❖ 连接运算符：用来合并字符串的运算符，包括 & 运算符和 + 运算符两种。

❖ 逻辑运算符：用来执行逻辑运算的运算符。

如果一个表达式中包含多种运算符，代码编译器将先处理算术运算符，接着处理连接运算符，然后处理比较运算符，最后处理逻辑运算符。所有比较运算符的优先级顺序都相同；也就是说，要按它们出现的顺序从左到右依次进行处理。而算术运算符和逻辑运算符则必须按表 44-3 所示的优先级顺序进行处理。

表 44-3　运算符优先级顺序

算术运算符	比较运算符	逻辑运算符
指数运算（^）	相等（=）	Not
负数（−）	不等（<>）	And
乘法和除法（*、/）	小于（<）	Or
整数除法（\）	大于（>）	Xor
求模运算（Mod）	小于或相等（<=）	Eqv
加法和减法（+、−）	大于或相等（>=）	Imp
字符串连接（&）	Like、Is	

注意　　　连接运算符"+"非常容易与算术运算符"+"混淆，所以建议尽量不使用"+"作为连接运算符使用。

44.3　过程

过程（Procedure）指的是可以执行的语句序列单元。所有可执行的代码必须包含在某个过程内，任何过程都不能嵌套在其他过程中。另外，过程的名称只能在模块级别进行定义。

VBA 中有以下 3 种过程：Sub 过程、Function 过程和 Property 过程。

❖ Sub 过程执行指定的操作，但不返回运行结果，以关键字 Sub 开头和关键字 End Sub 结束。可以通过录制宏生成 Sub 过程，或者在 VBE 代码窗口里直接编辑代码。

❖ Function 过程执行指定的操作，可以返回代码的运行结果，以关键字 Function 开头和关键字 End Function 结束。Function 过程可以在其他过程中被调用，也可以在工作表的公式中使用，就像 Excel 的内置函数一样。

Sub 过程与 Function 过程既有相同点又有着明显的区别，表 44-4 对于二者进行了对比。

表 44-4　Sub 过程与 Function 过程对比

项目	Sub 过程	Function 过程
调用时可以使用参数	✔	✔
提供返回值	✘	✔
被其他过程调用	✔	✔
在工作表的公式中使用	✘	✔
录制宏时生成相应代码	✔	✘
在 VBE 代码窗口中编辑代码	✔	✔
用于赋值语句等号右侧表达式中	✘	✔

❖ Property 过程用于设置和获取自定义对象属性的值，或者设置对另外一个对象的引用。

44.4 程序结构

VBA 中的程序结构和流程控制与大多数编程语言相同或相似，下面介绍最基本的几种程序结构。

44.4.1 条件语句

程序代码经常需要用到条件判断，并且根据结果执行不同的代码。在 VBA 中有 If…Then…Else 和 Select Case 两种条件语句。

下面的 If…Then…Else 语句根据单元格内容的不同而设置不同的字体大小，如果活动单元格的内容是"ExcelHome"，那么代码将其字号设置为 10，否则将字号设置为 9。

```
#001   If ActiveCell.Value = "ExcelHome" Then
#002       ActiveCell.Font.Size = 10
#003   Else
#004       ActiveCell.Font.Size = 9
#005   End If
```

If…Then…Else 语句只能根据表达式的值（True 或 False）决定后续执行的代码，也就是说使用这种代码结构，只能根据判断结果从两段不同的代码中选择一个去执行，非此即彼。如果需要根据表达式的不同结果，在多段代码中选择执行其中的某一段代码，那么就需要使用 If…Then…Else 语句嵌套结构，也可以使用 Select Case 语句。

Select Case 语句使得程序代码更具可读性。如下代码根据销售额返回相应的销售提成比率。

```
#001   Function CommRate(Sales)
#002       Select Case Sales - 1000
#003       Case Is < 0
#004           CommRate = 0
#005       Case Is <= 500
#006           CommRate = 0.05
#007       Case Is <= 2000
#008           CommRate = 0.1
#009       Case Is <= 5000
#010           CommRate = 0.15
#011       Case Else
#012           CommRate = 0.2
#013       End Select
#014   End Function
```

44.4.2 循环语句

在程序中对于多次重复执行的某段代码可以使用循环语句。在 VBA 中循环语句有多种形式：For…Next 循环、Do…Loop 循环和 While…Wend 循环。

如下代码中的 For…Next 循环将实现 1 到 10 的累加功能。

```
#001   Sub ForNextDemo()
#002       Dim i As Integer
#003       Dim iSum As Integer
#004       iSum = 0
#005       For i = 1 To 10
#006           iSum = iSum + i
#007       Next
#008       MsgBox iSum, , "For...Next 循环 "
#009   End Sub
```

使用 Do…Loop 和 While…Wend 循环可以实现同样的效果。

```
#001   Sub DoLoopDemo()
#002       Dim i As Integer
#003       Dim iSum As Integer
#004       iSum = 0
#005       i = 1
#006       Do Until i > 10
#007           iSum = iSum + i
#008          i = i + 1
#009       Loop
#010       MsgBox iSum, , "Do...Loop 循环 "
#011   End Sub
#012   Sub WhileWendDemo()
#013       Dim i As Integer
#014       Dim iSum As Integer
#015       iSum = 0
#016       i = 1
#017       While i < 11
#018           iSum = iSum + i
#019          i = i + 1
#020       Wend
#021       MsgBox iSum, , "While...Wend 循环 "
#022   End Sub
```

44.4.3　With 语句

With 语句可以针对某个指定对象执行一系列的语句。使用 With 语句不仅可以简化程序代码，而且可以提高代码的运行效率。With…End With 结构中以 "." 开头的语句相当于引用了 With 语句中指定的对象。在 With…End With 结构中，无法使用代码修改 With 语句所指定的对象，也就是说不能使用一个With 语句来设置多个不同的对象。

例如在下面的 NoWithDemo 过程中，第 2 行至第 4 行代码多次引用活动工作簿中的第一个工作表对象。

```
#001    Sub NoWithDemo()
#002        Application.ActiveWorkbook.Sheets(1).Visible = True
#003        Application.ActiveWorkbook.Sheets(1).Cells(1, 1) _
                = "ExcelHome"
#004        Application.ActiveWorkbook.Sheets(1).Name = _
                Application.ActiveWorkbook.Sheets(1).Cells(1, 1)
#005    End Sub
```

使用 With…End With 结构，可以简化为如下代码，虽然代码行数增加了两行，但是代码的执行效率优于 NoWithDemo 过程，而且更加易读。

```
#001    Sub WithDemo1()
#002        With Application.ActiveWorkbook.Sheets(1)
#003            .Visible = True
#004            .Cells(1, 1) = "ExcelHome"
#005            .Name = .Cells(1, 1)
#006        End With
#007    End Sub
```

在 VBA 代码中 With…End With 结构也可以嵌套使用，如下面代码所示。

```
#001    Sub WithDemo2()
#002        With ActiveWorkbook
#003            MsgBox .Name
#004            With .Sheets(1)
#005                MsgBox .Name
#006                MsgBox .Parent.Name
#007            End With
#008        End With
#009    End Sub
```

其中第 3 行代码和第 5 行代码均为"MsgBox .Name"，但是其效果却完全不同。第 5 行代码中的".Name"是在内层 With…End With 结构中（第 4~7 行代码）。因此其引用的对象是第 4 行 With 语句所指定的对象".Sheets（1）"。第 5 行代码中的".Name"等价于如下代码：

```
ActiveWorkbook.Sheets(1).Name
```

而第 3 行代码中的".Name"等价于如下代码：

```
ActiveWorkbook.Name
```

44.5 对象与集合

对象是应用程序中的元素，如工作表、单元格、图表、窗体等。Excel 应用程序提供的对象按照层次关系排列在一起构成了 Excel 对象模型。Excel 应用程序中的顶级对象是 Application 对象，它表示 Excel 应用程序本身。Application 对象包含一些其他对象，如 Window 对象和 Workbook 对象等，这些对象均被称为 Application 对象的子对象。反之，Application 对象是上述这些对象的父对象。

 　　仅当 Application 对象存在（即应用程序本身的一个实例正在运行）时，才可以在代码中访问这些对象。

多数子对象都仍然包含各自的子对象。例如，Workbook 对象包含 Worksheet 对象，也可以表述为：Workbook 对象是 Worksheet 对象的父对象。

集合是一种特殊的对象，它是一个包含多个同类对象的对象容器。Worksheets 集合包含工作簿中的所有 Worksheet 对象。

集合中的对象可以通过序号或名称两种不同的方式来引用。例如当前工作簿中有两张工作表，其名称依次为"Sheet1""Sheet2"。如下的两个代码同样都是引用名称为"Sheet2"的工作表：

```
ActiveWorkbook.Worksheets("Sheet2")
ActiveWorkbook.Worksheets(2)
```

44.5.1 属性

属性是指对象的特征，如大小、颜色或屏幕位置，或某一方面的行为，诸如对象是否被激活或是否可见。通过修改对象的属性值可以改变对象的特性。对象属性赋值代码中使用等号连接对象属性和新的属性值。如下代码设置活动工作表的名称为"ExcelHome"。

```
ActiveSheet.Name = "ExcelHome"
```

 　　对象的某些属性是只读的，代码中可以查询只读属性，但是无法修改只读属性的值。

44.5.2 方法

方法指对象能执行的动作。例如，使用 Worksheets 对象的 Add 方法可以添加一个新的工作表，代码如下：

```
Worksheets.Add
```

 　　在代码中，属性和方法都是通过连接符"."（注：半角字符的句号）来和对象连接在一起的。

44.5.3 事件

事件是一个对象可以辨认的动作，像单击鼠标或按下某个键盘按键等，并且可以指定代码针对此动作来做出响应。用户操作、程序代码的执行和操作系统本身都可以触发相关的事件。

下面示例为工作簿的 Open 事件代码，每次打开代码所在的工作簿时，将显示如图 44-1 所示的欢迎信息提示框。

```
#001  Private Sub Workbook_Open()
#002      MsgBox " 欢迎登录 ExcelHome 论坛！ ", vbInformation, "ExcelHome"
#003  End Sub
```

图 44-1　欢迎信息提示框

44.6　数组

数组是一组具有相同数据类型的变量的集合，其中的变量通常被称为数组的元素，每个数组元素都有一个非重复的唯一编号，这个编号叫作下标。在 VBA 代码中可以通过下标来识别和访问数组中的元素。数组元素的个数被称之为该数组的长度。数组元素的下标的个数称之为该数组的维度。VBA 中经常用到二维数组，可以使用 arrData（x，y）的形式访问数组元素，其中 x 和 y 分别是两个维度的下标。

一般情况下，数组元素的数据类型必须是相同的，但是如果数组类型被指定为 Variant 变体型时，那么数组元素就可以保存不同类型的数据。

数组的声明方式和其他变量是完全相同的，可以使用 Dim、Static、Private 或 Public 语句来声明数组。

在程序运行期间，数组被临时保存在计算机内存中。相对于 Excel 文件中单元格数据的读取和赋值，程序代码对于数组元素的操作更加高效。因此在处理大量单元格数据时，应将数据一次性读取到数组，这将有效地提升 VBA 代码的运行效率。

下面代码将单元格区域 A1：E100 的值读入内存，生成一个二维数组 arrData。其中 arrData（1，1）代表单元格 A1，以此类推 arrData（100，5）代表单元格 E100。

```
arrData = ActiveSheet.Range("A1:E100").Value
```

数组默认的下标下界是 0，但此处的数组 arrData 的下标下界是 1。

某些 VBA 函数的返回值是数组形式，例如可以用拆分字符串的 Split 函数，其返回值为一个下标下界为 0 的一维数组。下面的代码以竖线为分隔符，将字符串 strTitle 拆分为数组形式，其中 arTitle（0）= "姓名"，arTitle（3）= "电话"，Split 函数的拆分效果类似于 Excel 中的 "分列" 功能。

```
strTitle = " 姓名 | 性别 | 年龄 | 电话 "
arTitle = VBA.Split(strTitle, "|", , vbTextCompare)
```

44.7 字典对象

字典对象可以简单地理解为一个特殊的二维数组。字典对象的第一列为 Key（键），该列具有唯一性和不重复性，这个是字典对象重要的特性之一；第二列为 Item（条目）可以保存各种类型的变量。

字典对象有六种方法（Add，Keys，Exists，Rmove 和 RemoveAll）和四个属性（Count，Key，Item 和 CompareMode），它们不仅简单易用，还可以极大地提升程序的运行效率。

扫描二维码，阅读本节更详细的内容。

第 45 章　与 Excel 进行交互

在使用 Excel 的过程中，Excel 会显示不同样式的对话框来实现用户交互功能。在使用 VBA 编写程序时，为了提高代码的灵活性和程序的友好度，也需要实现用户与 Excel 的交互功能。本章将介绍如何使用 InputBox 和 MsgBox 实现输入和输出简单信息，以及如何调用 Excel 的内置对话框。

> **本章学习要点**
>
> （1）使用 InputBox 输入信息。　　　　　（3）调用 Excel 内置对话框的方法。
> （2）使用 OutputBox 输出信息。

45.1　使用 MsgBox 输出信息

在代码中，MsgBox 函数通常应用于如下几种情况。

❖ 输出代码最终运行结果。

❖ 显示一个对话框用于提醒用户。

❖ 在对话框中显示提示信息，等待用户单击按钮，然后根据用户的选择执行相应的代码。

❖ 在代码运行过程中显示某个变量的值，用于调试代码。

MsgBox 函数的语法格式如下：

```
MsgBox(prompt[, buttons] [, title] [, helpfile, context])
```

表 45-1 中列出了 MsgBox 函数的参数及其含义。

表 45-1　MsgBox 函数参数

参数	描述	可选 / 必需
prompt	显示对话框中的文本信息，最大长度大约为 1024 个字符，由所用字符的宽度决定	必需
title	对话框标题栏中显示的字符串表达式	可选
helpfile，context	设置帮助文件和帮助主题	可选

45.1.1　显示多行文本信息

prompt 参数用于设置对话框中的提示文本信息，最大长度约为 1024 个字符（由所用字符的宽度决定），这么多字符显然无法显示在同一行。如果代码中没有使用强制换行，系统将进行自动换行处理，多数情况下这并不符合用户的使用习惯。因此，如果 prompt 参数的内容超过一行，则应该在每一行之间用回车符 "Chr（13）"、换行符 "Chr（10）" 或是回车与换行符的组合 "Chr（13）& Chr（10）" 将各行分隔开来。代码中也可以使用常量 vbCrLf 或 vbNewLine 进行强制换行。

示例45.1　利用MsgBox函数显示多行文字

步骤① 在 Excel 中新建一个空白工作簿文件，按 <Alt+F11> 组合键切换到 VBE 窗口。

步骤② 在【工程资源管理器】中插入"模块"，并修改其名称为"MsgBoxDemo1"。

步骤③ 在【工程资源管理器】中双击模块 MsgBoxDemo1，在【代码】窗口中写入如下代码：

```
#001  Sub MultiLineDemo()
#002      Dim MsgStr As String
#003      MsgStr = "Excel Home 是微软技术社区联盟成员 " _
          & Chr(13) & Chr(10)
#004      MsgStr = MsgStr & "欢迎加入 Excel Home 论坛！" & vbCrLf
#005      MsgStr = MsgStr & "Let's do it better!"
#006      MsgBox MsgStr, , "欢迎"
#007  End Sub
```

步骤④ 返回 Excel 界面，运行 MultiLineDemo 过程，将显示如图 45-1 所示的对话框。

代码解析：

第 3 行到第 5 行代码创建对话框的提示信息，其中第 3 行代码使用回车与换行符分割文本信息，第 4 行代码使用了 vbCrLf 常量分割文本信息。在图 45-1 中可以看出这两种实现方法的最终效果是完全相同的。

第 6 行代码用于显示对话框。

图 45-1　显示多行文字

扫描二维码，阅读本节更详细的内容。

45.1.2　丰富多彩的显示风格

buttons 参数用于指定对话框显示按钮的数目及形式、图标样式和缺省按钮等，组合使用表 45-2 中的参数值可以显示多种不同风格的对话框。代码中省略 buttons 参数时，将使用默认值 0，即对话框只显示一个【确定】按钮，如图 45-1 所示。

表 45-2　MsgBox 函数 buttons 参数的部分常量值

常数	值	描述
vbOKOnly	0	只显示 OK 按钮
vbOKCancel	1	显示 OK 及 Cancel 按钮
vbAbortRetryIgnore	2	显示 Abort、Retry 及 Ignore 按钮

续表

常数	值	描述
vbYesNoCancel	3	显示 Yes、No 及 Cancel 按钮
vbYesNo	4	显示 Yes 及 No 按钮
vbRetryCancel	5	显示 Retry 及 Cancel 按钮
vbCritical	16	显示 Critical Message 图标
vbQuestion	32	显示 Warning Query 图标
vbExclamation	48	显示 Warning Message 图标
vbInformation	64	显示 Information Message 图标
vbDefaultButton1	0	第一个按钮是缺省值
vbDefaultButton2	256	第二个按钮是缺省值
vbDefaultButton3	512	第三个按钮是缺省值
vbDefaultButton4	768	第四个按钮是缺省值
vbApplicationModal	0	应用程序强制返回；应用程序一直被挂起，直到用户对消息框作出响应才继续工作
vbSystemModal	4096	系统强制返回；全部应用程序都被挂起，直到用户对消息框作出响应才继续工作
vbMsgBoxHelpButton	16384	将 Help 按钮添加到消息框
vbMsgBoxSetForeground	65536	指定消息框窗口作为前景窗口
vbMsgBoxRight	524288	文本为右对齐

注意 ➡ 从 Excel 2010 开始新增加了少量 buttons 参数的常量值，如 vbMsgBoxSetForeground 和 vbMsgBoxRight，早期的 Excel 版本无法解析这些常量值。

示例45.2 多种样式的MsgBox对话框

① 在 Excel 中新建一个空白工作簿文件，按 <Alt+F11> 组合键切换到 VBE 窗口。

步骤② 在【工程资源管理器】中插入"模块"，并修改其名称为"MsgBoxDemo3"。

步骤③ 在【工程资源管理器】中双击模块 MsgBoxDemo3，在【代码】窗口中写入如下代码：

```
#001   Sub MsgBoxStyleDemo()
#002       MsgBox "vbOKCancel + vbCritical", _
                   vbOKCancel + vbCritical, "样式1"
```

```
#003        MsgBox "vbAbortRetryIgnore+vbQuestion", _
                   vbAbortRetryIgnore + vbQuestion, "样式 2"
#004        MsgBox "vbYesNo+vbInformation", _
                   vbYesNo + vbInformation, "样式 3"
#005        MsgBox "vbYesNoCancel+vbExclamation", _
                   vbYesNoCancel + vbExclamation, "样式 4"
#006   End Sub
```

步骤④ 返回 Excel 界面，运行 MultiLineTableDemo 过程，将依次显示如图 45-2 所示的四种不同风格的对话框。

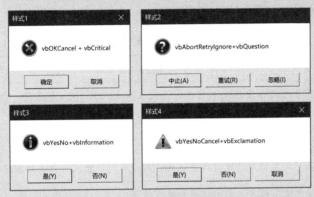

图 45-2　多种样式的 MsgBox 对话框

45.1.3　获得 MsgBox 对话框的用户选择

根据 MsgBox 函数的返回值，可以获知用户单击了对话框中的哪个按钮，根据用户的不同选择，可以运行不同代码。表 45-3 中列出了 MsgBox 函数的返回值常量。

表 45-3　MsgBox 函数的返回值及常量

常量	值	描述
vbOK	1	【确认】按钮
vbCancel	2	【取消】按钮
vbAbort	3	【终止】按钮
vbRetry	4	【重试】按钮
vbIgnore	5	【忽略】按钮
vbYes	6	【是】按钮
vbNo	7	【否】按钮

45章

45.2　利用 InputBox 输入信息

如果仅需要用户在"是"和"否"之间做出选择，使用 MsgBox 函数就能够满足需要，但是在实际应用中往往需要用户输入更多的内容，如数字、日期或文本等，这就需要使用 InputBox 获取用户的输入。

45.2.1　InputBox 函数

使用 VBA 提供的 InputBox 函数可以获取用户输入的内容，其语法格式为：

```
InputBox(prompt[, title] [, default] [, xpos] [, ypos] [, helpfile,
context])
```

表 45-4 中列出了 InputBox 函数的参数列表。

表 45-4　InputBox 函数参数

参数	描述	可选 / 必需
prompt	显示对话框中的文本信息。最大长度大约为 1024 个字符，由所用字符的宽度决定	必需
title	对话框标题栏中显示的字符串表达式	可选
default	显示文本框中的字符串表达式，在没有用户输入时作为缺省值	可选
xpos，ypos	设置输入框左上角的水平和垂直位置	可选
helpfile，context	设置帮助文件和帮助主题	可选

prompt 参数用于在输入对话框中显示相关的提示信息，使用 title 参数设置输入对话框的标题，如果省略 title 参数，则输入框的标题为 "Microsoft Excel"。

> 　　用户在输入框中输入的内容是否满足要求，需要在代码中进行相应的判断，以保证后续代码可以正确地执行，否则可能产生运行时错误。

示例45.3　利用InputBox函数输入邮政编码

步骤① 在 Excel 中新建一个空白工作簿文件，按 <Alt+F11> 组合键切换到 VBE 窗口。

步骤② 在【工程资源管理器】中插入"模块"，并修改其名称为"InputBoxDemo1"。

步骤③ 在【工程资源管理器】中双击模块 InputBoxDemo1，在【代码】窗口中写入如下代码：

```
#001    Sub VBAInputBoxDemo()
#002        Dim PostCode As String
#003        Do
#004            PostCode = VBA.InputBox("请输入邮政编码（6 位数字）", _
"信息管理系统")
```

```
#005            Loop Until VBA.Len(PostCode) = _
                    6 And VBA.IsNumeric(PostCode)
#006            MsgBox "您输入的邮政编码为:" & PostCode, _
                    vbInformation, "提示信息"
#007    End Sub
```

步骤④ 返回 Excel 界面，运行 VBAInputBoxDemo 过程，将显示输入对话框。

步骤⑤ 输入"100101"，单击【确定】按钮，将显示一个【提示信息】对话框，如图 45-3 所示。

如果用户输入的内容包含非数字或输入内容不足 6 位，单击【确定】按钮后【信息管理系统】输入对话框将再次显示，直到用户输入正确的邮政编码。

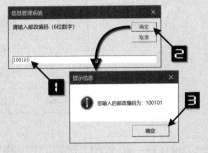

图 45-3　利用 InputBox 函数输入邮政编码

代码解析：

第 3~5 行代码使用 Do…Loop 循环结构读取用户的输入信息。

第 4 行代码将对话框的输入内容赋值给变量 PostCode。

> 　　　　为了区别于 InputBox 方法，这里使用 VBA.InputBox 调用 InputBox 函数，此处的 VBA 可以省略，即代码中可以直接使用 InputBox。

第 5 行代码循环终止的条件有两个，其中 VBA.Len（PostCode）用于判断输入的字符长度是否符合要求，即要求用户输入 6 个字符；VBA.IsNumeric（PostCode）用于判断输入的字符中是否包含非数字字符，如果用户输入的字符全部是数字，InNumeric 函数将返回 True。

> 　　　　无论输入的内容是否为数字，InputBox 函数的返回值永远为 String 类型的数据。本示例中输入内容为"100101"，变量 PostCode 的值为字符型数据"100101"。如果需要使用输入的数据参与数值运算，那么必须先利用类型转换函数 Val 将其转换为数值型数据。

45.2.2　InputBox 方法

除了 InputBox 函数之外，VBA 还提供了 InputBox 方法（使用 Application.InputBox 调用 InputBox 方法）也可以用于接收用户输入的信息。二者的用法基本相同，区别在于 InputBox 方法可以指定返回值的数据类型。其语法格式为：

```
表达式 .InputBox(Prompt[, Title] [, Default] [, Left] [, Top]
[, HelpFile, HelpContextID] [, Type])
```

其中 Left 和 Top 参数分别相当于 InputBox 函数的 xpos 和 ypos 参数。Type 参数可以指定 InputBox 方法返回值的数据类型。如果省略 Type 参数，输入对话框将返回 String 类型数据，表 45-5 中列出了 Type 参数的值及其含义。

表 45-5 Type 参数的值及其含义

值	含义
0	公式
1	数字
2	文本（字符串）
4	逻辑值（TRUE 或 FALSE）
8	单元格引用，作为一个 Range 对象
16	错误值，如 #N/A
64	数值数组

示例45.4 利用InputBox方法输入邮政编码

步骤① 在 Excel 中新建一个空白工作簿文件，按 <Alt+F11> 组合键切换到 VBE 窗口。

步骤② 在【工程资源管理器】中插入"模块"，并修改其名称为"InputBoxDemo2"。

步骤③ 在【工程资源管理器】中双击模块 InputBoxDemo2，在【代码】窗口中写入如下代码：

```
#001   Sub ExcelInputBoxDemo()
#002       Dim PostCode As Single
#003       Do
#004           PostCode = Application.InputBox_
                 ("请输入邮政编码（6位数字）", "信息管理系统", _
                 Type:=1)
#005       Loop Until VBA.Len(PostCode) = 6
#006       MsgBox "您输入的邮政编码为:" & PostCode, _
                 vbInformation, "提示信息"
#007   End Sub
```

步骤④ 返回 Excel 界面，运行 ExcelInputBoxDemo 过程，将显示输入对话框。如果用户输入的内容包含非数字字符，单击【确定】按钮后，将显示"无效的数字"错误提示对话框，如图 45-4 所示。

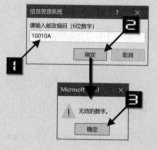

图 45-4 利用 InputBox 方法输入邮政编码

代码解析：

第 4 行代码中设置 Type 参数为 1，对照表 45-5 可知，输入对话框的返回值为数值型数据。

由于 InputBox 方法本身可以判断输入内容的数据类型是否符合要求。因此第 5 行代码中循环终止条件只需要判断输入内容的字符长度是否满足要求。

在工作表单元格中插入公式时，如果该函数的参数是一个引用，可以利用鼠标在工作表中选中相应区域，该区域的引用地址将作为参数的值传递给函数。在代码中将 Type 参数值设置为 8，使用 InputBox 方法就可以实现类似的效果。

示例45.5　利用InputBox方法输入单元格区域引用地址

步骤① 在 Excel 中新建一个空白工作簿文件，按 <Alt+F11> 组合键切换到 VBE 窗口。

步骤② 在【工程资源管理器】中插入"模块"，并修改其名称为"InputBoxDemo3"。

步骤③ 在【工程资源管理器】中双击模块 InputBoxDemo3，在【代码】窗口中写入如下代码。

```
#001  Sub SelectRangeDemo()
#002      Dim Rng As Range
#003      Set Rng = Application.InputBox("请选择单元格区域：", _
              "设置背景色", Type:=8)
#004      If Not Rng Is Nothing Then
#005          Rng.Interior.Color = vbBlue
#006      End If
#007  End Sub
```

步骤④ 返回 Excel 界面，运行 SelectRangeDemo 过程，将显示【设置背景色】输入对话框。

步骤⑤ 将鼠标指针移到至 B3 单元格，保持鼠标左键按下，拖动选中 B3:C8 单元格区域，输入框中将自动填入选中区域的绝对引用地址"$B$3:$C$8"，如图 45-5 所示。

步骤⑥ 单击【确定】按钮，B3:C8 单元格区域的背景色设置为蓝色。

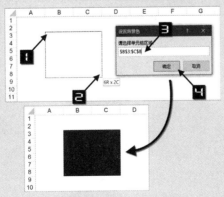

图 45-5　利用 InputBox 方法输入单元格区域引用地址

代码解析:

第 3 行代码中 InputBox 方法将用户选中区域所代表的 Range 对象赋值给变量 Rng。

→ ┌───┐
对象变量的赋值需要使用关键字 Set。
└───┘

第 4 行代码判断用户是否已经选中了工作表中的单元格区域。

第 5 行代码设置相应单元格区域的填充色为蓝色,其中 VBA 常量 vbBlue 代表蓝色。

45.3 Excel 内置对话框

用户使用 Excel 时,系统弹出的对话框统称为 Excel 内置对话框,如依次单击【文件】→【打开】→【浏览】将显示【打开】对话框。VBA 程序中也可以使用代码调用这些内置对话框来实现 Excel 与用户之间的交互功能。

Application 对象的 Dialogs 集合中包含了大部分 Excel 应用程序的内置对话框,其中每个对话框对应一个 VBA 常量。在 VBA 帮助中搜索"内置对话框参数列表",可以查看所有的内置对话框参数。

使用 Show 方法可以显示一个内置对话框。例如,下面的代码将显示【打开】对话框,如图 45-6 所示。

```
Application.Dialogs(xlDialogOpen).Show
```

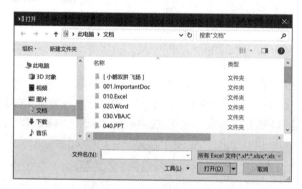

图 45-6 【打开】对话框

第 46 章　自定义函数与加载宏

借助 VBA 可以创建在工作表中使用的自定义函数，自定义函数与 Excel 工作表函数相比具有更强大更灵活的功能，可以用来实现 Excel 工作表函数不具备的功能。

> **本章学习要点**
>
> （1）参数的两种传递方式。　　　　　　　（3）如何制作加载宏。
> （2）如何引用自定义函数。

46.1　什么是自定义函数

自定义函数（英文全称为 User-defined Functions，简称为 UDF）就是用户利用 VBA 代码创建的用于满足特定需求的函数。Excel 中已经内置了数百个工作表函数可供用户使用，但是这些内置工作表函数并不一定能完全满足用户的所有需求，而自定义函数则是对 Excel 内置工作表函数的扩展和补充。

自定义函数的优势如下。

❖ 自定义函数可以简化公式：一般情况下，组合使用 Excel 工作表函数完全可以满足绝大多数应用，但是复杂的公式有可能太冗长和烦琐，其可读性非常差，不易于修改和维护，除了公式的作者之外，其他人可能很难理解公式的含义。此时就可以使用自定义函数来有效地进行简化。

❖ 自定义函数与 Excel 工作表函数相比，具有更强大更灵活的功能。Excel 实际使用中的需求是多种多样的，仅仅凭借 Excel 工作表函数常常不能圆满地解决问题，此时就可以考虑使用自定义函数来满足实际工作中的个性化需求。

与 Excel 工作表函数相比，自定义函数的弱点也是显而易见的，那就是自定义函数的计算效率要低于 Excel 工作表函数，这将导致完成同样的计算任务需要花费更多的时间。因此对于可以通过在 VBA 中引用 Excel 工作表函数直接实现的功能，应该尽量使用 46.3 章节中讲述的方法进行引用，而无须再去开发同样功能的自定义函数。

46.2　函数的参数与返回值

VBA 中参数有两种传递方式：按值传递（关键字 ByVal）和按地址传递（关键字 ByRef），参数的默认传递方式为按地址传递。因此，如果希望使用这种方式传递参数，可以省略参数前的关键字 ByRef。

这两种传递方式的区别在于，按值传递只是将参数值的副本传递到调用过程中，在过程中对于参数的修改，并不改变参数的原始值；按地址传递则是将该参数的引用传递到调用过程中，在过程中任何对于参数的修改都将改变参数的原始值。

> **注意** 　由于按地址传递方式会修改参数的原始值，所以需要谨慎使用。

自定义函数属于 Function 过程，其区别于 Sub 过程之处在于 Function 过程可以提供返回值。函数的返回值可以是单一值或是数组。如下所示，自定义函数 CommRate 根据销售额返回相应的销售提成比率，如果在工作表中使用工作表函数实现同样效果，通常需要多层 If 函数嵌套。

```
#001   Function CommRate(Sales)
#002       Select Case Sales - 1000
#003       Case Is < 0
#004           CommRate = 0
#005       Case Is <= 500
#006           CommRate = 0.05
#007       Case Is <= 2000
#008           CommRate = 0.1
#009       Case Is <= 5000
#010           CommRate = 0.15
#011       Case Else
#012           CommRate = 0.2
#013       End Select
#014   End Function
```

46.3 在 VBA 代码中引用工作表函数

由于 Excel 工作表函数的效率远远高于自定义函数，对于工作表函数已经实现的功能，应该在 VBA 代码中直接引用工作表函数，其语法格式如下所示。

```
Application.WorksheetFunction.工作表函数名称
WorksheetFunction.工作表函数名称
Application.工作表函数名称
```

在 VBA 中，Application 对象可以省略，所以第二种语法格式实际上是对于第一种语法格式的简化。为了方便读者识别，本书的后续章节中所有对于工作表函数的引用都将采用第一种完全引用格式。

在 VBA 代码中调用工作表函数时，函数参数的顺序和作用与在工作表中使用时完全相同，但是具体表示方法会略有不同。例如，在工作表中求单元格 A1 和 A2 的和，其公式如下所示。

```
=SUM(A1,A2)
```

其中参数为两个单元格的引用 A1 和 A2，在 VBA 代码中调用工作表函数 SUM 时，需要使用 VBA 中单元格的引用方法，如下面的代码所示。

```
Application.WorksheetFunction.Sum(Cells(1, 1), Cells(2, 1))
Application.WorksheetFunction.Sum([A1],[A2])
Application.WorksheetFunction.Sum(Range("A1"), Range("A2"))
```

并非所有的工作表函数都可以在 VBA 代码中利用 Application 对象或 WorksheetFunction 对象进行

调用，通常包括以下 3 种情况。

❖ VBA 中已经提供了相应函数，其功能相当于 Microsoft Excel 工作表函数，对于此类功能只能使用 VBA 中的函数。例如，VBA 中的 Atn 函数功能等同于工作表函数 ATAN。

❖ VBA 内置运算符可以实现相应的工作表函数功能，在 VBA 代码中只能使用内置运算符，例如，工作表函数 MOD 的功能在 VBA 中可以使用 MOD 运算符来替代实现。

❖ 在 VBA 无须使用的工作表函数，如工作表中的 T 函数和 N 函数。

注意 ━▶　　　某些工作表函数和 VBA 函数具有相同名称，但是其功能和用法却不相同，如函数 LOG。VBA 中 LOG 函数的语法格式为 LOG（参数 1），其返回值为指定数值（参数 1）的自然对数值。如果引用工作表函数 LOG，需要使用 Application.WorksheetFunction.Log（参数 1，参数 2），其结果为按所指定的底数（参数 2），返回一个数值（参数 1）的对数值。

在 VBA 代码中调用自定义函数时，除非自定义函数不使用任何参数，否则自定义函数不能通过依次单击 VBE 菜单【运行】→【运行子过程 / 窗体】来运行自定义函数过程。

在 VBA 代码中，通常将自定义函数应用于赋值语句的右侧，如以下代码所示。

```
MyComm = 5000 * CommRate(5000)
```

46.4　在工作表中引用自定义函数

在工作表的公式中引用自定义函数的方法和使用普通 Excel 工作表函数的方法基本相同。

示例46.1　使用自定义函数统计指定格式的记录

在如图 46-1 所示销售数据中，需要统计"销售人员"列被标记为黄色的销售记录的总金额，使用 Excel 工作表函数无法解决这个问题。因此，可以编写一个自定义函数来解决。

步骤① 在 Excel 中打开示例工作簿文件，按 <Alt+F11> 组合键切换到 VBE 窗口。

步骤② 在工程资源浏览器中插入"模块"，并修改其名称为"mdlUDF"。

步骤③ 在工程资源浏览器中双击模块 mdlUDF，在【代码】窗口中输入如下代码。

```
#001   Function CountByFormat(rng As Range) As Single
#002       Dim rCell As Range
#003       Dim sCnt As Single
#004       Application.Volatile
#005       sCnt = 0
#006       If Not rng Is Nothing Then
#007           For Each rCell In rng
#008               With rCell
#009                   If .Interior.ColorIndex = 6 Then
```

```
#010                              sCnt = sCnt + .Offset(0, 2) * .Offset(0, 3)
#011                    End If
#012                End With
#013           Next
#014       End If
#015     CountByFormat = sCnt
#016  End Function
```

步骤④ 单击选中目标单元格 H2。

步骤⑤ 在公式编辑栏中输入公式 "=CountByFormat(A2：A21)"，并按 <Enter> 键，H2 单元格中将显示统计结果。如图 46-1 所示。

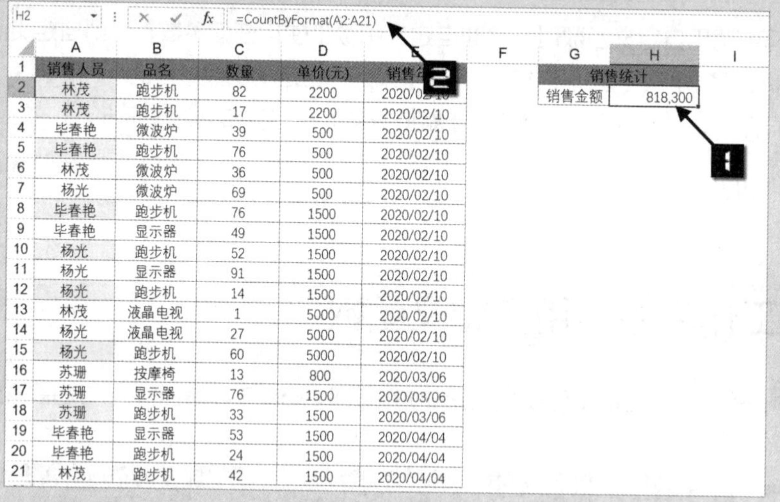

图 46-1　使用自定义函数统计指定格式的记录

代码解析：

第 4 行代码将函数标记为易失函数，当工作表中的任何单元格发生计算时，都必须重新计算此函数。

第 5 行代码将统计变量初值设置为 0。

第 7~13 行代码使用 For…Next 循环遍历参数 rng 所代表区域中的单元格。

第 9 行代码用于判断 rCell 单元格的填充色是否满足条件。如果填充色为黄色，那么第 10 行代码将该行记录中的销售额累加至变量 sCnt 中。

第 15 行代码设置自定义函数的返回值。

46.5　自定义函数的限制

在工作表的公式中引用自定义函数时，不能更改 Microsoft Excel 的环境，这意味着自定义函数不能执行以下操作。

❖ 在工作表中插入、删除单元格或设置单元格格式。

❖ 更改其他单元格中的值。

❖ 在工作簿中移动、重命名、删除或添加工作表。

❖ 更改任何环境选项，如计算模式或屏幕视图。

❖ 向工作簿中添加名称。

❖ 设置属性或执行大多数方法。

其实 Excel 中内置工作表函数同样也不能更改 Microsoft Excel 环境，函数只能执行计算在输入公式的单元格中返回某个值或文本。

如果在 VBA 的其他过程代码中调用自定义函数就不存在上述限制，尽管如此，为了规范代码，建议所有上述需要更改 Excel 环境的代码功能应该使用 Sub 过程来实现。

46.6　如何制作加载宏

加载宏（英文名称为 Add-in）是对于某类程序的统称，它们可以为 Excel 添加可选的命令和功能。例如，"分析工具库"加载宏程序提供了一套数据分析工具，在进行复杂统计或工程分析时，可以节省操作步骤，提高分析效率。

Excel 中有多种不同类型的加载宏程序，如 Excel 加载宏、自定义的组件对象模型（COM）加载宏和自动化加载宏等。本节讨论的加载宏特指 Excel 加载宏。

从理论上来说，任何一个工作簿都可以制作成为加载宏，但是某些工作簿不适合制作成为加载宏，如一个包含图表的工作簿，如果该工作簿转换为加载宏，那么就无法查看该图表，除非利用 VBA 代码将图表所在的工作表拷贝成为一个新的普通工作簿。

制作加载宏的步骤非常简单，有两种方法可以将普通工作簿转换为加载宏。

46.6.1　修改工作簿的 IsAddin 属性

步骤① 在 VBE 的工程资源浏览器窗口中单击选中"This-Workbook"，按 <F4> 键显示【属性】窗口。

步骤② 在【属性】窗口中修改 IsAddin 属性的值为 True，如图 46-2 所示。

46.6.2　另存为加载宏

步骤① 在 Excel 窗口中依次单击【文件】→【另存为】→【浏览】，弹出的【另存为】对话框。

步骤② 在【保存类型】下拉列表框中选择"Excel 加载宏（*.xlam）"，Excel 将自动更新【文件名】为"加载宏示例.xlam"。

步骤③ 选择保存位置，加载宏的缺省保存目录为"C:\Users\< 登录用户名 >\AppData\Roaming\Microsoft\AddIns\"。

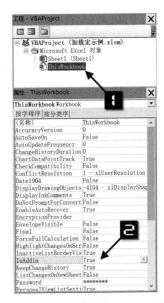

图 46-2　修改工作簿的 IsAddin 属性

步骤④ 单击【保存】按钮关闭【另存为】对话框，如图 46-3 所示。

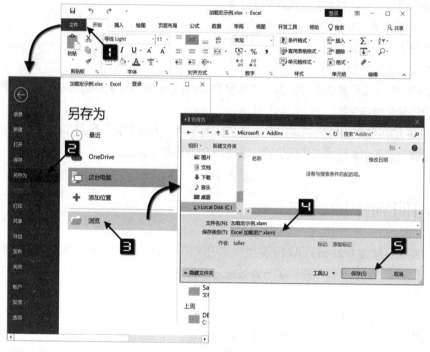

图 46-3　另存为加载宏

注意

　　在 Excel 2019 中，系统默认的加载宏文件扩展名为 xlam，但是并非一定要使用 xlam 作为加载宏的扩展名。使用任意的支持宏功能的扩展名都不会影响加载宏的功能；两者的区别在于，系统加载 xlam 文件后，在 Excel 窗口中无法直接查看和修改该工作簿，而使用其他扩展名保存加载宏文件则不具备这个特性。为了便于识别和维护，建议使用 xlam 作为加载宏的扩展名。

　　另外，xla 格式的 Excel 97-2003 加载宏仍然可以在 Excel 2019 中作为加载宏使用。

第 47 章　如何操作工作簿、工作表和单元格

在 Excel 中对工作簿、工作表和单元格的多数操作都可以通过 VBA 代码实现。本章将介绍工作簿对象和工作表对象的引用方法及添加删除对象的方法。Range 对象是 Excel 最基本也是最常用的对象，对于 Range 对象处理的方法也有多种，本章将进行详细的介绍。

> **本章学习要点**
>
> （1）遍历对象集合中单个对象的方法。　　（3）使用 Range 属性引用单元格的方法。
>
> （2）工作簿和工作表对象的常用属性和方法。

47.1　Workbook 对象

Workbook 对象代表 Excel 工作簿，也就是通常所说的 Excel 文件，每个 Excel 文件都是一个 Workbook 对象。Workbooks 集合代表 Excel 应用程序中所有已经打开的工作簿（加载宏除外）。

在代码中经常用到的两个 Workbook 对象是 ThisWorkbook 和 ActiveWorkbook。

❖ ThisWorkbook 对象指代码所在的工作簿对象。

❖ ActiveWorkbook 对象指 Excel 活动窗口中的工作簿对象。

47.1.1　引用 Workbook 对象

使用 Workbooks 属性引用工作簿有如下两种方法。

↻ Ⅰ 使用工作簿序号

使用工作簿序号引用对象的语法格式如下所示。

```
Workbooks.Item(工作簿序号)
```

工作簿序号是指创建或打开工作簿的顺序号码，Workbooks(1) 代表 Excel 应用程序中创建或打开的第一个工作簿，而 Workbooks(Workbooks.Count) 代表最后一个工作簿，其中 Workbooks.Count 返回 Workbooks 集合中所包含的 Workbook 对象的个数。

Item 属性是大多数对象集合的默认属性，此处可以省略 Item 关键字，简化为如下代码。

```
Workbooks(工作簿序号)
```

↻ Ⅱ 使用工作簿名称

使用工作簿名称引用对象的语法格式如下所示。

```
Workbooks(工作簿名称)
```

使用工作簿名称引用 Workbook 对象时，工作簿的名称不区分大小写字母。在代码中利用 Workbook 对象的 Name 属性可以返回工作簿名称，但是需要注意的是 Name 为只读属性。因此，不能利用 Name 属性修改工作簿名称；如果需要更改工作簿名称，应使用 Workbook 对象的 SaveAs 方法以新名称保存工作簿。

下面代码将工作簿 Book1.xlsx 另存到目录 C:\DMEO 中，新文件名称为 ExcelHome.xlsx，如果不指定目录，则新的工作簿将被保存在与原工作簿相同的目录中。

```
Workbooks("Book1.xlsx").SaveAs "C:\DMEO\ExcelHome.xlsx"
```

使用工作簿序号引用 Workbook 对象时，如果序号大于 Excel 应用程序中已经打开工作簿的总个数，或者使用不存在的工作簿名称引用 Workbook 对象，将会出现如图 47-1 所示的"下标越界"的错误提示对话框。

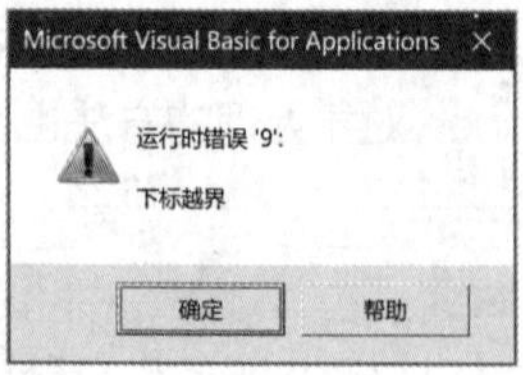

图 47-1　引用不存在的 Workbook 对象的错误提示

47.1.2　打开一个已经存在的工作簿

使用 Workbooks 对象的 Open 方法可以打开一个已经存在的工作簿，其语法格式如下所示。

```
Workbooks.Open(FileName)
```

如果被打开的 Excel 文件与当前文件在同一个目录中，FileName 参数可以省略目录名称，否则需要使用完整路径，即路径加文件名的形式。使用下面代码可以打开目录 C:\DMEO 中的文件 ExcelHome.xlsx。

```
Workbooks.Open FileName:=" C:\DMEO\ExcelHome.xlsx"
```

注意

参数名和参数值之间应该使用"：="符号，而不是等号。

在代码中参数名称可以省略，简化为如下代码：

```
Workbooks.Open "C:\DMEO\ExcelHome.xlsx"
```

对于设置了打开密码的 Excel 文件，如果不希望在打开文件时手工输入密码，可以使用 Open 方法的 Password 参数在代码中提供密码，假定工作簿的密码为"MVP"，打开工作簿的代码如下所示。

```
Workbooks.Open Filename:=" C:\DMEO\ExcelHome.xlsx", Password:="MVP"
```

Open 方法的参数中，除了第一个 FileName 参数是必需参数之外，其余参数均为可选参数，也就是说使用时可以省略这些参数。如果省略代码中的参数名，那么必须保留参数之间的逗号分隔符。例如，在上面的代码中，只使用了第一个参数 FileName 和第 5 个参数 Password，此时采用省略参数名称的方式，则需要保留两个参数间的 4 个逗号分隔符。

```
Workbooks.Open "C:\DMEO\ExcelHome.xlsx", , , , "MVP"
```

47.1.3　遍历工作簿

对于两种不同的引用工作簿的方法，分别可以使用 For Each...Next 和 For...Next 循环遍历 Workbooks 集合中 Workbook 对象。

示例47.1 遍历工作簿名称

步骤① 在 Excel 中新建一个空白工作簿文件，按 <Alt+F11> 组合键切换到 VBE 窗口。

步骤② 在【工程资源管理器】中插入"模块"，并修改其名称为"mdlAllWorkbooks"。

步骤③ 在【工程资源管理器】中双击模块 mdlAllWorkbooks，在【代码】窗口中输入如下代码。

```
#001  Sub Demo_ForEach()
#002      Dim objWB As Workbook, lngRow As Long
#003      lngRow = 3
#004      For Each objWB In Application.Workbooks
#005          ActiveSheet.Cells(lngRow, 2) = objWB.Name
#006          lngRow = lngRow + 1
#007      Next
#008  End Sub
#009  Sub Demo_For()
#010      Dim i As Integer, lngRow As Long
#011      lngRow = 3
#012      For i = 1 To Application.Workbooks.Count
#013          ActiveSheet.Cells(lngRow, 3) = Workbooks(i).Name
#014          lngRow = lngRow + 1
#015      Next
#016  End Sub
```

步骤④ 分别运行 Demo_ForEach 过程和 Demo_For 过程，运行结果如图 47-2 所示。两个过程的结果分别显示在第 2 列和第 3 列，内容完全相同。单击【视图】选项卡的【切换窗口】下拉按钮，在扩展菜单中可以看到 Excel 中共打开了 4 个文件。

提示 ■■■→ 由于打开的工作簿不同，读者运行代码得到的结果可能与图 47-2 有差别。

图 47-2 遍历工作簿名称

代码解析：

第 4~7 行代码为 For Each...Next 循环结构。

第 4 行代码中的循环变量 objWB 为工作簿对象变量。在循环过程中，该变量将依次代表当前 Excel 应用程序中的某个已打开的工作簿。

第 12~15 行代码为 For...Next 循环结构。

第 12 行代码中的变量 i 为循环计数器，其初值为 1，终值为当前 Excel 应用程序中已打开的工作簿的总数，即 Application.Workbooks.Count 的返回值。

第 13 行代码中使用工作簿的索引号引用该对象，并将其名称写入工作表单元格中。

这两种循环遍历对象的代码结构，在功能上没有任何区别，实际应用中可以根据需要选择任意一种遍历方法。另外，这两种遍历方法适用于多数对象集合，如遍历 Worksheets 集合中的 Worksheet 对象。

47.1.4 添加一个新的工作簿

在 Excel 工作簿窗口中依次单击【文件】→【新建】命令，然后单击选择相应的模板，将在 Excel 中创建一个新的工作簿。利用 Workbooks 对象的 Add 方法也可以实现新建工作簿，其语法格式如下所示。

```
Workbooks.Add
```

新建工作簿的名称是由系统自动产生的，在首次保存之前，其名称格式为"工作簿"加数字序号的形式，因为无法得知这个序号，所以无法使用工作簿名称来引用新建的工作簿。

 注意　　在保存之前，工作簿并没有扩展名，新建工作簿名称是"工作簿 1"，而不是"工作簿 1.xlsx"。

使用如下 3 种方法可以在代码中引用新建的工作簿。

⊃ Ⅰ　使用对象变量

将新建工作簿对象的引用赋值给对象变量，在后续代码中可以使用该变量引用新建的工作簿。

```
Set newWK = Workbooks.Add
MsgBox newWK.Name
```

⊃ Ⅱ　使用 ActiveWorkbook 对象

新建工作簿一定是 Excel 应用程序中活动窗口（即最上面的窗口）中的工作簿对象。因此，可以使用 ActiveWorkbook 对象引用新建工作簿。但是需要注意如果使用代码激活了其他工作簿，那么将无法再使用 ActiveWorkbook 引用新建的工作簿对象。

⊃ Ⅲ　使用新建工作簿的 Index

Workbook 对象的 Index 属性是顺序标号的，新建工作簿的 Index 一定是最大，利用这个特性，可以使用下面的代码引用新建工作簿。

```
Workbooks(Workbooks.Count)
```

47.1.5 保护工作簿

从安全角度考虑，可以为工作簿设置密码以保护工作簿中的用户数据，Excel 中提供了两种工作簿的密码。

❍ Ⅰ 工作簿打开密码

利用 Workbook 对象的 Password 属性可以设置 Excel 文件的打
开密码，下面代码设置活动工作簿的打开密码为"abc"，如果关闭活
动工作簿且保存修改，那么重新打开该工作簿时，将出现如图 47-3 所
示的输入密码对话框，只有正确输入打开密码才能打开文件。

图 47-3　输入密码对话框

```
ActiveWorkbook.Password = "abc"
```

❍ Ⅱ 工作簿保护密码

为工作簿设置保护密码后，不影响工作簿的打开和查看，但是用户无法修改工作簿的窗口和结构。
如果需要修改，必须先解除保护。下面代码设置活动工作簿的保护密码为"abc"。

```
ActiveWorkbook.Protect Password:="abc"
```

如果需要修改工作簿，则需要先使用 Unprotect 方法取消工作簿的保护。

```
ActiveWorkbook.Unprotect Password:="abc"
```

47.1.6　关闭工作簿

使用 Workbook 对象的 Close 方法可以关闭已打开的工作簿，
如果该工作簿打开后进行了内容更改，Excel 将显示如图 47-4 所
示的对话框，询问是否保存更改。

关闭工作簿时设置 SaveChanges 参数值为 False，将放弃所
有对该工作簿的更改，并且不会出现保存提示框。

图 47-4　保存提示框

```
ActiveWorkbook.Close SaveChanges:=False
```

另外一种变通的方法也可以实现类似的效果。其原理在于：如果工作簿的 Saved 属性为 False，关
闭工作簿时将显示保存提示对话框。如果工作簿打开后并未做任何更改，则 Saved 属性值为 True。因此，
可以在关闭工作簿之前使用代码设置其 Saved 属性值为 True，Excel 会认为工作簿没有任何更改，也就
不会出现保存提示框，代码如下所示。

```
ActiveWorkbook.Saved = True
ActiveWorkbook.Close
```

第 2 种实现方法中修改工作簿的 Saved 属性，并没有真正地保存该工作簿。因此，关
闭工作簿后所有对于该工作簿的修改将全部丢失。

47.2　Worksheet 对象

Worksheet 对象代表一个工作表。Worksheet 对象既是 Worksheets 集合的成员，同时又是 Sheets

集合的成员。Worksheets 集合包含工作簿中所有的 Worksheet 对象。Sheets 集合除了包含工作簿中所有的 Worksheet 对象，还包含工作簿中所有的图表工作表（Chart）对象和宏表对象。

与 ActiveWorkbook 对象类似，ActiveSheet 对象可以用来引用处于活动状态的工作表。

47.2.1　引用 Worksheet 对象

对于 Worksheet 对象，有如下 3 种引用方法。

◯ I　使用工作表序号

使用工作表序号引用对象的语法格式如下所示。

```
Worksheets（工作表序号）
```

工作表序号是按照工作表的排列顺序依次编号的，Worksheets(1) 代表工作簿中的第一张工作表，而 Worksheets(Worksheets.Count) 代表最后一张工作表，其中 Worksheets.Count 返回 Worksheets 集合中包含的 Worksheet 对象的个数。即便是隐藏工作表也包括在序号计数中，也就是说可以使用工作表序号引用隐藏的 Worksheet 对象。

◯ II　使用工作表名称

使用工作表名称引用对象的语法格式如下所示。

```
Worksheets（工作表名称）
```

使用工作表名称引用 Worksheet 对象时，工作表名称不区分大小写字母。因此，Worksheets（"SHEET1"）和 Worksheets（"sheet1"）引用的是同一张工作表，但是 Worksheet 对象的 Name 属性返回值是工作表的实际名称，Name 属性值和引用工作表时的名称的大小写可能会不一致。

◯ III　使用工作表代码名称（Codename）

假设工作簿中有 3 张工作表，名称依次是"Sht1""Sheet2"和"Sht3"。在 VBE 窗口中显示【工程资源管理器】和【属性】窗口，如图 47-5 所示。

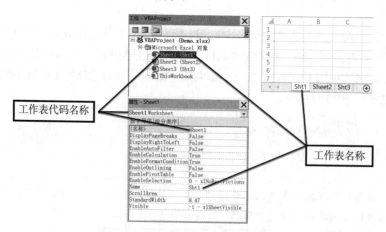

图 47-5　VBE 中查看工作表代码名称

在【工程资源管理器】窗口中 Worksheet 对象显示为"工作表代码名称（工作表名称）"的形式。对应在【属性】窗口中，【（名称）】栏为代码名称，【Name】栏为工作表名称。使用工作表代码名"Sheet1"等同于 Worksheets（"Sht1"）。因此，以下两句代码完全等效。

```
Sheet1.Select
Worksheets("Sht1").Select
```

从图 47-5 中可以看出,工作表名称和其代码名称可以相同(如"Sheet2"工作表),也可以是不同的字符。工作表代码名称无法在 Excel 窗口中更改,只能在 VBE 中更改。

47.2.2　遍历工作簿中的所有工作表

遍历工作表的方法与遍历工作簿的方法完全相同,可以使用 For Each...Next 循环或 For...Next 循环,请参阅 47.1.3。

47.2.3　添加新的工作表

在 Excel 窗口中单击工作表标签右侧的【新工作表】按钮可以在当前工作簿中插入一张新的工作表。在代码中使用 Add 方法可以在工作簿中插入一张新的工作表,其语法格式如下所示。

```
Sheets.Add
```

插入指定名称的工作表可以使用如下代码。

```
Sheets.Add.Name = "newSheet"
```

虽然在 VBA 帮助中没有说明 Add 方法之后可以使用 Name 属性,但是上述代码是可以运行的。采用上述简化方式插入工作表时,如果需要指定工作表的插入位置,则应在 Add 之后指定相关参数。

假设工作簿中工作表的数目不少于 3 个,使用如下代码可以在第 3 个工作表之后插入名称为 newSheet 的新工作表。

```
Sheets.Add(after:=Sheets(3)).Name = "newSheet"
```

47.2.4　判断工作表是否已经存在

更改工作表名称时,如果在工作簿中已经存在一张同名工作表,将出现如图 47-6 所示的运行时错误对话框。

为了避免出现这种错误导致代码无法继续执行,在修改工作表名称之前,应检查是否存在同名的工作表。

图 47-6　重命名同名工作表时产生运行时错误

示例47.2　判断工作表是否存在

步骤① 在 Excel 中新建一个空白工作簿文件,按 <Alt+F11> 组合键切换到 VBE 窗口。

步骤② 在【工程资源管理器】中插入"模块",并修改其名称为"mdlCheckWorkSheetDemo"。

步骤③ 在【工程资源管理器】中双击模块 mdlCheckWorkSheetDemo,在【代码】窗口中输入如下代码:

```
#001  Function blnCheckWorkSheet(ByVal sName As String) As Boolean
#002      Dim objSht As Worksheet
#003      blnCheckWorkSheet = False
```

```
#004        For Each objSht In ActiveWorkbook.Worksheets
#005            If VBA.UCase(objSht.Name) = VBA.UCase(sName) Then
#006                blnCheckWorkSheet = True
#007                Exit Function
#008            End If
#009        Next
#010    End Function
#011    Sub CheckWorkSheet()
#012        Dim strShtName As String
#013        strShtName = "示例"
#014        If blnCheckWorkSheet(strShtName) = True Then
#015            MsgBox "[" & strShtName & "] 工作表已经存在！ ", _
                    vbInformation
#016        Else
#017            MsgBox "[" & strShtName & "] 工作表不存在！ ", _
                    vbInformation
#018        End If
#019    End Sub
```

步骤④ 运行 CheckWorkSheet 过程，将显示如图 47-7 所示的对话框。单击【确定】按钮关闭对话框。

代码解析：

第 1~10 行代码为自定义 blnCheckWorkSheet 用于检查是否存在同名工作表，函数的返回值为布尔型数值，如果同名工作表已经存在，则返回值为 True，反之返回值为 False。

第 3 行代码设置函数的初始返回值为 False。

第 4~9 行代码为 For Each...Next 循环遍历活动工作簿中的全部工作表对象。

图 47-7　CheckWorkSheet
运行结果

第 5 行代码用于判断对象变量 objSht 的名称是否与要查找的工作表名称相同。为了避免大小字母的区别，代码中使用 UCase 将工作表名称转换为大写字母格式。

如果已经找到同名工作表，第 6 行代码将函数返回值设置为 True，第 7 行代码结束函数过程的执行。

第 11~19 行代码为过程 CheckWorkSheet 检查工作簿中是否存在名称为"示例"的工作表。

第 12 行代码将要查找的工作表名称赋值给变量 strShtName。

第 14~18 行代码调用函数 blnCheckWorkSheet，如果返回值为 True，则执行第 15 行代码显示该工作表已经存在的提示信息对话框，否则执行第 17 行代码显示该工作表不存在的提示信息对话框。

47.2.5　复制和移动工作表

Worksheet 对象的 Copy 方法和 Move 方法可以实现工作表的复制和移动。其语法格式如下所示。

```
Copy(Before, After)
```

```
Move(Before, After)
```

Before 和 After 均为可选参数，二者只能选择一个。Copy 方法和 Move 方法除了可以实现在同一个工作簿之内的工作表的复制和移动，也可以实现工作簿之间的工作表的复制和移动。下面的代码可以将工作簿 Book1.xlsx 中的工作表 Sheet1 复制到工作簿 Book2.xlsx 中，并放置在第 3 个工作表之前。

```
Workbooks("Book1.xlsx").Sheets("Sheet1").Copy _
        Before:=Workbooks("Book2.xlsx").Sheets(3)
```

47.2.6　保护工作表

为了防止工作表被意外修改，可以设置工作表保护密码。Worksheet 对象 Protect 方法有很多可选参数，其中 Password 参数用于设置保护密码。

```
ActiveSheet.Protect Password:="ExcelHome"
```

如果需要在代码中操作被保护的工作表，一般思路是先使用 Unprotect 方法解除工作表保护，执行完相关的工作表操作之后，再使用 Protect 方法保护该工作表。如果在保护工作表时设置 UserInterfaceOnly 参数为 True，则可以实现仅禁止用户界面的操作，使用代码可以直接操作被保护的工作表，无需解除工作表保护。

　即使在使用代码保护工作表时，已经将 UserInterfaceOnly 参数设置为 True，保存并关闭该工作簿之后，再次打开该工作簿时，整张工作表将被完全保护，而并非仅仅禁止用户界面的操作，使用代码也无法直接操作被保护的工作表，即 UserInterfaceOnly 参数设置已经失效。若希望再次打开工作簿后仍然维持只是禁止用户界面操作的效果，那么必须在代码中先使用 Unprotect 方法解除工作表的保护，然后再次应用 Protect 方法，并且设置 UserInterfaceOnly 参数为 True。

47.2.7　删除工作表

使用 Worksheet 对象的 Delete 方法删除工作表时，将会出现如图 47-8 所示的警告对话框，单击【删除】按钮关闭对话，完成删除工作表的操作。

图 47-8　删除工作表警告对话框

如果不希望在删除工作表时出现这个对话框，可以设置 DisplayAlerts 属性禁止对话框的显示。

```
Application.DisplayAlerts = False
Worksheets("Sheet1").Delete
Application.DisplayAlerts = True
```

　在代码过程中运行 Application.DisplayAlerts = False 之后，在使用 Application.DisplayAlerts = True 恢复之前，所有的系统提示信息都将被屏蔽。如果代码中没有恢复 DisplayAlerts 的设置，则在代码过程全部运行结束后，Excel 会自动将该属性恢复为 True。

47.2.8　工作表的隐藏和深度隐藏

在工作表标签上单击右键，在快捷菜单中选择【隐藏】命令，可以隐藏该工作表。处于隐藏状态的工作表的 Visible 属性值为 xlSheetHidden（Excel 常量值为 0），为了区别于下文将要介绍的另一种隐藏，这种方式被称为"普通隐藏"。Worksheet 对象的 Visible 属性的值可以是下面 3 个常量之一：xlSheetVisible、xlSheetHidden 或 xlSheetVeryHidden。

在 VBA 中除了设置工作表为普通隐藏外，还可以设置工作表为深度隐藏，代码如下所示。

```
Sheets(1).Visible = xlSheetVeryHidden
```

深度隐藏的工作表无法通过在工作表标签上右击，然后在快捷菜单中选择【取消隐藏】命令进行恢复，此时只能使用 VBA 代码或在 VBE 的【属性】窗口中修改其 Visible 属性，恢复显示该工作表。

47.3　Range 对象

Range 对象代表工作表中的单个单元格、多个单元格组成的区域甚至可以是跨工作表的单元格区域，该区域可以是连续的也可以是非连续的。

注意

> 虽然单元格是 Excel 操作的最基本单位，但是 Excel VBA 中并不存在单元格对象。

47.3.1　引用单个单元格

在 VBA 代码中有多种引用单个单元格的方法。

⊃ Ⅰ　使用 [单元格名称] 的形式

这是语法格式最简单的一种引用方式。其中单元格名称与在工作表的公式中使用的 A1 样式单元格的地址完全相同，如 [C5] 代表工作表中的 C5 单元格。在这种引用方式中单元格名称不能使用变量。

⊃ Ⅱ　使用 Cells 属性

Cells 属性返回一个 Range 对象。其语法格式如下所示。

```
Cells(RowIndex,ColumnIndex)
```

Cells 属性的参数为行号和列号。行号是一个数值，其范围为 1~1048576。列号既可以是数值，其范围为 1~16384；也可以是字母形式的列标，其范围为"A"至"XFD"。同样是引用 C5 单元格，可以有如下两种形式。

```
Cells(5,3)
Cells(5,"C")
```

注意

> 如果行号使用变量，那么在代码中需要将该变量定义为 Long 变量而不是 Integer 变量。由于工作表中最大行号为 1048576，但是 Integer 变量的范围为 −32,768 到 32,767，所以必须使用 Long 变量作为行号。

⊃ Ⅲ　使用 Range（单元格名称）形式

单元格名称可以使用变量或表达式。在参数名称的表达式中，可以使用"&"连接符连接两个字符串。如下所示。

```
Range("C5")
Range("C" & "5")
```

47.3.2　单元格格式的常用属性

常用的单元格格式有字体大小、颜色、背景色及边框等，表 47-1 中列出了相关的属性。

表 47-1　常用单元格格式属性

属性	用途
Range(...).Font.Color	设置字体颜色
Range(...).Font.Size	设置字体大小
Range(...).Font.Bold	设置粗体格式
Range(...).Interior.Color	设置背景颜色
Range(...).Border.LineStyle	设置边框线型
Range(...).Border.Color	设置边框线颜色
Range(...).Border.Weight	设置边框线宽度

示例47.3　自动化设置单元格格式

步骤① 在 Excel 中新建一个空白工作簿文件，按 <Alt+F11> 组合键切换到 VBE 窗口。

步骤② 在【工程资源管理器】中插入"模块"，并修改其名称为"mdlCellsFormatDemo"。

步骤③ 在【工程资源管理器】中双击模块 mdlCellsFormatDemo，在【代码】窗口中输入如下代码：

```
#001  Sub CellsFormat()
#002      With Range("A1:D6")
#003          With .Font
#004              .Size = 11
#005              .Bold = True
#006          End With
#007          .Borders.LineStyle = xlContinuous
#008      End With
#009  End Sub
```

步骤④ 运行 CellsFormat 过程，将设置 A1：D6 单元格区域的格式为 11 磅粗体字，并添加单元格边框线，如图 47-9 所示。

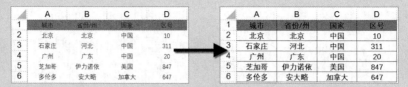

图 47-9　设置单元格格式

代码解析：

第 4 行代码设置字体大小为 11 磅。

第 5 行代码设置使用粗体字。

第 7 行代码添加单元格边框线。

47.3.3　添加批注

Comment 对象代表单元格的批注，是 Comments 集合的成员。Comment 对象并没有 Add 方法，在代码中添加单元格批注需要使用 Range 对象的 AddComment 方法。如下所示，代码在活动单元格添加批注，内容为"ExcelHome"。

```
Activecell.AddComment "ExcelHome"
```

47.3.4　如何表示一个区域

Range 属性除了可以返回单个单元格，也可以返回包含多个单元格的区域。Range 的语法格式如下所示。

```
Range(Cell1, Cell2)
```

参数 Cell1，可以是一个代表单个单元格或多个单元格区域的 Range 对象，也可以是相应的名称字符串。Cell2 为可选参数，其形式与参数 Cell1 相同。

如果引用以 A3 单元格和 C6 单元格为顶点的矩形单元格区域对象，可以使用如下几种方法。

```
Range("A3:C6")
Range([A3], [C6])
Range(Cells(3, 1), Cells(6, 3))
Range(Range("A3"), Range("C6"))
```

第一种引用方式 Range（"A3：C6"）是最常用的方式，其中的冒号是区域运算符，其含义是以两个 A1 样式单元格为顶点的矩形单元格区域。由于单元格有多种不同的引用方法，所以产生了后 3 种不同的区域引用方法。

对于某个 Range 对象以其左上角单元格为基准，可以再次使用 Range 属性或 Cells 属性返回一个新的单元格或区域引用。常用的引用方式有如下几种。

```
Range(...).Cells(RowIndex,ColumnIndex)
Range(...)(RowIndex,ColumnIndex)
Range(...)(CellIndex)
```

```
Range(...).Range(...)
```

上述引用方式中的参数 RowIndex，ColumnIndex 和 CellIndex 可以是正整数，也可以是零值或负值。

假定单元格区域为 Range("C4:F7")，如图 47-10 中的横线填充区域所示，该区域的左上角单元格（即 C4 单元格）成为新坐标体系中基准单元格，相当于普通工作表中的 A1 单元格，下面 4 个代码引用的对象均为 D5 单元格，即图 47-10 中的活动单元格。

```
Range("C4:F7").Cells(2, 2)
Range("C4:F7")(2, 2)
Range("C4:F7").Range("B2")
Range("C4:F7")(6)
```

参数是负值代表该单元格位于基准单元格的左侧区域或上侧区域，如 Range("C4:F7")(-2,-1) 代表工作表中的 A1 单元格。

利用 Range 对象的 Range 属性引用单元格区域理解起来稍显复杂，但是其引用规则与工作表中引用是完全相同的。Range("C4:F7").Range("E6:H7") 代表新坐标体系中的 E6:H7 单元格区域，也就是图 47-10 中的斜线区域，此引用相当于工作表中 G9:J10 单元格区域。

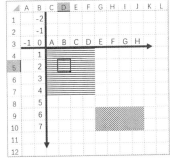

图 47-10　Range 属性的扩展应用

47.3.5　如何定义名称

在工作表公式中经常通过定义名称来简化工作表公式，本节所指的名称是单元格区域的定义名称。

Workbook 对象的 Names 集合是由工作簿中的所有名称组成的集合。Add 方法用于定义新的名称，参数 RefersToR1C1 用于指定单元格区域，格式为 R1C1 引用方式。如下所示。

```
ActiveWorkbook.Names.Add _
        Name:="data", _
        RefersToR1C1:="=Sheet1!R3C1:R6C4"
```

除了 Add 方法之外，利用 Range 对象的 Name 属性也可以添加新的名称，其代码如下所示。

```
Sheets("Sheet1").Range("A3:D6").Name = "data"
```

47.3.6　选中工作表的指定区域

在 VBA 代码中经常要引用某些特定区域，CurrentRegion 属性和 UsedRange 属性是两个最常用的属性。

CurrentRegion 属性返回的 Range 对象就是通常所说的当前区域。当前区域是一个包括活动单元格在内，并由空行和空列的组合为边界的最小矩形单元格区域。直观上讲，当前区域即活动单元格所在的矩形区域，该矩形区域的每一行和每一列中至少包含有一个已使用的单元格，而区域是被空行和空列所包围。图 47-11 中的着色区域是几种当前区域的示例。选中着色区域内的任意单元格，即使该单元格没有内容，按 <Ctrl+Shift+8> 组合键，同样会选中相应的着色区域（即当前区域）。

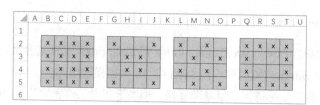

图 47-11　CurrentRegion 区域示例

UsedRange 属性返回的 Range 对象代表指定工作表上已使用区域，该区域是包含工作表中已经被使用单元格的最小矩形单元格区域。

> 这里所指的"使用"与单元格是否有内容无关，即使只是改变了单元格的格式，那么这个单元格也被视作已使用，将被包括在 UsedRange 属性返回的 Range 对象中。

使用 Range 对象的 Select 方法或 Activate 方法可以显示相应区域的范围。

```
Activesheet.UsedRange.Select
Activesheet.UsedRange.Activate
```

47.3.7　特殊区域——行与列

行与列是操作工作表时经常要用到的 Range 对象。对于行与列的引用不仅可以使用 Rows 属性和 Columns 属性，而且也可以使用 Range 属性。

例如，引用第 1 行至第 5 行单元格区域可以使用如下几种形式。

```
Rows("1:5")
Range("A1:XFD5")
Range("1:5")
```

列的引用方法与上述的引用方式类似。例如，引用 A 列至 E 列的区域可以使用如下几种形式。

```
Colums("A:E")
Range("A1:E1048576")
Range("A:E")
```

> 虽然使用 Range 属性同样可以引用行与列，从 Range 对象的角度来看，二者包含的单元格区域是相同的，包含的单元格数量也是相同的，但是使用 Range 属性引用行或列对象，无法使用某些行或列对象所特有的属性。

例如，对于 Hidden 属性，可以使用如下代码隐藏工作表中的第 1 行。

```
Rows(1).Hidden = True
```

如果改为如下代码使用 Range 属性引用第 1 行，就会产生如图 47-12 所示运行时错误。

```
Range("1:1").Hidden = True
```

图 47-12　使用 Range 属性替代 Rows 属性产生的运行时错误

此时应使用如下代码隐藏行。

```
Range("A1").EntireRow.Hidden = True
```

47.3.8　删除单元格

Range 对象的 Delete 方法将删除 Range 对象所代表的单元格区域。其语法格式如下所示。

```
Delete(Shift)
```

其可选参数 Shift 指定删除单元格时替补单元格的移动方式，其值为表 47-2 中两个常量之一。

表 47-2　Shift 参数值的含义

常量	值	含义
xlShiftToLeft	-4159	替补单元格向左移动
xlShiftUp	-4162	替补单元格向上移动

下面代码将删除 C3:F5 单元格区域，其下的替补单元格向上移动，也就是原来 C6:F8 单元格区域将向上移动到被删除的单元格区域。

```
Range("C3:F5").Delete Shift:=xlShiftUp
```

47.3.9　插入单元格

Range 对象的 Insert 方法在工作表中插入一个单元格或单元格区域，其他单元格将相应移动以腾出空间。下面代码在工作表的第 2 行插入单元格，原工作表的第 2 行及其下面的每一行单元格将下移一行。

```
Rows(2).Insert
```

47.3.10　单元格区域扩展与偏移

如果表格位置和大小是固定的，那么在代码中定位数据区域就很容易。但是在实际情况中，表格的左侧可能有空列，表格上方可能会有空行，在这种情况下，表格数据区域的定位就比较复杂。

组合利用 Range 对象的 Offset 属性和 Resize 属性可以处理工作表中的特定区域。Offset 属性返回一个 Range 对象，代表某个单元格区域向指定方向偏移后的新单元格区域。Resize 属性返回一个 Range 对象，用于调整指定区域的大小。

示例47.4　单元格区域扩展与偏移

示例文件中的数据如图 47-13 所示，现在需要将表格中数据区域（即 C3:F7 单元格区域）背景色设置为黄色。

步骤① 在 Excel 中打开示例工作簿文件，按 <Alt+F11> 组合键切换到 VBE 窗口。

步骤② 在【工程资源管理器】中插入"模块"，并修改其名称为"mdlResizeOffsetDemo"。

步骤③ 在【工程资源管理器】中双击模块 mdlResizeOffsetDemo，在【代码】窗口中输入如下代码。

```
#001   Sub ResizeOffset()
#002       Dim rngTable As Range
#003       Dim rngOffset As Range
#004       Dim rngResize As Range
#005       Set rngTable = ActiveSheet.UsedRange
#006       Set rngOffset = rngTable.Offset(1, 1)
#007       Set rngResize = rngOffset.Resize(rngTable.Rows.Count - 1, _
                                     rngTable.Columns.Count - 1)
#008       rngResize.Interior.Color = vbGreen
#009   End Sub
```

步骤④ 运行 ResizeOffset 过程，工作表中数据区域背景色设置为绿色，如图 47-13 所示。

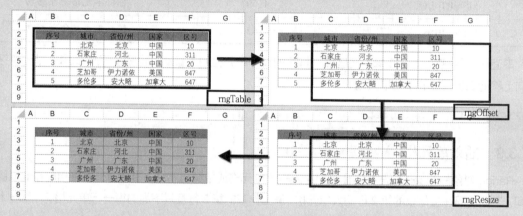

图 47-13　单元格区域扩展与偏移

代码解析：

第 3 行代码将工作表中已经使用区域 UsedRange 赋值给对象变量 rngTable，即 B2:F7 单元格区域。

第 4 行代码将 rngTable 区域向右移动一列，并且向下移动一行所形成的新区域，并赋值给对象变量 rngOffset，即 C3:G8 单元格区域。rngOffset 区域已经将 rngTable 区域的第一行和第一列剔除。由于整个区域的总行数和总列数与原单元格区域相同，因此新的区域包括了 rngTable 区域之外的空白单元格。

第 5 行代码利用 Resize 属性将 rngOffset 区域减少一行和一列，形成新区域 rngResize，即 C3:F7。

第 6 行代码将 rngResize 区域填充色设置为绿色。

除了使用 Resize 扩展单元格区域，在 VBA 中还有两种特殊的扩展区域方法。

❖ EntireRow 属性返回一个 Range 对象，该对象代表包含指定区域的整行（或若干行）。

❖ EntireColumn 属性返回一个 Range 对象，该对象代表包含指定区域的整列（或若干列）。

例如，Range（"B6:F16"）.EntireRow 返回的 Range 对象为第 6 行至第 16 行的单元格区域，相当于 Rows（"6:16"）。

与之类似，Range（"B6:F16"）.EntireColumn 返回的对象为 B 列至 F 列的单元格区域，相当于 Columns（"B:F"）。

47.3.11 合并区域与相交区域

Union 方法返回 Range 对象，代表两个或多个区域的合并区域，其参数为 Range 类型。

```
Application.Union(Range ("A3:D6"),Range ("C5:F8"))
```

Intersect 方法返回 Range 对象，代表两个或多个单元格区域重叠的矩形区域，其参数为 Range 类型，如果参数单元格区域没有重叠区域，那么结果为 Nothing。

```
Application.Intersect(Range ("A3:D6"), Range ("C5:F8"))
```

利用 Intersect 方法可以判断某个单元格区域是否完全包含在另一个单元格区域中。

47.3.12 设置滚动区域

在工作表中设置滚动区域之后，用户不能使用鼠标选中滚动区域之外的单元格。利用工作表的 ScrollArea 属性，可以返回或设置允许滚动的区域。例如，如下代码设置滚动区域为 A1:K50。

```
ActiveSheet.ScrollArea = "A1:K50"
```

在很多时候需要让滚动区域随着工作表中的数据变化，也就是说无法直接给出一个类似于"A1:K50"的字符串用于设置滚动区域，利用 Range 对象的 Address 属性返回的地址设置滚动区域是一个不错的解决方法。假设要设置对象变量 rngScroll 所代表的区域为活动工作表的滚动区域，可以使用如下的代码：

```
ActiveSheet.ScrollArea = rngScroll.Address(0,0)
```

工作表的 ScrollArea 属性设置为空字符串（""）将允许选定整张工作表内任意单元格，即取消原来设置的滚动区域。

第 48 章　事件的应用

在 Excel VBA 中，事件是指对象可以识别的动作。用户可以指定 VBA 代码来对这些动作做出响应。Excel 可以响应多种不同类型的事件，Excel 中的工作表、工作簿、应用程序、图表工作表、透视表和控件等对象都可以响应事件，而且每个对象都有多种相关的事件，本章将主要介绍工作表和工作簿的常用事件。

> **本章学习要点**
>
> （1）工作表的常用事件。　　　　　　（3）禁止事件激活。
> （2）工作簿的常用事件。　　　　　　（4）非对象相关事件。

48.1　事件过程

事件过程作为一种特殊的 Sub 过程，在满足特定条件时被触发执行，如果事件过程包含参数，系统会为相关参数赋值。事件过程必须写入相应的模块中才能发挥其作用，例如，工作簿事件过程须写入 ThisWorkbook 模块中；工作表事件过程则须写入相应的工作表模块中，且只有过程所在工作表的行为可以触发该事件。

事件过程作为一种特殊的 Sub 过程，在 VBA 中已经规定了每个事件过程的名称和参数。用户可以在【代码】窗口中手工输入事件过程的全部代码，但是更便捷的方法是在【代码】窗口中选择相应的对象和事件，VBE 将自动在【代码】窗口中添加事件过程的声明语句和结束语句。

在【代码】窗口上部左侧的【对象】下拉框中选中 Worksheet，在右侧的【事件】下拉框中选中 Change，Excel 将自动在【代码】窗口中输入如图 48-1 所示的工作表 Change 事件过程代码框架。

图 48-1　在【代码】窗口中快速添加事件代码框架

事件过程的代码应写入在 Sub 和 End Sub 之间，在代码中可以使用事件过程参数，不同的事件过程，其参数也不尽相同。

48.2　工作表事件

Worksheet 对象是 Excel 中最常用的对象之一。因此，在实际应用中经常会用到 Worksheet 对象事件，即工作表事件。工作表事件只发生在 Worksheet 对象中。

48.2.1　Change 事件

工作表中的单元格被用户或 VBA 代码修改时，将触发工作表的 Change 事件。值得注意的是，虽然事件的名称是 Change，但是并非工作表中单元格的任何变化都能够触发该事件。

下列工作表的变化不会触发工作表的 Change 事件。

❖ 工作表的公式重新计算产生新值。

❖ 在工作表中添加或删除一个对象（控件、形状等）。

❖ 改变单元格格式。

❖ 某些导致单元格变化的 Excel 操作：排序、替换等。

　某些 Excel 中的操作将导致工作表的 Change 事件被意外触发。

❖ 在空单元格中按 <Delete> 键。

❖ 单击选中已有内容的单元格，输入与原来内容相同的内容，然后按 <Enter> 键结束输入。

　　Change 事件的参数 Target 是一个 Range 变量，代表工作表中发生变化的单元格区域，它可以是一个单元格也可以是多个单元格组成的区域。在实际应用中，用户通常希望只有工作表中的某些特定单元格区域发生变化时才激活 Change 事件，这就需要在 Change 事件中对于 Target 参数进行判断。

示例48.1　自动记录数据编辑的日期与时间

步骤① 在 Excel 中打开示例工作簿文件，按 <Alt+F11> 组合键切换到 VBE 窗口。

步骤② 在【工程资源管理器】中双击"示例"工作表，在右侧的【代码】窗口中输入如下代码，如图 48-2 所示。

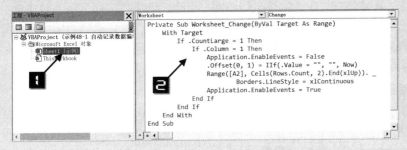

图 48-2　输入 Change 事件代码

```
#001    Private Sub Worksheet_Change(ByVal Target As Range)
#002        With Target
#003            If .CountLarge = 1 Then
#004                If .Column = 1 Then
#005                    Application.EnableEvents = False
#006                    .Offset(0, 1) = IIf(.Value = "", "", Now)
#007                    Range([A2], Cells(Rows.Count, 2).End(xlUp)). _
                            Borders.LineStyle = xlContinuous
#008                    Application.EnableEvents = True
#009                End If
#010            End If
#011        End With
#012    End Sub
```

步骤③ 返回 Excel 界面，在 A9 单元格中输入姓名"封丹"，并按【Enter】键。工作表的 Change 事件将自动在 B 列同行单元格中填入当前日期和时间，并添加单元格边框线，其结果如图 48-3 所示。

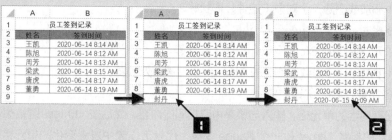

图 48-3　自动记录日期与时间

代码解析：

第 3 行和第 4 行代码判断发生变化的单元格区域（即参数 Target 所代表的 Range 对象）是否位于第 1 列，并且是否是单个单元格。如果不满足这两个条件，将不执行后续的事件代码。

> VBA 代码中通常使用 Range 对象的 Count 属性返回对象中单元格的数量，Count 属性返回值为 Long 类型，如果指定的区域中单元格数量超过 2147483647 个（1048576 行 * 2048 列 - 1），Count 属性将生成溢出错误。CountLarge 属性与 Count 属性功能相同，其返回值为 Variant 类型。因此可处理工作表中的最大区域，即 17179869184 个单元格（1048576 行 * 16384 列）。建议在代码中使用 CountLarge 属性。

第 5 行代码使用 EnableEvent 属性禁止事件被激活，具体用法请参阅 48.2.2。

第 6 行代码用于写入当前日期和时间，如果被修改单元格的值为空，也就是用户删除了 A 列的姓名，那么代码将清除相应行 B 列单元格的内容。

第 7 行代码为数据区域添加单元格边框线，其中 Cells(Rows.Count, 2).End(xlUp) 为 B 列最后一个有数据的单元格，Rows.Count 返回工作表中的总行数，即相当于最大行号。

第 8 行代码恢复 EnableEvent 属性的设置。

用户在工作表中除了 A 列之外的单元格输入时，工作表的 Change 事件同样会被触发，但是由于不满足第 4 行代码中的判断条件，所以不会执行写入当前日期和时间的代码。

48.2.2　如何禁止事件的激活

上述代码使用了 Application.EnableEvents = False 防止事件被意外多次激活。Application 对象的 EnabledEvents 属性可以设置是否允许对象的事件被激活。上述代码中如果没有禁止事件激活的代码，在写入当前日期的代码执行后，工作表的 Change 事件被再次激活，事件代码被再次执行。某些情况下，这种事件的意外激活会重复多次发生，甚至造成死循环，无法结束运行。因此，在可能意外触发事件的时候，需要设置 Application.EnableEvents = False 禁止事件激活。

> 这个设置并不能阻止控件的事件被激活。

EnableEvents 属性的值不会随着事件过程的执行结束而自动恢复为 True，也就是说需要在代码运行结束之前进行恢复。如果代码被异常终止，而 EnableEvents 属性的值仍然为 False，那么相关的事件都无法被激活。此时，可以在 VBE 的【立即】窗口中执行如下代码进行恢复。

```
Application.EnableEvents = True
```

48.2.3　SelectionChange 事件

　　工作表中的选定区域发生变化将触发工作表的 SelectionChange 事件。SelectionChange 事件的参数 Target 与工作表的 Change 事件相同，也是一个 Range 变量，代表工作表中被选中的区域，相当于 Selection 属性返回的 Range 对象。

示例48.2　高亮显示选定区域所在行和列

步骤① 在 Excel 中打开示例工作簿文件，按 <Alt+F11> 组合键切换到 VBE 窗口。

步骤② 在【工程资源管理器】中双击"示例"工作表，在右侧的【代码】窗口中输入如下代码。

```
#001   Private Sub Worksheet_SelectionChange(ByVal Target As Range)
#002       With Target
#003           .Parent.Cells.Interior.ColorIndex = xlNone
#004           .EntireRow.Interior.Color = vbGreen
#005           .EntireColumn.Interior.Color = vbGreen
#006       End With
#007   End Sub
```

步骤③ 返回 Excel 界面，在"示例"工作表中选中单元格 C10，第 10 行和 C 列单元格区域将填充绿色高亮显示，如图 48-4 所示。

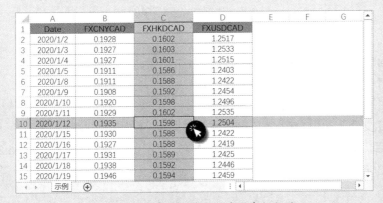

图 48-4　高亮显示选定区域所在行和列

48.3　工作簿事件

工作簿事件发生在 Workbook 对象中，除了工作簿的操作可以触发工作簿事件外，某些工作表的操作也可以触发工作簿事件。

48.3.1　Open 事件

Open 事件是 Workbook 对象的最常用事件之一，它发生于用户打开工作簿之时。

注意

在如下两种情况下，打开工作簿时不会触发 Open 事件。

❖ 在保持按下 <Shift> 键的同时打开工作簿。

❖ 打开工作簿文件时，选择了"禁用宏"。

Open 事件经常被用来自动设置用户界面，例如，让工作簿打开时始终按照某个特定风格呈现在用户面前。

示例48.3　自动设置Excel的界面风格

步骤① 在 Excel 中打开示例工作簿文件，按 <Alt+F11> 组合键切换到 VBE 窗口。

步骤② 在【工程资源管理器】中双击"ThisWorkbook"，在右侧的【代码】窗口中输入如下代码。

```
#001   Private Sub Workbook_Open()
#002       Sheets("Welcome").Activate
#003       With ActiveWindow
#004           .WindowState = xlMaximized
#005           .DisplayHeadings = False
#006           .DisplayGridlines = False
#007       End With
#008       Application.WindowState = xlMaximized
#009   End Sub
```

步骤③ 返回 Excel 界面，单击工作表标签激活 Sheet2 工作表。

步骤④ 依次单击【文件】→【保存】，保存工作簿的修改。

步骤⑤ 依次单击【文件】→【关闭】，关闭工作簿。

步骤⑥ 依次单击【文件】→【打开】，打开示例工作簿文件，并启用宏功能。

工作簿打开后，Welcome 工作表成为活动工作表，而不是关闭工作簿时的 Sheet2 工作表，并且 Excel 窗口是最大化的，如图 48-5 所示。

代码解析：

第 2 行代码设置 Welcome 工作表为活动工作表。

第 4 行代码设置 Excel 中活动窗口最大化。

第 5 行代码隐藏行标题和列标题。

第 6 行代码隐藏工作表中的网格线。

第 8 行代码设置 Excel 应用程序窗口最大化。

图 48-5　打开工作簿的界面效果

48.3.2　BeforeClose 事件

工作簿被关闭之前 BeforeClose 事件将被激活。BeforeClose 事件经常和 Open 事件配合使用，如果在 Open 事件中修改了 Excel 某些设置和用户界面，可以在 BeforeClose 事件中恢复到默认状态。

48.3.3　通用工作表事件代码

如果希望所有的工作表都具有相同的工作表事件代码，有以下两种实现方法。

❖ 在每个工作表代码模块中写入相同的事件代码。

❖ 使用相应的工作簿事件代码。

毫无疑问，第二种方法是最简洁的实现方法。部分工作簿事件名称是以"Sheet"开头的，如 Workbook_SheetChange、Workbook_SheetPivotTableUpdate 和 Workbook_SheetSelectionChange 等。这些事件的一个共同特点是工作簿内的任意工作表的指定行为都可以触发该事件代码的执行。

示例48.4　高亮显示任意工作表中选定区域所在的行和列

与示例 48.2 相对应，如果希望在工作簿中的任意工作表都拥有这种高亮显示的效果，可以按照如下步骤进行操作。

步骤① 在 Excel 中新建一个工作簿文件，按 <Alt+F11> 组合键切换到 VBE 窗口。

步骤② 在【工程资源管理器】中双击"ThisWorkbook",在右侧的【代码】窗口中输入如下代码。

```
#001   Private Sub Workbook_SheetSelectionChange(ByVal Sh As Object, _
                                            ByVal Target As Range)
#002      With Target
#003         .Parent.Cells.Interior.ColorIndex = xlNone
#004         .EntireRow.Interior.Color = vbGreen
#005         .EntireColumn.Interior.Color = vbGreen
#006      End With
#007   End Sub
```

与示例48.2相比,由于不必在每个工作表代码模块中写入相同的事件代码,因此这种实现方法更为简洁,并且当工作簿中新增工作表时,也无须为新建工作表添加 Change 事件代码就可以实现高亮显示的效果。

48.4　事件的优先级

通过示例 48.2 和示例 48.4 的学习可以知道,工作簿对象的 SheetSelectionChange 事件和 Worksheet 对象的 SelectionChange 事件的触发条件是相同的。但是,Excel 应用程序在任何时刻都只能执行唯一的代码,即无法实现并行处理事件代码。如果同时使用此类触发条件相同的事件,就需要预先确切地知道事件的优先级,即相同条件下事件被激活的先后次序。这些优先级顺序并不需要大家刻意去记忆,可以利用代码轻松地获知事件的优先级。

扫描二维码,阅读本节更详细的内容。

48.5　非对象相关事件

Excel 提供了两种与对象没有任何关联的特殊事件,分别是 OnTime 和 OnKey,利用 Application 对象的相应方法可以设置这些特殊事件。

Ontime 事件用于指定一个过程在将来的特定时间运行,OnKey 事件可以设置按下某个键或组合键时运行指定的过程代码。

扫描二维码,阅读本节更详细的内容。

第 49 章　控件在工作表中的应用

控件是用户与 Excel 交互时用于输入数据或操作数据的对象。在工作表中使用控件可以为用户提供更加友好的操作界面。控件具有丰富的属性，并且可以被不同的事件所激活以执行相关代码。

在 Excel 2019 中有如下两种控件。

❖ 表单控件。

表单控件有时也被称为"窗体控件"，可以用于普通工作表和 MS Excel 5.0 对话框工作表中。

❖ ActiveX 控件。

ActiveX 控件有时也被称为"控件工具箱控件"，是用户窗体控件的子集，只能用于 Excel 97 或更高版本 Excel 中。

单击【开发工具】选项卡【插入】下拉按钮，将弹出包含两种控件的命令列表，将鼠标悬停在某个控件上时，会显示该控件名称的悬浮提示框，如图 49-1 所示。

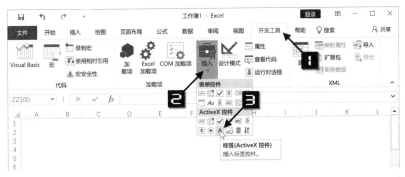

图 49-1　表单控件和 ActiveX 控件

这两组控件中，部分控件从外观上看几乎是相同的，其功能也非常相似，例如，表单控件和 ActiveX 控件中都有命令按钮、组合框和列表框等。与表单控件相比，ActiveX 控件拥有更丰富的控件属性，并且支持多种事件。正是由于 ActiveX 控件具有这些优势，使得 ActiveX 控件在 Excel 中得到了比表单控件更为广泛的应用。

扫描二维码，阅读本章更详细的内容。

49章

第 50 章　窗体在 Excel 中的应用

在 VBA 代码中使用 InputBox 和 MsgBox，可以满足大多数交互式应用的需要，但是这些对话框并非适合所有的应用场景，其明显的弱点在于缺乏足够的灵活性。例如，除了对话框窗口的显示位置和几种预先定义的按钮组合外，无法按照实际需要添加更多的控件。用户窗体则可以实现用户定制的对话框。本章将介绍如何插入窗体、修改窗体属性、窗体事件的应用和在窗体中使用控件。

> **本章学习要点**
>
> （1）调用用户窗体。　　　　　　　　　　　　　　（3）在用户窗体中使用控件。
> （2）用户窗体的初始化事件。

50.1　创建自己的第一个用户窗体

在示例 45.4 中，利用了 InputBox 输入邮政编码，在实际工作中经常会输入多个相互关联数据，这就需要多次调用 InputBox 逐项输入。使用用户窗体完全可以实现在一个窗体中输入全部信息，并且可以更加方便地定制用户输入界面。

50.1.1　插入用户窗体

示例50.1　工作簿中插入用户窗体

步骤① 在 Excel 中新建一个工作簿文件，按 <Alt+F11> 组合键切换到 VBE 窗口。

步骤② 依次单击 VBE 菜单【插入】→【用户窗体】，Excel 将添加名称为 UserForm1 的用户窗体。

步骤③ 按 <F4> 键显示属性窗口，修改用户窗体的 Caption 属性为"员工信息管理系统"，如图 50-1 所示。

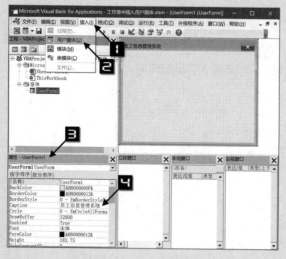

图 50-1　插入用户窗体

步骤④ 依次单击 VBE 菜单【插入】→【模块】，修改模块名称为"UserFormDemo"。

步骤⑤ 在【工程资源管理器】中双击 UserFormDemo，在【代码】窗口中输入 ShowFrm 过程代码，如图 50-2 所示。

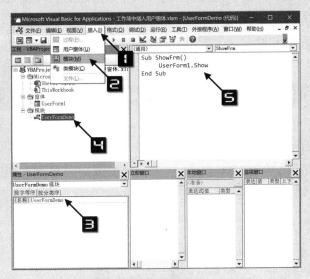

图 50-2　插入模块和代码

步骤⑥ 返回 Excel 界面，运行 ShowFrm 过程，将显示如图 50-3 所示的用户窗体。

步骤⑦ 单击用户窗体右上角的关闭按钮 ，将关闭用户窗体。

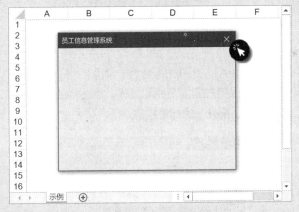

图 50-3　显示用户窗体

50.1.2　关闭窗体

除了使用鼠标单击用户窗体右上角的关闭按钮之外，使用如下代码也可以关闭名称为 UserForm1 的用户窗体。代码执行时用户窗体对象将从内存中被删除，此后无法访问用户窗体对象和其中的控件。

```
Unload UserForm1
```

851

50.2　在用户窗体中使用控件

　　图 50-3 中显示的用户窗体只是一个空白窗体，其中没有任何控件。因此也就无法进行用户交互。本节将讲解如何在用户窗体中添加控件。

50.2.1　在窗体中插入控件

示例50.2 在用户窗体中插入控件

步骤① 打开示例 50.1 工作簿文件，另存为新的工作簿，按 <Alt+F11> 组合键切换到 VBE 窗口。

步骤② 在【工程资源管理器】中双击 UserForm1，右侧对象窗口中将显示用户窗体对象。

步骤③ 单击【标准】工具栏上的【工具箱】按钮，将显示如图 50-4 所示的【工具箱】窗口。

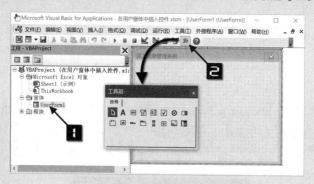

图 50-4　VBE 中的【工具箱】窗口

步骤④ 单击【工具箱】中的标签控件 **A**，此时光标变为十字型。

步骤⑤ 移动鼠标至用户窗体上方，保持左键按下拖动鼠标，然后释放鼠标左键，如图 50-5 所示，用户窗体中将添加一个名称为"Label1"的标签控件。

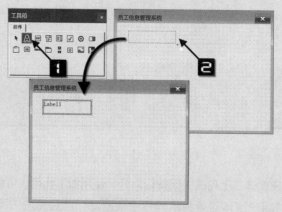

图 50-5　在用户窗体中添加标签控件

步骤⑥ 使用相同的方法在用户窗体中再添加两个标签控件 Label2 和 Label3。

步骤⑦ 在用户窗体上右击，在弹出菜单中选择【全选】命令，用户窗体中全部控件都将处于选中状态。

步骤⑧ 在被选中的控件上右击，在弹出快捷菜单中依次单击【对齐】→【左对齐】，其效果如图 50-6

所示。

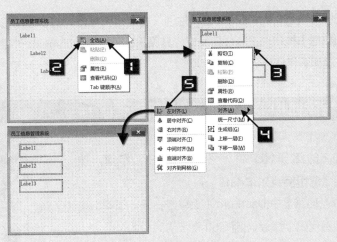

图 50-6　对齐多个控件

步骤⑨ 按 <F4> 键打开【属性】窗口，并按照表 50-1 所示逐个修改控件的相关属性。

表 50-1　标签控件属性值

控件名称	Caption 属性	AutoSize 属性
Label1	员工号	True
Label2	性别	True
Label3	部门	True

步骤⑩ 在用户窗体中插入文本框控件，并设置 MaxLength 属性值为 4，即控件中最多输入 4 个字符。

步骤⑪ 在用户窗体中插入两个组合框控件，并设置 Style 属性值为 "2 – fmStyleDropDownList"，即用户只能在下拉列表中选择条目，不能输入其他值。

步骤⑫ 在用户窗体中插入两个命令按钮控件，将 Caption 属性分别设置为 "添加数据" 和 "退出"。

步骤⑬ 调整用户窗体及控件的大小和位置，最终的控件布局如图 50-7 所示。

步骤⑭ 返回 Excel 界面，运行 ShowFrm 过程，将显示如图 50-8 所示的用户窗体。

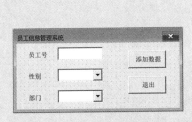

图 50-7　用户窗体中的控件布局

图 50-8　添加控件后的用户窗体

步骤⑮ 单击用户窗体右上角的关闭按钮，将关闭用户窗体。

50.2.2 指定控件代码

在图 50-8 所示的用户窗体中，如果单击"性别"右侧组合框控件的下拉按钮，会发现下拉列表是空白的，单击【添加数据】按钮也没有任何反应，其原因在于尚未添加与各控件相关的事件代码。按照如下步骤操作为控件添加事件代码。

示例50.3　为窗体中控件添加事件代码

步骤① 打开示例 50.2 的工作簿文件，另存为新的工作簿，按 <Alt+F11> 组合键切换到 VBE 窗口。

步骤② 在【工程资源管理器】中 UserForm1 上单击右键，在弹出菜单中选择【查看代码】命令，如图 50-9 所示。

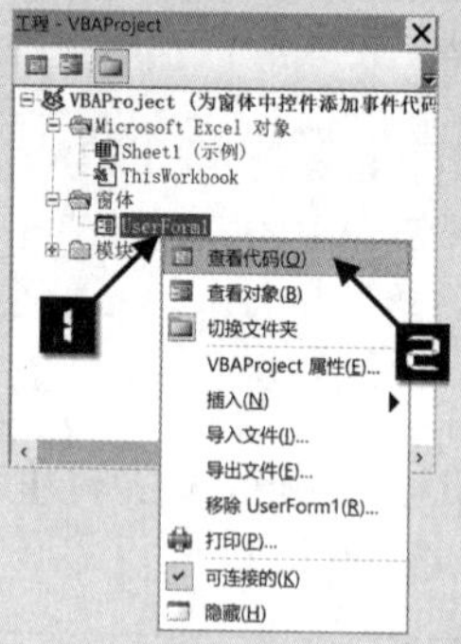

图 50-9　查看用户窗体代码

步骤③ 在【代码】窗口中输入如下窗体及控件事件代码。

```
#001  Private Sub UserForm_Initialize()
#002      With Me.ComboBox1
#003          .AddItem "男"
#004          .AddItem "女"
#005      End With
#006      With Me.ComboBox2
#007          .AddItem "计划部"
#008          .AddItem "建设部"
#009          .AddItem "网络部"
#010          .AddItem "财务部"
#011      End With
#012  End Sub
#013  Private Sub TextBox1_KeyPress(ByVal KeyAscii _
                                    As MSForms.ReturnInteger)
#014      If KeyAscii < Asc("0") Or KeyAscii > Asc("9") Then
#015          KeyAscii = 0
#016      End If
#017  End Sub
#018  Private Sub CommandButton1_Click()
#019      Dim lngRow As Long
#020      lngRow = Cells(Rows.Count, 1).End(xlUp).Row + 1
#021      Cells(lngRow, 1) = Me.TextBox1.Value
#022      Cells(lngRow, 2) = Me.ComboBox1.Value
#023      Cells(lngRow, 3) = Me.ComboBox2.Value
#024      Me.TextBox1.Value = ""
#025      Me.ComboBox1.Value = ""
```

```
#026          Me.ComboBox2.Value = ""
#027      End Sub
#028      Private Sub CommandButton2_Click()
#029          Unload UserForm1
#030      End Sub
```

步骤④ 返回 Excel 界面，运行 ShowFrm 过程。

步骤⑤ 在用户窗体的文本框中输入员工号"8009"，如果用户输入内容为非数字，那么该按键将被忽略，并且文本框中最多只能输入 4 个数字。

步骤⑥ 单击"性别"右侧组合框，在弹出的下拉列表中单击选择"男"。

步骤⑦ 单击"部门"右侧组合框，在弹出的下拉列表中单击选择"财务部"。

步骤⑧ 单击【添加数据】按钮，新输入的数据将添加到工作表中（第 9 行），同时用户窗体将被清空，用户可以开始输入下一组数据，如图 50-10 所示。

步骤⑨ 单击【退出】按钮，将关闭用户窗体。

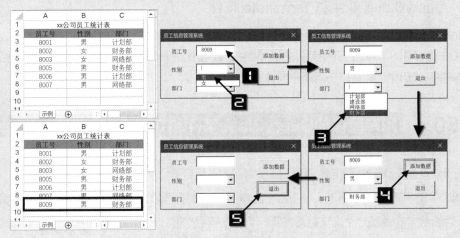

图 50-10　添加新员工数据

代码解析：

第 1~12 行代码是用户窗体的 Initialize 事件过程，即初始化事件过程。

第 2~5 行代码为 ComboxBox1 控件添加下拉列表条目。

第 6~11 行代码为 ComboxBox2 控件添加下拉列表条目。

第 13~17 行代码是文本框控件的 KeyPress 事件过程，用于防止用户意外地输入非数字字符。

第 14 行代码判断用户的按键输入是否为非数字字符。

如果用户输入的是非数字字符，第 15 行代码清空用户输入字符，也就是说用户输入的非数字字符不会显示在文本框控件中。

第 18~27 行代码为 CommandButton1 的 Click 事件过程。

第 20 行代码用于定位活动工作表中 A 列最后一个非空单元格的行号，并将下一行作为新数据的保存位置。

第 21~23 行代码将用户输入的员工号、性别和部门保存在工作表中。

第 24~26 行代码清空文本框和组合框。

第 28~30 行代码为 CommandButton2 的 Click 事件过程。

第 29 行代码用于关闭用户窗体。

50.3　窗体的常用事件

用户窗体作为一个控件的容器，本身也是一个对象。因此用户窗体同样支持多种事件。本节将介绍窗体的 3 个常用事件。

50.3.1　Initialize 事件

使用用户窗体对象的 Show 方法显示用户窗体时将触发 Initialize 事件，也就是说 Initialize 事件代码运行之后才会显示用户窗体。因此对于用户窗体或窗体中控件的初始化工作可以在 Initialize 事件代码中完成。如示例 50.3 中，用户窗体的 Initialize 事件代码添加组合框控件的下拉列表条目。

50.3.2　QueryClose 事件和 Terminate 事件

QueryClose 事件和 Terminate 事件都是和关闭窗体相关的事件，关闭窗体时首先激活 QueryClose 事件，系统将窗体从屏幕上删除后，在内存中卸载窗体之前将激活 Terminate 事件，也就是说在 Terminate 事件代码中仍然可以访问用户窗体及窗体上的控件。

示例50.4　用户窗体的QueryClose事件和Terminate事件

步骤① 在 Excel 中新建一个工作簿文件，按 <Alt+F11> 组合键切换到 VBE 窗口。

步骤② 依次单击 VBE 菜单【插入】→【用户窗体】，Excel 将添加名称为 UserForm1 的用户窗体。

步骤③ 在用户窗体中添加一个文本框控件和一个命令按钮控件，并修改命令按钮控件的 Caption 属性为"退出"。

步骤④ 双击窗体，在【代码】窗口中输入如下事件代码。

```
#001    Private Sub CommandButton1_Click()
#002        Unload UserForm1
#003    End Sub
#004    Private Sub UserForm_QueryClose(Cancel As Integer, _
                            CloseMode As Integer)
#005        Dim strMsg As String
#006        If CloseMode = 1 Then
#007            strMsg = "窗体显示状态" & vbTab & "文本框内容" & _
                    vbNewLine
#008            strMsg = strMsg & Me.Visible & vbTab & vbTab _
                                & TextBox1.Value
#009            MsgBox strMsg, vbInformation, "QueryClose 事件 "
```

```
#010        Else
#011            Cancel = True
#012        End If
#013    End Sub
#014    Private Sub UserForm_Terminate()
#015        Dim strMsg As String
#016        strMsg = "用户窗体显示状态 " & vbTab & " 文本框内容 " _
                & vbNewLine
#017        strMsg = strMsg & Me.Visible & vbTab & vbTab _
                    & TextBox1.Value
#018        MsgBox strMsg, vbInformation, "Terminate 事件 "
#019    End Sub
```

步骤⑤ 依次单击 VBE 菜单【插入】→【模块】，在模块中输入如下代码：

```
#020    Sub CloseEventDemo()
#021        UserForm1.Show
#022    End Sub
```

步骤⑥ 返回 Excel 界面，运行 CloseEventDemo 过程，在用户窗体的文本框控件中输入 "ExcelHome"。

步骤⑦ 单击用户窗体中的【退出】按钮关闭用户窗体，在弹出的 QueryClose 事件提示消息对话框中可以看到用户窗体的 Visible 属性值为 True。

> **注意**→ 在本示例中单击用户窗体右上角的关闭按钮，并不能关闭用户窗体。

步骤⑧ 单击【确定】按钮，将弹出 Terminate 事件的提示消息对话框，此时用户计算机屏幕上已经不再显示用户窗体。因此用户窗体的 Visible 属性值为 False，但是代码仍然可以读取用户窗体中文本框控件的值。

步骤⑨ 单击【确定】按钮，将关闭对话框，如图 50-11 所示。

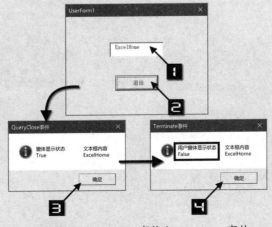

图 50-11 QueryClose 事件和 Terminate 事件

代码解析：

第 1~3 行代码为命令按钮控件的 Click 事件过程，用于关闭用户窗体。

第 4~13 行代码为用户窗体的 QueryClose 事件过程，该过程的参数 CloseMode 返回值代表触发 QueryClose 事件的原因。在代码中使用 Unload 语句关闭用户窗体时，参数 CloseMode 值为 1。

第 6~12 行代码用来实现屏蔽用户窗体右上角关闭按钮。如果参数 CloseMode 值为 1，说明用户通过单击【退出】按钮关闭用户窗体，接下来将执行第 7~9 行代码显示【QueryClose 事件】提示对话框。

如果用户试图使用其他方法关闭用户窗体，则第 11 行代码将 Cancel 参数设置为 True，停止关闭过程。

第 14~19 行代码为用户窗体的 Terminate 事件过程。

第 16~18 行代码显示【Terminate 事件】提示对话框。

第 21 行代码用于显示用户窗体。

附　录

附录 A　Excel 2019 规范与限制

附表 A-1　工作表和工作簿规范

功能	最大限制
打开的工作簿个数	受可用内存和系统资源的限制
工作表大小	1048576 行 ×16384 列
列宽	255 个字符
行高	409 磅
分页符个数	水平方向和垂直方向各 1026 个
单元格可以包含的字符总数	32767 个字符。单元格中能显示的字符个数由单元格大小与字符的字体决定，而编辑栏中可以显示全部字符
工作簿中的工作表个数	受可用内存的限制（默认值为 1 个工作表）
工作簿中的颜色数	1600 万种颜色（32 位，具有到 24 位色谱的完整通道）
唯一单元格格式个数 / 单元格样式个数	65490
填充样式个数	256
线条粗细和样式个数	256
唯一字型个数	1024 个全局字体可供使用；每个工作簿 512 个
工作簿中的数字格式数	200~250，取决于所安装的 Excel 的语言版本
工作簿中的命名视图个数	受可用内存限制
工作簿中的名称个数	受可用内存限制
工作簿中的窗口个数	受可用内存限制
窗口中的窗格个数	4
链接的工作表个数	受可用内存限制
方案个数	受可用内存的限制；汇总报表只显示前 251 个方案
方案中的可变单元格个数	32
规划求解中的可调单元格个数	200
筛选下拉列表中项目数	10000
自定义函数个数	受可用内存限制
缩放范围	10%~400%
报表个数	受可用内存限制
排序关键字个数	单个排序中为 64。如果使用连续排序，则没有限制
撤消次数	100
页眉或页脚中的字符数	253

续表

功能	最大限制
数据窗体中的字段个数	32
工作簿参数个数	每个工作簿 255 个参数
可选的非连续单元格个数	2147483648 个单元格
数据模型工作簿的内存存储和文件大小的最大限制	32 位环境限制为同一进程内运行的 Excel、工作簿和加载项最多共用 2 千兆字节 (GB) 虚拟地址空间。数据模型的地址空间共享可能最多运行 500~700 MB，如果加载其他数据模型和加载项则可能会减少。64 位环境对文件大小不作硬性限制。工作簿大小仅受可用内存和系统资源的限制

附表 A-2　共享工作簿规范与限制

功能	最大限制
可同时打开文件的用户	256
共享工作簿中的个人视图个数	受可用内存限制
修订记录保留的天数	32767（默认为 30 天）
可一次合并的工作簿个数	受可用内存限制
共享工作簿中突出显示的单元格数	32767
标识不同用户所作修订的颜色种类	32（每个用户用一种颜色标识。当前用户所做的更改用深蓝色突出显示）
共享工作簿中的"表格"	0（如果在【插入】选项卡下将普通数据表转换为"表格"，工作簿将无法共享）

附表 A-3　计算规范和限制

功能	最大限制
数字精度	15 位
最大正数	9.99999999999999E+307
最小正数	2.2251E−308
最小负数	−2.2251E−308
最大负数	−9.99999999999999E+307
公式允许的最大正数	1.7976931348623158E+308
公式允许的最大负数	−1.7976931348623158E+308
公式内容的长度	8192 个字符
公式的内部长度	16384 个字节
迭代次数	32767
工作表数组个数	受可用内存限制
选定区域个数	2048
函数的参数个数	255

功能	最大限制
函数的嵌套层数	64
交叉工作表相关性	64000 个可以引用其他工作表的工作表
交叉工作表数组公式相关性	受可用内存限制
区域相关性	受可用内存限制
每个工作表的区域相关性	受可用内存限制
对单个单元格的依赖性	40 亿个可以依赖单个单元格的公式
已关闭的工作簿中的链接单元格内容长度	32767
计算允许的最早日期	1900 年 1 月 1 日（如果使用 1904 年日期系统，则为 1904 年 1 月 1 日）
计算允许的最晚日期	9999 年 12 月 31 日
可以输入的最长时间	9999：59：59

附表 A-4　数据透视表规范和限制

功能	最大限制
数据透视表中的数值字段个数	256
工作表上的数据透视表个数	受可用内存限制
每个字段中唯一项的个数	1048576
数据透视表中的行字段或列字段个数	受可用内存限制
数据透视表中的报表过滤器个数	256（可能会受可用内存的限制）
数据透视表中的数值字段个数	256
数据透视表中的计算项公式个数	受可用内存限制
数据透视图报表中的报表筛选个数	256（可能会受可用内存的限制）
数据透视图中的数值字段个数	256
数据透视图中的计算项公式个数	受可用内存限制
数据透视表项目的 MDX 名称的长度	32767
关系数据透视表字符串的长度	32767
筛选下拉列表中显示的项目个数	10000

附表 A-5　图表规范和限制

功能	最大限制
与工作表链接的图表个数	受可用内存限制
图表引用的工作表个数	255

续表

功能	最大限制
图表中的数据系列个数	255
二维图表的数据系列中数据点个数	受可用内存限制
三维图表的数据系列中数据点个数	受可用内存限制
图表中所有数据系列的数据点个数	受可用内存限制

附录 B　Excel 2019 常用快捷键

附表 B-1　Excel 常用快捷键

序号	执行操作	快捷键组合
	在工作表中移动和滚动	
1	向上、下、左或右移动单元格	方向键 ↑ ↓ ← →
2	移动到当前数据区域的边缘	Ctrl+ 方向键 ↑ ↓ ← →
3	移动到行首	Home
4	移动到窗口左上角的单元格	Ctrl+Home
5	移动到工作表的最后一个单元格	Ctrl+End
6	向下移动一屏	Page Down
7	向上移动一屏	Page Up
8	向右移动一屏	Alt+Page Down
9	向左移动一屏	Alt+Page Up
10	移动到工作簿中下一个工作表	Ctrl+Page Down
11	移动到工作簿中前一个工作表	Ctrl+Page Up
12	移动到下一工作簿或窗口	Ctrl+F6 或 Ctrl+Tab
13	移动到前一工作簿或窗口	Ctrl+Shift+F6
14	移动到已拆分工作簿中的下一个窗格	F6
15	移动到被拆分的工作簿中的上一个窗格	Shift+F6
16	滚动并显示活动单元格	Ctrl+Backspace
17	显示"定位"对话框	F5
18	显示"查找"对话框	Shift+F5
19	重复上一次"查找"操作	Shift+F4
20	在保护工作表中的非锁定单元格之间移动	Tab
21	最小化窗口	Ctrl+F9
22	最大化窗口	Ctrl+F10

序号	执行操作	快捷键组合
	处于"结束模式"时在工作表中移动	
23	打开或关闭"结束模式"	End
24	在一行或列内以数据块为单位移动	End, 方向键↑ ↓ ← →
25	移动到工作表的最后一个单元格	End, Home
26	在当前行中向右移动到最后一个非空白单元格	End, Enter
	处于"滚动锁定"模式时在工作表中移动	
27	打开或关闭"滚动锁定"模式	Scroll Lock
28	移动到窗口中左上角处的单元格	Home
29	移动到窗口中右下角处的单元格	End
30	向上或向下滚动一行	方向键↑ ↓
31	向左或向右滚动一列	方向键← →
	预览和打印文档	
32	显示"打印内容"对话框	Ctrl+P
	在打印预览中时	
33	当放大显示时，在文档中移动	方向键↑ ↓ ← →
34	当缩小显示时，在文档中每次滚动一页	Page Up
35	当缩小显示时，滚动到第一页	Ctrl+ 方向键↑
36	当缩小显示时，滚动到最后一页	Ctrl+ 方向键↓
	工作表、图表和宏	
37	插入新工作表	Shift+F11
38	创建使用当前区域数据的图表	F11 或 Alt+F1
39	显示"宏"对话框	Alt+F8
40	显示"Visual Basic 编辑器"	Alt+F11
41	插入 Microsoft Excel 4.0 宏工作表	Ctrl+F11
42	移动到工作簿中的下一个工作表	Ctrl+Page Down
43	移动到工作簿中的上一个工作表	Ctrl+Page Up
44	选择工作簿中当前和下一个工作表	Shift+Ctrl+Page Down
45	选择工作簿中当前和上一个工作表	Shift+Ctrl+Page Up
	在工作表中输入数据	
46	完成单元格输入并在选定区域中下移	Enter
47	在单元格中换行	Alt+Enter
48	用当前输入项填充选定的单元格区域	Ctrl+Enter
49	完成单元格输入并在选定区域中上移	Shift+Enter
50	完成单元格输入并在选定区域中右移	Tab

序号	执行操作	快捷键组合
51	完成单元格输入并在选定区域中左移	Shift+Tab
52	取消单元格输入	Esc
53	删除插入点左边的字符，或删除选定区域	Backspace
54	删除插入点右边的字符，或删除选定区域	Delete
55	删除插入点到行末的文本	Ctrl+Delete
56	向上下左右移动一个字符	方向键 ↑ ↓ ← →
57	移到行首	Home
58	重复最后一次操作	F4 或 Ctrl+Y
59	编辑单元格批注	Shift+F2
60	由行或列标志创建名称	Ctrl+Shift+F3
61	向下填充	Ctrl+D
62	向右填充	Ctrl+R
63	定义名称	Ctrl+F3
设置数据格式		
64	显示"样式"对话框	Alt+'（撇号）
65	显示"单元格格式"对话框	Ctrl+1
66	应用"常规"数字格式	Ctrl+Shift+ ～
67	应用带两个小数位的"货币"格式	Ctrl+Shift+$
68	应用不带小数位的"百分比"格式	Ctrl+Shift+%
69	应用带两个小数位的"科学记数"数字格式	Ctrl+Shift+^
70	应用年月日"日期"格式	Ctrl+Shift+#
71	应用小时和分钟"时间"格式，并标明上午或下午	Ctrl+Shift+@
72	应用具有千位分隔符且负数用负号（－）表示	Ctrl+Shift+!
73	应用外边框	Ctrl+Shift+&
74	删除外边框	Ctrl+Shift+_
75	应用或取消字体加粗格式	Ctrl+B
76	应用或取消字体倾斜格式	Ctrl+I
77	应用或取消下划线格式	Ctrl+U
78	应用或取消删除线格式	Ctrl+5
79	隐藏行	Ctrl+9
80	取消隐藏行	Ctrl+Shift+9
81	隐藏列	Ctrl+0（零）
82	取消隐藏列	Ctrl+Shift+0（零）

序号	执行操作	快捷键组合
	编辑数据	
83	编辑活动单元格，并将插入点移至单元格内容末尾	F2
84	取消单元格或编辑栏中的输入项	Esc
85	编辑活动单元格并清除其中原有的内容	Backspace
86	将定义的名称粘贴到公式中	F3
87	完成单元格输入	Enter
88	将公式作为数组公式输入	Ctrl+Shift+Enter
89	在公式中键入函数名之后，显示公式选项板	Ctrl+A
90	在公式中键入函数名后为该函数插入变量名和括号	Ctrl+Shift+A
91	显示"拼写检查"对话框	F7
	插入、删除和复制选中区域	
92	复制选定区域	Ctrl+C
93	剪切选定区域	Ctrl+X
94	粘贴选定区域	Ctrl+V
95	清除选定区域的内容	Delete
96	删除选定区域	Ctrl+-（短横线）
97	撤消最后一次操作	Ctrl+Z
98	插入空白单元格	Ctrl+Shift+=
	在选中区域内移动	
99	在选定区域内由上往下移动	Enter
100	在选定区域内由下往上移动	Shift+Enter
101	在选定区域内由左往右移动	Tab
102	在选定区域内由右往左移动	Shift+Tab
103	按顺时针方向移动到选定区域的下一个角	Ctrl+.（句号）
104	右移到非相邻的选定区域	Ctrl+Alt+ 方向键→
105	左移到非相邻的选定区域	Ctrl+Alt+ 方向键←
	选择单元格、列或行	
106	选定当前单元格周围的区域	Ctrl+Shift++*（星号）
107	将选定区域扩展一个单元格宽度	Shift+ 方向键↑ ↓ ← →
108	选定区域扩展到单元格同行同列的最后非空单元格	Ctrl+Shift+ 方向键↓ →
109	将选定区域扩展到行首	Shift+Home
110	将选定区域扩展到工作表的开始	Ctrl+Shift+Home
111	将选定区域扩展到工作表的最后一个使用的单元格	Ctrl+Shift+End
112*	选定整列	Ctrl+ 空格

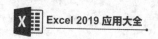

序号	执行操作	快捷键组合
113*	选定整行	Shift+ 空格
114	选定活动单元格所在的当前区域	Ctrl+A
115	如果选定了多个单元格则只选定其中的活动单元格	Shift+Backspace
116	将选定区域向下扩展一屏	Shift+Page Down
117	将选定区域向上扩展一屏	Shift+Page Up
118	选定了一个对象，选定工作表上的所有对象	Ctrl+Shift+ 空格
119	在隐藏对象、显示对象之间切换	Ctrl+6
120	使用箭头键启动扩展选中区域的功能	F8
121	将其他区域中的单元格添加到选中区域中	Shift+F8
122	将选定区域扩展到窗口左上角的单元格	ScrollLock, Shift+Home
123	将选定区域扩展到窗口右下角的单元格	ScrollLock, Shift+End
	处于"结束模式"时扩展选中区域	
124	打开或关闭"结束模式"	End
125	将选定区域扩展到单元格同行同列的最后非空单元格	End, Shift+ 方向键 ↓ →
126	将选定区域扩展到工作表上包含数据的最后一个单元格	End, Shift+Home
127	将选定区域扩展到当前行中的最后一个单元格	End, Shift+Enter
128	选中活动单元格周围的当前区域	Ctrl+Shift+*（星号）
129	选中当前数组，此数组是活动单元格所属的数组	Ctrl+/
130	选定所有带批注的单元格	Ctrl+Shift+O（字母 O）
131	选择行中不与该行内活动单元格的值相匹配的单元格	Ctrl+\
132	选中列中不与该列内活动单元格的值相匹配的单元格	Ctrl+Shift+|（竖线）
133	选定当前选定区域中公式的直接引用单元格	Ctrl+[（左方括号）
134	选定当前选定区域中公式直接或间接引用的所有单元格	Ctrl+Shift+{（左大括号）
135	只选定直接引用当前单元格的公式所在的单元格	Ctrl+]（右方括号）
136	选定所有带有公式的单元格，这些公式直接或间接引用当前单元格	Ctrl+Shift+}（右大括号）
137	只选定当前选定区域中的可视单元格	Alt+;（分号）

注意 ■■■■→　　部分组合键可能与 Windows 系统或其他常用软件（如输入法）的组合键冲突，如果无法使用某个组合键，需要调整 Windows 系统或其他常用软件中与之冲突的组合键。

附录 C　Excel 2019 简繁英文词汇对照表

简体中文	繁體中文	English
工作表标签	索引標籤	Tab
帮助	說明	Help
边框	外框	Border
编辑	編輯	Edit
变量	變數	Variable
标签	標籤	Label
常规	標準	General
表达式	陳述式	Statement
参数	引數／參數	Parameter
插入	插入	Insert
查看	檢視	View
查询	查詢	Query
常数	常數	Constant
超链接	超連結	Hyperlink
成员	成員	Member
程序	程式	Program
窗口	視窗	Window
窗体	表單	Form
从属	從屬	Dependent
粗体	粗體	Bold
倾斜	斜體	Italic
代码	程式碼	Code
单击	按一下	Single-click (on mouse)
双击	按兩下	Double-click (on mouse)
单精度浮点数	單精度浮點數	Single
单元格	儲存格	Cell
地址	位址	Address
电子邮件	電郵／電子郵件	Electronic Mail / Email
对话框	對話方塊	Dialog Box
对象	物件	Object
对象浏览器	瀏覽物件	Object Browser

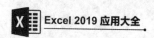

简体中文	繁體中文	English
方法	方法	Method
高级	進階	Advanced
格式	格式	Format
工程	專案	Project
工具	工具	Tools
工具栏	工作列	Toolbar
工作表	工作表	Worksheet
工作簿	活頁簿	Workbook
功能区	功能區	Ribbon
行	列	Row
列	欄	Column
滚动条	捲軸	Scroll Bar
过程	程序	Program/Subroutine
函数	函數	Function
宏	巨集	Macro
活动单元格	現存儲存格	Active Cell
加载项	增益集	Add-in
监视	監看式	Watch
剪切	剪下	Cut
复制	複製	Copy
绝对引用	絕對參照	Absolute Referencing
相对引用	相對參照	Relative Referencing
立即窗口	即時運算視窗	Immediate Window
链接	連結	Link
路径	路徑	Path
模板	範本	Template
模块	模組	Module
模拟分析	模擬分析	What-If Analysis
规划求解	規劃求解	Solver
数据验证	資料驗證	Data Validation
快速分析	快速分析	Quick Analysis
快速填充	快速填入	Flash Fill
批注	註解	Comment

简体中文	繁體中文	English
趋势线	趨勢線	Trendline
饼图	圓形圖	Pie Chart
散点图	散佈圖	Scatter Chart
条形图	橫條圖	Bar Chart
柱形图	直條圖	Column Chart
折线图	折線圖	Line Chart
色阶	色階	Color Scales
数据条	資料橫條	Data Bars
图标集	圖示集	Icon Sets
迷你图	走勢圖	Sparklines
盈亏	輸贏分析	Win/Loss
切片器	交叉分析篩選器	Slicer
日程表	時間表	Timeline
筛选	篩選	Filter
排序	排序	Sort
删除线	刪除線	Strikethrough Line
上标	上標	Superscript
下标	下標	Subscript
缩进	縮排	Indent
填充	填滿	Fill
下划线	底線	Underline
审核	稽核	Audit
Visual Basic 编辑器	Visual Basic 編輯器	Visual Basic Editor
声明	宣告	Declare
调试	偵錯	Debug
视图	檢視	View
属性	屬性	Property
光标	游標	Cursor
数据	數據／資料	Data
数据类型	資料類型	Data Type
数据透视表	樞紐分析表	PivotTable
数字格式	數值格式	Number Format
数组	陣列	Array
数组公式	陣列公式	Array Formula

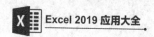

简体中文	繁體中文	English
条件	條件	Condition
通配符	萬用字元	Wildcards
拖曳	拖曳	Drag
文本	文字	Text
文件	檔案	File
信息	資訊	Info
选项	選項	Options
选择	選取	Select
循环引用	循環參照	Circular Reference
页边距	邊界	Margins
页脚	頁尾	Footer
页眉	頁首	Header
粘贴	貼上	Paste
指针	浮標	Cursor
注释	註解	Comment
转置	轉置	Transpose
屏幕截图	螢幕擷取畫面	Screenshot
签名行	簽名欄	Signature Line
艺术字	文字藝術師	WordArt
主题	佈景主題	Themes
背景	背景	Background
连接	連線	Connections
删除重复值	移除重複	Remove Duplicates
合并计算	合併彙算	Consolidate
冻结窗格	凍結窗格	Freeze Panes
数据模型	資料模型	Data Model
向上钻取	向上切入	Drill Up
向下钻取	向下切入	Drill Down
镶边行	帶狀列	Banded Rows
镶边列	帶狀欄	Banded Columns
条件格式	設定格式化的條件	Conditional Formatting

附录 D　高效办公必备工具——Excel 易用宝

　　尽管 Excel 的功能无比强大，但是在很多常见的数据处理和分析工作中，需要灵活地组合使用包含函数、VBA 等高级功能才能完成任务，这对于很多人而言是个艰难的学习和使用过程。

　　因此，Excel Home 为广大 Excel 用户度身定做了一款 Excel 功能扩展工具软件，中文名为"Excel 易用宝"，以提升 Excel 的操作效率为宗旨。针对 Excel 用户在数据处理与分析过程中的多项常用需求，Excel 易用宝集成了数十个功能模块，从而让烦琐或难以实现的操作变得简单可行，甚至能够一键完成。

　　Excel 易用宝永久免费，适用于 Windows 各平台。经典版（V1.1）支持 32 位的 Excel 2003，最新版（V2.2）支持 32 位及 64 位的 Excel 2007/2010/2013/2016/2019、Office 365 和 WPS。

　　经过简单的安装操作后，Excel 易用宝会显示在 Excel 功能区独立的选项卡上，如下图所示。

　　比如，在浏览超出屏幕范围的大数据表时，如何准确无误地查看对应的行表头和列表头，一直是许多 Excel 用户烦恼的事情。这时候，只要单击一下 Excel 易用宝"聚光灯"按钮，就可以用自己喜欢的颜色高亮显示选中单元格 / 区域所在的行和列，效果如下图所示。

　　再比如，工作表合并也是日常工作中常见的需要，但如果自己不懂得编程的话，这一定是一项"不可能完成"的任务。Excel 易用宝可以让这项工作显得轻而易举，而且还能批量合并某个文件夹中任意多个文件中的数据，如下图所示。

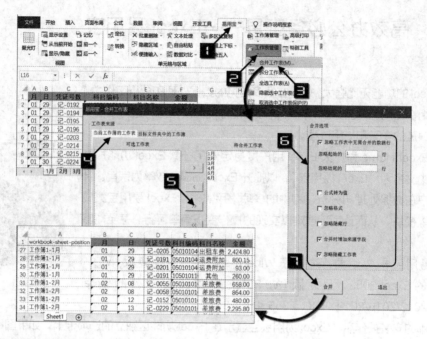

更多实用功能，欢迎您亲身体验，https://yyb.excelhome.net/。

如果您有非常好的功能需求，可以通过软件内置的联系方式提交给我们，可能很快就能在新版本中看到了哦。